国家能源集团
CHN ENERGY

技术技能培训系列教材

电力产业（火电）

锅炉技术

（上册）

国家能源投资集团有限责任公司　组编

中国电力出版社
CHINA ELECTRIC POWER PRESS

内 容 提 要

本系列教材根据国家能源集团火电专业员工培训需求，结合集团各基层单位在役机组，按照人力资源和社会保障部颁发的国家职业技能标准的知识、技能要求，以及国家能源集团发电企业设备标准化管理基本规范及标准要求编写。本系列教材覆盖火电主专业员工培训需求，本教材的作者均为长期工作在生产第一线的专家、技术人员，具有较好的理论基础、丰富的实践经验。

本教材为《锅炉技术》分册，共二十一章，主要内容包括锅炉本体设备系统、管道及阀门设备系统、锅炉辅机设备系统、循环流化床锅炉系统以及环保设备系统。文中针对特定的设备系统进行了详细的介绍，涵盖了基础知识、设备结构、工作原理以及检修技术等内容。

本教材既可作为火电企业生产人员岗位培训、技能提升的培训和自学教材，也可作为从事锅炉运行、检修、安装及管理人员的参考书。

图书在版编目（CIP）数据

锅炉技术 / 国家能源投资集团有限责任公司组编. -- 北京 ： 中国电力出版社，2025. 2. --（技术技能培训系列教材）. -- ISBN 978-7-5198-9711-6

Ⅰ. TK22

中国国家版本馆 CIP 数据核字第 2024KJ0816 号

出版发行：中国电力出版社
地　　址：北京市东城区北京站西街 19 号（邮政编码 100005）
网　　址：http://www.cepp.sgcc.com.cn
责任编辑：宋红梅
责任校对：黄　蓓　朱丽芳　常燕昆
装帧设计：张俊霞
责任印制：吴　迪

印　　刷：三河市航远印刷有限公司
版　　次：2025 年 2 月第一版
印　　次：2025 年 2 月北京第一次印刷
开　　本：787 毫米×1092 毫米　16 开本
印　　张：44.25
字　　数：856 千字
印　　数：0001—3500 册
定　　价：195.00 元（上、下册）

技术技能培训系列教材编委会

主　　任　王　敏

副 主 任　张世山　王进强　李新华　王建立　胡延波　赵宏兴

电力产业教材编写专业组

主　　编　张世山

副 主 编　李文学　梁志宏　张　翼　朱江涛　夏　晖　李攀光
　　　　　蔡元宗　韩　阳　李　飞　申艳杰　邱　华

《锅炉技术》编写组

编写人员　（按姓氏笔画排序）

史振宇　张　纲　杜佳军　袁建飞　韩咏军　韩东太
路广亚

序　　言

习近平总书记在党的二十大报告中指出，教育、科技、人才是全面建设社会主义现代化国家的基础性、战略性支撑；强调了培养造就更多大师、战略科学家、一流科技领军人才和创新团队、青年科技人才、卓越工程师、大国工匠、高技能人才的重要性。党中央、国务院陆续出台《关于加强新时代高技能人才队伍建设的意见》等系列文件，从培养、使用、评价、激励等多方面部署高技能人才队伍建设，为技术技能人才的成长提供了广阔的舞台。

致天下之治者在人才，成天下之才者在教化。国家能源集团作为大型骨干能源企业，拥有近25万技术技能人才。这些人才是企业推进改革发展的重要基础力量，有力支撑和保障了集团公司在煤炭、电力、化工、运输等产业链业务中取得了全球领先的业绩。为进一步加强技术技能人才队伍建设，集团公司立足自主培养，着力构建技术技能人才培训工作体系，汇集系统内煤炭、电力、化工、运输等领域的专家人才队伍，围绕核心专业和主体工种，按照科学性、全面性、实用性、前沿性、理论性要求，全面开展培训教材的编写开发工作。这套技术技能培训系列教材的编撰和出版，是集团公司广大技术技能人才集体智慧的结晶，是集团公司全面系统进行培训教材开发的成果，将成为弘扬“实干、奉献、创新、争先”企业精神的重要载体和培养新型技术技能人才的重要工具，将全面推动集团公司向世界一流清洁低碳能源科技领军企业的建设。

功以才成，业由才广。在新一轮科技革命和产业变革的背景下，我们正步入一个超越传统工业革命时代的新纪元。集团公司教育培训不再仅仅是广大员工学习的过程，还成为推动创新链、产业链、人才链深度融合，加快培育新质生产力的过程，这将对集团创建世界一流清洁低碳能源科技领军企业和一流国有资本投资公司起到重要作用。谨以此序，向所有参与教材编写的专家和工作人员表示最诚挚的感谢，并向广大读者致以最美好的祝愿。

编委会

2024年11月

前　言

近年来，随着我国经济的发展，电力工业取得显著进步，截至2023年底，我国火力发电装机总规模已达12.9亿kW，600MW、1000MW燃煤发电机组已经成为主力机组。当前，我国火力发电技术正向着大机组、高参数、高度自动化方向迅猛发展，新技术、新设备、新工艺、新材料逐年更新，有关生产管理、质量监督和专业技术发展也是日新月异。现代火力发电厂对员工知识的深度与广度，对运用技能的熟练程度，对变革创新的能力，对掌握新技术、新设备、新工艺的能力，以及对多种岗位工作的适应能力、协作能力、综合能力等提出了更高、更新的要求。

我国是世界上少数几个以煤为主要能源的国家之一，在经济高速发展的同时，也承受着巨大的资源和环境压力。当前我国燃煤电厂烟气超低排放改造工作已全面开展并逐渐进入尾声，烟气污染物控制也由粗放型的工程减排逐步过渡至精细化的管理减排。随着能源结构的不断调整和优化，火电厂作为我国能源供应的重要支柱，其运行的安全性、经济性和环保性越来越受到关注。为确保火电机组的安全、稳定、经济运行，提高生产运行人员技术素质和管理水平，适应员工培训工作的需要，特编写电力产业技术技能培训系列教材。

本教材全面阐述了锅炉本体设备系统、管道及阀门设备系统、锅炉辅机设备系统、循环流化床锅炉系统以及环保设备系统的专业技术知识。锅炉本体设备系统主要介绍了电站锅炉受热面设备、汽包、联箱、减温器的工作原理和结构特点，同时深入剖析了燃烧设备、炉墙与架构以及锅水循环泵的相关知识。此外，还对吹灰器和锅炉用钢进行了简要介绍。管道及阀门设备系统重点阐述了管道及阀门的技术知识，以及常规检修工艺和特殊工艺技术。锅炉辅机设备系统涵盖了锅炉辅机设备技术知识，以及风机设备、制粉系统设备和空气预热器的专业技术。这些内容将帮助读者全面了解锅炉辅机设备的运行维护和管理。循环流化床锅炉系统对循环流化床锅炉的基础知识、燃烧技术以及耐火防磨层进行了深入探讨。此外，还详细介绍了循环流化床除渣设备和脱硝脱硫设备的维护检修技术。环保设备系统重点介绍了除渣、除灰、脱硝、脱硫设备的技术知识，这些内容将有助于推动锅炉技术的绿色发展和环境保护。

通过学习本教材，读者可以全面了解锅炉及其相关设备系统的基本原理、结构、检修维护等内容，为从事锅炉相关的运行、检修、安装及管理工作打下坚实的基础。同时，本教材还融入了大量锅炉检修实践中的成熟经验和技术成果。这些内容不仅反映了锅炉技术的最新发展趋势，同时也为读者提供了宝贵的实操技术指导。相信读者通过本教材的学习，能够快速全面地掌握系统的锅炉技术知识和操作技能。

限于编者的水平，书中难免有不足和疏漏之处，恳请读者给予批评指正。

编写组

2024 年 6 月

目　　录

序言
前言

（上册）

第一章　电站锅炉概述 …… 1
第一节　锅炉主要参数及技术指标 …… 1
一、主要参数 …… 1
二、经济技术指标 …… 2
三、安全技术指标 …… 2
第二节　锅炉分类和型号 …… 3
一、分类 …… 3
二、型号 …… 4
第三节　典型锅炉介绍 …… 5
一、自然循环锅炉 …… 6
二、强制循环锅炉 …… 7
三、循环流化床锅炉 …… 15

第二章　锅炉受热面设备 …… 19
第一节　锅炉受热面概述 …… 19
一、水冷壁 …… 19
二、过热器 …… 23
三、再热器 …… 26
四、省煤器 …… 26
第二节　锅炉受热面常见的缺陷及分布范围 …… 27
一、磨损 …… 27
二、腐蚀 …… 28
三、弯曲 …… 29
四、变形 …… 30
五、裂纹 …… 30
六、疲劳 …… 31
七、胀粗 …… 31
八、过热 …… 33
九、爆管 …… 34
十、损伤 …… 34

十一、鼓包……………………………………………………………………………… 35
十二、蠕变……………………………………………………………………………… 35
十三、刮伤……………………………………………………………………………… 35
第三节　锅炉受热面防磨防爆检查常用方法及管理 …………………… 36
一、锅炉受热面防磨防爆检查常用方法 …………………………………… 36
二、锅炉防磨防爆检查 ……………………………………………………… 39

第三章　汽包、联箱、减温器 ………………………………………………… 43

第一节　汽包及其内部装置 ………………………………………………… 43
一、汽包的作用和结构 ……………………………………………………… 43
二、汽水分离装置 …………………………………………………………… 44
三、蒸汽清洗装置 …………………………………………………………… 44
第二节　汽包维护技术措施 ………………………………………………… 45
一、汽包的检修项目 ………………………………………………………… 45
二、汽包检修的准备工作 …………………………………………………… 45
三、汽包检修安全注意事项…………………………………………………… 46
四、汽包外部的检修 ………………………………………………………… 46
五、汽包内部的检修 ………………………………………………………… 47
六、汽包检修质量验收标准…………………………………………………… 48
第三节　联箱设备及维护质量要求 ……………………………………… 49
一、联箱的作用 ……………………………………………………………… 49
二、联箱检查内容 …………………………………………………………… 49
三、联箱检查质量标准 ……………………………………………………… 50
第四节　减温器 …………………………………………………………… 51
一、减温器检查内容 ………………………………………………………… 52
二、减温器检查质量标准 …………………………………………………… 53

第四章　锅水循环泵 ………………………………………………………… 54

第一节　锅水循环泵常见故障及原因分析 ……………………………… 54
一、扬程/流量下降……………………………………………………………… 54
二、驱动功率明显增加 ……………………………………………………… 55
三、电动机温度突然升高 …………………………………………………… 55
四、异常噪声和振动 ………………………………………………………… 55
第二节　锅水循环泵检查及维护 ………………………………………… 55
一、锅水循环泵及电动机拆卸工艺要点及质量要求 …………………… 55
二、轴承、电动机检查工艺要点及质量要求 …………………………… 56
三、叶轮检查和污垢清理工艺要点及质量要求…………………………… 56
四、转子检查工艺要点及质量要求 ………………………………………… 57

五、泵壳体检查工艺要点及质量要求 …… 57
六、主法兰紧固螺栓和螺母检查工艺要点及质量要求 …… 57
七、热交换器检修工艺要点及质量要求 …… 57
八、锅水循环泵试运转工艺要点及质量要求 …… 57

第五章 燃烧设备 …… 59

第一节 燃烧设备简介 …… 59
一、煤粉在炉内的燃烧原理 …… 59
二、燃烧器设备 …… 59
三、点火装置 …… 61
第二节 直流燃烧器 …… 63
一、摆动式直流燃烧器本体检修工艺要点及质量要求 …… 63
二、固定式直流燃烧器本体检修工艺要点及质量要求 …… 63
三、直流燃烧器摆动机构检修工艺要点及质量要求 …… 63
第三节 旋流燃烧器 …… 64
一、旋流燃烧器本体检修工艺要点及质量要求 …… 64
二、旋流燃烧器调风门检修 …… 65
三、旋流燃烧器支架组件 …… 65
第四节 油枪 …… 65
一、油枪清洗和检查工艺要点及质量要求 …… 65
二、油枪执行机构及密封套管检查和更换工艺要点及质量要求 …… 66
三、油枪调风器检修工艺要点及质量要求 …… 66
第五节 等离子点火器 …… 66
一、等离子点火器的工作原理 …… 66
二、等离子点火器阴极检修工艺要点及质量要求 …… 67
三、等离子点火器阳极检修工艺要点及质量要求 …… 67
四、等离子点火器阴极旋转系统检修工艺要点及质量要求 …… 67
五、等离子点火器冷却水系统检修工艺要点及质量要求 …… 67
六、压缩空气系统及发生器支架检修工艺要点及质量要求 …… 68

第六章 炉墙与架构 …… 69

第一节 炉墙概述 …… 69
一、轻型炉墙 …… 69
二、敷管式炉墙 …… 69
第二节 敷管式炉墙的检查及维护 …… 69
一、密立光管式炉墙检修 …… 69
二、膜式壁炉墙检修 …… 70
第三节 锅炉钢结构检查及维护 …… 71

第七章　吹灰器 …………………………………………………… 74

第一节　吹灰器概述 …………………………………………… 74
一、炉膛吹灰器简介 ………………………………………… 74
二、长伸缩型吹灰器简介 …………………………………… 76
三、声波吹灰器简介 ………………………………………… 79
第二节　炉膛吹灰器检修维护 ………………………………… 80
一、拆卸 ……………………………………………………… 80
二、进气阀的检修 …………………………………………… 80
三、喷嘴检修 ………………………………………………… 80
四、喷管检修 ………………………………………………… 81
五、卸下脱开机构，喷管凸轮及方轴 ……………………… 81
六、减速箱检修 ……………………………………………… 81
七、吹灰器调试与验收 ……………………………………… 81
第三节　长伸缩型吹灰器检修维护 …………………………… 82
一、进气阀的检修 …………………………………………… 82
二、喷嘴检查 ………………………………………………… 82
三、喷管检修 ………………………………………………… 82
四、传动机构及减速箱检修 ………………………………… 82
五、链轮和链条的检修 ……………………………………… 82
六、吹灰管托轮及密封盒的检修 …………………………… 83
七、吹灰器调试与验收 ……………………………………… 83
第四节　吹灰器蒸汽系统检修维护 …………………………… 83
一、安全门检修 ……………………………………………… 83
二、调整门检修 ……………………………………………… 84
三、疏水阀检修 ……………………………………………… 84

第八章　锅炉用钢 ………………………………………………… 85

第一节　锅炉用钢的发展 ……………………………………… 85
一、碳素钢 …………………………………………………… 85
二、珠光体钢 ………………………………………………… 86
三、奥氏体钢 ………………………………………………… 91
四、国内目前新型耐高温材料应用面临的问题 …………… 93
第二节　锅炉受热面常用钢种 ………………………………… 94

第九章　管道及阀门 ……………………………………………… 97

第一节　管道系统概述 ………………………………………… 97
一、锅炉管道系统材质 ……………………………………… 98

二、管道系统主要附件 …… 98
三、管道表面缺陷处理 …… 100
第二节　管道的膨胀与补偿 …… 100
一、热膨胀量的计算 …… 100
二、热补偿 …… 101
三、冷补偿（冷紧） …… 102
第三节　支吊架设备及维护 …… 102
一、固定支吊架 …… 103
二、半固定支架 …… 103
三、弹簧支吊架 …… 105
四、恒力吊架 …… 106
五、管道支吊架主要检修项目 …… 107
六、支吊架检修注意事项 …… 108
七、支吊架热态检验 …… 109
八、支吊架冷态检验 …… 110
九、支吊架维修调整 …… 111
十、支吊架许用应力的计算要求 …… 114
第四节　阀门概述 …… 114
一、阀门的分类 …… 114
二、阀门的型号编制方法 …… 117
第五节　常见阀门的结构与特点 …… 122
一、闸阀 …… 122
二、截止阀 …… 124
三、节流阀 …… 125
四、止回阀 …… 126
五、旋塞阀 …… 127
六、球阀 …… 128
七、蝶阀 …… 130
八、安全阀 …… 131
第六节　阀门密封材料 …… 133
一、阀门密封的基础知识 …… 133
二、阀门密封与工艺的关系 …… 135
三、盘根 …… 136
第七节　阀门研磨 …… 138
一、研磨材料及规格 …… 138
二、手工研磨与机械研磨 …… 138
第八节　阀门质量标准、故障分析 …… 141
一、阀门检查与修理 …… 141

二、阀门检修工艺及质量标准、故障分析 …………………………… 141
第九节　阀门水压试验及质量标准 ………………………………… 156
一、低压旋塞和低压阀门试验 ………………………………………… 156
二、高压阀门水压试验 ………………………………………………… 157

第十章　锅炉辅机基础知识 ………………………………………… 158

第一节　轴承 ……………………………………………………… 158
一、滚动轴承 …………………………………………………………… 158
二、滑动轴承 …………………………………………………………… 164
第二节　晃动、瓢偏测量与直轴 ………………………………… 172
一、晃动、瓢偏测量 ……………………………………………………… 172
二、轴弯曲的测量与校直 ………………………………………………… 176
第三节　联轴器找中心 ……………………………………………… 184
一、联轴器找中心原理 …………………………………………………… 184
二、对轮的加工误差对找中心的影响 ………………………………… 185
三、找中心的方法及步骤 ………………………………………………… 186
四、简易找中心及立式转动设备找中心 ……………………………… 190
五、激光找中心 ………………………………………………………… 191
第四节　转子找平衡 ……………………………………………… 194
一、转子找静平衡 ……………………………………………………… 194
二、转子找动平衡 ……………………………………………………… 200
第五节　辅机的振动诊断 ………………………………………… 207
一、振动的基本概念 ……………………………………………………… 207
二、振动诊断步骤 ……………………………………………………… 208
三、设备振动诊断技术的分类 ………………………………………… 208
四、旋转机械振动诊断 ………………………………………………… 209
五、查找机组振动原因的程序 ………………………………………… 213

第十一章　锅炉风机设备 …………………………………………… 215

第一节　概述 ……………………………………………………… 215
一、风机的主要参数 ……………………………………………………… 215
二、风机的分类 ………………………………………………………… 216
第二节　离心式风机主要部件与整体结构 ……………………… 217
一、离心式风机的工作原理 …………………………………………… 217
二、离心式风机的主要部件 …………………………………………… 217
三、离心式风机的整体结构 …………………………………………… 222
第三节　轴流式风机主要部件与整体结构 ……………………… 224
一、概述 ………………………………………………………………… 224

二、轴流式风机的特点 …… 225
三、轴流式风机主要参数与布置形式 …… 226
四、轴流式风机的主要部件 …… 229
五、轴流式风机整体结构以及参数对性能的影响 …… 239
第四节　风机的不稳定工况 …… 243
一、风机的旋转脱流 …… 243
二、风机的喘振 …… 246
三、并联工作的“抢风”现象 …… 247
第五节　风机的磨损 …… 249
一、主要磨损部位 …… 249
二、叶片磨损的机理 …… 250
三、影响风机磨损的因素 …… 251
四、减轻风机磨损的方法 …… 252
第六节　风机噪声的形成及控制措施 …… 252
一、噪声声源 …… 252
二、控制噪声的方法 …… 255
第七节　风机典型故障案例 …… 257
一、离心式风机故障 …… 257
二、静调轴流式风机故障 …… 260
三、动调轴流式风机故障 …… 263

第十二章　锅炉制粉设备 …… 266

第一节　制粉系统概述 …… 266
一、中间储仓式制粉系统 …… 266
二、直吹式制粉系统 …… 266
三、两种系统比较 …… 269
第二节　磨煤机 …… 269
一、常见磨煤机类型简介 …… 269
二、HP983 型磨煤机 …… 270
三、ZGM113N 型中速磨煤机 …… 292
第三节　给煤机 …… 314
一、EG2490 型电子称重皮带式给煤机主要组成 …… 315
二、EG2490 型电子称重皮带式给煤机工作原理 …… 315
三、EG2490 型给煤机检修项目 …… 317
四、EG2490 型给煤机检修工艺及质量标准 …… 317
第四节　制粉系统常见故障分析 …… 323
一、制粉系统常见故障 …… 323
二、中速磨煤机常见故障 …… 327

三、电子称重式皮带给煤机常见故障 …… 330

第十三章 锅炉空气预热器 …… 332

第一节 空气预热器的作用及工作原理 …… 332
一、空气预热器作用 …… 332
二、空气预热器工作原理 …… 332
第二节 回转式空气预热器 …… 333
一、回转式空气预热器的结构 …… 333
二、回转式空气预热器维护及质量标准 …… 345
三、回转式空气预热器故障分析 …… 351
第三节 管式空气预热器 …… 352
一、管式空气预热器概述 …… 352
二、管式空气预热器维护及质量要求 …… 354

第十四章 锅炉空气压缩机设备 …… 356

第一节 空气压缩机概述 …… 356
第二节 螺杆式空压机 …… 356
一、螺杆式空压机的工作原理 …… 356
二、螺杆式空压机组成 …… 357
三、螺杆式空压机标准检修项目 …… 357
四、螺杆式空压机检修工艺及质量标准 …… 358
五、螺杆式空压机常见故障及处理方法 …… 361
第三节 离心式空压机 …… 365
一、离心式空压机的工作原理 …… 365
二、离心式空压机检修项目 …… 365
三、离心式空压机检修工艺要点及质量标准 …… 366
四、离心式空压机常见故障及处理方法 …… 369

（下册）

第十五章 循环流化床锅炉基础知识 …… 373

第一节 工作原理 …… 373
一、流态化过程 …… 373
二、流态化时流体动力特性 …… 374
三、循环流化床锅炉基本构成 …… 374
四、循环流化床锅炉工作过程 …… 374
五、循环流化床锅炉技术特点 …… 375
第二节 燃烧过程 …… 376

一、煤粒干燥和加热 …… 376
二、挥发分析出及燃烧 …… 377
三、焦炭着火与燃尽 …… 378
四、煤粒破碎和磨损 …… 379
第三节　燃烧特性 …… 379
一、循化流化床锅炉燃烧区域 …… 379
二、焦炭颗粒的燃烧 …… 380
三、炉膛内燃烧份额 …… 381
四、一、二次风分配 …… 382
第四节　炉内传热 …… 382
一、炉内传热机理 …… 383
二、炉内传热的基本形式 …… 383
三、影响炉内传热的主要因素 …… 384

第十六章　循环流化床锅炉燃烧设备 …… 387

第一节　布风装置 …… 387
一、布风装置概述 …… 387
二、布风装置检修项目 …… 390
三、布风装置检修 …… 390
第二节　气固分离器 …… 391
一、气固分离器概述 …… 391
二、气固分离器检修项目 …… 392
三、气固分离器检修 …… 393
第三节　返料装置 …… 394
一、返料器概述 …… 394
二、返料器检修项目 …… 396
三、返料器检修 …… 396
第四节　点火设备 …… 397
一、点火装置概述 …… 397
二、点火装置检修项目 …… 398
三、点火装置检修 …… 399
第五节　膨胀节 …… 400
一、金属膨胀节检修 …… 400
二、非金属膨胀节检修 …… 401

第十七章　循环流化床锅炉耐火防磨层 …… 404

第一节　循环流化床锅炉磨损 …… 404
一、磨损概述 …… 404

二、循环流化床锅炉磨损机理 …… 405
三、循环流化床锅炉磨损影响因素 …… 405
四、循环流化床锅炉防磨损措施 …… 406
第二节 耐火耐磨材料 …… 408
一、耐火耐磨材料作用 …… 408
二、耐火耐磨材料分类 …… 408
三、耐火耐磨材料设计 …… 410
四、耐火耐磨材料检修 …… 412
第三节 防磨喷涂层技术 …… 415
一、概述 …… 415
二、热喷涂技术概述 …… 415
三、热喷涂技术在循环流化床锅炉上的应用 …… 417
四、防磨喷涂层的检修 …… 417

第十八章 锅炉除渣系统及技术 …… 420

第一节 锅炉除渣系统概述 …… 420
第二节 煤粉炉湿式除渣系统 …… 420
一、煤粉炉湿式除渣系统工作原理 …… 420
二、煤粉炉湿式除渣系统主要设备 …… 421
三、煤粉炉湿式除渣系统检修标准项目 …… 426
四、煤粉炉湿式除渣系统设备检修工艺及质量标准 …… 426
五、煤粉炉湿式除渣系统的常见故障分析及解决方法 …… 432
第三节 煤粉炉干式除渣系统设备 …… 434
一、煤粉炉干式除渣系统概述 …… 434
二、煤粉炉干式除渣系统主要设备 …… 434
三、煤粉炉干式排渣机常见故障及处理方法 …… 455
第四节 循环流化床锅炉除渣系统 …… 460
一、概述 …… 460
二、冷渣器系统 …… 462
三、输渣机系统 …… 471
四、渣仓系统 …… 476
五、床料输送系统 …… 479

第十九章 锅炉除灰除尘系统及技术 …… 481

第一节 概述 …… 481
第二节 气力除灰系统 …… 481
一、气力除灰系统 …… 482
二、气力除灰系统检修标准项目 …… 484

三、气力除灰系统检修工艺及质量标准 …………………………… 484
四、气力除灰系统常见故障及处理 ………………………………… 485
第三节 静电除尘器 ……………………………………………… 486
一、静电除尘器工作原理 ………………………………………… 486
二、静电除尘器组成………………………………………………… 486
三、静电除尘器检修标准项目 …………………………………… 486
四、静电除尘器检修工艺及质量标准…………………………… 487
五、静电除尘器检修注意事项 …………………………………… 493
六、静电除尘器常见故障及处理方法…………………………… 494
第四节 灰库系统 ………………………………………………… 495
一、灰库系统组成 ………………………………………………… 495
二、灰库系统设备 ………………………………………………… 496
第五节 湿式电除尘器 …………………………………………… 506
一、湿式电除尘器组成……………………………………………… 507
二、湿式电除尘器工作原理 ……………………………………… 508
三、湿式电除尘器修前准备 ……………………………………… 508
四、湿式电除尘器检修标准项目 ………………………………… 508
五、湿式电除尘器检修工艺及质量标准………………………… 509
六、湿式电除尘器系统常见故障及处理方法 …………………… 510

第二十章 锅炉脱硝系统及技术 ……………………………… 512

第一节 脱硝系统概述 …………………………………………… 512
一、脱硝系统的工作原理 ………………………………………… 512
二、脱硝系统工艺流程……………………………………………… 512
三、脱硝设备系统组成……………………………………………… 513
第二节 尿素溶解制氨系统 ……………………………………… 517
一、尿素颗粒溶解系统……………………………………………… 517
二、尿素溶液储存和输送系统 …………………………………… 518
三、水解系统 ……………………………………………………… 518
四、加热蒸汽及疏水回收系统 …………………………………… 519
五、其他辅助系统 ………………………………………………… 519
第三节 尿素水解制氨系统 ……………………………………… 519
一、尿素制氨技术概述……………………………………………… 519
二、尿素水解制氨脱硝工艺流程 ………………………………… 520
三、尿素水解制氨系统模块组成 ………………………………… 521
四、尿素水解装置系统组成………………………………………… 522
五、尿素水解系统检修标准项目 ………………………………… 523
六、尿素水解设备检修工艺及质量标准………………………… 524

第四节　脱硝反应系统 …………………………………… 540
一、影响 SCR 脱硝因素 ………………………………… 540
二、SCR 脱硝反应区主要设备 ………………………… 541
三、SNCR 脱硝系统主要设备 ………………………… 541
四、脱硝反应系统检修标准项目 ……………………… 542
五、脱硝反应系统设备检修工艺及质量标准 ………… 542

第二十一章　锅炉脱硫系统及技术 ………………………… 545

第一节　脱硫系统概述 …………………………………… 545
一、湿法脱硫原理 ……………………………………… 545
二、湿法脱硫系统组成 ………………………………… 545
第二节　湿法脱硫烟气系统 ……………………………… 546
一、湿法脱硫烟气系统概述 …………………………… 546
二、湿法脱硫烟气系统检修标准项目 ………………… 546
三、湿法脱硫烟道检修工艺及质量标准 ……………… 547
四、湿法脱硫烟气系统常见故障及处理方法 ………… 548
第三节　湿法脱硫石灰石浆液制备系统设备 …………… 548
一、湿法脱硫石灰石浆液制备系统组成 ……………… 548
二、湿法脱硫石灰石浆液制备系统设备 ……………… 548
第四节　湿法脱硫 SO_2 吸收系统设备 ………………… 571
一、湿法脱硫吸收塔系统简述 ………………………… 571
二、湿法脱硫吸收塔结构形式 ………………………… 572
三、湿法脱硫 SO_2 吸收系统检修维护 ……………… 578
第五节　湿法脱硫石膏脱水系统设备 …………………… 597
一、湿法脱硫石膏脱水系统概述 ……………………… 597
二、湿法脱硫石膏脱水系统组成 ……………………… 597
三、湿法脱硫石膏脱水系统作用 ……………………… 597
四、湿法脱硫石膏脱水系统设备 ……………………… 598
第六节　湿法脱硫排空系统 ……………………………… 627
一、湿法脱硫排空系统概述 …………………………… 627
二、湿法脱硫排空系统主要设备 ……………………… 627
第七节　湿法脱硫工艺水系统设备 ……………………… 630
一、湿法脱硫工艺水系统概述 ………………………… 630
二、湿法脱硫水泵检修标准项目 ……………………… 631
三、湿法脱硫水泵检修工艺及质量标准 ……………… 631
四、湿法脱硫水泵常见故障及处理方法 ……………… 633
第八节　湿法脱硫废水处理系统 ………………………… 633
一、三联箱脱硫废水系统 ……………………………… 634

二、三联箱脱硫废水系统检修 …………………………………………………… 634
第九节　湿法脱硫废水系统零排放 …………………………………………… 641
一、湿法脱硫废水系统零排放概述 …………………………………………… 641
二、湿法脱硫废水零排放工艺介绍 …………………………………………… 641
三、湿法脱硫废水零排放工艺线路 …………………………………………… 642
四、湿法脱硫废水零排放实例 ………………………………………………… 645
第十节　循环流化床炉内脱硫 ………………………………………………… 648
一、石灰石输送方式 …………………………………………………………… 648
二、石灰石制备及输送系统 …………………………………………………… 649
三、循环流化床炉内脱硫系统设备检修标准项目 …………………………… 653
四、循环流化床炉内脱硫系统设备检修工艺及质量标准 …………………… 654
第十一节　循环流化床半干法烟气脱硫系统 ………………………………… 656
一、循环流化床半干法烟气脱硫系统组成 …………………………………… 656
二、循环流化床半干法烟气脱硫系统设备检修工艺及质量标准 …………… 661
参考文献 ………………………………………………………………………… 667

第一章　电站锅炉概述

锅炉是利用燃料燃烧释放的热能或其他热能，通过对水或其他介质进行加热，以获得规定压力、温度和品质的蒸汽、热水或其他工质的设备。锅炉出口介质为蒸汽的锅炉称为蒸汽锅炉。蒸汽锅炉按用途分类，一般分为电站锅炉和工业锅炉。电站锅炉是指电力工业中专门用于生产电能的发电锅炉（包括热电联产锅炉）。

火力发电厂的生产过程是一个能量转换的过程，这个能量转换过程是通过锅炉、汽轮机和发电机来实现的，如图 1-1 所示为火力发电厂生产工艺流程。其中，锅炉是火力发电厂能量转换的首要环节。它在完成从燃料的化学能到蒸汽的热能的转换过程中，生产并根据需要供给汽轮机相应数量和规定品质的蒸汽。由于火力发电厂的能量转换过程是连续进行的，因而运行中锅炉设备一旦发生故障，必将影响整个电能生产的正常进行。此外，由于锅炉运行耗用大量燃料，因而锅炉工作的好坏对整个电厂的经济性关系极大。由此可见，锅炉在火力发电厂生产过程中不仅地位、作用十分重要，而且系统复杂、运行工况恶劣、安全要求高。

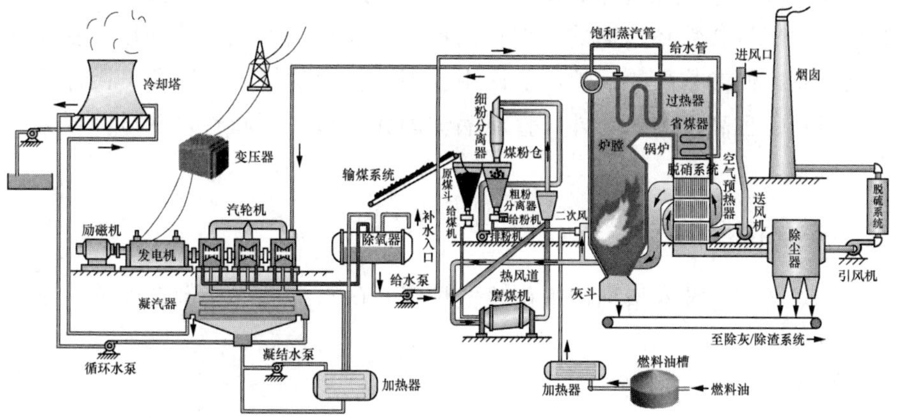

图 1-1　火力发电厂生产工艺流程

第一节　锅炉主要参数及技术指标

一、主要参数

1. 锅炉容量

锅炉容量是反映锅炉生产能力的基本参数。

锅炉每小时产生的蒸汽量称为锅炉蒸发量。锅炉在设计运行条件下的最大连续蒸发量（MCR）称为锅炉容量，用 D 表示，单位为 t/h。锅炉容量一般为汽轮机设计条件下铭牌功率所需进汽量的 108%～110%。

2. 蒸汽参数

锅炉蒸汽参数一般是指过热器出口处过热蒸汽的压力和温度。对于再热蒸汽锅炉，蒸汽参数还包括再热蒸汽的压力和温度。锅炉蒸汽参数是体现锅炉产品特性的基本数据。

锅炉产品铭牌标明的压力，是这台锅炉的额定工作压力，也就是表压力。运行人员操作锅炉时要严格监视控制锅炉压力，并使之维持稳定。

蒸汽温度用 t 表示，其单位为℃，它标志蒸汽的冷热程度。

二、经济技术指标

1. 锅炉效率

锅炉效率又称锅炉热效率，是指锅炉每小时的有效利用热量占输入锅炉全部热量的百分数，用 η 表示。大型电厂锅炉的效率一般在 90%以上，而工业锅炉的效率为 50%～80%。

2. 钢材消耗率

钢材消耗率是指锅炉 1t/h 蒸发量所用钢材吨数，也称单位蒸发量耗钢量。不同参数、不同容量、不同结构形式的锅炉，其钢材消耗率也不同。容量小、蒸汽参数高的锅炉，钢材消耗率大。蒸汽参数低的锅炉，主要使用低碳钢，而参数高的锅炉，要使用较多数量的耐热合金钢和奥氏体不锈钢，其造价也高得多。另外，直流锅炉因无汽包、下降管，钢材消耗量也有所降低。

三、安全技术指标

锅炉的安全技术指标用来衡量锅炉运行的可靠性。通常有以下三个间接指标。

1. 连续运行小时数

锅炉的连续运行小时数是指锅炉两次检修之间的运行小时数。国内一般小、中型电站锅炉的平均连续运行小时数在 4000h 左右，而大型电站锅炉则在 7000h 左右。

2. 事故率

事故率是指事故停用小时数占总运行小时数和事故停用小时数之和的百分比。即：

$$事故率=\frac{事故停用小时数}{总运行小时数+事故停用小时数}\times 100\%$$

3. 可用率

可用率是指总运行小时数和总备用小时数之和占统计期间总小时数的百分比。即：

$$可用率=\frac{总运行小时数+总备用小时数}{统计期间总小时数}\times 100\%$$

锅炉的事故率和可用率一般是按一个适当长的周期来计算，我国火力发电厂通常以一年为一个统计周期。目前国内比较好的安全技术指标是：事故率约为1%，可用率约为90%。另据国外有关统计资料表明，随着机组容量的增大，锅炉的可用率是下降的。

第二节　锅炉分类和型号

一、分类

电站锅炉有多种分类方法，常用的有以下八种：

(1) 按燃烧方式分类。锅炉分为室燃锅炉、旋风锅炉、流化床锅炉、层燃锅炉。

(2) 按燃用燃料分类。锅炉分为燃煤锅炉、燃油锅炉、燃气锅炉。

(3) 按工质流动特性分类。锅炉分为自然循环锅炉、强制循环锅炉（强制循环锅炉又可分为直流锅炉、控制循环锅炉、复合循环锅炉）。

(4) 按锅炉额定蒸汽压力分类。锅炉分为低压锅炉（$P\leqslant 2.5$MPa）、中压锅炉（3.8MPa$\leqslant p<$5.3MPa）、次高压锅炉（5.3MPa$\leqslant p<$9.8MPa）、高压锅炉（9.8MPa$\leqslant p<$13.7MPa）、超高压锅炉（13.7MPa$\leqslant p<$16.7MPa）、亚临界压力锅炉（16.7MPa$\leqslant p<$22.1MPa）、超临界压力锅炉（22.1MPa$\leqslant p<$26MPa）、超超临界锅炉（$p\geqslant$26MPa）。

(5) 按燃煤锅炉排渣方式分类。锅炉分为固态排渣锅炉、液态排渣锅炉。

(6) 按锅炉容量（MCR）分类。锅炉分为小型锅炉（MCR<220t/h）、中型锅炉（MCR=220～440t/h）、大型锅炉（MCR≥670t/h）。

(7) 按锅炉型式分类。锅炉分为Π型锅炉、T型锅炉、Γ型锅炉（又称倒L型锅炉）、U型锅炉等。

(8) 按通风方式分类。锅炉分为平衡通风锅炉（－50～－200Pa）、微正压锅炉（200～400Pa）和增压锅炉（1～1.5MPa）。

电站锅炉的类型不同，其锅炉容量等参数也不相同。我国大多数电厂使用的电站锅炉容量、参数和类型见表1-1。

表 1-1　我国主要电厂锅炉的类型、容量及参数

容量（t/h）	蒸汽压力（MPa）	过热/再热蒸汽温度（℃）	给水温度（℃）	汽轮发电机功率（MW）	锅炉类型	
35	3.8	450	150 或 170	6	中压	自然循环锅炉、燃煤锅炉、链条炉排锅炉、供热锅炉
75	5.30	485	150	12	中压	自然循环锅炉、循环流化床锅炉、燃煤锅炉、供热锅炉
220 或 240	9.8 或 9.81	540	215	50	高压	自然循环锅炉、循环流化床锅炉（或室燃锅炉）、燃煤锅炉、供热锅炉
410	9.8	540	215	100	高压	自然循环室燃锅炉、燃煤锅炉
400	13.7	555/555	240	125	超高压	自然循环锅炉或直流锅炉、燃煤或燃油锅炉一次中间再热锅炉
670	13.7	540/540	240	200	超高压	自然循环锅炉、燃煤或燃油锅炉、室燃锅炉或旋风锅炉、一次中间再热锅炉
1025	16.7 或 18.3	540/540	270 或 278	300	亚临界压力	自然循环或控制循环锅炉或直流锅炉、燃煤锅炉、一次中间再热锅炉
2008	18.3	541/541	278	600	亚临界压力	控制循环锅炉、燃煤锅炉、一次中间再热锅炉
1900	25.4	541/569	286	600	超临界压力	直流锅炉、燃煤锅炉、一次中间再热（引进机组）锅炉
3099	27.56	605/603	299	1000	超超临界压力	直流锅炉、燃煤锅炉、一次中间再热（引进机组）锅炉

二、型号

电站锅炉的型号一般用六组字码表示，其表达形式如下：

△△－□□□/○○○－ ××× / ××× －◇☆

①　②　③　④　⑤　⑥

①——制造厂代号。（其中 HG 为哈尔滨锅炉厂有限责任公司；SG 为上海锅炉厂有限责任公司；DG 为东方锅炉厂有限公司；BG 为北京锅炉制造厂；WG 为武汉锅炉制造厂）；

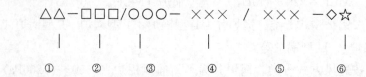

②——锅炉容量，即锅炉的最大连续蒸发量 MCR（t/h）；

③——额定蒸汽压力（MPa）；

④——过热蒸汽温度（℃）；

⑤——再热蒸汽温度（℃）；

⑥——燃料代号（M 为燃煤；Y 为燃油；Q 为燃气；T 为其他燃料；MY 为煤油两用；YQ 为油气两用）和设计序号。如果锅炉是原型设计，其设计序号可不予标出。

如 DG-1025/18.2-540/540-M2，表示东方锅炉厂有限公司生产的燃煤锅炉，其容量为 1025t/h，过热蒸汽压力为 18.2MPa，过热蒸汽温度为 540℃，再热蒸汽温度为 540℃，第二次改型设计。

又如 SG-3099/27.46-605/603-M545，表示由上海锅炉厂有限责任公司引进 Alstom-Power 公司的技术生产的燃煤锅炉，其容量为 3099t/h，过热蒸汽压力为 27.46MPa，过热蒸汽温度为 605℃，再热蒸汽温度为 603℃，生产标号为 545。

对于没有再热器的锅炉，则只用以上①②③⑥四组字码表示，如 HG-410/9.8-M1，表示哈尔滨锅炉厂有限责任公司生产的燃煤锅炉，其容量为 410t/h，过热蒸汽压力为 9.8MPa，第一次设计。

对于具有二次再热的大型锅炉，则需要在以上表达形式字码⑤后面增加一组字码，如 HG-2764/33.5/605/623/623-YM2，表示由哈尔滨锅炉厂有限责任公司生产的超超临界二次再热直流锅炉，其中额定二次再热汽温为 623℃。

第三节　典型锅炉介绍

蒸汽锅炉按照水或水蒸气循环动力的不同，分为自然循环锅炉、控制循环锅炉、直流锅炉和复合循环锅炉，后三种锅炉统称为强制循环锅炉，又称强迫循环锅炉。

自然循环锅炉：是指依靠炉外不受热的下降管中的水与炉内受热的上升管中的工质之间的密度差，来推动汽水循环的锅炉。

控制循环锅炉：是指依靠下降管和上升管之间装设的锅水循环泵的压头推动水循环的汽包锅炉。

直流锅炉：是指在给水泵压头作用下，工质按顺序一次通过加热、蒸发和过热，从而产生符合规定参数蒸汽的锅炉。

复合循环锅炉：是指依靠锅水循环泵的压头将蒸发受热面出口的部分或全部工质进行再循环的锅炉。它包括全部负荷下需投入锅水循环泵运行的全负荷复合循环锅炉，以及在低负荷下投入锅水循环泵运行，而高负荷时按直流工况运行的部分负荷复合循环锅炉。由于复合循环锅炉在我国使用极少，这里不作介绍。

以上锅炉分类的主要依据是水循环动力的不同，其中自然循环锅炉一般采用超高压及以下参数，部分自然循环锅炉也有采用亚临界参数的，控制循环锅炉一般采用亚临界参数，而目前直流锅炉一般采用超临界或者超超临界参数。从以上三种类型锅炉采用的参数可以看出，随着蒸汽参数的提高，汽水密度差存在一个从大变小直至消失的过程，而这个过程直接反映出电站锅炉的发展方向，即从低参数的自然循环锅炉，经亚临界参数的控制循环锅炉过渡，发展到目前主流的超超临界参数直流锅炉。

一、自然循环锅炉

自然循环锅炉的显著结构特点是有汽包。在自然循环锅炉中，汽包、下降管、下联箱、蒸发受热面（有的还包括上联箱和汽水导管）共同构成水循环回路。下降管布置在炉外，不受热。蒸发受热面由布置在炉内的水冷壁管组成，又称上升管。蒸发受热面内汽水混合物的密度比下降管内水的密度小得多，工质正是依靠这种密度差而产生的动力保持流动的，不需消耗任何外力，所以称为自然循环。

我国1000t/h级亚临界压力自然循环锅炉，主要与300MW汽轮发电机组配套使用。目前这种炉型在我国主要用在供热机组上。现以某型亚临界压力自然循环锅炉为例进行介绍。

1. 主要参数

该锅炉的主要参数：最大连续蒸发量为1025t/h；额定蒸发量为935t/h；过热蒸汽压力为18.2MPa；过热蒸汽温度为540℃；再热蒸汽流量为851.37t/h；再热蒸汽温度为324/540℃；再热蒸汽压力为3.92/3.73MPa；给水温度为273℃；热风温度：一次风为328℃，二次风为313℃；排烟温度为126℃；锅炉设计效率为90.6%。

2. 整体布置

该锅炉按照从美国福斯特·惠勒能源公司许可证转让的W形火焰锅炉引进技术设计制造。锅炉整体呈F型布置，双拱型、单炉膛，燃烧器布置于下炉膛前后拱上，呈W形火焰，尾部双烟道结构，采用挡板调节再热汽温，固态排渣、全钢构架、全悬吊结构、平衡通风、露天布置。燃烧混煤（50%无烟煤+50%贫煤），锅炉带基本负荷，并有一定的调峰能力。

炉膛上部布置有全大屏过热器；按烟气流程，水平烟道依次布置高温对流过热器和高温再热器；分隔墙将后竖井分隔成前后两个平行烟道，前烟道内布置低温再热器，后烟道内布置低温过热器；尾部竖井布置省煤器（42排$\phi51\times6$mm蛇形管）；2台三分仓回转式空气预热器布置在竖井的下方。

锅炉采用4台双进双出球磨机，为正压直吹式制粉系统。共配有24个按FW技术设计制造的双旋风筒分离式煤粉燃烧器，错列布置在锅炉下炉膛的前后拱上，这是该锅炉的特点之一。单个燃烧器的出力（煤粉）为5.4t/h，每个燃烧器喷嘴配一支油点火器，油点火器设计总容量约为15% BMCR热输入量，油点火采用高能点火器。

整个炉膛四周为全焊式水冷壁，炉膛分上下两部分。下炉膛呈双拱型，前后拱上布置燃烧器，下炉膛部分区域敷设了卫燃带，以利于煤粉的着火及低负荷稳燃。汽包布置在炉膛上方51m标高上，炉膛冷灰斗倾角为55°，下方接水封式除渣装置，灰渣经碎渣机破碎后排出。

3. 结构特点

该锅炉具有以下特点：

（1）蒸发设备系统。由汽包、大直径下降管、水冷壁下联箱、前后墙及两侧墙水冷壁、连接管组成蒸发设备的自然循环系统。

1）汽包为单段蒸发系统，内径为1792mm、厚度为145mm、总长为26.7m，筒体材料为13MnNiMo54，由两根U形吊杆将其悬吊于大板梁上。汽包采用内夹层结构，是该锅炉的特点之一。由于汽包夹层内充满了来自水冷壁的汽水混合物，汽包上下壁温度比较一致。同时，进入汽包内的给水，通过夹层上留出的管口进入下降管，夹层起到了将给水与汽包内壁分隔的作用，减小了温度较低的给水进入汽包对汽包壁的不利影响。汽包内布置有190个卧式汽水分离器和69个立式百叶窗分离器。

2）采用7根ϕ406.4×40mm的集中下降管，再由下降管底端的分配联箱接出146根ϕ159×18mm的分配支管，将水引入水冷壁下联箱。炉膛四周为全焊式水冷壁，下炉膛水冷壁管采用ϕ76×9mm的管子，上炉膛水冷壁管采用ϕ89×9.5mm的管子，共670根（前后墙各259根，两侧墙各76根）。整个水冷壁共分为60个循环回路。

（2）过热器系统。过热器系统由顶棚过热器、包覆管过热器、低温级（对流）过热器、全大屏过热器、高温级（对流）过热器五级受热面组成，采用二级喷水减温。第Ⅰ级减温作为粗调，第Ⅱ级减温作为细调，以维持额定的过热汽温。

（3）再热器系统。再热器系统按蒸汽流程依次分为低温段再热器和高温段再热器。从汽轮机高压缸来的蒸汽左侧进入低温段再热器的入口联箱，蒸汽流经低温段再热器、高温段再热器后，由出口联箱左侧引出至汽轮机中低压缸。通过调节尾部烟气挡板可以调节再热蒸汽温度。在再热器的进口管道上，还设置了事故喷水减温装置，用于控制紧急状态下的再热蒸汽温度。

二、强制循环锅炉

随着锅炉容量的增大，自然循环锅炉的压力也相应提高，饱和水与饱和水蒸气之间的密度差也随压力的增大而减小，水循环的推动力随之减小，工质在蒸发系统中的循环流动随压力提高而逐渐变得困难。当压力达到临界值22.12MPa时，饱和水与饱和水蒸汽之间的密度差几乎为零，这时，工质循环停止。如果锅炉要向更高压力发展，就需要借助外力，此外力可以依靠水泵运行产生的压头实现。强制循环锅炉就是主要依靠水泵在运行中产生的压头，从而推动锅炉水循环的锅炉。

1. 2000t/h 级亚临界压力控制循环锅炉

2000t/h 级亚临界压力控制循环锅炉主要配套 600MW 汽轮发电机组。现以某型 2000t/h 级亚临界压力控制循环锅炉为例介绍如下：

（1）主要参数。该锅炉主要参数如下：锅炉最大连续蒸发量为 2008t/h；锅炉额定蒸发量为 1815t/h；主蒸汽压力为 18.3MPa；主蒸汽温度为 540.6℃；再热蒸汽流量为 1634t/h；再热蒸汽压力为 3.86/3.6MPa；再热蒸汽温度为 315/540.6℃；锅炉给水温度为 278℃；锅炉排烟温度为 128℃；锅炉效率为 92.11%；设计发电标准煤耗率为 310.6g/(kW·h)。

（2）整体布置。

1）锅炉整体呈Ⅱ型布置，单炉膛，平衡通风，一次中间再热。炉膛上部为 CE 公司的典型布置，即布置了大节距的分隔屏和墙式辐射再热器，以增强过热器和再热器的辐射特性，分隔屏还起到切割旋转烟气流，以减小烟气进入水平烟道沿炉宽度方向的温度偏差的作用，分隔屏沿炉宽共布置 6 大片，并采用多组小屏式结构，墙式辐射再热器布置在上部前墙和两侧墙的膜式水冷壁管的外面；炉膛出口至水平烟道沿烟气流程依次布置后屏过热器、屏式再热器、末级高温再热器、末级高温过热器；尾部竖井烟道依次布置立式低温过热器、水平低温过热器、省煤器，竖井下面布置 2 台容克式空气预热器。

2）锅炉悬吊构架采用钢结构。运转层标高为 17m。

3）锅炉四周设置了必要的水平刚性梁。由于水平烟道两侧墙的跨度最大，为减小挠度，故在该部位两侧墙设有两根垂直刚性梁，并与水平刚性梁相连。

4）锅炉安装有 4 台 5 电场静电除尘器，有效通流面积为 $227m^2$，除尘效率为 99%。锅炉为固态排渣，采用水封斗式除渣装置，裂化后的渣块经碎渣机破碎后排出。

5）锅炉按引进技术设置了膨胀中心，可进行精确的热位移计算，作为膨胀补偿、间隙预留和应力分析的依据，这对保证锅炉的可靠运行和密封性能的改善有重要作用。

6）锅炉采用程控吹灰。在炉膛、各级对流受热面和回转式空气预热器处均装有墙式、伸缩式等不同型式的吹灰器，吹灰器的运行为程序控制，所有吹灰器根据煤质和受热面积灰情况定期全部运行一遍。

7）在汽包、过热器出口、再热器进出口均安装有直接动作式弹簧安全阀。在过热器出口处还安装有一只动力控制阀，以减少主安全阀的动作次数。

8）锅炉按两种运行方式设计，可满足定压运行和滑压运行的要求。在定压运行 70%最大负荷和滑压运行 60%最大负荷时，一、二次汽温可维持额定值。该锅炉配有一台 65t/h(3.9MPa) 的启动用小锅炉。

（3）结构特点。该锅炉结构有以下特点：

1）锅炉水循环系统。锅炉水循环系统采用CE公司的CC+循环系统，即“循环泵+内螺纹管”控制循环系统，这种系统不仅保留了控制循环原有的优点，而且还可降低水冷壁的质量流速和循环倍率，并减少循环泵电耗约1/3。水冷壁回路的平均质量流速为949kg/(m^2·s)；最大连续负荷时的循环倍率为2.087，考虑汽包凝汽率后，其实际循环倍率为1.674。

水冷壁为膜式壁结构，采用外径为ϕ50.8mm的碳钢管，节距为63.5mm。为防止产生膜态沸腾，在热负荷较高的区域采用了内螺纹管。

装有3台低压头锅炉水循环泵，压头为0.1766MPa，工作温度为350℃，电动机功率为350kW，转速为1467r/min，由沈阳水泵厂制造。

2）过热器及再热器。该锅炉的过热器、再热器系统及其蒸汽流程，与300MW机组SG-1025/18.3型亚临界压力控制循环锅炉的系统基本相同，是CE公司的典型系统之一。

过热器系统包括七级受热面，按顶棚管→水平烟道及尾部竖井烟道的包覆管→水平低温过热器→立式低温过热器→分隔屏→后屏→末级高温对流过热器的系统布置。按CE公司设计传统，过热器的调温主要靠喷水减温器，为增加调节的灵敏性，600MW机组的锅炉过热蒸汽温度采用两级喷水调节，第一级喷水减温器布置在立式低温过热器与分隔屏之间的大直径连接管道上，第二级喷水减温器布置在末级高温过热器进口。喷水减温器为笛管式。再热器系统包括三级受热面，按墙式（壁式）辐射再热器→屏式再热器→末级高温对流再热器的系统布置。墙式（壁式）辐射再热器布置在炉膛上部的前墙和两侧墙，沿水冷壁表面排列，分成左右两个管组，进、出口联箱均呈L形；屏式再热器与末级高温对流再热器之间未设联箱；再热蒸汽温度的调节采用“摆动燃烧器+喷水（事故情况用）”，安装在再热器进口导管上的两只事故喷水减温器为雾化喷嘴式；过量空气系数的改变对再热器和过热器的调温也有一定的作用。

600MW机组HG-2008t/h锅炉过热器及再热器系统的主要特点是：①采用较粗管径（ϕ51mm～ϕ63mm）、较大横向节距的顺列布置，这对降低流动阻力、防止结渣积灰、增强设备的刚性、减轻飞灰磨损等都是有利的，采用大横向节距还便于蛇形管穿过顶棚处装设高冠板式密封装置，提高炉顶的密封性；②各级受热面之间采用单根或数量很少的大直径连接管，以减小阻力，并能起到良好的蒸汽混合作用、减轻热偏差，各联箱与大直径连接管之间均采用锻造三通相连；③汽冷定位管和吊挂管在系统中得到了最大限度的应用，保证了运行的可靠性。分隔屏、后屏沿炉深方向，有6组汽冷定位夹持管并与前水冷壁之间装设了导向定位装置，后屏过热器和屏式再热器采用横穿炉膛的汽冷定位管、水平低温过热器和省煤器，均由自竖井包墙管下联箱引出的汽冷吊挂管悬吊和定位；④过热器系统装设了5%最大负荷的启动小旁路，可加速锅炉启动时过热器的升温，缩短启动时间，小分路与炉膛出口处的烟温探枪相配合可以满足机组冷热态启动的要求，小旁路管从尾部竖井包覆管下联箱引出。

3）炉膛及燃烧系统。炉膛一般宽 18.5m、深 16.4m，截面宽深比约为 1.13，接近正方形，这为切向燃烧创造了良好条件，并使炉膛四周热负荷比较均匀；炉膛高大，具有较低的截面热负荷和容积热负荷，对防止结渣和水冷壁超温有利；上排燃烧器中心到屏底的距离达 20m 以上，保证了足够的火焰长度。

炉膛配有较先进的安全监控系统，除具有单根点火油枪灭火和炉膛火焰监测功能外，还具有一系列联锁保护及锅炉启停时辅机的切投功能，对防止炉膛爆炸、锅炉安全点火和启停以及各种紧急事故的处理等均有重要意义。

燃烧器为直流式，采用按 CE 技术设计的带水冷喷口的摆动式燃烧器，布置于炉膛 4 个切角，借助气动执行机构燃烧器可上下摆动 30°。每一切角有 6 个煤粉喷口（四周设周界风），与二次风喷口交错布置，均等配风，顶部为 2 个上二次风喷口，用以降低 NO_x 的生成量，所有喷嘴进口处均安装有调节挡板。每角燃烧器均安装有 Y 型蒸汽雾化式油喷嘴，用于锅炉点火暖炉及甩负荷时稳定燃烧。采用先进的高能点火器两级点火系统，由高能电弧点燃轻油或重油，再点燃煤粉。

采用中速磨煤机冷一次风机正压直吹式制粉系统。6 台 RP-1003 型中速磨煤机（出力为 66t/h，转速约为 40r/min），在炉前成一排布置，每台磨煤机带一层煤粉燃烧器。干燥剂为热风，干燥剂入口温度约为 205℃，磨煤机出口温度约为 80℃。每台磨煤机配备一台先进的电子重力式皮带给煤机，出力为 80t/h，给煤量通过改变皮带速度进行调节，其称重精度可达 ±0.5%，带有断煤报警和堵煤报警装置。系统中所配备的一次风机（动叶可调轴流式）和送风机（入口动叶可调轴流式）的出口均安装有隔离挡板，以保证运行中一台风机解列时空气不倒流入风机；考虑到一次风机有单台运行的可能，空气预热器的一次风分仓进、出口均安装有隔离挡板，而二次风分仓仅出口侧安装有隔离挡板。

4）空气预热器。该锅炉采用 2 台按引进技术设计制造的三分仓容克式空气预热器，装有高传热效率的波形板传热元件和可弯曲扇形板漏风控制系统，其漏风率在投运一年内为 8%，长期运行不超过 10%。

按燃煤的含硫量及腐蚀特性，冷段波形板可选用耐腐蚀合金钢或涂搪瓷的波形板。支承大轴承采用先进的平面轴承，其寿命较长，维修时只需更换巴氏合金块。每台空气预热器均安装伸缩式吹灰器和固定式水清洗装置，以保证传热效率，防止堵灰，保证运行安全。

2. 超临界压力直流锅炉

世界上首台超临界压力机组锅炉于 1957 年投入运行。我国首次从国外引进的 2 台具有 20 世纪 80 年代国际先进水平的 1900t/h 超临界压力锅炉，于 1992 年 6 月、12 月先后在石洞口第二电厂投入运行，并创造了较好的运行实绩。此后，超临界压力锅炉在我国得到了较好的发展。

(1) 主要参数。该锅炉主要参数如下：锅炉最大连续蒸发量为1900t/h；过热器出口蒸汽压力为25.4MPa；过热器出口蒸汽温度为541℃；再热器蒸汽流量为1613t/h；再热器蒸汽压力为4.77/4.58MPa；再热器蒸汽温度为301/569℃；省煤器进口给水温度为286℃；省煤器进口给水压力为29.4MPa；炉膛出口烟温为1235℃；锅炉排烟温度为130℃；空气预热器漏风系数小于10%；一次热风温度为336℃；二次热风温度为321℃；电除尘器效率在燃用设计煤种时大于99%；在燃用设计煤种时的锅炉效率为92.53%；允许最低稳燃负荷（不投油）为30%。

(2) 整体布置。该锅炉为超临界压力一次中间再热螺旋水冷壁直流锅炉，锅炉整体仍采用Ⅱ型布置，单炉膛，全悬吊结构，平衡通风，露天布置。炉膛高62.12m（冷灰斗口至顶棚），炉架宽61m，深69.55m，大板梁顶高81.25m。

炉膛上部布置前屏式过热器和后屏式过热器，水平烟道依次布置高温再热器、高温过热器，尾部烟道布置有低温再热器和省煤器，尾部烟道的下方布置2台容克式空气预热器。省煤器的灰斗采用支搁方法，与尾部烟道的连接采用非金属膨胀节。

2台动叶可调轴流式送风机和2台单吸离心式一次风机，布置在空气预热器的下方，分别接二次风入口和一次风入口。2台引风机为双速双吸离心式。

锅炉安装有2台框架型四电场静电除尘器，在MCR工况下除尘效率不低于99%。

锅炉构架采用全钢悬吊结构，用大六角高强度螺栓连接，大板梁共6根，均直接搁置在立柱顶端，立柱按高度分6节。炉膛采用自重较轻的蜂窝状刚性梁系统，与同等级刚度要求的工字型刚性梁相比，总质量可减轻约20%。

锅炉布置有104只水冷壁吹灰器和60只长伸缩吹灰器，每台空气预热器安装有摆动式吹灰器1只。

每台锅炉安装有2套独立的除灰系统，即炉底灰渣系统和飞灰系统。炉底灰渣系统为炉底固态排渣，采用水封斗式除渣装置，渣块落入水封斗内，裂化后由水封斗出渣门排出，经碎渣机破碎后排入灰渣管，由渣泵输送至灰池，再用泵输送到距离电厂约3km的灰渣场，此系统还能排除由磨煤机排出的硫化铁矿石。飞灰系统的作用是排除电除尘器和空气预热器灰斗排出的灰，用气力将灰输送至飞灰斗，弄湿后送到灰池或沉淀池，然后用水力或货车将灰送到灰场，也可以将干灰从灰斗装上货车供给需要干灰的用户。烟囱为双管集束型（钢筋混凝土外筒，内设2个直径为ϕ6.5m的钢内筒），2台锅炉合用一座烟囱，高240m，上口直径为ϕ6.5m。

机组热控采用微机分散控制系统，两台机组由同一主控室集中控制。

该控制系统可提供机组的自动启停、自动程控调节和二元控制以及报警、事故处理，包括锅炉燃烧器控制、蒸汽温度控制、炉膛安全监控系统等。选用加拿大和瑞士ABB公司的主控设备。

（3）结构特点。该锅炉的结构有以下特点：

1）水冷壁及汽水系统。一次汽水流程为：给水→省煤器→炉膛下部螺旋管圈水冷壁→中间过渡联箱→炉膛上部垂直管屏水冷壁及折焰角、后墙悬吊管→汽水分离器→顶棚管、前后墙包覆管→后烟井两侧墙、低温再热器悬吊管、水平包覆管→前屏式过热器→一级喷水减温器→后屏式过热器→二级喷水减温器→高温对流过热器→汽轮机。

水冷壁为膜式壁，炉膛下部（包括冷灰斗）采用螺旋盘绕管圈，管子规格为$\phi 38\times 5.6$mm或$\phi 38\times 6.3$mm，共316根，螺旋升角为13.95°，盘旋圈数为1.74圈；炉膛上部水冷壁为垂直管屏，左前右三面共1264根管子，规格为$\phi 33.7\times 5.6$mm，后墙悬吊管125根，规格为$\phi 60.3\times 10$mm。炉底环形联箱（水冷壁下联箱）标高为7.875m。

整个汽水流程以汽水分离器为界设计成双流程。汽水分离器为一圆柱形筒体，垂直布置在炉前锅炉中心线上，长度为（即高）25m，质量为58t，安装高度（顶部标高）为72m。锅炉备有一套启动及低负荷再循环系统。

再热蒸汽流程为：汽轮机高压缸排汽→事故喷水减温器→低温再热器→高温再热器→汽轮机中压缸。

主蒸汽采用两级喷水调温。再热蒸汽温度的调节主要依靠摆动式燃烧器，喷水则作为事故备用。

2）燃烧系统及设备。炉膛截面尺寸（宽×深）为18.8m×16.6m。炉膛顶棚管标高为70.3m。

采用摆动式直流煤粉燃烧器，四角布置切圆燃烧，双切圆顺时针旋转，切圆直径约为ϕ1588mm和ϕ2061mm。燃烧器分成上、中、下三组独立结构，共6层、24个煤粉喷口，每个角每组内布置有2个分叉式煤粉喷口和1个位于中间的配有轻油枪、重油枪和点火器的喷口，并间隔布置3个二次风喷口，轻油枪、重油枪各12根。锅炉点火采用高能点火器三级点火系统，点火燃料为轻油，低负荷稳燃燃料为重油。重油燃烧器采用蒸汽雾化，雾化压力为1.14MPa，燃油温度为170℃，单只重油枪出力约为6t/h。

采用中速磨煤机冷一次风机正压直吹式制粉系统。6台HP-943型碗式中速磨煤机（出力约为55t/h，转速为43r/min）布置在炉前煤仓间零米层，干燥剂为热风，每台磨煤机分别连接一层煤粉喷口。磨煤机上部的煤粉分离器为内锥体型式。每台磨煤机配备一台电子重力式皮带给煤机，出力为67～112t/h，采用变速电动机调节给煤量。每台锅炉设有6个600m^3的钢原煤仓（内衬不锈钢），其容积可满足每台锅炉在最大连续负荷下运行10h的用煤量。

3）空气预热器。每台锅炉所配备的2台三分仓容克式空气预热器，其转子直径为 ϕ12.934m，转速为1.1r/min，每台空气预热器总质量为534.3t，配有热端漏风控制系统、转子停转报警和红外线探测装置等。

3. 3000t/h级超超临界直流锅炉

3000t/h级超超临界直流级锅炉配套1000MW机组，是我国目前在运容量最大的锅炉。现以某型3000t/h级超超临界直流锅炉为例进行介绍。

（1）主要参数。该锅炉的主要参数如下：锅炉效率为93.72%；锅炉最大连续蒸发量为3099t/h；过热器出口蒸汽压力为27.56MPa；过热器出口蒸汽温度为605℃；再热蒸汽流量为2580.9t/h；再热器进口蒸汽压力为6.06MPa；再热器出口蒸汽压力为5.86MPa；再热器进口蒸汽温度为374℃；再热器出口蒸汽温度为603℃；省煤器进口给水温度为298℃。

（2）整体布置。该锅炉为超超临界参数变压运行螺旋管圈直流塔式炉，采用一次再热、单炉膛单切圆燃烧、平衡通风、露天布置、固态排渣、全钢构架、全悬吊结构布置。

锅炉炉膛宽度为23.2m，深度为23.2m，水冷壁下集箱标高为4m，炉顶管中心标高为117.9m，大板梁上端面标高为126.2m。

锅炉炉前沿宽度方向垂直布置6只汽水分离器，汽水分离器外径为0.61m，壁厚为0.08m，每个分离器筒身上方布置1根内径为 ϕ0.24m和4根外径为 ϕ0.2191m的管接头，其进出口分别与汽水分离器和一级过热器相连。当机组启动，锅炉负荷小于最低直流负荷30%BMCR时，蒸发受热面出口的介质经分离器前的分配器后进入分离器进行汽水分离，蒸汽通过分离器上部管接头进入两个分配器后进入一级过热器，而不饱和水则通过每个分离器筒身下方1根内径为 ϕ0.24m的连接管进入下方1只疏水箱中，疏水箱直径为 ϕ0.61m，壁厚为0.08m，疏水箱设有水位控制。疏水箱下方1根外径为 ϕ0.57m疏水管引至一个连接件。通过连接件一路疏水至锅炉水再循环系统，另一路接至大气扩容器中。

炉膛由膜式水冷壁组成，水冷壁采用螺旋管加垂直管的布置方式。从炉膛冷灰斗进口到标高68.18m处炉膛四周采用螺旋水冷壁，管子外径为 ϕ38.1mm，节距为53mm。在螺旋水冷壁上方为垂直水冷壁，螺旋水冷壁与垂直水冷壁采用中间联箱连接过渡，垂直水冷壁分为两部分，首先选用管子外径为 ϕ38.1mm，节距为60mm，在标高88.88m处，两根垂直管合并成一根垂直管，管子外径为 ϕ44.5mm，节距为120mm。

炉膛上部依次分别布置有一级过热器、三级过热器、二级再热器、二级过热器、一级再热器、省煤器。

锅炉燃烧系统按照中速磨正压直吹系统设计，配备6台磨煤机，正常运行中运行5台磨煤机可以带到BMCR，每台磨煤机引出4根煤粉管道到炉膛四角，炉外安装煤粉分配装置，每根管道分配成2根管道分别与2个一次风喷嘴相连，共计48个直流式燃烧器分12层布置于炉膛下部四角（每 2 个煤粉喷嘴为一层），在炉膛中呈四角切圆方式燃烧。

紧挨顶层燃烧器设置有 CCOFA，在燃烧器组上部设置有 SOFA，每个角有 6 个喷嘴，采用 TFS 分级燃烧技术，减少 NO_x 的排放。

在每层燃烧器的 2 个喷嘴之间设置有油枪，燃用 0 号柴油，设计容量为 25%BMCR，在启动阶段和低负荷稳燃时使用。

锅炉设置有膨胀中心及零位保证系统，炉墙为轻型结构带梯形金属外护板，屋顶为轻型金属屋顶。

采用等离器点火器，在启动阶段和低负荷稳燃时，也可以投入等离子系统，减少柴油的耗量。

过热器采用三级布置，在每两级过热器之间设置喷水减温，主蒸汽温度主要靠煤水比和减温水控制。再热器两级布置，再热蒸汽温度主要采用燃烧器摆角调节，在再热器入口和两级再热器布置危急减温水。

在省煤器出口设置脱硝装置，脱硝采用选择性触媒 SCR 脱硝技术，反应剂采用液氨汽化后的氨气，反应后生成对大气无害的氮气和水汽。

尾部烟道下方设置 2 台三分仓回转容克式空气预热器，2 台空气预热器转向相反，转子直径为 16.421m，空气预热器采用 2 段设计，没有中间段，低温段采用抗腐蚀大波纹 SPCC 搪瓷板，可以防止脱硝生成的 NH_4HSO_4 的粘接。

锅炉排渣系统采用机械出渣方式，底渣直接进入捞渣机水封内，水封可以冷却、裂化底渣，同时可以保证炉膛的负压。

（3）结构特点。该锅炉具有以下特点：

1）锅炉系统简单。

2）锅炉省煤器、过热器和再热器采用卧式结构，具有很强的自疏水能力。

3）锅炉启动疏水系统设计有锅水循环泵，锅炉启动能量损失小，同时具备优异的备用和快速启动特点。

4）采用单炉膛单切圆燃烧技术，并对烟气进行了消旋处理，在所有工况下，水冷壁出口温度、过热器和再热器烟气温度分布均匀。

5）炉膛尺寸大，降低炉膛截面热负荷和燃烧器区域壁面热负荷，降低了结焦的可能性。同时降低了烟气流速，减少了烟气转弯，受热面磨损小。

6）采用低 NO_x 同轴燃烧技术。

7）过热蒸汽温度采用煤水比粗调，两级八点喷水减温细调；再热器温度采用燃烧器摆角调节，在再热器进口和两级再热器中间安装有微量喷水，作危急喷水，在低负荷时，可以通过调节过量空气系数调节再热器温度。

8）水冷壁设置有中间混合联箱，再热器、过热器无水力侧偏差，蒸汽温度分布均匀。

9）在不同受热面之间采用联箱连接方式，不存在管子直接连接的现象，不会因为安装引起偏差（携带偏差）。

10）受热面间距布置合理，下部宽松，不会堵灰。

11）锅炉采用全悬吊结构，悬吊结构规则，支撑结构简单，锅炉受热后能够自由膨胀，同时塔式锅炉结构占地面积小。

12）锅炉高温受热面采用先进材料，受热面金属温度有较大的裕度。

三、循环流化床锅炉

为了解决劣质煤燃烧的问题，我国从 20 世纪 60 年代开始对循环流化床锅炉（简称 CFB）进行研究。自 1988 年第一台 35t/h CFB 锅炉投运以来，经历 30 多年的消化吸收和自主研发，已完成了从高压、超高压、亚临界到超临界 CFB 锅炉技术的飞跃，目前我国已成为世界上循环流化床锅炉装机容量最大、数量最多的国家。2013 年 4 月，四川白马电厂 600MW 超临界 CFB 锅炉示范项目顺利投运，标志着我国大型循环流化床锅炉技术已达到世界领先水平。2015 年 9 月，世界首台 350MW 超临界 CFB 锅炉在山西国金电厂成功投运，成为我国循环流化床锅炉技术的又一突破。

循环流化床锅炉和常规的煤粉锅炉相比，其汽水系统的工作原理相同，不同的是燃烧系统。

循环流化床锅炉燃烧系统的工作原理是：煤和脱硫剂被送入炉膛后，迅速被炉膛内存在的大量高温物料包围，着火燃烧及发生脱硫反应，并在上升烟气流作用下向炉膛上部运动，对水冷壁和炉内布置的其他受热面放热。粗大粒子在被上升气流带入稀相区后，在重力及其他外力的作用下，不断减速偏离主气流，最终形成贴壁下降粒子流，向下流动。被夹带出炉膛的气固混合物进入分离器，大量固体物料被分离出来，重新回送入炉膛，进行循环燃烧和脱硫。未被分离的极细粒子及烟气进入尾部烟道，进一步对省煤器、空气预热器受热面放热，从而被冷却，再经除尘器除尘后，由引风机将烟气送入烟囱，排入大气。

现以某型 350MW 超临界循环流化床锅炉为例作简要介绍。

1. 锅炉参数

某 350MW 超临界循环流化床锅炉的主要参数如下：额定蒸发量为 1184t/h；过热蒸汽压力为 25.31MPa；过热蒸汽温度为 571℃；再热蒸汽流量为 1000.76t/h；再热蒸汽进口压力为 4.76MPa；再热蒸汽出口压力为 4.54MPa；再热蒸汽进口温度为 329.7℃；再热蒸汽出口温度为 568℃；给水温度为 286.3℃；排烟温度为 135℃，锅炉效率为 91.98%。

2. 整体布置

350MW 超临界 CFB 锅炉的整体布置如图 1-2 所示。锅炉为超临界直流炉，单炉膛、M 型布置、平衡通风、一次中间再热、全紧身封闭、循环流化床燃烧方式，采用高温冷却式旋风分离器进行气固分离。

锅炉由三部分组成，第一部分布置主循环回路，包括炉膛、冷却式旋风分离器、回料器、中温过热器、高温过热器、高温再热器等；第二部分布置尾部烟道，包括中温过热器、低温过热器、低温再热器和省煤器；第

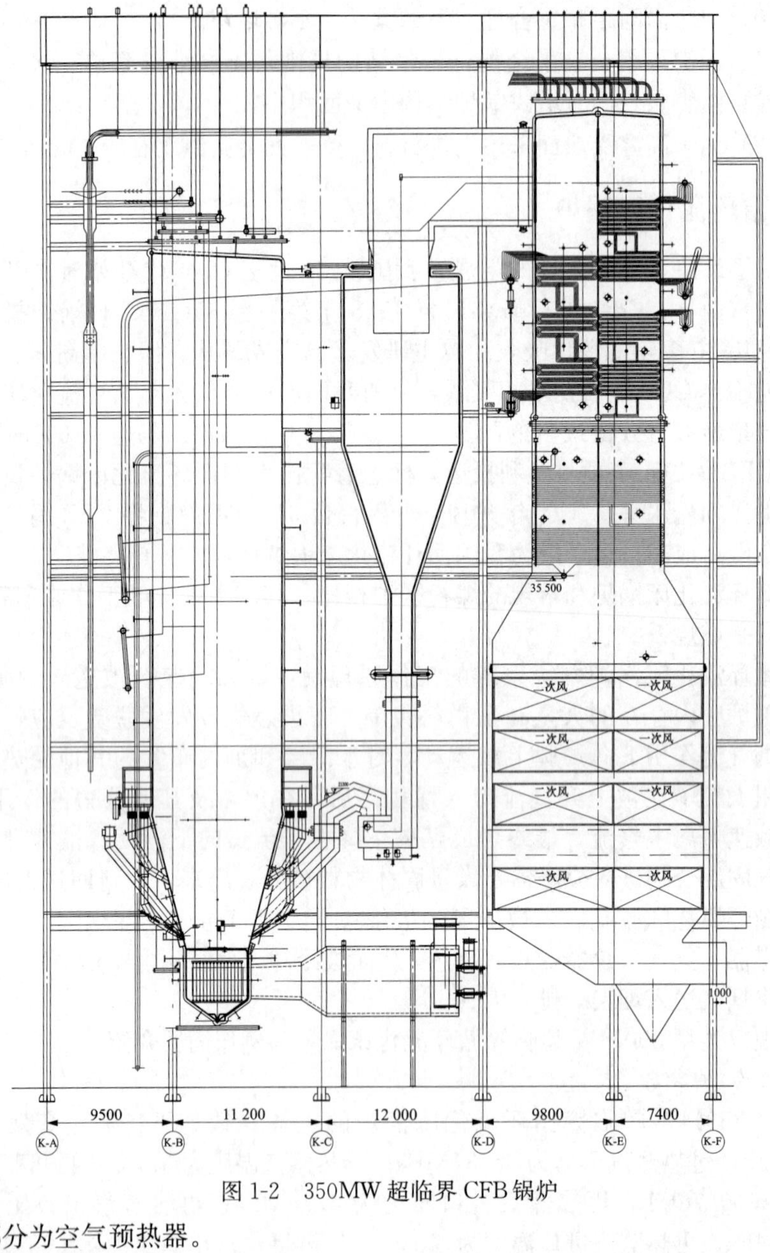

图 1-2　350MW 超临界 CFB 锅炉

三部分为空气预热器。

锅炉的循环系统由启动分离器、贮水罐、水冷壁上升管、汽水连接管等组成。在负荷大于最低直流负荷后直流运行，一次上升，启动分离器入口具有一定的过热度。为避免炉膛内高浓度灰的磨损，水冷壁采用全焊接的垂直上升膜式管屏，炉膛采用光管（中隔墙采用内螺纹管）。炉膛内还布置了 12 片屏式过热器和 6 片屏式再热器管屏，管屏采用膜式壁结构，垂直布置，在高温过热器、中温过热器、高温再热器下部转弯段及穿墙处的受热面管子上均敷设耐磨材料，防止受热面管子的磨损。

下炉膛布置单布风板，布风板之上是由水冷壁管弯制围成的水冷风室。

燃料从炉前给煤口送入炉膛。

每台炉设置两个床下点火风道，分别从炉膛两侧进入风室。每个床下点火风道配置 2 个燃气点火装置，能高效加热一次流化风，进而加热床料。6 台滚筒式冷渣器布置在炉膛后墙。

3 台冷却式旋风分离器布置在炉膛后墙的钢架内，在每个旋风分离器下方各布置 1 台回料器。由旋风分离器分离下来的物料经两个回料腿直接返回炉膛。

过热蒸汽喷水减温器共布置有三级：一级减温器布置在低温过热器出口至一级中温过热器入口管道上，用于控制一级中温过热器出口温度；二级减温器位于一级中温过热器与二级中温过热器之间的连接管道上，用于控制二级中温过热器出口温度；三级减温器位于二级中温过热器与高温过热器之间的连接管道上，用于控制高温过热器出口温度。过热器系统喷水来自省煤器出口。锅炉通过三级喷水减温控制过热器汽温和主汽温度。再热器汽温通过尾部烟气调节挡板控制，低温再热器与高温再热器间布置一级微量喷水减温器。

汽冷包墙包覆的尾部烟道内，前烟道布置低温再热器，后烟道布置中温过热器和低温过热器。省煤器布置在前后烟道合并后的竖井区域。

省煤器为“H”型鳍片管省煤器。空气预热器是管式空气预热器。

3. 结构特点

350MW 超临界 CFB 锅炉各个系统的结构特点分别介绍如下：

（1）水冷壁及汽水系统。锅炉给水首先进入位于尾部烟道下部的省煤器入口集箱，水流经省煤器受热面吸热后，由省煤器出口集箱一端引出，经连接管进入水冷壁和水冷中隔墙入口集箱，在炉膛吸热后进入水冷壁出口集箱汇集，然后通过连接管引入汽水分离器进行汽水分离。锅炉启动处于循环运行方式时，饱和蒸汽流经汽水分离器后进入旋风分离器进口烟道，疏水进入储水罐。储水罐的饱和水则通过储水罐水位调节阀流至疏水扩容器，储水罐的水位通过储水罐水位调节阀控制。锅炉进入直流运行时水冷壁出口工质均只通过汽水分离器进入旋风分离器入口烟道。

（2）燃烧系统。锅炉共布置 10 个给煤口，全部布置于炉前，在前墙水冷壁下部收缩段沿宽度方向均匀布置，原煤从原煤斗下落至皮带给煤机进入炉膛。

从一次风机出来的空气分成四路：第一路，约占总风量 37.5%的空气经一次风空气预热器加热后，作为一次燃烧用风和流化风进入炉膛底部的水冷风室，通过布置在布风板上的风帽使床料流化，并形成向上通过炉膛的气固两相流，该回路上布置有床下风道点火器；第二路，未经预热的一次风作为给煤皮带密封风；第三路经空气预热器的热一次风作为给煤装置吹扫风，防止给煤堵塞。此外，在一次风机出口至床下点火风道之间，布置有绕过空气预热器的一次风快冷风道，风量约为一次风总风量的 35%～

45%，用于停炉时快速冷却炉膛。

从二次风机出来的空气经二次风空气预热器加热后的热二次风分两层，进入炉膛下部前后侧，作为燃烧及燃烧调整用风。二次风机之间通过二次风联络风道相连，风量约为25%的二次风总风量。

高压风系统主要提供回料器的流化风、油枪冷却风和火检冷却风，通过调节挡板保证各支路要求的风量。

锅炉在正常运行过程中，大量的固体粒子在炉膛和分离器组成的主循环回路中循环。一部分极细的粒子随烟气一起到达尾部烟道，作为飞灰进入除尘器；而其余大部分粒子被分离器捕获下来，通过回料器回到炉膛。炉膛底部排渣经冷渣器冷却后排出。回料器放灰通过回料器至冷渣器的放灰管接入冷渣器，必要时可以用于排灰。

在回料器回料管上布置六个石灰石口，通过此口可将粉状石灰石注入燃烧室，与燃烧过程中的SO_2反应，从而去除烟气中的SO_2。

由燃料燃烧产生的热烟气将热传递给炉膛水冷壁，然后流经旋风分离器，进入后竖井包墙，后竖井包墙内布置低温过热器、低温再热器和省煤器等受热面；之后烟气进入空气预热器，最后烟气进入除尘器，流向烟囱，排向大气。

(3) 过热蒸汽系统。过热蒸汽流程为：旋风分离器入口烟道→旋风分离器→后竖井包墙→低温过热器，然后通过一级减温器接入一级中温过热器（ITS1），从ITS1出来的蒸汽经二级减温器后到二级中温过热器（ITS2）中继续吸热，从ITS2出来的蒸汽经三级减温器后到高温过热器加热，合格的过热蒸汽由高温过热器出口集箱引出到汽轮机。过热蒸汽温度是由水/煤比和三级喷水减温进行控制。水/煤比的控制温度取自设置在高温过热器上的三个温度测点，通过三取中进行控制。过热蒸汽喷水减温器共布置三级：第一级在低温过热器（LTS）和一级中温过热器（ITS1）之间，用于控制LTS出口和ITS1入口温差；第二级在一级中温过热器（ITS1）和二级中温过热器（ITS2）之间，用于控制ITS2出口温度；第三级在二级中温过热器（ITS2）和高温过热器（HTS）之间，用于控制HTS出口温度。过热器系统喷水来自省煤器出口。

(4) 再热蒸汽系统。从汽轮机高压缸抽取的再热蒸汽通过连接管进入布置在尾部烟道内的低温再热器入口集箱，然后由连接管引入高温再热器（HTR），经高温再热器加热后合格的再热蒸汽由高温再热器出口集箱引回汽轮机。

再热器出口蒸汽温度主要通过调节尾部竖井的烟气调节挡板（调节进入前烟道的烟气量）进行控制，在低温再热器出口管道上布置再热器微调喷水减温器作为事故状态下的调节手段。

第二章　锅炉受热面设备

第一节　锅炉受热面概述

锅炉受热面是构成锅炉本体的重要设备，在受热面管子的内部，是流动的水或者水蒸气，而在它的外部，直接接触燃烧的火焰或者热烟气，因此，锅炉受热面设备工作环境十分恶劣，因此该设备的设计、制造、安装、检修、运行等各环节，都需要科学、严谨地开展，一旦某个环节出了问题，就非常容易导致该设备失效，发生电厂生产人员经常提及的“四管泄漏”，给企业的生产经营带来一定的损失。锅炉受热面包括水冷壁、过热器、再热器和省煤器，一般称为“四管”。“四管”指小口径管，区别于由主蒸汽管道、再热蒸汽入口管道、再热蒸汽出口管道、给水管道组成的“四大管道”。

一、水冷壁

1. 水冷壁的分类

水冷壁是锅炉的主要蒸发受热面，布置在炉膛的四周，其受热方式主要是吸收炉膛火焰的辐射热，是锅炉中工质完成从液态向气态转变的重要设备。常用水冷壁有光管式、销钉式、鳍片管式等类型。

（1）光管式水冷壁。光管式水冷壁是由普通无缝钢管弯制而成的，顾名思义，管子外壁是光滑的，由于这种管子本身不能完成炉膛的密封，必须有耐火炉墙的配合才能构成完整的水冷壁。根据光管与水冷壁间的配合关系，炉墙分为轻型炉墙和敷管式炉墙。轻型炉墙水冷壁管和炉墙是分离的，敷管式炉墙水冷壁管的一半埋在炉墙中，水冷壁管对炉墙起到了悬挂作用。这种结构的水冷壁由于其热效率低、强度差、质量大，现代电站锅炉中已很少使用，如图 2-1 所示。

（2）销钉式水冷壁。销钉式水冷壁是根据需要在光管表面焊上很多一定长度的圆钢，这种结构常见于敷设有卫燃带的水冷壁。销钉的材料与管子相同，一般采用直径为 ϕ9mm～ϕ12mm、长度为 20～30mm 的圆钢。由于焊接工作量大，质量要求高，销钉式水冷壁一般只在局部采用，如图 2-2 所示。

（3）鳍片管式水冷壁。鳍片管式水冷壁又称膜式水冷壁，有两种形式：一种是光管之间焊接扁钢形成鳍片管：另一种是用轧制成型的鳍片管焊成。目前多采用轧制成型的鳍片管。光管之间焊接扁钢的形式多用在水冷壁检修中，如图 2-3 所示。

鳍片管组成的膜式水冷壁，可以独立实现炉膛的密封，不再使用耐火

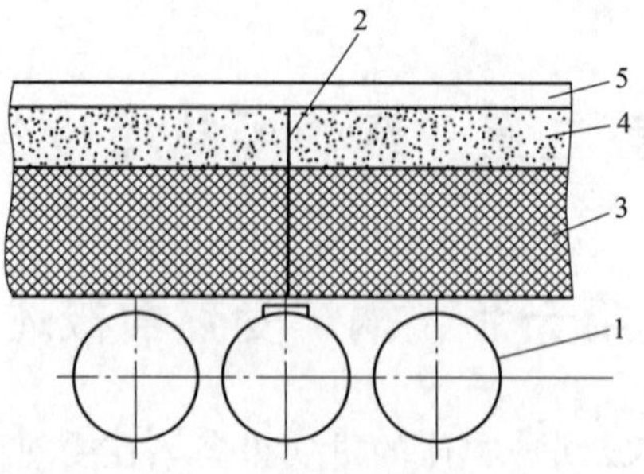

图 2-1 光管式水冷壁

1—水冷壁管；2—拉杆；3—耐火材料；4—保温材料；5—外壳

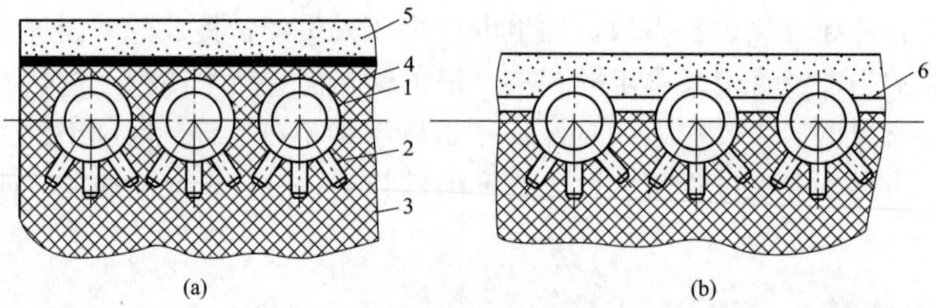

图 2-2 销钉式水冷壁

（a）带销钉的光管水冷壁；（b）带销钉的膜式水冷壁

1—水冷壁管；2—销钉；3—耐火材料层；4—铬矿砂材料；5—保温材料；6—扁钢

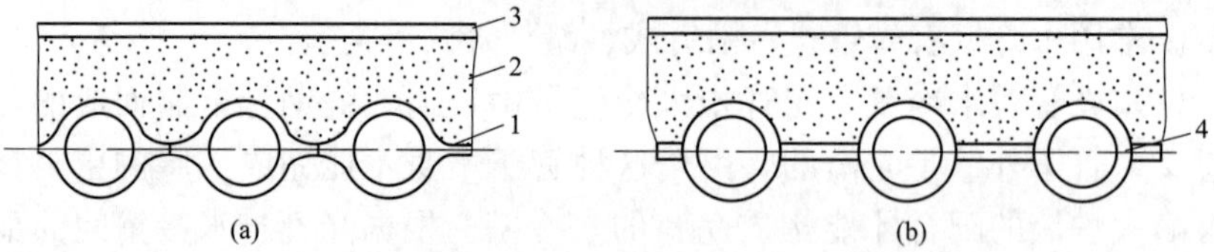

图 2-3 鳍片管式水冷壁

（a）轧制鳍片管；（b）光管扁钢焊接鳍片管

1—轧制鳍片管；2—绝热材料；3—外壳；4—扁钢

材料的炉墙，只需要保温材料。因此大大减小了炉墙的质量，同时水冷壁的金属耗量增加很少，由于采用了焊接结构，炉墙的气密性也得到了很大的提高，安装快速方便，因此在现代锅炉上得到了广泛的应用。

由于鳍片管结构的水冷壁温度最高点发生在鳍片管横断面的端部，鳞片宽度越大，鳍端的金属温度越高。因此鳍片一般不能过宽，同时鳍片也不能过厚，以免鳍片内外两侧金属温差太大，引起过大的热应力。

2. 水冷壁的作用

（1）直接吸收燃料燃烧时放出的辐射热量，把锅水加热、蒸发为饱和蒸汽。

（2）实现炉膛的密封，提高热利用率。

（3）由于水冷壁位于烟气温度最高的燃烧室四周，主要依靠辐射传热，提高了传热效率，节省了大量的金属材料。

（4）通过吸收辐射热量，降低了炉膛出口烟气温度，减轻了炉膛出口处的结焦。

3. 常见锅炉水冷壁的结构特点

（1）自然循环锅炉水冷壁的结构特点。自然循环锅炉的水冷壁采用垂直管屏式布置，水冷壁布置在炉膛的四周，前后墙水冷壁下部向内部弯曲形成冷灰斗，后墙水冷壁上部向炉内凸出形成折焰角，有的锅炉在折焰角上部还设有一定数量的水冷壁悬吊管，用以支撑后墙水冷壁的质量。折焰角的作用是：

1）可增加上水平烟道的长度，多布置受热面。

2）通过对烟气折向导引，改善了烟气对屏式过热器的冲刷，提高了传热效果。

3）使烟气沿燃烧室高度方向的分布趋于均匀，增加了炉前上部和顶棚过热器前部的吸热。

自然循环锅炉的水冷壁有很多循环回路，每一个回路由一个下联箱、一个上联箱、数根下降管和汽水混合物导管以及多根水冷壁组成。

自然循环锅炉最明显的特征是在锅炉顶部有一个汽包，循环回路中汽与水的密度差建立了水循环，所以自然循环锅炉的工作压力在超临界压力之下。因为自然循环锅炉循环倍率较高，所以一般采用管径比较大的水冷壁管。

循环倍率指循环回路中进入上升管的循环水量与上升管出口蒸汽量之比。

（2）控制循环锅炉水冷壁的结构特点。随着电站机组单机容量的不断提升，配套锅炉容量在不断增加，工质参数也在不断提高。由于汽与水之间密度越来越接近，自然循环已越来越难以建立。为了更有效地建立水循环，在锅炉的上升管与下降管之间安装锅水循环泵，利用锅水循环泵的压头增强水循环的动力，这种锅炉称为控制循环锅炉，控制循环锅炉与自然循环锅炉的水冷壁结构特点基本一致，只是多了锅水循环泵。由于锅水循环泵的存在，水循环效果优于自然循环锅炉，因此可采用较小管径的水冷壁管。

（3）直流锅炉水冷壁的结构特点。超临界及超超临界机组的出现，汽水密度已完全相同，使得直流锅炉的出现成为必然。直流锅炉水冷壁管内工质是依靠给水泵的压头，以一定速度流动进行热量交换的。其布置形式一般有三种：垂直管屏式、迂回管屏式、水平围绕管圈式。

1）垂直管屏式。这种直流锅炉的水冷壁又可分为一次垂直上升和多次垂直上升两种。垂直管屏式直流锅炉水冷壁的特点是制造、安装方便。节省钢材，但其对滑压运行的适应性较差，多次垂直上升式金属消耗量较大。

2）迂回管屏式。这种直流锅炉的水冷壁呈屏式水平布置在炉腔四周，一般情况下与垂直管屏式混合使用。这种结构水冷壁的特点是布置方便、节省钢材，但由于其管子较长且又水平布置，故热偏差较大，制造、安装都很困难。

3）水平围绕管圈式。水平围绕管圈式直流锅炉水冷壁是由很多根管子倾斜沿炉膛四周盘旋而上形成蒸发受热面，有时也与垂直管屏配合使用。其特点是节省钢材、水循环稳定、利于疏水排气、便于滑压运行，但检修、安装都很困难。

4. 水冷壁固定

锅炉水冷壁布置在炉膛四周，由于为墙式布置，且宽而高，面积大，如果没有固定装置，在炉膛内风烟压力以及爆燃压力作用下，极易发生变形，因此所有水冷壁均采用固定装置、加装刚性梁装置是常用的设计，刚性梁好像一圈圈的腰带，沿炉膛高度每隔 3～4m 设置一圈、常用的刚性梁形式为搭接式。

搭接式刚性梁固定装置具体结构是：在条形钢板的两侧水冷壁管上焊接角钢，利用销钉穿过角钢将条形钢板固定贴近水冷壁外壁面，再通过挂钩使条形钢板与较大尺寸的 H 型钢连接；在水冷壁的角部，相邻两面墙同标高的刚性梁通过一块焊接在水冷壁角部的角板连接，以满足水冷壁的膨胀需求。理论上刚性梁在水平方向不随水冷壁膨胀，但可以随水冷壁在竖直方向上自由膨胀，如图 2-4 和图 2-5 所示。

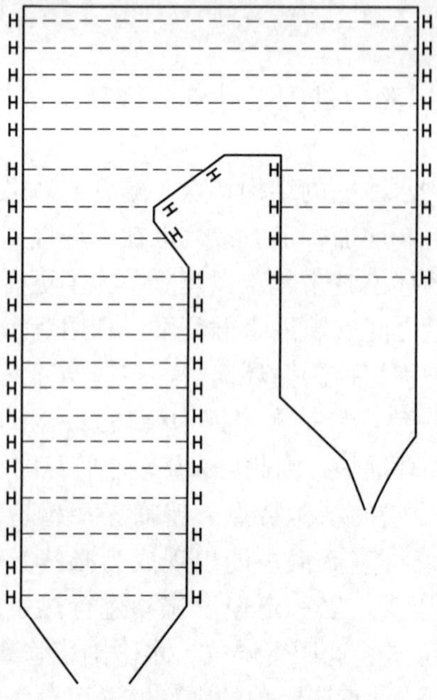

图 2-4　刚性梁的布置
（图中虚线为刚性梁）

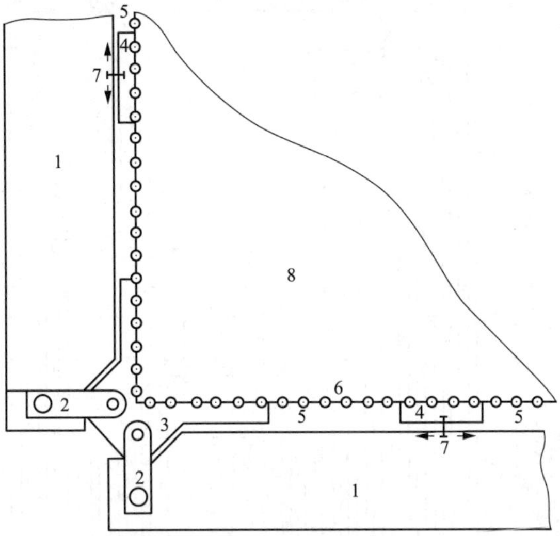

图 2-5　刚性梁结构

1—刚性板梁；2—搭板；3—角板；4—横板；5—加强板；
6—水冷壁管；7—销钉与板梁上的椭圆孔；8—炉膛

因目前大容量锅炉均采用了轻型炉墙设计，所以均采用了悬挂式结构，即将锅炉的膨胀零点设计在炉顶部位，锅炉整体向下膨胀。因此整个水冷壁为悬吊结构，水冷壁管屏质量由上联箱承担，上联箱通过吊杆支撑在炉顶钢构架上。在 W 形火焰锅炉的拱形部位、水冷壁底部冷灰斗等水冷壁管屏出现弯曲的部位，由于弯管不能承受轴向载荷，因此这些部位均需要采用单独的支吊结构。

二、过热器

过热器是用来将饱和蒸汽加热成具有一定过热度的过热蒸汽的热交换设备。按其传热方式分为对流式过热器、辐射式过热器、半辐射式过热器。按其布置方式分为立式过热器、卧式过热器、墙式过热器。

1. 立式过热器

立式过热器一般布置在炉膛上部和锅炉水平烟道内，主要吸收对流热，常见的有顺流布置、逆流布置和混流布置。布置在炉膛上部的屏式过热器除具有对流吸热特点外，还具有辐射吸热的特征，因此称为半辐射式过热器，如图 2-6 所示。

立式过热器的特点是不易积灰，支吊方便，但排汽疏水性差，管内容易腐蚀，顺流布置的过热器传热效果最差，受热面最多，壁温最低，故一般布置在烟气温度较高的区域。逆流布置的过热器恰好相反，其传热效果最好，受热面最小，壁温最高，一般布置在烟气温度较低的区域。混流布置具有顺流布置和逆流布置的共同特点，在立式过热器中被广泛应用。

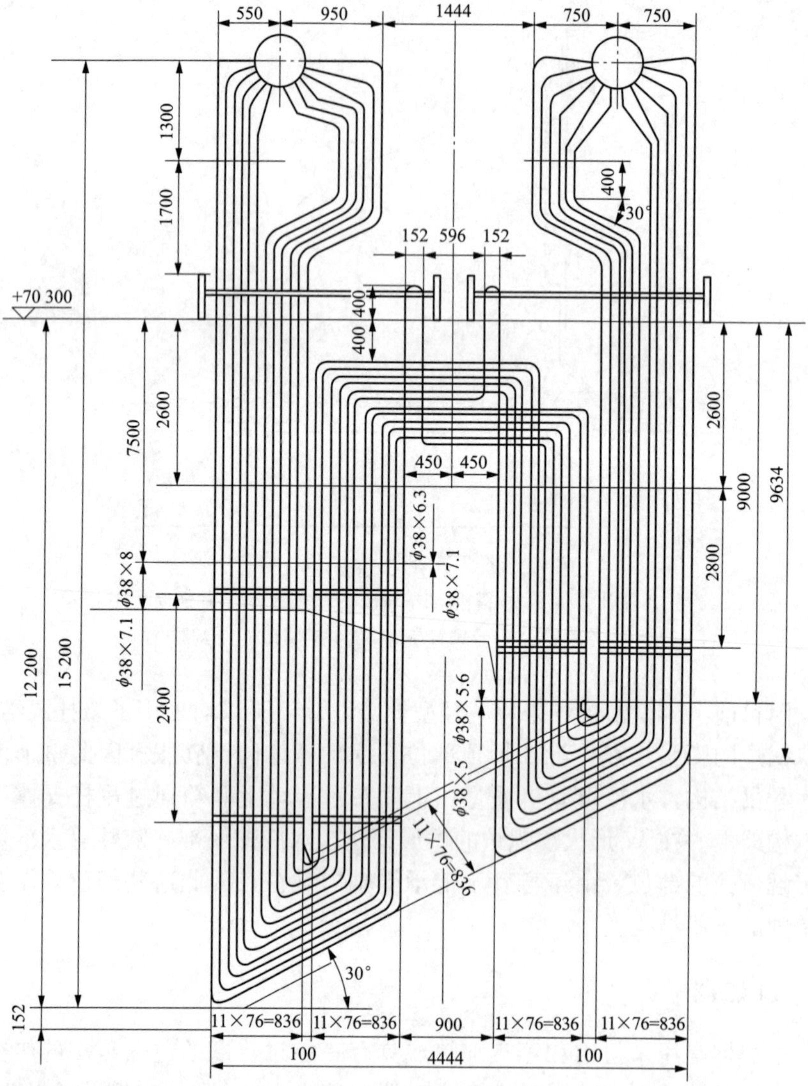

图 2-6　某电厂锅炉立式对流高温过热器

2. 卧式过热器

卧式过热器一般布置在锅炉尾部竖井烟道内，吸收对流传热，由于尾部竖井烟道的温度较低，卧式过热器均采用逆流布置，如图 2-7 所示。

卧式过热器的特点是支吊结构复杂，安装检修不方便，但排汽疏水性好。

3. 墙式过热器

墙式过热器又称包覆管式过热器，一般布置在锅炉水平烟道或尾部竖井烟道的壁面上，或布置在锅炉炉膛、水平烟道及尾部竖井烟道的上方，其作用是使该处形成敷管式炉墙，一般制成膜式。墙式过热器由于是单面受热，吸热方式为辐射吸热，故吸热量有限，所以大多将其作为初级过热器使用。

布置在锅炉水平烟道或尾部竖井烟道壁面上的墙式过热器称为包墙过

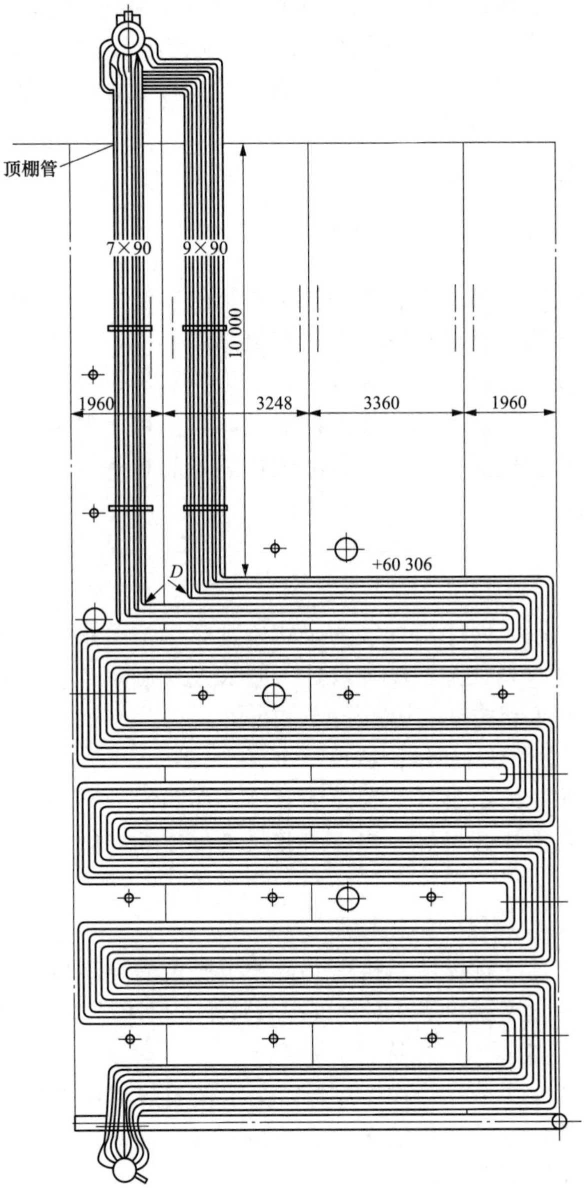

图 2-7　某电厂锅炉卧式对流低温过热器

热器；布置在锅炉炉膛、水平烟道及尾部竖井烟道上方的墙式过热器称为顶棚过热器。

墙式过热器的特点是吸热量少，检修、安装方便。墙式过热器由于其墙体式的特点与水冷壁相似，也采用了刚性梁的固定结构，顶棚过热器采用复杂的支吊方式。

4. 过热器的支撑结构

立式过热器一般均采用悬吊结构，利用联箱吊杆固定在炉顶钢梁上，管屏则通过屏内的数根与联箱连接的直管起到支吊作用，屏内其他非支吊作用的管子通过管间连接件与支吊管相连，从而实现管屏的整体悬挂。

卧式过热器一般利用焊接在包墙管上的支撑架作为支吊结构，管排采用管排卡作一体化固定以增加管排的刚性。

墙式过热器的固定方式、支吊结构与水冷壁基本相同。

三、再热器

再热器是用来加热从汽轮机高压缸排出的中温中压蒸汽，使汽温达到额定温度的热交换设备。再热器与过热器结构相同，其布置形式同过热器类似，也分为立式、卧式、墙式等。由于再热器加热的蒸汽压力较低，比体积较大，因此再热器采用了多管圈布置，且采用了薄壁管，从传热面积来看，再热器比过热器大得多。各形式再热器的布置特点与对应形式的过热器基本相同。

四、省煤器

省煤器是利用锅炉尾部烟气的余热来加热锅炉给水的受热面。现代锅炉的省煤器主要有光管式、鳍片管式、膜式及螺旋肋片管式等几种，其布置方式有顺列布置和错列布置。

1. 错列布置省煤器的结构特点

采用错列布置的省煤器结构较为紧凑，在同样大小的空间可以布置更多的受热面，其换热效果好。但由于其对烟气流动的阻力较大，故管子磨损相对严重。

2. 顺列布置省煤器的结构特点

采用顺列布置的省煤器结构整齐，管子所占的空间较大，其换热效果不如错列布置的省煤器。但其对烟气阻力较小，管子磨损相对较轻。

3. 光管式省煤器的结构特点

最常见的省煤器是光管式省煤器，为了使省煤器结构紧凑，一般采用双管圈烧制。其特点是结构简单，安装、检修方便，抗磨损能力一般，顺列布置和错列布置均有。

4. 鳍片管式省煤器结构特点

为了强化传热效果，减小省煤器的尺寸，部分锅炉采用了鳍片管式省煤器。在相同的金属耗量下，采用鳍片管式省煤器可以比采用光管式省煤器节省20%～30%的受热面。

鳍片管式省煤器的特点是传热效果好，金属消耗量小，管子抵抗磨损的能力较强，但其结构复杂，安装和检修较为困难，常采用错列布置。

5. 膜式省煤器的结构特点

膜式省煤器由光管焊接2～3mm厚的钢板制成，其特点与鳍片管式省煤器相同。膜式省煤器一般采用错列布置。

6. 螺旋肋片管式省煤器的结构特点

螺旋肋片管式省煤器在光管式的基础上，在其表面用高频焊接工艺将1～2mm厚的扁钢条绕制在管子表面而制成。螺旋肋片管式省煤器具有传热效果好、节省钢材等优点，但其造价比较昂贵，并且其安装、检查或检修也较为困难。

第二节　锅炉受热面常见的缺陷及分布范围

锅炉受热面常见的缺陷有磨损、吹损、胀粗、弯曲、腐蚀、变形、裂纹、疲劳、过热爆管、损伤、硬伤、鼓包、蠕变、刮伤等。

一、磨损

磨损是锅炉受热面常见的缺陷之一。锅炉受热面布置在锅炉的炉膛及烟道内，尤其是锅炉尾部竖井烟道内的受热面，长期受烟气冲刷，烟气中的灰粒使受热面的管壁磨损减薄，这种由烟气冲刷使受热面管壁减薄的现象称为磨损。锅炉受热面的磨损速度与烟气的流速、烟气中灰粒的浓度与硬度、管束的布置方式等因素有关，其中烟气的流速对受热面的磨损影响最大。试验测得，受热面管子的磨损速度与烟气流速的三次方成正比，因此必须对烟气流速进行严格控制。

炉墙的漏风、烟道的局部堵灰、对流受热面局部严重结渣都会使烟道内局部烟气流速过大，使受热面管局部磨损加剧。另外，当吹灰器工作不良时，高压蒸汽会将受热面管子吹蚀，使管壁减薄。典型的磨损缺陷如图2-8～图2-10所示。

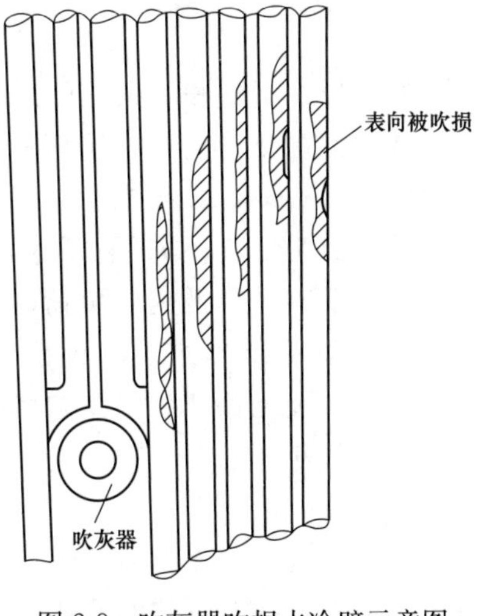

图2-8　吹灰器吹损水冷壁示意图

受热面管子磨损经常发生的区域是：吹灰器吹扫区域的管子；防磨装

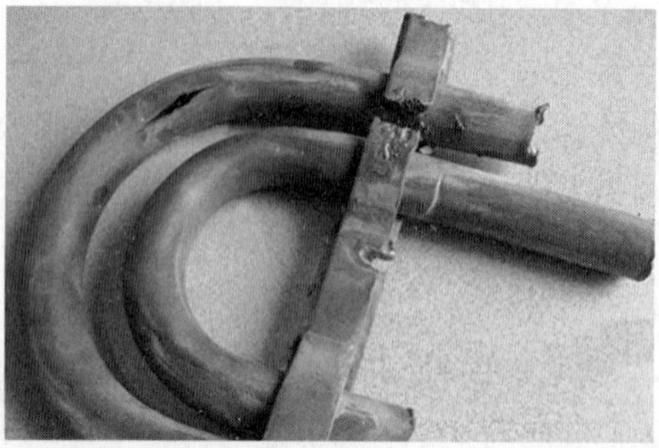

图 2-9　某电厂锅炉省煤器弯头处烟气飞灰磨损

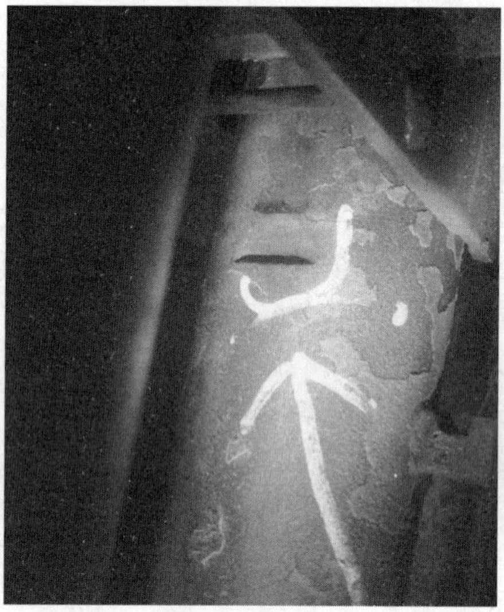

图 2-10　某电厂高温再热器管卡磨损管子

置失效的管子；冷灰斗、燃烧器、折焰角、人孔门以及吹灰孔附近的水冷壁管；烟气转向室前立式受热面的下部管子；尾部竖井烟道布置的卧式受热面管排上部第 2、3 根管子，下部第 2、3 根管子，管子支撑卡子的边缘部位，靠近炉墙的边排管子及个别突出管排的管子等。

减少受热面磨损的方法主要有：降低锅炉负荷，减小烟气流速；燃用设计煤种，降低烟气量；改变管束布置方式，由错列布置改为顺列布置；清除烟道结渣及堵灰，增加烟气流通面积；减少炉墙漏风；加装阻流板或防磨装置；保证吹灰器运行可靠等。

二、腐蚀

腐蚀是锅炉受热面另一种常见缺陷，它的实质是受热面表面的金属与其他物质发生化学反应使金属原子脱离金属表面，按发生的部位可分为外部腐蚀与内部腐蚀两种。

1. 外部腐蚀

锅炉受热面长期处于高温烟气中，受高温烟气的熏烤，由于烟气中含有一定量的多元腐蚀性气体（在燃用高硫分煤种时这种问题更为突出），它们在高温条件下与受热面管子表面的金属发生化学反应，使受热面管子的表面发生腐蚀。因为这种腐蚀发生在受热面管子的外表而且又是在高温条件下发生的，所以称为外部腐蚀或高温腐蚀。

外部腐蚀经常发生的区域是：锅炉炉膛上方及炉膛出口布置的屏式过热器，炉膛出口及水平烟道入口布置的立式对流受热面，水冷壁的高负荷区域，如燃烧器附近的水冷壁管子等。

减少锅炉外部腐蚀的方法主要有：运行时调整好燃烧，避免燃烧局部缺氧，减少热偏差；燃用设计煤种、降低锅炉烟气中腐蚀性气体的含量：在易发生外部腐蚀的区域更换优质耐腐蚀钢管或对管外壁进行防腐金属喷涂。

2. 低温腐蚀

低温腐蚀是发生在锅炉尾部受热面（省煤器、空气预热器）的硫酸腐蚀，因为尾部受热面区段的烟气和管壁温度较低，所以称为低温腐蚀。由于空气预热器中空气的温度较低，预热器区段的烟气温度不高，壁温常低于烟气露点，这样硫酸蒸汽就会凝结在空气预热器受热面上，造成硫酸腐蚀。

低温腐蚀常发生在空气预热器上，但是当燃料中含硫量较高、过剩空气系数较大，烟气中 SO_3 含量较高，酸露点升高，并且给水温度较低（汽轮机高压加热器停用）时，省煤器管也有可能发生低温腐蚀。

3. 内部腐蚀

锅炉受热面管内发生的腐蚀称为内部腐蚀。内部腐蚀主要是由于受热面管内水中含有 O_2、CO_2 等气体，这些气体在高温条件下与管子内表面的金属发生化学反应，使管子内表面发生腐蚀。另外，当锅炉停止运行时，立式受热面由于疏水不彻底，使立式受热面下部 U 形管内存有一定量的水，这些长期存在于管子内部的水对受热面的管子造成腐蚀。长期停用的锅炉，防腐工作未做好也会使受热面的管子发生腐蚀。

内部腐蚀主要发生的区域是：水冷壁或省煤器循环不好的区域，如前后墙布置燃烧器的炉膛四角水冷壁管子、省煤器边排的管子；低温烟气区域立式受热面下部的 U 形管等。

减少锅炉内部腐蚀的方法主要有：提高除氧器的除氧效果，减少锅水中 O_2 的含量；加强锅水循环，保证一定的水流速度，使气体依附在管子内表面的机会减少；锅炉停止运行时，采用带压放水，加强锅炉立式受热面的疏水，采取烘干措施，利用锅炉余热将管内的存水蒸发掉，尽量减少立式受热面 U 形弯头处的存水：做好锅炉的防腐工作。

三、弯曲

弯曲主要是指锅炉受热面的管子在受热膨胀受阻或受热不均时造成受

热面管子的弯曲变形。弯曲主要针对受热面的管子而言，弯曲主要发生在立式受热面管子较长的部位，尤其是立式受热面管壁温度最高的区域或管子的固定装置损坏的区域，管子最易发生变形，如图 2-11 所示。

图 2-11　某电厂锅炉屏式再热器不锈钢管弯曲

防止受热面的管子发生弯曲变形的主要方法有：消除管子膨胀受阻因素；调整好燃烧，减少热偏差，降低立式受热面管壁温度最高的区域的管子壁温；修复或增加受热面管子的固定装置等。

四、变形

变形主要是指锅炉受热面的管排或支持装置受热后改变了原来的形状。变形可以发生在任何受热面上。防止锅炉受热面变形的措施主要是加强受热面检查，消除管排的膨胀受阻因素，更换损坏的受热面管排支持装置。管子变形的图像如图 2-12 所示。

图 2-12　某电厂锅炉墙式再热器变形

五、裂纹

裂纹是锅炉受热面最常见和最危险的缺陷之一，它可以发生在锅炉任何受热面上，主要发生在受热面的焊口及其热影响区域，也可发生在管子的弯头、减温器联箱内部等热应力较大的区域。裂纹是由于金属内部冷热不均，金属内部存在较大的热应力，受到内部较大的压力或受到外力的影响，长时间作用造成金属内部结构发生破坏而形成的。此外，焊接在受热面管上的一些附件，如管卡、防磨瓦等，在热应力、膨胀变形等影响下也可能使管子产生裂纹。裂纹能引起受热面泄漏，严重时甚至可能发生爆破事故。如图 2-13 所示。

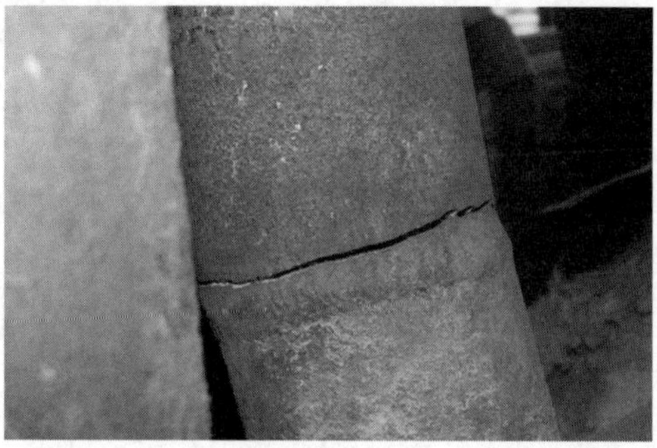

图 2-13　某电厂过热器集箱管座与管子焊口裂纹

可采取以下措施防止裂纹的发生：加强焊接质量管理，严格按焊接工艺施焊，正确进行焊前预热及焊后热处理，有效地消除焊接热应力；严把管子进货质量关，加强对有弯头或焊口管件的检查力度；最大限度地减少备件质量缺陷，加强检查现场设备，加固各种管道的支吊装置、防止管道发生振动；消除减温器的各种故障，合理使用减温器，防止低负荷时减温水直接喷溅在减温器联箱内壁上；在受热面管子上进行附件焊接时，要针对具体情况研究可靠方案，尽量避免与管子直接焊接。

六、疲劳

疲劳是指锅炉受热面承受交变热应力长期运行，致使锅炉受热面的局部出现永久性损害的缺陷。锅炉受热面发生疲劳的最终结果是受热面发生微型裂纹，疲劳是锅炉受热面的隐性缺陷，外观很难发现，因此疲劳有很大的潜在危险，必须给予高度重视。如图 2-14 所示。

锅炉受热面最易发生疲劳的部位是：受热面联箱与受热面管子相连接的角焊口处等热应力较集中的区域、锅炉机组的频繁启停是造成该区域疲劳的重要原因之一。另外，频繁发生晃动或振动的锅炉受热面管子也易发生疲劳，减少锅炉机组的启停次数，防止锅炉受热面管子发生晃动或振动，可以减少锅炉受热面发生疲劳的概率。

七、胀粗

锅炉受热面管子既要承受高温，又要承受很高的压力，长时间运行导

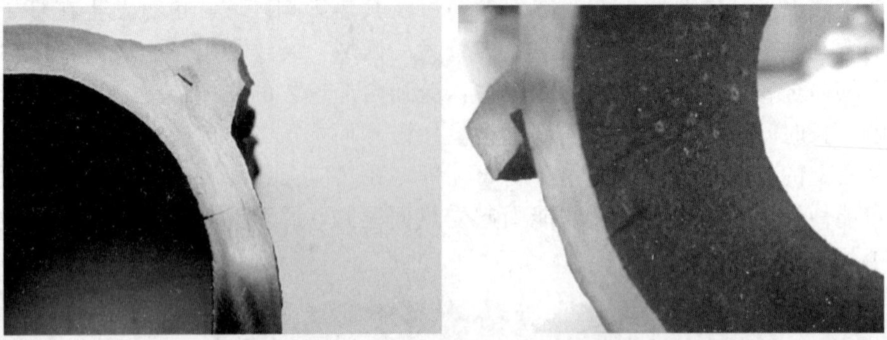

图 2-14　某电厂燃烧器喷口附近水冷壁内壁热疲劳裂纹

致管子的金相组织发生变化，使管子的外径超出原设计管子的外径，这一现象称为胀粗。受热面管子胀粗是在一定条件下发生的，当受热面管子的壁温在允许温度以下，管子发生胀粗的趋势很小，用普通测量仪器几乎测不出来：当受热面管子的壁温超过允许温度时，管子发生胀粗的趋势明显增大。如图 2-15 所示。

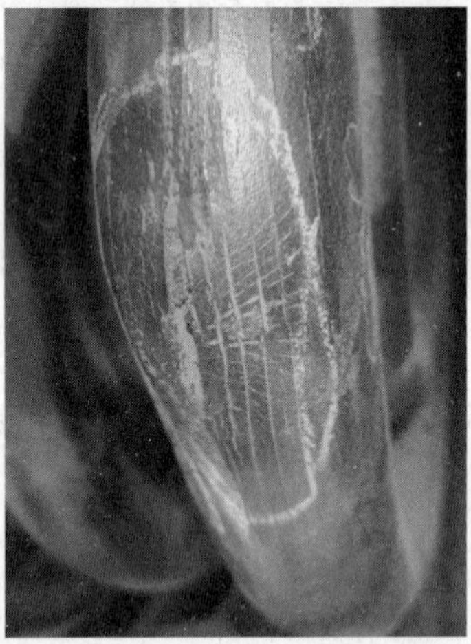

图 2-15　某电厂高温过热器长期超温导致弯头胀粗形貌

锅炉受热面管子最易发生胀粗的部位是：布置在炉膛上方及炉膛出口的屏式过热器，布置在炉膛出口及水平烟道的立式受热面，锅炉水冷壁温度最高的区域，如燃烧器附近，尤其是布置在炉膛出口的对流过热器管子壁温最高的区域，最容易发生胀粗现象。

管子发生胀粗是由于管子壁温超过该材质管子的最高允许温度而造成的，降低管子壁温就能有效防止管子发生胀粗现象。主要措施有：降低锅炉负荷，调整好燃烧，防止过热器、再热器管壁温度超过最高允许温度，严格禁止超温运行；在过热器或再热器管壁温度最高区域更换耐热温度等级更高的管子。

八、过热

在运行中，由于没有很好地冷却锅炉受热面，控制好管壁温度，使受热面在超温状态下长时间运行，就会使受热面管子壁温超过允许温度，管子表面严重氧化，甚至出现脱碳现象，这种现象称为管子过热。管子过热现象的出现与管子胀粗现象同时发生，管子严重过热时会发生爆管事故。

锅炉受热面管子过热与胀粗发生的部位相同，在事故情况下如锅炉水冷壁水循环破坏、锅炉尾部烟道发生再燃烧或立式过热器、再热器管中堵有杂物等，都会使受热面管子发生过热。

过热爆管分为长期过热爆管和短期过热爆管。长期过热爆管的破口外观特征是：管子的破口并不太大，破口的断裂面粗糙不平整，破口的边缘是钝边并不锋利，破口附近有众多的平行于破口的轴向裂纹，破口外表面有一层较厚的氧化皮，氧化皮很脆，易剥落，破口附近的管子胀粗很多，且范围较大。短期过热爆管的破口外观特征是：管子的破口很大，呈喇叭口状，破口外表面光滑，破口两边的边缘锋利，呈撕薄撕裂状，破口附近的管子胀粗并不很大，如图 2-16 和图 2-17 所示。

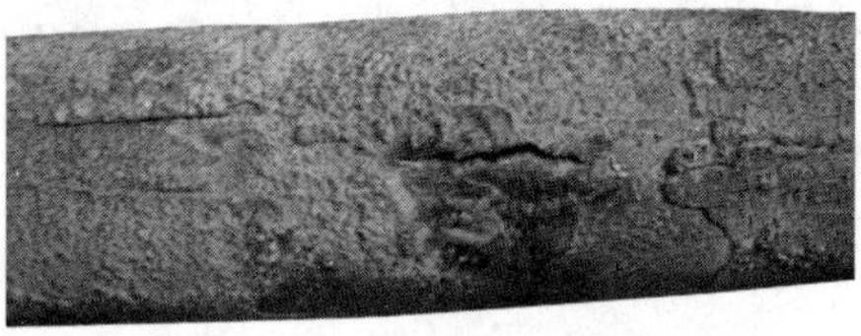

图 2-16　某电厂屏式过热器长期过热爆管形貌

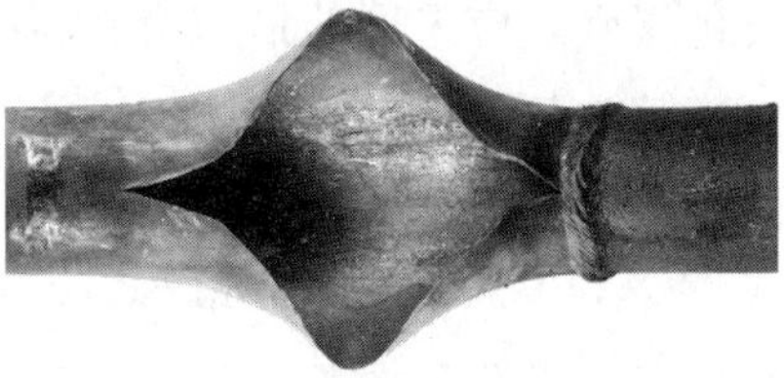

图 2-17　某电厂屏式过热器短期过热爆管形貌

防止锅炉受热面管子发生过热应采取的措施有：降低锅炉负荷，调整好燃烧，防止锅炉受热面管子超温运行：保证水冷壁的水循环，防止水循环破坏；合理使用省煤器再循环管防止省煤器管中的水停止流动或流动不畅；加强尾部受热面的吹灰工作，防止发生尾部烟道再燃烧事故；加强检修管理，防止受热面换管时管中落入杂物；在过热器和再热器易于过热的区域更换耐热钢管。

九、爆管

锅炉受热面发生爆管是锅炉受热面最严重的事故，会使锅炉机组被迫停止运行。锅炉受热面发生爆管的主要原因是：受热面管子磨损或腐蚀使其管壁减薄，当其承受不了管内的压力时、管子就会发生爆破；过热器或再热器管子长期超温运行，致使管子过热胀粗，造成管子的强度急剧下降，直至引起爆管。另外，水冷壁水循环破坏使管子过热，锅炉受热面管子由于结构不佳、焊接缺陷、膨胀受阻等产生裂纹等都能引起爆管事故的发生。从统计数据来看，爆管主要为由于过热引起的过热器或再热器爆管以及由于磨损引起省煤器爆管的居多，如图 2-18 所示。

图 2-18 某电厂屏式过热器爆管形貌

防止锅炉受热面发生爆管，应采取的措施有：运行方面，控制好锅炉负荷，调整好锅炉燃烧，减少热偏差，防止锅炉结渣，降低受热面管壁温度，防止管子发生过热现象；加强运行监控，防止发生水循环破坏、水流停止及锅炉尾部烟道再燃烧等事故的发生；检修方面，加强设备检查与维护，及时发现锅炉受热面管子磨损、腐蚀、裂纹、胀粗等缺陷，根据实际情况进行处理，防止缺陷继续发展扩大；严格检修管理，防止发生管内落入异物、错用钢材或焊接材料等现象的发生。

十、损伤

损伤是受热面表面受外力或电焊所伤，特征是管子的外表面有明显的伤痕。损伤可以发生在任何受热面上。锅炉受热面在运输、安装及检修过程中都有可能发生损伤。因此，要求在施工中加强管理，严格按施工工艺进行，杜绝野蛮施工，防止发生受热面管子损伤。平时加强检查，发现损伤及时处理，避免受热面管子带伤运行。如图 2-19 所示。

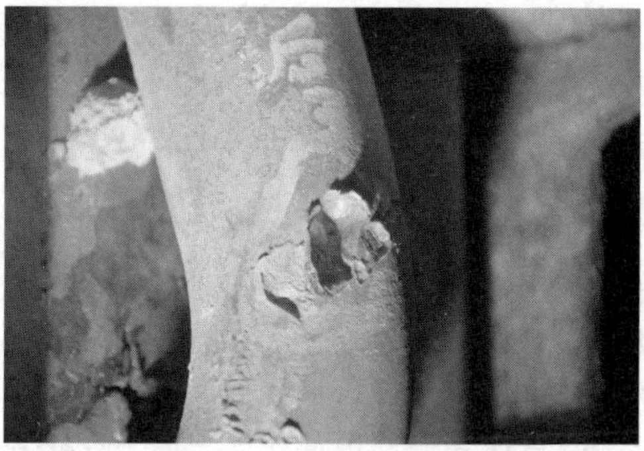

图 2-19　某电厂受热面管子损伤形貌

十一、鼓包

鼓包是指受热面管子在锅炉高温烟气的长期熏烤下，管子的外表面出现的水泡状突出物，它是管子过热的表现之一，也可能是由于管子的原始缺陷造成。鼓包主要发生在锅炉水冷壁热负荷最强的区域及水平烟道中部的垂直受热面。由于水平烟道前部的受热面管子表面通常会结一层焦渣，因此一般不发生鼓包现象。消除管子鼓包现象的措施为：加强管子质量检查，不合格的管子坚决不用；控制好管子的外壁温度。

十二、蠕变

蠕变是指锅炉受热面的管子、管道、联箱等设备长期在高温高压下运行，在锅炉受热面金属内部逐渐形成塑性变形的现象。蠕变的发生发展过程很慢，有时甚至 10 年、20 年才表现出来，但由于蠕变是不可修复的永久性缺陷，发展到一定时期其金属内部会产生微小的蠕变裂纹。发生蠕变的往往是炉外重要管件，因此对于蠕变必须给予足够的重视。

任何承受高温高压的锅炉受热面都会发生蠕变。对于炉内的管子，由于其管径很小，对蠕变一般不予考虑；对于炉外的导汽管、联箱，由于其管壁温度较低并且长度较短，蠕变只做次要考虑，对蠕变需要做重点考虑的是管壁温度较高且管道较长的主蒸汽和再热蒸汽管道、需要制订严格详细的蠕变监督计划，定期进行测量。当这些设备蠕变变形接近或达到蠕变允许值时，应对其进行鉴定，确定其是否继续服役或进行更换。

十三、刮伤

刮伤是指在运行或检修过程中，受热面的管子与其他设备发生摩擦或碰撞使受热面管子表面造成损伤。其发生部位及防止措施与损伤相同。

第三节 锅炉受热面防磨防爆检查常用方法及管理

一、锅炉受热面防磨防爆检查常用方法

锅炉受热面的检查方法有许多种，综合起来可分为两大类：宏观检查和详细检查。宏观检查主要有观察法、手摸法、照射法、敲击法等；详细检查主要有测量法、拉线法、测厚法、着色法、超声波法、内窥镜法、放大镜法、反射镜法、磁粉检验法（MT）、磁记忆法（MMT）、割管检验法等。宏观检查用以了解总体情况，以便于确定详细检查的方向；详细检查用以发现具体问题，对监测管段进行量化对比等。两种检查方法不是孤立的，而是相辅相成的。

进行受热面检查前，为便于做好缺陷记录，应先对各种受热面按照管子或管屏排列顺序进行编号。应选择清晰、不易擦去的笔进行编号。通用编号规则为：在炉外面向炉膛方向站立，由左向右，由前向后，由上向下。做检查检修记录时也应遵守这一原则。

1. 宏观检查的主要方法

（1）观察法。观察法是在光线较强的环境下，用肉眼对锅炉受热面进行目测。观察法主要是检查受热面管子的积灰、结渣情况，受热面管子吊挂、固定装置的损坏情况：检查受热面管子、防磨装置的变形情况；检查各受热面管子中间是否有阻碍烟气流动的杂物；检查受热面附近的炉墙、孔门等的密封情况等。

（2）手摸法。手摸法是由检查人员用手去摸锅炉受热面管子，以判断管子缺陷的方法。手摸法主要用来检查锅炉各受热面管子的磨损及腐蚀情况，尤其适用于用观察法不易检查的部位，有时也用于采用测量工具困难的部位，但需要检查人员有一定的经验。

（3）照射法。检查大面积的膜式壁受热面或受热面管排时常采用此方法。利用强光手电等高照度聚光照明设备，将灯头放在两管间凹处，使光线沿着管子照射，保持光线与管子平行。检查人员顺着光线观察管子的表面，如果管子的表面有凹坑或凸起，很容易检查出来。

（4）敲击法。敲击法是利用小锤敲击锅炉受热面的管子或管子的支吊装置，根据发出的声音来判断管子内部是否有杂物或管子的支吊装置是否存在烧损、开裂现象。敲击法适用于检查立式过热器、再热器的管子或其支吊装置。

2. 详细检查的主要方法

（1）测量法。测量法是利用测量工具或测量仪器对受热面管子进行测量。测量的内容一般有两项：管子外径测量和管子壁厚测量。

1）定距卡规测量法。定距卡规是根据受热面各种管子的不同规格，制造一批尺寸固定的卡规，用来测量管子外径。每一种尺寸的管子，根据其管子材质的不同制造出 2 种或 3 种尺寸的卡规。最大值卡规是根据碳钢管最大胀粗不超过 3.5%或合金钢管子最大胀粗不超过 2.5%的规定而制造的。用最大值卡规根据管子的材质进行管子外径测量，可以判断管子胀粗是否超过规定。最小值卡规是根据管子的最大减薄量-低温及中温段最大减薄量不超过管子壁厚的 30%，高温段管子最大壁厚减薄量不超过 20%的规定而制造的，用最小值卡规进行管子外径测量，可以判断管子减薄量是否超过规定。

采用定距卡规测量受热面管子是否超出规定，省去了用卡尺等计量工具频繁读数的麻烦，具有效率高、检查速度快、减轻检查人员劳动强度等优点。但由于未能得到具体的数值，不便于发现发生问题的倾向，也不便于监测段管子与上次检修时的数据对比，无法找到管子外径、壁厚的变化规律、不利于问题的预控。

最大值卡规常用来检查过热器或再热器管子胀粗是否超过规定，最小值卡规用来检查过热器、再热器或省煤器磨损或腐蚀是否超过规定。定距卡规不适用于膜式壁结构的管子。

2）游标卡尺测量法。用游标卡尺对受热面各种管子易于胀粗或磨损的部位进行测量。在实际操作中，一般对受热面管子壁温最高区域、管子管径变化区域、吹灰器吹扫区域、烟气走廊区域的管子进行测量，游标卡尺更多地应用在胀粗测量上，壁厚减薄一般用测厚仪来测量。

游标卡尺测量的优点是可将受热面管子的测量结果记录在案，以便与上次检修时同一部位测量的数值进行比较，来判断管子胀粗、减薄的速率与趋势。作为检修时制订技术措施的依据。游标卡尺测量法的缺点是读数量大，工作人员劳动强度增加，但可以采用液晶游标卡尺进行数据直读来缓解工作人员的劳动强度。

3）测量法还包括利用焊缝规来检测焊口尺寸以判断焊接质量等。

（2）拉线法。判断受热面管子的变形情况常采用拉线法，即两人用一根线拉直放在变形的受热面管子上，用游标卡尺或钢直尺配合从而测量管子的变形情况。采用拉线法既可以测量单根管子的变形情况，也可测量整个管排的变形情况。

（3）测厚法。测厚法是利用测厚仪对受热面磨损或腐蚀管子减薄的区域测量其壁厚，用以判断管子减薄的程度。常见的仪器一般是超声波测厚仪。测厚法适用于各种受热面的壁厚检查。对于采用了金属喷涂工艺进行防磨的受热面管子，还应采用涂层测厚仪对涂层厚度进行辨别，否则可能导致测量的壁厚数据不准确，影响检修措施的制订。

（4）着色法（PT）。着色法是利用金属着色剂来检验锅炉受热面管子的焊口、鳍片管角焊缝、联箱角焊缝及外表面、弯管是否存在微型裂纹等的方法，是一种表面缺陷的检查方法，一般需由金相专业人员进行操作，需要对受检表面进行除锈并打磨光滑，不受受检部件材质的限制。但检验用时较长，效率较低。

(5) 超声波法（UT）及射线法（RT）。超声波法是利用超声波检测仪器对受热面管子的焊口或弯头等部位进行检查，以判断其是否存在缺陷的方法。超声波法主要适用于检查水冷壁、过热器、再热器、省煤器及锅炉压力容器的所有焊口。也适用于检查锅炉受热面所有关键的弯头背弧面或管件其他部位的缺陷，是实践中最常用的无损探伤法。此外还有射线检验等，用途与超声波检验法类似，与超声波检验相比可以留下影像资料作为技术档案，但操作时需要现场清场以免引起人身伤害，且使用 X 射线效率较低，γ 射线效率较高。在此不再赘述。

(6) 内窥镜法。内窥镜法是利用内窥镜通过一个较小的孔口深入到锅炉受热面的联箱或大口径管子内部等肉眼看不到设备内部，来检查设备内部情况。用以确认设备内部是否存在缺陷，使用内窥镜主要是为了检查减温器联箱内部的减温喷头、文丘里管及套筒等部件，也适用于检查其他联箱或大口径管道的内部情况，如裂纹、杂物等，避免切开大尺寸焊口检查带来的人力、物力、时间上的浪费。

(7) 放大镜法。放大镜法是用肉眼通过放大镜检查受热面表面是否存在裂纹、重皮、焊口夹渣等缺陷，这种方法适用于对任何受热面的表面进行检查。

(8) 反射镜法。对于检查位置困难，不能正面或全面检查到的受热面管子，可以采用反射镜法进行检查。利用反射镜将受热面管子的背面反射过来，以利于检查。利用反射镜检查小间距管排很方便。反射镜法除用来检查管子缺陷外，还常用来检查两管间焊缝的外观焊接质量。

(9) 磁粉检验法（MT）。磁粉检验是用磁粉钳和磁粉液对受热面进行检验的方法，检验的部位与着色法基本一致，也是一种表面缺陷的检验方法。磁粉检验法也需要对受检表面进行打磨除锈，检验迅速，工作效率较高。奥氏体不锈钢管子因不具有铁磁性，不适用磁粉检验法。磁粉检验法也需要金相专业人员进行操作分析。

(10) 磁记忆法（MMT）。磁记忆法是一种利用金属磁记忆效应来检测部件应力集中部位的快速无损检测方法。它克服了传统无损检测的缺点，能够对铁磁性金属构件内部的应力集中区，即微观缺陷和早期失效及损伤等进行诊断，防止突发性的疲劳损伤，是无损检测领域的一种新的检测手段。磁记忆法是检验角焊缝、鳍片管根部等是否存在应力集中的方法，其操作方便，适用于在狭小空间内工作，且不需要对受检部位表面进行清理，工作效率很高，但同样不适用于奥氏体不锈钢材质部件，且对已发生的裂纹不敏感，一般作为预防性检查。如果受检部件需先后进行磁记忆法和磁粉检验法检查，应先进行磁记忆法检查，以免磁粉探伤后的剩磁对磁记忆产生干扰。另外，磁记忆法检查前不能对受检部件进行打磨、加热、焊接等工作，应使其处于自然的应力状态。

（11）割管检验法。为了判断受热面管子金属组织的变化情况和内部结构腐蚀情况，在锅炉检修期间或特定情况下，会采取割管检查法。在具有代表性的某一受热面上割取一段管子进行金相组织分析、力学性能分析以及垢量检查等，以便为制订检修方案提供依据。

二、锅炉防磨防爆检查

锅炉本体范围内的主要承压管件——水冷壁管、过热器管、再热器管、省煤器管（以下简称"四管"）是火力发电厂锅炉的重要设备之一，分别承担着加热给水、蒸发给水、加热蒸汽、加热做功蒸汽的重要任务。在正常运行中，如果锅炉"四管"发生泄漏，就只有强迫停运而进行抢修。其泄漏严重影响了火力发电厂的正常生产，对火力发电厂以及电网危害极大，直接的经济损失为几十万元至百万元以上。因跳闸进而停电造成用户的直接和间接损失就更大。"四管"泄漏严重威胁着火力发电厂机组的安全满发，"四管"隐患是火力发电厂机组的重大隐患。火电厂锅炉"四管"爆漏是长期困扰火电厂安全生产的一大难题，严重影响火电厂安全经济运行。"四管"防磨防爆应坚持"预防为主、质量第一"的工作方针，本着"全面检查、把握重点"的工作原则，做到"分工明确、责任到人、检查到位"，在实际中"逢停必检"，充分利用每次的停炉检修时机进行全面检查，发现问题及时采取措施。"防磨防爆"重在一个"防"字，提前发现问题，采取科学有效的防范措施，防患于未然，是防磨防爆检查工作最重要的工作思路。

（一）防磨防爆检查在锅炉安全工作中的重要地位

1. 从安全生产角度分析

要保证锅炉安全运行，必须做好锅炉各项安全工作。在锅炉设备各项事故的预防工作中，锅炉承压部件爆漏事故的预防占有极其重要的地位。能否做好防磨防爆工作，极大程度上取决于防磨防爆工作人员努力的程度及工作的成效。如果磨损减薄、蠕变胀粗、吹损、砸伤等缺陷管段，都在检查中发现，就可以及时对缺陷管段进行处理或更换，否则由于漏查漏修，隐患就会酿成事故。

因此，锅炉安全工作中，防磨防爆检查工作非认真对待不可，非努力做好不可。各厂各级防磨防爆专业人员要提高认识，充分认识防磨防爆检查工作的重要性。

2. 从经济角度分析

锅炉承压部件：炉内包括水冷壁、过热器、再热器、省煤器四大受热面管子；炉外包括所有大、小口径汽水管道（主给水管道、过/再热蒸汽管道、减温水管道、联络母管、疏水管、排污管、取样管、连通管、试验表管等）以及弯头、阀门、减温器、联箱、汽包、扩容器等部件。这些设备由于内部均是高温、高压或超高压、亚临界、超临界、超超临界压力的汽、水工质在流动，使其承受很大的工作应力和各种温差应力；外部是高温的、带有固体颗粒或腐蚀性成分的烟气在冲刷磨损或受吹灰介质夹杂的颗粒在吹损。因此，客观上承压部件承受着磨损、吹损、冲蚀、腐蚀等失效损害，导致设备健康状况日趋恶化。随着运行时间延长、设备自然老化、寿命越来越短，加上运行和监督常有失误，设备寿命将消耗更快，事故必然增加。据粗略统计，锅炉承压部件失效引发的机组非计划停运事故占发电厂事故的40％左右，因此必须高度重视防磨防爆检查工作。

（二）锅炉防磨防爆工作内容

1. 各发电企业防磨防爆组（或班）的工作任务

（1）在设备运转状态下要坚持定期巡回检查，把事故隐患消灭在萌芽状态。锅炉运行人员每个班有两次全炉巡回检查，仅对本班工作时间内设备安全负责。当发现设备承压部件或锅炉其他设备存在事故苗头时，应立即按规程处理，如未处理完，只要到下班时间即与下一班进行工作交接；总结各厂多年的经验，防磨防爆班（组）的责任则是对全厂锅炉的承压部件的安全负责、要保证设备检修后最大限度地长期安全稳定运行，一旦隐患有发展成为事故的趋势，则应及时发现并加以消除，避免酿成事故，同时，防磨防爆组成员是设备主人，对设备的了解程度更加深入，他们检查设备的角度与运行人员有所不同，这就是防磨防爆人员必须坚持定期巡回检查的道理。例如，某厂的防磨防爆组每周两次到全厂各台炉进行巡查，特别对隐患多发部位仔细监听。不能认为运行人员的巡回检查可以代替防磨防爆组的定期检查，“锅炉防磨防爆工作要加强运行状态下的巡回检查”是有道理的，各发电企业防磨防爆小组必须十分明确该项任务。

（2）在设备停运状态下做好承压部件的防磨防爆检查，不得漏查，是最基本的任务。各发电企业防磨防爆组成员一定要严格按照各发电企业颁发的《防止火力发电厂锅炉“四管”泄漏管理办法》《火力发电厂锅炉承压部件防磨防爆检查制度》以及《锅炉定检大纲》规定的项目进行检查，结合机组各级别检修，综合考虑检修前机组运行状况、燃料状况的变化，有无发生重大事故、上次检修遗留的问题等情况来完善和确定重点检查项目，在现场实际检查中，要严格执行各项检查项目，对重点部位要做到“交替查”“反复查”，不得漏查，不放过任何应查必查的部位。

（3）要做好检查记录，建立健全设备技术档案。认真做好检查记录是防磨防爆工作做得好的一个重要标志。

2. 设备及技术记录档案

（1）建立锅炉设备（包括主、辅设备）参数及结构特性档案，便于查阅全厂的锅炉设备特性及技术数据。

（2）建立300MW及以上机组的锅炉压力容器检验结果资料档案。该档案由电厂、电力建设公司、电力科学研究院、电力研究所分工，一同负责完成。

（3）机组计划检修记录档案。按炉号分开建立，基本内容是大、小修计划，改造项目，处理情况等。

（4）受热面防磨防爆检查记录档案。这个记录应最全面、最仔细。要求各发电企业按照各自关于受热面检查检修的管理制度和办法中所提出检查项目要求，按“锅炉防磨防爆检查技术记录表”建档。

（5）承压部件设备缺陷及事故分析记录档案。这是临修检查和消缺的记录。此表要一次事故记录一份，一年后各炉装订在一起，下一年又装在一起，这就很容易比较第二年比第一年是减少还是增加了临修，以便总结分析，提高防磨防爆工作水平。

（6）承压部件材料更换记录。

（7）其他资料归属。

锅炉膨胀指示器、支吊架检查记录、化学监督与酸洗情况可归入大、小修记录内。金属监督及其分析资料可单独保存。

3. 防磨防爆组成员的任务

（1）学会正确使用各种便携式检测仪器（如金属测厚仪、外径游标卡尺），并使用正确。

（2）学习事故通报，学习金属、化学监督分析报告等。

（3）学习锅炉有关的强度计算、壁厚计算、管子寿命消耗计算等。

（4）要学会分析问题，做好事故分析。

（5）组织召开锅炉防磨防爆月度、季度、年度专业会、检修解体阶段会。

（6）组织召开“四管”爆漏后的事故原因分析会。

总之，防磨防爆人员不仅是防磨防爆工作的现场检查人员，同时更是受热面设备的管理主人，因此防磨防爆人员不仅要开展现场检查，还需要进行牵头引领厂内各相关专业对受热面设备开展状态分析，结合防磨防爆检查中积累的资料和发现的具体问题作出科学分析，提出切实可行的改进措施，保证检修质量，提升锅炉受热面设备的健康水平。

（三）防磨防爆组成员的基本素质

1. 责任心要强

防磨防爆组成员不仅要完成锅炉“四管”防磨防爆检查任务，还要参加检修，因此应具有保证不漏查、对设备完全负责的强烈的责任心。有条件的电厂，可考虑执行“查消分离”的防磨防爆管理模式，即：防磨防爆组成员仅负责防磨防爆检查项目的策划、现场检查、消除缺陷后的验收等受热面设备管理工作，而消缺工作由检修人员进行，这种模式的优点在于防磨防爆检查工作和消缺工作由不同的专业人员完成，起到互相监督、充分暴露问题的优点。

2. 具备专业能力

防磨防爆组成员应采用老带新的模式组成，面对成千上万的受热面管子，新手会感到一片茫然，需要有一定检查经验的老师傅引领和传帮带，积累到一定的经验后，方可独立开展防磨防爆检查。

3. 工作作风细致

在具备专业能力的基础上，防磨防爆检查工作想要做好，还需要足够的耐心和细心。检查的作业环境非常恶劣，非常容易产生厌烦的心理，因此要培养踏实、细腻、严谨的工作作风。

第三章　汽包、联箱、减温器

第一节　汽包及其内部装置

一、汽包的作用和结构

汽包在汽包锅炉中具有很重要的作用，其作用主要体现在以下四个方面。

1. 加热、蒸发、过热三个过程的连接枢纽和大致分界点

省煤器出口与汽包连接，水冷壁、下降管分别连接于汽包，形成了自然循环回路，如图 3-1 所示。汽包给水出口与过热器连接，汽包成为省煤器、水冷壁、过热器的连接中心。给水在省煤器中预热后送入汽包；锅水经自然循环在水冷壁下部的某一部位开始蒸发，形成的汽水混合物在汽包内分离出饱和蒸汽；饱和蒸汽进入过热器进行过热，且在任何工况下过热器进口始终是饱和蒸汽。所以汽包是汽包锅炉内工质加热、蒸发、过热三个过程的连接枢纽，也是这三个过程的分界点。

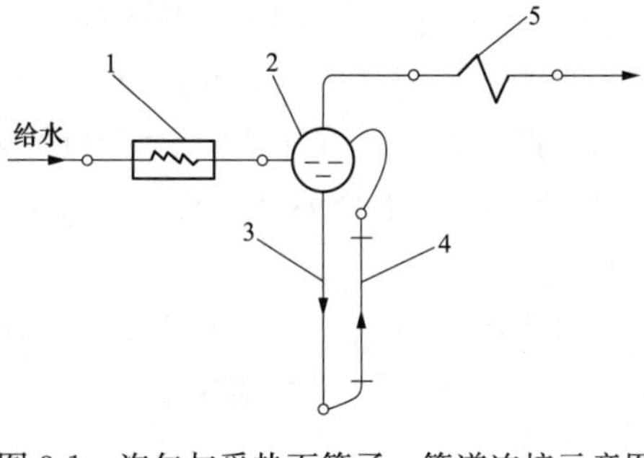

图 3-1　汽包与受热面管子、管道连接示意图

1—省煤器；2—汽包；3—下降管；4—水冷壁；5—过热器

2. 具有一定的蓄热能力，能较快地适应外界负荷变化

汽包是一个体积庞大的金属部件，其中存有大量的蒸汽和锅水，具有一定的蓄热量。当锅炉负荷变化时，汽包通过自发释放部分蓄热量弥补输入热量的不足，或通过增加部分蓄热量吸收多余的输入热量，快速地适应外界负荷的需要。锅炉蓄热量的变化是靠锅炉汽压的变化来实现的。例如，当外界负荷增加而燃烧未能及时跟上时，则锅炉汽压下降，对应饱和温度也下降，部分锅水会自行汽化，水温降到对应压力下的饱和温度；同时，由于锅水温度下降而使汽包金属温度高于锅水温度、金属的部分蓄热向锅水释放，进一步使锅水汽化。产生的蒸汽可以弥补炉膛蒸发量的不足、缓

解汽压的下降速度。

单位压力变化引起锅炉蓄热量变化的大小称为锅炉的蓄热能力。汽包体积越大，其内部空间贮水量就越多，其蓄热能力也越大。汽包的蓄热能力越大，运行中汽压稳定性增强，锅炉快速适应外界负荷变化的能力增强，负荷调节特性就越好。

3. 内部装置可以提高蒸汽品质

由水冷壁进入汽包的汽水混合物利用汽包内部的蒸汽空间和汽水分离元件进行汽水分离，降低离开汽包的饱和蒸汽中的水分。对于超高压以上的锅炉汽包内有时还安装蒸汽清洗装置，利用给水清洗蒸汽，减少蒸汽直接溶解的盐分。此外，布置在汽包内的锅内加药、排污装置通过控制锅水含盐量来提高蒸汽品质。

4. 外接附件保证锅炉工作安全

汽包外接有压力表、水位计、安全阀等附件，汽包内还布置了事故放水管等，用来保证锅炉的安全运行。

汽包由筒身、封头及内部装置等组成。筒身是由钢板卷制焊接而成的圆筒，封头由钢板模压而成，经加工后再与筒身焊成一体。通常在封头上留有椭圆形或圆形人孔，以备安装和检修之用。

二、汽水分离装置

汽水分离装置一般是利用自然分离和机械分离的原理进行工作的。所谓自然分离，是利用汽和水的重度差，在重力的作用下，使水汽得到分离。而机械分离则是依靠重力、惯性力、离心力和附着力等使水从蒸汽中得到分离。

根据以上工作原理制造的汽水分离装置形式很多，根据其工作过程一般分为两个阶段：

（1）粗分离阶段（也称第一次分离）。它的任务是消除汽水混合物的动能，使水汽分离时，水流不致被打成细小水滴。

（2）细分离阶段（也称第二次分离）。利用蒸汽空间的容积，并借重力使水滴从蒸汽中分离出来，或用机械分离的作用使经粗分离后蒸汽中残留的较细小的水滴进行二次分离。为使这一过程能有较好的效果，必须保证较低的蒸汽流速，同时使蒸汽沿汽包长度或截面上均匀分布，而不致发生局部流速过高。

锅炉汽水分离装置最常用的有进口挡板、旋风分离器、波形板、多孔板等。

三、蒸汽清洗装置

蒸汽清洗的方法就是使机械分离后出来的蒸汽经过一层清洗水（一般为省煤器来的给水）加以清洗，将其中一部分盐溶解于清洗水中，使蒸汽质量得以改善。因此清洗水的含盐量，在任何情况下都要小于锅水的含盐量，当溶解于蒸汽中的物质在与含盐量低的水接触时，便会迅速发生物质的扩散过程，可使蒸汽中溶解的盐分扩散到清洗水层中去。蒸汽清洗不仅对降低蒸汽的溶解携带有效，同时也可以降低机械携带。蒸汽清洗设备的形式很多，其中以起泡穿层式清洗为最好。起泡穿层式蒸汽清洗装置主要有两种形式，即钟罩式和平孔板式。

清洗水配水装置的布置分为两种：单侧配水和双侧配水。配水装置布置于一侧，溢水斗布置于另一侧，称为单侧配水方式，钟罩式清洗装置应采用单侧配水。配水装置布置于清洗装置的中部，向两侧配水，且溢水斗也布置在两侧的称为双侧配水方式。

清洗配水装置的类型很多，但一般多用圆管，上面钻有 ϕ10mm～ϕ12mm 的配水孔。配水管的外面安装有导向罩，用以消除水流动能，下面还安装有配水挡板，以均匀配水。

第二节　汽包维护技术措施

一、汽包的检修项目

汽包在运行中常见的缺陷有汽水分离装置松脱移位、水渣聚集、加药管堵塞、保温脱落等。

汽包在大修中的标准检修项目有：

(1) 检修人孔门，检查和清理汽包内部的腐蚀和结垢。

(2) 检查内部焊缝和汽水分离装置。

(3) 测量汽包倾斜和弯曲度。

(4) 检查和清理水位表联通管、压力表管接头、加药管、排污管、事故放水管等内部装置。

(5) 检查和清理支吊架、顶部波形板箱及多孔板等，校准水位指示计。

(6) 拆下汽水分离装置，清洗和修理部分部件。

特殊检修项目有：

(1) 更换、改进或检修大量汽水分离装置。

(2) 拆卸 50%以上保温层。

(3) 汽包补焊、挖补及开孔。

二、汽包检修的准备工作

汽包内地方狭小、设备拥挤，是检修工作条件最困难的地方，且进出汽包很不方便，又耽误时间，因此，要求在检修前一定要做好准备工作，准备检修需要的工具、材料，并做好安全措施。

汽包检修常用的工具有：锤子、钢丝刷、扫帚、锉刀、錾子、刮刀、活扳手、风扇、12V 行灯和小撬棍等。常用的材料有：螺栓、黑铅粉、防咬合剂、棉纱、砂布、人孔门垫子和煤油等。常用的其他物品还有开汽包人孔用的专用扳手，吹灰用的胶皮管和盖孔用的胶皮垫。

三、汽包检修安全注意事项

（1）在确定汽包内部已无水后，才允许打开人孔门。汽包内部温度降到40℃以下时才可进去工作，且要有良好的通风。开工前，工作票应办理完毕，汽包进出登记记录本应悬挂在汽包两端人孔门明显位置，工作负责人对工作组成员安全、技术交底完毕，记录详细、完整；检修应全过程设置外部专责人员监护。

（2）进入汽包前，应把所有的汽水连接门关闭，并加锁，如主汽门、给水门、放水门、连续排污总门、加药门、事故放水门等。检查确已与系统割开后，才能进入工作。

（3）打开汽包人孔门时应有人监护。检修人员应戴着手套，小心地把人孔门打开，不可把脸靠近，以免被蒸汽烫伤。打开人孔门前确认汽包内无剩余压力，打开后应安装上通风良好的临时人孔门，检修人员离开汽包时应立即关闭临时人孔门，并上锁和贴上专用封条。

（4）进入汽包后，先用大胶皮垫把下降管管口盖住，以防东西掉进下降管里。汽包筒体下半部的可见管管口应有牢固的临时封堵装置，检查预留的固定封堵网罩。

（5）汽包内有人工作时，外边的监护人员要经常同内部人员取得联系，不得无故走开。

（6）在汽包内使用的电气设备符合要求，汽包内用12V行灯照明，但变压器不能放在汽包里。

（7）带入汽包里的工具要登记，材料需要多少则拿多少。

（8）检修人员应穿专用的工作服，工作服不得有硬质纽扣和拉链，以防东西或口子脱落，掉入下降管内；检修人员应配备防毒防尘口罩。

（9）在汽包内进行焊接工作时，人孔口应设有一专门刀闸，可以由监护人员随时断开。并注意不能同时进行电焊、气焊。

（10）检修人员每次进、出汽包应清点和登记带入、带出汽包内检修的工具。

四、汽包外部的检修

每次大小修停炉前，要检查汽包的膨胀指示器，并做好记录，停炉冷却后复查能否自由收缩。如发现不能自由收缩，必须查找原因，并消除。检修完毕且锅炉已完全冷却时，需把指针校正到中间位置，在锅炉投入运行时，检查点火启动过程中膨胀是否正常，有无弯曲等现象。

汽包弯曲最大允许值为长度的2/1000，且全长偏差不大于6mm。检查弯曲度时可以根据汽包中间的膨胀指示器指示情况判断，如发现异常。则应汇报有关领导，必要时剥去外部绝热保温层或打开人孔门，从内部用钢丝绳拉线法来检查汽包的弯曲度。

当汽包采用支撑式构架时，汽包用支座支撑在顶部构架上，支撑支座一个为固定的，另一个为活动的。支座下部安装有两排滚柱，上排滚柱可以保证汽包的纵向膨胀，下排滚柱可以保证汽包的横向位移。大修时要检查汽包的支撑或悬吊装置。活动支座的滑动滚柱须光滑，不得锈住或被其他杂物卡住，汽包支座与滚柱接触要均匀，支座的两端须有足够的膨胀间隙。若为悬吊式，则要检查吊杆有无变形，销轴有无松脱，链板有无变形，球面垫圈与球座间是否清洁、润滑，与汽包外壁接触的连板吻合要良好，间隙要符合要求。如发现异常情况，要查明原因并消除。大修时要检查汽包外部绝热保温材料是否完好，特别是靠燃烧室的部分，绝热层必须完整，避免汽包与烟气的直接接触。如绝热层有损坏的，必须予以修补。

五、汽包内部的检修

（1）人孔门盖和汽包的接触面应平整。检修时在清理完接触面上的衬垫后，抹上一层铅粉，两接触面要有 2/3 以上的面积吻合。接触面上不得有凹槽麻点，特别是横贯接合面的伤痕。如有上述缺陷时，要用研磨膏和刮刀配合，将其研磨平整；检查人孔门紧固螺栓和螺母的螺纹；必须更换专用高压密封垫料；人孔门螺栓装复前应对螺栓表面涂抹二硫化钼。

（2）内部清扫和检查。汽包打开后，先请化学检修人员进入，检查采样，同时金属监督人员和检修人员也应做认真的检查。检查工作应在汽包内工作开展前进行。因为放水后原在裂缝中浓缩的盐分会渗出来，留下痕迹，有助于裂纹的发现。检查时应特别注意管孔间、给水管进口、水位本线变动界线、焊缝、封头弧形部分等地方。如发现有可疑迹象，则应做进一步的检查判断。

如汽包壁不清洁，则要用钢丝刷或机械清扫水渣，清扫时，不要把汽包壁的黑红色保护膜清扫掉。因为这层水膜是汽包正常运行后形成的，对汽包壁起保护作用。如果把它刷掉，则汽包很快就会锈蚀。清扫完毕后要用压缩空气吹干净，再请化学监督人员检查是否合格。清扫时还要注意不要把汽包壁划出小沟槽等伤痕。

（3）汽水分离器检修。检查汽水分离器的螺钉是否完整，有无松动，孔板上的小孔应畅通无阻。因为分离装置多用销钉、螺钉固定，在运行中由于流体的冲击，往往会出现松脱而使设备移位。分离器不一定每次大修都全部拆出，可视设备的具体情况而定。如果需要部分或全部拆下来检修时，则一定要做好记号，避免回装装错或装反。

（4）汽包内部管道检修。由于给水品质不良或其他原因，汽包在运行中会产生许多小渣，造成管子堵塞。检修时要仔细检查汽包内水位计管、加药管、给水管、事故放水管、排污管等有无堵塞现象，如有水渣堵塞，要清扫掉，加药管的笛形小孔也要检查清理。管道的连接支架应完整无损，管子应无断裂现象，各管头焊口完整，无缺陷。

（5）当汽水分离装置拆出后，还应对汽包内壁进行宏观检查，检查汽包内壁的腐蚀情况，焊缝有无缺陷，内壁有无裂纹。如果大修项目中有汽包焊缝的监督检查，则应配合金相人员打磨焊缝，进行探伤、照相，必要时还需打开汽包外壁保温，以配合探伤。

（6）大修时还要对汽包内的其他装置进行检修，如清洗装置、多孔板、百叶窗、分段蒸发的隔板等，检查这些装置的螺栓有无松动、脱落；隔板连接是否牢固可靠，严密不漏；法兰接合面是否严密；有无蒸汽短路现象；各清洗槽间隙是否均匀，倾斜度是否一样；汽包内其金属壁腐蚀情况程度如何。如有上述缺陷，应立即消除，以保证这些装置的正常运行。

（7）在汽包所有检修工作完毕之后，应再详细地检查一次，将工具和材料清点清楚。确实没有问题后，可请化学人员再看一次，然后再关人孔门，并把现场清理干净。拧紧好人孔门螺栓后，在点火升压至 0.3～0.5MPa 时再热拧紧一次螺栓，此时应把人孔门保温盖装好。

六、汽包检修质量验收标准

（1）检修准备验收标准。工具、灯具等清点记录齐全；在汽包内使用的电动工具和照明应符合“安规”要求；汽包临时人孔门及可见管管口的临时封堵装置应牢固。

（2）汽包内部装置及附件的检查和清理验收标准。汽水分离装置应严密完整，无变形；分离器无松动和倾斜现象，接口应保持平整、严密；各管座孔及水位计、压力表的联通管应保持畅通，内壁无污垢堆积、无堵塞；分离器上的销子和紧固螺母无松动，无脱落、变形；溢水门槛水平误差不得超过 0.5mm/m，全长水平误差不得超过 4mm；汽包内壁、内部装置和附件的表面需光洁整洁；清洗孔板和均流孔板，确保板孔无堵塞；水位计前后和左右侧水位标准测量误差小于 5mm。

（3）汽包内的部件拆装验收标准。安装位置正确无误；汽水分离器应保持垂直和平整，且接口应严密；清洗孔板和均流孔板保持水平和平整；各类紧固件紧固良好，无松动现象。

（4）内外壁焊缝及汽包壁的表面腐蚀、裂纹检查验收标准。应符合 DL/T 440—2004《在役电站锅炉汽包的检验及评定规程》中的 2.5、3 和 4 要求；汽包内壁表面应平整光滑，表面无裂纹；表面裂纹和腐蚀凹坑打磨后表面应保持圆滑，不得出现棱角和沟槽。

（5）管座角焊缝检查验收标准。符合 DL/T 440—2004 的要求；下降管及其他可见管裂纹打磨后的表面应保持圆滑过渡，无棱角和沟槽。

（6）内部构件焊缝检查验收标准。所有焊缝无脱焊，无裂纹，无腐蚀；补焊后的焊缝应无气孔、无咬边等缺陷。

（7）活动支座、吊架、膨胀指示器检查验收标准。吊杆受力应均匀；吊杆及支座的紧固件应完整，无松动、脱落等现象；吊环与汽包接触良好；支座与汽包接触良好；活动支座必须留合理的膨胀间隙；膨胀指示器完整，指示牌刻度清晰。

（8）汽包中心线水平测量及水位计零位校验验收标准。汽包水平偏差一般不大于6mm。

（9）人孔门检修验收标准。人孔门接合面应平整光洁，研磨后的平面用专用平板及塞尺沿周向检测12～16点，误差应小于0.2mm，接合面无划痕和拉伤痕迹；紧固螺栓的螺纹无毛刺或缺陷，螺栓内部应无损伤；人孔门关闭后，汽包内无任何遗留杂物；人孔门关闭后，接合面密封良好；两边紧固螺栓受力应均匀。

第三节　联箱设备及维护质量要求

一、联箱的作用

在锅炉设备中，把许多作用一致、平行排列的管子连在一起的筒形压力容器称为联箱或集箱。联箱的作用有三个：

（1）将管径不等、用途不同的管子通过联箱有机地连接在一起。

（2）混合工质，交换工质位置，减少热偏差。由于烟气侧和蒸汽侧存在不可避免的热偏差，造成过热器左右侧甚至相邻两根过热器管的壁温和过热蒸汽的温度偏差，特别是在升火过程中和低负荷时，其热偏差可达到足以危及安全生产的程度。锅炉广泛采用交叉联箱，将在左边流动的蒸汽调换到右边，将右边流动的蒸汽调换到左边。混合联箱将各根过热器管来的蒸汽混合后送入下一级过热器。采用交叉联箱和混合联箱后，壁温和汽温的偏差显著减小。

（3）减少与汽包相连接的管子。例如侧墙水冷壁采用上联箱，使与汽包相连的管子大大减少，不但减少了汽包的开孔，而且也便于布置。某电厂分隔屏过热器入口集箱示意图如图3-2所示。

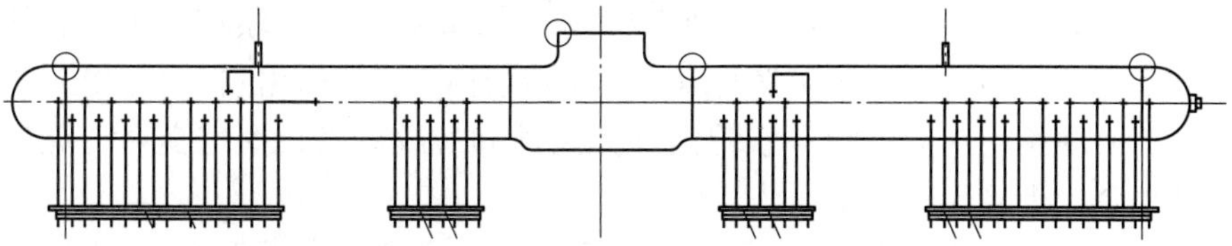

图3-2　某电厂分隔屏过热器入口集箱示意图

二、联箱检查内容

（1）检查联箱表面不得有裂纹和严重锈蚀，特别是焊缝及接管座焊缝附近应无裂纹等超标缺陷存在。

（2）用光谱检验合金钢联箱材质是否符合设计要求。

（3）运行时间较长且温度在450℃以上的蒸汽联箱，应检验其有无石墨化、蠕变等异常情况，以及有无裂纹、变形等。

（4）检查联箱的膨胀间隙是否足够，若发现膨胀受到影响，必须找出原因加以处理。

（5）有条件时利用内窥镜检查联箱内部是否干净无杂物，尤其要检查联箱端部等死角部位，若有，要清理干净。为均衡管间流速，减少吸热偏差，在过热器、再热器等各段受热面入口联箱的出口管座处常设置有节流圈，节流圈的内径一般小于管子内径，对于超临界机组，孔径可能很小，小的杂物即有可能引起管孔的堵塞造成管子过热爆管，这一点尤其要注意。

（6）检查联箱支吊架弹簧有无裂纹、断裂或压死情况，拉杆有无变形，吊架有无松动，有无妨碍联箱膨胀，防松弛装置是否完好，螺杆螺母是否完整，轴销是否齐全。各吊杆应受力均匀，无锈蚀。联箱和吊耳焊缝应无裂纹。

（7）每次大修，应根据化学、金相人员的要求打开手孔堵进行联箱的内部检查，必要时割开联箱端盖检查其内部的腐蚀、泥垢沉淀物分布情况。

（8）用内窥镜检查减温器联箱的内部状况，必要时用超声波探测内壁有无裂纹，发现异常应研究处理，同时检查喷水减温器喷头是否脱落、喷嘴是否堵塞等。

（9）检查联箱的弯曲变形。

（10）每次停炉前要核对膨胀指示器，做好标记：待停炉冷却后再核对一次，以判断联箱管子有无妨碍自由伸缩的地方，检修完后定出基准点。投入运行后再去核定，再核定是否能够自由膨胀，否则须找出原因，加以处理。

三、联箱检查质量标准

（1）联箱焊缝表面及边缘无裂纹；联箱封头无裂纹；补焊焊缝应符合DL/T 869—2021要求。

（2）联箱腐蚀和磨损后的壁厚应大于设计允许壁厚；联箱的表面、管座孔周围和联箱三通部分无表面裂纹；联箱金相组织的球化应小于5级。

（3）联箱内部无结垢；联箱内壁无腐蚀和裂纹；隔板固定良好，无倾斜和位移，焊缝无裂纹。

（4）滤网完好，表面无裂纹、污垢；孔板平整，表面无裂纹、污垢；节流孔板的孔径大于标准值5%时应予以更换；节流孔应无堵塞；节流孔装复时须按编号顺序装复，不得错装，节流圈固定牢固、无松动。

（5）吊杆表面无腐蚀痕迹；吊杆受力应符合DL/T 616—2006《火力发电厂汽水管道与支吊架维修调整导则》要求；销轴无变形；吊耳与联箱的

角焊缝无裂纹；吊杆受力垫块无变形；弹簧支吊架弹簧受力后位移正常；联箱支座接触良好，膨胀不受阻。

第四节　减　温　器

大容量锅炉多采用喷水式减温器，过热器系统一般采用二级或者三级减温，再热器系统采用事故喷水减温。由于单喷头式减温器、旋涡式减温器、多孔喷管式减温器的喷嘴均为悬臂布置，在减温器中受高速汽流冲刷，发生振动、运行中易发生断裂。旋涡式喷水减温器还会产生卡门涡流，发生共振、产生断裂。喷嘴断裂后，减温水不是以细小的水流喷出，而是以大股水喷出。当减温水溅到减温器内壁时，使壁温突然下降，停止喷水时，壁温又回升，使得壁温反复变化，极易造成减温器联箱内壁疲劳裂纹。各种类型的喷水减温器如图 3-3～图 3-5 所示。

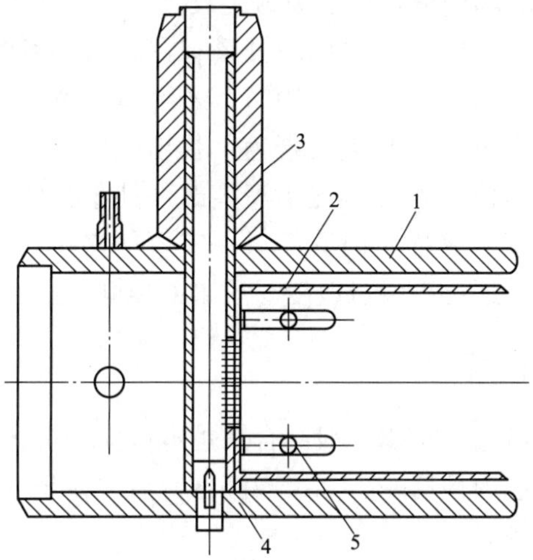

图 3-3　多孔喷管式减温器

1—外壳；2—保护套管；3—多孔喷管；4—端盖；5—加强片

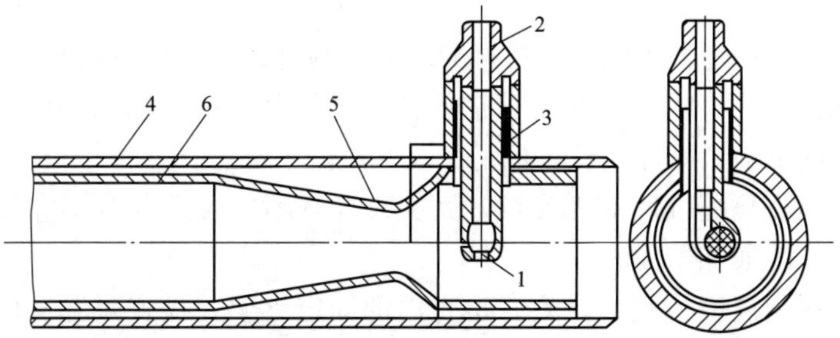

图 3-4　旋涡式喷水减温器

1—旋涡式喷嘴；2—减温水管；3—支撑钢碗；4—蒸汽管道；5—文丘里管；6—混合管

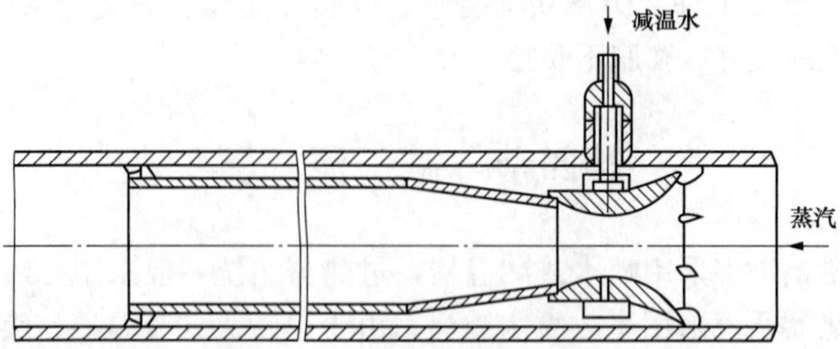

图 3-5　文氏管喷水减温器

减温器在运行中还会发生内套断裂、变形，隔板倾倒，支架螺栓断裂等缺陷。内套断裂后，被汽流推向里边，会堵死几根过热器管子的入口，限制蒸汽的流通，造成几根过热器管子或再热器管子超温爆管，支架螺栓断裂、隔板倾倒也会产生类似缺陷。内套筒断裂还会由于未经雾化的减温水直接接触减温器联箱内壁，引起疲劳裂纹。

减温器一般在大修中是不解体的，只有在运行中发生过几次重复性的事故，经过分析，认为设备存在问题时，才解体检查。解体时可根据具体结构形式，检查来水管、手孔盖或端盖，找出问题，对症处理。由于减温器的喷头、隔板、螺栓、内套筒支架等零部件处于极复杂的应力状态，所以在修理和焊接喷嘴、螺栓、内套筒时一定要严格按照有关规定执行，切不可掉以轻心。有时还可以通过改变材质来避免同一故障的发生。

一、减温器检查内容

（1）减温器的检查与检修一般结合锅炉本体大修进行。

（2）在锅炉大包内检修一、二级减温器时需准备足够的照明。

（3）搭设必要的脚手架。

（4）检查喷水减温器联箱外壁腐蚀及裂纹。

（5）喷水减温器联箱管座角焊缝去污、去锈后检查或无损探伤检查。

（6）喷水减温器内套管定位螺栓焊缝去锈、去污后检查或无损探伤检查。

（7）检查减温器喷嘴，用机械磨削方法磨开减温喷嘴与管座对接焊缝，用机械切割方法将喷嘴与减温管道对接焊缝切开，取下喷嘴并保存好。注意在取下喷嘴前做好原始位置标记。

（8）检查喷嘴表面有无裂纹、磨损；检查喷嘴及雾化片，如喷嘴堵塞及脱落，应疏通和恢复。

（9）用内窥镜检查内衬套。检查内部固定支架。检查减温器内壁有无裂纹，必要时使用无损探伤判明，检查减温器喷嘴护套焊口有无缺陷。

（10）恢复喷嘴。根据热处理工艺进行减温器喷嘴的恢复工作。注意按照原始标记确定喷嘴安装方向。

二、减温器检查质量标准

（1）喷水减温器联箱上管座角焊缝和内套管定位螺栓焊缝无裂纹。

（2）联箱封头焊缝无裂纹。

（3）联箱外壁无腐蚀、无裂纹。

（4）喷嘴应无腐蚀、无裂纹、无严重磨损及断裂，若有，应进行补修或更换。

（5）内衬套应无裂纹。

（6）内衬套未移位。

（7）内衬套固定支架应无脱落、断裂。

（8）若有不正常现象，应对减温联箱进行全面打磨，根据检查结果制订处理方案。

（9）各焊缝无裂纹、砂眼、咬边等焊接不良缺陷。

（10）严格按照焊接工艺施焊，焊前应校对喷嘴方向是否正确，焊前焊后按照工艺进行热处理。

第四章　锅水循环泵

锅水循环泵在大容量的强制循环机组中得到广泛的应用。它的作用是在锅炉运行中，下降管中水的密度大于水冷壁中汽水混合物的密度，此密度形成锅炉的流动压头。当水接近临界点时，密度差减小，不足以维持流动压头，于是在汽水循环的下降管中加装锅水循环泵维持足够的流动压头，以保证锅炉水循环的可靠性。锅水循环泵结构如图 4-1 所示。

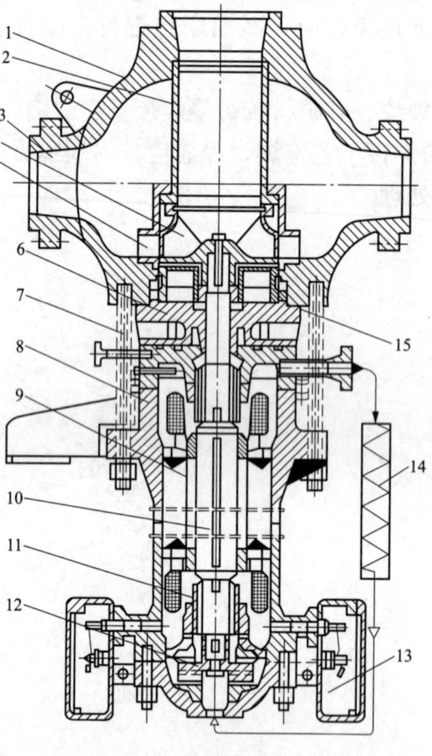

图 4-1　锅水循环泵结构

1—泵体；2—吸入管；3—出口管；4—叶轮；5—导叶；6—隔热体；7—主螺杆；8—电动机壳；9—电子线圈；10—电动机转子；11—水润滑导向轴承；12—水润滑止推轴承；13—接线盒；14—冷却器；15—密封垫

第一节　锅水循环泵常见故障及原因分析

一、扬程/流量下降

（1）检查电动机的转动方向是否正确。

（2）检查吸入及排出管线上的滑阀位置及最小流量管线上阀的位置是

否合适。

(3) 检查吸入管线中的过滤器是否异常。

(4) 检查是否达到所需的净正吸入水头值。

(5) 检查锅水循环泵是否在特性曲线以外操作。

(6) 检查叶轮密封的间隙是否正常。

二、驱动功率明显增加

(1) 检查电动机的转动方向是否正确。

(2) 将规定的负载数据和实际值进行比较。

(3) 检查吸入管线中的过滤器。

(4) 检查是否由于锅炉阻力的变化而使锅水循环泵在超载范围运转。

(5) 检查轴承（径向轴承/推力轴承）的磨损情况。

(6) 检查是否由于轴的不平衡或不稳定，偏心旋转而使叶轮卡住。

三、电动机温度突然升高

(1) 检查低压冷却水系统冷却水量，要求冷却水量至少为额定流量的70%。

(2) 检查冷却水的温度，要求进口温度不超过37℃。

(3) 检查低压系统是否泄漏。

(4) 检查泵和高压冷却器之间的法兰连接是否存在泄漏。

四、异常噪声和振动

(1) 检查电动机转动方向是否正确。

(2) 检查系统的阀门和其他阀门的位置是否正确。

(3) 检查管线是否正确连接，是否有应力和张力，悬挂零部件安装是否正确。

(4) 将规定的锅水循环泵负载数据和检测结果进行比较。

第二节　锅水循环泵检查及维护

一、锅水循环泵及电动机拆卸工艺要点及质量要求

1. 工艺要点

隔绝锅水循环泵/电动机的高低压注水系统，并泄压冷却；拆除与锅水循环泵/电动机相连的管道及电源电缆，并做好标记，管道开口部位应做好防护措施；测量并记录锅炉水循环泵/电动机的定位尺寸，对接口法兰的紧固螺母进行编号；预紧锅水循环泵/电动机两侧的起吊钢丝绳，在确认钢丝绳已处于完全预紧状态后，对锅水循环泵/电动机的接口法兰紧固螺栓、螺

母进行加热；应保持均匀加热螺栓、螺母；拆卸锅水循环泵的叶轮及扩散器之前应做好标记；锅水循环泵/电动机在吊运落地前应对锅水循环泵的底部加以保护。

2. 质量要求

防止锅水循环泵及电动机拆卸时其接口法兰的接合面、紧固螺栓的螺纹和叶轮等部件发生损伤；锅水循环泵及电动机在拆卸、吊运、落地过程中应保持垂直和平稳；所使用的加热棒的各项技术数据须符合制造厂商的要求。

二、轴承、电动机检查工艺要点及质量要求

1. 工艺要点

检查轴颈轴承摆动块表面，如有凹痕或刻痕，不应进行研磨修整，只能更换；检查摆动枢轴表面；检查轴承环；测量轴颈轴承间隙；检查止退与反止退轴承的止退垫块表面；检查止退垫的止退杆和止退头，磨损严重的应更换；检查止退座与反止退座的表面变形；检查止退盘与反止退盘的工作表面；检查电动机密封面；检查高低压冷却水管线；检查高压冷却器低压水的进水、出水处；检查热屏蔽装置低压冷却水的进水、出水处；检查电动机接线盒。

2. 质量要求

轴承摆动块表面平整光洁，无凹痕，不变色；摆动枢轴表面无剥蚀和变形；轴承环表面光滑平整；轴承衬套表面光洁、无破损和裂纹；轴颈轴承的间隙应符合本型号泵的技术要求；止退垫块表面需光洁，厚度一致；止退杆与反止退头无磨损；止退垫块与转子端面的游隙应符合本型号泵的技术要求；止退座与反止退座表面无变形；止退盘与反止退盘的工作表面应平整；电动机检查严格按照设备厂家要求和 DL/T 1132《电站炉水循环泵电机检修导则》执行。

三、叶轮检查和污垢清理工艺要点及质量要求

1. 工艺要点

清理主叶轮和扩散器耐磨环表面污垢；检查叶轮外观；检查叶轮耐磨环硬化表面；测量叶轮耐磨环径向间隙；检查叶片壁厚及焊缝是否有裂纹；检查扩散器耐磨环；检查扩散器柱塞环。

2. 质量要求

主叶轮和扩散器耐磨环表面无污垢；焊缝无裂纹、无磨损，叶片磨损超过其本身壁厚的 1/3 时应予以更换；叶轮耐磨环硬化表面无裂纹，耐磨环的同心度需符合本型号泵的技术要求；叶轮耐磨环径向间隙一般为 0.8～0.9mm，最大间隙不超过 1.3mm；叶轮无偏心现象；扩散器柱塞环无裂纹和破损。

四、转子检查工艺要点及质量要求

1. 工艺要点

转子表面去污后检查；检查转子偏心度；转子轴上的销钉、螺纹和键槽去污后检查。

2. 质量要求

转子轴的表面应光洁，无污垢；转子的偏心度需符合本型号泵的技术要求；销钉、螺纹和键槽无损坏、无变形。

五、泵壳体检查工艺要点及质量要求

1. 工艺要点

泵壳体内壁去污后检查；检查泵壳体防磨圈；接口主法兰平面去污后检查，如平面出现凹痕，应堆焊后进行研磨；每次锅水循环泵解体后，应更换主法兰的高压密封垫圈。

2. 质量要求

泵壳体内壁应无汽蚀、无裂纹；防磨圈应无磨损且需固定良好；接口主法兰平面应光洁平整、无凹痕，与电动机装配后密封需良好、无泄漏。

六、主法兰紧固螺栓和螺母检查工艺要点及质量要求

1. 工艺要点

螺栓和螺母去污后进行外观检查；每次大修期间应对螺栓进行硬度和微观组织抽查和评定。

2. 质量要求

螺纹表面光洁、平整，无裂口、缺牙和毛刺；螺杆无变形；符合 DL/T 438《火力发电厂金属技术监督规程》的相关要求；螺栓与螺母配合符合要求、无松动。

七、热交换器检修工艺要点及质量要求

1. 工艺要点

热交换器管板表面去污后检查或进行着色探伤检查；清洗和检查滤网；更换密封件；滤网解体检修完毕后应进行水压试验，试验压力为 1.5 倍设计压力，并保持 3～5min。

2. 质量要求

管板表面应无污垢、裂纹现象；滤网无结垢和破损；水压试验无泄漏。

八、锅水循环泵试运转工艺要点及质量要求

1. 工艺要点

锅水循环泵试运转前应进行静态冲洗；检查锅水循环泵转动方向；锅

水循环泵试运转，并进行动态冲洗；测量轴颈温度；检查泄漏点。

2. 质量要求

锅水循环泵动态和静态冲洗后水质需符合要求；锅水循环泵转向正确；电动机运转无异声；轴颈温度需低于本型号锅水循环泵的规定温度；接口主法兰及相关阀门和管道无泄漏现象。

第五章　燃　烧　设　备

第一节　燃烧设备简介

煤粉炉的燃烧设备包括煤粉燃烧器、点火装置和炉膛。煤粉燃烧器是煤粉炉燃烧设备的主要部分，其作用是：将携带煤粉的一次风和助燃的二次风送入炉膛，并组织一定的气流结构，使煤粉迅速稳定地着火；同时使煤粉和空气合理混合，达到煤粉在炉内迅速完全燃烧的目的。

一、煤粉在炉内的燃烧原理

1. 着火前的准备

煤粉进入炉膛至着火前这一阶段为着火前的准备阶段。在此阶段内，煤粉中的水分蒸发，挥发分析出，煤粉温度升高达到着火温度。煤粉气流以相当高的速度喷入炉膛，通过紊流扩散卷吸高温烟气使煤粉气流与炽热烟气混合，受高温烟气的对流加热；同时也受炉膛四壁和高温火焰的辐射加热，煤粉温度不断升高达到着火点，发生着火。

2. 燃烧阶段

当煤粉温度升高到着火点，而煤粉浓度又合适时，开始着火进入燃烧阶段。挥发分首先着火燃烧并放出大量热量，对焦炭直接加热，于是焦炭在高温下燃烧。此过程是一个强烈放热阶段，在炉膛中为燃烧区。

3. 燃尽阶段

未燃尽的少量固体碳继续燃烧，直到燃尽。此阶段氧气供应不足、气粉混合较弱，燃烧速度减慢，燃烧放热量小于水冷壁的吸热量，燃尽区温度逐渐下降，过程时间长。

二、燃烧器设备

燃烧器性能对燃烧的稳定性和经济性有很大影响。一个性能良好的燃烧器应能满足下列要求：

（1）能够组织良好的空气动力场，着火及时，空气能适时混合，能够保证燃烧的稳定性和经济性。

（2）具有良好的调节性能和较大的调节范围，流动阻力小，能够适应煤种和负荷变化的需要。

（3）能够控制 NO_x 的生成量在允许范围内。

（4）运行可靠，不易烧坏和磨损，便于维修和更换部件。

（5）容易实现远程或自动控制。

煤粉燃烧器的型式很多。根据燃烧器出口气流特点，煤粉燃烧器可分为直流燃烧器和旋流燃烧器两大类。出口气流为直流射流或直流射流组的燃烧器称为直流燃烧器，射流状态如图 5-1 所示；出口气流为旋转射流的燃烧器称为旋流燃烧器，如图 5-2 所示，燃烧器出口气流可以是旋转射流的组合，也可以是旋转射流和直流射流的组合。

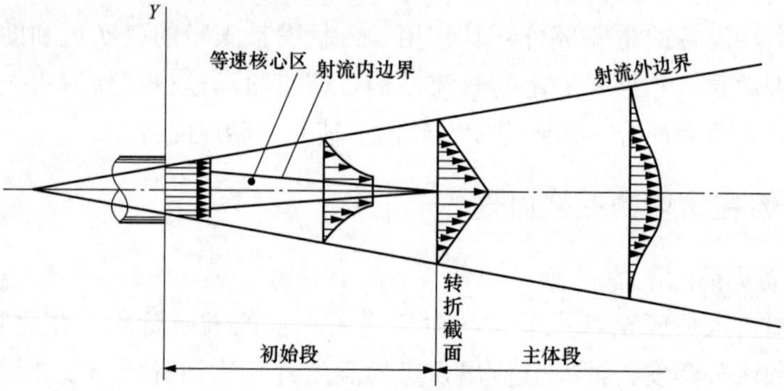

图 5-1　直流紊流自由射流示意图

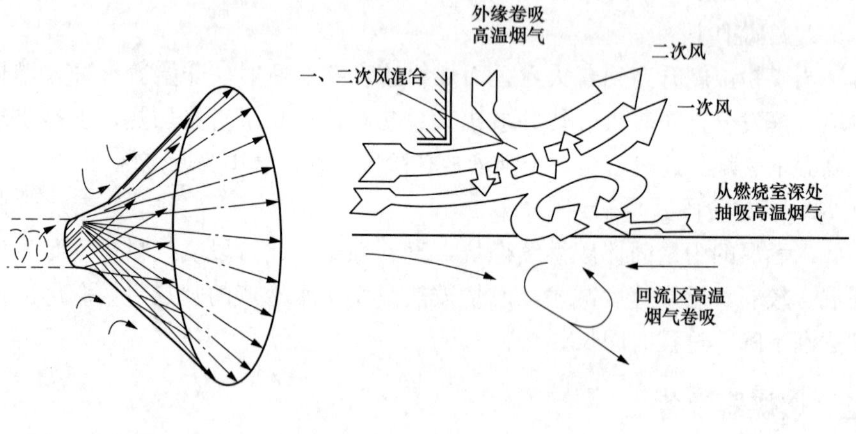

图 5-2　旋转射流示意图

（a）旋转自由射流；（b）射流卷吸和混合示意图

煤粉燃烧器是锅炉的主要部件之一，其结构和布置对于锅炉组织合理的燃烧具有重要的作用。燃烧器的结构和布置方式应保证良好的着火条件，应使一、二次风很好地混合，并使火焰充满整个炉膛，此外还应满足阻力小、调节灵活、制造安装方便等要求。典型的燃烧器结构、布置及燃烧过程如图 5-3～图 5-6 所示。

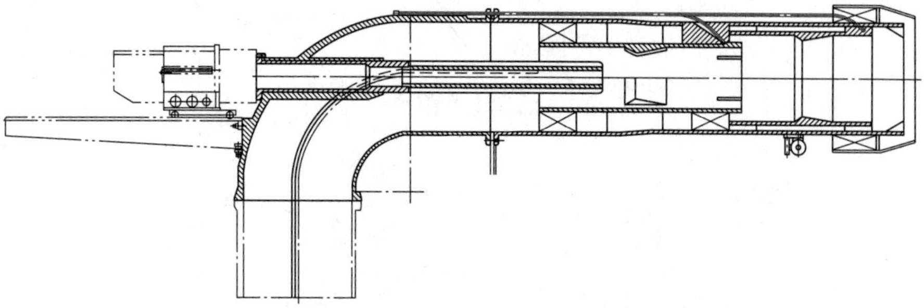

图 5-3　某电厂直流燃烧器结构示意图

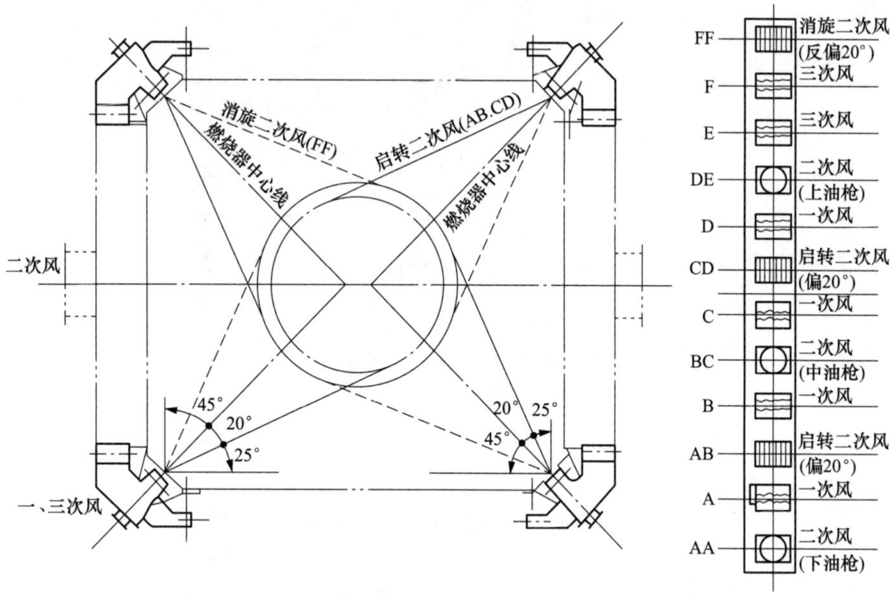

图 5-4　某电厂四角切圆直流燃烧器布置示意图

三、点火装置

煤粉炉的点火装置除了在锅炉启动时利用其点燃主燃烧器的煤粉气流外，在运行中当锅炉负荷过低或者煤质变差引起燃烧不稳定时，还可利用点火装置维持燃烧稳定。

目前，世界能源资源日益紧张，传统的大油枪点火方式已不能适应日益紧张的石油资源供应形势，等离子点火技术的突破性进展以及微油点火技术的出现，使我国的电站节油技术又迈向了新阶段。近几年，等离子点火技术和微油点火技术已成为大型机组锅炉点火和稳燃过程中的主流节油技术。等离子点火系统如图 5-7 所示。

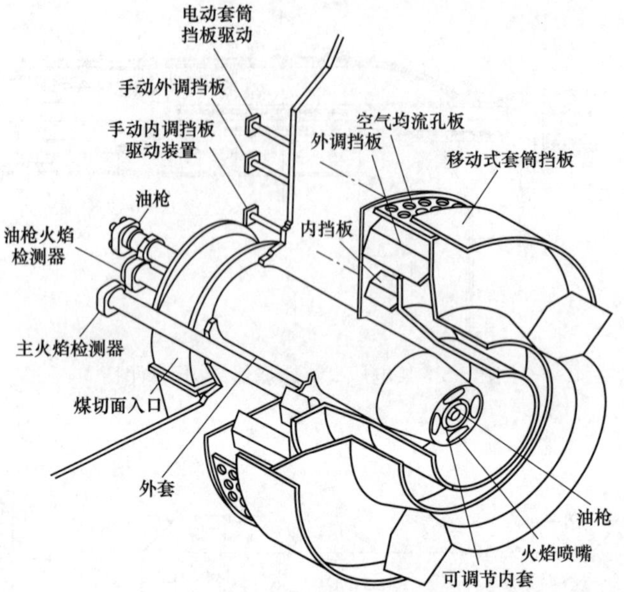

图 5-5　某电厂的双调风旋流燃烧器结构

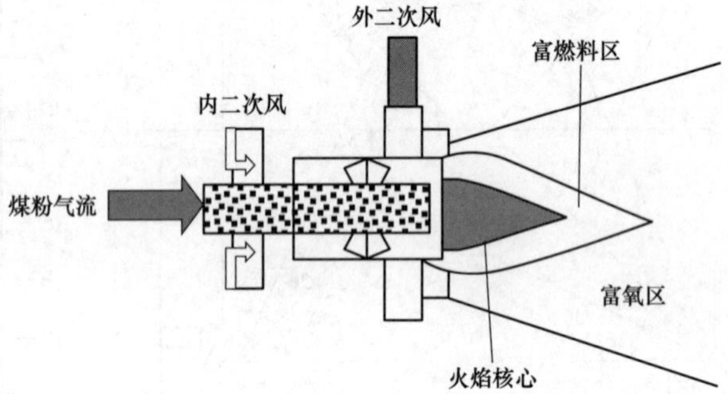

图 5-6　某电厂的双调风旋流燃烧器燃烧过程

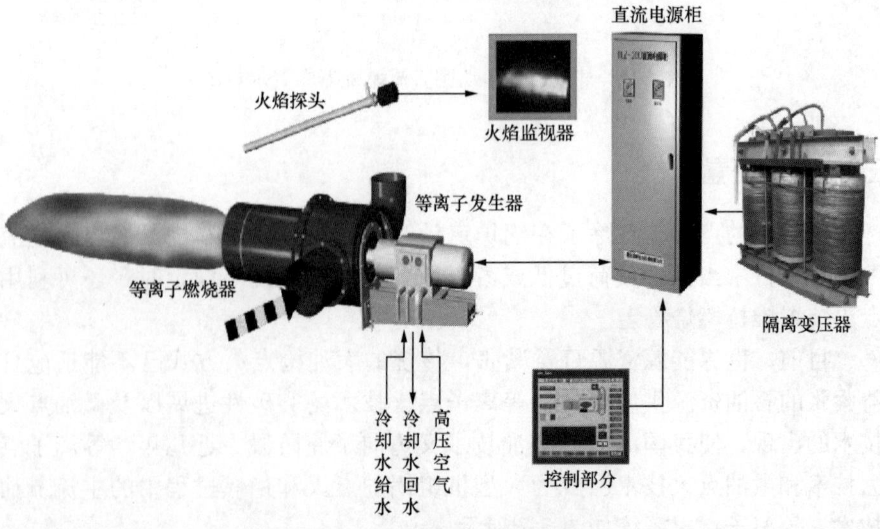

图 5-7　等离子点火系统

第二节　直流燃烧器

一、摆动式直流燃烧器本体检修工艺要点及质量要求

1. 工艺要点

检查燃烧器一次风喷口。如喷口烧损或变形严重，应局部挖补或整体更换；检查燃烧器本体结构件焊缝，如焊缝出现裂纹或脱焊，应补焊；检查燃烧器密封盒内部耐火浇注料碎裂脱落情况，视情况补充浇注或者重新浇注；检查燃烧器一次风喷口的扩流锥体和进口的煤粉管隔板的磨损及固定位置。磨损严重时应更换，隔板位置发生偏离时应复位固定；检查周界风风口截面；检查燃烧器二、三次风喷口，如喷口烧损和变形严重，应更换；燃烧器一、二、三次风喷口更换前应检查其外观、喷口的截面尺寸，结构件的焊缝和喷口偏转角度。更换时与水冷壁应保持两侧的膨胀间隙；燃烧器内部磨损严重、喷口变形严重，无修复价值的，应整体更换。

2. 质量要求

燃烧器本体结构件焊缝无裂纹；燃烧器密封盒内浇注料无碎裂脱落；燃烧器本体修补后的焊缝不得高于平面；燃烧器一次风喷口扩流锥体和煤粉管道隔板无严重磨损，无松动和倾斜，固定良好；燃烧器喷口更换后其摆动应灵活，无卡涩。所有喷口的摆动角度须保持一致且能达到设计值。在运行中不影响水冷壁的膨胀且水冷壁不受煤粉的冲刷；更换时喷口偏转角度符合设计要求；更换燃烧器时，其定位要求严格按照 DL 5190.2—2019《电力建设施工技术规范　第 2 部分：锅炉机组》中 4.6.3 执行。

二、固定式直流燃烧器本体检修工艺要点及质量要求

1. 工艺要点

检查一、二、三次风隔板的磨损和变形；检查燃烧器箱体的焊缝、耐火浇注料的碎裂脱落情况；更换前应测量喷口中心标高、截面尺寸和喷射角度（包括下倾角和左右偏转角）。

2. 质量要求

一、二、三次风间的隔板无磨损和变形；燃烧器箱体焊缝无脱焊，内部密封耐火浇注料无碎裂脱落；更新后喷口的高度和宽度的允许偏差为±6mm；对角线允许偏差须小于 6mm，下倾角和左右偏转角符合设计要求。

三、直流燃烧器摆动机构检修工艺要点及质量要求

（一）检查和校正连杆

1. 工艺要点

检查传动连杆平直度；检查传动连杆与曲臂间的销轴，并除锈和润滑

直至灵活；检查曲臂的固定支点和燃烧器本体的转动支点裂纹。

2. 质量要求

曲臂和连杆运行时无卡涩；连杆传动幅度与燃烧器本体摆角一致；曲臂的固定支点和燃烧器本体的转动支点无裂纹。

（二）减速机解体

1. 工艺要点

检查蜗轮与蜗杆的接触面；检查蜗轮与蜗杆的紧力；检查减速器接合面密封；更换密封填料；对减速器装配后进行间隙测量；并加注高温润滑脂。

2. 质量要求

蜗轮与蜗杆接触面无裂纹、磨损；蜗轮与蜗杆装配后无松动；减速器密封良好；减速器装配后须转动灵活，无冲动、断续或卡涩现象。

（三）直流燃烧器摆角校验

1. 工艺要点

单组燃烧器喷口摆角机械校验，包括最大仰角和最大倾角；单组燃烧器喷口摆角电动或气动校验，包括最大仰角和最大倾角；燃烧器喷口最大仰角和最大倾角同步程控校验；燃烧器喷口水平校验；燃烧器喷口摆角角度就地指示检验；燃烧器喷口摆角角度就地指示与集控室表计指示校验。

2. 质量要求

燃烧器喷口摆动保持同步；燃烧器喷口角度的最大倾角和最大仰角符合设计要求；燃烧器喷口水平误差小于±0.5°；燃烧器喷口实际摆角与就地指示的误差应小于±0.5°；燃烧器喷口摆角就地指示与集控室表计指示一致。

（四）直流燃烧器二次风挡板检查和开度校验

1. 工艺要点

检查挡板与轴固定连接；检查挡板轴轴封和更换密封垫料；润滑挡板轴，并使开关灵活；挡板最小开度和最大开度校验；挡板就地开度指示校验。

2. 质量要求

挡板外形完整，挡板轴无变形；挡板与轴固定良好，无松动；挡板开关灵活，无卡涩；挡板最大开度和最小开度能达到设计要求；挡板就地开度指示与集控室表计指示一致。

第三节　旋流燃烧器

一、旋流燃烧器本体检修工艺要点及质量要求

1. 工艺要点

检查喷口的外观、磨损和烧损情况，必要时更换；更换喷口时应测量、

调整喷嘴位置；检查扩流锥和偏流板，必要时更换；检查一次风管和防磨衬里磨损情况，必要时更换；更换时与水冷壁保持膨胀间隙，一、二次风同心度。

2. 质量要求

喷口外形完整、无开裂、严重变形和严重磨损。喷口位置符合设计要求；扩流锥无脱落、严重缺损、裂纹；防磨衬里完整，无松脱、变形、裂纹等，磨损量不大于原厚度的 2/3；膨胀间隙符合设计要求，其一、二次风同心度严格按照 DL 5190.2—2019《电力建设施工技术规范　第 2 部分：锅炉机组》中 4.6.2 执行。

二、旋流燃烧器调风门检修

1. 工艺要点

检查与校正叶片外形与动作情况，必要时更换；检查传动机构动作情况，清除各处积灰。

2. 质量要求

叶片无缺损、严重变形、松脱；各部件位置正确，无严重变形和磨损，动作灵活，无卡涩，能全开全关。

三、旋流燃烧器支架组件

1. 工艺要点

检查和修整密封装置；检查支架和各支撑件焊缝。

2. 质量要求

外形无严重变形、无裂纹，填料密封无老化；焊缝完好，无裂纹，支架无变形、缺损、裂纹。

第四节　油　　枪

一、油枪清洗和检查工艺要点及质量要求

1. 工艺要点

蒸汽冲洗油枪管道和喷嘴；检查油枪喷嘴孔径，喷油孔磨损量达原孔径的 1/10 或形成椭圆时应更换；检查油枪雾化片与油枪雾化片座间的密封；检查油枪枪管焊缝、内部清洁度、平直度；检查金属软管，必要时应对软管进行设计压力的水压试验。新软管应进行 1.25 倍设计压力的水压试验。

2. 质量要求

油枪雾化片、旋流片应规格正确，平整光洁；喷油孔和旋流槽无堵塞或严重磨损；油枪各接合面密封良好，无渗漏；枪管外观完好，无弯曲，内部无堵塞；金属软管无泄漏，焊接点无脱焊，不锈钢编织皮或编织丝无破损或断裂。

二、油枪执行机构及密封套管检查和更换工艺要点及质量要求

1. 工艺要点

检查油枪驱动套管内外壁及密封圈，清除套管外壁油垢；检查套管的软管部分，软管破裂或有破裂趋势的应更换，软管更换前须对新软管进行检查；进行油枪进退试验。

2. 质量要求

导向套管内外壁光滑，无积油，油枪进退灵活，无卡涩现象；套管的软管部分无断裂；油枪进退均能达到设计要求的工作位置和退出位置。

三、油枪调风器检修工艺要点及质量要求

1. 工艺要点

检查调风器外观；检查调风器叶片焊缝；若调风器叶片烧损或变形严重应更换，若叶片焊缝有裂纹应补焊。

2. 质量要求

调风器外观及叶片应保持完整；叶片无烧损及变形，叶片焊缝无裂纹；调风器出口无积灰和结焦，截面保持畅通；更换后的调风器中心与油枪中心的误差应小于 2mm。

第五节　等离子点火器

一、等离子点火器的工作原理

等离子燃烧技术是指采用直流空气等离子体作为点火源，实现锅炉的冷态启动不用一滴油的无油点火燃烧技术。等离子体具有促进燃烧的特性，等离子燃烧系统主要包括燃烧系统、风粉系统、等离子发生器、电气系统、等离子空气系统及等离子冷却水系统等。等离子燃烧技术已在国内电站锅炉普遍应用，实践表明采用等离子点火燃烧装置的节油效果十分明显。

等离子点火器通过直流电流在介质气压下接触引弧，形成高温的局部区域。在这个区域中，煤粉颗粒受到高温作用，迅速释放出挥发物并破裂粉碎，从而迅速燃烧。这种反应在气相中发生，混合物组分的粒级发生变化，促使煤粉的燃烧速度加快，加速煤粉的燃烧，极大地减少煤粉燃烧所需要的引燃能量。

等离子发生器由线圈、阴极、阳极组成，它们均采用水冷方式以承受电弧高温冲击。线圈在高温 250℃情况下具有抗 2000V 的直流电压击穿能力，电源采用全波整流并具有恒流性能。当阴极和阳极接触时，电弧在线圈磁力的作用下拉出喷管外部，一定压力的空气在电弧的作用下被电离为

高温等离子体，其能量密度高达 105～106W/cm²，为点燃不同的煤种创造了良好的条件。

根据高温等离子体有限能量不可能同无限的煤粉量及风速相匹配的原则，设计了多级燃烧器。应用多级放大的原理，使系统的风粉浓度、气流速度处于一个十分有利于点火的工况条件，从而完成一个持续稳定的点火、燃烧过程。在建立一级点火燃烧过程中，将经过浓缩的煤粉垂直送入等离子火炬中心区，10 000℃的高温等离子体同浓煤粉的汇合及所伴随的物理化学过程，使煤粉原挥发分的含量提高了 80%，其点火延迟时间不大于 1s。综上所述，等离子点火器的工作原理是通过产生高温的等离子体来点燃煤粉，这种等离子体具有高能量密度，能够迅速促进煤粉的燃烧，同时通过多级燃烧器的设计，确保燃烧过程的稳定性和效率。

二、等离子点火器阴极检修工艺要点及质量要求

1. 工艺要点

检查阴极尾座外观；检查冷却进水导管；检查阴极头外观，检查通水；检查瓷环。

2. 质量要求

阴极尾座无变形、接线面无氧化层；冷却进水导管通畅，无杂物，无生锈结垢；阴极头表面光滑，通水检查无漏点；瓷环位置在原位，瓷环洁净、无损坏。

三、等离子点火器阳极检修工艺要点及质量要求

1. 工艺要点

检查阳极喉口；检查阳极进回水口。

2. 质量要求

阳极喉口完好；阳极无漏水点。

四、等离子点火器阴极旋转系统检修工艺要点及质量要求

1. 工艺要点

检查齿轮组，检查旋转电动机，检查导电环、顶丝。

2. 质量要求

齿轮组齿轮无损坏，运行中无卡涩；电动机转动方向正确，接线无松动；导电环保持清洁、顶丝无松动。

五、等离子点火器冷却水系统检修工艺要点及质量要求

1. 工艺要点

检查冷却水泵；检查冷却水箱及水箱水位计；检查换热器；检查管阀。

2. 质量要求

冷却水泵运行平稳、无异声；水箱无漏点，内部无杂物，水位计显示和实际水位一致；换热器无泄漏。

六、压缩空气系统及发生器支架检修工艺要点及质量要求

1. 工艺要点

检查压缩空气系统；检查发生器支架。

2. 质量要求

压缩空气系统无泄漏、堵塞；发生器支架及丝杠无变形；支架和丝杠上无积粉、积灰。

第六章　炉 墙 与 架 构

第一节　炉　墙　概　述

在火力发电厂中，锅炉护墙是必不可少的。炉墙的作用是使炉内高温区域与外界隔离开，并阻挡炉内烟气向外泄漏和外部空气进入炉内，所以炉墙应具有密封、耐热和绝热的作用。

根据炉墙的承受方式和单位面积质量的不同，炉墙的结构形式主要分为三种：重型炉墙、轻型炉墙和敷管式炉墙。重型炉墙在现代大型锅炉上已不再采用。

一、轻型炉墙

轻型炉墙又称框架式炉墙，炉墙的质量由安装在框架上的金属托架承受，并均匀地传递到锅炉构架上。轻型炉墙的耐热层有耐火砖砌体和耐火混凝土墙板两种。绝热层用的材料很多，可以是各类材料的砖或板，但必须注意这些绝热材料的使用温度能否满足它们所在区域的最高环境温度，且材料的导热系数不能过大，否则，为了保证外墙面的温度不大于50℃。墙体的厚度就要增加很多，这是不经济的。

轻型炉墙在50MW机组的锅炉上广泛应用，100MW和200MW机组的锅炉上也有局部采用轻型炉墙结构的。目前更大型锅炉上已不再采用轻型炉墙，而更多采用的是敷管式炉墙。

二、敷管式炉墙

敷管式炉墙是目前大型锅炉主要采用的炉墙结构形式，它具有超轻型的特点，其质量均匀分布并固定在受热面管子上。敷管式炉墙的耐火层有两种：一种是当锅炉受热面为有间隙的密布光管或鳍片管时，耐火层由耐火混凝土组成，厚度一般为半个管径；另一种是受热面为膜式壁或受热面后有整片钢板遮挡缝隙时，不再另设耐火层，而由钢板取代耐火混凝土层。膜式壁具有制作工艺可实现自动化、安装简便、支吊结构简单、密封效果好等诸多优点，因此现代大容量锅炉的炉墙均采用了膜式壁结构。膜式壁和外隔热保温层整体构成膜式壁炉墙。

第二节　敷管式炉墙的检查及维护

一、密立光管式炉墙检修

当受热面由光管组成时，由于管子之间有缝隙，故有火焰和烟气通过，敷管式炉墙由耐火混凝土层、绝热材料层、抹面层或金属罩壳组成。耐火混凝土层是通过点焊在管面或鳍片上的方格网做骨架而固定的，一般采用矾土水泥耐火混凝土作为耐火层。由于耐火混凝土层比较薄，厚度一般仅为半个管径，很容易损坏，因此，一般在耐火混凝土层施工完后敷设薄铁板将耐火层裹在里面，起到保护耐火混凝土层的作用，此铁板称为内护板。这样保温层用的钩钉可直接焊在内护板上，非常方便。如果没有内护板，钩钉只能焊在管面上，很容易损坏受热面管子，而且一般的焊工不能胜任此项工作，只能由高压焊工来完成。所以，增设内护板是非常必要的。在施工保温层前应先焊保温钩钉，要求每平方米不少于 8 个。保温层材料可用软质材料，也可用硬质材料，一般选用软质材料，通常用硅酸铝毡或岩棉单一材料保温，也可采用复合保温结构。用岩棉保温时，当厚度超过 80mm 时应分层保温，第二层宜将第一层的缝压住。用硅酸铝毡保温时，应将内护板表面清理干净，使粘贴更加牢固，粘贴前要均匀涂抹高温黏结剂，厚度为 2mm 左右。粘贴时用手轻轻拍打，使其粘贴严密，要求同层错缝、层间压缝。保温层施工完后，紧贴保温层铺设一层铁丝网，互搭长度不得小于 20mm，将压板穿入销钉并将销钉折弯 90°固定铁丝网。铁丝网的端边可用 ϕ6mm 钢筋压焊于刚性梁的翼缘上，并将其拉紧，平展无皱，用灰浆抹面保护，厚度为 20～30mm，要求光滑平整、无裂纹。为了美观。可在抹面层干燥后，粘贴一层玻璃丝布，要求平整无褶皱。最后按要求涂色。

二、膜式壁炉墙检修

当受热面为膜式壁或虽然是光管但背面用钢板全密封时，因管间无火焰、烟气通过，所以取消了耐火层，可直接敷设保温层，钩钉直接焊在管子的鳍片上。

膜式壁炉墙一般采用钩钉来固定保温层，也有采用螺栓替代钩钉，便于检修时拆装。且可重复使用。一般螺栓或钩钉的数量每平方米不少于 8 个，在人孔门、看火孔门的周围应适当加密。保温时应根据受热面的温度选择不同的保温材料，一般在 350℃以下时，可选用岩棉制品作为保温层；在 350℃以上时，可采用复合保温结构，即内层用耐热温度较高的硅酸铝毡，外层用耐热温度较低的岩棉板，这样的保温结构比较经济。保温前，应将硅酸铝毡剪成条状，均匀涂抹高温黏结剂，将膜式壁外侧的管间凹槽填满，与管排表面平齐，以防止热流沿管间凹槽窜行。在刚性梁与膜式壁之间的区域内，按设计要求应填满硅酸铝毡并压实，使其与壁面和角部的保温接合严密。对于单一材料的炉墙保温层，如采用单面金属网矿棉缝毡时，内层的网面应向管壁，最外层的网面应向外护板，并对其施加 10%～20%的压缩量，缝毡之间要紧固平整。如保温层加衬铝箱时，应尽量不损坏铝箱，保温层采用复合结构时，其内层应粘贴厚度为 40～60mm 的硅酸铝毡或定型的嵌管制品，外层采用岩棉板敷设时，应翘头挤压对接严密。炉膛四角、燃烧器壳体及各门、孔周围的内外保温层均应采用硅酸铝毡。粘贴硅酸铝毡应采用层铺法，即第一层粘贴完后，再进行下一层的粘贴，涂抹黏结剂应均匀完整，厚度为2mm左右。粘贴时要求同层错缝，层间压缝，并用手轻轻拍打使其粘贴严密。紧贴保温层铺设一层钢板网，并将压板穿入螺杆用螺母拧紧，炉墙的厚度应按管内的工质温度而定，厚度允许误差为±10mm，应尽量保持在正值内。恢复外护板时，应保持其固定构件的完好性，下端应和挡板用自攻螺钉连接，上端应按设计留有滑动间隙。锅炉四角的外护板也应有活动接口，刚性梁上设计有防雨罩时，应与外护板同时安装，要求加工外护板时，应使用专业工具剪切，不得用气割或切割机切割，恢复完毕的外护板应平整、美观，各门、孔周围及外护板的搭接处不得露保温层。

在检修中，应加强对膜式壁的检查，因锅炉在运行期间可能存在正压运行的情况，会烧损部分有密封缺陷的膜式壁鳍片。由于膜式壁外部有保温层，不易检查，可结合外部漏灰情况利用炉内脚手架进行检查。发现缺陷要进行修补。锅炉安装时两片膜式壁的左右，上下拼缝是缺陷的多发部位。

此外，在进行管子更换时，需要切除鳍片，注意在切除鳍片后要检查两侧管子有无损伤。在管子更换完毕、焊口探伤合格后，才能够恢复鳍片，恢复鳍片时应尽量采用双面焊接。鳍片焊接完成后才能够进行水压试验。

第三节　锅炉钢结构检查及维护

目前电站锅炉均采用全钢结构，由顶板、柱、梁、水平支撑等组成，形成一个空间支撑体系。柱、梁、垂直支撑之间，主梁与次梁之间采用高强螺栓连接。

锅炉构架设计根据气象条件，按GB 50009《建筑结构荷载规范》考虑风载，并根据电厂地理条件，按GB 50011《建筑抗震设计规范》进行抗震设计。锅炉构架除承受锅炉本体荷载外，还承受锅炉范围内的汽水管道，烟、风、煤粉管道，吹灰设备、封闭设施及电梯井等荷载。

构架主要用材为16Mn低合金钢，其余均为普通碳素钢，高强螺栓材质为20MnTiB，高强螺母材质为15MnVB，高强垫圈用45钢，普通安装用螺栓、螺母、垫圈材质为Q235A. F。锅炉平台的布置满足运行及检修的需要，平台及扶梯均为栅格型，平台活荷载不小于4kN/m，楼梯活荷载不小于2kN/m。

平台扶梯除电梯停靠层以外，在其他诸如吹灰孔、人孔、测量孔、打焦孔等区域均设有维护平台以及通畅行走的平台扶梯。

钢结构检修工艺及质量标准如下：

1. 炉顶钢梁检查工艺要点及质量要求

工艺要点：钢梁应进行100%外观检查；每次大修周期应检测主梁的挠度变化；钢梁焊缝应进行100%外观检查或进行无损探伤；检查梁、柱的连接螺母紧固情况。

质量要求：钢梁无弯曲变形、无严重锈蚀、无裂纹；炉顶大板梁挠度不应大于1/850；钢梁焊缝无裂纹等缺陷；紧固螺母无松动。

2. 受热面联箱及顶棚悬吊装置的检查工艺要点及质量要求

工艺要点：检查吊杆外观；检查吊杆的受力。对于过松或者过紧的吊杆应及时调整；吊杆上下生根点，吊耳根部焊缝进行探伤检查；吊杆螺母和螺母垫铁进行100%外观检查，对于变形严重的垫铁应及时更换；更换前应将被吊物临时支撑；检查过渡梁水平度，并做好详细的测量记录，以便以后复测时对测量数据进行分析和比较。

质量要求：吊杆无严重变形和腐蚀，吊杆变形或者腐蚀严重时应更换，更换后吊杆的膨胀系数应与原吊杆的膨胀系数一致或者接近。新换吊杆所受的拉力应与两侧未变形的吊杆所受的拉力相一致；吊杆受力均匀；吊耳根部焊缝无裂纹；吊耳不变形；销轴孔无磨损变形；吊杆螺母无松动，止退销齐全，吊杆螺母垫铁无变形，更换后的垫铁定位符合要求；过渡梁无变形，过渡梁两端固定点焊缝探伤检查无裂纹。

3. 炉顶钢梁支座的检查工艺要点及质量要求

工艺要点：检查固定支座外观；检查活动支座、滚动轮外观，清理滚道上的杂物。

质量要求：固定支座装置完整，其强度、刚度及稳定性符合设计要求；活动支座装置完整，其强度和刚度符合设计要求，滚动轮滚动无卡涩现象，滚动轮滚道上无杂物，膨胀不受阻。

4. 刚性梁及附件检查工艺要点及质量要求

工艺要点：检查刚性梁平直度；检查刚性梁腐蚀情况；检查刚性梁焊缝；检查水平刚性梁与垂直刚性梁膨胀间隙、下部连接板的倾斜方向；检查水平刚性梁平衡杆；检查刚性梁与刚性梁间的连接板转角、连接板处销轴与销孔间隙。

质量要求：刚性梁应平整，无严重变形；刚性梁无腐蚀，金属表面无起皮，焊缝无裂纹。水平刚性梁与垂直刚性梁间的间隙符合设计要求，膨胀不受阻；刚性梁的转角连接板无变形，膨胀不受阻；刚性梁与刚性梁间的连接板销轴与销轴孔间隙合理。

5. 钢梁、平台、扶梯外观检查

（1）检查所有的钢梁、平台、扶梯的油漆状况。油漆有剥落及残缺时，应清理干净后重新油漆。

（2）检查钢梁外观状况，有缺陷时应更换或制定特殊工艺后焊补。

（3）检查其他钢梁（除大板梁承重立柱）是否有弯曲、凹陷和扭曲等变形，若有严重变形必须更换，并分析原因做好记录。

（4）检查各层钢梁是否影响炉本体各汽水管道自由膨胀，将有碍膨胀之处及时改造。

（5）检查各层平台扶梯的牢固程度及锈蚀状况。尤其扶梯下部的焊缝必须有足够的加强高。不够稳固时，必须采取措施进行加强或更换。各平台扶梯应无明显锈蚀，扶梯下部焊缝牢固、平台扶梯稳固可靠。

应注意以下几点：

（1）因施工需要拆除平台扶梯时，必须搭设合适的临时脚手架并设置临时栏杆，工作结束后及时恢复原样。

（2）检修中需割去护板、平台时，必须先割除原点焊点且切割平整，不能任意切割，工作结束后及时恢复原样。

（3）平台扶梯所有部件在1m长度允许弯曲度不超过5mm，不允许有顺着纵向中心线的明显扭转。

（4）检查各层平台限额载荷标志牌是否齐全，以防超载发生意外。

（5）检查各层平台扶梯有无影响炉本体、各汽水管道自由膨胀之处，将有碍膨胀之处及时改造。

（6）检修后及时补刷油漆。

第七章　吹　灰　器

第一节　吹灰器概述

锅炉本体设置蒸汽吹灰器是为保持受热面清洁，产生良好的传热效果。其原理是利用过热蒸汽的高压汽流冲击力，吹去受热面上的积灰。一般电站锅炉在炉膛部分布置炉膛吹灰器（俗称短式吹灰器），在对流烟道区域（水平烟道和尾部烟道）布置半伸缩、长伸缩式吹灰器（俗称长式吹灰器）。也有部分电厂选择在对流烟道区域布置声波吹灰器。

一、炉膛吹灰器简介

炉膛吹灰器是短伸缩式吹灰器，用于吹扫锅炉水冷壁上的结灰和结渣。炉膛吹灰器采用前行到位后定点旋转吹灰。根据结灰（或结渣）的性质和锅炉不同部位的吹灰要求，吹扫弧度、吹扫圈数、吹灰压力都可进行调整。

炉膛吹灰器一般为电动吹灰器，可近控、远控和程控。吹灰时，按下启动按钮，电源接通，减速传动机构驱动前端大齿轮顺时针方向转动，大齿轮带动喷头、螺纹管及后部的凸轮同方向转动。转动一定角度后，凸轮的导向槽导入后棘爪和导向杆，凸轮等不再转动而沿导向杆前移，喷头及螺纹管伸出。当螺纹管伸至前极限位置时，凸轮脱开导向杆，拨开前棘爪，使喷嘴、螺纹管和凸轮一起再随大齿轮旋转，随之，凸轮开启阀门，吹灰开始。吹灰过程由后端的电气箱控制。完成预定的吹灰圈数后，控制系统使电动机反转，喷嘴、螺纹管和凸轮同时反转，随之阀门关闭。接着，凸轮的导向槽导入前棘爪和导向杆，喷头、螺纹管和凸轮停止转动而退至后极限位置，凸轮脱开导向杆，拨开后棘爪继续作逆时针方向旋转，直至电控系统动作，电源断开，凸轮停在起始位置。至此，吹灰器完成了一次吹灰过程。炉膛吹灰器的结构如图 7-1 所示。

1. 原理与设计

炉膛吹灰器是为清洁墙式受热面而设计的，其基本元件是一个安装两个文丘里喷嘴的喷头。当吹灰器从停用状态启动后，喷头向前运动，到达其在水冷壁管后的吹扫位置；同时阀门打开，喷头按所要求的吹扫角度旋转。喷头旋转完规定的圈数后，吹扫介质的供给被切断，同时喷头缩回到在墙箱中的初始位置。喷头的前后和旋转运动是通过螺旋管实现的。

2. 机架

机架由角钢架组成，在前面板上焊有托架。通过托架，吹灰器固定在锅炉上。机架末端是阀门连接板，阀门和内管固定在连接板上。

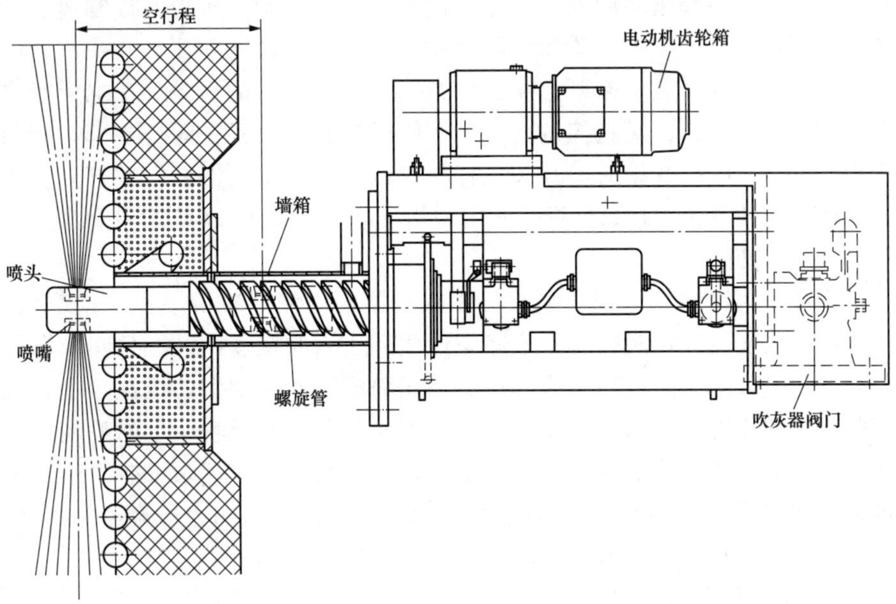

图 7-1 炉膛吹灰器结构

3. 吹灰器驱动和控制系统

吹灰器由电动机驱动，通过法兰与机架上的齿轮减速箱连接。减速箱采用交流电动机。两个限位开关用端子盒连接，且均已在厂内调试完毕。限位开关控制螺旋管的往复运动和吹扫回转。吹灰器驱动装置通过链轮和链条驱动螺旋管，链轮使机架上的导向螺母旋转，从而迫使螺旋管产生轴向运动（前后运动时，不吹扫）。在吹扫位置时，导向螺母与螺旋管不再相对运动（轴向运动停止）。这时，螺旋管已经完全旋入螺母中，通过链条、链轮使螺旋管进入旋转状态。可以按要求进行一圈或多圈吹扫。

4. 螺旋管、内管和开阀机构

螺旋管沿固定的内管作前后往复运动。喷头安装在螺旋管的前端。螺旋管后端是填料盒，把螺旋管和内管间的环形空间密封起来，避免吹扫介质泄漏。经研磨的不锈钢内管前端伸在螺旋管内，内管的末端连接在阀门固定板上。用固定在填料盒外壳上的凸轮盘来开闭阀门。凸轮盘是按吹灰器安装位置所规定的吹扫角度来设计的。如果以后需要变更吹扫角度，凸轮盘还可以调换。

5. 喷头

喷头用耐热钢制造。通常喷头有两个相对的文丘里喷嘴，可以斜吹墙式受热面。吹灰器停用时，喷头在墙箱内得到保护。

6. 吹灰器阀门

经由一个机械控制的吹灰器阀门向喷嘴供应吹扫介质。吹灰器阀门通过法兰与管道连接。全部零件组成了一个特殊的阀门组件。可旋的阀座采用平面密封。在阀座的后面，气流方向上还有一个调节压力的控制盘。利用此控制盘使管道中的介质压力降至吹灰器所要求的吹扫压力。吹灰器阀门由螺旋管的旋转运动来开启。凸轮盘安装在螺旋管的后端，在螺旋管向前行程结束后，凸轮盘就控制阀杆。开阀压杆直接布置在阀杆上部，阀门即由其开启。吹扫开始时，开阀压杆将阀瓣压下，吹灰器阀门被打开。吹扫完毕，凸轮盘再次释放杠杆，阀门关闭。这一过程在每次动作中重复。

7. 空气阀

为防止腐蚀性烟气侵入喷头，在吹灰器阀门侧面装设了一个空气阀。空气阀在吹灰器停用时打开，干净空气由此进入吹灰器内。一旦吹灰器阀门打开，进入阀体的吹扫介质的压力作用将空气阀关闭。负压锅炉上，大气与炉内的压力差足以使干净的空气通过空气阀，直至喷头上的喷嘴再流出。吹灰器安装点的烟气压力如达不到规定的负压，空气阀可接通密封与通风用空气管道，这样，可以防止烟气侵入吹灰器中吹扫介质流经的零件，如喷头、内管和吹灰器阀门。

8. 负压墙箱

墙箱为喷头进入炉壁的部位提供密封。吹灰器用螺栓连接在墙箱的面板上。因为炉内烟气始终是负压，故喷头与炉墙处的环形空间有足够的空气进入炉内。短时的炉内烟气正压，所附的管道接口可向墙箱提供密封空气。如炉膛烟气始终是正压，则应使用特殊的正压墙箱。

二、长伸缩型吹灰器简介

长伸缩型吹灰器用于吹扫过热器、再热器及省煤器上的积灰和结渣。

吹灰过程：吹扫周期从吹灰枪处于起始位置开始。电源接通后，电动机驱动跑车沿着梁两侧的导轨前移，将吹灰枪送入锅炉内。喷嘴进入炉内后，跑车使阀门开启，吹灰开始。跑车继续将吹灰枪旋进锅炉，直到达到前端极限后，跑车反转，引导枪管以与前进时不同的吹灰轨迹后退。当喷嘴接近炉墙时，阀门关闭，吹灰停止，跑车继续后退，直至起始位置。长伸缩型吹灰器的结构如图 7-2 所示。

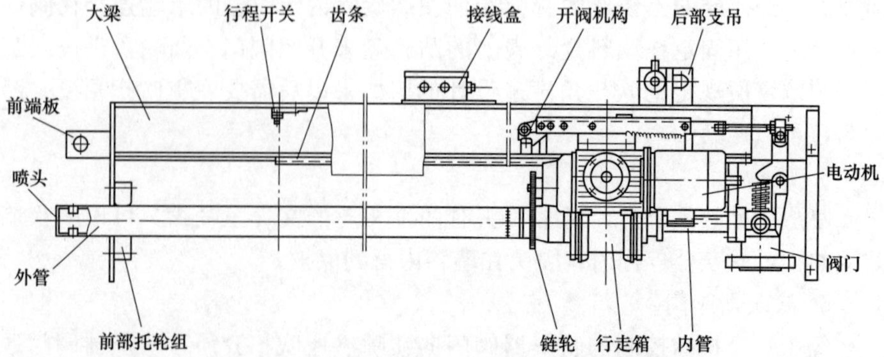

图 7-2　长伸缩型吹灰器结构（未包含吹灰器套管支架）

1. 大梁

大梁由工字钢梁组成，用作行走箱行走的导轨。大梁下布置行走箱，行走箱上驱动齿轮与大梁上的齿条相啮合。前部托轮组位于大梁前端，用以支撑和引导吹灰管。炉墙接口箱位于大梁前端板上将吹灰器固定在锅炉炉墙上。第二支吊点位于大梁后端顶部。此处有一连接板组件，吹灰器阀门和内管通过法兰连接。

2. 吹灰器行走箱

吹灰器行走箱由箱体、电动机齿轮箱、吹灰管填料箱组成。行走滚轮固定在箱体上。双出轴齿轮箱由三相电动机驱动，一端出轴上的驱动齿轮与大梁上的齿条啮合，实现行走箱的轴向移动。另一出轴（纵向）通过链条传动使吹灰管实现旋转运动，吹灰管填料箱有两个作用：一是转动吹灰管，二是引导和容纳填料盒，以实现外管与内管间的密封。限位开关执行器和开阀杠杆也安装在行走箱箱体上，与撞销一起作为开阀机构。吹灰器行走箱结构如图 7-3 所示。

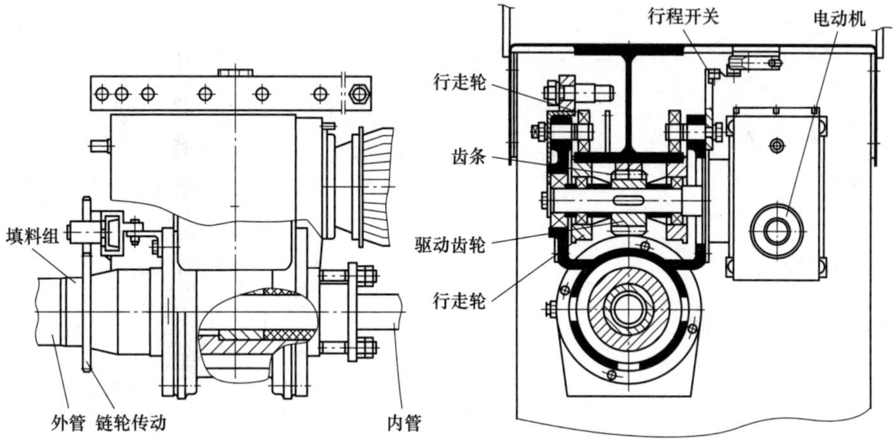

图 7-3　吹灰器行走箱结构

3. 外管和内管

外管的后端是通过法兰与行走箱上的法兰相连接，而前端置于前部托轮组中。不吹扫时，带有两个文丘里喷嘴的喷头就留在炉墙接口箱内。

用不锈钢制成的内管的后端固定在连接板组件上，其前端放置在外管中，内管与外管相对移动的对中由行走箱内的导向轴套来实现。

当吹灰器行走箱向前移动时，内管后端的托架装置也被往前推，直到内管的近似中点为止。当吹灰器行走箱反向运动到停止位置时，内管托架装置也返回到初始位置。

4. 带开阀机构的吹灰器阀门

吹扫介质流经一机械控制的阀门通向喷嘴，阀门与管道间用法兰连接。吹灰器阀体通过一个连接板组件与内管相连接。阀门内件组成一专用阀门。

螺纹连接的阀座为平面座。在阀座后安装有一个可调的压力控制圈（顺气流方向可看到）。用以调节吹灰器阀门中的压力，使之适合于每一个吹灰器。吹灰器阀门是靠行走箱来动作的，开阀杠杆上的可调撞销与拨叉相啮合，拨叉板由一根连杆与开阀压杆相连。阀门的开启与关闭位置可以由开阀杠杆上的撞销来调节，以使吹扫时不致损坏炉壁。吹灰器开阀机构如图7-4所示。

5. 空气阀（与炉膛吹灰器同）

在吹灰器阀体侧面安装一个空气阀，以防止腐蚀性的烟气进入外管中。当吹灰过程结束时，空气阀就打开，将空气通入吹灰器中。而吹灰器阀门一打开，它就被吹扫介质的压力关闭。

当锅炉负压运行时，炉内外的压差使充足的干净空气流入空气阀中。

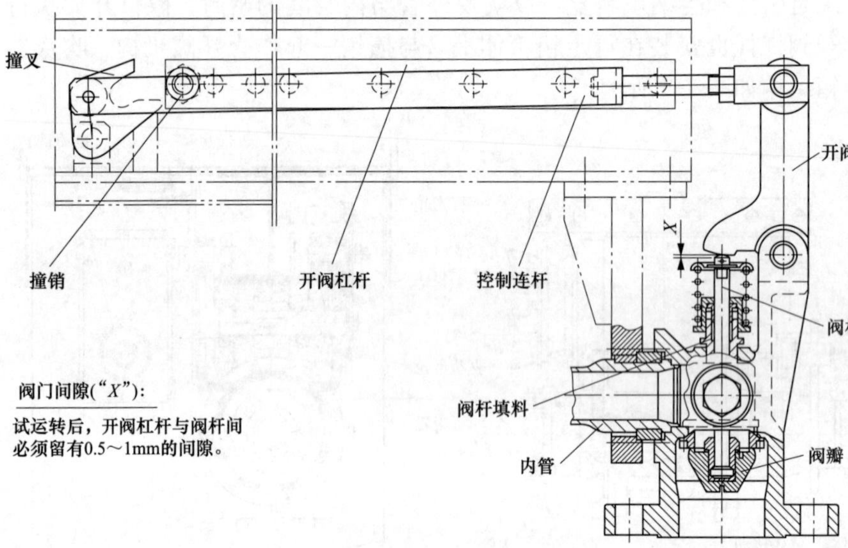

图7-4 吹灰器开阀机构

当烟气压力脉动或正压时，空气阀将接通微正压的密封干净空气管，这样可以防止烟气侵入吹扫介质流通的零部件，如外管、内管和吹灰器阀门等。

6. 电器组件

动力和控制电源与吹灰器端子盒/单独插头连接。控制吹灰器行走箱往复运动的限位开关，通过控制电缆与端子盒/单独插头的接口相连。

7. 炉墙接口箱（负压）

带刮灰板的墙箱为穿过炉墙的外管提供密封，并防止烟气经由吹灰管和墙箱内套管间的环形空间泄漏到大气中。刮灰板本身可调，可适应因自身挠度和炉墙热膨胀引起的吹灰管的中心位置变动。由于炉内烟气始终是负压，故有足够的密封空气通过连接管上的开孔进入炉内。

即使短时间烟气正压，也可向接口箱提供密封空气。

8. 吹灰器支吊

通过前端板与炉墙接口箱，吹灰器前端被固定在炉墙上；后部支吊装置则连接到吹灰器后端的支吊上。支吊装置的设计应能适应锅炉的水平膨胀和垂直膨胀。在安装吹灰器时，应考虑到这些膨胀。吹灰器冷热态膨胀示意图如图 7-5 所示。

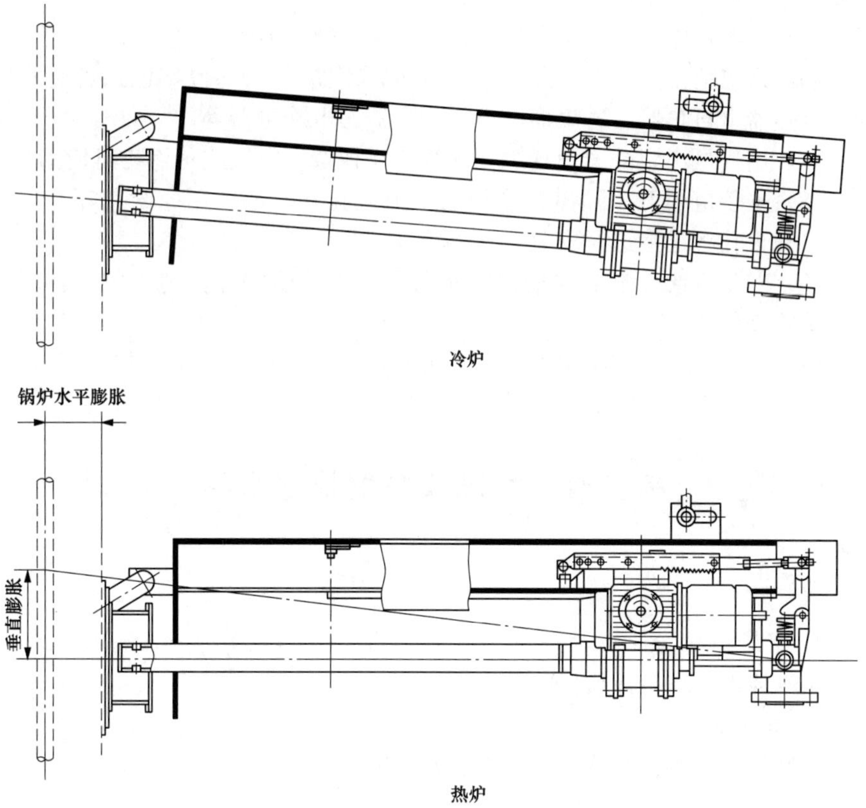

图 7-5　吹灰器冷热态膨胀示意图

半伸缩式吹灰器与长伸缩式吹灰器原理及结构大致相同，二者的区别在于吹扫范围的不同，长伸缩式吹灰器的吹扫范围覆盖了整个烟道的宽度，而半伸缩式吹灰器的吹扫范围仅覆盖了部分的烟道宽度。

三、声波吹灰器简介

声波吹灰器技术是将压缩空气（或蒸汽）转换成大功率声波或次声波[一种以疏密波的形式在空间介质（气体）中传播的压力波]送入炉内，当受热面上的积灰受到以一定频率交替变化的疏密波反复拉、压作用时，因疲劳疏松脱落，随烟气流带走，或在重力作用下，沉落至灰斗排出。

目前电站锅炉受热面安装的声波除灰器主要分共振腔式和旋笛式两种。

声波吹灰器的特点如下：

（1）结构简单，吹灰器本体不用电，没有机械运动旋转机构，没有易损部件，不会产生机构运动旋转故障。

（2）体积小，质量轻，没有伸缩机构，不存在机械卡壳现象。

（3）材质耐高温，耐磨损，耐腐蚀，抗老化，使用寿命长。

（4）安全可靠，不会磨薄或吹损管束，无导致爆管现象，满足人身安全和工业劳动保护条例的要求。

（5）声波效能高，功率大，频带宽，清灰效果显著。

（6）适应范围广，可适用于各种炉型和锅炉任何部位，包括炉膛水冷壁、过热器、再热器、省煤器、空气预热器、电除尘器等。

（7）用气量小，动力消耗少，气源介质任选，空气或蒸汽均可使用。

（8）安装范围宽，除需要在炉墙上另开孔外，可利用原吹灰器孔、打焦孔、观火孔等位置进行安装。

（9）安装方便，不需要搭设吹灰器平台，炉墙内外占地空间小，不影响锅炉检修作业。

（10）控制系统分为自动、手动功能，可自成单元，也可接入 DCS 系统，实现全自动化运行。

第二节　炉膛吹灰器检修维护

一、拆卸

1. 工艺要点

将本体拆下后解体检修。

2. 质量要求

拆卸后应注意做好吹灰器蒸汽管开口的防护遮盖。

二、进气阀的检修

1. 工艺要点

检查阀门法兰平面，检查阀芯、阀座、阀杆、阀体和阀门的情况；进气阀装配时，螺纹应涂防锈润滑脂；填料安装工艺应符合规定要求。

2. 质量要求

阀门法兰严密，阀芯、阀座无吹损拉毛现象；阀杆完好，弯曲符合要求，阀体内外无砂眼，阀门关闭严密、启闭灵活；应使用耐高温润滑脂；新安装填料时，应与前一层填料开口处错位 120°～180°。

三、喷嘴检修

1. 工艺要点

测量喷嘴中心线到水冷壁表面的距离，以使喷嘴组装时正确到位；检查喷嘴及喷孔内径冲刷情况，检查喷嘴焊缝，如有裂纹脱焊，应修复。

2. 质量要求

喷嘴中心与水冷壁的距离应符合设计规范，喷嘴及内管与水冷壁角度应保持垂直，喷孔角度正确；喷嘴完好，无腐蚀、磨损。

四、喷管检修

1. 工艺要点

检查清理喷管；检查喷嘴及焊缝；检查喷管弯曲度。

2. 质量要求

内管伸缩灵活，表面光洁，应无划痕损伤；喷管无堵塞，表面粗糙度应符合规定要求；各支点焊缝无脱焊、裂纹；喷管弯曲度符合使用要求。

五、卸下脱开机构，喷管凸轮及方轴

1. 工艺要点

检查制动器与端面之间的间隙；检查凸轮和压板。

2. 质量要求

制动器与端面间隙为 8～10mm。

六、减速箱检修

1. 工艺要点

解体减速箱，清洗内部齿轮零件，检查磨损、裂纹、缺损等情况；检查测试齿轮啮合接触面情况；检查外壳；检查测量各轴承间隙及滚珠弹夹内外钢圈情况；调节检查齿轮箱转矩限制器。

2. 质量要求

清洗后能清晰检查各零件实际状况；符合使用要求；外壳无裂纹；滚珠无损伤、沟槽，滚珠弹夹内外钢圈无磨损剥皮；转矩限制器保护调整应符合额定值。

七、吹灰器调试与验收

1. 工艺要点

吹灰器组装后，手动操作将喷管深入炉膛，复测喷嘴与水冷壁的距离及喷管与水冷壁的垂直度；电动试验检查内外喷管动作情况；试验调整喷嘴进入炉膛的位置，复测喷嘴吹扫角度，控制执行机构限位开关动作试验，吹灰器程控联动试验。

2. 质量要求

喷管伸缩灵活，无卡涩现象，确认手操动作正常后才能送电试转。喷嘴与水冷壁的距离及喷管与水冷壁的垂直度应符合设计要求；电动试转时无异声，进退旋转正常，限位动作正常，进气阀启闭灵活，密封良好，内外喷管动作一致；喷头与水冷壁距离、喷嘴吹扫角度符合有关规定要求，检验程控动作正常。

第三节　长伸缩型吹灰器检修维护

一、进气阀的检修

1. 工艺要点

检查阀门法兰平面，检查阀芯、阀座、阀杆、阀体和阀门的情况；进气阀装配时，螺纹应涂防锈润滑脂；填料安装工艺应符合规定要求。

2. 质量要求

阀门法兰严密，阀芯、阀座无吹损拉毛现象；阀杆完好，弯曲符合要求，阀体内外无砂眼，阀门关闭严密、启闭灵活；应使用耐高温润滑脂；新安装填料时，应与前一层填料开口处错位 120°～180°。

二、喷嘴检查

1. 工艺要点

检查喷嘴。

2. 质量要求

喷嘴无堵塞变形，喷嘴焊缝无裂纹脱焊，嘴口尺寸应符合制造厂要求。

三、喷管检修

1. 工艺要点

检查清理喷管；检查喷嘴及焊缝；检查喷管弯曲度；检查喷管情况。

2. 质量要求

内管伸缩灵活，表面光洁，应无划痕损伤；喷管无堵塞，表面粗糙度应符合规定要求；各支点焊缝无脱焊、裂纹；喷管弯曲度符合使用要求；喷管表面光洁，外管伸缩灵活，喷管挠度符合规定要求。

四、传动机构及减速箱检修

1. 工艺要点

拆下喷管和套管，卸下跑车连接件，缓慢放下跑车，检查跑车两边齿轮齿条；测量齿轮轴两端中心距；检查各部螺纹固定装置。

2. 质量要求

跑车手动操作灵活，齿轮及齿条无裂纹，不缺牙，磨损腐蚀达到齿轮厚度的 20％时，应更换；齿轮轴两端中心距离偏差不大于 2mm；固定装置应牢固，无损伤。

五、链轮和链条的检修

1. 工艺要点

检查链轮、链齿和铰链；检查链轮无损伤磨损，铰链完好灵活；利用调节螺栓调节铰链张紧力，调节适合后，注意将压紧螺栓拧紧，螺母锁紧。调节时，调节螺栓应留有调节余量，不应调到极限位置，并根据需要适当增减链条节数。

2. 质量要求

链轮、铰链应转动灵活，链齿完好；每节链条变形拉长大于3%应更换；链条下垂度一般为16mm左右，张紧力适中，吹管移动时，无冲击现象，链轮轴避免弯曲。

六、吹灰管托轮及密封盒的检修

1. 工艺要点

检查吹灰管托轮滚动情况；检查吹灰器与炉墙连接处密封情况。

2. 质量要求

托轮滚动应灵活，润滑脂适量；密封良好，焊缝无脱焊、裂纹等现象。

七、吹灰器调试与验收

1. 工艺要点

组装结束，用手动操作将喷管伸入炉膛，确认进入与退出位置均正常后，进行电动操作试验，用就地开关检查电动旋转方向；当外观前移200～300mm后，检查后退停止行程开关动作情况；按前进开关，检查蒸汽进汽阀门执行机构是否正常，当吹灰管前进行程超过一半且无异常时，则继续前进到全行程，并检查反向行程开关动作，应正确；就地检验工作全部正常后，用程控操作开关验证吹灰器远距离遥控操作情况。

2. 质量要求

喷管进退动作灵活，旋转正确。喷管进出炉内位置正确，后退停止行程开关动作正常；阀门开关机构不松动，动作正常，进汽阀启闭良好，密封良好。行程开关动作正常，安装位置不松动；各台吹灰器程控操作正常。吹灰器运行时，动作平稳，无异声，进退旋转正常。

第四节　吹灰器蒸汽系统检修维护

一、安全门检修

1. 工艺要点

每次大小修均应定期对安全门进行解体检修，定期进行严密性试验；定期进行安全门启座压力校验。

2. 质量要求

严密性试验的试验压力为1.25倍工作压力；安全门启座压力为工作压力的1.08倍，回座压力为启座压力的80%～90%。

二、调整门检修

1. 工艺要点

定期解体检查调整门，检查阀芯、阀座；定期校验调整门开关位置。

2. 质量要求

阀芯、阀座接合面吻合良好，无缺损，若磨损严重，应更换备品；调整门开关过程动作平缓灵活，调节性能良好。

三、疏水阀检修

1. 工艺要点

检查阀芯、阀座情况；检修后进行严密性试验；疏水阀检修后应进行开关校验。

2. 质量要求

阀芯、阀座平面平整，接合面良好；严密性试验的试验压力为工作压力的1.5倍；阀门开关动作灵活，阀门严密性良好。

第八章　锅炉用钢

第一节　锅炉用钢的发展

电站锅炉制造过程中使用了大量的钢材，受提高大型火电机组效率因素影响，当前的电站锅炉蒸汽设计温度越来越高，因此世界各国的冶金工作者一直在致力于开发与研制锅炉用耐热钢，使它们能使用于更高的温度区间。

新材料的应用，有效地降低了管壁厚度，减少了材料的用量，并使管系布置条件得到了改善，图 8-1 所示是对采用 P122、P91 和 P22 三种材料的主蒸汽管所进行的比较。

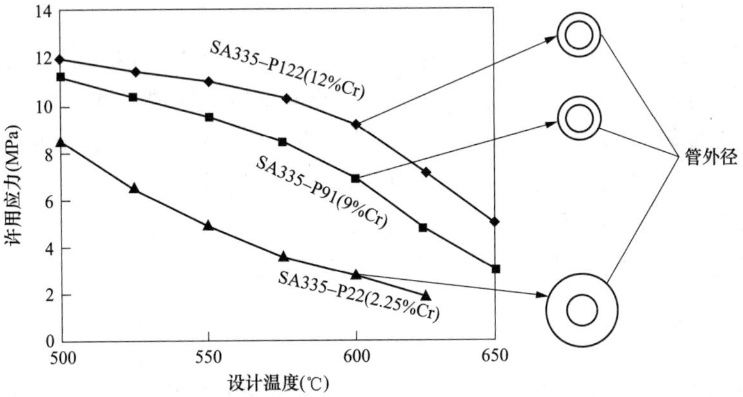

图 8-1　采用 P122、P91 和 P22 三种材料的主蒸汽管尺寸比较

就目前世界各国发展情况看，锅炉和管道用钢的发展可以分为两个方向：一是铁素体耐热钢的发展；二是奥氏体耐热钢的发展。所谓珠光体、贝氏体、马氏体耐热钢，按国际惯例统称为铁素体耐热钢。

一、碳素钢

1. 20G

20G 是 GB/T 5310—2017《高压锅炉用无缝钢管》标准中的钢号（国外对应牌号：德国的 st45. 8、日本的 STB42、美国的 SA106B），为最常用的锅炉钢管用钢，化学成分和力学性能与 20 板材基本相同。该钢有一定的常温和中高温强度，含碳量较低，有较佳的塑性和韧性，其冷热成型和焊接性能良好。其主要用于制造高压和更高参数的锅炉管件，低温段的过热器、再热器，省煤器及水冷壁等；如小口径管制造壁温小于等于 500℃的受热面管子，以及水冷壁管、省煤器管等，大口径管制造壁温小于等于450℃的蒸汽管道、集箱（省煤器、水冷壁、低温过热器和再热器联箱），介质温度小于等于450℃的管路附件等。由于碳钢在450℃以上长期运行将产生石墨化，因此作为受热面管子的长期最高使用温度最好限制在450℃以下。20G在这一温度范围，其强度能满足过热器和蒸汽管道的要求，且具有良好的抗氧化性能，塑性、韧性、焊接性能等冷热加工性能均很好，应用较广。

2. SA-210C(25MnG)

SA-210C是ASME SA-210标准中的钢号，是锅炉和过热器用碳锰钢小口径管，珠光体型热强钢。我国于1995年将其纳入GB 5310，定名为25MnG。其化学成分简单，除碳、锰含量较高外，其余与20G相近，故其屈服强度较20G高20%左右，而塑性、韧性则与20G相当。该钢的生产工艺简单，冷热加工性能好。用其代替20G，可以减薄壁厚，降低材料用量，还可以改善锅炉的传热状况。其使用部位和使用温度与20G基本相同，主要用于工作温度低于500℃的水冷壁、省煤器、低温过热器等部件。

3. SA-106C

SA-106C是ASME SA-106标准中的钢号，是高温大口径锅炉和过热器用碳-锰钢管。其化学成分简单，与20G碳钢类似，但碳、锰含量较高，故其屈服强度较20G高12%左右，而塑性、韧性也并不差。SA-106C的生产工艺简单，冷热加工性能好。用其代替20G制造集箱（省煤器、水冷壁、低温过热器和再热器联箱），可以减薄壁厚约10%，既可节约材料费用，又可减少焊接工作量，并改善联箱启动时的应力差。

二、珠光体钢

20世纪50年代，电站锅炉钢管大多采用珠光体低合金耐热钢，其含Cr≤3%，含Mo≤1%。其典型钢种及使用温度如下。

1. 15Mo3（15MoG）

15Mo3是DIN17175标准中的钢管，是锅炉和过热器用碳钼钢小口径管，珠光体型热强钢。我国于1995年将其纳入GB 5310，定名为15MoG。其化学成分简单，但含有钼，故在保持与碳钢相同的工艺性能的情况下，其热强性能优于碳钢。因其性能良好，价格便宜，得到世界各国的广泛采用。但该钢在高温下长期运行有石墨化倾向，故其使用温度应控制在510℃以下，在冶炼时应限制Al的加入量以控制并延缓其石墨化进程。此钢管主要用于低温过热器和低温再热器。其化学成分$w(C)=0.12\%\sim0.20\%$，$w(Si)=0.10\%\sim0.35\%$，$w(Mn)=0.40\%\sim0.80\%$，$w(S)\leqslant0.035\%$，$w(P)\leqslant0.035\%$，$w(Mo)=0.25\%\sim0.35\%$；正火态强度水平$\sigma_s=270\sim285MPa$，$\sigma_b=450\sim600MPa$；塑性$\delta\geqslant22\%$。

2. SA-209T1a（20MoG）

SA-209T1a是ASME SA-209标准中的钢号，是锅炉和过热器用碳钼钢小口径管，珠光体型热强钢。我国于1995年将其纳入GB 5310，定名为20MoG。其化学成分简单，但含有钼，故在保持与碳钢相同的工艺性能的情况下，其热强性能优于碳钢。但该钢在高温下长期运行也有石墨化倾向，故其使用温度应控制在510℃以下并防止超温，在冶炼时应限制Al的加入量以控制并延缓其石墨化进程。此钢管主要用于水冷壁、过热器和再热器等部件。其化学成分 $w(C)=0.15\%\sim0.25\%$，$w(Si)=0.10\%\sim0.50\%$，$w(Mn)=0.30\%\sim0.80\%$，$w(S)\leqslant0.025\%$，$w(P)\leqslant0.025\%$，$w(Mo)=0.44\%\sim0.65\%$；正火态强度水平 $\sigma_s\geqslant220MPa$，$\sigma_b\geqslant415MPa$；塑性 $\delta\geqslant30\%$。

3. 15CrMoG

15CrMoG是GB 5310—1995标准中的钢号（对应的是世界各国广泛应用的1Cr-1/2Mo和11/4Cr-1/2Mo-Si型钢），其铬含量较12CrMo钢高，因此在500～550℃具有较高的热强性。当温度超过550℃时，其热强性显著降低，当其在500～550℃长期运行时，不产生石墨化，但会产生碳化物球化及合金元素的再分配，这些均会导致钢的热强性降低，钢在450℃时抗应力松弛性能好。其制管和焊接等工艺性能良好。主要用作蒸汽参数为550℃以下的高、中压蒸汽导管和联箱，以及管壁温度560℃以下的过热器管等。其化学成分 $w(C)=0.12\%\sim0.18\%$，$w(Si)=0.17\%\sim0.37\%$，$w(Mn)=0.40\%\sim0.70\%$，$w(S)\leqslant0.030\%$，$w(P)\leqslant0.030\%$，$w(Cr)=0.80\%\sim1.10\%$，$w(Mo)=0.40\%\sim0.55\%$；正回火态下强度水平 $\sigma_s\geqslant235MPa$，$\sigma_b=440\sim640MPa$；塑性 $\delta\geqslant21\%$。

4. T22(P22)、12Cr2MoG

T22(P22) 是ASME SA213(SA335) 规范材料，GB 5310—1995将其列入。在Cr-Mo钢系列中，它的热强性能比较高，同一温度下的持久强度和许用应力甚至于比9Cr-1Mo钢还要高，因此其在国外火电、核电和压力容器上都得到广泛的应用。但其技术经济性不如我国的12Cr1MoV，因此在国内的火电锅炉制造中用得较少。只是在用户要求时才给予采用（特别是按ASME规范设计制造时）。该钢对热处理不敏感，有较高的持久塑性和良好的焊接性能。T22小口径管主要用作为金属壁温580℃以下的过热器和再热器等受热面管等，P22大口径管则主要用于金属壁温不超过565℃的过热器/再热器联箱和主蒸汽管道。其化学成分 $w(C)\leqslant0.15\%$，$w(Si)\leqslant0.50\%$，$w(Mn)=0.30\%\sim0.60\%$，$w(S)\leqslant0.025\%$，$w(P)\leqslant0.025\%$，$w(Cr)=1.90\%\sim2.60\%$，$w(Mo)=0.87\%\sim1.13\%$；正回火态下强度水平 $\sigma_s\geqslant280MPa$，$\sigma_b=450\sim600MPa$；塑性 $\delta\geqslant20\%$。

5. 12Cr1MoVG

12Cr1MoVG是GB 5310—1995标准中的钢号，是国内高压、超高压、亚临界电站锅炉过热器、集箱和主蒸汽导管广泛采用的钢种。化学成分和力学性能与12Cr1MoV板材基本相同。其化学成分简单，总合金含量在

2%以下，为低碳、低合金的珠光体型热强钢。其中的钒能与碳形成稳定的碳化物 VC，可使钢中的铬与钼优先固溶存在于铁素体中，并减慢了铬和钼从铁素体到碳化物的转移速度，使钢在高温下更为稳定。此钢中的合金元素总量只有国外广泛使用的 2.25Cr-1Mo 钢的一半，但在 580℃、10 万 h 的持久强度比后者却高 40%；而且其生产工艺简单，焊接性能良好，只要严格热处理工艺，就能得到满意的综合性能和热强性能。电站实际运行表明：12Cr1MoV 主蒸汽管道在 540℃安全运行 10 万 h 后，仍可继续使用。其大口径管主要用作蒸汽参数 565℃以下的集箱、主蒸汽导管等，小口径管用于金属壁温 580℃以下的锅炉受热面管等。

6. 12Cr2MoWVTiB（G102）

12Cr2MoWVTiB 是 GB 5310—1995 中的钢号，为我国 20 世纪 60 年代自行开发、研制的低碳、低合金（多元少量）的贝氏体型热强钢，从 70 年代就纳入了冶金部标准 YB 529—1970 和现在的国家标准，1980 年底该钢通过了冶金部、一机部和电力部的联合鉴定。该钢具有良好的综合力学性能，其热强性和使用温度超过国外同类钢种，在 620℃达到某些铬镍奥氏体钢的水平。这是因为钢中所含合金元素种类较多，且还加入了提高抗氧化性能的元素如 Cr、Si 等，故其最高使用温度可达 620℃。电站实际运行表明：长期运行后钢管的组织和性能变化不大。主要用作金属温度不超过 620℃的超高参数锅炉过热器管、再热器管。其化学成分 $w(C)=0.08\%\sim0.15\%$，$w(Si)=0.45\%\sim0.75\%$，$w(Mn)=0.45\%\sim0.65\%$，$w(S)\leqslant0.030\%$，$w(P)\leqslant0.030\%$，$w(Cr)=1.60\%\sim2.10\%$，$w(Mo)=0.50\%\sim0.65\%$，$w(V)=0.28\%\sim0.42\%$，$w(Ti)=0.08\%\sim0.18\%$，$w(W)=0.30\%\sim0.55\%$，$w(B)=0.002\%\sim0.008\%$；正回火态下强度水平 $\sigma_s\geqslant345MPa$，$\sigma_b\geqslant540\sim735MPa$；塑性 $\delta\geqslant18$。

7. SA-213T91（335P91）

SA-213T91 是 ASMESA-213（335）标准中的钢号。是由美国橡胶岭国家试验室研制开发的、用于核电（也可用于其他方面）高温受压部件的材料，该钢是在 T9(9Cr-1Mo) 钢的基础上，在限制碳含量上下限、更加严格控制 P 和 S 等残余元素含量的同时，添加了微量 0.030%～0.070%的 N，以及微量的强碳化物形成元素 0.18%～0.25%的 V 和 0.06%～0.10%的 Nb，以达到细化晶粒要求，从而形成新型铁素体型耐热合金钢；其为 ASME SA-213 列标钢号，我国于 1995 年将该钢移植到 GB 5310 标准中，牌号定为 10Cr9Mo1VNb 而国际标准 ISO/DIS9329-2 列为 X10CrMoVNb9-1。

SA-213T91 含铬量（9%）较高，其抗氧化、抗腐蚀性能、高温强度及非石墨化倾向均优于低合金钢，元素钼（1%）主要提高高温强度，并抑制铬钢的热脆倾向；与 T9 相比，改善了焊接性能和热疲劳性能、其在 600℃的持久强度是后者的 3 倍，且保持了 T9(9Cr-1Mo) 钢的优良的抗高温腐蚀性能；与奥氏体不锈钢相比，膨胀系数小、热传导性能好，并有较高的持久强度（如与 TP304 奥氏体钢比，等到强温度为 625℃，等应力温度为 607℃）。故其具有较好的综合力学性能，且时效前后的组织和性能稳定，具有良好的焊接性能和工艺性能，较高的持久强度及抗氧化性。主要用于锅炉中金属温度不超过 650℃的过热器和再热器。其化学成分 w(C)＝0.08％～0.12％，w(Si)＝0.20％～0.50％，w(Mn)＝0.30％～0.60％，w(S)≤0.010％，w(P)≤0.020％，w(Cr)＝8.00％～9.50％，w(Mo)＝0.85％～1.05％，w(V)＝0.18％～0.25％，w(Al)≤0.04％，w(Nb)＝0.06％～0.10％，w(N)＝0.03％～0.07％；正回火态下强度水平 $\sigma_s \geq$ 415MPa，$\sigma_b \geq$585MPa；塑性 $\delta \geq$20％。

8. T23（HCM2S）

日本住友金属株式会社在我国 G102(12Cr2MoWVTiB) 基础上，将碳含量从 0.08％～0.15％降低至 0.04％～0.10％、Mo 量从 0.50％～0.65％降低至 0.05％～0.30％、提高 W 量从 0.30％～0.55％至 1.45％～1.75％，并形成以 W 为主的 W-Mo 的复合固溶强化，加入微量 Nb 和 N 形成碳氮化合物（主要为 VC、VN，M23C6 和 M7C3）弥散沉淀强化，而研制成功的低碳低合金贝氏体型耐热钢，近年由 ASMECodeCase2199-1 批准牌号为 T23。T23 的前身，我国的 G102 在国内的大型电站锅炉上已经得到广泛应用，T23(HCM2S) 钢时效前后的力学性能和金相组织差异小；焊接性能好，优于我国的 G102；耐蚀性较好；室温强度和冲击韧性较 G102 为佳，其许用应力也基本相同，至少等同于我国的 G102，而优于 SA213-T22 和我国的 12Cr1MoV。总之，T23 的优点较多，由于 G012 在我国的锅炉中已经成功应用多年，T23 钢在国内等同代替 G102 完全可行。

T23(HCM2S) 钢管性能良好，其最高使用温度为 600℃，最佳使用温度为 550℃。可用于制造大型电站锅炉金属壁温不超过 600℃的过热器和再热器。

9. T92(NF616)

日本新日铁在 T91 基础上，对成分做了进一步完善改进，采用复合一多元的强化手段，适当降低 Mo 含量至 0.30％～0.60％、加入 1.50％～2.00％的 W 并形成以 W 为主 W—Mo 的复合固溶强化，加入 N 形成间隙固溶强化，加入 V、Nb 和 N 形成碳氮化合物弥散沉淀强化，以及加入微量的 B(0.001％～0.006％) 形成 B 的晶界强化，从而研制开发了新型铁素体耐热合金钢。此钢在日本称为 NF616，现已纳入 ASMESA-213 标准。

T92 与 T91 一样，具有比奥氏体钢更为优良的热膨胀系数和导热系数，其具有极好的持久强度、高的许用应力、良好的韧性和可焊性。其持久强度（许用应力）较 T91 更高，在 650℃的持久强度（许用应力）为

T91 的 1.6 倍；且具有较好的抗蒸汽氧化性能和焊接性能，与 T91 基本相同。

T92 钢管性能优良，使用温度可达 650℃。可部分替代 TP304H 和 TP347H 奥氏体不锈钢管，制造金属壁温不超过 650℃的亚临界、超临界乃至超超临界的电站锅炉的高温过热器和再热器管等受压部件，避免或减少异种钢接头，改善钢管的运行性能。其同样也可用作为压力容器和核电高温受压件用钢。该钢作为将来、现有锅炉的最高温度区以及超临界压力锅炉管子用钢，将能得到广泛应用。

10. T122(HCM12A)

日本住友金属株式会社以德国 X20CrMoV121 为基研制的 HCM12（HCM12 中，降低了 X20CrMoV121 的碳含量，在钢中加入 1%的 W 和少量的 Nb，形成 W-Mo 的复合固溶强化和更加稳定的细小碳化铌弥散沉淀强化，提高组织稳定性和高温强度）的基础上，进一步调整成分：提高 W 含量至 2%左右、降低 Mo 含量至 0.25%～0.60%，还加入 1%左右的 Cu 和微量 N、B，形成以 W 为主的 W-Mo 复合固溶强化、氮的间隙固溶强化、铜相和碳氮化合物的弥散沉淀强化的多种强化，从而研制而成的 12%Cr 的低碳合金耐热钢。在正回火状态下钢中的主要沉淀相为 VC、VN、M23C6。近年由 ASME Code Case 2180-2 批准，牌号定为 T122。

T122(HCM12A）钢时效前后的力学性能差异很小；金相组织类同母材的原始组织；时效对冲击韧性有一定影响，但经长期时效后仍具有一定的冲击韧性；焊接性能良好；并具有较高的组织稳定性和高温强度、抗氧化性能和抗腐蚀性能。

与 T91 相比，其在高温 650℃时的持久强度（许用应力）、抗氧化性能和抗腐蚀性能更优；与奥氏体不锈钢相比，奥氏体不锈钢在高温下的持久强度（许用应力）和抗氧化性能虽优于 HCM12A，但奥氏体钢的应力腐蚀或晶间腐蚀却是一个难题。用 HCM12A 无此类问题。

T122(HCM12A）钢管性能优良。该钢的最高使用温度为 650℃。完全可用于制造先进的超临界锅炉机组的材料，可用于制造大型电站锅炉金属壁温不超过 650℃的过热器和再热器。该钢在 600～650℃的锅炉过热器和再热器上可部分代替 TP304H 和 TP347H，具有良好的经济价值。

11. 新一代的 NF12 和镍基合金

新一代的 NF12 和镍基合金 Alloy617 两种材料根据现已出版的资料，10 万 h 蠕变强度达到 100MPa 的温度分别达到了 650℃和 690℃，适用的最高蒸汽参数将分别达到：30.0MPa/625℃/640℃和 30.0MPa/660℃/680℃左右。不过这两种材料目前正处在试验和开发的阶段，不能作为成熟材料而推广使用。

三、奥氏体钢

1. TP347HFG

TP347H是常规18%Cr系列奥氏体耐热钢中高温强度最高的，但其抗蒸汽氧化及剥落性能有限。通过特殊热处理和热加工使TP347H晶粒细化到ASTM 8级以上即得到TP347HFG细晶钢，提高了抗蒸汽氧化能力，同时由于固溶强化效果的提高，蠕变强度得到提高，对于提高过热器管的稳定性起着重要的作用，在许多超超临界机组中得到了大量应用。该钢种较早被收录到ASME SA-213标准中，许用应力按ASME CODECASE2159-1。该钢种的实用业绩在日本和欧洲都有很多，欧洲和日本都能够生产，由于成分相对简单，今后国内生产也较容易，对锅炉制造企业材料采购及电厂维修都非常有利。

2. Super304H

Super 304H是基于已被广泛使用的、传统的奥氏体耐热钢TP304H(18Cr-8Ni)钢，应用多元合金强化理论、弥散强化理论等开发的一种新型的奥氏体钢，其公称成分为（0.1C-18Cr-9Ni-3Cu-Nb-N)。现已被列入了ASME CODE CASE 2328，并收录到美国材料与试验学会材料标准ASTM A 213（03a版）中，UNS编号为S30432；日本标准牌号为SUS304J1HTB。该钢由日本Y. Sawaragi等人开发，日本住友金属株式会社将其工业化生产，在成分上的特征是：

（1）为提高蠕变断裂强度增加了3%左右的Cu。即在蠕变中Cu富集相在奥氏体基体中微细分散共格析出，大幅度提高了材料的蠕变断裂强度。

（2）通过复合加入Nb、N元素，达到进一步提高材料的高温强度和持久塑性。

该钢在成分的设计上以典型的18Cr-8Ni作为基础，从经济性的角度出发，不用价格相对较高的W、Mo等元素，利用多元合金化原理，既显著提高了材料的高温蠕变断裂强度，又使其耐高温烟气腐蚀和高温蒸汽氧化与细晶粒TP347H(TP347HFG）大致相同。Super304H在650℃时的许用应力比TP304H高90%、比TP347H高48%、比TP347HFG高21%，而且比25Cr-20Ni类的TP310HCbN(HR3C）略高5%左右。由于Super304H在高温下具有较高的蠕变断裂强度和许用应力，因此该钢是性能价格比最好的材料，采用这种钢管制造超超临界锅炉受压部件的经济性非常显著，同时可以使钢管壁厚减薄，钢耗量大大降低。

Super304H具有良好的高温强度性能、抗烟气腐蚀性能、抗蒸汽腐蚀性能。在金属壁温大于600℃时Super304H许用应力高于HR3C的许用应力。

Super304H预期的使用寿命曲线如图8-2所示，在658℃时使用寿命大约为 465 000h，远大于 200 000h 使用寿命要求。

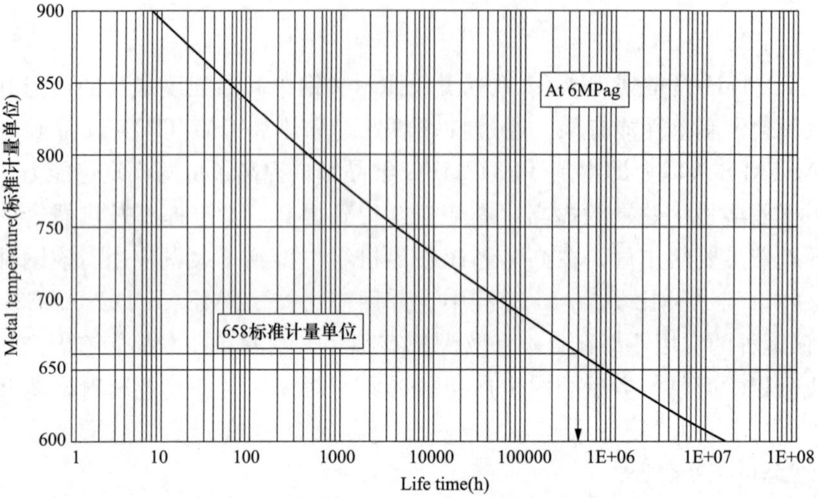

图 8-2 Super304H 材料使用寿命变化曲线

防止处于高温区的高壁温受热面管子外侧发生烟侧高温腐蚀的基本设计思路是采用奥氏体不锈钢材质。在烟气中 SO_2 含量大于 0.1%的情况下，由于 HR3C 钢“Cr”含量更高，其高温腐蚀减薄量低于 Super304H，因此锅炉燃料含硫高的情况下 HR3C 钢更适用。在烟气中 SO_2 含量小于 0.1%的情况下，通常使用 Super304H 材料。

尽管 Super304H 具有良好的抗氧化性能，但在高金属壁温工作条件下同样会被氧化产生 Fe_3O_4。由于奥氏体不锈钢的热膨胀系数大，因此造成氧化所生成的较厚的 Fe_3O_4 在锅炉启动和停止时，随着热应力等的变化容易发生剥离，剥离物堆积在管子的弯曲部位，会造成管子的过热，脱落的剥离层也会造成汽轮机叶片的损伤。推荐在超超临界锅炉中减小 Super304H 奥氏体不锈钢管内壁蒸汽氧化的主要措施是采用管内壁喷丸处理。

3. HR3C(25Cr20Ni)

25Cr20Ni 是一种结合了 TP310H 和 TP310Cb 的改进的 25Cr-20Ni 型奥氏体耐热钢，其公称成分为 0.1C-25Cr-20Ni-Nb-N，现列入了 ASME SA-213/SA-213M 标准中，材料牌号为 TP310HCbN（UNS S31042），许用应力按 ASME CODE CASE 2115-1。该材料由日本住友金属株式会社开发，由于在原 TP310H 的基础上添加了微量的 Nb 和 N（Nb 含量为 0.20%～0.60%，N 含量为 0.15%～0.35%），使这种钢的高温许用应力在 950℉（520℃）以上比 TP310H 有显著提高，在金属壁温为 650℃时，该材料的高温蠕变强度为 TP310H 的 2 倍左右。由于具有高 Cr、高 Ni，因此抗高温蒸汽氧化、抗烟气腐蚀的性能比 18Cr-8Ni 或 19Cr-11Ni 要高出许多，是一种以高参数的超超临界锅炉过热器或再热器高温段部件为使用背景的材料。

四、国内目前新型耐高温材料应用面临的问题

从以上可以看出，虽然供国内超超临界工程主蒸汽及再热蒸汽管道可选择的材料较多，有 P92、P122、E911 等新材料，也包括应用已较多的 P91 材料，但由于目前我国各工程均在建设中，国外工程运行时间也不长，尚有许多问题需要现在及今后面对。

1. 材料选择问题

P92 和 P122 由于目前的试验时间还没有达到 10 万 h，ASME 规范中现在的数据是日本新日铁和住友公司分别根据各自短时间的蠕变断裂数据外推出来，分别为 132MPa 和 128MPa，P91 在 600℃ 工作温度下 10 万 h 的持久强度为 94MPa，E911 为 115MPa，照此计算 1000MW 超超临界主蒸汽管道单位长度质量比约为 P91∶E911∶P92∶P122＝100∶92∶61∶66，另外考虑更高设计温度下各材料强度的变化趋势，在强度上 P92 和 P122 有较大的优势。然而，欧洲对日本采用 P92 和 P122 的数据外推的方法提出质疑，按照欧洲的外推，P92 在 600℃下 10 万 h 的持久强度为 115MPa，因此，这两种钢与 E911 比强度上仅仅略占优势，而且根据他们对 P92 较长时间的研究结果，P92、P122 在长时间的运行中强度降低幅度比 E911 大。

2. 焊接问题

P91 在国内已经得到长时间的应用，焊接上已经没有太大的技术问题。对 P91 焊接的经验可应用于 P92，但所有新材料，包括 P122 及 E911 都需要考虑焊接工艺、技术培训等。另外，由于超超临界高温阀门在一段时间内，仍多会采用 F91 材料，故新材料与异种钢之间也需要考虑焊接工艺、技术培训等问题。

降低焊缝的脆性是重要的技术问题，需要从焊材和工艺方面进行解决，W 含量有一定影响，P92 和 P122 比 P91 和 E911 需要更长的焊后热处理时间来保证焊缝韧性。P92 与 E911 的焊接裂纹敏感性接近，但作为 12Cr 钢的 P122 在焊接上会有较大的难度。焊缝的强度在短时间内与母材相当，但在长时间的运行中，在热影响区存在Ⅳ型裂纹倾向，强度降低 30%，因此采用这四种钢在管道的长期安全运行上都存在一定的风险，需要在超超临界工程进行的同时，对焊接接头的长期性能进行研究，提出相应的监督和评估措施和手段，保证焊接接头的安全。

3. 运行中的组织稳定性问题

作为高 Cr 铁素体耐热钢，供货状态为回火，在高温运行过程中的主要组织结构的变化包括位错密度的降低、固溶 W 析出形成 Laves 相等，前者降低高温强度，固溶 W 的减少也降低高温强度，但析出的 Laves 相可适当

弥补 W 的变化带来的强度影响，然而 Laves 相的析出会导致脆性的增加。在三种含 W 的耐热钢中，P122 因为含有 1.0%的 Cu，会促进 Laves 相的析出和长大，在运行中的组织稳定性最差，E911 和 P92 接近；现有的研究数据表明，运行 10 000h 后，P122 的冲击韧性降低最明显，P92 与 E911 也明显下降，P91 冲击韧性变化最小。但缺乏更长时间的运行试验数据说明进一步的发展趋势。这需要超超临界工程相关各方在电厂运行中加强材料监督。

4. 高温蒸汽氧化与耐腐问题

耐热钢的抗蒸汽氧化性能主要取决于 Cr 和 Si 的含量，P91、P92 和 E911 含 Cr 都是 9%，其氧化与腐蚀性能相近，P122 含 Cr 量为 12%，抗氧化腐蚀性能有所提高。在超超临界机组中，由于蒸汽温度的提高，蒸汽侧氧化和氧化层的剥落问题要比亚临界机组和超临界机组严重，国外的超超临界机组中有因为严重的蒸汽氧化问题被迫降低参数运行的例子，但问题主要在过热器和再热器，对于 600℃下运行的主蒸汽管道和再热蒸汽热段管道，由于金属壁温的波动不频繁，氧化层剥落的可能性较小，运行一段时间后，氧化速率逐渐下降达到平衡，因此 9%Cr 钢估计可以满足抗蒸汽氧化的性能要求。

第二节　锅炉受热面常用钢种

锅炉受热面钢材的选用主要依据受热面的温度和承受的压力，锅炉受热面管子主要使用优质碳素钢、合金钢和不锈耐热钢。国产锅炉受热面常用钢种见表 8-1。国外锅炉受热面常用钢种见表 8-2。

表 8-1　锅炉受热面常用钢种（国产）

钢类	钢种	材料标准号	允许壁温（℃）
优质碳素钢	20G	GB 5310—1995	≤500
合　金　钢	12CrMo	GB 5310—1995	≤540
	15CrMo	GB 5310—1995	≤550
	12Cr2Mo	GB 5310—1995	≤580
	12Cr1Mo	GB 5310—1995	≤580
	12MoVWBSi	GB 5310—1995	≤580
	12Cr2MoWVTiB（钢 102）	GB 5310—1995	600～620
	12Cr3MoVTiB（Л11）	GB 5310—1995	600～620
不锈耐热钢	1Cr19Ni9	GB 5310—1995	≤650
	1Cr19Ni11Nb	GB 5310—1995	≤650

表 8-2　锅炉受热面常用钢种（国外）

材料	最高允许使用温度（℃）	强度（MPa）				
		537℃	565℃	593℃	620℃	650℃
T12	550					
12CrMoVG	580					
TP304H	650	95.1	67.6	64.1	53.1	42
TP347H	650	99.3	97.2	89.6	72.4	54.5
T91	600	98.6	89.0	71.0	48.0	29.6
T92	620					
Super304H	650					
HR3C	665					

钢种材料的选用：

1. 高温蒸汽管道、高温联箱及高温管件用钢

（1）亚临界 300MW 级、600MW 级机组的主蒸汽管道可选 P91，再热蒸汽管道可选 P91、P22；超临界机组主蒸汽管道、高温蒸汽管道可选 P91；超超临界机组主蒸汽管道可选 P92，高温再热蒸汽管道可选 P92 或 P91。具有相同温度的高温联箱、高温管件及导汽管的选材可参考主蒸汽管道、高温蒸汽管道的选材。

（2）壁温小于或等于 520℃/550℃ 的导汽管、联箱可选用 P12/15CrMoG；500～560℃的蒸汽管道、导汽管、联箱可选用 P22/12Cr2MoG、12Cr1MoVG。

2. 锅炉受热面管用钢

（1）亚临界锅炉水冷壁可选用 20G、SA-210C；超临界锅炉水冷壁可选用 15CrMoG/T12/T22；超临界锅炉水冷壁低温段可选用 15CrMoG/T12，较高温度区段可选用 12Cr1MoVG。

（2）亚临界以下锅炉省煤器可选用 20G、SA-178C；超（超）临界锅炉省煤器可选用 SA-210C。

（3）超超临界锅炉高温过热器、再热器管可选 TP310HCbN/07Cr25Ni21NbN/HR3C/DMV310N、内壁喷丸的 S30432/10Cr18Ni9NbCu3BN/Super304H/DMV304HCu；屏式过热器可选上述两种材料，以及 TP347、内壁喷丸 18-8 奥氏体耐热钢；620℃高效超超临界锅炉高温过热器、再热器管可选 TP310HCbN/07Cr25Ni21NbN/HR3C/DMV310N、内壁喷丸的 S30432/10Crl8Ni9NbCu3BN/Super304H/DMV304HCu、Sanicro 25/S31035、NF709R；低温过热器、再热器根据不同的温度区域，可选 T92、T91、12Cr1MoVG、12Cr2MoG/T22、15CrMoG/T12、SA-210C、20G。

（4）超临界锅炉高温过热器、再热器、屏式过热器温度较高的区段可选 TP347HFG、内壁喷丸的 18-8 奥氏体耐热钢，温度较低的区段选

TP304H、TP347H、TP347HFG、TP321H、TP316H、T92、T91；低温过热器、再热器根据不同的温度区域，可选 12Cr1MoVG、12Cr2MoG/T22、15CrMoG/T12、SA-210C、20G。

（5）亚临界锅炉高温过热器、再热器管根据不同的温度区段，可选 TP347H、TP304H、TP321H、TP316H、T91、12Cr1MoVG、12Cr2MoWVTiB；低温过热器、再热器根据不同的温度区域，可选 15CrMoG/T12、12Cr2MoG/T22、12Cr1MoVG、SA-210C、20G。

3. 给水管道、低温蒸汽管道和低温联箱用钢

（1）超（超）临界及亚临界机组给水管道可选用 15NiCuMoNb5-6-4/15NiCuMoNb5/15Ni1MnMoNbCu/P36/WB36、SA-106C。

（2）超超临界机组再热蒸汽冷段管道可选用 SA-691 1-1/4CrCL22、12Cr1MoVG、SA-672B70CL32、SA-106C；620℃超超临界机组再热蒸汽冷段管道可选 15CrMoG、12Cr1MoVG 无缝钢管或 SA-691 1-1/4CrCL22；亚临界、超临界机组再热蒸汽冷段管道可选 SA-672B70CL32、SA-672B70CL22、SA-106C、20G；低温联箱可选用 SA-106C、20G、SA-106B。所有再热蒸汽冷段管道均可选用成分、性能满足服役要求的无缝钢管。

4. 锅炉锅筒和汽水分离器用钢

亚临界及以下锅炉锅筒可选用 SA-299、SB49、Q245R、Q345R、P355GH、SA-302 或 13MnNiMoR/DIWA 353/13MnNiMo5-4、18MnMoNbR 等；超（超）临界锅炉汽水分离器可选用 P91、SA-336Fl2、15CrMoG、12Cr1MoVG、SA-182F12CL2、15NiCuMoNb5-6-4/WB36 或 SA-302C，储水罐可选用 SA-387Gr11CL2 钢板制造。

第九章　管道及阀门

阀门是流体管路的控制装置，其基本功能是接通或切断管路介质的流通，改变介质的流通，改变介质的流动方向，调节介质的压力和流量，保护管路的正常运行。

工业用阀门的大量应用是在瓦特发明蒸汽机之后，近二三十年，由于石油、化工、电站、冶金、船舶、核能、宇航等方面的需要，对阀门提出更高的要求，促使人们研究和生产高参数的阀门，其工作温度从超低温−269℃到高温1200℃，甚至高达3430℃，工作压力从超真空1.33×10^{-8}MPa（1×10^{-1}mmHg）到超高压1460MPa，阀门通径从1mm到600mm，甚至达到9750mm，阀门的材料从铸铁、碳素钢发展到钛及钛合金及高强度耐腐蚀钢等，阀门的驱动方式从手动发展到电动、气动、液动、程控、数控、遥控等。

现代化企业对阀门的需求越来越大，每一家现代化企业都会有数以万计的各种阀门，阀门的使用数量庞大，开关频繁，但是由于在制造、使用选型和维护方面，经常会出现跑、冒、滴、漏的现象，从而导致火灾、爆炸、中毒、烫伤等事故，或导致产品质量下降、能源消耗增加、设备腐蚀、污染环境，严重时会导致停产等事故的发生。所以，对阀门的使用、维修水平也提出了新的要求，这就对阀门操作人员、维修人员和工程技术人员提出了新的要求，不仅要认真设计、合理选择、正确操作阀门，还要及时维护、检修阀门，确保阀门的“跑、冒、滴、漏”和各种故障都降到最低程度。

第一节　管道系统概述

发电厂的热力管道系统包括蒸汽、给水、凝结水、循环水、空气、疏水、排污等管道系统。在这些繁杂的管道系统中，要做到不滴、不漏并非易事。管道的泄漏不仅影响人身和设备的安全，而且也会造成能源损失。对于高温高压的蒸汽和给水管道，则更不允许在有泄漏的状态下运行。要做到管道系统的不滴、不漏，就必须靠平时的精心维护和高质量的检修。

锅炉热力系统中承压汽水管道，是指锅炉炉墙外的最高工作压力大于或等于0.1MPa的蒸汽管道和最高工作温度高于或等于标准沸点的水管道。它包括：主蒸汽管道及相应母管；再热蒸汽管道；主给水管道及相应母管；启动系统管道；导汽管；联络管；下降管；旁路管道；供热管道；辅助蒸汽管道、吹灰蒸汽管道以及各种自用蒸汽管道；排污管道、加药管道、减温水管道、反冲洗管道；疏放水管、取样管、排汽管、放空气管、仪表管；上述管道上的法兰、支座、支吊架。

一、锅炉管道系统材质

锅炉管道及其附件的材质选用要与系统的参数相对应。

(1) 锅炉水系统及中低压管道一般使用碳钢管道，常用材质为20g、20钢；过热器、再热器系统选用合金钢管，常用材质为T11、T22，国产材料为15CrMoV、12Cr1MoV，一些特殊要求的管道，如取样管、加药管、仪表管等系统选用不锈钢管，常用材质为1Cr18Ni9Ti。

(2) 锅炉水冷壁、省煤器、减温水等水系统相连管道，当设计压力 $p<32.2$MPa、设计温度 $t<454$℃时，管道材质选用SA210C、SA213-T12、SA-106C、SA335P12、SA335P22等合金钢。

(3) 锅炉过热器系统，当设计压力 $p<28.9$MPa、设计温度 $t<613$℃时，材质选用SA-106B、SA335P22、SA335P23、SA335P91、SA213T12、SA213T22、SA213TP301HCbN等合金钢。

(4) 锅炉再热器系统，当设计压力 $p<6.0$MPa、设计温度 $t<617$℃时，材质选用SA-106B、SA335P22、SA335P23、SA335P91、SA213T12、SA213T22、SA213TP301HCbN等合金钢。

(5) 吹灰器、辅汽、暖风器、锅炉放空气管等中低压系统管道材质一般选用碳钢。锅炉取样管、加药管、仪表管一般选用不锈钢管。

二、管道系统主要附件

1. 弯头、弯管

弯头是最重要和用量最多的管件，它既是管道走向布置所需要的，又是对管道的热胀冷缩补偿有重要作用的管件。弯管是指轴线发生弯曲的管子，弯头是指弯曲半径小于 $2D$，且管段小于 $1D$ 的弯管。弯头根据制造方法的不同，可分为冷弯弯头、热弯弯头、热压弯头、电加热弯头和焊接弯头等。

(1) 冷弯弯头。是在常温下用人力和机械将钢管弯成的弯头，冷弯弯头管径一般在DN50以下，冷弯弯制的优点是制造简单。

(2) 热弯弯头。将钢管进行加热后再弯制而成的弯头称为热弯弯头。热弯弯头管径一般在DN400以下。现场常用的方法是充砂加热弯管法。钢管在加热弯管以前必须向管内充以经过筛分、洗净、烘干的砂子，而且要保证管子内部各处的砂子均匀、密实，充砂的目的就是尽量减少弯头处的变形。

(3) 电加热弯头。又称中频电源感应加热弯头，这种加热方法是利用中频（400～1200Hz）电源，通过一个感应线圈将钢管局部加热。

(4) 热压弯头又称热冲压弯头，它是工厂专门生产的弯头。弯曲半径

R 有 1.5DN 和 1DN 两种，最常用的是 90°的热压弯头。由于热压弯头弯曲半径小，在电厂中使用也较为广泛。热压弯头一般不带直管段。

管子弯制后，管壁表面不应有裂纹、分层、过烧等缺陷。有疑问时，应做无损探伤检查。高压弯管、弯头一律进行无损探伤，需要热处理的应在热处理后进行探伤。如有缺陷，允许修磨，修磨后的壁厚不应小于直管的最小壁厚。合金钢管弯制、热处理后应进行金相组织和硬度检验，高压弯管应提供产品质量检验证明书。弯管产品标记符号如下：外径 Dw(或内径 Dn) × 壁厚-弯曲半径-弯曲角度-材质。如：D1368.5 × 90.9-R2400-90°-P22。

2. 三通

在汽水管道中，需要有分支管的地方，就要安装三通，三通有等径三通、异径三通。三通按其制造方法的不同又可分为铸造三通、锻造三通和焊接三通，按材质分有碳钢三通、合金钢三通等。

3. 法兰

法兰连接是管道、容器最常用的连接方式，法兰的结构形式可分为整体法兰、活套法兰和螺纹法兰。

4. 流量测量装置

中低压汽水管道的流量测量装置，采用法兰连接的流量孔板，高压汽水管道多为短管焊接式并内装标准流量喷嘴。文丘里管和长颈喷嘴也可用于流量测定。

5. 堵头、封头、管座、异径管

堵头又称闷头，用于管道各部位的封堵。具有平滑曲线或锥形的称封头。封头由于其造型特征改善了应力条件，多用于压力容器、联箱及高压管道的封堵。

管座用于疏水、放水、放空气及旁路等小管与主管的连接。由于管座部位的应力特点，其厚度比连接小管的壁厚大，并有各种过渡到与小管等径的造型。管座易于产生焊接应力，粗糙割口焊渣易引起腐蚀，所以高压管道的管座孔洞必须采用机械钻孔。对于较大的管座孔，可在割孔后用角磨机磨削出光滑的孔壁。

异径管俗称大小头，是管道连接中的一段变换流通直径的管件，它以一定的直线锥度或以弧形曲线从某一规格的管径过渡到另一规格的管径。高、中压异径管是由锻造或热挤压成型的。

6. 各种专用补偿器

在管道系统中装设专用补偿器的目的是：以其弹性变形性能来补偿和承受由于热态引起的管道位移，把位移值约束在限位点之间，保证管段有足够的位移可能性，在容许和吸收位移值的同时不产生过大的强制力。

补偿器有各种形式，包括：Ω 型补偿器、波形补偿器、填料套筒式补偿器、柔性接头补偿器等。

三、管道表面缺陷处理

1. 划痕和凹坑

管道表面有尖锐的划痕，其处理的方式是用角向磨光机把划痕圆滑过渡、棱角磨平。如果划痕很深，进行补焊处理，然后磨平。有凹坑时先把表面磨光，然后用电焊焊满。

2. 裂纹

管道表面出现裂纹，应会同有关工程技术人员，进行分析，查找出现裂纹的原因，制订处理方案。裂纹不深，打磨以后的剩余壁厚还可保证继续使用的强度，则只采用打磨补焊的措施即可；如果裂纹较深，则必须更换一段新管。

管道对接焊口出现裂纹时，应会同有关技术人员分析、制定处理方法。如果出现裂纹较短，用气焊挖补的方式把裂纹部分挖掉，然后用角向磨光机把挖补部分打磨光亮，最后用电焊焊满，合金管焊后须经热处理。如果裂纹占整圆周的1/2以上，就要把焊口切割开，用起重工具把焊口两端拽开，重新加工坡口、打磨、对口、焊接。如果是合金钢管，焊接完后须经热处理消除应力。

第二节　管道的膨胀与补偿

热力管道从停运到运行，温度变化很大，例如，蒸汽管道温差可达500℃以上，给水管也可达250℃。这种温度变化使管道产生极大的热应力，特别是与主要设备相连的管道，如果对管道的热胀、冷缩量补偿不够，不仅影响正常运行，甚至使设备遭到破坏。因此检修时应对管道支吊架进行检查、调整，以免影响管道的膨胀，同时，对于由于热补偿不够而受损坏的法兰与管道要及时进行检修。

一、热膨胀量的计算

管道受热后的膨胀量可用线膨胀公式进行计算，计算公式为

$$\Delta L = aL\Delta t$$

式中　ΔL——受热后管段的膨胀量，mm；

a——钢材线膨胀系数，1/℃；

L——管段长度，mm；

Δt——温差（工作温度与室温之差），℃。

在使用此公式时应注意 a 的单位，a 通常是指温度升高1℃每毫米的伸长量（单位为mm/mm℃，简化为1/℃），取1.1～1.2为$\times 10^{-5}$。若管段以m为单位，则应将m换为mm。

【例】 一蒸汽管的工作温度为550℃，室温为30℃，测试管段长度为

10m，则该管段的膨胀量为：

$$\Delta L=\frac{(550-30)\times 10\times 10^{3}}{1.1\times 10^{5}}\approx 50(\mathrm{mm})$$

二、热补偿

在管道系统中利用弹性管道来吸收热膨胀，以减小或消除因膨胀而产生的应力，工程上称为热补偿。热补偿的方法如下。

1. 利用管道自然走向进行补偿

在布置管道时，应首先尽量利用管道的走向，优化固定支架的位置，使管道有自然补偿的能力。当管道的布置受到现场条件的限制，自然补偿不能解决时，应采用补偿器对管道的膨胀问题作彻底的解决。

2. U 形弯补偿器

U 形弯补偿器是用管子弯曲制成。常见的有如图 9-1 所示的两种形状。

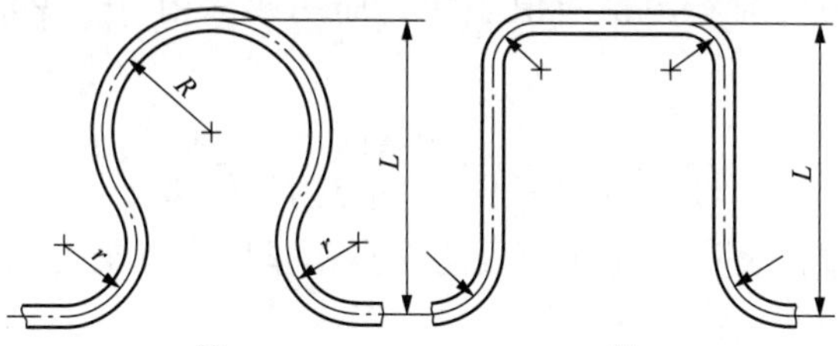

图 9-1　U 形弯补偿器

U 形弯补偿器具有补偿能力大、运行可靠、制造容易的优点，适用于任何压力和温度的管道；缺点是尺寸大、弯头阻力大。U 形弯的弯头弯曲半径应大于 4 倍的管径，其补偿能力决定于管径和管段长度。

在安装 U 形弯补偿器时必须进行冷拉，冷拉值不应小于补偿能力的 1/2，如图 9-2 所示的例子。

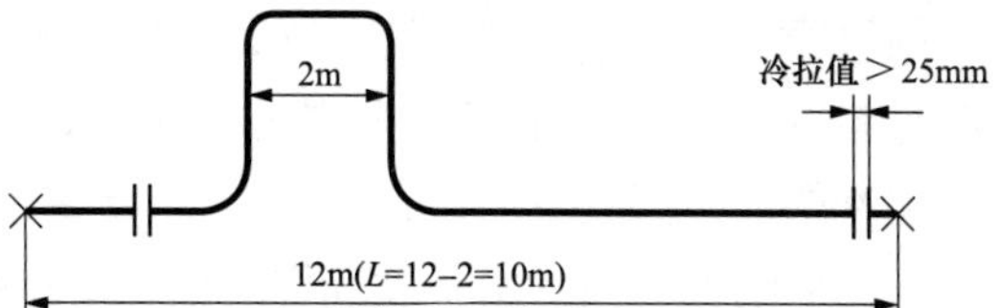

图 9-2　U 形弯补偿器冷拉值举例

3. 波纹补偿器

波纹补偿器是用 3～4mm 厚的钢板压制而成，如图 9-3 所示。其补偿能力不大，每个波纹为 5～7mm，一般波纹数不超过 6 个。适应压力决定于钢板厚度及钢种，多用于中、低压汽、水管道。它主要的优点是外形尺寸小。

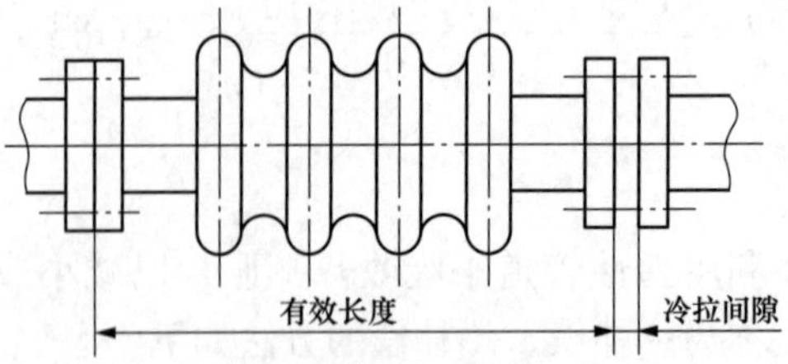

图 9-3 波纹补偿器

三、冷补偿（冷紧）

冷补偿是在管道冷状态时，预加以相反的冷紧应力，使管道在运行初期受热膨胀时，能减小其热应力对设备的危害。

冷紧的数值一般不用绝对值表示，而用相对值——冷紧比（β）来表示，即：

$$\beta=\frac{\text{冷紧值}}{\text{热伸长值}+\text{端点附加位移}}$$

端点附加位移表示当计算管段的端点不是固定支架，而是方向性支架时，在该端点所产生的位移。

在蠕变条件下工作的管道，其冷紧比应大于0.7，其他管道的冷紧比一般采用0.5。

第三节　支吊架设备及维护

支吊架作为管道系统的重要附件，对保证管道系统的安全运行起较大的作用，也越来越得到电力企业的重视。

支吊架的作用：

（1）承受管道的自重载荷，包括管子管件阀件的重力、管道内部介质的重力、管道保温材料的重力。对于每一个支吊架而言，其承受的载荷是该支吊架管道所分配给的那一部分重力载荷。

（2）增强管道抗变形刚度，使水平挠度和因此引起的振动得到控制。

（3）具有限位作用，并引导和控制管道管线热位移的大小和方向（弹性支吊架无此作用）。

（4）对管道流动介质的冲击力、激振力、排气反作用力以及由设备传递的振动、风力、地震等起到缓冲减振的作用。

（5）控制由管道施加给设备的荷重和热位移推力、力矩，以保护设备的安全运行。

（6）承受管道冷拉施加的力和力矩。

对管道支吊架的基本要求：在保证承受管道全部重力（管道、管道上的附件、保温材料、管内流体）的条件下，管系胀缩变形受到最低限度的限制，连接点受到的作用力及管道的内应力达到最低值。

压力管道的支吊架在机组投入运营时，需做一次全面的冷热态检验、调整，以后检修结合机组的整体大修进行。锅炉四大管道及导汽管、下降管等重要管道一般每个大修周期都要进行检验、调整，周期通常为 6～8 年。其他管道在没有改变管系布置、载荷等因素的情况下，一般每 2～3 个机组大修周期进行一次检验、调整。压力管道的支吊架一般不进行小修。

常见的管道支吊架可分为：固定支吊架、半固定支架、弹簧支吊架及恒力吊架。现分述如下。

一、固定支吊架

固定支吊架分为固定支架与固定吊架两种。

1. 固定支架

固定支架是管系中的定点（不动点，又称死点），管道以此点为基准向其他方向膨胀。固定支架除承受管道的部分重力外，还要承受管道的热胀冷缩的推力、拉力和扭力，故要求这种支架要有足够的强度和刚性，其基本结构如图 9-4 所示。

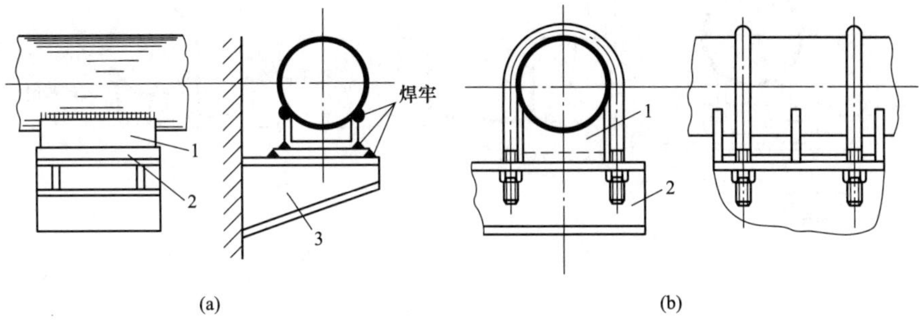

图 9-4　固定支架

（a）焊接固定支架；（b）包箍固定支架

1—架管枕（焊接在管子上）；2—枕台板（与管枕、支架焊接）；3—板支架

2. 固定吊架

固定吊架用在温差变化很小的管道上，主要是承受管道的重力，如图 9-5 所示。

二、半固定支架

半固定支架对管道起导向的作用，只允许管道的膨胀沿着预定的方向位移。因此，在结构和安装上必须保证管子在支架上沿位移方向活动自如。

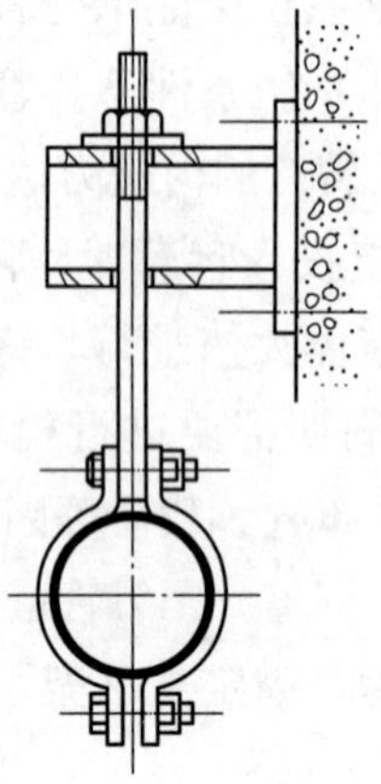

图 9-5　固定吊架

半固定支架分为滑动支架、滚动支架。

1. 滑动支架

滑动支架多为允许管子沿轴向位移的结构，如图 9-6（a）所示。为了防止出现啃边现象，应将管枕的边、角进行倒棱处理。在运行中管枕的位移并不一定沿台板平行滑移，可能会出现如图 9-6（b）所示的情况。此时应查找其原因，查出原因后，再进行处理。

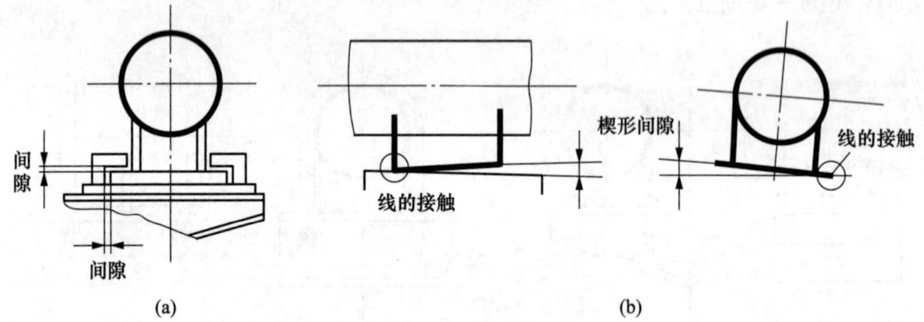

(a)　(b)

图 9-6　滑动支架及其缺陷

（a）滑动支架结构；（b）滑动支架接触不良

2. 滚动支架

滚动支架与滑动支架的不同之处，就是将滑动改为滚动，以适应较大的位移，如图 9-7 所示。其结构有以下要求：

（1）滚动支架的滚柱尺寸（直径、长度）应一致。

（2）为了防止滚柱滚出支架，在管枕和台板上应焊有限制块，但限制块不应影响支架的正常位移。

3. 支吊架的安装位置

在安装支吊架时应留出热位移量，即在冷态时管枕中心线与支架中心线不重合，其具体位置如图 9-8 所示。

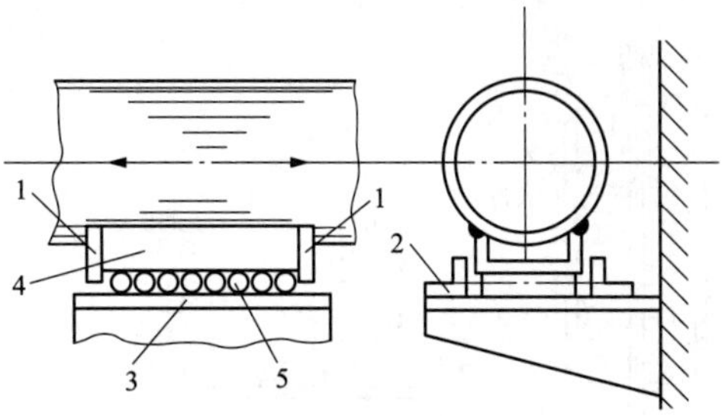

图 9-7　滚动支架

1—限制块；2—导向板；3—台板；4—管枕；5—滚柱

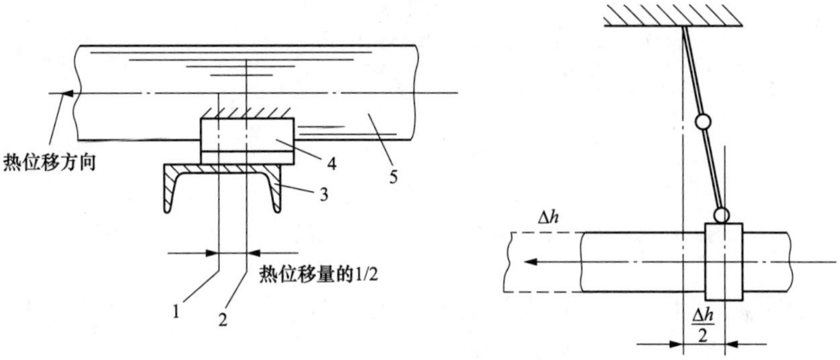

图 9-8　支吊架的安装位置

1—吊支架中心；2—架管枕中心；3—枕支架；4—架管枕；5—枕管子；Δh—管子的热位移量

三、弹簧支吊架

弹簧支吊架除承重外，还应满足管系的胀、缩位移要求。弹簧支吊架只允许管道沿弹簧的轴线作轴向位移。弹簧支吊架均采用压簧，因压簧的变形量与载荷成正比，故其变形量不允许超过设计值，否则，会造成弹簧支吊架超载和脱空现象。超载不仅是弹簧支吊架本身，而且管道也要受到弹簧超压缩的作用力。脱空就是弹簧支吊架处于不受力的状态。一个弹簧支吊架发生脱空，就意味着其他弹簧支吊架产生超载。因此，弹簧支吊架的超载与脱空都是不允许的。

1. 弹簧支吊架主要类型

常见的弹簧支吊架有普通弹簧吊架、盒式弹簧吊架、双排弹簧吊架和滑动弹簧支架，如图 9-9 所示。

2. 压簧常见缺陷及产生原因

弹簧支吊架弹簧常见缺陷及产生的原因有：

(1) 弹簧钢丝断裂。

现象：钢丝已断或有裂纹尚未断开。

原因：①钢丝材质不均匀；②在轧制钢丝的过程中产生夹砂、分层及

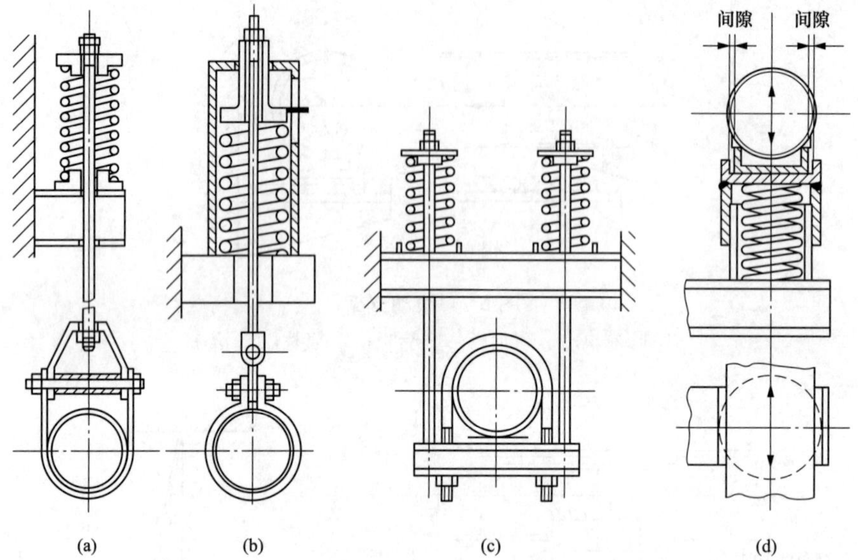

图 9-9 弹簧支吊架

(a) 普通弹簧吊架；(b) 盒式弹簧吊架；(c) 双排弹簧吊架；(d) 滑动弹簧支架

裂纹；③热处理不当，如淬火过头或回火不够；④使用时超载造成弹簧压缩过量；⑤长期振动造成材料疲劳。

(2) 弹簧弯曲变形。

现象：弹簧中轴线弯曲成弧形或两端面严重歪斜。

原因：①热处理不当，如加热不均匀或回火操作不当；②修磨弹簧端面时造成退火；③弹簧长期倾斜受力。

(3) 弹簧失去弹性。

现象：①完全失去弹性，整根弹簧压缩成永久变形；②弹簧中一圈或几圈失去弹性。

原因：①用料发生错误，即所用的材料不是制造弹簧的专用材料，或所用的弹簧刚度达不到使用的要求；②热处理发生技术性错误；③弹簧长期处于高温区运行。

弹簧支吊架压簧凡出现上述缺陷之一，就应更换。同时也要分析出现缺陷的原因，若属于弹簧支吊架布局不合理或选型上的问题，则在检修时改正。

四、恒力吊架

用普通弹簧吊架来支承管子，只有在其膨胀位移值不是很大时，方可适用。因为弹簧的行程与弹力成正比关系，对应于垂直的位移量，就有相应的弹簧反作用力，此反作用力有可能导致管道支点及管道本身产生不能允许的高应力，因此，这种吊架的使用是有限制的。

在温差很大且有较大热位移的管道上，宜采用恒作用力吊架，简称恒力吊架。因恒力吊架的承载能力不随支吊点的位置升降而变动，所以在管道产生热位移时，不会引起管系各吊点的荷载重新分配的问题，管系也不会产生附加应力。恒力吊架结构如图 9-10 所示。

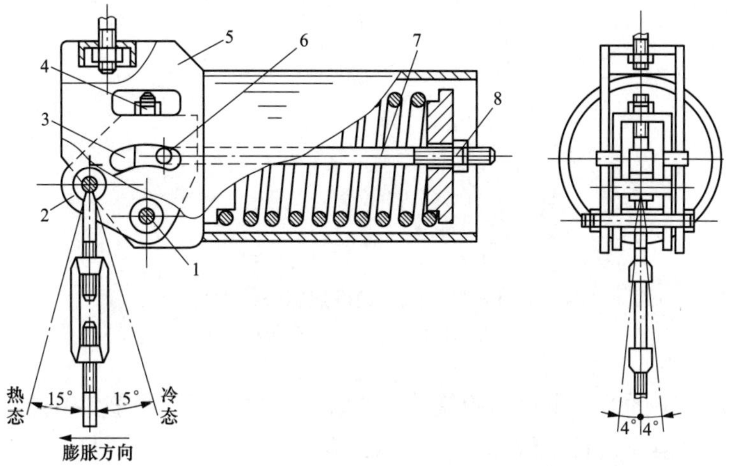

图 9-10　恒力吊架结构

1—支点轴；2—内壳；3—限位孔；4—调整螺母；
5—外壳；6—限位销；7—弹簧拉杆；8—弹簧紧力调整螺母

1. 恒力吊架的机械原理

恒力吊架的弹簧是间接承受管道载荷的。管道下移时，位能作为弹性能储存起来；管道上移时，弹性能又以同值释放出来。

2. 恒力吊架的调整

（1）若采用如图 9-10 所示结构恒力吊架，则弹簧中心线应处于水平位置，其吊杆的冷态位置和热态位置应与吊杆垂线对称。

（2）固定在内壳上的限位销，在冷态时（弹簧处于最小压缩状态）应位于外壳限位孔的右端，留有间隙，如图 9-11 所示；在热态时应位于外壳限位孔的左端，同样留有间隙。若达不到上述要求，就应对吊架的弹簧紧力或弹簧的拉杆位置进行调整。

五、管道支吊架主要检修项目

管道支吊架的主要检修项目有：

（1）螺栓连接件。

（2）管夹、管卡、套筒。

（3）吊杆、法兰螺栓、连接螺母。

（4）按设计调整有热位移管道支吊架的方向和尺寸。

（5）顶起导向支座、活动支座的滑动面、滑动件的支承面，更换失效活动件。

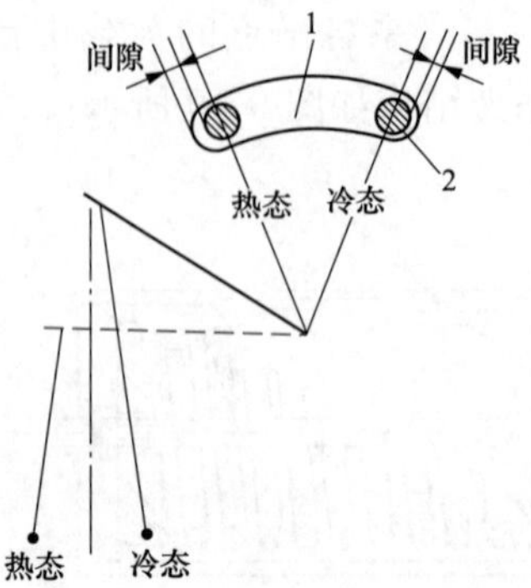

图 9-11　限位销冷热状态位置

1—外壳限位孔；2—限位销

（6）调整弹簧支承面与弹簧的中心线，使之垂直，调整弹簧的压缩值。

（7）更换弹簧时，做弹簧全压缩试验、工作载荷压缩试验。

（8）修补焊缝。

（9）埋件处理等。

六、支吊架检修注意事项

（1）各连接件如吊杆、吊环、卡箍无锈蚀、弯曲等缺陷。

（2）所有的螺纹连接件无锈蚀、滑丝等现象，紧固件不松动。

（3）导向滑块、管枕与台板接触良好，无锈蚀、磨损缺陷，沿位移方向移动自如，无卡涩现象。

（4）支吊架受力情况正常，无严重偏斜和脱空现象；支吊架的冷热状态位置大致与支吊架中心线对称。

（5）弹簧支吊架的弹簧压缩量正常，无裂纹及压缩变形。

（6）对支吊架冷热状态位置变化应作记录，为检修、调整提供必要的资料。

（7）水压试验时，所有的弹簧支吊架应卡锁固定；试验结束后立即将卡锁装置拆除。

（8）在拆装管道前，必须充分考虑到“拆下此管”后对支吊架会产生什么样的影响。无论何种情况，均不允许支吊架因拆装管道而超载及受力方向发生大的变化。

（9）在检修工作中，不允许使用支吊架作为起重作业的锚点，或作为起吊重物的承重支架。

（10）支吊架在使用过程中会出现不同原因的故障，在检修过程中应予以调整修复，具体原因及处理见表 9-1。

表 9-1　支吊架故障原因、处理分析表

序号	故障现象	原因分析	处理方法
1	恒力吊架卡涩	（1）机械卡涩； （2）载荷过大	（1）调整吊杆螺栓； （2）校验管系载荷，核对吊架是否选用合理
2	弹簧吊架过载	（1）弹簧调整过紧； （2）载荷过大	（1）调整弹簧螺栓； （2）校验管系载荷，核对吊架是否选用合理
3	恒力、弹簧吊架冷热态未到位	（1）安装后调整不到位； （2）管道膨胀与设计值存在偏差	根据管系设计要求，合理调整吊架冷热态位置，使其达到或接近设计值
4	限位支架卡涩、脱位	（1）安装错误，超出管道膨胀范围； （2）支架脱焊、变形	（1）调整安装位置； （2）补焊、加强支架焊缝

七、支吊架热态检验

支吊架热态检验主要采用目视检查，并根据需要测量其热态位置和零部件尺寸。

1. 支吊架安装情况检查

（1）根据系统流程图、管道立体图和支吊架详图，找到对应的支吊架并确认无误。

（2）检查支吊架安装类型与支吊架详图给出的是否一致。若不一致，进行记录。

（3）检查刚性吊架吊杆直径与支吊架详图给出的是否一致。若不一致，进行记录。

（4）检查恒力弹簧/变力弹簧支吊架型号大小与支吊架详图中给出的是否一致。若不一致，进行记录。

2. 支吊架功能件检查

（1）检查并记录恒力弹簧支吊架的实际热态指示位置。

（2）检查并记录变力弹簧支吊架的实际热态荷载。

（3）检查恒力弹簧支吊架和变力弹簧支吊架的锁定装置是否解除锁定状态。

（4）检查恒力弹簧支吊架的位置指示器是否紧靠上/下极限位置。

（5）检查变力弹簧支吊架的弹簧是否超载压死或者失载松弛，指示器是否位于上/下极限位置。

（6）检查弹簧是否断裂、锈蚀、卡涩，弹簧筒是否锈蚀，内部是否有异物。

（7）检查并记录横担恒力吊架和立管恒力吊架两侧吊架转体位置指示器是否位于相应刻度位置。

（8）检查并记录横担变力弹簧吊架和立管变力弹簧吊架两侧吊架荷载是否相当。

（9）对于承受安全阀排汽反力的防冲击刚性吊架，确定其热态下间隙是否符合设计要求。

（10）检查液压阻尼器是否偏斜、漏油，油位是否正常，记录其热态位置。

（11）检查导向支架热态的预留间隙是否符合设计要求。

（12）检查刚性限位支架是否承受荷载并起到应有的作用。

3. 支吊架中间连接件检查

（1）检查连接件吊杆是否断裂、扭曲、变形、歪斜（与垂线夹角>4°）或松动。

（2）检查锁紧螺母是否松脱、丢失。

（3）对于吊杆歪斜情况，应根据图纸确定吊架是否设计有偏斜。测量吊架管部相对于根部在水平 X 与 Y 方向的偏移量。

（4）检查滑动支座滑动面是否平整光滑，有无卡涩，管托与支架是否脱开。检查管道中心线与支架中心线在 X 和 Y 方向上是否偏移严重。偏移严重的应记录管托中心线相对于支架中心线的偏移量。

4. 支吊架根部检查

（1）检查支吊架根部钢结构连接是否变形或断裂，着力焊缝是否存在宏观裂纹。

（2）检查根部固定螺栓是否松动，紧固螺母是否丢失。

（3）检查固定支架周围混凝土是否碎裂。

5. 支吊架管部检查

对于非保温管道，检查支吊架管部连接是否变形、卡箍是否松动，连接用紧固螺栓是否完好、螺母是否丢失，焊缝是否存在宏观裂纹。

八、支吊架冷态检验

支吊架冷态检验采用目视检查，并根据需要对根部和管部进行 PT 检验。

1. 支吊架功能件检查

（1）检查并记录恒力弹簧支吊架的实际冷态指示位置。

（2）检查并记录变力弹簧支吊架的实际冷态荷载。

（3）检查恒力弹簧支吊架的位置指示器是否紧靠上/下极限位置。

（4）检查变力弹簧支吊架的弹簧是否超载压死或者失载松弛，指示器是否位于上/下极限位置。

（5）检查弹簧是否断裂、锈蚀、卡涩。

（6）检查并记录横担恒力吊架和立管并联恒力吊架两侧吊架转体位置指示器是否位于相应刻度位置。

（7）检查并记录横担变力弹簧吊架和立管并联变力弹簧吊架两侧吊架

荷载是否相当。

（8）记录液压阻尼器冷态位置，检查其行程是否满足要求、球形接头是否卡涩。

2. 支吊架中间连接件检查

（1）检查连接件吊杆是否断裂、歪斜（与垂线夹角>4°）或松动。

（2）对于吊杆歪斜情况，应根据图纸确定吊架是否设计有偏斜。测量吊架管部相对于根部在水平 X 与 Y 方向的偏移量。

（3）检查滑动支座滑动面是否平整光滑，有无卡涩，管托与支架是否脱开。检查管道中心线与支架中心线在 X 和 Y 方向上是否偏移严重。偏移严重的应记录管托中心线相对于支架中心线的偏移量。

3. 支吊架根部检查

若支吊架功能件因超载而损坏或者出现吊杆断裂的情况，建议对根部着力焊缝进行 PT 检查，以便确定根部焊缝表面是否存在微裂纹。

4. 支吊架管部检查

（1）打开管道保温，检查支吊架管部连接是否变形、卡箍是否松动，是否锈蚀严重。连接用紧固螺栓是否完好。

（2）检查立管管箍挡块与管道连接的角焊缝表面是否存在宏观裂纹。

九、支吊架维修调整

1. 通则

（1）支吊架的维修调整施工应根据批准的维修调整方案进行，通常在管道冷态下实施。

（2）支吊架的维修是指支吊架的更换，吊杆断裂的修复，滑动支架脱开的修复，导向支架和限位支架损坏的修复，固定支架松动的修复，刚性吊架松动的修复，管部松动变形和根部变形、焊缝开裂等缺陷的修复，吊杆严重倾斜的修复，弹簧筒内有异物和弹簧卡涩的修复等。

（3）发现支吊架根部、管部着力焊缝（如立管抱箍挡块角焊缝）有缺陷需修补的，应给出修补方案和施工程序，保证在修补时焊缝不受力；焊缝修复后应经 PT 检验合格后再实施支吊架调整。

（4）支吊架的调整是指恒力弹簧支吊架的位置调整和变力弹簧支吊架的荷载调整。

（5）支吊架调整应从与设备或大管子相连接的管端或固定支架开始，由两端向管道中部方向进行。

（6）当某个支吊架调整量较大时，应观察临近支吊架的状态变化，有时需要多次反复才能达到设计要求荷载。

（7）对于对称布置的管道，调整时两侧应同时进行。

（8）调整并联弹簧吊架的荷载时，应使两侧弹簧承载于同一荷载位置。对于横担吊架，应调整两侧吊架使横担处于水平状态。

（9）设计冷态荷载大于 2t 的弹簧支吊架，通常在调整其承载时需要相应吨位的葫芦钢丝绳等吊具或千斤顶加以辅助，以减少花篮螺丝或荷重柱上的承载，便于调节。

（10）荷载小于2t的支吊架一般不需要吊具辅助，可直接用扳手加套管进行调节。

（11）对于锈蚀严重的螺纹连接，可使用螺栓松动剂帮助除锈润滑。

2. 支吊架的更换和修理

（1）当支吊架需要更换或需要拆卸修理，应采用临时支撑将管道支承住，保持管道的原有位置。

（2）安装新的刚性吊架时，吊杆就位后收紧吊杆使其承载，拆除临时支撑。

（3）安装新的弹簧吊架时，吊架就位后收紧吊杆使其承载，拆除临时支撑，调整花篮螺丝使吊架承载于弹簧设计冷态预设定荷载，取出弹簧锁定块。

（4）当弹簧支吊架需要拆除修理时，还应先采取临时措施将弹簧承载位置锁住后再行拆除，待安装就位后拆除锁定块，并将荷载调整至设计冷态预设定荷载。

3. 恒力弹簧吊架的位置调整

（1）恒力弹簧吊架的调整是调整管道吊点处的热位移范围。其目的是使管道在其设计热位移范围内支吊架作用其上的荷载基本恒定，杜绝位移指示器销子紧靠上下极限位置成为刚性吊架。

（2）调整花篮螺丝使转体指示器位于设计冷态位置。调整结束时两侧恒力吊架的位移指示器应在相同的刻度位置上。

4. 变力弹簧支吊架的荷载调整

（1）变力弹簧支吊架的调整是调整支吊架承受的荷载。其目的是使管道在其工作状态下承受支吊架的反作用力符合设计要求，使管道均匀受力。杜绝弹簧超载压死或欠载造成的管道局部应力越限和分布不均的情况。

（2）调整时应注意刻度指示，将荷载值调整到设计冷态荷载。

（3）A、B、C、E型变力弹簧吊架的调整主要也是通过花篮螺丝来进行，具体操作步骤与恒力吊架类似。

（4）D型—上调节搁置型弹簧吊架通过吊架顶部调节螺母来调整。

（5）F型弹簧支架的调整通过旋转载荷调整螺母或用撬杠插入荷重柱的调节孔旋转荷重柱来进行。

（6）G型横担弹簧吊架和立管并联弹簧吊架两侧弹簧的荷载为整个吊架荷载的一半，调整结束时两侧荷载应相同。

5. 其他类型的支吊架缺陷维修

（1）歪斜、扭转的刚性吊架通过调整其根部或管部位置来进行。偏移严重的滑动支架通过调整支架根部位置来进行。

（2）刚性吊架松动时应核实管道标高是否发生变化，可通过收紧花篮螺丝来进行，同时应观察临近弹簧支吊架的荷载变化。双吊杆刚性吊架的两侧吊杆紧力应相当。

（3）刚性滑动支架脱开应分析其产生的原因，认为需要增加垫板时焊接一块厚度适当的垫板，或通过调整其他吊架来消除。

（4）刚性限位支撑通过转动其伸缩套管来调节。已损坏的应进行更换。其他类型的导向和限位支架的钢结构变形应进行矫正，并预留设计要求的热膨胀间隙。

（5）固定支架的混凝土碎裂或钢结构变形应进行修复并加固。

（6）当吊架受阻存在横向额外荷载时，应调整吊架管部支吊点或根部承载点位置，或清除障碍物使吊架承载正常。

6. 热态验收及验收要求

（1）整改工作结束，管道重新运行后，对支吊架再进行一次全面热态检验，对支吊架进行必需的微调，直到全部符合要求。

（2）施工用材料应符合上述施工要求中的相关项目用料规定，招标方将按标准对有关材料进行检验。

（3）施工应文明施工，坚持工完料尽场地清，现场清理后才可进行项目竣工验收。

（4）支吊架没有损伤或劣化的迹象，如构件外表面无变形和腐蚀等。

（5）管道没有遭受过大幅度的冲击荷载或剧烈振动，如没有造成元件变形、焊接接头开裂、固定螺栓松动或水泥碎裂等。

（6）管道热膨胀没有受建筑物或结构件的限制。

（7）管道保温良好，没有存在局部裸露运行的情况。

（8）弹簧状态没有发生过载压死、失载悬空或折断的情况。

（9）弹簧机构具有可操作性和完整有效，弹簧线圈内部无腐蚀物积聚、无卡涩，弹簧压板没有被吊杆顶死等。

（10）安装和水压试验用锁定机构已解列并保存好。

（11）吊杆没有扭曲、弯曲或从原始设计处改变。

（12）吊杆锁定螺母完好并锁紧。

（13）承载结构与根部辅助钢结构没有变形，主要受力焊缝没有宏观裂纹。

（14）连接的基板与设计相符。

（15）卡箍或鞍座与管道正确连接，零部件没有明显变形。

（16）立管抱箍挡块与管道间角焊缝表面没有宏观裂纹。

（17）承载螺栓是双头螺栓或防松螺栓。

（18）承载螺栓、卡箍、螺帽没有松动。

（19）支吊架类型、型号与原设计保持一致。

（20）刚性支吊架各部分与原设计保持一致，确定存在活动间隙。

(21) 吊点偏装与原设计保持一致。

(22) 支吊架冷态/热态位置和标牌位置符合要求。

(23) 防冲击刚性支吊架预留间隙符合规程要求。

(24) 限位装置已起作用。

(25) 变力弹簧支吊架的荷载标尺指示或恒力弹簧支吊架的转体位置正常。

(26) 运行条件下无妨碍管道及支吊架位移的任何障碍。

(27) 冷、热态条件下的位移指针位置正常。

(28) 冷、热态条件下变力弹簧的载荷正常。

十、支吊架许用应力的计算要求

管道支吊架零部件材料的抗拉、抗压许用应力按 DL/T 5054—2016《火力发电厂汽水管道设计规范》选取，许用剪切应力为 DL/T 5054—2016 附录 A.1 所列数值的 0.6 倍，螺纹拉杆的抗拉许用应力为附录 A.1 所列数值的 0.56 倍，拉杆截面积按螺纹根部直径计算。管道支吊架零部件组装焊缝的许用应力为 DL/T 5054—2016 附录 A.1 确定的较弱被焊件许用应力的 0.56 倍。

水压试验时，管道支吊架材料的许用应力可提高到不大于其在室温下屈服强度的 0.8 倍。在运行期间短时超载时，管道支吊架材料的许用应力可提高 20%。

DN≤50 的管道，拉杆直径不应小于 10mm；DN65 的管道，拉杆直径不应小于 12mm。管道支吊架管部设计应保证管道局部应力在允许范围内。较长垂直管道上的刚性支吊架，应按单侧承受相应支吊点全部荷载设计。

管道支吊架根部结构除满足强度条件外，还应满足下述刚度条件：

(1) 固定支架、限位装置和阻尼装置根部结构的最大挠度不应大于其计算长度的 0.2%。

(2) 其他管道支吊架根部结构的最大挠度不应大于其计算长度的 0.4%。

根部结构采用焊接或梁箍固定的双支点梁型式时，管道支吊架可按简支梁计算其强度和刚度。梁式根部结构在其承受较大弯矩处开孔时，应进行补强。当作用力不通过非对称型钢的弯曲中心时，应考虑偏心扭转因素。

第四节 阀门概述

一、阀门的分类

阀门的用途广泛，种类繁多，分类方法也比较多。总的可分两大类：

(1) 自动阀门：依靠介质（液体、气体）本身的能力而自行动作的阀门。如止回阀、安全阀、调节阀、疏水阀、减压阀等。

（2）驱动阀门：借助手动、电动、液动、气动来操纵动作的阀门。如闸阀、截止阀、节流阀、蝶阀、球阀、旋塞阀等。

此外，阀门的分类还有以下几种方法。

（一）按结构特征分类

（1）截门型：关闭件沿着阀座中心移动，如图 9-12 所示。

（2）闸门型：关闭件沿着垂直阀座中心移动，如图 9-13 所示。

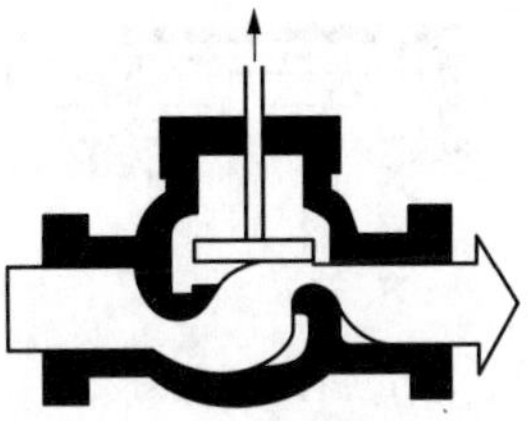

图 9-12　截门型

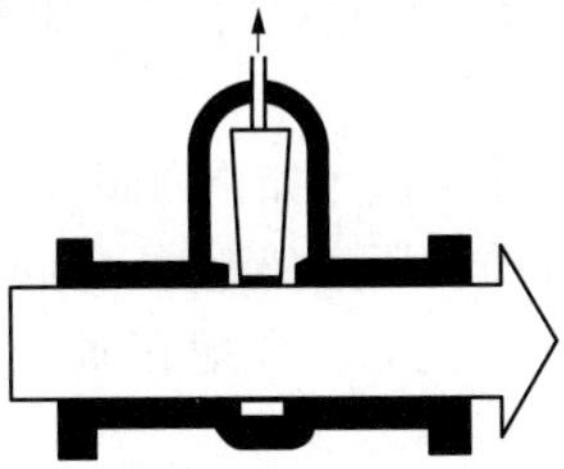

图 9-13　闸门型

（3）旋塞和球型：关闭件是柱塞或球，围绕阀体中心线旋转，如图 9-14 所示。

（4）旋启型；关闭件围绕阀座外的轴旋转，如图 9-15 所示。

图 9-14　旋塞和球型

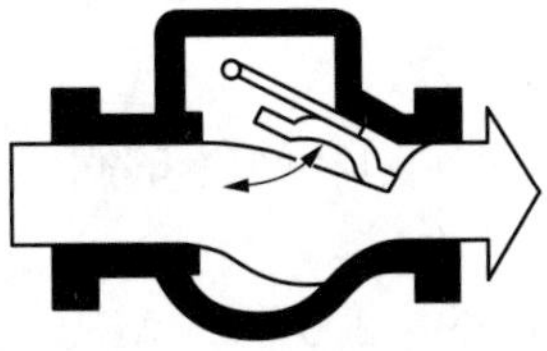

图 9-15　旋启型

（5）碟型：关闭件的圆盘，围绕阀座内的轴旋转，如图 9-16 所示。

（6）滑阀型：关闭件在垂直于通道的方向滑动，如图 9-17 所示。

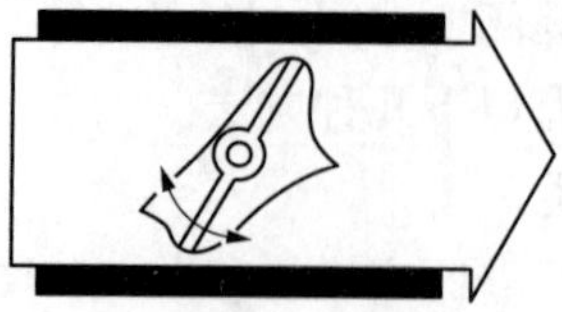

图 9-16　碟形

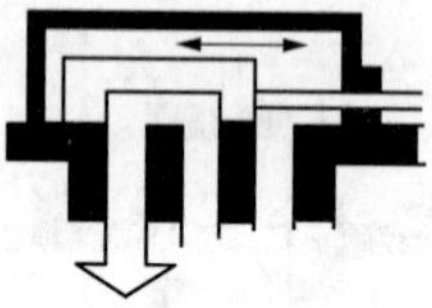

图 9-17　滑阀形

（二）按阀门的用途分类

（1）开断：用来接通或切断管路介质，如截止阀、闸阀、球阀、蝶阀等。

（2）止回：用来防止介质倒流，如止回阀。

（3）调节：用来调节介质的压力和流量，如调节阀、减压阀。

（4）分配：用来改变介质流向、分配介质，如三通旋塞、分配阀、滑阀等。

（5）安全：在介质压力超过规定值时，用来排放多余的介质，保证管路系统及设备安全，如安全阀、事故阀。

（6）其他特殊用途：如疏水阀、放空阀、排污阀等。

（三）按驱动方式分类

（1）手动：借助手轮、手柄、杠杆或链轮等人力驱动，传动较大力矩时，安装有蜗轮、齿轮等减速装置。

（2）电动：借助电动机或其他电气装置驱动。

（3）液动：借助水、油驱动。

（4）气动；借助压缩空气驱动。

（四）按阀门的公称压力分类

（1）真空阀：绝对压力 $p<0.1$MPa 即 760mmHg 的阀门，通常用 mmHg 或 mmH_2O 表示压力。

（2）低压阀：公称压力 PN≤1.6MPa 的阀门（包括 PN≤1.6MPa 的钢阀）。

（3）中压阀：公称压力 PN=2.5～6.4MPa 的阀门。

（4）高压阀：公称压力 PN=10.0～80.0MPa 的阀门。

（5）超高压阀：公称压力 PN≥100.0MPa 的阀门。

（五）按阀门工作时的介质温度分类

（1）普通阀门：适用于介质温度为－40～425℃的阀门。

（2）高温阀门：适用于介质温度为425～600℃的阀门。

（3）耐热阀门：适用于介质温度为600℃以上的阀门。

（4）低温阀门：适用于介质温度为－40～－150℃的阀门。

（5）超低温阀门：适用于介质温度为－150℃以下的阀门。

（六）按阀门的公称通径分类

（1）小口径阀门：公称通径DN<40mm的阀门。

（2）中口径阀门：公称通径DN50～300mm的阀门。

（3）大口径阀门：公称通径DN350～1200mm的阀门。

（4）特大口径阀门：公称通径DN≥1400mm的阀门。

（七）按阀门与管道连接方式分类

（1）法兰连接阀门：阀体带有法兰，与管道采用法兰连接的阀门。

（2）螺纹连接阀门：阀体带有内螺纹或外螺纹，与管道采用螺纹连接的阀门。

（3）焊接连接阀门：阀体带有焊口，与管道采用焊接连接的阀门。

（4）夹箍连接阀门：阀体上带有夹口，与管道采用夹箍连接的阀门。

（5）卡套连接阀门：采用卡套与管道连接的阀门。

二、阀门的型号编制方法

（一）阀门的型号

阀门的型号是用来表示阀门类型、驱动及连接形式、密封圈材料和公称压力等要素的。

由于阀门种类繁杂，为了制造和使用方便，国家对阀门产品型号的编制方法做了统一规定。阀门产品的型号由七个单元组成，用来表明阀门类别、驱动种类、连接和结构形式、密封面或衬里材料、公称压力及阀体材料。

阀门型号的组成由七个单元顺序组成，如图9-18所示。

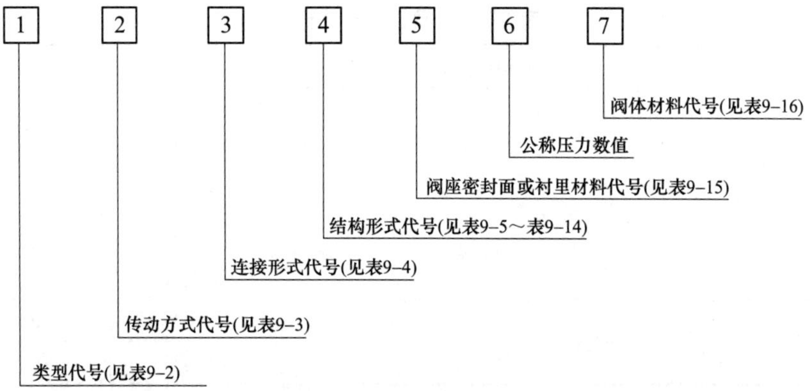

图9-18　阀门的型号组成

表 9-2　阀门的类型代号

阀门类型	代号	阀门类型	代号	阀门类型	代号
闸阀	Z	球阀	Q	疏水阀	S
截止阀	J	旋塞阀	X	安全阀	A
节流阀	L	液面指示器	M	减压阀	Y
隔膜阀	G	止回阀	H		
柱塞阀	U	蝶阀	D		

表 9-3　阀门传动方式代号

传动方式	代号	传动方式	代号
电磁阀	0	锥齿轮	5
电磁—液动	1	气动	6
电—液动	2	液动	7
蜗轮	3	气—液动	8
正齿轮	4	电动	9

注　1. 手轮、手柄和扳手传动以及安全阀、减压阀、疏水阀省略本代号。

2. 对于气动或液动：常开式用 6K、7K 表示；常闭式用 6B、7B 表示；气动带手动用 6S 表示。防爆电动用 9B 表示。

表 9-4　阀门连接形式代号

连接形式	代号	连接形式	代号
内螺纹	1	对夹	7
外螺纹	2	卡箍	8
法兰	4	卡套	9
焊接	6		

注　焊接包括对焊和承插焊。

表 9-5　闸阀结构形式代号

<table>
<tr><th colspan="4">闸阀结构形式</th><th>代号</th></tr>
<tr><td rowspan="5">明杆</td><td rowspan="3">楔式</td><td colspan="2">弹性闸板</td><td>0</td></tr>
<tr><td rowspan="6">刚性</td><td>单闸板</td><td>1</td></tr>
<tr><td>双闸板</td><td>2</td></tr>
<tr><td rowspan="2">平行式</td><td>单闸板</td><td>3</td></tr>
<tr><td>双闸板</td><td>4</td></tr>
<tr><td colspan="2" rowspan="2">暗杆楔式</td><td>单闸板</td><td>5</td></tr>
<tr><td>双闸板</td><td>6</td></tr>
</table>

表 9-6　截止阀和节流阀结构形式代号

截止阀和节流阀结构形式		代号
直通式		1
角式		4
直流式		5
平衡	直通式	6
	角式	7

表 9-7　球阀结构形式代号

<table>
<tr><th colspan="3">球阀结构形式</th><th>代号</th></tr>
<tr><td rowspan="3">浮动</td><td colspan="2">直通式</td><td>1</td></tr>
<tr><td>L 形</td><td rowspan="2">三通式</td><td>4</td></tr>
<tr><td>T 形</td><td>5</td></tr>
<tr><td>固定</td><td colspan="2">直通式</td><td>7</td></tr>
</table>

表 9-8　蝶阀结构形式代号

蝶阀结构形式	代号
杠杆式	0
垂直板式	1
斜板式	3

表 9-9　隔膜阀结构形式代号

隔膜阀结构形式	代号
屋脊式	1
截止式	3
闸板式	7

表 9-10　旋塞阀结构形式代号

旋塞阀结构形式		代号
填料	直通式	3
	T 形三通式	4
	四通式	5
油封	直通式	7
	T 形三通式	8

表 9-11　止回阀和底阀结构形式代号

止回阀和底阀结构形式		代号
升降	直通式	1
	立式	2
旋启	单瓣式	4
	多瓣式	5
	双瓣式	6

表 9-12　安全阀结构形式代号

结构形式		代号	结构形式		代号
弹簧载荷弹簧密封结构	带散热片全启式	0	弹簧载荷弹簧不封闭且带扳手结构	微启式、双联阀	3
	微启式	1		微启式	7
	全启式	2		全启式	8
	带扳手全启式	4		—	—
杠杆式	单杠杆	2	带控制机构全启式		6
	双杠杆	4	脉冲式		9

注　杠杆式安全阀在类型代号前加“G”汉语拼音字母。

表 9-13　减压阀结构形式代号

减压阀结构形式	代号
薄膜式	1
弹簧薄膜式	2
活塞式	3
波纹管式	4
杠杆式	5

表 9-14　疏水阀结构形式代号

疏水阀结构形式	代号
浮球式	1
钟形浮子式	5
脉冲式	8
热动力式	9

表 9-15　阀座密封面或衬里材料代号

阀座密封面或衬里材料	代号	阀座密封面或衬里材料	代号
铜合金	T	渗氮钢	D
橡胶	X	硬质合金	Y
尼龙塑料	N	衬胶	J
氟塑料	F	衬铅	Q
巴氏合金	B	搪瓷	C
合金钢	H	渗硼钢	P

注　由阀体直接加工的阀座密封面材料代号用“W”表示；当阀座和阀瓣（闸板）密封面材料不同时，用低硬度材料代号表示（隔膜阀除外）。

表 9-16　阀体材料代号

阀体材料	代号	阀体材料	代号
HT25-47	Z	Cr5Mo	I
KT30-6	K	1Cr18Ni9Ti	P
QT40-15	Q	Cr18Ni12Mo2Ti	R
H62	T	12CrMoV	V
ZG25	C		

注　PN≤1.0MPa 的灰铸铁阀体和 PN≥2.5MPa 碳素钢阀体，省略本代号。

（二）阀门涂漆和标志识别

1. 阀件标志识别

在阀件的壳体上，有带箭头的横线，横线上部的数字表示公称压力的等级，有的则表示温度参数和工作压力，如 PN10、PT510 表示在 10MPa 和 510℃工作参数下使用。在横线下部的数字，表示连接管道的公称直径。

→：表示阀件是直通式的，介质进口与出口的流动方向，在同一或相平行的中心线上。|→：表示阀件是直角式的，介质作用在关闭件上。←→：表示阀件是三通式的，介质有几个流动方向。

2. 阀件材料涂漆色

不同材料的阀门，根据不同的用途，在阀件体上的涂色是不一样的，具体涂色见表 9-17。

表 9-17　阀件材料的涂漆色

项目	涂漆部位	涂漆颜色	材料
阀体材料	阀体	黑色	灰铸铁、可锻铸铁
		银色	球墨铸铁
		灰色	碳素钢
		浅蓝色或不涂色	耐酸钢或不锈钢
		蓝色	合金钢
密封圈材料	驱动阀门的手轮、手柄、扳手，或自动阀门的阀盖上、杠杆上	红色	青铜或黄铜
		黄色	巴氏合金
		铝白色	铝
		浅蓝色	耐酸钢或不锈钢
		淡紫色	渗氮钢
		灰色周边带红色条	硬质合金
		灰色周边带蓝色条	塑料
		棕色	皮革或橡胶
		绿色	硬塑料
		与阀门涂色相同	直接在阀体上做密封面

续表

项目	涂漆部位	涂漆颜色	材料
衬里材料	阀门连接法兰的外圆柱表面	铝白色	铝
		红色	搪瓷
		绿色	橡胶或硬橡胶
		黄色	铝锑合金
		蓝色	塑料

第五节　常见阀门的结构与特点

一、闸阀

闸阀是指关闭件（闸板）沿通路中心线的垂直方向移动的阀门。闸阀是使用很广的一种阀门，一般口径 DN≥50mm 的切断装置都选用它，有时口径很小的切断装置也选用闸阀。

闸阀在管路中主要作切断用，闸阀有以下优点：

（1）流体阻力小。

（2）开闭所需外力较小。

（3）介质的流向不受限制。

（4）全开时，密封面受工作介质的冲蚀比截止阀小。

（5）体形比较简单，铸造工艺性较好。

闸阀不足之处：

（1）外形尺寸和开启高度都较大。安装所需空间较大。

（2）开闭过程中，密封面间有相对摩擦，容易引起擦伤现象。

（3）闸阀一般都有两个密封面，给加工、研磨和维修增加一些困难。

（一）闸阀的种类

1. 按闸板的构造分类

（1）平行式闸阀：密封面与垂直中心线平行，即两个密封面互相平行的闸阀，如图 9-19 所示。

在平行式闸阀中，以带推力楔块的结构最常为常见，既在两闸板中间有双面推力楔块，这种闸阀适用于低压中小口径（DN40～300mm）闸阀。也有在两闸板间带有弹簧的，弹簧能产生预紧力，有利于闸板的密封。

（2）楔式闸阀：密封面与垂直中心线成某种角度，即两个密封面成楔形的闸阀，如图 9-20 所示。

密封面的倾斜角度一般有 2°52′、3°30′、5°、8°、10°等，角度的大小主要取决于介质温度的高低。一般工作温度越高，所取角度应越大，以减小温度变化时发生楔住的可能性。

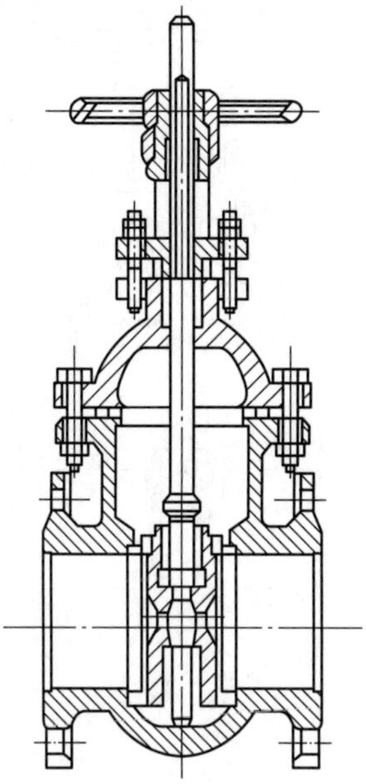

图 9-19　平行式闸阀

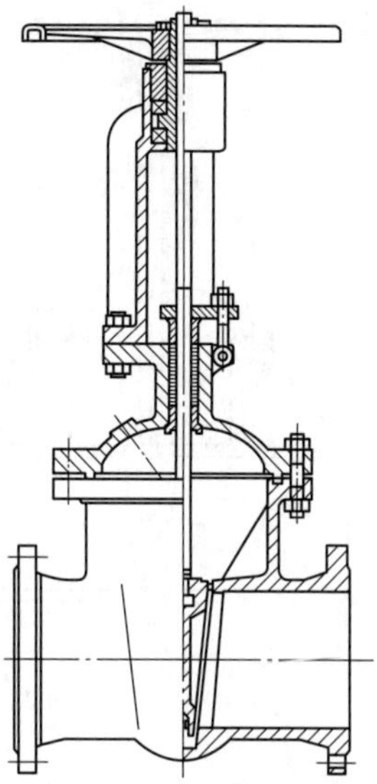

图 9-20　楔式闸阀

在楔式闸阀中，又有单闸板、双闸板和弹性闸板之分。单闸板楔式闸阀，结构简单，使用可靠，但对密封面角度的精度要求较高，加工和维修较困难，温度变化时楔住的可能性很大。双闸板楔式闸阀在水和蒸汽介质管路中使用较多。它的优点是：对密封面角度的精度要求较低，温度变化不易引起楔住的现象，密封面磨损时，可以加垫片补偿。但这种结构零件较多，在黏性介质中易黏结，影响密封。更主要是上、下挡板长期使用易产生锈蚀，闸板容易脱落。弹性闸板楔式闸阀，它具有单闸板楔式闸阀结构简单，使用可靠的优点，又能产生微量的弹性变形弥补密封面角度加工过程中产生的偏差，改善工艺性，现已被大量采用。

2. 按阀杆的构造分类

(1) 明杆闸阀：阀杆螺母在阀盖或支架上，开闭闸板时，用旋转阀杆螺母来实现阀杆的升降，如图 9-21 所示。这种结构对阀杆的润滑有利，开闭程度明显，因此被广泛采用。

(2) 暗杆闸阀：阀杆螺母在阀体内，与介质直接接触。开闭闸板时，用旋转阀杆来实现。如图 9-22 所示。这种结构的优点是：闸阀的高度总保持不变，因此安装空间小，适用于大口径或对安装空间受限制的闸阀。此种结构要安装开闭指示器，以指示开闭程度。这种结构的缺点是：阀杆螺纹不仅无法润滑，而且直接接受介质侵蚀，容易损坏。

(二) 闸阀的通径收缩

如果一个阀体内的通道直径不一样（往往都是阀座处的通径小于法兰连接处的通径），称为通径收缩。

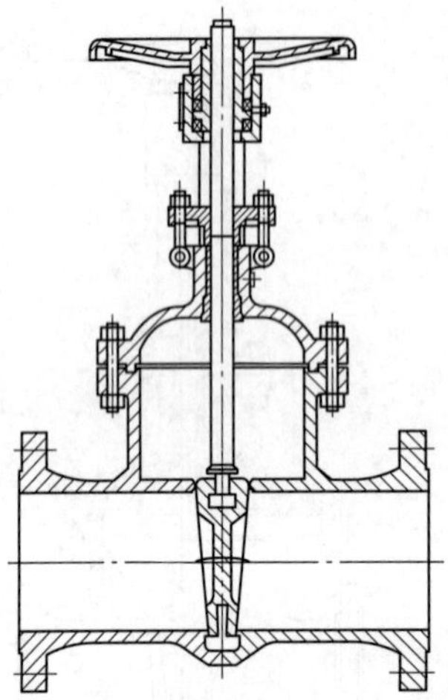

图 9-21　明杆闸阀

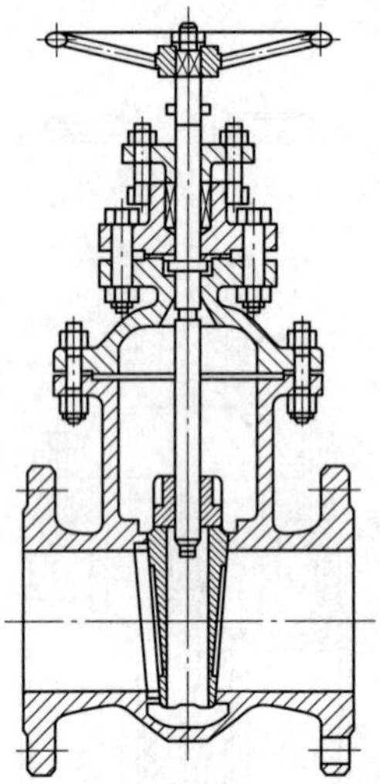

图 9-22　暗杆闸阀

通径收缩能使零件尺寸缩小，开、闭所需力相应减小，同时可扩大零部件的应用范围。但通径收缩后，流体阻力损失增大。

在某些部门的某些工作条件下（如石油部门的输油管线），不允许采用通径收缩的阀门。这一方面是为了减小管线的阻力损失，另一方面是为了避免通径收缩后给机械清扫管线造成障碍。

二、截止阀

截止阀是关闭件（阀瓣）沿阀座中心线移动的阀门。

截止阀在管路中主要作切断用。截止阀有以下优点：

(1) 在开闭过程中密封面的摩擦力比闸阀小，耐磨。

(2) 开启高度小。

(3) 通常只有一个密封面，制造工艺好，便于维修。

截止阀使用较为普遍，但由于开闭力矩较大，结构长度较长，一般公称通径都限制在 DN≤200mm 以下。截止阀的流体阻力损失较大。因而限制了截止阀更广泛的使用。

截止阀的种类很多，根据阀杆上螺纹的位置分为以下两种类型。

1. 上螺纹阀杆截止阀

截止阀阀杆的螺纹在阀体的外面。其优点是阀杆不受介质侵蚀，便于润滑，此种结构采用比较普遍，如图 9-23 所示。

2. 下螺纹阀杆截止阀

截止阀阀杆的螺纹在阀体内。这种结构阀杆螺纹与介质直接接触，易受侵蚀，并无法润滑。此种结构用于小口径和温度不高的地方，如图 9-24 所示。

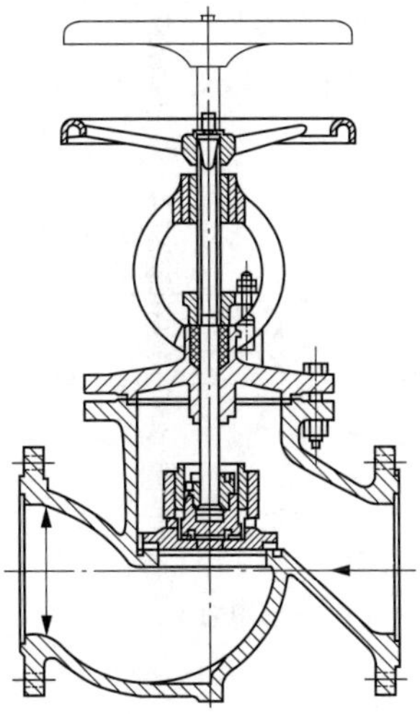

图 9-23　上螺纹阀杆截止阀

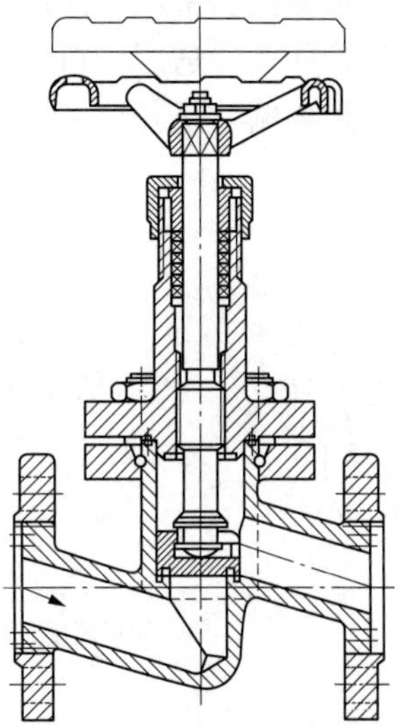

图 9-24　下螺纹阀杆截止阀

根据截止阀的通道方向，又可分为直通式截止阀、角式截止阀和三通式截止阀，后两种截止阀通常做改变介质流向和分配介质用。

三、节流阀

节流阀是指通过改变通道面积达到控制或调节介质流量与压力的阀门。节流阀在管路中主要作节流使用。

最常见的节流阀是采用截止阀改变阀瓣形状后作节流用。但用改变截止阀或闸阀开启高度来作节流用是极不合适的，因为介质在节流状态下流速很高，必然会使密封面冲蚀磨损，失去切断密封作用。同样用节流阀作切断装置也是不合适的。常见的节流阀如图 9-25 所示。

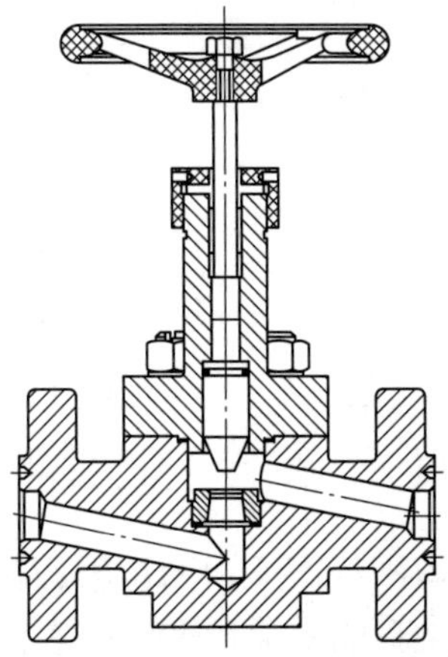

图 9-25　节流阀

节流阀的阀瓣有多种形状，常见的有：

（1）钩形阀瓣：常用于深冷装置中的膨胀阀，如图 9-26（a）所示。

（2）窗形阀瓣：适用于口径较大的节流阀，如图 9-26（b）所示。

（3）塞形阀瓣：适用于中小口径节流阀，使用较普遍，如图 9-26（c）所示。

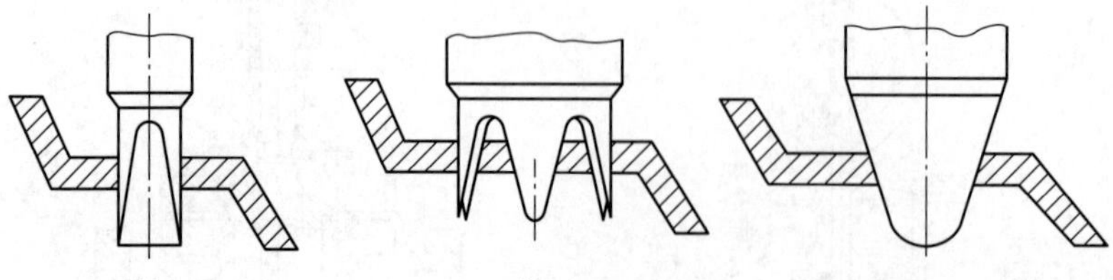

图 9-26　节流阀的阀瓣

（a）钩形阀瓣；（b）窗形阀瓣；（c）塞形阀瓣

四、止回阀

止回阀是指依靠介质本身流动而自动开、闭阀瓣，用来防止介质倒流的阀门。止回阀根据其结构分为：

（1）升降式止回阀。阀瓣沿着阀体垂直中心线滑动的止回阀，如图 9-27 所示。升降式止回阀只能安装在水平管道上，在高压小口径止回阀上阀瓣可采用圆球。升降式止回阀的阀体形状与截止阀一样（可与截止阀通用），因此它的流体阻力系数较大。

（2）旋启式止回阀。阀瓣围绕阀座外的销轴旋转的止回阀，如图 9-28 所示。旋启式止回阀应用较为普遍。

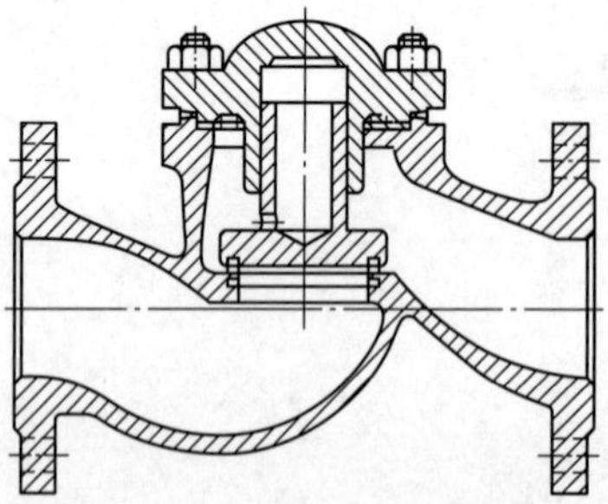

图 9-27　升降式止回阀

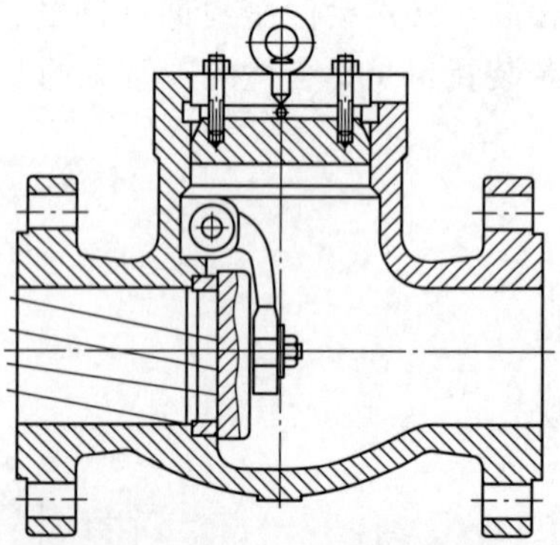

图 9-28　旋启式止回阀

（3）碟式止回阀。阀瓣围绕阀座内的销轴旋转的止回阀，如图 9-29 所示。碟式止回阀结构简单，只能安装在水平管道上，密封性较差。

（4）管道式止回阀。阀瓣沿着阀体中心线滑动的止回阀，如图 9-30 所示。管道式止回阀是新出现的一种阀门，它的体积小，质量较轻，加工工艺性好，是止回阀发展方向之一。但流体阻力系数比旋启式止回阀略大。

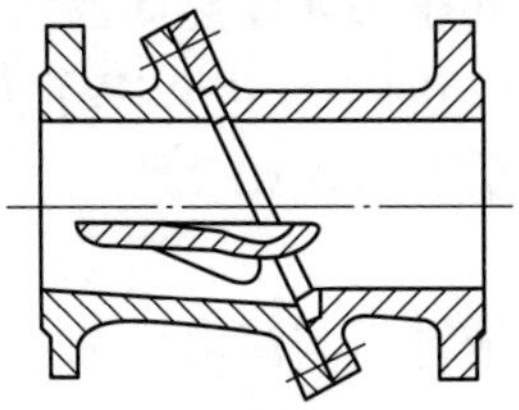

图 9-29　碟式止回阀

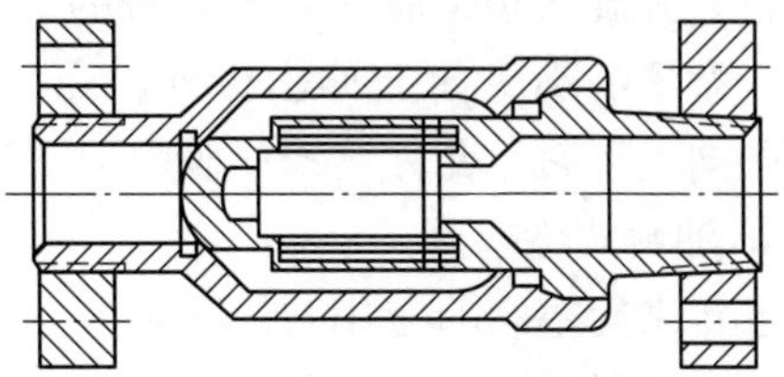

图 9-30　管道式止回阀

五、旋塞阀

旋塞阀是指关闭件（塞子）绕阀体中心线旋转来达到开启和关闭的一种阀门。旋塞阀在管路中主要用作切断、分配和改变介质流动方向。旋塞阀是历史上最早被人们采用的阀件。由于结构简单，开闭迅速（塞子旋转 1/4 圈就能完成开闭动作），操作方便，流体阻力小，至今仍被广泛使用。目前主要用于低压、小口径和介质温度不高的情况下；旋塞阀的塞子和塞体是一个配合很好的圆锥体，其锥度一般为 1∶6 和 1∶7。

1. 紧定式旋塞阀

紧定式旋塞阀通常用于低压直通管道，密封性能完全取决于塞子和塞体之间的吻合度好坏，其密封面的压紧是依靠拧紧下部的螺母来实现的。一般用于 PN≤0.6MPa，如图 9-31 所示。

2. 填料式旋塞阀

填料式旋塞阀是通过压紧填料来实现塞子和塞体密封的。由于有填料，因此密封性能较好。通常这种旋塞阀有填料压盖，塞子不用伸出阀体，因而减少了一个工作介质的泄漏途径。这种旋塞阀大量用于 PN≤1MPa 的压力，如图 9-32 所示。

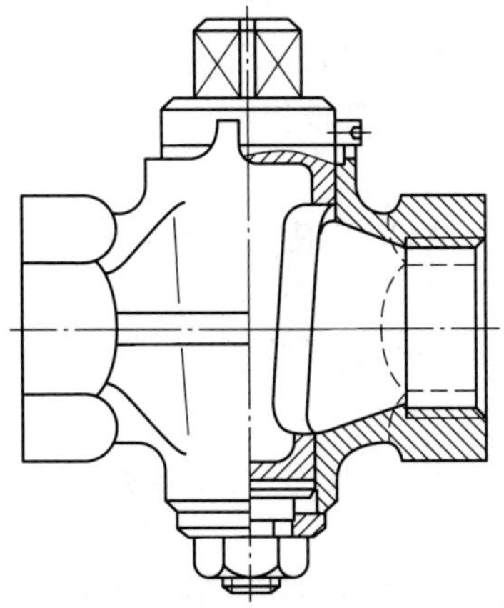

图 9-31　紧定式旋塞阀

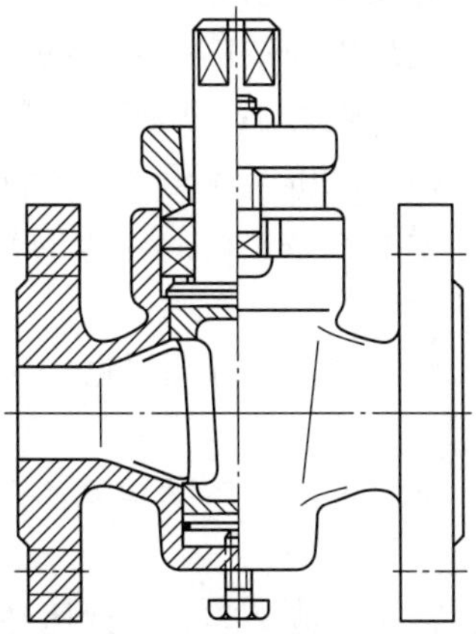

图 9-32　填料式旋塞阀

3. 自封式旋塞阀

自封式旋塞阀是通过介质本身的压力来实现塞子和塞体之间的压紧密封的。塞子的小头向上伸出体外，介质通过进口处的小孔进入塞子大头，将塞子向上压紧，此种结构一般用于空气介质，如图 9-33 所示。

4. 油封式旋塞阀

近年来旋塞阀的应用范围不断扩大，出现了带有强制润滑的油封式旋塞阀。由于强制润滑使塞子和塞体的密封面间形成一层油膜。这样密封性能更好，开闭省力，防止密封面受到损伤，如图 9-34 所示。

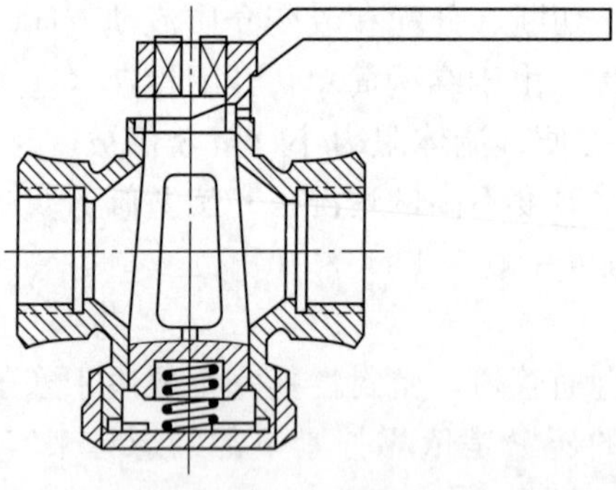

图 9-33　自封式旋塞阀

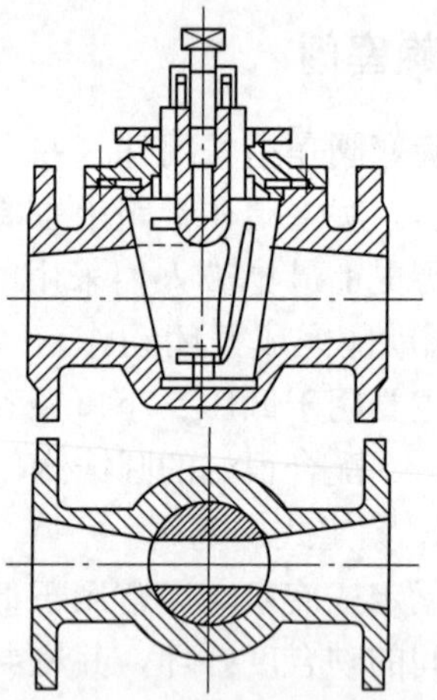

图 9-34　油封式旋塞阀

六、球阀

球阀和旋塞阀是同属一个类型的阀门，球阀的关闭件是球体，球体绕阀体中心线作旋转来达到开启、关闭。球阀在管路中主要用来作切断、分配和改变介质的流动方向。

球阀是近年来被广泛采用的一种新型阀门，它具有以下优点：

(1) 流体阻力小，其阻力系数与同长度的管段相等。

(2) 结构简单，体积小，质量轻。

(3) 紧密可靠，目前球阀的密封面材料广泛使用塑料，密封性好，在真空系统中也已广泛使用。

(4) 操作方便，开闭迅速，从全开到全关只要旋转 90°，便于远距离的控制。

(5) 维修方便，球阀结构简单，密封圈一般都是活动的，拆卸更换都比较方便。

(6) 在全开或全闭时，球体和阀座的密封面与介质隔离，介质通过时，不会引起阀门密封面的侵蚀。

(7) 适用范围广，通径从小到几毫米，大到几米，从高真空至高压力都可应用。

球阀已广泛应用于石油、化工、发电、造纸、原子能、航空、火箭等各部门，以及人们日常生活中。

球阀按结构形式分类如下。

1. 浮动球球阀

球阀的球体是浮动的，在介质压力作用下，球体能产生一定的位移并紧压在出口端的密封面上，保证出口端密封，如图 9-35 所示。

浮动球球阀的结构简单，密封性好，但球体承受工作介质的载荷全部传给了出口密封圈，因此要考虑密封圈材料能否承受球体介质的工作载荷。这种结构，广泛用于中低压球阀。

2. 固定球球阀

球阀的球体是固定的，受压后不产生移动。固定球球阀都带有浮动阀座，受介质压力后，阀座产生移动，使密封圈紧压在球体上，以保证密封。通常在球体的上、下轴上安装有轴承，操作力矩小，适用于高压和大口径的阀门，如图 9-36 所示。

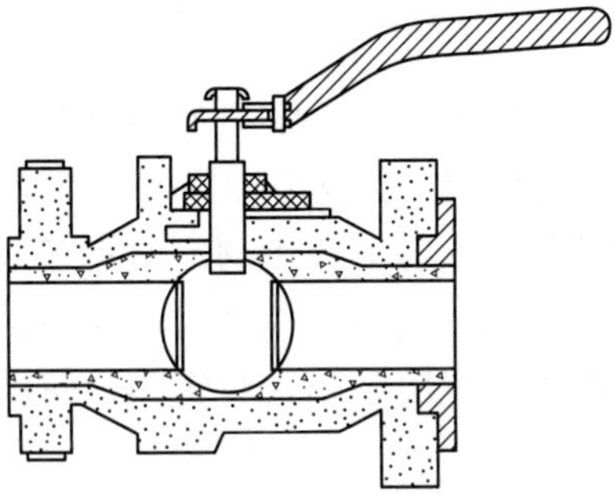

图 9-35　浮动球球阀

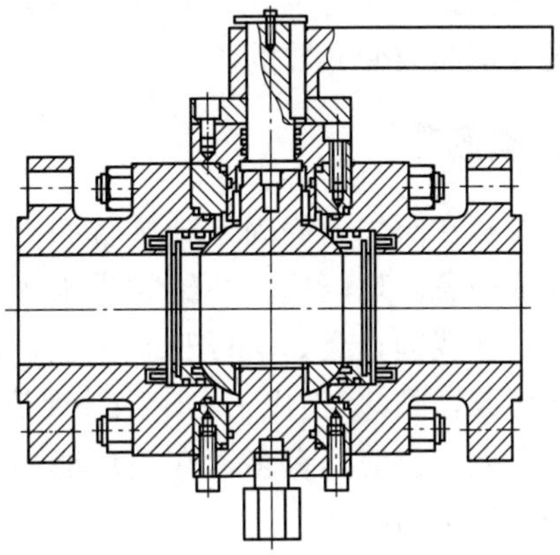

图 9-36　固定球球阀

为了减少球阀的操作力矩和增加密封的可靠程度，近年来又出现了油封球阀，既在密封面间压注特制的润滑油，以形成一层油膜，即增强了密封性，又减少了操作力矩，更适用高压大口径的球阀。

3. 弹性球球阀

球阀的球体是弹性的。球体和阀座密封圈都采用金属材料制造，密封比压很大，依靠介质本身的压力已达不到密封的要求，必须施加外力，这种阀门适用于高温高压介质，如图 9-37 所示。

弹性球体是在球体内壁的下端开一条弹性槽，而获得弹性。当关闭通道时，用阀杆的楔形头使球体胀开与阀座压紧达到密封。在转动球体之前先松开楔形头，球体随之恢复原形，使球体与阀座之间出现很小的间隙，可以减少密封面的摩擦和操作扭矩。

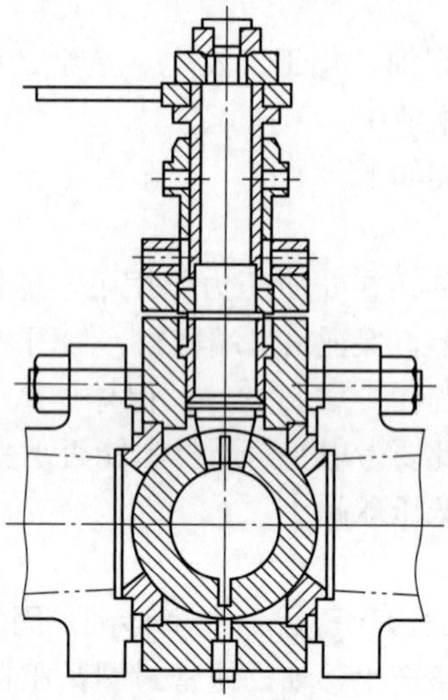

图 9-37 弹性球球阀

球阀按其通道位置可分为直通式，三通式和直角式。后两种球阀用于分配介质与改变介质的流向。

七、蝶阀

蝶板在阀体内绕固定轴旋转的阀门称为蝶阀。作为密封型的蝶阀，是在合成橡胶出现以后，才给它带来了迅速的发展，因此它是一种新型的截流阀。在我国直至20世纪80年代，蝶阀主要作用于低压阀门，阀座采用合成橡胶，到90年代，由于国外交流增多，硬密封（金属密封）蝶阀得以迅速发展。目前已有多家阀门厂能稳定地生产中压金属密封蝶阀，使蝶阀应用领域更为广泛。

蝶阀能输送和控制的介质有水、凝结水、循环水、污水、海水、空气、煤气、液态天然气、干燥粉末、泥浆、果浆及带悬浮物的混合物。

目前国产蝶阀参数如下：公称压力 PN＝0.25～4.0MPa；公称通径DN＝100～3000mm；工作温度 $t \leqslant 425$℃。

1. 蝶阀种类

（1）根据连接方式分为法兰式、对夹式。

（2）根据密封面材料分为软密封、硬密封。

（3）根据结构形式，蝶阀可分为板式、斜板式、偏置板式、杠杆式。

2. 蝶阀的特点

（1）结构简单，外形尺寸小。由于结构紧凑，结构长度短，体积小，质量轻，适用于大口径的阀门。

（2）流体阻力小，全开时，阀座通道有效流通面积较大，因而流体阻力较小。

（3）启闭方便迅速，调节性能好，蝶板旋转 90°即可完成启闭。通过改变蝶板的旋转角度可以分级控制流量。

（4）启闭力矩较小，由于转轴两侧蝶板受介质作用基本相等，而产生转矩的方向相反，因而启闭较省力。

（5）低压密封性能好，密封面材料一般采用橡胶、塑料，故密封性能好。受密封圈材料的限制，蝶阀的使用压力和工作温度范围较小。但硬密封蝶阀的使用压力和工作温度范围都有了很大的提高。

3. 蝶阀的结构

蝶阀主要由阀体、蝶板、阀杆、密封圈和传动装置组成。蝶阀的结构如图 9-38 所示。

（1）阀体。阀体呈圆筒状，上下部分各有一个圆柱形凸台，用于安装阀杆。蝶阀与管道多采用法兰连接；如采用对夹连接，其结构长度最小。

（2）阀杆。阀杆是蝶板的转轴，轴端采用填料函密封结构，可防止介质外漏。阀杆上端与传动装置直接相接，以传递力矩。

（3）蝶板。蝶板是蝶阀的启闭件。根据蝶板在阀体中的安装方式，蝶阀可以分为板式、斜板式、偏置板式和杠杆式四种形式。

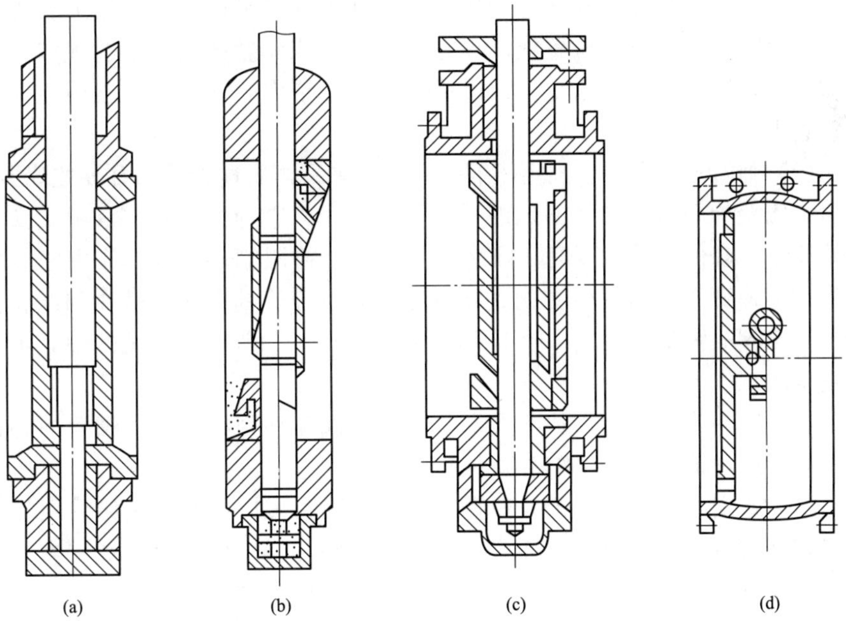

图 9-38　蝶阀结构
（a）板式；（b）斜板式；（c）偏置板式；（d）杠杆式

八、安全阀

安全阀是防止介质压力超过规定数值起安全作用的阀门。安全阀在管路中，当介质工作压力超过规定数值时，阀门便自动开启，排放出多余介质；而当工作压力恢复到规定值时，又自动关闭。

（一）安全阀常用的术语

（1）开启压力。当介质压力上升到规定压力数值时，阀瓣便自动开启，介质迅速喷出，此时阀门进口处压力称为开启压力。

（2）排放压力。阀瓣开启后，如设备管路中的介质压力继续上升，阀瓣应全开，排放额定的介质排量，这时阀门进口处的压力称为排放压力。

（3）关闭压力。安全阀开启，排出了部分介质后，设备管路中的压力逐渐降低，当降低到小于工作压力的预定值时，阀瓣关闭，开启高度为零，介质停止流出，这时阀门进口处的压力称为关闭压力，又称回座压力。

（4）工作压力。设备正常工作中的介质压力称为工作压力。此时安全阀处于密封状态。

（5）排量。在排放介质阀瓣处于全开状态时，从阀门出口处测得的介质在单位时间内的排出量，称为排量。

（二）安全阀的种类

1. 根据安全阀的结构分类

（1）重锤（杠杆）式安全阀。用杠杆和重锤来平衡阀瓣的压力。重锤式安全阀靠移动重锤的位置或改变重锤的质量来调整压力。它的优点在于结构简单；缺点是比较笨重，回座力低。这种结构的安全阀只能用于固定的设备上。

（2）弹簧式安全阀。利用压缩弹簧的力来平衡阀瓣的压力并使之密封。弹簧式安全阀靠调节弹簧的压缩量来调整压力。它的优点是比重锤式安全阀体积小、轻便，灵敏度高，安装位置不受严格限制；缺点是作用在阀杆上的力随弹簧变形而发生变化。同时必须注意弹簧的隔热和散热问题。弹簧式安全阀的弹簧作用力一般不要超过 20000N。因为过大过硬的弹簧不适于精确的工作。

（3）脉冲式安全阀。脉冲式安全阀由主阀和辅阀组成。主阀和辅阀连在一起，通过辅阀的脉冲作用带动主阀动作。

脉冲式安全阀通常用于大口径管路上，因为大口径安全阀如采用重锤式或弹簧式时都不适应。脉冲式安全阀由主阀和辅阀两部分组成。当管路中介质超过额定值时，辅阀首先动作带动主阀动作，排放出多余介质。

2. 根据安全阀阀瓣最大开启高度与阀座通径比分类

（1）微启式。阀瓣的开启高度为阀座通径的 1/20～1/10。由于开启高度小，对这种阀的结构和几何形状要求不像全启式那样严格，设计、制造、维修和试验都比较方便，但效率较低。

（2）全启式。阀瓣的开启高度为阀座通径的 1/4～1/3。

全启式安全阀是借助气体介质的膨胀冲力，使阀瓣达到足够的升高和排量。它利用阀瓣和阀座的上、下两个调节环，使排出的介质在阀瓣和上下两个调节环之间形成一个压力区，使阀瓣上升到要求的开启高度和规定的回座压力。此种结构灵敏度高，使用较多，但上、下调节环的位置难于调整，使用须仔细。

3. 根据安全阀阀体构造分类

(1) 全封闭式。排放介质时，不向外泄漏，而全部通过排泄管放掉。

(2) 半封闭式。排放介质时，一部分通过排泄管排放，另一部分从阀盖与阀杆配合处向外泄漏。

(3) 敞开式。排放介质时，不引到外面，直接由阀瓣上方排泄。

第六节　阀门密封材料

一、阀门密封的基础知识

密封性能是评价锅炉设备及其辅助设备健康水平的重要标志之一。阀门是锅炉的重要附件，做到不滴不漏，必须从各个方面考虑，其中采用合适的密封材料很关键。

锅炉设备各类阀门和辅助设备机械上的密封都是为了防止汽、水、油等介质的泄漏而设计的。起密封作用的零部件，如垫圈、盘根等，称为密封件，简称密封。

密封分为静态密封和动态密封两类。凡处于相对静止的两接合面之间的密封称为静态密封，如法兰的垫圈、阀门的阀体与阀盖接合面的垫圈，均属静态密封；凡处于两接合面之间有相对运动的密封称为动态密封，如阀门用的盘根、泵类轴颈用的填料、活塞用的皮碗、胶圈等，均属动态密封。

正确地选用密封对保证设备检修质量、保证设备安全运行极为重要。检修人员应能根据介质的理化性质及工作参数正确地选用密封。

阀门密封副：由阀座和关闭件组成，依靠阀座和关闭件的密封面紧密接触或密封面受压塑性变形而达到密封的目的。常见的有平面密封、锥面密封、球面密封，如图 9-39 所示。

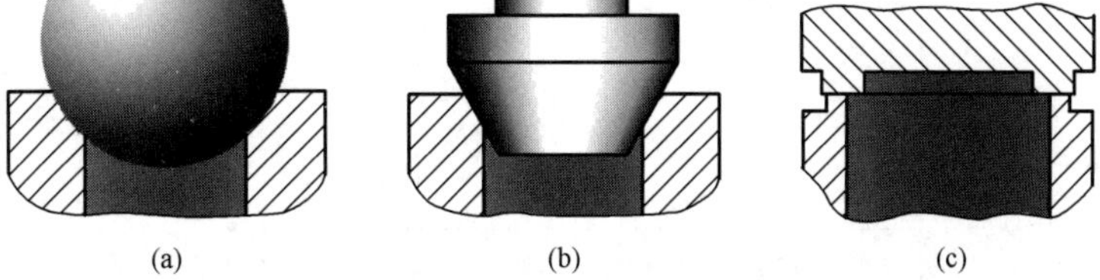

(a)　(b)　(c)

图 9-39　阀门密封副形式

(a) 球面密封；(b) 锥面密封；(c) 平面密封

阀门填料函：

（1）填料函结构：由填料压盖、填料和填料垫组成。填料函结构分为压紧螺母式、压盖式和波纹管式。

（2）填料圈数。

1）软质填料：PN≤2.5MPa时，填料为4～10圈；PN＝4.0～10MPa时，填料为8～10圈。

2）成型塑料填料：上填料1圈，中填料3～4圈，下部为一个金属填料垫。

常用的静态密封垫料见表9-18。

表9-18　常用的静态密封垫料

种类	材料	压力（MPa）	温度（℃）	介质
纸垫	软钢纸板	＜0.4	＜120	油类
橡胶垫	天然橡胶	＜0.6	−60～100	水、空气、稀盐（硫）酸
	普通橡胶板（HG 4-329—1966）		−40～60	水、空气
夹布橡胶垫	夹布橡胶（GB 583—1965）	＜0.6	−30～60	水、空气、油
	高压橡胶石棉板（JC 125—1966）	＜6	＜450	空气、蒸汽、水、＜98%硫酸、＜35%盐酸
橡胶石棉垫（JB 1161—1973）（JB 87—1959）	中压橡胶石棉板	＜4	＜350	
	（JC 125—1966）低压橡胶石棉板	＜1.5	＜200	
	耐油橡胶石棉板（GB 539—1966）	＜4	＜400	油、氢气、碱类
O形橡胶圈（GB 1235—1976）（JB 921—1975）	耐油、耐低温、耐高温的橡胶	＜32	−60～200	油、空气、水蒸气
	耐酸碱的橡胶	2.5	−25～80	浓度20%硫酸、盐酸
金属平垫	纯铜、铝、铅、软钢、不锈钢、合金钢	＜20	600	蒸汽、水、油、酸、碱
金属齿形垫、异形金属垫（八角形、梯形、椭圆形的垫）	10（08）钢、（0Cr13）	＞4	600	
	铝、合金钢	＞6.4	600	

常用的动态密封盘根见表9-19。

表 9-19　常用的动态密封盘根

种类	材料	压力（MPa）	温度（℃）	介质
棉盘根	棉纱编结棉绳；油浸棉绳；橡胶棉绳	＜25	＜100	水、空气、油类
麻盘根	麻绳；油浸麻绳；橡胶麻绳	＜20	＜100	
普通石棉盘根	用油和石墨浸渍过的石棉线；夹铝丝石棉编织线	＜4.5	＜250	水、空气、蒸汽、油类
	用油和石墨浸渍	＜4.5	＜350	
	夹铜丝石棉编织线，用油和石墨浸渍	＜6	＜450	
高压石棉盘根	用石棉布（线），以橡胶为黏结剂，石棉与片状石墨粉的混合物	＜6	＜450	水、空气
石墨盘根	石墨做成的环，并在环间填充银色石墨粉，掺入不锈钢丝，以提高使用寿命	＜14	540	蒸汽
碳纤维填料（盘根）①	经预氧化或碳化的聚丙烯纤维，浸渍聚四氟乙烯乳液	＜20	＜320	各种介质
氟纤维填料②（可制成标准形状）	聚四氟乙烯纤维，浸渍聚四氟乙烯乳液	＜35	260	各种介质
金属丝填料	铅丝	＜35	230	油、蒸汽
	铜丝		500	
PSM-O 形柔性石墨密封圈	（成品为矩形截面圆圈）	＜32		用于高压阀门

① 碳纤维盘根具有良好的自润滑性、密封性，对轴颈磨损轻微（仅为石棉盘根的 1/50），适用转动机械的轴封。

② 与①相同，并能在强腐蚀介质中应用，寿命达 2500h 以上。

二、阀门密封与工艺的关系

1. 阀体与阀盖接合面的密封

（1）普通密封面：是低、中压阀门普遍采用的密封结构。对密封垫的选料，只要其理化性质符合要求，无其他特殊规定（包括垫料的厚度）。

（2）沟槽密封面：是高压阀门阀体、阀盖接合面普遍采用的结构。在沟槽内用何种材质的垫料，无严格规定，但在检修规程中有具体要求。垫料的厚度应满足：在接合面的螺栓拧到标准力矩后，两密封面不能接触。若已接触无间隙，则有两种可能：一是密封垫已达到所需的密封紧度，而另一种更大的可能性是垫料尚未达到密封紧度。后一种现象是危险的，故要求密封垫的厚度在螺栓拧紧后，还未将密封垫全部压入槽内，两密封面尚有一定间隙。这一要求同样适用于管道法兰连接。

由于现在各种专业使用的密封垫片大都有成品垫片，一般不需要现场现做，但在紧急情况下，有可能还要人工现场制作垫片，具体制作方法可参考管道检修法兰垫片的制作方法。

2. 盘根密封

（1）盘根用料的优选：阀门盘根的密封性能优劣，除依靠正确的填加工艺外，还取决于所选用盘根的材质性能。例如：过去最常用的石棉石墨盘根，它与碳纤维编制的盘根相比，后者在严密性、耐磨性及润滑性等明显优于前者。发现新材料、选用新材料是提高密封性能的重要方向。

（2）膨胀问题：盘根密封同样存在着膨胀问题。例如一个100mm直径的阀杆在500℃时，其直径会增大0.50mm。虽然盘根、阀盖也在膨胀，但存在着温差与膨胀系数的差异。多次反复升温降温，使得非弹性的盘根与阀杆之间形成间隙，造成泄漏。解决途径：①选用具有一定弹性的盘根，如金属丝填料、O形柔性石墨密封圈等；②加强阀盖的保温，减少阀盖与阀体的温差；③改进盘根根部衬套设计。

三、盘根

阀门的阀杆是一个活动部件，它与阀盖之间的密封方法均采用盘根密封法，即用填料套着阀杆装入盘根室内，并将填料压紧达到密封目的。随着阀门工作介质参数的提高，对阀杆的密封也作了改进，如阀杆反向密封装置，它是把盘根室的下方加工成一反向阀门座，当阀门全开时，靠门芯的背部与反向阀门座密封，从而使内压不致作用于盘根上，但只有在阀门全开时才起到密封作用，而且在阀门启闭的过程中还是依靠盘根密封，故有它的局限性；又如迷宫式密封装置，是将阀杆加工成很多环状槽，高压流体每流过一道槽即降一次压，流至出口高压就变成低压，达到密封目的。此装置使阀门结构变得复杂，阀体高度增加很多，而且其构件的加工精度要求极高，用料也有特殊要求，除极少数特殊阀门采用此结构外，一般均不宜采用。

尽管盘根密封法有不少不足之处，如泄漏、阀杆易磨损、腐蚀、运行中检修困难等缺陷，但它经济、使用方便、适应性强、技术成熟，至今仍无其他方法能与它相比。

1. 更换盘根的方法及注意事项

（1）根据流体参数、理化性质及盘根盒尺寸，正确地选用盘根。

（2）阀杆与阀盖的间隙不要太大，一般为0.10～0.20mm。阀杆与盘根的接触段应光滑，以保证其密封性能。

（3）破裂或干硬的盘根不能使用。盘根的宽度与盘根盒的径向间隙相差不大时（2mm左右），允许将盘根拍扁，但不得拍散。汽水阀门在加盘根时，应放入少量鳞状干石墨粉，以便取出。

（4）盘根的填加圈数应以盘根压盖进入盘根盒的深度为准。压盖压入部分应是压盖可压入深度的1/2～2/3。

(5) 加盘根时，应对每圈盘根进行压紧，以防止盘根全部加好后再用压盖一次加压产生上紧下松的现象。压盖压紧后与阀杆四周的径向间隙要求一样。

(6) 新加入的盘根接头，应切成30°～45°的斜口，相邻两圈的接头错开120°～180°，盘根切口要整齐，无松散。

为了增强盘根的密封性能及改进在现场制作盘根圈的工艺，目前一些主要系统上的阀门，已采用密封材料制成的各种规格的密封圈。这类密封圈可单独使用，通常在密封圈的上下加上用不锈钢材料制作的保护垫圈，并要求阀杆的表面粗糙度达到规定值，阀杆不同心度控制在0.05mm以下。为了便于安装，密封圈开有切口，在安装时不可将密封圈切口沿径向拉开，而应沿阀杆轴向扭转，使切口错开。密封圈套进阀杆后，不能做多次往复扭转。

2. 盘根密封装置主要缺陷及处理方法

盘根密封装置的主要缺陷、发生原因及处理方法见表9-20。

表9-20 盘根密封装置的主要缺陷、发生原因及处理方法

缺陷	原因	处理方法
安装盘根时盘根断裂	盘根过期、老化或质量太差；盘根断面尺寸过大或过小，在改型时锤击过度	更换质量合格及与盘根盒规格相符的新盘根
阀门投入运行即发生泄漏	盘根压紧程度不够；加盘根方法有误；盘根尺寸过小	适当拧紧压盖螺栓（允许在运行中进行），若仍泄漏，就应停运，取出盘根，重新按工艺规范填加合格的盘根
阀门运行一段时间后发生泄漏	由于盘根老化而收缩，使压盖失去原有的紧力，或因盘根老化、磨损，在阀杆与盘根之间形成轴向间隙；因阀杆严重锈蚀而出现泄漏	若泄漏很严重，则应停运检修；若泄漏量不大，允许在运行中适当拧紧压盖螺母；对锈腐的阀杆必须进行复原及防锈处理
阀门运行中突然大量泄漏	多属突然事故，如系统的压力突然增加或盘根压盖断裂、压盖螺栓滑丝等机械故障	检查系统压力突增的原因，凡发生大量泄漏的阀门盘根应重新更换；有缺陷的零部件必须更新
阀杆与盘根接触段严重腐蚀	阀杆材料的抗腐能力太差，密封处长期泄漏；盘根与阀杆接触段产生电腐蚀	重要阀门的阀杆应采用不锈钢制造，对已腐蚀的阀杆，可采用喷涂工艺解决抗腐问题。抗电腐蚀处理，应采用抗电腐蚀的材料加工阀杆；在加盘根时，应注意清洁工作，做水压试验时要用凝结水以减小电解作用

续表

缺陷	原因	处理方法
盘根与阀杆、盘根盒严重粘连及盘根盒内严重锈腐	长期泄漏或阀门长期处于全开或全关状态；工作不负责任，未认真清理旧盘根和盘根盒，加盘根时未加干黑铅粉	阀门不允许发生长期泄漏；在检修时必须认真清理盘根盒，加盘根时在盘根盒内抹上干黑铅粉或抗腐蚀的涂料

第七节　阀　门　研　磨

阀门门芯与门座密封面研磨是防止阀门内漏的主要处理措施，是阀门检修的重要内容，分为粗磨、中磨、细磨、精磨四个步骤。

一、研磨材料及规格

阀门的研磨材料有砂布、研磨砂、研磨膏。

（1）砂布。砂布根据砂布上砂粒的粗细分为 00 号、0 号、1 号、2 号等，00 号最细。

（2）研磨砂。研磨砂的规格根据砂粒的粗细分为磨粒、磨粉、微粉三种。一般磨粒、磨粉作为粗研磨用。当表面粗糙度要求低于 Ra0.8μm 时，应选用微粉研磨。常用研磨砂的种类及用途见表 9-21。

表 9-21　常用研磨砂的种类及用途

名称	主要成分	颜色	硬度（HV）	适用于被研磨的材料
人造刚玉	Al_2O_3 含量为 92%～95%	暗棕色 淡粉红色	2000	碳素钢、合金钢、可锻铸铁、软黄铜等（表面渗氮钢、硬质合金不适用）
人造白刚玉	Al_2O_3 含量为 97%～98.5%	白色	2200	
人造碳化硅（人造金刚石）	Si_2C 含量为 96%～98.5%	黑色	2800	灰铸铁、软黄铜、青铜、纯铜
人造碳化硅	Si_2C 含量为 97%～99%	绿色	3000	
人造碳化硼	B 含量为 72%～78% C 含量为 20%～24%	黑色	5000	人造碳硼

（3）研磨膏。研磨膏是用油脂（石蜡、甘油、脂酸等）和研磨粉调制成的，一般作为细研磨用。

二、手工研磨与机械研磨

1. 手工研磨专用工具

手工研磨阀门密封面的专用工具，又称胎具或研磨头、研磨座。开始研磨密封面时，不能将门芯与门座直接对磨，因其损坏程度不一致，直接对磨易将门芯、门座磨偏，故在粗磨阶段应采用胎具分别与门座、门芯研磨。研磨门芯用研磨座，研磨门座用研磨头。

在制作和使用研磨专用工具时，应注意以下三点：

（1）研磨胎具的材料硬度要低于门芯、门座，通常选用低碳钢或生铁制作。胎具的尺寸、角度应与被研磨的门芯、门座大小一致。

（2）在研磨时要配上研磨杆。研磨杆与胎具建议采用止口连接，这种连接便于更换胎具，并使研磨杆与胎具同心。

（3）在研磨过程中，研磨杆与门座要保持垂直。研磨杆用嵌合在阀体上的定心板进行导向，使研磨杆在研磨时不发生偏斜。如发现磨偏时，应及时纠正。

研磨杆的头部也可安装锥度铣刀头，直接对门座进行铣削，以提高研磨效率。

2. 机械研磨

目前市场上可以买到适用于各式阀门密封面研磨的研磨机。介绍如下：

（1）球阀电动研磨。研磨小型球阀时可用手枪电钻夹住研磨杆进行。电钻研磨效率很高，如研磨门座上 0.2～0.3mm 深的坑，只要几分钟就能磨平。电动研磨完后还需再用手工细研磨。

（2）闸阀研磨装置。闸阀门座的研磨采用手工研磨，不仅费时，而且很难保证质量，故多采用机械研磨。

双磨盘电动研磨装置，如图 9-40 所示。这种装置以手电钻为动力，经减速带动磨盘转动。研磨时，在磨盘上涂上研磨砂或在压盘上压上环形砂布进行。因研磨速度快，故需随时检查研磨情况。

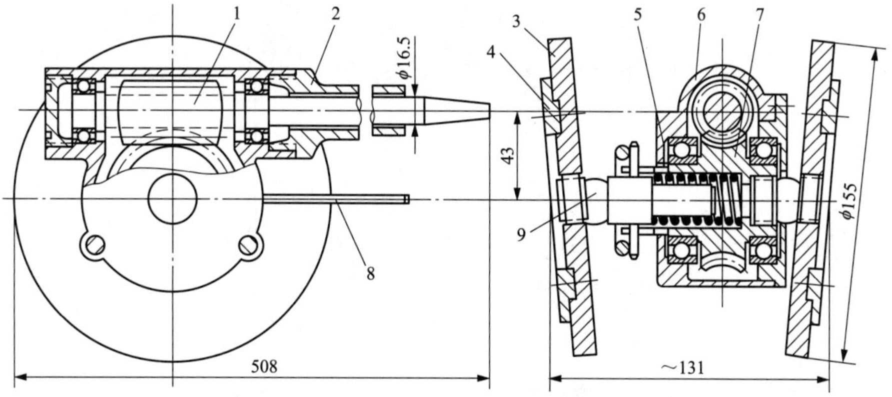

图 9-40　双磨盘电动研磨装置

1—蜗杆；2—套筒；3—磨盘；4—压盘；5—弹簧；6—外壳；7—蜗轮；8—拉杆；9—万向接头

手动研磨机，如图 9-41 所示。这种手动研磨机用于 $\phi25$～$\phi80$ 的闸板阀门座的研磨。

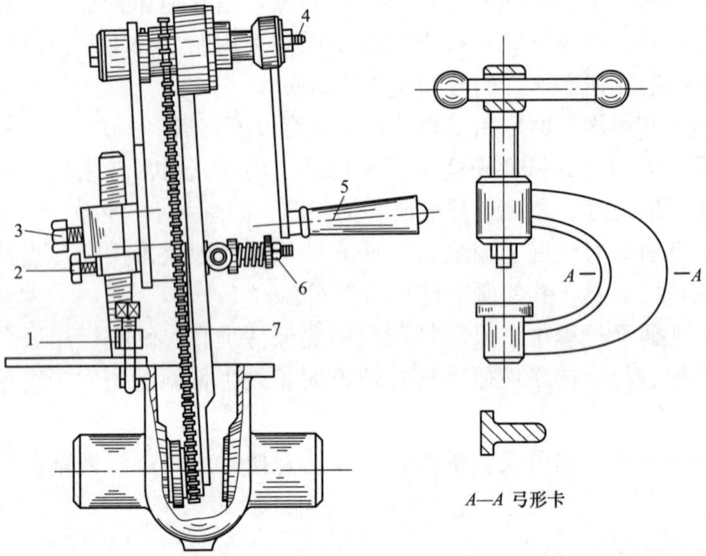

图 9-41 手动研磨机

1—弓形卡；2—微调螺栓；3—锁紧螺钉；4—偏心调整螺杆；5—手柄；6—压力调整装置；7—链条

（3）振动式研磨机，如图 9-42 所示，研磨板为圆盘形，用生铁铸造，上平面精车。弹簧（4～6 只）起支撑研磨板作用，并使其产生弹性振动，弹簧的张力可用螺栓进行调整。研磨板的振动是靠偏心环所产生的离心力，偏心环安装在电动机的轴颈上，其偏心距可以调整。

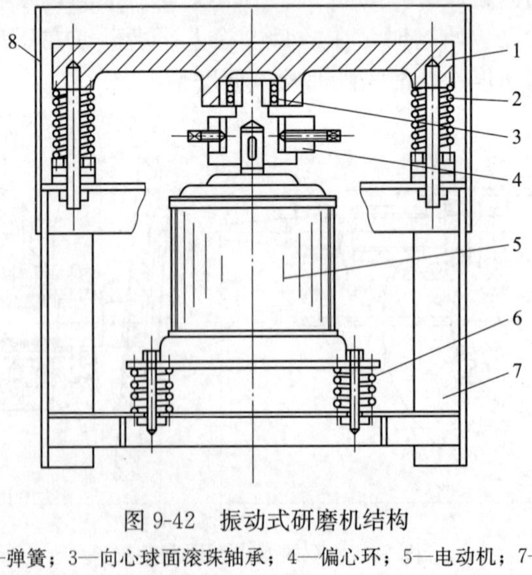

图 9-42 振动式研磨机结构

1—研磨板；2、6—弹簧；3—向心球面滚珠轴承；4—偏心环；5—电动机；7—机架；8—安全罩

使用振动式研磨机时，在研磨板上涂上一层研磨砂，将闸阀门芯要磨削的一面放在研磨板上，然后启动电动机，根据振动情况调整偏心环的偏心距。正常的振动现象：门芯自身受研磨盘的振动作用产生自转，并沿着研磨盘圆

平面位移（但不允许门芯产生跳动）。门芯通过振动与旋转达到研磨的目的。

研磨盘磨损到一定程度后应上车床进行精车。

第八节　阀门质量标准、故障分析

一、阀门检查与修理

（1）阀体。阀体上产生砂眼或裂纹，可先用砂轮或錾子去除缺陷部位，再进行补焊，如缺陷过大应更换新阀门。

（2）门座与门芯。由于密封面经常受到汽水的冲刷、浸蚀磨损，故易损坏，造成阀门泄漏。检修方法：堆焊、研磨密封面，若缺陷太大无法消除更换新件。

（3）阀杆。容易出现的缺陷是锈蚀和弯曲。检修方法：校直门杆，若弯曲过大应换新件。

（4）螺栓。有裂纹或滑牙的螺栓，一定要更换，换上的新螺栓应与原来螺栓材质一样，特别是高压阀门螺栓更应注意这点。

（5）垫子、盘根，每次检修必须更换。

二、阀门检修工艺及质量标准、故障分析

阀门检修工艺及质量标准、故障分析见表9-22～表9-27。

表9-22　调节阀检修工艺及质量标准

序号	检修项目	工艺要点及注意事项	质量标准
1	检修前准备	（1）准备好必要的工具、封堵用品、备品材料； （2）准备好起吊设备及照明设施； （3）准备好定置摆放用品如垫皮、标牌； （4）应逐项检查；明确有关系统已隔绝且管道内压力已降为零，余汽余水已放尽； （5）向紧固部件喷松锈剂	诊断准确、确保安全
2	拆除轭架	（1）将传动装置切换到手动位置，微开阀门； （2）用内六角扳手拆除夹块上螺钉，取下夹块； （3）松开格兰螺母并取下； （4）用铜棒将轭架并帽敲松，将轭架与电动装置从阀盖上吊开，取出格兰压板压盖和并帽	（1）发现卡涩现象应采取相应措施如喷松锈剂、敲打加热等； （2）可用螺栓旋入上平面螺孔吊出
3	拆除阀盖	（1）用梅花扳手松开阀盖螺栓，取下螺母； （2）吊出阀盖，取出石墨缠绕垫	

续表

序号	检修项目	工艺要点及注意事项	质量标准
4	取出芯包组件及阀座	(1) 取出内阀盖(内有平衡密封件); (2) 取出衬套; (3) 取出迷宫芯包; (4) 取出阀座和阀座下垫床	
5	阀芯(杆)检修	(1) 清理打磨阀杆并检查是否有弯曲变形,锈蚀与吹损情况; (2) 检查阀芯接合面,如有缺陷,送修造车间车光; (3) 检查阀杆上端丝扣是否破损; (4) 检查平衡孔	(1) 阀杆表面应光滑,阀杆弯曲度<1/1000,圆度<0.05mm; (2) 阀芯接合面无裂纹、吹痕、沟槽,阀芯接合面车加工后表面粗糙度小于0.8μm; (3) 丝扣无断、反牙和毛刺现象; (4) 平衡孔无堵塞
6	阀座检修	(1) 检查阀座体表面是否有破损; (2) 检查阀座下密封面; (3) 检查阀座接合面,送修造车间车光	(1) 阀座体表面光洁,无毛刺、斑点; (2) 阀座下密封面平整,无径向丝纹; (3) 阀座接合面无裂纹、斑点、沟槽,研磨后表面粗糙度小于0.8μm
7	芯包组件检查	(1) 内阀盖清理检查; (2) 衬套清理检查; (3) 芯包检查	(1) 内阀盖表面无腐蚀、破损,内外壁光洁,无拉痕、毛刺; (2) 衬套无变形破损、腐蚀,衬套与阀芯间隙为0.05~0.11mm,平衡密封面平整; (3) 芯包孔无腐蚀,芯包片无开裂错位,芯包内壁无磨损,芯包孔无堵塞,芯包上下端面平整光洁,阀芯与芯包间隙为0.12~0.165mm
8	芯包组件检查	(1) 内阀盖清理检查; (2) 衬套清理检查	(1) 内阀盖表面无腐蚀、破损,内外壁光洁,无拉痕、毛刺; (2) 衬套无变形破损、腐蚀,衬套与阀芯间隙为0.05~0.11mm,平衡密封面平整; (3) 芯包孔无腐蚀,芯包片无开裂错位,芯包内壁无磨损,芯包孔无堵塞,芯包上下端面平整光洁,阀芯与芯包间隙为0.12~0.165mm

续表

序号	检修项目	工艺要点及注意事项	质量标准
9	阀盖检查	（1）清理检查阀盖和阀兰接合面； （2）挖去填料； （3）清理并打磨填料箱内壁及填料垫圈； （4）清理填料压盖、压板并检查其变形腐蚀情况	（1）阀盖无裂纹，接合面应无丝痕，麻点，表面粗糙度为1.6μm以下； （2）填料箱内壁应光洁，填料垫圈无变形，其圆度＜直径的2.5%。填料压盖与阀杆间隙为0.2～0.4mm，填料垫圈与填料箱内壁间隙为0.3～0.5mm； （3）压盖压板锈蚀弯曲均应＜1mm
10	其他部件检查	（1）用松锈剂清洗所有螺栓螺母，对锈蚀严重的要更换或用丝攻处理； （2）清理夹块； （3）清理并帽	（1）所有丝扣无锈蚀，完整无缺牙，螺栓螺母配合良好； （2）紧固件符合标准要求
11	组装	（1）将阀座内清理干净； （2）将阀座下垫床涂上润滑剂，粘在阀座上； （3）把阀座放入阀体内，接合面向上； （4）放入迷宫芯包，使其落在阀座上； （5）放入阀芯； （6）放入衬套； （7）将平衡密封圈放入内阀盖； （8）放入内阀盖； （9）放入阀盖垫床； （10）放入阀盖； （11）旋上阀盖螺栓和螺母，涂上二硫化钼，用大锤和敲击扳手敲紧； （12）将填料垫圈、填料放入填料箱； （13）将轭架吊入下阀杆，在吊入过程中将并帽、填料压盖、填料压板套入下阀杆； （14）用铜棒敲紧并帽； （15）旋紧压盖螺母； （16）装上夹块； （17）用手轮将阀门关死	转动阀座数次，以确保阀座放平，放正； 注意芯包上下方向，转动芯包数次，确保芯包放平，放正； 在阀芯外表面上涂上润滑剂，不要涂在阀芯接合面上。 （1）对角敲紧，四周间隙均匀一致； （2）四周紧力均匀，压盖与阀杆间隙一致
12	阀门校验	（1）与热工人员一起调整阀门“开、关”方向及行程限止开关； （2）调整完后试开关2～3次	（1）控制按钮的开关方向和阀门的开关方向一致； （2）限位、位置的开度指示无误，开关灵活，无卡涩现象
13	水压试验	（1）进行水压试验； （2）热态运行时阀门特性及泄漏试验	（1）水压试验时阀门本体、焊口、阀盖接合面、填料压盖处无泄漏； （2）阀门开度0～100%之间时流量变化应符合设计曲线

表 9-23　安全阀检修工艺及质量标准

序号	检修项目	工艺要点及注意事项	质量标准
1	检修前准备	（1）了解运行情况，参照原检修记录做好备品准备工作，开出工作票； （2）对照工作票逐项检查，安全措施是否落实，并确认再热器压力已降至0，且已无汽水； （3）在零部件临时堆放点铺好橡胶板（解体的部件必须按顺序堆放整齐）； （4）备好起吊工具，并拴好钢丝绳和倒链（又称链条葫芦），准备起吊及备好专用工具； （5）做好原始记录	（1）钢丝绳和倒链所挂的对象须符合规定且其吊点应在安全阀的正上方； （2）做对应记录时，须用不易擦去的记号笔记录
2	解体	（1）拆除气缸进、回气管，拆除气缸； （2）记录好调整螺钉的高度； （3）用专用套筒扳手松开弹簧压紧螺母，直至螺母不吃力为止； （4）拆除弹簧罩壳螺栓，抬出弹簧罩壳； （5）用倒链吊出安全阀弹簧； （6）从阀杆上取下弹簧下压盘，取出阀杆导向套，取出阀杆； （7）取出阀瓣，初步研磨阀座，阀瓣是否有裂纹等损坏性缺陷	
3	检查修理		
	（一）阀体（包括阀座）的检查修理及研磨	（1）目视检查阀体表面是否有缺陷，如缺陷无法修理时应进行更换； （2）目视检查内壁有无磨损冲刷引起的壁厚减薄情况； （3）彻底清扫阀座表面及周围； （4）在研磨胎具上涂上研磨膏，放在阀座密封面上全面均匀加压，反复正反方向慢慢旋转手柄，对阀座进行研磨（密封面损伤较重时，应先用粒度为300～400研磨膏初研，然后用粒度为600～800研磨膏精研，最后用粒度为1000～1200研磨膏抛光精研）； （5）清理干净阀座及阀体其他位置的研磨膏； （6）用Ⅰ级平台或配套阀瓣和红丹粉检查阀座密封面的径向吻合度	（1）阀体表面应无裂纹、气孔等缺陷； （2）密封面厚度不应小于4mm； （3）密封面应平整光滑，表面粗糙度小于0.2μm，无麻点、裂纹凹坑、丝纹等； （4）阀座密封面表面对阀体止口不平行度应小于0.03mm； （5）阀瓣与阀座的吻合度应超过密封面宽度的90%以上，且无断线
	（二）阀瓣的检查修理及研磨	（1）目视检查密封面损伤情况、导向部位及其他相关组件是否有擦伤、咬伤、黏合、卡住等痕迹； （2）目视检查与阀杆头部相互接触面的损伤情况（每三次A修必须用机械加工方法修正接触部位）； （3）将阀瓣水平固定在台虎钳上，用研磨胎具对其进行研磨，其研磨方法及工艺程序与研磨阀座同，最后同样需要清理干净研磨膏及检查径向吻合度； （4）将其他组件拆卸下来清理干净，并修复好相关缺陷。测量阀座的内外径，误差不大于0.05mm	（1）密封面厚度不应小于4mm； （2）密封面应平整光滑，表面粗糙度小于0.2μm，无麻点，裂纹凹坑，丝纹等； （3）阀瓣与阀座的吻合度应超过密封面宽度的90%以上； （4）导向套光洁无拉毛

续表

序号	检修项目	工艺要点及注意事项	质量标准
3	（三）阀杆的检查及修理	（1）目视检查阀杆表面是否有咬伤、黏合、卡住痕迹； （2）将阀杆表面及上部螺纹清理干净； （3）用专用仪器对阀杆弯曲度进行检查，当超出0.05mm时必须进行修正； （4）用磁粉检查阀杆头部是否存在裂纹等缺陷	（1）阀杆表面应无腐蚀、剥皮等现象，丝扣完整不反牙； （2）阀杆弯曲度不应大于0.05mm，偏心度不大于0.02mm； （3）上部螺纹应无坏牙现象
	（四）弹簧的检查修理	（1）目视检查是否存在裂纹、伤痕、腐蚀等缺陷； （2）检查与弹簧座接触的平衡性，当接触不良时，对其进行修正； （3）将弹簧及弹簧座清理干净	（1）外表应无断裂、裂纹等； （2）弹簧表面腐蚀面积应小于1/2其总面积； （3）做特性试验时应符合其设计要求，其刚度和自由长度与原始值比较无明显变化
	（五）弹簧罩的检查修理	（1）目视检查弹簧罩外表是否有裂纹、严重腐蚀等缺陷； （2）检查阀杆导向部位是否有缺陷，如有，应及时进行修正； （3）将阀杆导向部位及相关部位清理干净	保证阀杆导向部位应垂在同一轴上
	（六）其他相关工作的检查、修理	（1）目视检查其表面是否有裂纹、冲蚀、腐蚀等现象而影响其作用功能的； （2）对能修复的进行修理； （3）将其用砂布或棉纱头清理干净	不应存在有影响其作用功能的重大缺陷
4	组装	（1）将阀门内部及排汽管清理干净； （2）确认下调整环在阀线高度下5～6齿； （3）放入阀瓣，上调整环，注意排汽口拆装方向要一致，放入阀杆使得定位销在阀瓣的销槽内，装上阀杆导向套； （4）装好弹簧下压盘，用倒链把弹簧吊装到阀杆上，用倒链吊起弹簧罩壳安装到弹簧上，紧好罩壳螺栓； （5）用专用扳手拧紧调整螺钉到原始位置； （6）保管好阀帽和拉放杆，等校门后恢复	工作弹簧应保持与阀杆同心，否则将影响起跳性

续表

序号	检修项目	工艺要点及注意事项	质量标准
5	安全门校验	(1) 启动安全阀空气压缩机，并对储气罐充压，达到工作压力； (2) 校对就地压力表与集控室读数； (3) 校验过程： 1) 关闭上气缸进气总门，打开排气阀，确认上气缸压力显示为0MPa； 2) 再热器压力2.5MPa左右稳定工况下，按下TEST按钮，缓慢调节下气缸进气旋钮，并密切观察下气缸压力表计，直至安全阀开始开启，记录下压力值，此压力为该工况下的安全阀动作压力； 3) 将下气缸进气按钮完全关闭，按下TEST按钮，确认指示灯灭，试验电磁阀失电，然后将装置恢复到试验前的状态； 4) 用同样的方法逐一完成4个安全阀的动作压力测定； 5) 再热器压力5MPa左右稳定工况下，重复以上校验步骤，完成此工况的安全阀动作压力测定； 6) 将两工况实测数据在坐标图上画出，通过坐标上7.22MPa这点整合出一直线，在此直线的±3%处画出两根平行线，如果实测数据点落在两平行线之间则安全阀起座压力合格，否则不合格； 7) 如果压力整定不合格则作调整后，再进行实测数据画图判断，如此反复，直至合格	校验合格

表9-24 减压阀检修工艺及质量标准

序号	检修项目	检修工艺方法、注意事项	质量标准
1	检修前的准备	(1) 检修设备断电后，与液压执行机构连接的管道系统中的压力必须释放掉； (2) 准备好必要的专用工具，备品，及照明设备起吊倒链； (3) 检查明确管道内压力已到“0”，无剩汽剩水； (4) 工单已签发	(1) 检修前对阀门拆卸分离部件必须做记号； (2) 同时拆卸若干个阀门，不要将不同阀门上的部件弄混淆
2	整体拆卸液压执行机构	(1) 松开阀门的连接轭架螺栓； (2) 松开联轴器，记录上下阀杆间距的原始距离尺寸； (3) 吊卸整体液压执行机构	起吊装置将执行机构装置安全地吊起来，密切观察执行机构装置，以防止它滑脱出来，要小心操作，一定不要使轭架划伤阀杆

续表

序号	检修项目	检修工艺方法、注意事项	质量标准
3	解体	(1) 松开螺栓连接，并将其移到喷水线； (2) 断开喷水线连接，包括法兰； (3) 松开紧定螺钉和压圈并移开承屑盘； (4) 使锁紧板向回弯折。将螺母、填料胀圈和压盖衬套松开，并拆卸下来； (5) 缓慢地将阀杆推动气门座； (6) 用吊环螺栓将阀帽总成固定在起吊装置上； (7) 将阀帽和阀体之间的连接螺母松开，并拆卸下来； (8) 拔出阀帽，使用推力螺栓将阀帽总成从阀体中推出来	拆卸部件清理，摆放规范，做好保存记录
4	填料组的拆卸	(1) 将填料组从阀帽中取出来； (2) 要使用一个与阀杆直径相同的棒杆清除松脱的物料； (3) 只有在必需的时候，才应该将填料间距环拆卸下来； (4) 仔细把整个喷嘴体与喷射笼和阀杆从阀体移开	(1) 填料不得有严重腐蚀及裂纹丝痕，材料不能用错； (2) 填料间距环完好，无磨损
5	拆卸喷射笼、喷嘴体和阀杆	(1) 松开并拆卸螺栓； (2) 从喷射笼拔出喷嘴体和阀杆； (3) 从喷嘴体拔出阀杆； (4) 移开垫圈和环	(1) 彻底清洗所有部件并检查是否损坏； (2) 检查阀杆和阀座的底座表面是否受损。如果需要，通过打磨修复阀座和阀杆，如果损坏较大，要通过深度研磨修复。 (3) 检查喷射笼的间隔
6	密封面的研磨	(1) 将阀杆和填料间距环插入到阀帽中，并将该机构总成连接在起吊装置上； (2) 涂覆研磨剂，借助于起吊装置，小心地将阀杆上的机构总成插入到阀体中； (3) 在对阀门进行水平位置的安装时，至少要用3个螺栓或螺母拧紧，使阀帽向下运动，以确保阀帽和阀体之间获得金属-金属接触； (4) 缓慢地放低阀杆，使之进入阀座中； (5) 重复进行研磨和蓝墨水测试操作，直到获得期望的测试结果	(1) 机构总成牢靠地与起吊装置连接在一起； (2) 如果提供了定位销，还要注意观察定位销的位置，使阀帽和阀体中的定位销孔对准； (3) 对所有部件进行彻底清洗，并再次检查它们是否被损坏
7	喷射笼、喷嘴体和阀杆的组装	(1) 在螺栓螺纹和喷射笼中的螺纹孔上涂抹润滑剂； (2) 把喷嘴体和喷射笼固定在一起并拧紧螺栓，相互交叉地拧紧这些部件，将突出的螺栓螺纹弄平，以便能与阀体表面齐平； (3) 仔细把阀杆插入组装在一起的喷嘴体和喷射笼； (4) 仔细把垫片和一个新的垫片插入阀杆和底部喷嘴体之间的空隙处至喷嘴体凹槽； (5) 把组装好的喷射笼、喷嘴体、阀杆插入阀体	(1) 螺栓螺纹完好，喷射笼无毛刺、无变形； (2) 阀杆弯曲度不应大于0.05mm，偏心度不应大于0.02mm，上部螺纹应无坏牙现象

续表

序号	检修项目	检修工艺方法、注意事项	质量标准
8	组装	(1) 将阀帽（不带垫密片）装入阀体中（注意盖子-阀体上的标记）； (2) 按照相应的编号，将螺母旋到螺柱上并用力均匀地拧紧，直到喷嘴体通过盖子稳固地靠在阀体上； (3) 在圆周上均匀分布的三个位置处测量并记录覆盖面和阀体间的间隙； (4) 再次松开螺母并拆下盖子，在盖子和阀体之间装一新的垫密片； (5) 在轭架和阀体之间的螺纹连接处涂覆润滑剂； (6) 装配执行机构-轭架总成	(1) 检查阀帽和阀门内部的接触面是否清洁，并没有任何损坏； (2) 对比阀帽中圆柱销的标记和位置，当置于垫圈上时，决不要旋转阀帽，不要弯曲或损坏阀杆和吻合面； (3) 在垫圈被压紧后，双头螺栓必须从螺母伸出至少 2 螺纹，维度必须是 max＝70.5mm±0.5mm
9	校验	(1) 同热工人员一起校验调整开度； (2) 调整完毕后，试开 2～3 次	(1) 控制部分和阀门对应一致； (2) 开关灵活，无卡涩现象

表 9-25　闸阀检修工艺及质量标准

序号	检修项目	工艺要点及注意事项	质量标准
1	修前准备	(1) 准备好检修工具及材料备品； (2) 检修的阀门应预先和系统解列，泄压至“0”并放尽剩水，办理工作票； (3) 通知有关人员拆掉传动装置电源线	
2	解体传动装置与拆卸框架	(1) 拆掉传动装置与框架法兰连接螺栓； (2) 用倒链将传动装置吊离阀门； (3) 旋去框架与阀壳的连接螺母及阀盖的压紧螺母； (4) 将阀杆螺母向关闭方向旋紧转至与阀杆丝扣脱落，取出框架	
3	阀体解体	(1) 用纯铜棒和大锤将阀盖击沉 1～2mm； (2) 将冲头放入阀体的 4 只小孔内冲击四合环并取出； (3) 用倒链将阀盖吊出阀体拆下填料盖及压板，取出垫圈及密封环； (4) 将阀芯连同阀杆一起拉出阀座，然后再将阀杆从阀芯中取出	拆卸时应防止阀芯掉下或碰掉
4	检修框架	(1) 旋出框架上部紧固圈的固定螺钉旋出紧固圈； (2) 取出阀杆螺母及止推轴承； (3) 清理框架，检查有无损伤并用砂纸将与阀座接触处打磨光洁； (4) 清理检查上部丝扣和紧固圈丝扣； (5) 清洗止推轴承，并检查弹夹和弹子有无磨损	(1) 框架应无裂纹，与阀座接触处圆度为 0.50mm； (2) 丝扣应完整无损，无滑牙内外钢圈，弹夹与弹子应完整无损，无变形

续表

序号	检修项目	工艺要点及注意事项	质量标准
5	阀盖	（1）拆出框架的紧固螺钉； （2）挖去填料箱内的填料取出填料座； （3）清理打磨填料箱内壁及填料座； （4）用砂纸打磨阀盖与密封圈的接合面； （5）清理检查填料压紧螺丝、填料盖及压板； （6）清理打磨填料压紧螺栓、销子； （7）根据金属监督要求对螺栓进行检查	（1）填料座应光滑无变形； （2）接合面无丝痕，表面粗糙度小于3.2μm； （3）丝扣完好，填料盖无严重腐蚀、变形，压板弯曲应不大于全长的2%
6	阀杆、阀芯检修	（1）清理打磨阀杆，并检查是否有弯曲变形、锈蚀与吹损情况，检修前检查顶端圆弧丝磨损情况； （2）检查阀芯吹损情况及扒头损坏情况，并对阀瓣密封面进行研磨（用专用工具）	（1）阀杆表面应光滑，丝扣应无磨损缺牙，阀杆全长弯曲度小于1/1000； （2）阀杆表面须氮化处理； （3）阀杆头部和阀瓣间隙为10～0.85mm； （4）阀瓣与导筋间隙为0.6mm左右，阀杆连接销子应完整； （5）阀瓣、上下夹板应完整紧固； （6）阀瓣密封面不应有裂纹、腐蚀麻点，全圈应光亮，光洁度为▽10以上。其接触面宽度应为全圈宽度的2/3以上
7	密封装置检查修理	（1）清理四合环，去掉毛刺； （2）清理检查垫圈（压环）； （3）检查柔性石墨密封圈并检查与阀盖接合面的损坏情况	（1）锐角应倒圆，其平面保持平行，平行度不大于0.02mm； （2）所有棱角均倒角0.5mm×45°； （3）密封圈应无严重的纵向裂纹及较大损伤
8	阀座修理	（1）清理阀座并检查其损坏情况； （2）将阀座内壁打磨光洁； （3）清理阀座密封面	（1）阀座密封面应无裂纹； （2）阀座内壁应无严重丝痕； （3）密封面的表面粗糙度 *Ra* 应小于0.10μm

续表

序号	检修项目	工艺要点及注意事项	质量标准
9	阀座阀瓣	用红丹粉涂在研磨后的阀瓣上，并放入阀座内，以检查密封面接触情况	阀座内壁无严重丝痕，阀座、阀瓣密封面接触带均匀连续，接触部分达密封面径向吻合度不低于80%且无断线现象
10	装复	(1) 将阀瓣套入阀杆的夹内并放入阀座； (2) 将阀盖套入阀杆，并放入阀座内； (3) 放入密封圈及垫圈四合环； (4) 将填料座，填料压盖压板套入阀杆内； (5) 将止推轴承放入框架上端，然后放入阀杆螺母，再将另一只止推轴承放入框架下端，并旋上紧圈及固定螺栓； (6) 将框架旋入阀杆内，直至框架全部进入阀壳为止； (7) 装上框架与阀壳的紧固螺栓并拧紧螺母； (8) 旋上阀盖的拉紧螺栓并旋紧螺母，将阀盖拉出最高位置； (9) 将高压填料加入填料箱内，并旋紧格兰螺栓； (10) 将检修好的电动传动机构吊至框架上并旋紧法兰连接螺栓； (11) 在热工人员的配合下，调正阀门开关方向的行程、极限开关，并试开关2～3次	(1) 阀杆与阀盖汽封间隙为0.3～0.5mm，阀盖与阀壳间隙为1～1.3mm； (2) 垫圈与阀壳间隙为1～1.5mm； (3) 垫圈与阀盖间隙为0.2～0.45mm； (4) 四合环与阀壳间隙为0.2～0.5mm； (5) 内格兰与阀杆间隙为0.2～0.25mm，内格兰与填料室间隙为0.22～0.4mm，阀杆螺母在框架内部转动灵活； (6) 紧固件四周均匀旋紧，外观、着色检查合格； (7) 阀门关开应灵活，无卡住现象； (8) 方向应正确，开度指示良好； (9) 密封圈材料正确
11	水压试验	水压试验	水压时无内、外漏

表 9-26　截止阀检修工艺及质量标准

序号	检修项目	工艺要点及注意事项	质量标准
1	检修前的准备工作	(1) 检查记录设备缺陷，做好修前鉴定； (2) 准备好工具材料，备品，现场照明； (3) 办理好工作票； (4) 管道内应无剩水，无剩汽（可打开疏水阀门证实）； (5) 切断操作电源	

续表

序号	检修项目	工艺要点及注意事项	质量标准
2	解体、拆除传动装置及阀盖	（1）将传动装置切换手动位置开出阀门； （2）拆出阀盖与传动装置的连接螺栓，吊下传动装置； （3）用专用扳手松开阀盖与阀体的紧固螺母； （4）用倒链将阀盖从阀体内吊出，取出齿形垫； （5）检查螺栓螺母是否完整，并清洗干净，或探伤打硬度	丝扣应完整无裂纹、无损伤，抽查其中二根做硬度试验，其值必须在规定范围内
3	拆下阀杆阀芯	（1）旋转导向板的螺钉； （2）松开格兰螺母； （3）将阀杆向关闭方向旋转，使阀杆与阀杆螺母脱扣； （4）用纯铜棒将阀杆敲击阀盖； （5）拆除阀瓣的止退垫圈； （6）旋出阀瓣盖拿出阀瓣垫铁	拆除时应防止损坏丝扣，壳体应完好，无裂纹等缺陷
4	检修阀壳阀座凡尔线	（1）清理检查阀瓣； （2）检查阀体与阀盖接合面； （3）用专用平板，对接合面进行研磨； （4）粗磨：将放上 0 号～2 号粗砂布的压板放在阀座密封面上，用垂直均匀的力压住平板做单向研磨； （5）细磨：将放上 2/0～4/0 砂布或金刚砂布加上少量机油对阀座进行研磨	（1）接合面应光亮，整洁无沟槽，伤痕； （2）消除麻点，凹坑，丝痕； （3）达到光亮一致平整。表面粗糙度达 0.2μm，无裂纹无径向划痕
5	检修阀盖阀杆和阀芯	（1）清理检查阀盖，检查法兰处，有无裂纹，并用专用平板将放齿形垫床的平面研磨光洁； （2）将填料箱内的填料全部清理干净，并取出填料座； （3）清理检查填料箱，并将其内壁打磨光洁； （4）清理检查填料盖、填料座及压板； （5）清理检查格兰螺栓及螺母丝扣； （6）清理检查阀杆，用砂布磨光洁，测量其弯曲度、圆度，并检查其顶端圆弧磨损损坏情况； （7）清理检查阀芯压盖，阀芯的丝扣及垫铁； （8）检查阀芯密封面，并研磨光洁； （9）清理检查导向板	（1）阀盖无裂纹，齿形垫床面应平整、光洁，无裂纹及丝痕； （2）填料箱内壁应无腐蚀、无吹损； （3）填料盖座外壳圆度不大于其直径的 2.5%，且无严重锈蚀； （4）丝扣无锈蚀，完整无缺，无反牙，螺栓、螺母配合良好； （5）阀杆弯曲度小于 0.5mm； （6）丝扣完好无磨损，顶部大弧良好； （7）丝扣应完好，阀芯、垫片应完整无缺陷； （8）阀芯、密封面应光洁无裂纹及丝痕，表面粗糙度达 0.4μm，导向槽应无变形

续表

序号	检修项目	工艺要点及注意事项	质量标准
6	拆卸和检修滚轴承，阀杆螺母	(1) 将阀杆螺母下部的锁紧螺母和紧固螺母旋出来； (2) 取出阀杆螺母和单向推力轴承； (3) 检查阀杆螺母丝扣有无缺牙，连接块是否损坏； (4) 清洗检查锁紧螺母； (5) 检查紧固螺母丝扣损坏情况	(1) 丝扣无缺牙、磨损，连接块完整无缺； (2) 轴承座表面光洁无损、无锈蚀，钢珠完整无缺，转动灵活，丝扣无缺牙、磨损
7	装复	(1) 将上、下轴承，阀杆螺母放入阀盖内旋上紧固螺母和锁紧螺母； (2) 将垫片放入阀芯内，随之放入阀杆和止退垫片，旋紧阀瓣盖，并锁紧止退垫片； (3) 将阀杆套入阀盖内，并将填料座、填料盖，压盖和导向板套入阀杆然后旋阀杆螺母内； (4) 将完好的垫床放在阀体接合面上，然后安装阀盖，旋上涂有二硫化钼混合脂的螺母，并加以紧固，安装时阀盖凸面一定要放入阀体与凸面内，紧螺母时阀门应微开，以防止阀芯受损，此外应对角紧法兰螺栓，以保持四周间隙均匀； (5) 将高压填料填入填料箱内并旋紧格兰螺母； (6) 将检修好的传动装置吊到阀盖上，并安装螺栓旋紧螺母； (7) 半导向板固定在阀杆上然后安装阀门关闭	(1) 轴承内应加润滑脂且使阀杆转动灵活； (2) 阀杆扒头与阀芯内孔间隙为 0.2～0.4mm，阀杆在阀芯内转动应灵活，上下松动 0.5mm； (3) 阀盖与填料座间隙为 0.1～0.15mm，阀杆与填料座间隙大于 0.3mm； (4) 阀杆与阀盖间隙为 1～1.5mm； (5) 各紧固件外观、着色检查合格； (6) 填料材质符合要求
8	电动装置校验	(1) 联系热工人员，安装好电动机，调整方向“开、关”及行程限止开关； (2) 调正完毕后试开关 2～3 次，随同锅炉一起进行水压试验	(1) 控制按钮的开关方向和阀门的开关方向一致； (2) 限位、位置的开度指示均应准确无误，开关灵活，无卡涩现象； (3) 水压阀门无内漏、外漏，焊口 100% 射线探伤合格

表 9-27　止回阀检修工艺及质量标准

序号	检修项目	工艺要点及注意事项	质量标准
1	检修前的准备	(1) 准备好检修工具及材料备品； (2) 拴好钢丝绳、挂好倒链； (3) 检修的阀门应先减压至“0”，并放尽汽水； (4) 办理好工作票	

续表

序号	检修项目	工艺要点及注意事项	质量标准
2	解体	(1) 松掉阀盖螺母，用未用螺栓旋入阀盖螺纹口内吊出压盖； (2) 用冲头冲压四合环，取出压圈及阀体	
3	检查修理阀壳组（座）	(1) 清理阀壳，检查缺漏； (2) 清理阀座； (3) 研磨阀座凡尔线宽5mm，高3mm； 1) 粗磨，将放上1号～2号粗砂布的平板放在阀座凡尔线上，用垂直均匀的力压住平板做单向旋转； 2) 细磨，用细砂布对阀座凡尔线进行研磨，方法同上； 3) 精磨，用2/0号砂布或金刚砂布加上少量机油，对阀座凡尔线进行研磨	(1) 壳体应完整无缺，无裂纹等缺陷； (2) 内壁应光洁，无伤痕，其圆度＜0.90mm； (3) 用专用样板研磨凡尔线，阀座凡尔线应无腐蚀； (4) 清除麻点、凹坑、丝痕； (5) 阀座达到光亮一致，平整； (6) 表面粗糙度达1.6μm，密封面无裂纹
4	检修阀瓣、密封座	检查阀瓣、密封面并研磨光洁（方法同上）	密封面应无丝痕，表面粗糙度小于1.6μm。阀瓣凡尔线高3mm，宽5.5mm
5	检查修理四合环，压盖螺栓	(1) 清理四合环； (2) 清理压圈（压环）； (3) 检查清洗压盖螺栓	(1) 四合环锐角应倒圆，表面氮化处理，去除毛刺，其两平面应保持平行，其误差不大于0.02mm； (2) 垫圈表面氮化处理，所有棱角均倒角0.5mm×45°； (3) 所有螺栓丝扣应完好
6	组装	(1) 将清理研磨好的阀体放入阀座内； (2) 装入柔性石墨密封圈； (3) 安装压圈； (4) 装入四合环； (5) 装入阀盖，均匀紧固螺栓	(1) 注意勿将凡尔线损伤，阀瓣与阀壳间隙为0.15～0.75mm； (2) 密封圈为ϕ210×180mm； (3) 压圈与阀壳间隙为0.50mm； (4) 四合环的内径尺寸应不妨碍阀盖的膨胀
7	水压试验	随同锅炉本体一起参加水压试验	无内、外漏

阀门常见故障及应急处理方法见表 9-28～表 9-31。

表 9-28　安全阀常见故障及处理方法

缺陷现象	缺陷原因	消除方法
泄漏	(1) 密封面夹有杂物； (2) 下调整环顶住了阀瓣； (3) 密封面有裂纹、拉毛、缺口等现象； (4) 阀杆弯曲严重，阀瓣受力不均	(1) 当容器压力降到整定压力的 90%以下时，通过手动结构开启阀门进行冲扫； (2) 当容器压力降到整定压力的 90%以下时，将下调整环顺时针旋转，使下调整环稍微下降； (3) 解体进行研磨修复，修复不好时进行更换； (4) 解体后修复阀杆或更换新阀杆
频跳	(1) 与安全门排放动作同时产生，启闭压差过小； (2) 接近关闭时产生	(1) 提升调整套或下降上调整环位置； (2) 下降下调整环
回座后少量蒸汽泄漏	(1) 密封面有异物； (2) 热膨胀不够	(1) 当容器压力降到整定压力的 90%时，手动开启阀门吹扫； (2) 用垫块压住阀杆，制止泄漏，使阀杆温度均匀，即可制止泄漏
校验时不能起跳	(1) 校验装置不合格（油压千斤顶里存有空气或各接头漏油）； (2) 弹簧压得过紧，在整定压力值下不能起跳	(1) 重新按要求组装好校验装置； (2) 重新调整螺栓，使弹簧高度增加

表 9-29　调节阀常见缺陷及处理方法

故障	可能的原因	建议采取的措施
阀杆盘根泄漏	(1) 填料压盖螺母力矩不正确； (2) 盘根受损或安装不正确； (3) 阀杆有刮痕	(1) 拧紧填料压盖螺母； (2) 更换盘根（只要发生过盘根泄漏，有机会均要全部更换，同时保证新盘根材料的正确，每运行半年有机会均要更换盘根）； (3) 拆开阀门检查阀杆，如有需要，更换新的阀杆和阀芯
关闭后阀门有泄漏	(1) 阀芯未关到底； (2) 阀芯损伤或冲蚀	(1) 用手轮将阀芯关到底，并重新调整执行机构； (2) 将阀门解体，检查平衡密封件、软体密封圈及阀芯上是否有损伤或被冲蚀

续表

故障	可能的原因	建议采取的措施
阀盖泄漏	（1）阀盖螺母力矩或紧阀盖螺栓过程不正确； （2）密封圈或平衡密封件安装不正确或密封件受损； （3）过大的温度梯度	（1）将阀门减压并冷却，调整螺栓力矩； （2）将阀门减压并冷却，取下阀盖，更换密封圈或平衡密封件； （3）流过阀门液体的温度变化过大可造成泄漏，检查阀门的启动及运行过程，解体阀门并检查阀芯有无损伤，并与制造厂联系
阀芯在运行中跳动或停顿	（1）阀芯未关到底； （2）控制元件设定不正确或发生故障； （3）密封压盖螺母力矩不正确； （4）阀芯磨损	（1）用手轮将阀芯关到底，并重新调整执行机构； （2）检查所有控制元件的设定及运行； （3）拧紧填料压盖螺母； （4）解体阀门，检查阀芯和芯包是否有磨损迹象，检查阀杆和盘根是否有损伤。检查是否有杂物进入阀门内部。检查芯包是否被杂物阻塞
流量减少	（1）阀门运行条件不正确； （2）阀芯可能有问题	（1）检查阀门进出口压力及流体流速； （2）检查阀门工作情况，看其是否对输入信号反应正常
行程过慢	填料压盖螺母力矩不正确	拧紧填料压盖螺母

表 9-30　闸阀常见故障及处理方法

故障现象	故障原因	消除方法
填料压盖处泄漏	（1）填料质量不佳，在高温下变质引起泄漏及安装质量不好； （2）阀瓣腐蚀磨损； （3）填料压盖不过紧	（1）采用品质好的填料，注意填料安装工艺； （2）停炉解体检查，若腐蚀严重则必须换新件； （3）经运行人员同意可将格兰螺栓拧紧一下，如仍有泄漏，则停炉后处理
阀座与阀壳接合面泄漏	（1）阀盖与阀芯密封面有杂质卡住； （2）阀门没关严	（1）经运行人员同意后，将阀门开关数次，将杂质冲去，如仍泄漏则待停炉后解体检修； （2）在热工人员配合下，重新校验

表 9-31　截止阀常见故障及处理方法

故障现象	故障原因	消除方法
泄漏	(1) 关闭不严； (2) 杂物卡住； (3) 密封面吹损或裂纹	(1) 重新操作，使之关闭严密或重新校验电动装置行程； (2) 运行中开关阀门数次，将杂物冲去，若再泄漏，则停炉处理； (3) 停炉解体修理
阀盖、阀体接合面泄漏	(1) 螺栓没按对称顺序拧紧或法兰凹凸面没有放正； (2) 齿形垫质量差，或被吹损； (3) 接合面腐蚀，裂纹，吹损	(1) 在运行人员的配合下，将螺栓拧紧一下，如再泄漏则停炉处理； (2) 停炉解体阀门，调换齿形垫； (3) 视情节进行堆焊、车削、研磨等
填料函泄漏	(1) 填料质量不佳而被吹损漏气； (2) 格兰压板弯曲或未压紧； (3) 阀杆腐蚀弯曲	(1) 停炉后，换填料； (2) 拧紧格兰螺栓，若压板弯曲，则停炉再校验或更换； (3) 停炉解体，调换阀杆
阀门打不开	(1) 填料压得过紧； (2) 阀杆与阀杆螺母咬住； (3) 填料压盖与阀杆胀住	(1) 稍松格兰螺栓，使阀杆能动即可； (2) 停炉解体，检查阀杆及阀杆螺母，若必要时则更换； (3) 停炉解体，调整填料压盖与阀杆间隙
阀芯脱落	阀芯压盖未压紧，锁紧垫未紧好	停炉解体，重新旋紧压盖和锁紧垫

第九节　阀门水压试验及质量标准

阀门检修好后，应及时进行水压试验，合格后方可使用。未从管道上拆下来的阀门，其水压试验可以和管道系统的水压试验同时进行。拆下来检修后的阀门，其水压试验必须在试验台上进行。

一、低压旋塞和低压阀门试验

(1) 低压旋塞（考克）的试验。可以通过嘴吸，只要能吸住舌头 1min，就认为合格。

(2) 低压阀门的试验。可将阀门入口向上，倒入煤油，经数小时后，阀门密封面不渗透，即可认为严密。

(3) 最佳试验法。将低压阀安装在具有一定压力的工业用水管道上进行试压，若有条件，用一小型水压机进行试压则效果更佳。

二、高压阀门水压试验

高压阀门的水压试验分为材料强度试验和气密性试验两种。

1. 材料强度试验

试验的目的是检查阀盖、阀体的材料强度及铸造、补焊的质量。

材料强度试验方法如下：把阀门压在试验台上，打开阀门并向阀体内充满水，然后升压至试验压力，边升压边检查。试验压力为工作压力的1.5倍，在此压力下保持5min，如没有出现泄漏、渗透等现象，则强度试验合格。

需要做材料强度试验的阀门，必须是阀体或阀盖出现重大缺陷，如变形、裂纹，并经车削加工或补焊等工艺修复的。对于常规检修后的阀门，只需做气密性试验。

2. 气密性（严密性）试验

试验的目的是检查门芯与门座、阀杆与盘根、阀体与阀盖等处是否严密。其试验方法如下：

(1) 门芯与门座密封面的试验。将阀门压在试验台上，并向阀体内注水，排除阀体内空气，待空气排尽后，再将阀门关闭，然后加压到试验压力。

(2) 阀杆与盘根、阀体与阀盖的试验，经过密封面试验后，把阀门打开，让水进入阀体内并充满，再加压到试验压力。

(3) 试压质量标准，试验压力为工作压力的1.25倍，并恒压5min，如没有出现降压、泄漏、渗透等现象，气密性试验就为合格。如不合格，就应再次进行修理，修理后再重做水压试验。试压合格的阀门，要挂上“已修好”的标牌。

第十章 锅炉辅机基础知识

第一节 轴 承

轴承是转动机械的重要组成部件，可分为滑动轴承和滚动轴承两大类。轴承检修就是检查轴承，寻找缺陷，分析损坏原因，修复并进行正确的装配，以延长轴承的使用寿命。

一、滚动轴承

滚动轴承广泛应用在风机、磨煤机、水泵和各种减速机等锅炉辅机设备上。

（一）概述

滚动轴承由外圈、内圈、滚动体及保持架四部分组成。

滚动轴承按其承受载荷的方向可分为向心轴承、推力轴承、向心推力轴承。向心轴承主要承受向心方向的径向载荷；推力轴承只承受轴向载荷；向心推力轴承既能承受径向载荷，又能承受轴向载荷。

（二）轴承分类及代号

由于滚动轴承有各种不同类型，各类型又有不同的结构、尺寸、精度和技术要求。为便于制造和使用，对轴承代号作了统一规定。轴承代号由三部分组成：前置代号、基本代号、后置代号。前置代号用于表示轴承的分部件，用字母表示。如用 L 表示轴承可分离的套圈；K 表示轴承滚动体与保持架组件等；后置代号用字母和数字表示轴承的结构、公差及材料的特殊要求等；基本代号用来表明轴承的内径、直径系列、宽度系列和类型，一般最多为五位数（五、四、三、二、一），第一、二位数字是轴承内径代号，即表示轴承内圈孔径，其计算方法见表 10-1。

表 10-1 轴承内径代号与其内径尺寸的计算

内径代号	00	01	02	03	04～99
轴承内径（mm）	10	12	15	17	代号数×5

注 轴承内径小于 10mm、大于 495mm 的内径代号，另有规定。

第三位数字代表轴承外径代号，称为直径系列（外径系列）。为适应不同承载能力的需要，同一内径尺寸的轴承可使用不同的滚动体，因而轴承的外径和宽度也随着改变。直径系列的代号与实际轴承外径之间无固定的计算系数，故使用时需查手册。直径系列的图例如图 10-1 所示。对于向心轴承和向心推力轴承，0、1 表示特轻系列；2 表示轻系列；3 表示中系列；4 表示重系

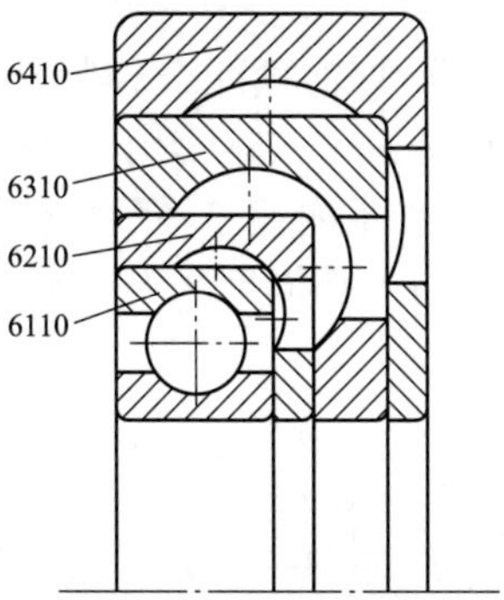

图 10-1　滚动轴承直径系列

注：图中数字是轴承型号。

列。推力轴承除用 1 表示特轻系列之外，其余与向心轴承的表示一致。

第四位数字代表轴承的宽度系列，当轴承结构、内径和直径系列都相同时，用第四位数字表示轴承宽度方向的变化。对多数轴承，当其宽度系列代号为 0 时可不标出，但对调心滚子轴承和圆锥滚子轴承，其宽度系列代号为 0 时应标出。

第五位数字表示滚动轴承类型，圆柱滚子轴承和滚针轴承等类型代号为字母。

（三）滚动轴承损坏形式及原因

滚动轴承的损坏形式有脱皮、锈蚀、磨损、裂纹、破碎和过热变色等。

（1）脱皮俗称起皮，是指轴承内、外圈的滚道和滚动体表面金属成片状或颗粒状碎屑脱落。其原因主要是内、外圈在运转中不同心，轴承调心时产生交变接触应力而引起的。另外，振动过大，润滑不良或材质、制造质量不良也会造成轴承的脱皮现象。

（2）锈蚀是由于轴承长期裸露于潮湿的环境中所致，因此轴承需涂上油脂防护并包装好。磨损是指由于异物如灰尘、煤粉、铁锈等颗粒进入运转的轴承，引起滚动体与滚道相互研磨而产生的。磨损会使轴承间隙加大，产生振动和噪声。

（3）过热变色是指轴承工作温度超过 170℃，轴承钢失效变色。过热的主要原因是轴承缺油或断油、供油温度过高和装配间隙不当等。

（4）轴承任何部件出现裂纹，如内圈、外圈、滚动体、保持架等破裂均属于恶性损坏。这是由于轴承发生一般损坏时，如磨损、脱皮、剥落、过热变色等未及时处理引起的。此时轴承温度升高、振动剧烈，同时会发出刺耳的噪声。

滚动轴承运转情况的主要监测因素是温度、振动和噪声。滚动轴承早期故障识别可借助轴承故障检测仪来完成。

（四）滚动轴承的装配

滚动轴承的装配方法一般分为冷装配法和热装配法。

1. 冷装配法

（1）压入法。当轴承内孔与轴颈配合较紧，外圈与壳体配合较松时，应先将轴承安装在轴上，如图 10-2（a）所示；反之，则应先将轴承压入壳体，如图 10-2（b）所示。如轴承内孔与轴颈配合较紧，同时外圈与壳体也配合较紧，则应将轴承内孔与外圈同时安装在轴和壳体上，如图 10-2（c）所示。

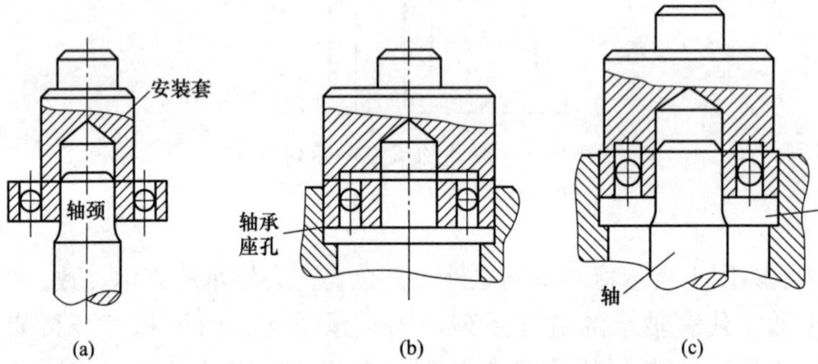

图 10-2　压入法装配滚动轴承

（a）轴承安装在轴上；（b）轴承压入壳体；（c）轴承内孔与外圈同时安装在轴和壳体上

（2）铜冲手锤法和套筒手锤法（均匀敲入法）。铜冲手锤法是一种最简单的拆装方法，用于过盈值很小的小型轴承的拆装。通过手锤利用铜棒沿轴承内圈交替敲打进行，但要注意，禁止用手锤直接敲打轴承。敲击时应在四周对称交替均匀地轻敲，避免因用力过大或集中一点敲击，而使轴承发生倾斜，如图 10-3 所示。套筒手锤法是利用套筒作用于整个轴承内圈端面上，使敲击力分布均匀。套筒的硬度应比内圈硬度低，其内径应略大于内圈内径，外径略小于内圈外径。同时应注意防止套筒碎屑落入轴承，如图 10-4 所示。

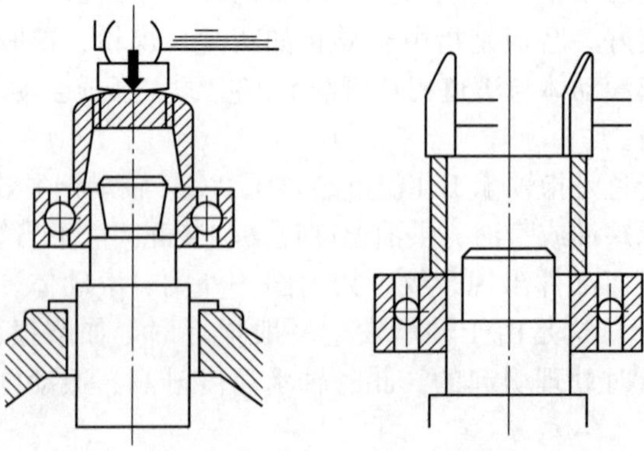

图 10-3　铜冲手锤均匀敲入

（3）机械加压法。用杠杆齿条式或螺旋式压力机压入，如图 10-5 所示。

（4）液压套入法（液压螺母）。这种方法适用于轴承尺寸和过盈量较

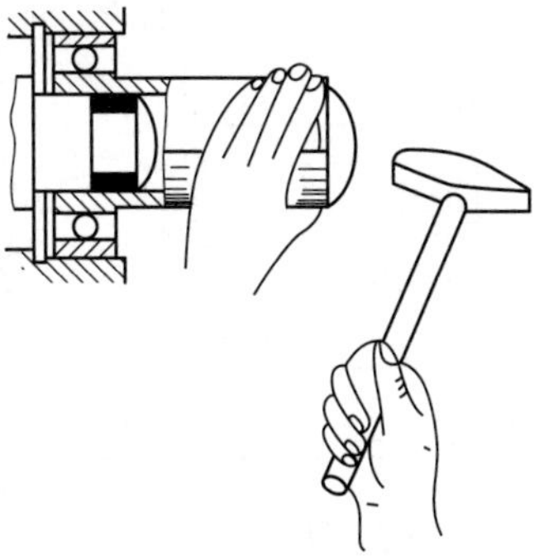

图 10-4　套筒手锤均匀敲入

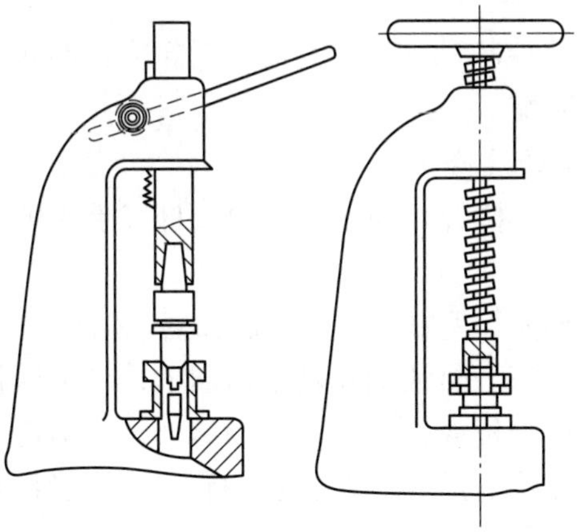

图 10-5　用杠杆齿条式或螺旋式压力机压装滚动轴承

大，又需要经常拆卸的情况，也可用于不可锤击的精密轴承。装配锥孔轴承时，由手动泵产生的高压油进入轴端，经通路引入轴颈环形槽中，使轴承内孔胀大，再利用轴端螺母拧紧，将轴承装入。机械压力装配法主要适用于轴承内圈与轴是锥面配合的情况。

2. 热装配法

当轴承过盈配合较大或装拆大型轴承时，需要使用热装配法。

有过盈配合的轴承常采用温差法装配。可把轴承放在 80～100℃的油池中加热，加热时应放在距油池底部一定高度的网格上，如图 10-6（a）所示，对较小的轴承可用挂钩悬于油池中加热，如图 10-6（b）所示，防止过热。

取出轴承后，用比轴颈尺寸大 0.05mm 左右的测量棒测量轴承孔径，如尺寸合适应立即用干净布揩清油迹和附着物，并用布垫着轴承并端平，迅速将轴承推入轴颈，趁热与轴径装配，在冷却过程中要始终用手推紧轴承，并稍微转动外圈，防止倾斜或卡住，如图 10-6（c）所示，冷却后将产生牢固的配合。如果要把轴承取下来，还得放在油中加温。也可放在工业

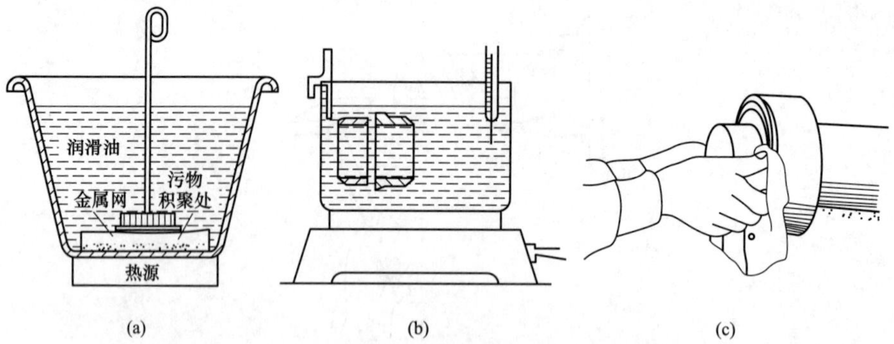

图 10-6 油池加热法

(a) 放在距油池底部一定距离的网格上加热；(b) 用挂钩悬于油池中加热；(c) 冷却时推紧轴承

冰箱内将轴承或零件冷却，或放在有盖密封箱内，倒入干冰或液氮，保温一段时间后，取出装配。

（五）滚动轴承的检修工艺

(1) 拆卸轴承前，撬开止动垫，用圆螺母扳手或用手锤及专用齐头铁扁铲松开轴承圆螺母。

(2) 在拆卸轴承前，先安装好专用拆卸器，轴承用 110～120℃矿物油加热，加热时为使大部分热油浇在轴承内圈上，应采用长嘴壶。为防止热油落在轴上，可用橡胶板或石棉带将轴颈裹严。为不错过轴承内圈松动的最好时机，在浇热油前，要使拆卸器先有拆卸力，当轴承内圈受热膨胀时，就会自然退下。

(3) 更换的轴承应进行全面解体检查，必要时进行金属探伤检查，符合质量要求后方可使用，并做好记录。

(4) 用细锉清理轴头及轴肩处的毛刺，用油光锉或油石将轴颈轻轻打磨光洁，将轴颈及轴承用清洗剂冲洗净，并用干净白布擦拭干净。

(5) 用塞尺或压铅丝法测量轴承间隙，并将轴承立放，内圈摆正，让塞尺或铅丝通过轴承滚道，每列要重复测几点，以最小的数值为该轴承的间隙。

(6) 测量轴与轴承内圈的尺寸公差范围，以确定配合情况，配合紧力符合质量标准方可使用。为测量准确，配合处沿轴向分三段测量，每段测量不少于 2 点。

(7) 因所测轴颈尺寸小，配合紧力不能达到质量标准的，可根据具体情况选用轴颈喷镀、镀铬、衬厌氧胶装配及镶装热轴套法等，其中热装的轴套与轴配合紧力一般为 0.07～0.08mm。

(8) 轴承应采用矿物油加热的方法装配，用细铁丝将轴承外套捆绑牢固，悬吊在加热的矿物油中，并全部浸入。但不允许轴承与加热器外壳接触，以免金属导热使轴承过热退火。

(9) 加热过程中要随时测油温，不许超温。当加热到合适温度时，应迅速将轴承套装在轴颈上，其内圈要与轴肩紧密接触。若轴承未装到位而开始抱轴时，应迅速用备好的专用套筒及铜锤强迫打进。有螺母的轴承可装上止动垫，打紧圆螺母，热装轴承的温度降到室温后再把圆螺母紧固，以防冷却后发生松动现象。

(10) 用干净清洗剂清洗轴承，并进行装配后的检查。检查是否有胀损、破裂现象、转动是否灵活。并测量轴承间隙，记录热装后间隙缩小值。最后，将轴承涂上机械油或润滑脂以防锈蚀，并用干净塑料布包起来。

(六) 滚动轴承的检修质量标准

(1) 轴承更换标准：轴承间隙包括原始间隙、配合间隙和工作间隙，其中轴承的原始间隙和配合间隙必须符合规定标准，否则应更换新轴承。

(2) 轴承内圈、外圈、滚动体、保持架等存在裂纹、脱皮、锈蚀、过热变色且超过标准的，应进行更换。

(3) 轴承间隙必须符合规定标准。

(4) 新轴承的内圈、外圈、滚动体、保持架不允许存在脱皮、裂纹、锈蚀等缺陷。

(5) 轴承内圈、外圈、滚动体等非工作面上有个别脱皮、斑纹、锈痕等缺陷，但面积应小于 $1mm^2$，滚动体直径误差应小于 0.02mm。

(七) 滚动轴承检修注意事项

(1) 绝对禁止用手锤、大锤或硬质铁器直接敲击轴承，应当用铜锤、铜棒或垫上方枕木敲击。

(2) 轴承与孔配合装配时，所施加的力应均匀地作用在外圈上。

(3) 轴承与轴配合装配时，所施加的力应均匀地作用在内圈上。

(八) 滚动轴承报废的标准

滚动轴承经清洗检查后，凡出现下列情况之一，则应按报废处理。

(1) 外圈或内圈出现裂纹、缺损。

(2) 内外圈滚道及滚动体表面，因锈蚀或电击而产生麻点，或金属表层因疲劳产生脱皮、起层。

(3) 内圈孔径或外圈外圆直径因磨损超标而达不到基孔制或基轴制的配合要求。

(4) 最大径向游隙超标。

(5) 保持架断裂或因磨损致使其与内外圈发生摩擦。

(6) 在高于轴承极限温度（一般轴承为 170℃）情况下运行，造成轴承退火、硬度降低。

(7) 运行中噪声明显增大。

二、滑动轴承

（一）滑动轴承的特点

滑动轴承一般应用在大功率（承载力大、转速高）的动力设备上。滑动轴承俗称轴瓦，广泛应用于锅炉辅机中的钢球磨煤机、各种大型离心风机和变速齿轮箱等。

滑动轴承与滚动轴承相比具有以下优点：能承受重载与冲击荷载，抗振能力强，减振性能好；运行可靠，突发性事故少，在发生事故前有明显的预兆，使用寿命可以与主机匹配；不需要特殊材料，便于制造、安装、检修及运行中的维护；运行时噪声低。

滑动轴承与滚动轴承比较也存在一定的缺点：摩擦耗能高于滚动轴承；对轴的精度、表面粗糙度要求高，对轴瓦的刮削工艺要求严；需有专用的油系统，增加检修工作量，对油质及润滑油的参数均有严格要求。

（二）滑动轴承的类型

1. 按承受载荷的方向分类

（1）径向（向心）轴承：主要承受径向载荷的轴承。

（2）止推轴承：主要承受轴向载荷的轴承。

2. 按摩擦（润滑）状态分类

（1）自润滑轴承。

（2）不完全液体润滑轴承。处于边界摩擦状态，即：摩擦表面间有润滑油存在，金属表面上形成了一层极薄的边界油膜。但尖峰部分仍直接接触。

（3）液体润滑（摩擦）轴承。液体润滑（摩擦）轴承又分为：

1）液体静压滑动轴承。液体静压滑动轴承是指靠外部供给压力油，在轴承内建立静压承载油膜以实现液体润滑的滑动轴承。

2）液体动压滑动轴承。液体动压滑动轴承是靠液体润滑剂动压力形成的液膜隔开两摩擦表面并承受载荷的滑动轴承。

（三）滑动轴承的结构

滑动轴承的结构因其主机的结构不同，故有很大差异。常用的径向轴承分整体式滑动轴承（见图 10-7）和对开式径向滑动轴承（见图 10-8）。通常火电厂大型动力设备采用的滑动轴承的结构如下：

（1）轴承座。分独立式、与主机联体式两类，多为铸铁件（普通铸铁或球墨铸铁）。

（2）轴承盖。又称轴瓦盖。它与轴承座构成轴承的主体，起着固定轴瓦的作用，通过轴承盖可调整对轴瓦压紧的程度（即轴瓦紧力）。

（3）轴瓦。分为分体式及整体式两种。轴瓦由单一金属铸造，如铜瓦、

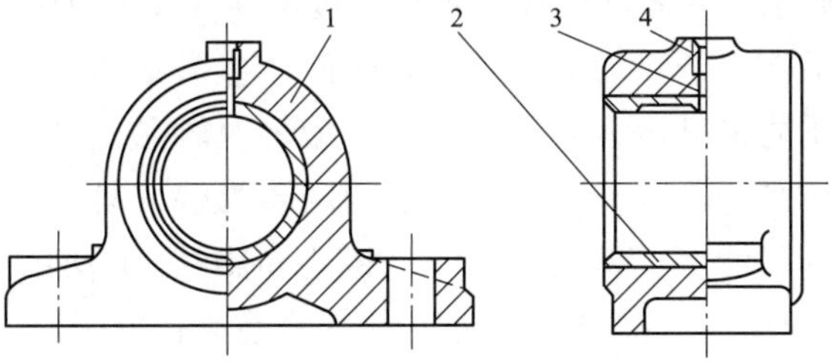

图 10-7　整体式径向滑动轴承

1—轴承座；2—整体轴套；3—油孔；4—螺纹孔

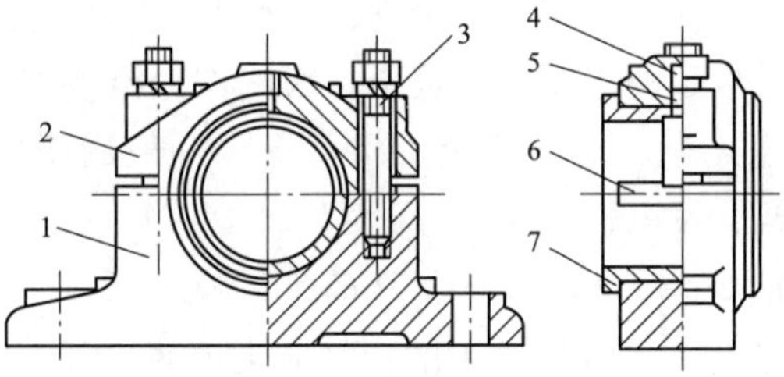

图 10-8　对开式径向滑动轴承

1—轴承座；2—轴承盖；3—双头螺柱；
4—螺纹孔；5—油孔；6—油槽；7—剖分式轴

生铁瓦等。通常动力设备采用的轴瓦为双层结构，即在轴瓦体（简称瓦胎）内孔上浇铸一层减摩衬层。减摩衬层的材料大都选用轴承合金（又称乌金或巴氏合金）。

（4）球形瓦与瓦枕。它们是轴瓦与轴承座之间的一种连接装置，一般轴承都有这种装置。只有在转子较长为适应其旋转时可能出现的挠动，才在轴瓦与轴承座之间增加一套能作微量转动的球形装置。

（5）调整垫铁。它的作用是在不动轴承座的情况下，能够微调轴瓦在轴承座内的中心位置。在调整垫铁的背部安装有调整垫片，通过增减垫片的厚度，即可达到调整中心的目的。

（6）挡油装置。它固定在轴瓦的两端，其内孔与轴颈保持一定间隙。它的功能是阻止润滑油沿轴向外流，起着轴封的作用。

（7）润滑油供油系统。滑动轴承必须配有润滑装置。重要动力设备的滑动轴承均采用独立的、可靠性极高的润滑油供油系统，以保证不间断地向轴瓦供油。连续供油的作用：一是保证轴瓦的润滑；二是将摩擦产生的热量及热源传递的热量带走，使轴瓦在稳定的温度下运行。

（四）常用轴承合金

轴承合金是滑动轴承专用的衬层材料。

轴承合金的性能：①摩擦系数小，与轴颈的摩擦阻力小，耗能低；

②硬度低，不研轴，其硬度值仅为钢材硬度的 1/10；③具有良好的适形性和嵌塑性，当承受转子重力后，轴承合金能产生微量的适应变形，同时对油中的微量杂质能将其嵌入轴承合金中，减轻对轴颈的磨损；④有良好的导热性能，传热快；⑤亲油性好，与油的附着力强，易于油膜的形成，并能在软基表面吸附油层。熔点低，便于铸造和热补；⑥加工性能好，便于车削和刮削；⑦具有一定的抗压强度，可承受重负荷转子。

一般常用的轴承合金分为两种：锡基轴承合金和铅基轴承合金。

(1) 锡基轴承合金的主要成分是锡，因此称为锡基轴承合金。除锡外，还有锑、铜等其他元素。此类合金又称巴氏合金，也称乌金。主要用于高速、重载荷的情况，如大功率的汽轮机、电动机、发电机、风机等轴瓦上。

(2) 铅基轴承合金的主要成分是铅，因此称为铅基轴承合金。除铅外，还有锡、锑、铜等元素。此种合金价格低廉，一般用于中等载荷的轴承。如中功率的汽轮机、发电机、风机等。

(五) 锅炉辅机常用滑动轴承损坏的形式及原因

火电厂锅炉辅机常用滑动轴承的损坏主要有两种形式：①烧瓦。轴瓦乌金脱落，局部或全部熔化即为烧瓦（见图 10-9）。此时轴瓦温度及润滑油温度升高，严重时轴头下沉、严重振动、轴与瓦端盖摩擦出火星。②脱胎。脱胎是指轴承合金与轴瓦体分离（见图 10-10）。此时轴瓦振动剧烈、瓦温急剧升高。脱胎的主要原因是轴承浇注质量不好或装配时工作间隙过大等。

图 10-9　轴瓦烧损

1. 烧瓦原因

烧瓦的原因有很多种，常见的烧瓦原因有：

(1) 轴承断油。

(2) 机组强烈振动。由于机组强烈振动，会使轴瓦油膜破坏而引起轴径与乌金研磨损坏，也可能使轴瓦在振动中发生位移，造成轴瓦工作失常或损坏。

(3) 轴瓦本身缺陷。在轴瓦制造过程中，乌金浇注质量不良，如浇注

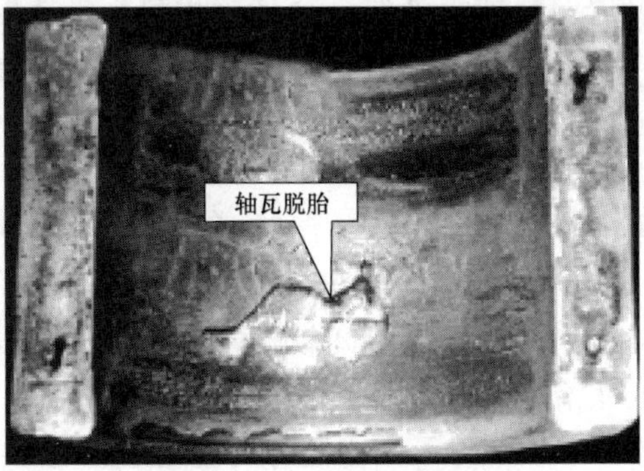

图 10-10　轴瓦脱胎

乌金前瓦胎清洗不净，没有挂锡或挂锡质量不符合要求，在运行中发生轴瓦乌金脱胎或乌金龟裂等。

（4）润滑油中夹带有机械杂质，损伤乌金面，引起轴承损坏。

（5）油温控制不当，引起轴承油膜的形成与稳定，都会导致轴瓦乌金损坏。烧瓦的主要原因是轴瓦润滑油量少或断油，或装配时工作面间隙小或落入杂物等。

2. 脱胎原因

轴瓦脱胎主要原因是：

（1）轴瓦浇注前瓦底未清理干净。

（2）轴瓦浇注时挂锡不良。

（3）机组振动使轴瓦形成交变疲劳而脱落，主要存在于轴瓦的中分面瓦口结合边缘处。

因此机组检修时，轴瓦脱胎等缺陷是轴瓦的必查项目之一，如果发生，则必须处理，以防止缺陷扩大造成机组轴瓦振动和温度升高乃至发生重大事故。

（六）轴瓦局部补焊和脱胎处理

1. 局部损伤补焊处理

当轴承合金层出现砂眼、气孔、裂纹、磨损、熔化等缺陷时，可采用补焊的方法进行修复。

补焊时应注意补焊用的轴承合金应与轴瓦上合金的牌号相同，若不知轴瓦上合金牌号，则应取轴瓦上合金进行成分化验。在补焊前，对缺陷处必须认真处理，如：对气孔、砂眼应用錾子将表面上和表层下的缺陷全部剔除。对裂纹应用窄錾沿裂纹方向将裂纹剔成坡口形，但不要伤及到镀锡面。对磨损、烧损、缺损等缺陷，应将缺陷表层的陈旧面用刮刀刮除，直到露出新的合金为止。为了除去补焊面上的残留油污，可用小号焊枪对补焊面进行加热，使油污气化。

补焊用的合金形状，可采用合金焊条，也可用合金碎末。用合金碎末补焊时，用小号火嘴先对被焊处的合金进行预热，接近熔点后，立即将合金碎末堆积在被焊处进行加热、熔化，并与被焊处的合金熔合成一体，随后将焊处合金吹平并略高出轴瓦面。若补焊的面积较大，则应选用合金焊条，用一般气焊工艺进行堆补。

在补焊的过程中，必须严格控制瓦胎温度，除补焊处外，瓦胎其他部位的温度不得超过100℃。为防止瓦胎受热过于集中，对大面积的补焊应采用交换位置的焊补线路。若施焊时间较长，就可将瓦胎浸泡在水中，焊处露出水面，以保证瓦胎上的锡层不被熔化。

补焊的面积不大时，焊后可用粗锉刀对焊疤进行粗加工，然后再修刮。面积较大时，应采用机床加工，以保证有良好的刮削基准。

2. 脱胎处理

脱胎是指轴承合金与轴瓦体分离，成为互不相连的两部分。脱胎现象很少发生全脱胎，大部分是部分脱胎。

合金层脱胎不同于一般合金层的缺陷，它造成的危害要严重得多。值得注意的是脱胎面积会随着运行时间的增长而扩大，故在检修时应仔细检查脱胎现象，做到及时发现，及时处理。

一般的处理方法有：

(1) 将已脱胎的合金除去，再重新焊补上合金，此法仅适用于瓦口处的合金脱胎。若脱胎处的镀锡层无锡或不完整，则必须进行烫锡处理，然后再进行补焊。

(2) 用螺钉进行机械固定。在脱胎区钻孔、攻螺纹，拧上用铜、铝制作的平头螺钉，螺钉头平面要低于合金表面，也可用合金条插入螺孔进行铆合。螺钉的直径及数量可依据轴瓦的大小及脱胎面积而定。该法属临时性急救措施，一般较少采用。

(3) 若脱胎区发生在下轴瓦的接触区或脱胎面积大或查不清有多大脱胎面，则应更换新轴瓦或重新浇注合金。

(七) 滑动轴承的检修（刮削）工艺

(1) 做好刮削前的各项准备工作。准备好必要的工具、量具和材料，如平刮刀、三角刮刀、千分尺、游标卡尺、平板或平尺、研磨轴、机油、红丹粉、白布、毛刷、砂布、直径1.5～2mm的铅丝等。

用适量的机油和红丹粉调制显示剂，并保存在专用器皿中。备好夹持或支撑轴瓦的工具，使轴瓦在刮削中保持平稳，不晃动，不滑动，并注意工件放置位置高低要合适，以便于刮削。光线强弱适宜，必要时安装好照明设施。新轴瓦应测量机械加工尺寸公差，检查刮削余量是否合适，其刮削余量为0.20～0.30mm。旧轴瓦应用显示剂在轴上推研，检查点子的显示与分布情况，并用压铅丝法测量轴瓦间隙，以确定刮削的方式。

(2) 校研刮削瓦口平面，提高瓦口接合面的严密度和加工精度，以便提高压铅丝法测量轴瓦间隙的准确度。新轴瓦可先用标准平尺或平板校正刮削瓦口平面，然后上下瓦口对研刮削。

(3) 新轴瓦刮削弧面时，先刮削轴瓦两侧夹帮部位，可采用刮刀前角等于零的粗刮削。此种刮削痕深，切痕较厚，速度快。当夹帮现象消除后，在轴瓦刮削面均匀涂上显示剂，将轴瓦放在轴上，来回旋转推研，点子就会显示出来，然后改用小的负前角刮法进行细刮削。当点子比较均匀地出现时，再用较大负前角的刮法，对工件表面进行修整精刮。

(4) 点子刮削的方法。最大、最亮的重点全部刮去，中等的点在中间刮去一小片，小的点留下不刮。经第二次用显示剂推研后，小点子会变大，中等点子分为两个点，大点子则分为几个点，原来没有点的地方就会出现新点子。这样经过几次反复，点子就会越来越多。

(5) 在刮削过程中，要经常用压铅丝法测量轴瓦间隙，以便及时消除轴瓦两端出现的间隙偏差。

(6) 用压铅丝法测量轴瓦顶部间隙时，将直径 1.5～2mm、长 30～50mm 的铅丝，在轴瓦顶部与轴颈的配合处放 2～4 段，在轴瓦两接合面上与轴顶部铅丝对应放 2～4 段，扣好上轴瓦，均匀紧固瓦口螺栓。然后拆下瓦口螺栓及上轴瓦，用千分尺测量压挤过的铅丝厚度，计算出轴瓦瓦顶的间隙值。

(7) 用塞尺测量轴瓦两侧间隙时，以 0.20mm 塞尺沿轴两侧均能塞入深度为 10～15mm 时为准。对开轴瓦的两侧间隙，为轴径的 1.5/1000～2/1000。

(8) 刮研轴瓦端面与轴肩接触的轴向平面，消除偏斜现象，最后上下轴瓦合在一起与轴肩研磨刮削，使轴向端面接触点一周均布，在轴肩圆角部位不得有接触痕迹。

(9) 用压铅丝法测量轴承座对轴瓦的紧力，以达到质量要求。可适当调节轴承座下的垫片厚度或对轴承座进行刮研工作。

(八) 滑动轴承检修（刮削）的质量标准

(1) 滑动轴承轴瓦乌金表面应光洁，且呈银亮光泽，无黄色斑点、杂质、气孔、剥落、裂纹、脱壳、分离等缺陷。

(2) 轴颈与轴瓦乌金接触角为 60°～90°，而且接触角的边沿其接触点应有过渡痕迹。

(3) 在允许接触范围内，其接触点大小一致，且沿轴向均匀分布，用印色检查为 (2～3) 点/cm^2。

(4) 轴瓦顶部间隙应为轴径的 1/1000～2/1000，若轴瓦间隙超过此范围，而运行工况良好，允许继续使用。

(5) 新轴瓦两侧间隙用 0.20mm 塞尺沿轴外圆周塞入 15～20mm 即可，旧轴瓦用同样的方法检查，允许 0.50mm 塞尺塞入 15～20mm。

(6) 轴瓦在轴承箱体内不得转动，应有 0.02～0.04mm 的紧力，轴瓦与箱体接合面接触点均匀分布，不少于 1 点/cm^2，不许在结合面处加垫。

（7）轴瓦端面与轴肩接触要均匀分布，且不少于 1 点/cm^2，其轴瓦圆角不得与轴肩圆角接触。

（8）带油环应为正圆体，带油环的厚度均匀，表面光滑，接口牢固。带油环在槽内无卡涩现象，应随轴保持匀速相对转动。

（9）回油槽应光滑，无飞边毛刺。

（10）固定端轴瓦其轴向总推力间隙为 1～2mm，自由端的膨胀间隙按下式计算：

$$C = 1.2(t + 50)L/100 \tag{10-1}$$

式中 C——热膨胀伸长量，mm；

t——轴周围介质最高温度，℃；

L——两轴承中心线距离，m；

1.2——钢材的线膨胀系数经验值，mm/(m·℃)。

（九）滑动轴承轴颈检修

轴颈缺陷是造成滑动轴承故障的主要原因之一。在风机、球磨机等设备的轴承烧损事故中有很多是由于轴颈的磨损、粗糙造成的。

对轴颈的精度与表面粗糙度的要求：转子轴颈表面应光亮，无任何伤痕、锈蚀。轴颈圆度与圆柱度要求不大于 0.02mm；零件的表面粗糙度对零件的使用寿命、抗腐蚀能力有着直接影响。减少轴颈的表面粗糙度，可大大减少摩擦耗能。轴颈表面粗糙度要求：小型设备轴颈取 0.8μm，加工方法，精车后抛光；重要设备轴颈取 0.2μm，磨床加工。

当轴颈出现锈斑、腐蚀、伤痕及失圆等现象时，应及时进行处理。若缺陷尚未发展到必须要用机床加工的程度，可在现场用研磨的方法进行修复。其研磨方法是，将转子放在支架上，测记研磨前轴颈圆度及圆柱度。在轴颈上包一层涂油砂布，垫上厚度均匀的毛毡，装上套筒，并把毡子和砂布的两头夹在套筒法兰中间，拧紧螺栓。用手盘动工具进行研磨，每隔 15～20min 更换一次砂布，每隔 1h 将转子转动 90°。当转子转动一圈后，用煤油把轴洗净，用量具检查转子直径，防止将轴颈磨成不规则的圆。砂布粒度及研磨时间应由轴颈损伤程度和研磨效果来决定。随着伤痕的减少，应逐步更换细的砂布。当伤痕全被磨掉，轴颈的圆度与圆柱度误差不大于 0.02mm 后，再用研磨膏将轴颈抛光，抛光后将轴颈清洗干净。

当轴颈仅有轻微锈蚀、划痕时，可用 00 号砂布衬在布带上，沿轴绕两圈，用手来回拉动研磨。当在轴颈上发现裂纹时，不允许对轴颈进行研磨或机床加工，对裂纹应作特殊处理。

（十）滑动轴承间隙的选择与计算

滑动轴承间隙的作用是让运转中的轴与轴瓦产生油膜，以便减少摩擦，并通过油的循环，带走一部分因摩擦产生的热量。同时还要保证温度在允许范围内升高时，轴的膨胀也不会破坏油膜润滑的良好效能。由此可见，轴瓦瓦顶间隙应取决于轴的直径大小与允许的最高油温。一般规定滑动轴承正常运行油温不超过70℃，允许最高油温不超过80℃。轴承的最大受热膨胀为轴径的0.7/1000～0.8/1000，润滑油膜的厚度为0.015～0.025mm。这样可以得出轴瓦间隙的计算公式为：

$$\delta=(0.7\sim0.8)D/1000+(0.015\sim0.025) \tag{10-2}$$

式中　δ——轴瓦瓦顶间隙，mm；

D——轴的直径，mm。

从理论上讲，轴瓦瓦顶间隙符合上面计算值即可以应用，但实际运行中因多种因素影响，当轴瓦瓦顶间隙选择较小时易使轴瓦温度过高，特别是圆筒形轴瓦，润滑油循环不佳，摩擦热量不能及时带走，造成轴瓦发热，所以轴瓦间隙往往选择大一些。

一般规定，圆筒形轴瓦的瓦顶间隙，当轴径大于100mm时，取轴径的1.5/1000～2/1000，其中较大数值适用于较小直径，而两侧间隙各为瓦顶间隙的一半。椭圆形轴瓦的瓦顶间隙，当轴径大于100mm时，取轴径的1/1000～1.5/1000，其中较大数值适用于较小直径，两侧间隙各为轴径的1.5/1000～2/1000。

（十一）滑动轴承的装配及注意事项

滑动轴承经解体、检查、检修后，须重新组装，即把轴承的各组成部件，如轴瓦、瓦座、瓦盖、油环、填料轴封及各部螺栓等按原位置装配起来，并符合质量要求。

轴瓦在装配中应注意以下问题：

（1）轴承在设备上的位置应重新找正。

（2）带油环一般为分体式，由螺钉连接，因此装配后应为正圆体，且不允许有磨痕、碰伤及砂眼等。

（3）填料油封的紧力要适当，槽两边的金属孔边缘同转轴之间间隙应保证1.5～2mm。

（十二）滑动轴承润滑油系统的清洗与检修

滑动轴承油系统在任何情况下，绝不能中断供油。并要求整个系统不漏油，漏油不仅影响润滑，还可能引发火灾。因此对该系统的检修要求是：清洁干净、不滴不漏、工作可靠。

每次大修或因油质劣化更换新油时，都应把油箱里的油全部放出，对油箱进行清扫，清扫方法如下：

（1）放完油后打开油箱上盖，取出滤网等油箱附件。打开底部放油阀，用100℃的热水把油箱里沉淀的油垢杂质冲洗干净。

（2）用磷酸三钠或清洗剂清洗油箱，直到油污全部清洗干净，再用无棉毛布擦干。为了清除箱内残存的细小杂物，还要用面粉团将内壁仔细地粘一遍。

（3）检查油箱内防腐漆是否完好，必要时应重新涂刷防腐漆。

（4）滤网用热水清洗，并用压缩空气吹净。滤网应完整，破裂严重时应更新。部分漏洞，允许补焊。滤网一般采用铜丝布，近来也有选不锈钢丝布，其网目数应符合规程要求。

(5) 清洗、检修油箱附件，如冷却器、油位计等。

冷油器的油侧位于铜管的外侧，由于管束排列很密集，导流隔板多，在管板与管子之间形成“死角”，处于此处的油垢无法直接冲洗，故冷油器油侧的清洗难度大。针对油侧特点，对油侧的清洗一直采用煮、泡工艺：一种方法是采用沸腾的碱性水（如3%～5%磷酸三钠加水）进行煮洗数小时；另一种方法是用化学作用更强的液体（如苯和酒精的混合物）在冷油器不解体的情况下，进行泡洗。在煮泡后都必须用净水进行仔细冲洗，洗去碱液和化合物。冷油器的清洗工艺还在不断完善，要求清洗工作在保证清洗质量的前提下，做到省时、省工、安全、环保。冷油器水侧的清洗工作，主要是清除管壁上的水垢。由于冷油器铜管少而短，大都采用捅杆和带水的刷子捅刷。冷油器清洗工作结束后，将冷油器组装好，在油侧接上水压机进行水压试验。试验水压为0.3MPa，恒压5min。检查铜管有无渗漏、破裂或胀口不严等现象。

(6) 油循环和过滤。为保证油系统的清洁，检修结束后，必须进行油循环，过滤系统中的杂质。其方法有两种：

1) 将各轴承下瓦侧隙处用布条塞好，防止杂物落入下轴瓦，盖上轴承上盖，启动油泵，以高速油流冲洗管道及轴承室，把杂质带回油箱进行过滤。循环4～8h后，停泵，清洗轴瓦。

2) 在轴承进油管法兰中临时加装滤网，并在滤网前后各加装一只压力表，启动油泵进行油循环，根据滤网前后的压力差的变化，清洗滤网。当压力差为零时，方可终止循环。油循环后，还要将油箱内的滤网进行清洗。向油箱注入新油时，必须先用滤油机进行过滤，再注入油箱。

第二节　晃动、瓢偏测量与直轴

一、晃动、瓢偏测量

旋转体外圆面对轴心线的径向跳动，称为径向晃动，简称晃动。晃动程度的大小称为晃动度。旋转体端面沿轴向的跳动，即轴向晃动，称为瓢偏。瓢偏程度的大小称为瓢偏度。旋转体的晃动、瓢偏不允许超过许可值，否则将影响旋转体的正常运行。

(一) 晃动、瓢偏对旋转体的影响

旋转体晃动影响旋转体的平衡，尤其是对大直径、高转速旋转体的影响更为严重。对动静间隙有严格要求的旋转体，晃动、瓢偏过大会造成动静部件的摩擦。工作面是端面的旋转部件，如推力盘、平衡盘，要求在运行中与静止部件有良好的动态配合，若瓢偏度过大，则将破坏这种配合，

导致盘面受力不匀并破坏油膜或水膜的形成，造成配合面磨损，严重时出现烧瓦事故。旋转体的连接件，如联轴器的对轮，若晃动度、瓢偏度超标，将影响轴系找中心及联轴器的装配精度，导致机组振动超标。传动部件，如齿轮，其晃动的大小直接关系着轮齿的啮合优劣；又如三角带轮的瓢偏与晃动，会造成三角皮带磨损超常。

（二）旋转体产生晃动、瓢偏的主要原因

由于轴弯曲，造成转子上的部件的瓢偏度、晃动度增加，越是接近最大弯曲点的部件，其值增加越大。在加工旋转体上的零件时，工艺不好，造成孔与外圆的同心度、孔与端面的垂直度超标。在安装、检修时，套装件不按正规工艺进行套装，如键的配合有误、配合间隙过大、套装段有杂质、热套变形等。铸件退火不充分，造成因热应力而变形。运行中动静部件发生摩擦，造成热变形等。这些都会造成旋转体产生瓢偏、晃动现象。

因此，在检修中对转子上的固定件，如叶轮、齿轮、带轮、联轴器对轮、推力盘、轴套等，都要进行晃动和瓢偏的测量。测量工作可以在机体内进行，也可以在机体外进行，一般应在机体内进行，这样得出的数值更准确。

（三）晃动测量

将所测旋转体端面的圆周分成 8 等份，并编上序号。固定好百分表架，将百分表的测量杆按标准安放在圆面上，如图 10-11（a）所示。被测量处的圆周表面必须是经过精加工的，其表面应无锈蚀、无油污、无伤痕，否则测量就不准确了。

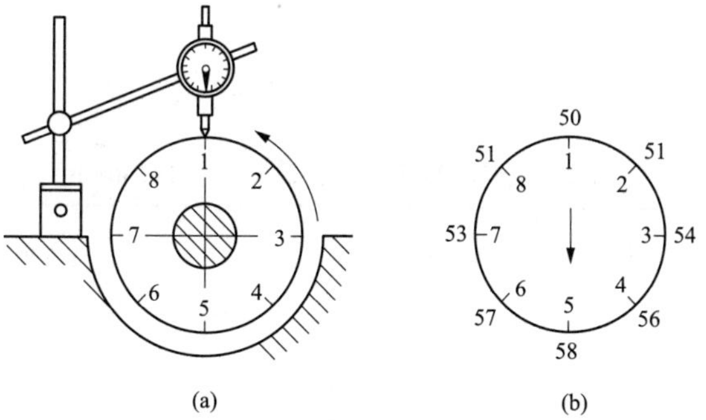

图 10-11 晃动测量图

（a）将测量杆安放在圆面上；（b）测量记录（单位：0.01mm）

把百分表的测量杆对准如图 10-11（a）所示的位置“1”，先试转一圈，若无问题，即可按序号转动转体，依次对准各点进行测量，并记录其读数，如图 10-11（b）所示。

根据测量记录，计算出最大晃动度。以图 10-11（b）的测量记录为例，最大晃动位置为 1-5 方向的“5”点，最大晃动值为 0.58mm－0.50mm＝0.08mm。

在测量时应注意：在转子上编序号时，习惯以转体的逆转方向顺序编号。晃动的最大值不一定正好在序号上，所以应记下晃动的最大值及其具体位置，并在转体上做上明显记号，以便检修时查对。记录图上的最大值与最小值不一定正好是在同一直径上，无论是否在同一直径上，其计算方法都不变；但应标明最大值的具体位置。测量晃动的目的是找出转体外圆面的最凸出的位置及数值，故其值不能除以 2，除以 2 后，则是轮外圆中心偏差。

（四）瓢偏测量

在测量瓢偏时，必须安装两只百分表。因为在测量时，测量件在转动时可能与轴一起沿轴向窜动。用两只百分表，可以把窜动的数值在计算时消除。装百分表时，将两只百分表分别安装在同一直径相对的两个方向上，如图 10-12 所示。将百分表的测量杆对准如图 10-12 所示的 1 和 5 点，两百分表与边缘的距离应相等。百分表经调整并证实无误后，即可转动转动体，按序号依次测量，并把两只百分表的读数分别记录下来。记录的方法有两种：一种用图记录，如图 10-13 所示；一种用表格记录，见表 10-2。

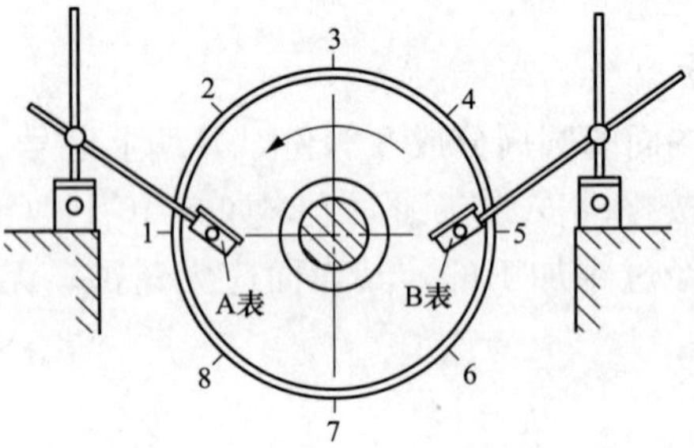

图 10-12 瓢偏测量

表 10-2 瓢偏测量记录及计算举例（1/100mm）

位置编号 A表	位置编号 B表	A 表读数	B 表读数	$a-b$	瓢偏度
1	5	50	50	0	瓢偏度 $=\frac{(a-b)_{max}-(a-b)_{min}}{2}=\frac{16-0}{2}=8$
2	6	52	48	4	
3	7	54	46	8	
4	8	56	44	12	
5	1	58	42	16	
6	2	66	54	12	
7	3	64	56	8	
8	4	62	58	4	
1	5	60	60	0	

1. 用图记录

(1) 将A表、B表的读数 a、b 分别记录在圆形图中，如图 10-13 (a) 所示。

(2) 计算出两记录图同一位置的平均数 $\frac{a+b}{2}$，并记录在图 10-13 (b) 中。

(3) 求出同一直径上两数之差 $a-b$，即该直径上的瓢偏度，如图 10-13 (c) 所示。通常将其中最大值定为该转动体的瓢偏度。从图 10-13 (c) 中可看出，最大瓢偏位置为 1-5 方向，最大瓢偏度为 0.08mm。该转动体的瓢偏状态，如图 10-13 (d) 所示。

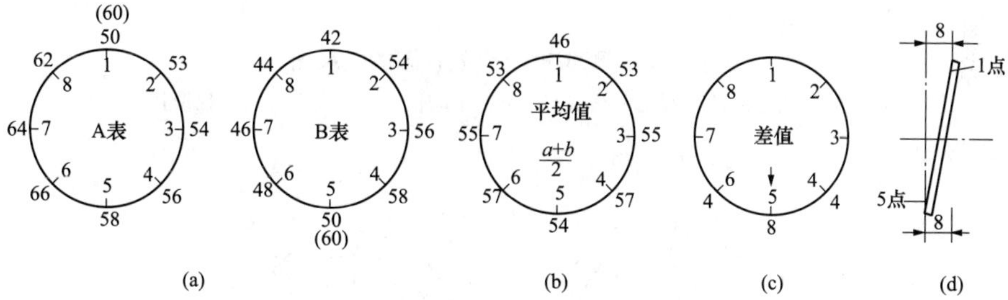

图 10-13　瓢偏测量记录图（单位：0.01mm）

(a) 记录A表、B表读数；(b) 记录图同一位置的平均数；
(c) 求出同一直径上两数之差；(d) 转动体的瓢偏状态

2. 用表格记录

从图 10-13 (a) 和表 10-2 中可看出，测点转完一圈之后，两只百分表在 1-5 点位置上的读数未回到原来的读数，由“50”变成“60”。这表示在转动过程中转子窜动了 0.10mm，但由于用了两只百分表，在计算时该窜动值就被减掉了。

测量瓢偏应进行两次。第二次测量时，应将测量杆向转动体中心移动 5～10mm。两次测量结果应很接近，如相差较大，则必须查明原因。造成的原因可能是测量上的差错，也可能是转动体端面不规则。待原因查明后，再重新测量。

3. 瓢偏度与转动体瓢偏状态的关系

根据图 10-13 与表 10-2 计算出的瓢偏度，其值指的是转体端面最凸出部位，还是最凹部位，还是凸凹之和呢？现以图 10-14 所示的图解法求证。

通过图 10-14 所示的图解结果证明，瓢偏度是转体端面最凸处与最凹处之间的轴向距离。

4. 测量瓢偏的注意事项

(1) 图与表所列举的数据均为正值，实际工作中有负值的出现，但其计算方法不变。

(2) 若百分表以“0”为起点读数时，则应注意＋、－的读法，如图 10-15 所示。在记录和计算时，同样应注意＋、－数。

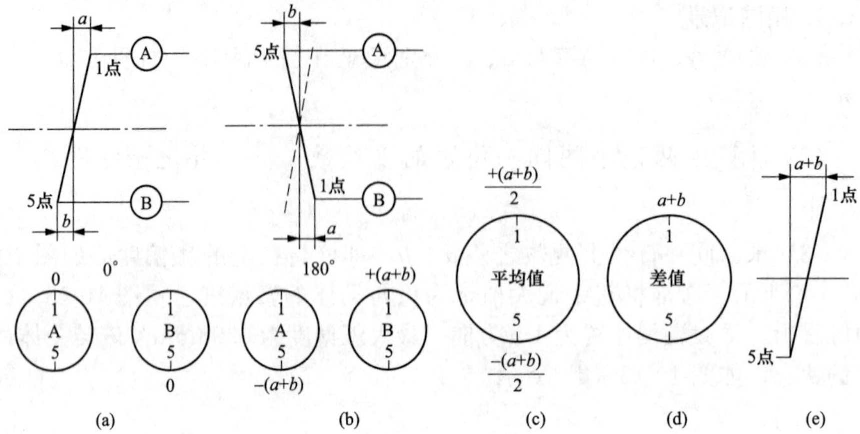

图 10-14 瓢偏度与瓢偏状态的关系图

(a) 初始状态；(b) 转动 180°状态；(c) 平均值；(d) 差值；(e) 瓢偏状态

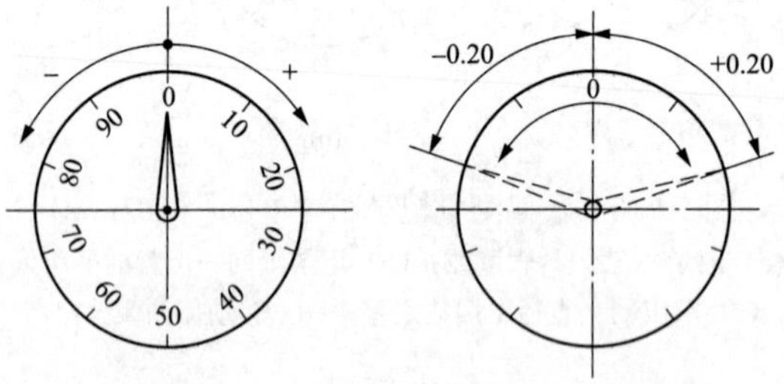

图 10-15 分表以零为起点的读数法

(3) 用表读数计算时，其中两表读数差可以用 $a-b$，也可以用 $b-a$ 来计算，但在确定其中之一后就不能再变。

(4) 图和表中的最大值与最小值，不一定在同一直径上。出现不对称情况是正常的，说明转体的端面变形是非对称的扭曲。

二、轴弯曲的测量与校直

转动机械轴弯曲后，会引起转子的不平衡和动静部分的摩擦，检修转动机械时应对轴进行检查和测量。电厂对各种设备轴的弯曲度都有严格要求，如果弯曲值超过允许范围，就要进行直轴处理。

(一) 轴弯曲测量

测量轴弯曲时，应在室温状态下进行。大部分轴可以在平板或平整的水泥地上进行测量。测量时将两端轴颈支撑在滚珠架或 V 形铁上进行，而重型轴如汽轮机转子轴，一般在本体的轴承上进行。测量前应将轴向窜动限制在 0.10mm 以内，如图 10-16 所示。

1. 测量步骤

(1) 测量轴颈的圆度，其值应小于 0.02mm。

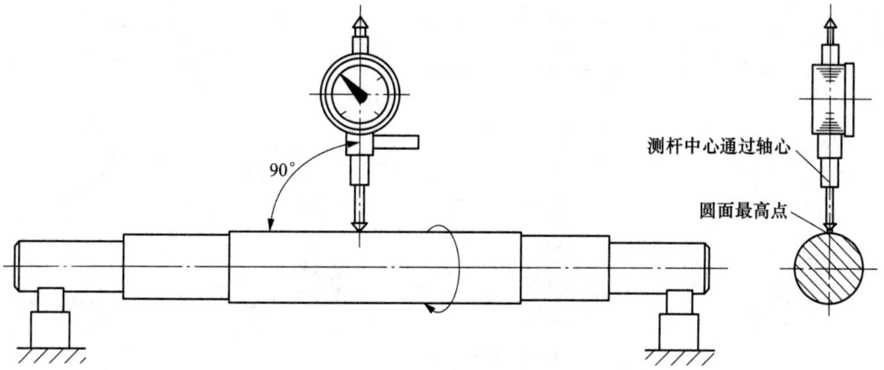

图 10-16　轴弯曲的测量

（2）将轴分成若干测量段，测点应选在无锈斑、无损伤的轴段上，并测记测点轴段的圆度。

（3）将轴的端面分成 8 等份，序号的 1 点应定在有明显固定记号的位置，如键槽、止头螺钉孔等处。

（4）为保证在测量时每次转动的角度一致，应在轴端设一固定的标点，如用划针盘、磁力表座等。

（5）架装百分表时，百分表必须灵敏好用符合要求，表脚应垂直轴并通过轴的中心线。

（6）将轴沿序号方向转动，依次测出百分表在各等分点的读数，并将读数按测量段分别记录在图中。根据记录图计算出每个测段截面的弯曲向量值。计算方法为同直径读数差的 1/2，即为轴中心弯曲值。将截面弯曲向量图绘在测量记录图的下面，如图 10-17 所示。

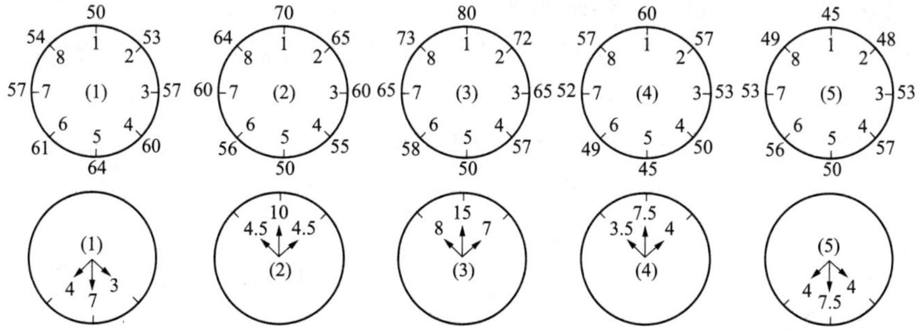

图 10-17　轴弯曲测量记录

根据各截面弯曲向量图绘制弯曲曲线图。纵坐标为轴各截面同一轴向的弯曲值，横坐标为轴全长和各测量截面的距离。根据各交点连成直线，在直线交点及其两侧多测几个截面，将测得的各点连成平滑的曲线，构成轴的弯曲曲线，如图 10-18 所示。

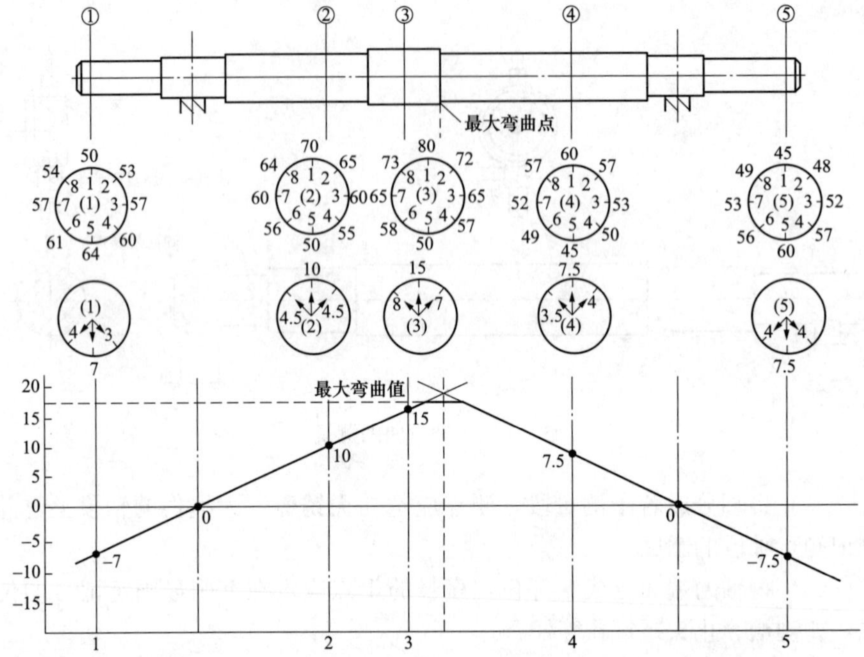

图 10-18　轴弯曲曲线

2. 轴弯曲状态分析

轴弯曲状态分析，是依据轴各截面的测量记录及弯曲向量图进行的。

如果轴的各截面的最大弯曲向量位于同一轴向，说明该轴只有一个弯；如果各截面的最大弯曲向量不在同一方向，则说明该轴不止一个弯。此时应根据截面的最大弯曲向量方向，绘制另一轴向的弯曲曲线图。

图 10-18 所示的弯曲曲线图是一理想曲线。在实际工作中，由于各种因素的影响，如轴的圆度、各轴段的不同轴度及测量误差等，使各截面的最大向量的连线不是直线。因此在绘制曲线图时，要对各弯曲点进行分析，并均衡各弯曲点的关系。

曲线图中的直线交点，反映在轴上就是轴的弯曲处，也是直轴的校直处，若该点错误，不仅不能将轴校直，反而把问题搞复杂。故在校直前，必须对校直位置进行仔细复查，以核实该处校直的正确性。

通常所说的轴的最大弯曲值，是在该轴以原轴承为支点的条件下所测。若改变支点的轴向位置，则最大弯曲值也就随着改变。

在直轴时，轴的校直量与轴的弯曲值不是同值。轴的校直量要根据轴的固定方式及监测用的百分表架设的位置而定。

将圆周等分为 8 等份，是检修工作在实践中所总结出的最佳等分数。因 8 等份最好绘制，每等份为 45°，利于记录，利于对数据分析。8 等份和等分的始点（即“1”点）都是人为制定的，它与轴的弯曲方位无任何必然关系。

轴弯曲的测量工作是转子与轴类检修必做的内容。实际工作中，真正发生轴弯曲的现象还是少数。因此，没有必要对每根轴均按前述工艺进行弯曲的测量。为了简化测量工作，提高效率，可在轴上选上2～3测量段，架好百分表，将轴转动一圈，转动时只注意百分表指示的最大值。若最大值小于轴弯曲允许值，则就无需再做轴弯曲的测量工作。此种方法适用于类似的各项测量工作，如转体的瓢偏、晃动的测量。

（二）轴弯曲的校直

1. 校直前的检查

用砂布将轴所要检查的区域打磨光，并用过硫酸铵浸蚀，然后用高倍放大镜检查轴面，若有裂纹，在银白色的轴面上会呈现暗色条纹，细微的裂纹需要24h后才能显现。因此，需在浸蚀后作初次检查，经过24h后再做第二次检查。裂纹深度的测定，可通过锉削、磨削、车削的方法或采用无损探伤。轴上的裂纹必须在校直前消除掉，否则在校直时将会进一步扩大。如裂纹太深，没有检修的价值，就应更换轴。

如果轴因摩擦引起弯曲，则应测量摩擦部位和正常部位的表面硬度。若轴的摩擦部位金属已淬硬，在校直前就应进行退火处理。

当轴的材料不能确定时，应取样分析。取样应从轴头处钻取，其质量不得少于50g。注意取样时不能损伤轴的中心孔。

2. 校直的方法

（1）机械加压校直法。把轴放在V形铁上，两V形铁的距离一般为150～200mm，轴的最大弯曲点对准压力机的压头。在轴的下方或轴端部装上百分表，如图10-19所示。下压的距离应略大于轴的弯曲值。过直量一般不超过该轴的允许弯曲值。此法校直一般不需要进行热处理，但精度不高，常用于一般阀杆等的校直。

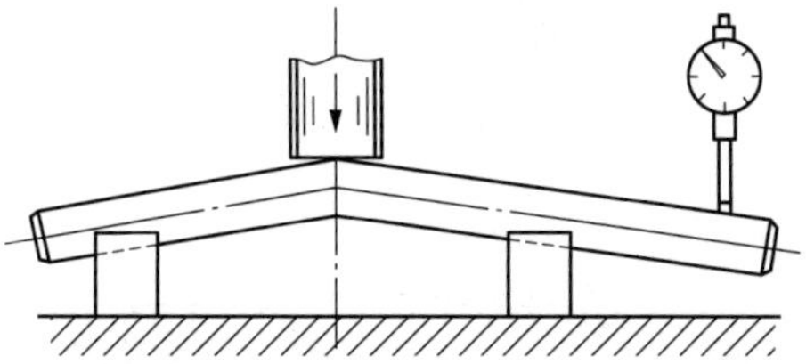

图10-19　机械加压校直法

（2）捻打校直法。捻打校直法就是通过捻打轴的弯曲处凹面，使该处金属延伸，将轴校直。此法校直精度高、应力小、不产生裂纹，多用于弯曲不大、直径较小的轴的校直。操作时将轴放在支座上，最大弯曲点的凹部向上，在支座与轴接触处应垫以铜、铝之类的软金属板或硬木块，轴必须固定牢固。轴的另一端任其悬空，必要时，可在悬空端吊上重物或用机械加压，以增加捻打效果，如图10-20所示。

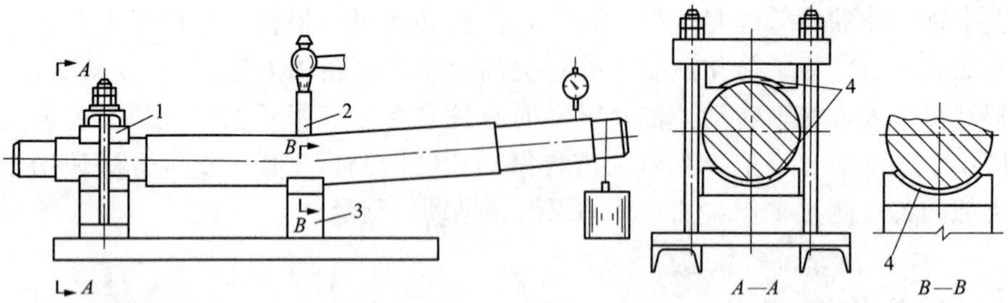

图 10-20 捻打校直法的设备

1—固定架；2—捻棒；3—支持架；4—软金属板

捻棒可用低碳钢或黄铜制作。捻棒下端端面应制成与轴面相吻合的弧形且没有棱角，如图 10-21 所示。

捻打的方法是：在轴弯曲部位画好捻打范围，一般为圆周的 1/3，如图 10-22（a）所示；轴向捻打长度应根据轴的材料、表面硬度和弯曲度来决定。用 1～2kg 的手锤靠其自重锤击捻棒。先从 1/3 圆弧的中心开始，左右相间均匀地锤击。锤击次数应中间多，左右两侧逐渐递减。轴向锤击次数也是由中央向轴的两端递减，如图 10-22（b）所示。

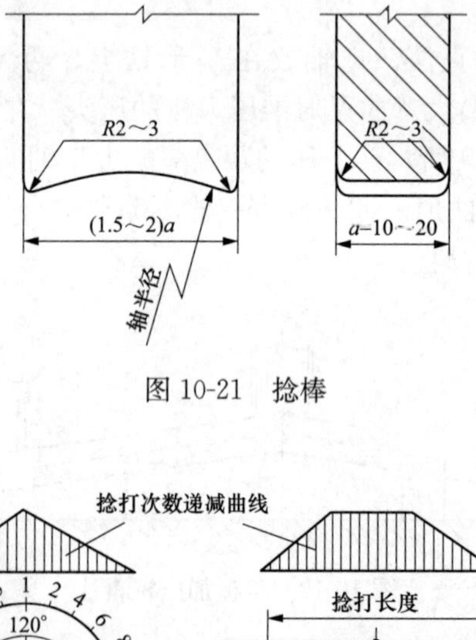

图 10-21 捻棒

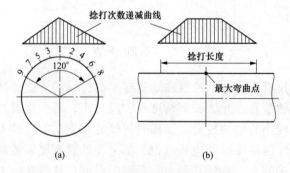

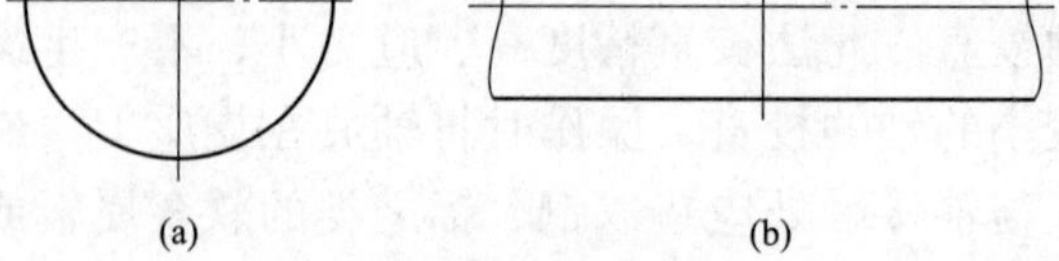

图 10-22 捻打的方法

（a）圆周捻打范围；（b）长度捻打范围

每捻打完一遍，检查一次轴的伸直情况。轴的伸直变化开始较大，以后由于轴表面逐渐硬化，轴的伸直也减慢了。经多次捻打效果不显著时，可以用喷灯将轴表面加热到 300～400℃，进行低温退火，再捻打。捻打到最后时，要防止过直，但允许有一定的过直量（0.01～0.02mm）。最后将轴的捻打部位进行低温退火，消除内应力和表面硬化。

（3）局部加热校直法。轴发生永久性弯曲往往是因为单侧摩擦过热而引起的。金属过热部位受热膨胀，轴产生暂时热胀弯曲；与此同时，受热部位的膨胀又受到周围温度较低金属的限制，而产生很大的压应力，如图 10-23（a）所示。若压应力大于过热部位的屈服极限，将产生塑性变形。被塑性压缩的体积，即为该部位金属在过热温度下应膨胀而受周围限制而不能胀出的体积。当恢复常温后，过热部位收缩后其体积与常温下原有体积比较，还要减小被塑性压缩的体积，并向内拉扯周围金属，使轴曾受过热一边的长度变短，而其他部分仍恢复原有长度，于是轴呈现向反向弯曲。过热处位于凹处，如图 10-23（b）所示。

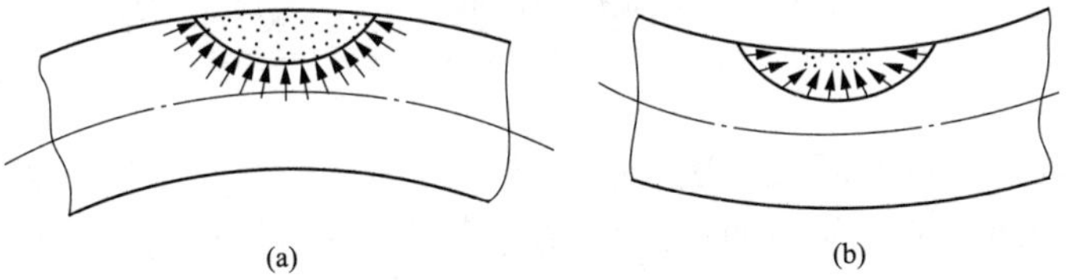

图 10-23　轴受热后的弯曲变化

（a）膨胀弯曲；（b）反向弯曲

局部加热校直就是采用这种原理，即在转子凸起部位进行局部加热，使其产生塑性压缩变形，在冷却后，反向弯曲而使轴被校直。

局部加热校直时，将轴的凸起部位向上放置。不需要受热的部位用石棉制品隔绝。加热段用石棉布包起来，下部用水浸湿，上部不要浸水，并留有如图 10-24（a）所示的加热孔。加热孔周围的保温层不宜太厚，以免妨碍火嘴的移动。加热要迅速均匀，并选用头号火嘴。加热从孔中心开始，然后逐渐扩展至边缘，再从边缘回到中心。在这过程中，应防止火嘴停留在某一点不动，以防将轴熔化。当温度达到 600～700℃时，即可停止加热，并立即用干石棉布将加热孔盖上，待轴自然冷却到室温时，测量轴的弯曲情况。若未达到要求的数值，就可重复再校直一次。如果在原位再次加热无效，须将加热孔移至最大弯曲处的轴向附近，扩大加热面积。

在加热过程中，轴的弯曲度是逐渐增加的。加热完毕后，轴开始伸直。随着轴温的降低，轴不仅恢复到原弯曲形状，而且逐渐向原弯曲的反方向伸直，如图 10-24（b）所示。最后轴要求过直 0.05～0.075mm，这个过直量在轴退火后可以消失。轴校直完后，应在加热处进行全周退火或整轴退火。对于弯曲不大的碳钢或低合金钢轴，用局部加热校直法既省时又省事。

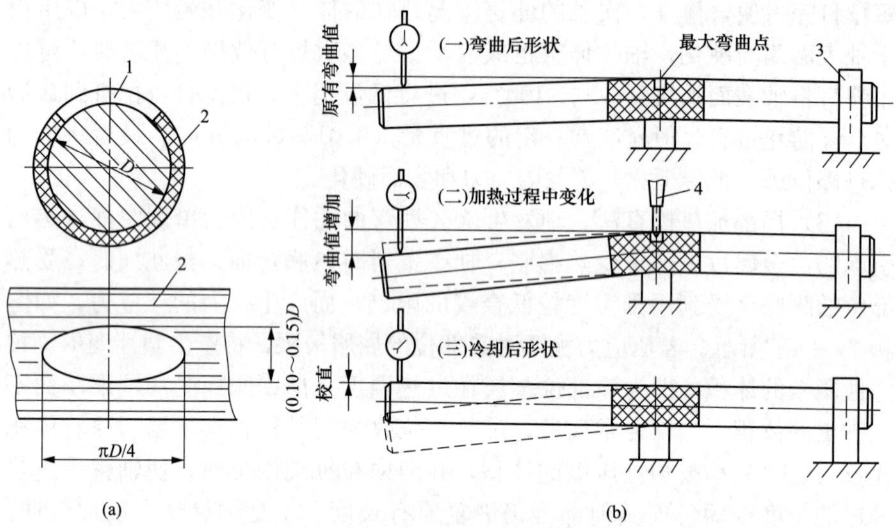

图 10-24　局部加热校直法

(a) 加热孔尺寸（下图为加热孔展开图）；(b) 加热前后轴的变化

1—加热孔；2—石棉布；3—固定架；4—火嘴

(4) 局部加热加压校直法。此法与局部加热校直法不同之处是，在加热之前利用加压工具使轴的弯曲部位先受压，以增加校直效果。压力的大小决定于轴两支点间的距离、轴的直径及弯曲值。施加的压力必须在轴完全冷却之后方允许卸压。至于轴的加热方法、加热温度及退火处理等均与局部加热校直法相同。局部加热加压校直法的设备布置如图 10-25 所示。

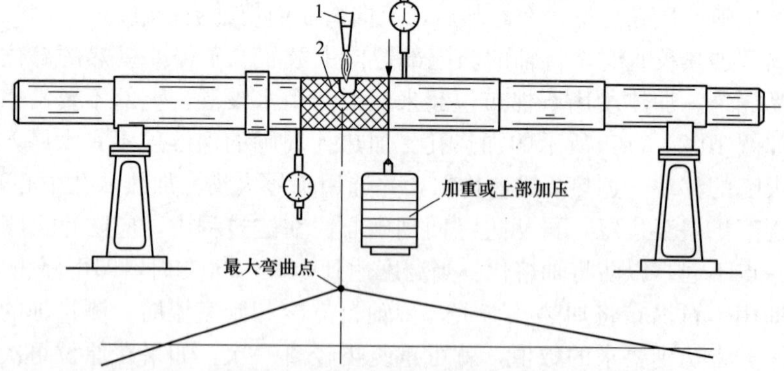

图 10-25　局部加热加压校直法的设备布置

1—火嘴；2—石棉布

此法校直效果较前几种方法好，但不适用高合金钢及经淬火的轴，而且稳定性较差，在运行中有可能向原弯曲形状再次变形。

(5) 内应力松弛校直法。此方法是将轴的最大弯曲处的整个圆周加热到低于回火温度 30～50℃，接着向轴的凸起部位加压，使其产生一定的弹性变形。在高温下，作用于轴的内应力逐渐减小，同时弹性变形逐渐转变为塑性变形，从而达到轴的校直目的。这种校直法校直后的轴具有良好的稳定性，尤其是对于用合金钢锻造或焊接的轴，用这种方法校直最为可靠。

内应力松弛校直法直轴装置的结构与总体布置如图 10-26 所示。校直时，用顶丝将承压支架顶起，使轴颈离开滚动支架约 2mm。轴的最大弯曲点在正上方，以（80～100)℃/h 的速度升温，升到 650℃左右（最高不超过 700℃）时恒温，并开始逐步加力。用油压千斤顶控制加力的大小，达到预定压力后即恒压。在恒压期间随时观测电流、电压、各点温度、千斤顶油压及轴的挠度。恒压时间根据轴的松弛情况决定。当轴的挠度变化很缓慢几乎不变时，即停止加压，松开千斤顶和支架顶丝，使轴落在滚动支架上。轴每 5min 转动 180°，待轴上下温度均匀后，再测量轴的弯曲。测量前应断电。根据测量结果，若要再次校直，应接着进行，并在允许范围内适当提高加热温度或压力，否则效果不大。

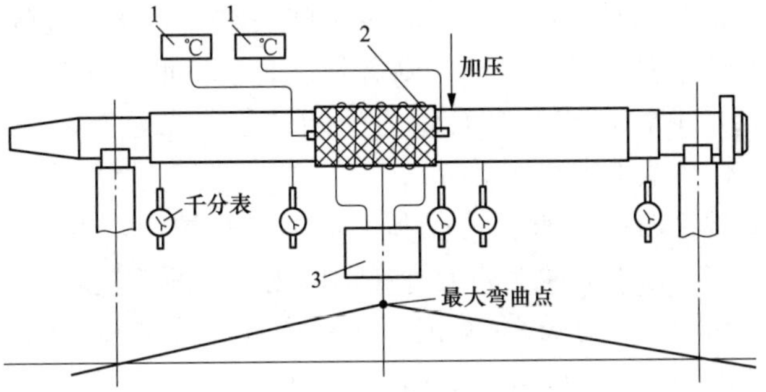

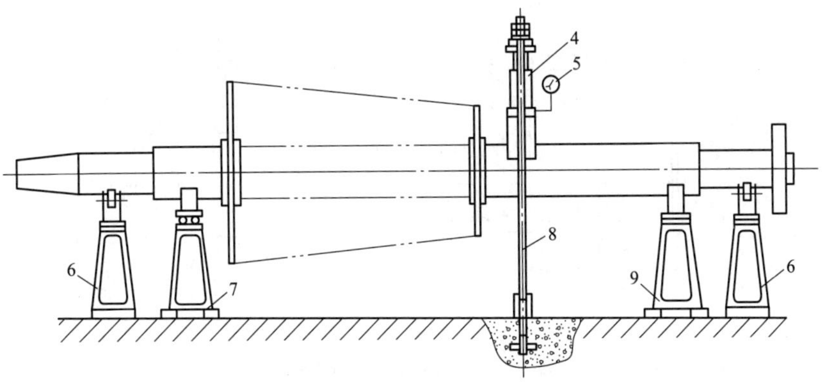

图 10-26　内应力松弛校直法装置的结构与总体布置

(a) 总体布置；(b) 加压与支承装置

1—热电偶温度表；2—感应线圈；3—调压器；4—千斤顶；5—油压表；6—滚动支架；7—活动承压支架；8—拉杆；9—固定承压支架

校直后必须检查。首先检查加压、加热部位表面是否有裂纹，加热部位的表面硬度是否有明显下降。由于校直后的剩余弯曲及弯曲方向与轴在弯曲前有差异，故应对转子进行找平衡工作。

在校直的过程中，没有达到校直要求的轴或运行后再次弯曲的轴均允许重复进行校直，但次数不宜过多，一般以 3 次为限。

第三节　联轴器找中心

联轴器找中心是转动设备检修的一项重要工作。转动设备轴的中心如果找得不准，则必然引起机组振动。因此在检修过程中必须进行联轴器找中心工作。

一、联轴器找中心原理

联轴器找中心的目的是使一转子轴中心线为另一转子轴中心线的延续曲线。因两个转子的轴是用联轴器连接的，所以只要联轴器的两个对轮中心是延续的，那么这两个转子的中心线也就一定是一条延续的曲线。要使联轴器的两个对轮中心是延续的，则必须满足以下两个条件：一是使两个对轮中心重合，也就是使两个对轮的外圆同心；二是使两个对轮的接合面（端面）平行（两轴中心线平行）。

测量两个对轮的中心重合情况和端面的平行情况，可采用如下方法：先在某一转子的对轮外圆面上装上桥规，供测外圆面偏差之用，如图 10-27 所示。然后转动转子，每隔 90°测记一次，共测出上、下、左、右四处的外圆间隙 b 和端面间隙 a，得出 b_1、b_2、b_3、b_4 和 a_1、a_2、a_3、a_4，再将其结果记录在图 10-27 的方格内。

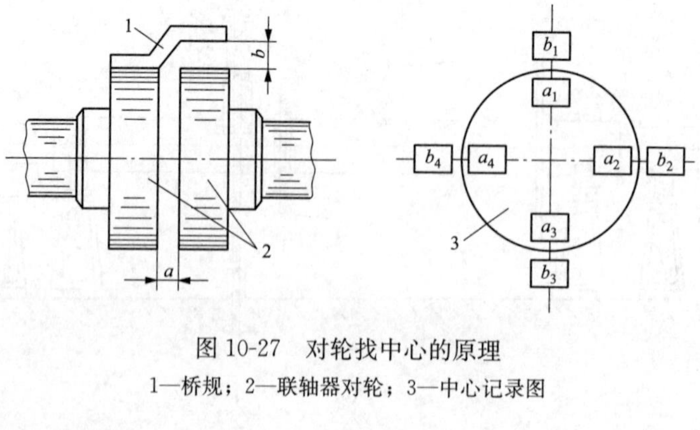

图 10-27　对轮找中心的原理

1—桥规；2—联轴器对轮；3—中心记录图

若测得的数值：

$a_1=a_2=a_3=a_4$，则表明两个对轮的端面是平行的。

$b_1=b_2=b_3=b_4$，则表明两个对轮是同心的。

同时满足上述两个条件，两轴的中心线就是一条延续曲线。如果所测得的数值不等，就说明两轴中心线不是一条延续曲线，需要对轴承进行调整。

由此可知，联轴器找中心的主要工作有两项：

(1) 测量两个对轮的外圆面和端面的偏差值。

(2) 根据测量的偏差数值，对轴承（或轴瓦）作相应的调整，使两个对轮中心同心、端面平行。

二、对轮的加工误差对找中心的影响

由于联轴器找中心是以外圆和端面为基准进行调整的，所以要求对轮和轴颈的加工精度及对轮的安装质量不许有偏差。实际上，要做到没有偏差是不可能的，也就是说对轮外圆与端面不可避免地存在着晃动和瓢偏。当转动一侧对轮时，即可从图 10-28 中清楚地看出对轮的瓢偏和晃动对端面 a 值及外圆 b 值的影响。

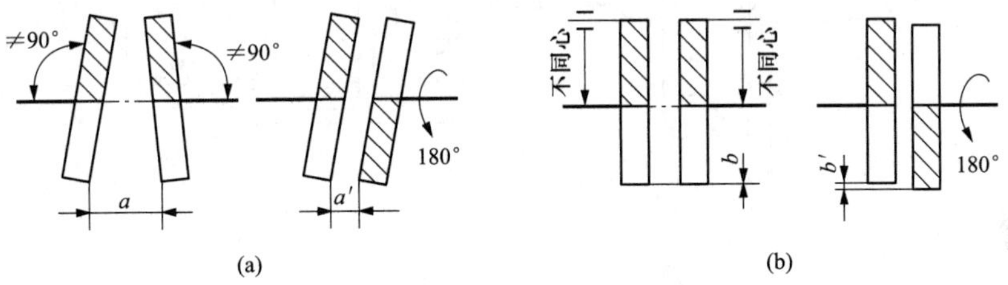

图 10-28 对轮的瓢偏与晃动对找中心的影响

(a) 瓢偏的影响；(b) 晃动的影响

若用销子将两个对轮连接，并同时转动两个对轮，就可发现端面 a 值及外圆 b 值不随着两个对轮转动的位置改变而发生变化，如图 10-29 所示，也就是说两个对轮瓢偏及晃动对所测出的端面 a 值和外圆 b 值没有影响。

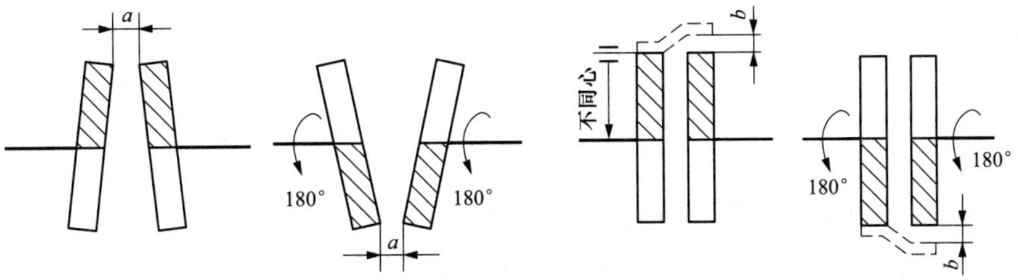

图 10-29 两个对轮同时转动后的情况

根据上述试验，得到下述结论：在找中心时，必须将两个对轮依照原来的连接位置连在一起同时转动。

三、找中心的方法及步骤

（一）准备工作

检查并消除可能影响对轮找中心的各种因素，如拆除联轴器上的各种附件及连接螺栓，并清除对轮上的油垢、锈斑。检查各轴瓦是否处于良好状态。检查两个转子是否处于自由状态，无任何外力施加在转子上等。准备桥规，桥规可以自制，如图 10-30 所示。

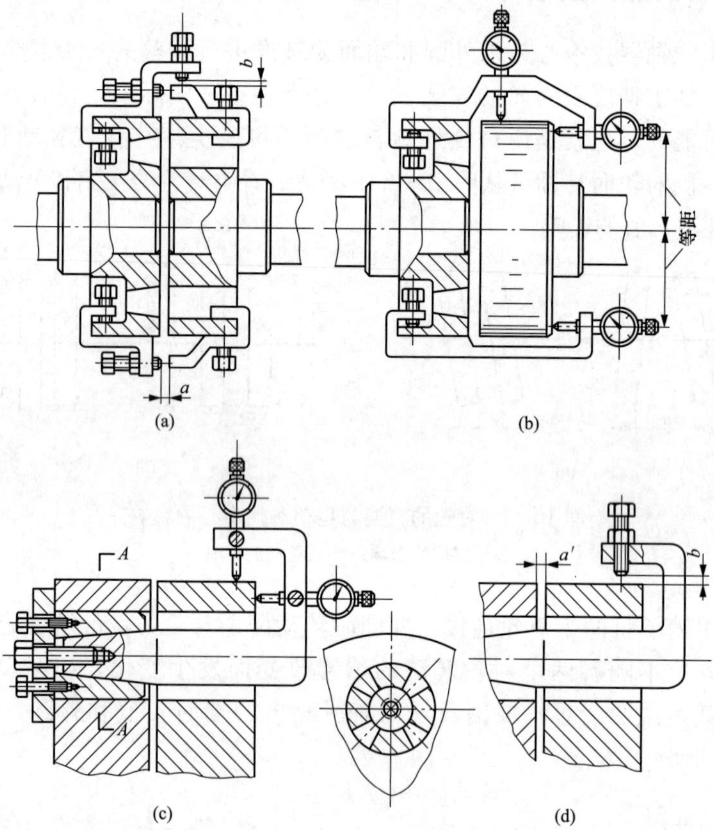

图 10-30 桥规结构

(a)、(d) 用塞尺测量的桥规；(b)、(c) 用百分表测量的桥规

用塞尺测量时需调整桥规的测位间隙，在保证有间隙的前提下，应尽量将间隙调小，以减小因塞尺片数过多而造成的误差。

用百分表测量时，必须按百分表的组装要求进行。桥规与百分表装好后，试转一圈。要求测量外圆的百分表指针恢复原位，测量端面两表的读数的差值应与起始时的差值相等。百分表的安装角度，应有利于看清指针的位置，便于读数。

（二）数据测量、记录及计算

1. 外圆、端面数据的测记

测记时，将测量外圆的百分表转到上方，先测出外圆值 b_1，记录在圆外，再测端面值 a_1、a_3，记录在圆内，如图 10-31 所示。每转 90°测记一次，共测 4 次。在现场多用一个图记录，这样更便于分析和计算。

测量端面值要安装两只百分表，是为了消除在测量时轴向窜动对端面的影响，两只百分表必须安装在同一直径线上并距中心等距，如图 10-32 所示。

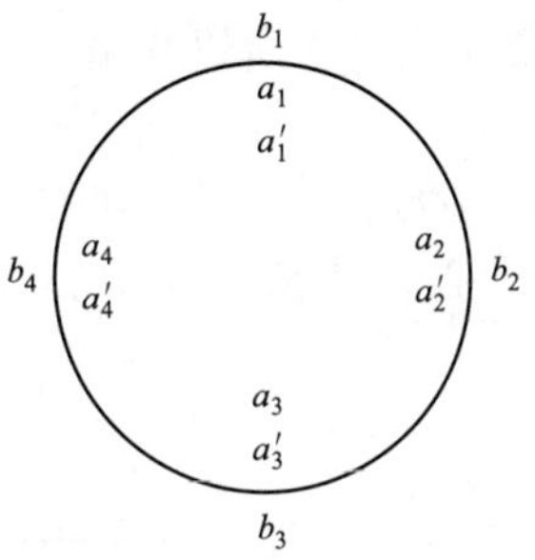

图 10-31　记录方法（单位：0.01mm）

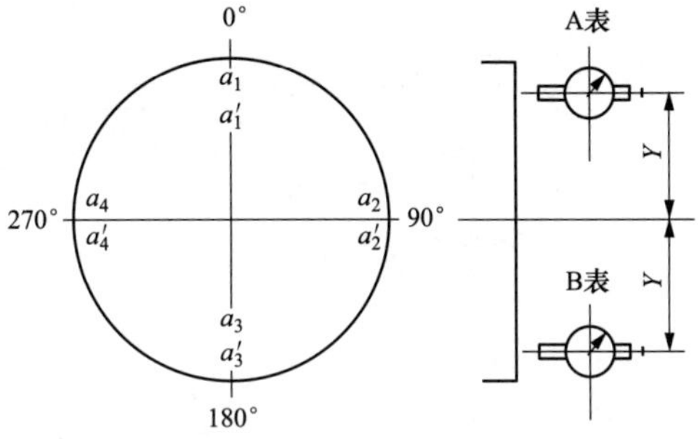

图 10-32　端面值的测记图

2. 外圆、端面偏差值的计算

外圆中心差值的计算。从图 10-33 可以看出外圆与中心的关系，外圆差值为 b_1-b_3，而轴中心差值为 $(b_1-b_3)/2$，故外圆中心差值为相对位置数值之差的 1/2。

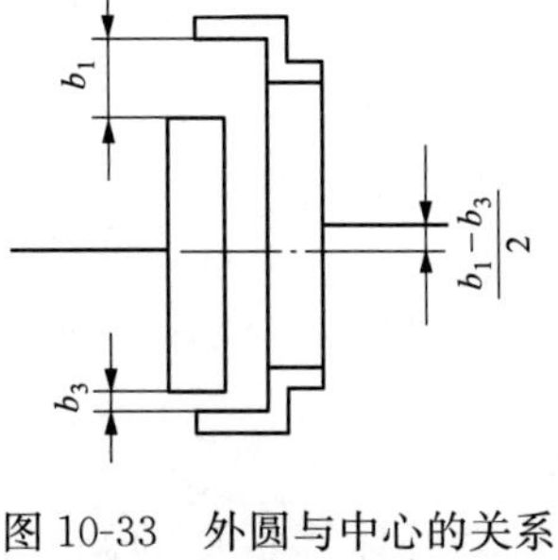

图 10-33　外圆与中心的关系

端面平行差值的计算。

由于端面有两组数据，故要求求出每个测点的平均值。端面上、下不平行值为：

$$\frac{a_1+a_1'}{2}-\frac{a_3+a_3'}{2},\frac{a_2+a_2'}{2}-\frac{a_4+a_4'}{2}$$

故端面不平行值为相对位置平均值之差。

对轮外圆与端面偏差总结图：根据计算出的对轮外圆与端面偏差值，将偏差值记录在对轮偏差总结图中。因为在计算时，将大数作为被减数，并将计算结果记录在被减数位置上，所以在偏差总结图中无负数出现。

3. 中心状态分析

根据对轮的偏差总结图中数据，即可对两轴的中心状态进行推理，并绘制出中心状态图。绘制中心状态图是找中心成败的关键，要特别细心，如图 10-34 所示。

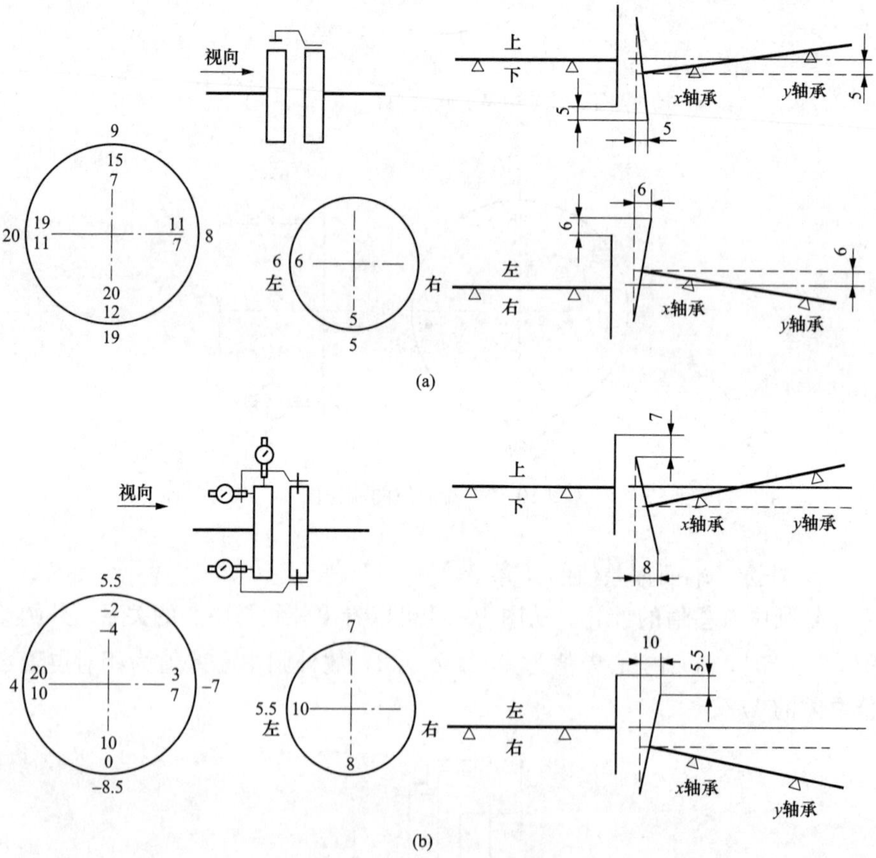

图 10-34 中心状态图

(a) 塞尺测量；(b) 百分表测量

4. 轴瓦调整量的计算

中心状态图绘制好后，就可计算轴瓦的调整量。在计算时，先求出 x

轴承与 y 轴承，消除 a 值的调整量，按三角形相似定理，如图 10-35 所示，有如下关系：

$$\frac{\Delta x}{a}=\frac{l_1}{D} \text{则} \Delta x=\frac{l_1 a}{D}, \frac{\Delta y}{a}=\frac{l}{D} \text{则} \Delta y=\frac{la}{D} \tag{10-3}$$

求出 Δx、Δy 后，再根据中心状态图，确定是减去 b 值还是加上 b 值，即总的调整量为 $\Delta x \pm b$；$\Delta y \pm b$。

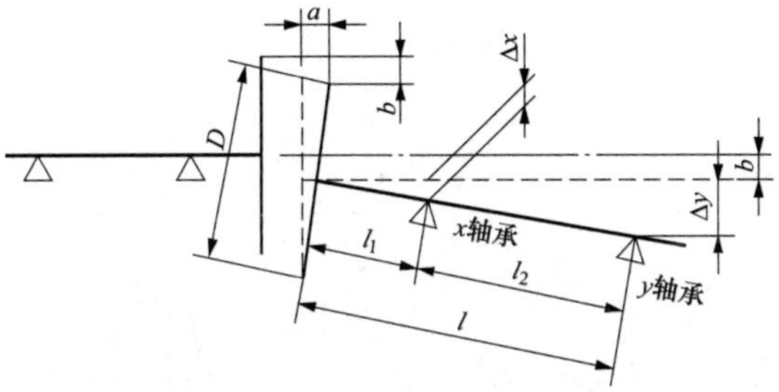

图 10-35　计算轴瓦调整量示意图

5. 可调式轴承调整量的计算

可调式轴承的下轴瓦通常为 3 块垫铁，左右的 2 块多为倾斜结构，这给计算工作增加一定难度，只要理解垫铁的角度与调整量的关系，其计算工作也易掌握。

当轴瓦左右调整 ΔL 时，两侧垫片的调整量为 $\Delta L\cos\alpha$。如图 10-36（a）所示，左侧增加 $\Delta L\cos\alpha$，右侧减少 $\Delta L\cos\alpha$，下面垫片不变。

当轴瓦上下调整 ΔH 时，两侧垫片的调整量为 $\Delta H\sin\alpha$。如图 10-36（b）所示，两侧垫片增加 $\Delta H\sin\alpha$，下面垫片增加 ΔH。

当轴瓦左右、上下都需要调整时，可将两种调整量的计算合二为一，其计算方法如图 10-36（c）所示。

6. 测量数据产生误差的原因及注意事项

（1）轴承安装不良，垫铁与轴承洼窝接触不良，轴瓦经调整之后重新装入时不能复原。

（2）有外力作用在转子上，如盘车装置的影响和对轮临时连接销子蹩劲等。

（3）百分表固定不牢固或百分表卡得过紧；测量部位不平或桥规的测位有斜度；桥规固定不牢固或刚性差；读百分表时，发生误读、误记，误读多发生在表计出现负数时。

（4）垫片片数过多，垫片不平、有毛刺或宽度过大。因此，对垫片要求使用等厚的薄钢片，冲剪后磨去毛刺，垫片宽度应比垫铁小 1～2mm。每次安放垫铁时，应注意原来的方向。

（5）在用塞尺测量时，易产生对塞尺厚度误认，当塞尺厚度值看不清或塞尺片数较多时，应用外径千分尺测量其厚度。

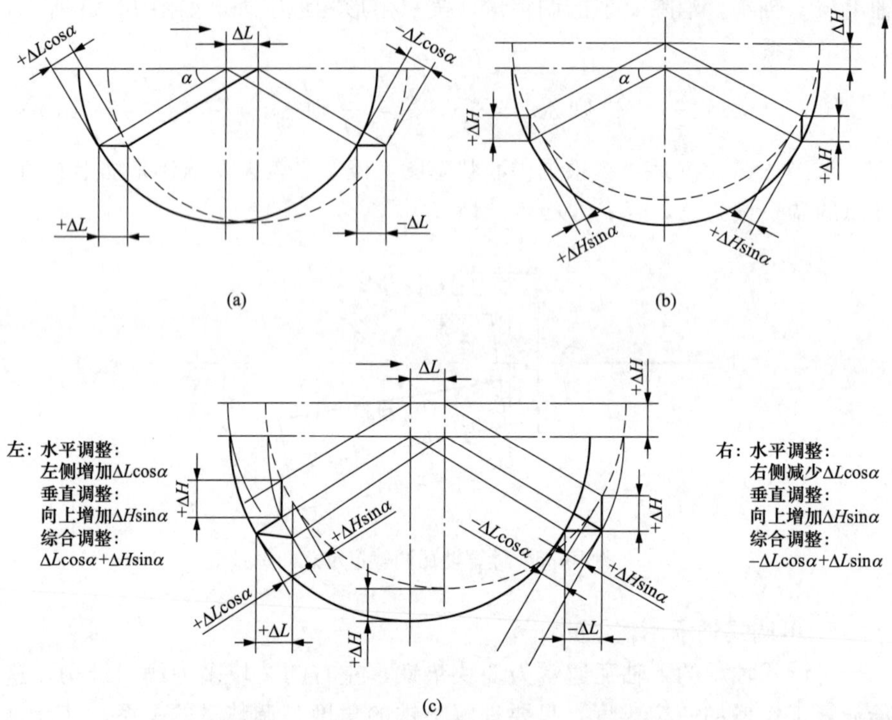

图 10-36　可调式轴承调整量综合计算图例

(a) 轴瓦左右调整 ΔL 时；(b) 轴瓦上下调整 ΔH 时；(c) 轴瓦左右、上下都需要调整时

（6）通常将桥规的固定端安装在非调整侧的对轮上，以减少推理上的错误。

（7）轴瓦装复后，要及时调整轴瓦。

四、简易找中心及立式转动设备找中心

（一）简易找中心

联轴器简易找中心法适用于小功率的转动机械，如小容量的风机、水泵等。

在找中心前，先检查联轴器两个对轮的瓢偏、晃动及牢固性，如不符合要求应进行修理。然后将修理好的设备安装在机座上，并拧紧设备上的地脚螺栓。

找中心时，用钢直尺平靠两个对轮外圆面，用塞尺测量对轮端面四个方向的间隙，如图 10-37（a）所示。两个对轮同时转动，每转动 90°，测量一次，测记方法及中心的调整，均按前述方法进行。

调整时，因电动机无管道等附件，原则上调整电动机的机脚。调整用的垫片（铁皮）应加在紧靠设备机脚的地脚螺栓两侧，最好是将垫片制作成 U 字形，让地脚螺栓卡在垫片中间，如图 10-37（b）所示。

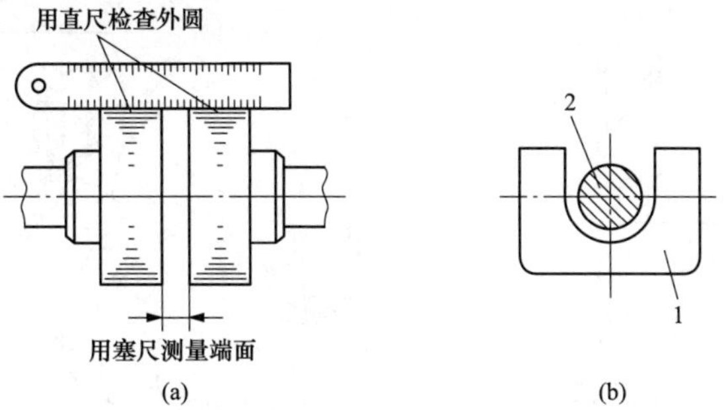

图 10-37　简易找中心方法
(a) 检查中心方法；(b) 调整垫片的制作
1—调整垫片；2—地脚螺栓

垫片垫好后设备的四脚和机座之间均应无间隙，切不可只垫对角两处，留下另一对角不垫，更不能只用调整地脚螺栓松紧的方法来调整联轴器的中心。

（二）立式转动设备找中心

发电厂有些转动设备常采用立式结构，如立式排水泵等。立式转动设备的电动机与立式机座采用止口对接，整机的同心度比较高。对于这类结构只要是原装的设备，在修理和装配时工艺正确，一般情况中心不会有多大的问题。若更换了原配设备或机座需要找中心时，其找中心的方法与卧式相同。至于调整的方法，因机而异，多数是在电动机端盖与机座之间加减垫片，以解决对轮端面的平行度。用移动电动机端盖在机座止口内的位置，解决对轮外圆的同心度，但这种方法有不妥之处，仍需进一步改进。

五、激光找中心

用激光找联轴器中心与前述的用百分表（或塞尺）找联轴器中心的原理与工艺步骤基本相同。用激光找中心的先进之处在于：用激光束代替百分表、塞尺，用微机代替人工记录、分析、计算，故具有快捷、准确、简便的优点。

现以国产 LA1-1B 型激光对中仪为例，叙述其工作原理。国产 LA1-1B 型激光对中仪如图 10-38 所示。

（一）激光对中仪的光学原理

当一束光照射到直角棱镜上时，棱镜即会将光束折回。棱镜折回光束的线路，决定于棱镜所处的位置。若变动棱镜的位置，则通过棱镜折回的光束将发生以下变化：

(1) 当棱镜在垂直方向作俯仰运动时，入射光与反射光成等距平行变化，如图 10-39 (a) 所示。

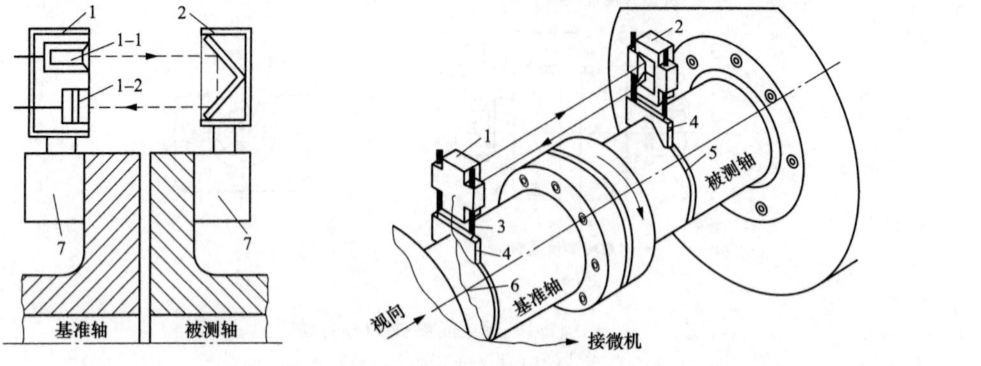

图 10-38　LA1-1B 型激光对中仪示意图

1—激光发射/接收靶盒（1-1—激光发射器；1-2—激光接收器）；2—直角棱镜靶盒；3—调节柱；4—V 形卡具；5—链卡；6—信号电线；7—磁力表座

（2）当棱镜在水平方向左右扭转时，反射光也发生左右转移，如图 10-39（b）所示。

（3）当棱镜相对入射光作垂直方向上下移动 L 时，反射光相对于入射光的移动量为 $2L$，如图 10-39（c）所示。

（4）当棱镜左右平行移动时，入射光与反射光的相对位置保持不变，如图 10-39（d）所示。

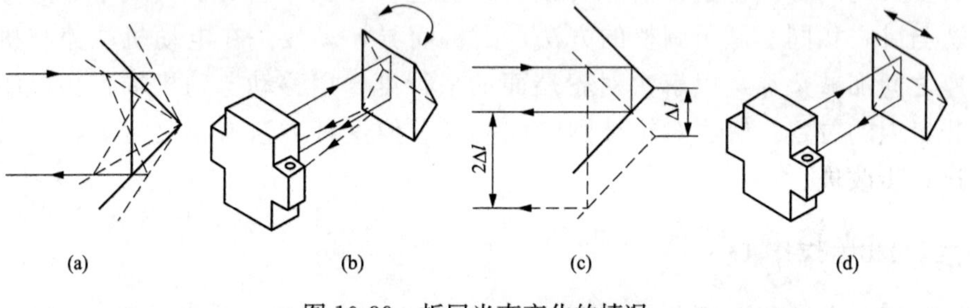

图 10-39　折回光束变化的情况

（a）棱镜在垂直方向作俯仰运动；（b）棱镜在水平方向左右扭转；（c）棱镜相对入射光作垂直方向上下移动；（d）棱镜左右平行移动

（二）LA1-1B 型激光对中仪的使用方法

（1）将发射/接收靶固定在基准轴上，把直角棱镜固定在被测轴上（调整侧），操作者站在发射靶后面，并按顺时针方向转动两个对轮（两个对轮用销子连接）。

（2）开机后，激光发射器 1-1 发出一束红色激光射向直角棱镜，由直角棱镜返回的光束被激光接收器 1-2 接收。折回的光束在接收器中的位置，将随着两轴转动到 12：00（时针位置）、3：00、6：00、9：00 四个不同方位而改变，接收器将接收到不同位置的光束转变为电信号送到微机中；经微机的计算就给出两个对轮的端面平行偏差、外圆偏差及相应的轴承座（轴瓦）的调整量，如图 10-40、图 10-41 所示。

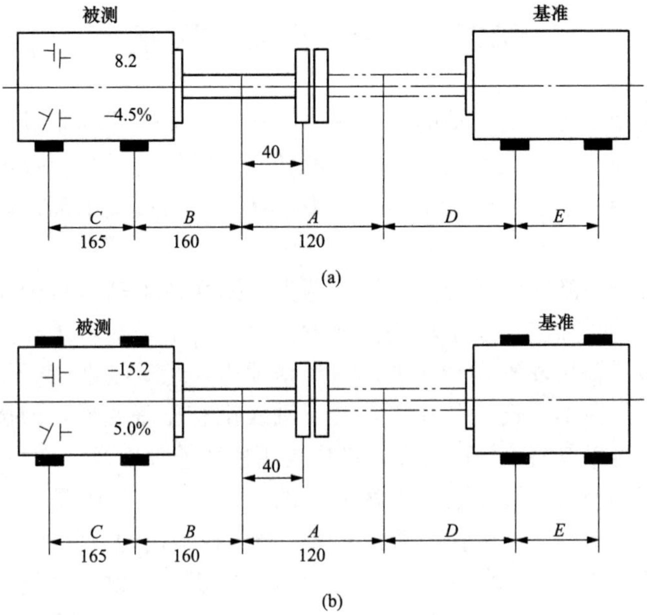

图 10-40　两个对轮的中心状态

（a）垂直结果（侧视）；（b）水平结果、（俯视）

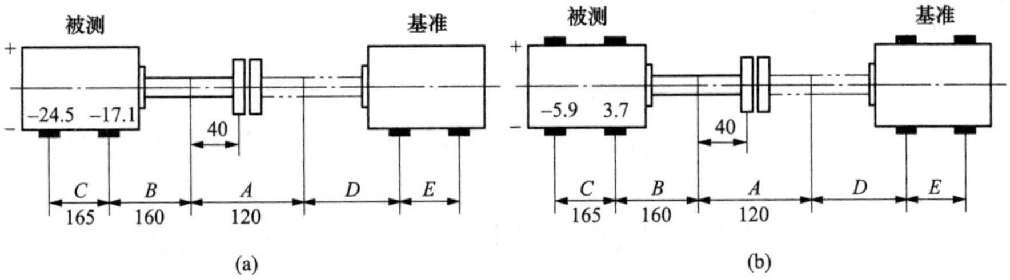

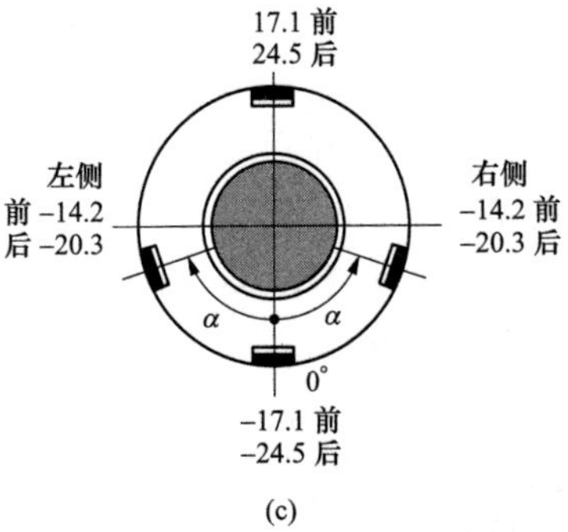

图 10-41　轴承座及轴瓦的调整量

（a）轴承座垂直调整量（侧视）；（b）轴承座水平调整量（俯视）；（c）轴瓦垂直调整量（主视）

（3）根据电视屏上显示的数据，对轴承座或轴瓦进行调整。调整后，再用同样的方法对中心状态进行复查。

第四节 转子找平衡

引起转动设备发生振动的原因中，以转动机械转子的质量不平衡而引起的振动最为普遍，尤其是高速运行的转子，即使转子存在数值很小的质量偏心，也会产生较大的不平衡离心力。这个力通过支承部件以振动的形式表现出来。

转子可分为刚性转子与挠性转子两类。刚性转子是指转子在不平衡力的作用下，转子轴线不发生动挠曲变形；挠性转子是指转子在不平衡力的作用下，转子轴线发生动挠曲变形。严格地讲，绝对刚性转子不存在，但习惯上把转子在不平衡力作用下，转子轴线没有显著变形，即挠曲造成的附加不平衡可以忽略不计的转子，都作为刚性转子对待。

为了使不平衡的转子达到平衡的目的，在实际工作中是根据转子的不平衡现象及其结构来确定找平衡的方法。转子找平衡的方法可以分为两类：一是静态找平衡，又称静平衡；二是动态找平衡，又称动平衡。对于质量分布较集中的低速转子如单级叶轮、风机等，仅作静平衡。对于由多单体组合的转子，如多级水泵转子、多级汽轮机转子等，应分别先对每个单体做静平衡，组装成整体后，再做动平衡。

一、转子找静平衡

（一）转子静不平衡的表现

先将转子放置在静平衡台上，然后用手轻轻地转动转子，让它自由停下来，就会出现下列情况：

（1）当转子的重心在旋转轴心线上时，转子转到任一角度都可以停下来，这时转子处于静平衡状态，这种平衡称为随意平衡。

（2）当转子的重心不在旋转轴心线上时，若转子的不平衡力矩大于轴和导轨之间的滚动摩擦力矩，则转子就要转动，直至转子重心位于最下方时，方能停止，这种静不平衡称为显著不平衡；当转子的不平衡力矩小于轴和导轨之间的滚动摩擦力矩，则转子虽有转动趋势，但却不能使其重心方位转向下方，这种静不平衡称为不显著不平衡。

（二）找静平衡前的准备工作

1. 转子

找静平衡的转子应清理干净，转子上的全部零件要组装好，并不得有松动。轴颈的圆度误差不得超过 0.02mm，圆柱度误差不大于 0.05mm，轴颈不允许有明显的伤痕。若采用假轴找静平衡时，则假轴与转子的配合不得松动，假轴的加工精度不得低于原轴的精度。

转子找静平衡，一般是在转子和轴检修完毕后进行。在找完平衡后，转子与轴不应再进行修理。

2. 静平衡台

转子找静平衡是在静平衡台上进行的，其结构及轨道截面形状，如图10-42所示。静平衡台应有足够的刚性。静平衡台轨道工作面宽度应保证轴颈和轨道工作面不被压伤，轨道的宽度应按转子的质量确定，一般轨道宽度与承载转子的质量之间的关系应为5mm/t，即质量为0.6～6t的转子，其工作面宽度应为3～30mm。轨道的长度为轴颈直径的6～8倍，其材料通常为碳素钢或钢轨。轨道工作面应经磨床加工，其表面粗糙度 Ra 不大于0.4μm。

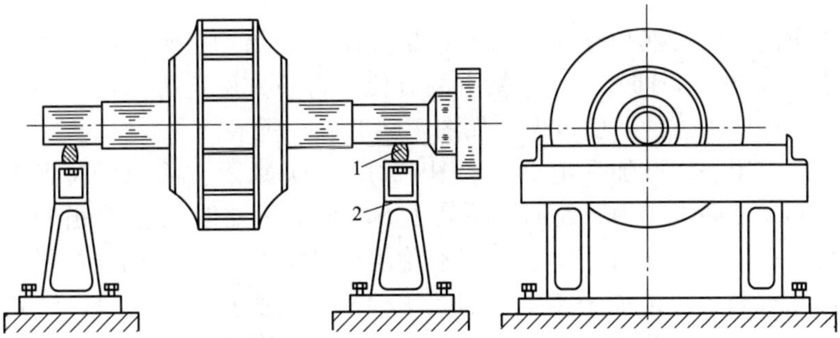

(a)

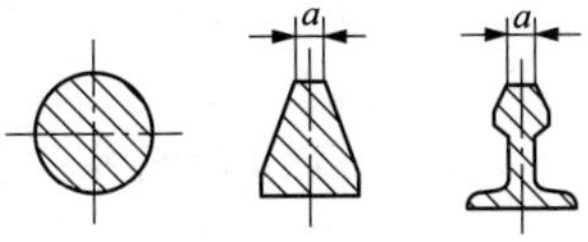

(b)

图10-42　静平衡台及轨道截面形状

(a) 静平衡台；(b) 轨道截面

1—轨道；2—台架

静平衡台安装后，需对轨道进行校正。轨道水平方向的斜度不得大于0.3mm/m，两轨道间的不平行度允许偏差为2mm/m。静平衡台应安装在无机械振动和背风的地方，以免影响转子找平衡。

3. 试加重的配制

在找平衡时，需要在转子上配加临时平衡重，称为试加平衡重，简称试加重。试加重常采用胶泥，较重时可在胶泥上加铅块。若转子上有平衡槽、平衡孔、平衡柱的，则应在这些装置上直接固定试加平衡重。

（三）转子找静平衡的方法

1. 用两次加重法找转子显著静不平衡

两次加重法只适用于显著不平衡的转子找静平衡，如图10-43所示。具体做法如下：

(1) 找出转子重心方位。将转子放在静平衡台的轨道上，往复滚动数

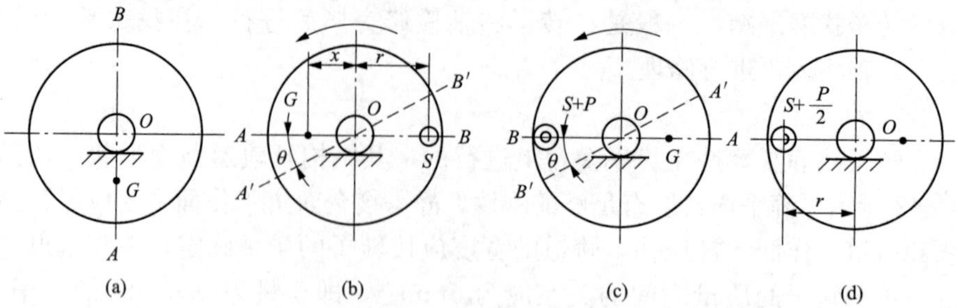

图 10-43　两次加重法找转子显著不平衡的工艺步骤

(a) 找出转子重心方位；(b) 求第一次试加平衡重；

(c) 求第二次试加平衡重；(d) 计算应加平衡重

次，则重的一侧必然位于正下方，如果数次的结果均一致，则下方就是转子重心 G 的方位，即转子不平衡重的方位。将该方位定为 A，A 的对称方位为 B，B 即为试加重的方位，如图 10-43（a）所示。

（2）求第一次试加平衡重，如图 10-43（b）所示。将 AB 转到水平位置，在 OB 方向半径为 r 处加一平衡重 S，加重后要使 A 点自由向下转动一角度 θ（θ 角以 30°～45°为宜）。然后称出 S 重，再将 S 还回原位置。

（3）求第二次试加平衡重，如图 10-43（c）所示。仍将 AB 转到水平位置，通常将 AB 调转 180°，再在 S 上加一平衡重 P，要求加 P 后 B 点自由向下转动一角度，此角度必须和第一次的转动角一致，然后取下 P 称重。

（4）计算应加平衡重。两次转动所产生的力矩：第一次是 $Gx-Sr$；第二次是 $(S+P)r-Gx$。因两次转动角度相等，故其转动力矩也相等，即：

$$Gx-Sr=(S+P)r-Gx$$

所以

$$Gx=\frac{2s+p}{2}r$$

在转子滚动时，导轨对轴颈的摩擦力矩，因两次的滚动条件近似相同，其摩擦力矩相差甚微，故可视为相等，并在列等式时略去不计。

若使转子达到平衡，所加平衡重 Q 应满足 $Qr=Gx$ 的要求，将 Qr 代入上式，得：

$$Qr=\frac{2s+p}{2}r$$

所以

$$Q=s+\frac{p}{2}$$

说明：第一次加重 S 后，若是 B 点向下转动 θ 角，则第二次试加重 P 应加在 A 点上（加重半径与第一次相等），并向下转动 θ 角。其平衡重应为 $Q=s+\dfrac{p}{2}$，如图 10-43（d）所示。

（5）校验。将 Q 加在试加重位置，若转子能在轨道上任一位置停住，则说明该转子已消除显著不平衡。

2. 用秒表法找转子显著静不平衡

秒表法找静平衡的原理：一个不平衡的转子放在静平衡台上，由于不平衡重的作用，转子在轨道上来回摆动。转子的摆动周期与不平衡重的大小有关，不平衡重越重，转子的摆动周期越短，反之周期越长。

用秒表法找转子显著静不平衡的步骤如下：

（1）用前述方法求出转子不平衡重 G 的方位，如图 10-44（a）所示，并将 AB 置于水平位置。

（2）在转子轻的 B 侧加一试加重 S，加重半径为 r，加重后可能出现如图 10-44（b）所示的两种情况：试加重 S 产生的力矩大于不平衡重 G 的力矩（即 $S>G$）则 B 侧向下转动；若 $S<G$，则 A 侧向下转动。

（3）用秒表测记转子摆动一个周期的时间，其时间为 $T_{\max}$。

（4）将 S 取下加在 A 侧（G 的方位），加重半径仍为 r，再用秒表测记一个周期的时间，以 $T_{\min}$表示，如图 10-44（c）所示。

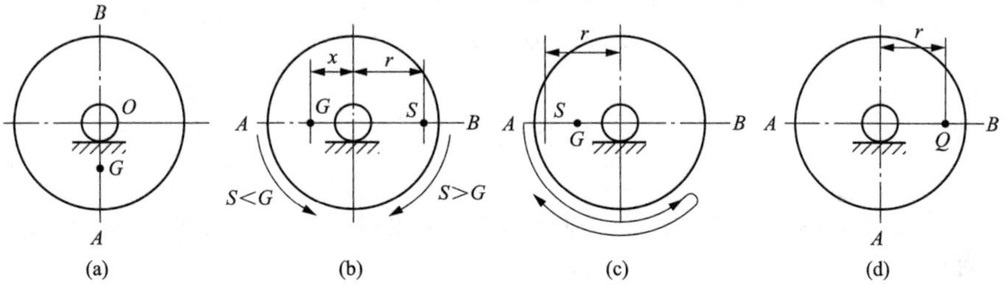

图 10-44　用秒表法找转子显著不平衡

（a）找出转子重心方位；（b）试加重 S 后可能出现的两种情况；（c）测记转子摆动一个周期的时间；（d）平衡重应加的位置

（5）计算应加平衡重 Q。若 $S>G$，用 $G=S\dfrac{T_{\max}^2-T_{\min}^2}{T_{\max}^2+T_{\min}^2}$ 式求出 G 值：若 $S<G$，用式 $G=S\dfrac{T_{\max}^2+T_{\min}^2}{T_{\max}^2-T_{\min}^2}$ 求出 G 值。G 值也就是应加平衡重 Q 的数值，故只需将平衡重 Q 加在 B 侧，半径为 r 的位置上，即可消除转子显著静不平衡，如图 10-44（d）所示。

3. 用试加重周移法找转子不显著静不平衡

（1）将转子圆周分成若干等份（通常为 8 等份），并将各等份点标上序号。

（2）将 1 点的半径线置于水平位置，并在 1 点加一试加重 S_1，使转子向下转动一角度 θ，然后取下称重。用同样方法依次找出其他各点试加重。在加试加重时，必须使各点转动方向一致，加重半径 r 一致，转动角度一致，如图 10-45（a）所示。

（3）以试加重 S 为纵坐标，加重位置为横坐标，绘制曲线图，如图 10-45（b）所示。曲线交点的最低点为转子不显著不平衡 G 的方位。曲线交点的最高点是转子的最轻点，也就是平衡重应加的位置。

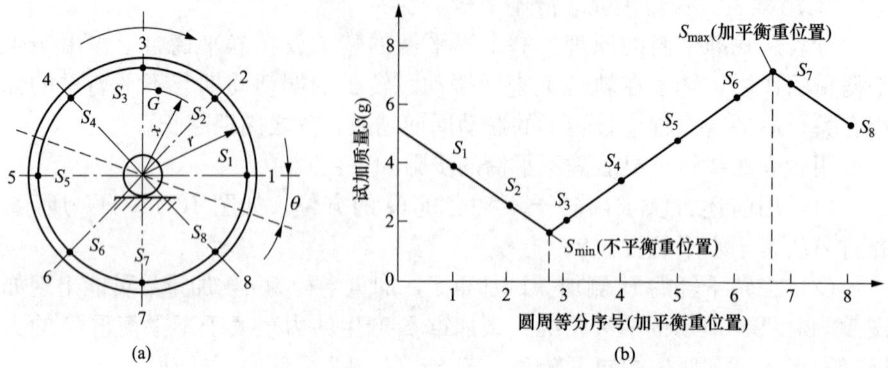

图 10-45　用试加重周移法找转子不显著静不平衡

（a）求各点试加重；（b）试加重与加平衡重位置曲线

（4）根据图 10-45 可得下列平衡式：

$$Gx + S_{min}r = S_{max}r - Gx$$

所以

$$Gx = \frac{S_{max} - S_{min}}{2}r \tag{10-4}$$

若使转子达到平衡，所加平衡重 Q 应满足 $Qr = Gx$ 的要求，将 Qr 代入上式得：

$$Q = \frac{S_{max} - S_{min}}{2} \tag{10-5}$$

把平衡重 Q 加在曲线的最高点，该点往往是一段小弧，高点不明显，可在转子与曲线最高点相应位置的左右作几次试验，以求得最佳位置。

4. 用秒表法找转子不显著静不平衡

（1）将转子等分成 8 等份，并标上序号。

（2）将 1 点置于水平位置，并在该点的轮缘上加一试加重 S，1 点自由向下转动，同时用秒表测记转子摆动一个周期所需的时间。用同样的方法依次测出各点的摆动周期，如图 10-46（a）所示。

在测试时，必须满足以下要求：所选的试加重 S 不变；加重半径不变；转子摆动时按表的时机一致。

（3）根据各等分点所测的摆动周期（秒数）绘制曲线图，如图 10-46（b）所示。曲线最低点在横坐标的投影点为转子重心方位，其摆动周期最短，以 T_{min} 表示；曲线最高点在横坐标的投影点为应加平衡重的方位，其摆动周期最长，以 T_{max} 表示。

（4）计算应加平衡重，计算公式为：

$$Q = S\frac{T_{max}^2 - T_{min}^2}{T_{max}^2 + T_{min}^2} \tag{10-6}$$

将平衡重加在与曲线最高点相对应的转子位置上，加平衡重半径为 r，

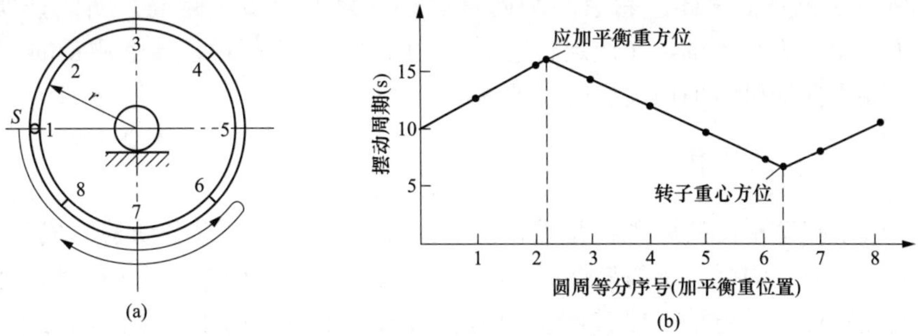

图 10-46 用秒表法找转子不显著不平衡

(a) 测出各点摆动周期；(b) 摆动周期与加平衡重位置的曲线

加完后验证。

（四）转子找静平衡质量分析

(1) 轨道与轴颈的加工精度对转子找静平衡的影响。轨道的平直度及轴颈的圆度直接影响转子找静平衡的效果，尤其是在找转子的不显著不平衡时，其影响程度更为明显，具体表现为：在等分点上加试加重时，无法控制转子向下的转动角度，试加重轻一点，转子不动，略微增加很少一点，转子立即转动一个很大角度。各等分点所加的试加重数值无规律性变化，难以找到不平衡位置。理论上曲线的最高点与最低点应处于对称的方位，事实上总会有误差。当误差不是很大时，通常是以最高点为准，并在最高点左右位置，重复作几次加重试验，求出最佳加重方位。

(2) 关于显著不平衡与不显著不平衡的问题。当转子存在显著不平衡时，应先消除转子的显著不平衡，再消除不显著不平衡。若转子无显著不平衡，此时不能认定转子已处于平衡状态，只有在通过找转子不显著不平衡后方可认定。

(3) 用秒表法找转子不显著不平衡只有一种计算方法的原因。在用秒表法找转子显著不平衡时，由于试加重存在大于或小于不平衡重的现象，故有两种计算方法。在找转子不显著不平衡时，试加重产生的力矩必须超过转子不平衡力矩与摩擦力矩之和，即试加重要大大超过不平衡重，方可能使转子转动。故求平衡重的公式只有一个（即 $S>G$ 的公式）。

(4) 加重法与秒表法找静平衡的效果比较。用秒表法找静平衡的效果要优于加重法，尤其是在找不显著不平衡时，秒表法的优点更为明显。加重法操作费时、费事，并且难以控制转子转动角度，误差较大。用加重法，轴颈在轨道上滚动距离很短。而用秒表法时，转子是来回摆动一个周期，轴颈滚动的距离要长得多。两者相比，加重法对轨道的平直度及轴颈的圆度的质量要求更为苛刻。

(5) 转子在找好平衡后，往往还存在着轻微的不平衡，这种轻微的不平衡称为剩余不平衡。找剩余不平衡的方法与用试加重法找转子不显著不平衡的方法完全一样。剩余不平衡重越小，静平衡质量越高。实践证明：转子的剩余不平衡重，在额定转速下产生的离心力不超过该转子质量的 5% 时，就可保证机组平稳地运行，即静平衡合格。

二、转子找动平衡

转子找动平衡的原理：是根据振动的振幅大小与引起振动的力成正比的关系，通过测试，求得转子的不平衡重的相位，然后在不平衡重相位的相反位置加一平衡重，使其产生的离心力与转子不平衡重产生的离心力相平衡，从而达到消除转子振动的目的。

转子找动平衡的方法如图 10-47 所示。

- 动平衡
  - 高速动平衡
    - 直接测相法(划线法)
    - 闪光测相法(相对相位法)
  - 低速动平衡
    - 试加重周移法
    - 二次加重法
      - 同位二次加重法
      - 垂直二次加重法
      - 对称二次加重法
      - 随意二次加重法
    - 二次加重法

图 10-47 转子找动平衡的方法

低速动平衡不能采用测相测振法，但高速动平衡可采用找低速动平衡的任何一种方法。

转子找动平衡，若能在额定转速下进行最为理想。但是经过大修的转子，对其平衡情况不明，则应先在低速下找动平衡，使转子基本上达到平衡要求，然后在高速下找动平衡，这样不致引起过大的振动。

低速动平衡不是用仪器进行测相、测振，因转子处于低速状态（400r/min 左右）其不平衡质量所产生的不平衡力很小，不足以使转子产生明显可测的振幅，因而也就无法用仪器测出不平衡力的相位。

低速动平衡是在专用的低速动平衡台上进行的，平衡台采用一种可摆式的轴承，轴承在低转速时与不平衡力发生共振，并将振动改变为适当的、可测的往复运动。然后通过两次以上加试加重试验，即可得到两次以上不同的合振幅值，根据每次的加重位置和加重后的合振幅，再进行作图与计算，求出应加平衡重的方位与大小。

转子高速找动平衡一般是在机体内进行的，其平衡转速通常低于或等于工作转速。找平衡时，是同时测出转子的振动振幅及使转子产生振动的不平衡重相位，这与低速找动平衡的方法有明显的区别。

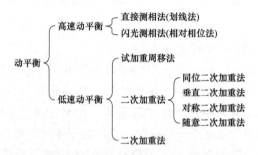

在做高速动平衡时，有一重要的物理现象，就是振幅始终滞后于引起振动的扰动力一个角度，即振幅和不平衡力不同相，振幅要滞后于该力一个相位角，称此角为滞后角。滞后角是一物理现象，对每个已定型的转子，

如转速、轴承结构、转子结构均不改变，其滞后角是一定值。滞后角表示在机械振动中，由于惯性效应的存在，振幅始终滞后于引起振动扰动力一个角度，该角度和振动系统的自振频率及系统阻尼有关。滞后角是一个未知数，在找动平衡时，并不需要测出滞后角值，而是根据滞后角是一定值的特征进行找动平衡工作。

（一）划线法找动平衡

划线法找动平衡又称简单测相法找动平衡。划线法找动平衡是用划线的方法求取振幅相位。划线法找动平衡简单、直观。

在靠近转子的轴上选择一段长为 20～40mm、表面光滑、圆度及晃动度均合格的轴段，作为划线位置，并在该段上涂一层白粉或紫色液。启动转子至工作转速。待转速稳定后，用铅笔或划针向涂色轴段轻微地靠近，在该段上划 3～5 道线段，线段越短越好，如图 10-48 所示。同时用测振仪测取轴承的振幅 A_0。停机后，找出各线段的中点，并将该点移到转子平衡面上，此点即为第一次划线位置点，设该点为 A。

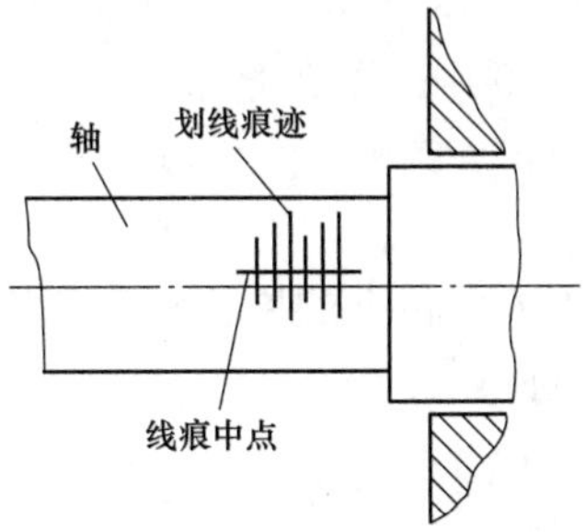

图 10-48　划线痕迹示意图

试加重计算公式为：

$$P = 1.5 \times \frac{mA_0}{r\left(\frac{n}{3000}\right)^2} \qquad (10\text{-}7)$$

式中　P——试加重，g；

m——转子质量，kg；

A_0——A 侧原始共振振幅，1/100mm；

r——固定试加重的半径，mm；

n——试验时转子转速，r/min。

按上式求得的 P 值可适当调整，以使试加重产生的离心力不大于转子质量的 15％。

自平衡面上 A 点逆转 90°得 C 点。选择逆转 90°，目的是便于作图、求证及使划线法规范。在 C 点上加试加重 P，如图 10-49（a）所示。再次启动转子，进行第二次划线，并将划线中点移至平衡面上，设该点为 B，同时测记轴承振幅 A_{01}。

以实际加重半径作圆，也可缩小比例。圆周上 A、B 点为两次划线中点，C 点为试加重 P 的位置点。连接 OA、OB、OC，在 OA、OB 线上按同一比例分别截取 Oa、Ob 等于振幅 A_0、A_{01}。连接 ab，设$\angle O_{ab}=\theta$，由 OC 为始边逆转一 θ 角至 D 点，则 D 点就是应加平衡重的位置，如图 10-49（b）所示。

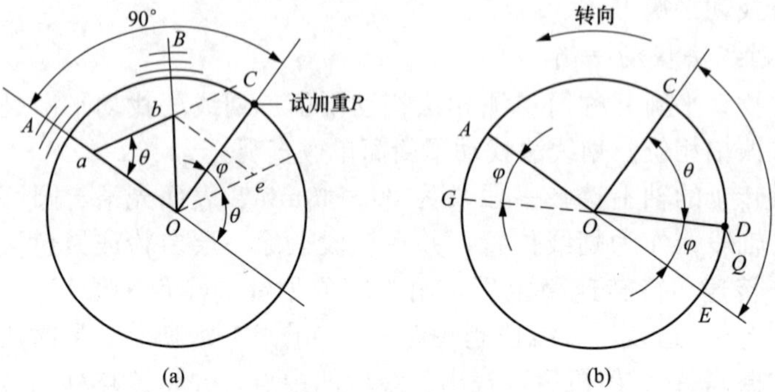

图 10-49　划线法找动平衡

（a）试加重位置；（b）应加重位置

需要注意的是，图 10-49 中的 θ 角是一定值，当试加重量改变时，只是 B 点的位置发生改变，不会改变 θ 角的角度，这也是验证用划线法找动平衡的操作是否有误的标准。

从图 10-49 可看出，Oa 是转子的原振幅，该振幅的相位要滞后转子实际不平衡相位一个 φ 角，即$\overrightarrow{OG}$相位为转子的不平衡重相位。平衡重应加在$\overrightarrow{OG}$的反方向，即 D 点。从图 10-49 得知，$\angle COE=90°$，而$\angle COE=\angle\varphi+\angle\theta$，故只要以 OC 为始边逆向作一 θ 角，即得应加平衡重的 D 点。

根据向量平行四边形法则，$\overrightarrow{Ob}=\overrightarrow{Oa}+\overrightarrow{Oe}$。若要转子处于平衡状态，则其合振幅$\overrightarrow{Ob}$应为零，即 P 所产生的振幅数值 Oe 等于 Oa，并方向相反。$\overrightarrow{Oe}=\overrightarrow{ab}$，故平衡重 Q 应为：

$$Q=P\,\frac{Oa}{ab} \tag{10-8}$$

将平衡重 Q 加在 D 点上，启动转子进行试验。若振幅不合格，可对 Q 值及其位置作适当的调整。

（二）两次加重法找动平衡

加重法找动平衡适用于高、低速转子找动平衡。该工艺推理简单、操作方便、机组启动次数少，特别适用风机、水泵类找动平衡工作。同时它不需要贵重的仪器仪表，只要一只普通的测振表即可。

两次加重法找动平衡又称两点法找动平衡，其方法如下：

（1）检查转子是否具备可启动的条件，无问题后，启动转子，用振动表测记轴承的振动值。若为两个轴承，则以振动值大的为原始振幅 A_0。确定转子的平衡面，即加平衡重的平面。选取试加重 P，试加重的计算方法见上面。将试加重 P 固定在平衡面的任意一点上，并做记号“1”，启动转子，测记其共振振幅 A_1。

（2）将试加重 P 按同半径，移动 180°固定，并做记号“2”，测记其共振振幅 A_2。

（3）根据三次振幅值，用作图法求出应加平衡重的位置及其大小，如图 10-50 所示。

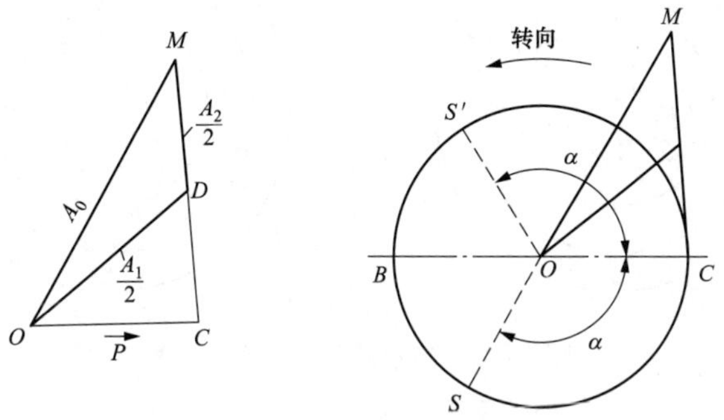

图 10-50　两次加重法找动平衡

具体做法是：作△ODM，使 OM ∶ OD ∶ $MD = A_0$ ∶ $\frac{A_1}{2}$ ∶ $\frac{A_2}{2}$；延长 MD 至 C，使 $CD = MD$，并连接 OC；以 O 为圆心，OC 为半径作圆；延长 CO 与圆交于 B，延长 MO 与圆交于 S，则 OC 为试加重 P 引起的振幅向量。

平衡重的大小按下式计算：

$$Q_A = P\frac{OM}{OC} \tag{10-9}$$

平衡重 Q_A 的位置应在第一次试加重位置“1”的逆转向 α 角处或顺转向 α 角处，具体方位由试验确定。从图 10-50 可以看出，平衡重 Q_A 必然与不平衡重大小相等、方向相反，即在 MO 的延长线与试加重的圆相交的 S 点。因为作图时，△ODM 可作在图的上方也可作在图的下方，即 MO 的延长线可以交 S 点也可以交于 S' 点，所以具体方位需要试验确定。

（三）三次加重平衡法找动平衡

三次加重平衡法找动平衡又称三点法找动平衡。它是在两点法的基础上多增加一个加重点，使加重点在转子上均匀分布，从而能较准确地找出应加平衡重的大小和方位。

在转子半径相等的圆周上找到互为 120°的 3 个点，将试加重 P 依次加在各点上，并测量各点的振幅 A_1、A_2、A_3。

将 3 个振幅值用同一比例作 3 个同心圆，如图 10-51 所示。在大圆上取一点 a，以 a 为圆心、aO 为半径，在大圆上交 h 点。以小圆半径为半径、以 h 为圆心，在中圆上取 b、b' 两点。以 ab 为半径，b 或 a 为圆心，在小圆上取 c 点。再以 ab' 为半径，以 b' 或 a 为圆心，在小圆上取 c' 点。连接

a、b、c 和 a、b'、c'，得两个等边三角形，如图 10-51 所示。找出两等边三角形的中心 O'、OO''，分别作等边三角形的外接圆，再把 OO' 和 OO'' 连线，分别交两外接圆于 S 和 S' 点。

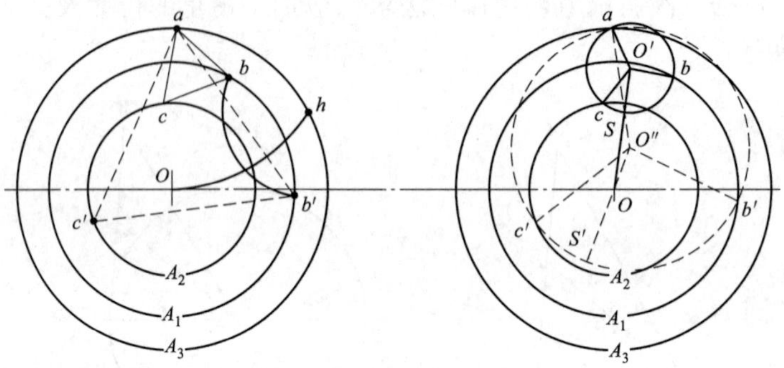

图 10-51　三点法找动平衡（一）

在 O' 外接圆中，$\overrightarrow{aO'}$（$\overrightarrow{bO'}$、$\overrightarrow{cO'}$）为试加重 P 的振幅向量。$\overrightarrow{OO'}$ 为不平衡重 G 的振幅向量，S 点为加平衡重 Q 的位置。从图 10-51 中可以看出 $\overrightarrow{aO'} < \overrightarrow{OO'}$，即说明试加重 P 小于不平衡重 G。

平衡重 Q 的大小应为：

$$Q = P\frac{OO'}{aO'} \tag{10-10}$$

在 O'' 外接圆中，$\overrightarrow{aO''}$（$\overrightarrow{bO''}$、$\overrightarrow{cO''}$）为试加重 P 的振幅向量。$\overrightarrow{OO''}$ 为不平衡重 G 的振幅向量，S' 点为加平衡重 Q 的位置。从图 10-51 中看出 $\overrightarrow{aO''} > \overrightarrow{OO''}$，即说明试加重 P 小于不平衡重 G。

平衡重 Q 的大小应为：

$$Q_A = P\frac{OO''}{aO''} \tag{10-11}$$

三点法找动平衡还有一种方法，就是以原始振幅 A_0 为依据，在 A_0 为基圆的圆上作图，求出平衡重 Q 及平衡重的位置，图 10-52 所示。

检查转子，确认无问题后，启动转子，精确测出原始振幅 A_0 值。以 A_0 振幅为半径作圆，并将圆周分成 3 等份，分别是 O_1、O_2、O_3 点。将选取好的试加重分别加在转子的平衡面上，要求平衡面的 3 等份要准确，加重半径一致。分 3 次启动转子，测得 3 个合振幅 A_1、A_2、A_3。以圆中 O_1、O_2、O_3 为圆心，分别以 A_1、A_2、A_3 为半径画圆弧，三弧交于 M 点，OM 即为试加重 P 的振幅向量。连接相关点后，如图 10-52 所示。

平衡重量 Q 为：

$$Q = P\frac{A_0}{OM} \tag{10-12}$$

平衡重 Q 的位置在 OM 的延长线上与基圆的交点 S 处。

（四）闪光测相法找动平衡

闪光测相法找动平衡又称相对相位法找动平衡。它是采用一套灵敏度高的闪光测振仪，同时测量振幅和相位的方法。

高速测相法找动平衡必须具备两个条件：一是轴承振幅与不平衡重产生的离心力成正比；二是当转速不变时，轴承振动与不平衡重之间的相位差保持不变，即滞后角不变。

闪光测相法找动平衡的方法如下。

测量前，在轴端面划一径向白线，在轴承座端面贴张 360°的刻度盘，将拾振器放置在轴承盖的正上方或水平方向，如图 10-53 所示。

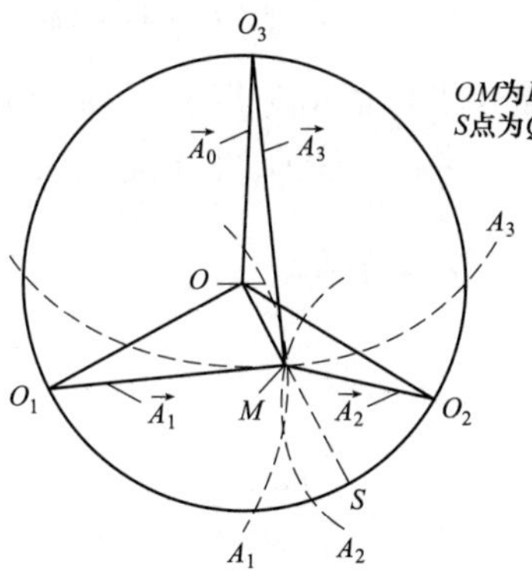

图 10-52　三点法找动平衡（二）

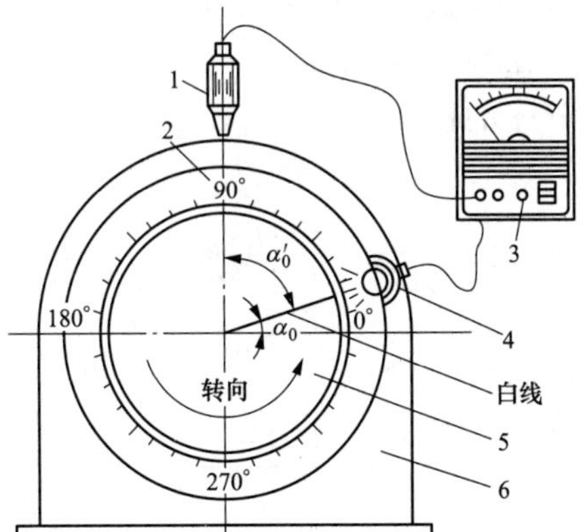

图 10-53　闪光测相的布置图

1—拾振器；2—刻度盘；3—闪光测振仪；4—闪光灯；5—轴端头；6—轴承座

启动转子后，将闪光灯正对轴端白线处，当闪光的频率与转子的转速同步时，由于人眼睛的时滞现象，白线便停留在某一位置不动了。根据贴在轴承端面的刻度盘，就可读出白线所在角度（即白线的相位），如图 10-54（a）所示。只要测试的条件不改变，白线显现的相位就不会变，而白线显现的相位是与不平衡重的振幅峰值到达拾振器时的相位相对应的，所以把白线显现的相位，称为不平衡重的相位。

启动转子测得不平衡重$\overrightarrow{G}$的振幅$\overrightarrow{A_0}$和白线显现位置Ⅰ线。在转子上加上试加重P，启动转子，测得$\overrightarrow{G}+\overrightarrow{P}$的合振幅$A_{01}$和白线第二次显现位置Ⅲ线，Ⅲ线就是$\overrightarrow{G}+\overrightarrow{P}$的合振幅的相对相位。

根据上述已知条件，将振幅向量用同一比例，作$\overrightarrow{G}$、$\overrightarrow{P}$的相对相位振幅向量平行四边形，如图10-54（b）所示。从图10-54（b）中可得到P的相位和大小。在实际工作中，只需绘一个向量三角形，即可求得试加重P、振幅A_1。

从图10-54（b）、（c）中可看出，若要使转子平衡，应将A_1（图中Ⅱ线）顺转向至$\angle\beta-\overrightarrow{A_0}$的位置（注意是相对相位），则平衡重的位置应从试加重P的位置逆转向一个$\angle\beta$（半径不变），平衡重的大小为：

$$Q=P\frac{A_0}{A_1} \quad (10\text{-}13)$$

上式中的试加重P值可用下式计算：

$$P=1.5\times\frac{mA_0}{r\left(\frac{n}{3000}\right)^2} \quad (10\text{-}14)$$

式中 m——转子质量，kg；

A_0——A侧原始共振振幅，1/100mm；

r——固定试加重的半径，mm；

n——试验时转子的转速，r/min。

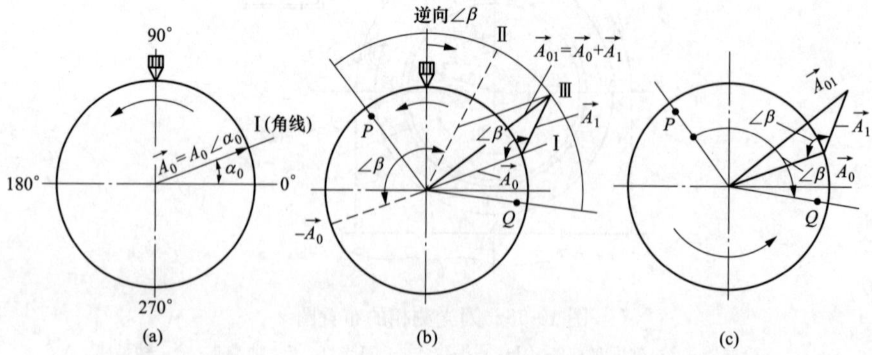

图10-54 用相对相位法找动平衡

按此式求得的P值可适当调整，以使试加重产生的离心力不大于转子质量的10%～15%。高速找动平衡的各种方法中的试加重的确定均可采用此式计算。

第五节　辅机的振动诊断

设备诊断技术是在设备运行中或在设备不解体的情况下，掌握设备的运行状况，判定产生故障的部位、原因，并预测、预报设备状况，确定设备是否需要进行检修的技术。

一、振动的基本概念

（一）振动

振动：从狭义上说，通常把具有时间周期性的运动称为振动。从广义上说，任何一个物理量在某一数值附近作周期性的变化，都称为振动。

机械振动：在特指的机械系统中，把所有由质量与弹性的物体组成一个动力系统（不是静态的）产生的振荡运动称为机械振动。

简谐振动：在一切振动中，最简单和最基本的振动称为简谐振动。

任何复杂的振动都可以看成是若干简谐振动的合成。

对于一个简谐振动，若振幅、周期和初相位已知，就可以写出完整的振动方程，即掌握了该振动的全部信息，因此把振幅、周期和频率、相位称为描述简谐振动的 3 个特征量，又称三要素。即：振幅——反映振动幅度的大小；周期与频率——反映振动的快慢；相位——反映振动的状态。

阻尼振动：振幅随时间的变化而减小的振动称为阻尼振动。

强迫振动：又称受迫振动，是振动系统在外来周期性力的持续作用下所发生的振动，这个“外来的周期性力”称为驱动力（或强迫力）。

共振：当强迫力的频率为某一值时，受迫振动的位移振幅出现最大值的现象，称为位移共振，简称共振。

自振：自振即自激振动，是机械系统内部流体由非振动性的激发转变为振动性激发而引起的振动，简称自振。

（二）振动测试参数

1. 振动测试参数的选择

（1）位移信号。

（2）速度信号（烈度）。

（3）加速度信号。

2. 振动测试参数幅值的度量

单峰值——振动的最大点到平衡位置之间的距离。

峰峰值——实际上就是振动的波峰与波谷的距离。振动测量仪器输出的位移、振动振幅通常都是峰峰值。

有效值又称均方根值——对于速度振幅的度量，又称振动烈度。ISO 规定：频率在 10～1000Hz 范围内振动速度的均方根值称为振动烈度。

转子故障时的振动频率成分复杂，大量振动失效分析表明：不同频率的振动有不同的危害，在相同的振幅下，振动频率越高，产生的危害越大。同时由于振动的能量与速度的平方成正比，为充分考虑高频振动对机组运行安全的影响，在机组振动状态的评定中更多采用振动烈度。

振动烈度与振动位移的换算为：

$$A_{p-p}=\frac{v_{ms}\times 10^3}{\pi\omega}\times 60\sqrt{2} \tag{10-15}$$

式中 A_{p-p}——振动位移（振幅），μm；

v_{ms}——振动速度（烈度），mm/s；

ω——转速，r/min；

π——圆周率。

3. 振动测试方向

径向振动：垂直与转轴中心线的振动，包括垂直振动、水平振动。

轴向振动：与转轴中心线平行方向的振动。

4. 振动测量位置与传感器选择

相对轴振：转轴相对于轴承座的振动，可以用固定在轴承座上的非接触式传感器测量。

绝对轴振：转轴相对于地面的振动，可以用与轴承座有相对运动的接触式传感器直接测量，也可以用复合传感器进行测量。

轴瓦振动：轴承座相对于地面的振动，用惯性传感器测量。

二、振动诊断步骤

设备诊断应按以下步骤进行：

(1) 状态量监测。如振动值、异声、温度的监测。状态量监测的疏漏可能造成极大的设备损坏。

(2) 信号处理。利用先进的设备仪器对获得的信号进行加工处理，使之成为有用的信息。

(3) 识别与判断。主要对设备故障和异常的部位、原因和程度进行识别判断。

(4) 预测和对策。预测设备故障的发展程度和后果，以提出临时处理意见和根本治理建议。

三、设备振动诊断技术的分类

按利用的状态信号参量，设备诊断可分为：

(1) 声、振诊断技术。以设备某些测点的声响、振动为检测参数的诊断技术称为声、振诊断技术。目前这种技术在设备诊断中应用最为广泛。

(2) 油液诊断技术。以设备中的润滑油为主要检测对象的诊断技术称为油液诊断技术。油液诊断技术易推广、见效快。

(3) 温度诊断技术。以设备中某些测点或部位的温度、温差、热像等参数作为主要检测参数的诊断技术称为温度诊断技术。

（4）频谱分析方法。每种故障有其对应的特征频率。据此确定设备的故障性质和严重程度。

（5）频谱趋势分析方法。振动的通频幅值或特征频率幅值，随故障的发展而增大。据此判定设备的健康状态，并推测其寿命。

四、旋转机械振动诊断

振动诊断是设备诊断技术中应用最广泛的一种诊断技术。因为振动的理论和测量方法比较成熟，同时不用停机和解体就可以对振动信号进行测量和分析，判断设备的劣化程度并对故障性质进行了解，其诊断工作简单易行。

振动诊断涉及的内容主要是对振动信号的处理。反映振动特征的信号是振动产生的图形。常见的图形有波形图、轴心轨迹图、频谱图等。通过对图形的分析，即可诊断出该设备的振动原因。

从旋转机械的振动状态和频率特性分析，可将振动分为转子不平衡振动、滚动轴承缺陷引起的振动、滑动轴承振动及齿轮振动等。表 10-3 为常见故障的频率特征。

表 10-3　常见故障的频率特征

类型	故障名称	频率特征	转动特征
强迫振动类故障	不平衡	$1\times R$	同步正进动
	热弯曲	$1\times R$	同步正进动
	不对中	$2\times R$	正进动
	磁拉力不平衡	$2N\times R$ N 为磁极对数	正进动
	松动	$1\times R$，$2\times R$ 等 也有 $1.5\times R$， $2.5\times R$ 等	
	齿轮故障	啮合频率 等于齿数$\times R$， 边带频率…	
	滚动轴承	外环故障… 内环故障… 滚珠故障…	
自激振动类故障	油膜涡动	$(0.4\sim0.49)\times R$	正进动
	油膜振荡	等于低阶固有频率	正进动
	气隙振荡	等于低阶固有频率	正进动
	内腔积液	失稳前 $0.5\times R$ 失稳后为低阶固有频率	正进动
	转子内阻	失稳前 $0.5\times R$ 失稳后为低阶固有频率	正进动
	径向摩擦	失稳前小于低阶固有频率 失稳后等于低阶固有频率	反进动
	轴向摩擦	失稳前小于低阶固有频率 失稳后等于低阶固有频率	

注　R：转动频率。

（一）转子不平衡振动

由于材质不均匀、结构不对称、加工或装配误差等造成转子质量不平衡，当转子高速运转时，因重心偏移，产生离心力，从而引起振动。其特征表现为：轴瓦振动，主要分垂直方向振动、水平方向振动、轴向窜动三种；振动频率和机械转动频率相一致；在一定转速下保持一定的振动相位角；此外，还有可能由于转子联轴器不对中、轴初始弯曲、转子因受热不均匀等原因，也会产生振动。

转子转速在远低于它的第一阶临界转速时，由振动引起的挠曲变形较小，转子不平衡力的产生主要是由于不平衡质量偏离转子原始曲线，其偏心矩不会因为转子的转动发生变化，这种转子可以认为是刚性转子。

按ISO的规定，如果转子的最高工作转速与第一临界转速之比小于0.7，就平衡而言，转子可以被认为是刚性的。

转子转速接近于它的临界转速时，由于共振转子发生挠曲变形，不平衡质量与原始轴线的距离随转速变化，即运转过程中发生变形的转子称为柔性转子。

刚性转子不平衡的特点：振动频率与转子转速一致。径向振动是主要振动。振动相位稳定。振动幅值与转速平方成正比。振动相位在垂直、水平方向接近90°。

（二）转子中心调整不当引发的振动

1. 端面偏差振动特点

联轴器端面调整不对中如图10-55所示。端面偏差振动特点为：

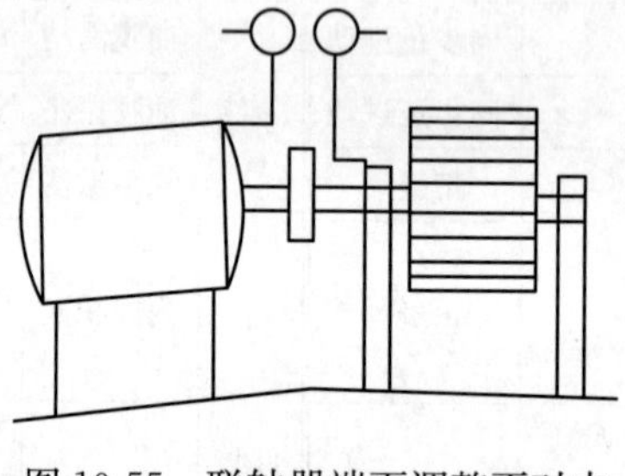

图10-55　联轴器端面调整不对中

（1）轴向振动大，且1X、2X(X指倍频）分量大。

（2）对轮两侧振动相位差180°。

（3）有时出现1X、2X、3X分量大的现象。

2. 中心偏差振动特点

联轴器中心不对中如图10-56所示。中心偏差振动特点为：

（1）产生较大的径向振动，并且有近180°的角度差。

（2）易产生较高次谐波振动。

（3）2X频率分量往往大于1X频率分量。

（三）轴弯曲引发的振动

转子轴弯曲如图10-57所示，其引发的振动特点为：

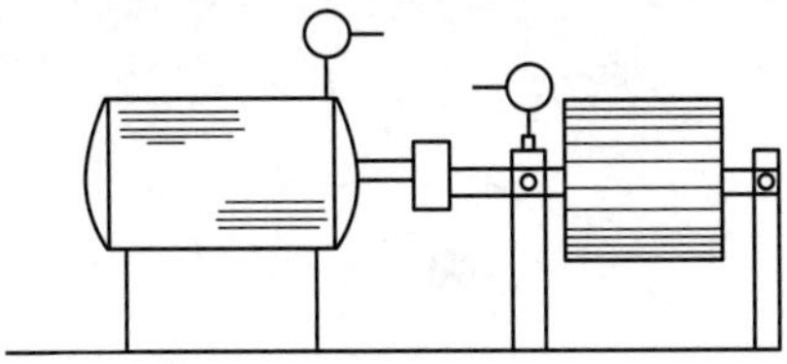

图 10-56　联轴器中心不对中

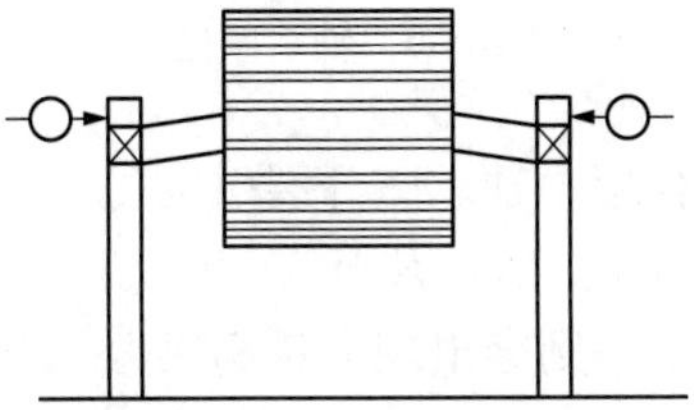

图 10-57　转子轴弯曲

（1）易引起较高的轴向振动。

（2）离轴中心近则 1X 频率分量高。

（3）离轴端近则 2X 频率分量高。

（4）振动随转速增加而增加。

（四）滚动轴承故障引发的振动

滚动轴承由于滚动体、内圈、外圈、保持架等磨损、表面疲劳、表面剥落而造成损坏后，滚动体相互撞击而产生高频冲击振动，会引起轴承座振动。检测的方法是把加速度传感器安装在轴承座上，即可监测到高频冲击振动信号，再辅以声音、温度、磨耗金属屑和油膜电阻的监测，以及定期检查、测定轴承间隙，即可在早期预查出滚动轴承的缺陷。

1. 轴承安装偏斜

轴承安装偏斜如图 10-58 所示，其引发的振动特点为：

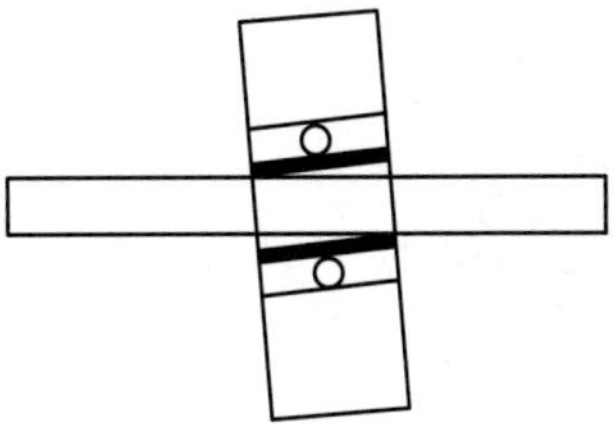

图 10-58　轴承安装偏斜

（1）轴向振动大，且 1X、2X 分量大。

（2）对轮两侧振动相位差 180°。

（3）有时出现 1X、2X、3X 分量大的现象。

2. 轴承座松动

轴承座松动如图 10-59 所示。

图 10-59 轴承座松动

(1) 主要由结构不合理、轴承座开裂引发。

(2) 能产生 0.5X、1X、2X，甚至 3X 振动频率。

(3) 如果伴随有冲击，则会出现大量高次振动频率。

3. 轴承座基础松动

轴承座基础松动如图 10-60 所示。

(1) 支脚、底板、水泥底座松动/强度不够。框架或底板变形；紧固螺栓松动。

(2) 类似不平衡故障，频率成分以 1X 为主。

(3) 振动只在松动的轴承座上有明显表现。

(4) 基础与抬板振动相位差接近 180°。

4. 轴承在轴承座内松动

轴承在轴承座内松动如图 10-61 所示。

(1) 轴承在轴承座内松动。

(2) 轴承内环间隙增大与转子松动。

(3) 保持架的松动。

(4) 振动频率成分丰富。

(5) 相位不稳定。振动有方向性。

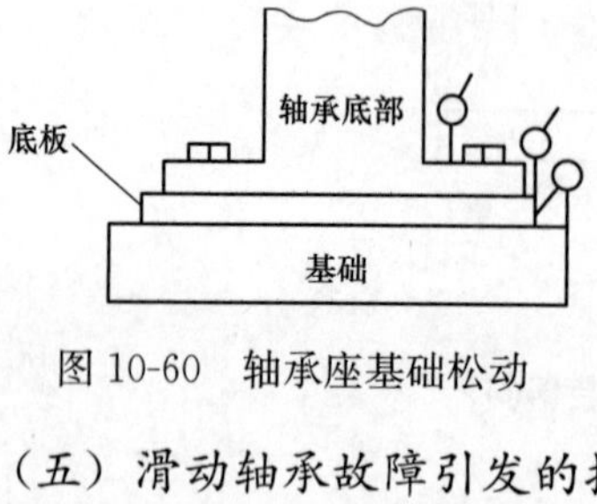

图 10-60 轴承座基础松动

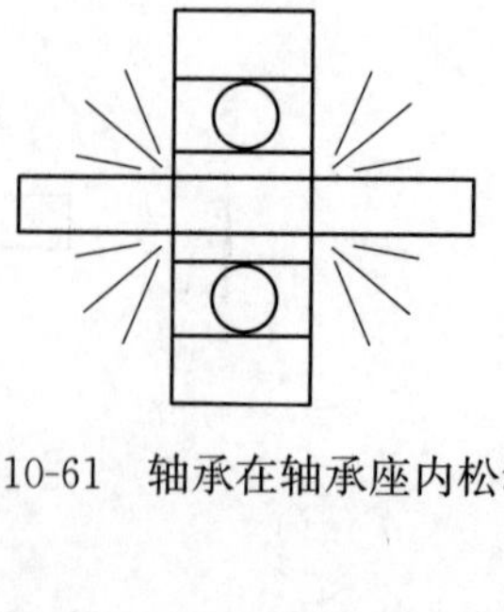

图 10-61 轴承在轴承座内松动

(五) 滑动轴承故障引发的振动

滑动轴承的振动是滑动轴承油膜引起的一种自激振动，它包括油膜振荡和油膜涡动。

1. 油膜振荡的特点

转轴有相当大的弯曲振动，此时轴颈围绕轴承中心作激烈的甩转。甩转方向与转轴转动方向相同，一般在转子临界转速 2 倍以上时容易发生。此时，一旦发生振荡，振幅急剧加大，继续提高转速，振荡不减小。转子的涡动频率约等于转子一级固有频率，与转子转速无关。油膜振荡具有较大的惯性，振荡一旦形成，再把转速降到起振点，振荡也不会终止，直至把转速降到更低，振荡才能停止。

2. 油膜涡动的特点

油膜涡动是转轴轻微弯曲所引起的比较平稳的一种振动。其特点是涡动方向与轴旋转方向一致。多发生于工作转速在一阶临界转速 2 倍附近，也有时高于一级临界转速的 2 倍。对于轻载转子，其涡动频率接近其临界转速的 50%。

油膜涡动若得不到控制，就会发展为油膜振荡。其避免的方法一般采取降低油黏度、减小轴瓦顶隙、扩大侧隙、减小轴承的长径比、增加油楔轴承的楔深比等措施来消除油膜振荡。

（六）齿轮故障引发的振动

当齿轮正常运行时，磨损是均匀的，啮合频率和谐波保持不变。随着齿面磨损量的增大，不仅振动幅值也将增大，同时也会出现附加脉冲。通过频谱分析，可以诊断齿轮缺陷的性质和所在位置。

五、查找机组振动原因的程序

机组振动是一种现象。从这种现象中查找原因是一项复杂细致的工作。为了尽快、准确地找到振动的原因，首先应对可能引起振动的诸因素进行分析，根据分析的情况再进行试验，最后确定振动的原因。

（一）机组处于运行状态的检查

（1）测记机组轴承、机座、基础等各位置的振动值，并与原始记录进行对比，找出疑点。

（2）分析运行参数与原设计要求有何变动。

（3）分析轴瓦的油温、油压、油量及油的品质是否在正常值内。

（4）判断机组是否有异声，尤其是对金属的摩擦声和撞击声应特别注意。

（5）与停机冷却后进行对比，机组膨胀是否均匀，有滑销装置的机组应测记其间隙值。

（6）地脚螺母或螺栓是否松动，机组的垫铁是否松动或位移，基础是否下沉、倾斜或有裂纹。

（7）机组在启停过程中，其共振转速、振幅是否有变化。

（8）曾发生过哪些异常运行现象。

（二）停机后的检查

（1）滑动轴承的间隙及紧力是否正常，下轴瓦的接触及磨合是否有异常。

（2）滚动轴承是否损坏，内外圈的配合是否松动。

（3）联轴器中心是否有变化，联轴器上的连接件是否松动或变形。

（三）机组解体后的检查

（1）原有的平衡块是否脱落或产生位移。

（2）转体上的零件有无松动，是否有装错、装漏、脱落的零部件。

（3）机组的动静部分的间隙是否正常，有无摩擦的痕迹。

（4）测量轴的弯曲值及转体零部件的瓢偏与晃动值。

（5）转体的磨损程度如何，风机类应做重点检查。

（6）介质经过的通道，如水泵叶轮等，是否有堵塞、锈蚀、结垢现象，通道截面是否发生变化。

（7）机组水平、转子扬度是否有变化。

（8）电动机转子有无松动零件，空气间隙是否正常，电气部分是否有短路现象。

（9）重新找转子的平衡。

第十一章　锅炉风机设备

第一节　概　　述

风机是将原动机的机械能转变为气体能量的一种输送气体的机械。火力发电厂锅炉通风用的风机（送风机、引风机、一次风机和排粉风机等）又称电站风机。风机按作用原理可分为离心式、轴流式、混流式和横流式四种类型。用于电站风机的有离心式、轴流式和混流式三种，具有效率高、流量大、输送流量均匀等优点。

据统计，风机在火电厂中的能耗占全部厂用电的30%～40%。因此提高风机的技术指标，保证风机的稳定运行，节能减耗，对火电厂的安全稳定经济运行有着非常重要的意义。

一、风机的主要参数

风机的主要参数有流量、全压、功率、转速及效率等。

1. 流量

单位时间内风机所输送的气体量称为流量。常用的流量有体积流量与质量流量两种。体积流量用符号 q_v 表示，单位为 m^3/s、m^3/min 和 m^3/h。质量流量用符号 q_m 表示，单位为 kg/s、kg/min 和 kg/h。

2. 全压

单位体积的气体在风机内所增加的机械能称为全压，以符号 p 表示，单位为 Pa。

3. 功率

风机的功率是指原动机传递给风机轴上的功率，即风机的输入功率，又称轴功率，以 P 表示，单位为 kW。随着火力发电厂单元机组容量的增大，风机的功率亦相应增加。

4. 转速

风机轴每分钟的转数称为转速，以 n 表示，单位为 r/min。风机的转速越高，则风机所输送的流量、全压也越大。

5. 效率

风机输入功率不可能全部传给被输送的流体，其中必有一部分能量损失。被输送的流体实际所得到的有功功率比原动机传递至风机轴端的功率要小，它们的比值称为风机的效率，以符号 η 表示。风机的效率越高，则流体从风机中得到的能量有效部分就越大，经济性就越高。

6. 比转速

为方便风机的设计、选型和改造，利用相似定律推导出由额定转速 n、

流量 q_v、全压 p 组合而成的综合相似特征数，称为比转数或比转速，以符号 n_y 表示。比转速计算公式为：

$$n_y=\frac{n\sqrt{q_v}}{p_{20}^{3/4}} \tag{11-1}$$

式中 n——风机的转速，r/min；

q_v——风机的体积流量，m^3/s；

p_{20}——标准进气状态（气温 t 为 20℃、大气压 p 为 101.3kPa）风机的全压，Pa。

比转速较全面地反映了风机的特性，综合了风机的流量、全压、转速三者之间的关系。

比转速可表示风机的几何结构特点和风机的性能变化趋势，是编制风机系列的基础，也是风机设计计算的基础。

通常可以根据比转速对风机进行分类：n_y＝2.7～14.4(15～80）为离心通风机；n_y＝14.4～21.7(80～120）为混流通风机；n_y＝18～90(100～500）为轴流通风机。（注：括号内为工程单位制计算的比转速。括号外为国际单位制计算的比转速，是工程单位制计算比转速的 1/5.54。）

二、风机的分类

（一）按工作压力分类

风机按工作时产生的压力大小可分为：

（1）通风机：风机产生的全压 $p<15$kPa。

（2）鼓风机：风机产生的全压在 15～340kPa。

（3）压缩机：风机产生的全压 $p>340$kPa。

通风机按工作时产生的压力大小可分为（在大气压为 101.3kPa，气温为 20℃的标准状态下）：

（1）低压离心通风机：通风机的全压 $p<1$kPa。

（2）中压离心通风机：通风机的全压 $p=1\sim3$kPa。

（3）高压离心通风机：通风机的全压 $p=3\sim15$kPa。

（4）低压轴流通风机：通风机的全压 $p\leqslant500$Pa。

（5）高压轴流通风机：通风机的全压 $p>500$Pa，但 $p<15$kPa。

（二）按照做功形式分类

风机按照做功形式分类一般分为叶片式和容积式，电厂一般使用叶片式。

1. 叶片式

叶片式风机分为离心式风机、轴流式风机和混流式风机。

（1）离心式风机。气体轴向进入叶轮后，主要沿径向流动，高速旋转的叶轮对流体做功，提高流体的机械能。

（2）轴流式风机。流体轴向进入叶轮后，近似地在圆柱形表面上沿轴线方向流动，并借旋转叶轮上的叶片产生升力来输送，同时提高其机械能。轴流式风机输送的气体流量比离心式风机大，全压比离心式风机低。

（3）混流式风机。流体进入叶轮后流动的方向处于轴流式和离心式之间，近似沿锥面流动。混流式风机的性能也介于离心式与轴流式之间，其流量大于离心式但小于轴流式，全压大于轴流式而小于离心式。

2. 容积式

容积式风机分为往复式风机和回转式风机。

（1）往复式风机。往复式也就是活塞式，经常使用的空气压缩机就是活塞式风机。活塞式风机输送的介质流量较小且不均匀，但压力较高。

（2）回转式风机。电厂应用的回转式风机主要是罗茨风机，它是依靠两个 2 叶或 3 叶的转子作相反方向的旋转，达到传递能量与气体并增高其压力的目的。

第二节　离心式风机主要部件与整体结构

现在大型发电厂，离心式风机主要有氨稀释风机、磨煤机密封风机、等离子冷却风机、火焰检测冷却风机等。有些电厂的引风机、送风机、一次风机也有采用离心式风机的。

一、离心式风机的工作原理

离心式风机的主要工作部件是叶轮。当原动机带动叶轮旋转时，叶轮中的叶片迫使流体旋转，从而使流体的压力能和动能增加。与此同时，流体在惯性力的作用下，从中心向叶轮边缘流动，并以很高的速度流出叶轮进入蜗壳，再由排气孔排出，这个过程称为压气过程。同时，由于叶轮中心的流体流向边缘，在叶轮中心形成了低压区，当它具有足够的真空时，在吸入端压力（一般是大气压）作用下流体经吸入管进入叶轮，这个过程称为吸气过程。由于叶轮的连续旋转，流体也就连续地排出、吸入，形成了风机的连续工作。

二、离心式风机的主要部件

离心式风机的结构如图 11-1 所示。离心式风机主要由叶轮、蜗壳、集流器以及扩散器、导流器等部件组成，其结构简单，制造方便。

（一）叶轮

叶轮是风机传递能量、产生压头的核心部件，它的结构和尺寸对风机性能有很大的影响。叶轮由前盘、后盘（双吸式风机称为中盘）、叶片、轮毂组成，如图 11-2 所示。轮毂通常由铸铁或铸钢铸造加工而成，经镗孔后套装在优质碳素钢制成的轴上。轮毂采用铆钉与后盘固定。在强度允许的情况下，轮毂与后盘可采用焊接方式固定。

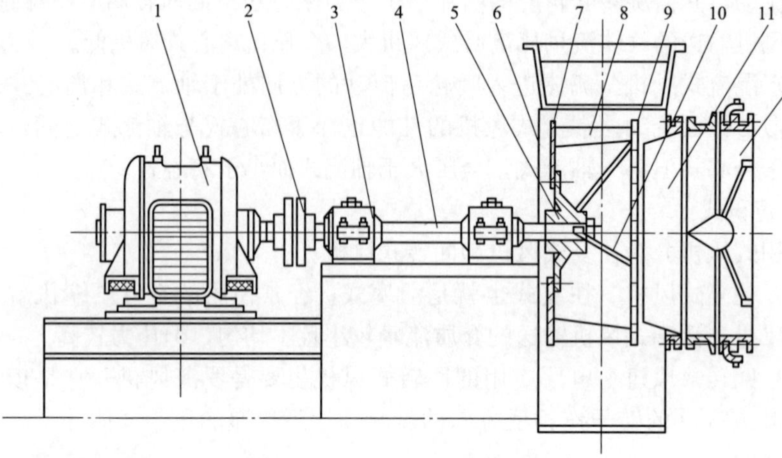

图 11-1　离心式风机结构

1—电动机；2—联轴器；3—轴承座；4—主轴；5—轮毂；6—蜗壳；
7—后盘；8—叶片；9—前盘；10—拉筋；11—集流器；12—进口风量调节器

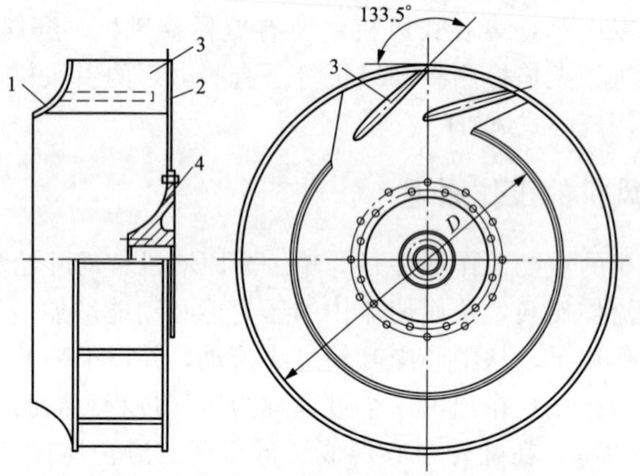

图 11-2　离心风机叶轮

1—前盘；2—后盘；3—叶片；4—轮毂

前后盘之间安装有叶片，叶片的形式可按叶片出口角分为后弯叶片、径向叶片和前弯叶片。后弯叶片效率高。因而近年来广泛用于锅炉的送风机和引风机上；径向叶片加工制造比较简单，但风机效率较低，大容量锅炉的风机很少采用；具有前弯叶片形式的风机效率低于具有后弯叶片形式的风机效率，但其风压比较高，在相同参数条件下，风机体积可以比其他形式叶片的风机小，前弯叶片多用在要求高风压的风机上，如排粉机和一次风机等。

后弯叶片按叶片形式可分为直板型、弯板型和机翼型三种，如图 11-3 所示。空心机翼型叶片的形状更适应气体流动的要求，从而可进一步提高风机的效率。后弯空心机翼型叶片风机的效率可高达 90%左右。其缺点是制造工艺复杂，并且当输送含尘浓度高的气体时，叶片容易磨穿损坏，叶片磨穿后杂质进入叶片内部，会使叶轮失去平衡而产生振动。对振动的敏感性是限制后弯空心机翼型叶片风机被广泛采用的重要因素。直板型叶片制造方便，但效率低。弯板型叶片如空气动力性能设计优化，其效率会接近机翼型叶片，用作锅炉引风机效果良好。

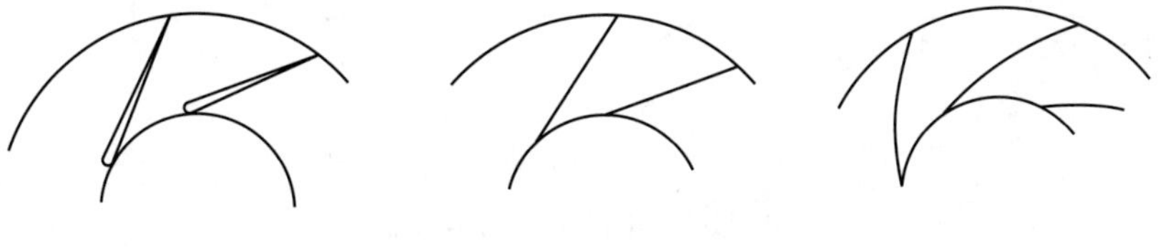

图 11-3　后弯叶片形状

(a) 机翼型；(b) 直板型；(c) 弯板型

叶轮前盘的形式有平直前盘、锥形前盘及弧形前盘三种，如图 11-4 所示。平直前盘制造工艺简单，但气流进口后分离损失较大，因而风机效率较低。弧形前盘制造工艺较复杂，但气流进口后分离损失很小，效率较高。锥形前盘介于两者之间。高效离心风机前盘大多采用弧形形式。

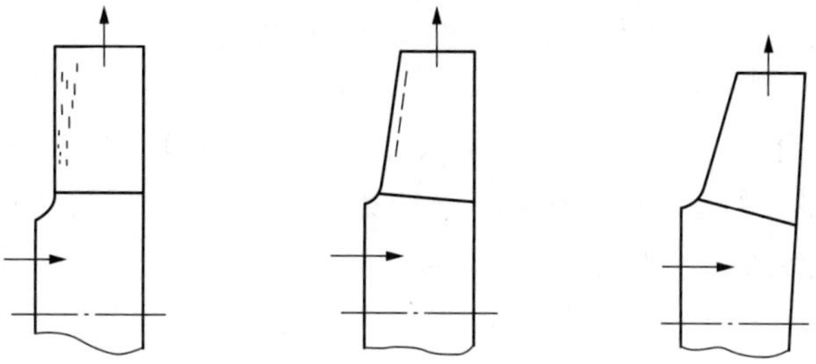

图 11-4　前盘形式

(a) 平直前盘；(b) 锥形前盘；(c) 弧形前盘

（二）集流器

集流器又称进风口，与进气箱装配在一起。其目的在于保证气流能均匀地充满叶轮的进口断面，并使风机进口处的阻力尽量减小。离心式风机的进风口有圆筒形、圆锥形、弧形、锥筒形、锥弧形、弧筒形锥弧形等多种，如图 11-5 所示。

比较这几种集流器，圆筒形集流器叶轮进口处会形成紊流区，直接从大气进气时效果较差。圆锥形好于圆筒形，但它太短，效果不佳。弧形集流器好于前两种。锥弧形集流器最佳。对于大型风机多采用弧形、锥弧形，以提高风机的效率。

集流器与叶轮配合有插入式和非插入式两种，如图 11-6 所示。除小容量、低效率的风机有采用非插入式的配合外，一般均采用插入式配合。

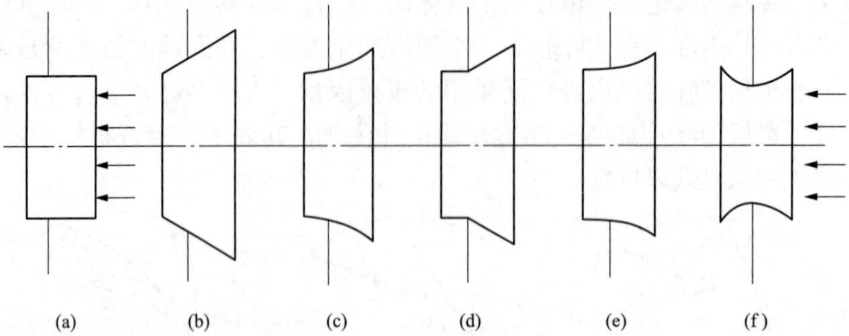

图 11-5　不同形式的集流器

(a) 圆筒形；(b) 圆锥形；(c) 弧形；(d) 锥筒形；(e) 弧筒形；(f) 锥弧形

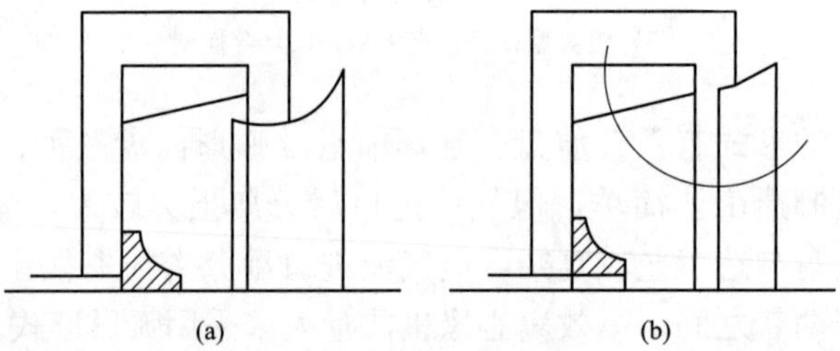

图 11-6　集流器与叶轮配合

(a) 插入式；(b) 非插入式

一般情况下，非插入式配合中双吸入式风机联轴器侧对口间隙为 6～8mm，非联轴器侧为 14～18mm，单吸入式风机的对口间隙为 8～10mm。

插入式配合的集流器，与叶轮间隙规定如下：①双吸入式风机，联轴器侧轴向伸入长度为 12～18mm，非联轴器侧轴向伸入长度为 2～8mm，径向间隙为 4～8mm；②单吸入式风机，集流器与叶轮轴向伸入长度为 8～20mm，径向间隙为 4～10mm。以上所列数据对风机运行的安全性和经济性有很大的影响，检修中应严格控制。

（三）导流器

目前大容量锅炉离心式风机的流量调节，主要是通过装设在风机入口通道上的导流器实现的。常见的导流器有轴向导流器、简易导流器和斜叶式导流器，如图 11-7 所示。

导流器是利用导流挡板（转动叶片）改变角度来进行风机流量调节的。导流挡板的调节范围为 90°(全闭) ～0°(全开)。

安装导流器时，必须注意导流挡板的方向，应使气流通过导流挡板后的流向与风机叶轮的旋转方向一致。否则气流在通过导流挡板后转一个急弯再进入叶轮，这样会造成很大的风压损失，使风机出力明显下降，甚至带不上负荷。导流挡板方向不对，还可能表现在导流挡板开度增大时，电流指示反而减小；导流挡板开度关小时，电流指示反而增大。导流挡板开度的改变，实质上是改变叶轮叶片进口的切向分速度，从而改变风机的流

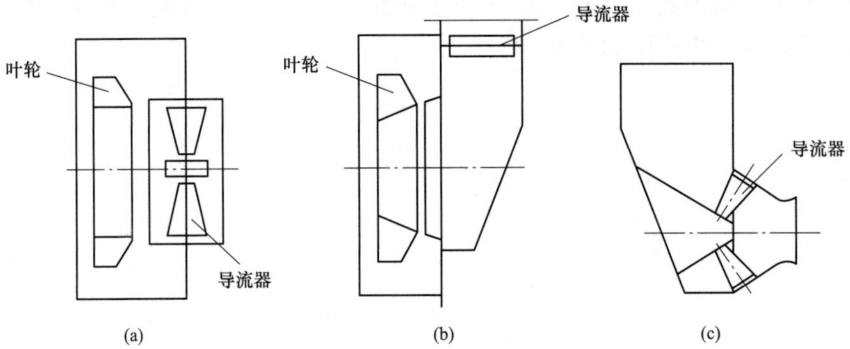

图 11-7　导流器的形式

（a）轴向导流器；（b）简易导流器；（c）斜叶式导流器

量和风压。该种装置比节流挡板经济性要好，因此目前仍是大容量锅炉离心式风机风量调节的主要装置之一。

（四）进气箱

气流进入集流器有两种方式：集流器直接从周围吸取气体，这种方式称为自由进气；另一种方式是集流器从进气箱吸取气体。有些风机由于结构上的需要，如锅炉引风机在风机集流器前装接弯管（气流转弯流速分布不均匀），就要求在集流器前安装进气箱，以改善气流的流动状态。

进气箱有两个作用：一是当集流器需要转弯时，安装进气箱能改善进口气流流动状况，减少因气流不均匀进入叶轮而产生的流动损失；二是安装进气箱可使轴承装于风机的蜗壳外边，便于安装和维修，对锅炉引风机的轴承工作条件极为有利。

（五）扩散器

扩散器又称扩压器。多数扩散器与蜗壳制成一体。其作用是降低气流出口速度，使部分动压转化为静压。根据出口管形状的要求，扩散器可制作成圆形截面或矩形截面。

（六）蜗壳

蜗壳由蜗板和左右两侧板焊接而成。其作用是收集从叶轮出来的气体，并引至出口，与此同时，将气流的一部分动能转变成压力能，经过出风口把气体输送到管道或排入大气中。蜗壳的蜗板轮廓线采用阿基米德螺旋线或对数螺旋线效率最高。为了加工方便，也常常将蜗壳的外形制作成近似阿基米德螺旋线。蜗壳的轴面为矩形，而且宽度不变，如图 11-8 所示。

蜗壳出口处气流速度一般仍然很大，为了有效利用这部分能量，在蜗壳出口装设扩压器。因为气流从蜗壳流出时向叶轮旋转方向倾斜。所以扩压器一般制成向叶轮一边扩大，其扩散角 θ 通常为 6°～8°。

离心式风机蜗壳出口附近的“舌形”结构称为蜗舌，如图 11-9 所示。其作用是防止大量空气留在蜗壳内循环流动。蜗舌附近流体的流动相当复杂，它的几何形式以及和叶轮出口边缘的最小距离，对风机的性能，特别对风机效率和噪声影响较大。

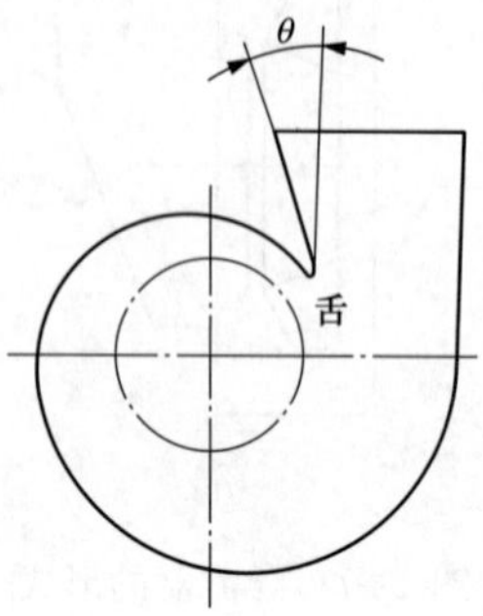

图 11-8　蜗壳

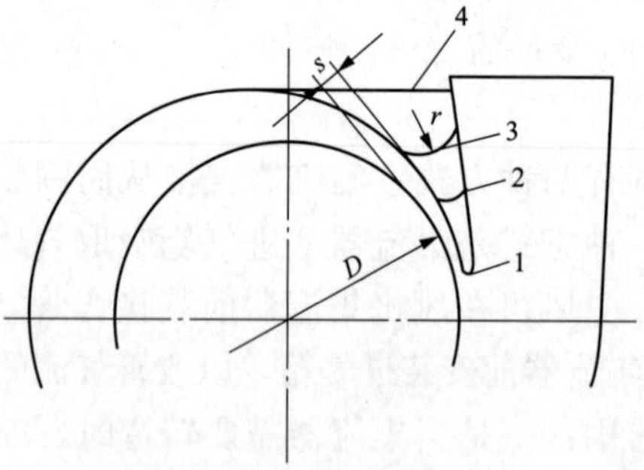

图 11-9　蜗舌

1—尖舌；2—深舌；3—短舌；4—平舌

蜗舌可分为尖舌、深舌、短舌及平舌。具有尖舌的风机虽然最高效率较高。但效率曲线较陡，且噪声大，风机性能恶化，不能使用。深舌大多用于低比转速通风机。短舌大多用于高比转速通风机。具有平舌的风机虽然效率较尖舌的低，但效率曲线较平坦，且噪声小。

蜗舌顶端与叶轮外径的间隙 s，对噪声的影响较大。间隙 s 小，噪声大。s 大噪声减小。一般取 $s=(0.05\sim0.10)D$。蜗舌顶端的圆弧 r，对风机空气动力性能无明显影响，但对噪声影响较大。圆弧半径 r 小噪声会增大，一般蜗舌的圆弧半径取 $r=(0.03\sim0.06)D$。大型风机取下限，小型风机取上限。蜗舌与叶轮间的间隙 b 取为 $b/D=0.05\sim0.10$（后弯叶轮），$b/D=0.07\sim0.15$（前弯叶轮），其中 D 为该风机叶轮工作直径。

三、离心式风机的整体结构

（一）离心式风机的整体布置

离心式风机可以制成右旋和左旋两种。从原动机一侧看，叶轮旋转方向为顺时针方向的称为右旋，用“右”表示，在型号中一般不用标注；叶轮旋转方向为逆时针方向的称为左旋，用“左”表示，在型号中必须标注。但应注意，叶轮只能顺着蜗壳蜗线的展开方向旋转，否则叶轮出现反转时，流量会突然下降。

离心式风机的进气方式有单侧进气和双侧进气两种。前者称为单吸离心式风机，用符号“1”表示；后者称为双吸离心式风机，用符号“0”表示。

离心式风机的出风口位置根据使用要求，可以做成向上、向下、水平、向左、向右、各向倾斜等多种形式。一般情况下，风机制造厂规定了图 11-10 所示的八个基本出风口位置，以供选择。

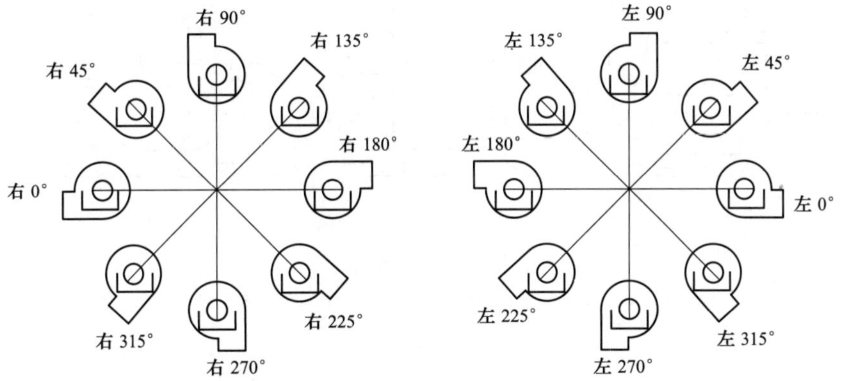

图 11-10　离心式风机八种出风口位置

（二）离心式风机的传动形式

根据使用情况不同，离心式风机的传动方式也有多种。当风机转速与电动机的转速相同时，大型风机可采用联轴器将风机和电动机直接连接传动。这样可以使结构简单、紧凑。小型风机则可以将叶轮直接安装在电动机轴上，使结构更简单、紧凑。当风机的转速和电动机不同时，则可采用变速传动方式。

通常将叶轮安装在主轴的一端。这种结构称为悬臂式，其优点是拆卸方便。对双吸式大型风机，一般将叶轮放在两个轴承中间，这种结构称为双支承式，其优点是运行比较平稳。

目前，风机制造厂把离心式风机的传动方式规定为六种形式，并用大写英文字母表示，如图 11-11 所示。

A 式——单吸、单支架、无轴承、与电动机直连；B 式——单吸、单支架、悬臂支承、带轮在两轴承之间传动；C 式——单吸、单支架、悬臂支承、带轮在两轴承外侧；D 式——单吸、单支架、悬臂支承、联轴器传动；E 式——单吸、双支架、带轮在外侧；F 式——单吸、双支架、联轴器传动。

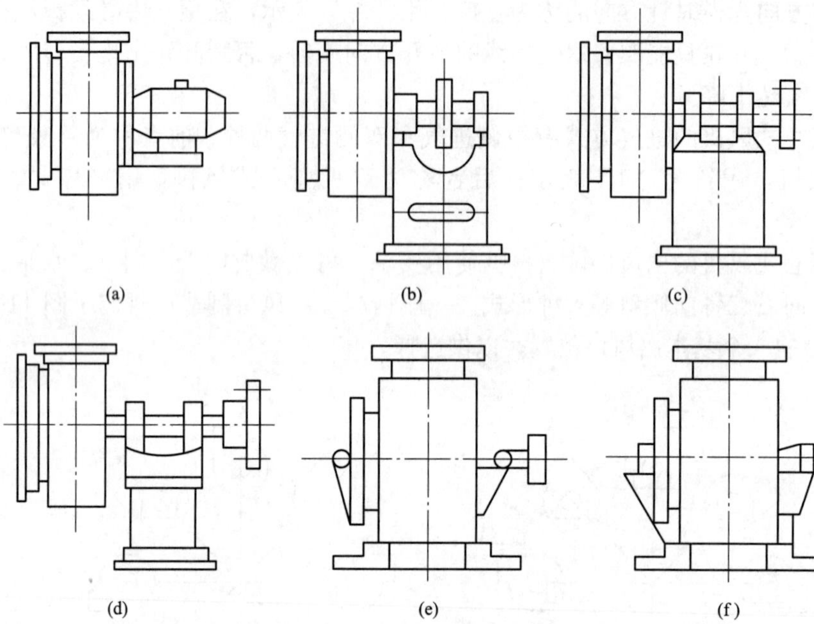

图 11-11 离心式风机的传动方式
(a) A式；(b) B式；(c) C式；(d) D式；(e) E式；(f) F式

第三节 轴流式风机主要部件与整体结构

一、概述

随着现代火力发电厂单机容量的不断增大，配套的风机容量也在不断地增大。对于大流量的锅炉送风机、引风机，如果仍然用离心式风机，虽然可以通过增大叶轮直径或者台数来满足机组大流量的要求，但由于受到设备尺寸、材料强度和占地面积的限制，无法继续扩大容量。相比离心式风机，轴流式风机具有流量大的特点，并有增加流量的潜力，可以满足大容量机组的需求。因此轴流式风机随着机组容量的增大而得到较快的发展。

在国际上，德国、丹麦等部分欧洲国家，轴流式风机的研究与应用比较早，20 世纪 70 年代，大型电站已普遍采用动叶可调轴流式风机作为锅炉送风机、引风机。我国自 20 世纪 80 年代以来引进丹麦诺文科(NOVENCO) 公司、德国 TLT 公司、德国 KKK 公司等专利技术，开始生产大型轴流式风机。

轴流式风机具有高的比转速，因而它输送的流体流量大、全压低，适合需要大流量，而管路系统的阻力值小的场合。

二、轴流式风机的特点

1. 动叶可调轴流式风机变工况时经济性好

轴流式风机在额定负载时，效率可达90%左右，与离心式风机差别不大。可是当机组工况变动时，尤其在低负载状态下工作时，动叶可调轴流式风机的运行效率大大高于入口导叶节流调节的离心式风机。表11-1表明，机组带100%负载时。动叶可调轴流式风机与离心式风机的效率相差不大。可当机组带50%负载时，动叶可调轴流式风机的效率高于入口导流器调节的离心式风机45%，输入功率约小509kW。

表11-1　375MW机组两种风机运行经济性比较

性能比较	风机类型			
	动叶可调轴流式风机		离心式风机	
	100%负载	50%负载	100%负载	50%负载
风机效率	86	70	84	25
输入功率	1815	327	1858	836

2. 动叶可调轴流式风机对系统流量全压变化的适应性强

目前锅炉烟风道的阻力不能计算得很清楚，尤其是锅炉烟道侧的阻力计算误差较大；实际运行时，煤种变化也会造成所需流量全压的变化；除尘器的改进、改造或增设烟气脱硫装置等使系统阻力变化。这些变化的因素要求风机的流量及全压有相应的改变。离心式风机应对上述情况较困难，如果容量选择大，则效率显著降低；如果容量选择小，则不能满足上述要求。而动叶可调轴流式风机，只需改变动叶安装角就可以达到上述目的。

3. 体积小，质量小，启动力矩小

轴流式风机结构紧凑，体积小，如与相同性能的离心式风机相比，轴流式风机的空间尺寸约比离心式风机小30%。轴流式风机质量小，所以基础质量也可减小。轴流式风机可以采用较高转速和较高的流量系数，所以在相同流量及全压参数下，轴流式风机的转子质量较小，因此轴流式风机转子的飞轮效应（转动惯量）比离心式风机小得多。于是轴流式风机的启动转矩比离心式风机的启动转矩小得多。如一般轴流送、引风机的启动转矩只有离心送、引风机的14.2%～27.8%。启动转矩小，可减小电动机功率的富裕量和对电动机启动性能的要求，同时可降低电动机造价。

由于轴流式风机尺寸小，质量小，因此容易布置。它可以卧式布置，也可以立式布置，甚至将轴流式引风机布置在烟囱内，节省空间，而且还可省去消声装置和隔声罩（烟囱外壳儿可遮蔽）。

4. 动叶可调轴流式风机转子结构复杂，制造精度高

动叶可调轴流式风机转子结构复杂、精密，转动部件多，造价较高。

但是经过数十年不断的在设计、结构、材料和工艺上改进提高，目前动叶可调轴流式风机运行的可靠性大大提高，并不亚于离心式风机。

5. 噪声高

轴流式风机由于叶片多，叶轮圆周速度高，所以产生的噪声高于同性能的离心式风机。离心送风机的噪声为 90～110dB(A)，而轴流送风机的噪声可达 110～130dB(A)。但是轴流式风机的噪声频率发生在较高的频带，消除较容易。对性能相同的两种风机，如把噪声降到允许标准 85dB(A)，则它们所花费用基本相同。

三、轴流式风机主要参数与布置形式

（一）叶型、叶栅等名词解释

轴流式风机主要由叶轮、叶轮外壳、扩压器、进气箱、集流器等组成。图 11-12 所示为轴流式风机简图。

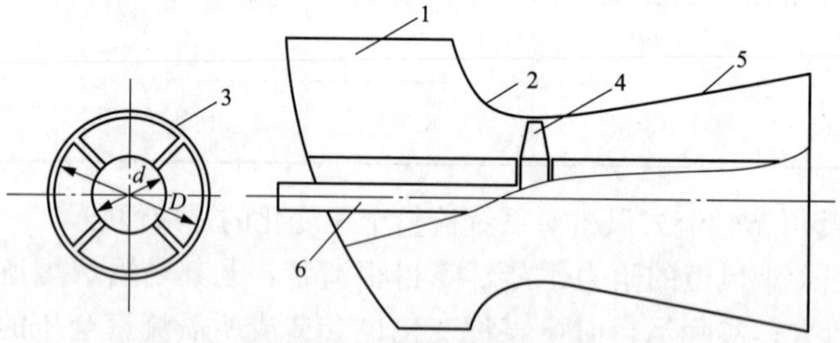

图 11-12 轴流式风机简图

1—进气箱；2—集流器；3—叶轮外壳；4—叶轮；5—扩压器；6—轴

设叶轮外径为 D，叶轮轮毂直径为 d。现用小于 $D/2$、大于 $d/2$ 的任意半径 r 的圆柱面切割叶轮，然后将圆柱截面在平面上展开，得到图 11-19 所示的直线叶栅。叶栅中叶片截面称为叶型。相同叶型作等距离排列称为叶栅。叶栅展开后排列在一直线上，称为直线叶栅，如图 11-13（a）所示。流体微团在圆柱面上流动，圆柱面就是流面。同时，假定不存在径向流动，这就是所谓的圆柱面无关性假设。

图 11-13（b）所示的翼型前端称为前缘，后端称为后缘。连接前缘与后缘的直线，称为翼弦，其弦长记为 b。通过翼型中心的线，即翼型上表面与下表面内切圆中心连线称为翼型中弧线或中线。从翼弦到中线的距离称为挠度，其最大值 f 称为最大挠度。在弦长法线方向上，翼型上下表面之间的距离称为厚度，其最大值 c 称为最大厚度。来流的气流速度 v_{∞} 与翼弦间的夹角 i 称为冲角。垂直于翼型方向叶片的长度 l 称为翼展。

在叶栅中，两相邻翼型在圆周方向上的距离 t 称为栅距。t 应该等于 $2\pi r/z$，其中 r 为圆柱截面的半径，z 为叶片数。弦长与栅距之比 b/t 称为叶栅稠度，从叶片外缘向轮毂方向的叶栅稠度一般是逐渐增加的。翼弦与

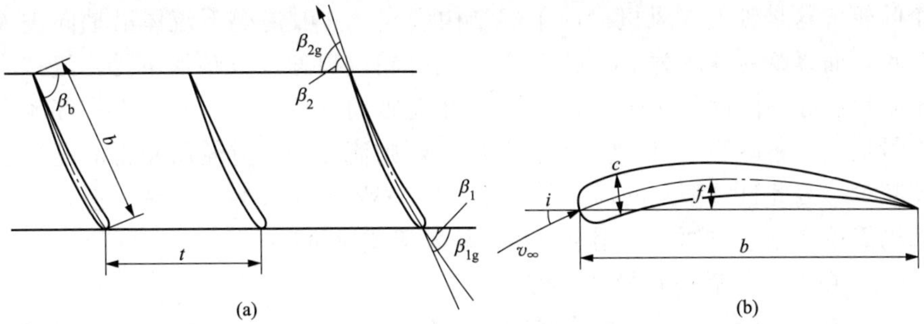

图 11-13　直线叶栅

(a) 叶栅；(b) 翼型

叶轮圆周方向之间的夹角 β_b 称为叶片安装角。轴流式风机沿叶片高度方向，安装角是变化的，所以安装角是指叶轮平均半径 r_m 处的值。

翼型前缘点中线的切线与圆周速度方向间的夹角 β_{2g} 称为叶片出口安装角。叶片出口安装角与叶片入口安装角之差 θ 称为翼型的弯曲角（$\theta=\beta_{2g}-\beta_{1g}$）。气流流入叶栅的方向与圆周速度方向间的夹角 β_1 称为气流进口角，而叶片进口安装角 β_{1g} 与 β_1 之差 i 称为气流的冲角（$i=\beta_{1g}-\beta_1$）。气流流出叶栅方向与圆周速度反方向间的夹角 β_2 称为气流出口角。叶片出口安装角 β_{2g} 与 β_2 之差 δ 称为气流出口落后角（$\delta=\beta_{2g}-\beta_2$）。气流出口角 β_2 与进口角 β_1 之差 ε 称为气流折转角（$\varepsilon=\beta_2-\beta_1$）。

（二）轴流式风机的型式

根据使用条件和要求不同，轴流式风机有多种型式，以下分析常见的五种基本型式，如图 11-14 所示。

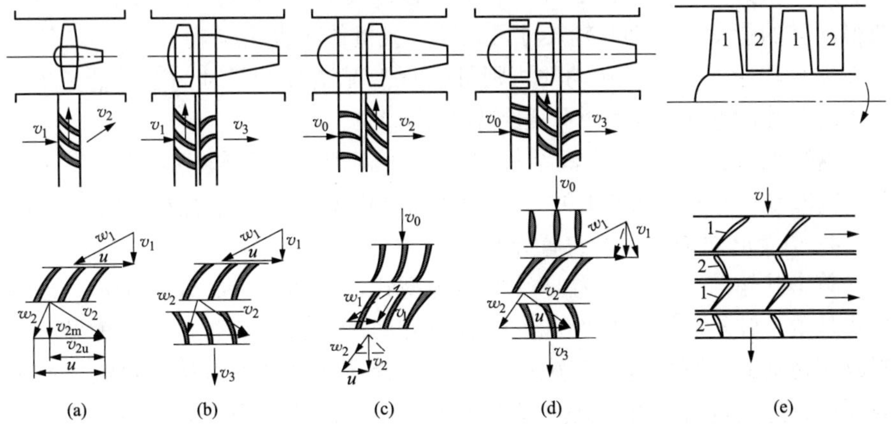

图 11-14　轴流式风机的结构型式

(a) 单个叶轮；(b) 单个叶轮后设置导叶；(c) 单个叶轮前设置导叶；(d) 单个叶轮前、后均设置导叶；(e) 二级轴流式风机示意图

1. 单个叶轮

轴流式风机单个叶轮型式如图 11-14（a）所示，在风机机壳中只有一

个叶轮。这是轴流式风机最简单的结构型式。一般情况下流体沿轴向进入叶轮，而以绝对速度为 v_2 流出叶轮。由叶轮出口速度三角形可见，流体流出叶轮后存在圆周分速度 v_{2u} 使流体产生绕轴的旋转流动。v_{2u} 的存在伴随有能量损失，若减小出口旋转运动速度 v_{2u}，则流体通过叶轮所获得的能量也要减少。因此这种型式的风机效率不高，一般 η 为 70%～80%。但是，它结构简单，制造方便，适用于小型低压轴流式风机。

2. 单个叶轮后设置导叶

单个叶轮后设置导叶型式如图 11-14（b）所示。鉴于单个叶轮型式的缺点，在叶轮后设置导叶。流体从叶轮流出时有圆周分速度，但流经导叶后改变了流动方向，将流体的旋转运动的动能转换为压力能，最后流体以 v_3 沿轴向流出。这种型式的轴流式风机的效率优于单个叶轮型式，一般 η 为 80%～88%，最高效率可达到 90%。在轴流式风机中得到普遍应用，目前火力发电厂的轴流送、引风机大都采用这种型式。

3. 单个叶轮前设置导叶

单个叶轮前设置导叶如图 11-14（c），所示，在设计工况下叶轮出口的绝对速度没有旋转运动分量。叶栅反作用度 Ω 大于 1。因为在前设置导叶作用下使流体在进入叶轮之前首先产生与叶轮旋转方向相反的负预旋，即 $v_{1u}<0$。负预旋速度在设计工况下，被叶轮校直，使流体沿轴向流出，即流体在叶轮出口的圆周分速度 $v_{2u}=0$，此时出口速度三角形如图 11-14（c）实线所示。由于叶轮进口相对速度 ω_1 较大，因此流动效率较低。然而采用这种型式布置还有以下的优点：

（1）前设置导叶使流体在进入叶轮之前先产生负预旋使流体加速，提高了压力系数，因而流体通过叶轮时可以获得较高的能量。因此，在流体获得同样的能量下，则叶轮尺寸可减小，风机体积也相应减小。

（2）若导叶制成可转动的，则可进行工况调节。同时，当流量变化时流体对叶片的冲角变动较小，运行较稳定。

这种型式的轴流式风机结构尺寸较小，占地面积较小，其效率可达 78%～82%。在火力发电厂中子午加速轴流式风机常采用这种型式。

4. 单个叶轮前、后均设置导叶

单个叶轮前、后均设置导叶的结构型式，如图 11-14（d）所示。这种型式是单个叶轮后设置导叶和前设置导叶两种型式的综合，前设置导叶若制成可转动的，则可进行工况调节，后设置导叶又可以对从叶轮流出流体的圆周分速度进行校直，其效率为 82%～85%。这种型式如果前设置导叶可调，则轴流式风机在变工况状态下工作，有较好的效果。

5. 多级轴流式风机型式

普通轴流式风机只有一级叶轮，但是随着火力发电厂单机容量的增大，以及增设脱硫装置等设备的原因，使烟风道阻力增大，需要可产生较高压力的轴流式风机。而单级轴流式风机，受到叶轮尺寸、转速等因素限制，它的全压不可能很高。为此，需要用多级轴流式风机来满足锅炉的送风、引风要求。多级轴流式风机中，目前二级轴流式风机应用比较广泛。图 11-14（e）所示为二级轴流式风机示意图。二级轴流式风机也可以在首级叶轮前设置导叶。

四、轴流式风机的主要部件

轴流式风机分为静叶可调轴流式风机（简称静调风机）和动叶可调轴流式风机（简称动调风机）两种，静调风机采用安装在叶轮上游的可调前导叶调节改变运行工况。动调风机叶片的工作角度可无级调节，由此改变风量、风压，满足工况变化需求。静调风机主要由进气箱、大小集流器、可调前导叶组件、机壳组件（包括叶轮外壳和后导叶）、转动组件（包括中间轴、联轴器、叶轮、主轴承）、扩压器、冷风管路和润滑管路等组成。动调风机比静调风机多了一套动叶调节机构。

（一）叶轮

叶轮是轴流式风机的主要部件之一。气体通过旋转的叶轮获得能量，沿着转轴做螺旋形的轴向运动。叶轮主要由叶片和轮毂组成，图 11-15 所示为轴流式风机的叶轮。

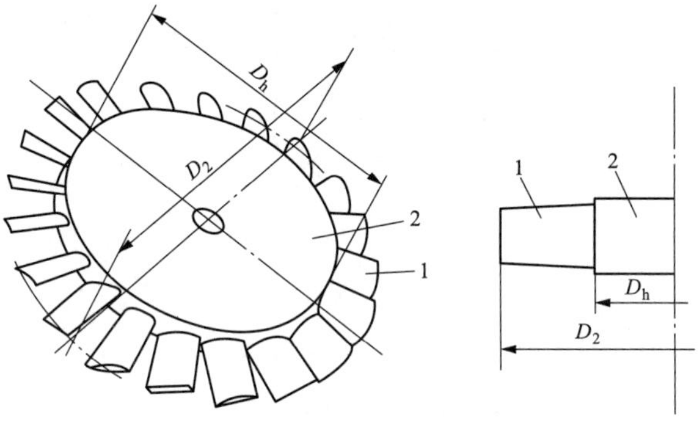

(a)　　(b)

图 11-15　叶轮

(a) 轴流式风机叶轮；(b) 叶轮尺寸

1—叶片；2—轮毂；D_h—轮毂直径；D_2—叶轮直径

轴流式风机动叶截面形状，应考虑到气动性能与运行性能，也需要兼顾叶片的强度。动叶片的截面形状应该有较大的升阻比。而失速性能平缓，且风机在运行时有较高的效率，且效率曲线平缓。薄翼型动叶片可以达到较高的升阻比，但偏离设计工况点时，效率可能会急剧下降。厚翼型动叶片能在较宽的流量调节范围内具有较高的效率。

轴流式风机近轮毂处叶片的工作条件特别不利，由于它的圆周速度最低，所以只能用加大叶片的翼弦和增加叶片的冲角来补偿。动叶片从叶根向叶顶处扭曲，叶根处的叶片安装角大于叶顶处的叶片安装角，叶片根部的冲角增大，从而增大叶片根部的升力系数。另外，增大气流折转角，也能增加叶根处的全压，但折转角过大容易引起边界层分离。所以折转角不宜过大且叶片扭曲应尽量平缓。

一般从性能、结构、强度方面考虑，从动叶片的叶顶至叶根的翼型的厚度是逐渐增大的，而且翼弦也是逐渐增加的。图 11-16 所示是动叶片的俯视图。动叶片用螺栓固定在叶柄上。叶柄装入轮毂的圆孔内，并用全密封的轴向止推滚动轴承固定在轮毂上，承受叶片旋转时所产生的离心力。叶柄轴承是动叶可调轴流式风机的最关键部件之一。为了保证动叶片在调节范围内能转动自如，叶柄轴承的尺寸、润滑和密封就特别重要。锅炉引风机由于输送的烟气中含有灰尘，这些灰尘如果玷污叶柄轴承就会影响动叶调节效果，所以它的密封显得更为重要。一般引风机和增压风机会安装密封风机，利用冷空气进行动叶叶根的密封，不使烟气中的灰尘进入轮毂内部，同时冷空气从缝隙中流出还带走一部分热量，起降温作用。因冷却空气量少，对风机出力影响不大。

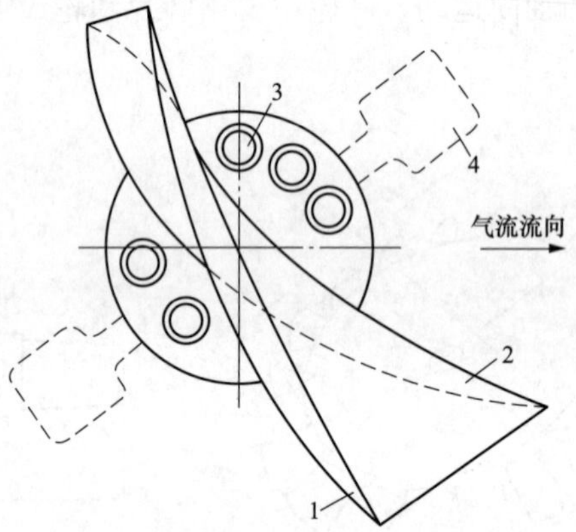

图 11-16 动叶片俯视图

1—叶顶翼型；2—叶根翼型；3—叶片螺栓；4—平衡锤

动叶片一般采用铸铝合金或锻铝合金材料，输送烟气的引风机、增压风机可采用铸钢材料，介质中含尘量过大时，可在叶片表面再喷涂耐磨合金层，也可在叶片前缘嵌装不锈钢表面镀铬的耐磨鼻。耐磨鼻磨损后可以更换，防止采用焊接修补引起叶片变形、变脆和裂纹。

轴流式风机的叶片数参照轮毂比的大小来选取。

火电厂常用的轴流式风机根据机组所需风压参数的不同，有单级叶轮的（见图 11-17）和两级叶轮的（见图 11-18）。

（二）轴承箱

轴承座置于风机芯筒中，由润滑油站提供强制循环润滑和冷却，有密封装置，轴承座端盖水平剖分。每侧轴套上装有一对可径向移动的人造石

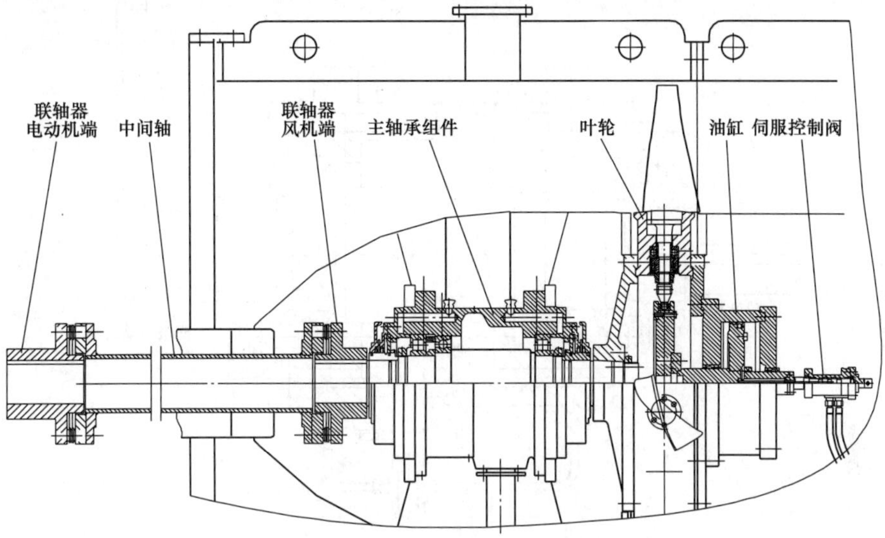

图 11-17 单级叶轮转子

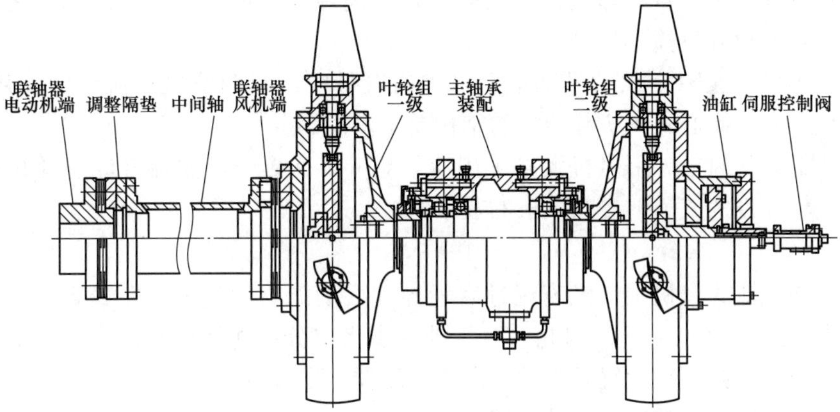

图 11-18 两级叶轮转子

墨密封圈，该圈由三段组成，用一管状弹簧围箍，有一定位块防止转动。两密封圈之间有一个通道与大气相通，使内外压力平衡防止泄漏。轴套上环槽内装有叠层密封环，靠外径定位，隔离内部的溅油和外部的灰尘，如图 11-19 所示。

（三）导叶

导叶的作用是在叶轮前或后改变流体流动的方向，一般会减少流体的流动损失，对于后导叶还有将旋转运动的动能转换为压力能的作用。前导叶若制成可转动的还可以提高轴流式风机的变工况运行的经济性。

导叶叶型有机翼型和圆弧板型两种。导叶高度与动叶要相适应，安装在叶轮前或叶轮后的定子上。导叶与动叶之间的间隙对风机的效率有一定

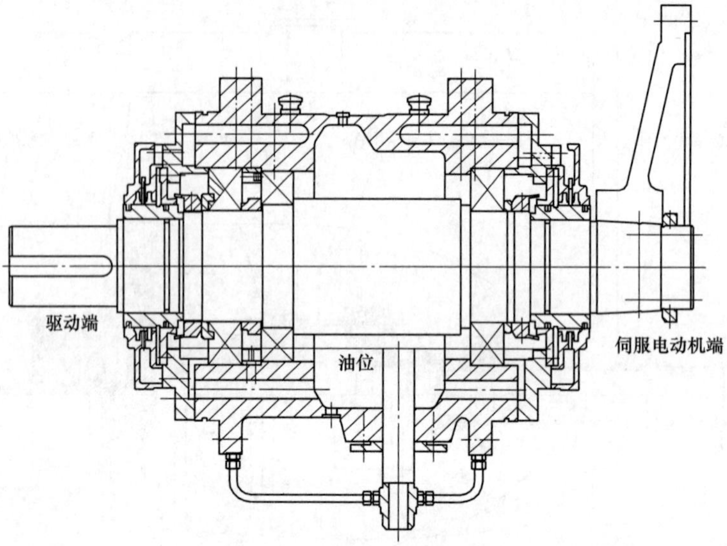

图 11-19 轴承箱

影响，间隙过大自然影响风机的效率，而间隙又不能太小，否则动静之间将产生摩擦和碰撞。

子午加速轴流式风机基本上采用前置导叶，起调节风机流量的作用。前置导叶与离心式风机导流器的结构差不多。

锅炉送风机、引风机大多采用后置导叶，后置导叶整流叶轮可流出带有旋转速度的气流，提高风机的效率。

（四）扩压器

在轴流式风机中，气流流过后置导叶后动能仍然过大，在最高效率点时占全压的30%以上。因此，为了进一步将部分动能转化为压力能，提高风机效率，必须在后置导叶后再设置扩压器。

扩压器主要有以下几种类型：

（1）内扩压扩压器。如图 11-20（a）所示，扩压器的外筒为等直径，内芯为收缩的锥筒，这样流体的流通面积可以增加。这种扩压器制造方便，适用于排气管直径与风机外径相同的场合。

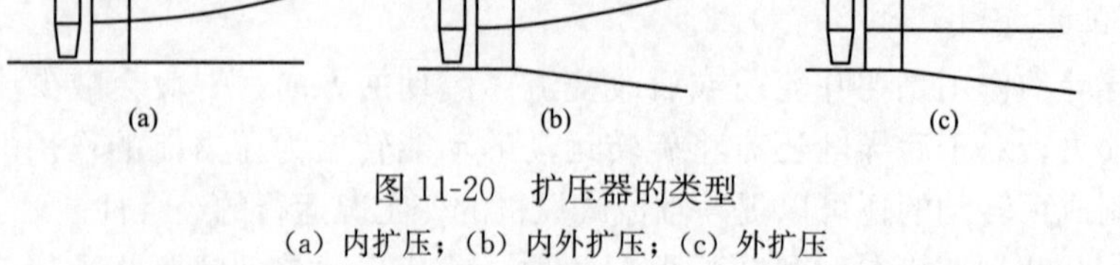

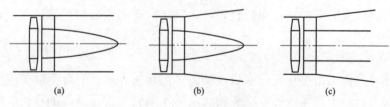

图 11-20 扩压器的类型

（a）内扩压；（b）内外扩压；（c）外扩压

（2）内外扩压扩压器。如图 11-20（b）所示，扩压器具有扩散形外筒和收敛形的芯筒，由于扩散面积较大，所以扩压效果较好。它适用于排气管直径大于风机外径的场合。

(3) 外扩压扩压器。如图 11-20 (c) 所示，扩压器具有等直径的内芯与扩散型的外筒。它的扩压效应不如内外扩压扩压器，但它结构工艺简单，也适用于排气管直径大于风机外径的场合。

气流通过扩压器由于流通面积扩大，会产生阻力损失，扩压器效率等于实际的压力增量与无阻力损失时理论的压力增量之比。

为减少扩压器阻力，尽量避免边界层的分离，扩压器的扩散角不能太大。一般取当量扩散角 $\theta=8^\circ\sim12^\circ$。当量扩散角就是将扩压器环形通流面积换算成当量圆锥的圆锥角。

为了改善风机的性能，提高风机的效率，目前一些大型轴流式风机，将整流罩与扩压器的芯筒制成一个流线型整体。

采用流线形体内芯后扩压器效率可提高至 80％～85％，且风机性能曲线较平坦，高效区较宽。若风机尾部不设尾风筒，气流在芯筒后急速膨胀，造成强烈的漩涡，形成较大的涡流损失，且增加了风机的噪声。

（五）进气箱、集流器

轴流式风机并不都设有进气箱，但火力发电厂锅炉送风机、引风机均设置进气箱。进气箱的尺寸与形状应保证气流在阻力最小的情况下，平顺地充满整个流道，然后进入叶轮。轴流式风机进气箱的入口一般为长方形，进气箱的侧板是弧形曲线，能减少气流的旋涡区，提高效率，如图 11-21 所示。

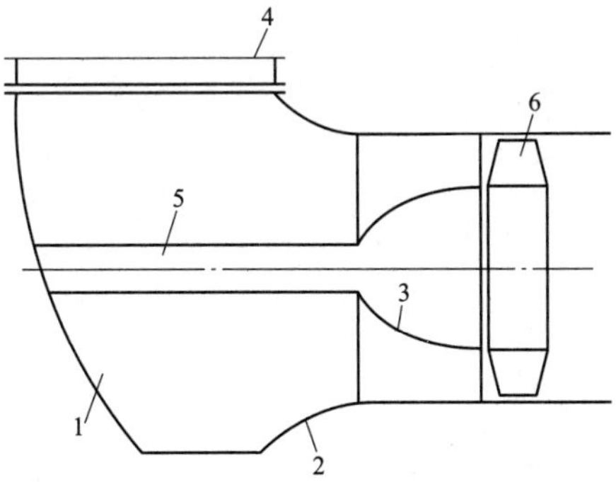

图 11-21　进气箱、集流器与整流罩

1—进气箱；2—集流器；3—整流罩；4—膨胀节；5—保护罩；6—叶轮

集流器的作用是使气流在其中得到加速，以使叶轮进口前气流速度分布均匀。良好的集流器形状，对于提高风机的效率是一个不可忽视的因素。集流器的形状一般为圆弧形。

为了使风机进气状态更佳，同时减少风机噪声，在叶轮前安装整流罩，整流罩可以是圆球形、椭圆形或流线形，也可与芯筒一起设计成流线形。

（六）动叶调节机构

动叶可调轴流式风机的工况调节是在风机转速不变的情况下，通过改变动叶片安装角度 β_b 来改变风机的性能曲线形状，使工作点位置改变，从而实现工况调节的。动叶可调轴流式风机与入口导流调节的离心式风机相比，动叶可调轴流式风机工况点大部分落在高效区内，因此效率较高。

如图 11-22 所示，轴流式风机性能曲线的等效曲线形状类似一簇椭圆线，其长轴方向与管路性能曲线方向一致。等效率曲线在较大的工作区域内与管路性能曲线相互近似平行，即在工作点变化的较大范围内，效率变化比较小，这就可以在较大范围内使轴流式风机保持在较高效率下工作，从而大大拓宽了轴流式风机高效区的工作范围。与动叶可调轴流式风机相比，入口导流调节的离心式风机性能曲线的等效曲线也类似一簇椭圆线，但其长轴方向与管路性能曲线方向相垂直，因而其高效区就比较窄。将动叶可调轴流式风机和入口导流调节的离心式风机的性能曲线进行比较，图 11-22 中粗实线是轴流式风机的性能曲线，细实线是离心式风机的性能曲线。由图 11-22 可见，若在同样负荷变化范围内，动叶可调轴流式风机工况点大部分落在高效区内，而入口导流调节的离心式风机效率下降很显著。

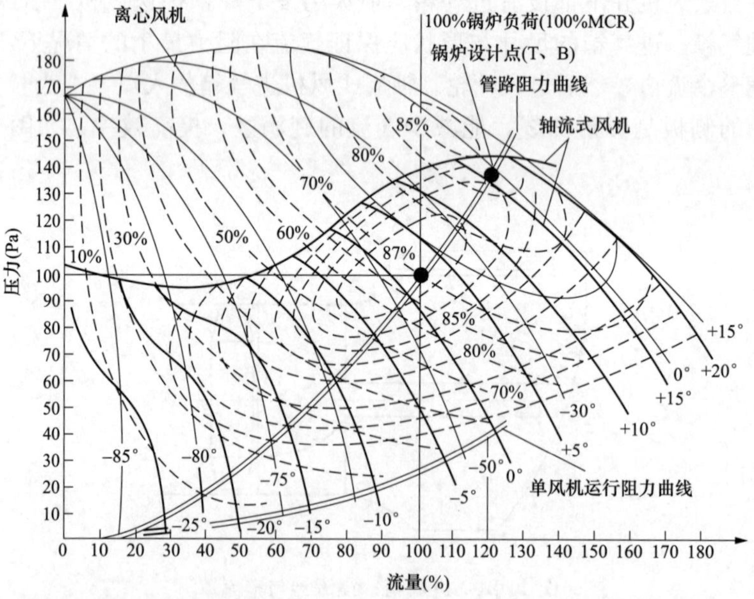

图 11-22　动叶可调轴流式风机与入口导流调节的离心式风机性能曲线比较

动叶调节是风机在运行中，通过传动装置随时改变动叶安装角度，其传动方式有机械式和液压式两种。机械式传动装置靠转换器实现转动与移动转换，液压式传动装置靠活塞与伺服油缸之间实现转动与移动转换。

目前在市场上比较常见的动叶可调轴流式风机厂商有：豪顿华工程公司、沈阳鼓风机厂、上海鼓风机厂、中国电建集团透平科技有限公司。豪顿华工程公司和沈阳鼓风机厂是使用同一种调节技术，来自英国豪顿公司。上海鼓风机厂的技术主要是来自德国 TLT 公司。中国电建集团透平科技有限公司的技术主要是来自德国 KKK 公司。三种形式的调节机构都有各自的特点，下面详细介绍三种调节形式的调节原理。

1. 豪顿华、沈鼓液压调节机构（以沈阳鼓风机厂 ASN 型动调风机为例）

沈阳鼓风机厂生产的 ASN 型轴流式风机液压动叶调节装置如图 11-23 所示。

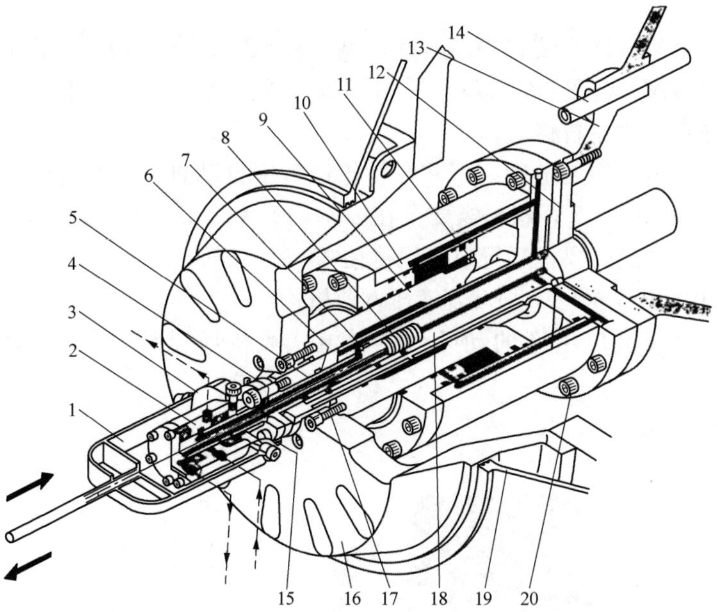

图 11-23　ASN 型轴流式风机液压动叶调节装置

1—拉叉；2—调节阀轴承座；3—传动板；4、15、17、20—螺钉；5—调节阀；6、7—切口通道；8—弹簧；9—差动活塞；10—液压缸；11—喷嘴；12—支持轴颈；13—调节圆盘；14—导柱；16—支持轴盖；18—活塞内心；19—圆盘

液压动叶调节装置主要包括差动活塞、支持轴颈、调节圆盘、液压缸和活塞内芯等部件。液压缸在平衡位置时，切口通道 6 有较小的通路，来自液压泵的压力油流入活塞的左侧，然后经过喷嘴节流，再流过切口通道 6 使油压节流至大气压力。所以，液压缸在平衡位置时，活塞右侧的油压虽然低，但油压作用的液压缸面积大；活塞左侧的油压虽然高，但油压作用液压缸的面积小。因此，液压缸两端的总压力大小相等，方向相反，处于平衡状态。

锅炉在变工况运行时，若需要增加负荷，在伺服电动机的驱动下拉叉向左移动。拉叉通过传动板使调节阀一起向左移动。这时切口通道 6 开大，结果活塞右侧的油压下降，液压缸向左移动，动叶片的安装角度增大，满足锅炉负荷增大的需要。在液压缸向左移动时，切口通道 6 又关小，活塞右侧的油压又开始升高，液压缸又处于平衡状态。

如果需要减小负荷时，即关小动叶片的安装角度，则拉叉向相反方向移动，调节阀向右移动，切口通道6将关闭，液压缸无回油。此时，活塞两侧的油压相等，但由于活塞两侧液压缸的面积不等，所以液压缸向右移动，动叶片安装角度减小。为了保证液压缸左、右移动速度相等，此时切口通道7打开，压力油通过切口通道7流入液压缸活塞的右侧。同时，活塞左侧的油通过疏油孔流出。在液压缸向右移动时，切口通道6又重新打开，而切口通道7重新关闭，反馈至原来的状态，液压缸又处于新的平衡状态。

在整个液压调节装置中，差动活塞、液压缸、支持轴颈、调节圆盘及导柱、调节阀一起随叶轮旋转。同时，调节阀、液压缸、支持轴颈、调节圆盘还作轴向的左右移动。

这种调节机构灵敏度高，并在叶轮运转中自动进行，叶片安装角度的调节范围为15°～55°，根据需要可在20s、40s和100s内完成调节。此种调节方法可使轴流式风机运行效率保持在83%～88%，节能效果比较显著。

2. 上海鼓风机厂（TLT）液压调节机构

上海鼓风机厂生产的动叶可调轴流式风机液压调节机构如图11-24所示。

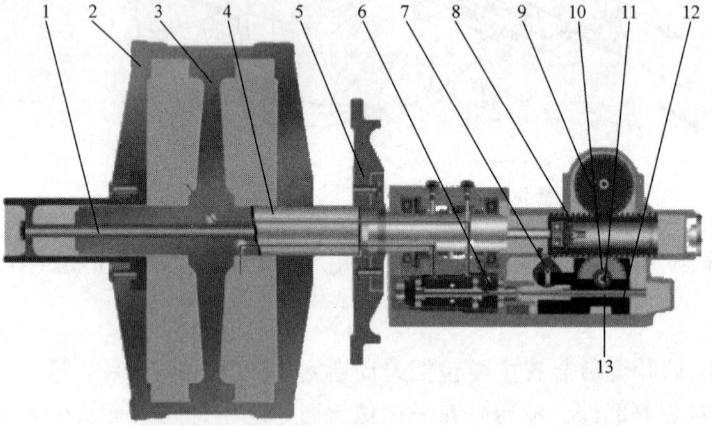

图11-24 上海鼓风机厂（TLT）动叶调节机构示意图

1—定位轴；2—液压缸；3—活塞；4—主轴；5—主轴法兰；6—伺服器；7—控制盘；8—双面齿条；9—指示齿轮；10—大齿轮；11—小齿轮；12—滑块；13—单面小齿条

上海鼓风机厂的动叶调节机构是引进德国TLT公司的技术，其技术特点是伺服阀阀体和阀芯不随液压缸转动，其阀体是固定不动的，通过阀芯的相对移动来切换进回油管路，从而实现液压缸的动作。与其他调节机构不同的是，TLT技术的调节过程由调阀移动和负反馈两个过程来实现调节。

图11-25所示为TLT公司轴流式风机动叶液压调节装置。液压缸内的

活塞由轴套及活塞轴的凸肩被轴向定位，液压缸可以在活塞上左、右移动，但活塞不能作轴向移动。为防止液压缸在左、右移动时，液压油通过活塞与液压缸间隙处泄漏，活塞上装设两列带槽密封圈。当叶轮旋转时，液压缸与叶轮同步旋转，而活塞、护罩与活塞轴也与叶轮一起作旋转运动。轴流式风机在某工况下稳定工作时，活塞与液压缸无相对运动。

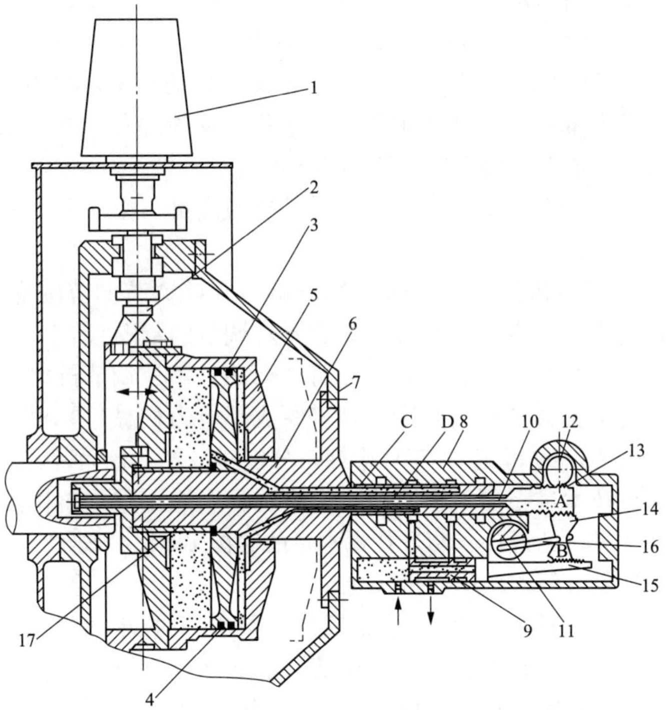

图 11-25　TLT 公司轴流式风机动叶液压调节装置

1—动叶片；2—调节杆；3—活塞；4—带槽密封圈；5—液压缸；6—活塞轴；7—护罩；8—控制头；9—伺服阀；10—定位轴；11—控制轴；12—指示轴；13—齿套；14—齿轮；15—齿条；16—拉杆；17—轴套

活塞轴中心安装有定位轴，叶轮旋转时定位轴静止不动，当液压缸左、右移动时会带动定位轴一起移动。控制头等零件是静止不动的。

动叶调节机构被叶轮及护罩所包围，这样工作安全，避免尘埃或颗粒掉在调节机构内，导致机构动作不灵活，甚至卡住。

轴流式风机如在某工况下稳定工作，则动叶片也在某一安装角度下运转。此时伺服阀恰将油道 C 与 D 的油孔堵住，活塞左右两侧的工作油无进油、回油，因此动叶片的安装角度固定不变。

若锅炉需要风机降低流量及全压时，电信号传递至伺服电动机使控制轴发生旋转。控制轴的旋转带动拉杆向右移动，但此时定位轴及与之相连的齿套是静止不动的。所以齿轮 14 只能以 A 为支点，推动与之啮合的齿条往右移动，于是压力油口与油道D相通，回油口与油道C接通。压力油从油道D不断进入活塞右侧的液压缸容积内，使液压缸不断向右移动，活塞左侧的液压缸容积内的工作油从油道C通过回油孔返回油箱。液压缸与叶轮上每个动叶片的调节杆相连，当液压缸向右移动时，动叶片的安装角度减小，轴流式风机输送的流量与全压随即降低。

当液压缸向右移动时，定位轴被拖住并一起向右移动。但由于拉杆静止，所以齿轮以B点为支点，齿条往左移动。往左移动的齿条，又使伺服阀将油道C与D的油孔堵住，液压缸随之处在新的平衡位置不再移动，而叶片也处在角度减小的新状态下工作，这就是反馈过程。在反馈时，齿轮带动指示轴使之旋转，将动叶片关小的角度显示出来。

若锅炉负载增大，需要增加轴流式风机的流量与全压时，其动作过程与上述分析相反。

FAF轴流送风机液压缸位移为100mm，动叶调节的范围为50°；SAF轴流引风机液压缸位移也为100mm，但动叶调节的范围为45°。

3. 中国电建集团透平科技有限公司（KKK）液压调节机构

中国电建集团透平科技有限公司（原成都电力机械厂）根据我国电力工业的迫切需要，20世纪90年代中期，分别对世界上各大著名的风机制造商的动调风机技术进行了调研对比，最终选择引进了代表着国际上最先进的动调轴流式风机的设计、制造技术水平的德国KKK公司的AP动调轴流式风机专有技术（简称AP系列风机）。

KKK技术的液压缸是结合了豪顿技术和TLT技术的优点，液压缸采用缸体静止、活塞动作的方式，这样液压缸的面积可以制造得很大，不受轮毂内径大小的影响（这点和豪顿的增压引风机液压缸有相似之处），调节阀部分采用了调节阀与旋转油封相结合的设计，结构紧凑，安装的时候只需找正一次，安装方便。但因为旋转油封和调节阀的结合设计，导致调节阀处精度较高，特别是密封的地方。阀芯是跟随液压缸一起旋转，阀体相对壳体不旋转，只作前后轴向动作，从而使调节阀的设计要求更高。

AP系列风机液压调节机构的工作原理如图11-26所示。

在平衡状态下，液压缸左右腔的进油及回油管路都切断，润滑油路开启，液压缸不动作。

当叶片需要开的时候，执行机构使调节阀体向左移动，这时右腔油路与进油口连通，左腔油路与回油口接通，右腔膨胀，面积变大。由于缸体是固定的，活塞就向左移动，由于阀芯与活塞是一体的，所以阀芯也向左移动，从而使调节阀阀芯和阀体的位置到平衡位置。

当叶片需要关的时候，执行机构使调节阀体向右移动，这时左腔油路与进油口连通，右腔油路与回油口接通，左腔膨胀，活塞向右移动，带动阀芯也向右移动，从而使阀芯与阀体回到平衡的位置。

AP系列动叶可调轴流式风机与国际知名品牌同类产品相比，调节动叶

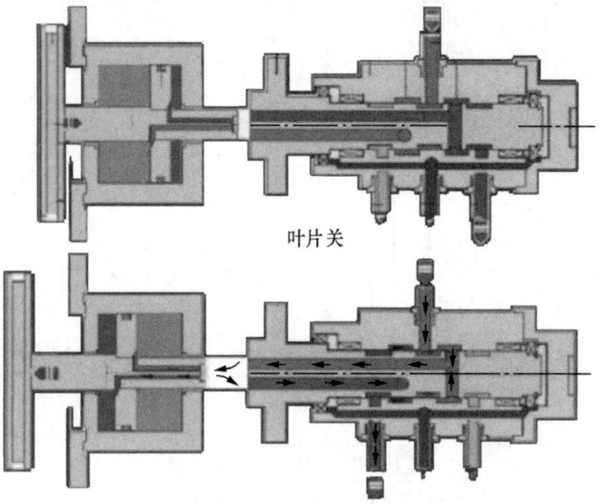

图 11-26 AP 系列风机液压调节机构的工作原理

的工作油采用的压力最低，因而对于防止泄漏、延长设备使用寿命、提高设备可靠性等问题，创造了更加优越的条件。用于 300MW 机组 AP 系列动叶的调节油压仅为 1.3MPa，在目前国际同类产品中是最小的，其他技术的动叶的调节油压一般在 2.5MPa 以上，增压风机调节油压一般为 4～8MPa。

原因如下：

（1）液压缸在轮毂之外随轮毂一起旋转，故可以制造大体积液压缸，就可降低油压；液压伺服装置的旋转密封放于动压头芯轴和外壳处而易解决。

（2）独特结构（曲柄力臂短、关节轴承与铁基自润滑滑块、平衡锤结构独特、叶柄与曲柄轴系精巧）能有效克服动叶关闭力矩和调节力矩，使得控制油压最低。

五、轴流式风机整体结构以及参数对性能的影响

我国通过消化、吸收引进的技术，目前生产的火力发电厂锅炉送、引轴流式风机主要有：丹麦的 NOVENCO 公司 ASN（单级）与 AST（双级）轴流式风机，以及德国的 TLT 公司的 FAF 送风机系列、SAF 引风机系列，德国的 KKK 公司 AN 系列静叶可调轴流式风机和 AP 系列动叶可调轴流式风机。

（一）轴流式风机结构

图 11-27 所示为 ASN 系列风机。

ASN 系列风机整体结构分转子和定子两部分，转子由主轴、叶轮等组成，定子由进气箱、集流器、机壳和扩压器组成。同时，还有动叶调节机构。

ASN 系列风机其整体结构如图 11-27（a）所示，其主轴与电动机轴之间用挠性联轴器连接。这种联轴器尺寸小，可自动对中心。定子机壳是刚性较强的双层壳体，进气箱入口和扩压器出口均设挠性连接，可以吸收热

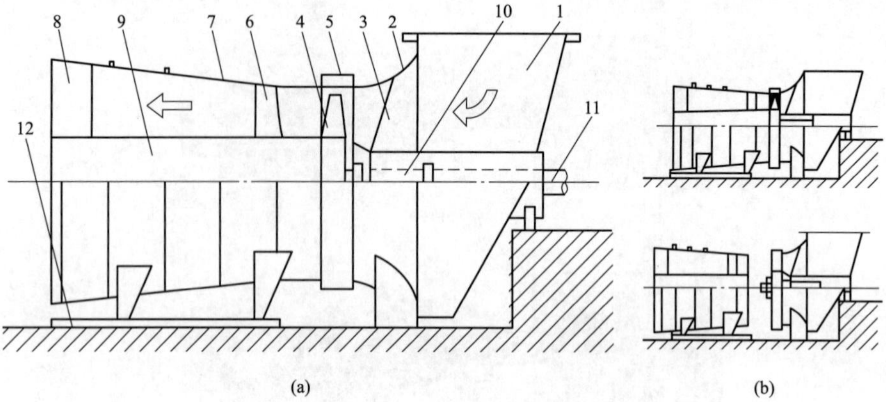

图 11-27　ASN 系列风机

(a) 整体结构；(b) 将扩压器推入风道

1—进气箱；2—集流器；3—前导叶；4—动叶片；5—机壳；6—后导叶；7—扩压器；
8—扩压器的支撑叶片；9—内芯筒；10—轴承箱；11—主轴；12—导轨

膨胀、隔振，并避免硬性传动。扩压器为扩散筒状与风道之间进行软连接，检修时将扩压器整体沿导轨推入风道，如图 11-27（b）所示，把叶轮暴露出来，可直接对叶轮进行检修，十分方便。主轴承采用滚柱轴承并带有一焊接轴承箱，可承受转子全部的径向和轴向载荷。主轴、轴承箱和用于动叶调节的液压缸全部位于风机芯筒内，整个转子除了叶片和轮毂表面外其余全部与气流隔绝。

FAF 系列风机如图 11-28 所示。

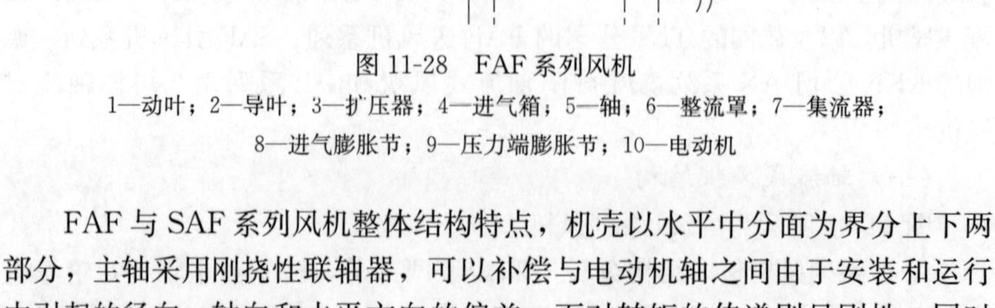

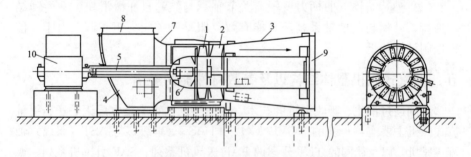

图 11-28　FAF 系列风机

1—动叶；2—导叶；3—扩压器；4—进气箱；5—轴；6—整流罩；7—集流器；
8—进气膨胀节；9—压力端膨胀节；10—电动机

FAF 与 SAF 系列风机整体结构特点，机壳以水平中分面为界分上下两部分，主轴采用刚挠性联轴器，可以补偿与电动机轴之间由于安装和运行中引起的径向、轴向和水平方向的偏差，而对转矩的传递则呈刚性。同时还设有挠性进、排气膨胀节，可以补偿热膨胀和进、排气管道安装误差，并隔绝振动。

火力发电厂中用的轴流式送风机大多为卧式布置，而轴流引风机除卧式布置外也可以立式布置在烟囱中。立式布置有如下优点：烟道布置方便，弯道少，阻力损失小；因布置在烟囱中，机壳不需包覆隔声层；占地面积小。

轴流式风机叶轮主要由轮毂和叶片组成，如图 11-29 所示。

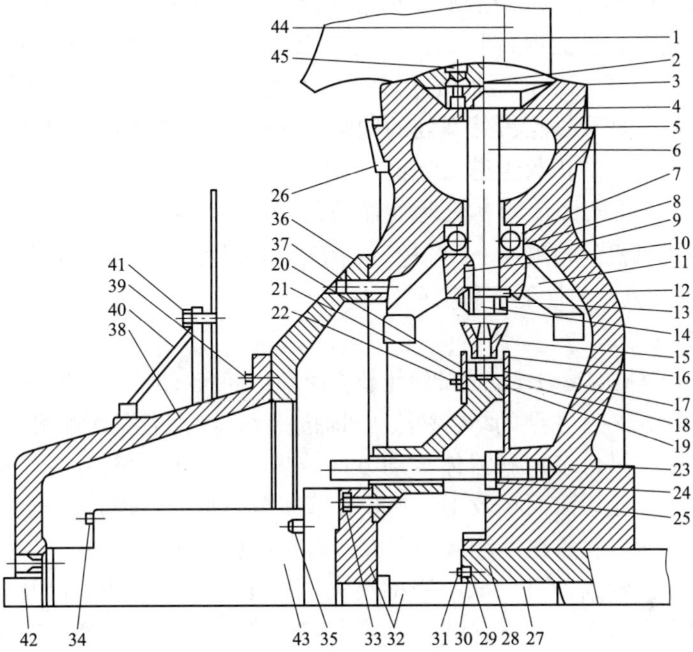

图 11-29　轴流式风机叶轮

1—叶片；2—叶片螺栓；3—聚四氟乙烯环；4—衬套；5—轮毂；6—叶柄；7—推力轴承；8—紧圈；9—衬套；10—叶柄滑键；11—调节臂；12—垫圈；13—锁帽；14—锁紧垫圈；16—滑块销钉；17—滑块；18—锁圈；19、20—导环；21—螺母；22—双头螺柱；23—衬套；24—导向销；25—调节盘；26—平衡重块；27—衬套；29—密封环；30—毡圈；32—支撑轴颈；33、34、35、37、39、41、42、45—螺栓；36—轮毂；38—支撑罩；40—加固圆盘；43—液压缸；44—叶片防磨前缘

ASN 型风机叶轮轮毂采用球墨铸铁铸成，轮毂上装有 17～30 个叶片，而且叶片长度根据需要可有 21 种选择。叶片是由高强度铸铝合金制成的机翼型扭曲叶片，强度高，质量轻。叶片前缘安装有不锈钢镀铬耐磨鼻，一经磨损可随时更换。叶片与球推力轴承支撑的叶片轴相连接，使叶片沿叶轮径向定位并可绕叶片轴转动。叶柄上安装有平衡锤，平衡锤的作用是在叶轮旋转时平衡叶片产生的关闭力矩，以减轻调节机构的负担。关闭力矩是指叶片质量分布在扭曲的空间平面上，叶轮旋转时所产生的使叶片安装角度减小的力矩；而平衡锤刚好产生一个与关闭力矩相反的力矩，起到力矩平衡的作用。

FAF 型风机叶轮为焊接结构，这种叶轮比起铸造轮毂可承受较大的离心应力，因而可以提高转速，缩小风机尺寸。叶片用耐腐蚀高强度高精度的螺钉与叶柄连接，在叶片上还安装有导向轴承，导向轴承一般为径向止推滚动轴承，主要承受叶片的调节剪切力。

叶柄轴承是动叶可调轴流式风机的关键部件之一，它必须保证叶片在调节范围内能转动自如，因此叶柄轴承的尺寸、润滑和密封的设计特别重要。同时，叶柄轴承对润滑油和润滑脂品质要求也比较高，要求在高温高离心力作用下，仍能保持长期的润滑效果。叶根密封对于轴流式风机的安全运行十分重要。FAF 型轴流式风机采用两个活塞环和一个迷宫式油脂密封片，密封叶柄穿过轮毂外圈处的间隙。ASN 型轴流式风机叶根密封采用密封空气系统，防止灰尘进入叶轮。

（二）轴流风机结构参数对性能的影响

轴流式风机的轮毂比 ν、叶轮直径 D_2、叶片数 z、径向间隙 δ_r 和轴向间隙 δ_a 等对风机的性能有较大的影响。

1. 轮毂比 ν

轴流式风机的轮毂比 ν 为叶轮轮毂直径 D_h 与叶轮外径 D_2 的比值（$\nu=D_h/D_2$）。轮毂比是一个重要的结构参数，对轴流泵与风机性能的影响很大。

从轴流式风机结构和流体流动方面分析，轮毂比大的叶轮，其叶片相对比较短，叶轮通流面积较小，则叶片壁面摩擦损失增加，风机性能变差，效率下降，所以轮毂比不能取得太大。而轮毂比 ν 小的叶轮，叶片比较长，叶轮通流面积较大，可以减小摩擦损失。但轮毂比 ν 过小，叶片过长，使叶片扭曲程度增大，并使流体流动紊乱，易产生边界层分离。在叶片出口形成二次流，使轴流式风机的效率下降。比转速越低，这种现象就越严重，因此轮毂比又不能取得太小。

轮毂比 ν 与比转速 n_y 之间基本呈线性关系。比转数低的轴流式风机，叶轮的叶片数较多，考虑强度和便于安装，以及性能参数上的要求，轮毂比 ν 要取大值；反之，轮毂比 ν 取小些。要特别注意的是，轮毂比减小受到结构强度方面的限制。此外，对于动叶可调轴流式风机，考虑叶片调节机构在轮毂体内的布置。轮毂比 ν 要适当取得大一些。

轴流式风机轮毂比的取值范围一般为 0.25～0.75，比转速大的取小值。

2. 叶轮直径 D_2

叶轮直径 D_2 大小会直接影响轴流风机的全压和流量。在轴流式风机的全压和流量、转速已给定的情况下，叶轮的外径 D_2 也基本上确定。

叶轮的直径增大，风机全压与流量也随之增加。在叶轮直径一定时，转速降低会降低轴流式风机的全压与流量。同时轴流式风机的全压和流量的值一定时，叶轮转速降低，风机的叶轮直径就要增大，整个风机的尺寸也要增大。

叶轮直径 D_2 受到叶轮圆周速度的限制，过大的圆周速度会明显增大噪声。

3. 叶栅稠度 σ

叶栅稠度 σ（弦长 b/栅距 t）反映了叶片在叶轮上的稠密程度。叶栅稠度是叶轮的重要几何参数，对轴流式风机的效率、噪声有直接的影响。

叶栅稠度 σ 反映出叶片总面积的大小。减小叶栅稠度 σ，表征叶轮叶片总面积减小，因摩擦面积减小，可以提高效率。反之，增大叶栅稠度 σ，则能量损失增加，使风机效率降低。一般而言，最佳叶栅稠度 σ 与最大叶栅效率相对应。综合考虑各种因素，一般在轴流式风机中 $\sigma=0.3\sim2.0$。

4. 叶轮叶片数 z

叶片数 z 对于轴流风机全压、效率、噪声、性能曲线形状都有一定的影响。

从轴流式风机结构上分析，如果在同一轮毂比和弦长的叶轮上增加叶片数 z，则叶栅稠度 σ 要增加，偏离最佳稠度，这样必然导致轴流式风机效率的下降。反之，如果叶片数 z 过少，则叶片的负荷增大，叶栅工作性能恶化，又会导致轴流式风机全压的降低，从而效率降低。

考虑以上影响，实际工程中轴流式风机的叶片数通常按轮毂比 ν 选择，见表 11-2。

表 11-2　轴流式风机叶片数 z 与轮毂比 ν

轮毂比 ν	0.3	0.4	0.5	0.6	0.7
叶片数 z	2～6	4～8	6～12	8～16	10～20

5. 径向间隙与轴向间隙

径向间隙 δ_r 是指叶片顶端与机壳的径向间隙。轴流式风机的径向间隙 δ_r 增大，则全压 p 要下降，效率 η 也要下降。径向间隙 δ_r 减小，轴流式风机的噪声将随之增加。

轴向间隙 δ_a 是指在相邻两组叶栅边缘处的轴向间隙。

由于尾迹的影响，从前面叶栅流出的气流，在轴向间隙中其速度场是不均匀的，这将影响后面叶栅的工作及轴流式风机的流动性能，并引起叶片的振动，产生噪声。增加轴向间隙 δ_a 虽然可以使进入后面叶栅的流体趋于均匀，但是由于轴向尺寸的加大会增加摩擦损失。过小的轴向间隙对噪声及叶片的振动有不利的影响。

根据研究结果和实际经验，轴流式风机导叶与动叶之间的轴向间隙 δ_a 取 $(0.15\sim0.25)D_2$。轴向间隙 δ_a 在径向上一般是不等的，所以一般选取平均半径处的轴向间隙。

第四节　风机的不稳定工况

一、风机的旋转脱流

（一）脱流

流体绕流叶型流动如图 11-30 所示。在零冲角下，流体只受叶型表面摩擦阻力影响，离开叶型时基本不产生旋涡。而随着冲角的增大，开始在叶型后缘附近产生旋涡，此后流体在叶型表面 A 点分离，依冲角的增大分离点 A 逐渐向前移动。在此后过程中，由于尾部旋涡范围逐渐扩大，阻力增加，升力减小。当冲角增加到某一个临界值时，流体在叶片凸面的流动遭到了破坏，边界层严重分离，阻力大大增加，升力急剧减小。这种现象称为脱流或失速。

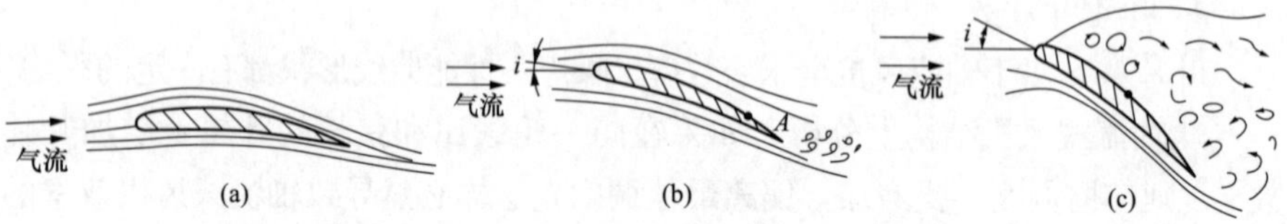

图 11-30　流体绕流叶型和脱流的产生

(a) 零冲角流动；(b) 冲角增大，尾部出现脱流；(c) 失速

（二）旋转脱流

在叶轮叶栅上，流体对每个叶片的绕流情况不可能完全一致，因此脱流也不可能在每个叶片上同时产生。一旦某一个或某些叶片上首先产生了脱流，这个脱流就会在整个叶栅上逐个叶片地传播，这种现象称为旋转脱流。

如图 11-31 所示，假定槽道 2 首先由于脱流而产生了阻塞，流体只好分流挤入槽道 1 和 3，改变了流体原来的流动方向。槽道 1 流体冲角减小，处于正常流动；而槽道 3 流体冲角增大，发生了脱流和阻塞。槽道 3 阻塞后，流体又向槽道 4 和 2 分流，结果又使槽道 4 发生脱流和阻塞，而槽道 2 冲角减小，恢复正常流动。就这样，槽道 2 的脱流依次向流道 3、4…传播，形成了旋转脱流。旋转脱流的传播方向与叶轮转向相反，而传播的角速度小于叶轮旋转角速度（为 30%～80%的转子转速）。旋转脱流会使叶片前后的压力变化，这样使叶片受到交变力的作用。交变力会使叶片产生疲劳，甚至损坏。同时，如果作用在叶片上的交变力频率接近或等于叶片的固有频率，将使叶片产生共振，导致叶片断裂。

轴流式风机在不稳定区域内工作，必定会产生旋转脱流。为保证轴式流风机的安全工作，必须避免工作点落入这个区域。

为了及时发现风机落在旋转脱流区内工作，以便及时采取措施使风机脱离旋转脱流区，多数风机装设旋转脱流监测装置，如图 11-32 所示。

失速探针是旋转脱流的报警装置。失速探针由两根相距约 3mm 的测压孔 1、2 组成。测压孔 1 与 2 中间用高、宽各 3mm 的隔片 3 分开。失速探针置于叶轮进口前。两个测压孔分别与两根测压管 4、5 相通，将压差信号传给压力开关。风机在正常工作区内运行，叶轮进口的气流较均匀地从进气箱沿轴向流入，测压管 1、2 间的压力差几乎为零。当风机的工作点落入旋转脱流区，叶轮进口前的气流除了轴向流动外，还受脱流区流道阻塞的降，发出警报，操作人员即采取措施及时排除旋转脱流。

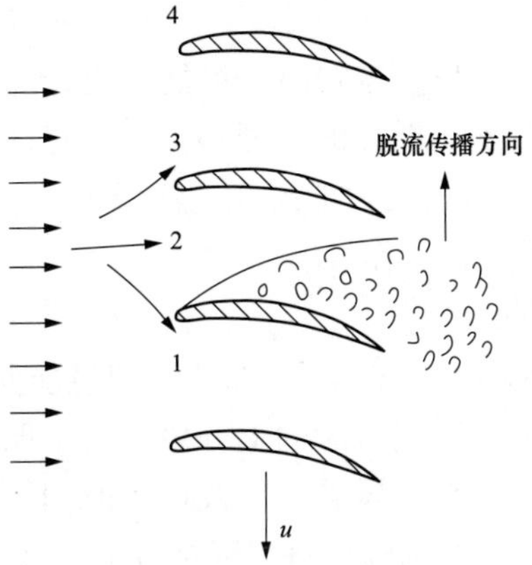

图 11-31 动叶旋转脱流的形式

1～4—槽道

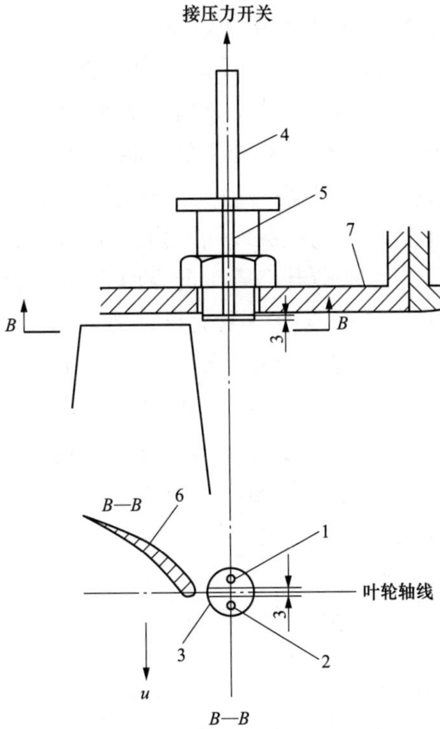

图 11-32 失速探针

1、2—测压孔；3—隔片；4、5—测压管；6—叶片；7—机壳

影响，而向圆周分流。于是测压孔 1 压力升高，隔片后的测压孔 2 压力下降，产生压力差。当压力差达到规定数值时，压力开关动作，输出信号，发出警报，操作人员即采取措施及时排除旋转脱流。

二、风机的喘振

当风机处于不稳定工作区运行时，可能会出现流量、全压的大幅度波动，引起风机及管路系统周期性的剧烈振动，并伴随着强烈的噪声，这种现象称为喘振。喘振将使风机性能恶化，严重时会使风机系统装置破坏。因此，风机不允许在喘振区工作。

（一）喘振发生的过程

风机的喘振过程如图 11-33 所示。如果风机性能曲线具有驼峰状，同时风机的工作点又落在不稳定工作区的上升段，对于储气空间大的风机管路系统，由于压力波在气流中传播需要一段迟延时间，构成弹性系统，这就有可能造成风机的喘振。如风机在稳定区接近 K 点处工作，此时，若管路系统阻力增加，使风机流量减小，工作点到达 E 点。风机工作点刚到 E 点时，管路内流体此时仍处于原来的压力状态，也即管路内流体的压力高于风机在 E 点工作所产生的压力，于是管路中的气体向风机倒流，风机工作点受到抑制，工作点自然就移过 F 点到达 G 点。由于管路中的气体一方面向风机倒流，同时还向外供气，所以管路中的气流压力很快下降。只要风机出口管路中压力低于 F 点压力时，风机立刻恢复供气，工作点移至 A 点。而此时，由于管路系统工作状态处于低压状态（相当于 L 点），管路输出流量小于风机排出的流量，管路压力又将逐渐升高，促使风机流量缓慢减小压力逐渐升高，工作点沿性能曲线向上由 A 点移至 K 点。此后管路输出流量将逐渐增加，压力也逐渐升高，工况点由 L 点沿管路曲线逐渐上升，此过程中管路与风机的性能曲线始终无交点。为平衡风机压力，管路暂时处于 N 点。此时，由于管路输出流量仍然小于风机排气量，使管路压力略高于风机压力（N 点压力略高于 K 点）。在管路压力作用下使风机流量继续减小，这又促使风机进入不稳定区，风机将再次重复上述过程，工况点跳到 G 点出现倒流。随后，管路的输出流量大于风机排风量，管路处于卸压状态，风机又开始恢复向管路系统输送气体，工作点又跳回 A 点。风机

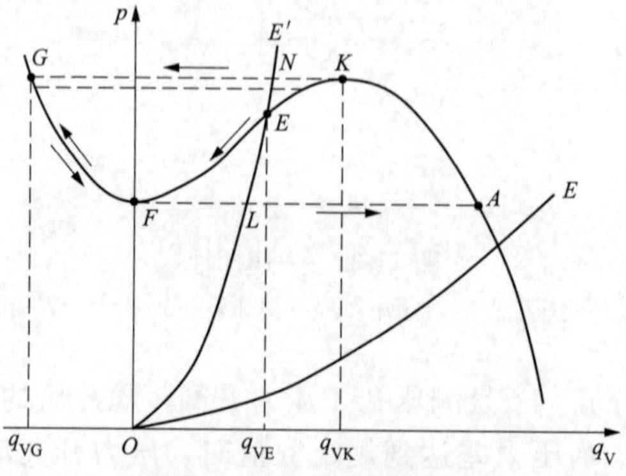

图 11-33　风机的喘振过程

若继续运行，运行状态将按 $AKGFA$ 周而复始地进行，整个系统压力忽高忽低，风机流量时正时负，管路中的气流出现周期性的波动，如果这种周期性波动与风机管路系统固有频率合拍，即产生了共振。

从以上分析可知，风机管路系统在下列条件下才会发生喘振：

（1）风机在不稳定工作区运行，且风机工作点落在 p-q_V 性能曲线的上升段。

（2）风机的管路系统具有较大容积，并与风机构成一个弹性的空气动力系统。

（3）系统内气流周期性波动频率与风机工作整个循环的频率合拍，产生共振。

喘振与旋转脱流都发生在 p-q_V 性能曲线的不稳定区域。旋转脱流与喘振是密切相关的。旋转脱流是发生在风机性能曲线峰值左侧整个不稳定区，而喘振只发生在性能曲线不稳定区域的上升段；旋转脱流的发生是由叶轮本身叶片结构性能、气流状况等因素所决定，脱流的产生与消失都有它自己的规律，而与风机管路系统的结构形状等因素无关。而喘振是风机性能与管路装置性能共同作用的效果，是两者振荡频率相耦合的一种表现；从两者对风机运行性能影响看，旋转脱流对风机正常运行影响不大，一般不易被操作人员发现；喘振会使管路系统内的压力和流量发生较大幅度的波动，喘振严重时风机激烈振动并发出噪声，甚至造成风机损坏。

（二）防止和消除喘振的措施

（1）在风机选型及管路设计时应尽量使工作点避开不稳定区。

（2）设置再循环管或放气阀，使通过风机的流量大于 q_{VK}，以防止风机运行落入不稳定区。

（3）设计管路时应避免容积过大的管段，避免促成喘振的客观条件。

（4）采用适当的调节方式，使风机稳定工作区扩大。例如动叶可调和静叶调节轴流式风机。

（5）德国 KKK 公司生产的 AN 系列轴流式风机采取防止喘振措施。即在动叶轮前加装分流器装置（KSE 装置），如图 11-34 所示，在叶轮前加装环形导流叶轮和环槽形旁路通道。当风机流量减小时，叶轮叶片外周产生旋转脱流，从而产生回流，回流经过锥形进口部件和旁路，它不再阻塞叶轮前面的进口通道。同时，回流中存在的旋涡流向旁路内的转折叶栅，因此叶轮进口的气流的流动仍是有规则的。装置分流器的轴流风机的 p-q_V 性能曲线是连续和稳定的。

三、并联工作的“抢风”现象

风机并联运行时，有时会出现一台风机流量特别大，而另一台风机流量特别小的现象，若稍加调节则情况可能刚好相反，原来流量大的反而减小。如此反复下去，使之不能正常并联运行，这种现象称为“抢风”现象。

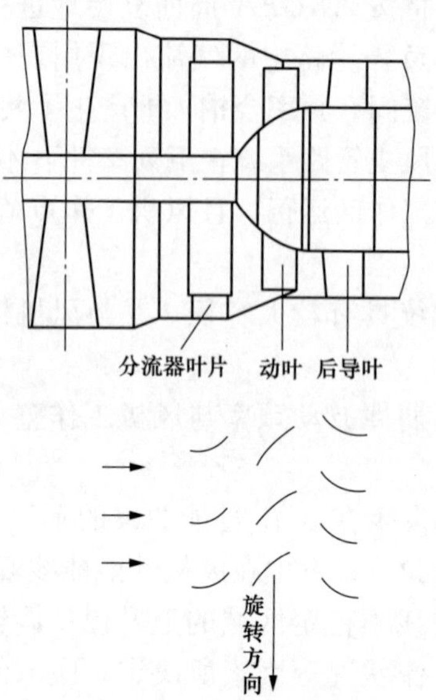

图 11-34　分流器结构简图

从风机性能曲线分析；具有马鞍形性能曲线的风机并联运行时，可能出现“抢风”现象。

如图 11-35 所示，两台风机并联工作合成工作点若在 A 点，则两台风机工况相同，均在 A'点工作，不会发生“抢风”现象。而合成工作点若落在“～”形区域内，如 B 点，此时两台风机工况点暂时相同，均为 B_1 点。若合成工作点为 C，则两台风机阻力稍有差别或系统风量稍有波动，就可能使一台风机流量较大在 C_1 点工作，仍属于正常工作，而另一台风机流量较小在 C_2 点处于不稳定工作状态。严重时一台风机风量特别大，而另一台风机却出现倒流，而且不时地相互倒换，使风机的并联运行不稳定。

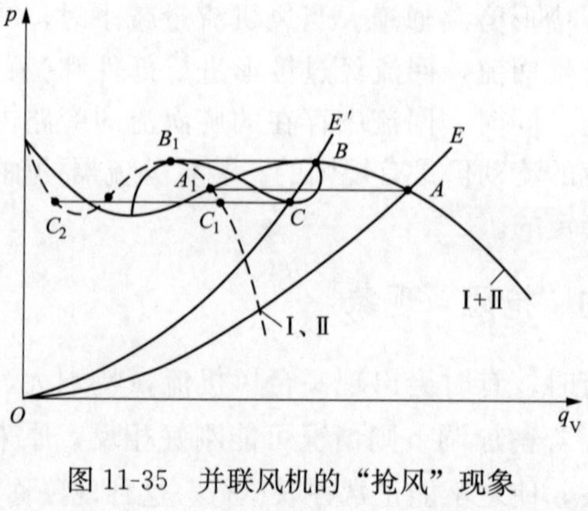

图 11-35　并联风机的“抢风”现象

并联工作的风机发生“抢风”现象后将造成系统的不稳定，严重时可能导致风机阀门等设备和系统的破坏。

为避免风机出现“抢风”现象，在低负荷时可以单台运行，当单台风机运行满足不了需要时，再启动第二台风机参加并联运行。可采取动叶调节，或者在“抢风”现象发生时，开启旁路门等制止“抢风”现象发展。

第五节　风 机 的 磨 损

磨损是风机安全、经济运行的一个障碍。火电厂中吸取含灰烟气的锅炉引风机、输送煤粉的排粉风机等都会因遭受到磨损而损坏。

一、主要磨损部位

如图 11-36 所示，离心式风机轮盘侧气流 o-b-b_1 在流动中，先减速后加速，而轮盖侧气流 o-a-a_1 流动时先加速后减速，导致二次流的发生。由于流速的变化，所以边界层沿轮盖侧逐渐增厚，而沿轮盘侧逐渐减薄。磨损最先发生在近轮盘侧的Ⅰ区和叶片出口工作面上靠轮盘侧的Ⅱ区域。同时，在叶轮前盘边界层分离最严重处，产生固体颗粒黏附在叶片的非工作面上。黏附将改变流道形状，引起风机的振动，恶化风机的性能。高效离心式风机机翼型叶片是空心的，叶片头部和尾部的涂黑部分磨损最严重。叶片一旦被磨穿，内部积灰会使风机振动频繁。

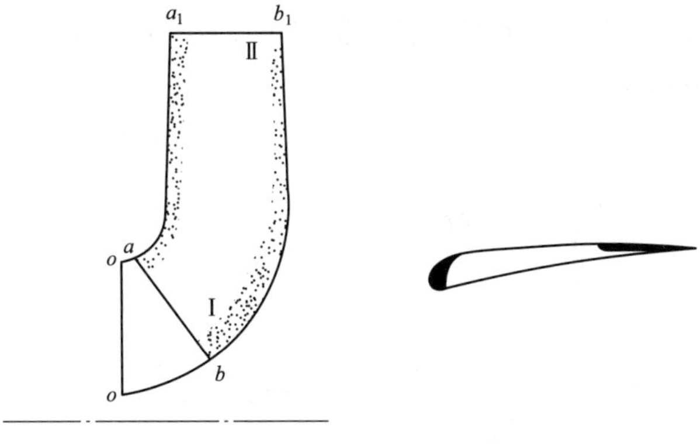

图 11-36　离心式风机磨损部位

离心式风机机壳磨损最严重部位在机壳的舌部附近，一般从机舌起有长约 1/4 蜗线磨损较严重，如图 11-37 中涂黑部分所示。

轴流风机的叶片如为机翼型，则沿着动叶片整个前缘磨损较严重，如图 11-38（a）涂黑部分所示。叶片根部的磨损对风机安全运行影响较大，如图 11-38（b）所示。叶片前缘的磨损，使叶片的气动力性能下降，直接引起风机性能下降，效率降低，同时增加风机检修的工作量。

机翼型叶片的前缘磨损均较严重，其原因可根据粒子在叶片间运动情

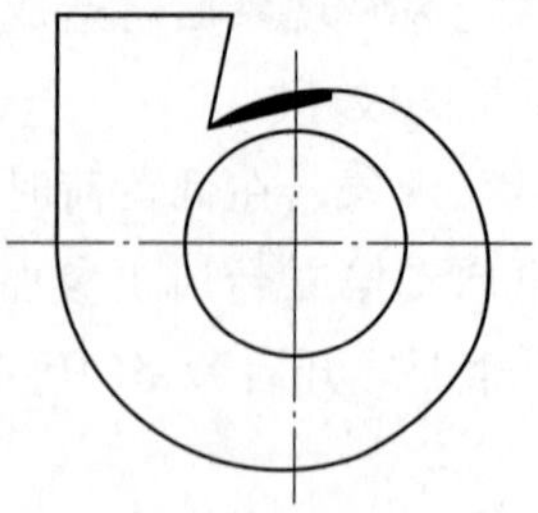

图 11-37　离心式风机机壳磨损部位

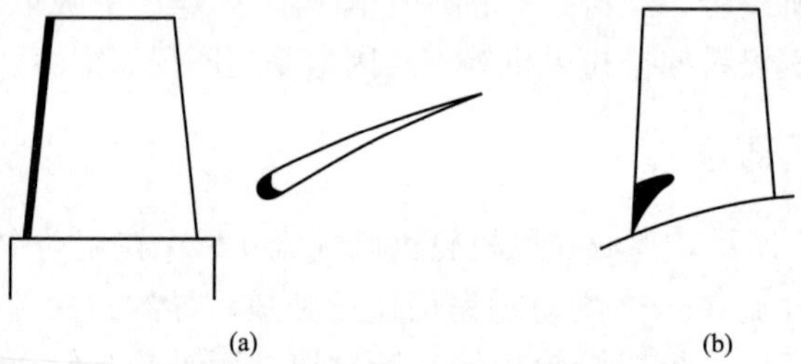

图 11-38　轴流式风机的磨损部位

（a）叶片前缘磨损；（b）叶片根部磨损

况加以分析。以前置导叶单级轴流式风机为例，如图 11-39 所示，烟气中的粒子在被吸入壳体和通过前置导叶时，由于粒子和壳体内壁碰撞等原因，粒子在主流方向的平均速度比气流速度低，由此粒子以较小的 β 角流入动叶，集中冲击动叶前缘，因而磨损严重。图 11-39 中虚线所示的速度三角形为气体的，实线所示速度三角形为固体粒子的。

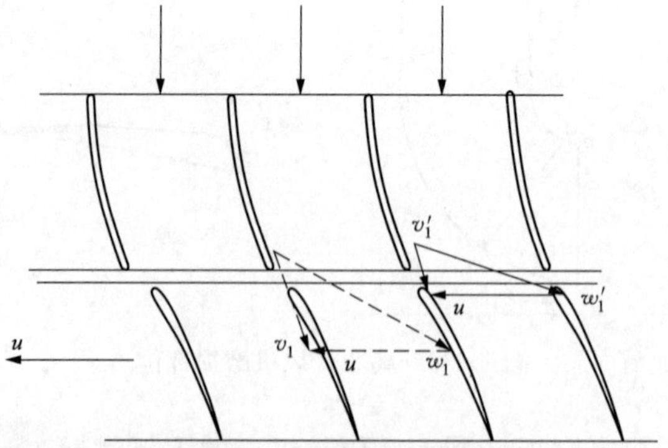

图 11-39　动叶前缘磨损原理

二、叶片磨损的机理

磨粒在气流带动下流过金属部件表面时，使其表面产生磨损，这种磨损一般被称为喷射磨损。如图 11-40 所示，粒子流以 α 角喷射到金属材料部件表

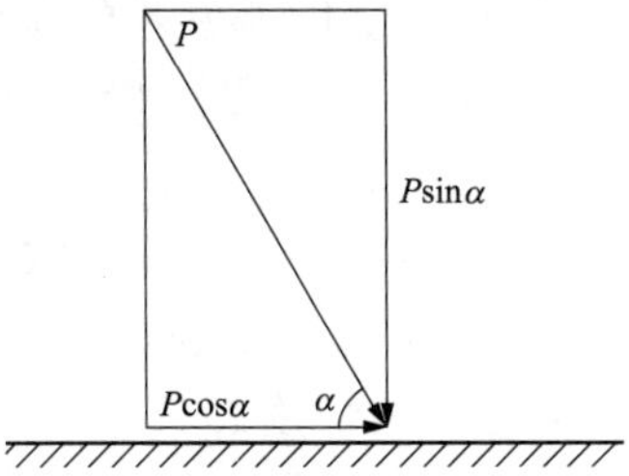

图 11-40　喷射磨损

面，其冲击量 P 可以分解成滑动喷射磨损 $P\cos\alpha$ 与直射喷射磨损 $P\sin\alpha$ 两部分。

滑动喷射磨损主要是微观切割所引起的。一个硬的尖头磨粒，滑过一个较软的金属材料部件表面，它可以导致微观切削工具的效果。切削过程导致材料以切屑、薄片、碎片等形式从部件表面除去。部件表面被磨损了，同时留下一道沟槽。沟槽的宽度和深度取决于切削件的尺寸，沟槽可从“原子般”的大小直至宏观切削的整个过渡范围内变化。

直射喷射磨损主要是金属材料部件表面疲劳磨损。磨粒被压入金属材料部件形成一个个塑性变形的凹坑。在大量磨粒反复作用下，凹坑逐渐形成一个塑性变形的薄层。当磨粒的作用载荷超过此塑性变形层的强度极限时，这层表面被破坏，剥落形成磨损。

一般在不同材料下，以喷射角 $\alpha=20°\sim30°$时，磨损最严重。

三、影响风机磨损的因素

锅炉引风机在运行时，受到烟气中颗粒的磨损，其磨损与磨损件金属材料的硬度、通过风机气流含磨粒的浓度、磨粒的硬度与尺寸、风机的转速等因素有关。

一般情况下，风机的磨损件材料的硬度越高，耐磨性越好。但是耐磨性不仅取决于它的硬度，而且还与它的成分有关。经过热处理后的各种不同成分的钢，即使它们的硬度相同，但测试它们的耐磨性却并不一样。还需指出，碳钢通过淬火提高硬度后，耐磨性的提高并不大。如 40 号碳钢淬火后，其硬度增加了 3.5 倍，而其耐磨性仅增加 69%。因此，为了提高材料的耐磨性，还必须改变它的组织成分。

风机的磨损与通过风机气流的磨粒浓度成正比。气流含颗粒的浓度越高，即单位时间内冲撞金属材料表面的次数增加，风机磨损越严重。

磨粒的硬度与形状对风机的磨损有较大影响。磨粒冲击金属材料部件表面，金属材料部件形成一个个塑性变形的凹坑。磨粒压入金属材料的能力和微观切削的强弱，不仅取决于它的硬度，还与磨粒的几何形状有关。具有球面、棱锥或其他刃尖表面的粒子，往往能在自己的形状不被破坏的情况下，压入较软的物体内，同时形成塑性压痕。

磨粒的硬度和形状主要取决于它的成分。在煤灰中 SiO_2 的含量对磨损起着十分重要的作用。我国大部分煤种灰分中的 SiO_2 含量均在 40%以上，这是造成风机磨损的重要原因之一。

一般金属材料的磨损量随磨粒平均尺寸的增大而增加。磨粒尺寸增大，因其惯性对壁面的冲撞力也大。大直径的粒子不仅撞击叶片工作面，还会撞击叶片的非工作面。但当磨粒的粒度超过某一定值（50～100μm）时，磨损量不再增加，而趋于一定值。在排粉风机和锅炉引风机中，磨粒的尺寸均小于上述定值，所以磨损量与煤粉或煤灰颗粒的尺寸大小成正比。如锅炉超载运行，煤粉细度变粗，飞灰可燃物增加，则将导致排粉风机和锅炉引风机的磨损加剧。

风机的转速也对磨损有很大影响，例如，对排粉风机进行试验，试验结果是：排粉风机的磨损量与其转速的平方成正比。

四、减轻风机磨损的方法

采用耐磨金属材料制造风机的零件。火力发电厂的锅炉引风机、排粉风机可以采用防磨性能好的材料制作，但大部分是在其材料的表面堆焊或喷镀耐磨材料，并在易磨损部位覆盖防磨护板。利用胶粘剂粘接耐磨陶瓷片用于风机的耐磨、防磨效果也不错。轴流引风机磨损主要部位在叶片前缘，所以在动叶片的前缘镶装不锈钢（或用硬质合金制作）的耐磨鼻，再对整个叶片表面镀一层硬铬，可防止叶片工作面磨损。耐磨鼻用螺钉固定在叶片头部，磨损后可调换，如图 11-41 所示。

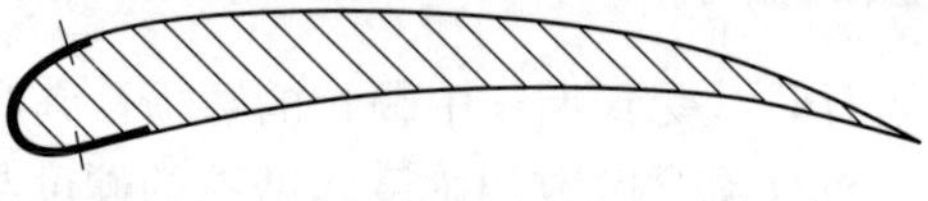

图 11-41 耐磨鼻

为了减轻风机的磨损，叶片入口的气流平均速度应该低，气流的相对速度也应该低。

叶轮转速低能降低磨粒碰撞磨损件的次数，并可降低磨粒碰壁速度，对减轻风机的磨损有利。

降低锅炉排烟含尘灰的浓度，是减轻风机磨损的有效方法。因此要采用除尘效率高的除尘器，如电气除尘器，也是降低风机磨损的重要方法。

第六节 风机噪声的形成及控制措施

一、噪声声源

风机运转时，本身就是一个噪声源，轴流式风机与离心式风机产生噪声的原因，主要有两个方面。

（一）机械噪声

机械噪声源于机械部件的交变力，这些力有撞击力、周期性作用力和摩擦力。风机可能由于风道或风机外壳的共振引起噪声；也可能是风机轴承润滑不当、磨损，回转体不平衡，叶片刚性不足，因气流作用使叶片振动引起噪声。滑动轴承的噪声主要是润滑不良，轴承表面与轴颈表面间产生干摩擦引起。齿轮也是机器的噪声源之一，齿轮在运转过程中由于节线冲力与啮合冲力激起噪声。

此外，风机的原动机一般都是电动机，而电动机的噪声，尤其是大功率电动机的噪声较为严重。

（二）空气动力性噪声

空气动力性噪声由高速气流、不稳定气流，以及气流与物体相互作用所产生。空气动力性噪声包括旋转噪声与旋涡噪声。

1. 旋转噪声

旋转噪声又称离散噪声，它是叶轮旋转时叶片冲击周围介质所引起的噪声。它的频率主要与叶轮的转速及叶片数有关。

叶轮旋转时，叶轮上均匀排列的叶片会冲击周围的流体介质，引起周围流体压力的脉动而产生噪声。流体流过叶片时，形成边界层，而叶片非工作面上的边界层容易分离，产生旋涡。在叶片末梢，叶片工作面与非工作面上两股流体汇合时，形成尾迹区。尾迹区内流体的压力和速度低于主流的值。所以，叶轮旋转时叶片出口区内的流场很不均匀，它们周期性地作用于周围介质，产生压力脉动形成噪声。

叶轮前置导叶的轴流式风机，叶轮旋转时动叶片周期性地承受通过前置静叶栅流出的不均匀气流的作用。气流作用在动叶片上的力也产生周期性的脉动，当然噪声也是周期性脉动的。如图 11-42 所示，前置导叶栅后，由于尾迹的存在，气流速度是不均匀的。动叶片旋转时，流向动叶的气流绝对速度是周期性变化的。如果叶轮后置导叶，则叶轮出流的气流对后导叶的作用也与此相类似。

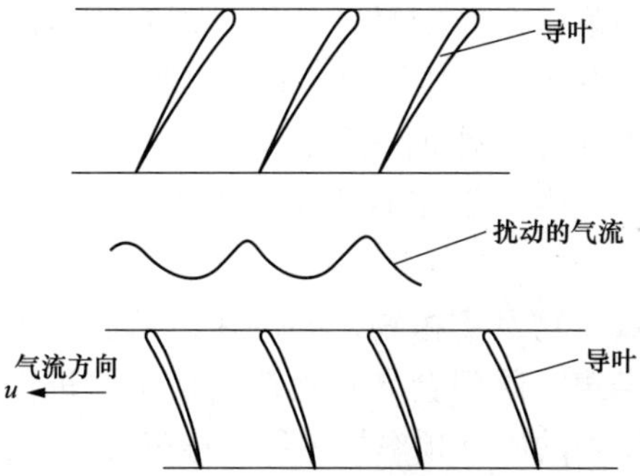

图 11-42　导叶对气流的干扰

这种叶栅与叶栅间的空气动力的相互干扰所形成的噪声与它们之间的轴向距离有关。两者间隔很近时，干扰噪声明显增高。同时，这种噪声还与叶片数有关。动叶栅与静叶栅的叶片数不能相等，而且彼此间没有公约数，这样可以降低噪声。

由此可见，动叶前置导叶或后置导叶，产生的旋转噪声存在两个噪声源：一是叶片上的压力场随着工作叶轮旋转对周围介质产生扰动，而产生的噪声；二是由于前后叶栅叶片与相互作用的空气动力对叶片所造成的脉动力，引起噪声。

旋转噪声具有不连续的频谱分布，其噪声值大致和叶轮圆周速度的10次方成正比。轴流式风机叶片顶端的圆周速度较高（750MW机组锅炉轴流引风机叶片顶端圆周速度达162m/s），旋转噪声较强，而且谐波噪声成分增强。这也是轴流式风机具有突出的、刺耳的高频噪声的原因。

离心式风机叶轮与蜗舌之间的径向间隙，对风机的噪声影响很大。间隙小时，旋转叶片流道掠过蜗舌处，会出现周期性的压力与速度脉动形成较强的噪声。

2. 旋涡噪声

旋涡噪声又称紊流噪声，它是流体绕流物体表面形成紊流边界层及边界层分离，引起流体压力脉动而产生的噪声。

旋涡噪声产生的原因，大致有以下几个方面：

流体绕流物体时，形成紊流边界层，而紊流边界层内流体的脉动压力作用于物体，产生噪声。紊流边界层越发展，噪声就越强烈。所以紊流边界层是产生旋涡噪声的原因之一。

流体绕流物体（如叶片）时，若流道的扩压程度较大，则可能产生边界层分离，形成旋涡及旋涡的释放。在适当的雷诺数范围内，可能产生卡门涡街，旋涡交错释放。叶片尾流区的旋涡剥离，会引起压力的脉动而产生噪声。如果剥离的旋涡被后面的叶片所撞击，则噪声会更大。机翼型叶片，一般不会产生明显的涡街，除非来流的冲角很大时。所以，边界层分离及旋涡的剥落是产生旋涡噪声的原因之二。

产生旋涡噪声的第三个原因是：叶片前流体的紊流脉动必然导致叶栅上流体冲角的脉动，造成叶片作用力的脉动引起噪声。

轴流式风机由于叶片工作面（凹面）压力大于叶片非工作面（凸面）压力，而在叶片顶端产生由工作面流向非工作面的二次流被主流带走，形成叶顶涡流噪声。

气流通道中的障碍物及支撑物、导流片、扩压器等由于气流通过时产生涡流，也会引起噪声。阀门会导致涡流的产生，进而激发涡流噪声，若这种涡流噪声与障碍物的固有频率相一致，噪声会激增。

旋涡噪声具有较连续的频谱分布，其噪声值大致与叶轮圆周速度的6次方成正比。

二、控制噪声的方法

控制噪声的方法有许多，总括起来有三大类：一是控制噪声源，使噪声降下来，这是最根本的方法；二是在噪声的传播途径上采取控制措施；三是在噪声的接受点上采取防护措施。

（一）控制噪声源

1. 控制噪声源

关键是风机的设计必须具有良好的空气动力性能，能防止或减少本身产生的噪声。正确的气动设计不但能获得高效率，而且噪声水平一般也是低的。最高效率工况点的噪声往往是最低的。气流通过风机部件的设计，应符合流线型，尽量减少流体的冲击和边界层的分离。

2. 选择合适的叶片形状与尺寸

叶片的前缘要善于适应气流冲角的变化，叶片的后缘应尽量薄，减少尾迹的影响，噪声均会有明显的下降。机翼型叶片比平板叶片噪声低。

3. 前、后两列叶栅的轴向距离适当

前、后两列叶栅的轴向距离应能使气流较均匀，压力、速度的脉动小。增加动叶与后置导叶的轴向距离，可缓和动叶出口不均匀气流对静叶的干扰。当然前后叶栅的叶片数不能相等，且彼此为质数，无公约数。当动叶栅与静叶栅配合，每次只可能有一个动叶片与静叶片重合，其余叶片都相互错开，于是，气流的脉动强度不致叠加起来，噪声的强度不会增大。

4. 选择合理的风机转速

叶轮圆周速度对噪声有很大的影响。同样的叶顶圆周速度，选用较小的转速和较大的叶轮直径较有利。因为转速较低，风机内部通流面积增大，流体的速度相对较低；转动部件不平衡所产生的机械力和转速的平方成正比，所以降低转速，噪声可望降低。

5. 减小轴流风机叶顶与机壳间隙

间隙减小，抑制了气流在叶片工作面与非工作面间产生的压差流动，以及间隙回流对主流的扰动，从而改善了叶片流道内气流的流动状况，使噪声降低。

6. 离心风机的叶轮与蜗舌间的间隙对噪声影响较大

图 11-43 所示为蜗舌间隙、蜗舌尖端半径对噪声的影响。图 11-43（a）为蜗舌间隙 s 变化时，噪声变化的情况。曲线 1、2、3、4 表示蜗舌间隙 s 与叶轮外圆半径 R 的不同比值。在同一流量系数 q_V 值时，$s/R=0.016$，噪声最高，$s/R=0.40$，噪声最低，两者可差 18dB（A）左右。图 11-43（b）为蜗舌尖端半径 r 变化时，噪声变化的情况。曲线 5、6、7 为不同的蜗舌半径 r 与叶轮外圆半径 R 的比值。同一流量系数可值时，$r/R=0.05$，噪声最高，$r/R=0.20$，噪声最低，两者可差 6db（A）左右。若 $r>12$mm，蜗舌半径对气动力噪声几乎不产生影响。

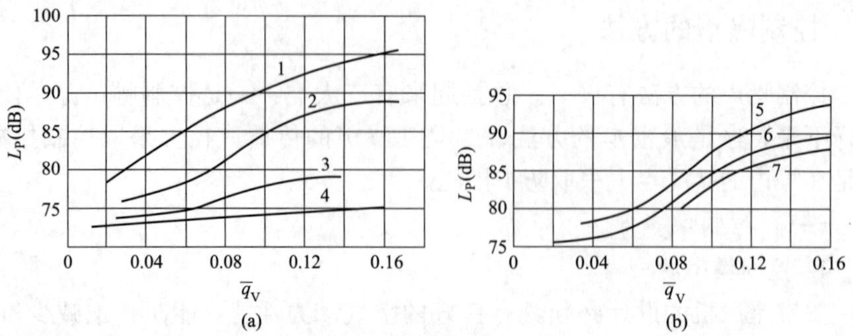

图 11-43　蜗舌间隙、蜗舌尖端半径对噪声的影响

(a) 蜗舌间隙对噪声的影响；(b) 蜗舌尖端半径对噪声的影响

1—s/R=0.016；2—s/R=0.06；3—s/R=0.16；4—s/R=0.4；

5—r/R=0.05；6—r/R=0.125；7—r/R=0.2

7. 装设消声器

风机进、出口的噪声级较大，可装置消声器。不合理的进、出口流动状况是导致风机气流参数产生脉动，形成噪声的重要原因。所以应该有良好的进、出口流道的形状与尺寸，流道面积变化要平缓，气流方向不要有急剧的改变。降低叶轮进口的相对速度，有明显降低噪声的作用。因为叶片的声功率级是入口相对速度的 6 倍。同时，为了使风机进、出口声辐射减至最小，降低噪声，一般在锅炉送风机入口装设消声器。锅炉送风机的敞开式吸入口产生强烈的噪声，如果加装效果好的消声器，往往可使噪声削减 40～50dB(A)。

消声器是一种既允许气流通过，又能衰减噪声或阻碍噪声传播的装置。消声器应该在所需消声频率范围内有足够大的消声量。消声器本身的阻力应尽可能小，以免过大地增加风机的全压，增大能耗。所以送风机入口消声器很少采用膨胀型的。国外对大型送风机入口消声器的阻力一般控制在 294.14～490.3Pa 范围内。还要尽量避免气流在消声器通道内的曲折紊流或流动的不均匀性，以免风机效率下降或增加附加的噪声。另外，消声器的体积要尽量小，以方便布置。

消声器就其消声原理，主要可以分为阻性消声器与抗性消声器。阻性消声器利用吸声材料的吸声作用，使声波“分散”到多孔的吸声材料里，激发材料中的无数小孔内空气分子的振动，使声能变成热能，达到消声的目的。抗性消声器利用截面突变或旁接共振腔，使声阻抗不匹配，于是某些频率的声波被反射、干涉，从而在消声器的出口侧达到消声的目的。

风机噪声的频带较宽，且要求消声器的阻力损失小，所以一般采用阻性消声器。

(二) 控制噪声的传播途径

(1) 在风机的壳体外加设隔声罩。风机壳体外有了隔声罩后，可以对造成空气噪声辐射的表面进行隔声。这种隔声罩是在风机外壳贴敷复合绝热-隔声板。它通常有一层、二层及五层材料制成。如五层的绝热-隔声板，它用铁丝护网、矿物棉、薄铅铂、矿物棉（玻璃纤维）从里一层一层向外敷贴，最后用波形的镀锌铁皮作外护板。有复合绝热-隔声板的轴流式风机，距离它 1m 处，噪声不超过 85dB(A)。

（2）在噪声传播途径上，通过绿化、合理布置住宅群、利用自然地形如山冈、土坡等降低噪声。

（3）将噪声强的车间和作业场所与职工生活区、住宅分开，噪声随距离加大而衰减。

（三）在噪声接受点上采取防护

在其他措施不能实现或效果不能达到要求时，个人防护仍是一种经济而有效的措施。常用的防声工具有耳塞、耳罩、防声棉、头盔等。除此之外，还可以建造专用小室，操作人员在小室内可以与噪声隔绝。

第七节 风机典型故障案例

由于风机转子质量大、转速高、转动转矩大所以轴承承载力较大，易造成轴承损坏。由于风机输送的介质温度高和高转速等原因，易造成轴承温度高。同时还要克服热膨胀造成的不利影响。风机输送的介质中含灰量高，易造成叶轮积灰或磨损，影响风机动平衡而引发风机振动。风机运行过程中随机组负荷变化要不断地进行调节，也容易使调节机构发生故障。风机结构复杂且精密，备件质量和装配精度都会直接影响风机安全稳定运行。

一、离心式风机故障

（一）某石化自备电厂离心式风机振动故障

1. 设备概述

上海某石化自备电厂一台离心式风机，型号为 W24-73-10D。相关技术参数见表 11-3。

表 11-3 风机技术参数

型 号	W24-73-10D
流量（m^3/h）	44004
全压（Pa）	2904
转速（r/min）	1450
功率（kW）	75

续表

型　号	W24-73-10D
质量（kg）	1488
4 号测点轴承型号	2316
3 号测点轴承型号	6316

结构简图和测点布置如图 11-44 所示。

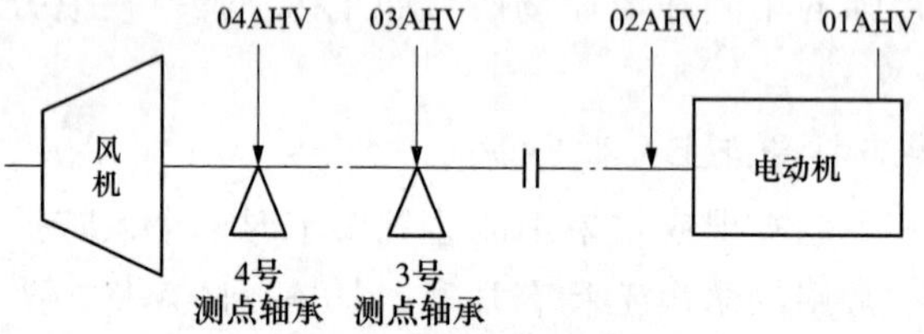

图 11-44　风机测点布置

2. 故障描述

某年 1 月 4 日，现场巡检发现，风机轴承在运行时发出异常的摩擦声并且感到轴承箱处振动偏大，随即通过手持式振动分析仪对风机进行了振动数据采集，分析 3 号、4 号测点的振动图谱，发现水平、垂直方向的振动幅度与 6 日前相比有了明显变化，并且某些频率（130Hz）处的峰值有了大幅上升，见表 11-4。

表 11-4　两次采集的振动峰值数据对照

项目	测点方向	振动均值（mm/s）		130Hz 振动烈度（mm/s）	
		12 月 28 日	1 月 4 日	12 月 28 日	1 月 4 日
3 号测点	水平	8.8	8.8	0.57	1.79
	垂直	8.2	9.3	1.26	3.18
4 号测点	水平	9.4	9.7	0.74	1.8
	垂直	8.4	10.6	1.32	2.34

4 号测点垂直方向频谱如图 11-45 所示。

从上述数据表和频谱图可看出，4 号测点的水平及垂直方向 130Hz 对应的振动幅值都上升了 2.4 倍，3 号测点的水平方向 130Hz 对应的振动幅值上升了 3.1 倍，垂直方向 130Hz 对应的振动幅值上升了 2.5 倍。由于这些频率在短时期内的异常放大，暗示着风机的轴承已有故障的端倪。

3. 原因分析

由于测振手持机的分辨率为 400 线，整个频率带宽为 1000Hz，频率最小分辨率为 1000/400＝2.5Hz，导致频谱图上无法准确区分任意两个频率差小于 2.5Hz 的不同频谱值，因此频谱图中 130Hz 的峰值就对应 4 号测点

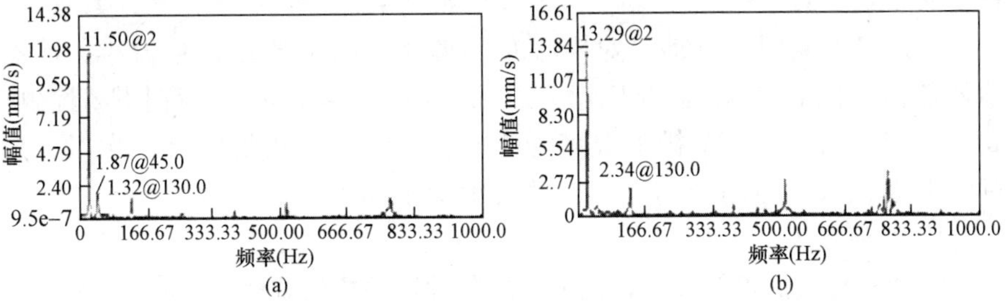

图 11-45　4 号测点垂直方向 12 月 28 日与 1 月 4 日振动频谱比较

(a) 12 月 28 日振动频谱；(b) 1 月 4 日振动频谱

轴承的理论计算出来的外圈故障频率 129.43Hz。通过理论计算和现场实测频谱图的比较，可以判断风机在近期内出现的异常噪声和振动大的问题，是由 4 号轴承的外圈故障导致的。

4. 处理方法及防范措施

1 月 6 日对风机安排了检修，风机轴承箱解体，更换轴承。1 月 7 日安排风机进行试车，同时运用振动检测手段对风机进行监控，并评估检修质量。经分析由现场测振而来的图谱，3 号和 4 号测点轴承在 130Hz 处的特征故障频率有了明显下降。

（二）膜片式联轴器预拉量调整不当造成离心式增压风机电动机异声

1. 设备概述

增压风机型号为 2008AB/730 的单吸双支风机，叶轮进口直径为 730mm，叶轮叶片出口直径为 2000mm，2008 年 9 月投运。

2. 故障描述

10 月 16 日 13 时 30 分，运行人员巡检发现 1 号炉 1 号增压风机电动机有杂声，汇报维护部、运行部有关人员，经维护部专工确认后需停运检查。13 时 50 分开启 1 号炉烟气旁路挡板并停运 1 号增压风机。

维护部电气班组检查电动机轴承正常，脱开电动机与风机联轴器电动机单转，电动机转动声音、振动正常，电动机单转时对电动机轴承在线加润滑脂。维护部锅炉班组检查了上次检修联轴器中心校验的技术记录卡，对中记录合格，膜片式联轴器预拉量为 1.55mm，接近要求下限（要求预拉量为 1.5～3.0mm）。检修人员重新找电动机中心，把膜片式联轴器预拉量调整到上限 3.0mm。

10 月 17 日 2 时 30 分一期 1 号炉 1 号增压风机检修完毕，启动 1 号增压风机，风机运转正常，关闭 1 号炉烟气旁路挡板，投入脱硫运行。

3. 原因分析

(1) 直接原因。增压风机电动机有杂声。

(2) 间接原因。锅炉专业技术人员没有根据现场设备实际运行情况合理设定检修工艺卡控制要求，设定的数据范围过大，不能满足设备正常运行要求。

（3）根本原因。电动机对中心时，膜片式联轴器预拉量偏小，冷态和低负荷时因排烟温度较低增压风机运行正常，满负荷时排烟温度高（机组负荷122MW排烟温度为146℃）风机受热膨胀量最大时，风机和电动机联轴器间隙消失，电动机承受轴向力发出异常声音。

4. 处理方法

电动机与风机重新找正，把膜片式联轴器预拉量调整到上限3.0mm。

5. 防范措施

（1）增压风机电动机检修后联轴器对中工作，机务专业验收等级改为二级专工验收。

（2）修改检修工艺标准数据，以满足设备正常运行要求。

二、静调轴流式风机故障

以下案例为某电厂静调引风机推力轴承推力间隙过小，造成轴承温度升高。

1. 设备概述

引风机型号为AN42e6(V19+4°)，风机转速为595r/min，在*TB*点工况时，风机轴功率为6288kW，风机全压为6870Pa，风机效率为86%。引风机进口导叶的行程范围为−75°（关闭）～+30°（全开）。投运时间2010年10月。

2. 故障描述

2014年3月2日23时28分，4号机组C修后启动过程中，42引风机推力轴承温度，持续上升和振动超标，经多次调整与修理后无明显效果，最终解体检修轴承箱，调整轴承推力间隙并对各部装配工艺进行精细调整后，风机温度和振动达到正常。

（1）停风机检查过程。本次消缺检查处理过程，共计停运42引风机8次，每次风机推力轴承温度均达90℃报警值（100℃跳闸），振动最大6.3mm/s(7.1mm/s跳闸)，其中前7次检查处理情况如下：

1）对轴承润滑脂进行清理。

2）对轴承冷却风机及管道进行检查、拆除消声器以增大进风量。

3）解体检查冷却风管、锥形冷风罩未见异常。

4）对静叶挡板、烟侧叶轮、支撑、叶顶与机壳内壁径向间隙、轮毂间隙和给油脂管路进行检查，未见异常。

5）将42引风机1号轴承冷却风机与32引风机1号轴承冷却风机的电动机互换。

6）对轴承箱与机壳隔板进行加固并紧固松动的螺栓。

7）将轴中心通风孔用堵板封堵以增强冷却风量。

8）添加润滑脂12kg。

经过前7次的检查处理，均效果不明显，经过与厂方代表和外请技术专家协商，决定对42引风机轴承箱进行解体检查，查找根本原因。

（2）42引风机轴承箱解体发现问题。

1）中间轴与叶轮半联轴器的接触点不均匀，内侧有研磨产生的金属光泽，如图11-46所示。

图11-46　中间轴半联轴器

2）轴承滚道内润滑脂少、变黑，有碳化迹象，如图11-47所示。

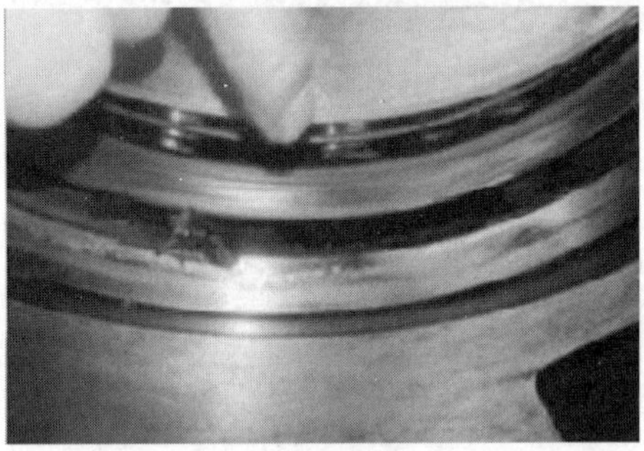

图11-47　轴承滚道润滑脂变质

3）轴承箱内积油较多，向心轴承附近润滑脂较干净，如图11-48、图11-49所示。

图11-48　轴承箱内润滑油充盈

4）推力轴承间油道内积油较多且油品较干净，如图11-50、图11-51所示。

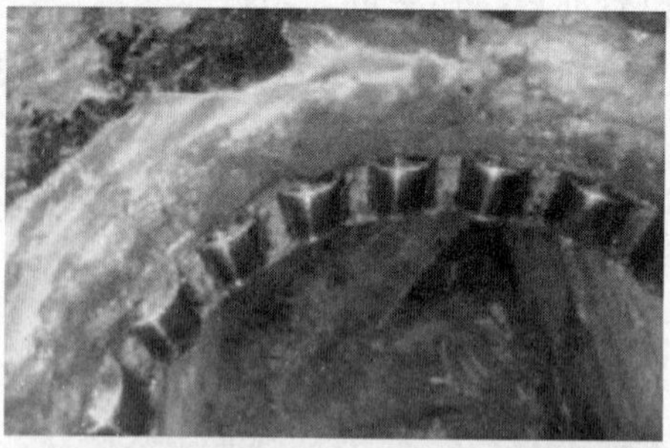

图 11-49　轴承附近润滑脂洁净

图 11-50　推力轴承润滑油充盈

图 11-51　推力轴承润滑油洁净

3. 原因分析

(1) 直接原因。引风机轴承温度高、振动大。

(2) 根本原因。

1) 42 引风机在上次检修时（2013 年 12 月 16—19 日）轴承推力间隙预留小于标准值。

2) 技术人员测量引风机轴承的推力间隙方法不当，有误差，误将不准确的测量值 0.03mm 作为安装的原始间隙进行装配。后经查找图纸等原始资料确认，原始间隙应为 0.06～0.09mm。

3) 检修工艺粗放，检修人员未按规定使用力矩扳手，而使用大锤、敲击扳手的方法进行紧固螺栓，导致传扭中间轴端面变形，与叶轮半联轴器接触面偏小，引起振动。

4. 处理方法

(1) 研磨传扭中间轴与叶轮半联轴器接触面，使其接触面达到90%。

(2) 将两推力轴承推力间隙按生产厂家技术标准调整到0.09mm。

(3) 更换叶轮压盘紧固螺栓。

(4) 将热工振动测点位置至后导叶处。

5. 检修后运行情况

3月12日10时28分，机组负荷470MW，启动42引风机试转，调节挡板开至33%，风机水平振动为2.1mm/s，垂直振动为1.2mm/s。

14时12分，机组负荷加至700MW，42引风机调节挡板开至42%，42引风机水平振动为2.1mm/s，垂直振动为1.8mm/s，推力轴承温度最高升至40.2C，温度趋于稳定，运行情况良好。

6. 防范措施

(1) 组织学习厂家提供的轴承装配标准，通过技术培训，深入研究设备结构和设备原始图纸及原始数据，使相关技术人员掌握正确的测量方法。

(2) 提高工作人员检修工艺标准，规范作业；专业专工要到位指导，确保检修工艺。

(3) 组织学习相关质量管控制度，在今后检修作业中严格执行质量管控制度。

(4) 完善相关的技术文件（检修规程、检修文件包）补充风机主轴承的推力间隙的调整、测量有关工艺和标准。

(5) 严格管理检修记录台账和验收单，认真做好技术资料的保存和归档工作。

三、动调轴流式风机故障

（一）动调一次风机叶片卡涩

1. 设备概述

一次风机型号为PAF19-11.8-2的动叶可调轴流式风机，风机内径为1884mm，叶轮直径为1188mm，叶轮级数为2级，叶型为22HB24，叶片数量为22片，液压缸径和行程为336/H50MET，叶片调节范围为45°，风机转速为1470r/min。投产时间为2006年8月20日。

2. 故障描述

2014年8月6日3时25分，3B一次风机在开机过程中发生振动大及出口压力低等问题。停机操作动叶有摩擦响声，有6片叶片不转动，4片叶片开度较大。解体后检查发现有13～14片叶片卡涩、叶柄与轮毂配合间隙处有白色积盐，清理叶柄与轮毂配合间隙处并调整叶片开度后8月7日恢复正常。

3. 原因分析

(1) 直接原因。一次风机部分动叶卡涩，无法转动，导致叶片不同步。

（2）根本原因。动叶叶柄与轮毂配合面间隙较小，长期运行中此处有积灰及锈蚀，另外由于海边潮湿，盐雾较重空气中的盐分析出、沉积，加上风机长时间停运，且未定期进行动叶开关操作，使得动叶叶柄与轮毂配合面间隙内的盐分与灰垢板结，导致动叶转动摩擦阻力增大、叶片卡涩，如图 11-52 所示。

图 11-52　叶柄与轮毂配合面间隙内的盐分与灰垢板结导致叶片卡涩

4. 处理方法

清理叶柄与轮毂间的白色积盐。

5. 防范措施

（1）停机时间较长时，应加强动叶全开全关频率次数，防止卡涩。

（2）大小修时清理叶片与轮毂接合面处的积灰及锈蚀；风机停运 5 天以上，开机前打开人孔门进行动叶检查，确保动叶开关正常、无卡涩。

（3）风机备用期间运行每班全行程开关动叶两次。机组大、小修后，风机动叶具备操作条件时，由设备部提出、发电部配合每班全行程开关两次。

（二）动调一次风机叶片调节失灵

1. 设备概述

一次风机型号为 HOWDEN ANT-1568/1120N 动叶可调轴流式风机，叶轮直径为 1568mm，轮毂直径为 1120mm，叶片数量为 38 片（两级，各 19 片），额定功率为 870kW。

该机组自 2000 年 4 月投运，至故障时累计运行 56 个月。

故障前检修情况：2004 年 9 月 17 日至 11 月 3 日，进行机组 A 级检修，对该风机轮毂部分进行了全面解体，更换了叶片轴承、滑块等磨损件，更换液压油和滤网，旋转油封和液压缸未更换。

2. 故障描述

2004 年 12 月 31 日，350MW 机组正常运行情况下突然 22 一次风机进入失速运行状态，发生喘振，此时叶片调节失灵，执行机构过力矩报警，随后该风机跳闸，机组被迫降50%。

3. 原因分析

(1) 直接原因。风机发生失速喘振调节无效。

(2) 根本原因。

1) 液压缸内部油孔堵塞，导致油路不通，液压缸不动作。

2) 检修中控制油系统备件更换操作制度不规范、操作过程不规范，导致杂质进入控制液压系统。

4. 处理方法

风机停运后手动操作执行机构，仍无法活动，判断液压缸故障的可能性最大，所以先从液压缸更换入手。单侧风机停运，关闭出口挡板系统对该风机进行隔离。拉开扩散器将液压缸更换，同时更换控制油和滤网，工作完成后连接上油管启动控制油油泵，油压正常，叶片活动自如。

5. 防范措施

(1) 过滤器定期更换，确保油脂的清洁。

(2) 润滑油牌号正确，不得混用，定期更换。

(3) 检修更换润滑油保证工艺，避免异物进入油箱。

(4) 更换油管后要短接后先打循环，避免管内杂质带入液压缸。

第十二章　锅炉制粉设备

第一节　制粉系统概述

燃煤发电机组锅炉制粉系统是锅炉设备的一个重要系统，其主要作用是将燃料系统来的原煤加工成一定细度的、干燥的合格煤粉，通过一次风携带输送到锅炉炉膛内，为锅炉燃烧源源不断地提供燃料。锅炉制粉系统可分为直吹式和中间储仓式两种。

一、中间储仓式制粉系统

中间储仓式制粉系统一般配置钢球磨煤机，主要由原煤斗、给煤机、磨煤机、煤粉分离器、锁气器、输粉机、排粉机等设备组成。其煤、粉流程：原煤斗的原煤经给煤机在下行落煤管中与热空气相遇，一边被干燥一边落入磨煤机进行碾磨成煤粉，经过粗粉分离器合格的煤粉送入细粉分离器，不合格的煤粉回磨煤机继续碾磨，细粉分离器中依靠离心力再次进行分离，约有90%合格的煤粉被分离器出来，通过锁气器落入煤粉仓中，也可通过输粉机送往其他粉仓。粉仓中的煤粉，则通过给粉机根据运行负荷的需要输送至炉膛燃烧。中间储仓式制粉系统煤粉由于采用输送的介质不同，又分为乏气输送系统和热风输送系统，细粉分离器上部分离出来的干燥剂（俗称乏气）含有10%未分离出来的极细煤粉，利用乏气作为一次风将粉仓中的煤粉通过排粉机向炉膛输送燃料燃烧，这种系统为乏气输送系统，对于易于着火的烟煤常采用乏气输送系统，乏气是通过燃烧器中专门的喷口送入炉膛燃烧。乏气输送中间储仓式制粉系统如图12-1所示。

对于燃用贫煤、无烟煤、劣质煤时为了稳定燃烧，常采用通过空气预热器加热后的热一次风作为输送煤粉介质，再通过排粉机向炉膛输送燃料燃烧，这种系统为热风输送中间储仓式制粉系统如图12-2所示。

二、直吹式制粉系统

直吹式制粉系统主要由原煤斗、给煤机、磨煤机、煤粉分离器等设备组成。其煤、粉流程：原煤斗的原煤经给煤机通过落煤管下落在磨煤机中，经磨煤机进行碾磨成煤粉，煤粉经分离器分离不合格的煤粉回磨煤机继续碾磨，合格的煤粉经一次风机（排粉机）输送到炉膛燃烧。直吹式制粉系统中由于一次风机（排粉机）位置布局不同又可分为正压式和负压式两种。当一次风机（排粉机）布置在磨煤机后，整个系统为负压状态，依靠一次风机（排粉机）提供动力负责煤粉输送，这种系统为负压直吹式制粉系统，

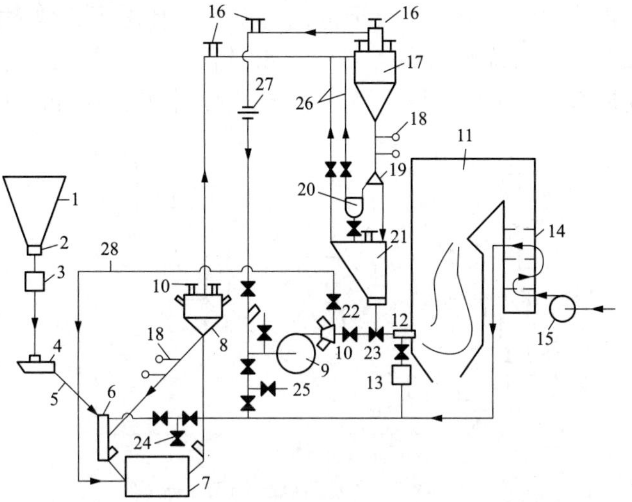

图 12-1　乏气输送中间储仓式制粉系统

1—原煤斗；2—闸板；3—称重秤；4—给煤机；5—落煤管；6—下行落煤管；7—磨煤机；8—粗粉分离器；9—排粉机；10—一次风箱；11—炉膛；12—燃烧器；13—二次风箱；14—空气预热器；15—送风机；16—防爆门；17—细粉分离器；18—锁气器；19—换向阀；20—输粉机；21—粉仓；22—给粉机；23—混合器；24—冷风门；25—排气；26—吸潮管；27—流量装置；28—再循环管

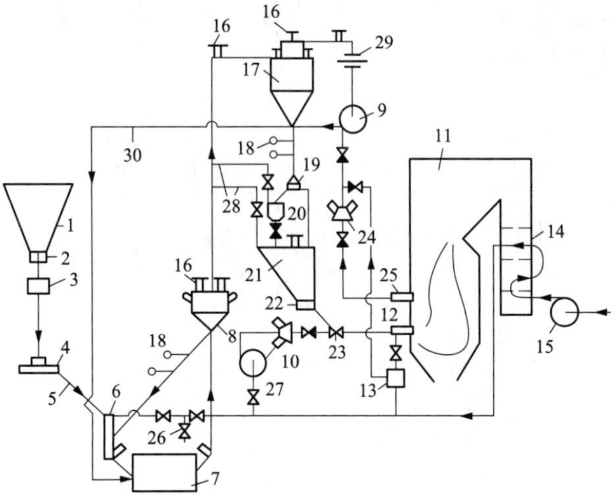

图 12-2　热风输送中间储仓式制粉系统

1—原煤斗；2—闸板；3—称重秤；4—给煤机；5—落煤管；6—下行落煤管；7—磨煤机；8—粗粉分离器；9—排粉机；10—一次风箱；11—炉膛；12—燃烧器；13—二次风箱；14—空气预热器；15—送风机；16—防爆门；17—细粉分离器；18—锁气器；19—换向阀；20—输粉机；21—粉仓；22—给粉机；23—混合器；24—乏气风箱；25—一次风喷口；26—冷风门；27—一次风机；28—吸潮管；29—流量装置；30—再循环管

该系统由于一次风携带煤粉通过一次风机（排粉机）这就造成了一次风机（排粉机）叶片极易磨损，会造成制粉系统电耗增大、效率降低、维修工作量增大、系统可靠性降低，当然该系统优点是磨煤机处于负压系统，煤粉外泄漏概率低，工作环境干净，负压直吹式制粉系统如图 12-3 所示。

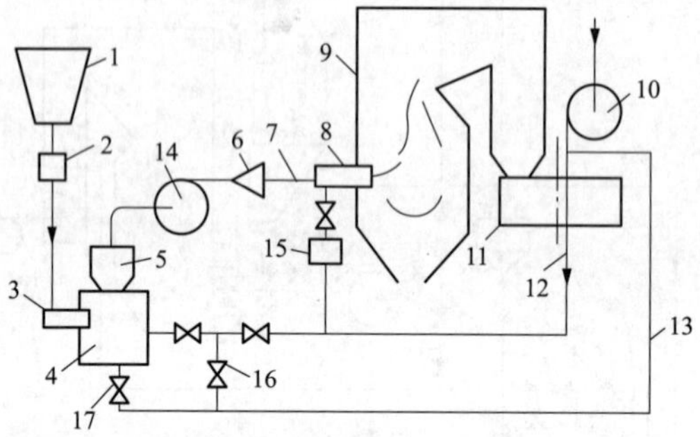

图 12-3　负压直吹式制粉系统

1—原煤斗；2—称重秤；3—给煤机；4—磨煤机；5—煤粉分离器；6—一次风箱；7—粉管；8—燃烧器；9—锅炉；10—送风机；11—空气预热器；12—热风道；13—冷风道；14—排粉机；15—二次风；16—冷风门；17—密封风门

当一次风机布置在磨煤机前，则整个系统是在一个正压的环境下工作，这种系统为正压直吹式制粉系统，该系统不存在风机叶片磨损问题，同时具备干燥能力强、运行经济性和可靠性高的特点，缺点是由于磨煤机在正压环境，容易造成煤粉泄漏、污染环境甚至有煤粉自燃爆炸的风险正压直吹式制粉系统如图 12-4 所示。

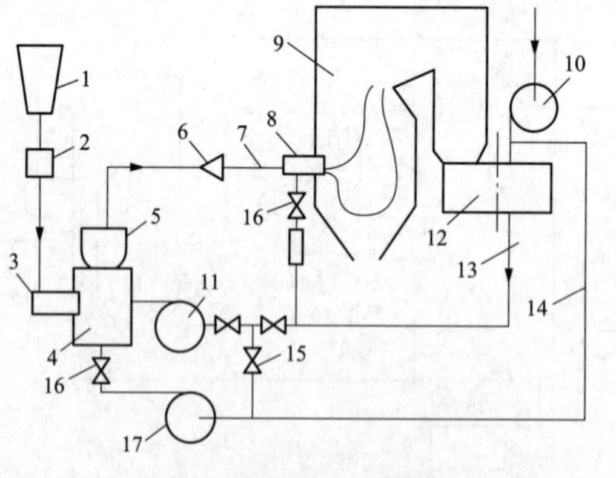

图 12-4　正压直吹式制粉系统

1—原煤斗；2—称重秤；3—给煤机；4—磨煤机；5—煤粉分离器；6—一次风箱；7—粉管；8—燃烧器；9—锅炉；10—送风机；11—一次风机；12—空气预热器；13—热风道；14—冷风道；15—冷风门；16—密封风门；17—密封风机

正压直吹式制粉系统中一次风机布置在空气预热器前或者布置在磨煤机与空气预热器之间，又分为冷一次风机和热一次风机，显然前者（冷一次风机）布置在空气预热器前风机内的介质为冷空气，介质洁净度高，减少了风机内部的污染和磨损，提高了一次风机的可靠性和效率。

三、两种系统比较

通过以上两种系统的介绍可见，直吹式制粉系统相比中间储仓式制粉系统具有设备少、系统简单、占地面积少、初期投资少、后期维护工作少的优点。直吹式制粉系统没有暂存煤粉的设备，磨煤机碾磨合格的煤粉全部直接送往炉膛燃烧，磨煤机产生的煤粉总和时时与锅炉的燃料量一致，当机组负荷变化时通过改变磨煤机给煤机量完成机组负荷调整，相比延时性较大，同时制粉系统的可靠性直接影响机组可靠性。而中间储仓式制粉系统是靠改变给粉机出力调整机组负荷，反应灵敏，磨煤机运转不受机组负荷高低的影响，磨煤机可以一直在最经济和最佳工况下运行。随着设备制造水平的提高，机组控制协调技术、运行人员管理水平和检修技术水平的提高，直吹式制粉系统的优点越发明显，目前国内电厂大容量高参数的超临界和超超临界发电机组中基本都采用冷一次风机正压直吹式制粉系统。

第二节　磨　煤　机

磨煤机是制粉系统中的核心设备，其主要功能是通过撞击、冲击、碾磨、挤压等物理作用将燃煤制作成合格的煤粉供给锅炉。

一、常见磨煤机类型简介

按照磨煤机的工作转速可分为低速磨煤机、中速磨煤机和高速磨煤机。低速磨煤机：转速为15～25r/min。中速磨煤机：转速为50～300r/min。高速磨煤机：转速为750～1500r/min。按照磨煤机结构形式不同，磨煤机又可分多种类型，其中常见的有钢球磨煤机、RP型磨煤机、HP型磨煤机、MPS型磨煤机、E型磨煤机、风扇磨煤机等，钢球磨煤机如图12-5所示。

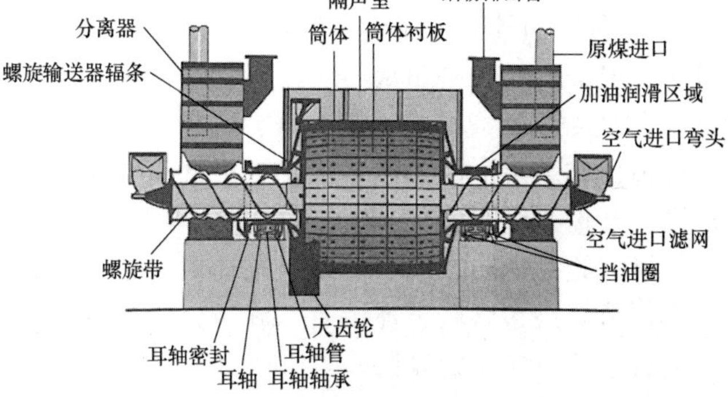

图12-5　钢球磨煤机

磨煤机的选型主要取决于燃烧的煤种，在煤种适宜的情况下由于中速磨煤机具有占地面积小、电耗低、噪声小、投资小等优势应当优先选用，目前超临界和超超临界发电机组中基本都采用冷一次风机正压直吹式制粉系统，而磨煤机大部分选用中速磨煤机。中速磨煤机内部结构相对复杂，对检修技术水平要求较高，而磨煤机内部磨损件需要定期进行更换，掌握中速磨煤机的检修工艺标准做好磨煤机的定期检修和维护工作是保证制粉系统乃至机组安全稳定运行的前提。下文以目前600MW以上发电机组常选用的HP983型碗式中速磨煤机（以下简称HP983型磨煤机）和ZGM113N型辊式中速磨煤机（以下简称ZGM113N型磨煤机）为例，分别讲述其检修工艺及质量标准。

二、HP983型磨煤机

（一）HP型磨煤机简述

HP型磨煤机是在RP型磨煤机的基础上改进、发展起来的又一种新型中速磨煤机，是ABB-CE公司在20世纪80年代中期开发出来的新型磨煤机。HP型磨煤机不仅保留了RP型磨煤机的优点，又吸收了MPS型磨煤机和MBF型磨煤机的特点进行了创新设计，同RP型磨煤机相比，HP型磨煤机的结构主要在以下四个方面作了改进：①采用独立的弧齿锥齿轮（又称螺旋伞齿轮）-行星齿轮传动，齿轮和轴承设计使用寿命大于100 000h；②磨辊装置直径放大，同RP型磨煤机相比，平均增大30%，这样耐磨材料的体积增加38%，同时改进磨辊套堆焊材料，使磨辊套使用寿命增加；③HP型磨煤机增加了随磨碗一起旋转的叶轮装置，提高了煤粉初级分离效果，大大减少了石子煤排放量；④磨辊加载方式采用外置式弹簧加载装置，具有结构简单、维护方便、运行可靠性高的特点。HP碗式磨煤机的规格是用数字来表示的，个位数表示磨辊的个数，十位上的数和百位上的数联合组成的数表示磨碗的名义尺寸，如HP843碗式磨煤机，3表示有三个磨辊，84表示磨碗的名义尺寸为84英寸（2134mm），在设计时磨煤机分成7大系列，具体划分为：683～743；763～803；823～863；883～943；963～1003；1023～1103；1163～1303。

（二）HP983型磨煤机主要组成

HP983型磨煤机主要组成：中心落煤管、排出阀与多出口装置、分离器顶盖装置、分离器体装置、内锥体装置、文丘里和叶片装置、弹簧加载装置、磨辊装置、磨碗和叶轮装置、侧机体装置、刮板装置（长、短）、缝隙气封装置、行星齿轮减速箱、润滑油站、电动机、密封气封系统。其中如采用旋转分离器形式则包含转子体装置、旋转分离器轴承座、旋转分离器减速器及电动机。HP983型磨煤机如图12-6所示。

（三）HP983型磨煤机工作原理

原煤（颗粒等于或小于38mm）经由连接在给煤机的中心落煤管落入

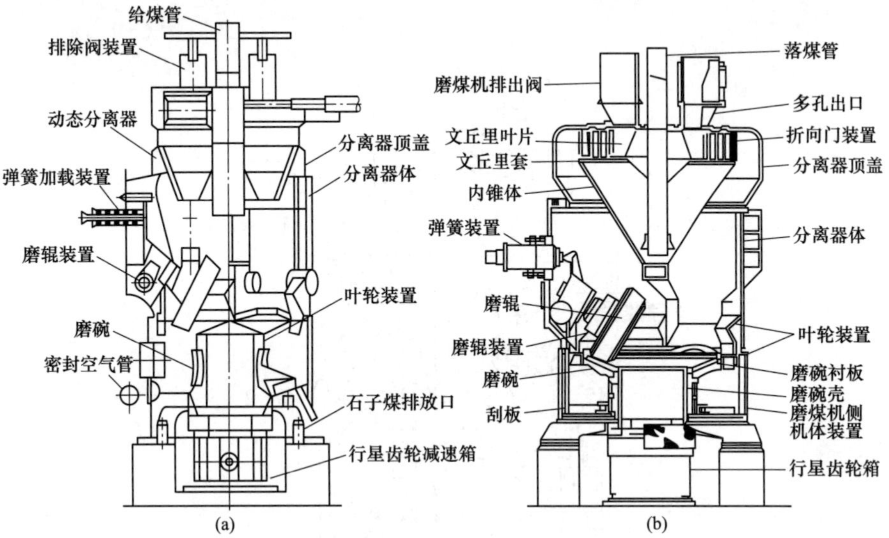

图 12-6　HP983 型磨煤机

(a) 采用旋转分离器的 HP983 型磨煤机；(b) 采用静态分离器的 HP983 型磨煤机

旋转的磨碗上，在离心力的作用下沿径向朝外移动，在磨碗上形成一层煤床。煤床在可绕轴转动的磨辊装置下通过，这时弹簧加载装置产生的碾磨力通过转动的磨辊施加在煤上，煤在磨碗衬板与磨辊之间被碾磨成粉，已磨成的煤粉颗粒继续向外移动，越过磨碗边缘进入输送介质通道，在煤的碾磨过程中，较小较轻的煤颗粒被气态输送介质（热空气）连续地从磨碗上吹起来，然后沿着旋转的磨碗外径上升，装在磨碗上的叶片（叶轮装置）使气流趋于垂直方向，在磨碗上方，被空气携带的较轻的煤粒经历了三级分离过程：第一级分离正好发生在磨碗的水平面上，安装在分离器体上的固定倾斜的衬板使最重的煤粒突然改变方向，失去动能并直接回到磨碗上重磨；较轻的煤粒被空气携带至分离器顶盖进行第二级分离，此处弯曲的可调叶片使风粉混合物产生旋风运动，导致重颗粒失去动能而落入内锥体内并沿着内锥体内壁重新落入磨碗上重磨；较轻的煤粒被空气携带至文丘里内，在文丘里内的倾斜叶片上进行第三级分离，此处倾斜的叶片使重的煤粒突然改变方向失去动能而落入内锥体内，并沿着内锥体内壁重新落入磨碗上重磨。如采用旋转分离器形式，磨碗上方经一级分离的煤粉在旋转分离器转子离心力的作用下进行二级分离：合格的煤粉经多出口装置均匀分配后入炉膛进行燃烧，较重的煤粉重新落入磨碗上重磨。可通过调整动态分离器的转速或调整静态分离器折向挡板的开度来调整煤粉的细度。穿过气流落入侧机体区域内的不易磨碎的外来杂物被安装在磨碗裙罩上的刮板装置刮入侧机体底板上的孔内，然后进入石子煤收集系统排出。HP983 型磨煤机内部原煤、煤粉、渣流程如图 12-7 所示。

HP983 型磨煤机采用 YHP560-6 型电动机驱动。通过弧齿锥齿轮-行星

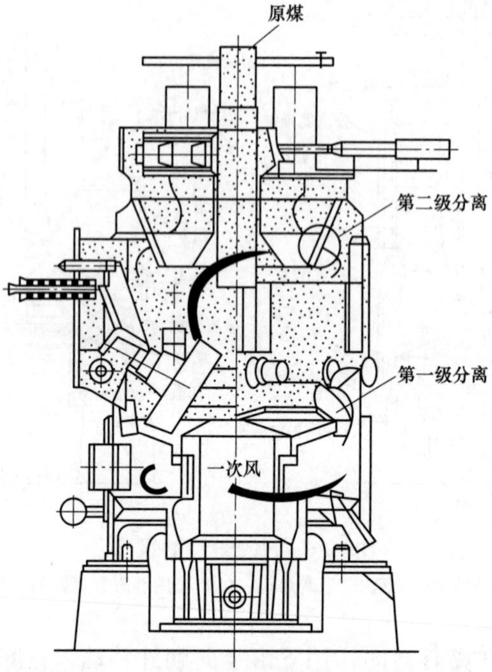

图 12-7 HP983 型磨煤机内部原煤、煤粉、渣流程

齿轮二级立式传动减速机传递转矩。减速机还同时承受上部重力和碾磨加载力所造成的垂直负荷。为减速机配套的润滑油站用来过滤、冷却减速机内的齿轮油，以确保减速机内部件的良好润滑状态。一台锅炉共配有 6 台磨煤机、2 台密封风机，密封风机用于磨煤机气封装置处、弹簧加载处和磨辊处的密封。

（四）HP983 型磨煤机技术参数

HP983 型磨煤机技术参数见表 12-1。

表 12-1 HP983 型磨煤机技术参数

参数名称	规格型号	单位	备注
1. 磨本体			
原煤颗粒	≤30	mm	
煤粉细度可调范围（R90）	20	%	
标准研磨出力	60.4	t/h	
最大出力	60.4	t/h	
计算出力（B-MCR 工况）	47.292	t/h	
最小出力	15.1	t/h	
最大通风量	27.22	kg/s	（B-MCR 工况）
计算通风量	24.85	kg/s	

续表

参数名称	规格型号	单位	备注
最小通风量	19.05	kg/s	
保证出力下磨煤机轴功率	388	kW	
电动机额定功率	650	kW	
电动机电压	6	kV	
电动机转速	982	r/min	
电动机旋转方向	逆时针		正对电动机输出轴
磨煤机磨盘转速	33.01	r/min	
磨盘旋转方向	顺时针		俯视
本体阻力	≤6410	Pa	
磨煤机额定空气流量	25.14	kg/s	(保证出力下、含分离器和煤粉分配箱)
磨煤机计算通风量(B-MCR 工况)	24.85	kg/s	
磨煤机最小通风量	19.05	kg/s	
磨煤机磨煤电耗率	7.93	(kW·h)/t	100%磨煤机出力
磨煤机密封风量	2.35	kg/s	
消防蒸汽流通量	23.13	kg/min	
消防蒸汽压力	0.1～0.8	MPa	
噪声	≤85	dB (A)	距本体 1m 处
2. 润滑油系统			
型号	3GR50X4F		
油泵流量	0.175	m^3/min	
电动机功率	7.5	kW	
正常供油压力	0.15～0.35	MPa	
冷却水量	14.7	t/h	
冷却水压力	0.2～0.4	MPa	
电加热器额定电压	380	V	
电加热器额定功率	1.5	kW	
润滑油牌号	ISO-VG320		
3. 减速机			
型号	KMP300		
传动方式	弧齿锥齿轮-行星齿轮二级立式传动		
传动比	29.748		

续表

参数名称	规格型号	单位	备注
4. 主电动机			
型号	YHP560-6		
额定功率	520	kW	
额定转速	982	r/min	
额定电压	6000	V	
备用系数	1.0		
冷却方式	空-空冷却		
5. 连接尺寸			
一次风入口尺寸	2083mm×846mm（内壁），壁厚 25mm		
中心落煤管尺寸	630mm（外径），壁厚 10mm		
煤粉管道接口尺寸	580mm（外径），壁厚 10mm		

（五）HP983 型磨煤机检修项目

HP983 型磨煤机检修项目见表 12-2。

表 12-2　HP983 型磨煤机检修项目

序号	标准项目
1	磨煤机磨辊套检查更换
2	磨煤机磨碗衬板检查更换
3	磨煤机磨辊解体检修，轴承检查更换，油封检查更换，间隙调整
4	磨煤机磨碗叶轮装置检查更换，调整间隙
5	磨煤机加载弹簧解体检修，预紧力校对
6	磨煤机缝隙气封装置检修
7	磨煤机刮板装置检修，一次风室检查补焊
8	磨煤机内部衬板、磨辊衬板检查更换
9	磨煤机磨辊耳轴检修
10	磨煤机磨辊油更换
11	磨煤机联轴器检查，中心校对
12	磨煤机石子煤排渣系统检修
13	磨煤机内锥体、倒锥体、文丘里、防磨板、陶瓷衬板、多出口装置检修补焊，清理积粉及杂物
14	磨煤机动态分离器转子体检查磨损及更换

续表

序号	标准项目
15	磨煤机动态分离器轴承箱解体检修，加油脂，减速器换油
16	磨煤机动态分离器皮带检查更换调整张紧，气封间隙调整
17	磨煤机油站检修，更换润滑油，清理油箱，渗漏治理
18	磨煤机附属部件检查，缺陷消除
19	整体设备卫生防腐刷漆，文明生产治理
序号	**特殊项目**
1	磨煤机主减速器（KMP 系列）更换
2	磨煤机动态分离器轴承箱检修

（六）HP983 型磨煤机检修工艺及质量标准

1. 检修前准备

（1）办理好相应的工作票，磨煤机进行机械隔离/电气隔离，关闭相应的阀门/挡板；切断与设备相连的气源、水源、电源。检修人员与运行人员共同到现场确认安全隔离措施正确执行，并取得开工许可。

（2）准备好检修工器具，检修用专用工器具，检修用备件材料等。

（3）检修现场布置，铺设好橡胶板，布置好检修隔离围栏等。

（4）检修人员进行设备修前运行状况、缺陷情况，检修质量/安全管理文件措施学习。

2. 人孔门打开，磨煤机内放油

（1）打开磨煤机人孔门。

（2）清理内部杂物，煤粉，将 3 个磨辊放油螺塞盘车至最低点将磨辊油放尽。

3. 磨门盖拆卸

（1）从磨辊限位螺栓上松开六角螺母，退出限位螺栓直到磨辊搁置在磨碗上为止。

（2）松开 4 只固定弹簧装置的六角螺母直至弹簧装置完全退出。

（3）吊车对准磨门盖，利用磨门盖上方的两个起吊孔吊磨门盖，稍微收紧吊绳。

（4）拆除连接磨门盖和分离器体的六角螺栓，从分离器体上吊走磨门盖，放置到指定地点。

4. 磨辊翻出

（1）彻底清理磨辊上的煤粉及杂物。

（2）在分离器上安装磨辊翻出支架和安全支架。并检查耳轴两端的偏心编号“1”是否置于垂直位置上部，否则需要调整到正确位置。

（3）顺时针旋进磨辊限位螺栓，使磨辊与磨碗脱离，转动碾磨套使 4 个螺孔处于上方位置。同时拆除原有螺栓装上吊具耳。

(4) 拆除磨辊头盖板和磨辊头上加油管，并装上管堵以防漏油。

(5) 将滑轮装到吊车上，用吊环连接好钢丝绳和吊耳。

缓慢地起吊滑轮，使吊耳与活动支架滑轮处于最近的位置。用吊车垂直吊住磨辊，并把磨辊搁置在支架上，如图 12-8 所示。

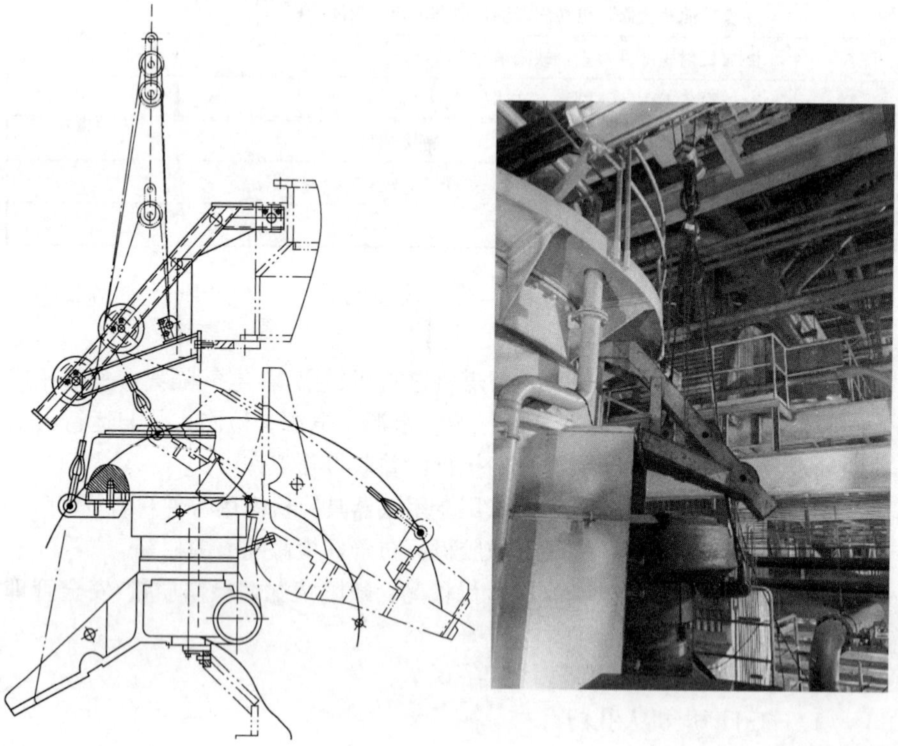

(a) (b)

图 12-8 HP983 型磨煤机磨辊翻转

(a) 磨辊翻转示意图；(b) 磨辊翻转实物图

(6) 用螺栓把磨辊头固定在安全支架上，必要时可以用吊车和倒链协助完成。

5. 磨辊装置拆卸

(1) 拆去磨辊碾磨套挡板和挡板螺钉。

(2) 安装碾磨套的拆卸吊具，吊具上的 V 形凹槽面向磨煤机，并将吊具固定在碾磨套上，如图 12-9 所示。

(3) 用钢丝绳将吊具挂到吊车上，拉紧钢丝绳。拆去支架上连接磨辊头的螺栓。利用耳轴端盖上的螺孔，用支架螺栓将耳轴从磨辊头上拆下。

(4) 当耳轴与磨辊头脱开后，拆去耳轴衬套，吊下整个磨辊，放置在便于检修的地方，用枕木垫好。

(5) 检查耳轴衬套有无磨损、窜位，如有，则需更换或调整。

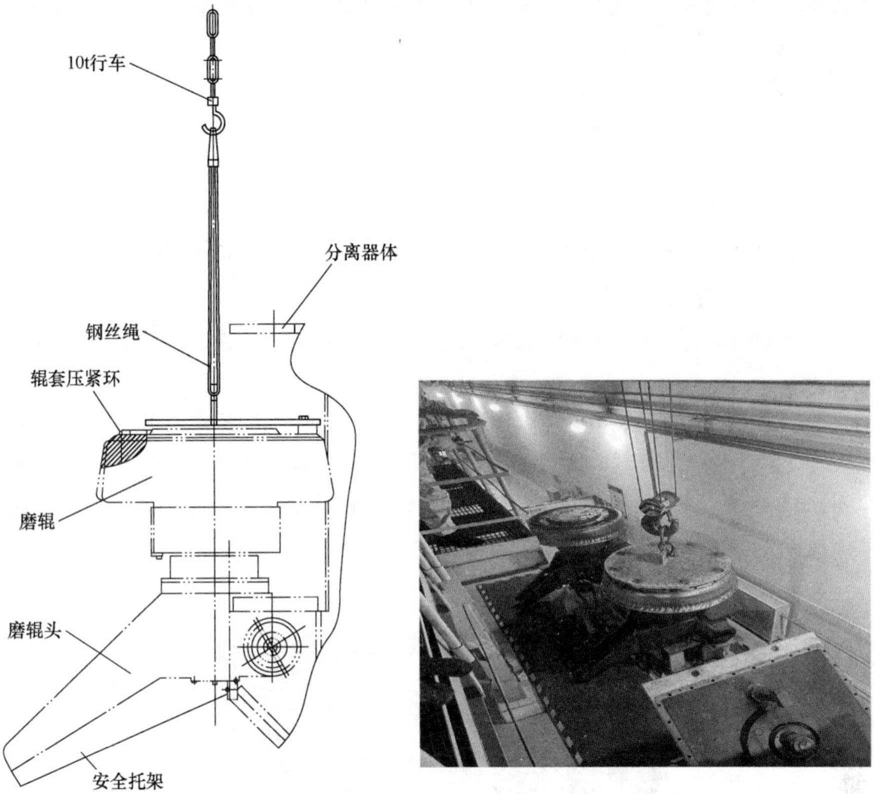

(a) (b)

图 12-9 HP983 型磨煤机磨辊吊装

(a) 磨辊吊装示意图；(b) 磨辊吊装实物图

6. 磨辊套检查更换

(1) 检查磨辊套磨损情况，如磨损超过 1/3 需要更换。

(2) 拆去磨辊套挡板，装上磨辊套拆卸吊具，并用绳索和吊车连接好，用吊车收紧钢丝绳。

(3) 用电热工具或其他类似的装置对辊套进行整体、均匀地加热，同时检测温度。当温度达到约 93℃时，适当收紧吊车绳索，保温 45～60min。

(4) 当磨辊套充分受热后，用吊车收紧绳索，用铜棒轻轻敲打磨辊套，使其脱离轴承座，然后吊往合适的地方冷却（如磨辊套紧力过大时，可以考虑用千斤顶）。

(5) 待磨辊套完全自然冷却后，检查轴承的轴向间隙。

(6) 清洗磨辊轴承座和新磨辊套的安装表面，在新磨辊套上装上拆卸吊具。加热新磨辊套并测量温度，加热温度不得大于 93℃。测量检查磨辊座下部凸台的厚度。质量标准：安装前测量磨辊芯及磨辊套的安装配合间隙在 0.03～0.23mm 之间，可磨辊芯与磨辊套互相调换使之在该范围内。

(7) 吊起磨辊套，对准键和键槽，慢慢回吊车钩，使磨辊套就位。确认磨辊套完全平座在轴承上，拆去吊具安装挡板，拧紧螺栓。待磨辊套和轴承自然冷却后，再次紧固螺栓至 430N·m。

7. 磨辊轴承检查更换

(1) 拆去管堵，倒出润滑油，重新装上管堵。拆去磨辊轴上的六角螺栓和螺栓止退板、磨辊轴挡板和垫片组。

(2) 在轮毂上安装好拆卸轴承的专用工具。将磨辊轴承座从磨辊轴上吊离，拉出上轴承内圈和隔环（如有必要可采取给轴承内圈加热和用铜棒敲击的方法来协助拆卸）。

将上轴承座盖板和油封从磨辊轴上拆下。将上下轴承的外圈从轴承座内拉出。

(3) 检查所有拆下的零件，用洗油洗干净所有拆下来和需要换上的新零件，如磨损严重须更换。否则继续使用。质量标准：检查磨辊轴承内圈、外圈、滚动体、保持架的表面粗糙度以及有无裂痕、锈蚀、脱皮、凹坑、过热变色等缺陷，图 12-10 所示。

图 12-10　HP983 型磨煤机磨辊轴承检查

(4) 将磨辊后端盖密封耐磨环及 O 形密封圈组装好，套在磨辊轴上。在磨辊轴上装轴承隔圈，轴承隔圈上的倒角朝向轴肩。将磨辊轴擦拭干净后涂抹辊用润滑油。

(5) 轴承检查合格后，油煮加热轴承内圈，温度不得超过 90℃，然后分别用量具测出轴承内圈的内径和磨辊轴的直径。计算出它们之间的配合间隙，达到允许值后再进行装配。

(6) 安装下轴承挡板，同时转动轴承，使轴承就位。待冷却后，拆下轴承挡板。测出轴端与下轴承内圈端面的高低差值。

(7) 选择合适垫片，安装到轴端上。装上轴承挡板、止退垫片和螺栓。复核轴承端隙，直至合格。

(8) 在磨辊头上装上 2 只百分表，调整百分表到零位，并做好标记。转动磨辊（至少 3 圈），确认磨辊轴承处于正常位置。用吊钩向上轻吊磨辊，使其脱离支架，此时记录百分表数值。如果与原设定的零位相比，误差在±0.015mm之内则所测读数正确，重复测量并取平均数。检查轴承端隙是否合格，如不合格，调整垫片的厚度，并重复上述步骤直至合格，并做好记录。质量标准：磨辊端隙为0.015～0.10mm，磨损提拉后游隙为0.10～0.15mm，如图12-11所示。

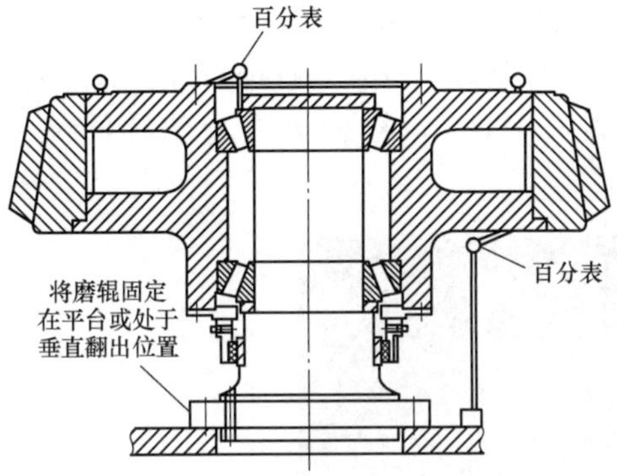

(a)

(b)

图12-11 HP983型磨煤机磨辊轴承端隙测量调整

(a) 磨辊轴承端隙测量调整示意图；(b) 磨辊轴承端隙测量调整实物图

(9) 在下轴承座盖上装涂过油的O形密封圈。将下轴承盖装到轴承座上，安装管堵及紧固螺栓。固定轴承座盖，安装磨辊头挡板和油封挡板。对磨辊进行打压工作。质量标准：端盖处顶丝需退出后，方能将O形密封圈端盖螺栓拧紧，否则有可能造成O形密封圈压不实。使用专用气体（氮气）对磨辊进行打压工作，打压0.2MPa保持30min，压降为0。最高打压压力不超过0.3MPa。如发现端面不平凹凸现象，进行端面机加工修理平整后再安装，如图12-12所示。

图12-12 HP983型磨煤机磨辊打压实物图

(10) 盘动磨辊，检查运转是否平稳和灵活，是否有异声。

8. 磨碗衬板检修

(1) 彻底清理磨碗内部的煤粉杂物；拆下叶轮风环。拆去磨碗延伸环，拆去需要更换的磨碗衬板。衬板夹紧环如果完好，则仍留用，如有损坏须进行更换。

（2）重新装上紧固螺栓，全部压紧夹紧环，螺栓应低于夹紧环平面2牙。清理磨碗内部杂物，磨碗内表如有损伤则用磨光机磨平。按衬板编号从“1”起顺时针安装；衬板之间相互靠紧，且尽可能地朝向磨碗中心。最后一块衬板若有间隙，用垫片嵌填。质量标准：相邻两块衬板高度差1～2mm，衬板底部清理干净，衬板同托盘间隙为0mm，两衬板之间间隙不大于1mm。衬板大端与延伸环间隙为0.10mm；衬板大端与垫片间隙为0.10～0.38mm，如图12-13所示。

图12-13　HP983型磨煤机磨碗衬板安装实物图

（3）将磨碗延伸环装到磨碗上，用M30×160的内六角头螺栓均匀紧固。在衬板大端部的间隙中，选择合适的垫片，嵌填于每块衬板的中心线上，将端部垫片折弯到延伸环上点焊。

（4）检查叶轮磨损情况，并进行叶轮风环的更换工作，用M20螺栓将叶轮风环整体固定在延伸环上（全部螺栓紧固后，再拆除吊装倒链）。

（5）将防磨环焊在叶轮风环上，装上叶轮可调罩并调整间隙。

9. 磨煤机内部耐磨衬板检修

（1）检查机壳耐磨衬板、磨辊护板，清理缝隙中的杂物。

（2）检查机壳耐磨衬板、磨辊护板的磨损情况，进行补焊工作，如有大面积磨损超标进行磨辊护板更换工作。

（3）将旧防磨衬板与壳体的焊塞部位割除并打磨平整，新防磨护板安装到原位置并用焊接塞焊接牢固。

10. 磨辊装置的安装

（1）将检修好的磨辊装置吊到磨煤机旁。拆去磨辊盖板和磨辊挡板。

安装起吊工具，使其与磨辊轴承座连接。将磨辊吊到分离器体的磨门孔位置上，对准耳轴安装孔。

（2）将磨辊头安放到分离器体上的安全架上，并拧紧连接螺栓。

（3）将两只耳轴法兰装到分离体上的耳轴通孔内，同时将两侧法兰上的数字“1”朝上。

（4）将长螺杆从一端耳轴上的气封通孔内穿进，穿过磨辊头，从另一端穿出，在穿入过程中同时将耳轴衬套装到磨辊头和分离器体耳轴通孔之间。在长螺杆两端各安装一块垫片，并在一端装上双螺母，另一端安装一只厚螺母。锁紧双螺母，收紧另一端螺母。缓慢收紧双螺母，将耳轴法兰就位。

（5）用六角头螺栓将耳轴法兰固定，拆除磨辊起吊工具，回装磨辊套挡板。

11. 磨辊装置翻入

（1）将安全架连接于磨辊和分离器之间。将翻入支架装到分离器上，拆去螺栓把翻出吊耳装到磨辊上。

（2）将行车对准分离器体磨门孔，安装好滑轮，将绳索穿过滑轮固定在磨辊吊耳上。

（3）拆去安全架上固定磨辊头的螺栓和垫圈。缓慢提升滑轮使磨辊和重心通过翻转中心。

（4）拆去吊绳、倾翻支架及安全支架，拆去吊耳，装上紧固螺栓。

（5）在磨辊头上装上加油管，清理磨辊头加油管周围的部位，按 3 个磨辊加油到标尺规定的油位并检查有无泄漏油现象，装上管堵。质量标准：使用专用标尺检查油位在标尺最高点和最低点之间。

（6）拆除吊耳，重新紧固螺栓。

12. 磨门盖的回装

（1）松开弹簧装置固定在门盖上的 4 只螺母，往后退出弹簧装置，使其头部仅高出门盖平面 20～30mm。

（2）利用磨门盖上的起吊孔吊起磨门盖。

（3）清洗磨门盖和分离器体的配合表面，涂 609 或其他同类型的密封胶。

（4）将磨门盖吊到分离器体上，用螺栓紧固。

13. 分离器检修

（1）静态分离器检修。

1）打开磨煤机分离器人孔门，并搭设脚手架。

2）检查分离器内部折向门，测量厚度。

3）检查文丘里叶片磨损情况并测量厚度，做好记录。

4）对磨损的文丘里、倒锥体、导向板等磨损部位视磨损情况进行补焊或更换。文丘里处的盘根进行更换。

（2）动态分离器检修。

1）磨煤机内部搭设脚手架。

2）宏观检查动态分离器转子，检查分离器转子体内无缠绕杂物和积煤，并进行清理。

3）检查转子叶片并测量厚度。如磨损严重则整体更换分离器转子体。

4）拆除一个磨煤机出口闸板门，人员从外部进入分离器转子体内部（或将分离器转子体的叶片拆除 3 片做好记号，人员从磨煤机内部进入分离器转子体内部）。在分离器转子底部的 4 个起吊吊耳安装吊链，并在正上方设置吊点。

5）割除下部落煤管 3 个支撑。

6）去掉分离器转子体上部气封板和紧固件，拆除转子体与轴承座连接的 M16×70 螺钉，用 4 个吊链将分离器转子体平稳地落在磨碗上，再移出至磨煤机壳体外。

7）新安装的分离器转子体要采用分段型，如采用整体型备件更换前需要将磨煤机顶盖拆除。

8）将分段型分离器转子体分别移至磨煤机磨碗上，并组装成一个整体。

9）用 4 个吊链将分离器转子体平稳吊起就位，用 M16×70 螺钉与轴承座下部连接，如图 12-14 所示。

图 12-14　HP983 型磨煤机分离器更换实物图

10）安装分离器转子体上部气封板和紧固件，并调整该处气封间隙达到合格。

11）手动盘车转子，检查摩擦情况。

14. 动态分离器外部检修

(1) 拆除动态分离器传动带（又称皮带）处防护罩。

(2) 检查传动带表面有无损伤、裂纹、变形等缺陷（检查时用手盘动传动带），如有缺陷进行传动带更换。

(3) 拆除落煤管中间的联管器。

(4) 松开电动机和电动机底板的地脚螺栓，整体向磨煤机中心线方向移动 51mm。拆除旧传动带，清理大小带轮。

(5) 依次去掉螺母和螺栓后，安装新传动带，再将螺母和螺栓拧上，最后将传动带套到大小带轮上。

(6) 调整落煤管迷宫气封间隙。质量标准：参考值为 0.8～1.0mm（以盘动不摩擦最小值为参考），如图 12-15 所示。

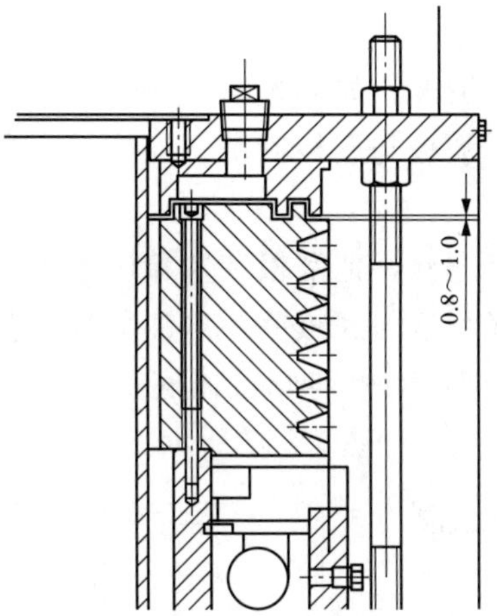

图 12-15 HP983 型磨煤机落煤管迷宫气封间隙调整

(7) 调整传动带的张紧度。用紧固件固定减速箱和电动机。在调整 U 形螺栓时要注意，在拧紧 U 形螺栓时要确定电动机安装托架不会上翘，电动机可用垫片调整。质量标准：传动带悬段压力 1104N 时最大位移量为 17.5mm，如图 12-16 所示。

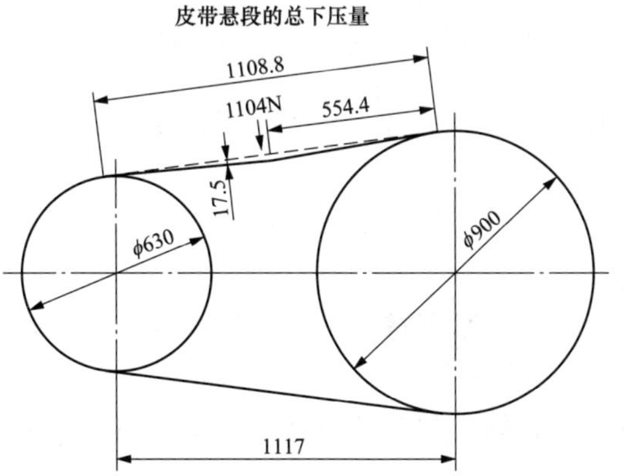

图 12-16 HP983 型磨煤机传动带张紧度调整

(8) 安装动态分离器传动带处防护罩。

(9) 安装落煤管中间的联管器。

(10) 动态分离器上下轴承加油。

（11）检查动态分离器减速器有无渗漏点并清理杂物，确认无渗漏后按照视窗处的标高对减速器内部清洗并更换或补充润滑油。

（12）检查分离器处密封胶管无泄漏和堵塞现象。

（13）手动盘车检查转动部分的运转情况。

15. 一次风室检修

（1）检查刮板磨损情况，如刮板磨损严重，托架良好，则须更换刮板螺栓，更换刮板并调好刮板与底板间隙。如连接板或刮板销均已损坏，则必须更换刮板装置。

（2）拆卸托架固定螺栓，把刮板装置移出磨煤机外，移入新的刮板装置，并安装就位调整好刮板与底板间隙（注意检查刮板销子有无和风室间隙过小现象）。质量标准：刮板与侧机体底盖板的间隙为 8mm±1.5mm，刮板转动灵活无卡涩现象，如图 12-17 所示。

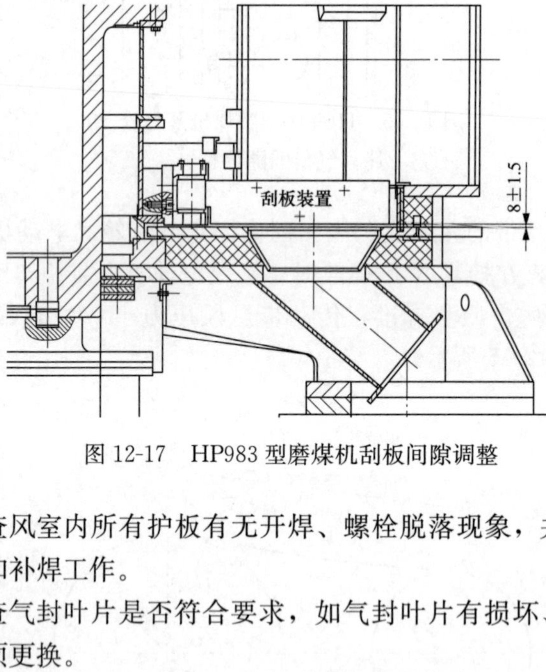

图 12-17　HP983 型磨煤机刮板间隙调整

（3）检查风室内所有护板有无开焊、螺栓脱落现象，并对以上部位进行加固工作和补焊工作。

（4）检查气封叶片是否符合要求，如气封叶片有损坏、变形及磨损等无法修复时须更换。

（5）拆卸气封叶片的紧固螺栓，取出损坏的气封叶片，清洗侧机体上的密封叶片表面。

（6）将密封叶片和隔板装到侧机体底部上，稍微拧紧螺栓，按照标记进行试装。

（7）拆开密封叶片装置，用相同的顺序进行重装，调整密封叶片的位置，保证合适的密封间隙，最后拧紧所有六角头螺栓。质量标准：缝隙间隙为 0.5mm±0.08mm（转动输出盘 90°复测无较大变化）。

（8）清理护罩内杂物，检查护罩装置有无严重变形、缺损等缺陷，如需更换则拆去紧固螺栓，安装新的护罩，同时拧紧螺栓。

16. 磨煤机内部间隙调整

（1）通过调整拉杆螺栓的松紧，调整磨辊和磨碗之间间隙达到标准要求，合格后将拉杆螺栓上调节螺母外部的固定板锁死外部点焊。质量标准：静态间隙为 6～8mm，如图 12-18 所示。

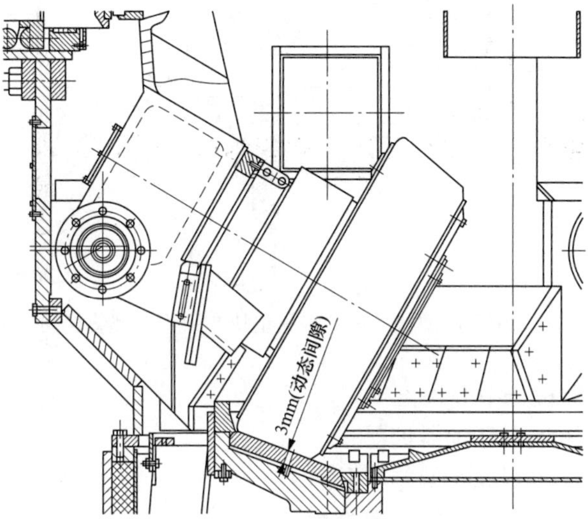

图 12-18 HP983 型磨煤机磨碗与磨辊间隙调整

（2）解体弹簧加载装置，检查弹簧、螺母、支撑圈组合、加载螺栓有无磨损现象，必要时进行更换，使用专用工具（液压千斤顶）校对弹簧预紧力，当压力表读数为 29.3MPa 时，此时弹簧被压缩 25.4mm；并锁紧螺母，同时将锁紧螺母上的止动键锁死，如图 12-19 所示。

图 12-19 HP983 型磨煤机弹簧加载装置预紧力调整

（3）通过调整加载装置上 4 个 M76×6 上的螺母使磨辊头垫块与弹簧头部垫块之间的间隙达到标准，合格后将另外 4 个螺母锁死并做好记录。质量标准：间隙为 1～1.5mm，如图 12-20 所示。

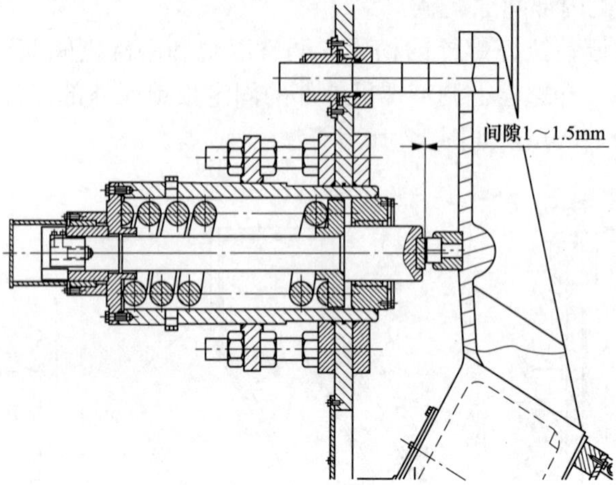

图 12-20　HP983 型磨煤机磨辊头垫块与弹簧头部垫块间隙调整

17. 联轴器检查中心找正

(1) 拆除减速器联轴器护罩。

(2) 测量联轴器原始偏差数据。

(3) 拆除联轴器连接销及螺栓。

(4) 拆除联轴器弹簧片并检查；拆除联轴器关节球轴承并清洗检查加油。

(5) 依次回装联轴器、弹簧片，联轴器找中心，合格后安装防护罩。质量标准：联轴器轴径向偏差不大于 0.08mm。

18. 磨煤机油站检修

(1) 双筒网式过滤器、换向阀的检修。

1) 拧下放油螺塞，将油放到容器内。拆下滤网组件，拆卸滤网压盖螺母，取下压盖顶套。

2) 检查滤网和密封垫圈，将拆下来的零部件放到干净的容器内进行清洗，如有损坏须更换同型号的滤网。

3) 按拆卸相反顺序，按照原来的位置，进行回装，不应互换。

4) 取下开口销松开螺母，取下换向扳把。拆卸压紧螺母，检查 O 形密封环，取出阀芯、检查清洗。

5) 换向阀回装按拆卸相反顺序进行。回装时密封要严密，防止泄漏。

6) 安装时换向阀芯要完好无损，要定好位置。各组件内部要清洗干净，无异物。更换所有密封圈防止渗漏。

(2) 螺杆油泵的检修。

1) 解体螺杆泵联轴器，取下键，拆卸端盖连接螺栓，拆下填料箱，取下机械密封。

2) 清洗检查螺杆泵轴承有无损坏、变形等现象。若有，则进行更换。质量标准：螺杆泵主动、从动螺杆不得弯曲，螺杆的磨损可通过压力表测定，达不到额定压力值则更换；联轴器的径向偏差小于0.2mm，轴向偏差小于0.05mm。

3）检查机械密封有无磨损，密封圈有无损坏，若有，则进行更换。机封弹簧要有3mm预压量，否则容易产生渗漏。

4）按照标记依次回装。

5）螺杆泵联轴器找中心。

6）安装联轴器保护罩。

7）将油站油放尽，清理油站油箱。

8）进行油站渗漏点治理；更换相应的密封圈及耐油石棉垫片。

19. 设备空载试运

（1）检查人员及工器具，封闭人孔门，人员撤离。押回工作票。联系试运工作。

（2）检查设备试运的声音是否正常，转动部位是否有摩擦现象，设备振动值和温度值进行测量并记录。质量标准：设备试运平稳无任何异声，所有转动部位无摩擦现象。减速器输入轴处振动值不大于0.05mm，温度值不大于70℃。

20. 特殊项目：磨煤机主减速器（KMP系列）更换

磨煤机主减速器更换不是磨煤机大修检修项目，根据日常点检结果评估磨煤机主减速器的维修周期或当磨煤机主减速器发生故障时进行此项目。

（1）拆卸磨煤机弹簧加载处大门盖，放置指定地点，安装磨辊将3个磨辊装置翻出。

（2）安装磨辊翻转装置，将3个磨辊装置翻出，安装好垫块，将磨辊装置垫牢固，同时检查内部磨辊油有无渗漏现象，若有，则进行处理。

（3）清除内部杂物及煤粉。

（4）松开磨碗叶轮装置可调罩螺栓，可调罩焊接处用角磨机磨开，将可调罩从叶轮上拆除，以便提升磨碗时有足够的空间位置。

（5）拆除磨碗装置上的盖板、耐磨盖板，放置指定地点。

（6）使用预紧装置将磨碗壳与减速器的连接螺栓、螺母（8个）松开并拆卸，放置在指定地点。

（7）拆除磨煤机下气封处的防护罩，如果安装了柔性密封，拆除柔性密封带。

（8）测量磨煤机减速器输出盘缝隙气封处的间隙值（此数值是回装时进行位置对中的比较数值）。

（9）用记号笔和锯条在减速器纵横中心及四角处的减速器下部台板上做可靠的标记。

（10）将减速器推力瓦的润滑油放于干净的油桶中，置于指定的地点。将油站的润滑油抽到干净的油桶内，油位低于回油管的标高。拆除减速器供油、回油母管，将所有开口部位可靠封堵。

（11）联系热控和电气专业人员拆除相应的电缆和测点。

（12）拆除减速器联轴器护罩。

（13）测量联轴器原始偏差数据。

（14）拆除联轴器连接销及螺栓。

（15）用千斤顶和倒链配合将磨碗装置连同磨碗毂、磨碗裙罩装置、叶轮装置，提升 50mm 左右。

（16）拆除减速器地脚螺栓，拆除减速器台板上的定位销。

（17）安装减速器移动导轨，用倒链或手扳葫芦将减速器拖出，如图 12-21 所示。

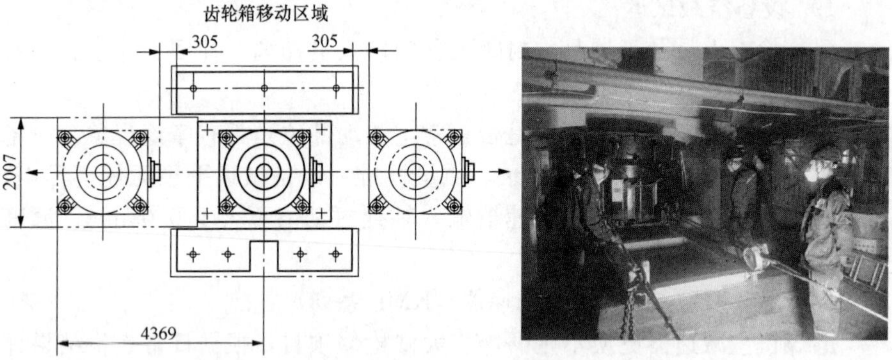

(a) (b)

图 12-21　HP983 型磨煤机减速器拖出（单位：mm）

（a）减速器拖出位置图；（b）减速器拖出实物图

（18）将新减速器备件或维修好的减速器运至检修现场。用钢丝刷、清洗剂将减速器的地脚螺栓、磨碗壳处的连接螺栓螺母清理干净待用。用钢丝刷、清洗剂将新减速器底面和减速器台板面、磨碗毂下端面、减速器输出盘上端面清理干净。质量标准：减速器地脚螺栓和磨碗壳处螺栓清理干净，无锈蚀，无油污，丝扣完好。减速器底面、台板面、输出盘接合面清理干净，无锈蚀油污，无任何杂物。

（19）安装减速器移动导轨，将减速器回拖。减速器初步就位，检查减速器和台板的接合情况。质量标准：减速器与台板周边间隙在未拧紧螺栓情况下 0.05mm 的塞尺不入。

（20）回装磨碗装置，将 8 只 M48 的双头螺柱的一头涂上螺纹黏结剂安装到减速器的输出盘上，用预紧装置按照规定顺序拧紧。质量标准：磨碗毂与减速器连接的双头螺柱（M48）用专用工具拧紧，拧紧力矩为：第 1 次为 4.44MPa；第 2 次为 33.3MPa；第 3 次为 44.35MPa，如图 12-22（a）所示。

（21）安装减速器对中装置，使减速器和台板的纵，横向中心线对正，对中时参照原始记号和气封处的间隙数值。质量标准：减速器对中偏差与

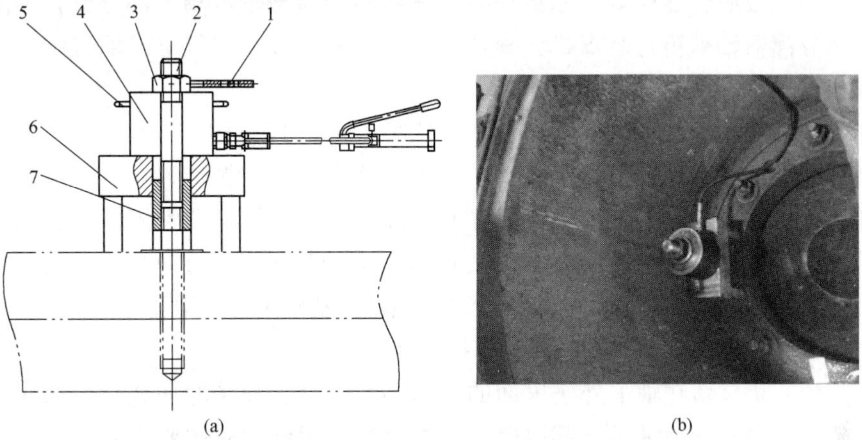

图 12-22 HP983 型磨煤机减速器与磨碗螺栓预紧

(a) 螺栓预紧图；(b) 螺栓预紧实物图

1—手柄；2—螺栓；3—螺母；4—缸体；5—起带手柄；6—提架；7—套筒

原始数据相比不大于 0.25mm。

(22) 将减速器的地脚螺栓涂螺纹黏结剂安装牢固，减速器和台板之间的定位销孔需重新扩钻，铰新定位销孔。

(23) 回装油管路、热控测点。启动油站或用加油机将减速器推力瓦油池加满润滑油。

(24) 清洗联轴器弹簧片并检查；清洗联轴器关节球轴承并检查加油。

(25) 连接联轴器轴并找中心。质量标准：联轴器轴径向偏差不大于 0.08mm。

(26) 安装磨碗装置上的盖板、耐磨盖板。

(27) 回装叶轮装置调节罩，并调整好间隙。

(28) 磨辊翻入，回装磨门盖。调整磨辊和磨碗之间的间隙。

(29) 调整磨辊头与加载弹簧头间隙。

(30) 打开磨辊手孔处的盖板；打开加油管处的螺塞，用专用油尺对油位进行检查测量。

(31) 回装磨煤机下气封处的防护罩，如果安装了柔性密封，回装柔性密封带。调整该处缝隙气封间隙。回装该处防护罩（注意检查防护罩处无摩擦现象）。

21. 特殊项目：磨煤机动态分离器轴承箱检修

磨煤机动态分离器轴承箱不是检修标准项目，根据日常点检结果评估磨煤机动态分离器轴承箱的维修周期或磨煤机动态分离器轴承箱发生故障时进行此项目。

(1) 拆除磨煤机出口一个粉管，拆除动态分离器轴承箱上部落煤管。

(2) 按照标准检修工序将动态分离器传动带拆除，拆除周围密封软管。

（3）按照标准检修工序将动态分离器转子体与轴承箱下部分开，拆除动态分离器轴承箱与磨煤机分离器顶盖的连接螺栓。用行车或倒链将动态分离器轴承箱吊装至检修场所。

（4）将轴承装置放在台子上，下部放一个大内径的法兰支承。

（5）拆除从动带轮和紧固件，拆除轴承盖-上盖和紧固件，拆除油封挡圈和紧固件，拆除上部油封，拆除密封环、下部密封环和紧固件、冷冻轴承座的下半部分-下部轴承的内座，以放松下轴承座圈的过盈配合；当配合变松时，将轴承内座和上部轴承抬高，使轴承从轴承外座中脱离出来。

（6）将上部轴承从轴承内座中拉出来。

（7）仍然留在轴承外座里面的下部轴承会受到弹簧的加载力而靠在轴承盖上。慢慢取走轴承下部座盖，在拧松开紧固件的时候要先依次把每一个紧固件都拧松一半，然后再按照同样的顺序拆除紧固件。当座盖取下后，下部轴承也就出来了，同时弹簧也就取出来了。

（8）清洗内部设备并准备好轴承、油封等备件。

（9）上下两个轴承是相同的，但两个轴承相对安装。

（10）选择其中一个轴承做上标记作为上面的轴承，另一个做上标记作为下面的轴承。测量并记录好每一个轴承的序列号、内径、外径和宽度。测量并记录上轴承座的宽度。质量标准：轴承与轴承内座配合间隙为0.03～0.185mm；轴承与轴承外座配合间隙为0～0.19mm。

（11）在加热炉里将上轴承加热到93℃，不要超过107℃。不要直接用火焰加热。一旦达到温度，就将轴承安装到轴承座上，用挡圈卡住。确保方向正确，轴承要背对挡圈。待轴承冷却后，核对一下轴承是否背对挡圈。此装置称为内部二级部件，如图12-23所示。

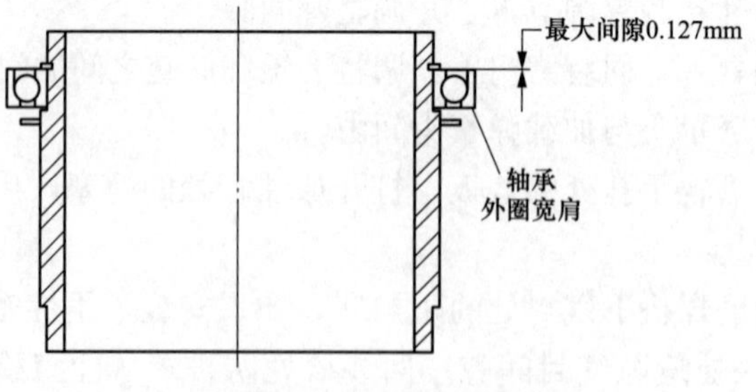

图12-23　HP983型磨煤机动态分离器轴承箱二级部件

（12）安装支撑轴承外座时，将内部二级部件放到轴承外座里面。测量从轴承外座顶部到轴承上端的距离。将这个数值与计算轴承座深度-轴承宽度比较。如果轴承没有完全坐到轴承座中，把轴承向下推。

（13）安装轴承座盖、上盖和紧固件。

(14) 对轴承内座注入润滑脂。

(15) 在油封上部涂上润滑脂，安装油封，确保油封唇的方向正确，动态分离器轴承箱上轴承安装如图 12-24 所示。

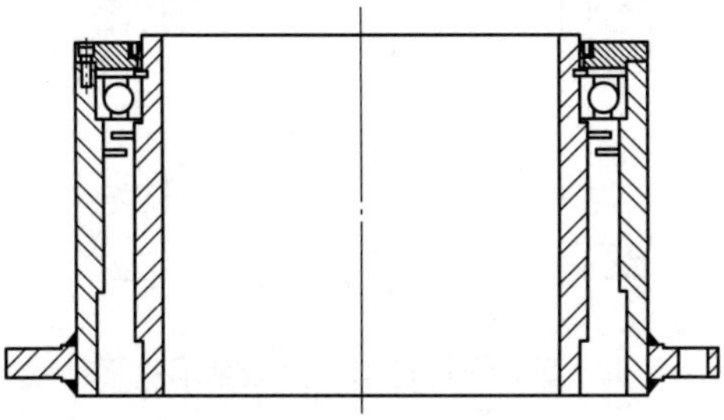

图 12-24　HP983 型磨煤机动态分离器轴承箱上轴承安装

(16) 小心地将已经装好的部分翻转 180°，准备安装下部轴承，如图 12-25 所示。

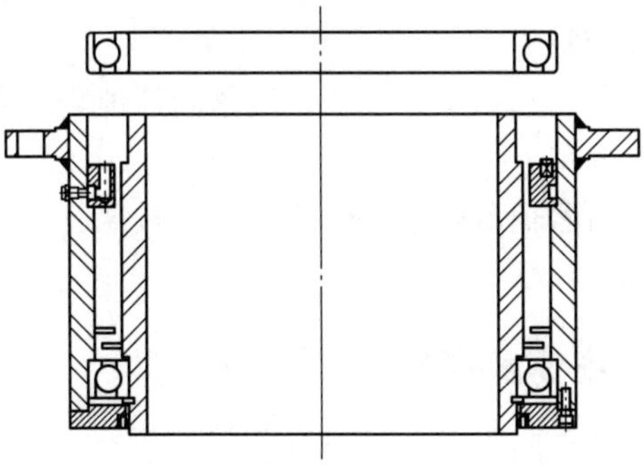

图 12-25　HP983 型磨煤机动态分离器轴承箱下轴承安装

(17) 用乐泰 680 安装弹簧支撑架，确保支撑架的垂直孔与轴承座的润滑孔在一条直线上。在乐泰胶涂上之前确定支撑架完全坐好。

(18) 将弹簧安装到弹簧座里面。

(19) 在加热炉里将下轴承加热到 93℃，不要超过 107℃。不要直接用火焰加热。

用火焰加热轴承外座到 93℃，不要超过 107℃。

(20) 达到温度后，将轴承安装到轴承内座里，然后安装外座。马上用紧固件安装下部密封环，安装下部轴承的同时也就会压缩弹簧，如图 12-26 所示。

(21) 检查一下轴承内圈是否紧靠在下部密封环上（间隙小于 0.127mm）。

(22) 检查密封环是否紧靠在轴承内座上（间隙小于 0.127mm）。

(23) 转动几转轴承内座以确定其能转动。由于弹簧对轴承的加载力可

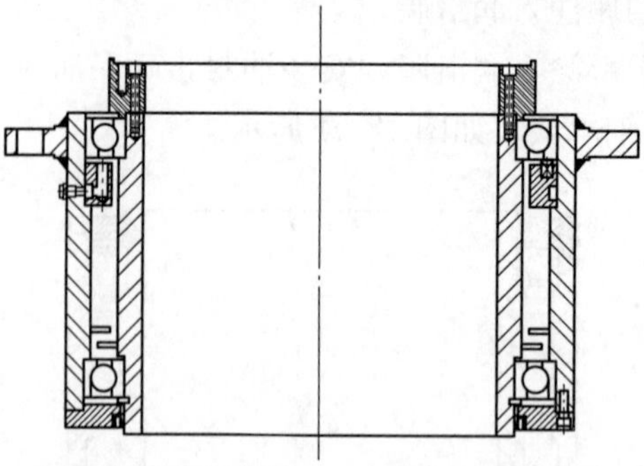

图 12-26　HP983 型磨煤机动态分离器轴承箱下部密封环安装

能会有些紧。确定下部轴承外圈能自由滑动，对下部轴承进行润滑。

（24）安装轴承下座盖，用紧固件固定。

（25）对下部密封环的内径涂以润滑脂。

（26）对下部油封的唇部涂上润滑脂，安装油封。确定唇部方向正确。用紧固件安装密封挡圈。

（27）把从动轮安装到轴承内座上，用紧固件锁紧。安装空气过滤器。

（28）进行空转试车。

（29）将动态分离器轴承箱运至检修现场，按照标准检修工序回装到磨煤机分离器上部。

三、ZGM113N 型中速磨煤机

（一）ZGM 型磨煤机简述

MPS 型磨煤机是最早由德国 babcock（巴高克）公司研发的一种磨煤机，具备良好的性能。ZGM 型磨煤机与 MPS 型磨煤机结构基本一致，是北京电力设备总厂在此技术基础上设计并制造的一种磨煤机。ZGM 系列磨煤机 2～3 个出力接近的型号均采用相同直径的磨环和转速，通过匹配不同规格的磨辊和加载力，形成同一规格下不同型号和出力的磨煤机，主要有 ZGM65、ZGM80、ZGM95、ZGM113、ZGM123、ZGM133、ZGM145 等系列型号。其中 ZGM 代表中速辊式磨煤机，中间三位数字代表磨环辊道公称半径（cm），最后一位字母代表产品规格小类，其中：K 代表低出力型；N 代表标准出力型；G 代表高出力型。

（二）ZGM113N 型磨煤机主要组成

ZGM113N 型磨煤机主要由以下部分组成：中心落煤管、磨环及喷嘴环、磨辊装置、分离器、压架及拉杆加载装置、传动盘及刮板装置、铰轴装置、排渣装置、机壳、密封风系统、减速器，并配套高、低压油站，如图 12-27 所示。ZGM113N 型磨煤机采用笼型异步电动机驱动。通过 SXJ160 型立式锥齿轮-行星齿轮减速机传递转矩。减速机还同时承受上部重力和碾磨加载力所造成的垂直负荷。为减速机配套的润滑油站用来过滤、冷却减速机内的齿轮油，以确保减速机内部件的良好润滑状态。配套的高压油泵站通过加载油缸既可对磨煤机施行加载又可使磨辊升降，实现内部磨煤机空载启动。一台锅炉共配有 6 台磨煤机、2 台密封风机，密封风用于磨煤机传动盘处、拉杆关节轴承处和磨辊处的密封。维修磨煤机时，在电动机的尾部连接盘车装置。

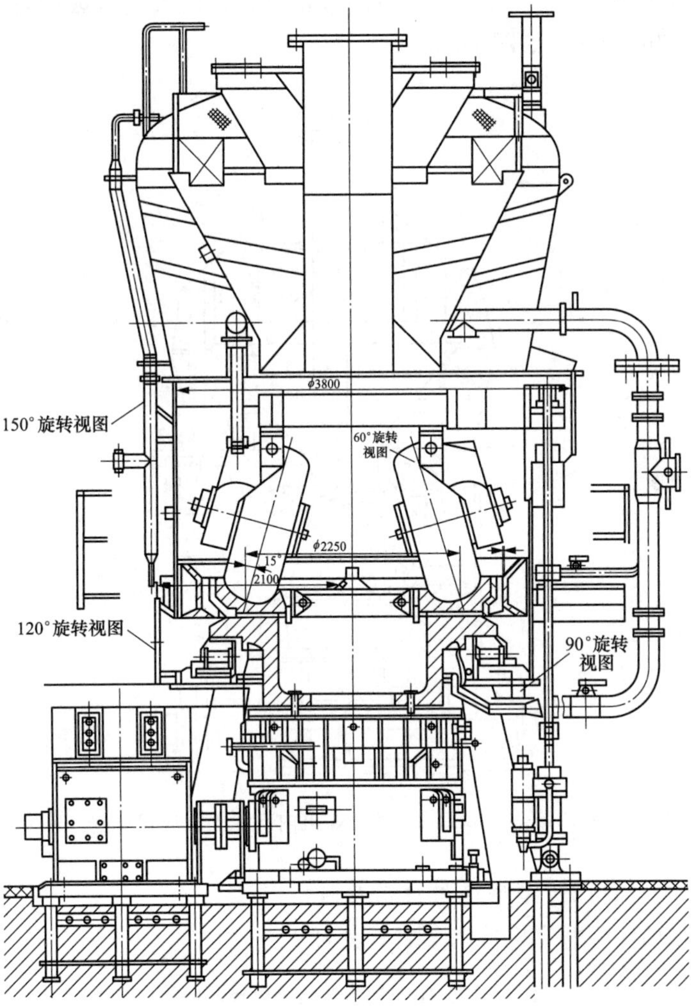

图 12-27　ZGM113N 型磨煤机结构

（三）ZGM113N 型磨煤机工作原理

ZGM113N 型磨煤机是一种中速辊盘式磨煤机，其碾磨部分是由转动的磨环和 3 个沿磨环滚动的固定且可自转的磨辊组成。原煤从磨煤机的中央落煤管落到磨环上，在离心力作用下将原煤运动至碾磨滚道上，通过磨辊进行碾磨。3 个磨辊沿圆周方向均布于磨盘滚道上，碾磨力则由液压加载系统产生，通过静定的三点系统，碾磨力均匀作用至3个磨辊上，这个力是经磨环、磨辊、压架、拉杆、传动盘、减速机、液压缸后通过底板传至基础。原煤的碾磨和干燥同时进行，一次风通过喷嘴环均匀进入磨环周围，将从磨环上切向甩的煤粉吹送至磨机上部的分离器，在分离器中进行分离，粗粉被分离出来返回磨环重磨，合格的细粉被一次风带出分离器送至喷燃器进入炉膛燃烧。难以粉碎且一次风吹不起的较重的石子煤、黄铁矿、铁块等通过喷嘴环落到一次风室，被刮进排渣箱，由人工（或由自动排渣装置排走）定时清理，如图12-28所示。

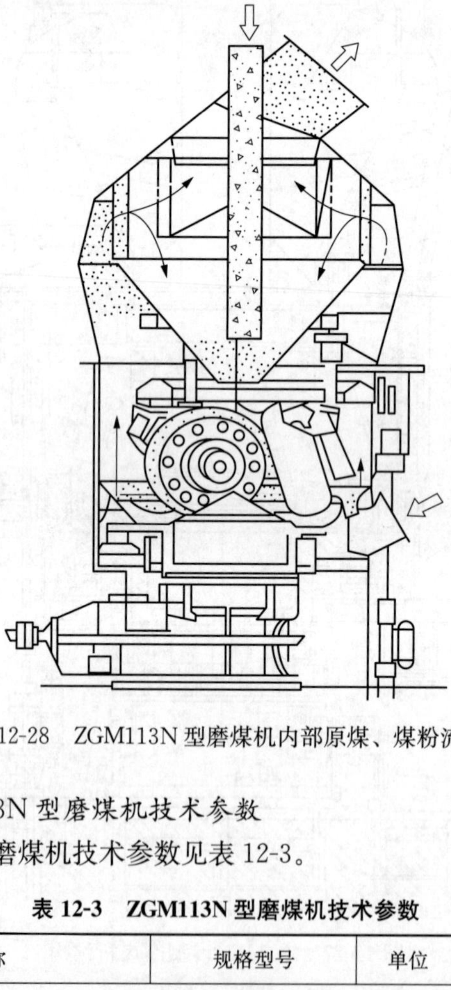

图12-28 ZGM113N型磨煤机内部原煤、煤粉流程

（四）ZGM113N型磨煤机技术参数

ZGM113N型磨煤机技术参数见表12-3。

表12-3 ZGM113N型磨煤机技术参数

参数名称	规格型号	单位	备注
1. 磨本体			
原煤颗粒	≤30	mm	
煤粉细度可调范围（R90）	15～40	%	
标准研磨出力	78.7	t/h	R90=16%，HGI=80%，W^Y=4%

续表

参数名称	规格型号	单位	备注
最大出力	57.35	t/h	
计算出力（B-MCR 工况）	46.2	t/h	
最小出力	13.76	t/h	
最大通风量	25.14	kg/s	
计算通风量	22.96	kg/s	（B-MCR 工况）
最小通风量	17.1	kg/s	
保证出力下磨煤机轴功率	512	kW	
磨辊加载额定压力	20	MPa	
磨辊加载拉杆最大拉力	471	kN	
磨煤机极限加载力	304	kN	
额定功率	512	kW	
电动机额定功率	650	kW	
电动机电压	6	kV	
电动机转速	990	r/min	
电动机旋转方向	逆时针		正对电动机输入轴
磨煤机磨盘转速	24.4	r/min	
磨盘旋转方向	顺时针		俯视
本体阻力	≤6410	Pa	（保证出力下、含分离器和煤粉分配箱）
磨煤机额定空气流量	25.14	kg/s	
磨煤机计算通风量（B-MCR 工况）	22.96	kg/s	
磨煤机最小通风量	17.1	kg/s	
磨煤机磨煤电耗率	≤7	kW·h/t	100%磨煤机出力
磨煤机密封风量	1.54	kg/s	
消防蒸汽流通量	30	kg/min	
消防蒸汽压力	0.3～0.4	MPa	
噪声	≤85	dB（A）	距本体 1m 处
2. 润滑油系统			
型号	XYZ250-L		
三螺杆泵型号	SNS280R43U12.1W21		
三螺杆泵机械密封型号	0350/L43-L52262		
油泵流量	245	L/min	
电动机功率	5.0/7.5	kW	
正常供油压力	0.6	MPa	
冷却水量	21.6	t/h	
冷却水压力	0.2	MPa	
电加热器额定电压	380	V	
电加热器额定功率	10	kW	
润滑油牌号	Mobil gear 632		重极压工业齿轮油

续表

参数名称	规格型号	单位	备注
3. 液压加载系统			
型号	GYZ 3-25		
齿轮油泵型号	PFG-327/D		
电动机型号	Y160L-6		
齿轮油泵压力等级	23	MPa	
齿轮油泵最大工作压力	12	MPa	
齿轮油泵功率	11	kW	
齿轮油泵转速	970	r/min	
齿轮油泵最大流量	25	L/min	
双筒滤油器型号	SFL-F76X5LS		
双筒滤油器公称通径	32	mm	
双筒滤油器进出油口	M18×1.5		
双筒滤油器压力等级	20	MPa	
双筒滤油器公称流量	76	L/min	
双筒滤油器过滤精度	5	μm	
双筒滤油器滤芯型号	XFL-76X5H		
三通选择球阀	BK3-G3/4-8123-L		公称通径 20mm，压力等级 31.5MPa
板式单向阀	CRG-03-05-20		公称通径 10mm，压力等级 25MPa，开启压力 0.035MPa，额定流量 40L/min
溢流阀	MRV-03-P-C、MRV-03-B-C		最高压力 21MPa，最大流量 70L/min
电磁换向阀	SWH-G03-B2-A240-20		最高压力 31.5MPa，最大流量 120L/min
压力表开关	AL-02(90°)		压力等级 21MPa
压力表	LA-250		
流量控制阀	QV-06/16		最高压力 25MPa，最大流量 16L/min
节流阀	MTV-03-P		最高压力 21MPa，最大流量 70L/min
比例溢流阀	AGMZO-TER-10/210/I		公称通径 10mm，最大调节压力 21MPa，最低调节压力 0.7MPa。最大流量 200L/min

续表

参数名称	规格型号	单位	备注
油站蓄能器	NXQ1-L1.6/20-H		公称容积 1.6L，压力等级 20MPa 充氮压力 4MPa
冷却器	GLC2-1.7/1.0		冷却面积 $1.7m^2$，最大工作压力 1.0MPa，换热系数 $350W/m^2$，冷却水量 7.2t/h，冷却水压力 0.3MPa
双筒回油过滤器	SPFL-A110X5GS		
双筒回油过滤器滤芯型号	RFL-110X5H		
双筒回油过滤器公称通径	20	mm	
双筒回油过滤器过滤精度	5	μm	
双筒回油过滤器压力等级	6.3	MPa	
双筒回油过滤器公称流量	110	L/min	
放油截止阀	GCT-04		
拉杆蓄能器	NXQ1-L16/20-H		公称容积 16L，压力等级 20MPa，充氮压力 4MPa
拉杆油缸	MG40.11.14		油缸直径 200mm，活塞杆直径 100mm，油缸行程 300mm，最高使用压力 20MPa
液动换向阀	MG40.11.19.01		
高压球心截止阀	QJH-50F		公称通经 50mm，压力等级 31.5MPa
液位液温仪	CYW-450		
电加热器	GYY2-220/1		功率 1kW
油箱容积	920	L	
热电阻	WZP2-231S（K）		测量范围－200～420℃
空气滤清器	QUQ2-20X2.5		过滤精度 20μm，空气流量 $2.5m^3/min$，油过滤网孔 ϕ0.5mm

续表

参数名称	规格型号	单位	备注
4. 减速机			
型号	SXJ160		
传动方式	齿轮传动		
传动比	40.57		
输入轴转速	990	r/min	
输出轴转速	24.4	r/min	
长×宽 × 高	2770×2360×1865	mm	
设计轴向载荷	1600kN	静载荷	
5. 主电动机			
型号	YMKQ600-6		
额定功率	650	kW	
额定转速	990	r/min	
额定电压	6000	V	
备用系数	1.27		
冷却方式	空-空冷却		
6. 盘车装置（每台炉一套）			
型号	MG40-65		
额定功率	22	kW	
额定转速	56	r/min	
额定电压	380	V	
传动比	25.36		
盘车减速器用油	26 号或 320 号工业齿轮油		
7. 接口管道			
一次风入口尺寸	内壁 2600×680，壁厚 12	mm	
中心落煤管尺寸	外径 530，壁厚 10	mm	
煤粉管道接口尺寸	外径 610，壁厚 10	mm	

（五）ZGM113N 型磨煤机检修项目

ZGM113N 型磨煤机检修项目见表 12-4。

表 12-4 ZGM113N 型磨煤机检修项目

序号	检 修 项 目
一、标准项目	
1	磨辊的辊胎磨损测量并记录/更换
2	磨辊油室清理、换油
3	动、静环磨损检查、更换
4	磨盘衬瓦磨损测量、更换

续表

序号	检　修　项　目
5	炭精密封环检查、更换
6	磨煤机防磨护板检查更换
7	排渣刮板的检查更换并调整间隙
8	分离器磨损及回粉挡板检查
9	落煤管支撑检查加固
10	分离器出口折向挡板检查、更换
11	密封风（磨辊）管的检查更换
12	磨导向板/导向块检查更换
13	磨辊中心复查
14	三角压架及关节球轴承磨损检查
15	传动盘磨损检查
16	动风环检查
17	拉杆着色探伤检查
18	消防蒸汽电动门研磨
19	减速箱换油
20	减速机锥齿轮检查
21	减速机推力瓦检查、更换
22	润滑油系统渗漏点治理
23	润滑油螺杆泵机封检查更换
24	润滑油站冷油器清洗并打压
25	润滑油站双筒过滤器清洗/更换
26	液压加载系统检查、治漏
27	拉杆装置蓄能器皮囊打压并更换
28	拉杆密封更换
二、特殊项目	
1	磨煤机主减速器（SXJ160）更换
2	磨煤机主减速器（SXJ160）解体检修

（六）ZGM113N型磨煤机检修工艺及质量标准

1. 检修前准备

（1）办理好相应的工作票，磨煤机进行机械隔离/电气隔离，关闭相应的阀门/挡板；切断与设备相连的气源、水源、电源。检修人员与运行人员共同到现场确认安全隔离措施正确执行，并取得开工许可。

（2）准备好检修工器具、检修用专用工器具、检修用备件材料等。

（3）检修现场布置，铺设好橡胶板，布置好检修隔离围栏等。

（4）检修人员进行设备检修前运行状况、缺陷情况，检修质量/安全管理文件措施学习。

2. 分离器的检修

（1）液压加载系统卸压停泵，润滑油系统停止运行，各煤、风、粉、蒸汽进出口管道可靠隔离。

（2）拆除分离器与落煤管、煤粉管的第一道法兰连接螺栓。

（3）拆除与分离器连接的密封风弯管。

（4）拆除分离器与机壳的法兰连接螺栓。

（5）拆除分离器上部环形风管与磨辊连接的密封风短管。

（6）拆除消防蒸汽管道在机壳上的法兰。在蒸汽进口管路法兰上加装堵板，以防杂物进入。通知热工人员拆除所有热工测点。

（7）拆除影响分离器吊出的栏杆，放置指定地点。

（8）用过轨吊吊起分离器100mm，放置分离器检修平台上。

（9）打开分离器所有的人孔门，确认分离器内无瓦斯气体后，彻底清理分离器内部的积粉和杂物。

（10）利用测厚仪分别对分离器内锥体、支撑板、出口分叉管、给煤管等部位做详细磨损检查，做好记录，局部磨损超过原厚度的2/3以上应进行局部修补；60%以上的部分磨损超过2/3时应更换。

（11）利用卡尺检查调节挡板的磨损情况。并做好记录，调节挡板的磨损超过原厚度的2/3时应进行更换。

（12）检查修理调节挡板的传动机构，传动机构应转动灵活，无卡涩现象，调节挡板开度一致。

（13）检查返回门磨损情况，并做好记录，返回门开关应灵活，无卡涩现象，返回门板磨损超过原厚度的2/3时应更换。

（14）更换分离器上所有法兰接合面、人孔门和检查门等密封垫料，确保这些接合面处严密不漏。

（15）所有螺栓、螺孔均应涂上二硫化钼，以防受超高温后卡死。

（16）检查分离器内部所有焊缝是否平滑无积粉并加以处理。

（17）按以上相反顺序复装分离器。

（18）分离器装复时的质量标准：

1）调节挡板开度与实际应保持一致，在关闭时应保留40mm左右间隙。

2）所有的孔门法兰等设备的接合面间用的垫料应按照制造厂的设计要求使用，装复时密封垫料要放到位，放置正确，确保严密不漏。

3）法兰等衬垫不允许深入分离器内部或其他管道内，以防积粉累积等而增加阻力。

3. 压架的检修

（1）分离器移出磨煤机机壳后，利用塞尺或专用工具测量导向板与导向块原始间隙。并做好技术记录。在压架、拉杆、铰轴上做好标记，便于回装。

（2）拆卸压架上部拉杆位置的盖板，用磨辊固定卡把磨辊固定在机壳上。固定螺栓要牢固。

（3）拆除拉杆螺母、卡板、球面调心轴承。

（4）拆去磨辊与压架之间的铰轴。利用过轨吊吊起压架和铰轴座并运至指定的地方。

（5）检查导向板与导向块的磨损情况。并做好记录，对压架 3 个爪子进行编号。

（6）按以上相反的顺序回装压架。

（7）压架检修的质量标准：导向板与导向块的表面磨损凹坑应不超过 5mm，固定螺栓应牢固，磨损过大的导向板、导向块应更换，导向板一般随磨辊辊胎的更换而更换，以避免运行中引起磨辊较大的晃动和不平衡。导向块与导向板间隙：承力侧应为 0mm，非承力侧应为 3～5mm。可用增减垫片的方法来调整导向板与导向块的间隙，最小的总间隙为 5mm。

4. 磨辊的检修

（1）当分离器移开、压架全部分解吊出后，将磨辊密封风垂直管路拆卸。装上磨辊起吊专用工具。利用吊车将任意一个磨辊轻轻吊起，松开该磨辊的固定支架，然后将磨辊吊置指定地点。用上述方法将其余两只磨辊吊置指定地点（磨辊内的油应在磨煤机磨辊还处于热态时放出）。

（2）利用吊车将磨辊水平放置，并使端盖向上，松开辊胎压环螺栓，取下螺栓弹簧垫片和保险片放置在指定位置。用压紧螺栓取下压环，吊置指定地点。将拉拔辊胎装置丝杆分别拧进运输套筒螺纹中。

（3）调整固定拉拔辊胎装置支顶架和千斤顶，利用千斤顶将辊胎平稳地拔出，必要时可以将辊胎均匀加热后拉拔，加热时，火焰喷嘴距离辊胎表面应为 100～150mm，并在辊胎的外侧整个圆周均匀地加热到 65℃左右，绝不允许使用气焊直接对辊胎加热，因为这样加热会引起辊胎脆裂造成报废。

（4）辊胎拉出后利用吊车将磨辊作 180°的翻转，使磨辊支承架向上。

（5）松开轴头压板螺栓，取下压板螺栓压板及衬板，放置指定地点。

（6）拆掉辊架外侧填充螺栓，在该螺纹中拧入辊架拉拔装置的螺杆，装上辊架拉拔装置和千斤顶并调整好。

（7）利用千斤顶将辊架平稳地拉出，必要时可用加热的方法将辊架拉拔出来，如图 12-29 所示。

（8）松开透盖六角头螺栓，将螺栓/垫片和保险片取下，放置指定地点。

（9）松开并取下透盖充填螺栓及垫片，在填充螺纹中拧入压紧螺栓，借助该螺栓将透盖取下，放置指定地点。

（10）分别将密封环、油封、油封承压环和轴套取出，放置指定地点。

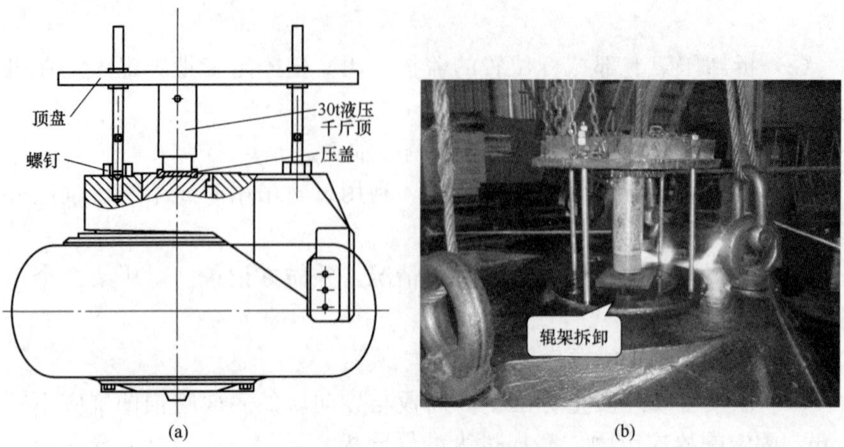

图 12-29　磨辊辊架拆卸

（a）磨辊辊架拆卸图；（b）磨辊辊架折卸实物图

（11）松开滚柱轴承内套压圈的六角头螺栓，将压圈、螺栓、垫片及保险片取下，放置指定地点。

（12）利用吊车小心将磨辊翻身，即轴头朝下，放置专用平台上。

（13）松开固定端盖螺栓，将螺栓、垫片和保险片取下，放置指定地点。

（14）在端盖的充填螺纹中拧入压紧螺栓，将端盖随同 O 形密封圈一起取下，放置指定地点。

（15）松开端盖侧轴头压板螺栓，将螺栓、垫片和保险片取下，放置指定地点。

（16）在辊壳上装上顶压轴头的专用螺杆、支定架、千斤顶，利用千斤顶将辊轴连同滚柱轴承内套取出，放置指定地点，如图 12-30 所示。

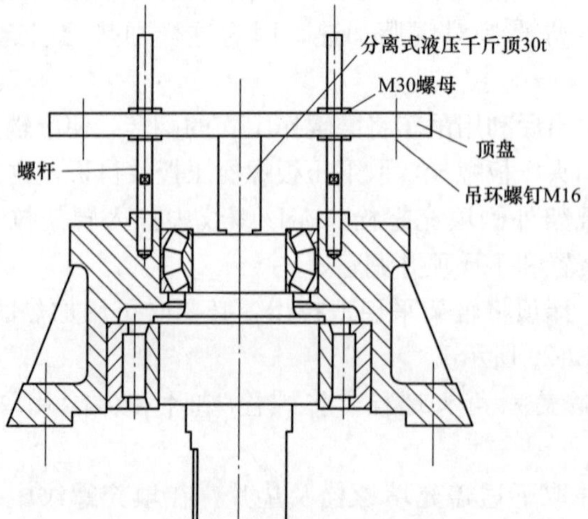

图 12-30　磨辊滚柱轴承内套拆卸

（17）利用紧固专用装置，将磨辊双列向心轴承取出，必要时可以用加热法，如图 12-31 所示。

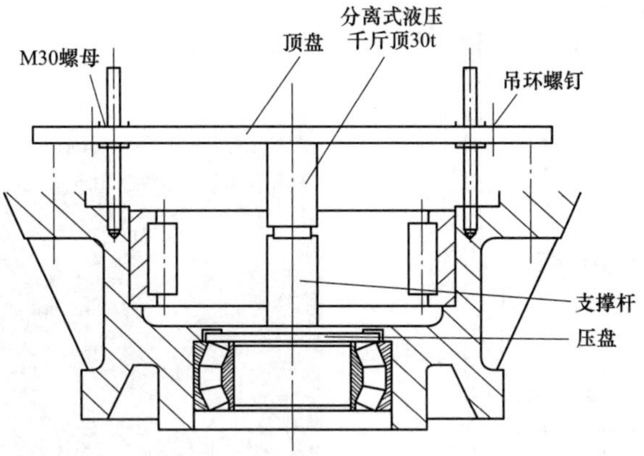

图 12-31　磨辊双列向心轴承拆卸

（18）用吊车将辊毂随同滚柱轴承外套及滚柱小心翻身置好；利用紧固专用装置将滚柱轴承外套连同滚柱一起取出置指定地点，必要时可以用加热法，如图 12-32 所示。

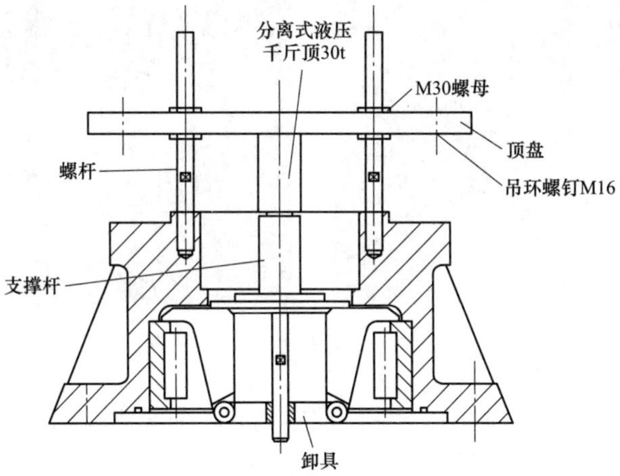

图 12-32　磨辊滚柱轴承及外套拆卸

（19）利用紧固专用拉拔装置，将滚柱轴承内套从轴上取下，如图 12-33 所示。

（20）将磨辊分解出来的部件进行清理、检查，做好技术记录，确定这些部件能否继续使用。

（21）磨辊轴承应无麻点、裂纹和环球等缺陷。要符合国家标准和制造厂标准。轴套应无微伤、无压痕、无锈蚀且旋转表面光洁，在径向整个直径上的圆度、同心度和圆锥度均应在允许公差范围内，油封等密封件应完整无损、满足使用要求，如图 12-34 所示。

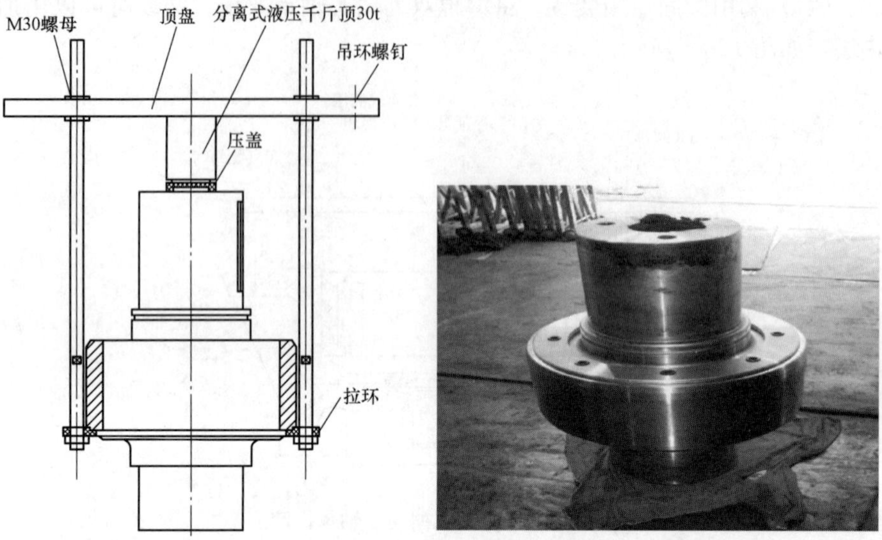

(a) (b)

图 12-33 磨辊滚柱轴承内套拆卸

(a) 磨辊滚柱轴承拆卸示意图；(b) 磨辊滚柱轴承拆卸实物图

图 12-34 磨辊轴承检查实物图

(22) 将滚柱轴承内套放置油中加热到 80～90℃与磨辊装配（加热时间不少于 15min），然后放在检修专用平台上冷却。

(23) 将滚柱轴承内套压圈装复，利用螺栓紧固保险，轴承内套紧靠轴肩，压圈与轴肩间隙为 0.7～1.3mm。

(24) 将辊壳吊置专用支架上，使摆动轴承侧向上加热。将摆动轴承装入辊壳内，作轴向止动。

(25) 将辊壳转动，使滚动轴承外套随同滚柱装入较热的辊壳内。再将辊轴随同滚柱轴承内套垂直装入壳内。

(26) 将辊壳和轴承利用专用盖盖压，使之自然冷却，然后做轴承灵活性检查。

(27) 利用塞尺或压铅法测量轴承间隙。轴承 NU3192 和 24156B 组装后分别保证游隙为 220～330μm 和 190～280μm，如图 12-35 所示。

图 12-35　磨辊轴承游隙测量

(28) 滚动轴承侧的压力油螺纹孔用充填螺钉紧固并涂密封剂密封。

(29) 将轴套加热到 80～90℃后与辊轴装配，冷却后再把轴封 O 形密封圈涂上润滑脂压装在辊轴与轴套之间。

(30) 将专用 O 形密封圈涂上润滑脂装入辊壳内，将透盖装复，紧固于辊壳上，并检查防磨环。其中 O 形密封圈无老化、损坏现象，透盖与滚柱轴承外套间隙应为 0～0.40mm，透盖与内套压圈间隙应为 0～0.60mm。

(31) 利用专用压环将油封和油封承压环装入轴套和透盖之间，油封应完好无损，安装方向正确，压装时，油封中注入黄油，不得损坏油封和油封支撑环。

(32) 取下专用工具后测量调整好的密封环间隙，将油封挡环装上并紧固。

(33) 利用吊车转动辊壳，使摆动轴承侧向上，解除轴承安装止动，将轴头压板装复紧固且保险。

(34) 将摆动轴承侧压力油螺纹孔用充填螺钉紧固并涂密封胶密封。

(35) 将专用 O 形密封圈涂黄油装入端盖槽内，把端盖装复，连接螺栓要涂上铅粉和机油混合物。

(36) 将所有的泄漏孔堵住，利用干净而干燥的压缩空气对辊腔做气密性试验，辊腔室应严密不漏，试验压力为 0.2MPa，保压时间为 30min，合格标准为压降在 0.1MPa 以内，注意试验压力不得超过 0.3MPa，如图 12-36 所示。

(37) 试验合格后，检查润滑油黏度，测量中性值和清洁度，加入适量合格的润滑油或防腐剂。

(38) 借助样板对辊胎的磨损进行测量和检查，辊胎表面磨损 2/3 时可翻边 180°继续使用，残余厚度为 15mm 时应完全更换，对应的衬瓦必须更换，辊胎如有裂纹等缺陷时，也应更换。

(39) 利用专用起吊辊胎装置，将辊胎均匀缓慢加热到 50～60℃时，将辊胎与辊壳水平找正后缓慢下落，待辊胎凸肩与辊壳接触后放入，加热时，不可以用明火直接快速地对辊胎加热，因为加热过猛会导致辊胎碎裂，如图 12-37 所示。

图 12-36　磨辊辊腔气密性试验

图 12-37　辊胎加热回装

（40）将专用工具拆除，把辊胎压环装复紧固。

（41）检查防磨环，磨损超过 2/3 时更换，将合格的防磨环装复。

（42）检查磨辊磨损情况，并做好记录，辊架磨损不超过原厚度的 1/2。

（43）检查和测量风环和透盖之间的径向间隙，间隙应为 0.40～0.78mm，将合格的风环利用涂二硫化钼的螺栓紧固。

（44）松开辊架外侧螺纹孔中的充填螺钉拧入吊环将辊架吊至专用支架上。

（45）检查辊架轴孔和轴颈的配合情况，将辊架均匀加热到 65℃左右，利用吊车水平吊运到辊轴上，找正后，缓慢下落，待辊架凸肩与轴套接触为止。

（46）将轴压板利用涂二硫化钼的螺栓紧固保险；松开吊环，拧入充填螺钉。

（47）清洗并用压缩空气吹扫空气过滤器并装复。

（48）检查轴罩和辊架接合面，接合面应平整，中间放入密封垫，将轴罩装复。

(49) 检查辊架后面的防磨板，磨损超过原厚度的2/3时应更换。检查辊架滚柱槽，应光滑无裂纹。滚柱应无裂纹，表面光滑。

(50) 磨辊密封风摆动管超过原厚度的2/3时应更换，密封风短接管内铜套磨损超过原厚度的2/3时应更换。

(51) 磨辊组装好后，对其做转动灵活性试验，转动应灵活无卡涩现象。

(52) 装复磨辊时应注意所有的紧固螺栓均应紧固，且垫片和保险片完好，螺栓上涂以二硫化钼。辊架装复后，如要吊运磨辊，不得使用辊架外侧的充填螺纹中的吊环。因为整个磨辊质量很重。

(53) 利用过轨吊将检修好的磨辊吊入磨煤机体内，用磨辊固定架固定住，用专用工具找正各只磨辊的倾斜度，其值为15°，用找正杆找正磨辊同心度，同心度不超过3mm。

5. 磨盘及衬瓦的检修

(1) 测量喷嘴环与静环之间的间隙，做好记录。

(2) 磨煤机内的磨辊及上部各部件全部解体吊出后，拆除磨盘上部盖罩，利用吊车吊出放置指定地点。利用磨盘上的3个起吊吊耳和3根等长度的钢丝绳吊出磨盘及喷嘴环组件，放置指定地点。

(3) 拆除喷嘴环与磨环的连接螺栓，利用喷嘴环的起吊螺孔将喷嘴环吊起，放置指定地点。

(4) 利用吊车将磨盘180°翻身，使磨盘与传动盘的接合面朝上。拆除衬瓦楔形螺栓。然后拆卸螺母、套及碟形弹簧。拆卸下托盘下部的两个顶丝孔上的螺钉，为拆卸第一块衬板做准备。

(5) 利用吊车将磨盘翻身180°，使衬瓦面朝上。将相应的顶丝拧入螺孔，将第一块衬板顶起，如果顶不起应清理衬瓦缝隙中的积煤之后再顶（最好用水浸泡衬瓦，使积煤疏松，以便于清理积煤）。

(6) 用磨环衬板专用工具将第一块衬板吊走。搬运衬瓦要轻拿轻放，不允许碰砸和金属碰撞，也不允许用任何方式对衬板加热，如图12-38所示。

(7) 松开其余全部衬板，并依次吊走，清理检查磨盘，是否有损坏及裂纹。

(8) 对拆除的衬瓦利用样板检查其磨损程度。磨损量一般不超过原厚度的60%，残余厚度为10mm时必须更换。辊胎翻边或翻新后也应更换衬瓦。

(9) 将衬瓦紧固螺栓和螺纹孔清理干净。

(10) 对新衬瓦做全面检查，要对每块衬板以$R393$圆弧面最低点为基准进行厚度检查，并做标记。

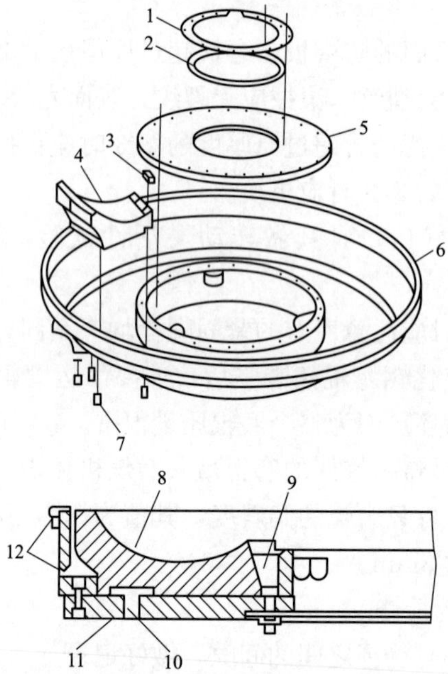

图 12-38　磨环及衬板拆除

1—盖锥；2—垫圈；3、9—楔形螺栓；4—磨环片；5—盖板；6—环座；7—驱动销；8—环形磨盘部分；10—磨盘部分驱动销；11—磨盘底座；12—磨盘底座密封件

(11) 用吊车将衬瓦吊入磨盘内，第一块衬瓦安装时装在衬板磨环上装有 ϕ90mm 圆柱销处，其余按顺序号组装。组装的 12 块衬板必须有顺序号，编号顺序根据衬瓦的高度决定。其原则是使相邻的两块衬瓦的高度差最小。磨环内 12 块衬板的安装要求如下：最厚一块到最薄一块其厚度为 H_1、H_2、H_3、H_4、H_5、H_6、H_7、H_8、H_9、H_{10}、H_{11}、H_{12}（即其厚度 $H_1 \geqslant H_2 \geqslant H_3 \geqslant H_4 \geqslant H_5 \geqslant H_6 \geqslant H_7 \geqslant H_8 \geqslant H_9 \geqslant H_{10} \geqslant H_{11} \geqslant H_{12}$）。安装序号从 1、2、3、4、5、6、7、8、9、10、11、12 顺时针编号。

(12) 安装每块衬板时都要检查衬板底面与磨环托盘之间的间隙，不得超过 0.1mm。

(13) 每块衬瓦装好后都要检查与前一块的间隙，其最大值不得超过 1mm。

(14) 衬板就位后逐块检查相邻两块衬板在 R393 圆弧面最低点高度差，其值不超过 2mm。衬瓦安装完毕后检查衬瓦间隙，间隙过大可以加装垫片。

(15) 安装楔形螺栓时锤击压紧螺栓头部，螺母、套及碟形弹簧的装配应符合图纸要求。

(16) 在紧固过程中，要注意其正确位置，避免出现翘起松动现象，以免发生断裂事故。

6. 传动盘的检修

(1) 测量传动盘与壳体密封之间的间隙，并做好记录。

(2) 利用专用工具将传动盘与减速机输出法兰的连接螺栓拆除并放置指定地点。拆下通向壳体密封腔的密封空气管道。

(3) 准备 4 个顶传动盘的支架，4 个 30t 千斤顶、4 个超高压手动泵。

(4) 启动盘车，使传动盘的刮板与 4 个法兰孔错开。安装顶起传动盘的 4 个支架。

(5) 把 4 个千斤顶放在支架上，上定位板、止动块固定千斤顶和支架。接手动泵打压、把传动盘均匀、同步顶起至比减速机输出法兰顶面高 30～50mm 位置，将固定销穿入顶起装置，并装上保险销。

(6) 检查壳体密封环和炭精密封环是否完整，有无变形。超标时应更换炭精密封环。

(7) 检查刮板是否磨损。

(8) 回装时按以上相反顺序回装。

(9) 回装时把炭精密封环的炭精环装好。用胶带纸将其固定，待安装好传动盘后将其拆除。

(10) 装好传动盘的 3 个定位杆。吊装传动盘，并用螺栓与推力盘连接。回装杂物刮板，调整间隙，应保证刮板与机壳上端面的间隙为 8mm ±2.0mm。

(11) 在磨盘、风环上进行电焊作业时，接地电流可能损坏推力瓦、减速箱齿轮，电焊作业尽可能避免，如必须进行时，需单独接接地线。另外在筒体或其他部位进行电焊作业，也要防止电焊线漏电部位与磨盘相碰上。电焊地线接在被焊件上，禁止远距离回路。

7. 筒体的检修

(1) 护板磨损厚度大于 2/3 时应更换。

(2) 割除旧的筒体护板。

(3) 新护板安装后，接缝严密，表面光滑无明显凹凸，焊接牢固。

8. 液压油站检修

(1) 检查液压油站油管路，按照系统管路连接形式对相应的备件检查并治理渗漏部位，必须保证整个液压系统无任何渗漏现象，如图 12-39 所示。

(2) 检查油站齿轮泵、联轴器。液压泵应转动灵活，无卡涩现象。联轴器传动销磨损严重的及时更换。

(3) 更换滤网、液压油取样化验，不合格的更换。

(4) 检查液压缸及蓄能器，蓄能器压力应达到设定值（拉杆蓄能器公称容积 16L、压力等级 20MPa、冲氮压力 4MPa，油站蓄能器公称容积 1.6L、压力等级 20MPa、冲氮压力 4MPa）。对于压力不合格的蓄能器，应更换皮囊或气嘴。

(5) 清洗并检查液动换向阀。液动换向阀活塞应保持上下灵活，无卡涩现象。缸体内无异物或杂质。

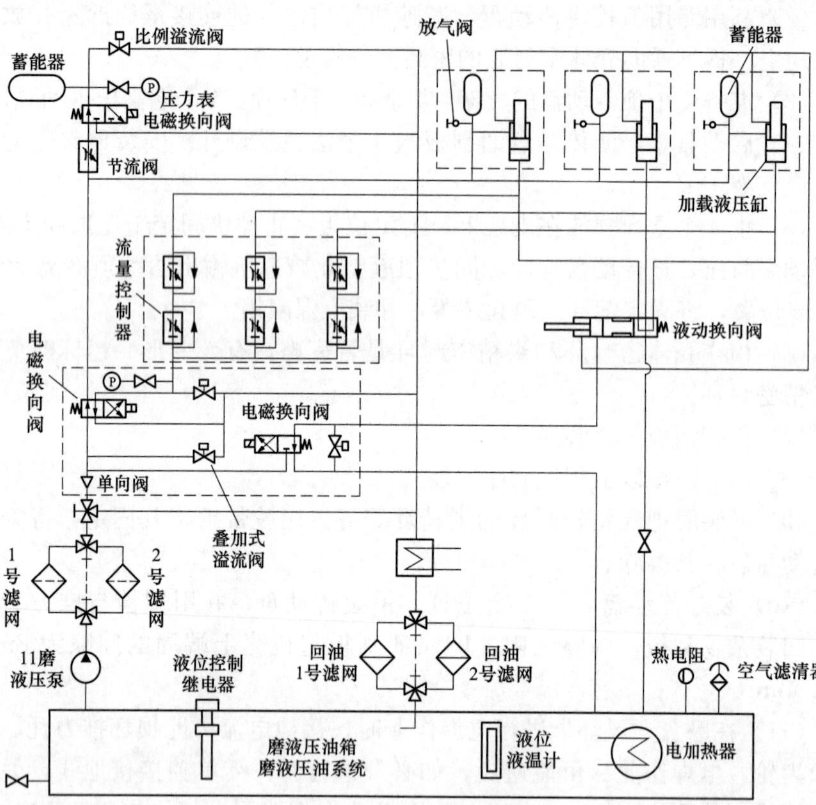

图 12-39　液压油站系统

(6) 清洗并检查比例阀块。阀块的油路应保持畅通，阀块清洗后用压缩空气进行吹扫并用干净的丝绸布包好，以便回装。

(7) 清洗并检查溢流阀、电磁换向阀、节流阀。电磁换向阀内漏的或溢流不准确的阀必须更换。

(8) 清洗油站相连接的管路。清洗油管路并用压缩空气吹扫，用丝绸布包好以便回装。

(9) 清洗并检查高压油站供油过滤器和回油过滤器。过滤器内部无杂质，密封完好。清理油箱，油箱底部无锈蚀、无杂质。

(10) 油站回装并调试。各部件按原始记号回装，各连接处密封件（O形密封圈或高压垫圈）应更换。调整液压泵出口压力、比例溢流阀压力、溢流阀压力，压力分别为14MPa、12.8MPa、8MPa。

(11) 油站检修后试运应无渗漏点，出力满足使用要求（30s内建立油压不低于1MPa，否则给煤机跳闸）。

(12) 油站设备刷漆。

9. 润滑油站检修

(1) 检查润滑油站油管路渗漏点，消除渗漏点。

(2) 检查油站螺杆泵，更换损坏部件。

（3）清洗或更换滤网、润滑油过滤并化验。不合格的更换。

（4）滤网清洗应采用煤油浸泡或用铜丝刷。

（5）清洗滤网时应远离动火区域和周围较好环境下清洗。

（6）冷油器清洗并打压，对泄漏的管进行封堵。

（7）冷却水应使用软化水，以免结垢过快造成冷却水管堵塞，冷却器性能下降。

（8）油站检修后试运应无渗漏点，出力满足使用要求。

（9）油站设备刷漆。

10．特殊项目：磨煤机主减速器（SXJ160 系列）更换

磨煤机主减速器更换不是磨煤机检修标准项目，根据日常点检结果评估磨煤机主减速器的维修周期或当磨煤机主减速器发生故障时进行此项目。

（1）准备工具：4 个千斤顶、手扳葫芦、钩链、（ϕ20～ϕ40）mm×600mm 光滑圆钢若干条。

（2）将减速机各位置做好记号，以便回装。拆除减速机外部附属管路及测点。关闭润滑油泵出口阀，拆卸输出侧的油嘴处堵板。

（3）打开减速机后部人孔，从而可以打开推力轴承的放油阀，油流入油箱。必须使油箱存有一定剩油，油面高度约为 20mm。高时要及时停下油泵，防止空气漏入油系统。

（4）从油泵出口侧面堵板上接一挠性承压软管，启动润滑油泵，将油箱中油打入盛油容器内。

（5）打开减速机底部的放油阀，放掉减速机内剩油。

（6）取下减速机和油泵之间的吸入侧管段，以及油冷却器与油分配器的承压管段，包括测量管件、所有与齿轮箱连接的电缆等。

（7）拆下减速机与电动机的联轴器保护罩，并拆下连接螺栓。

（8）从磨煤机前方拖出减速机时需移开电动机，拆卸电动机连接螺栓，吊去电动机。电动机拆除时应做好标记。清理电动机台板。把减速机顶起适当高度，下面垫圆钢，之后用手扳葫芦提升在厂房的适当位置，把减速机拖出。拉减速机时应直拉无偏斜。从磨煤机后方拖出减速机需拆除电动机对面的加载油缸和拉杆台板，但不需移开电动机。在减速机拖出位置铺设大块钢板以保持地面平整。

（9）拖出减速机后在传动盘下面垫物体稳固传动盘，以保证安全。拖减速机时应只放松齿轮箱台板上的拖出侧和侧面两边的定位螺栓，保留与拖出减速机反方向的定位螺栓，以便于按原位置回装。减速机应最好从磨煤机的后面拖出，这样可以不动电动机。

11．特殊项目：磨煤机主减速器（SXJ160 系列）解体检修

磨煤机主减速器内部结构复杂，维修时对人员、场地要求高，内部关键工艺标准均不对外公开，同时需要专用的工器具，建议返回相应的专业

厂家进行解体修理，以下内容参考执行。

（1）将减速器运到检修场，从放油阀处放尽内存的齿轮油，准备好工器具、材料、量具、备件和记录本等。把减速机及其周围环境清理干净，并在减速机上部搭起棚布，以防粉尘落下。

（2）解体减速机的推力盘，放在指定位置，清洗并检查。

（3）解除推力瓦和轴承座，放在指定位置，检查推力瓦、轴承座无严重磨损。视情节进行修复或更换。

（4）吊出并解体行星齿轮系、内齿圈，放在指定位置，清洗并检查。各齿轮面齿磨损均匀。

（5）当齿面出现裂纹、断裂、麻点或磨损量超过设计齿厚的 1/3 时，应进行更换。拆除输入传动轴Ⅰ轴、轴承组及其相应管路，放至指定位置，加热联轴器，用专用工具拔出联轴器。整体清洗检查。

（6）拆除锥齿轮和双列圆锥滚子轴承、圆柱滚子轴承，清洗并进行检查。当轴承滚套、滚子出现严重麻点、锈蚀、裂纹等缺陷时，应进行更换。

（7）对传动轴进行清洗检查。各转动轴出现弯曲变形时应进行校直或更换，存在裂纹时必须更换。

（8）解体传动锥齿轮系，检查锥齿轮和Ⅱ轴。各转动轴出现弯曲变形时应进行校直或更换，存在裂纹时必须更换。

（9）解体后的各零部件进行清洗检查、测量。记录各种数据。

（10）全面检查清理各部毛刺，并测量其配合尺寸。

（11）加热调心滚子轴承，并且将其装在锥齿头上。将加热的收缩环装在锥齿头上。

（12）将带调心滚子轴承和收缩环的锥齿头轴垂直放置并支撑住，从内部加热圆锥滚子轴承和轴承套筒，推动调心滚子轴承外环进入轴承套内。

（13）将双列圆锥滚子轴承推入轴承套筒，同时装在锥齿头轴上。

（14）紧固开槽螺母，将双列圆锥滚子轴承和溅油环紧靠在轴肩上，并用安全夹保护。

（15）装配上间隔环，将喷油器拧入轴承套筒的油孔中。

（16）检查轴向间隙和输入轴的径向跳动。

（17）将锥齿轮轴推入加热的伞齿轮轮毂上，用螺栓和销将锥齿轮装配到锥齿轮轴的锥齿轮轮毂上。

（18）加热圆柱滚子轴承，并将其装在锥齿轮轴上。安装安全环。圆柱滚子轴承径向装配间隙应为 0.05～0.14mm。

（19）加热轴承套，装配整个带间隔环的双列圆锥滚子轴承到轴承套中，用轴承固定环锁住它，安装调节环。

（20）旋转带已预装锥齿轮的锥齿轮轴 180°，安装轴承套和调节环到轴承支架上，把支撑螺栓放到轴承支架上，并紧固它。

（21）从内部加热圆锥滚子轴承，推带轴承套的轴承支架和整个轴承到锥齿轮轴上。

（22）装上溅油环，将连接环加热到大约50℃，把它推到锥齿轮轴端的齿上，通过连接环和锥齿轮轴将中间段用螺栓连接住。

（23）将已安装锁环的齿形联轴器插入到连接环上。

（24）将双向油位环和齿形联轴器连接到一起，将推力块压入中间段。连接环和锥齿轮轴将中间段用螺栓连接住。

（25）将已安装锁环的齿形联轴器插入到连接环上。

（26）将双向油位环和齿形联轴器连接到一起，将推力块压入中间段。

（27）旋转行星架180°（垂直方向）。

（28）用锁紧环将调心滚子轴承安装到相应的已预先加热的行星轮上（三个行星轮）。

（29）从外部将三个行星轮推入行星架（与孔同轴）。

（30）加热整个行星架表面，放上间隔环，将行星轴推入。用紧定螺栓将行星轴和行星架固定。

（31）旋转行星架180°，将连接轴和存油环连接到行星架上，把螺纹销轴拧入行星架。

（32）将太阳轮装入行星架，用临时保持螺栓调整它。

（33）预先组装行星轮系到推力瓦轴承支架上，并用螺栓紧固。

（34）将传动套插入到加热的推力盘上，用传动销和螺栓紧固，紧固密封环。

（35）将传动顶盖放入传动套中，并紧固。用螺塞塞住传动套上的油孔。

（36）安装水平齿轮轴的圆柱滚子轴承NU230E.M.C3外环到箱体的轴承套中。圆柱滚子轴承NU230E.M.C3径向装配间隙为0.05～0.14mm，双列圆锥滚子轴承32.36X/DF径向装配间隙为0.03～0.09mm，轴向装配间隙为0.12～0.33mm。

（37）清洗检查齿圈和各部件是否有毛刺、裂纹，并作处理。如必要更换新的部件，对新件仍应清理并测量检查。

（38）加热箱体后，放入内齿圈，将合适的键推入箱体和内齿圈之间。

（39）调整键，使键合适没有空隙。

（40）装入带轴承支架的锥齿轮轴（Ⅱ轴）。把预先组装好的锥齿轮放到圆柱滚子轴承外环中，在这些部件上连接相应的内部管路。

（41）安装锥齿头轴（Ⅰ轴）和轴承组。调心滚子轴承24136M.C3径向装配间隙为0.12～0.22mm，双列圆锥滚子轴承31330X/DF径向装配间隙为0.05～0.11mm，轴向装配间隙为0.08～0.22mm。

（42）向上旋转偏心机构（注意标记），将整个轴承组插入箱体。

（43）朝零位旋转偏心机构90°，轻微转动，调整齿的啮合间隙。

(44) 安装调整环，作啮合区域检查。齿轮啮合区必须大于齿长的50%；两啮合齿间间隙不超过0.2mm。

(45) 连接相应内部管路，包括外部回油管路。

(46) 安装行星轮系，将整个行星架引入内齿圈的轮缘中，正确调整齿的啮合，用薄钢板支撑。

(47) 检查太阳轮和行星架的间隙。调心滚子轴承23138M.C3的径向装配间隙为0.08～0.22mm；支撑螺栓和行星架的间隙为7mm。

(48) 连接相应的内部管路。

(49) 将预先组装好的带径向滑动轴承的推力瓦轴承支架放入箱体并紧固后，安装相应管道。

(50) 安装推力瓦。

(51) 用圆柱销固定推力瓦后，将保持环放在推力瓦轴承支架上并紧固。

(52) 安装带固定装置的高压软管。

(53) 安装推力盘，用涂料接触法调整推力盘。

(54) 将推力盘放在连接轴和推力瓦轴承上，用涂料接触法检查推力盘（通过Ⅰ轴的旋转缓慢转动推力盘），如果有必要，除去材料。检查接触区。每一推力瓦的高度差不超过±0.025mm。如有必要，必须用手重新研磨或修正支撑面（可倾斜面）。

(55) 拆除推力盘，清洁并润滑滑动表面，并对推力瓦和轴承座润滑。

(56) 降下行星系，检查支撑螺栓和行星系之间的间隙。

(57) 安装并紧固带安全夹的六角螺母和垫片。

(58) 联轴器中心检查，如果$r\neq 200$mm，径向跳动偏差按测量半径r的比例改变。联轴器径向跳动不大于0.1mm，轴向跳动不大于0.1mm。

(59) 检查管路及附件、密封面严密无渗漏。

(60) 连接各相关管路。

(61) 减速机外观刷涂油漆。

(62) 清扫现场、试运减速机运转时无异常声音，振动值不大于0.02mm。油站冷却水、润滑油的压力流量正常，相应管路无渗漏现象。

第三节　给　煤　机

给煤机是制粉系统中的重要设备，其主要功能是将原煤连续、均匀地输送到磨煤机内，同时具有计量和调节功能，满足机组不同负荷调节的需要。给煤机类型较多，常见的有皮带式、刮板式、电磁振动式、圆盘式等。

由于电子称重皮带式给煤机具有安装简单、故障率低、维护简单、调节范围广、具有实时计量和调节功能等优势，目前大型火力发电厂基本采用电子称重皮带式给煤机。下文以目前 600MW 及以上发电机组常选用的 EG2490 型电子称重皮带式给煤机为例，讲述称重皮带式给煤机的工作原理及相关技术内容。

一、EG2490 型电子称重皮带式给煤机主要组成

EG2490 型电子称重皮带式给煤机主要由给煤机机体、皮带及驱动装置、清扫输送链及驱动和传动装置、给煤机电子控制装置和微处理机控制装置、皮带堵煤及断煤报警装置、工作灯、出口入口闸板门等组成，如图 12-40 所示。

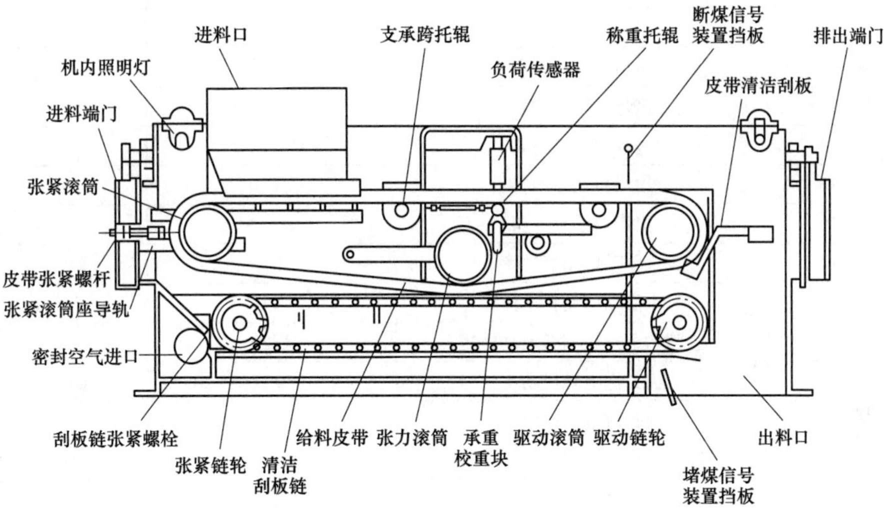

图 12-40　EG2490 型电子称重皮带式给煤机结构

二、EG2490 型电子称重皮带式给煤机工作原理

在工作时，原煤从原煤斗下落到给煤机的输送皮带上，给煤机皮带在传动装置的带动下，将原煤传递到落煤管入口管处，原煤通过自重下落到磨煤机内，黏结在皮带上的少量煤通过皮带清理刮板被刮落，落在机壳底部的积煤被链式清理刮板清理至落煤口，随同皮带上落下的煤一起进入磨煤机。通过调整拉紧轴，来调整皮带的张紧程度。给煤量的调节是通过改变调速电动机的转速（皮带的移动速度）来实现的。在投自动的情况下给煤机的转速能自动调节。

EG2490 型给煤机技术参数见表 12-5。

表 12-5　EG2490 型给煤机技术参数

序号	名称	参数	单位
1	型号	EG2490	
2	出力范围	7～75	t/h

续表

序号	名称	参数	单位
3	给煤距离	2000	mm
4	进口落煤管长度	2180	mm
5	进口落煤管规格	ϕ630×10	mm
6	进口落煤管材料	SS304	
7	出口落煤管长度	5455	mm
8	出口落煤管规格	ϕ630×10	mm
9	出口落煤管材料	SS304	
10	出口落煤斗长度	1219	mm
11	出口落煤斗壁厚	8	mm
12	出口落煤斗材料	不锈钢	
13	进煤口法兰内径	ϕ913	mm
14	进煤口法兰材料	Q235-A	
15	出煤口法兰内径	ϕ630	mm
16	出煤口法兰材料	Q235-A	
17	主驱动电动机功率	2.2	kW
18	主驱动电动机电压	380	V
19	主驱动电动机满载启动转矩	1320	N·m
20	清扫链电动机功率	0.37	kW
21	清扫链电动机电压	380	V
22	机体密封风与磨煤机入口压差	500	Pa
23	密封风量	10	Nm^3/min
24	密封风管接口管径	ϕ159×6	mm
25	排障风压	0.7	MPa
26	排障风量	0.2	Nm^3/min
27	最大出力时带速	0.2	m/s
28	密封要求最低煤柱要求	3	m
29	给煤机皮带宽度	840	mm
30	抗暴耐压等级	设计 0.35	MPa
31	最大出力时电耗	0.1	kWh/t 煤
32	出口闸阀吹扫风压	0.5～0.7	MPa
33	出口闸阀吹扫风量	0.2	Nm^3/min
34	给煤机本体质量	4000	kg
35	进口煤闸门（包括电动装置）质量	1000	kg
36	出口煤闸门（包括电动装置）质量	800	kg
37	进口落煤管及其他附件质量	800	kg
38	出口落煤管及其他附件质量	900	kg
39	给煤机总质量	7500	kg
40	给煤机充煤时最大质量	8000	kg

三、EG2490型给煤机检修项目

EG2490型给煤机检修项目见表12-6。

表12-6　EG2490型给煤机检修项目

序号	检　修　项　目
1	驱动滚筒及轴承磨损检查更换
2	被动滚筒及轴承磨损检查更换
3	张力滚筒及轴承磨损检查更换
4	皮带磨损检查更换
5	驱动链轮、张紧链轮、清扫链条磨损检查更换
6	驱动减速器解体检查
7	清扫链条减速器解体检查
8	磨损检查更换
9	皮带清洁刮板磨损检查更换
10	托辊磨损检查
11	给煤机内部磨损检查补焊
12	称重系统标定（配合）
13	断煤装置检查检修
14	堵煤装置检查检修
15	孔门密封材料检查更换
16	所有润滑油脂更换
17	出入口闸板解体检查
18	出入口闸板吹扫管检修
19	密封风门检修
20	入煤口裙板位置磨损检查更换
21	进出口落煤管磨损检查补焊更换

四、EG2490型给煤机检修工艺及质量标准

1. 检修前准备

(1) 办理好系统工作票。

(2) 检查安全措施的执行情况。

(3) 对设备的停运前状态参数进行记录。

(4) 对设备的缺陷、渗漏点进行统计。

(5) 准备好相应的备件、材料和工器具。

(6) 准备好文件包和相应的各种措施。

(7) 进行人员安全和技术交底。

(8) 设置好检修现场定制图，布置现场施工电源和照明设备。

(9) 准备各种记录用表、卡、记录本等。

2. 给煤机本体解体

（1）打开给煤机全部检修门。清理给煤机皮带上的剩煤。

（2）在张紧臂下插入垫木，使滚筒离开皮带升高，并支撑其重力。

（3）从驱动电动机一侧的检修门中将皮带张紧指示器取出。

（4）从张紧滚筒上拆下润滑脂软管，拆下安装在两侧检修门门框上用来固定称重辊拉杆的销轴螺栓。

（5）拆下称重辊两端轴承座与称重传感器连接的销钉，从侧面检修门中取出称重托辊及拉杆。

（6）放松被动滚筒调整螺栓，使皮带最大限度放松。

（7）在张紧滚筒下插入滚筒更换弧板，用螺栓将其固定在检修门框架上。从张紧臂上将张力滚筒轴承座拆下，将其放在滚筒更换弧板上，如图12-41 所示。

（8）将张力滚筒从滚筒更换弧板上滑动移出给煤机，然后取下滚筒更换弧板。

（9）从给煤机的一侧拆下两个称重跨托辊的轴承座，取出仍与轴承组装在一起的辊。

（10）从给煤机出煤口检修门安装滚筒提升杆，并加以调整，使它在皮带驱动电动机的对面一端支撑驱动滚筒的重力。取下驱动滚筒固定端的轴承盖，轴承座和轴承仍装配在驱动轴上，如图 12-42 所示。

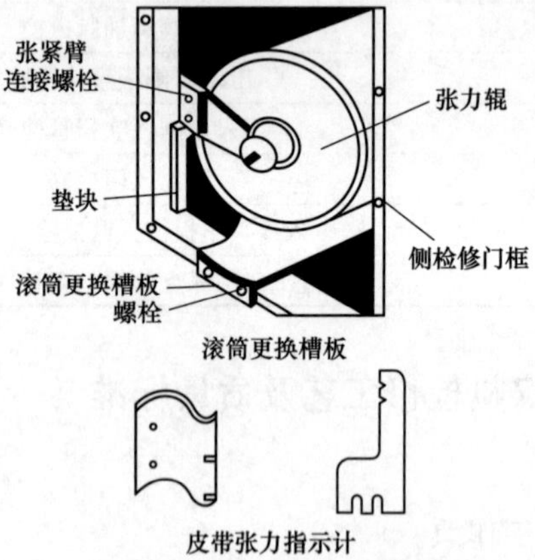

图 12-41　张紧滚筒拆卸

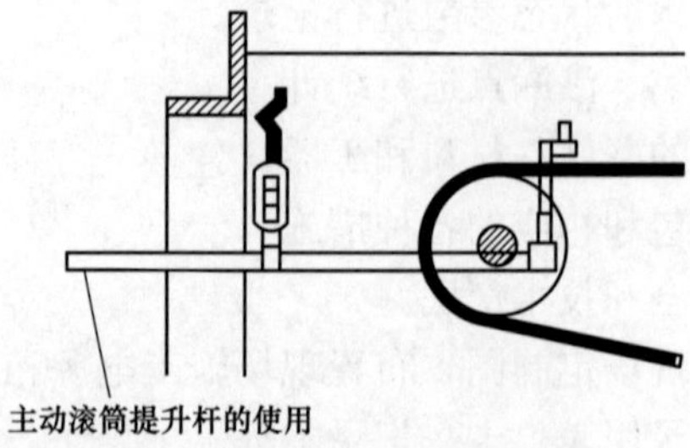

图 12-42　驱动滚筒轴承座拆卸

（11）将滚筒更换弧板的无凸缘端插入轴承盖的法兰口中，在皮带和驱动滚筒之间推进弧板，直至无凸缘端搭在驱动侧的法兰口上。将凸缘端固定在给煤机上。

（12）依次取下滚筒提升杆、滚筒更换弧板、入煤口的侧衬板。拆下皮带支撑板装配螺栓。

（13）拆下被动滚筒张紧座与上下导轨之间的固定螺栓。

（14）从张紧座上拆下螺栓，取下张紧座和张紧螺栓，用张紧座上的螺栓将导轨延长板安装固定在下导轨上。从给煤机机体上拆开被动滚筒轴承润滑油脂软管。

（15）将约 1.5m 的皮带从入口端检修门拉出。将被动滚筒和张紧螺栓装配一同取出，从导轨延长板上将其滑出来。取出皮带支撑板，然后取出皮带的剩余部分。检查皮带，质量标准：给煤机皮带表面无严重划伤、烧伤、裂口，磨损超过原厚度的 2/3 时更换，皮带边磨损超过 20mm 应更换。

3. 给煤机本体回装

（1）驱动滚筒、被动滚筒及皮带组装，将皮带放置在机壳内。

（2）将两侧张力臂连同衬套和螺栓装在机壳上。并用开口销固定。

（3）用螺栓将上下导轨与机壳连接，并在导轨上安装皮带支撑板。

（4）用煤油清洗辊轮表面、辊轮的轴承和轴承组件，然后对上述零件进行检查。质量标准：所有滚筒、托辊的轴承表面无点蚀、磨损超标、保持架损伤等缺陷；与轴配合处的轴段无磨损现象。所有滚筒表面应光滑、无磨损、无凹凸、无毛刺、无裂纹等现象。

（5）各辊轮的轴承和轴承组件套在辊轮轴上。

（6）在张紧辊轮上套入滑块，然后穿入放置在机壳内的皮带，并在上下导轨上就位。

（7）安装张紧拉杆螺栓和螺栓座，然后把张紧螺栓放到最长位置。

（8）在给煤机的减速箱上安装传动连接法兰。

（9）将辊轮的拆卸座穿入皮带并与机壳固定。

（10）将驱动辊轮滑入机壳内，然后用轴承座盖把驱动辊轮固定在机壳上。质量标准：滚轮的 V 型导槽的中心线必须彼此之间在 ± 1.6mm 以内，与给煤机两侧的机加工表面中心在 ± 3.2mm 以内。滚筒联轴器端与驱动轴上的半联轴器之间的间隙（即轴向窜动量）为 2.5～3.175mm。

（11）用吊钩螺栓的调节螺母调节辊筒的高低尺寸。

（12）从机壳侧面的检修孔处把从动辊轮穿入机壳内并就位。调整张紧螺栓时，将皮带调至适当的张紧程度。调整从动滚筒高低时应保证上下滑轨两边高低一致。

（13）称重机构的装配，用煤油清洗称重托辊和托辊轴承组件。

（14）将前后托辊及其轴承、轴承座等相关件装配在机体上（注意：轴承座内应填充锂基脂）。

(15) 将中间称重托辊与两侧轴承组件组装成一体(注意:轴承座内应填充高温锂基脂)。

(16) 在机壳两侧安装称重传感器,并用螺母予以紧固,然后将组装好后的称重托辊用销锁紧。

(17) 轴与两侧称重传感器相连,销轴上应装配开口销。

(18) 用连接板和销将标准称重校准量块吊装在称重轴承座上,用开口销锁紧(注意:操作手柄应转动灵活,称重校准量块与托辊轴承座的连接板应紧贴且不受任何约束)。

4. 给煤机减速机检修

(1) 将减速箱内润滑油放尽,然后从机壳内部拆下联轴器和电动机。

(2) 拆除减速箱轴承圆柱齿轮座的螺栓,拆下轴承座。

(3) 将斜齿轮、圆螺母及止退垫片拆除。

(4) 拆除圆柱齿轮,取下蜗轮轴。

(5) 将底部轴承座拆下,并取出润滑油泵、弹簧及弹簧座。

(6) 拆除斜齿轮、蜗轮前后轴承座,取出蜗轮,然后将蜗轮及蜗轮上的轴承拆除。

(7) 从轴承座内取出蜗轮和蜗杆的轴承外圈。

(8) 从蜗轮蜗杆轴承座内取出油封。

(9) 清洗检查所有的轴承、齿轮、油封等,准备好更换的备件。

(10) 将油封装入蜗轮轴承座内。

(11) 将蜗杆轴承的外圈和蜗轮轴承的外圈分别装入轴承座。

(12) 将蜗杆轴承的内圈和蜗轮轴承的内圈分别套入蜗杆轴和蜗轮轴,然后用铜棒敲击至轴肩。

(13) 将蜗轮装入减速箱壳体内,并测量游隙。质量标准:驱动减速器内齿轮啮合良好,啮合区在中间部位,不偏斜,啮合线沿齿长不得小于75%,沿齿高接触不少于60%,各级齿轮无裂纹、无锈蚀、无断齿现象,齿轮磨损厚度不大于1/3;各轴承无点蚀、无严重磨损、无卡涩,保持架完好无裂纹。

5. 对检修更换后的设备进行恢复调整

(1) 清扫链张力调整:清扫链需要有一定的柔度,出厂时从链轮到托链板之间约有50mm的下垂量,随着使用时间逐渐拉长。当下垂量超过130mm时应拆除一节链杆,以调整链的张力。质量标准:清扫链松紧适当,下垂量为50~130mm(驱动链轮到第一链条支撑板之间链的下垂度为50mm),且有2/3以上的调节余量。

(2) 给煤机调整及皮带校验。

(3) 调整皮带的轨迹、张紧;调整给煤机需要启动给煤机,启动前确定给煤机各部位加入适当的润滑脂,如图12-43所示。

(4) 在皮带表面的宽度方向做上记号,以指明皮带转过完整的一周。

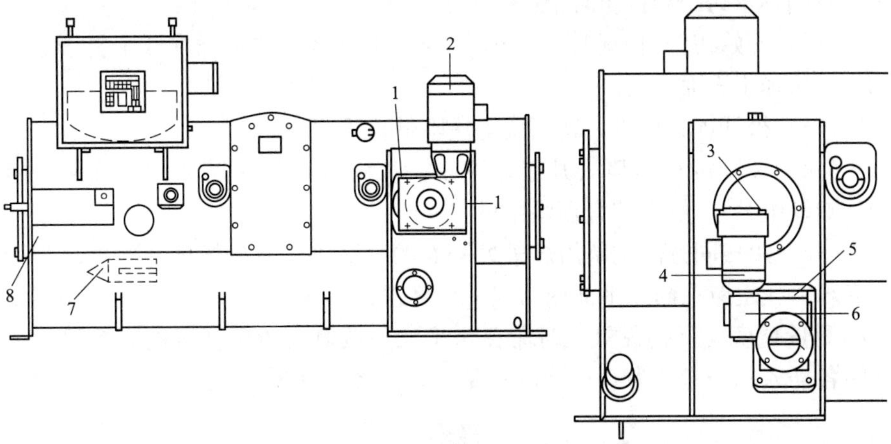

图 12-43　给煤机加油位置

1—皮带驱动式减速机；2—皮带驱动电机；3—主动滚筒轴承；4—清扫驱动电机；
5—清扫传动装置减速机；6—清扫驱动减速机；7—清扫链张紧装置；8—被动滚筒轴承

(5) 启动并低速运行给煤机。至少在 5 圈内仔细观察皮带的隆起迹象。

(6) 以最大转速让皮带至少转过 20 圈，如果不出现隆起，就认为皮带的轨迹合适。

(7) 带轮上发生隆起的情况下，首先在主动滚筒上对皮带进行调偏。将对应的皮带调整螺栓拧紧一圈使皮带在要求的方向上偏转，在低速下至少观察皮带转动 5 圈来看看调整的作用。

(8) 如果不出现隆起，以最大速度操作给煤机使皮带至少转过 20 圈。

(9) 继续执行这种方法直到皮带在主动轮上正确定轨。完成轨迹调整后，重新检查皮带张力的调整，如图 12-44 所示。

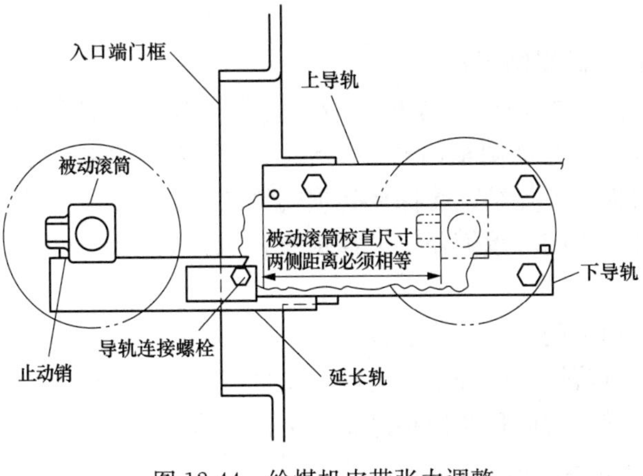

图 12-44　给煤机皮带张力调整

(10) 称重辊的调整。将校准砝码挂到两个称重传感器上。

(11) 紧靠皮带的边上通过给煤机的入口端检修门插入检尺，其机加工表面放到称重跨距和称重辊上。

(12) 开始在任何一侧将一个厚度为0.13mm的垫片插在3个辊子之一和检尺机加工表面之间。

(13) 松开锁紧螺母，转动调整块降低称重辊。

(14) 缓慢转动调整块升起称重辊，直到垫片与检尺和称重辊两者接触（滑动配合），然后拧紧锁紧螺母。

(15) 用相同方法调整给煤机另一面的称重辊。质量标准：称重辊与两侧支承跨托辊应在同一平面内，其平面度误差不大于±0.05mm，以保证精确的测量精度。调整称重辊时需在水平尺与两侧支承跨托辊的3个接触面之间各插入一个厚度为0.13mm的垫片，如图12-45所示。

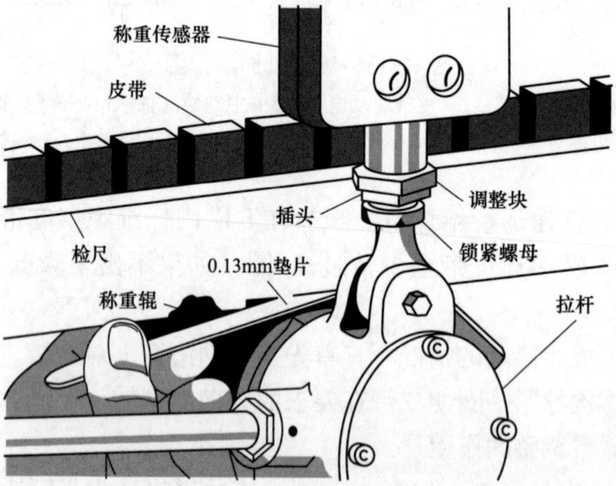

图12-45 给煤机称重辊调整

(16) 拆下检尺并拆下校准重物。称重辊调整之后必须重新校准给煤机。

6. 进出口电动煤闸板检修

(1) 拆开电动闸板门的盖板，清理内部积煤，检查闸板的磨损情况。质量标准：进出口电动闸板门开关灵活，无积煤，门板无磨损，转动部分轴承无严重磨损、无点蚀、无保持架损伤等缺陷。

(2) 拆开闸板门轴承侧盖，清理检查轴承（如轴承损坏则更换），并对轴承加油。

(3) 恢复轴承侧盖、闸板盖板。

(4) 进出口落煤管检查贴补更换。质量标准：落煤管局部磨损超过2/3贴补、挖补处理。大面积磨损超过1/2更换整体。

7. 给煤机整体试运

质量标准：试转时给料皮带无跑偏、隆起现象；清扫链条运转平稳无卡涩，轨迹良好无跑偏。试转时整机运行振动值小于0.05mm，转动部位温度小于70℃。

第四节　制粉系统常见故障分析

一、制粉系统常见故障

（一）制粉系统爆炸事故

1. 故障内容

制粉系统所属设备、附属系统管路等内部发生煤粉爆炸，造成设备损坏导致制粉系统停运，甚至导致机组停运事故。

2. 故障原因分析

制粉系统的设备在生产和停运过程中不可避免地均会或多或少存有原煤和碾磨后的煤粉，尤其是燃用挥发分较高的神华煤和褐煤时，残存的煤粉中析出可燃性气体，当煤粉浓度达到爆炸极限值时再加上外部一定条件，就有可能发生制粉系统爆炸事故。易发生爆炸事故的部位主要在粉仓、原煤仓、磨煤机一次风道入口处、分离器内部、锁气器、排粉机叶片等部位。在制粉系统设备启动和停运或制粉系统发生堵塞断煤时，这些时段发生爆炸的概率更高。

3. 故障防范措施及处理办法

（1）措施制度管理方面：

1）严格按照《防止电力生产事故的二十五项重点要求》内容要求，排查本单位制粉系统爆炸的隐患部位并制订整改计划。

2）根据本单体燃煤特性制定相应的《防止制粉系统着火爆炸的反事故措施》《原煤仓、粉仓清仓措施》《制粉系统火灾应急预案》等文件。

（2）燃料管理方面：

1）定期对燃用煤种进行煤质分析和配煤管理，煤质发生变化则及早通知运行和相关人员；燃用混煤时保证进入原煤斗的煤是已经混好的煤。

2）加强燃料管理，杜绝易燃易爆物品进入磨煤机内，同时保证进入磨煤机内的原煤无杂物，如铁块、铁丝、棉纱、编织袋、木块等。

（3）运行管理方面：

1）磨煤机启动前，要投入 1.5min 消防蒸汽，逐渐开启冷、热风门进行暖磨，控制磨煤机出口温升速度不大于 4℃/min，启动过程中控制磨煤机出口温度不大于 65℃。启、停制粉系统时必须严格执行操作票。调整磨煤机一次风量时，要严格控制“风—煤”比例，操作要平稳，不要突升和突降。磨煤机运行时，神华煤高硫煤磨煤机出口温度控制在 70℃，掺烧石炭煤磨煤机出口温度控制在 80℃，磨煤机出口温度达到 95℃时要通入消防蒸汽。因下雨原煤水分超过 16%时，为了避免磨煤机堵煤，神华高硫煤磨煤机出口温度可控制在 75℃，最高不能超过 80℃。磨煤机出口温度剧升至 110℃应停止磨煤机，短时间内禁止启动，必须在查清原因并恢复正常后方可重新启动。每 2h 必须对运行和备用磨煤机、给煤机、原煤斗进行检查。测量设备外壳温度有无异常变化，给煤机、磨煤机箱体温度最高不应超过 70℃，原煤斗外壳温度不应超过 60℃。磨煤机正常运行过程中，原煤有自燃现象时，应保持磨煤机运行，应适当增加煤量，控制磨煤机出口温度。制粉系统停止前，给煤量减到最低值后，关闭热风调节挡板和热风关断挡板，用冷风挡板控制磨煤机风量，待磨煤机出口温度降至 55℃且稳定后方可停止给煤机运行，磨煤机继续运行至少 10min 且电流降至空载电流后停止运行，并检查消防蒸汽是否自动投入。磨煤机停止后，开大磨煤机冷风调节挡板，风量不低于额定风量吹扫至少 5min，以确保煤粉管道吹扫干净，而后保持冷风关断挡板全开，调节挡板开度 5%～10%通风，以排出磨煤机内可燃气体。制粉系统正常停运时，停止给煤机前先关闭入口门，在给煤机皮带及清扫器均无煤后停止给煤机运行。如果制粉系统故障停止后给煤机内有煤，又不可能在短时间内启动，应打开给煤机清除存煤。启磨煤机前和停磨煤机后，一定要及时排除磨煤机排渣箱内积渣，正常运行时磨煤机的排渣每班两次，遇有排渣量异常增多时要增加排渣次数，防止渣室自燃。

2）机组大修、小修、停炉 7 天以上或制粉系统检修 7 天以上，应合理安排，将原煤斗走空，在给煤机停止前敲打原煤斗或投入防堵设备；振打设备以防煤仓壁挂煤。

3）制粉系统备用时必须加强制粉系统的定期切换，机组正常运行中，备用磨煤机停用超过 7 天时，必须启动备用磨煤机，运行时间不少于 8h。磨煤机和给煤机需要长时间备用时，可将其人孔门处于打开状态。

4）制粉系统附近消防设施应齐全，并备有专用灭火器材，随时保持消防水源充足，水压符合要求。并定期专人检验合格保证随时能够投入。

5）磨煤机在出现断煤、磨煤机内堵煤、磨煤机内着火情况时，要及时将该制粉系统停运。严禁存在侥幸心理维持运行；运行磨煤机出现局部爆燃，出入口压力瞬间升高，一次风量降低，炉膛负压出现波动时停止磨煤机运行，停止前消防蒸汽投入时间不少于 3min。如发生磨煤机内爆炸时，应紧急停止该制粉系统运行，严密关闭热风门，同时将磨煤机出口门关闭，消防蒸汽投入时间不少于 3min。

6）磨煤机故障跳闸后（锅炉 MFT 除外），检查关闭热风调节挡板，打开冷风门将磨煤机内及管道内的煤粉吹扫干净；消防蒸汽投入 1.5min；故障紧急停磨煤机前给煤量在 30t/h 以上或故障后短期不准备启动时，应将磨煤机内的煤清理干净后才可启动；任何时候都要保证启磨煤机前风室内无煤。发生锅炉 MFT 在短时间内不能启动制粉系统时，联系人员清理跳闸的给煤机和磨煤机内积煤。

（4）检修管理方面：

1）建立定期清扫制度，保证制粉系统周围设备环境无残存粉尘积留。

维护人员及时消除设备外部泄漏：加强设备的巡回检查，发现有漏风、漏粉现象时，及时处理并清理，防止煤粉堆积自燃。消除设备内部积粉隐患：利用每次检修的机会对解体的设备内部、管道、部件等部位的积粉及杂物进行清理，总结并找出经常积粉的部位进行分析研究，针对具体情况进行改造或制定防范措施。积极推进新技术、新工艺，在制粉系统防磨部位使用成熟的新材料，以提高部件的磨损寿命，减少粉尘外漏和粉尘沉积的概率。

2）利用每次大小修的机会，对设备和管路造成煤粉阻塞的突出部位和不平整处有可能积粉的地方进行打磨修复处理。利用每次检修机会，检查热风隔绝门的密封盘根完好性，及时更换新盘根，每次大小修对一次风挡板行程位置重新标定以减少漏风率。利用每次大小修的机会，检查制粉系统的防爆蒸汽总门和各防爆蒸汽门的严密性，疏水阀可靠性，消防蒸汽管道的保温良好。对于制粉系统的出口弯头、管路等易磨损的部位，利用大小修期间检查测量厚度，提前更换或贴耐磨材料。机组大修后要对制粉系统各送粉管道和各层送粉管道之间的粉量偏差和细度偏差进行调整，保证差值≤5%。每次大小修对制粉系统防爆门进行解体检查，保证防爆门动作的可靠性、严密性。定期检查一次风室刮板磨损情况，保证刮板同一次风室的间隙不能过大，防止一次风室积煤过多。

3）每次磨煤机大修后，检查弹簧加载装置弹簧的预紧力，保证磨煤机出力和煤粉细度在规定范围内；检查分离器折向挡板的开度和磨损量，保证煤粉细度在规定范围内。每次给煤机大修后都要对其密封风压力重新标定，防止压力过高造成粉尘飞扬，压力过低造成粉尘沉积。

4）定期检查送粉管道支吊架、恒力吊架的松紧程度及冷热态位置，支吊架避免布置在易堵和易磨损的地方，支吊架管部禁止采用焊接吊板结构。送粉管道上联管器（补偿器）的安装或更换要有足够的膨胀量，防止因热膨胀造成送粉管和联管器受热应力变形而积粉和泄漏。制粉系统管路的连接尽量减少法兰连接，对于法兰连接保证密封垫良好，密封垫的制作不能超过内管壁，各法兰螺栓紧力应均匀。定期对制粉系统所有的测量元件及仪表进行校对、调整和定期清扫，保证其准确性、可靠性。

5）禁止在运行的制粉系统上动火作业，在停运的系统上动火时，办理好动火工作票的同时注意易燃物的清理，防止火种遗留。在制粉系统有焊接作业时，所有焊接工作必须设置双线，地线安装在被焊工件上，电焊机外壳可靠接地。工作前一定要将现场的煤粉和易燃物清理干净，检修后要清理现场，不遗留火种，现场不存放易燃易爆品，检修后电源应进行切断。

6）日常巡检如发现磨煤机着火（如出口温度无故突然升高或管道设备表面的油漆剥落等现象，可判断为磨煤机着火），不能慌张，应立即向当值值长和相关领导汇报，同时疏散不参与灭火的人员。保持工况稳定，不可随意打开人孔门或用消防水对燃着的煤粉直接喷射。

（二）制粉系统火灾事故

1. 故障内容

制粉系统所属设备、附属系统管路等内部或外部发生煤粉自燃着火现象，造成设备损坏导致制粉系统停运，甚至导致机组停运事故。

2. 故障原因分析

（1）煤粉管道泄漏时，附近有动火作业，隔离措施未做好，导致粉管着火。

（2）没有进行制粉系统设备定期清扫，制粉系统设备或管道外部积粉自燃。

（3）磨煤机干燥能力不足，湿粉黏结于管壁导致自燃。

（4）停运磨煤机后吹扫不足或未吹扫、运行中风量小携带煤粉能力低，造成粉管弯道或爬升段积粉自燃。

（5）一次风管道设计不合理或粉管缩孔磨损，造成局部管道积粉自燃。

（6）制粉系统进入由原煤带入的已经自燃的原煤或物质。

（7）制粉系统设备跳闸，设备及管道中积粉未及时清理，积粉自燃。

（8）雨季或原煤过湿造成制粉系统内堵煤或棚煤，再次启动后有一部分湿煤长期粘在设备内未能吹扫干净，发生自燃。

3. 故障防范措施及处理办法

（1）严格按照《防止电力生产事故的二十五项重点要求》排查本单位制粉系统着火的隐患部位并制定防范措施。

（2）根据本单位燃煤特性制定相应的《防止制粉系统着火爆炸的反事故措施》《原煤仓、粉仓清仓措施》《制粉系统火灾应急预案》等相应的措施。

（3）煤粉管道有泄漏时，立即通知检修人员消缺，缺陷消除后应将所泄漏的煤粉清理干净。

（4）停运磨煤机前将给煤量调整至 20t/h 以下后再停运该台磨煤机。

（5）运行中磨煤机的一次风量按照风煤比曲线进行调整，防止风量小携带煤粉能力低，造成粉管道积粉。

（6）磨煤机运行期间其出口风粉温度要严格控制在规定范围之内。

（7）停运的磨煤机注意监视磨煤机出、入口温度的变化，发现有急剧升高的现象时应分析查找原因。

（8）由于异常原因引发磨煤机跳闸时，在事故处理告一段落、机组参数稳定后将跳闸磨煤机出口粉管通冷风进行吹扫，防止粉管积粉自燃。

（9）运行人员每班对备用磨煤机本体进行测温。

（10）每年对磨煤机粉管风速进行复测并调平。

（11）煤粉管道着火后，立即到着火地确认着火位置、火势大小、附近是否有危险源，并及时汇报值长。

(12) 如果运行磨煤机出现粉管道有发红发热现象，处理步骤：停运该给煤机→停运该磨煤机→关闭热风通道→对发红发热管道进行喷水降温，避免管道烧塌→开大冷风通道进行吹扫。

(13) 如果停运磨煤机出口粉管道有发红发热现象，处理步骤：对发红发热管道进行喷水降温，避免管道烧塌→开启对应粉管煤阀→开大冷风通道进行吹扫。

(14) 若粉管着火情况通过吹扫不能熄灭时，关闭磨煤机冷风通道，导通磨煤机消防蒸汽，对磨煤机进行消防灭火，待磨煤机内有充足的蒸汽后，开启着火煤粉管道磨煤机出口煤阀，对着火管道进行消防灭火，注意消防蒸汽投运时要投入给煤机、磨煤机密封风，磨煤机在充满蒸汽带压期间，严密监视给煤机箱体温度，防止高温损坏给煤机皮带。

二、中速磨煤机常见故障

(一) 磨煤机内部进异物

1. 故障内容

磨煤机内部进异物，造成磨煤机异声，振动不正常（有规律的振动）。

2. 故障原因分析

来自原煤中的铁块、石块等进入磨煤机，导致磨煤机内部有规律的异声，这是中速磨最易发生的故障，如不及时处理，会导致磨煤机内部其他的部件脱落或损坏部分造成更大的异声。

3. 故障防范措施及处理办法

(1) 加强设备的日常巡检工作，对发现磨煤机内部有规律的异声基本上就是进异物了，要及时将磨煤机停运进行内部检查，取出异物，同时对异物有可能造成的磨煤机内部损坏的部位进行检查并处理。

(2) 中速磨煤机对煤中“三块”比较敏感，加强对煤场的管理工作，避免原煤中的异物进入磨煤机。

(二) 中速磨煤机磨辊故障

1. 故障内容

中速磨煤机磨辊发生故障不转，表现为碾磨出力下降，电流突降。

2. 故障原因分析

磨辊是中速磨煤机的重要部件，发生故障时会造成磨煤机振动异常、磨煤机处理不稳、电流波动、排渣量异常等现象。一般磨辊故障主要有以下原因：

(1) 磨辊漏油造成磨辊润滑条件不能满足。

(2) 磨辊油封磨损或密封风效果不好造成磨辊内进煤粉。

(3) 磨辊套断裂。

(4) 磨辊轴承损坏，如图 12-46 所示。

图 12-46 磨辊轴承损坏

(a) 磨辊轴承滚柱（滚珠）损坏；(b) 磨辊轴承内圈损坏

3. 故障防范措施及处理办法

(1) 定期检查磨辊油位及油质情况，有异常时必须检查磨辊轴承。

(2) 定期检查磨辊油封是否有漏油情况。

(3) 定期解体检查磨辊轴承。

（三）磨煤机驱动减速器高速轴端漏油严重

1. 故障内容

磨煤机驱动减速器高速轴端漏油严重，如图 12-47 所示。

图 12-47 磨煤机减速器高速轴端漏油严重

2. 故障原因分析

(1) 润滑油油质老化，抗泡性能降低。

(2) 环境温度过低，回油不畅。

(3) 供油压力高，油位高于输入轴中心线。

(4) 油站管路密封性差，入口管路有向系统内漏气现象。

(5) 减速器输入轴密封设计不合理。

3. 故障防范措施及处理办法

(1) 定期化验润滑油，必要时更换。

(2) 回油管安装保温或加装伴热带。

(3) 检查油管路的密封性，调节好供油压力。

(4) 减速器输入轴处进行密封改造，加装密封油挡，如图 12-48 所示。

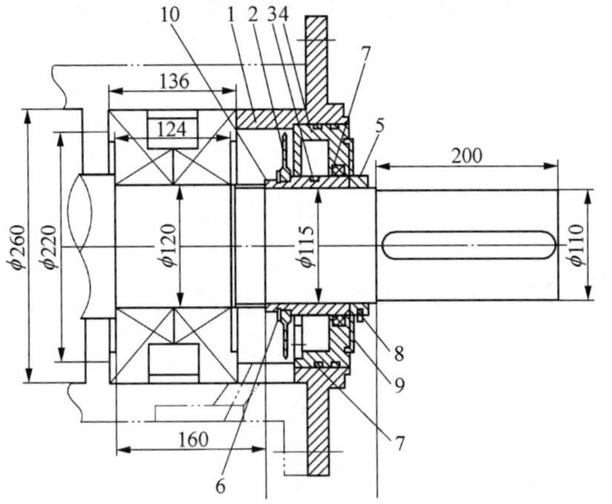

(a)

(b)

图 12-48　磨煤机减速器输入轴油挡改造安装组合油挡（单位：mm）

(a) 改造安装组合油挡视图；(b) 改造安装组合油挡实物图

1—透盖；2—甩油环一；3—甩油环二；4—回油槽；5—防尘环；

6—挡圈；7—O 形圈；8—螺钉；9—骨架油封；10—定距环

(四) 磨煤机电流高

1. 故障内容

运行时磨煤机电流高。

2. 故障原因分析

(1) 磨煤机过载或煤太湿，煤质过硬。

(2) 煤粉过细。

(3) 电动机或减速箱损坏故障。

(4) 一次风量不准确。

3. 故障防范措施及处理办法

(1) 降低给煤率，检查给煤机标定、煤质硬度和煤湿度变化量。

(2) 降低分离器转速，增大调节折向门开度。

(3) 检查电动机、减速器。

(4) 校准一次风流量。

(五) 磨煤机电流低

1. 故障内容

运行时磨煤机电流低。

2. 故障原因分析

(1) 给煤机量少，磨煤机入口堵煤。

(2) 磨辊卡住不转。

(3) 煤粉过粗。

（4）一次风量不准确。

3. 故障防范措施及处理办法

（1）增大给煤率，检查给煤机标定，检查给煤机落煤管。

（2）检查磨辊装置。

（3）增大分离器转速，减少调节折向门开度。

（4）校准一次风流量。

（六）磨煤机运行不平稳

1. 故障内容

磨煤机运行不平稳，振动大（无规律的振动）。

2. 故障原因分析

（1）磨辊不转动，打滑。

（2）碾磨力过大。

（3）煤种改变。

（4）一次风量不准确。

（5）磨煤机内部间隙不正确。

（6）磨煤机暖磨时间太短。

3. 故障防范措施及处理办法

（1）检查磨辊装置，检查原煤的颗粒度，煤质硬度。

（2）校对弹簧加载装置的预紧力。

（3）检查煤种。

（4）校准一次风流量。

（5）调整磨辊与磨碗间隙，调整弹簧头与磨辊垫块间隙。

（6）检查磨煤机暖磨时间是否适当。

（七）磨煤机旋转分离器故障不出力

1. 故障内容

磨煤机旋转分离器故障不出力。

2. 故障原因分析

（1）电动机或减速器故障。

（2）传动皮带断裂或皮带过松。

（3）转子部分卡涩不转。

3. 故障防范措施及处理办法

（1）检查电动机、减速器及联轴器。

（2）检查皮带，必要时更换新皮带；校准皮带的张紧力。

（3）检查旋转分离器轴承箱是否卡涩，必要时解体检查更换轴承。

（4）检查上下气封处间隙是否过小；是否有煤粉嵌入，进行清理。

三、电子称重式皮带给煤机常见故障

（一）给煤机皮带跑偏

1. 故障内容

给煤机皮带跑偏。

2. 故障原因分析

（1）给煤机皮带张紧力调整不当。

（2）给煤机入口落料口落料不均匀。

（3）给煤机皮带内侧有煤粉。

（4）给煤机皮带老化；内表面阻力不一致。

（5）给煤机托辊或滚筒一侧轴承损坏，导致托辊滚筒倾斜。

3. 故障防范措施及处理办法

（1）将皮带两侧张紧力调整一致，启动给煤机并观察、检查皮带跑偏的趋势，增大皮带跑偏另一侧的张紧力。

（2）检查给煤机入口落料口是否局部堵塞。

（3）清理给煤机皮带内侧的煤粉；检查托辊滚筒表面有无黏粘物。

（4）更换新皮带。

（5）检查更换给煤机托辊或滚筒的轴承。

（二）给煤机出力不准确

1. 故障内容

给煤机出力不准确。

2. 故障原因分析

（1）给煤机标定不准确。

（2）称重辊处有杂物。

（3）给煤机皮带打滑。

3. 故障防范措施及处理办法

（1）重新标定给煤机皮带。

（2）检查称重辊附近是否有煤中异物，并清理。

（3）重新调整给煤机皮带的张紧力，必要时更换新皮带。

（4）检查托辊、滚筒表面。

（5）将称重辊轴承座的侧盖打开，检查轴承是否脱开。

第十三章　锅炉空气预热器

第一节　空气预热器的作用及工作原理

一、空气预热器作用

空气预热器的主要作用是回收离开锅炉汽水吸热段的烟气热量，加热燃烧空气，降低排烟温度，属于气-气热交换器。空气预热器的主要作用：

（1）强化燃烧。燃烧空气加热后可以干燥燃料，加快挥发分溢出，利于燃料着火、燃烧和燃尽，增强燃烧稳定性和提高燃烧效率。

（2）强化传热。燃烧空气被加热后，提高了炉膛温度，加大了烟气和水汽侧温差，从而强化了锅炉传热。

（3）提高锅炉效率。采用空气预热器使锅炉排烟温度降低明显，锅炉效率相应提高，通常排烟温度每降低 15℃，锅炉效率提高 1%左右，对降低排烟温度 250℃左右的空气预热器，锅炉效率提高 12%以上，节约燃料量非常可观。

（4）利于燃料输送。加热后热一次风可以在输送燃料途中对其进行加热，蒸发燃料所带水分，利于煤粉制备和输送。

二、空气预热器工作原理

空气预热器通常和锅炉系统汽水侧参数无关，只和锅炉容量大小和燃料种类有关。但考虑空气预热器是提高整个锅炉热效率的重要一环，同时，为达到合理分配空气预热器和省煤器的吸热份额，提高锅炉的综合经济性，空气预热器常看成是锅炉本体系统的重要组成部分。

空气预热器由数以千计的高效率传热元件紧密地放在模式扇形仓内，多个扇形仓组成了转子，转子之外装有转子外壳，转子外壳的两端同冷、热端连接板相连，冷、热端连接板同烟风道相连。空气预热器装有径向密封和旁路密封，形成空气预热器的一半流通烟气，另一半流通空气。当转子慢速转动时，烟气和空气交替流过传热元件，传热元件从热烟气吸收热量，然后这部分传热元件受空气流的冲刷，释放出贮藏的热量，这样空气温度大为提高。

空气预热器按换热方式分为传热式和蓄热式两大类，其中传热式是指空气和烟气各有自己的通路，热量连续地通过传热面由烟气传给空气；而蓄热式是烟气和空气交替通过受热面，当烟气通过此受热面时，受热面金属被加热而将热量蓄积起来，当空气通过时受热面金属将热量释放并加热空气。现代锅炉传热式空气预热器多采用管式空气预热器，蓄热式空气预热器多采用回转式空气预热器。其中回转式空气预热器的驱动方式又可分为围带驱动、上轴中心驱动、下轴中心驱动三种。

第二节　回转式空气预热器

回转式空气预热器的工作原理如图 13-1 所示。烟气进入空气预热器后，加热转子内部的蓄热元件，转子转到空气侧后，将蓄热元件所带热量释放给流经转子的空气，转子连续旋转，换热过程也持续进行。

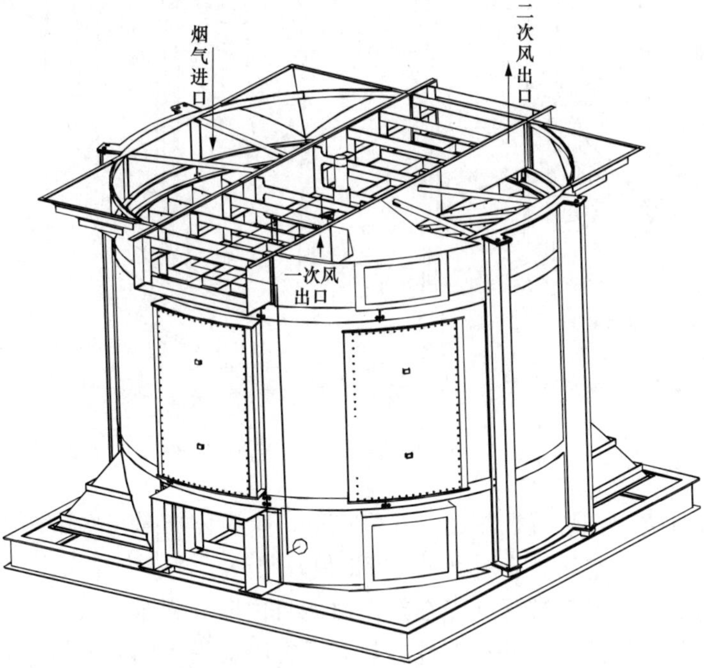

图 13-1　回转式空气预热器工作原理

一、回转式空气预热器的结构

回转式空气预热器主要由外壳、顶部结构、底部结构、转子、换热元件、驱动装置、轴承、转子密封系统、过渡段烟风道、端柱等组成。

（一）转子外壳

回转式空气预热器整体结构如图 13-2 所示。

转子外壳用以封闭转子，上下端均连有过渡烟风道。过渡烟风道一侧与空气预热器转子外壳连接，一侧与用户烟风道的膨胀节相连，其高度和接口法兰尺寸可随用户烟风道布置要求的不同做相应变化。转子外壳上还设有外缘环向密封条，由此控制空气至烟气的直接漏风和烟风的旁路量。

转子外壳封闭转子并构成空气预热器的一部分，由低碳钢板制成，位

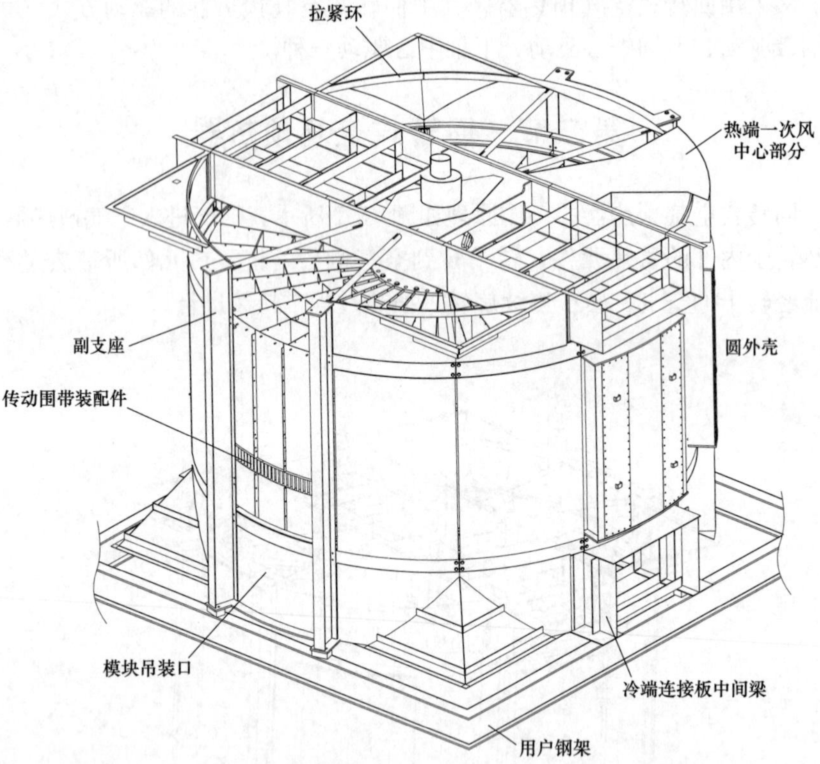

图 13-2　回转式空气预热器整体结构

于两个端柱之间，与端柱相连，并焊接成一个整体支撑在底梁结构上。转子外壳烟气侧和空气侧分别由两套铰链侧柱将转子外壳支撑在用户钢架上，该支撑方式可以保证转子外壳在热态时能自由向外膨胀。铰链侧柱和端柱的设置确保空气预热器静态部件在热态运行时能沿不同方向自由膨胀，以实现空气预热器的安全、经济运行。

转子外壳还支撑着顶部和底部过渡烟风道的外部，过渡烟风道分别与转子外壳的顶部和底部平板连接。

（二）顶部结构

顶部结构（见图 13-3）将两侧端柱连为一体，组成一中心承力框架，一方面将顶部导向轴承定位在中心位置并支撑由顶部轴承传递的横向载荷，另一方面还承受着由驱动装置扭矩臂传递过来的载荷。

顶部结构上连接有顶部扇形密封板，顶部扇形密封板在设定固定前由若干个调节螺杆悬吊在扇形板支板上。顶部结构扇形板支板的翼板在烟气和空气侧均开有若干个通流槽口，以使顶部结构梁的上下温度场尽可能分布均匀，从而减小顶部结构纵向热变形和转子热端径向间隙的变化。

（三）底部结构

底部结构（见图 13-4）包括底梁、底部扇形板和底部扇形板支板等。

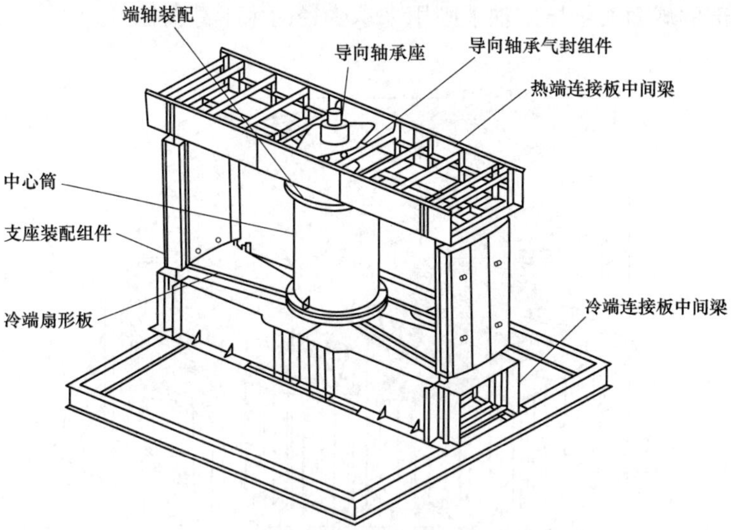

图 13-3　回转式空气预热器顶部结构

底梁通过底部轴承凳板支撑着空气预热器转动部件的载荷。底梁还支撑端柱、底部扇形板和底部扇形板支板的重力。底部过渡烟风道的重力由底部结构承受。底梁上的所有载荷分别由两端传递到用户钢架上。

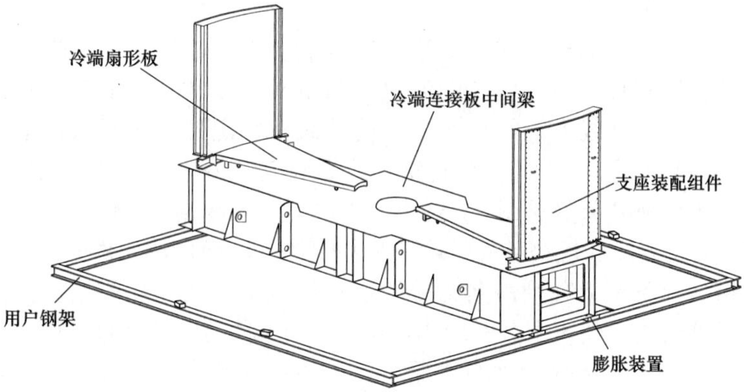

图 13-4　回转式空气预热器底部结构

（四）转子

转子（见图 13-5）是回转式空气预热器的核心部件，其中装有换热元件。连在中心筒轮毂上的低碳钢主隔板为转子的基本构架，转子隔仓由中心筒和外部分仓组成。转子中心筒包括中心筒轮毂和内部分仓，其中转子主径向隔板与中心筒轮毂连为一体。从中心筒轮毂向外延伸到转子外缘的主径向隔板将转子分为若干个分仓，这些分仓同时又被二次径向隔板和环向隔板分割成若干个隔仓，用以安装规格不同的换热元件盒。

转子与换热元件等转动件的全部重力由底部的球面滚子轴承支撑，而位于顶部的球面滚子导向轴承则用来承受径向水平载荷。

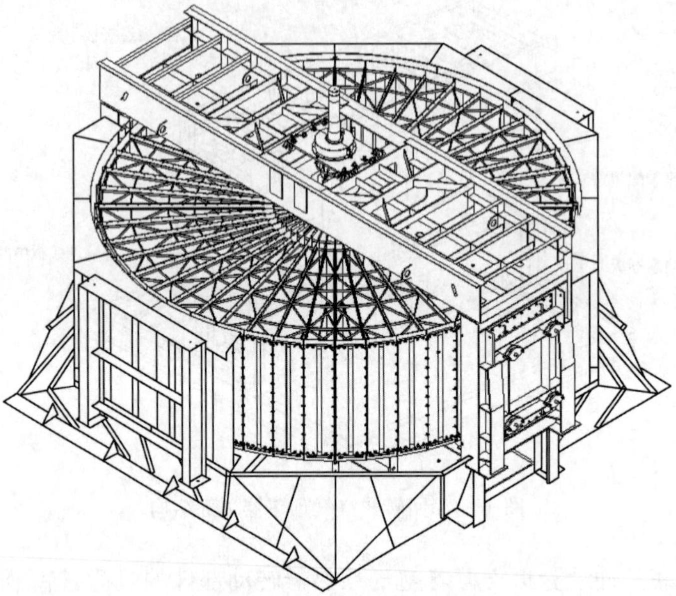

图 13-5 回转式空气预热器转子

（五）传热元件

传热元件由薄钢板制成，一片波纹板上有斜波，另一片上除了方向不同的斜波外还有直槽，带斜波的波纹板与带有斜波和直槽的定位板交替层叠。直槽与转子轴线方向平行布置，使波纹板和定位板之间保持适当的距离。斜波与直槽呈30°夹角，使得空气或烟气流经传热元件时形成较大的紊流，以改善换热效果（见图 13-6、图 13-7）。由于冷端（即烟气出口端和空气入口端）受温度和燃烧条件的影响最易腐蚀，因而传热元件分层布置。一般分三层，由下至上分别命名为冷段层、热段中间层和热段层。传热元件均装在元件盒内以便于安装和取出，热端和冷端传热元件均垂直向上抽取。由于空气预热器的传热元件布置紧密，工质通道狭窄，所以，在传热元件上易积灰，甚至堵塞工质通道，致使烟气和空气流动阻力增加，传热效率降低，从而影响空气预热器的正常工作，故必须经常吹灰和定期清洗。

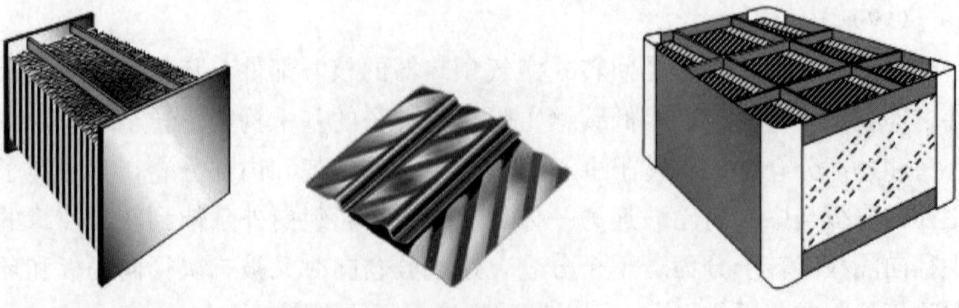

图 13-6 传热元件

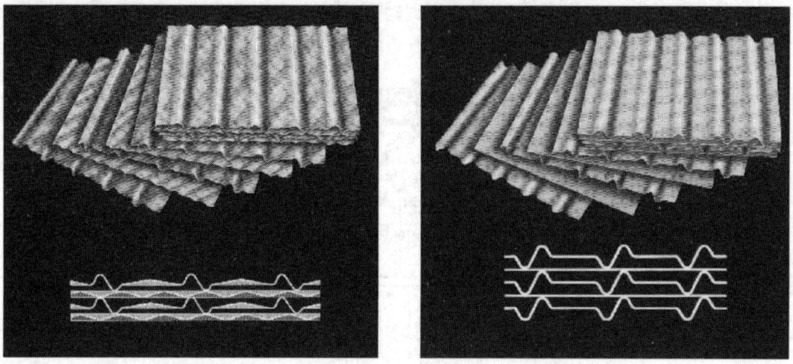

(a)　　(b)

图 13-7　容克式回转式空气预热器传热元件

(a) DU3 型传热元件；(b) NF6 型传热元件

(六) 转子驱动装置

如图 13-8 所示，回转式空气预热器采用围带驱动的传动方式，采用 625 个直径为 ϕ38mm 的围带销组成的围带板，围绕模数仓格一圈。转子由围带驱动，驱动减速机（见图 13-9）的输出轴连接大齿轮，大齿轮与围带销配合。驱动减速机带一个主交流电动机及一个应急电动机和气动马达。主、副电动机均采用变频启动方式，实现软启动。副电动机一般采用保安电源，这样在主电动机回路出现故障时，保证空气预热器的转动状态，以免热变形变化引起的卡停。

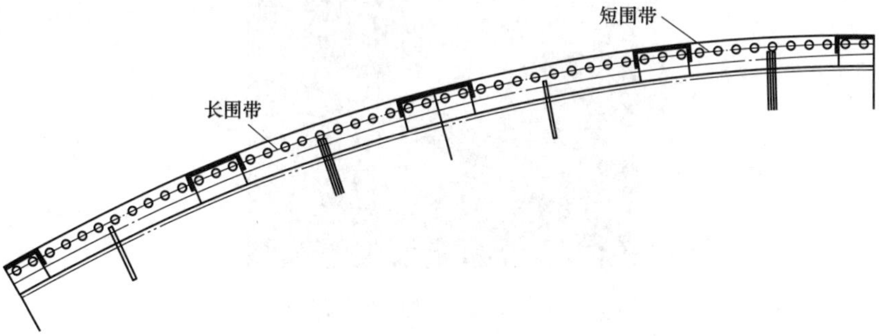

图 13-8　回转式空气预热器围带示意图

回转式空气预热器驱动方式除围带驱动外，还有上轴中心驱动、下轴中心驱动（见图 13-10）两种。回转式空气预热器下轴中心解体结构见图 13-11。

(七) 轴承

回转式空气预热器的轴承由底部推力轴承和顶部导向轴承组成。底部推力轴承为自调心球面滚子推力轴承，转子的全部旋转重力均由推力轴承支撑，底部轴承箱固定在支撑凳板上（见图 13-12）。底部轴承箱定位后，

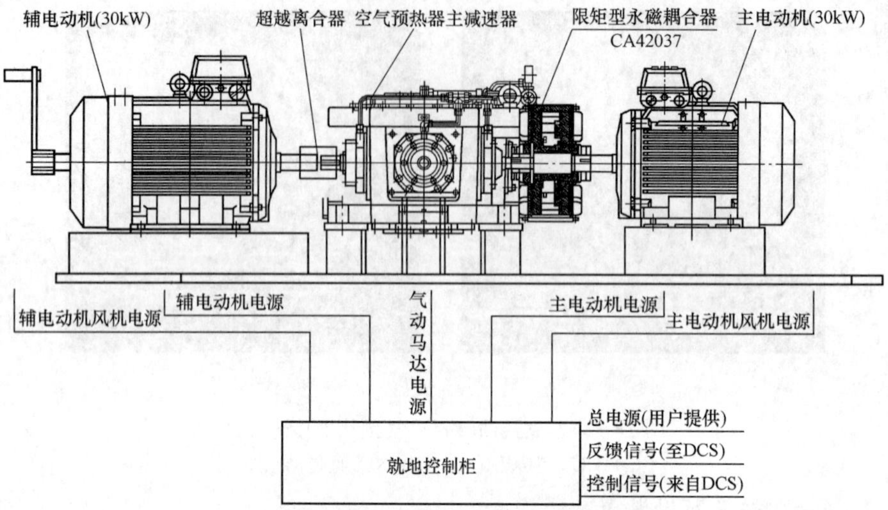

图 13-9　回转式空气预热器驱动装置

图 13-10　回转式空气预热器下轴中心驱动

将螺栓和定位垫板一起锁定，并将垫板焊在支撑凳板上。底部轴承两侧均设有防护网，以防止回转式空气预热器正常运行时无关人员靠近转动部位而发生意外。

底部轴承采用油浴润滑。轴承箱上安装有注油器和油位计，并开有用于安装测温元件的螺纹孔。底部轴承箱下面配有不同厚度的调整垫片，用于现场调整转子的上下位置和顶底径向密封间隙的大小。安装时还应适当增加垫片数量用以补偿底梁承载后的弯曲变形。

顶部导向轴承为CARB轴承，安装在一轴套上，轴套安装在转子驱动

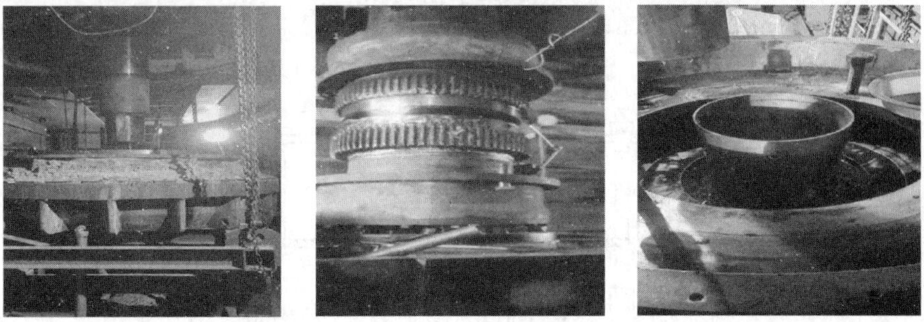

(a)　(b)　(c)

图 13-11　回转式空气预热器下轴中心解体结构

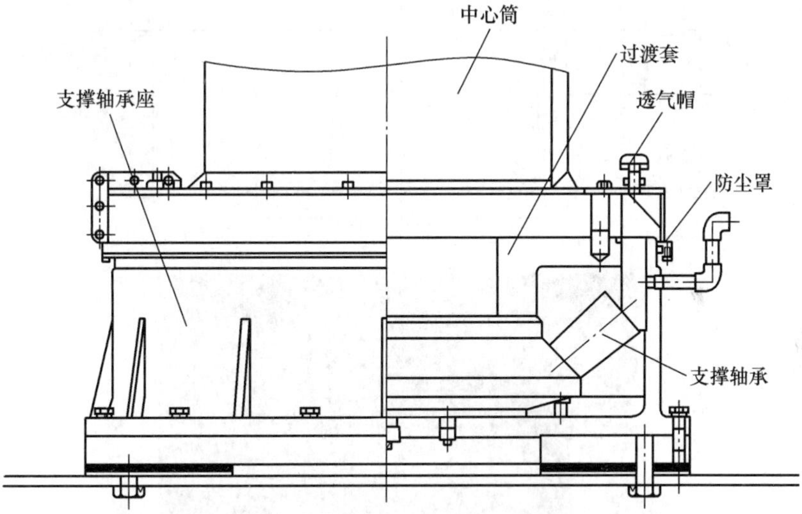

(a)

(b)

图 13-12　推力轴承

(a) 推力轴承结构示意图；(b) 推力轴承解体示意图

轴上，并用锁紧盘与之固定（见图 13-13）。导向轴承和轴套的大部分处于顶部轴承箱内。

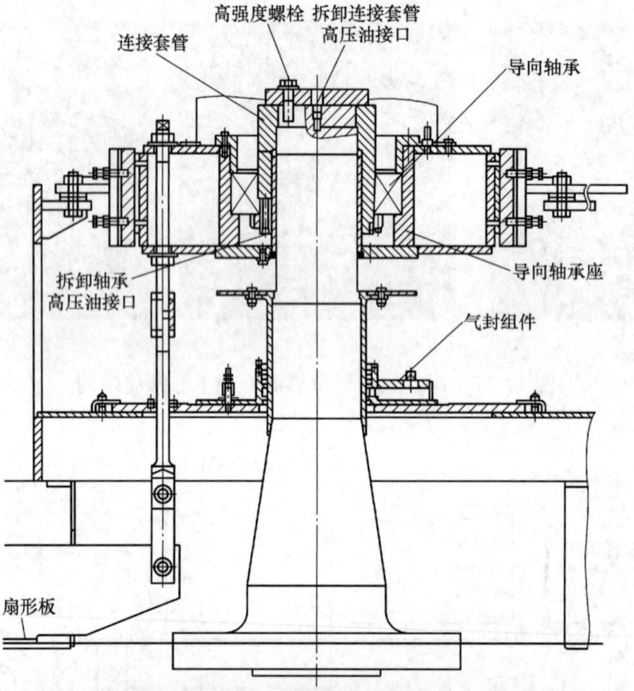

(a)

(b)

图 13-13　顶部导向轴承

(a) 顶部导向轴承结构示意图；(b) 顶部导向轴承解体示意图

顶部轴承箱两侧焊有槽形支臂，通过调节固定在顶部结构上的螺栓和支臂的相对位置来改变转子顶部轴承中心的位置，从而达到调整转子中心线位置的目的。顶部轴承支臂与顶部结构用 8 个锁紧螺栓和上下垫板定位固定，待顶部轴承位置最终调整就位后，即可将上述垫板与顶部结构的翼板焊在一起。此外，通过调整顶部轴承支臂下不同位置的垫片高度可以调节顶部轴承箱的水平度。

顶部轴承采用油浴润滑，润滑油等级与底部推力轴承相同。顶部轴承箱上有加油孔、注油器、油位计、呼吸器和放油塞。另外还设有用于安装测温元件的螺纹孔。顶部轴承箱还配有水冷却系统，适合于现场连接冷却水。冷却水法兰入口温度要求不得高于 38℃，冷却水流量须不低于要求值。

（八）转子密封系统

回转式空气预热器漏风的原因主要有：携带漏风和密封漏风。前者是由于受热面的转动将留存在受热元件流通截面的空气带入烟气中，或将留存的烟气带入空气中，后者是由于回转式空气预热器动静部分之间的空隙，通过空气和烟气的压差产生漏风。漏风量的增加将使送、引风机的电耗增大，增加排烟热损失，锅炉效率降低，如果漏风过大，还会使炉膛的风量不足，影响出力，可能会引起锅炉结渣。为了减小漏风，需加装密封装置。

为将空气至烟气的漏风降至最低，回转式空气预热器各向密封系统的设计和布置起着至关重要的作用。三分仓设计的空气预热器有三种不同的气流通过，即烟气、二次风和一次风。烟气位于转子的一侧，而相对的另一侧则分为二次风侧和一次风侧。上述三种气流之间各由三组扇形板和轴向密封板相互隔开。烟气和空气流向相反，即烟气向下、一次风和二次风向上。通过改变扇形板和轴向密封板的宽度可以实现双密封和三密封，以满足电厂对回转式空气预热器总漏风率和一次风漏风率的要求。

回转式空气预热器的密封系统由转子径向密封片、轴向密封片、环向密封条以及转子中心筒密封组成。

径向密封片用来减小空气到烟气的直接漏风。径向密封片安装在转子径向隔板的上、下缘。密封片由 1.6mm 厚的考登钢（美国钢种）制成，与 6mm 厚的低碳钢压板一起通过自锁螺母固定在转子隔板上。所有密封片均设计成单片直叶型。

轴向密封片和径向密封片一起，用于减小转子和密封挡板之间的间隙。轴向密封片由 1.6mm 厚的考登钢制成，安装在转子径向隔板的垂直外缘处，其冷态位置的设定应保证锅炉带负荷运行以及停炉无冷风时与轴向密封板之间保持最小的密封间隙。轴向密封片的固定方式与径向密封片相同。轴向密封片供货时两端均留有修整余量，现场可根据转子外缘角钢最终的实际位置进行裁切。

环向密封条安装在转子中心筒和转子外缘角钢的顶部和底部，其主要功能是阻断因未经过热交换而影响回转式空气预热器热力性能的转子外侧的旁路气流。此外，环向密封还有助于轴向密封，因为它降低了轴向密封片两侧压差的大小。在转子底部外缘，由 1.6mm 厚等同考登钢加工的单片环向密封条安装在底部过渡烟风道上并与转子底部外缘角钢构成密封对。

由于在满负荷运行时转子向下变形，因此安装该密封条时需预先考虑到这一间隙要求。该密封条用螺母以及压板固定。

顶部环向密封由焊在转子外壳上的密封条组成。在设置该密封条时应预先考虑到满负荷时转子以及外壳的径向变形差。

内缘环向密封条安装在转子中心筒的顶部和底部，与顶部和底部扇形板一起构成密封对，通过螺栓与焊在固定板内侧的螺母一起锁定。

中心筒密封的主要功能是减少空气漏入大气中。中心筒密封为双密封布置，密封片安装在扇形板上，与中心筒构成密封对。内侧密封由两个1.6mm 厚等同考登钢制作的圆环组成，两个圆环之间用低碳钢支撑环固定，内侧密封直接安装到扇形板上。为便于更换，内侧密封分作两段安装，可以直接进行更换和安装。

外侧密封为盘根填料密封。上述中心筒内、外侧密封之间的填料室设有一直接通向烟气侧的槽形管道，通过烟气侧的负压将漏入填料室的空气和灰一同导入烟气侧。

（九）过渡烟风道

过渡烟风道位于转子热端和冷端的烟气侧和空气侧，其作用是将气流导入和引出转子。三分仓布置的风道又被进一步分为二次风道和一次风道。过渡烟风道连接在转子外壳平板以及顶底结构上，其法兰口大小和形式根据用户烟风道设计并与其相配。为保证回转式空气预热器结构合理受力，所有过渡烟风道内均设置内撑管。

（十）端柱

端柱支撑着包括转子导向轴承在内的顶部结构。每一端柱上都含有轴向密封板，轴向密封板与上下扇形板连为一体。端柱与底部结构的扇形板支板相连，并通过铰链将载荷直接传递到底梁和用户钢架上。

（十一）吹灰器

回转式空气预热器配有两台吹灰器，一台吹灰器位于烟气入口，另一台吹灰器位于烟气出口。

（十二）间隙控制系统

回转式空气预热器在进行工作时，上部扇形板与转子径向密封片间的间隙会增大，导致漏风量增加。间隙控制系统通过调节热端扇形板上下动作，使扇形板与转子热端径向密封板之间的间隙在任何运行工况下保持最小，从而减少漏风量，达到节能降耗，提高整个机组效率的目的。间隙控制系统包括专用执行器、激光传感器、温度辅助控制装置、转子停转报警装置、就地操作柜。

1. 专用执行器

每块扇形板配一套专用执行器，如图 13-14 所示，电动机通过减速器降速后，通过传动轴及联轴器与 2 只螺旋升降机连接。为了使 2 只螺旋升降机同步调节，扇形板始终处在水平位置，采取了 1 台双级减速器同时驱动 2 只螺旋升降机的布置方式。每套执行器配置一个绝对值位移检测装置，绝对值位移检测装置中安装有“上限 1”“下限”限位开关，不仅能实时检测回转式空气预热器扇形板实际位移量，还能对扇形板行程进行限位。

执行器中配有力矩保护装置，当传动机构过载时，力矩保护装置动作，电动机空转，不输出转矩。

执行器中的上限保护装置，其作用是和绝对值位移保护装置作为上限的双重保护。上限保护装置直接安装在“提升杆”上；在扇形板“提升杆”上增加一个挡杆，通过挡杆触发上限限位保护开关，触发开关后扇形板可停止动作，因此可起到一个对扇形板上行的双重保护功能。

执行器中还配置了标尺组件，可以更直接地反映扇形板的实际位置。

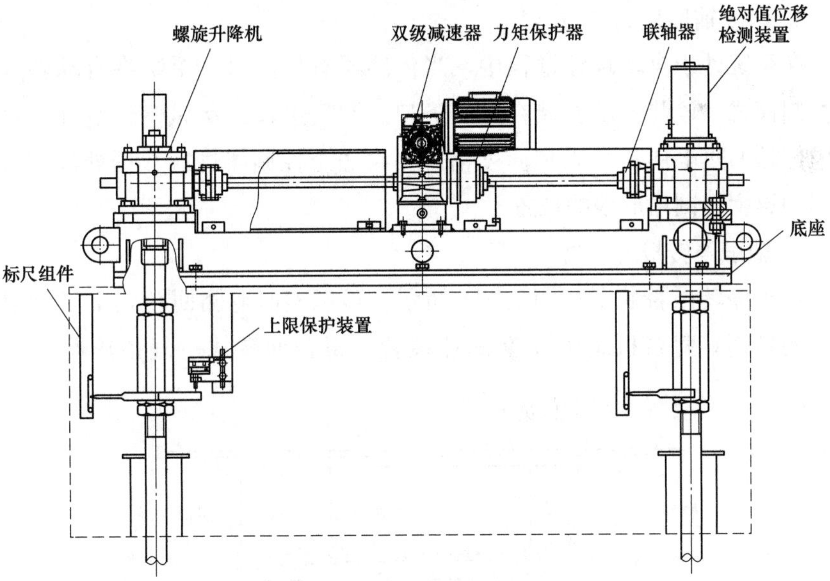

图 13-14　回转式空气预热器专用执行器示意图

2. 激光传感器

激光传感器如图 13-15 所示，该装置利用激光传感器对转子进行实时监测。它主要利用激光传感器照射激光穿透过滤镜片，通过一道无尘通道，照射到转子平面，检测出转子变形量。无尘通道下端安装有底部支撑组件和防磨套，安装时将底部支撑组件固定在刚性环上，并将防磨套调整至与转子角钢平面保持 10～12mm 间隙，热态转子下垂后，加载机构通过激光传感器反馈数值保证扇形板与转子角钢处于最小间隙。

为了保证激光传感器使用寿命及其效果更佳，激光传感器配置有冷却套，利用高压冷空气吹扫风净化冷却装置对激光传感器进行适量降温，保证激光传感器能一直在适温环境下工作，更好地保证其使用寿命。从冷却气总管路中分出一支路气管直接通往激光无尘通道，可以时刻吹扫过滤镜片的同时，也为无尘通道创造更为洁净的空间。在无尘通道中间安装有一个气动球阀，更有效地防止激光传感器被转子中的烟气损伤的可能性。

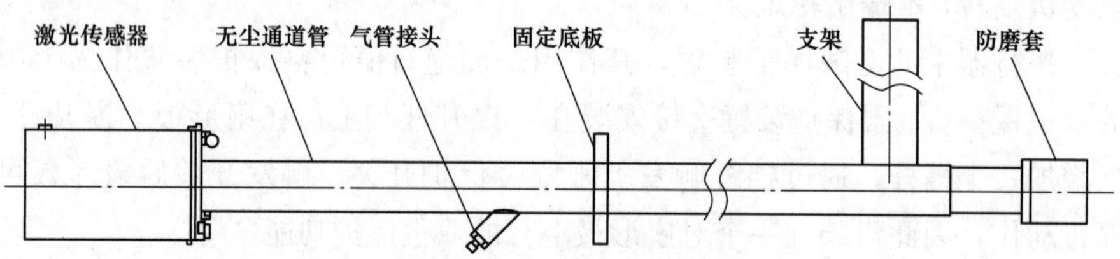

图 13-15　激光传感器示意图

3. 温度辅助控制装置

在系统处于自动跟踪过程中，当传感器有故障时，系统将自动转入温度控制模式。该装置由安装在烟气进口、空气进口二次风侧、空气出口二次风侧处的热电偶负责采集温度信号，再送至控制器进行数据处理。根据采集的温度控制扇形板的位置。

4. 转子停转报警装置

转子停转报警装置如图 13-16 所示，可以实时监测回转式空气预热器转子的转速，每台机组配 1 套测速装置。每台回转式空气预热器有 1 路

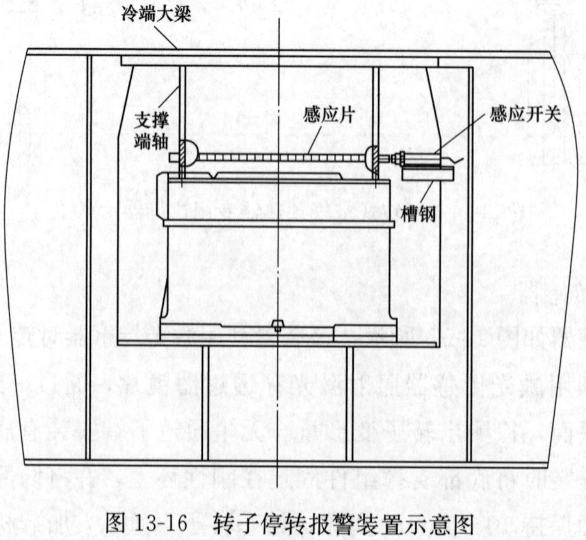

图 13-16　转子停转报警装置示意图

独立测速装置，当转子低于设定转速时，由它发出转子停转信号，使扇形板强制恢复。该转子停转报警传感器安装在空气预热器转子下端轴承处。

二、回转式空气预热器维护及质量标准

（一）回转式空气预热器检修项目

回转式空气预热器检修项目有：

（1）传热元件检修。

（2）径向密封装置的拆装和调整。

（3）轴向密封装置的拆装和调整。

（4）转子中心筒密封装置的拆装和调整。

（5）空气预热器变速箱解体。

（6）输出大齿轮的检修。

（7）支撑轴承检修。

（8）导向轴承检修。

（9）壳体、支撑、挡板门的检查、检修。

（10）油循环系统检修。

（11）水冲洗及灭火装置的检修。

（12）LCS 跟踪装置调试及检修。

（13）烟风道检修。

（14）试验标准。

（二）回转式空气预热器检修工艺及质量标准

以 1000MW 机组空气预热器为例，检修工艺及质量标准见表 13-1、表 13-2。

表 13-1　空气预热器检修工艺及质量标准

序号	检修项目	工艺要点及注意事项	质量标准
1	检修前的准备工作	（1）现场检查预热器运行情况，查找缺陷，统计预热器尚未消除的缺陷项目。 （2）检查备品备件、材料库存情况；准备检修所需工具。 （3）检修前必须办理热力机械工作票，必要时还需办理动火工作票，并做好各项具体的安全措施	（1）核对缺陷记录本，停机前测量轴承温度、漏风、漏灰、异声等，并做好记录。 （2）一切起重工具符合检修要求；现场照明应充足

续表

序号	检修项目	工艺要点及注意事项	质量标准
2	传热元件清洗	(1) 联系专业人员对传热元件进行清洗，清洗前应制定详细的施工方案。 (2) 清洗后的受热面必须进行彻底干燥	传热元件波形板透光率达95%以上；受热面干燥无水
3	传热元件检查（不清洗时）	(1) 从每一层传热元件中抽出几只具有代表性的传热组件进行检查。 (2) 水冲洗后的传热元件不应有积灰、积水。 (3) 检查传热元件有无严重腐蚀、磨损现象，若发现应更换新件。 (4) 冷端传热元件下端遭受腐蚀清理后颠倒重新放入转子内使用，直至深度腐蚀，当冷端传热元件严重腐蚀并影响排烟温度或运行安全（残片脱落）时，应更换。 (5) 检查传热元件的框架是否有严重腐蚀、磨损和变形，若有，应调换新件	(1) 传热元件应无堵塞腐蚀磨损变形。 (2) 冷段搪瓷元件无腐蚀或吹损。 (3) 托架及焊缝检查良好，无磨损、吹损
4	转子垂直度调整	如需调整，按下列方法进行： 解列转子与驱动装置联轴器，拆除用于固定导向轴承外壳的垫板，然后用上梁上的4个调整螺栓（或调节塞外铁）水平移动导向轴承座，调整中心筒及短轴的垂直度并用水平仪在中心筒的顶板上进行测量，不能超过0.25mm/m。合格后在导向轴承外壳的四边按图纸重新进行定位	水平度＜0.25mm/m
5	空气预热器检修前各部间隙和转动数据测量记录	(1) 转子晃动度的测量：测量位置在转子外圈检测板处，在适当位置设置百分表，用盘车将空气预热器盘转，做好记录。 (2) 测量减速箱出轴与转子围带销之间的垂直度、水平度及咬合之间的间隙并记录。 (3) 三向密封间隙的检查测量。 (4) 测量上、下部扇形板与转子检测板间隙并记录。 (5) 测量轴向弧形板上、下与转子检测板间隙并记录	(1) 转子晃动度：＜1.5mm。 (2) 减速箱出轴与围带咬合必须符合和满足运行要求，围带与大链轮咬合接触面要大于95%。 (3) 三向密封间隙符合图纸要求。 (4) 上、下部扇形板与转子检测板间隙符合图纸要求。 (5) 轴向弧形板上、下与转子检测板间隙符合图纸要求

续表

序号	检修项目	工艺要点及注意事项	质量标准
6	转子与驱动装置联轴器找正	通过调整驱动减速机下部的调整垫片及移动驱动减速机的前后、左右位置找正联轴器，直至符合要求	（1）径向偏差小于0.05mm；轴向偏差小于0.05mm。 （2）联轴器无损坏，密封良好、润滑充足
7	转子附件的调整	（1）“T”型钢和转子法兰若不满足要求，可以进行车削加工，但应尽量减少加工量，以免该法兰面水平位置太低，影响径向密封片的调整，因此，加工量应根据现场实际情况确定。 （2）各段“T”型钢对接处补焊平整、打磨光滑。 （3）所有转子的焊接工作，焊机地线需接至转子上	“T”型钢径向跳动为±1.5mm，转子法兰的平面度为0.5mm，加工面高于中心筒顶板78mm
8	密封间隙检查、检修及调整	（1）对空气预热器对应的径向密封片、轴向密封片所在位置进行编号。按要求将径向密封检验标尺临时安装在热端和冷端。 （2）用盘车手轮将空气预热器盘转，测量径向密封片与径向密封检验标尺、轴向密封片与轴向密封检验标尺、旁路密封片与“T”型钢之间的间隙并检查密封片的磨损情况，并做好记录。 （3）检查间隙调整装置探头的安装位置，测量探头表面至转子法兰面距离并做好记录。 （4）任选两块相邻的径向隔板，按图纸调整两条径向密封片，使得每条径向密封片都与上节安装的径向密封检验标尺靠齐（成一直线）。利用这两条径向密封片检查所有上部扇形板，并记录上部扇形板与径向密封片之间的间隙值，做好记录。 （5）检查上部扇形板是否与其他固定部件有卡涩及摩擦痕迹，若发现此现象应及时进行调整处理	（1）径向密封检验标尺安装要求： 1）冷端内侧距离中心筒底板95mm±1.5mm； 2）冷端外侧距离“T”型钢最低点31mm±1.5mm； 3）热端内侧距离中心筒顶板82mm±1.5mm； 4）热端外侧距离“转子法兰”的加工面4mm±0.5mm。 （2）轴向密封检验标尺安装要求：以上、下“T”型钢径向跳动正公差最大的一点为基准，在其外侧5mm处装上轴向密封检验标尺，标尺应找正垂直

续表

序号	检修项目	工艺要点及注意事项	质量标准
9	热端径向密封片调整	（1）任选两块相邻的径向隔板，按径向密封安装图纸在热端临时装上两条径向密封片，使得每条径向密封片都与安装的径向密封检验标尺靠齐（成一直线）。利用这两条径向密封片调整所有上部扇形板，使得三块扇形板的机械加工面与径向密封片间的距离为 0～1mm。扇形板内侧的密封间隙可通过调整垫片组的垫片数量来达到，扇形板外侧的间隙可通过转动“控制系统”中的“执行机构”手柄予以实现。如果扇形板外侧的两边不平衡，可以通过调节扇形板吊挂装置中的“松紧螺套”来实现。 （2）按热端径向密封间隙要求调整热端径向密封片与密封标尺之间距离，临时安装的两条径向密封片此时也须重新按要求调整。 （3）对热端扇形板执行机构进行检修或更换，对执行机构的零位进行标定，检查间隙调整装置探头的安装位置，保证探头表面至转子法兰面距离为 5mm。手动投入间隙调整系统，检查系统显示距离值是否正确，若有误差进行系统调整	（1）热端三块扇形板的机械加工面与径向密封片间的距离为 0～1mm。 （2）热端径向密封间隙参考如下。热端内侧为 5.0mm（靠近中心筒）。热端中间点（由内向外）：Ih 为 9mm；Jh 为 11.5mm；Kh 为 11mm；Lh 为 8mm。热端外侧为 2.0mm；间隙误差不大于 0.5mm 执行机构在零位时探头表面至转子法兰面距离 5mm±0.5mm。 （3）执行机构动作自如无卡涩，实际值和显示值一一对应
10	冷端径向密封片调整	（1）按要求调整冷端径向密封片，使得每条径向密封片都与安装的径向密封检验标尺靠齐（成一直线）；通过调整垫片的数量来调整冷端扇形板与冷端径向密封片之间距离，使之符合密封间隙要求。 （2）柔性密封片检查（若有）	（1）冷端径向密封间隙参考如下。冷端内侧：2mm（靠近中心筒）；冷端中间点（由内向外）：IC 为 4.5mm；JC 为 12mm；KC 为 35.5mm；LC 为 51mm。 （2）柔性密封片装置良好，间隙符合图纸或说明书要求（若有）
11	旁路密封间隙调整	（1）检查“T”型钢最大直径位置与热端及冷端旁路密封角钢圈的距离，应符合要求； （2）按密封间隙图要求检查旁路密封片，不符合要求的按要求进行调整	旁路密封间隙参考：热端为 8.5mm；冷端为 51mm

续表

序号	检修项目	工艺要点及注意事项	质量标准
12	轴向密封间隙调整	（1）逐条调整轴向密封片，并使之贴紧轴向密封检验标尺； （2）调整轴向密封装置，使轴向密封装置两边与轴向密封片的尺寸都达到要求的间隙； （3）在热端和冷端将轴向密封装置中的密封片调到与上、下部扇形板角钢贴紧，同时检查矿渣棉填料，必须也与扇形板、连接板贴紧，不得有空隙	轴向密封间隙参考：热端为16.5mm；冷端为8mm
13	导向轴承检查	（1）放掉导向轴承座内润滑油； （2）拆下测点、轴承座外壳及油循环系统与之连接管道； （3）检查轴承滚珠有无麻点、锈蚀及疲劳脱皮现象，检查保持架磨损情况等并做好记录； （4）清除轴承座内杂物，恢复各部件，按要求加油至油位并进行标定； （5）如需更换轴承，需制订专项方案	（1）废油放在专用的废油桶内，存放在指定地点，不同牌号的油不能混放； （2）轴承内外圈及滚珠表面光滑，应无锈蚀、斑点剥皮和裂纹等现象； （3）保持架完整无裂纹，无过松现象； （4）导向轴承无负载时，径向间隙为0.27～0.36mm，导向轴承外圈与挡圈间隙为0.4～1mm；导向轴承水平度<0.25mm/m； （5）轴承座上平面向下205mm处为最高油位； （6）轴承座上平面向下215mm处为最低油位
14	支撑轴承检查	（1）将轴承箱内润滑油放掉，打开轴承罩上监视方口； （2）检查轴承滚珠有无麻点、锈蚀及疲劳脱皮现象，检查保持架磨损情况等并做好记录； （3）清除轴承箱内杂物，恢复各部件，按油位要求加入润滑油，并对油面镜的高低油位进行标定； （4）如需更换轴承，需制订专项方案	（1）废油放在专用的废油桶内，存放在指定地点，不同牌号的油不能混放； （2）轴承座应无裂纹、碰伤、严重锈蚀等现象； （3）滚珠表面应光滑无斑点，无起皮现象，转动灵活； （4）推力轴承座下部垫片应贴紧，用0.05mm塞尺检查应无间隙； （5）各接合面在回装时，应涂密封胶，不得有漏油现象； （6）轴承座上平面向下205mm处为最高油位；轴承座上平面向下215mm处为最低油位； （7）支撑轴承水平度<0.45mm/m

续表

序号	检修项目	工艺要点及注意事项	质量标准
15	油系统检修	(1) 关闭油泵出入口阀门，从油循环系统将油泵拆下； (2) 解体检查油泵的密封、转动情况，根据情况处理； (3) 拆除双筒网式滤油器滤片进行检查，损坏的应更换，清洗后回装； (4) 关闭冷却器出入口的油阀、冷却水门，拆除冷却器； (5) 打开冷却器盖，根据管子清洁程度进行水冲洗或者酸洗； (6) 回装油泵、滤油器、冷却器； (7) 油系统试运转，检查油系统有无泄漏点，若有，对泄漏点进行处理	(1) 机械密封无磨损； (2) 各滤片应完整清洁，滤片间的垫片应无损坏，密封严密； (3) 冷却器管子应清洁畅通； (4) 油站各部无漏油、漏水现象； (5) 冷油器内部密封和铜管无泄漏
16	减速机检修	(1) 将轴承箱内润滑油放掉，对减速机内部进行清理；检查减速机内部各传动齿轮应无损坏、配合良好。如有损坏应进行更换； (2) 对渗油的轴封进行更换，各接合面渗漏处应重新进行密封； (3) 重新加注润滑油，油位符合要求； (4) 检查减速机与电动机联轴器找正情况； (5) 检查电动机永磁（若有）磨损情况	(1) 应定期（每个月）通过油枪向减速箱的压注油杯（黄油嘴）注油，减速箱上部有4个压注油杯，箱体下部前面有一个压注油杯，每个压油油杯每次加润滑脂100mL左右； (2) 减速机的通气罩应经常清洗，一般情况下每隔3个月清洗一次； (3) 减速机内清洁无杂物； (4) 径向偏差小于0.05mm；轴向偏差小于0.05mm
17	试运行	(1) 由工作负责人负责检查，确认空气预热器内无人员和工具杂物，确认空气预热器检修符合要求后，才能试运行；先用气动马达盘转子至少一圈，无异常后方能带电试运行； (2) 首先变频启动（慢速），确认空气预热器转向是否正确，否则停电后调整接线，并注意启动电流大小，一切正常后，进行试运行； (3) 预热器试运行过程中，应观察轴承温度和电动机电流变化，并做好记录，总结变化趋势，直到达到稳定温度。认真观察运行是否平稳，是否有异常声响。在整个试运行过程中，还应检查有无漏油、漏水、漏风、油箱油位等情况； (4) 试运行中，由检修和运行人员一起检查设备，并做出详细记录，有缺陷应立即消除	(1) 温度不超过70℃； (2) 空气预热器运行平稳，电流无明显摆动；运行过程中无较大的刮卡声响，密封片轻微摩擦是可以的； (3) 无漏风、漏油、漏水现象； (4) 运行后油位下降则应及时补加

表 13-2　风门及风门挡板检修工艺及质量标准

序号	检修项目	工艺要点及注意事项	质量标准
1	调节挡板和轴检查及清理	（1）清理挡板表面和传动轴表面积灰及污垢； （2）检查挡板表面磨损和变形情况； （3）检查挡板与转动轴的固定连接； （4）检查减速箱蜗轮、蜗杆、轴封，密封件磨损时应更换； （5）挡板伺服机构连杆、销子检查； （6）挡板转动轴解体后应先单独进行机械校验，直至灵活	（1）挡板伺服机构连杆、销子完好； （2）挡板轴封无漏灰； （3）减速箱蜗轮、蜗杆磨损超过 1/3 需更换； （4）挡板开、关灵活、严密； （5）挡板实际开度与就地指示一致
2	挡板机械校验和开度校验	（1）所有挡板转动轴与连杆连接后应进行机械同步校验； （2）机械校验挡板最大开度和最小开度； （3）校对挡板实际开度与就地指示； （4）校对就地指示与集控室标记指示	就地指示与 DCS 指示一致

三、回转式空气预热器故障分析

在长时间的使用空气预热器过程中，难免会遇到一些问题，这些问题从空气预热器设备长期运行的角度来看，会导致故障出现，而这些故障严重时会迫使空气预热器停运，更严重时会造成锅炉保护动作，现将空气预热器一些常见故障说明如下（见表 13-3）。

表 13-3　空气预热器的故障原因及处理表

故障	原因	处理方法
空气预热器差压高	传热元件积灰	进行水冲洗并加强空气预热器吹灰
轴承油系统漏油	（1）由于长时间运行，轴承油系统油泵的机械密封磨损泄漏； （2）轴承油系统管路螺纹连接处渗油	（1）更换机械密封； （2）在停机检修时，油管路部分改造，尽量减少螺纹连接部分
导向轴承、支撑轴承温度高	（1）轴承油位过高或过低； （2）油泵故障； （3）润滑油失效； （4）轴承故障	（1）调整油位至正常； （2）油泵解体检修； （3）更换润滑油； （4）轴承检修调整或更换

续表

故障	原因	处理方法
转子卡涩停转	（1）空气预热器停转时，扇形板未能及时退到高位，导致扇形板与转子摩擦而卡涩； （2）围带销过度磨损以致传动失效，围带销与传动齿轮间隙配合不良； （3）外来物件进入空气预热器转子	（1）首先用手摇方式将扇形板退至高位，然后检修漏风控制系统，确保扇形板能动作正常； （2）检查调整围带销和传动齿轮的配合间隙，更换磨损过量的围带销； （3）在每次空气预热器检修完成后，检查转子，清理进入空气预热器内部的杂物
气动马达失效	（1）气动马达失去气源或气压不足； （2）气动马达叶片磨损严重或气动马达轴承损坏	（1）检查气源和进口电磁阀工作是否正常； （2）解体气动马达，更换叶片和轴承
主减速箱漏油	减速箱轴封渗油	更换轴封
电动机电流摆动，声音过大	密封装置摩擦	将 LCS 装置往上抬升，加大间隙
减速器电动机振动过大	（1）找正误差； （2）联轴器有问题； （3）部件松动； （4）离合器缺油	（1）重新找正； （2）维修或更换联轴器； （3）对所有部件进行重新检查加固； （4）及时补油

第三节　管式空气预热器

一、管式空气预热器概述

管式空气预热器常用于中、小型锅炉和循环流化床锅炉，它由直径为 40～51mm、壁厚为 1.25～2.5mm 的有缝薄钢直管与错列开孔的上下管板焊接而成，形成立体管箱，如图 13-17 所示。对于循环流化床锅炉，为减轻积灰，管式空气预热器常采用卧式布置，烟气在管外纵向流动，空气在管内横向流动。

（1）布置方式。管式空气预热器的布置要适合锅炉的整体布置。图 13-18 所示为管式空气预热器的几种典型布置方式。

按照空气流程的不同，管式空气预热器有单道和多道之分。当受热面积不变时，通道数目的增加会使每一个通道的高热空气度减小，因而空气流速增大。另外，通道数目增多，也使交叉流动的次数增多，这时空气预

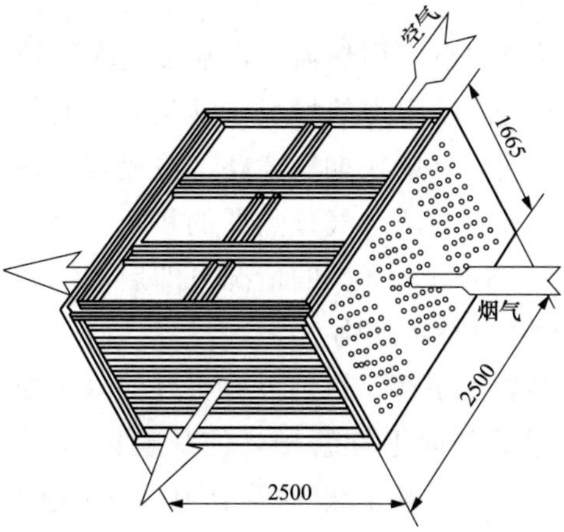

图 13-17　管式空气预热器立体管箱

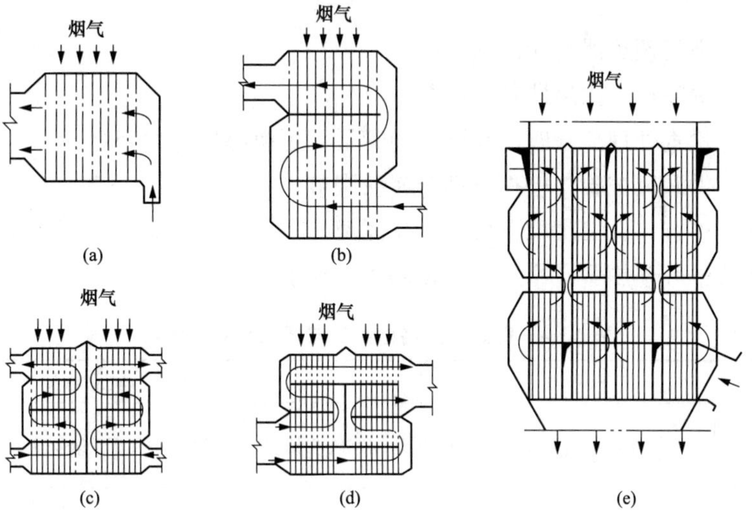

图 13-18　管式空气预热器布置方式

（a）单道单面进风；（b）多道单面进风；（c）多道双面进风；
（d）多道单面双股平行进风；（e）多道多面进风

热器的传热效果就会更接近逆流工况，从而能够得到较大的平均温差。

按照进风方式的不同，空气预热器又分为单面进风、双面进风和多面进风。很明显，进风面增多，空气的流通面积增大，空气流速就会降低。或者当维持空气流速不变时，可以降低每个通道的高度。

（2）腐蚀。燃煤中的硫在燃烧时生成二氧化硫和三氧化硫，它们和烟气中的水滴（这种水滴是烟气中含有的蒸汽在烟温相对低于露点温度时凝结而成的）结合，生成亚硫酸。这些酸类使空气预热器金属管子遭到严重腐蚀，而且这种腐蚀管子四周均匀分布，不但造成穿孔，还可能造成管子的断裂。

（3）堵塞。运行中的空气预热器，常常发生大片管子堵死，从而减少热交换面积，增大烟气流动阻力的情况，以及硫酸液与受热面上的积灰发生化学反应引起积灰硬化，堵塞烟气通路，造成管子堵塞。同时，检修时用水冲洗省煤器的积灰或冲洗空气预热器的积灰，使空气预热器受热面烟气侧附着水膜或潮湿，在尚未干燥的情况下即启动锅炉，使得飞灰颗粒粘接在管子外壁形成积灰并逐步加剧。

管式空气预热器管子堵塞，目前没有更好的方法处理，只有用很长的钢筋棍从空气预热器下部向上捅管子，使灰粒掉落。同时也可采用高压水冲洗方式进行清灰。当一组管箱的管孔有 1/3 以上被堵时，应更换新管箱。

二、管式空气预热器维护及质量要求

管式空气预热器的检修项目：

（1）清除空气预热器各处积灰。

（2）检查处理部分腐蚀和磨损的管子，更换部分防磨套管。

（3）做漏风试验，检查修理金属膨胀节。

（4）检查一、二次风隔板焊缝支撑架。

管式空气预热器检修工艺要点和质量要求见表 13-4。

表 13-4　管式空预器检修工艺要点和质量要求

检修项目	工艺要点	质量要求
受热面及风烟道清灰	干浮灰可用 0.4～0.7MPa 的压缩空气吹扫	管箱面及管子表面无积灰
受热面及风、烟道水冲洗	开启引风机挡板、排水阀；一般用 0.5～0.6MPa 的工业水冲洗；当遇有酸性沉积物时，应用碱水冲洗（水温 60～80℃），冲洗顺序为下→上→下，最后用 0.5～0.6MPa 的工业水冲洗；冲洗完毕后干燥	无积灰，无积水，受热面干燥
受热面的堵塞疏通	当某些积灰用水难以冲洗干净时，必须进行人工捅灰或采用高压水清洗	堵灰清理干净
漏风检查	在风道内放入滑石粉（或其他白粉），关闭空气预热器烟气进出口及空气出口挡板，启动送风机检查空气预热器管段、管箱口、风道、法兰、连通罩、焊缝等处；或者借助纸屑或其他轻质物质进行检查	对漏点做好记号，以便修补。管子壁厚减薄超过 2/3 的应更换

续表

检修项目	工艺要点	质量要求
受热面的腐蚀、磨损检查及处理	重点检查： (1) 防磨短管或防磨管套的磨损情况； (2) 烟侧低温段的腐蚀情况； (3) 烟气进口侧的磨损情况； (4) 对漏风和腐蚀、磨损严重而难以修复的管子作封堵处理	(1) 烟气进口侧应安装有防磨短管或防磨管套，短管或管套安装应齐全，位置正确，不能翘起阻碍烟气流通，磨损严重的应更换； (2) 管子壁厚腐蚀超过2/3的应封堵或更换； (3) 管子壁厚磨损超过2/3的应封堵或更换； (4) 失效管子总数不能超过10%，失效管子超过1/3的管箱应整箱更换
风道、烟道、金属膨胀节清理及磨损检查处理	根据漏风检查情况对漏点进行修补	风道、烟道内无积灰、杂物，壁厚磨损达1/2时应更换，金属膨胀节完好

第十四章　锅炉空气压缩机设备

第一节　空气压缩机概述

空气压缩机简称空压机，空压机是气源装置中的主体，它是将原动机（通常是电动机）的机械能转换成气体压力能的装置，是压缩空气的气压发生装置。

空气压缩机的核心部件是压缩机主机，是容积式压缩机中的一种，空气的压缩是靠装置于机壳内互相平行啮合的阴阳转子的齿槽容积变化而达到。转子副在与它精密配合的机壳内转动，使转子齿槽之间的气体不断地产生周期性的容积变化而沿着转子轴线，由吸入侧推向排出侧，完成吸入、压缩、排气三个工作过程。

空压机分为螺杆式空压机、离心式空压机、滑片式空压机、活塞式空压机、隔膜式空压机。电厂用空压机多采用离心式和螺杆式，加上后处理装置及底座，成为一套完整的系统。

本章重点介绍螺杆式空压机、离心式空压机两种常用的形式。

第二节　螺杆式空压机

一、螺杆式空压机的工作原理

螺杆式空压机是一种通过主从螺杆的机械运动来进行气体增压的空气压缩机，其工作原理可概括为以下几个主要步骤：

（1）吸气：螺杆空压机进气阀门打开，螺杆压缩室内的气压低于大气压，空气经过滤装置过滤掉杂质和污染物后被吸入压缩腔体。

（2）压缩：当两个螺杆转动时，空气被压缩腔的外壳和旋转螺杆之间的间隙所限制，齿轮和齿条的相互作用会导致旋转的螺杆之间的气体被压缩，腔体内的气压和温度也逐渐升高。

（3）排气：气体被压缩至压强达标后，会通过出气阀门排出。在排气过程中，空气会经过冷却器冷却，并通过分离器将水分和沉积物分离。

（4）循环：在螺杆空压机的工作过程中，气体会在压缩腔体内循环流动，经过气体冷却器冷却后再次进入螺杆压缩腔体进行压缩。

螺杆式空压机是一种运行稳定、噪声低、效率高、维护成本低的气体压缩设备，其工作原理是利用双螺杆运动来将气体压缩到高压状态，工作过程包括吸气、压缩、排气和进入循环等步骤，具体是通过进气阀门将空气吸入压缩腔体，然后通过旋转螺杆将气体压缩，而后通过出气阀门排出气体，随后气体会进入新的压缩循环。

二、螺杆式空压机组成

单级压缩的螺杆空压机，采用的是由电动机驱动，加上后处理装置及底座，成为一套完整的系统。每套系统包括空压机、干燥装置、过滤装置、空气储罐、管道以及阀门。其中空压机又包括进气过滤系统、压缩机和电动机总成、油冷却系统、分离系统、气量控制系统、电机启动控制系统、仪器仪表系统、安全防护系统、后冷却器、水分离器和排放系统。

组合式干燥机是一种热交换设备，由空气热交换系统、制冷系统、气水分离系统及电气控制系统等构成，制冷系统由制冷剂压缩机、蒸发器、冷凝器及节流组件等组成。

三、螺杆式空压机标准检修项目

（1）螺杆式空压机检修见表 14-1。

表 14-1 螺杆式空压机标准检修项目

序号	标准检修项目	备 注
1	（1）解体检查清理空气过滤器滤芯； （2）检查储气罐、清理油气分离器内部杂质； （3）清理检查空气冷却器、油冷却器管束； （4）解体检查压缩机主机，齿轮、螺杆、轴承等零部件检查及更换； （5）油系统检修、更换油过滤器及油位计清洗； （6）检查所有软管是否老化及密封性； （7）检查化验润滑油，若不合格则更换； （8）检查修理最小压力阀、吸气调节器、卸载电磁阀、通气阀、快速放气阀、排污阀并作严密性试验； （9）调试安全阀； （10）清扫压缩空气管路； （11）对压缩空气管路进行排污； （12）吹扫油冷却器、空气冷却器； （13）对管路中阀门解体检查、重新密封； （14）更换油分离器芯、油滤芯、空气滤芯； （15）储气罐内部清理检查（配合中试所定检）； （16）安全阀检验，压力表热工标定； （17）疏水阀检修，疏水管疏通； （18）压缩空气管道检查捉漏	

（2）螺杆式空压机空气干燥装置标准检修项目见表 14-2。

表 14-2 螺杆式空压机空气干燥装置检修标准项目

序号	标准检修项目	备注
1	(1) 清理气液分离器； (2) 清理除油过滤器，更换滤芯； (3) 清理除尘过滤器，更换滤芯； (4) 清扫冷凝器； (5) 清洗排水器； (6) 检查吸附塔，更换吸附剂； (7) 清理消声器	

四、螺杆式空压机检修工艺及质量标准

(1) 螺杆式空压机检修工艺及质量标准见表 14-3。

表 14-3 螺杆式空压机检修工艺及质量标准

序号	检修项目	检修工艺	质量标准
1	检修前准备工作	(1) 根据运行状况和前次检修的技术记录，明确各部件磨损、损坏程度，确定重点检修技术计划和技术措施安排； (2) 为保证检修时部件及时更换，必须事先准备好备件； (3) 准备各种检修专用工具、普通工具和量具； (4) 所有起吊设备、工具按规程进行检查试验； (5) 施工现场布置施工电源、灯具、照明电源； (6) 设置检修时设备部件平面布置图； (7) 准备齐全的整套检修记录表、卡等； (8) 清理现场，按照平面布置图安排所需部件、拆卸及主要部件的专修场所； (9) 准备足够的储油桶、枕木、板木及其他的物件； (10) 办理热机工作票	
2	管路拆卸	(1) 拆掉与空压机相连的各类管道及测点； (2) 做好各管路的位置记号，以便回装； (3) 将设备上的管路接口封闭完好，以防杂物进入	管路堆放在指定地点，地面铺橡胶板
3	机箱过滤器清理	(1) 将装过滤器的机箱面板与过滤器连体一同卸下； (2) 将过滤器与面板分离，放在柔性洗涤液中清洗，然后漂清晾干	

续表

序号	检修项目	检修工艺	质量标准
4	主机检修	（1）在确认电动机停电，并办理热机检修工作票后，才能工作； （2）拆卸皮带，检查联轴器磨损情况； （3）松开电动机地脚螺栓，移开电动机； （4）对齿轮箱、主机箱放油，并拆下各测点； （5）拆卸吸气调节器、卸载电磁阀、最小压力阀等组件，标好位置，回装时不要混乱； （6）松开主机轴头端盖螺栓，取下端盖； （7）测量螺杆，轴承各部间隙； （8）松开轴承压盖、轴承座螺栓，依次取下压盖、轴承座并测量轴承、齿轮啮合各部间隙，拆下主动齿轮轴； （9）清洗检查轴承，更换所有密封圈； （10）用吊装工具将主机预吊好，松开主机与齿轮箱连接螺栓及销钉，移开将主机体放在垫有枕木或橡胶板的地面上； （11）取出主从动螺杆及轴套； （12）清洗并检查各零部件，测量各部游隙； （13）对更换的备件进行局部预组装，检查配合情况，为正式组装做准备； （14）检查所有零件无异常后，清洗干净，箱内无杂物，进行回装； （15）将主从动螺杆按啮合齿槽的相对位置装配，在接合面上涂密封胶，上好密封垫片，吊起主机，对准圆柱销，上紧螺栓； （16）轴承更换时，拆卸应用专用工具拆卸，组装时可采用热装，即用机油把轴承煮热至90～110℃，然后套入轴径上； （17）将主轴按啮合齿槽的相对位置装配，上好O形密封圈，回装轴承座及压盖； （18）回装单向阀组件、卸载阀组件、断油阀组件； （19）连接联轴器，电动机找正； （20）恢复各测点附件，主机头加油	（1）皮带应完好无裂纹现象； （2）轴承内外圈，滚珠与保持架均完好，无腐蚀、磨损、脱皮、裂纹等； （3）轴承轴径间隙符合标准要求； （4）各处O形密封圈及垫密封严密不漏，选用规格合适，无老化变硬现象，无压裂，尺寸不合适不准使用； （5）齿轮磨损超过原厚度的1/3～2/3应更换齿轮、无掉块裂纹及断齿； （6）齿轮沿齿长50%以上接触，沿齿高40%以上接触； （7）齿轮与轴配合为－0.01～＋0.01mm间隙，键两侧无间隙，顶部为0.20～0.40mm的间隙； （8）做好主动螺杆啮合的相对位置，螺杆使用寿命达到100 000h后应更换； （9）转子与衬套的间隙为0.01$d$mm（d为螺杆外径）； （10）轴承热装加热温度不得大于120℃，不许轴承与容器壁接触； （11）各接合面上O形密封圈应放好、螺栓紧力均匀
5	更换油过滤器滤芯	（1）将旧的油过滤器滤芯从过滤器壳体上旋松卸下，扔掉； （2）仔细清洗过滤器壳体； （3）新滤芯的密封圈上涂抹一薄层润滑油； （4）安装新滤芯时，将其旋到与垫圈接触后，再旋紧1/4～1/3圈	无漏气，密封严密

续表

序号	检修项目	检修工艺	质量标准
6	空气过滤器检修	(1) 压缩机停机，并切断电源； (2) 松开进气滤清器壳体顶上的翼形螺母，把顶盖拿掉，露出滤芯； (3) 小心拆下旧滤芯，不要让灰尘落入进气管； (4) 彻底清洗滤清器壳体，擦干所有表面； (5) 吹扫旧滤芯或更换滤芯，正确地安放滤芯位置； (6) 装上进气滤清器顶盖，拧紧翼形螺母； (7) 复位空气过滤器保养报警	(1) 空气过滤器保养压差大于5kPa时更换滤芯； (2) 空气过滤芯清洁、无堵塞，滤网无破损
7	油气分离器检修	(1) 压缩机停机，并切断电源； (2) 拧松加油孔，卸掉储气罐的压力； (3) 拆下储气罐上盖短节及上盖附件连接接头； (4) 松开上盖螺栓及销钉，取下上盖； (5) 取出油气分离器滤芯并保护好油质防止杂物进入； (6) 清洗并检查油气分离器滤芯或更换； (7) 清理接合面并更换密封垫片； (8) 回装滤芯，上好密封垫片及上盖，紧固好螺栓； (9) 恢复上盖短节及附件连接接头； (10) 拆下最小压力阀组件，检查活塞、密封圈及弹簧是否符合要求或更换此组件； (11) 拆下安全阀组件，检查弹簧、阀座、阀芯，应完好； (12) 在单独的压缩空气管网上试验，校对压力值	(1) 油气分离器差压大于70kPa时，应更换； (2) 油气分离器滤芯清洁、无堵塞，滤网无破损现象； (3) 安全门门芯与门口密封性好，弹簧有弹力、无变形，断裂等现象，煤油试验无渗漏；安全阀设定值为1.2MPa
8	冷却水管道清理疏通	冷却水管道内杂质清理，无锈迹，无堵塞	无锈迹，无堵塞
9	设备试运	(1) 检查系统有无错误，电源是否接通；从控制菜单检查电动机接线是否正确； (2) 卸载运行5min后停车，检查油位，管道有无泄漏现象； (3) 重新启动，负载运行，确定压差值；检查油温及一、二级冷却后气温	

（2）螺杆式空压机空气干燥装置检修工艺及质量标准见表 14-4。

表 14-4 空气干燥装置检修工艺及质量标准

序号	检修项目	工艺步骤	质量标准
1	清理并检修气液分离器	（1）检修前要将油气分离器排气端的剩余压力释放，确保人员安全； （2）彻底清理气液分离器壳体，擦干所有表面	
2	清理除油过滤器	（1）将油过滤器滤芯从壳体上旋松卸下，扔掉； （2）仔细清洗过滤器壳体； （3）新滤芯的密封圈上涂抹一薄层润滑油	安装新滤芯时，将其旋到与垫圈接触后，再旋紧 1/4～1/3 圈
3	清理除尘过滤器	（1）小心拆下过滤器滤芯； （2）彻底清洗过滤器壳体，擦干所有表面； （3）视情况吹扫旧滤芯或更换滤芯，正确地安放滤芯位置	
4	清扫蒸发器和冷凝器内滤网	杂质清理，无锈迹，无堵塞	无锈迹，无堵塞
5	调整旁通阀开度	调整旁通阀开度，运行过程中，如果蒸发压力太高太低，须调整热气旁通阀，顺时针转动，则蒸发压力升高，相反则降低	
6	添加或更换制冷剂	根据检查情况，添加或更换制冷剂	

五、螺杆式空压机常见故障及处理方法

螺杆式空压机常见故障及处理方法见表 14-5。

表 14-5 螺杆式空压机常见故障及处理方法

序号	故障	故障原因	处理方法
1	排汽温度过高	（1）油气分离器内油位过低； （2）热力阀失灵； （3）油过滤器堵塞，旁通阀失灵； （4）环境温度太高； （5）用户外接通风管道阻力太大； （6）冷却水流量不足； （7）冷却器堵塞； （8）热电阻温度传感器 RTD 失效	（1）检查油位，必要时加油； （2）检查热力阀，更换温控元件； （3）更换油过滤器； （4）改善通风条件； （5）增大通风管道压力； （6）管道中设置排风扇； （7）增加冷却水流量，降低水温； （8）清洗管道，使用洁净的冷却水

续表

序号	故障	故障原因	处理方法
2	排气压力（压）过高	（1）卸载零件（如：放空阀、进气阀、任选的螺旋阀）失效； （2）压力调节器失效； （3）电磁阀失效； （4）控制气管路泄漏； （5）控制气管路过滤器堵塞； （6）油气分离器滤芯堵塞； （7）排气蝶阀失效	（1）检查卸载零件动作是否正常； （2）检查压力调节器； （3）检查电磁阀； （4）检查控制管路是否泄漏； （5）维修过滤器组件； （6）更换油气分离器滤芯； （7）检查/修理油分排气口蝶阀
3	供气压力低于额定排气压力	（1）耗气量大于供气量； （2）空气滤清器堵塞； （3）进气阀不能完全打开； （4）压力传感器接头松动	（1）减少用气量； （2）检查输气管道上是否有泄漏； （3）更换滤芯； （4）检查进气阀的动作和压力调节器的设置； （5）检查传感器接点，如果接头完好，更换压力传感器
4	管线压力高于卸载压力的设定值	（1）排气蝶阀失效； （2）螺旋阀打开； （3）油气分离器滤芯堵塞； （4）压力传感器故障； （5）卸载零件（例：放空阀、进气阀、螺旋阀）失效； （6）电磁阀失效； （7）控制气管道泄漏； （8）控制管路过滤器堵塞	（1）检查/修理油分排气口蝶阀； （2）检查螺旋阀压力调节器； （3）检查并更换油气分离器滤芯； （4）检查传感器接点，如果接头完好，更换传感器； （5）检查卸载零件的运行； （6）检查电磁阀的运行； （7）检查控制气管道是否有漏气； （8）清理过滤器组件
5	油耗过量	（1）回油管过滤器或节流孔堵塞； （2）油气分离器滤芯或垫圈损坏； （3）润滑油系统泄漏； （4）油位太高； （5）泡沫过多	（1）清洗过滤器滤网和节流孔，如有必要，用备件更换； （2）检查滤芯和垫圈，如果损坏，必须更换； （3）检查油管路系统； （4）排出过量的润滑油； （5）更换润滑油

续表

序号	故障	故障原因	处理方法
6	露点温度升高	（1）进口压力低； （2）进口气量太大； （3）冷干机出口空气压力露点高； （4）再生气量少； （5）干燥剂被油污染； （6）消声器堵塞； （7）加热器出口温度低	（1）如不可能提高压力则开大再生气量； （2）检查气源； （3）调低蒸发压力； （4）调高节流孔板前的再生压力； （5）更换干燥剂； （6）清理或更换消声器； （7）检查加热器和温度传感器
7	再生时塔压力高	（1）从消声器排出的气量少，说明消声器堵塞； （2）再生塔的排气单向阀泄漏； （3）吸附塔的再生单向阀泄漏； （4）再生气量过大	（1）清理或更换消声器； （2）检修或更换单向阀； （3）检修或更换单向阀； （4）检查调整再生气量
8	再生空气量太大	（1）再生塔进气阀未关或不严； （2）再生塔排气阀未关或不严； （3）充压电磁阀未关或不严； （4）再生塔的排气单向阀泄漏； （5）吸附的再生单向阀泄漏	检查修理或更换阀门
9	冷凝压力过高	（1）冷却水阀或水量调节阀未开； （2）水量太小或水温过高； （3）冷却水水质差，冷凝器管严重结垢； （4）风冷式冷凝器积灰太多； （5）风扇不转或风扇反向； （6）环境温度太高（风冷式）； （7）制冷剂太多； （8）压缩机出口管路上某一阀门开度小	（1）打开未开阀门； （2）采取措施降温、增水； （3）清洗冷却器； （4）吹刷积灰； （5）检查电气装置； （6）降低环境温度，加强通风； （7）适当放掉一些制冷剂； （8）全开阀门
10	冷凝压力过低	（1）冷却水温太低耗水量太大； （2）制冷剂不足； （3）卸荷压力调整不当，部分停止工作	（1）调整水量； （2）补加制冷剂； （3）重调卸荷压力
11	蒸发压力过高	（1）热气旁通阀开度过大； （2）制冷剂过多； （3）处理空气量过大； （4）卸荷装置调整（过早卸压）； （5）热力膨胀阀有毛病，如感温色未贴紧	（1）正确调整水量； （2）适当排出制冷剂； （3）采取措施减少空气量； （4）检查调整卸荷装置； （5）检查膨胀阀温包

续表

序号	故障	故障原因	处理方法
12	蒸发压力过低	(1) 旁通阀开度过小； (2) 膨胀阀坏，如开度过小或堵塞； (3) 压缩机入口管某一阀门开度小； (4) 吸入过滤器堵塞； (5) 负荷小； (6) 卸荷装置未卸荷	(1) 调整旁通阀； (2) 检查调整膨胀阀； (3) 全开阀门； (4) 清理或更换滤芯； (5) 与有关单位联系； (6) 检查调整卸荷装置
13	油压过低	(1) 油压表损坏或管路堵塞； (2) 曲轴箱油量少； (3) 油吸入口或过滤器堵塞； (4) 齿轮油泵坏，如间隙过大	(1) 检查管路或更换压力表； (2) 停机加油； (3) 清洗过滤器； (4) 检查清洗或更换齿轮油泵
14	油压过高	(1) 油压表不准； (2) 排油管路堵塞	(1) 检查油压表必要时更换； (2) 排油管路检查清洗
15	压缩机无法启动或启动后立即停车	(1) 电源未接通或熔断器坏； (2) 电压低； (3) 电动机过热未复位，高温指示灯亮	(1) 检查线路； (2) 检查电压； (3) 检查过热原因
16	压缩机开始运行，但过了启动延迟时间还没有加载	(1) 卸荷阀不动作； (2) 可能气网压力已达到规定值； (3) 主压缩机故障	(1) 检查卸荷阀； (2) 检查主压缩机
17	排气量和排气压力低于正常值	(1) 耗气量超过压缩机排气量； (2) 进气过滤器堵塞； (3) 进气阀没有完全打开； (4) 空气泄漏； (5) 压缩机主机异常	(1) 检查设备的连接情况； (2) 更换过滤器滤芯； (3) 检查进气阀； (4) 更换有泄漏的软管； (5) 与压缩机生产厂联系
18	压缩机不卸载，安全阀放空	(1) 电磁阀失灵； (2) 卸荷阀不关闭	(1) 更换电磁阀； (2) 检查卸荷阀
19	加载时无冷凝水排出	(1) 排污管堵塞； (2) 浮球阀失灵	(1) 检查并排除故障； (2) 拆下浮球阀组件，清洗并检查

第三节 离心式空压机

一、离心式空压机的工作原理

离心式空压机的原理是由叶轮带动气体作高速旋转，使气体产生离心力，由于气体在叶轮里的扩压流动，从而使气体通过叶轮后的流速和压力得到提高，连续地生产出压缩空气。

离心式空压机主要由转子和定子两大部分组成。转子包括叶轮和轴。叶轮上有叶片，还有平衡盘和轴封等。定子的主体是机壳（气缸），定子上还安排有扩压器、弯道、回流器、进气管、排气管及部分轴封等。离心式空压机的工作原理：当叶轮高速旋转时，气体随着旋转，在离心力作用下，气体被甩到后面的扩压器中去，而在叶轮处形成真空地带，这时外界的新鲜气体进入叶轮。叶轮不断旋转，气体不断地吸入并甩出，从而保持了气体的连续流动。

离心式空压机依靠动能的变化来提高气体的压力。当带叶片的转子（即工作轮）转动时，叶片带动气体转动，把功传递给气体，使气体获得动能。进入定子部分后，因定子的扩压作用速度能量压头转换成所需的压力，速度降低，压力升高，同时利用定子部分的导向作用进入下一级叶轮继续升压，最后由蜗壳排出。对于每一台空压机，为了达到设计需要压力，每台空压机都设有不同数量的级数和段数，甚至有几个缸体组成。

离心式空压机的空气系统并不复杂，室外空气经吸风口和空气过滤器接入空压机一段进气口，通过空压机内部高速旋转的叶轮对空气做功，使空气压力、温度、流速提高，然后流入扩压器，再使空气流速降低，压力进一步提高，并经导向装置使空气流入下一级叶轮继续压缩。由于空气经逐级压缩后的温度不断升高，而在下一级中压缩温度高的空气则需多耗功，为了降低空气温度，减少压缩功耗，在多级离心式空压机的空气系统中，往往采用分段中间冷却的结构。因此在本工程中，空气经一段压缩至0.241MPa、151℃(一段可以包括几个级，也可仅有一个级)，由一段排气口排出空压机本体，并引入中间冷却器与循环水进行一次换热，冷却后的压缩空气接入空压机二段进气口继续压缩至0.379MPa、99℃，由二段排气口排出空压机本体，并引入末级冷却器与循环水进行二次换热，冷却后的压缩空气经空气加热器干燥后由管道输送至各用气点。

二、离心式空压机检修项目

(1) 离心式空压机检修标准项目见表14-6。

表 14-6 离心式空压机检修标准项目

标准检修项目	备 注
（1）解体检查清理空气过滤器滤芯； （2）检查储气罐，清理油气分离器内部杂质； （3）清理检查空气冷却器、油冷却器管束； （4）解体检查压缩机主机，转子、定子、轴承等零部件检查及更换； （5）油系统检修、更换油过滤器及油位计清洗； （6）检查所有软管是否老化及密封性； （7）检查化验润滑油，若不合格则更换； （8）检查修理最小压力阀、吸气调节器、卸载电磁阀、通气阀、快速放气阀、排污阀，并做严密性试验； （9）调试安全阀； （10）清扫压缩空气管路； （11）对压缩空气管路进行排污； （12）吹扫油冷却器、空气冷却器； （13）对管路中阀门解体检查、重新密封； （14）检查或更换精、粗过滤器滤芯； （15）储气罐内部清理检查（配合中试所定检）； （16）安全阀检验，压力表热工标定； （17）疏水阀检修，疏水管疏通； （18）压缩空气管道检查消漏	

（2）离心式空压机空气干燥装置检修标准项目见表 14-7。

表 14-7 离心空压机空气干燥装置检修标准项目

标准检修项目	备 注
（1）清理气液分离器； （2）清理除油过滤器，更换滤芯； （3）清理除尘过滤器，更换滤芯； （4）清扫冷凝器； （5）清洗排水器； （6）清理消声器； （7）检查吸附塔，更换吸附剂	

三、离心式空压机检修工艺要点及质量标准

离心式空压机检修工艺要点及质量标准见表 14-8。

表 14-8　离心式空压机检修项目及质量标准

序号	检修项目	工艺要点	质量标准
1	主机检修	（1）对齿轮箱、主机箱放油，并拆下各测点； （2）拆卸空气过滤器、断油阀、最小压力阀等组件，并做好标记； （3）拆卸电动机与压缩机齿轮箱连接螺栓，取下密封垫片； （4）松开电动机地脚螺栓，移开电动机； （5）松掉电动机轴头压板螺栓，取下压板； （6）依次从电动机轴头上取下齿轮、键、密封盒、密封垫片、O形密封圈、轴密封、轴套和齿轮箱； （7）拆卸空压机主机地脚螺栓，用行车将空压机吊到指定的检修平台； （8）松掉空压机主动螺杆轴头压板螺栓，取下压板； （9）依次从主动螺杆轴头上取下齿轮、键和隔圈； （10）拆卸空压机端盖螺栓，取下端盖； （11）拆除密封室与前盖的连接螺栓，取下密封室； （12）取出机械密封； （13）卸下主螺杆端的弹性挡圈； （14）拆除轴承箱与前盖的连接螺钉，用起缝螺钉将轴承箱连同轴承一同取下； （15）取出机械密封和轴承的弹性挡圈； （16）拆除前盖与衬套的连接螺钉，依次从衬套中取下主螺杆、从螺杆和平衡套； （17）应将从螺杆与平衡套做标记； （18）从主螺杆上取下滚动轴承； （19）清洗、检查各零部件； （20）检查主螺杆和从螺杆表面及配合情况；螺杆各配合表面应光洁，无严重磨损，啮合良好； （21）测量平衡套与从螺杆的配合间隙； （22）检查机械密封；机械密封动、静环接触面应无磨损，无径向划痕，端面无倒角，O形密封圈无老化和断裂现象；弹簧弹力和自由高度符合要求； （23）检查并测量轴承； （24）检查各密封垫，无老化和破损； （25）按拆卸的相反顺序回装	（1）平衡套与从螺杆的配合间隙应在 0.08～0.12mm 之间； （2）轴承内外圈、滚动体和保持架应无裂纹、重皮及严重磨损现象，轴承游隙应在 0.07～0.12mm 之间
2	空气过滤器检修	（1）松开进气滤清器盖扳顶上的翼形螺母，把顶盖拿掉； （2）拆下并检查滤芯，将进气管封闭； （3）清洗滤清器壳体，擦干所有表面； （4）吹扫旧滤芯或更换滤芯； （5）装上进气滤清器盖扳，拧紧翼形螺母	滤芯无变形，无严重堵塞现象

续表

序号	检修项目	工艺要点及注意事项	质量标准
3	油气分离器检修	(1) 拧松加油孔，卸掉油气分离器内部的压力； (2) 拆下油气分离器上各连接件接头； (3) 松开上盖螺栓及销钉，取下上盖； (4) 取出油气分离器滤芯，清洗并检查油气分离器滤芯或更换； (5) 清理接合面并更换密封垫片； (6) 回装滤芯，上好密封垫片及上盖，紧固好螺栓； (7) 恢复上盖短节及附件连接接头； (8) 拆下最小压力阀组件，检查活塞、密封圈、弹簧是否符合要求，如不符合要求应更换； (9) 拆下安全阀组件，检查弹簧、阀座、阀芯，应完好； (10) 在单独的压缩空气管网上试验，校对压力值。压力试验无渗漏；安全阀设定值为1.2MPa	(1) 滤芯无变形，无严重堵塞现象； (2) 安全门门芯与门口密封性好，弹簧有弹力，无变形和断裂等现象
4	油水分离器检修	(1) 拆除油水分离器底部电子排水器电源线，拆下电子排水器； (2) 拆卸油水分离器上端盖与筒体之间的连接螺栓，将端盖和筒体分离； (3) 拧出油水分离器滤芯； (4) 清理、检查油水分离器滤芯； (5) 检查各密封垫； (6) 更换损坏的零部件； (7) 按拆卸步骤的相反顺序组装	滤芯应无断裂、无严重堵塞现象
5	油过滤器检修	(1) 在空压机停运前，加载状态下检查油过滤器差压，若过滤器及其管道总差压大于35kPa则更换油过滤器芯；或每加载运行2000h更换油过滤器芯； (2) 用专用带状扳手将油过滤器芯拧下； (3) 在新的油过滤器芯中注满油； (4) 按拆卸步骤的相反顺序回装油过滤器芯	
6	冷却器检修	(1) 拆除与冷油器连接的油侧和水侧管路，取下各处密封垫； (2) 拧掉冷油器油侧放油螺塞，把冷油器内部的油放尽，只检查水侧时不放油； (3) 拆卸冷油器支撑座的固定螺栓，把冷油器运送到指定的检修地点； (4) 拆卸水侧端盖螺栓，取下水侧端盖密封垫； (5) 清洗水侧端盖和冷却管束表面的杂质和锈垢；	密封垫，应无断裂、磨损和老化现象，否则更换

续表

序号	检修项目	工艺要点及注意事项	质量标准
6	冷却器检修	（6）油侧清洗；在碱液箱和冷油器之间安装泵，碱液通过泵对冷油器强制循环清洗，碱液温度为80℃左右； （7）检查管束；油侧清洗时，若有介质从水侧管子内流出（油侧清洗时，水侧已风干），应对泄漏的管子做标记，采取换管或用带有3°～5°锥度的铜塞封堵；同一管程内，封堵的管子不能超过总管子的10%； （8）换管或封堵完毕应重新试压直至合格； （9）检查各密封垫； （10）清理各接合面的锈垢，按拆卸步骤的相反顺序组装	密封垫，应无断裂、磨损和老化现象，否则更换
7	油雾过滤器检修	（1）拆除油雾过滤器底部自动排水器； （2）拆卸油雾过滤器上端盖与筒体之间的连接螺栓，将端盖和筒体分离； （3）拧出油雾过滤器滤芯； （4）清理、检查油雾过滤器滤芯； （5）检查各密封垫； （6）更换损坏的零部件； （7）按拆卸步骤的相反顺序组装	滤芯应无断裂，无严重堵塞现象

四、离心式空压机常见故障及处理方法

离心式空压机常见故障及处理方法见表14-9。

表14-9　离心式空压机常见故障及处理方法

序号	故障情况	故障原因	排除措施
1	空压机高温跳机	（1）冷却油循环不足； （2）电器连接不良，高环境温度热敏电阻故障保护； （3）环境温度特别高； （4）检查电器连接； （5）改善空压机房的通风条件	（1）检查冷却油油位，必要时加油；冷却油是否清洁，必要时换油；冷却油系统是否堵塞，必要时清理滤网； （2）检查温控阀，更换温控元件； （3）冷却水流量不足，增加水流量；冷却水温过高，降低油温
2	空压机自动停机，显示电动机过载	电流过大引起热过载继电器跳闸	（1）检查实际工作压力，若太高就降低设定制； （2）检查主电源电压是否低于额定值； （3）检查分离芯压降； （4）检查机械转动部位是否有卡涩

续表

序号	故障情况	故障原因	排除措施
3	空压机自动停机，显示压力过高	（1）控制管路过滤器堵塞； （2）隔离阀关闭； （3）放气系统效率低	（1）清理过滤器组件； （2）打开隔离阀再启动； （3）检查加载电磁阀、卸载电磁阀
4	供气压力低于额定排气压力	（1）耗气量大于供气量； （2）空气滤清器堵塞； （3）压力传感器或接头故障； （4）进气阀不能完全打开； （5）最小压力阀失效； （6）任选的螺旋阀打开； （7）油气分离器滤芯堵塞	（1）减少用气量，检查输气管道上是否有泄漏； （2）更换空气滤清器滤芯； （3）检查传感器接点，如果接头完好，更换压力传感器； （4）检查进气阀的动作和压力调节器的设置； （5）检查/修理最小压力阀； （6）检查螺旋阀压力调节器； （7）检查并更换油气分离器滤芯
5	空压机不加载	进气阀未打开	（1）检查进气阀是否能自由打开； （2）检查电动机
6	冷却油消耗大	（1）油沫过多； （2）回油管过滤器或节流孔堵塞； （3）系统漏油； （4）油气分离器滤芯或垫圈损坏； （5）油位太高	（1）更换润滑油； （2）清洗过滤器、滤网、节流孔； （3）检查系统管路是否漏油； （4）检查分离器元件和垫片，如果有损坏则更换； （5）排放并更换润滑油
7	排气温度 T_1 过高	（1）油气分离器内油位过低； （2）温控阀失灵； （3）冷却器翅片太脏（风冷机组）； （4）油过滤器堵塞，旁通阀失灵； （5）环境温度太高； （6）用户外接通风管道阻力太大（风冷机组）； （7）冷却水流量不足（水冷机组）； （8）冷却水温度过高； （9）冷却器堵塞（水冷机组）； （10）热电阻温度传感器 RTD 失效	（1）检查油位，必要时加油； （2）检查温控阀，更换温控元件； （3）清洗冷却器翅片； （4）更换油过滤器； （5）改善通风条件； （6）增大通风管道； （7）在管道中设置排风扇； （8）检查冷却水的供应状况； （9）增加冷却水流量，降低水温； （10）清洗管道，使用洁净的冷却水； （11）检查 RTD 接头，如果接头完好，更换温度传感器

续表

序号	故障情况	故障原因	排除措施
8	排气压力（罐压）P_1 过高	（1）卸载零件失败； （2）压力调节器失效； （3）电磁阀失效； （4）控制气管路泄漏； （5）控制气管路过滤器堵塞； （6）油气分离器滤芯堵塞； （7）最小压力阀失效	（1）检查卸载零件动作是否正常； （2）检查压力调节器； （3）检查电磁阀； （4）检查控制管路是否泄漏； （5）维修过滤器组件； （6）更换油气分离器滤芯； （7）检查/修理最小压力阀
9	管道压力高于卸载压力的设定值	（1）压力传感器故障； （2）卸载零件失效； （3）电磁阀失效； （4）控制气管道泄漏； （5）控制管路过滤器堵塞	（1）检查传感器接头，如果接头完好，更换传感器； （2）检查卸载零件的运行； （3）检查电磁阀的运行； （4）检查控制气管道是否有漏气现象； （5）维修过滤器组件

国家能源集团
CHN ENERGY

技术技能培训系列教材

电力产业（火电）

锅炉技术

（下册）

国家能源投资集团有限责任公司　组编

中国电力出版社
CHINA ELECTRIC POWER PRESS

内 容 提 要

本系列教材根据国家能源集团火电专业员工培训需求，结合集团各基层单位在役机组，按照人力资源和社会保障部颁发的国家职业技能标准的知识、技能要求，以及国家能源集团发电企业设备标准化管理基本规范及标准要求编写。本系列教材覆盖火电主专业员工培训需求，本教材的作者均为长期工作在生产第一线的专家、技术人员，具有较好的理论基础、丰富的实践经验。

本教材为《锅炉技术》分册，共二十一章，主要内容包括锅炉本体设备系统、管道及阀门设备系统、锅炉辅机设备系统、循环流化床锅炉系统以及环保设备系统。文中针对特定的设备系统进行了详细的介绍，涵盖了基础知识、设备结构、工作原理以及检修技术等内容。

本教材既可作为火电企业生产人员岗位培训、技能提升的培训和自学教材，也可作为从事锅炉运行、检修、安装及管理人员的参考书。

图书在版编目（CIP）数据

锅炉技术 / 国家能源投资集团有限责任公司组编. -- 北京 ：中国电力出版社，2025. 2. --（技术技能培训系列教材）. -- ISBN 978-7-5198-9711-6

Ⅰ. TK22

中国国家版本馆 CIP 数据核字第 2024KJ0816 号

出版发行：中国电力出版社
地　　址：北京市东城区北京站西街 19 号（邮政编码 100005）
网　　址：http://www.cepp.sgcc.com.cn
责任编辑：宋红梅
责任校对：黄　蓓　朱丽芳　常燕昆
装帧设计：张俊霞
责任印制：吴　迪

印　　刷：三河市航远印刷有限公司
版　　次：2025 年 2 月第一版
印　　次：2025 年 2 月北京第一次印刷
开　　本：787 毫米×1092 毫米　16 开本
印　　张：44.25
字　　数：856 千字
印　　数：0001—3500 册
定　　价：195.00 元（上、下册）

技术技能培训系列教材编委会

电力产业教材编写专业组

主　　编　张世山

副 主 编　李文学　梁志宏　张　翼　朱江涛　夏　晖　李攀光
　　　　　蔡元宗　韩　阳　李　飞　申艳杰　邱　华

《锅炉技术》编写组

编写人员（按姓氏笔画排序）

史振宇　张　纲　杜佳军　袁建飞　韩咏军　韩东太
路广亚

序　　言

习近平总书记在党的二十大报告中指出，教育、科技、人才是全面建设社会主义现代化国家的基础性、战略性支撑；强调了培养造就更多大师、战略科学家、一流科技领军人才和创新团队、青年科技人才、卓越工程师、大国工匠、高技能人才的重要性。党中央、国务院陆续出台《关于加强新时代高技能人才队伍建设的意见》等系列文件，从培养、使用、评价、激励等多方面部署高技能人才队伍建设，为技术技能人才的成长提供了广阔的舞台。

致天下之治者在人才，成天下之才者在教化。国家能源集团作为大型骨干能源企业，拥有近25万技术技能人才。这些人才是企业推进改革发展的重要基础力量，有力支撑和保障了集团公司在煤炭、电力、化工、运输等产业链业务中取得了全球领先的业绩。为进一步加强技术技能人才队伍建设，集团公司立足自主培养，着力构建技术技能人才培训工作体系，汇集系统内煤炭、电力、化工、运输等领域的专家人才队伍，围绕核心专业和主体工种，按照科学性、全面性、实用性、前沿性、理论性要求，全面开展培训教材的编写开发工作。这套技术技能培训系列教材的编撰和出版，是集团公司广大技术技能人才集体智慧的结晶，是集团公司全面系统进行培训教材开发的成果，将成为弘扬“实干、奉献、创新、争先”企业精神的重要载体和培养新型技术技能人才的重要工具，将全面推动集团公司向世界一流清洁低碳能源科技领军企业的建设。

功以才成，业由才广。在新一轮科技革命和产业变革的背景下，我们正步入一个超越传统工业革命时代的新纪元。集团公司教育培训不再仅仅是广大员工学习的过程，还成为推动创新链、产业链、人才链深度融合，加快培育新质生产力的过程，这将对集团创建世界一流清洁低碳能源科技领军企业和一流国有资本投资公司起到重要作用。谨以此序，向所有参与教材编写的专家和工作人员表示最诚挚的感谢，并向广大读者致以最美好的祝愿。

编委会

2024年11月

前言

近年来，随着我国经济的发展，电力工业取得显著进步，截至2023年底，我国火力发电装机总规模已达12.9亿kW，600MW、1000MW燃煤发电机组已经成为主力机组。当前，我国火力发电技术正向着大机组、高参数、高度自动化方向迅猛发展，新技术、新设备、新工艺、新材料逐年更新，有关生产管理、质量监督和专业技术发展也是日新月异。现代火力发电厂对员工知识的深度与广度，对运用技能的熟练程度，对变革创新的能力，对掌握新技术、新设备、新工艺的能力，以及对多种岗位工作的适应能力、协作能力、综合能力等提出了更高、更新的要求。

我国是世界上少数几个以煤为主要能源的国家之一，在经济高速发展的同时，也承受着巨大的资源和环境压力。当前我国燃煤电厂烟气超低排放改造工作已全面开展并逐渐进入尾声，烟气污染物控制也由粗放型的工程减排逐步过渡至精细化的管理减排。随着能源结构的不断调整和优化，火电厂作为我国能源供应的重要支柱，其运行的安全性、经济性和环保性越来越受到关注。为确保火电机组的安全、稳定、经济运行，提高生产运行人员技术素质和管理水平，适应员工培训工作的需要，特编写电力产业技术技能培训系列教材。

本教材全面阐述了锅炉本体设备系统、管道及阀门设备系统、锅炉辅机设备系统、循环流化床锅炉系统以及环保设备系统的专业技术知识。锅炉本体设备系统主要介绍了电站锅炉受热面设备、汽包、联箱、减温器的工作原理和结构特点，同时深入剖析了燃烧设备、炉墙与架构以及锅水循环泵的相关知识。此外，还对吹灰器和锅炉用钢进行了简要介绍。管道及阀门设备系统重点阐述了管道及阀门的技术知识，以及常规检修工艺和特殊工艺技术。锅炉辅机设备系统涵盖了锅炉辅机设备技术知识，以及风机设备、制粉系统设备和空气预热器的专业技术。这些内容将帮助读者全面了解锅炉辅机设备的运行维护和管理。循环流化床锅炉系统对循环流化床锅炉的基础知识、燃烧技术以及耐火防磨层进行了深入探讨。此外，还详细介绍了循环流化床除渣设备和脱硝脱硫设备的维护检修技术。环保设备系统重点介绍了除渣、除灰、脱硝、脱硫设备的技术知识，这些内容将有助于推动锅炉技术的绿色发展和环境保护。

通过学习本教材，读者可以全面了解锅炉及其相关设备系统的基本原理、结构、检修维护等内容，为从事锅炉相关的运行、检修、安装及管理工作打下坚实的基础。同时，本教材还融入了大量锅炉检修实践中的成熟经验和技术成果。这些内容不仅反映了锅炉技术的最新发展趋势，同时也为读者提供了宝贵的实操技术指导。相信读者通过本教材的学习，能够快速全面地掌握系统的锅炉技术知识和操作技能。

限于编者的水平，书中难免有不足和疏漏之处，恳请读者给予批评指正。

编写组

2024 年 6 月

目　录

序言
前言

(上册)

第一章　电站锅炉概述 …… 1
第一节　锅炉主要参数及技术指标 …… 1
一、主要参数 …… 1
二、经济技术指标 …… 2
三、安全技术指标 …… 2
第二节　锅炉分类和型号 …… 3
一、分类 …… 3
二、型号 …… 4
第三节　典型锅炉介绍 …… 5
一、自然循环锅炉 …… 6
二、强制循环锅炉 …… 7
三、循环流化床锅炉 …… 15
第二章　锅炉受热面设备 …… 19
第一节　锅炉受热面概述 …… 19
一、水冷壁 …… 19
二、过热器 …… 23
三、再热器 …… 26
四、省煤器 …… 26
第二节　锅炉受热面常见的缺陷及分布范围 …… 27
一、磨损 …… 27
二、腐蚀 …… 28
三、弯曲 …… 29
四、变形 …… 30
五、裂纹 …… 30
六、疲劳 …… 31
七、胀粗 …… 31
八、过热 …… 33
九、爆管 …… 34
十、损伤 …… 34

十一、鼓包…………………………………………………………………… 35
十二、蠕变…………………………………………………………………… 35
十三、刮伤…………………………………………………………………… 35
第三节　锅炉受热面防磨防爆检查常用方法及管理 ……………… 36
一、锅炉受热面防磨防爆检查常用方法 ………………………………… 36
二、锅炉防磨防爆检查 …………………………………………………… 39

第三章　汽包、联箱、减温器 ………………………………………… 43

第一节　汽包及其内部装置 …………………………………………… 43
一、汽包的作用和结构 …………………………………………………… 43
二、汽水分离装置 ………………………………………………………… 44
三、蒸汽清洗装置 ………………………………………………………… 44
第二节　汽包维护技术措施 …………………………………………… 45
一、汽包的检修项目 ……………………………………………………… 45
二、汽包检修的准备工作 ………………………………………………… 45
三、汽包检修安全注意事项……………………………………………… 46
四、汽包外部的检修 ……………………………………………………… 46
五、汽包内部的检修 ……………………………………………………… 47
六、汽包检修质量验收标准……………………………………………… 48
第三节　联箱设备及维护质量要求 …………………………………… 49
一、联箱的作用 …………………………………………………………… 49
二、联箱检查内容 ………………………………………………………… 49
三、联箱检查质量标准 …………………………………………………… 50
第四节　减温器 ………………………………………………………… 51
一、减温器检查内容 ……………………………………………………… 52
二、减温器检查质量标准 ………………………………………………… 53

第四章　锅水循环泵 …………………………………………………… 54

第一节　锅水循环泵常见故障及原因分析 …………………………… 54
一、扬程/流量下降……………………………………………………… 54
二、驱动功率明显增加 …………………………………………………… 55
三、电动机温度突然升高 ………………………………………………… 55
四、异常噪声和振动 ……………………………………………………… 55
第二节　锅水循环泵检查及维护 ……………………………………… 55
一、锅水循环泵及电动机拆卸工艺要点及质量要求 …………………… 55
二、轴承、电动机检查工艺要点及质量要求 …………………………… 56
三、叶轮检查和污垢清理工艺要点及质量要求………………………… 56
四、转子检查工艺要点及质量要求 ……………………………………… 57

五、泵壳体检查工艺要点及质量要求 …… 57
六、主法兰紧固螺栓和螺母检查工艺要点及质量要求 …… 57
七、热交换器检修工艺要点及质量要求 …… 57
八、锅水循环泵试运转工艺要点及质量要求 …… 57

第五章　燃烧设备 …… 59

第一节　燃烧设备简介 …… 59
一、煤粉在炉内的燃烧原理 …… 59
二、燃烧器设备 …… 59
三、点火装置 …… 61
第二节　直流燃烧器 …… 63
一、摆动式直流燃烧器本体检修工艺要点及质量要求 …… 63
二、固定式直流燃烧器本体检修工艺要点及质量要求 …… 63
三、直流燃烧器摆动机构检修工艺要点及质量要求 …… 63
第三节　旋流燃烧器 …… 64
一、旋流燃烧器本体检修工艺要点及质量要求 …… 64
二、旋流燃烧器调风门检修 …… 65
三、旋流燃烧器支架组件 …… 65
第四节　油枪 …… 65
一、油枪清洗和检查工艺要点及质量要求 …… 65
二、油枪执行机构及密封套管检查和更换工艺要点及质量要求 …… 66
三、油枪调风器检修工艺要点及质量要求 …… 66
第五节　等离子点火器 …… 66
一、等离子点火器的工作原理 …… 66
二、等离子点火器阴极检修工艺要点及质量要求 …… 67
三、等离子点火器阳极检修工艺要点及质量要求 …… 67
四、等离子点火器阴极旋转系统检修工艺要点及质量要求 …… 67
五、等离子点火器冷却水系统检修工艺要点及质量要求 …… 67
六、压缩空气系统及发生器支架检修工艺要点及质量要求 …… 68

第六章　炉墙与架构 …… 69

第一节　炉墙概述 …… 69
一、轻型炉墙 …… 69
二、敷管式炉墙 …… 69
第二节　敷管式炉墙的检查及维护 …… 69
一、密立光管式炉墙检修 …… 69
二、膜式壁炉墙检修 …… 70
第三节　锅炉钢结构检查及维护 …… 71

第七章　吹灰器 …… 74

第一节　吹灰器概述 …… 74

一、炉膛吹灰器简介 …… 74

二、长伸缩型吹灰器简介 …… 76

三、声波吹灰器简介 …… 79

第二节　炉膛吹灰器检修维护 …… 80

一、拆卸 …… 80

二、进气阀的检修 …… 80

三、喷嘴检修 …… 80

四、喷管检修 …… 81

五、卸下脱开机构，喷管凸轮及方轴 …… 81

六、减速箱检修 …… 81

七、吹灰器调试与验收 …… 81

第三节　长伸缩型吹灰器检修维护 …… 82

一、进气阀的检修 …… 82

二、喷嘴检查 …… 82

三、喷管检修 …… 82

四、传动机构及减速箱检修 …… 82

五、链轮和链条的检修 …… 82

六、吹灰管托轮及密封盒的检修 …… 83

七、吹灰器调试与验收 …… 83

第四节　吹灰器蒸汽系统检修维护 …… 83

一、安全门检修 …… 83

二、调整门检修 …… 84

三、疏水阀检修 …… 84

第八章　锅炉用钢 …… 85

第一节　锅炉用钢的发展 …… 85

一、碳素钢 …… 85

二、珠光体钢 …… 86

三、奥氏体钢 …… 91

四、国内目前新型耐高温材料应用面临的问题 …… 93

第二节　锅炉受热面常用钢种 …… 94

第九章　管道及阀门 …… 97

第一节　管道系统概述 …… 97

一、锅炉管道系统材质 …… 98

二、管道系统主要附件 …… 98
三、管道表面缺陷处理 …… 100
第二节 管道的膨胀与补偿 …… 100
一、热膨胀量的计算 …… 100
二、热补偿 …… 101
三、冷补偿（冷紧） …… 102
第三节 支吊架设备及维护 …… 102
一、固定支吊架 …… 103
二、半固定支架 …… 103
三、弹簧支吊架 …… 105
四、恒力吊架 …… 106
五、管道支吊架主要检修项目 …… 107
六、支吊架检修注意事项 …… 108
七、支吊架热态检验 …… 109
八、支吊架冷态检验 …… 110
九、支吊架维修调整 …… 111
十、支吊架许用应力的计算要求 …… 114
第四节 阀门概述 …… 114
一、阀门的分类 …… 114
二、阀门的型号编制方法 …… 117
第五节 常见阀门的结构与特点 …… 122
一、闸阀 …… 122
二、截止阀 …… 124
三、节流阀 …… 125
四、止回阀 …… 126
五、旋塞阀 …… 127
六、球阀 …… 128
七、蝶阀 …… 130
八、安全阀 …… 131
第六节 阀门密封材料 …… 133
一、阀门密封的基础知识 …… 133
二、阀门密封与工艺的关系 …… 135
三、盘根 …… 136
第七节 阀门研磨 …… 138
一、研磨材料及规格 …… 138
二、手工研磨与机械研磨 …… 138
第八节 阀门质量标准、故障分析 …… 141
一、阀门检查与修理 …… 141

二、阀门检修工艺及质量标准、故障分析 …… 141
第九节　阀门水压试验及质量标准 …… 156
一、低压旋塞和低压阀门试验 …… 156
二、高压阀门水压试验 …… 157
第十章　锅炉辅机基础知识 …… 158
第一节　轴承 …… 158
一、滚动轴承 …… 158
二、滑动轴承 …… 164
第二节　晃动、瓢偏测量与直轴 …… 172
一、晃动、瓢偏测量 …… 172
二、轴弯曲的测量与校直 …… 176
第三节　联轴器找中心 …… 184
一、联轴器找中心原理 …… 184
二、对轮的加工误差对找中心的影响 …… 185
三、找中心的方法及步骤 …… 186
四、简易找中心及立式转动设备找中心 …… 190
五、激光找中心 …… 191
第四节　转子找平衡 …… 194
一、转子找静平衡 …… 194
二、转子找动平衡 …… 200
第五节　辅机的振动诊断 …… 207
一、振动的基本概念 …… 207
二、振动诊断步骤 …… 208
三、设备振动诊断技术的分类 …… 208
四、旋转机械振动诊断 …… 209
五、查找机组振动原因的程序 …… 213
第十一章　锅炉风机设备 …… 215
第一节　概述 …… 215
一、风机的主要参数 …… 215
二、风机的分类 …… 216
第二节　离心式风机主要部件与整体结构 …… 217
一、离心式风机的工作原理 …… 217
二、离心式风机的主要部件 …… 217
三、离心式风机的整体结构 …… 222
第三节　轴流式风机主要部件与整体结构 …… 224
一、概述 …… 224

二、轴流式风机的特点 …… 225
三、轴流式风机主要参数与布置形式 …… 226
四、轴流式风机的主要部件 …… 229
五、轴流式风机整体结构以及参数对性能的影响 …… 239
第四节 风机的不稳定工况 …… 243
一、风机的旋转脱流 …… 243
二、风机的喘振 …… 246
三、并联工作的“抢风”现象 …… 247
第五节 风机的磨损 …… 249
一、主要磨损部位 …… 249
二、叶片磨损的机理 …… 250
三、影响风机磨损的因素 …… 251
四、减轻风机磨损的方法 …… 252
第六节 风机噪声的形成及控制措施 …… 252
一、噪声声源 …… 252
二、控制噪声的方法 …… 255
第七节 风机典型故障案例 …… 257
一、离心式风机故障 …… 257
二、静调轴流式风机故障 …… 260
三、动调轴流式风机故障 …… 263

第十二章 锅炉制粉设备 …… 266

第一节 制粉系统概述 …… 266
一、中间储仓式制粉系统 …… 266
二、直吹式制粉系统 …… 266
三、两种系统比较 …… 269
第二节 磨煤机 …… 269
一、常见磨煤机类型简介 …… 269
二、HP983 型磨煤机 …… 270
三、ZGM113N 型中速磨煤机 …… 292
第三节 给煤机 …… 314
一、EG2490 型电子称重皮带式给煤机主要组成 …… 315
二、EG2490 型电子称重皮带式给煤机工作原理 …… 315
三、EG2490 型给煤机检修项目 …… 317
四、EG2490 型给煤机检修工艺及质量标准 …… 317
第四节 制粉系统常见故障分析 …… 323
一、制粉系统常见故障 …… 323
二、中速磨煤机常见故障 …… 327

三、电子称重式皮带给煤机常见故障…………………………………………………… 330

第十三章　锅炉空气预热器 ……………………………………………………… 332

第一节　空气预热器的作用及工作原理 ……………………………………… 332

一、空气预热器作用………………………………………………………………… 332

二、空气预热器工作原理 ………………………………………………………… 332

第二节　回转式空气预热器 …………………………………………………… 333

一、回转式空气预热器的结构 …………………………………………………… 333

二、回转式空气预热器维护及质量标准 ………………………………………… 345

三、回转式空气预热器故障分析 ………………………………………………… 351

第三节　管式空气预热器 ……………………………………………………… 352

一、管式空气预热器概述 ………………………………………………………… 352

二、管式空气预热器维护及质量要求…………………………………………… 354

第十四章　锅炉空气压缩机设备 ……………………………………………… 356

第一节　空气压缩机概述 ……………………………………………………… 356

第二节　螺杆式空压机 ………………………………………………………… 356

一、螺杆式空压机的工作原理 …………………………………………………… 356

二、螺杆式空压机组成……………………………………………………………… 357

三、螺杆式空压机标准检修项目 ………………………………………………… 357

四、螺杆式空压机检修工艺及质量标准 ………………………………………… 358

五、螺杆式空压机常见故障及处理方法 ………………………………………… 361

第三节　离心式空压机 ………………………………………………………… 365

一、离心式空压机的工作原理 …………………………………………………… 365

二、离心式空压机检修项目 ……………………………………………………… 365

三、离心式空压机检修工艺要点及质量标准 …………………………………… 366

四、离心式空压机常见故障及处理方法 ………………………………………… 369

（下册）

第十五章　循环流化床锅炉基础知识 ………………………………………… 373

第一节　工作原理 ……………………………………………………………… 373

一、流态化过程 …………………………………………………………………… 373

二、流态化时流体动力特性 ……………………………………………………… 374

三、循环流化床锅炉基本构成 …………………………………………………… 374

四、循环流化床锅炉工作过程 …………………………………………………… 374

五、循环流化床锅炉技术特点 …………………………………………………… 375

第二节　燃烧过程 ……………………………………………………………… 376

一、煤粒干燥和加热 …… 376
二、挥发分析出及燃烧 …… 377
三、焦炭着火与燃尽 …… 378
四、煤粒破碎和磨损 …… 379
第三节　燃烧特性 …… 379
一、循化流化床锅炉燃烧区域 …… 379
二、焦炭颗粒的燃烧 …… 380
三、炉膛内燃烧份额 …… 381
四、一、二次风分配 …… 382
第四节　炉内传热 …… 382
一、炉内传热机理 …… 383
二、炉内传热的基本形式 …… 383
三、影响炉内传热的主要因素 …… 384

第十六章　循环流化床锅炉燃烧设备 …… 387

第一节　布风装置 …… 387
一、布风装置概述 …… 387
二、布风装置检修项目 …… 390
三、布风装置检修 …… 390
第二节　气固分离器 …… 391
一、气固分离器概述 …… 391
二、气固分离器检修项目 …… 392
三、气固分离器检修 …… 393
第三节　返料装置 …… 394
一、返料器概述 …… 394
二、返料器检修项目 …… 396
三、返料器检修 …… 396
第四节　点火设备 …… 397
一、点火装置概述 …… 397
二、点火装置检修项目 …… 398
三、点火装置检修 …… 399
第五节　膨胀节 …… 400
一、金属膨胀节检修 …… 400
二、非金属膨胀节检修 …… 401

第十七章　循环流化床锅炉耐火防磨层 …… 404

第一节　循环流化床锅炉磨损 …… 404
一、磨损概述 …… 404

二、循环流化床锅炉磨损机理 …… 405
三、循环流化床锅炉磨损影响因素 …… 405
四、循环流化床锅炉防磨损措施 …… 406
第二节 耐火耐磨材料 …… 408
一、耐火耐磨材料作用 …… 408
二、耐火耐磨材料分类 …… 408
三、耐火耐磨材料设计 …… 410
四、耐火耐磨材料检修 …… 412
第三节 防磨喷涂层技术 …… 415
一、概述 …… 415
二、热喷涂技术概述 …… 415
三、热喷涂技术在循环流化床锅炉上的应用 …… 417
四、防磨喷涂层的检修 …… 417

第十八章 锅炉除渣系统及技术 …… 420

第一节 锅炉除渣系统概述 …… 420
第二节 煤粉炉湿式除渣系统 …… 420
一、煤粉炉湿式除渣系统工作原理 …… 420
二、煤粉炉湿式除渣系统主要设备 …… 421
三、煤粉炉湿式除渣系统检修标准项目 …… 426
四、煤粉炉湿式除渣系统设备检修工艺及质量标准 …… 426
五、煤粉炉湿式除渣系统的常见故障分析及解决方法 …… 432
第三节 煤粉炉干式除渣系统设备 …… 434
一、煤粉炉干式除渣系统概述 …… 434
二、煤粉炉干式除渣系统主要设备 …… 434
三、煤粉炉干式排渣机常见故障及处理方法 …… 455
第四节 循环流化床锅炉除渣系统 …… 460
一、概述 …… 460
二、冷渣器系统 …… 462
三、输渣机系统 …… 471
四、渣仓系统 …… 476
五、床料输送系统 …… 479

第十九章 锅炉除灰除尘系统及技术 …… 481

第一节 概述 …… 481
第二节 气力除灰系统 …… 481
一、气力除灰系统 …… 482
二、气力除灰系统检修标准项目 …… 484

三、气力除灰系统检修工艺及质量标准 …… 484
四、气力除灰系统常见故障及处理 …… 485
第三节 静电除尘器 …… 486
一、静电除尘器工作原理 …… 486
二、静电除尘器组成 …… 486
三、静电除尘器检修标准项目 …… 486
四、静电除尘器检修工艺及质量标准 …… 487
五、静电除尘器检修注意事项 …… 493
六、静电除尘器常见故障及处理方法 …… 494
第四节 灰库系统 …… 495
一、灰库系统组成 …… 495
二、灰库系统设备 …… 496
第五节 湿式电除尘器 …… 506
一、湿式电除尘器组成 …… 507
二、湿式电除尘器工作原理 …… 508
三、湿式电除尘器修前准备 …… 508
四、湿式电除尘器检修标准项目 …… 508
五、湿式电除尘器检修工艺及质量标准 …… 509
六、湿式电除尘器系统常见故障及处理方法 …… 510

第二十章 锅炉脱硝系统及技术 …… 512

第一节 脱硝系统概述 …… 512
一、脱硝系统的工作原理 …… 512
二、脱硝系统工艺流程 …… 512
三、脱硝设备系统组成 …… 513
第二节 尿素溶解制氨系统 …… 517
一、尿素颗粒溶解系统 …… 517
二、尿素溶液储存和输送系统 …… 518
三、水解系统 …… 518
四、加热蒸汽及疏水回收系统 …… 519
五、其他辅助系统 …… 519
第三节 尿素水解制氨系统 …… 519
一、尿素制氨技术概述 …… 519
二、尿素水解制氨脱硝工艺流程 …… 520
三、尿素水解制氨系统模块组成 …… 521
四、尿素水解装置系统组成 …… 522
五、尿素水解系统检修标准项目 …… 523
六、尿素水解设备检修工艺及质量标准 …… 524

第四节　脱硝反应系统 …………………………………………………… 540
一、影响 SCR 脱硝因素 ……………………………………………… 540
二、SCR 脱硝反应区主要设备 ……………………………………… 541
三、SNCR 脱硝系统主要设备 ……………………………………… 541
四、脱硝反应系统检修标准项目 …………………………………… 542
五、脱硝反应系统设备检修工艺及质量标准 ……………………… 542

第二十一章　锅炉脱硫系统及技术 …………………………………… 545

第一节　脱硫系统概述 …………………………………………………… 545
一、湿法脱硫原理 ……………………………………………………… 545
二、湿法脱硫系统组成 ………………………………………………… 545
第二节　湿法脱硫烟气系统 …………………………………………… 546
一、湿法脱硫烟气系统概述 …………………………………………… 546
二、湿法脱硫烟气系统检修标准项目 ………………………………… 546
三、湿法脱硫烟道检修工艺及质量标准 ……………………………… 547
四、湿法脱硫烟气系统常见故障及处理方法 ………………………… 548
第三节　湿法脱硫石灰石浆液制备系统设备 ………………………… 548
一、湿法脱硫石灰石浆液制备系统组成 ……………………………… 548
二、湿法脱硫石灰石浆液制备系统设备 ……………………………… 548
第四节　湿法脱硫 SO_2 吸收系统设备 ……………………………… 571
一、湿法脱硫吸收塔系统简述 ………………………………………… 571
二、湿法脱硫吸收塔结构形式 ………………………………………… 572
三、湿法脱硫 SO_2 吸收系统检修维护 ……………………………… 578
第五节　湿法脱硫石膏脱水系统设备 ………………………………… 597
一、湿法脱硫石膏脱水系统概述 ……………………………………… 597
二、湿法脱硫石膏脱水系统组成 ……………………………………… 597
三、湿法脱硫石膏脱水系统作用 ……………………………………… 597
四、湿法脱硫石膏脱水系统设备 ……………………………………… 598
第六节　湿法脱硫排空系统 …………………………………………… 627
一、湿法脱硫排空系统概述 …………………………………………… 627
二、湿法脱硫排空系统主要设备 ……………………………………… 627
第七节　湿法脱硫工艺水系统设备 …………………………………… 630
一、湿法脱硫工艺水系统概述 ………………………………………… 630
二、湿法脱硫水泵检修标准项目 ……………………………………… 631
三、湿法脱硫水泵检修工艺及质量标准 ……………………………… 631
四、湿法脱硫水泵常见故障及处理方法 ……………………………… 633
第八节　湿法脱硫废水处理系统 ……………………………………… 633
一、三联箱脱硫废水系统 ……………………………………………… 634

二、三联箱脱硫废水系统检修 …………………………………… 634
第九节　湿法脱硫废水系统零排放 ……………………………… 641
一、湿法脱硫废水系统零排放概述 ……………………………… 641
二、湿法脱硫废水零排放工艺介绍 ……………………………… 641
三、湿法脱硫废水零排放工艺线路 ……………………………… 642
四、湿法脱硫废水零排放实例 …………………………………… 645
第十节　循环流化床炉内脱硫 …………………………………… 648
一、石灰石输送方式……………………………………………… 648
二、石灰石制备及输送系统 ……………………………………… 649
三、循环流化床炉内脱硫系统设备检修标准项目 ……………… 653
四、循环流化床炉内脱硫系统设备检修工艺及质量标准………… 654
第十一节　循环流化床半干法烟气脱硫系统 …………………… 656
一、循环流化床半干法烟气脱硫系统组成 ……………………… 656
二、循环流化床半干法烟气脱硫系统设备检修工艺及质量标准 ……… 661

参考文献 ……………………………………………………………… 667

第十五章　循环流化床锅炉基础知识

第一节　工　作　原　理

一、流态化过程

固体颗粒在流体作用下表现出类似流体状态的现象称为流态化。锅炉燃烧中流化介质为气体，固体煤颗粒、脱硫剂及煤燃烧后的灰渣（床料）被流化，称为气固流态化。流化床是指固体颗粒在流体作用下形成流态化的床层。采用流化床燃烧方式的锅炉称为流化床锅炉，其与其他类型锅炉的本质区别在于燃料处于流态化运动状态，并在流态化过程中进行燃烧。

如图 15-1 所示，当气体通过固体颗粒床层时，床层会呈现不同的流动状态。随着气流速度的逐渐增加，固体颗粒床层分别呈现出固定床、初始流态化、鼓泡流态化、节涌、湍流流态化、快速流态化及气力输送等状态。

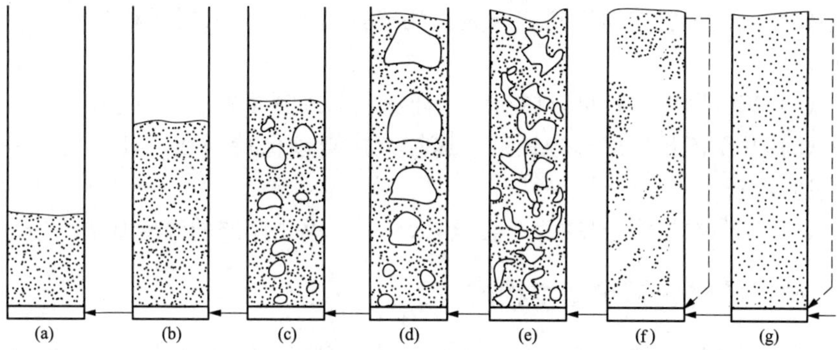

图 15-1　不同气流速度下固体颗粒床层的流动状态

（a）固定床；（b）初始流态化；（c）鼓泡流态化；（d）节涌；
（e）湍流流态化；（f）快速流态化；（g）气力输送

流态化过程中，气体流速增加到一定值时，气体对固体颗粒的作用力与颗粒的重力相平衡，这时床层开始进入流态化，此时称为初始流态化，对应的气流速度称为临界流态化速度。随着气体流速的增大，气体以气泡的形式经过床层并逸出，床内形成由气泡相和乳化相组成的两相状态，这时称为鼓泡流态化。在气体流速或床层高度增加后，床层中的气泡在上升过程中聚集增大，到达某一高度后破裂使得固体颗粒喷洒而下，这种现象称为节涌。当气体流速继续增加时，气泡破碎作用加剧，使得床层内气泡越来越小，床层压力脉动幅度越来越大，此时床层进入湍流流态化。如进一步提高气体流速，则气流携带颗粒量急剧增加，形成了快速流态化和气力输送。

湍流流态化和气力输送状态下，大量固体颗粒被携带出床层、炉膛。为了稳定运行操作，必须用气固分离器把这些颗粒从气流中分离出来，然后返回床层，这样就形成了循环流化床。

对于燃煤流化床锅炉，床内为一定尺寸范围的不同粒径固体颗粒的混合物（宽筛分颗粒），床层下部形成主要由较大固体颗粒组成的鼓泡流态化，而较细固体颗粒则由气流携带进入快速流态化状态，经气固分离器和返料器构成固体颗粒外部循环。另外某些固体小颗粒在上行过程中，产生凝聚、结团现象，以及与壁面的摩擦碰撞，沿壁面回流等，从而形成循环流化床的内部循环。

二、流态化时流体动力特性

固体颗粒流态化后在许多方面与液体有一样的特性。主要包括以下几点：

（1）在任一高度的静压近似于此高度以上单位床截面内固体颗粒的重力。

（2）密度高于床层表观密度的物体在床内会下沉，密度小的物体会浮在床面上。

（3）无论床层如何倾斜，床表面始终保持水平，床层形状与容器形状一致。

（4）床内固体颗粒可以像流体一样从底部或侧面的孔口中排出。

（5）几个流化床底部连通后，床层高度自动保持一致，具有液体一样的连通效应。

（6）床内颗粒混合良好，当加热床层时，整个床层的温度基本均匀。

三、循环流化床锅炉基本构成

循环流化床锅炉由锅炉本体和辅助设备组成。锅炉本体主要包括启动燃烧器、布风装置、炉膛、气固分离器、返料器，以及布置有受热面的尾部烟道、汽包（汽水分离器）、下降管、水冷壁、过热器、再热器、省煤器及空气预热器等，如图15-2所示。辅助设备包括一次风机、二次风机、引风机、高压流化风机、给煤机、冷渣器、除尘器及烟囱等。一些循环流化床锅炉还设置有外置床换热器。

四、循环流化床锅炉工作过程

加工成一定粒度范围的宽筛分煤，经给煤机送入锅炉密相区燃烧，细颗粒物料进入稀相区继续燃烧，部分随烟气飞出炉膛。飞出炉膛的大部分细颗粒由气固分离器分离后经返料器送回炉膛，再次参与燃烧。燃烧过程中产生大量高温烟气，流经过热器、再热器、省煤器等受热面，在除尘器和脱硫装置进行除尘、脱硫，最后由引风机经烟囱排至大气。

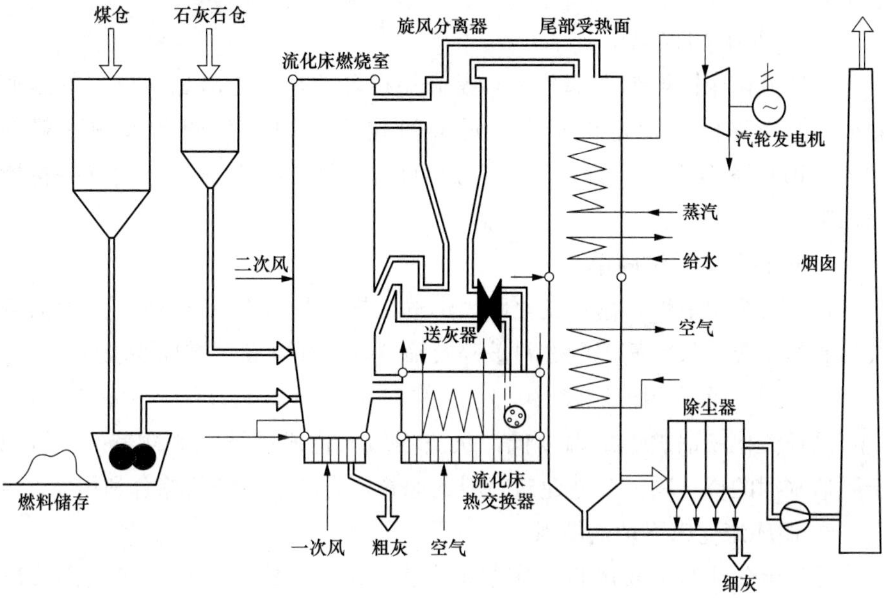

图 15-2 循环流化床锅炉系统示意图

自然循环锅炉给水首先进入省煤器，然后经汽包、下降管进入水冷壁。水冷壁吸收燃料燃烧所产生的热量加热给水，生成的汽水混合物进入汽包进行汽水分离。分离出的水进入下降管继续参与水循环，分离出的饱和蒸汽进入过热器系统继续加热变为过热蒸汽。超临界直流锅炉给水一次经过省煤器、水冷壁、过热器加热变为过热蒸汽，启动或停运时汽水分离器将蒸汽中所夹带的水分分离出来，防止不合格蒸汽进入汽轮机。

循环流化床锅炉生成的过热蒸汽引入汽轮机做功，将热能转化为汽轮机的机械能。如果是再热机组，这些机组中的汽轮机高压缸排汽将进入锅炉再热器进行加热，再次加热后的蒸汽进入汽轮机中、低压缸继续做功。

五、循环流化床锅炉技术特点

1. 燃料适应性广

循环流化床锅炉因其特殊的流体动力特性，使得质量和热量交换非常充分，可以燃烧各种固体燃料，如烟煤、褐煤、贫煤、无烟煤、煤泥、煤矸石、焦炭、油页岩，以及生物质和固体垃圾等，并能够达到很高的燃烧效率。

2. 污染物排放低

循环流化床锅炉可直接加入石灰石等脱硫剂，脱除燃料燃烧过程中生产的 SO_2，一般可达到 90%的脱硫效率。由于燃烧温度一般在 850～950℃之间，不仅有利用炉内脱硫反应的进行，而且可抑制 NO_x 的生成。循环流化床锅炉普遍采用分级燃烧方式，因此其 NO_x 生成量仅是煤粉锅炉的 1/4～1/3。

3. 负荷调节性能好

循环流化床锅炉绝大部分床料是高温循环灰，其为新加入燃料的迅速着火和燃烧提供了稳定的热源。循环流化床锅炉负荷调节范围一般在 30%～100%额定负荷，即在 30%额定负荷甚至更低的负荷下，也能保持燃烧稳定。

4. 燃料制备系统简单

相比于煤粉锅炉，循环流化床锅炉的给煤粒径为 0～13mm，其无需复杂的制粉系统，只需简单的燃料破碎及筛分装置即可满足燃烧要求。

5. 灰渣综合利用性能好

循环流化床锅炉燃烧温度低，灰渣不易软化或黏结，活性较好，可用于制造水泥的掺合料或其他建筑材料的原料，有利于灰渣的综合利用。

6. 循环流化床锅炉的缺点

循环流化床锅炉布风板及床层阻力大，烟气系统中又增加了气固分离器，因此烟风系统阻力高，需要风机压头高、数量大，故耗电量大。循环流化床锅炉燃料粒径较大，且炉内物料浓度是煤粉锅炉的几十倍，受热面磨损速度较煤粉锅炉大得多，是影响锅炉长期连续安全稳定运行的重要原因。

第二节 燃 烧 过 程

循环流化床锅炉内煤粒的燃烧是一个化学和物理交织在一起形成较为复杂的过程，如图 15-3 所示。燃煤送入循环流化床锅炉内，迅速受到高温物料及烟气的加热，首先是水分的蒸发，接着是煤中挥发分的析出与燃烧，然后是焦炭的燃烧，其间还伴随着煤粒破碎、磨损等现象发生。煤粒在循环流化床锅炉内大致经历四个连续变化过程：

(1) 煤粒加热和干燥。

(2) 挥发分析出和燃烧。

(3) 煤粒膨胀和破裂（一级破碎）。

(4) 焦炭燃烧和再次破裂（二级破碎）及磨损。

实际上，循环流化床锅炉中煤粒的燃烧过程不能简单地以上述步骤绝对划分成各孤立的阶段，有时几个过程会同时进行。

一、煤粒干燥和加热

新鲜煤粒被送入循环流化床锅炉后，立即被大量不可燃的灼热床料所包围并被加热至接近床温。由于床内的混合剧烈，这些灼热灰渣颗粒迅速

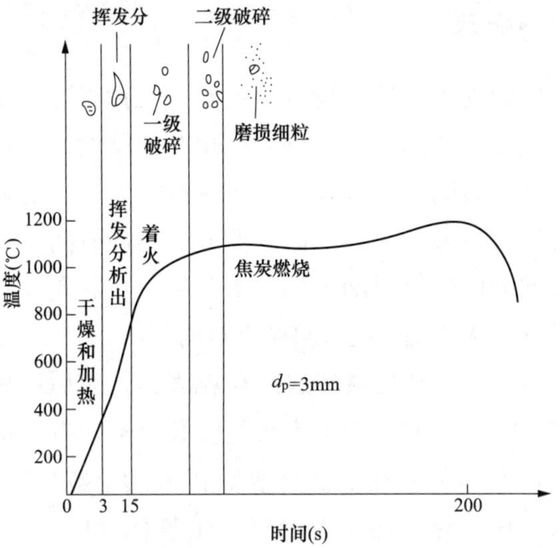

图 15-3　燃煤颗粒的燃烧过程

地把煤粒加热到着火温度而开始燃烧。煤粒燃烧过程中，煤粒吸收的热量只占床层总热容量的千分之几，因此对床层温度影响很小，而且煤粒的燃烧又释放出热量，从而使床层保持在一定温度水平。这也是循环流化床锅炉着火容易及煤种适应性很广的原因所在。

煤粒加热干燥过程中，加热速率一般在（100～1000)℃/min 的范围内，即仅用几秒的加热时间，煤粒就被加热干燥，把水分蒸发掉。在这个过程中影响加热速率的最主要因素之一是煤粒的粒度，因为粒度大，加热时间长，加热速率就低。

二、挥发分析出及燃烧

当煤粒被加热到一定温度时，逐步开始释放出挥发分。挥发分析出过程是指煤粒受到高温加热后分解并产生大量气态物质的过程。挥发分第一个稳定析出阶段发生在温度为 500～600℃范围内，第二个稳定析出阶段则发生在温度为 800～1000℃范围内。

挥发分的析出量和构成受许多因素影响，如加热速率、初始温度、最终温度、最终温度下的停留时间、煤的种类、粒度分布及挥发分析出时的压力等。煤中挥发分燃烧放出的热量可占煤燃烧总放热量的 40%左右，挥发分的析出与燃烧改善了煤粒的着火性能，一方面大量挥发分的析出及燃烧加热了煤粒，使得煤粒温度迅速升高，另一方面挥发分的析出改变了煤粒的孔隙结构，改善了挥发分析出后焦炭的燃烧反应。

三、焦炭着火与燃尽

循环流化床锅炉内焦炭的燃烧过程通常是在挥发分析出后开始的，但两个过程也存在重叠，初期以挥发分的析出与燃烧为主，而后期则以焦炭燃尽为主，两者持续时间受煤种及运行工况的影响，很难确切划分。通常煤中挥发分的析出时间为1～10s，而挥发分的燃烧时间一般小于1s；焦炭的燃尽时间比挥发分的燃烧时间大两个数量级，也就是说焦炭的燃烧过程控制着煤粒在循环流化床锅炉内的整个燃烧时间。

焦炭燃烧中，气流中氧先被传递到颗粒表面，然后在焦炭表面与碳发生氧化反应生成CO_2和CO。由于焦炭是多孔颗粒，有大量不同尺寸和形状的内孔，这些内孔面积要比焦炭外表面积大几个数量级。某些情况下，氧通过扩散进入内孔并与内孔表面的碳产生氧化反应。不同燃烧工况下，焦炭燃烧可在外表面或内孔壁发生。燃烧工况由燃烧室的工作条件和焦炭特性所决定，具体可分为以下三种类型。

1. 动力燃烧

循环流化床锅炉内温度小于1000℃，焦炭表面化学反应速度较慢，供应焦炭表面的氧量远大于化学反应所需的耗氧量。因此动力燃烧中，化学反应速率远低于扩散速率。动力燃烧主要在两种情况下发生：一是在循环流化床锅炉启动过程，此时温度低，化学反应速率也低；二是在细颗粒燃烧中，此时扩散阻力很小。

2. 过渡燃烧

过渡燃烧中，化学反应速度常数与氧的扩散速度系数处于同一数量级，即反应速率与内部扩散速率相当。在此工况下，氧在焦炭中的透入深度有限，接近外表面处的小孔消耗掉大部分氧。这种燃烧工况常见于鼓泡流化床和循环流化床某些区域中的中等粒度焦炭，此时微孔传质速率和化学反应速率相当。

3. 扩散燃烧

扩散燃烧中，炭粒表面的化学反应速度很快，以致耗氧速度远远超过氧的供应速度。炭粒表面的氧浓度实际为零，这时传质速率远低于化学反应速率。由于化学反应速率很高，传质速率相对较慢的有限氧分在刚到达焦炭外表面就被化学反应所消耗。这种工况常见于大颗粒焦炭，因为此时传质速率比化学反应速率低。

通常循环流化床锅炉所使用燃煤的粒径一般为0～13mm，随着燃烧的进行，焦炭颗粒缩小，气固传输速率增加，燃烧工况也从扩散燃烧移到过渡燃烧，最后到动力燃烧。

四、煤粒破碎和磨损

循环流化床锅炉内煤粒燃烧过程十分复杂。如图 15-4 所示，挥发分析出有时会在煤粒中形成很高的压力而使煤粒产生破碎，这种现象称为一级破碎。经过一级破碎，煤粒分裂成数片碎片，碎片的尺寸小于母体煤粒。焦炭处于动力燃烧或过渡燃烧工况时，其内部小孔增加连接力削弱。当连接力小于施于焦炭的外力时，焦炭就产生碎片，这个过程称为二级破碎。二级破碎发生在挥发分析出后的焦炭燃烧阶段。煤粒处于动力燃烧工况，焦炭颗粒的二级破碎又称为穿透性破碎。

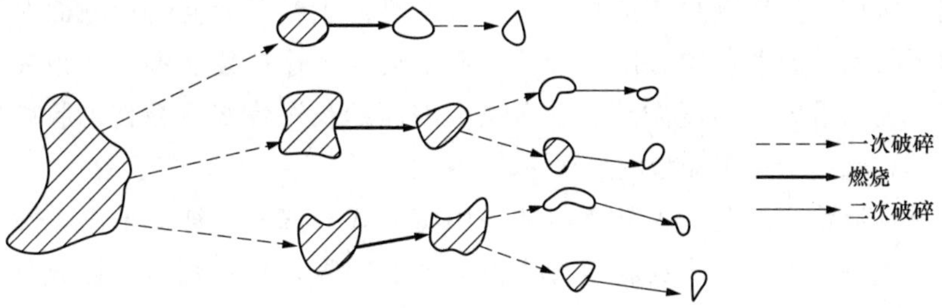

图 15-4　煤粒在燃烧过程中破碎示意图

煤粒磨损是指颗粒之间因机械作用产生小于 100μm 颗粒的过程。细颗粒一般会逃离分离器，因而构成不完全燃烧损失的主要部分。有燃烧时磨损就会加强，在焦炭颗粒中含有不同反应特性的显微组分聚集体，使得焦炭表面的氧化或燃烧不均匀，因而焦炭表面的某些部分燃烧要快一些，形成连接细颗粒之间的细连接臂。在床料的机械作用下连接臂被破坏，这个过程称为燃烧磨损或燃烧辅助磨损。

煤粒磨损的作用贯穿于整个燃烧过程，而煤粒的破碎则主要是由自身因素引起的粒度变化的过程，且具有短时间内快速改变粒度的特点。煤粒在炉内循环掺混中不断地碰撞磨损使颗粒变小，并将炭粒表层不再燃烧的“灰壳”磨去，这些有助于煤粒的燃烧和燃尽，提高燃烧效率。煤粒的破碎结果是在煤粒投入床内后很快形成大量的细颗粒，特别是形成一些可扬析的细颗粒后会影响锅炉的燃烧效率。

第三节　燃　烧　特　性

一、循化流化床锅炉燃烧区域

循环流化床锅炉通常采用高温气固分离器，燃烧区域主要为炉膛下部密相区（二次风口以下）、炉膛上部稀相区（二次风口以上）和高温气固分离器区。由于循环流化床锅炉其他部分对燃烧的贡献很小，因此从燃烧的角度不再将其划为燃烧区域。

炉膛密相区内充满了灼热的物料，不仅是一个稳定的着火热源，还是一个储存热量的热库。新燃料和高温气固分离器收集的未燃尽的焦炭送入该区域，燃料析出挥发分和部分燃烧。当锅炉负荷增加时，增加一次风与二次风的比值，使得能够输送数量较大的高温物料到炉膛上部区域燃烧并参与热量和质量交换。一般该区域处于还原性气氛。

任何工况下，燃烧所需要的空气都会流经炉膛上部区域，被输送到上部区域的焦炭和一部分挥发分在这里以富氧状态燃烧，其大多数燃烧发生于这个区域。焦炭颗粒在炉膛截面中心区域向上运动，同时沿截面贴近炉墙向下移动，或者在中心区随颗粒团向下运动。这样焦炭颗粒在被夹带出炉膛之前已沿炉膛高度循环运动多次，因而延长了焦炭颗粒在炉膛内的停留时间，有利于焦炭颗粒的燃尽。

循环流化床高温气固分离器常采用旋风式分离器，被夹带出炉膛的未燃尽焦炭进入覆盖有耐火材料的高温旋风分离器，焦炭颗粒在旋风分离器内停留时间很短，而且该处的氧浓度很低，因而焦炭在旋风分离器中的燃烧份额很小。不过，一部分 CO 和挥发分常常在高温旋风分离器内燃烧，使其燃烧份额略有增加。

二、焦炭颗粒的燃烧

焦炭按照燃烧模式通常可分为细颗粒焦炭燃烧、焦炭碎片燃烧和粗颗粒焦炭燃烧三类，它们发生的燃烧区域也不完全相同。

1. 细颗粒焦炭燃烧

循环流化床锅炉燃料为宽筛分煤粒，细颗粒燃烧时有一部分为 50～100μm 的细颗粒焦炭。同时，粗颗粒煤在燃烧时经一级、二级破碎和磨损也会产生一部分细颗粒焦炭。细颗粒焦炭燃烧处于动力燃烧工况，燃烧区域大部分在炉膛上部的稀相区，也会有少量在高温气固分离器内。由于循环流化床锅炉炉膛内部存在内循环，细颗粒焦炭在中心区域随气流向上运动，形成颗粒团及被上升气流冲散过程中，又在贴近炉墙区域向下运动，因此细颗粒焦炭在炉内停留时间取决于内循环、炉膛高度和气固分离器性能。

2. 焦炭碎片燃烧

焦炭碎片尺寸相对较大，它由一次破碎和二次破碎产生，典型尺寸为 500～1000μm。焦炭碎片的燃烧通常处于过渡燃烧工况，碎片在炉内的停留时间与平均床料的停留时间也很接近。对于焦炭碎片，作为飞灰逃离炉膛和由床层底部冷渣口排出炉膛的可能性不大，因此外循环倍率是影响焦炭碎片停留时间的主要因素。气固分离器效率高，固气比高，循环倍率也会提高，有利于焦炭碎片燃尽。

3. 粗颗粒焦炭燃烧

粗颗粒是指直径大于1mm的焦炭，这些粗颗粒焦炭和流化气体间的相对速度高，处于扩散燃烧或过渡燃烧工况。这些粗颗粒一部分在炉膛下部密相区燃烧，另一部分被带往炉膛上部稀相区继续燃烧。被夹带出炉膛的这些粗颗粒也很容易被气固分离器捕集后送回炉膛内再燃烧，因而粗颗粒在炉内的停留时间长，燃尽度高。粗颗粒一般从炉膛底部的冷渣口排出，其含碳量很低，由粗颗粒产生的固体未完全燃烧损失最小。

三、炉膛内燃烧份额

（一）燃烧份额定义

燃烧份额表示燃煤在各燃烧区的燃烧程度，具体是指每一燃烧区域中燃烧量占总燃烧量的比例，一般可用燃料在各燃烧区域内释放出的发热量占燃料总发热量的百分比来表示。由于循环流化床锅炉的燃烧主要发生在密相区和稀相区，所以这两个区域的燃烧份额之和接近于1，其中密相区的燃烧份额会直接影响料层温度控制、炉内传热以及锅炉的安全运行。

如密相区燃烧份额增加，为保持其出口温度不变，必然要增加密相区吸热量和受热面积。如果受热面积再无法增加，则会使出口烟温提高，即带入稀相区的焓增加。如果这部分热量不能有效地被密相区受热面吸收或被烟气带走，则密相区热量平衡就会遭到破坏，从而使密相区炉膛温度升高，出现高温结渣的问题。

（二）燃烧份额影响因素

1. 煤种影响

循环流化床锅炉密相区，挥发分高的煤如褐煤，燃烧份额最小，挥发分低的无烟煤及劣质煤的燃烧份额大。燃烧参数相同条件下，循环流化床密相区的燃烧份额低，其原因：一是床料粒度较细且稀相区物料量增多，炭颗粒在床内所占比例会有所增加，使得稀相区燃烧份额上升；二是床内密相区燃烧处于一个特殊的缺氧状态，虽然有大量的氧气，但CO浓度仍维持在很高的水平，大量的CO将和一部分挥发分被带到稀相区燃烧。

2. 粒径及分布影响

同样流化速度下，显然粒径小的煤在密相区的燃烧份额会比较小，对于同样筛分范围的煤，由于细粒所占份额不同，燃烧份额也会不一样。当细粒份额增加，被扬析往稀相区燃烧的煤增多，密相区燃烧份额会减少。

3. 流化速度影响

密相区断面不变流化速度增加时，同样粒径的煤粒的燃烧份额也会减小。循环流化床锅炉主要采用宽筛分煤粒，当在密相区选用较高的流化速度时，细颗粒被带到稀相区燃烧，使密相区的燃烧份额降低，这样便降低、维持了密相区的热量平衡，并使放热和吸热分配趋于合理。

4. 物料循环量影响

物料循环量的定量表述一般采用循环倍率法，即把循环物料量与投煤量的比值称为循环倍率。由于物料循环量的大小直接影响锅炉内的热量分配，因此当循环倍率提高时，一方面使循环细颗粒对受热面的传热量及从密相区带走的热量增加，有利于密相区的热量平衡；另一方面，使细颗粒循环再燃烧的机会增加，燃烧效率得以提高。

5. 过量空气系数影响

锅炉内过量空气系数增加时，床内含碳量会明显下降，扬析到过渡区的颗粒含碳量也会下降，因此其燃烧量会下降。在稀相区上部，过量空气系数增加时氧气浓度升高较多，虽然颗粒含碳量相对较低，但燃烧份额仍会有所增加。在密相区中，颗粒含碳量更低，但氧气浓度更高，氧气到达炭颗粒表面的机会更大，因此燃烧份额略有上升。

6. 密相区床温影响

密相区床温越高，床下部燃烧份额也就越大。这是因为床温越高，炭颗粒反应速率会加快，并且气体扩散速率也有所增加，这样有利于气体和固体的混合，因此密相区的燃烧份额会稍有上升。由于床温升高以后，挥发分释放速度和反应速率会加快，因此在密相区上部和过渡区中燃烧份额就会显著增加。

四、一、二次风分配

合理的一、二次风配比可保证燃料在循环流化床锅炉内实现高效低污染燃烧。一次风从密相区布风板进入，一次风量应能满足密相区燃料燃烧的需要。为减少 NO_x 的生成量，密相区实际过量空气系数应接近 1，使得密相区主要处于还原性气氛。二次风从密相区和稀相区的交界处进入，以保证燃料完全燃烧。不同型式的循环流化床锅炉，其设计工况也不同，使得燃烧份额和一、二次风配比也不同。循环流化床锅炉密相区燃烧份额为 30%～70%，一次风率为 30%～70%。

第四节　炉　内　传　热

循环流化床锅炉炉内传热包括气体与固体颗粒之间的传热、颗粒与颗粒之间的传热、床层与受热面之间的传热等。燃料在燃烧过程中所释放出的热量通过床层和受热面之间的传热而传递到管内的工质水，使之汽化产生蒸汽。

热量传递过程中存在导热、对流和辐射三种传热方式。热量通过紧贴水冷壁外表面向下流动的内循环灰与水冷壁外表面的传热属于导热传热；靠近水冷壁外表面的高温粒子和气体对水冷壁外表面的热量传递属于辐射传热；水冷壁管内外侧流体流动产生的热量从床层传到管壁外表面和从管壁内表面传到汽水混合物的传热过程则属于对流传热。

一、炉内传热机理

目前循环流化床锅炉炉内传热机理分析主要有以下两种观点：

（1）气膜理论。认为炉内传热主要依靠烟气对流、固体颗粒对流和辐射来实现的。其中固体颗粒对流的作用可解释为颗粒对热边界（即气膜）的破坏，当颗粒在壁面滑动时实现热量的传递。

（2）颗粒团理论（见图 15-5）。认为颗粒团沿壁面运动时实现热量传递。颗粒团理论将流化床中的物料看成是由许多“颗粒团”组成的，传热热阻来自贴近受热面的颗粒团。颗粒团在气泡作用下，在传热壁面附近周期性地更替，流化床与壁面之间的传热速率依赖于这些颗粒团的放热速率及颗粒团同壁面的接触频率。

综合上述两种观点，得到炉内传热主要是通过物料对受热面的固体对流、气体对流和固体、气体辐射传热实现的。因此沿炉膛高度，随着炉内两相混合物的固气比不同，不同区段的主导传热方式和传热系数均不相同。如图 15-6 所示，炉膛下部以固体对流传热为主，随着高度增加转变为固体对流和辐射传热为主。

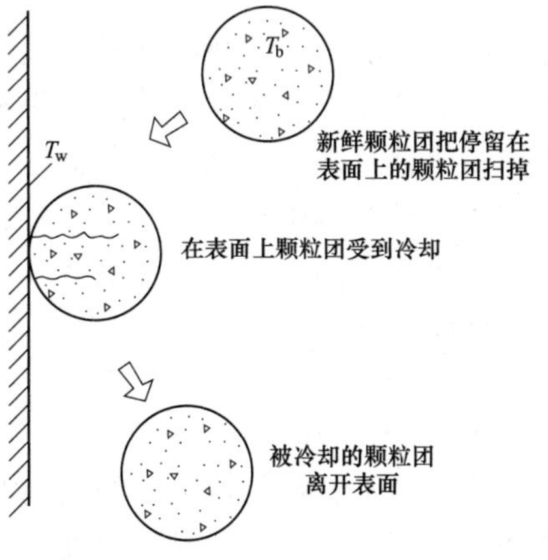

图 15-5　颗粒团传热理论示意图

二、炉内传热的基本形式

循环流化床锅炉炉内传热主要包括颗粒对流传热、气体对流传热和辐

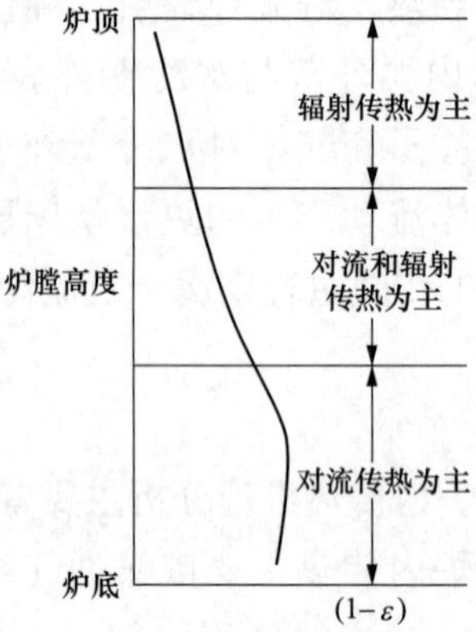

图 15-6　沿炉膛高度传热方式变化关系

射传热三种形式。

1. 颗粒对流传热

循环流化床锅炉的一个主要特征就是固体颗粒聚集成颗粒团。当颗粒团运动到受热面附近时，与受热面形成很大的温差，这时热量很快地从颗粒团以导热方式传给受热面，或者颗粒团直接碰撞受热面把携带的热量传给受热面。研究表明，颗粒团在运行一段距离后就会弥散或离开壁面，壁面处又会被新的颗粒团所取代。颗粒团在受热面附近停留时间越长，颗粒团与受热面间的温差则越小，反之颗粒团停留时间越短，其与受热面间的温差越大，热量传递速率就越高。可以看出，单位受热面上接触的颗粒数量越多，传热就越激烈。

2. 气体对流传热

炉内固体颗粒与受热面接触发生导热的同时，气流也在颗粒与受热面表面间进行对流传热。一般情况下颗粒对流传热的份额要比气体对流传热的份额大得多，但在稀相区颗粒浓度极低的情况下气体对流传热就变得重要起来。因为循环流化床上升气流中还包含少量的颗粒，其增加了气体的扰动，使颗粒间气流处于湍流前的过渡状态或湍流状态，气流的对流放热非常显著，因而在整个热量传递过程中所占的比例大大增加。

3. 辐射传热

当循环流化床锅炉床温高于 530℃后，壁面上的传热强度会因气体导热系数上升和辐射传热上升而增强。辐射传热增加会同时增大气体对流传热和颗粒对流传热。循环流化床锅炉密相区颗粒浓度较高，对受热面辐射作用则相对减少；而稀相区颗粒浓度较小，辐射传热所占比例增大。

三、影响炉内传热的主要因素

1. 颗粒浓度影响

循环流化床锅炉内传热系数随着物料浓度的增加而增大。这是因为炉内热量向受热面传递是由四周沿壁面向下流动的固体颗粒团和中部向上流动的含有分散固体颗粒气流来完成的，由颗粒团向壁面导热较由分散相对流传热要高得多。研究表明，循环流化床内所发生的传热强烈地受到床内粒子浓度的影响。

由图 15-7 可知，传热系数随着粒子浓度的增加而增大，物料浓度对炉内传热系数影响是比较显著的。这是因为固体颗粒的热容要比气体大得多，在传热过程中起着重要的作用。然而，粒子浓度随着床高而变化，因此可通过调节一、二次风的比例来控制床内沿床高方向的颗粒浓度分布，进而达到控制温度分布和传热系数及调节负荷的目的。

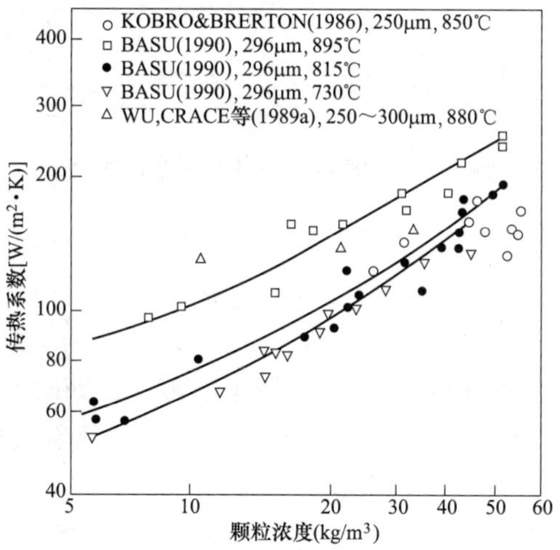

图 15-7　颗粒浓度对传热系数的影响

2. 流化速度影响

一定物料浓度下，不同的流化速度对循环流化床锅炉内传热系数的影响很小。这是因为当流化速度增大时，保持固体颗粒循环量不变，床层内颗粒浓度就会减小，从而造成传热系数的下降，而同时流化速度的增加又会引起传热系数的上升。这两个相反趋势的共同作用使得当床层粒子浓度一定时传热系数在不同流化速度下变化很小。实际中，循环流化床锅炉空气是分级加入炉膛内的，二次风加入位置使其对上部传热系数影响较小，反而一次风加入位置却使增加一次风速度会增加传热系数。

3. 床层温度影响

如图 15-8 所示，随着床层温度增高，不仅减小气体和颗粒的热阻力，而且辐射传热随着床层温度的升高而增大。这是因为较高的温度下导热系数和辐射传热都会增强，研究表明相对高的粒子浓度时（20kg/m³），传热系数随温度呈线性增长。但是在辐射传热起主要作用的炉膛上部情况则不同。

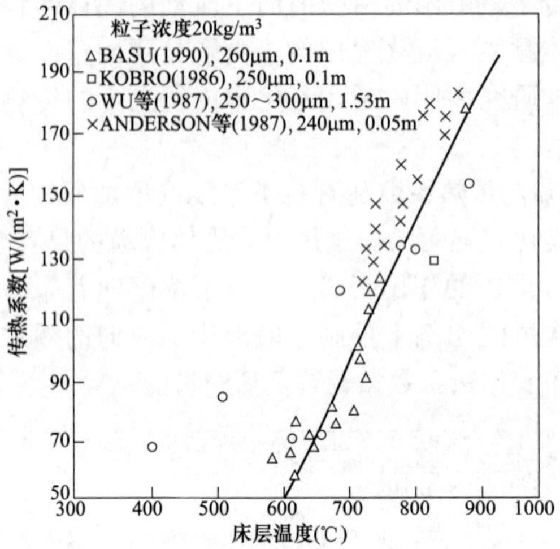

图 15-8　床层温度对传热系数的影响

4. 循环倍率影响

循环倍率与炉内物料浓度成正比。循环倍率对炉内传热的影响，实质上是物料浓度对炉内传热系数的影响。当循环倍率增大时，返送回炉内床层的物料就增多，炉内物料量加大，而风速不变，颗粒在床内的停留时间基本保持不变，因而床内物料的颗粒浓度增加，传热系数增大，反之亦然。因此循环倍率越大，炉内传热系数也就越大。

5. 颗粒尺寸影响

循环流化床锅炉中颗粒尺寸对传热系数无明显的直接影响。但是在宽筛分的循环流化床锅炉中，如果细颗粒所占的份额增多，则会有较多的颗粒被携带到床层的上部，增加了截面颗粒浓度，从而间接地加强了传热。

6. 传热面长度影响

颗粒团在传热面的停留时间取决于它的速度和传热面的长度，因此传热系数随传热表面的长度增大而减小，而接触时间与传热面长度和颗粒团下降速度之比成正比。因为当固体颗粒沿壁面下降时会受到冷却，温度梯度就减小，从而造成传热系数的减小。当超过一定的高度（1.5～2m）时，传热系数就不再减小。这是由于超过长度时颗粒团通常会发生弥散，由新的颗粒团所取代。

7. 屏式受热面传热

大容量循环流化床锅炉，一般采用外置床换热器或炉内屏式受热面方式布置足够受热面。高温炉膛中，在离开壁面的地方，颗粒的对流传热虽然低，但由于在炉子中心的角系数最大，辐射传热作用大大增强，因而总传热系数在离开壁面处稍高于或大致等于壁面处的传热系数。在高颗粒浓度的情形下由于颗粒对流的增强其变化趋势会发生逆转。

第十六章　循环流化床锅炉燃烧设备

第一节　布　风　装　置

一、布风装置概述

循环流化床锅炉布风装置主要由布风板、风帽、风室和排渣管组成，如图 16-1 所示。其主要作用：一是支承静止床料层；二是使空气均匀分布在整个炉膛横截面上，并提供足够的压头，使床料和物料均匀地流化，避免沟流、节涌、气泡尺寸过大、流化床死区等不良现象的出现；三是将那些已基本烧透且流化性能差、在布风板上有沉积倾向的大颗粒及时排出，避免流化分层，保证正常流化状态不被破坏，维持安全运行。

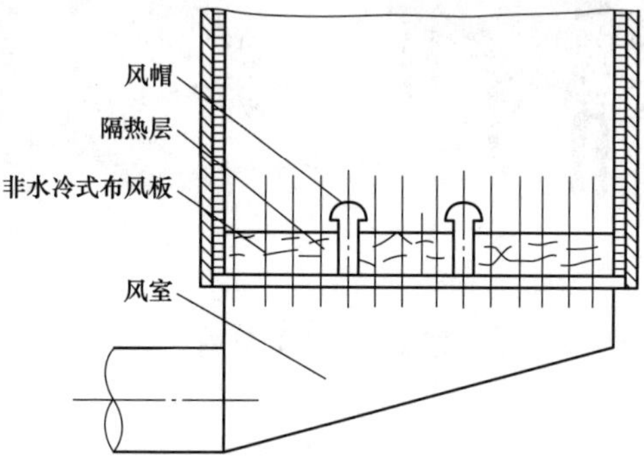

图 16-1　典型布风装置结构

1. 风帽

风帽是循环流化床锅炉燃烧系统中重要部件，主要作用是将流化燃烧所需的风均匀地送入炉膛。随着循环流化床锅炉的发展，出现了多种结构形式的风帽。

（1）小孔风帽。图 16-2 所示为小孔风帽的几种类型，主要有圆顶、圆柱形等多种类型。

（2）定向风帽。定向风帽是一种开孔方向特定的风帽，其用途：一是定向吹动，有利于大渣颗粒的排出；二是增加床层底部料层的扰动。定向风帽有多种类型，如图 16-3 所示，有 T 型风帽、箭型风帽等。

（3）钟罩式风帽。目前循环流化床锅炉一般采用钟罩式风帽，其结构如图 16-4 所示。钟罩式风帽由芯管和风帽罩组合为一体，能有效避免风帽之间的对吹与射流偏转所造成的风帽磨损。

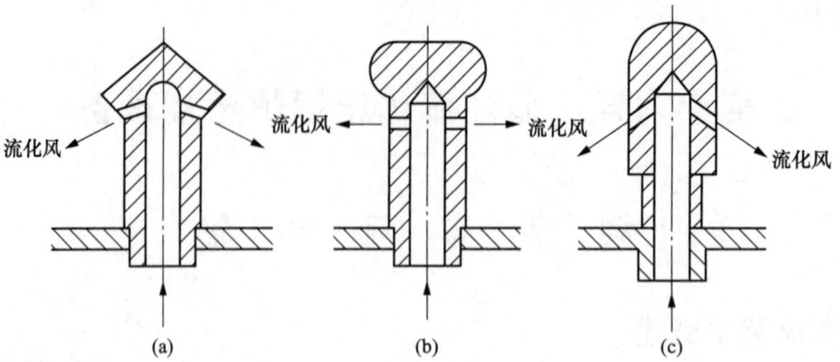

图 16-2　小孔风帽

(a) 角顶式；(b) 圆顶式；(c) 圆柱形

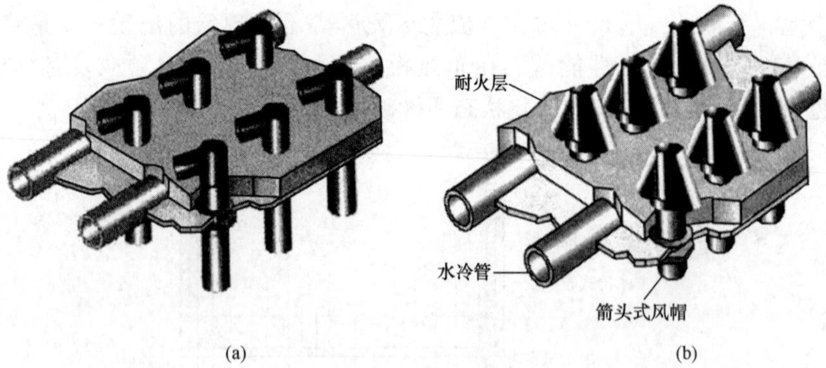

图 16-3　定向风帽

2. 布风板

布风板有水冷式布风板和非水冷式布风板两种。

(1) 水冷式布风板。水冷式布风板常采用膜式水冷壁管拉稀延伸形式，在管与管间的鳍片上开孔布置风帽，如图 16-5 所示。

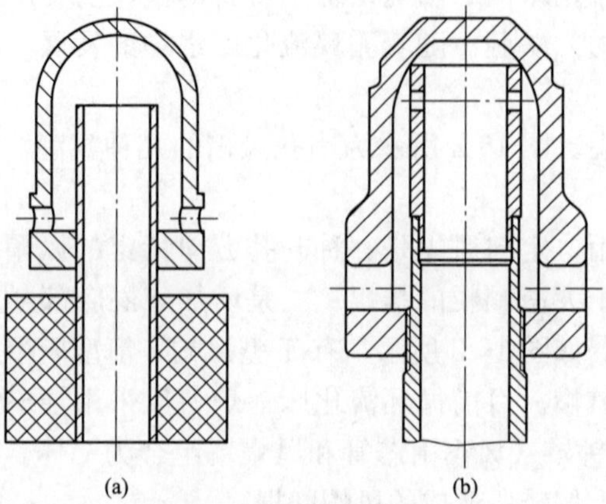

图 16-4　钟罩式风帽

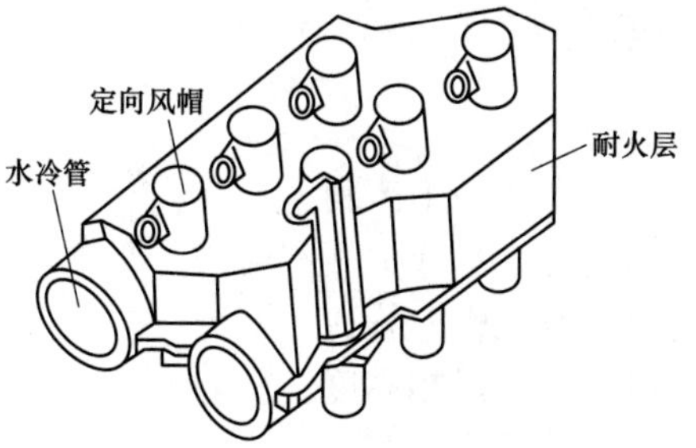

图 16-5　水冷式布风板

（2）非水冷式布风板。非水冷式布风板通常由厚度为 12～20mm 的钢板或厚度为 30～40mm 的铸铁板制成。非水冷式布风板的主要缺点是当布风板上保温层破坏或床内水冷管温度过高时易变形，影响床料的流化质量。

（3）布风板的结构类型。布风板的结构类型如图 16-6 所示，主要有 V 型布风板、回字型布风板、水平型布风板和倾斜型布风板四种。

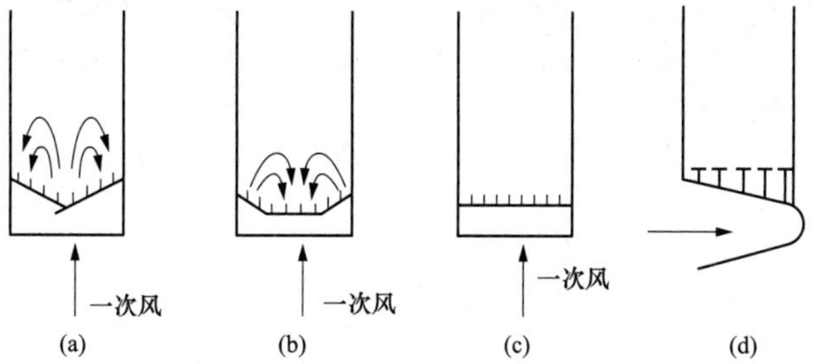

图 16-6　布风板结构类型

（a）V 型；（b）回字型；（c）水平型；（d）倾斜型

3. 风室

风室连接在布风板下部，起稳压和均流作用，使由风管进入的空气降低速度，动压转化为静压。流化床的风室主要分为分流式风室和等压风室两种类型。图 16-7 所示为几种常见的风室布置方式。

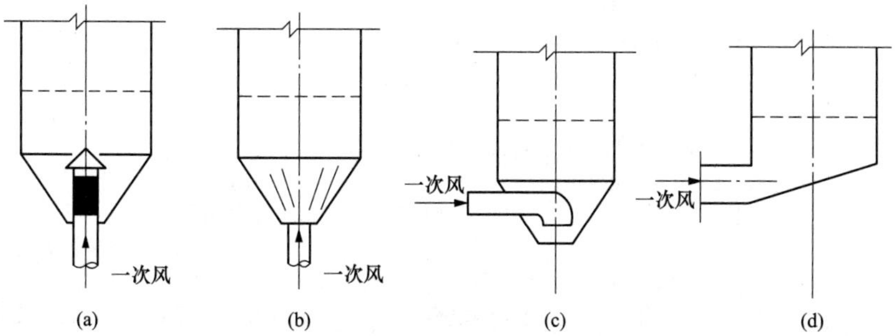

图 16-7　常见风室结构型式

二、布风装置检修项目

布风装置检修项目有：

（1）清理风室内部及布风板上床料。

（2）检查风帽磨损情况，更换损坏和磨损严重的风帽。

（3）疏通堵塞的风帽及风帽芯管。

（4）检查风帽风口位置、风帽高度。

（5）检查风室漏渣、管子磨损等。

（6）检查排渣管老化、磨损、变形等。

三、布风装置检修

风室、布风板、风帽检修工艺要点和质量要求见表16-1。

表16-1　风室、布风板风帽检修工艺要点和质量要求

检修项目	工艺要点	质量要求
清灰和检修准备	（1）水冷风室及炉膛内温度降至40℃以下方可进入水冷风室或炉膛清渣； （2）清理布风板、风帽四周灰尘，全面检查风帽所有出风孔； （3）利用专用工具将堵塞的出风孔全部疏通； （4）清理布风板排渣口及排渣管灰渣； （5）检查风箱观火孔镜、火检装置	（1）水冷风室及炉膛布风板、风帽之间灰渣必须清理干净，无死角； （2）布风板、风帽所有出风孔畅通，无堵塞缺陷； （3）风帽进风管应畅通、无堵塞； （4）排渣通道畅通，无堵塞缺陷； （5）风箱观火孔镜，火检装置完好干净
风帽检查、检修	（1）检查所有风帽固定应牢固，无松动、脱落等现象； （2）检查风帽磨损情况； （3）对风帽四周出风孔进行检查，磨损严重的应更换； （4）风帽更换。将风帽拆下，更换新风帽，连接部位点焊固定。注意风帽标高、角度符合设计要求	（1）风帽均应固定牢固，出风口角度符合设计要求，止动钢板均应点焊牢固； （2）应更换存在磨损严重的风帽； （3）风帽四周出风孔孔径应符合设计要求； （4）对定向风帽，出风口角度应按设计要求安装
风室检查	（1）检查风室漏渣情况； （2）检查风室浇注料和管子烧损情况	（1）风室漏渣应清理干净； （2）检查风室浇注料应完好，管子应无严重烧损
排渣管检查	（1）检查排渣管与炉膛、排渣阀及膨胀节连接焊缝有无开裂等现象； （2）检查排渣管有无老化、胀粗及变形等情况； （3）检查排渣管有无磨损及变形； （4）检查排渣管材质、浇注料破损等； （5）检查事故放渣管	（1）排渣管各部位焊缝良好，密封严密； （2）排渣管无严重老化、胀粗及变形现象，否则应更换； （3）水冷进渣管无泄漏、无变形、无磨损； （4）复合进渣管内部无脱落、变形、烧坏现象； （5）事故放渣管应畅通

第二节　气固分离器

一、气固分离器概述

气固分离器是循环流化床锅炉的关键部件之一，其主要作用是将高温固体物粒从气流中分离出来，送回燃烧室，以维持燃烧室的快速流态化状态，保证燃料和脱硫剂多次循环、反复燃烧和反应。循环流化床锅炉的气固分离器必须能够在高温情况下正常工作，满足极高浓度载粒气流分离，具有低阻的特性，具有较高的分离效率，使锅炉结构紧凑，易于设计。

循环流化床锅炉气固分离器根据其布置方式不同分为惯性分离器和旋风分离器两种。

1. 惯性分离器

惯性分离器尺寸小，结构简单，使锅炉结构较为紧凑，热惯性小，运行费用低。惯性分离器主要使气流急速转向或冲击在挡板上后急速转向，而颗粒物由于惯性效应，运动轨迹与气流轨迹不同，从而与气流分离。气流速度越快，这种惯性效应就越大。

2. 旋风分离器

旋风分离器是利用旋转的含尘气体所产生的离心力，将颗粒物从气流中分离出来的一种气固分离装置。其原理是一定速度（一般大于 20m/s）的烟气携带物料沿切线方向进入分离器后在其内做旋转运动，固体颗粒在离心力和重力作用下被分离出来，落入立管后，经返料器返回炉膛。

（1）高温绝热式旋风分离器。通常高温绝热式旋风分离器通过短烟道与炉膛连接，根据锅炉结构差异及高温绝热式分离器台数多少，可布置于炉后侧或侧墙。高温绝热式旋风分离器由进气管筒体、排气管、圆锥管等构成，结构如图 16-8 所示，一般用筒体直径表示其大小。高温绝热式旋风分离器内烟气物料温度高（800～850℃），物料在高温绝热式分离器内离心分离，高温绝热式分离器内衬为高温耐火材料，外设保温层隔热，耐火材料用量较大，热惯性大，启动时间长。

（2）中温旋风分离器。中温旋风分离器通常应用于小型锅炉，一般布置在过热器之后，入口介质温度不高于 600℃。目前应用较多的中温旋风分离器是一种下排气分离器。采用下排气分离器是为了满足常规上排气旋风分离器结构与尾部烟道布置相协调的问题。中温旋风分离器可以缩小锅炉的外部尺寸，简化烟道布置，从而降低锅炉造价。

（3）低温旋风分离器。布置在省煤器或空气预热器之后的分离器为低温旋风分离器，其工作温度一般小于 300℃。

（4）汽（水）冷式旋风分离器。由于大型循环流化床锅炉中需要布置在炉膛循环回路中的过热器受热面相对较多，因此一般采用汽冷方式，而

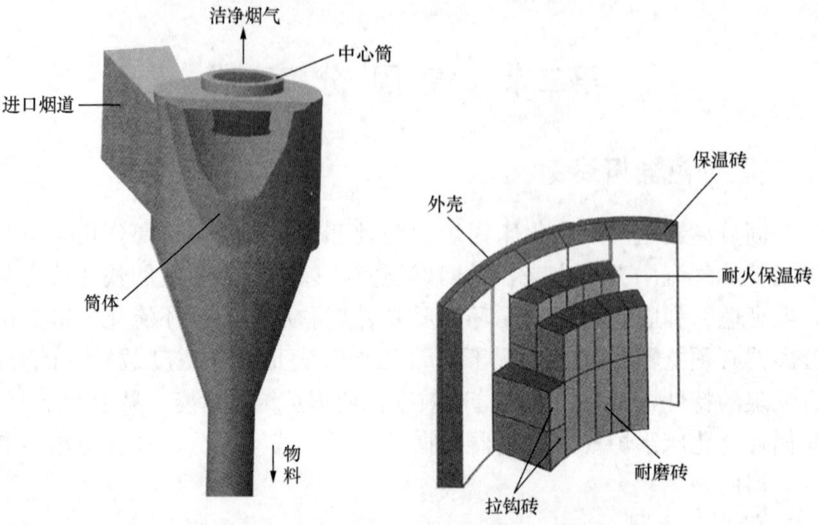

图 16-8　高温绝热式旋风分离器的筒体结构

水冷方式仅在 50MW 容量以下的小型 CFB 锅炉上采用。汽冷式旋风分离器的结构特点是外壳由过热受热面管和管间鳍片组成，在管子内壁密布的销钉上敷设一薄层耐磨耐火浇注料，如图 16-9 所示。

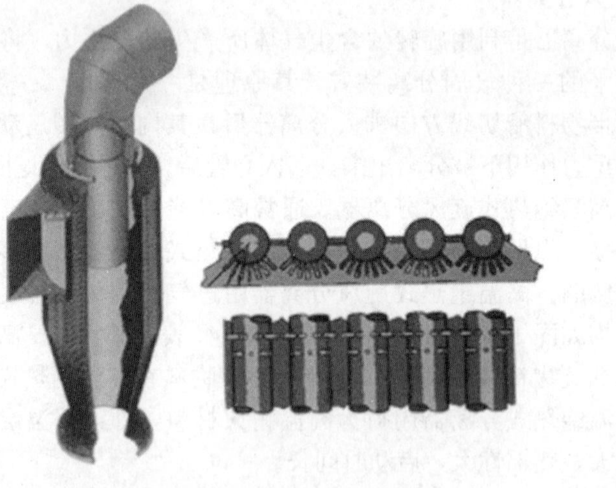

图 16-9　汽冷式旋风分离器

目前随着汽冷式旋风分离器技术的不断成熟，因其具有较高的分离效率而得到广泛应用。

二、气固分离器检修项目

气固分离器检修项目有：

(1) 清除分离器进口水平段积灰。

(2) 检查分离器外壳烧损、碳化等情况。

（3）检查分离器内壁耐火材料脱落、磨损情况，并修复。

（4）检查分离器中心筒磨损、变形情况。

（5）检查分离器汽水管子。

（6）检查分离器吹扫管等辅助设施。

三、气固分离器检修

气固分离器检修工艺要点和质量要求见表 16-2。

表 16-2　气固分离器检修工艺要点和质量要求

检修项目	工艺要点	质量要求
清灰和检修准备	（1）锅炉停运冷却。开工前进行通风后，待返料器内进行充分通风且温度降至 40℃以下时，检修人员方可进入返料器内； （2）清理水平烟道处的积灰； （3）搭设脚手架和架设照明，电气设备使用前应检查绝缘和触电、漏电保护装置	（1）分离器内壁无积灰； （2）脚手架搭设应牢固，符合 GB 26164.1 的要求； （3）电气设备绝缘良好，触电和漏电保护可靠
分离器及进出口烟道检修	（1）内壁耐磨耐火材料检查： 1）检查分离器及进出口烟道耐磨耐火材料脱落、磨损情况； 2）检查筒体及锥体内部各部耐磨耐火材料开裂、脱落、磨损情况，特别是分离器靶区浇注料，重点检查磨损和厚度； 3）汽（水）冷式分离器若发生耐磨耐火材料脱落，应检查裸露的管子并测量壁厚。 （2）中心筒磨损和变形检查： 1）宏观检查中心筒磨损及变形情况； 2）检查中心筒拼接焊缝有无开裂情况； 3）根据宏观检查情况抽测中心筒体壁厚； 4）检查中心筒支吊装置、偏心、支吊处膨胀间隙； 5）检查中心筒内部支架变形、磨损情况； 6）检查中心筒内部消旋结构变形、磨损、开裂情况。 （3）汽水管子检查： 1）检查管子磨损、销钉暴露情况； 2）对磨损严重、有裂纹、变形等缺陷管子进行更换； 3）检查鳍片变形情况； 4）进行水压试验	（1）各部耐磨耐火材料无脱落，磨损剩余厚度大于原壁厚的 2/3； （2）耐磨耐火材料裂缝间隙、深度符合设计要求； （3）汽（水）冷管磨损减薄量不得超过管子设计壁厚的 30%； （4）中心筒无异常或严重磨损痕迹，剩余壁厚大于原设计壁厚的 2/3； （5）中心筒变形不超过厂家要求，拼接焊缝无开裂现象； （6）支吊牢固，偏心值、支吊处膨胀间隙符合设计要求； （7）中心筒内部消旋结构、支架无变形、磨损、开裂，焊接牢固； （8）汽水管子无磨损、变形、泄漏； （9）所有区域管子、销钉无暴露； （10）管子切割应采用机械切割，对于特殊部位而需用割炬切割时，须消除切割部位的热影响区，对于采用割炬切割的管子，在管子割开后应无熔渣掉进管内，管子切割时不应损伤相邻的管子； （11）新换管子外表无压扁、凹坑、撞伤、分层和裂纹、表面无腐蚀、无拉伤、无铁锈等杂质，管子管径与壁厚的正负公差应小于 10%。合金钢管子需进行光谱分析，硬度无超标，合金成分正确； （12）管子焊接质量标准应符合 DL/T 869； （13）施工焊缝应 100%合格； （14）水压试验应满足要求

续表

检修项目	工艺要点	质量要求
吹扫风管路检查	(1) 检查分离器入口烟道积灰情况； (2) 检查底部吹扫风管路堵塞、变形、磨损的情况； (3) 检查吹扫风管路阀门、压力、通风效果	应达到吹扫风压力正常，无堵塞、无磨损、无变形
分离器外壳检查	(1) 检查筒体、锥体、加固筋各拼接焊缝有无开焊情况； (2) 检查分离器耐磨耐火材料脱落处壳体的烧损碳化程度； (3) 对焊缝开裂情况应进行加固焊接，焊接执行 DL/T 869 的规定； (4) 旋风分离器及进出烟道吊挂装置检查检修	(1) 分离器各部位拼接焊缝无开焊现象； (2) 壳体各部无烧损碳化现象，否则应进行更换； (3) 吊挂装置受力均匀，无膨胀阻碍，无变形、无脱落

第三节　返　料　装　置

一、返料器概述

返料器是将气固分离器分离出来的固体颗粒送回炉膛的装置。部分循环流化床锅炉设置外置床换热器，可通过调节返料量来控制床温。返料器由料腿和阀两部分组成。料腿的作用是形成足够的压力来克服分离器与炉膛之间的负压差，防止气体反窜。返料器的阀则起调节和开启或关闭固体颗粒流动的作用，常见有机械阀和非机械阀两大类。

1. 机械阀

机械阀靠机构件动作来达到调节和控制固体颗粒流量的目的，如球阀、蝶阀等。由于循环物料温度较高，机械装置在高温状态下会产生膨胀，加上固体颗粒的卡塞和运动，会对阀产生严重磨损，因此很少采用机械阀。

2. 非机械阀

不靠机械力来实现阀的启闭称为非机械阀，目前主要用于气固两相流通道中。阀中仅在空气帮助下，固体颗粒实现在返料料腿（立管）和燃烧室之间流动而无需任何外界机械力的作用。非机械阀无运转部件，结构简单、操作灵活、运行可靠，广泛应用于循环流化床锅炉。非机械阀依其功能分为三大类。

（1）可控式非机械阀，如图 16-10 所示。主要形式包括 L 阀、V 阀、换向密封阀、J 阀、H 阀等。这种阀不但可以将颗粒输送到炉膛内，开启和关闭固体颗粒流动，而且可以控制和调节固体颗粒的流量。

L 阀是一种最简单的设计，它由连接两个容器的直角弯管（L 形）组成，固体颗粒在两容器间输运。V 阀即使运行在很大的压力差下，也可提

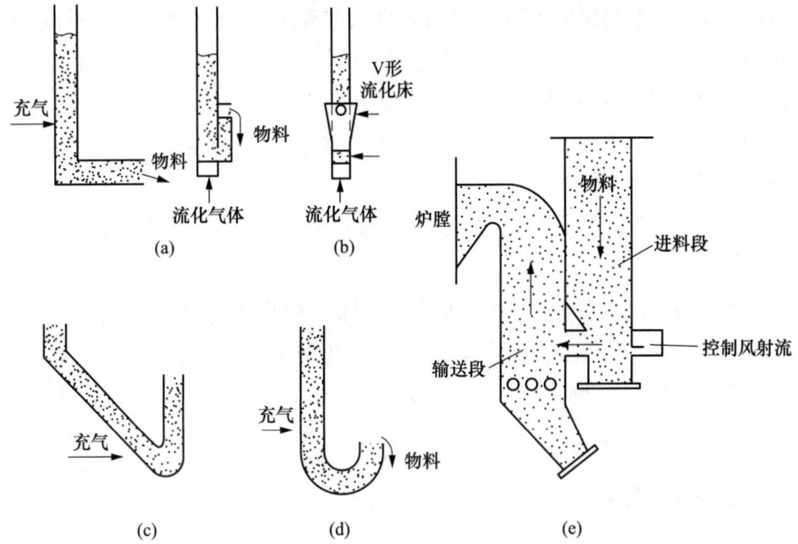

图 16-10　可控式非机械阀示意图

(a) L 阀；(b) V 阀；(c) 换向密封阀；(d) J 阀；(e) H 阀

供很好的气密性，即燃烧室和返料料腿之间的泄漏量很少。J 阀和换向密封阀，其运行除了有不同的结构外形外，与 L 阀基本相同，固体颗粒流量的控制是通过调节垂直料腿中的充气量来实现的。H 阀结构形式似 H 形，通过调节两股风的流量来调节回料量和控制阀内温度。

(2) 通流型非机械阀，如图 16-11 所示，主要包括 U 阀、密闭输送阀、N 阀等。这种阀通过阀和立管自身的压力自动平衡固体颗粒的流量，对固体颗粒流量的调节作用很小，但其密封和稳定性能较好，可有效防止气体反窜。

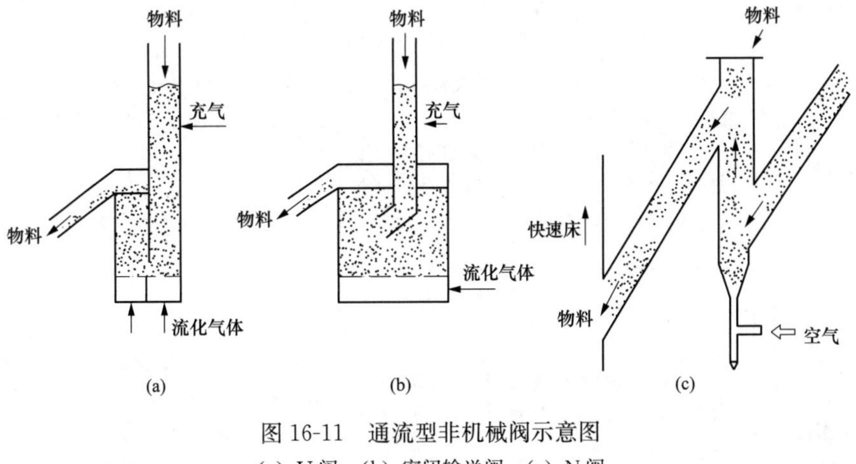

图 16-11　通流型非机械阀示意图

(a) U 阀；(b) 密闭输送阀；(c) N 阀

目前循环流化床锅炉普遍采用通流型流动密封阀。流动密封阀内的压力略高于炉膛，以防止炉膛内空气进入立管。立管内可以充气，以利于固体颗粒的流动，特别是在流动密封阀的水平部位，更有利于物料流动。如果循环物料量很大，为减少炉膛内固体颗粒入口处的浓度，应采用裤衩管形式。返料器四周和顶部内侧敷设有耐火材料，厚度应根据输送物料温度和耐火隔热材料性质确定，同时用钢板将整个返料器密封，保证返料器有足够的刚度和密封性能。

（3）外置式换热器。外置式换热器具有返料器和换热器的功能。

3. 立管

通常把物料循环系统中分离器与返料阀之间的返料管称为立管。其作用是将固体颗粒从低压区送到高压区，以及防止气体向上窜气，因此在循环系统中起着压力平衡的作用。循环流化床锅炉中一般采用非流态化式立管。

二、返料器检修项目

返料器检修项目如下：

（1）清理返料器内部的积灰。

（2）检查返料器内壁耐火材料脱落、磨损等，并修复。

（3）检查返料器风帽，更换磨损严重或损坏的风帽。

（4）检查返料器风箱漏渣、漏风，放渣管、进风管固定牢固。

（5）检查返料器外壳烧损、碳化等。

三、返料器检修

返料器检修工艺要点和质量要求见表16-3。

表16-3 返料器检修工艺要点和质量要求

检修项目	工艺要点	质量要求
内壁耐磨耐火材料检查	（1）检查回料系统耐磨耐火材料脱落、磨损、开裂情况； （2）检查返料器立管与分离器锥体连接部位、返料器与料腿部位补偿器内部耐磨耐火材料预留膨胀间隙	（1）各部耐磨耐火材料无脱落，无磨损、剩余厚度大于原壁厚的2/3； （2）耐磨耐火材料裂缝间隙及深度、预留膨胀间隙符合设计要求
风帽检查	（1）检查风帽和出风孔直径磨损情况； （2）清理风帽四周物料，对所有出风孔全面检查； （3）检查风帽固定情况	（1）风帽磨损减薄剩余壁厚、风帽出风孔直径符合要求； （2）风帽出风孔无堵塞； （3）风帽头固定牢固、无松动，固定焊点无脱焊

续表

检修项目	工艺要点	质量要求
风箱检查	（1）清理风箱内部泄漏物料； （2）检查风箱内部隔板密封性； （3）检查风箱壳体焊缝有无开焊、泄漏； （4）检查各放渣管、进风管固定是否牢固，焊缝有无开裂情况； （5）检查各放渣管管路布置情况； （6）检查风箱检修孔密封、泄风情况	（1）风箱内清洁无灰渣、杂物； （2）风箱内部隔板密封严密； （3）风箱拼接焊缝无脱焊，密封严密，否则进行补焊； （4）各放渣管固定牢固，焊缝无开裂现象； （5）各放渣管管路布置合理且无堵塞现象； （6）所有孔、门密封良好、无泄漏
外壳检查	（1）检查壳体、加固筋各拼接焊缝； （2）检查返料器壳体没有因为耐磨耐火材料脱落而烧损碳化现象； （3）检查返料器料腿与炉膛结合部分焊缝密封情况	（1）返料器各部位拼接焊缝无开焊现象； （2）壳体各部无烧损碳化现象，否则应进行更换； （3）料腿与炉膛连接部位密封良好，无开裂漏风现象

第四节　点　火　设　备

一、点火装置概述

1. 流化床点火方式

循环流化床锅炉点火启动就是将床料加热至运行所需的最低温度，以便投煤后能稳定燃烧。加热用燃料可分为木柴和油，加热时底料状态可分为固定态和流化态。点火启动过程一般可分成以下三个阶段：外来燃料加热底料至引燃温度、投入燃料煤燃烧放热使床温急剧上升、过渡到正常运行后以风煤比控制床温至正常运行参数。

循环流化床点火方式可分为流态化点火和固定床点火。流态化点火根据主要点火加热热源与床层的相对位置又分为床上点火和床下点火。固定床点火为床上点火，小型锅炉应用较多。循环流化床锅炉，尤其是电站循环流化床锅炉，基本不使用床上点火。

循环流化床锅炉点火方式如图 16-12 所示，点火热源可以是油枪燃烧器、天然气枪燃烧器或床下式风道热烟气发生器。

（1）床上点火。如图 16-12（a）、（b）所示，先铺好底料，在料层上方用油枪（或天然气枪）喷射火炬直接加热床料。床上点火烟道特点是油燃烧器直接装在炉本体四周，节约了系统投资，在锅炉发生事故时可以起到稳燃的作用。但其热利用率低，大部分热量随烟气进入尾部烟道，易造成

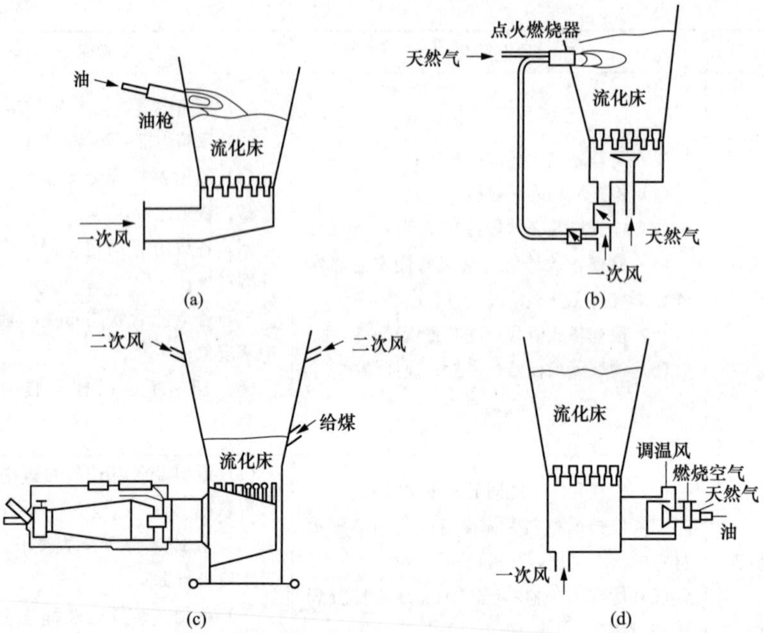

图 16-12　循环流化床锅炉点火方式

（a）床上油枪点火；（b）床内天然气点火；（c）床下烟气发生器点火；（d）床下油气预燃室点火

尾部烟道的二次燃烧，且床料温度上升较慢，不均匀。

（2）床下点火。如图 16-12（c）、（d）所示，经流化床布风板送入高温流化介质使床料迅速加热。也可将床料先流化，再向风室前的预燃室喷油或天然气点燃。床下点火方式的特点是热利用率高，床温上升快速、均匀，能加快升炉速度和减小热损失。但其有很长的点火烟道，占地面积较大，系统复杂。目前大型循环流化床锅炉点火方式主要采用床下点火。

2. 点火装置

（1）床上油枪点火装置。床上点火装置就是点火油枪（或燃气装置），与常规煤粉炉类似。所不同的是煤粉炉点火启动时仅加热炉内空气，而循环流化床锅炉不仅加热炉内空气，更主要加热炉内床料，并且是在一次风流化中加热，因此点火操作复杂。

（2）床下热烟气燃烧器点火装置。点火装置布置在炉床下部，点火燃料在一特制的烟气燃烧器装置内点燃，由一次风助燃转化为 850℃左右热烟气。燃烧器主要由配风室、油点火装置、预燃室、混合室、支架、非金属膨胀节和风箱接口等组成。采用床下烟气发生器的运行操作比较简单，主要是控制烟气温度不得超过给定的允许温度，防止设备烧坏。

二、点火装置检修项目

点火装置检修项目如下：

（1）清理启动燃烧器内部灰渣。

（2）检查床下启动燃烧器耐火材料脱落、风管烧损等情况。

（3）检查床上启动燃烧外壳、窥视孔、压缩空气等。

（4）检查油枪金属软管，清理油枪雾化片等。

三、点火装置检修

点火装置检修工艺要点和质量要求见表16-4。

表16-4　点火装置检修工艺要点和质量要求

检修项目	工艺要点	质量要求
清灰和检修准备	（1）做好作业现场地面防砸防碰防污染措施； （2）确认启动燃烧器内部温度降至40℃下； （3）清理启动燃烧器内积存的灰渣	拆卸部件规定存放位置及标志已完善
床下启动燃烧器检查、检修	（1）启动燃烧器内部检查，要求如下： 1）检查人员应穿上专用防尘工作服、戴防尘口罩，符合安全规程要求； 2）检查各风管烧损情况，烧损碳化严重的应予以修补或更换； 3）检查耐磨耐火材料，脱落的应予修补或更换。 （2）启动燃烧器外部检查： 1）检查启动燃烧器连接件应无漏风，否则应修补或紧固； 2）检查窥视孔耐温钢化玻璃应无裂纹或破损，否则更换； 3）检查窥视孔压缩空气管路，应无漏风。 （3）油枪检查： 1）蒸汽冲洗油枪管道和喷嘴； 2）检查油枪喷嘴孔径，喷油孔磨损量达原孔径的1/10或形成椭圆时应更换； 3）检查油枪雾化片与油枪雾化片座间的密封； 4）检查金属软管，必要时应对软管进行设计压力的水压试验。新软管应进行1.25倍设计压力的水压试验。 （4）油枪执行机构及密封套管检查和更换： 1）检查油枪驱动套管内外壁及密封圈，清除套管外壁油垢；	（1）启动燃烧器混合风、冷却风等各风管应无变形、无碳化现象，安装位置符合设计要求； （2）耐火材料应完好，无成片脱落、熔融、塌陷及严重裂纹等缺陷； （3）启动燃烧器各连接件应严密无漏风； （4）窥视孔钢化玻璃清晰，无裂纹及破损； （5）油枪外观无裂纹、撞伤、龟裂、压扁、砂眼及严重锈蚀等缺陷； （6）油枪雾化片、旋流片应规格正确，平整光洁； （7）油枪各接合面密封良好，无渗漏； （8）金属软管无泄漏，焊接点无脱焊，不锈钢编织皮或编织丝无破损或断裂；金属软管弯曲半径应大于10倍金属软管外径；接头至开始弯曲处的最小距离应大于6倍金属软管外径； （9）导向套管内外壁光滑，无积油；油枪进退灵活，无卡涩现象； （10）套管的软管部分无断裂； （11）油枪进退均能达到设计要求的工作位置和退出位置； （12）油枪雾化试验合格；

续表

检修项目	工艺要点	质量要求
床下启动燃烧器检查、检修	2）检查套管的软管部分，软管破裂或有破裂趋势的应更换，软管更换前须对新软管进行检查； 3）油枪进退检验； 4）火检探头检查试验； 5）点火器检查和进、退以及打火试验。 （5）人孔门关闭： 1）检修工作结束后，应清点人员和工具，以免异物留在启动燃烧器内； 2）人孔门接合面处垫以石棉绳，螺栓齐全，拧紧	（13）点火棒进退均能达到设计要求工作位置和退出位置； （14）火检探头无烧损、变形及严重磨损； （15）油枪各零件的丝扣应完好，无滑扣和拉毛现象； （16）喷嘴接头和油汽软管接头的内锥面应平滑，无沟槽、麻点、表面粗糙度达 $Ra0.8\mu m$； （17）枪管磨损不得超过原壁厚的1/3，局部腐蚀、冲刷厚度不超过1.5mm，枪管弯曲度不大于全长的1/1000
床上启动燃烧器检查、检修	（1）床上启动燃烧器检查： 1）检查油枪芯管，检查雾化喷嘴； 2）检查金属软管； 3）检查壳体支架，检查吊杆弯曲度。 （2）床上启动燃烧器复装： 1）用钢直尺测量油枪伸入炉膛位置； 2）安装进、回油支管； 3）用钢直尺复查燃烧器支架位置及安装标高； 4）检查法兰螺栓连接状况； 5）复查油枪后空间间距； 6）检查耐磨耐火材料，脱落的应予修补或更换。 （3）启动燃烧器外部检查： 1）检查启动燃烧器连接件应无漏风，否则应修补或紧固； 2）检查窥视孔耐温钢化玻璃应无裂纹或破损，否则更换； 3）检查窥视孔压缩空气管路，应无漏风	（1）燃烧器外观应无裂纹、撞伤、龟裂、压扁、砂眼及严重锈蚀等缺陷； （2）油枪芯管应平直，内部畅通，无杂物； （3）金属软管无泄漏，焊接点无脱焊、不锈钢编织皮或编织丝无破损或断裂； （4）壳体支架应无裂纹、撞伤、龟裂、压扁、砂眼及严重锈蚀等缺陷。吊杆弯曲度应≤1/1000吊杆长度，且≤4mm； （5）油枪伸入炉膛位置偏差应≤5mm； （6）进、回油支管接头连接应严密不泄漏； （7）油枪雾化试验应良好，无滴油现象； （8）燃烧器支架安装位置偏差应≤10mm；安装标高偏差≤5mm； （9）燃烧器连接法兰各螺栓露出丝扣应一致，且法兰严密不泄漏； （10）油枪后空间间距应≥5.5m

第五节　膨　胀　节

一、金属膨胀节检修

1. 概述

金属膨胀节又称波纹管补偿器、伸缩节，是利用膨胀节弹性元件的有效伸缩变形来吸收管线导管由热胀冷缩等产生尺寸变化的一种补偿装置。金属膨胀节主要用于高温且截面尺寸不大的地方。

金属膨胀节结构如图 16-13 所示，由上下导筒、密封填充材料及金属波纹管套组成。

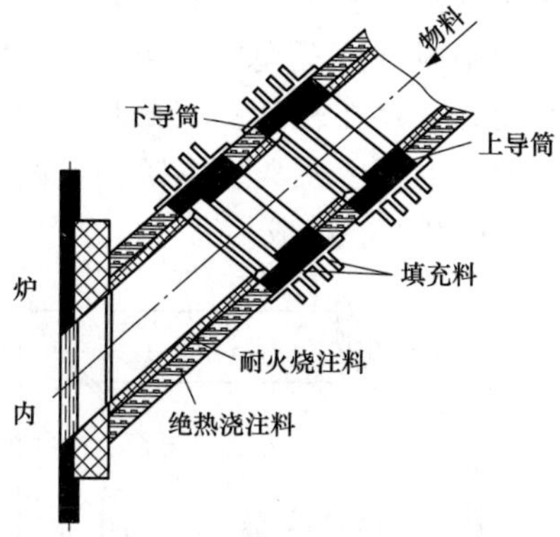

图 16-13 金属膨胀节结构

2. 金属膨胀节检修

金属膨胀节检修工艺要点和质量要求如表 16-5 所示。

表 16-5 金属膨胀节检修工艺要点和质量要求

检修项目	工艺要点	质量要求
检修准备	(1) 内部温度降至 40℃以下； (2) 工作现场清理干净； (3) 准备好检修工具及材料、备品	(1) 壳体清理干净； (2) 施工现场应整洁，地面做好保护措施
检查	(1) 检查金属膨胀节内部耐火层和保温层； (2) 检查隔热填料； (3) 检查蛇形不锈钢弹性压片、密封圈	(1) 完好，无脱落、无裂纹； (2) 无损失、无碳化； (3) 完整无变形，两头无开焊
耐火层、保温层拆卸、检修	(1) 拆掉耐火层和保温层。将弯曲变形的钩钉扶正，将脱落的钩钉焊好； (2) 浇注保温层； (3) 浇注耐火层	(1) 清除干净，钩钉复原； (2) 厚度均匀，无裂纹； (3) 厚度均匀，无裂纹
隔热填料层拆卸、检修	(1) 将波节槽内的杂物清除干净； (2) 将隔热填料填充在波节槽内，均匀塞满波节槽部，然后焊好蛇形不锈钢弹性压片； (3) 将采用耐温金属丝及陶瓷纤维丝编结而成的密封圈清干净	(1) 清除干净； (2) 将填料压实，蛇形不锈钢弹性压片平整； (3) 将密封圈压实
补偿量和方向	根据补偿量的大小和方向，进行预压缩或拉伸	金属膨胀节能满足补偿量的大小和方向

二、非金属膨胀节检修

1. 概述

循环流化床锅炉需要在非常紧凑的空间里吸收较大的膨胀差和扭转偏

转角度，金属膨胀节已不能很好满足其膨胀差补偿的需求。而非金属膨胀节则同时具有万向补偿和吸收位移量大、无弹性反力、外表温度低、降低噪声、隔绝振动、安装和维修方便、极好的耐高温、耐腐蚀和耐磨特性等优点，在循环流化床锅炉中得到广泛使用。非金属膨胀节主要应用在锅炉本体上尺寸较大、温度较高、存在较大三向膨胀差的地方。非金属膨胀节典型结构如图 16-14 所示，主要由机架、不锈钢丝网、钢丝网、隔热填料层、隔热防尘套、蒙皮、耐磨层等组成。

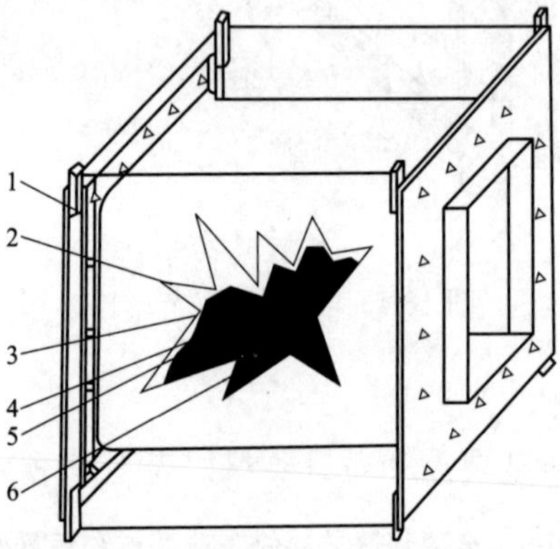

图 16-14　非金属膨胀节典型结构

1—机架；2—蒙皮；3—耐磨层；4—不锈钢丝网；5—隔热填料层；6—隔热防尘套

非金属膨胀节在循环流化床锅炉中主要分布在炉膛出口与气固分离器进口，气固分离器与返料器、平衡烟道出口，后烟井进口，以及料腿和尾部烟道等处。

2. 检修

非金属膨胀节检修工艺要点和质量要求见表 16-6。

表 16-6　非金属膨胀节检修工艺要点和质量要求

检修项目	工艺要点	质量要求
焊接连接方式的安装	(1) 根据不同的管材，选择不同的焊条，制定相应的焊接工艺； (2) 利用吊环和吊杆将金属部分分段吊装并按图纸要求就位，保证金属部分每段间接口的间隙和错边量； (3) 通过点焊将金属部件两端固定在风道或管道上，确定尺寸和气流方向； (4) 金属部件各段按图纸要求焊接。对于有活动挡板的，活动挡板单独拼接，不允许活动挡板和其他金属焊接； (5) 焊接完毕清理干净； (6) 按照使用工况和图纸准备接口法兰间符合温度、压力要求的密封垫片，并按照法兰孔的位置将垫片冲孔； (7) 安装螺栓、垫片、螺母，并反复拧紧； (8) 根据补偿量的大小和方向，进行预压缩或拉伸	(1) 满焊连接； (2) 法兰间密封良好； (3) 活动挡板不能和其他金属件焊接； (4) 非金属膨胀节能满足补偿量的大小和方向

续表

检修项目	工艺要点	质量要求
不锈钢网的安装	将钢丝网绕机架槽底部一周，安装在槽内侧开口处的两侧，并紧贴槽底部	
隔热填料安装	将隔热填料层紧绕在槽内，均匀塞满槽部，略高于法兰即可。为防止隔热棉脱落，可用尼龙绳通过法兰孔将填料固定。落料宽度为机架槽宽度（b+30）mm，围绕的层数可根据机架槽深而定，一般30～35mm为1层	
隔热被的安装	隔热被绕金属部件法兰1周，搭头处应放在便于搭接的地方并留少量重叠。为防隔热被脱落，可用尼龙绳通过法兰孔将填料固定，将搭接处两侧的隔热被平铺在金属部件的法兰边，隔热被至少重叠100mm	
蒙皮安装	将蒙皮围绕在隔热被上，蒙皮与法兰边基本对齐，并使蒙皮的搭接处错开一定位置，且处于便于搭接的位置。可用塑料绳将蒙皮固定。应注意在蒙皮上打孔时，孔的中心距蒙皮边缘不得超过30mm	
矩形机架安装	矩形机架安装时必须注意机架四角与蒙皮上四个打折位置对准。然后装四角圆弧压板，保证蒙皮在法兰边上收缩均匀。对内翻法兰边矩形或圆形机架，应用螺栓预先固定在法兰边上，故应先测法兰上各螺栓间的中心距，然后在蒙皮上划线钻孔，并与法兰孔对号入座安装	
压板的安装	由蒙皮中心处分别向两侧接头处装压板。注意压板的次序、位置和方向，装每块压板时，可先钻压板两头处蒙皮和隔热棉上的孔，一边钻孔一边上螺栓。蒙皮由多种材料复合而成，每层需要单独粘接	
玻璃纤维布的粘接	接头两边玻璃纤维布拉直对齐粘接400mm，粘接材料使用硅胶	
聚四乙烯薄膜的粘接	薄膜粘接处必须用三夹板或薄铁板填平，尺寸可根据蒙皮大小而定	薄膜两边拉直对齐，粘接长度小于250m，宽度不小于50mm
清洁	粘接面必须保证清洁，不允许有油污和污物，可用酒精和丙酮进行清洁	
涂胶水	粘接面涂特种胶水（聚四氟乙烯特种胶水），厚薄均匀，待1～2min后涂胶水面不粘手为止	
粘接	把两边薄膜拉直对齐，由下而上均匀粘接，然后挤压粘紧，粘紧面要求无气泡	
检查	检查蒙皮、热填料完好情况	蒙皮撕破、隔热填料损失50%、导流筒严重变形时应更换

第十七章　循环流化床锅炉耐火防磨层

第一节　循环流化床锅炉磨损

循环流化床锅炉内高倍率循环灰的持续流动，因此其炉内磨损问题较煤粉炉显著突出，严重制约了其长期安全运行。

一、磨损概述

磨损是指物体工作表面材料在相对运动中不断发生损耗、转移或产生残余变形的现象。磨损不仅消耗材料、浪费能源，而且直接影响部件的寿命和可靠性。磨损影响因素包括环境因素、工作条件、材料成分、组织结构及磨损表面物理化学性质等。按照机理不同，磨损分为磨料磨损、黏着磨损、腐蚀磨损、疲劳磨损、微动磨损、冲蚀磨损等。

循环流化床锅炉磨损主要发生在燃烧室、分离器物料循环回路上，尾部对流烟道也发生与煤粉炉同样的磨损。如图 17-1 所示，循环流化床锅炉主要磨损部位包括：风帽及布风板、炉膛四周水冷壁、屏式受热面下端及穿墙部位、炉膛出口水冷壁、炉顶区域水冷壁、分离器进出口烟道及筒体内表面、返料器及料腿内表面等。

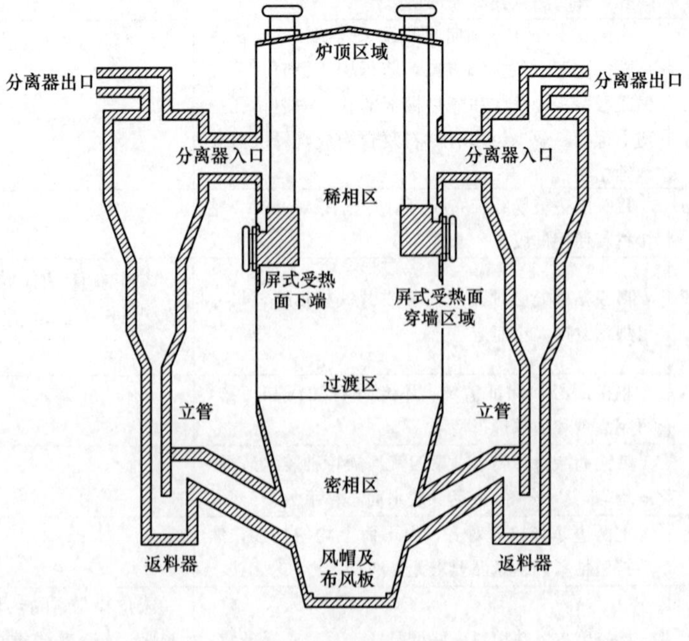

图 17-1　循环流化床锅炉主要磨损部位

二、循环流化床锅炉磨损机理

循环流化床磨损与炉内固体物料浓度、速度、颗粒特性及炉膛几何形状有关。受热面常见磨损类型包括冲刷磨损、冲击磨损和微振磨损等。

1. 冲刷磨损

冲刷磨损是指烟气、固体物料流动方向与受热面（或管束）平行时固体物料冲刷受热面而造成的磨损。当烟气、物料方向与管束总体一致，但在某一部位发生跳跃时，对该部位造成快速磨损，直至这一部位磨损与管束一致，磨损迅速减缓。如水冷壁管焊口、鳍片焊缝、耐火材料凹凸部位等易造成水冷壁快速磨损。当物料下落过程中在某一部位因凸台和物料堆积而突然发生转向时，物料在该部位将产生涡流而造成严重的冲刷磨损。如物料颗粒由水冷壁自上而下落到耐火材料上沿时，将迅速改变方向，形成涡流造成快速且严重的磨损。

2. 冲击磨损

冲击磨损是指烟气、固体物料流动方向与受热面（或管束）呈一定的角度或相垂直时固体物料冲击、碰撞受热面而造成的磨损。管束垂直布置时，物料沿切向或角向撞击，若炉膛出口附近烟气流速较低，其磨损程度与其物料流动方向和速度关系较大。当物料与管束垂直相碰时，其磨损速度是所有磨损中速度最快的。这是由于物料与管束垂直撞击，能量损失最大，管束表面承受的冲击和磨损也最大，并且烟气流速分布差别使得分离器出口烟气进入烟道时上部烟气流速最高，携带物料浓度最大，对受热面管子的上部磨损也就最严重。

3. 微振磨损

微振磨损是指传热条件下传热管与支承件之间产生垂直运动而导致的管壁损耗现象。微振磨损主要是发生在尾部对流受热面外置式换热器中的一种磨损形式。在常温下传热管与支承件之间紧固，不产生相对运动。在高温下，传热管与支承件之间可产生垂直运动，因而产生微振磨损。

循环流化床锅炉燃烧为低温循环燃烧，较高的燃烧效率主要是靠较多的物料内外循环来实现的。由于高度不同，炉膛各个截面上的载热体浓度和物料的粒子直径也不一样。物料的浓度和粒子直径是与高度成反比例变化的。运行中床料和入炉燃煤颗粒立即被流化，并在炉膛中心向上运动。研究表明，物料对管子的磨损量的大小是与物料的浓度、炉膛内压力、物料的粒子直径、物料运动速度的三次方等因素成正比，而与燃用煤种的可磨性系数成反比。

三、循环流化床锅炉磨损影响因素

1. 床料特性

随着床料颗粒直径的增大，受热面磨损量随之增大，当床料直径大到临界值后（约为 0.1mm），磨损量几乎不变或变化很小。颗粒形状的影响方面通常认为，带有棱角的颗粒比近似球形的颗粒更具有磨损性，随着颗粒球形度的增加磨损量减小。床料硬度的影响表现在当颗粒硬度接近或高于被磨材料的硬度时，磨损率迅速增加。颗粒成分对磨损也有一定的影响，床料成分不同，其破碎性、硬度也不同，磨损特性也不同，其中含 Si 和 Mg 成分较高的床料比含 Ca 和 S 较高的床料对受热面的磨损性更强。

2. 运行参数

床温和烟气流速等对受热面磨损有重要影响。床温影响着烟气和受热面的温度。虽然床温的变化不会影响飞灰的磨损性能，但温度的变化势必影响受热面管壁的温度，其将很大程度上影响金属材料的机械强度。实验结果表明，磨损量正比于烟气流速的 n 次方，其 n 值的大小与灰粒的性质、浓度和粒度等因素有关。若近似认为烟气流速和颗粒速度相等，则磨损量就将和烟气流速的 3 次方成正比，烟气流速的提高，会使上述有关因素的作用加强，从而导致冲蚀磨损的迅速增加。因此烟气流速越大，n 值越大，磨损也越大。

3. 受热面结构布置和材质

受热面结构布置中管子的倾角对其磨损有明显影响。一般认为受热面安装与物料流动、烟气流速方向一致时，其磨损量最小，因此当炉内受热面变形突出时磨损加剧。同时，尾部受热面中顺列布置方式较错列布置磨损较小。受热面磨损不仅与颗粒硬度有关，而且与材料硬度和颗粒硬度之间的比值有关，当两者比值超过一定值后，磨损量便会迅速降低。因此受热面材料硬度越高耐磨性越强。

4. 燃料特性

循环流化床锅炉以燃烧劣质煤为主，煤的粒径大小、粒度分布、含矸量、灰熔点等因素都会对磨损有不同程度的影响，不同种类的燃料特性与受热面、耐火材料的磨损密切相关。

四、循环流化床锅炉防磨损措施

1. 选择合适的防磨损材料

材料防磨损主要指选择适合于循环流化床锅炉使用的防磨损材料，像金属、非金属材料和耐火内衬材料及对金属表面进行喷涂处理的材料等，其中耐火内衬材料是循环流化床锅炉最主要的防磨损材料。

设计锅炉时选择适合循环流化床锅炉使用的金属材料，既要考虑材料成本，又要满足锅炉运行要求。在循环流化床锅炉中，由于碳钢和合金钢的价格低，满足锅炉的压力、温度等多方面的运行要求，因此用于制作锅炉的承压管。这些管子结构布置通常较复杂，包括膜式水冷壁、过热器、省煤器等。

循环流化床锅炉选用耐火材料作内衬时，高温外循环分离器筒体要求耐热、保温、热惰性小，点火燃烧室烟道要求抗热冲击，燃烧室要求抗热冲击、耐磨、热惰性小。耐火材料的选择首先要考虑其物化性质，还要兼顾经济性。

2. 采用合理的结构设计

（1）受热面防磨损结构优化设计。采用受热面防磨损鳍片、凸台技术、让管技术等，使结构上趋于平整，使物料平滑流动，减少磨损率。还可以通过利用挡板改变水冷壁近壁面向下流动的固体物料流，也能达到防磨损的目的。此外还有防磨罩、防磨套管、迎流面采用的厚壁管、护瓦，过热器、省煤器特殊结构管等。

（2）衬里结构设计。循环流化床锅炉衬里主要敷设在炉膛和高温旋风分离器区域，用短销钉将 25～50mm 厚的致密耐火材料支撑在烟气侧的锅炉管件上。薄衬里较厚衬里更能经得起快速热冲击，为增加其刚性和抗冲击能力，常在水冷壁衬里内添加金属纤维。

（3）材料表面特殊处理。金属表面处理技术包括热喷涂等。采用热喷涂技术是一项有效的防磨损措施，它能防止磨损和腐蚀的原因是涂层的硬度较基体的硬度更大，以及涂层在高温下会生成致密、坚硬和化学稳定性更好的氧化层，且氧化层与基体的结合更牢。

3. 运行中的技术措施

循环流化床锅炉燃料颗粒组分对床层分布、燃烧效率、炉内温度、返料量、烟气粒子浓度等都有交互影响，进而对整个锅炉系统的各受热面及内衬材料的磨损产生影响。在运行中应首先控制好床料和燃料的筛分比，调整好风量，降低烟气流速，降低烟气粒子浓度和粒子直径，以减少磨损。

4. 安装施工中的技术措施

炉膛受热面安装中，严格按照工作要求控制受热面平整度，水冷壁需要控制足够的强度和刚度。炉膛出口处水冷壁向火面必须敷设相关宽度的耐火材料。旋风分离器在安装中，其筒体、锥体和顶部要保证同心度，表面整齐光滑，与料腿连接要平滑过渡。尾部烟道安装时控制管排间隙，间隙过小会影响受热面的正常膨胀，间隙过大会形成“烟气走廊”，带来严重后果。

5. 水冷壁防磨损措施

循环流化床锅炉受热面磨损最突出的问题是水冷壁磨损，包括炉膛密相区水冷壁管过渡（交界）区域管壁磨损、四角区域管壁磨损、四周水冷壁管磨损、不规则区域管壁磨损等。防磨损的主要方法为：优化过渡区域结构与形状，使水冷壁管及壁面保持平直；对水冷壁管与耐火材料交界区域向上 1500mm 的水冷壁管进行喷涂，对炉膛四角水冷壁进行堆焊处理和敷设耐火材料；对炉膛四周水冷壁安装防磨梁、防磨挡板，局部进行金属喷涂处理等。

6. 对流烟道受热面防磨损措施

对于对流烟道过热器和省煤器的防磨损，主要分析产生磨损的机理及原因，知道磨损的较重部位，从而采取相应措施。例如在穿墙管的上部和弯头处，采取加装护板和防磨罩，并特别注重工艺，不许施焊在管子上，严防烧坏管材，在固定防磨罩时还应考虑膨胀间隙；在弯头处和边排管束处，要检查并消除烟气走廊现象。同时，对于吹灰器部位在加强吹灰管理基础上增加防磨罩。

第二节　耐火耐磨材料

一、耐火耐磨材料作用

循环流化床锅炉运行中含有燃料、石灰石及其反应产物的固体床料，在炉膛-分离器-返料器-炉膛这一封闭循环回路中处于连续高温循环流动，并在炉内以850～900℃进行高效率燃烧及脱硫反应。同时，床料还在重力作用下在炉内不断进行内循环流动。因此循环回路的相应部位必然产生严重磨损。磨损造成的危害是受热面金属管子壁厚减薄直至爆管停炉。为防止磨损，循环流化床锅炉的重要结构部分都安装有耐火耐磨材料，如图17-2所示。

耐火材料作为循环流化床锅炉的重要组成部分，在结构中承担着重要的任务，甚至影响着锅炉的长期经济运行。目前大型循环流化床锅炉典型耐火材料结构如图17-3、图17-4所示。

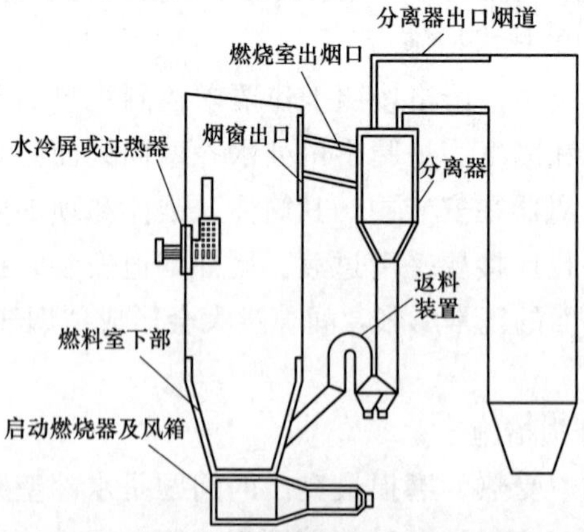

图17-2　循环流化床锅炉内部衬里

二、耐火耐磨材料分类

循环流化床锅炉耐火耐磨材料一般按作用可分为以下三类：耐磨耐火材料砖、浇注料、可塑料和灰浆；耐火材料砖、浇注料和灰浆；耐火保温

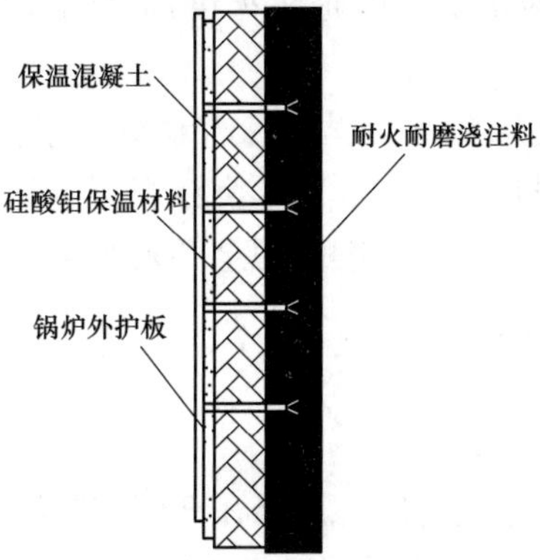

图 17-3　循环流化床锅炉典型衬里结构（一）

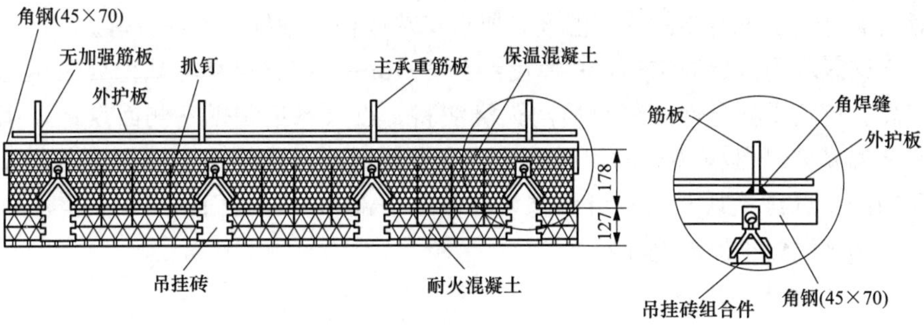

图 17-4　循环流化床锅炉典型衬里结构（二）

材料的砖、浇注料和灰浆。通常采用的耐磨耐火材料品种有磷酸盐砖和浇注料、硅线石砖和浇注料、碳化硅砖和浇注料、刚玉砖和浇注料、耐磨耐火砖和浇注料，规格较高的还有氮化硅结合碳化硅产品等品种。

1. 磷酸盐砖

磷酸盐砖通常在1200～1600℃范围内使用，是经低温（500℃）热处理的不烧砖，早期循环流化床锅炉设计材料大部分采用磷酸盐砖和磷酸盐浇注料。由于没有经过高温烧结过程，且循环流化床锅炉是在850～900℃范围内运行，因此该耐火耐磨材料物理性能不稳定，耐磨性能得不到充分发挥。

2. 硅线石

硅线石加入耐火耐磨材料中能使荷重软化温度提高100～150℃，是一种优质耐火耐磨原料。耐火耐磨材料起变化的温度是1450～1600℃，硅线石砖成型烧结温度达到这一温度，因此硅线石砖是一种理想的耐磨耐火材料。

3. 碳化硅制品

碳化硅制品在高温无氧气氛下使用具有较高的耐磨性和很好的热震稳定性，在一定温度下烧结后其表面能形成一层釉面保护层。但循环流化床锅炉燃烧中带有少量氧化气氛，因此该材料使用效果不好。

4. 刚玉制品

循环流化床锅炉上使用的刚玉品种有白刚玉、高铝刚玉（又称亚白刚玉）和棕刚玉。刚玉的主要性能是耐火度高、体积密度高、耐磨性能好，但热震稳定性差。

新安装的循环流化床锅炉衬里，目前制造厂家普遍采用定型产品和非定型产品混合使用的设计，即耐火砖和浇注料混合使用。对于大修的锅炉，目前普遍采用非定型产品施工方案，即全部采用混凝土结构设计方案。

三、耐火耐磨材料设计

1. 点火风道

点火风道在锅炉正常运行时，风温在 300℃左右；点火时油枪后的温度约为 1000℃，点火燃烧器点火瞬时温度高达 1500℃左右，风速较高（可达约 25m/s）。运行中的特点是升温迅速、瞬间温度高，无磨损现象。该区域对耐火材料要求有高的使用温度，要求抗热震稳定性好，不易脱落。

该区域为内保温结构，总厚度约为 300mm。点火燃烧器油枪处采用温度高、抗热震稳定性好的重质耐火浇注料。点火风道预燃室侧面设计采用耐高温陶瓷纤维模块＋耐火纤维毡。点火风道后段的侧墙上部和风道顶部采用陶瓷纤维模块＋耐火纤维毡，在侧墙下部和风道底面采用耐火浇注料＋绝热浇注料＋保温浇注料。

2. 炉底水冷风室

点火期间，水冷风室内烟风温度约为 900℃。为保持热风温度，需减少管屏吸热，因此需在管屏内壁敷设一层内衬材料。一般情况下，内衬材料采用具有一定强度的耐火浇注料即可。此区域设计采用薄形的单层内衬结构的耐火浇注料。

3. 炉膛下部密相区

炉膛下部密相区的工作环境为还原性气氛，工作温度达 900C 左右，烟气流速约为 5m/s。炉膛密相区是循环流化床锅炉的主要燃烧区域，这里床料密度高，煤灰颗粒大，磨损严重，且集中了各种开孔，如给煤口、返料口、二次风口等，这些局部开孔会使物料产生扰动、涡流，容易造成局部严重磨损。对内衬材料要求有良好的抗磨性、热震稳定性且不易脱落。另外，为了尽量减少对受热面吸热的影响，对耐磨材料的导热系数有一定要求。具体设计时，布风板上面敷设一定厚度的自流浇注料。炉膛水冷壁管子表面，则敷设较薄厚度的自流浇注料或捣打式耐磨可塑料。

4. 炉内屏式受热面和炉膛出口区域

炉内屏式受热面和炉膛出口区域颗粒粒径及浓度相对较小，但由于屏式受热面下部处于烟气的迎风面，炉膛出口区域的烟气流发生转向，烟气流通截面发生变化，因此还是存在磨损较为严重的问题，要求内衬材料具有一定的耐磨性和一定的导热性。在防磨损结构上，设计采用敷设较薄的自流浇注料或捣打式耐磨可塑料。

5. 分离器进口烟道

分离器进口烟道烟速较高（15～25m/s）、工作温度为900℃左右，灰浓度较高，磨损严重，耐磨材料要求有良好的抗磨损性能及抗热震性能以防止脱落，对热导性也有一定要求。防磨材料采用较厚的耐磨浇注料或耐磨可塑料。

6. 旋风分离器

旋风分离器是循环流化床锅炉重要部件，其性能好坏直接影响锅炉的性能。旋风分离器筒体部位工作温度为900℃左右，烟气流速高（20～30m/s），灰浓度高，磨损严重，特别是靶区（入口弧向约80°范围）更为严重，顶部耐磨材料施工困难易脱落，旋风分离器锥体部位结构较稳定，锥段下部烟气折返处磨损严重，内衬材料要求有良好的抗磨损性能及抗热震性能，防止脱落。绝热式旋风分离器可采用耐火材料砖或浇注料，汽（水）冷式旋风分离器对于耐磨材料的热导性有要求，需设计较薄结构的耐磨可塑料。

7. 返料器

返料器的工作环境也是较为恶劣的，其内是高温渣块，流动的速度较低，要求内衬材料具有一定的抗磨损性。特别是在阀体处，要充分考虑其膨胀对于耐磨内衬的影响，在阀体底板有温度较低的流化风进入返料器，因此该处的耐磨内衬材料还要考虑具有一定的抗结焦能力。对一些关键部位，如返料器内的隔板以及某些耐火材料厚度或截面变化较大的区域，耐火材料施工前，要在销钉上浇涂一层沥青，避免热态下因膨胀不同而引起耐火材料开裂。

8. 分离器出口烟道

分离器出口烟道处于分离器之后，灰浓度低、灰粒较小、磨损较轻。工作温度为900℃左右，内衬材料要求有较好的抗磨损性能及热震性能、防止脱落。该区域的内衬结构属于内保温结构，内衬总厚度为460mm。在出口烟道圆筒的垂直段、出口烟道侧墙及底平面则采用耐磨砖＋保温砖＋无石棉微孔硅酸钙的复合结构，出口烟道顶部采用耐磨浇注料＋绝热浇注料＋无石棉微孔硅酸钙的复合结构。

9. 外置床换热器

外置床内是高温循环灰，其高温循环灰的冲击力很大，要求内衬材料具有一定的抗磨损性，热稳定性要好，抗冲击性强。外置床底板上布置有布风板，较低温度的流化风通过风帽进入床内，因此在床内高温段的耐磨内衬材料还要考虑具有一定的抗结焦能力。其内衬结构根据外置床内温度分布情况而定，高温区域采用熔融石英耐磨耐火浇注料＋耐火保温浇注料＋无石棉微孔硅酸钙的复合结构；低温区域采用耐磨耐火浇注料＋保温浇注料或保温砖的复合结构；床内分隔墙采用熔融石英耐磨耐火浇注料＋保温浇注料，并在分隔墙顶部的熔融石英耐磨耐火浇注料加2‰钢纤维以增加耐磨材料的稳定性。

10. 各类连接灰道

高温循环灰在各连接灰道内流动，高温循环灰的冲击力很大，要求内衬材料具有一定的抗磨损性，热稳定性要好，抗冲击性强。这些区域设计采用耐磨浇注料+绝热浇注料+保温浇注料的复合结构。

11. 膨胀伸缩缝的设置

为预留间隙（保证锅炉部件受热后自由地膨胀）、减少炉衬材料本身的热胀应力和限制耐磨层中裂纹继续扩展，在浇注型耐磨层中必须留设膨胀缝，保温层中可不留膨胀缝。在耐磨层中每隔600mm左右设置1条膨胀缝，膨胀缝应呈“T”形交错布置。对于耐磨砖墙，由于砖缝可吸收一定的膨胀量，仅需在砖墙两端、角部、顶端等处留设一定间隙的膨胀缝。

膨胀缝宽度留设应依据材料的热膨胀率和线变化率两项指标来确定，以免缝宽留设不当，造成耐磨材料挤压损坏或缝宽过大，使灰粒进入膨胀缝，损毁里面的保温材料。整台锅炉膨胀缝材料采用硅酸铝耐火纤维毡、硅酸铝耐火纤维绳等。

四、耐火耐磨材料检修

1. 耐火耐磨、保温浇注料检修项目

耐火耐磨、保温浇注料检修项目如下：

（1）检查风道燃烧器、水冷风室浇注料。

（2）检查炉膛密相区浇注料，高温再热器、二级过热器、双面水冷壁浇注料检查、修补。

（3）检查旋风分离器进出口浇注料。

（4）检查返料阀浇注料、返料料腿浇注料。

（5）竖井烟道浇注料检查。

2. 耐火耐磨、保温浇注料检修要点

耐火耐磨、保温浇注料检修工艺要点和质量要求见表17-1。

表17-1 耐火耐磨、保温浇注料检修工艺要点和质量要求

检修项目	工艺要点	质量要求
检查与拆除	（1）检查冲刷磨损、裂纹、脱落及鼓包等缺陷； （2）检查销钉断裂情况； （3）拆除炉膛内不符合要求的耐火耐磨、保温浇注料	（1）裂纹深度和宽度、表面脱落厚度、脱落面积等应不超过厂家规定值，且不应鼓包； （2）销钉不应断裂； （3）拆除物料部分的受热面不应受到损伤
销钉的焊接	（1）清理需要修复部位，露出金属件部分； （2）销钉按规定间距纵横交错布置焊接； （3）焊条材质至少高于销钉材质一个等级； （4）焊接后的销钉头部应按厂家设计要求进行涂刷沥青漆	（1）销钉直径、高度和间距符合设计要求； （2）销钉应焊接牢固； （3）销钉头部的沥青漆厚度应不小于2mm

续表

检修项目	工艺要点	质量要求
浇注料的模板制作	（1）制作模板前，应按图纸核实尺寸； （2）支模前，检查销钉的焊接位置、销钉数量、形状； （3）检查销钉头部涂刷沥青漆情况； （4）支模前，应清理待支模及其上部区域的杂物； （5）模板支好后，如果不立即浇注，则应用塑料布等遮住加料口，防止异物进入模板内	（1）模板尺寸应符合设计图纸要求，模板固定牢固，不应有任何漏点； （2）销钉的位置、形状应符合图纸要求； （3）销钉头部的沥青漆厚度应不小于2mm； （4）待支模及其上部区域的杂物应清理干净； （5）模板内部及其上部区域内应干净无杂物
浇注料的搅拌	（1）水质、水温和环境温度符合要求； （2）包装袋开启后，应立即使用； （3）物料倒进搅拌器后，干搅物料混合均匀； （4）按规定要求进行加水搅拌，并记录，应严格控制加水量	（1）搅拌时间应符合厂家规定； （2）从加水搅拌到浇注完成的时间不能超过厂家的规定值； （3）按照厂家要求进行搅拌； （4）每次搅拌后，应对搅拌器进行清理
浇注料的浇注	（1）浇注前，应核对模板和膨胀缝的尺寸； （2）当搅拌好的物料运到浇注现场后，应立即倒入模板内，并进行均匀振捣； （3）控制浇注时间	（1）浇注尺寸符合设计要求； （2）预留膨胀缝符合设计要求； （3）浇注时间符合厂家要求
拆模板检查	（1）拆模板后检查浇注质量； （2）进行养护	（1）从浇注完成到拆模板的间隔时间和养护方式应符合厂家的要求； （2）表面应无裂纹、凹陷、蜂窝、孔洞等缺陷

3. 耐火耐磨可塑料检修

耐火耐磨可塑料检修工艺要点和质量要求见表17-2。

表17-2　耐火耐磨可塑料检修工艺要点和质量要求

检修项目	工艺要点	质量要求
检查与拆除	（1）检查冲刷磨损、裂纹、脱落及鼓包等缺陷； （2）检查销钉断裂情况； （3）拆除炉膛内不符合要求的耐火耐磨材料	（1）裂纹深度和宽度、表面脱落厚度、脱落面积等应不超过厂家规定值，且不应鼓包； （2）销钉不应断裂； （3）拆除物料部分的受热面不应受到损伤

续表

检修项目	工艺要点	质量要求
销钉的焊接	(1) 清理需要修复部位，露出金属件部分； (2) 销钉按规定间距纵横交错布置焊接； (3) 焊条材质至少高于销钉材质一个等级； (4) 焊接后的销钉头部应按厂家设计要求进行涂刷沥青漆	(1) 销钉直径、高度和间距符合设计要求； (2) 销钉应焊接牢固； (3) 销钉头部的沥青漆厚度应不小于 2mm
可塑料的配制与施工	(1) 销钉施工完毕，应验收合格； (2) 捣打前应清理钢板表面； (3) 可塑料应按照厂家要求合理配比； (4) 捣打时按厚度方向一次性捣打完成，不应分层捣打； (5) 施工段基本捣打完后，用锤头通过平板敲击工作面保持平整，应用铲刀铲除凸出部分，凹下部分应挖掘后再填平补齐	(1) 销钉验收合格后方可进行可塑料的施工； (2) 钢板表面应清理干净； (3) 可塑料捣打厚度应符合厂家要求； (4) 施工环境温度应满足厂家要求，可塑料应在规定的时间内使用完毕； (5) 可塑料施工完毕后自然干燥 2 天，无需单独热养护，应注意防潮保护

4. 耐火耐磨、保温砖检修

耐火耐磨、保温砖检修工艺要点和质量要求见表 17-3。

表 17-3 耐火耐磨、保温砖检修工艺要点和质量要求

检修项目	工艺要点	质量要求
检查与拆除	(1) 检查耐火耐磨、保温砖垮塌、错位、冲刷磨损等情况； (2) 检查支撑铁变形、断裂等情况； (3) 拆除不符合要求的耐火耐磨、保温砖和支撑铁	(1) 应更换垮塌、错位、磨损严重部位的耐火耐磨、保温砖； (2) 应更换变形严重和断裂的支撑铁件
保温泥的搅拌	(1) 配比正确； (2) 搅拌均匀	(1) 保证良好的粘接性； (2) 保证耐火耐磨、保温泥的干净
施工	(1) 准备耐火耐磨、保温砖； (2) 保证施工环境温度； (3) 安装拉钩等支撑铁件； (4) 灰浆涂满； (5) 对保温砖进行预装，编号； (6) 加工保温砖和砌筑	(1) 型号和材料正确； (2) 不应有断裂、缺角等缺陷，不应有穿透性裂纹； (3) 施工环境温度应满足厂家要求； (4) 拉钩等支撑铁件应满足厂家要求； (5) 错缝砌保温砖，缺棱少角的保温砖应放在背火面，表面平整

第三节　防磨喷涂层技术

一、概述

1. 喷涂

喷涂是用专用设备把某种固体材料熔化并使其雾化加速喷射到工件表面，形成一特制薄层，以提高耐蚀、耐磨、耐高温等性能的一种工艺方法。实际上就是用一种热源，如电弧、离子弧或燃气燃烧的火焰等将粉状或丝状的固体材料加热熔融或软化，并用热源自身的动力或外加高速气流雾化，使喷涂材料熔滴以一定的速度喷向经过预处理干净的工件表面。

2. 热喷涂

热喷涂就是利用某种热源（如电弧、等离子弧、燃烧火焰等）将粉末状或丝状的金属和非金属涂层材料加热到熔融或半熔融状态，借助焰流本身动力或外加高速气流雾化，以一定的速度喷射到经过预处理的基体材料表面，与基体材料结合形成具有各种功能的表面覆盖涂层的一种技术。

3. 热喷涂种类

热喷涂按照热源的种类、喷涂材料的形态及涂层的功能分类。如按涂层的功能分为耐腐、耐磨、隔热等涂层，按加热和结合方式可分为喷涂和喷熔，前者是机体不熔化，涂层与基体形成机械结合；后者则是涂层再加热重熔，涂层与基体互溶并扩散形成冶金结合。

目前按照加热喷涂材料的热源种类分类，具体可分为以下几类：火焰类，包括火焰喷涂、爆炸喷涂、超音速喷涂；电弧类，包括电弧喷涂和等离子喷涂：电热法，包括电爆喷涂、感应加热喷涂和电容放电喷涂；激光类，激光喷涂。

二、热喷涂技术概述

1. 热喷涂原理

涂层材料的粒子被热源加热到熔融态或高塑性状态，在外加气体或焰流本身的推力下，雾化并高速喷射向基体表面，涂层材料的粒子与基体发生猛烈碰撞而变形、展平沉积于基体表面，同时急冷而快速凝固，颗粒这样逐层沉积而堆积成涂层。

热喷涂涂层形成过程决定了涂层的结构特点。喷涂层是由无数变形粒子相互交错呈波浪式堆叠在一起的层状组织结构，涂层中颗粒与颗粒之间不可避免地存在一些孔隙和空洞，并伴有氧化物夹杂。

涂层的结合包括两部分：一是涂层与基体的结合；二是涂层内部的结合。涂层与基体表面的黏结力称为结合力，涂层内部的黏结力称为内聚力。涂层中颗粒与基体之间的结合以及颗粒之间的结合机理，通常认为有机械结合、冶金-化学结合、物理结合等方式。

2. 电弧喷涂原理

图 17-5 所示为电弧喷涂原理。电弧喷涂是将 2 根送入的通电金属丝相交时产生电弧，由电弧热熔化金属丝被压缩空气雾化成颗粒，喷射到工件表面形成涂层。这种喷涂方法比线材火焰喷涂具有更高的喷涂效率和更好的涂层质量。此外，电弧喷涂还能够应用 2 根很小的同材料的金属丝，制备“假合金”涂层。

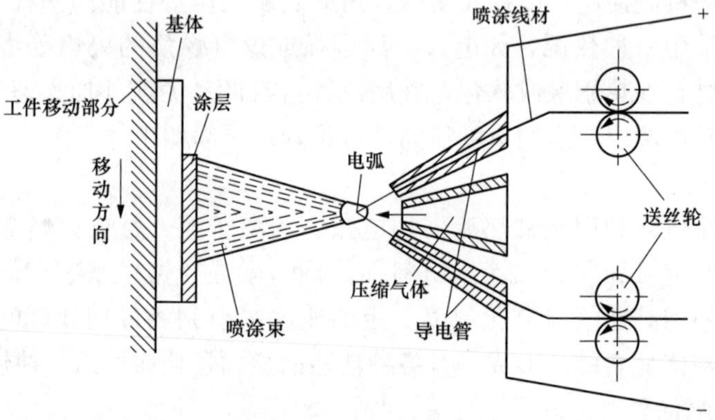

图 17-5　电弧喷涂原理

3. 热喷涂工艺

热喷涂设备主要由喷枪、热源、涂层材料供给装置以及控制系统和冷却系统组成。热喷工艺过程包括工件表面预处理→工件预热→喷涂→涂层后处理。

工件表面预处理的目的是使涂层与基体材料很好地结合。工件表面净化处理是要除去工件表面的所有污垢，如氧化皮、油渍、油漆及其他污物，关键是除去工件表面和渗入其中的油脂。粗化处理是要增加涂层与基材间的接触面，增大涂层与基材的机械咬合力，使净化处理过的表面更加活化，以提高涂层与基材的结合强度。净化处理的方法有溶剂清洗法、蒸汽清洗法、碱洗法及加热脱脂法等。粗化处理的方法有喷砂、机械加工法、电拉毛等。

工件预热的目的是消除工件表面的水分和湿气，提高喷涂粒子与工件接触时界面温度，以提高涂层与基体的结合强度，减少因基材与涂层材料的热膨胀差异造成的应力而导致的涂层开裂。一般情况下预热温度控制在 60～120℃，具体预热温度取决于工件的大小、形状和材质以及基材和涂层材料的热膨胀系数等因素。

喷涂方法的选择主要取决于选用的喷涂材料、工件的工况及对涂层质量的要求。表面预处理好的工件要在尽可能短的时间内进行喷涂，喷涂参数要根据涂层材料、喷枪性能和工件具体情况而定，优化的喷涂条件可以提高喷涂效率，并获得致密度高、结合强度高的高质量涂层。经过喷涂得到的涂层有时不能直接使用，必须进行一系列后处理。防腐蚀的涂层中，为了防止腐蚀介质透过涂层的孔隙到达基材引起基材的腐蚀，必须对涂层进行封孔处理，用作封孔剂的材料很多。耐磨损的涂层中，对于承受高应力载荷或冲击磨损的工件，为了提高涂层的结合强度，要对喷涂层进行重熔处理，使多孔且与基体仅以机械结合的涂层变为与基材呈冶金结合的致密涂层。

三、热喷涂技术在循环流化床锅炉上的应用

由于磨损是循环流化床锅炉稳定运行最主要的问题之一，造成越来越多的非计划停炉，使电厂效益大大降低。热喷涂作为一种表面处理技术，可以通过喷涂使普通金属材料具有耐磨、耐腐蚀、耐高温等特殊性能，以达到提高工件性能、延长设备使用寿命的目的，因而在锅炉受热面防磨领域获得了广泛的应用。

同样采用热喷涂耐磨层的方法对循环流化床锅炉受热面进行防磨处理，通过喷涂防磨涂层，增加厚度，延缓磨损时间来延长锅炉运行周期，是一种技术经济性较好的方法。目前在循环流化床锅炉上主要采用电弧喷涂，其中也包括超音速电弧喷涂，该方法是目前应用范围较广、施工技术较成熟的一种防磨工艺方法。

普通电弧喷涂存在自身的不足，如喷涂粒子速度低、结合强度不高、粒子粒度较粗、涂层孔隙率高等，其涂层质量不及等离子喷涂和超音速火焰喷涂，使得电弧喷涂技术的应用受到一定限制。近几年，超音速电弧喷涂技术的出现解决了电弧喷涂技术发展中的诸多难题。超音速电弧喷涂技术的基本原理是：依据空气动力学原理，采用拉戈尔喷管技术，优化喷枪设计，使气流速度超过 340m/s，从而使喷涂粒子的速度超过或接近音速，提高了金属粒子的雾化效果；在喷枪的冷却上成功地采用气冷方式，不仅解决了金属粒子与喷嘴内壁的黏结难题，而且提高了气流的能量，并有利于提高粒子的速度，达到改善喷涂涂层质量的目的。

四、防磨喷涂层的检修

防磨喷涂层检修工艺要点和质量要求见表 17-4。

表 17-4　防磨涂层检修工艺要点和质量要求

检修项目	工艺要点	质量要求
喷涂防磨层检查	（1）从外观检查喷涂防磨层整体情况； （2）测量防磨层的磨损量。选择有代表性和磨损严重部位的锅炉管，用超声波测厚仪测量正面和侧面厚度，比照喷涂施工后的厚度计算涂层的磨损量和剩余的涂层厚度	（1）涂层表面均匀，无凹槽、开裂、脱落。涂层边缘无明显台阶或凹槽。脱落面积大于 $1cm^2$ 的部位和有凹槽、台阶的涂层应喷涂修补； （2）测量涂层厚度，涂层厚度小于 0.1mm 时应重新喷涂

续表

检修项目	工艺要点	质量要求
喷涂前表面预处理	(1) 待喷涂的金属表面应进行表面预处理。包括除去表面铁锈、氧化皮、旧涂层、焊接熔粒并进行喷砂粗化； (2) 用压力式喷砂法喷砂粗化，喷砂用磨料必须有尖锐的棱角，推荐使用熔融刚玉、石英砂等，磨料必须保持清洁干燥，粒度范围为0.5～1.0mm； (3) 喷砂用的压缩空气必须干燥、无油，喷砂机喷口压力必须大于0.4MPa，磨料的喷射方向与工作面法线之间的夹角一般取15°，不能超过30°，喷嘴到工件的距离为150～250mm； (4) 表面凹槽深度超过2mm必须补焊，台阶必须打磨。原有喷涂层原则上要清理干净，无法清除的涂层表面喷砂后要进行电拉毛处理	(1) 喷砂处理后的清洁度应达到DL/T 1595的规定，即完全去除氧化皮、锈、污垢和旧涂层等附着物；表面粗糙度应达到Ra25～100μm，即在取样长度内5个最大轮廓峰高与5个最大轮廓谷深的平均值之和应达到上述值； (2) 凹槽和台阶处理后要达到平滑过渡
喷涂施工	(1) 对要喷涂的部位进行测量厚度，作为原始检测记录； (2) 喷涂防磨涂层的制备采用高速电弧喷涂或喷焊工艺，推荐使用高速电弧喷涂技术，但当锅炉管的减薄速度超过5mm/年时，建议用喷焊工艺； (3) 高速电弧喷涂距离为150～200mm，喷涂角度不超过30°； (4) 涂层表面均匀，无裂纹和脱落，不应出现凸凹台面，要求在喷涂防磨涂层边缘逐渐平滑过渡； (5) 喷涂所用压缩空气应经过有效的脱水除油处理，喷枪口的空气压力大于0.5MPa，喷涂时的粒子速度大于380m/s； (6) 喷砂合格的部位应及时实施喷涂，最长不能超过4h，否则应重新喷砂处理	(1) 现场涂操作人员应经过专业培训，对喷涂原理、质量控制、喷涂机械简单原理有较为全面的了解； (2) 所选材料的高温性能应满足防磨需求； (3) 喷涂层边缘与基材应圆滑过渡，过渡区宽度不小于50mm； (4) 防磨涂层的厚度一般控制在0.5～1.0mm； (5) 对每一个喷砂及喷涂的环节进行质量检验与指导，并出具相应的报告
涂层质量检测	(1) 试块检测根据用户需要，对首次使用的工艺或材料，在现场施工时采用同样工艺条件制备试样，用于孔隙率、结合强度及涂层厚度、高温性能等的参考性测量； (2) 目测； (3) 测量厚度	(1) 高速电弧喷涂制备的防磨涂层的孔隙率小于10%，洛氏硬度大于40HRC，结合强度大于30MPa，涂层的氧化层小于5%； (2) 主要检查涂层的覆盖范围是否满足要求，边缘处要圆滑过渡，无起皮、脱落、漏喷、生丝、飞溅等缺陷； (3) 喷涂后测量厚度，并结合喷涂前的厚度测量结果计算涂层厚度，应达到技术要求

续表

检修项目	工艺要点	质量要求
封孔处理	封孔主要用于防腐蚀喷涂，对于存在高温腐蚀的循环流化床锅炉或用户有特殊要求，要实施封孔处理。在外观检验合格后，进行封孔处理。封孔处理的方法建议用喷涂的办法进行	
涂层的维护与保养	（1）避免大负荷的冲击； （2）尽量避免高温下浇冷水； （3）焊接时，不能在涂层上引弧，避免腐蚀性介质接触	

第十八章　锅炉除渣系统及技术

第一节　锅炉除渣系统概述

随着国民经济的发展，电厂容量不断增大，排渣量日益增加，为保证电力发展的需要，火电厂除渣系统设备的选择，对锅炉除渣系统的设备的稳定运行起到至关重要的作用。

火电厂燃煤锅炉初期的除渣技术为水力除渣，锅炉燃烧后产生的热渣经炉底落入冷渣斗槽体内，直接用水进行冷却后并输送至渣仓。由于水的热容大，水力除渣系统能够将高温炉渣快速冷却到较低的、工艺许可的温度，但也存在水资源消耗大、灰渣潜热无法利用的缺点。其次渣浸水后活性降低，不利于综合利用，排渣水容易造成环境污染。

为克服传统除渣方式的缺点，不用水或少用水的灰渣冷却技术逐渐发展起来，采用空气自然冷却热渣的方法——干式排渣方法，即干式排渣机得到应用。

锅炉的灰渣是煤粉在锅炉内燃烧后生成的固态废料。煤粉在炉膛内燃烧时，火焰中心温度达到1100～1300℃，灰分的软化温度一般为1150℃，当炉膛内火焰中心温度很高时，灰分发生软化甚至溶化，灰分在相互撞击、粘接中会形成较大的团状灰渣，随着渣块的变大，灰渣质量在增加，在炉膛内向上的风速较低的区域时会落下，进入排渣机，排出炉膛。

因此，锅炉除渣系统基本功能就是保证锅炉内的煤粉燃烧后产生的灰渣及时连续地排出，保证锅炉正常连续运行。

煤粉炉除渣系统可分为湿式除渣系统和干式除渣系统。循环流化床锅炉主要采用干式排渣系统。

第二节　煤粉炉湿式除渣系统

一、煤粉炉湿式除渣系统工作原理

锅炉底渣是采用水浸式刮板捞渣机（SSC）进行连续除渣的机械输送系统。锅炉燃烧后产生的高温炉渣经渣井落入捞渣机壳体内，通过壳体内的冷却水对高温炉渣进行冷却，同时保持炉膛与外界隔绝。冷却后的炉渣通过捞渣机液压马达驱动，带动刮板捞渣机、圆环传动链，将其连续输送到炉膛外面的渣仓内，用车辆送至灰场或用户。

二、煤粉炉湿式除渣系统主要设备

煤粉炉湿式除渣系统主要设备由渣井、液压关断门、刮板捞渣机、碎渣机、渣仓设备等组成，如图 18-1 所示。部分湿式除渣系统还配有渣浆高效浓缩机、渣浆池、渣水循环泵等，实现系统内的水循环利用。

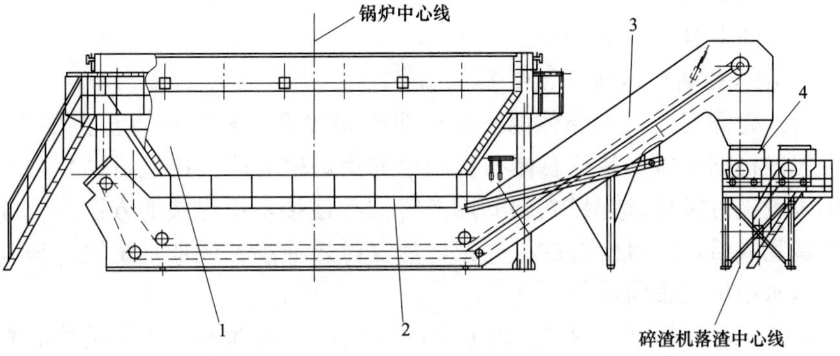

图 18-1　煤粉炉湿式除渣系统的主要设备

1—渣井；2—液压关断门；3—刮板捞渣机；4—碎渣机

（一）湿式除渣系统渣井

湿式除渣系统的渣井位于锅炉下方，主要用于锅炉与湿式排渣机之间的过渡连接。

1. 渣井的作用

排渣机渣井承受着高温灰渣的撞击。渣井通常采用抓钉焊接结构，炉底区域敷设高强耐磨浇注料，以起到耐高温、耐磨损的作用。

2. 渣井组成

渣井由机械密封和渣斗两部分组成。

（二）湿式刮板捞渣机

1. 湿式刮板捞渣机的工作原理

刮板捞渣机上层槽体充满冷却水、炉渣通过锅炉下渣口、水封插板落入捞渣机上体水槽中。炉渣被冷却炸裂，然后随输送刮板向上槽体中的倾斜脱水段移动，大部分水在此段上又流回水槽中，而含少量水的灰渣，从捞渣机落渣口排出，供皮带输送或装车外运。

2. 刮板捞渣机的组成

刮板捞渣机主要由捞渣机壳体、主驱动机构、中间导向轮、尾部液压自动张紧、刮板与链条组成。

3. 刮板捞渣机的安装

整机安装顺序：

（1）壳体的安装。

（2）平台、梯子、围栏、落渣斗的安装。

（3）张紧轮架及张紧轮总成的安装。

（4）张紧液压系统的安装。

（5）液压驱动系统的安装。

（6）电气系统的安装。

（7）链条的安装。

（8）刮板的安装。

（9）喷淋管路的安装。

4. 刮板捞渣机具体安装要求

（1）壳体安装：①壳体的安装由机壳尾段开始按顺序直至机壳首段；②壳尾段根据壳体安装按总体布置图中的锅炉中心线及捞渣机总装配图的基础位置进行定位；③机壳斜升段的定位与连接，用焊接的方法。所有机壳安装完成后，应对所有的机壳接口焊缝做煤油渗透或加水试验，确保壳体充满水不出现渗漏现象。

（2）平台、梯子、围栏、落渣斗的安装：①头部平台、围栏及落渣斗的安装，现场只需将头部平台的上平面与机壳首段上的角钢上平面对平即可施焊，平台焊接后再进行围栏的焊装。落渣斗现场需对位焊接即可；②尾部平台、直梯、围栏的安装，现场只需将尾部平台的上平面与机壳尾段上的角钢上平面对平即可施焊，平台焊接后再进行围栏、直梯的焊装；③张紧装置的安装，张紧装置放于机壳尾段的张紧支座上并用螺栓固定即可。

（3）张紧系统的安装：①张紧轮安装时，需将张紧轮组件安装在固定的支架上；②油缸安装到位，注意将油缸的进、出油口指向外部，并保持进、出油口的清洁（管路未连接前不得拆下油口护盖）；③张紧系统液压管路的安装，管路安装前先将张紧装置固定在支座上，然后连接固定液压管路。所有管件安装前应进行清洗（如内部锈蚀，需酸洗），确保管件的清洁。系统启动前及启动过程中应检查所有的管接头是否全部拧紧，有无渗漏情况。待管路连接完毕后，油箱内按《张紧液压油站说明书》要求加注规定型号的液压油，但刮板未完成装配前不得启动本液压系统。具体详见《液压张紧机构使用说明书》。

（4）液压驱动系统的安装：①液压马达的安装，液压马达安装前请仔细阅读《液压系统安装使用维护说明书》，安装过程中应严格按照《液压系统安装使用维护说明书》中有关液压马达部分的要求进行。安装前除对液压马达进行检查与清洗外，需对拖动轴轴端进行清洗，然后将液压马达装至总装配图的视图所要求的位置，再按联轴器螺栓拧紧规则拧紧锁紧盘螺栓。液压马达安装前必须将液压马达联轴器内孔及拖动轴轴表面的油脂擦干，不得加油润滑，确保洁净干爽。②动力站的固定及管路的连接，先将动力站按总布置图要求的位置用螺栓、螺母牢固地固定在支架上，然后按

《液压系统安装使用维护说明书》连接动力站与液压马达间的液压管路。在软管穿过平台处现场在平台上割孔。系统启动前及启动过程中应检查所有的管接头是否全部拧紧，有无渗漏情况。待管路连接完毕后按《液压系统安装使用维护说明书》中的要求向油箱内加注规定型号的抗磨液压油，驱动系统液压管路的安装也应注意张紧系统液压管路安装时所注意的条款。③电气系统的安装，电气系统的各元件的安装参见《刮板捞渣机电控部分安装使用说明书》。捞渣机的电控柜和装入捞渣机壳体上的断链检测用接近开关及温度继电器，在使用现场将各接近开关装入相应部位并将其电引线接入相应接线盒内的相应接线端子上。保证接近开关感应头与感应铁之间的距离为 2～3mm，电控柜可就近挂置。

（5）链条的安装，电动机减速机正常运转（包括转向）后，即可进行圆环链条的安装。每条链条安装时，可将一端吊起另一端通过拖动机构的转动分段导入，接链环必须处于竖直位置，链条分段导入过程中链条不得扭曲。两段链条连接好后应将接链环锁紧两端链条。全部链条安装完毕后处于较松弛状态属正常情况，这便于刮板的安装，待刮板安装完毕后启动链条张紧系统即可使链条张紧。刮板捞渣机头部组装及刮板链条安装示意图如图 18-2 所示。

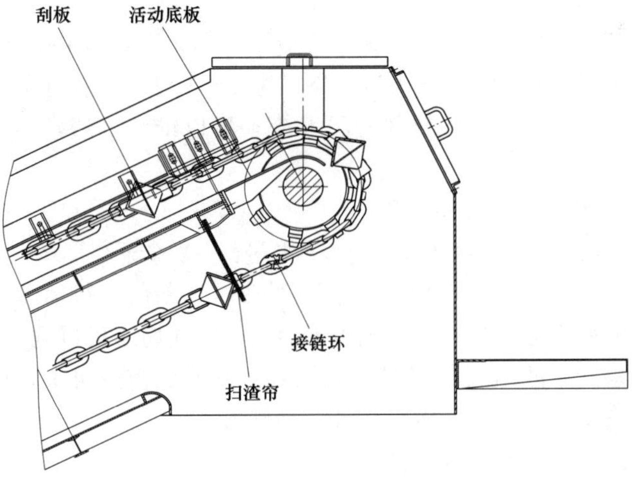

图 18-2　刮板捞渣机头部组装及刮板链条安装示意图

（6）刮板的安装：①刮板一般在水平段壳体上仓内安装。第一个刮板的安装一般从相邻接链环处开始，刮板间距取 8 个链环的长度值；②刮板一般在水平段壳体上，仓内安装。安装时可向两侧拉开链环将刮板连接器插入链条中，刮板与环链以刮板牛角连接、固定刮板间距取 8 个链环的长度值。安装刮板时应注意刮板的方向正确。

（7）喷淋管路安装：捞渣机供水为链条冲洗水。①链条喷淋管路的安装：将链条喷淋管路按总装配图中的位置接上水源，并调整喷头位置使其对准链条，然后将水管固定好；②冲洗水入口管径为1″，水压不低于0.3MPa，冲洗水可与灰渣冷却水同一水源。捞渣机安装完毕后应重新对所有需润滑的轮系加注规定型号的润滑油。

（三）湿式除渣系统液压关断门

1. 湿式除渣系统液压关断门的作用

液压破碎关断门又叫大渣破碎装置或液压挤渣关断门。液压关断门安装在锅炉底部的落渣口，主要作用是锅炉底部捞渣机设备出现故障时或者下水封失去时能可靠关闭，使炉膛尽量密封，减少漏风，确保锅炉安全运行。液压关断门作用主要有两个：一是对大渣进行预冷却后破碎；二是在设备检修时起关断门的作用。

2. 液压关断门的特点

(1) 设置在渣井下面，冷空气进入炉膛时可以充分预热，有利于热量回收。

(2) 设置在捞渣机上级，有利于冷却。湿式除渣冷却的困难就是大渣块的冷却问题，渣块内外温差梯度大，需要较长的冷却时间。而限于空间布置和锅炉进风量要求限制，很难保证此时间。大渣块在干渣机上部预破碎后，渣块变小，内部高温可直接与冷空气换热，有利于冷却，同时可延长设备使用寿命。

(3) 挤渣门体多，无堵塞问题。对应不同的机组，渣井采用1～4口布置；对应破碎关断门也有1～4口，每口由2～3对门。在任何一对门进行挤压破碎时，另外的挤渣门处于打开状态，可以继续排渣，不影响系统的正常运行。

3. 液压关断门运行注意事项

(1) 正常运行时每对液压关断门每月要进行一次全开、半开、全关操作。

(2) 事故关断处理后，慢慢开启每对液压关断门，待渣量减小，大渣检测恢复正常后再进行操作，否则可能会引起湿式捞渣机过载。

(3) 如果开启液压关断门时，大量灰渣排泄到捞渣机上，可能引起过载；此时允许捞渣机倒转，将渣从其尾部排出。

（四）湿式除渣系统碎渣机

1. 湿式除渣系统碎渣机的作用

碎渣机是对锅炉排出的高温渣块（一般100～400℃）进行机械破碎处理的设备。

2. 湿式除渣系统碎渣机的结构

单轴碎渣机主要由底座、箱体、主轴、鄂板、电动机、液力耦合器、减速箱等组成。单轴碎渣机的结构图如图18-3所示。

（五）湿式除渣系统埋刮板输送机

1. 湿式除渣系统埋刮板输送机的工作原理

埋刮板输送机是借助于在封闭的壳体内运动着的刮板链条而使散体物

图 18-3　单轴碎渣机

料按预定目标输送的运输设备。它具有体积小、密封性强、刚性好、工艺布置灵活、安装维修方便，并能多点加料和多点卸料等优点。

埋刮板输送机原理是依赖于物料所具有的内摩擦力和壳体给物料的侧压力，在输送物料过程中，刮板链条运动方向的压力以及在不断给料时下部物料对上部物料的推移力，这些作用力的合成足以克服物料在机槽中被输送时与壳体之间产生的外摩擦阻力和物料自身的重量。使物料无论在水平输送、倾斜输送和垂直输送时都能形成连续的料流向前移动。

埋刮板输送机属于具有挠性牵引构件的输送机械。

2. 湿式除渣系统埋刮板输送机的组成

埋刮板输送机主要由封闭链接刮板结构的机壳（机槽）、刮板链条，驱动装置、张紧装置及安全保护装置等部件组成。

驱动装置：埋刮板输送机的动力来源由电机、减速器、传动链条、联轴器、链轮等结构组成。

刮板链条：刮板链条是物料前进的关键设备之一，根据输送物料的具体情况进行选择和设计，可选择模锻链、滚子链、双板链形式，链条节距也可根据需求进行选择设计。

张紧装置：张紧装置可分为螺杆式、弹簧螺杆式、坠重式等。以上形式各有优缺点，根据埋刮板输送机的具体型号进行选择。螺杆式通常用于小型刮板输送机，坠重式通常用于大型、长距离的刮板输送机。

机壳：通常使用喷漆碳钢材质，根据物料具体的琢磨性和使用现场环境，可以选择其他材质，机壳的作用在于保护脆弱的刮板链条、减少输送扬尘等。根据需求可在机壳上设计多个进料口或特殊进料口形状。

安全保护装置：①保护驱动装置，防止电机过载，维护机器正常运行；②保证生产人员的安全。

（六）湿式除渣系统渣仓设备

1. 湿式除渣系统渣仓

炉渣经捞渣机连续捞出后，由捞渣机头部渣口排出，落入渣仓颈部的可逆胶带输送机，经可逆皮带输送机转运至渣仓内缓冲贮存，渣仓内部设置析水元件，可将含水量大的渣进一步脱水，脱水后的渣，含水率在25%～30%。渣仓是锅炉中煤燃烧后产生的炉渣的储存和中转设备，一般每台锅炉设1座渣仓，渣仓布置在锅炉房外地面上。渣仓下部装有气动排渣门及干、湿渣散装机等。

2. 湿式除渣系统渣仓湿渣散装机

湿式除渣系统渣仓湿渣散装机是将湿渣物料装入散装敞口车内的专用设备。

3. 渣水泵

渣水泵是把渣水池中的含渣水输送到渣水澄清池内，澄清以后水可以循环利用。

三、煤粉炉湿式除渣系统检修标准项目

煤粉炉湿式除渣系统检修标准项目见表18-1。

表18-1 煤粉炉湿式除渣系统检修标准项目

序号	检修标准项目	备 注
1	刮板捞渣机检修	
2	渣斗、渣仓、渣井设备检修	
3	溢流水泵的检修	
4	埋刮板机检修（如有）	
5	碎渣机检修	
6	高效浓缩机检修	
7	湿渣散装机检修	

四、煤粉炉湿式除渣系统设备检修工艺及质量标准

（一）刮板捞渣机检修工艺及质量标准

刮板捞渣机检修工艺及质量标准见表18-2。

表18-2 刮板捞渣机检修工艺及质量标准

序号	检修项目	检修工艺	质量标准
1	检修前的准备	（1）检修负责人全面了解捞渣机的运行工况、设备缺陷等，并检查检修记录，合理安排工作； （2）准备好专用工具和一般工具； （3）让捞渣机保持运行至无炉渣出来为止； （4）关闭捞渣机密封水源，排尽渣井内的冷却水	（1）安全措施已执行； （2）备品配件已落实； （3）炉内无炉渣

续表

序号	检修项目	检修工艺	质量标准
2	链条刮板检修	(1) 检查测量链条的磨损及拉长，并做好记录。 (2) 检查测量刮板的磨损，并做好记录。 (3) 局部链条刮板磨损超标，链条变形严重时，应作局部更换，更换步骤如下： 1) 先做好截链前的准备工作，准备好接链环、气割设备、铁锤、铜棒、倒链等，并放至尾部的挡罩内； 2) 停机并按《液压张紧机构使用说明书》中的操作要求将张紧链轮降至最低位置，并用倒链拉紧需截割以外的环链； 3) 截割的环链必须割断，以保证接链环处于合适的位置； 4) 用接链环将断开的环链装入锁紧销重新接好； 5) 取下倒链，并将插板推入。 (4) 链条刮板整体磨损超标严重时，应全部更换	(1) 链条（链板）磨损超过圆钢直径（链板厚度）的1/3时应更换； (2) 刮板链双侧同步、对称，刮板间隙应符合要求； (3) 链轮齿高的磨损量应小于1/3； (4) 人孔门关闭应严密，转动灵活； (5) 轴封冷却水孔畅通无阻，橡胶密封圈应全部更换； (6) 防磨衬板无断裂、缺损，箱体钢板无腐蚀，磨损厚度不超过原厚度的1/2，箱体内无积水； (7) 防护罩不得有松动现象； (8) 电动机、轴承箱各部件良好，空载无异常声响，油位正常； (9) 碎渣机、齿板、破碎板动颚齿应良好，磨损量超过原厚度的1/3时应更换，减速箱转动灵活，无卡涩现象，不漏油； (10) 托轮磨损量不超过原厚度1/3； (11) 压轮磨损量不超过原厚度1/3
3	张紧轮、上下导轮、驱动轮检修	检查张紧轮及轴承磨损情况，磨损严重时应进行更换，具体要求如下： 1) 调整张紧轮，放松链条刮板； 2) 拆除轴承座与支架的连接螺栓； 3) 吊出张紧轮总成； 4) 旋松轴承座连接螺栓，卸下轴承座，取出轴承闷盖及挡环； 5) 用拉马卸下轴承，注意轴承受力均匀； 6) 退出嵌入透盖； 7) 松开张紧轮紧固螺栓，用拉马拆下张紧轮，注意张紧轮受力均匀； 8) 清洗轮轴；	(1) 新轴承间隙为轴承内径的1‰～2‰； (2) 弹道、滚珠不得有疲劳剥落、点蚀、压痕、磨损、电流腐蚀等缺陷； (3) 保持架完好，磨损不超过原厚度的1/3； (4) 轴承内圈与轴应一起转动，不与轴产生滑动，配合紧力为0.02～0.04mm；

续表

序号	检修项目	检修工艺	质量标准
3	张紧轮、上下导轮、驱动轮检修	9）用千斤顶装上新的张紧轮，注意键及螺栓要安装到位； 10）装上嵌入透盖； 11）装新轴承。用铜棒均匀敲击轴承，使其安装到位； 12）加注适量的润滑脂； 13）装上挡油环，并装入透盖； 14）装轴承座上盖，拧紧上、下盖间的连接螺栓； 15）吊装张紧轮总成到位后，拧紧轴承座与支架的连接螺栓； 16）调整张紧轮、张紧链条刮板； 17）更换上、下导轮及轴承； 18）检查上下导轮及轴承； 19）检查驱动轮轴承； 20）检查驱动轮轮齿的磨损、有无裂纹、断齿现象； 21）清除轮毂、链轮表面的渣垢； 22）松开轮毂、链轮与固定板间的连接螺栓； 23）检查链轮、轮毂有无裂纹，链轮有无磨损； 24）安装链轮	（5）轴承有效运转 28 000～32 000h 后，应进行严格检查鉴定，未发现异常可延长使用时间； （6）轴承端面与轴肩应贴紧，接触紧密； （7）张紧轮水平度≤2/1000； （8）链轮无断齿、无裂纹，轮齿磨损高度小于原高度的 1/5
4	机壳及附属设备的检修	（1）检查机壳是否完好； （2）检查耐磨钢板及铸石的磨损情况，并做好记录； （3）检查导轮密封系统是否完好	（1）耐磨钢板及铸石磨损厚度超过原厚度的 1/3 应更换； （2）密封完好，无泄漏； （3）机壳无漏渣、漏水现象
5	试转	（1）检查转动部件及链条上是否有杂物，并清理干净； （2）检查各转动部位的润滑油及润滑脂； （3）联系运行，空载运转 2h	（1）试转期间链条、刮板运行平稳，液压驱动装置运行无异声； （2）各转动部件灵活，温升不大于 80℃； （3）各部位无杂物，润滑油、润滑脂已加足

（二）溢流水泵检修工艺及质量标准

溢流水泵检修工艺及质量标准见表 18-3。

表 18-3 溢流水泵检修工艺及质量标准

序号	检修项目	检修工艺	质量标准
1	检修前的准备	（1）准备好备品配件及必要的材料； （2）准备好检修用的工具、量具，起吊及安全用具并进行试验检查； （3）办理检修工作票； （4）整理好放零部件的检修场地	（1）安全措施已执行； （2）备品配件已落实； （3）管道无水

续表

序号	检修项目	检修工艺	质量标准
2	溢流水泵	(1) 检修设备解体过程工序： 1) 拆去联轴器保护罩，做好联轴器装配标记，拆联轴器螺栓； 2) 拆开泵进出口连接螺栓，拆除泵进口短节； 3) 松开泵盖紧固螺栓，吊出泵盖； 4) 用撬杠或管子钳卡住转子，将叶轮放松并松开拆卸环，使轴套松动，将其拆下吊出； 5) 松开后护板螺栓，吊出后护板； 6) 吊出蜗壳，取下副叶轮及副叶轮箱放至合适检修场地内； 7) 拆卸填料后盖，拉出填料，退出轴套； 8) 拆下轴承座接合面螺栓，吊出轴承座上盖； 9) 拆下轴承室压盖固定螺栓，取下轴承压盖； 10) 拆除联轴器； 11) 吊出转子； 12) 取下挡盘、端盖、轴承、轴承箱。 (2) 清理、检查及修理： 1) 清理、检查泵件及所有部件积灰； 2) 清理、检查叶轮； 3) 清洗轴承室、轴承等部件； 4) 检查副叶轮、副叶轮室的磨损情况并记录； 5) 检查蜗壳的磨损情况并记录； 6) 检查护板的磨损情况并记录； 7) 检查轴承，如有缺陷应进行更换； 8) 更换各密封面的O形密封圈； 9) 调整水泵叶轮的位置； 10) 联轴器中心找正。 (3) 现场整理： 1) 清点工具，将专用工具放于指定位置； 2) 清扫现场，做到工完、料尽、场地清； 3) 办理工作票终结手续	(1) 各零部件洁净完好，泵室及轴承室无杂物，叶轮无严重汽蚀，密封圈、轴套无严重磨损、裂纹； (2) 主轴正直无变形、腐蚀，轴弯曲度不大于0.05mm； (3) 轴颈光洁，无磨损及毛刺，圆度不大于0.02mm； (4) 滚动轴承保持架完好，无疲劳剥落、点蚀、裂纹、电流腐蚀等缺陷，轴承径向间隙为内径的1‰～2‰，轴承内圈与轴径配合紧力为0.02～0.04mm； (5) 联轴器与轴的装配紧力为0.02～0.04mm； (6) 联轴器间隙为4～6mm，联轴器圆周偏差≤0.10mm，平面偏差≤0.10mm； (7) 轴承室清洁无杂物，油位计明亮无渗漏； (8) 盘根每圈一根，接口切成45°斜形沿轴向搭接，相邻两圈的接口错开120°～180°，压盖紧度适中，填料环对正进水孔； (9) 安装后，转动转子一圈以上，无卡涩及摩擦现象，转动灵活。联轴器防护罩安装牢固。水泵振动值不大于0.08mm，压盖与轴半径间隙为0.30～0.50mm，压盖压入填料室3～5mm
3	试转	(1) 检查转动部件及阀门管道上是否有杂物，并清理干净； (2) 检查各转动部位的润滑油及润滑脂； (3) 办理工作试转手续； (4) 清理检修现场，结束工作票	(1) 负荷试转期间泵体运行平稳，无不正常振动和噪声，符合质量标准，管道无泄漏、手动门电动门驱动装置正常； (2) 各转动部件灵活，密封无泄漏； (3) 各部位无杂物，润滑油及润滑脂确脂已加

（三）渣仓检修工艺及质量标准

渣仓检修工艺及质量标准见表18-4。

表18-4　渣仓检修工艺及质量标准

序号	检修项目	检修工艺	质量标准
1	检修准备	（1）进入渣仓的电源线应架空，电压符合安全用电要求； （2）清除渣仓内的渣块	电气设备绝缘良好，触电和漏电保护可靠
2	渣仓本体检修	（1）检查渣仓各柱、梁的定位尺寸，如发现歪斜、变位、变形、锈蚀等超标情况，应及时校正或更换； （2）各护板间密封焊缝检查，必要时应做煤油渗漏检查； （3）检查渣仓本体人孔门严密性； （4）检查和疏通渣仓冲洗管	（1）各焊缝应密实、可靠，不允许假焊、漏焊及存在其他缺陷，发现异常，可作小范围切割或补焊； （2）人孔门密封良好，无渗漏； （3）冲洗水管道保持畅通，无积垢、积泥或腐蚀，管道无渗漏
3	排渣门检修	（1）排渣门检修时，将压缩空气进气电磁阀关闭并挂“有人工作，禁止操作”牌，必要时切断气源； （2）检查排渣门上的滚轮是否脱落； （3）滚轮与导轨的间隙约为1.5mm，两根导轨应平行； （4）检查渣门的关闭位置。如果渣门的最后关闭位置相对门框太低时，可以升高定位座，或在气缸上加垫片，定位座调整完毕后，应将锁紧螺母拧紧； （5）检查门框上的橡胶条是否磨损或破裂； （6）检查气缸行程与渣门开度的指示装置； （7）检修完后，气缸应做动作试验	（1）如渣门与门座的间隙不一致时，应调整导轨上的定位座，保证间隙均匀，渣门应位于门座的中央位置； （2）渣门在关闭位置时，应严密不漏水； （3）刻度指示值与渣门实际开度一致； （4）气缸和排渣门动作灵活，无卡涩
4	气缸检修	（1）气缸解体检查： 1）松开端盖的压紧螺母，取下端盖； 2）用起吊工具将气缸筒吊下； 3）将气缸内壁的污垢清除干净； 4）检查气缸内壁的磨损、腐蚀情况； 5）检查或更换活塞上的V形密封圈； 6）检查或更换气缸底座上的密封圈。 （2）气缸装复： 1）气缸底座上放上合适的密封圈，将缸体吊装就位； 2）在活塞上放上合适的密封圈； 3）在端盖上放上合适的密封圈，装复端盖； 4）按对角顺序拧紧端盖螺母，注意端盖应平整； 5）气缸装复后，应连同闸门一起做动作试验	（1）气缸内壁清洁光亮； （2）气缸磨损深度不超过0.5mm，无严重腐蚀坑点； （3）活塞环接口应切成斜形，角度为45°，各圈接口处错开90°～180°，长度适宜，不得有间隙和重叠现象； （4）闸门动作灵活，无卡涩； （5）各接合面不漏水

续表

序号	检修项目	检修工艺	质量标准
5	振打器检修	(1) 振打器解体检查： 1) 拆下振打器电动机电源螺栓及地脚螺栓； 2) 拆下振打器两侧端盖； 3) 拆下振打锤并检查； 4) 检查键有无磨损。 (2) 振打器组装： 1) 检查电动机完好后，在轴上把键装好； 2) 分别在两端装上振打锤； 3) 分别装上两侧端盖	(1) 振打锤与轴配合紧密，无松动； (2) 两侧端盖无松动现象
6	冲洗水管阀检修	(1) 检查各手动阀门开关灵活性及严密性； (2) 检查手动阀门丝杠、阀座、阀体、手轮有无损坏、破损现象； (3) 检查加固管道支架； (4) 阀门更换盘根	(1) 阀门开关灵活到位，各接合面无泄漏； (2) 管道畅通无堵塞，支架坚固； (3) 阀门损坏后应检修更换
7	试运	(1) 脱水仓进渣，检查放渣门开关性能与各接合面密封性能； (2) 清理检修现场，结束工作票	(1) 放渣门开关灵活到位； (2) 放渣门充气密封圈密封性能良好； (3) 检修现场整洁，设备标志铭牌齐全

(四) 浓缩机检修工艺及质量标准

浓缩机检修工艺及质量标准见表 18-5。

表 18-5　浓缩机检修工艺及质量标准

序号	检修项目	检修工艺	质量标准
1	高效浓缩仓、缓冲仓罐体检修	(1) 先放空高效浓缩仓、缓冲仓内的水，用消防水将池内冲洗干净，结块灰垢和较大杂物用人工清理； (2) 检查高效浓缩仓、缓冲仓的喷嘴是否堵塞； (3) 检查壳体内壁，有磨损、腐蚀的应做挖补处理； (4) 检查壳体的内支撑管、拉筋，磨损严重的应更换； (5) 检查高效板装置和溢流堰	(1) 内壁无磨损、腐蚀和渗漏； (2) 喷嘴内孔光滑，无结垢及异物，内孔直径磨损量应小于 2mm，否则更换； (3) 高效板装置和溢流堰牢固可靠，无孔洞和缝隙； (4) 溢流堰缺口水平偏差小于 2mm

续表

序号	检修项目	检修工艺	质量标准
2	行星摆线针轮减速器检修	(1) 减速器放油； (2) 拆卸电动机及联轴器； (3) 在减速箱体端盖接合面做标记； (4) 拆卸联轴器接头铜套连杆、本体接合面时均应做好标记，注意原始接合面纸垫厚度，回装时按原始垫厚和标记位置进行； (5) 沿轴取摆线轮同时记下端面字号相对另一摆线轮端面字号的相对位置； (6) 拆卸和回装间隔环时，注意防碰碎。检修偏心套上滚柱轴承时，应将轴承连同偏心套一起沿轴向拆卸和回装； (7) 清洗滚针、齿套、齿壳等部件时，检查间隙及磨损情况； (8) 检查各滚针； (9) 检查耐油橡胶密封环及其弹簧的松紧程度，回装的密封环应注满油脂； (10) 箱体内加规定的润滑油至规定油位； (11) 按常规检修轴承； (12) 回装输出轴，销轴插入摆线轮相应孔	(1) 滚动轴承不应有裂纹、重皮、斑痕、腐蚀、锈痕等缺陷； (2) O形密封圈应无破损及老化现象； (3) 销轴和销套无弯曲变形，磨损小于0.10mm； (4) 针齿销及针齿套无弯曲变形，磨损小于0.15mm； (5) 减速机运转平稳，无异声，各部位不漏油
3	灰耙装置检修	(1) 清除搅拌器灰耙上的灰渣并对其进行检查和调整； (2) 校正搅拌器灰耙上的支撑架及角钢	(1) 灰耙的各连接件不得有松脱、严重扭曲和变形的现象； (2) 灰耙装置转动灵活； (3) 调整灰耙中心与池中心一致，各耙角钢与池内壁保持70mm的间隙； (4) 保证每个耙臂的中心轴线相互垂直
4	蜗杆蜗轮检修	(1) 放掉润滑油，拆开蜗轮箱，清洗并检查蜗轮蜗杆的表面； (2) 旋转地退出蜗杆及蜗杆上的轴承，并检查	(1) 蜗轮蜗杆表面光滑，无裂纹、破损现象； (2) 蜗轮蜗杆的齿侧间隙为0.26mm。蜗轮齿面的接触斑点在轻微制动下（25%的额定负荷）沿齿高不小于55%，沿齿长不小于60%

五、煤粉炉湿式除渣系统的常见故障分析及解决方法

煤粉炉湿式除渣系统的常见故障分析及解决方法见表18-6。

表 18-6　煤粉炉湿式除渣系统的常见故障分析及解决方法

序号	故障现象	故障原因	处理方法
1	水平段积水	溢流管路堵塞	疏通溢流管路
2	张紧失效	（1）张紧滑块移至最大位置，行程开关报警； （2）过滤器堵塞报警，完全关闭管路上截止阀； （3）溢流阀压力值不正确；管路有严重渗漏缺陷；油缸密封件密封不好；蓄能器充气压力低； （4）未检查蓄能器充气压力	（1）截短链条（截取链环应为双数）； （2）清洗或更换滤油器滤芯； （3）校正溢流阀压力值；处理管路渗漏点；处理油缸密封件密封；检查蓄能器气囊氮气压力，若压力低要补充氮气； （4）定期检查蓄能器压力
3	刮板链条磨损严重	（1）运行速度过快； （2）链条张紧过度； （3）渣量超过设计出力； （4）刮板链条运行通道堵塞； （5）拖动轮齿磨损严重，造成爬齿现象，其他轮系不转动引起摩擦	（1）适度调低频率，降低链条速度； （2）降低张紧油压； （3）改变燃烧方式； （4）检查疏通通道； （5）更换拖动轮齿
4	断链条	（1）链条张紧过度； （2）槽体有异物，刮板链条运行通道堵塞； （3）链条磨损严重； （4）刮板脱落折断链条； （5）接链环损坏	（1）降低张紧油压； （2）清除异物，疏通； （3）更换部分或整条链条； （4）更换刮板； （5）更换接链环
5	链轮爬齿	（1）链条张紧过松； （2）齿沟有异物； （3）轮齿磨损严重	（1）提高张紧油压； （2）打开上盖清除； （3）更换链轮
6	析水管路不析水	（1）管路堵塞； （2）集水环管积渣	（1）用压力为 0.5～0.8MPa 冲洗水冲洗； （2）拆开清除灰渣
7	析水时间长	析水元件结垢	检修或更换
8	动力站不能启动	（1）电动机的主电压为零； （2）控制电压为零	（1）在供电网上查找原因； （2）检查动力站上的控制系统，如控制系统断路，则找出断路原因
9	动力站无流量输出	（1）无伺服压力； （2）液压泵与电动机之间的联轴器出现故障； （3）液压泵的旋转方向错误； （4）负载过重	（1）无控制电流输送到伺服油缸中，检查控制功能和电控电路板； （2）打开浮板腔上的检查孔进行检查； （3）检查旋转方向是否正确； （4）检查负载压力是否过高，导致液压泵输出压力急剧下降

续表

序号	故障现象	故障原因	处理方法
10	异常噪声	（1）吸油管未打开； （2）补油压力太低或者没有压力； （3）有空气渗入液压泵内； （4）油箱上的空气滤清器发生堵塞； （5）联轴器上的弹性元件磨损； （6）旋转方向错误	（1）打开吸油管阀； （2）检查背压是否正常； （3）检查吸油管到补油泵处是否有空气渗入。当听到泵中噪声发生变化时，通过向管接头处泼洒一些油液进行测试； （4）更换空气滤清器； （5）更换弹性元件； （6）使电动机的旋转方向正确
11	系统中没有压力	（1）动力站供油不足； （2）高压先导控制没有关闭； （3）液压泵上的附加阀件没有压力	（1）检查动力站，按相关步骤进行处理； （2）清洁并修复高压先导控制； （3）检查液压泵上的附加阀件
12	过度磨损	（1）油液黏度太低； （2）油液中有颗粒通过液压泵进入系统回路； （3）液压系统中有空气，液压泵出现吸空； （4）液压油中水的含量过高	（1）与油液推荐值相比较，选择合适的润滑油，检查油液温度和冷却回路； （2）检查过滤器，如有必要进行更换。按照滤芯更换表来检查滤芯是否更换； （3）找出并补救系统漏气点，清除系统中的空气； （4）检查液压油，更换液压油
13	油液温度过高	（1）冷却能力不足； （2）液压泵内部泄漏较大	（1）清洁风冷冷却器； （2）更换或修复液压泵

第三节　煤粉炉干式除渣系统设备

一、煤粉炉干式除渣系统概述

高温炉渣经渣井落入干式排渣机，小渣直接落入排渣机，大渣经预冷由液压破碎关断门破碎后落入排渣机，炉渣在排渣机向外输送过程中进行空气冷却，被加热的空气进入炉膛内燃烧，冷却后的炉渣碎渣机破碎后，直接排入渣仓（或经斗式提升机提升至渣仓）。渣仓底部设有两个出口：一个出口接双轴搅拌机，将干渣加水调湿后装车供综合利用或运至灰场堆放；另一个出口接散装机，干渣直接装车供综合利用。

二、煤粉炉干式除渣系统主要设备

干式除渣系统主要由渣井、关断门、干式排渣机（丝网钢带式、履带式或鳞斗式排渣机)、碎渣机、斗式提升机、液压系统、渣仓、脉冲除尘器、真空压力释放阀、双轴搅拌机、干灰散装机组成。煤粉炉干式排渣机是煤粉炉底渣处理的核心设备，用于对锅炉排出的热渣进行冷却和输送。干式排渣机系统结构形式及组成如图 18-4 所示。

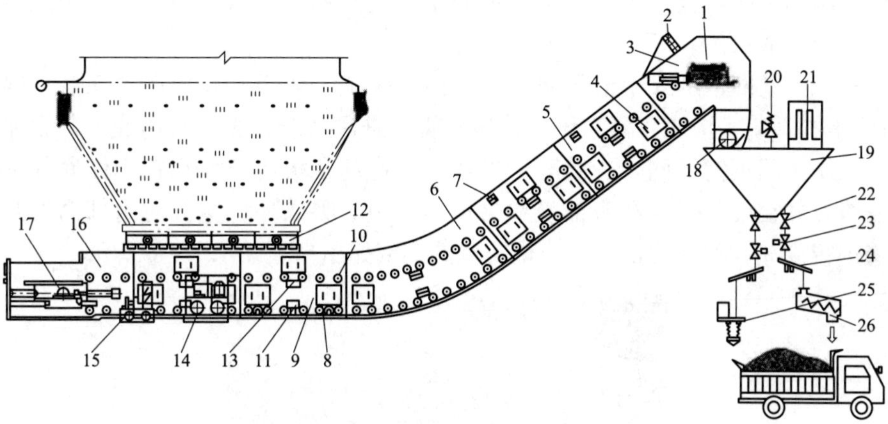

图 18-4　干式排渣机系统组成

1—头部驱动装置；2—头部风量调节门；3—头部槽体；4—支撑架；5—斜升段槽体；6—过渡段槽体；7—检视门；8—检修门；9—水平段槽体；10—承载托辊；11—水平段进风口；12—关断门；13—纠偏装置；14—关断门液压站；15—张紧液压油站；16—尾部槽体；17—尾轮；18—碎渣机；19—料位计；20—压力释放阀；21—布袋除尘器；22—手动插板门；23—气动插板门；24—给料机；25—干灰散装机；26—双轴搅拌机

（一）煤粉炉干式除渣系统的渣井

渣井位于锅炉下方，主要用于锅炉与干渣机之间的过渡连接。渣井包括机械密封和渣斗两部分。

（二）煤粉炉干式除渣系统的渣斗

渣斗是渣井的主体部分，位于锅炉下方与机械密封非金属伸缩节相连接。锅炉排渣口中心与渣斗排渣口中心重合。

渣斗设有检修人孔和捅渣口；正常运行时，严禁打开检修人孔。严禁未经过专业培训人员进行人工捅渣、破拱，在线操作应符合电厂和国家相关操作规范。

（三）煤粉炉干式除渣系统的液压关断门

液压关断门除了可以关闭落渣口以便检修外，还可以起到破碎大渣的作用，使落渣顺畅，并减小后部碎渣机的入口渣粒的直径。

（四）煤粉炉干式除渣系统的碎渣机

碎渣机是对锅炉排出的高温渣块（一般 100～400℃）进行机械破碎处理的设备。

（五）煤粉炉干式排渣机

煤粉炉干式排渣机主要分为丝网钢带式、履带式、鳞斗式三种类型。

1. 丝网钢带式干渣机

（1）丝网钢带式干渣机概述。丝网钢带式干渣机采用密闭网带式输送机，在炉渣输送过程中依靠炉膛负压自壳体头部及两侧吸入自然风对其冷却，冷却后热风全部进入炉膛，炉渣排入丝网钢带输送至渣仓，系统配自动清扫链清扫。

（2）丝网钢带式干渣机组成。丝网钢带式干渣机主要由驱动系统、输送/清扫系统、液压张紧系统、输送托辊、进风系统、壳体等组成。其中输送系统采用不锈钢网带、圆环链条传动，拖动刮板清扫堆积在壳体底部的灰渣。并在设备壳体和头部设置进风口，用于吸入环境空气对内部高温灰渣进行冷却。丝网钢带式干渣机及丝网钢带如图 18-5 和图 18-6 所示。

图 18-5　丝网钢带式干渣机

图 18-6　丝网钢带

（3）优缺点。输送网带依靠驱动辊的摩擦力驱动，传动平稳，磨损小，但过载易打滑；底部设置清扫系统可清除设备底部灰渣，但增加了一套自清扫系统，多了一个事故点，增加了功率消耗，不适合大倾角输送；网带上鳞板节距大，透风间隙多，冷却效果好，但漏灰量多，清扫系统负载大，磨损快；钢带承载输送采用简支轴支托，受力合理。输送钢带的网带和鳞板均采用耐热不锈钢制作，耐温性能好，但导热系数低，且不锈钢成本较高。

(4) 丝网钢带式干渣机检修标准项目。

丝网钢带式干渣机检修标准项目见表18-7。

表18-7　丝网钢带式干渣机检修标准项目

序号	检修标准项目	备　注
1	排渣机钢带检查更换	
2	清扫链检查更换	
3	排渣机、清扫链轴承座检查、加油	
4	排渣机、清扫链托辊、回程托辊及链轮检查更换	
5	碎渣机齿板检查更换，减速箱检查换油	
6	渣斗、渣仓检查修补	
7	渣井密封检查更换	

(5) 丝网钢带式干渣机检修工艺及质量标准。

1) 丝网钢带式干渣机检修工艺及质量标准见表18-8。

表18-8　丝网钢带式干渣机检修工艺及质量标准

序号	检修项目	检修工艺	质量标准
1	积灰积渣清理	在停运排渣机之前，将排渣机内的灰渣排尽	
2	检查轴承	(1)检查轴承的滚动体间隙和外圈间隙，应与规定相符； (2)检查轴承的质量，应光滑平整，无裂纹、毛刺、砂眼、缩孔、损伤等缺陷； (3)检查轴承与轴的装配情况，轴承内环应紧靠轴肩，无松动； (4)检查轴承箱壳体质量，壳体应无裂纹，法兰结合面应平整密合，无沟槽及伤痕，在自由状态下用0.05mm的塞尺塞不进； (5)在轴承盖上加适当厚度垫片，箱体结合面涂密封胶，紧固轴承盖螺栓应紧固	
3	导向轮检修	(1)拆除各接头和导向轮与机体固定螺栓，将导向轮搬运到检修场地； (2)检查导向轮工作面磨损情况，磨损严重则进行堆焊加工处理； (3)拆除导向轮上的闷盖和内六角螺栓，将闷盖和轮套去除，检查轴承是否有锈垢，转动是否灵活，磨损是否超标，并进行清洗或更换；检查更换O形圈、Y形圈，装复时，轴承加入润滑脂，导向轮手动灵活，无卡阻现象	

续表

序号	检修项目	检修工艺	质量标准
4	输送钢带检修	(1)检查钢带磨损情况，工作面磨损超过15%，可与非工作面调换，两面都磨损超过15%，应更换钢带； (2)检查测量钢带磨损拉长情况； (3)更换新钢带时，必须进行大约每10m为一段拉长测量，使两侧对应长度误差不应超过5mm； (4)钢带更换时，将钢带从接头上取出，在排渣机头安装起吊设备，将钢带吊出； (5)检查钢带松紧度	(1)新钢带的张紧检查时间间隔第一周为1次/每天，第一个月2次/每周，以后1次/2周； (2)新钢带螺栓螺母的松紧程度检查，时间间隔为一开始为1次/周，然后1次/月，以后1次/3个月检查
5	机体检查	(1)检查护板有无松动、变形； (2)检查导向轮处机体有无变形，若有可进行校正和加固； (3)清理积垢、积渣，使之畅通； (4)检查手孔门盖有无变形，螺栓齐全，并加盘根进行封闭	
6	减速箱解体	(1)打开减速箱的放油孔闷头，将箱体内的润滑油放尽并检查油质，润滑油变色等应予以更换； (2)拆卸连接螺栓，把针齿壳与机体分开，用煤油清洗并检查轴承、摆线齿轮、间隙环、偏心套、针齿套、销轴、销套等	(1)销轴、销套无弯曲变形，磨损小于0.10mm； (2)摆线齿轮无裂纹，磨损小于0.15mm； (3)针齿套无弯曲变形，磨损小于0.15mm
7	减速机组装	(1)按摆线齿轮端面标记组装； (2)输出轴和销轴放入摆线齿轮相应孔时要注意间隙环的位置，用销套定位； (3)减速箱组装结束后加油到正常油位，盘车检查	(1)运转平稳，无异常声音； (2)各部位不漏油
8	电动机找正、排渣机试转	(1)将电动机与减速机吊装就位； (2)用拉线法或钢直尺测量两联轴器在同一个平面； (3)测量两对轮齿顶和齿侧间隙； (4)安装防护罩； (5)联系送电，试转排渣机，对排渣机进行整体检查； (6)检查钢带与槽体两侧有无磨损，钢带松紧度合适，必要时，用张紧装置调整钢带松紧，检查钢带是否连接牢固； (7)对于新换的钢带，空载运转12h后，再次检查钢带	(1)轴向误差不超过0.1mm； (2)对轮端面误差不超过0.1mm； (3)排渣机整体运转平稳，无异常声响

2）丝网钢带式干渣机的碎渣机检修工艺及质量标准见表 18-9。

表 18-9　丝网钢带式干渣机的碎渣机检修工艺及质量标准

序号	检修项目	检修工艺	质量标准
1	碎渣机解体	(1)切断电动机电源； (2)拆除罩壳上螺栓，取下罩壳，然后将联轴器连接螺栓拆除； (3)拆除机壳与渣斗底部的连接后，从渣斗底部拖出碎渣机； (4)检查齿辊及颚板； (5)检查轴承、轴承座； (6)箱体检查补焊； (7)调整齿辊及颚板的间隙	(1)轴晃动值小于 0.04mm； (2)齿高磨损小于 10mm，磨损严重时应更换
2	减速箱解体	(1)打开减速箱的放油螺塞，将箱体内的润滑油放尽并检查油质，润滑油变色应予以更换； (2)拆卸连接螺栓，把针齿壳与机体分开，用煤油清洗并检查轴承、摆线齿轮、间隙环、偏心套、、针齿套、销轴、销套等	(1)销轴、销套无弯曲变形，磨损小于 0.10mm； (2)摆线齿轮无裂纹，磨损小于 0.15mm； (3)针齿套无弯曲变形，磨损小于 0.15mm
3	减速机组装	(1)按摆线齿轮端面标记组装； (2)输出轴和销轴放入摆线齿轮相应孔时要注意间隙环的位置，用销套定位； (3)减速箱组装结束后加油到正常油位，盘车检查	(1)运转平稳，无异常声音； (2)各部位不漏油
4	碎渣机组装	(1)清理安装台板； (2)准备找中心工具和垫子	联轴器中心偏差应小于 0.10mm
5	试运	试运时间 4h	(1)运行平稳，无杂声； (2)轴承不发热； (3)无漏油

2. 履带式干渣机

(1) 履带式干渣机概述。履带式干渣机适用于常规燃煤锅炉底渣的连续输送，其设备是采用圆环链传动。采用圆环链传动，叠加履带板为载体，密闭式底部吸入自然空气进行冷却，冷却后的热风也全部进入炉膛。履带式干渣机其核心输送带由两条高强度圆环链和一组履带板组成，圆环链其抗拉强度根据不同性能等级数值有差别。圆环链年拉伸率（包括拉长和磨损）为 1%～2.3%，双链条偏差为 25～100mm，由于履带为连续布置，当双链条偏差接近半个链环时需及时对链条进行对调或者更换，否则会引起履带板变形，甚至引起设备卡阻现象。

（2）履带式干渣机组成。履带式干渣机主要由驱动系统、输送/清扫系统、液压张紧系统、进风系统、壳体等组成。输送带由两条高强度圆环链和一组履带板组成。

（3）履带式干渣机优缺点。履带干渣机采用自清扫输送带，适合大倾角输送（抬升段清扫方向和灰渣流动方向相同），降低了成本和设备高度，但底部有残留，干渣机尾部易堆积灰渣，会造成一定污染。由于采用圆环链传动，传动力大大提高，无打滑问题，且圆环链制造工艺简单成本低，但圆环链线接触形式易磨损，双链同步性差，输送系统寿命较低；采用链传动输送倾角增大，输送距离增长，大倾角输送履带板易变形产生故障，最大输送角度是40°。履带板采用耐热钢，导热系数高，节距小，漏灰量少，但缺点是冷却效果较差。

（4）履带式干渣机检修标准项目。

履带式干渣机检修标准项目见表18-10。

表18-10 履带式干渣机检修标准项目

序号	检修标准项目	备 注
1	机械密封检修	
2	渣井检修	
3	关断门及其油站检修	
4	张紧油站检修	
5	干式排渣机检修	
6	碎渣机检修	
7	渣仓检修	
8	加湿搅拌机检修	
9	干灰散装机检修	

（5）履带式干渣机检修工艺及质量标准。

履带式干渣机检修工艺及质量标准见表18-11。

表18-11 履带式干渣机检修工艺及质量标准

序号	检修项目	检修工艺	质量标准
1	安装机械密封	（1）机械密封由6个部分拼接而成。首先搭设脚手架，把6块机械密封件分别悬吊布置在锅炉冷灰斗下集箱下方。 （2）在下集箱下方的连接板内焊接上螺母。 （3）所有螺母焊接完成，接着连接螺栓，使6块机械密封都固定在下集箱的连接板上。 （4）机械密封内连接部分的铁板用焊条满焊。 （5）6块机械密封连接部分的蒙皮拼接先用胶水粘接，然后用针线把连接部分蒙皮缝上。最后用针线把不锈钢丝网缝上	焊接时要避免焊渣飞溅到螺母内螺纹上

续表

序号	检修项目	检修工艺	质量标准
2	检查机械密封	（1）检查蒙皮和不锈钢丝网有无破损，若蒙皮轻微破损，拼接破损的蒙皮先用专用胶水粘接，然后用针线把连接部分缝合，若不锈钢丝网破损，用针线或者细铁丝把连接部分缝合。 （2）检查机械密封膨胀有无受阻。 （3）检查挡灰板有无变形、断裂、脱落等，若挡灰板有变形，需要校正变形挡灰板，若挡灰板断裂、脱落，需要焊接相同厚度的不锈钢板。焊接后挡灰板应不影响机械密封膨胀。 （4）检查隔热保温层有无烧损和积灰	若机械密封膨胀受阻，查明机械密封膨胀受阻的原因并处理
3	检查渣井	（1）检查观察窗玻璃有无裂纹、破碎，若摄像头观察窗玻璃有裂纹，裂纹用502胶水等透明颜色胶水修补，勿用带有颜色的胶水，例如1587密封胶，若摄像头观察窗玻璃破碎，应更换新玻璃。 （2）检查每个渣井四周边角的焊缝、渣井支撑座和支架的焊缝有无出现开裂、漏焊。 （3）检查渣井内浇注料有无脱落、浇注料被冲刷有凹坑漏出抓钉，筑注脱落需要修复。渣井内浇注料按图纸要求进行处理。 （4）检查渣井上方机械密封和渣井内部有无脚手架管、铁板、脚手架扣件、铁丝、大焦块等杂物；脚手架扣件、铁丝等杂物清理出渣井	若发现焊缝开裂、漏焊需要用J507焊条补焊。焊接工艺符合DL/T 868—2014《焊接工艺评定规程》要求

续表

序号	检修项目	检修工艺	质量标准
4	检查关断门及其油站	(1) 检查关断门入口金属膨胀节有无破损，金属膨胀节上盘根有无缺失。 (2) 检查关断门挤压头浇注料有无脱落、被冲刷成凹坑，浇注料脱落需要修复。 (3) 检查关断门轨道上有无杂物。 (4) 检查关断门格栅板焊接有无开裂、漏焊；若关断门格栅板焊接开裂、漏焊需要用J507焊条补焊；格栅板上有无大焦块和挂有铁丝等异物需要清理。 (5) 检查关断门油缸支架螺栓有无松动。若关断门油缸支架螺栓松动要紧固螺栓，检查关断门铰座插销有无缺少。 (6) 检查关断门油站、油缸及油管路有无漏油、渗油情况并处理，管路有无变形。 (7) 通知化验人员对油站取油样化验，根据化验结果再确定是否需要滤油，或更换新油。 (8) 检查回油过滤器上压力表，差压大时应更换回油滤芯。 (9) 检查关断门开关是否卡涩，是否全开、全关到位；检查渣井内部是否有大焦块影响关断门打开或者关闭；做好防护措施后插焦，清除影响关断门打开或者关闭的焦块；联系运行人员操作打开或者关闭关断门，检查关断门油缸上电磁阀信号灯有无亮红灯；若关断门油缸上电磁阀红灯不亮，联系热控人员检查电磁阀接线；若关断门油缸上电磁阀有亮红灯，打开关断门上盖板，检查关断门轨道是否卡有异物；注意：从观察窗看到关断门全开状态并露出挤压头；关断门全关状态挤压头合拢，有部分关断门的挤压头合拢后间距有3～5cm也属于正常全关。 (10) 检查关断门与水平段壳体上部的密封板有无变形，密封板间隙塞的保温棉有无缺失	(1) 若关断门入口金属膨胀节破损需要用氩弧焊补焊，焊丝选用316不锈钢焊丝；若关断门入口金属膨胀节上盘根缺失，要重新安装盘根并紧固金属膨胀节螺栓。 (2) 关断门挤压头浇注料按图纸要求施工。 (3) 关断门轨道上若有杂物需要清理。 (4) 关断门格栅板焊缝焊接工艺符合DL/T 868—2014《焊接工艺评定规程》要求。 (5) 若关断门铰座插销缺少，应安装新插销。 (6) 关断门正常无漏油现象。 (7) 更换新油前要对油站清理，油质标准如下。外观：透明；无机械杂质；颗粒度（NAS）≤8级；水分≤100mg/L；黏度(40℃)≤(41.4～50.6)mm^2/s。 (8) 回油过滤器正常，无压差。 (9) 若密封板间隙塞的保温棉缺失，要重新塞入保温棉
5	检查张紧油站	(1) 检查张紧油站、油缸及油管路有无漏油、渗油情况并处理。 (2) 检查蓄能器皮囊压力有无泄漏、蓄能器内氮气压力是否充足；蓄能器内氮气压力低于3.5MPa，用专用工具充氮气压力至3.5MPa。 (3) 通知化验人员对油站取油样化验，根据化验结果再来确定需要滤油，还是更换新油。 (4) 查看回油过滤器上压力表，差压大时更换回油滤芯	(1) 张紧油站无渗、漏油现象。 (2) 蓄能器皮囊压力有无泄漏，压力正常。 (3) 更换新油前要对油站清理。油质标准如下。外观：透明；无机械杂质；颗粒度（NAS）≤8级；水分≤100mg/L)；黏度（40℃）≤(41.4～50.6)mm^2/s

续表

序号	检修项目	检修工艺	质量标准
6	检查和更换干式排渣机托辊	（1）联系运行人员启动干渣机运行，检修人员检查托辊轴承卡涩不转动、托辊转动阻力大、托辊转动发出声音，并做好记录。 （2）托辊更换，干渣机停运时，拆除托辊与干渣机壳体间法兰螺母，将托辊从干渣机壳体取下托辊，装入新托辊后紧固法兰螺母，换下来的托辊组件应予以及时修复，以备下次更换使用。 （3）旧托辊更换轴承，拆除托辊轴承座的密封压盖螺栓，取下密封压盖。检查托辊内部油脂有无进灰。拆除托辊辊轴上卡簧。提起托辊，辊轮朝上轴承朝下，用铜棒等物体顶住托辊辊轴，轻敲托辊法兰面便能分离托辊辊轴。拆除托辊轴承。拆除托辊轴上卡簧，用拉马拉出辊轮	（1）托辊轴承卡涩不转动、托辊转动阻力大、托辊转动发出声音需要更换轴承，辊轮形状呈椭圆或磨平、托辊辊轮磨损大于辊轮直径的1/3需要更换辊轮。 （2）新托辊应该加满二硫化钼润滑脂，安装完成后托辊与槽体紧密贴合且托辊转动灵活。 （3）更换托辊轴承后，重新添加二硫化钼润滑脂，回装托辊；轴承转动无卡涩，轴承保持架完好，滚珠没有缺少；安装完成后用手能够轻松转动辊轮
7	检查和更换干式排渣机侧辊	（1）检查侧辊有无缺少顶丝和螺栓断裂，若顶丝缺少需要安装新顶丝。 （2）打开干渣机检修门侧门，检查侧辊转动是否灵活，检查侧辊内有无积灰，若有积灰，要拆除侧辊清除积灰。 （3）逐个检查侧辊的辊轮面有无磨损，若辊轮面磨损严重出现较深凹槽或辊轮面磨损至平面，需要更换侧辊。 （4）侧隙调整通过侧辊调整来实现，调整侧辊和干渣机链条间隙前，需要检查干渣机链板两侧接手有无拔出链板情况。 （5）若两侧接手有无拔出链板情况，调整侧辊辊轮面到链条间隙3～5mm。 （6）若两侧接手有拔出链板情况，调整侧辊辊轮面和链条间隙时需要考虑接手拔出链板的长度。 （7）调整侧辊和链条间隙后，需要运行中不断观察，保证间距合适	（1）若螺栓断裂需要重新焊接螺栓。 （2）用手转动侧辊，侧辊转动灵活无卡涩。 （3）辊轮磨损超过原直径1/3需要更换新侧辊。若磨损为一道槽可用J507焊条修补。 （4）侧隙调整参考值为：允许同一链板上两侧接手拔出的间隙之和为5～6mm；两侧接手端面与壳体内侧的间隙≥35mm。 （5）侧辊调整后，干渣机链条中心距离干渣机壳体标准距离为85mm，可以略微调小1～2mm，绝对不能调大，要保证链条与纠偏装置留有间隙，不能调整到没有间隙
8	检查和更换干式排渣机的链板、接手	（1）链板和接手检查，打开干渣机尾部壳体两侧检修门和尾部检修门。给链板标记起始位置。联系运行人员启动干渣机，运行调整到8Hz，运行一圈。运行中检查链板翼板、链板有无变形，检查接手有无卡涩和磨损。	（1）发现有变形的链板和接手立即停运干渣机，链板和接手变形校正或更换后继续运行干渣机。

续表

序号	检修项目	检修工艺	质量标准
8	检查和更换干式排渣机的链板、接手	(2) 链板和接手更换，打开干渣机尾部壳体两侧检修门，联系运行人员启动干渣机，把需要更换链板或接手的部位运行到干渣机尾部壳体两侧检修门处，链板安装，每安装3块普通链板后，安装1块清灰链板。链板出现变形需要校正，变形严重时需要更换链板。 (3) 调整干渣机尾部机械张紧装置两侧丝杆的螺母与槽体间距离，不能影响油缸收回。 (4) 拆开挂在接手上的链条。取出插在链板两侧的接手1和接手2。重新更换新接手并把链条挂回接手上。 (5) 联系运行人员操作，使张紧油缸伸出，干渣机链条、链板呈张紧状态	(2) 链板磨损超过厚度的1/2时需要更换，链板出现焊缝开焊、链板断裂等情况需要更换。 (3) 联系运行人员操作，使得张紧油缸收回至零点，干渣机链条、链板呈松弛状态。 (4) 接手有两种型号，即接手1和接手2，安装时同一链板的左右两侧接手1和接手2，同一链条上相邻链板交错使用接手1和接手2。 (5) 检查挂在同一链板的左右两侧接手上的链条没有错位，两侧链条理顺没有扭结
9	截短干式排渣机链条	(1) 链条磨损超过原直径的1/3需要更换。 (2) 拆除干渣机尾部壳体两侧检修人孔门，打开检修人孔门；接链环运行到检修人孔门口。联系运行人员启动干渣机（频率5～8Hz），接链环运行至检修人孔门口时停运干渣机。 (3) 调整干渣机尾部两侧螺杆的螺母与槽体间距离，不能影响张紧油缸收回。然后联系运行人员操作张紧油站，点击“回归零点”使得张紧油缸收回，干渣机链条和链板呈松弛状态。 (4) 拆开接链环：首先固定接链环，然后敲击接链环张紧销钉。 (5) 链条截短：干渣机两侧链条都要拆开接链环，然后按要求切除链环个数。 (6) 从干渣机尾部壳体两侧检修门抬出链板。 (7) 安装接链环：用两个葫芦分别连接干渣机两侧链条。拉动倒链使链板合拢，用接链环对接链条然后松开倒链，注意：链板安装是后一块叠靠在前一块上。 (8) 安装接手1和接手2，并把链条挂回接手。接手有两种型号即接手1和接手2，安装时同一链板的左右两侧分别使用接手1和接手2，同一链条上相邻链板交错使用接手1和接手2，特殊情况：当链板出现单数时，最后连接的链板所使用的接手会和相邻的接手出现前后重复的现象，这种情况不会影响设备的稳定运行。 (9) 链条张紧：检查干渣机尾部链轮和链条啮合是否正常。若链轮和链条啮合不正常，链轮和链条有脱开情况，链轮和链条需要校正到啮合正常情况。若链轮和链条啮合正常，联系运行人员操作张紧油站点击“自动启动”使得张紧油缸伸出，干渣机链条、链板呈张紧状态。	(1) 接链环磨损大且柱销磨损到原直径的1/3需要更换。 (2) 拆除接链环销钉有方向要求。 (3) 干渣机两侧链条需要同步拆除相同链环个数。

续表

序号	检修项目	检修工艺	质量标准
9	截短干式排渣机链条	（10）检查挂在同一链板的左右两侧接手上的链环是否错位，两侧链条是否捋顺没有扭结，检查干渣机链条张紧后油缸行程小于约450mm，一般干渣机链条张紧后油缸杆行程200～350mm位置比较合适，否则继续链条截短。 （11）工作完成后检查携带检修工器具有无遗漏，封闭检修人孔门。张紧油站处于自动运行状态，调整干渣机两侧丝杆的螺母与槽体间距离20～30mm。 （12）启动干渣机（频率5～8Hz）运行1h，检查液压缸张紧后行程是否小于450mm，并适当根据运行情况调整干渣机张紧油缸张紧力	（4）安装接链环销钉有方向，张紧销钉要砸平，链条连接使用对应规格的接链环。 （5）单根链条每次拆除链环个数需为4的整数倍，最少拆除链环个数为4个。 （6）干渣机链条每拆除4个链环，相应拆除1块链板
10	更换干式排渣机头部链轮	（1）拆除干渣机链板：拆除干渣机尾部壳体两侧检修人孔门，打开检修人孔门。 （2）联系运行人员启动干渣机（频率5～8Hz），接链环运行至检修人孔门口时停运干渣机。 （3）调整干渣机尾部两侧丝杆的螺母与槽体间距离，不能影响张紧油缸收回，然后联系运行人员操作张紧油站，点击“回归零点”使得张紧油缸收回，干渣机链条和链板呈松弛状态。 （4）拆开接链环：首先固定接链环，然后敲击接链环张紧销钉，注意：拆除接链环销钉有方向。 （5）从干渣机尾部壳体两侧检修人孔门抬出链板和接手。 （6）接链环对接链条；注意：接链环销钉安装有方向，张紧销钉要砸平。 （7）链条张紧：检查干渣机尾部链轮和链条啮合是否正常，若链轮和链条啮合不正常，链轮和链条有脱开情况，链轮和链条需要校正到啮合正常，若链轮和链条啮合正常，联系运行人员操作张紧油站点击“自动启动”使得张紧油缸伸出，干渣机链条、链板呈张紧状态。 （8）联系运行人员启动干渣机（频率5～8Hz），此处接链环运行到尾部链轮时停运干渣机。 （9）拆装尾部链轮轮齿：调整干渣机尾部两侧丝杆的螺母与槽体间距离，不能影响张紧油缸收回，然后联系运行人员操作张紧油站，点击“回归零点”使得张紧油缸收回，干渣机链条和链板呈松弛状态。 （10）拆开接链环：首先固定接链环，然后敲击接链环张紧销钉。 （11）松开尾部链轮轮齿固定螺栓，取下旧轮齿，注意旧轮齿上凸起点和凹槽位置。 （12）安装新链轮轮齿和螺栓。按照旧轮齿上凸起点和凹槽位置回装链轮轮齿。 （13）接链环连接链条，检查两侧链条是否理顺，干渣机尾部链轮和链条啮合是否正常。	

续表

序号	检修项目	检修工艺	质量标准
10	更换干式排渣机头部链轮	（14）回装干渣机链板，联系运行人员启动干渣机（频率5～8Hz），接链环运行到检修人孔门口时停运干渣机。 （15）调整干渣机尾部两侧丝杆的螺母与槽体间距离，不能影响张紧油缸收回。然后联系运行人员操作张紧油站，点击“回归零点”使得张紧油缸收回，干渣机链条和链板呈松弛状态。 （16）每3块普通链板安装1块清灰链板，注意：链板安装是后一块叠靠在前一块上。 （17）安装接手1和接手2，并把链条挂回接手，接手有两种型号，即接手1和接手2，安装时同一链板的左右两侧分别使用接手1和接手2，同一链条上相邻链板交错使用接手1和接手2；特殊情况：当链板出现单数时，最后连接的链板所使用的接手会和相邻的接手出现前后重复的现象，这种情况不会影响设备的稳定运行。 （18）安装接链环：用两个倒链分别连接干渣机两侧链条。拉动倒链使链板合拢，用接链环对接链条然后松开倒链；注意：链板安装是后一块叠靠在前一块上。安装接链环销钉有方向，张紧销钉要砸平。链条连接使用对应规格的接链环。 （19）链条张紧：检查干渣机尾部链轮和链条啮合是否正常。若链轮和链条啮合不正常，链轮和链条有脱开情况，链轮和链条需要校正到啮合正常。若链轮和链条啮合正常，联系运行人员操作张紧油站点击“自动启动”使得张紧油缸伸出，干渣机链条、链板呈张紧状态。 （20）检查挂在同一链板的左右两侧接手上的链环是否错位，两侧链条是否捋顺没有扭结，检查干渣机链条张紧后油缸行程小于约450mm，一般干渣机链条张紧后油缸杆行程200～350mm位置比较合适，否则继续链条截短。 （21）工作完成后检查携带检修工器具有无遗漏，封闭检修人孔门。张紧油站自动运行状态，调整干渣机两侧丝杆的螺母与槽体间距离20～30mm。 （22）启动干渣机（频率5～8Hz）运行1h，检查液压缸张紧后行程是否小于450mm，并适当根据运行情况调整干渣机张紧油缸张紧力上限	

续表

序号	检修项目	检修工艺	质量标准
11	干式排渣机内部检查	（1）壳体内部托梁检查：检查内部托梁磨损情况，托梁磨损呈较浅凹槽时，凹槽用J507 焊条补焊。焊接后打磨光滑、平整，平面高度误差≤±1mm。较深凹槽不能用补焊方法修复，更换一段相同大小工字钢，更换后焊接处打磨光滑、平整，平面高度误差≤±1mm。 （2）检查所有壳体裙板（含上层检查门裙板），若裙板有无刮卡链板，要校正裙板。裙板对接处最大允许错位误差≤1mm。每件壳体间裙板焊缝打磨平整，防止链板刮卡	
12	检查碎渣机	（1）检查碎渣机入口膨胀节有无破损。 （2）拆除碎渣机传动链防护罩，检查碎渣机链条松紧度、链条是否过长，调整碎渣机减速机位置，调整链条松紧，若调整碎渣机减速机位置后，链条过长需要截短链条，检查链条、链轮磨损情况。 （3）安装碎渣机链条，调整碎渣机减速机位置，把两个半联轴器端面油脂和灰尘擦干净，拉一条细绳经过两个半联轴器端面，观察细绳是否与两个端面完全重合，若半联轴器端面不在同一平面则调整减速机位置，保证减速机侧半联轴器端面与碎渣机侧齿轮端面在同一平面上，安装后链条松紧合适，往下压或者向上挑链条中间部位，链条上下跳动幅度不大。 （4）检查碎渣机台板移动轮在轨道上的限位螺栓有无松动。 （5）检查碎渣机出口密封橡胶垫有无缺损。若碎渣机出口密封橡胶垫缺少需要重新安装橡胶垫。 （6）进入碎渣机内部前再次检查碎渣机电动机电源，确定电源已经停电，在碎渣机内部工作注意工器具等物品勿掉落到渣仓；测量碎渣机内部鄂板、辊齿板磨损情况（测量齿高度），磨损超过原长度的 1/2 需要更换；检查碎渣机辊齿板、鄂板有无破损；检查辊齿板固定螺栓有无缺失、脱焊，固定齿板、鄂板、护板螺栓有无松动等；检查辊筒螺栓有无缺失、脱焊，鄂板螺栓有无松动；封闭人孔门前检查碎渣机内部无遗留工器具，人孔门上安装盘根防止运行中漏灰。 （7）碎渣机减速机更换 SP320 极压工业齿轮油；链条表面薄薄刷一层二硫化钼；碎渣机轴承座加二硫化钼润滑脂，直到润滑脂从轴承座溢出	

续表

序号	检修项目	检修工艺	质量标准
13	更换碎渣机辊齿板和鄂板	(1) 打开碎渣机人孔门，碎渣机内部灰渣清理干净；拆除碎渣机入口膨胀节螺栓；松开碎渣机底部移动轮的限位螺栓。 (2) 系好安全带和防坠器；碎渣机整体移出膨胀节入口；做好隔离措施（例如在渣仓入口铺设木板），防止工器具、人员等掉入渣仓。 (3) 拆除碎渣机辊齿板固定螺栓，并取出辊齿板。固定螺栓的螺母点焊在辊齿板上，需要把点焊处割开；解开碎渣机链条，手能够盘动碎渣机辊齿；或者拆开碎渣机电动机冷却风扇护罩，转动碎渣机电动机冷却风扇叶片使得碎渣机辊齿能够盘动。 (4) 拆除碎渣机固定齿板螺栓，取出固定齿板；拆除碎渣机鄂板螺栓，取出鄂板。 (5) 回装碎渣机鄂板和螺栓；回装碎渣机固定齿板和螺栓。 (6) 安装碎渣机辊齿板，辊齿与鄂板间隙安装均匀。在辊齿板固定螺栓的螺栓上点焊，防止螺栓松脱；盘动碎渣机辊齿，辊齿转动顺畅无卡涩；回装碎渣机链条和碎渣机电动机冷却风扇护罩。 (7) 系好安全带和防坠器；把碎渣机整体移入膨胀节下方；回装碎渣机入口膨胀节螺栓；紧固碎渣机底部移动轮限位螺栓	
14	检查布袋除尘器	(1) 检查布袋有无破损，若布袋破损，需要更换布袋。 (2) 检查压缩空气管道有无漏气	
15	检查渣仓	(1) 渣仓内积灰放空后，检查渣仓内有无积灰、积渣；检查有无漏水进入渣仓。 (2) 测量渣仓下料管壁厚	(1) 检查渣仓有无漏灰。 (2) 检查渣仓下料管焊缝磨损漏灰情况
16	检查给料机	(1) 打开加湿搅拌机入口给料机检查孔，检查给料机内部是否残留灰渣；若残留灰渣，通知运行人员把加湿搅拌机入口给料机和加湿搅拌机内灰渣排空。 (2) 确认加湿搅拌机入口给料机电动机电源已经断电，拆除给料机护罩和链条。 (3) 解体检查给料机轴承；用记号笔做记号，拆开给料机驱动侧和从动侧轴承端盖，拆除轴承；用肉眼观察滚动轴承，内外滚道应没有严重磨损痕迹；所有滚动体	给料机空载试运大约 1h，转动正常且没有异声为试运行正常

续表

序号	检修项目	检修工艺	质量标准
16	检查给料机	表面应无斑点、裂纹和剥皮现象；保持架不松散、无破损、未磨穿，与滚动体间隙不过大；润滑油若有杂质、太脏需要更换油脂。 （4）检查刮板；用记号笔做记号，拆开给料机驱动侧和从动侧端盖，检查给料机刮板与壳体有无摩擦痕迹；校正给料机变形的刮板，使给料机刮板转动与壳体无碰磨。 按照做好记号回装给料机驱动端盖和从动端盖；回装完成后打开给料机检查孔，正常情况解开给料机链条单手往里推或者往外拉能够推拉动刮板；若用力推拉刮板，刮板不能动，则要重新安装给料机驱动端盖和从动端盖。 （5）回装链条；保证电动机齿轮端面与给料机齿轮端面在同一平面上；把两个齿轮端面油脂和灰尘擦干净，拉一条经过两个齿轮端面的细绳，观察细线是否与两个端面重合；若两端面不在同一平面则调整电动机地脚螺栓；安装后链条松紧合适；往下压或者向上挑链条中间部位，链条上下跳动幅度不大。 （6）试运加湿搅拌机入口给料机；运行人员点动启动给料机，若给料机启动瞬间没有跳闸或没有异声则可以启动给料机空载试运；若给料机启动瞬间跳闸或有异响，需要重新检查问题	给料机空载试运大约 1h，转动正常且没有异声为试运行正常
17	检查加湿搅拌机	（1）检查加湿搅拌机入口手动插板门开启和关闭有无卡涩。 （2）检查加湿搅拌机入口气动插板门开启和关闭有无卡涩；气动插板门盘根处有无漏灰渣。 （3）检查加湿搅拌机的给料机有无堵料，给料机轴承座盘根处有无漏灰渣。 （4）检查搅拌机有无漏灰；尝试拧紧盘根压盖螺栓，若仍漏灰需要更换盘根。 （5）检查加湿搅拌机喷淋管喷头有无堵塞，喷雾正常；清理喷嘴周围附着灰块。 （6）检查加湿搅拌机内有无异物；检查加湿搅拌机搅刀磨损情况，磨损严重时更换搅刀。	（1）插板门盘根处有无漏灰渣。 （2）检查给料机内部刮板有无变形，若刮板变形需要校正

续表

序号	检修项目	检修工艺	质量标准
17	检查加湿搅拌机	(7) 检查搅拌机叶片螺栓有无松动；用梅花扳手拧紧螺栓，必要时在螺母与螺栓上点焊防止螺栓脱落；注意：人站在搅拌机内部行走需要注意脚下叶片，切勿绊倒；磨损的搅刀边缘很锋利，工作中必须戴劳保手套防止割伤。 (8) 拆除搅拌机从动齿轮护罩，查看齿轮有无损坏和齿轮磨损情况；回装护罩前在齿轮上添加二硫化钼润滑脂，润滑脂需要完全覆盖齿轮表面。 (9) 复查电动机齿轮端面与搅拌机齿轮端面在同一平面上；把两个齿轮半联轴器端面油脂和灰尘擦干净，拉一条经过两个齿轮半联轴器端面的细绳，多次在两个齿轮半联轴器端面测量，观察细线是否与两个半联轴器端面重合；若两端面不在同一平面则调整电动机地脚螺栓。 (10) 拆开搅拌机链条护罩，解开链条接链环扣；把链条放到橡胶板上检查，避免链条上油脂污染地面；检查并记录链条、链条销轴等磨损情况；链条安装后松紧合适；往下压或者向上挑链条中间部位，链条上下跳动幅度不大	(1) 插板门盘根处有无漏灰渣。 (2) 检查给料机内部刮板有无变形，若刮板变形需要校正
18	更换加湿搅拌机搅刀	(1) 松开渣仓加湿搅拌机上盖螺栓；用铜棒敲击上盖和搅拌机壳体接触位置，敲开一道缝后接着用撬棍撬开；吊起搅拌机上盖。 (2) 拆开搅拌机内部喷淋管道；清理搅拌机内部灰渣，使灰渣不影响后续更换搅刀工作。 (3) 拆除旧搅刀螺栓并更换新搅刀；注意：人站在搅拌机内部行走需要注意脚下叶片，切勿绊倒；旧搅刀磨损严重，边缘很锋利，工作中必须戴劳保手套防止割伤。 (4) 拆除搅拌机电动机风扇护罩，按电动机转动方向转动电动机风扇叶片盘车；盘车使得需要更换的搅刀转动到轴最上面；完成更换一排搅刀后继续转动电动机风扇，更换下一排搅刀。 (5) 搅刀更换完成后，在每个螺栓上点焊防止松动；回装搅拌机电动机风扇护罩；回装搅拌机内部喷淋管道；清理喷淋喷嘴周围附着灰块；检查搅拌机内部有无检修工具、铁块等杂物，若有杂物需要清除；回装搅拌机上盖	

续表

序号	检修项目	检修工艺	质量标准
19	检查干灰散装机	（1）检查散装机入口手动插板门开启和关闭有无卡涩。 （2）检查散装机入口气动插板门开启和关闭有无卡涩。 （3）检查散装机的给料机有无堵料，给料机轴承座盘根处有无漏灰渣。 （4）检查前置除尘器布袋，若布袋破损需要更换。 （5）定期加油脂润滑；散装机入口手动插板门和气动插板门螺杆加润滑脂；散装机的给料机链条刷润滑脂，给料机减速机加油；散装机钢丝绳加油脂	（1）插板门盘根处有无漏灰渣。 （2）气动插板门盘根处有无漏灰渣。 （3）检查前置除尘器压缩空气管道有无漏气。 （4）除尘器布袋损坏需更换。 （5）散装机润滑油脂充足

3. 鳞斗式干渣机

（1）鳞斗式干渣机概述。高温炉渣通过炉底机械密封及干渣斗，连续落在干渣机的鳞斗上，依靠风冷，鳞斗为承载灰渣和换热载体，密布的鳞斗在套筒模锻输送链的牵引下做低速运动，用来收集和输送从炉膛落下的炉底渣至渣仓。在负压（对煤粉锅炉而言，其正常运行状态炉膛为负压）作用下，有少量环境冷空气逆向进入风冷干式除渣机内部冷却炉渣和输送链，与灰渣进行充分的热交换，空气将锅炉辐射热和灰渣散热吸收，空气温度升高到400℃以上（高于锅炉二次送风温度），进入炉膛，炉渣的冷却温度则降至150℃以下后送入渣仓。

（2）鳞斗式干渣机组成。鳞斗式干渣机主要由驱动系统、鳞斗/清扫系统、碎渣机、液压张紧系统、套筒模锻链板、进风系统、壳体等组成。

鳞斗式干渣机采用鳞斗＋套筒模锻链作为输送部件，如图18-7和图18-8所示。鳞斗采用自动清扫，不设单独清扫链。输送链为高耐磨精密套筒模锻链。输送系统全部密封在一个密封的壳体内。

图18-7　鳞斗

（3）鳞斗式干渣机优缺点。鳞斗式干渣机的套筒模锻链为精密链传动，不打滑，出力大，磨损小，同步性高，耐磨寿命高，缺点是制造工艺复杂

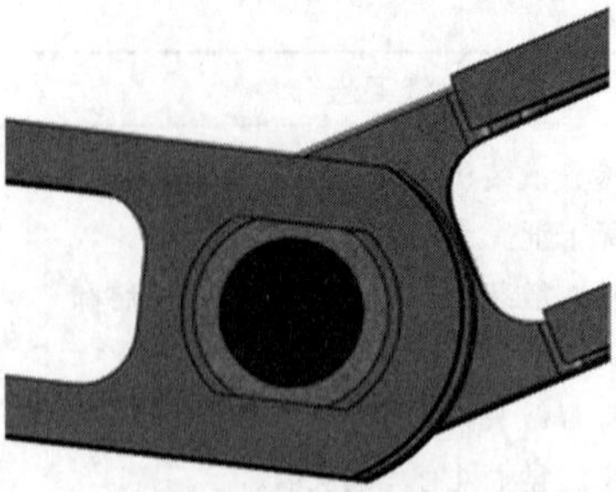

图 18-8　模锻链

且要求较高，鳞斗制造工艺比较复杂，但作为输送换热载体，冷却效果好，更适合大倾角和细灰输送。鳞斗式干渣机承载也采用简支轴支撑，比悬臂轴抵抗冲击能力强；鳞斗式干渣机抬头改向为压轮与链条作用，受力合理，可实现更大角度输送。采用自清扫输送结构，系统简单，故障点少，降低了费用。系统设有同步清扫器，尾部无积灰；缺点是底板有细灰残留。

（4）鳞斗式干渣机检修标准项目。

鳞斗式干渣机检修标准项目见表 18-12。

表 18-12　鳞斗式干渣机检修标准项目

序号	检修项目	备　注
1	干渣机鳞斗检查更换	
2	干渣机轴承座检查、加油	
3	干渣机托辊、回程托辊及链轮检查更换	
4	碎渣机齿板更换，减速箱检查换油	
5	渣斗、渣仓检查修补	
6	渣井密封检查更换	

（5）鳞斗式干渣机检修工艺及质量标准。

1）鳞斗式干渣机检修工艺及质量标准见表 18-13。

表 18-13　鳞斗式干渣机检修工艺及质量标准

序号	检修项目	检修工艺	质量标准
1	积灰积渣清理	在停运排渣机之前，将干渣机内的灰渣排尽	
2	检查轴承	（1）检查轴承滚珠间隙和外圈间隙，应与规定相符； （2）检查轴承，应光滑平整，无裂纹、毛刺、砂眼、缩孔、损伤等缺陷； （3）检查轴承与轴的装配情况，轴承内圈应紧靠轴肩，无松动；	

续表

序号	检修项目	检修工艺	质量标准
2	检查轴承	（4）检查轴承箱壳体，壳体应无裂纹，法兰接合面应平整密合，无沟槽及伤痕，在自由状态下用0.05mm的塞尺塞不进； （5）在轴承盖上加适当厚度垫片，箱体接合面涂密封胶，轴承盖螺栓应拧紧	
3	减速箱解体	（1）打开减速箱的放油孔螺塞，将箱体内的润滑油放尽并检查油质，若润滑油变色应予以更换； （2）拆卸连接螺栓，把针齿壳与机体分开，用煤油清洗并检查轴承、摆线齿轮、间隙环、偏心套、针齿套、销轴、销套	（1）销轴、销套无弯曲变形，磨损小于0.10mm； （2）摆线齿轮无裂纹，磨损小于0.15mm； （3）针齿套无弯曲变形，磨损小于0.15mm
4	减速机组装	（1）按摆线齿轮端面标记组装； （2）输出轴和销轴放入摆线齿轮相应轴孔时要注意间隙环的位置，用销套定位； （3）减速箱组装结束后加油到正常油位，盘车检查	（1）运转平稳，无异常声音； （2）各部位不漏油
5	导向轮检修	（1）拆除密封机构各接头和导向轮与机体固定螺栓，将导向轮搬运到检修场地； （2）检查导向轮工作面磨损情况，若磨损严重，则进行堆焊加工； （3）拆除导向轮端盖和内六角螺栓，将端盖和轮套去除，检查轴承是否锈垢，转动是否灵活，磨损是否超标，并进行清洗或更换。检查更换O形密封圈、Y形密封圈，装复时，轴承加入润滑脂，导向轮手动灵活	
6	鳞斗、链条检修	（1）检查鳞斗磨损情况，磨损超过15%，应更换鳞斗； （2）检查测量链条磨损拉长情况； （3）更换新链条时，大约每10m为一段拉长测量，选配安装的办法，使两侧对应长度误差不应超过5mm； （4）链条更换时，将钢带从接头上取出，在排渣机头安装起吊设备，将链条吊出； （5）检查链条松紧	新链条的张紧检查时间间隔：第一周为1次/1天，第一个月为2次/1周，以后1次/2周

续表

序号	检修项目	检修工艺	质量标准
7	机体检查	（1）检查护板有无松动、变形； （2）检查导向轮处机体有无变形，若有，可进行校正和加固； （3）清理积垢、积渣使之畅通； （4）检查手孔门盖有无变形，螺栓齐全；并加盘根进行封闭	
8	电动机找正、排渣机试转	（1）将电动机与减速机吊装就位； （2）用拉线法或钢直尺测量两联轴器在同一个平面； （3）测量两联轴器齿顶和齿侧间隙； （4）安装防护罩； （5）联系送电，试转排渣机，对排渣机进行整体检查； （6）检查鳞斗与槽体两侧有无磨损，链条松紧适度，必要时，用张紧装置调整链条松紧，链条是否连接牢固； （7）对于新换链条，空载运转12h后，检查链条	（1）轴向误差不超过0.1mm； （2）联轴器端面误差不超过0.1mm； （3）排渣机整体运转平稳，无异声
9	关断门	（1）检查关断门各零部件，包括门体、推杆、推力块、支撑导柱、接头及销轴等是否完好，如有损坏，则进行更换处理； （2）拆卸关断门推杆密封组件，更换新的密封填料； （3）检查关断门油缸、高压橡胶软管及各类接头有无内漏或泄漏情况，更换内漏的油缸，橡胶软管有老化现象及外部损伤缺陷的进行更换处理，消除各接头泄漏点； （4）液压泵站液压油更换、清洗油箱内部，清洗或更换液压泵入口滤网、回油滤网	

2）鳞斗式干渣机渣仓检修工艺及质量标准见表18-14。

表 18-14　鳞斗式干渣机渣仓检修工艺及质量标准

序号	检修项目	检修工艺	质量标准
1	振动器检修	(1) 振动器解体，清洗内部零部件； (2) 检查测量轴承间隙及轴承内外圈磨损情况； (3) 检查外壳	(1) 清洗后能清晰检查各零件实际情况； (2) 轴承质量符合要求，轴承内外圈无磨损、剥皮等； (3) 外壳无裂纹
2	渣仓本体及附属装置检修	(1) 渣仓本体有无磨损、腐蚀、裂缝情况； (2) 检查渣仓各支架、楼梯、栏杆平台是否安全牢固、有无松动	(1) 仓壁磨损超过原壁厚的 2/3 时应挖补更换；仓体无漏水漏渣； (2) 各支架、楼梯、栏杆及平台安全可靠
3	排渣门检修	(1) 汽缸解体，更换活塞密封圈和轴封密封圈，清理检查组装； (2) 排渣门密封圈检查更换； (3) 调整门板与门座间隙	(1) 汽缸缸面光滑，无锈垢、麻坑； (2) 排渣门密封圈无损坏； (3) 门板与门座间隙为 1～3mm
4	进水试验	(1) 交回工作票，渣仓进满水； (2) 检查仓体漏水及排渣门严密性	(1) 仓体不漏水； (2) 排渣门密封良好

3）鳞斗式干渣机碎渣机检修工艺及质量标准见表 18-15。

表 18-15　鳞斗式干渣机碎渣机检修工艺及质量标准

序号	检修项目	检修工艺	质量标准
1	碎渣机	(1) 碎渣机齿板、轴承检查，减速机检查，更换润滑油，液力耦合器联轴器弹性块检查； (2) 渣仓排渣口磨损检查； (3) 检查轴承的滚动体间隙和外圈间隙，应与规定相符； (4) 检查轴承，应光滑平整，无裂纹、毛刺、砂眼、缩孔、损伤等缺陷； (5) 检查轴承与轴的装配情况，轴承内圈应紧靠轴肩，无松动	(1) 轴承质量符合要求，轴承内外圈无磨损、剥皮等； (2) 轴承外壳无裂纹

三、煤粉炉干式排渣机常见故障及处理方法

(1) 干式排渣机常见故障及处理方法见表 18-16。

表 18-16 干式排渣机常见故障及处理方法

序号	故障情况	故障原因	处理方法
1	丝网钢带干渣机运行时打滑	(1)跑偏； (2)承载钢板损坏； (3)导料板变形； (4)异物卡阻； (5)张紧压力不足； (6)张紧失灵； (7)联接机构损坏； (8)接近开关松动或损坏； (9)丝网钢带过热伸长或磨损伸长； (10)行程开关损坏	(1)更换磨损侧导向轮； (2)更换承载钢板； (3)更换导料板； (4)清除异物； (5)就地增加液压系统压力； (6)用机械方式张紧(如倒链或双钩)，同时请厂家维修液压系统； (7)更换联轴器、平键或锁紧盘； (8)重新紧固或更换接近开关； (9)重新张紧，如仍存在问题则更换钢带； (10)更换行程开关
2	丝网钢带干渣机运行时断带	钢带损坏断裂	更换钢带
3	丝网钢带干渣机清扫链断链	(1)清扫链损坏； (2)清扫链断链	(1)更换清扫链； (2)更换清扫链
4	干渣机无法启动	(1)减速机损坏； (2)电动机过热； (3)冷却风扇损坏	(1)更换减速机； (2)检查卡阻，更换电动机； (3)维修
5	张紧电动机频繁起动	(1)钢带张紧压力表下限指针(绿针)位置不正确； (2)钢带张紧溢流阀调定压力不正确； (3)换向阀或钢带张紧溢流阀故障	(1)调整压力表下限指针至 3.0MPa； (2)在“钢带张紧”工况下，调整钢带张紧溢流阀至压力表压力指针 3.0MPa； (3)观察换向阀电磁铁是否有显示灯信号，如无信号则确定为电气故障，进行排除；如有信号则可确定为换向阀或溢流阀故障，应进行更换(更换液压阀之前，必须在就地位置关闭液压泵和通向钢带张紧液压缸的 2 个截止阀)，并将换下的液压阀拆卸、用煤油清洗干净后留作备件
6	排渣温度升高，同时运行电流也升高	煤质变化或负荷增加致使锅炉排渣量突然增加，渣层变厚	根据实际情况调整运行速度并调整冷却风门降温，正常后再调回原来速度，以降低磨损

续表

序号	故障情况	故障原因	处理方法
7	远方运行方式下，过电流但是又没有超过电流设定保护值，干式排渣机仍然可以运行	干式排渣机尾部积渣	(1)调整链板速度，防止尾部积渣； (2)检查过渡连接斗堵料开关是否工作，并打开人孔，检查是否堵渣
		侧辊磨损，导致设备结构间产生不正常的摩擦	根据检查的磨损情况，调整或更换相关位置的侧辊
		托辊损坏	检查干式排渣机各部槽体，发现损坏则更换托辊
		转动轴承磨损或承、托辊轴承损坏	检查头部驱动轴承、尾部张紧轴承是否损坏，若损坏则更换
		电机过热	检查电机轴流风机是否工作，电机自动报闸是否打开
		减速机过热	更换润滑油并检查判断齿轮啮合情况
		链板变形	锅炉掉落杂物造成链板变形，根据需要打开相应的人孔门清理杂物
		上槽体裙板磨损或变形	更换相应位置的侧辊，并检查清理杂物
		干式排渣机回程返渣	检查过渡连接斗堵料开关是否工作，并清理堵渣
		接手变形、磨损	更换接手
8	远程逻辑联锁保护动作停机	渣仓高料位报警	(1)检查渣仓是否已满需要卸渣； (2)检查高料位计是否工作或断电
		碎渣机停机	检查碎渣机并处理故障，恢复启动，故障分析详见碎渣机故障处理
		干式排渣机堵料报警	(1)清理堵渣； (2)检查控制回路，恢复正常工作
		液压自动张紧停止工作	检查液压张紧报警信号，根据报警条件修复相关报警并恢复液压张紧工作
9	干式排渣机就地柜综合故障报警	过载保护动作	检查变频器报警参数，按照报警点检查干式排渣机相关部位的设备
		线路虚接或脱落	重新拧紧或连接线路
		电器元件积灰或烧坏	清理控制柜内元器件的积灰或更换电器元件
10	干式排渣机紧急停机	异常卡阻或伴有异常噪声出现	运行值班人员或检修维护人员可按下急停按钮，待检查、检修正常后再次启动

(2) 关断门及其油站常见故障及处理方法见表18-17。

表 18-17　关断门及其油站常见故障及处理方法

序号	故障情况	故障原因	处理方法
1	关断门打不开或关不上	(1) 关断门被杂物阻挡； (2) 电磁阀或管路漏油； (3) 油缸内密封不严密； (4) 油泵工作压力低； (5) 电磁阀故障	(1) 清理杂物。 (2) 处理漏油部位。 (3) 更换油缸密封或更换油缸。 (4) 做如下处理： 1) 调整溢流阀，提高系统工作压力； 2) 更换液压油； 3) 更换齿轮泵。 (5) 清理或更换电磁阀
2	启动油泵后，管道没有压力	齿轮泵故障	(1) 检查齿轮泵的转向是否正确，防止反转； (2) 齿轮泵磨损严重，需要更换； (3) 调整系统工作压力
3	开到位信号或关到位信号无反馈	行程开关触点或线路问题	检查行程开关是否动作，需要两侧同时动作，检查行程开关常开点接线是否正确
4	发不出开或关指令	行程开关损坏或柜内线路故障虚接	检查柜内配线和检查或更换行程开关并消除线路故障

(3) 张紧油站常见故障及处理方法见表 18-18。

表 18-18　张紧油站常见故障及处理方法

序号	故障情况	故障原因	处理方法
1	高压报警	干式排渣机的尾部积渣	(1) 适当提高运行频率，加快链板除渣速度； (2) 检查干式排渣机的头部是否堵渣并造成链板回程返渣； (3) 检查链板是否有损坏漏灰并修复； (4) 检查上槽体裙板是否损坏并修复
		尾部链轮被杂物卡涩	(1) 清理杂物； (2) 检查链轮磨损情况，定期更换
		接手与链轮啮合异常	检查干式排渣机头部、尾部链轮和接手是否变形，变形的接手应更换
2	低压报警	阀门或管路漏油	处理漏油点
		电磁阀未工作	(1) 检查电磁阀是否卡涩，清理或更换电磁阀； (2) 检查电磁阀控制回路，消除虚接点和掉线
		油泵没有工作	检查控制回路，使油泵能正常工作
		油缸内密封不严密	更换油缸密封或更换油缸

续表

序号	故障情况	故障原因	处理方法
3	液位低报警	（1）阀门或油管路漏油； （2）液位计故障	（1）处理漏油点； （2）检查线路或更换液位计
4	位移超差报警	链条与链轮啮合异常	检查上块链板和下块链板之间是否平行，两侧链条与轮齿的啮合是否同步
		链条没有按要求连接	重新连接链条
		尾部链轮被杂物卡涩	清理杂物
		断链	重新连接链条
5	张紧最大极限报警	断链	检查链条与链轮的啮合是否正常，链条是否断裂或链轮被卡阻
		链条正常磨损	根据链条磨损情况，应在报警前合理安排截链条计划，截去适当的链环，每次截取 4 环或 4 的倍数，并要保证两侧链条同步
		线路故障或误动行程开关	检查线路连接是否正常并消除误动
6	过滤器堵塞报警	可视信号报警	（1）更换过滤器滤芯或更换液压油并清理油箱； （2）检查控制回路或更换过滤器

（4）碎渣机常见故障及处理方法见表 18-19。

表 18-19　碎渣机常见故障及处理方法

序号	故障情况	故障原因	处理方法
1	综合故障停机	（1）杂物卡堵； （2）链条断链	（1）清理杂物； （2）链条重新连接
2	异常振动	辊齿板等固定螺栓松动或脱落	重新拧紧或安装螺栓
		轴承座螺栓松动	紧固松动的螺栓
		辊齿安装不平衡	重新安装辊齿板
		轴承在轴承座内间隙过大或轴承损坏	重新调整或更换轴承
3	出渣粒度较大	辊齿板和鄂齿板磨损	调整间隙或更换辊齿板和鄂齿板
4	轴承过热	（1）轴承磨损，润滑脂不足； （2）润滑脂污秽	（1）定期添加合格的润滑脂； （2）清洗轴承，换新润滑脂
5	减速机过热	润滑油老化或缺少	添加或更换润滑油
6	碎渣机有异响声，出渣速度迅速降低	不易破碎的异物进入设备内，或过大结焦硬渣进入设备内	停运碎渣机，清除异物、大焦块
7	碎渣机停机报警	有异物进入碎渣机，卡在辊齿板和鄂板上	停运碎渣机，清除异物、大焦块

（5）气动插板阀常见故障及处理方法见表18-20。

表18-20 气动插板阀常见故障及处理方法

序号	故障情况	故障原因	处理方法
1	阀门开不到位或关不到位	（1）开关接触不良； （2）线路问题	（1）检查行程开关； （2）检查控制线路
2	阀门无法操作	仪用气漏气	查找漏气部分
		仪用气没有压力	检查气源阀门
		电磁阀问题	（1）电磁阀手动控制复位； （2）清理或更换电磁阀
3	仪用气质量不合格	仪用气源质量差	检查仪用气源，并提高仪用气的净度和干燥度，防止管路气源结露增加含水量

（6）落料口堵渣常见故障及处理方法见表18-21。

表18-21 落料口堵渣常见故障及处理方法

序号	故障情况	故障原因	处理方法
1	出料口没有渣下落	（1）升降头出料口堵渣； （2）渣仓下料管堵渣； （3）给料机堵渣； （4）手动插板门上堵渣	（1）清理升降头出料口； （2）打开排堵门清理； （3）切断电源手动盘车并清理杂物； （4）点动振动器震打或打开排堵门清理

第四节 循环流化床锅炉除渣系统

一、概述

目前循环流化床锅炉主要采用干式排渣方式。一般灰渣冷却系统由冷渣器系统、输渣机系统和渣仓系统组成。

1. 冷渣器系统

大容量循环流化床锅炉一般均布置有冷渣器，把炉渣冷却至一定的允许温度之内（一般在150℃以下）。冷渣器的作用主要有：热量回收，加热给水，起省煤器的作用；加热空气，起空气预热器的作用；保持炉膛灰平衡和床料的良好流化，同时加热水和空气。

冷渣器的种类及其特点如下：

（1）按冷渣器冷却原理分类，可分为机械式和非机械式两种。机械式冷渣器主要有水冷绞龙式、水冷滚筒式等，非机械式冷渣器主要以流化床式为代表。

(2) 按冷渣器冷却介质分类，可分为水冷式、风冷式和风水共冷式三种。

(3) 按冷渣器高温灰渣与冷却介质之间的相互流动方式分类，可分为顺流、逆流、交叉流和混合流动方式等。

(4) 按冷渣器工作方式分类，可分为间歇和连续两种工作方式。对低灰分煤，总排渣量较小，或可能有大块残留的燃料时，一般采取间歇操作，而对高灰分煤，则推荐采用连续操作方式。

(5) 按冷渣器热交换方式分类，可分为间接式和接触式两种。间接式指高温物料与冷却介质在不同流道中流动，通过间接方式进行换热；接触式指两者直接混合进行传热，一般用于空气作冷却介质的场合。

(6) 按冷渣器灰渣运动方式分类，可分为流化床式、移动式和混合床、螺旋输送机式以及滚筒式冷渣器。

2. 输渣机系统

目前输渣设备主要有刮板输渣机、链斗输送机、斗式提升机及气力输渣设备等。对于渣量不大的小型循环流化床锅炉采用冷风输送，冷风在输渣过程中把炉渣冷却下来，再用车辆运出。这种输送方式的缺点是为冷却灰渣需要大量的冷风，使管道磨损严重，而且灰渣的温度较高需要在渣仓储存冷却一定时间才可运出。

冷渣器把灰渣冷却至 200℃以下，此时灰渣可以采用刮板输送机把灰渣输送至渣仓内，刮板、斗提输渣机故障率高，而链斗、气力输送使用效果与之相比较好。对于温度低于 100℃的炉渣也可采用输送机械输送，当然对于较低温度的灰渣也可采用气力输送方式。

3. 渣仓系统

渣仓设备主要有电动葫芦、料位计、布袋除尘器、电动闸板、干式卸渣机和台湿式卸渣机。

(二) 典型的灰渣冷却系统介绍

图 18-9 所示为由滚筒或水冷绞笼、链斗输送机、渣仓组成的机械灰渣冷却系统流程图。该系统采用链斗输送机，运行状况有所提高，链斗运行状况较稳定，出力较大。但在较高的渣温下，转动部件也易损坏，有待进一步改进。

图 18-10 所示为由风水共冷式流化床冷渣器、刮板输渣机、斗式提升机、渣仓组成的灰渣冷却系统流程图。该冷渣器利用流化床的气固二相流特性传热以风冷为主，水冷为辅，冷渣温度随风量增加和渣量的减少而降低，冷渣效果最佳。采用合理的风水共冷式流化床冷渣器无机械设备，结构简单，维护费用低，无需单独设置风机，节电。冷渣器冷却水可选择低温给水或冷凝水，出渣温度在 120℃左右，热能回收利用性好，节能效果最佳，使配套输渣设备工作安全可靠，密封性好，缺点是体积略大。

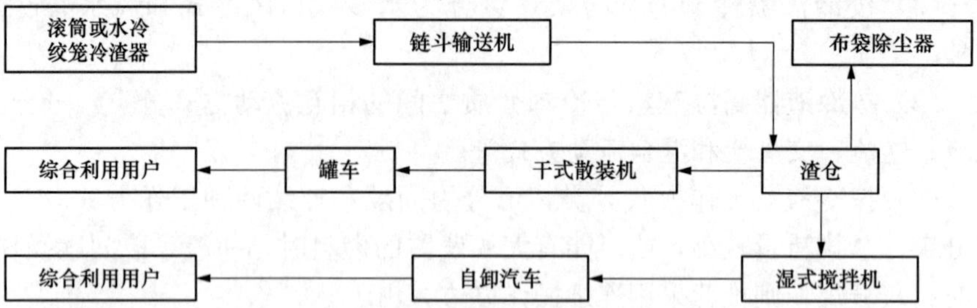

图 18-9 典型的灰渣冷却系统流程图（一）

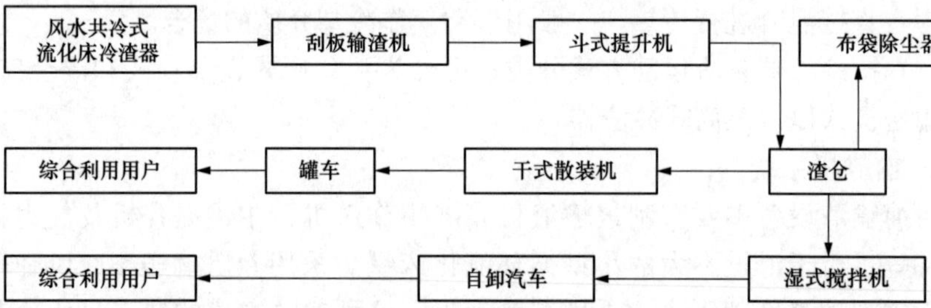

图 18-10 典型的灰渣冷却系统流程图（二）

二、冷渣器系统

（一）滚筒冷渣器

冷渣器按冷却原理可分为机械式和非机械式两种，在循环流化床锅炉中应用的机械式冷渣器主要有水冷绞笼式、水冷滚筒式等，目前水冷绞笼式已使用很少。

水冷滚筒式冷渣器有两种：一种是非热回收式滚筒冷渣器，冷却水直接喷淋热渣冷却，其缺点是无热回收，热污染大，耗水量大，一般不采用；另一种是水冷式滚筒冷渣器，在双层滚筒之间通入冷却水，筒体内设有多层螺旋冷却水管，热渣由一头输入，随滚筒转动并被内部导流螺旋管板送入另一头，在被输送的过程中冷却，然后从另一端径向开孔中排出。目前许多循环流化床锅炉采用了这种冷渣器，可将渣温从 850℃冷却到可以操作的温度。

图 18-11 所示为一种典型滚筒式冷渣器。该滚筒式冷渣器由头部三通式进渣管、中间转筒、尾部驱动装置（电动机）及尾部进出水干管组成。中间转筒呈双层圆筒结构，内外筒之间构成水冷壳体，其特征是转筒顶端开孔，尾端封闭，在靠近尾端的径向方位上直接开设出渣口，筒内设有与水冷壳体相通的多层螺旋冷却水管。尾部驱动装置的特征是单轴承支撑，转筒前部由转动托辊支撑。电动机由键条与转筒联动，出水干管与进水干管套装，分别与水冷壳体尾端封头夹层内的进出水分配室接口相通。进出水干管转动部分与静止部分均设有密封，进渣管与转筒结合部及出渣口处分

别设有密封环，进渣管、出渣口密封环和尾部轴承及尾部进出水干管分别通过支架固定在底盘上。滚筒式冷渣器没有渣对壁面的硬摩擦，是一个较理想的冷渣方式，因此在循环流化床锅炉上应用比较多。

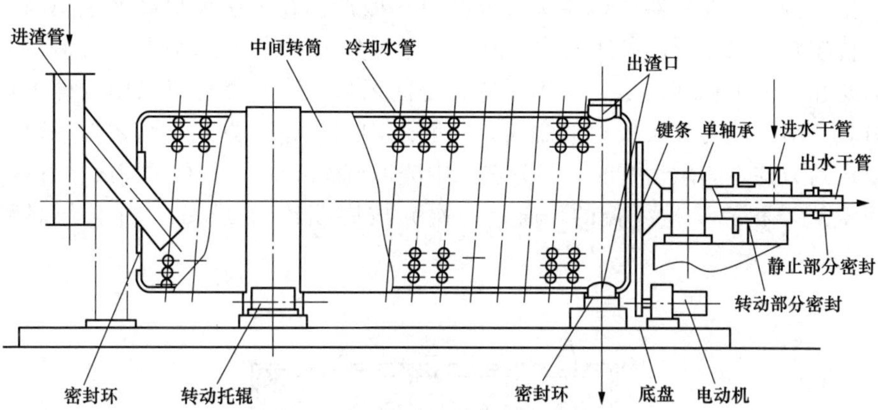

图 18-11　滚筒式冷渣器

图 18-12 所示为改进的滚筒冷渣器。该冷渣器由百叶式传热滚筒、进渣装置、出渣装置、转动机械、冷却水系和电控装置等组成。该冷渣器最显著特点是：传热效率高，排渣温度（40～220℃）适应范围大；由于冷却水排出管在滚筒外，使滚筒安全可靠和便于维修；位于两端的进渣装置和进出水装置拆装容易；进渣管通径大而不堵塞，进渣密封完善且其磨损件更换方便；变频调速实现出力自动跟踪锅炉渣量；有冷却水超温报警、断水停车（并报警）、超压泄放等安全保护，能耗低；设置了支承轮同步调节机构，滚筒高度可调。其双向旋转水接头结构独特，使用可靠，易维修。支承圈和大链轮与滚筒连接采用螺栓紧固，方便更换。

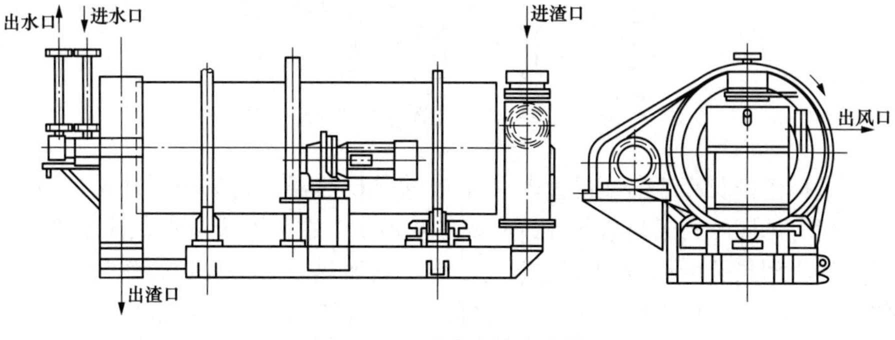

图 18-12　灵式滚筒冷渣器

（二）流化床冷渣器

1. 选择性流化床冷渣器

某公司开发的多室流化床选择性排灰冷渣器如图 18-13 所示。在风冷式冷渣器中，实现选择性排放灰渣对于燃用低灰分的循环流化床锅炉是很重要的，因为这是补充循环物料的技术措施之一。选择性排灰冷渣器通常由几个分床组成。第一分床为筛选室，其余则为冷却室。该冷渣器的特点是每个冷却床是独立配风的，使分选床的风速最高，以便将细颗粒吹送到炉膛里。为节省冷渣器风机压头，返回口一般选择在二次风口高度上，因为该位置炉膛风压低。各床间物料流通是通过分床间隔墙下部的开口进行的，为防止大渣沉积和结焦，采用了单孔定向风帽。冷渣器可以采用两种运行方式，对可能有大块残存的燃料，一般采用间歇运行方式，反之则采取连续运行方式。间歇运行时，当分选床中渣温低于150～300℃时即放空各床。渣温监控和放渣是程控的，通常一次充放周期约为30min，并且与煤种有关。

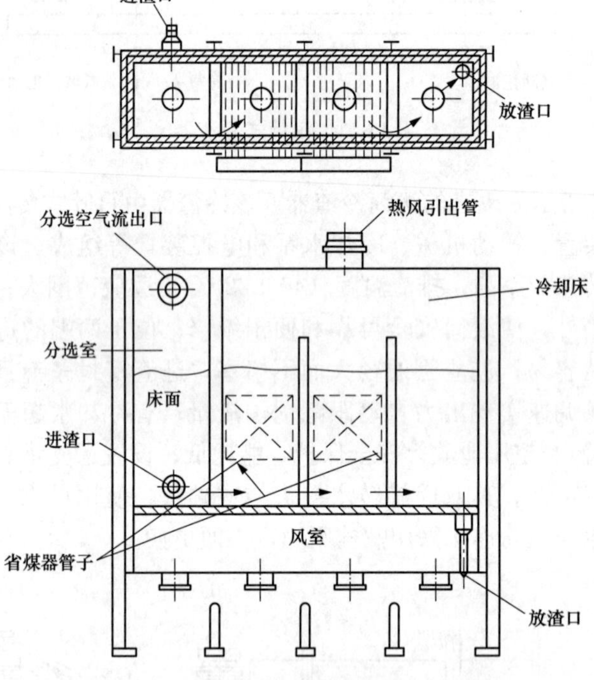

图 18-13　多室流化床选择性排灰冷渣器

选择性排灰冷渣器实际上是一个鼓泡床换热器，其工作原理是通过导向喷嘴将炉底的高温热渣送入鼓泡床冷灰器中，在鼓泡床流态化的条件下，热灰的物理热被传给冷的流化空气，空气被加热以后排入炉膛作为二次风使用，既回收了排灰的物理热，又可以分选排渣中排出的可以成为循环物料的细颗粒。采用在冷灰室中布置省煤器等埋管受热面，以便更好地冷却排灰，并可减小冷灰器的尺寸。该冷渣器具有的功能为：选择性地排除炉膛内的粗床料，以便控制炉膛下部密相区中的固体床料量，并避免炉膛密相区床层流化质量的恶化；将进入冷渣器的细颗粒进行分级，并重新送回炉膛，维持炉内循环物料量；将粗床料冷却到排渣设备可以接受的温度；

用冷空气回收床料中的物理热，并将其作为二次风送回炉膛。

2. 流化移动叠置式冷渣器

流化移动叠置式冷渣装置如图 18-14 所示，流化移动叠置式冷渣装置又称混合床冷渣器。流化移动叠置式冷渣装置由进渣控制器、流化床、移动床、锥斗和出渣控制机构组成，在流化床的悬浮段热风出口处布置有内置式分离器，属撞击式分离器。工作过程：首先高温炉渣经过进渣控制器后进入上部流化床，被初步冷却至 300℃，然后下降至下部移动床继续冷却。从总风箱来的冷风进入三层风管内，并分送移动床和流化床。被冷却的炉渣经出渣控制器排入输送机械，热风经内置撞击式分离器后可作为二次风。实践表明，该装置可以将灰渣冷却至输送机械可接受的温度，其实用风渣比为（1.85～2.5）m^3/kg，风温度高于 280℃，可以作为二次风入炉，也可适用于其他用途。

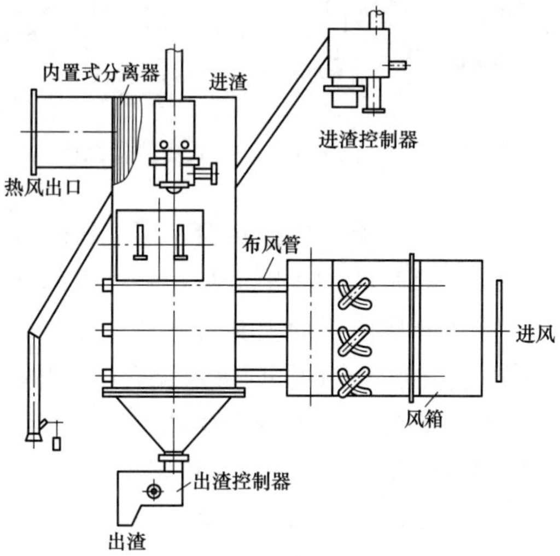

图 18-14 流化移动叠置式冷渣装置

3. 流化床风水联合式冷渣器

图 18-15 所示为哈锅生产的流化床风水联合式冷渣器结构。该冷渣器采取绝热钢板结构，外部采用保温材料（如石棉等）进行绝热处理，内部铺设耐磨耐火浇注料以防止灰渣磨损钢板。在冷渣器内部分为 2 个隔仓，中间有分隔墙（内部有风管道穿过），隔墙左侧是第 3 分室，布置有水冷受热面，它是冷渣器的最后一个仓室，它的出口即是冷渣器的主排渣口。隔墙右侧分为 2 个分室，第 1 分室是个空室（也被称为“预混室”或“预分离室”），第 2 分室也布置有水冷受热面。在 3 个分室的下部是布满风帽的布风板，冷渣器的布风板是倾斜的，第 1 分室与第 2 分室的分界处和第 3 分室中靠近分隔墙处分别设有 1 个大渣排渣口，该排渣口设在布风板的最低处，用来定期排出那些难以流化的颗粒较大的渣块。布风板下面是与第 3 分室

相对应的风联箱，各风联箱之间是互相独立的，风联箱的风来自高压罗茨风机。风联箱直接给分隔墙和第 2 分室、第 3 分室供风，分隔墙内的风经预热后进入第 1 分室。

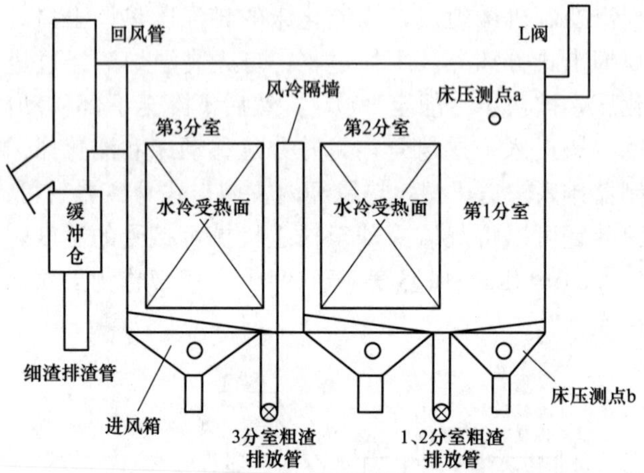

图 18-15　流化床风水联合式冷渣器结构

流化床冷渣器是一个小型流化床换热器。其工作过程是：炉膛的高温炉渣由炉膛布风板经排渣管 L 阀进入冷渣器，空气冷却介质从冷渣器的风室通过布风板送入。流化介质由下而上穿过布风板流化高温炉渣，炉渣在依次流过第 1 仓、第 2 仓、第 3 仓的同时被流化介质冷却，冷却后的低温渣排入除渣系统，被加热的流化介质携带少量细颗粒由回风管送回炉膛。同时，根据锅炉排渣量的多少及冷渣器排渣温度，可选择采用 2 个仓、3 个仓甚至细排流管 4 个仓。流化冷却介质既可采用热空气也可采用冷空气，冷却水源既可以是锅炉给水，也可采用系统冷却水。

流化床风水联合式冷渣器具有如下优点：由于流化床冷渣器在排渣、冷渣过程中没有机械传动装置，所以不会出现卡涩和堵死现象，有利于安全运行；单台流化床冷渣器的冷却能力强大，冷却能力可达 20～30t/h，并且冷渣迅速；降低排渣温度，回收排渣的物理显热，提高锅炉效率；可降低排渣中的含碳量，又可提高石灰石的利用率。炉渣细颗粒中的未燃尽碳和石灰石含量较高，流化床冷渣器能将该部分细颗粒送回炉膛。

综上所述，流化床风水联合式冷渣器由于没有机械设备、结构简单、冷却效果较好、运行维护费用也较低，目前国外应用较多。

（三）冷渣器检修项目

1. 滚筒冷渣器检修项目

(1) 检查滚筒冷渣器变速箱，清理更换润滑油。

(2) 检查冷渣器螺旋叶片磨损情况。

(3) 检查冷渣器冷却水系统阀门。
(4) 检查冷渣器进出水旋转接头严密性。
(5) 检查冷渣器支撑轮、传动装置。
(6) 检查冷渣器传动齿轮磨损情况。
(7) 检查进排渣管、抽风管道磨损泄漏情况，并进行维修。

2. 流化床风水联合式冷渣器检修项目

(1) 检查风箱、风管、布风板密封良好，无漏风、无漏灰。
(2) 检查人孔门与冷渣器本体焊接良好，无漏风、无漏灰。
(3) 检查冷渣器冷却水系统阀门。
(4) 检查布风板的风帽有无堵塞、磨损、松动情况。
(5) 检查导流板和吹扫管有无磨损。
(6) 检查隔墙裂纹和隔墙材料脱落情况。
(7) 检查进排渣管、抽风管道磨损泄漏情况，并进行修补。
(8) 检查冷渣器部水冷管的磨损、胀粗、变形、腐蚀情况。
(9) 检查冷渣器的支吊架。

(四) 冷渣器检修

1. 滚筒冷渣器检修

滚筒冷渣器检修工艺要点和质量要求见表 18-22。

表 18-22　滚筒冷渣器检修工艺要点和质量要求

检修项目	工艺要点	质量要求
旋转接头检修	(1) 旋转接头壳体与芯轴解体； (2) 检查旋转接头的密封填料； (3) 检查旋转接头的推力轴承	(1) 调节填料压紧度，填料如失效，应更换； (2) 推力轴承不能满足使用要求时，应更换
筒体外部检查	(1) 检查滚筒高度下降量； (2) 检查滚筒轴向位置，并调整； (3) 检查滚筒筒体有无裂纹、变形等缺陷，并处理	(1) 滚筒高度下降量应小于厂家规定值； (2) 滚筒轴向位置应保持其支撑圈端面与左右两标志板的间隙相等； (3) 滚筒筒体应无裂纹、变形等缺陷
筒体内部检修	(1) 检查滚筒筒体内壁磨损和结渣情况； (2) 检查滚筒内部环向叶片磨损和变形情况； (3) 检查滚筒内部冷却水管磨损、胀粗、变形、损坏情况； (4) 检查滚筒内部冷却水管连接焊缝	(1) 筒体内壁磨损应小于 30%，无结渣现象，否则进行处理； (2) 环向叶片厚度、高度不能满足厂家规定值时，应焊补或更换； (3) 冷却水管无胀粗、变形等，壁厚磨损不超过 30%； (4) 冷水管连接焊缝合格，无开裂漏水现象

续表

检修项目	工艺要点	质量要求
进、排渣管检修	（1）检查进渣管磨损、变形等情况； （2）检查膨胀节膨胀、磨损情况； （3）检查滚筒密封环、密封圈； （4）检查排渣管密封状况	（1）进渣管应固定牢固，磨损应小于30%，焊缝无开裂漏灰现象； （2）膨胀节满足使用要求，无磨损漏灰现象； （3）密封环、密封圈无磨损导致漏渣现象； （4）排渣管密封良好，无漏灰现象
支撑圈检修	（1）检查支撑圈、支撑轮磨损情况； （2）检查支撑圈与支撑轮接触面平整度； （3）检查挡轮磨损情况	（1）支撑圈外沿径向厚度、支撑轮轮体外径超过制造厂家的规定值时，应更换； （2）支撑轮与支撑圈接触面平整度超过制造厂家的规定值时，应更换； （3）挡轮磨损超过制造厂家的规定值时，应更换
大链轮检修	（1）检查链条长度； （2）检查大链轮磨损情况； （3）检查大链轮与链条啮合情况	（1）链条增长达两个以上周节时，拆去多余链节； （2）齿轮牙形满足使用要求； （3）接触圆增大至啮合失常时，需更新链条
减速器检修	（1）检查减速器漏油情况； （2）检查齿轮齿面的磨损情况； （3）检查齿轮的啮合情况； （4）测量齿顶、齿侧间隙； （5）清洗检查轴承，测量轴承外圈与瓦盖的径向间隙及与端盖的轴向间隙； （6）清洗检查减速器内部，检查外壳	（1）减速器应无漏油现象； （2）齿轮的磨损不超过其齿厚的35%； （3）接触面应达到齿面全长的75%； （4）齿顶间隙为（0.2～0.3mm）×模数，齿侧间隙为0.3～0.5mm； （5）轴承滚珠无麻点、变色或裂纹等缺陷，轴承间隙不大于0.25mm； （6）内壁清洗无油垢及脏物，箱体完整、无裂纹或伤痕等缺陷
电动闸板检修	（1）清理阀门滑道积灰； （2）检查阀板磨损变形情况； （3）检查试用阀门	（1）密封接合面应清理干净； （2）阀板平整不变形，磨损不超标； （3）开关到位、操作灵活、接合面洁净平整不漏灰
冷却水系统检修	（1）检查冷却水管支吊情况； （2）检查阀门泄漏情况； （3）检查冷却水回路； （4）检查流量控制器、温度表和压力表	（1）冷却水管固定牢固； （2）各阀门操作灵活，严密不漏； （3）冷却水无短路现象； （4）流量控制器、温度表和压力表指示准确

续表

检修项目	工艺要点	质量要求
水压试验	(1) 滚筒检修完毕后应进行水压试验； (2) 进行超压、欠压保护试验； (3) 进行安全阀卸压试验	(1) 保压 25min； (2) 电接点压力表动作准确； (3) 安全阀按设定值动作
复装与试运	(1) 按拆卸的反顺序进行复装； (2) 检查校正联轴器； (3) 投运冷却水； (4) 手动盘车无异常后，送电试运； (5) 测量轴承的温度和振幅	(1) 密封填料完整，严密不漏； (2) 联轴器螺栓完好无缺陷，垫圈完整，无失效现象； (3) 两联轴器径向、轴向偏差不大于 0.1mm，面距为 4～6mm； (4) 冷却水畅通无泄漏； (5) 转动方向正确，灵活无异声； (6) 轴承的温度和振幅符合厂家规定

2. 流化床风水联合式冷渣器检修

流化床风水联合式冷渣器检修工艺要点和质量要求见表 18-23。

表 18-23　流化床风水联合式冷渣器检修工艺要点和质量要求

检修项目	工艺要点	质量要求
风箱检修	(1) 检查风箱无漏风； (2) 风箱与风管的连接处焊接可靠； (3) 风箱与布风板接合面密封检查	(1) 风箱与风管的连接可靠； (2) 风箱无漏点、无开焊； (3) 风箱与布风板接合面无开焊、无漏风； (4) 各温度、压力测点安装牢固
人孔门检修	(1) 检查人孔门与冷渣器本体的焊接情况； (2) 检查人孔门与冷渣器密封	(1) 人孔门与冷渣器本体焊接良好，无漏风、无漏灰； (2) 人孔门与冷渣器密封面处有可靠的密封材料； (3) 人孔门把手完好，操作灵活，严密不漏
冷却水管检修	(1) 冷却水管检修前后均应进行水压试验，检查其泄漏情况； (2) 管内冲洗干净； (3) 接头密封泄漏时更换密封垫片； (4) 检查防磨套和防磨销钉	(1) 各阀门严密不漏，冲洗干净； (2) 冷却水无短路； (3) 蛇形管固定牢固； (4) 焊接结束后，焊口要打磨光滑； (5) 防磨套和防磨销钉完好

续表

检修项目	工艺要点	质量要求
布风板检修	（1）将布风板上的积灰清理干净，检查布风板； （2）检查布风板的小孔孔径； （3）检查布风板磨损的面积和厚度； （4）检查布风板大渣排放口漏风情况； （5）检查风帽堵塞、磨损、松动情况	（1）布风板板面无裂纹、凸凹、磨损，厚度均匀，无铸造气孔、夹渣； （2）布风板风帽小孔孔径磨损不超过设计值 2mm，布风板 1/3 面积磨损厚度超过其设计厚度的 2/3 时需更换； （3）布风板与导流板之间连接可靠，螺栓无松动； （4）布风板与风箱接口处密封严密，无漏风； （5）风箱与风箱之间无串风现象； （6）风帽无堵塞、磨损、松动，方向和高度应符合设计要求
导流板和吹扫管检修	（1）检查导流板的竖直段磨损情况； （2）导流板的水平段磨穿造成吹扫管外露时，应及时更换； （3）吹扫管母管的管壁磨损超过 1/3 时，应及时更换； （4）吹扫管被磨断时，应及时更换	（1）导流板磨损超过 2/3 时，应及时更换； （2）导流板与布风板连接牢固； （3）导流板上安装吹扫管的槽无磨损，开口方向正确，吹扫管的安装角度正确； （4）吹扫管的中心线和布风板的上平面平行，吹扫管无磨损
隔墙检修	（1）检查隔墙及耐火材料； （2）检查隔墙与周围耐火材料之间膨胀间隙； （3）检查隔墙下部孔磨损情况； （4）检查隔墙下面弧形孔和布风板间距离； （5）检查各级隔墙高度及布置情况	（1）隔墙的安装位置正确，无裂纹、无掉块、无磨损； （2）隔墙耐火材料出现贯通式裂纹、脱落直径超过 100mm 时，应进行更换； （3）隔墙与周围耐火材料之间留有合适的膨胀间隙； （4）隔墙下部孔磨损后直径超过 300mm 时，应进行更换； （5）隔墙下面弧形孔和布风板间距离合适； （6）各床层的隔墙平行布置； （7）隔墙磨损后高度低于下一级隔板的高度时，应进行更换； （8）最后一级隔墙的高度不能低于溢流出渣口的下沿

续表

检修项目	工艺要点	质量要求
进、排渣系统检修	(1) 检查进渣管、溢流口的钢板变形、磨损情况； (2) 检查电动旋转给料阀、溢流管； (3) 检查大渣排放口与布风板接合面密封情况； (4) 检查电动阀门磨损、变形等情况	(1) 钢板无变形，溢流口无焦块堵塞，浇注料无脱落； (2) 溢流管和大渣排放管的管壁磨损超过设计壁厚的 2/3 时，应及时更换； (3) 电动旋转给料阀转动灵活、无漏风，溢流管无变形； (4) 电动阀门灵活可靠，无磨损、无烧坏、无变形
内部冷却水管检查	(1) 检查冷却水管磨损、烧坏、变形、漏水等现象； (2) 检查水管的鳍片有无磨损、脱落，鳍片与鳍片之间有无焦块卡塞； (3) 检查水管支吊情况	(1) 冷却水管出现磨损漏水时，应进行更换； (2) 当水管上的鳍片磨损超过设计值的 1/3 时，应及时更换水管； (3) 水管的支撑良好无变形

三、输渣机系统

(一) 输渣机系统设备

循环流化床锅炉炉渣的输送方式和输送设备的选择，主要取决于灰渣的温度和输送距离以及提升高度。灰渣般经输渣设备送入厂房外渣仓内再用车辆运出。目前，国内应用的输渣设备主要有刮板输送机、带式输送机、斗式提升机、链斗输送机等。斗式提升机的机械输渣系统如图 18-16 所示。

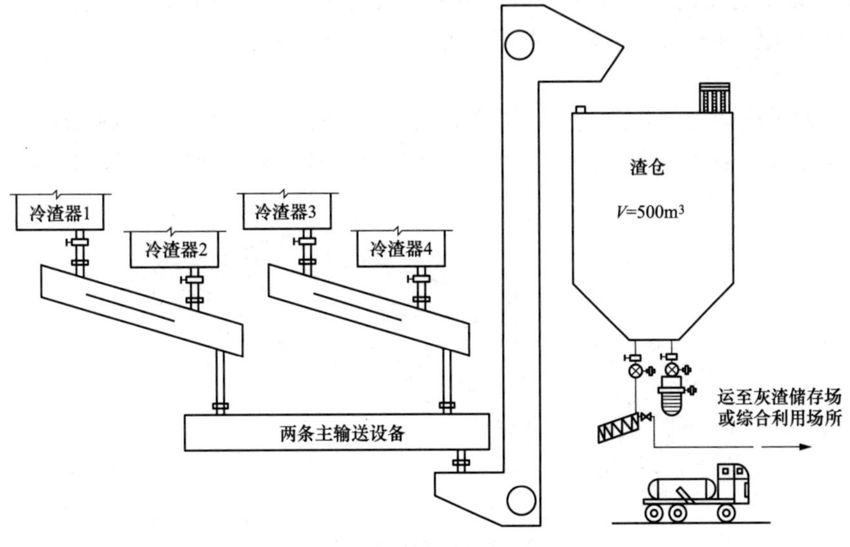

图 18-16　机械输渣系统

1. 带式输送机

带式输送机的工作原理、组成部件及总体结构如图 18-17 所示。带式输送机主要由驱动装置、制动装置、支承部分、张紧装置、改向装置、清扫装置、装料装置、卸料装置和输送带等部分组成。输送带绕经传动滚筒和尾部改向滚筒形成一个无级的环形带，上、下两段输送带分别支承在上托辊和下托辊上，拉紧装置给输送带以正常运转所需要的张紧。工作时传动滚筒通过它与输送带之间的摩擦力带动输送带运行，物料装在输送带上和输送带一起运动。带式输送机一般是利用上段带运送物料的，并且在端部卸料。

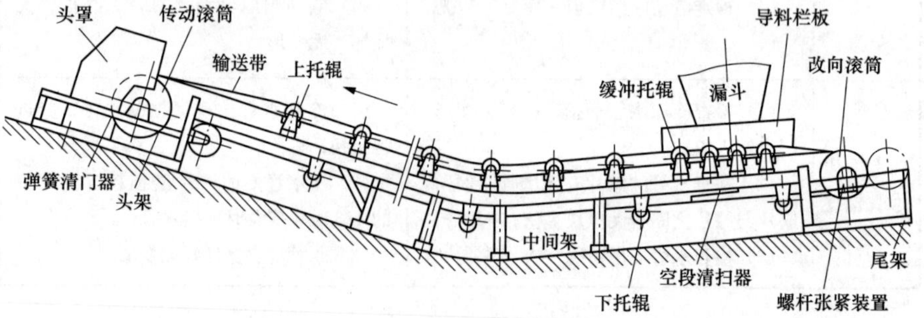

图 18-17　带式输送机总体结构

带式输送机可以用来水平或倾斜方向输送物料。根据安装地点及空间的不同，其安装布置形式一般可分为水平布置方式、倾斜布置方式、带凸弧曲线段布置方式、带弧曲线段布置方式。

为了保证物料在输送带上不向下滑移，输送带的倾角应比物料与输送带间的静摩擦角小 10°～15°。当采用向上倾斜布置时，最大允许倾角可达 20°。带式运输机结构简单，运行可靠，管理方便，因此被广泛使用，特别适用于运输量较大、运输距离较长的场合。

2. 刮板输送机

刮板输送机主要由刮板、链带和机壳等构件组成，如图 18-18 所示。其工作原理与多斗提升机相似，可以灵活布置，做到多点给料和多点卸料。

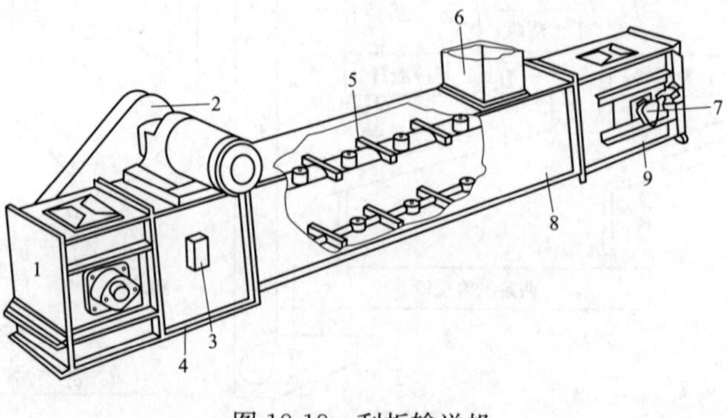

图 18-18　刮板输送机

1—头部；2—驱动装置；3—堵料探测器；4—卸料口；5—刮板链条；
6—加料口；7—断链指示器；8—中间段；9—尾部

3. 链斗输送机

链斗输送机是以沿轨道运行的轮料载料斗来实现物料水平或倾斜输送的设备（见图 18-19），广泛应用于锅炉灰渣的输送。

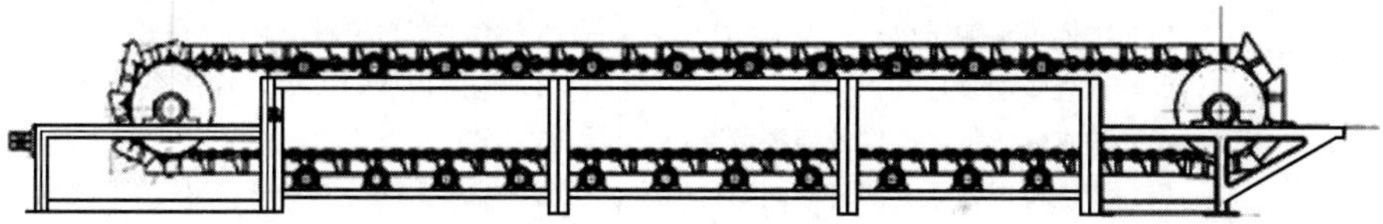

图 18-19　链斗输送机

适应范围：物料密度为 1.0～2.0t/m^3；物料温度小于或等于 350℃；物料粒度小于或等于 200mm；输送距离小于或等于 120m；含水率小于或等于 5%；物料不宜有黏附性。

链斗输送机的突出特点如下：牵引链为板式链，强度高、使用寿命长；机尾采用弹簧螺旋张紧装置，可使牵引链的张紧力自动调整；工艺布置灵活，可架高地面或地坑布置，可水平或斜升安装，也可同机水平加斜升安装；背负驱动机构，占用平面空间小，安装方便。

4. 斗式提升机

斗式提升机有单斗提升机和多斗提升机，由于多斗提升机能够连续运输物料，占地面积小，但只能提升，不宜运输大物料，故电厂多采用多斗提升机来运输灰渣，把灰渣输送到灰渣仓的顶部。多斗提升机的结构主要由料斗、输送带、机壳等构件组成，如图 18-20 所示。

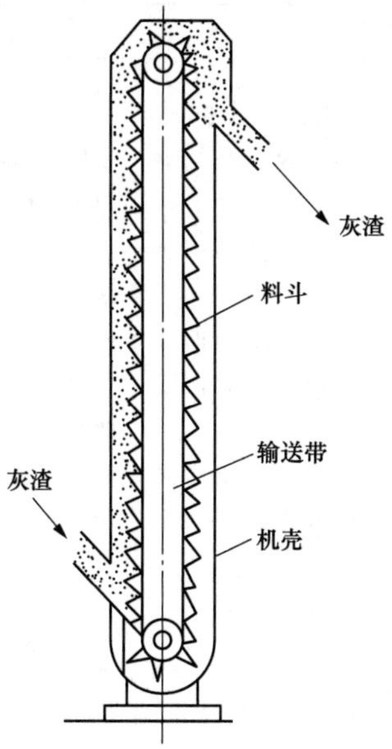

图 18-20　斗式提升机

（二）输渣机系统设备检修

1. 带式输送机检修

带式输送机检修工艺要点和质量要求见表 18-24。

表 18-24　带式输送机检修的工艺要点和质量要求

检修项目	工艺要点	质量要求
检查	（1）解体带式输送机； （2）检查传动装置； （3）检查输送带的厚度及磨损情况； （4）清洗检查轴承并测量其间隙； （5）检查托辊的磨损情况和轴承的间隙	（1）传动装置无裂纹、磨损情况，接合面光滑，密封填料清除干净； （2）输送带接口完好，输送带无磨损、划伤情况； （3）轴承无麻点、变形、裂纹，间隙不大于 0.25mm； （4）传动轴无弯曲变形； （5）托辊转动灵活，无磨损现象
复装与试运	（1）按拆卸的反顺序进行复装； （2）加油； （3）调整输送带的松紧度； （4）全部恢复后，送电试运； （5）检查轴承温度和输送带	（1）传动装置无裂纹、磨损情况，接合面光滑，密封填料清除干净； （2）输送带接口完好，输送带无磨损、划伤情况； （3）轴承无麻点、变形、裂纹，间隙不大于 0.25mm； （4）传动轴无弯曲变形； （5）托辊转动灵活，无磨损现象

2. 刮板输送机检修

刮板输送机检修工艺要点和质量要求见表 18-25。

表 18-25　刮板输送机检修工艺要点和质量要求

检修项目	工艺要点	质量要求
检查	（1）解体刮板输送机，断开刮板链条； （2）箱体内部清灰后，检查筒体的磨损变形情况； （3）清洗检查轴承，并测量间隙，热装轴承时，加热温度不超过 120℃； （4）检查前后传动轴无裂纹、弯曲现象，检查传动轮的磨损情况，磨损严重时，应进行更换； （5）检查刮板、链节及连接轴的磨损情况，测量刮板与箱体两侧的间隙	（1）内壁尺寸符合厂家的规定，一般变形量不超过 10%，磨损达 2/3 厚度时，应更换箱体； （2）轴承滚珠无麻点、变色、裂纹等缺陷，轴承间隙不大于 0.25mm； （3）传动轴无弯曲； （4）刮板、链节及连接轴无断裂及弯曲变形； （5）刮板与箱体两侧的间隙不小于 10mm
减速器检修	（1）检查齿轮的啮合、磨损情况； （2）内部清洗	（1）齿轮啮合良好，无严重磨损； （2）清洗干净
复装与试运	（1）按拆卸的反顺序进行复装； （2）加油； （3）全部恢复后，送电试运； （4）检查轴承温度和刮板是否跑偏，若刮板跑偏，应进行调整	（1）密封填料严密不漏，以防受潮； （2）油质合格； （3）转动无异声； （4）刮板运行平稳，无跑偏

3. 链斗输送机检修

链斗输送机检修工艺要点和质量要求见表18-26。

表18-26　链斗输送机检修工艺要点和质量要求

检修项目	工艺要点	质量要求
检查	（1）解体链斗输送机； （2）检查链斗和轴承的磨损变形情况； （3）清洗检查主动轴轴承、从动轴轴承，并测量间隙； （4）检查前后传动轴无裂纹、弯曲现象，检查传动轮的磨损情况，磨损严重时应更换； （5）检查链斗、轴承和导轨的磨损情况，测量导轨与轴承的间隙	（1）链斗变形符合厂家规定，一般变形量不超过10%，磨损达2/3厚度时，应进行更换； （2）轴承无变色、裂纹等缺陷； （3）前后传动轴无弯曲； （4）链斗、轴承和导轨无磨损，导轨与轴承的间隙符合厂家的要求
减速器检修	（1）检查齿轮的啮合、磨损情况； （2）内部清洗	（1）齿轮啮合良好，无严重磨损； （2）清洗干净
复装与试运	（1）按拆卸的反顺序进行复装； （2）加油； （3）全部恢复后，送电试运； （4）检查轴承温度和链斗是否倾斜，若链斗倾斜，应进行调整； （5）检查齿轮的啮合	（1）密封填料严密不漏漏，以防受潮； （2）油质合格； （3）转动无异声； （4）轴承温度符合厂家规定值； （5）链斗运行平稳，无倾斜； （6）齿轮啮合良好

4. 斗式提升机检修

斗式提升机检修工艺要点和质量要求见表18-27。

表18-27　斗式提升机检修工艺要点和质量要求

检修项目	工艺要点	质量要求
检查	（1）解体斗式提升机； （2）检查主轴对水平面的平行度； （3）检查链条的整体磨损情况，更换磨损严重的部件； （4）清洗检查主动轴轴承、从动轴轴承，并测量间隙； （5）检查前后传动轴无裂纹、弯曲现象，检查传动轮的磨损情况，检查料斗的磨损情况，有破损的予以更换； （6）检查链轮的磨损情况，必要时更换； （7）检修门、观察门开启灵活，密封性好	（1）要求平行度≤0.3/1000； （2）如果整体拉长严重，需更换整体链条。链条插销磨损超过1/2时进行更换； （3）轴承无变色、裂纹等缺陷； （4）前后传动轴无弯曲，磨损严重时应更换； （5）料斗变形符合厂家规定，一般变形量不超过10%，磨损达到2/3厚度时应更换； （6）链轮必须成对更换，键槽要匹配加工； （7）检修门保证检修方便，便于装卸料斗
减速器检修	（1）检查齿轮的啮合、磨损情况； （2）内部清洗	（1）齿轮啮合良好，无严重磨损； （2）清洗干净

续表

检修项目	工艺要点	质量要求
复装与试运	（1）按拆卸的反顺序进行复装； （2）加油； （3）全部恢复后，送电试运； （4）检查轴承温度和链斗是否倾斜，若链斗倾斜，应进行调整； （5）检查齿轮的啮合	（1）密封填料严密不漏漏，以防受潮； （2）油质合格； （3）转动无异声； （4）轴承温度符合厂家规定值； （5）链斗运行平稳，无倾斜； （6）齿轮啮合良好

四、渣仓系统

（一）渣仓系统设备

渣仓系统主要包括渣仓及渣仓上设置的电动葫芦、料位计、布袋除尘器、电动闸板、干式卸渣机和湿式卸渣机等。

1. 渣仓

渣仓是储备循环流化床锅炉的底渣的容器，如图 18-21 所示。每座渣库有效容积应根据这台锅炉产生的渣量来设计，并可储存锅炉 BMCR 工况 36h 燃烧设计煤种的排渣量。渣库顶部设置一台袋式过滤器，通常采用脉冲袋式除尘器，过滤渣库的排气，每台渣库下设置 1 台干式卸渣机和 1 台湿式卸渣机。

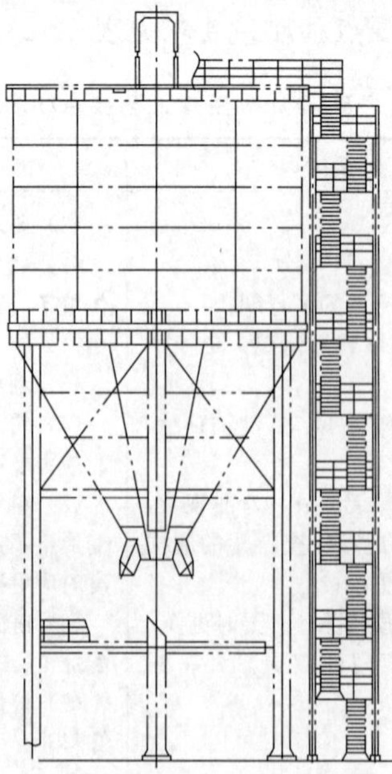

图 18-21　渣仓

渣仓的形状和表面应有利于灰渣排出，不易积渣。火电厂锅炉渣仓宜采用钢结构的圆筒仓形，下接圆锥形，其内壁应光滑耐磨。渣库顶部封闭，四周设栏杆，每座渣库设1个从零米到库顶的扶梯。每座渣库设有排出口，接干式卸渣机和接湿式卸渣机。渣库仓体由钢板焊制，厚度不小于10mm，渣库下部锥体角不小于60°。要求库顶脉冲袋式除尘器出风口气体含尘量小于50mg/m^3，出气流速度小于或等于0.6m/s。

2. 布袋除尘器

渣仓顶上的脉冲袋式除尘器原理和结构与常规布袋除尘器是一样的，只是过滤面积不同。脉冲袋式除尘器是一种国内外广泛应用的高效净化设备，它采用了先进的清灰技术，具有处理能力大、净化效果好、结构简单、工作可靠、维修量小等特点。袋式除尘器是一种高效干式除尘器。它是靠滤袋的纤维滤料阻留粉尘，更主要是通过滤袋表面上形成的粉尘层来净化气体的，除尘效率可达到99%以上。通常滤袋的形状多为圆柱形，其直径在120～300mm之间，长度可达10m。根据结构需要，滤袋也有扁状，其厚度及间距可只有25～50mm。袋式除尘器每小时处理风量可以从几百立方米到百万立方米。根据不同的滤袋形式、组合方式以及清灰方式等，袋式除尘器的种类有很多。

（二）渣仓系统设备检修

1. 渣仓系统检修项目

（1）检查仓体磨损情况；

（2）检查仓体耐磨材料的磨损情况；

（3）检查出渣管道磨损泄漏情况，并进行修补；

（4）检查、补焊除尘器箱体；

（5）检查、更换除尘器滤袋及压缩空气反吹管；

（6）检查、维修除尘器脉冲阀和控制阀；

（7）检查、更换除尘器喷吹管。

2. 渣仓检修

渣仓检修工艺要点和质量要求见表18-28。

表18-28　渣仓检修工艺要点和质量要求

检修项目	工艺要点	质量要求
仓体检修	（1）挖换补焊、磨损超标部位钢板； （2）检查仓体的磨损情况； （3）检查耐磨材料有无脱硫、变形现象	（1）仓体磨损超过2/3时，应大面积更换； （2）耐磨材料有脱落，予以修补

3. 渣仓布袋除尘器检修

布袋除尘器检修工艺要点和质量要求见表18-29。

表 18-29　布袋除尘器检修工艺要点和质量要求

检修项目	工艺要点	质量要求
滤袋更换	(1) 内部清灰，检查滤袋； (2) 拆除旧滤袋，装入新滤袋，更换过程中应防止工器具坠落； (3) 滤袋夹安装位置应符合厂家规定，笼骨固定牢固	(1) 滤袋无破损、堵塞； (2) 新滤袋应耐高温、耐磨、耐腐蚀，规格符合设计要求，平滑、无皱褶； (3) 笼骨安装牢固，无松动、歪斜，笼骨开焊或变形应更换
文丘里管检查	(1) 打开顶部法兰盖，清除积灰； (2) 检查文丘里管的磨损情况； (3) 检查脉冲管	文丘里管无泄漏，磨漏时应更换
复装	在人孔门和顶部法兰盖接合面上均匀涂抹密封胶	严密不漏

4. 系统附件检修

系统附件检修工艺要点和质量要求见表 18-30。

表 18-30　系统附件检修工艺要点和质量要求

检修项目	工艺要点	质量要求
电动葫芦检查	(1) 清理导绳器、外壳的油垢； (2) 检查导绳器、钢丝绳无破损缺陷； (3) 调整限位	(1) 油垢清理干净； (2) 导绳器完整，钢丝绳无破损、不紊乱； (3) 行程开关可靠，行程符合要求
料位计检查	检查料位计准确可靠性	当料位计不可靠时，应更换
真空释放阀检查	(1) 拆下栓销除锈，加油润滑； (2) 打开阀盖，检查隔膜的密封性能； (3) 检查弹簧的弹性	(1) 无锈蚀、卡涩现象； (2) 隔膜完整有弹性，与阀座接触紧密； (3) 弹簧齐全，弹簧弹性良好无锈蚀
气动插板阀检查	(1) 关闭气源并拆线； (2) 固定阀门后拆卸法兰螺栓； (3) 清理滑道积灰； (4) 检查阀板磨损、变形情况	(1) 密封件要清理干净； (2) 阀板平整不变形，磨损不超标； (3) 开关到位，操作灵活，接合面洁净平整不漏灰； (4) 阀板有明显磨损变形时应更换
搅拌机检查	(1) 拆卸链条、链轮，拆卸链轮应对正，避免强力拆卸； (2) 打开人孔门、清灰； (3) 拆卸堵塞喷嘴、疏通； (4) 检查筒壁、刮刀磨损情况； (5) 按拆卸的反顺序进行复装	(1) 链条、链轮无损伤； (2) 清灰干净； (3) 喷嘴全部畅通，雾化良好； (4) 筒壁磨损时应补焊，刮刀磨损、变形应更换； (5) 链轮、链条安装符合厂家规定

五、床料输送系统

（一）概述

床料输送系统作为循环流化床锅炉的独有系统，起着建立和维持炉内流化床层高度不变，保证锅炉稳定燃烧的作用。床料主要采用满足锅炉厂粒径级配要求的炉底渣、粗石灰石或石英砂等。不同形式的锅炉厂家和不同的床料添加方式对床料粒径级配要求不同，通常要求床料粒径为 0～3mm，最大可至 8m。

床料系统通常分为机械输送床料、气力输送床料和人工添加床料系统。机械输送床料系统用于锅炉启动床料的添加，根据不同锅炉厂的要求，常用于煤质折算灰分大于 12%时的工况。机械输送床料系统常用方案有两种，如图 18-22 所示。当锅炉床料系统的设置需同时满足启动和在线添加床料时，通常采用气力输送系统，典型流程如图 18-23 所示。人工添加床料系统通常由人工床料转运设备、电动单轨起重机等构成，由人工方式将启动床料经电动单轨起重机或电梯运输至运行层，再通过锅炉床料添加口向炉膛底部添加床料。

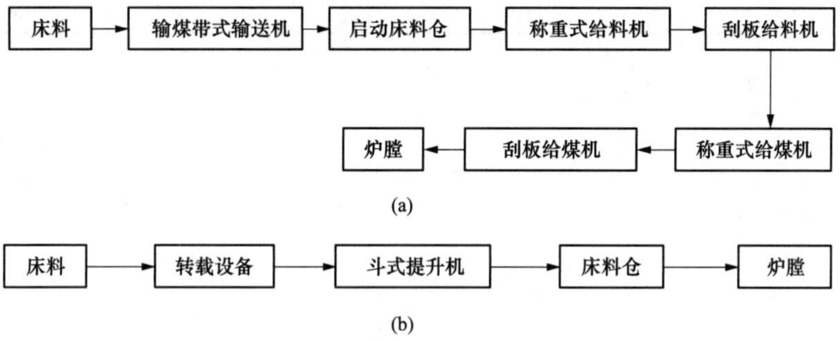

图 18-22　机械输送床料系统流程

（a）流程一；（b）流程二

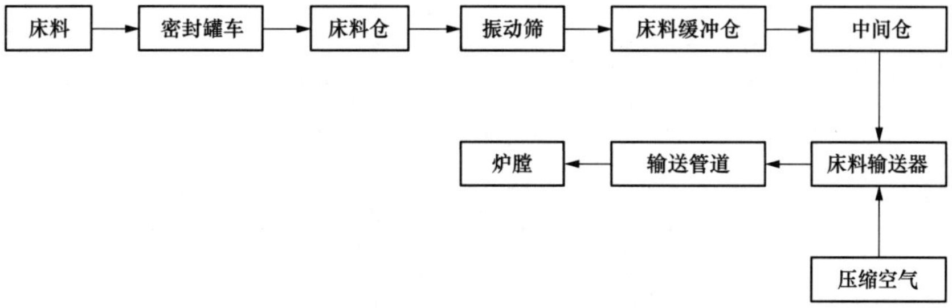

图 18-23　气力输送床料系统流程

机械输送床料添加系统主要由斗式提升机和刮板输渣机组成，其检修应按输渣机系统检修规定执行。气力输送床料添加系统主要为输送仓泵和输送管路。

（二）床料输送系统设备检修

床料输送系统检修工艺要点和质量要求见表18-31。

表18-31　床料输送系统设备检修工艺要点和质量要求

检修项目	工艺要点	质量要求
进料阀和泵体	（1）检查进料阀、排气阀等； （2）检查料位计、压力表、两联件； （3）检查泵体，气化装置	（1）进料阀、排气阀应启闭灵活，配套的气动缸动作灵活、行程正确； （2）料位计显示准确，专用压力表膜片无裂纹、穿孔，两联件无积尘、积水，油雾器内有适量的油； （3）泵体厚度若小于2mm，应更换； （4）气化管无堵塞，气化网无穿孔破裂
输送管路和补偿器	（1）检查输送管路、弯头； （2）检查补偿器	（1）输送管路、弯头无磨穿、无裂纹，焊口无爆裂； （2）补偿器的补偿量应大于系统在该处的膨胀量

第十九章　锅炉除灰除尘系统及技术

第一节　概　　述

电厂容量不断增大，锅炉排灰渣量日益增加，为保证电力发展的需要，火电厂除灰系统设备的选择，对锅炉除灰系统的稳定运行至关重要。

锅炉燃烧后产生的较细的灰分或较小的灰团，在高速烟气的带动下进入锅炉尾部竖井，其体积质量较大的颗粒或片状灰渣则积存在省煤器灰斗内，更为细小的灰分颗粒则进入锅炉后部的除尘器，经除尘器收集后，通过除灰系统排出。

除灰系统主要是将落入除尘器灰斗和省煤器灰斗的粉尘用压缩空气作为输送动力，通过除灰管道输送至灰库贮存，然后通过汽车外运。

目前火电厂的除灰方式大致可分为水力除灰、机械除灰和气力除灰三种。水力除灰是用带有一定压力的水，将除尘器灰斗、空气预热器灰斗、省煤器灰斗里面的灰通过冲洗水冲入灰浆池内，用灰浆泵打至浓缩机浓缩，浓缩后的浆液通过前置泵打至灰场。机械除灰是利用刮板机、输送带、刮板输送机等机械手段将灰输送至指定地点存放。气力除灰是一种应用最广泛的除灰方式，它是以空气为载体，借助于压力设备（正压或负压）在管道中输送煤灰的方法。

水力除灰系统由于其耗水量大，灰场占用空间大，灰分利用难度大及除灰管道维护运行成本高等问题，现火力发电厂很少采用。

气力除灰根据粉煤灰在管道中的流动状态大致可分为：悬浮流输送、集团流输送、部分流输送、栓塞流输送；根据压力大小，可分为动压输送和静压输送两大类；根据压力的不同，可分为正压系统和负压系统两大类；根据煤粉在输送过程中的物相浓度，可分为稀相气力除灰和浓相气力除灰。

气力除灰系统的分类就是按《火力发电厂除灰技术设计技术规程》的规定进行分类的。其中输送时灰气比的高低和输送时管道内气固两相流动的压力，气力输灰又可分为浓相、稀相、正压、微正压、负压等多种形式。目前各发电厂多采用正压除灰系统。

第二节　气力除灰系统

现火力发电厂以气力除灰为主要输灰形式，本节主要针对气力除灰系统设备及检修进行介绍。

一、气力除灰系统

1. 气力除灰系统工作原理

采用压缩空气为介质，通过高速流动的压缩空气将灰分带走。

电厂气力除灰是仓泵进料时，进料阀密封泄压，延时后进料阀开启，物料（粉煤灰）进入仓泵至料位计动作，进料阀关闭并延时，进料阀关闭，出料阀打开压缩空气进入泵体内，物料汽化，同时泵体内压力上升，当压力升至极限压力值时，出料阀密封垫泄压阀打开，此时物料（粉煤灰）被送入输灰管道内，输送空气压缩机的气体经进气阀进入输送管道内，通过补气阀和助吹阀组件的助吹，物料（粉煤灰）被送入灰库。当物料输送结束后，泵体系统内压力释放至大气压力，出料阀关闭，一次输灰过程结束。

2. 气力除灰系统的组成

气力除灰系统主要由高压静电除尘器、压缩空气系统（包括空气压缩机、干燥机、储气罐）、仓泵系统（包括进料阀、出料阀、平衡阀、平衡管和仓泵底部流化盘）、灰斗气化系统（气化风机、灰斗气化板、电加热器）、灰库（气化风机、除尘器、库顶切换阀、散装机）、灰管道组成。

3. 气力除灰系统的形式

（1）主要形式。主要有单管输送和双套管输送两种形式。单管输送，为防止堵塞，需加大空气量，提高流速，从而造成磨损严重。双套管输送是根据堵管部位，自动调节空气压力及流速，形成自平衡，从而保证不堵管，减少磨损。

（2）双套管密相气力输灰的工作原理。双套管密相气力输灰是一种正压浓相气力输送系统，与常规正压气力除灰相比，其最主要不同是该系统采用了特殊结构的输送管道：双套管。其工作原理是：在输送管内上方增设一根辅助空气管，辅助空气管上每隔一定距离设置一个开口，开口中安装节流板，飞灰在输送气的作用下，以较低的速度向前运动。当管内飞灰出现沉积时，输送空气从辅助空气管中流过，并在开口处喷出，扰动沉积下的灰，将积灰扰动吹散，使飞灰继续向前输送。不断地扰动使飞灰输送实现密相、低速输送而不堵管，确保系统的安全可靠运行。

（3）双套管的控制系统有三种方式：自动程控运行、软手操运行、就地手操。

1）自动程序控制：所需控制的设备按预先设定的程序流程由 PLC＋PC 自动控制运行。

2）软手操运行：在上位机的 CRT 上用鼠标和键盘对生产过程和所控设备进行人工干预及点对点的操作。

3）就地手操：在就地操作箱上通过转换开关人工对阀门进行操作，手动模式一般在调试单一阀门是否完好或非正常工况下可采取的应急输灰方式。

（4）影响气力除灰的5大因素。

1）压缩空气品质。

压缩空气是气力除灰的原动力，因此压缩空气的品质直接影响气力除灰的正常运行。压缩空气的品质主要是指压缩空气的压力、压缩空气的净化程度。气力除灰所需要的压缩空气的压力有一个最低值0.55MPa。在灰泵送灰过程中，若压力低于这一值时，会出现两种情况，一是输灰管道容易堵塞，灰泵送不出去灰；二是输灰时间增长。压缩空气的净化程度对气力除灰影响也比较大。压缩空气中含有大量的水，首先水分影响灰的流化；另外，大量的水分带到灰库，经过一段时间后，引起灰板结，灰的流动性会更差，又直接影响灰库的放灰。

2）灰的流动性。

灰在输送的过程中，都必须将灰流化，以增强灰的流动性。灰的形式虽然差别很大，但都有一个共同的部件——“流化组件”。因为灰的流动性直接影响灰的输送。所以，灰的流动性强弱是气力除灰的关键。

3）灰的粒度。

通常情况下，灰的粒度越小，灰的流动性越强；灰的粒度越大，灰的流动性越差。单位质量的灰，粒度越小，灰的表面积越大，灰吸附的烟气越多，灰的比重也越小，灰不容易板结；另外，灰粒越小，灰粒质量越小，烟气越容易托浮起灰粒。灰的粒度越小，灰的流动性越强，灰越容易输送。细灰价格高，而且容易出售，这不仅仅是因为细灰能够直接被利用，还因为细灰容易输送的原因。

4）节流孔板孔数的调整。

灰的流化是指灰泵通过流化组件，利用压缩空气将灰吹散开，并形成一定的气灰比，气灰以一定的速度向前运动。对于某一粒度的灰，气灰比有一个最佳值，这个值既能保证将灰输送出去，又能保证用气量最少。当气灰比高于最佳值时，灰也能够被输送出去，但是用气量大，灰在输灰管道里流速高，而灰的流速越高，灰对管道的磨损也就越严重。现在提倡“浓相”气力除灰，目的就是尽量减小灰的输送速度。当气灰比低于最佳值时，灰的流动性相对差，灰容易在输灰管道里沉积，出现输灰管道堵塞现象。

5）输灰管道的内径。

输灰管道的内径与灰泵的大小及节流孔板的孔数相匹配。在进行气力除灰设计时，设计院根据锅炉的出力，灰库的距离，以及燃煤的灰分情况进行计算，选取灰泵的型号，配置相应的输灰管道。当灰泵型号及输灰管道确定后，节流孔板的总孔数也就基本确定下来。输灰管道内径大，与之相匹配的灰泵大，节流孔板的孔数也多。

二、气力除灰系统检修标准项目

气力除灰系统检修标准项目见表 19-1。

表 19-1　气力除灰系统大修标准项目

序号	标准检修项目	备　注
1	检修入口膨胀节	
2	检修手动插板门	
3	检修止回阀	
4	检修入口圆顶阀、进料阀、平衡阀、出口阀、排气阀	
5	检修仓体	
6	检修压缩空气气源控制系统	
7	检修管路切换阀	
8	检修仓泵及管路附件	

三、气力除灰系统检修工艺及质量标准

气力除灰系统检修工艺及质量标准见表 19-2。

表 19-2　气力除灰标准检修工艺及质量标准

序号	检修项目	标准工艺	质量标准
1	入口膨胀节检修	（1）焊接牢固，无脱焊、无脱落； （2）膨胀节无裂纹，无磨损	
2	手动插板门检修	（1）检查密封面应无裂纹、沟痕、松动等现象，对上述不能消除的缺陷应更换； （2）阀体、阀盖出现裂纹可采用补焊法修复，填料压盖、手轮出现裂纹应更换； （3）阀杆螺母应与阀杆配合适宜，螺母出现配合松弛、乱扣等缺陷应更换； （4）更换盘根时，填好盘根，紧好压盖螺栓；压紧盘根时，应同时转动一下阀杆，以检查盘根紧固阀杆的程度；阀杆转动灵活，无卡涩现象	（1）密封面沟痕在 0.5mm 以内可进行研磨工作；密封面出现轻微裂纹及 0.5mm 以上的沟痕可用焊补法修复； （2）盘根的宽度、长度应合适，并剪成 45°的坡口对接；盘根的剪口每层之间要错开 120°左右，装填高度为填料室高度的 80%～90%
3	仓泵各类阀门检修	（1）阀门开启灵活无卡涩； （2）进料阀、平衡阀、出口阀阀体、阀芯磨损超标应更换； （3）检查气动进气阀动作是否正常，关闭时密封是否可靠，检查气源三联件上压力表是否在 0.45～0.5MPa 之间检查气源三联件上油杯是否缺油，清理过滤器内的滤筒或更换	进料阀、平衡阀、出口阀阀体、阀芯磨损超过原厚度 1/3 应更换

续表

序号	检修项目	标准工艺	质量标准
4	压缩空气气源控制系统检修	(1) 压缩空气气源系统连接严密，无泄漏； (2) 管路无变形磨损现象，气源压力正常	
5	孔板或流量调节阀的检修	检查仓泵空泵加压时间是否与设定时间相符，如不相符，应检查孔板孔径或流量调节阀开度是否变化并作相应调节，使之接近	
6	仓泵及管路附件检修	(1) 管路无泄漏，止回阀阀芯无磨损； (2) 气化旋流组件完好，无脱落； (3) 检查仓泵本体磨损、腐蚀、裂缝情况并检查修补	(1) 管路无泄漏； (2) 仓泵磨损超过原壁厚的 2/3 时挖补更换

四、气力除灰系统常见故障及处理

气力除灰系统常见故障及处理见表 19-3。

表 19-3　气力除灰系统常见故障及处理

序号	故障情况	故障原因	处理方法
1	关闭进料、出料、平衡阀，打开进气阀，仓泵压力升高缓慢，切断进气阀，仓泵压力逐渐下降	可能为进料阀漏气	检查进料阀密封垫、压板，如压板出现磨损，应更换
2	进料阀无法启闭，或关不到位	进料阀转轴卡死	(1) 检查铜套是否缺油，若仍无法启闭，则给转轴座喷入清洗剂进行清洗，或拆下清洗及更换密封圈； (2) 若进料阀启闭不到位，则应调整气缸或调节螺栓直至正常
3	出料阀无法正常开启，气缸无法拉动抽杆，或抽杆拉动不到位	出料阀卡阻	增加气源三联件上调节阀的压力，若仍无法启闭，则拆下出料阀，用压缩空气清除阀腔内的结灰，并调整纸垫的层数
4	仓泵内无法升压	进气阀无法正常开启	检查气源三联件上调压阀压力，适当升高调压阀压力至 0.5MPa，如仍无法打开进气阀，则拆开检修或更换
5	进气阀无法关闭或关闭后漏气，仓泵压力持续升高	进气阀卡阻	拆下进气阀检修或更换

第三节 静电除尘器

静电除尘器是利用电力除尘的装置，其原理是利用高压直流电晕电场使粉尘荷电，当尘粒带电后由于库仑力的作用，与气体分离。静电除尘器结构主要包括电气和机械两大部分。

一、静电除尘器工作原理

电源经整流滤波后产生高压直流电压加到交流侧的电极板上形成脉冲波形。在脉冲电流的作用下，气体分子被电离并产生大量电子和离子（即正电荷），这些自由电子和离子在气流中运动时受到电场力作用而向周围扩散。当气流中的尘粒受到负离子的碰撞或吸附等综合因素的影响而被极化时就会发生电荷转移现象，此时它们所带的电量将达到其本身的静电力所能平衡的电场强度，从而使粒子间相互排斥而沉积于集灰极上并被清除掉。

利用高压直流不均匀电场使烟气中的气体分子电离，产生大量的电子和离子，在电场力的作用下向两极移动，在移动过程中气流中的粉尘颗粒使其荷电，荷电粉尘在电场力的作用下与气流分离向极性相反极板或极线运动，荷电粉尘达到极板或极线时，由静电力吸附在极板或极线上，通过振打装置使粉尘落入灰斗而使烟气净化。

二、静电除尘器组成

静电除尘器主要由内部件和外部件组成，外部件主要有钢架、底梁、灰斗、进口喇叭口、出口喇叭口、内顶盖、外顶盖及所有平台、梯子等组成。内部件主要有阳极系统、阴极系统、振打系统、保温箱、电源动力箱等；阳极系统包括极板悬吊梁、悬吊装置、阳极板、振打机构等；阴极系统包括阴极框架、阴极悬挂系统、防摆装置及振打装置等。其结构示意图见图 19-1。

三、静电除尘器检修标准项目

静电除尘器检修标准项目如表 19-4 所示。

表 19-4 静电除尘器检修标准项目

序号	标准检修项目	备 注
1	内部清灰	
2	阳极系统检修	
3	阴阳极振打系统检修	
4	阳极框架、阳极板排等装置检修	
5	气流分布板、槽形板、导流板检修	
6	壳体检修	
7	灰斗检修	

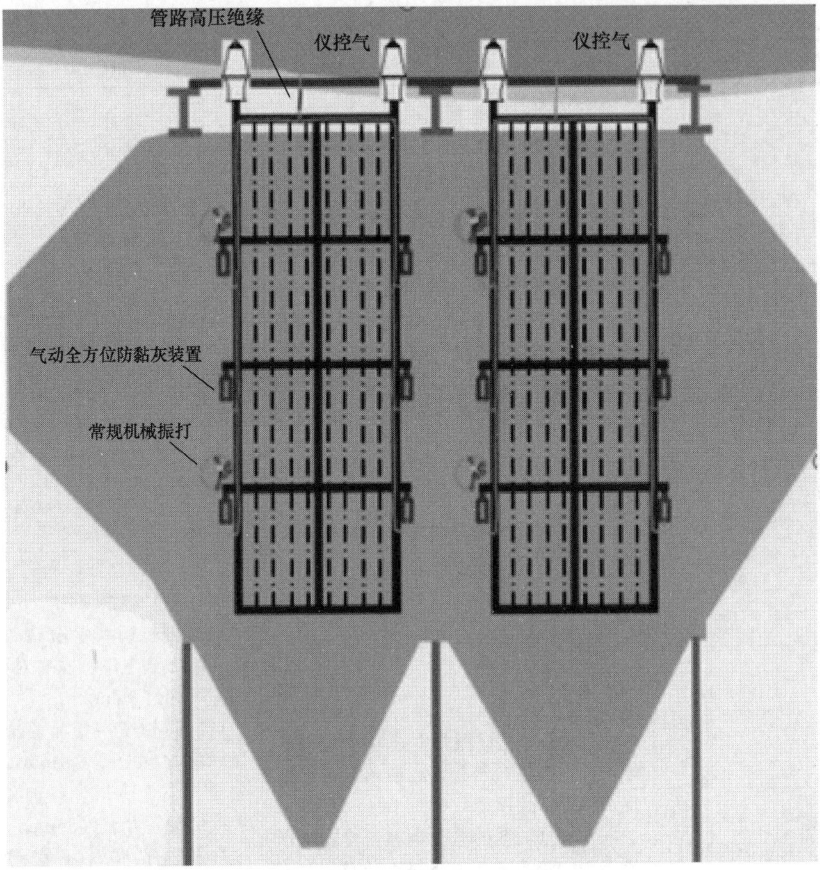

图 19-1　静电除尘器结构示意图

四、静电除尘器检修工艺及质量标准

1. 静电除尘器检修工艺及质量标准

静电除尘器检修工艺及质量标准见表 19-5。

表 19-5　静电除尘器检修工艺及质量标准

序号	检修项目	检修工艺	质量标准
1	电场本体的清扫	（1）机组停运后应避免立即打开人孔门降温，当内部温度降至 40℃以下时，方可进入工作。 （2）清灰前检查：检查阳极板、阴极线、气流分布板、槽板的积灰情况并分析积灰原因。 （3）清灰：清理电场内部包括阴极、阳极及振打装置、槽板、灰斗、进出口封头及导流板、气流分布板上的积灰。 （4）清灰后检查：机械清灰结束后，可根据清灰情况，自上而下，由入口至出口按顺序进行人工清灰，重点清理待检修部位的积灰	（1）大型电除尘器电场自然冷却时间一般不少于 8h，避免温度骤变时除尘器内部构件弯曲变形。 （2）清理部件表面积灰应保持干燥，便于检查检修，防止设备腐蚀。 （3）必要时进行化学水冲洗。 （4）结构表面无积灰、结垢；做好检查记录及登记工作，分析缺陷原因，为检修提供可靠资料

续表

序号	检修项目	检修工艺	质量标准
2	阳极板检修	(1) 检查阳极板弯曲、变形情况并进行校正，根据要求用木锤锤击调整。 (2) 检查阳极板锈蚀和电蚀情况，分析原因并消除，损伤的极板进行修补或更换。 (3) 检查阳极板上的固定销轴、凸凹套的定位焊接，检查悬挂式极板方孔及悬挂钩的变形、磨损情况。 (4) 检查阳极板板排连接腰带的固定螺栓及焊接。 (5) 检查阳极板与灰斗处的热膨胀裕度。 (6) 测量阳极板同极距，根据误差允许值整定使其达到要求	(1) 平面误差不大于5mm。 (2) 对角线偏差不大于10mm。 (3) 无开焊、磨损、变形。 (4) 螺栓无松动，焊接无脱焊。 (5) 无变形或卡涩。 (6) 同极距允许偏差为±10mm
3	阳极振打装置检修	(1) 检查承击砧振打中心偏差、磨损、承击砧与锤夹是否松动、脱落或碎裂情况，并进行处理。 (2) 振打轴系的检查调整：检查轴承座是否变形，定位轴承是否位移，并恢复到原来的位置。 (3) 振打连接部位检修发现缺陷进行处理。 (4) 摆线针轮减速机检修	(1) 振打锤和承击砧的接触位置做到上下、左右对中，偏差不超过3mm。 (2) 同轴度在相邻两轴间轴承座之间公差≤1mm，在轴全长小于3mm，各轴套的径向跳动不大于0.5mm。 (3) 补偿垫片不宜超过3个。 (4) 在锤头厚度方向上的接触长度应不小于锤厚度75%。 (5) 连接良好无锈牢情况。 (6) 偏心轮磨损。 (7) 轴承与轴配合不大于0.03m/m
4	阴极线检修	(1) 检查阴极线是否脱落、松动、断线、找出原因予以处理。 (2) 检查各种类型阴极线的性能状态并做好记录。 (3) 芒刺线——放电极尖端钝化及芒刺脱落，两尖端距离调整情况。 (4) 螺旋线——松紧度，电蚀情况。 (5) 更换阴极线。 (6) 选用同型号、规格的阴极线，更换前检测阴极线是否完好，有弯曲的进行校正处理，使之符合制造厂规定的要求。更换螺旋线时，注意不要拉过头，焊接要无毛刺尖角伸出	阴极线无松动、断线、脱落现象，电场异极距得到保证，阴极线放电性能良好

续表

序号	检修项目	检修工艺	质量标准
5	阴极振打装置检修	(1) 检查承击砧、锤头振打中心偏差情况以及承击砧与锤头磨损、脱落与碎裂情况，具体同阳极振打。 (2) 对承重轴承、振打轴的检查同阳极振打。 (3) 振打连接部位检修，检查万向节法兰、连接螺栓是否齐全，有无断裂，若有予以更换或焊补，检查并更换有裂纹和局部断裂点的万向节。 (4) 振打减速机检修同阳极振打，同时拆下链条链轮进行清洗，有无链条的磨损情况，磨损严重的予以更换，安装后加入少量润滑油，注意链条松紧度	(1) 参照阳极振打标准，按照阳极振打锤与承击砧的大小比例关系；选取中心偏差。 (2) 参照阳极振打。 (3) 链条链轮无锈蚀，不打滑，不咬死
6	阳极振打小室检修	阳极振打小室及瓷转轴检修： (1) 阳极振打小室清灰及密封处理。 (2) 瓷转轴的积灰清除，检查是否有裂纹及放电痕迹，并处理；在更换前应进行耐压试验	(1) 小室无积灰，穿轴处密封良好。 (2) 更换电瓷转轴前试验电压为1.5倍电场额定的交流耐压值，历时1min不闪络
7	灰斗的检修	(1) 灰斗内壁腐蚀情况检查，对法兰接合面的泄漏、焊缝的裂纹和气孔；结合设备运行时的漏灰及腐蚀情况加强检查，视情况进行补焊堵漏，补焊后的疤痕必须用砂轮机磨掉以防灰滞留堆积。 (2) 检查灰斗角上弧形板是否完好，与侧壁是否脱焊，补焊后必须光滑平整无疤痕以免积灰。 (3) 灰斗四角光滑无死角；检查灰斗内阻流板，发现有脱落位移等及时进行复位及加固补焊处理，灰斗不变形、支撑结构牢固。 (4) 检查分布板的磨损情况及分布板的平面度，对出现大孔的分布板应按照原来的开孔情况进行补贴，对弯曲的分布板进行校正，对磨损严重的分布板予以更换	(1) 灰斗内壁无泄漏点，无容易滞留灰的疤点。 (2) 灰斗四角光滑无变形

续表

序号	检修项目	检修工艺	质量标准
8	进出口封头、槽形板检修	（1）检查并记录进、出口封头内壁及支撑件磨损腐蚀情况，必要时在进口烟道中调整或增设导流板，在磨损严重部位，增加耐磨衬件；对渗水、漏风部位进行补焊处理，对磨损严重的支撑件予以更换。 （2）检查进、出口封头与烟道的法兰接合面是否完好，对内壁的凹塌处进行修复并加固；进行气流分布均匀性测试，并按测试结果进行导流板角度、气流分布板开孔情况调整，直至符合要求。 （3）检查槽形板的磨损、变形情况并进行相应的补焊、校正、更换处理；检查导流板的磨损情况、如有磨损应更换或补焊；检查出口封头处格栅（方孔板）是否堵塞，消除孔中积灰，对磨损部位进行补焊；对楼梯、平台、栏杆、防雨棚进行修整及防锈保养	（1）质量标准：保温材料厚度建议为100～200mm；保温层应填实，厚度均匀；满足当地保温要求，覆盖完整，金属护板齐全牢固，具备抗击当地最大风力。 （2）进、出口封头无变形、泄漏，过度磨损。 （3）磨损面积超过30%时应整体更换
9	壳体检修	（1）壳体内壁腐蚀情况检查，对渗水及漏风处进行补焊，必要时用煤油渗透法观察泄漏点；检查内壁粉尘堆积情况，内壁有凹塌变形，应查明原因进行校正，保持平直以免产生涡流。 （2）检查各人孔门（灰斗人孔门、电场检修人孔门，阴极振打小室检修门，绝缘子室人孔门）的密封性，必要时更换密封填料，对变形的人孔门进行校正，更换损坏的螺栓；人孔门上的“高压危险”标志牌应齐全、清晰。 （3）检查除尘器外壳的保温情况；保温层应填实，厚度均匀	（1）壳体内壁无泄漏、腐蚀，内壁平直。 （2）人孔门不泄漏，安全标志完备

2. 静电除尘器电气部分检修工艺及质量标准

静电除尘器电气部分检修工艺及质量标准见表19-6。

表 19-6　静电除尘器电气部分检修工艺及质量标准

序号	检修项目	检修工艺	质量标准
1	整流变压器检修	（1）整流变压器吊芯检查处理：吊芯时要严防工具、杂物掉入变压器内，起吊过程中要有专人指挥，专人监护；器身不能与外壳及其他硬物件相碰，起吊完毕后应将器身稳定；吊芯检查时拆除整流变压器接线盒处的各输入输出引线并做好标记，以便结束恢复原接线： 1）磁路检查处理：检查磁路中的紧固部件是否松动，紧固时不能损伤绝缘部件；检查铁芯是否因短路产生涡流而发热严重；表面有无绝缘脱落、变色等过热痕迹，发现后进行恢复绝缘强度处理，严重时可返厂检修。 2）油路检查处理：检查油色，检查油路畅通情况，油箱内应无杂物，进行无渗漏检查，出现渗漏油处及老化的橡胶垫应更换。 3）电路检查处理：检查各线圈的固定及线圈绝缘情况，对松动部位进行固定绑扎，对发热严重部位要查明原因并进行局部加强绝缘处理；更换烧毁的高低压线圈（返厂处理），检查各高压绝缘部件的表面有无放电痕迹，对绝缘下降的部件进行加强绝缘处理或更换。 对高压输出连接部位、部件进行检查，更换有裂纹的导线，调整错位的刀片和刀架；检查高、低压线圈是否有故障，并采用磁场变化试验。 （2）整流变压器油耐压试验。 （3）每次大修时必须对变压器油进行一次耐压试验	（1）表面油漆无脱落，外壳无锈蚀。 （2）瓷件无破损及放电痕迹，表面清洁无污染。 （3）油枕油位正常，呼吸器完好无损，干燥剂无受潮现象（变色部分不超过 3/4）。 （4）箱体密封良好，无漏油现象；铁芯无过热，表面油漆无变色，各紧固部件无松动，轭铁、穿芯螺栓对地绝缘良好，绝缘大于 5Ω（1000V 绝缘电阻表），铁芯无二点接地良好（用万用表测量）。 （5）油路畅通，油色清晰无杂质，油箱内清洁无杂物。 （6）内壁无腐蚀及渗漏油现象。 （7）各密封橡胶垫无老化现象。 （8）内部焊线无虚焊、脱焊现象，硅整流元件、均压电容无击穿迹象。 （9）高压取样电阻无变形、松动、放电或过热情况，高低压线圈无绝缘层开裂、变色、发脆等损坏痕迹。 （10）线圈焊线无松动现象，高压绝缘板、高压瓷件无爬电、碎裂、击穿痕迹；高低压屏蔽接地良好，插入式刀片与刀座无错位、接触不良及飞弧现象。 （11）送电进行耐压试验正常
2	静电除尘器的高压回路检修	（1）阻尼电阻的检修，对阻尼电阻清灰、检查，测量阻尼电阻的电阻值，对电气连接点接触情况进行检查处理，绝缘杆处理。 （2）裂缝碳化时应更换。 （3）整流变压器及电场接地检查处理，检查整流变外壳接地是否可靠。检查整流变工作接地（即＋端接地）应单独与地网相连接，若有接地线松动腐蚀、断线或不符合要求的接地线情况存在，要采取补救措施；发现严重腐蚀时，要更换或增设接地线。	（1）阻尼电阻外观检查无断线、破裂、起泡，绝缘件表面无烧灼与闪络痕迹，与圆盘连接部位无烧熔、接触不良现象，电阻值与设计值一致。 （2）整流变压器外壳应接地良好，整流变压器正极工作接地应绝对可靠，整流变压器接地及电场接地电阻小于 1Ω，其中与地网连接电阻宜不大于 0.1Ω。 （3）外观检查各支撑瓷瓶无裂纹、放电痕迹，表面清洁无污染，开关操作灵活、轻松，行程满足要求，分合准确到位，开关动、静触头接触良好，闭锁可靠。

续表

序号	检修项目	检修工艺	质量标准
2	静电除尘器的高压回路检修	(4) 高压隔离开关： 1) 外观检查及机构调整； 2) 用软布轻试瓷瓶，更换破裂瓷瓶；检查动、静触头接触情况，锈蚀造成操作不灵活时应进行除锈，严重时应更换；更换磨损严重的影响开关灵活、可靠操作的瓷瓶； 3) 绝缘测试： 一般情况下仅用绝缘电阻表进行绝缘检查，确有必要可以进行全电压试验，对即将换上去的高压瓷瓶进行耐压试验，电场中其余高压绝缘部件也按此标准进行。 高压电缆检修： 检查电缆外皮是否损伤，并采取相应补救措施，检查电缆头是否有渗油、渗胶、过热及放电痕迹。 预防性试验合格	(4) 2500V 绝缘电阻表摇测绝缘电阻≥100MΩ；全电压试验：试验电压为 1.5 倍额定电压，历时 1min 不闪络。 (5) 电缆头无渗油、漏胶、过热及放电情况，电缆终端头保护接地良好，外壳或屏蔽层接地良好，电缆外壳完好无损
3	高低压控制系统及安全装置检修	(1) 整流变压器保护装置及安全设施检修，拆下温度计送热工专业人员校验；瓦斯继电器送电保专业人员校验，油位计现场检查。 (2) 高压取样测量回路检修：高压取样电阻通过 2500V 绝缘电阻表来测量串联元件中有无摔损坏情况，测量时注意极性（反相测量），二次电流取样电阻及二次电压测量电阻用外用表来测量，测量时将外回路断开，第一测的数据作为原始数据记入设备档案，用 500V 或 1000V 绝缘电阻表来检查测量回路电压保护的压敏元件特性是否正常，测量时须将元件两端都断开。 (3) 电抗器检修：检查电抗器的接头是否过热，有无接触不良情况，瓷瓶是否完好，油浸式电抗器是否有渗漏油情况，检查电抗器固定是否松动，必要时作解体检修。 (4) 高低压控制柜检修： 1) 外观检查处理：对高低压柜进行清灰，检查各回路是否完好，元器件是否完整；主要元器件性能检查处理： 2) 晶闸管的检查、轴流风扇的检查、空气开关的检查、控制器的检查； 3) 表计校验。 (5) 电动机的检修。 (6) 电加热检修	(1) 整流变压器的油位、油温指示计、瓦斯继电器等外观完好，指示清晰，表面清洁，瓦斯继电器及温度指示计应经校验合格，报警及跳闸回路传动正确。 (2) 取样回路屏蔽线完好，一端可靠接地，高压取样电阻、二次电压测量电阻及二次电流取样电阻与制造研制原设计配置值一致，偏离值超过 10%时应查明原因予以更换或重新配组，并重新校正。 (3) 瓷套管应完好，无裂缝破损，箱体无渗漏油，接头处接触良好，无过热现象。 (4) 保护装置送校验。 (5) 三相接线无松动、过热；绝缘电阻≥0.5Ω。 (6) 电动机线圈及轴承温升正常，无异常振动及声响，接头与电缆无过热现象；绝缘电阻≥1MΩ；电加热器无短路及开路情况

续表

序号	检修项目	检修工艺	质量标准
4	空载试验	电除尘全部工作结束后进行两次空升试验： （1）静态空升。 （2）动态空升。 （3）空升前应做的各项安全措施及操作步骤如下： 1）检查工作现场是否清扫干净，各接地部分应可靠接地，各人孔门关好上锁，设备危险区应无工作人员及其他人员； 2）开动阴阳极振打及分布板振打并检查工作情况； 3）检查主回路各部分接线是否正确； 4）检查电源电路电压是否正确，高压隔离开关手柄应在“硅整流器—电场”位置； 5）检查整流变压器各端子接线是否正确； 6）向各电场依次送电，观察电压、电流上升情况，第一、二电场一般能缓慢上升到 58kV 左右，第三、四电场一般能缓慢上升到 70kV 左右，空载电流可达到额定值	

五、静电除尘器检修注意事项

（1）在静电除尘器内部及外部高空检修作业按高空作业有关规定执行。

（2）静电除尘器内部进行检修需在停炉后进行自然冷却或通风冷却、静电除尘出口温度降至 40℃以下，排除静电除尘器内的余气后进行。在静电除尘内进行检修过程中应始终保持良好的通风状态。

（3）进入静电除尘器内部进行工作，必须将高压隔离开关置于接地位置，用接地线对高压硅整流变压器输出端电场进行放电，每个供电区集尘极均应做好接地措施，以防电场有残余静电。

（4）进入静电除尘器电场内部检修前，静电除尘器各加热系统解列，停止全部转动设备并停电，检修期间严格执行停、送电操作制度。

（5）进入静电除尘器内部检修前，各个灰斗内应无存灰。

（6）进入静电除尘器电场内部检修，至少应 2 人，其中 1 人负责监护，静电除尘人孔门外部另外安排一人负责接应。

（7）静电除尘器内部检修用照明电压不大于 36V，电焊线不应有漏放电处。

（8）静电除尘器内部检修完毕后，清理检修时的杂物及临时焊接部件，并且不能留有尖角、毛刺，检修工具不得丢弃在电除尘电场内部。

六、静电除尘器常见故障及处理方法

静电除尘器常见故障及处理方法见表 19-7。

表 19-7 静电除尘器常见故障及处理方法

序号	故障情况	故障原因	处理方法
1	二次工作电流大，二次电压升不高，甚至接近于零，高压开关合上后，重复性跳闸	（1）放电极高压部分可能被导电性异物接触； （2）折断的阴极线与阳极板搭通造成短路； （3）高压回路已短路； （4）某处绝缘子严重积灰而击穿	（1）清除异物； （2）更换已断阴极线； （3）检修高压回路； （4）清除积灰结露，更换已击穿绝缘子
2	电压升不高，电流很小，或电压升高就产生严重闪络而跳闸（二次电流很大）	（1）由于绝缘子加热元件失灵和保温不良而使绝缘子表面结露，绝缘性能下降，引起爬电；或电场内烟气温度低于实际露点温度，导致绝缘子结露引起爬电； （2）阴阳极上严重积灰，使两极之间的实际距离变近； （3）极距安装偏差大； （4）壳体焊接不良，人孔门密封差，导致冷空气冲击、阴阳极元件致使结露变形，异极距变小； （5）不均匀气流冲击加上振打的冲击引起极线晃动，产生低电压下严重闪络； （6）灰斗灰满，接近或碰到阴极部分，造成两极间绝缘性能下降； （7）高压整流装置输出电压较低； （8）在回路中其他部分电压降低较大（如接地不良）	（1）更换修复加热元件或保温设施，擦干净绝缘子表面；烟温低于实际露点温度，设备不能投入运行； （2）检修振打系统； （3）检查调整异极距； （4）补焊外壳漏洞，紧闭人孔门； （5）调整气流分布均匀性； （6）疏通排、输灰系统，清理积灰，检查灰斗加热元件，使灰斗不堵灰； （7）检修高压整流装置； （8）检修系统回路
3	二次电流不规则变动	电极积灰，某个部位极距变小产生火花放电	清除积灰
4	二次电流周期性变动	电晕线折断后，残余部分晃动	换去断线
5	有二次电压而无二次电流或电流值反常的小	（1）粉尘浓度过大出现电晕闭塞； （2）阴阳极积灰严重； （3）接地电阻过高，高压回路不良； （4）高压回路电流表测量回路断路； （5）高压输出与电场接触不良； （6）毫安表指针卡住	（1）改进工艺流程，降低烟气的粉尘含量； （2）加强振打清除积灰； （3）使接地电阻达到规定要求； （4）修复断路； （5）检修接触部位，使其接触良好； （6）修复毫安表

续表

序号	故障情况	故障原因	处理方法
6	火花过多	人孔漏风，湿空气进入，锅炉泄漏水分，绝缘子脏	采用针对性措施处理
7	除尘效率不高	（1）异极间距超差过大； （2）气流分布不均匀，分布板堵灰； （3）漏风率大工况改变，使烟气流速增加，温度下降，从而使尘粉荷电性能变弱； （4）尘粒比电阻过高，甚至产生反电晕使驱极性下降，且沉积在电极上的灰尘中和很慢，黏附力很大，使用振打后难以脱落； （5）高压电源不稳定，质量差；电压自调系统灵敏度下降或失灵，使实际操作电压低； （6）进入电除尘器的烟气条件不符合本设备原始设计条件，工况改变； （7）设备有机械方面的故障，如振打功能不好等； （8）灰斗阻流板脱落，气流旁路	（1）调整异极距； （2）清除堵灰或更换分布板； （3）补焊堵塞漏风处； （4）烟气调整，调整工作状况； （5）检修或更换高压电源； （6）根据修正曲线按实际工况考核效率； （7）检修振打，使其转动灵活或更换加大锤重力； （8）检查阻流板并作处理
8	排灰装置卡死或保险跳闸	（1）有掉锤故障； （2）机内有杂物，铁块排入排灰装置； （3）若是拉链机则可能发生断裂故障	停机修理

第四节 灰 库 系 统

燃煤电厂的灰库作为气力除灰系统的终端设备，用于储放火力发电厂仓泵等输送来的飞灰暂时存储粉煤灰的装置。灰库一般配置有防止扬尘的除尘和进灰、卸灰设备的密闭容器。灰库可根据用户要求，采用混凝土结构或钢结构，容积规格根据用户需求设计。

一、灰库系统组成

灰库系统由灰库本体、库顶设备、排气、料位指示料位计、灰库气化系统、卸料系统等组成。主要设备有库体（混凝土结构或钢结构）、脉冲袋式除尘器、压力真空释放阀、库底卸料器、双轴加湿搅拌机、干灰散装机、空气电加热器、气化风机、气化槽等。

二、灰库系统设备

（一）双轴搅拌机

1. 双轴搅拌机概述

双轴搅拌机利用两根呈对称状的螺旋轴的同步旋转，在输送干灰等粉状物料的同时加水搅拌，均匀加湿干灰粉状物料，达到使加湿物料不冒干灰又不会渗出水滴的目的，从而便于加湿灰装车运输或转入其他输送设备。

2. 双轴搅拌机检修标准项目

双轴搅拌机检修标准项目见表19-8。

表19-8　双轴搅拌机大修标准检修项目

序号	标准检修项目	备　注
1	叶片检查及更换	
2	轴套检查及更换	
3	两端轴承间隙测量	
4	传动齿轮磨损量及间隙测量	
5	摆线针轮减速机	
6	检修盘根的更换	

3. 双轴搅拌机检修工艺及质量标准

双轴搅拌机检修工艺及质量标准见表19-9。

表19-9　双轴搅拌机检修项目及质量标准

序号	检修项目	检修工艺及注意事项	质量标准
1	双轴搅拌机解体	（1）切断电动机电源； （2）拆除罩壳上螺栓，取下罩壳，然后将链条拆除； （3）搅拌机传动齿轮拆卸检查，测量湿式搅拌机传动齿轮啮合间隙，齿轮间隙调整； （4）检查轴承、轴承座； （5）搅拌机叶片拆卸测量检查； （6）箱体检查补焊； （7）减速箱解体检修	（1）轴晃动值小于0.08mm； （2）齿高磨损小于10mm； （3）两齿轮啮合间隙为0.35mm左右，轴套磨损不大于原厚度的1/3； （4）轴承不发热； （5）叶片无磨损变形，叶片磨损程度超过原长度的1/3或折断应更换

续表

序号	检修项目	检修工艺及注意事项	质量标准
2	搅拌机装复	(1) 搅拌机底部耐磨板回装，安装位置无偏移，紧固螺栓无松动现象； (2) 主轴回装，主轴在穿装时要注意起吊水平后再安装，以免碰坏两端轴头； (3) 轴承及轴承座安装，轴承安装用加热法； (4) 搅拌机轴套及填料盒安装，轴套安装不要用手锤敲打，需用割炬把轴套加热到 60～70℃，然后用铜棒轻轻敲入原拆卸位置，与填料盒配合尺寸误差为 0.10mm； (5) 搅拌机轴承端盖安装； (6) 搅拌机传动齿轮安装，用铜棒将传动齿轮敲入轴端，加好润滑油脂	(1) 轴承用润滑油加热到 80°左右安装，注意：轴承规格、牌号的端面应装在可见部位，以便于更换； (2) 轴承端盖与轴承外圈间隙为 0.42～0.45mm； (3) 传动齿轮与轴承配合间隙为 0.00～0.01mm
3	试运	试运时间为 2h	(1) 运行平稳，无杂声； (2) 轴承不发热

4. 双轴搅拌机常见故障及处理方法

双轴搅拌机常见故障及处理方法见表 19-10。

表 19-10　双轴搅拌机常见故障及处理方法

序号	故障	故障原因	处理方法
1	噪声较大	(1) 轴承损坏； (2) 轴承座或减速机固定螺栓松动； (3) 主轴磨损变形	(1) 更换轴承； (2) 拧紧连接螺栓； (3) 更换或修复主轴
2	减速机油温太高	(1) 主轴磨损变形； (2) 轴承损坏； (3) 箱体内油位太高	(1) 更换或修复； (2) 更换轴承； (3) 放油至规定油位
3	含水率不足	(1) 水量、水压不足； (2) 喷嘴堵塞	(1) 调整水压或调整调节阀开度； (2) 清理或更换喷嘴
4	轴端漏灰	(1) 主轴磨损； (2) 填料磨损	(1) 更换或修复主轴； (2) 更换填料

（二）干灰散装机

1. 干灰散装机概述

干灰散装机是从电厂灰库内将干灰自动输送到干灰散装车（或船）的设备。干灰散装机主要由手动棒阀、电动扇形阀、卷扬装置、伸缩卸料装置、收尘软管、电容式限位开关、电控系统等部分组成。

2. 干灰散装机检修标准项目

干灰散装机检修标准项目见表 19-11。

表 19-11　干灰散装机检修标准项目

序号	标准检修项目	备　注
1	散装头检查	
2	卷扬装置检查	
3	吸尘风机检查	

3. 干灰散装机检修项目及质量标准

干灰散装机检修项目及质量标准见表 19-12。

表 19-12　干灰散装机检修项目及质量标准

序号	检修项目	检修工艺及注意事项	质量标准
1	散装头拆卸	(1) 拆卸散装头料位计上下线开关和卷扬电动机； (2) 拆下散装头与下料口连接法兰螺栓，将散装机整体吊至地面检修专用框架上； (3) 拆下散装头下料口和所有套箍、钢丝绳卡，取下防尘管，检查伸缩管、钢丝绳和防尘管	帆布除尘管应无孔洞破损现象，钢丝绳完好无断股，伸缩管间距均匀为 180mm，无开焊、变形等
2	干灰散装机卷扬装置拆卸检修	(1) 拆下卷扬钢丝绳； (2) 拆下减速机； (3) 拆下卷扬轮盘； (4) 检查钢丝绳、滑轮、蜗杆、蜗轮	(1) 钢丝绳无断股、散股，滑轮无破损，支架无变形、脱焊现象； (2) 减速机无卡阻，转动灵活，无异声； (3) 滑轮与支架轴向间隙不大于 1mm，蜗轮与蜗杆间隙不大于 0.5mm
3	干灰散装机除尘装置拆卸检修	(1) 拆卸吸尘风机入口管； (2) 检查风机叶轮； (3) 拆卸风机叶轮，检查叶轮磨损和粘灰情况并清理； (4) 检查风机外壳支架，无开焊变形； (5) 用卡尺检查叶轮磨损情况； (6) 检查叶轮焊口； (7) 检查叶轮与轮毂的结合铆钉	(1) 叶轮局部磨损超过原厚度的 1/3 时进行补焊，并超过原厚度的 1/2 时，应更换叶轮； (2) 叶轮焊口如有裂纹，需将该焊口铲除，重新焊接； (3) 叶轮铆钉无松动，与轴配合应有紧力； (4) 铆钉磨损 1/3，应更换新铆钉
4	干灰散装机装复	(1) 回装卷扬装置减速机； (2) 散装头机件回装； (3) 散装机卷扬装置回装； (4) 恢复散装机料位计	(1) 减速机严密无渗漏； (2) 伸缩节回升正常； (3) 钢丝绳回升正常
5	干灰散装机排尘风机装复	(1) 叶轮与电动机轴的键对正后，用铜棒将叶轮安装到位； (2) 检查叶轮轴向、径向晃动； (3) 叶轮不与外壳相碰，密封严密； (4) 装风机入口管，要严密不漏灰	叶轮轴向、径向晃动度 ≤0.2mm

4. 干灰散装机常见故障及处理方法

干灰散装机装常见故障及处理方法见表 19-13。

表 19-13 干灰散装机常见故障及处理方法

序号	常见故障	故障原因	处理方法
1	干灰散装机漏灰	伸缩节破损	更换破损部分伸缩节
2	干灰散装机跑偏	钢丝绳损坏或脱落	更换钢丝绳或重新安装钢丝绳卡子

（三）叶轮给料机

1. 叶轮给料机概述

叶轮给料机是一种常用于工业生产中的物料输送设备，其原理是通过旋转的叶轮将物料从一个地方输送到另一个地方。叶轮给料机主要由电动机、减速器、叶轮、进料口、出料口等部分组成。叶轮是叶轮给料机的核心部件，它由多个叶片组成，可以通过电动机的驱动进行旋转。叶轮的旋转速度可以根据物料的输送要求进行调节，以控制物料的输送量和速度。电动机的转速和功率通常根据物料的输送要求进行选择。减速器则将电动机的高速旋转转换为叶轮的适当速度，使物料可以平稳地输送。

进料口是物料进入叶轮给料机的通道，通常位于叶轮的上方。当物料从进料口进入叶轮给料机时，叶轮的旋转力将其吸入并推向出料口。出料口则是物料从叶轮给料机中排出的位置，通常位于叶轮的下方。物料在叶轮的旋转力作用下，从进料口经过叶轮推动至出料口处。

2. 叶轮给料机检修标准项目

叶轮给料机检修标准项目见表 19-14。

表 19-14 叶轮给料机检修标准项目

序号	检修标准项目	备注
1	转子检修	
2	检查叶片粘灰情况，必要时进行清理	
3	检修锁气器转子及轴承	
4	检查插板门	
5	减速机解体检修	
6	更换盘根	

3. 叶轮给料机检修工艺及质量标准

叶轮给料机检修工艺及质量标准见表 19-15。

表 19-15　叶轮给料机检修项目及质量标准

序号	检修项目	检修工艺及注意事项	质量标准
1	减速机解体检修	（1）外观检查减速机是否渗漏油；机座是否完整，有无裂纹；游标、油位是否能够清晰指示； （2）拆下搅拌机链条；放净减速机内润滑油； （3）拆下链轮和减速机电动机； （4）将减速机拆下放到检修平台上，拆下减速机输出轴端盖，拆下输入轴轴封； （5）拆下减速机针齿壳螺栓，用扁铲将针齿壳与减速机底座剔开，接合面上做好标记； （6）拆下偏心轴承卡环； （7）拆下外侧摆线盘，检查摆线盘，表面光滑，无磨损，无裂纹； （8）用两根鸭嘴撬棍将偏心轴承取下，检查偏心轴承； （9）取下内侧摆线盘，检查摆线盘，表面光滑，无磨损，无裂纹； （10）将卧式紧固环敲下，检查卧式紧固环； （11）取下输入轴轴承挡圈，取下轴承，拆下油封，检查轴承； （12）拆下针齿套，用铜棒将输入轴敲下，检查针齿套； （13）拆下输出轴轴承，检查轴承，拆下油封； （14）回装输出轴，将轴对正后用铜棒将轴敲入； （15）安装输出轴轴承，将油封安装在输出轴压盖上，涂上密封胶，密封严密； （16）安装输入轴轴承，将轴承卡环卡好，安装油封，油封内圈涂上机油，安装卧式紧固环； （17）安装针齿壳，接合面涂上密封胶，垫好石棉垫片； （18）将内侧摆线盘就位，安装偏心轴承，通过调整摆线盘位置与轴承对正，安装外侧摆线盘； （19）安装卧式紧固环轴承，将卡环卡好； （20）将针齿壳与底座组装后，紧固固定螺栓，密封严密	（1）偏心轴承滚柱无麻点，轴承间隙小于 0.04mm； （2）紧固环表面光滑，偏心度小于 0.02mm； （3）轴承无磨损、无麻点、无起皮现象； （4）销轴与销套应滑配，最大配合间隙不超过 0.1mm

续表

序号	检修项目	检修工艺及注意事项	质量标准
2	锁气器检修	（1）抽出转子检查叶轮与外壳间隙及磨损情况，磨损严重，有明显漏灰的应更换； （2）检查两侧支撑轴承磨损情况，疏通堵塞的油道； （3）各个部件、轴承清洗、检查； （4）轴承两侧的密封毛毡密封严密； （5）法兰之间的密封，安装时加密封垫； （6）新更换的填料在安装前涂上一层润滑剂，填料紧固后仍留有继续紧固的余地，压盖不能倾斜； （7）观察孔密封严密	
3	给料机回装	（1）减速机就位，以锁气器转子链轮为基准，调整链轮与电动机侧链轮的平行度； （2）安装好传动链条； （3）安装好防护罩壳	
4	插板门检修	（1）消除接合面的漏灰点； （2）检查插板门操作机构，转动是否轻便，操作是否灵活，有无卡涩现象	操作灵活，无卡涩现象

4. 叶轮给料机常见故障及处理方法

叶轮给料机常见故障及处理方法见表 19-16。

表 19-16　叶轮给料机常见故障及处理方法

序号	故障	故障原因	处理方法	备注
1	给料机盘根漏灰	盘根磨损	加盘根或更换盘根	
2	给料机卡塞	内部有异物	解体清理异物	
3	给料机链条有异声	错位	重新找正	
4	插板门卡阻	插板门坏	更换插板门	

（四）袋式除尘器

1. 袋式除尘器概述

袋式除尘器是一种用于除尘的空气净化设备，烟气通过滤袋过滤，使粉尘附着在布袋外表面，经过空气吹扫使滤袋表面的积灰落入灰斗。净化后的烟气经除尘器净气室、出口烟道、烟囱排入大气。

袋式除尘器的本体结构形式多种多样，可按清灰方式、滤袋断面形式、含尘气流通过滤袋方向、进气口布置、除尘器内气体压力等五种形式分类。

袋式除尘器的除尘效率、压损、滤速及滤袋寿命等重要参数与清灰方式有关，常见的袋式除尘器主要按清灰方式分类。袋式除尘器按清灰方式分为机械振动清灰、逆气流反吹和振动联合清灰、脉冲喷吹清灰三种形式。

2. 袋式除尘器除尘效率的影响因素

袋式除尘器相对效率很高，如设计、制造、安装和运行维护得当，除尘效率能达到99.9%。影响袋式除尘器除尘效率的因素包括粉尘特性、滤料特性、运行参数，以及清灰方式和效果等。

3. 袋式除尘器检修标准项目

袋式除尘器检修标准项目见表19-17。

表19-17 袋式除尘器标准检修项目

序号	标准检修项目	备注
1	布袋更换及检查	
2	文氏管检查与更换	
3	脉冲管检查	
4	脉冲气源管道检查	
5	布袋骨架更换	
6	排气风机检修	
7	大盖及箱体更换	

4. 袋式除尘器检修工艺及质量标准

袋式除尘器检修工艺及质量标准见表19-18。

表19-18 袋式除尘器检修工艺及质量标准

序号	检修项目	检修工艺及注意事项	质量标准
1	袋式除尘器解体检查	(1) 打开人孔门检查，人孔门无变形、破损等现象，密封圈无老化变形，无断裂等现象； (2) 掀开袋式除尘器大盖，检查及拆除出口短节，大盖斜铁及斜铁槽无断裂、开焊等现象，出口短节无裂纹、无砂眼； (3) 袋式除尘器吹扫管检查，吹扫管及吹扫孔无堵塞，吹扫管及吹扫孔无磨损、无变形； (4) 袋式除尘器文氏管检查； (5) 取出布袋骨架检查布袋是否损坏； (6) 袋式除尘器吹扫接头检查； (7) 袋式除尘器出口压力与库内压力U型压差管清洗检查及吹扫振打气源管清洗检查； (8) 气源罐严密不泄漏，无腐蚀现象	(1) 接头密封胶垫无老化变形； (2) 文氏管无孔洞； (3) 布袋骨架无变形、无折断，布袋无破损、无脱落、无潮湿等现象，布袋内无积灰、无积水； (4) 接头无损坏及漏气现象，接头胶管无老化变形及漏气等； (5) U型压差管无堵塞、无损坏刻度及压差线清晰

续表

序号	检修项目	检修工艺及注意事项	质量标准
2	回装布袋	(1) 回装文式管，拧紧固定螺栓，避免泄漏； (2) 安装吹扫管，吹扫管位置要正确，吹扫孔位置向下对准每一个布袋，不要偏移以免影响吹扫的振打效果和影响布袋的除尘效果； (3) 大盖及出口短节安装；大盖接合面用石棉绳密封好；用斜铁紧固好；如果斜铁槽有开焊或裂纹，要用电焊补焊，回装斜铁； (4) U型压差装置回装；重新更换U型管设施的橡胶软管，加好一定量的显示液体； (5) 封闭人孔门； (6) 回装储气罐	(1) 人孔门重新更换密封圈，如果有开焊或变形，应用电焊焊好，修复好，人孔门应牢固无泄漏现象； (2) 储气罐要固定可靠，进出口接头无泄漏现象

5. 袋式除尘器常见故障及处理方法

袋式除尘器常见故障及处理方法见表19-19。

表19-19　袋式除尘器常见故障及处理方法

序号	故障	故障原因	处理方法
1	除尘风机冒灰尘	布袋破损	更换新布袋
2	除尘风机有异声	风机故障	解体检修除尘风机
3	除尘器顶盖漏灰	密封垫损坏	更换密封垫

（五）气化风机

1. 气化风机概述

灰库气化风机是一种用于电厂灰库库底灰输送的设备。气化风机又称高温排风机，气化风机主要由两个旋转的叶轮组成，构成相对独立的密闭腔室。其主要工作原理是通过叶轮的旋转，使气体产生动能，并通过亚声速的进气口将气体吸入。同时，气体在叶轮的作用下不断压缩，形成高速气流，并将气体送到出口处。

2. 气化风机检修标准项目

气化风机检修标准项目见表19-20。

表 19-20 气化风机检修标准项目

序号	标准检修项目	备注
1	联轴器及螺栓检查清理	
2	泵壳清理检查	
3	转子和轴检查和修复	
4	清理检查顶端间隙调整	
5	检查或更换传动齿轮	
6	密封装置更换	
7	轴承检查或更换	
8	检查或更换V带，并找平及找正	
9	出口蝶阀校验	
10	试转	

3. 气化风机检修工艺及质量标准

气化风机检修工艺及质量标准见表 19-21。

表 19-21 气化风机检修工艺及质量标准

序号	检修项目	检修工艺	质量标准
1	罗茨风机解体	（1）拆除带轮罩壳，拆电动机底脚螺母，吊出电动机，用拉马拉出带轮，取下键，将电动机送检； （2）拆罗茨风机地脚螺栓和进出口法兰螺栓，吊下罗茨风机； （3）首先将罗茨风机油箱内的润滑油放在油桶内，放尽后用拉马拉出带轮； （4）所有连接部分和嵌合件一律刻上配合记号； （5）解开轴承端盖及齿轮箱盖； （6）将轴承及转子拆下，检查轴承、转子； （7）检查齿轮及叶轮情况，对啮合间隙不符合要求处进行研磨	（1）轴承无损坏，游隙符合要求； （2）叶轮无缺陷； （3）所有垫片在拆卸时都要测其厚度； （4）油封无破损老化，若破损老化及损坏应更换
2	各部件清洗检查	（1）将零部件清洗干净并逐一检查； （2）检查主、从动叶轮的情况，表面光滑，无毛刺，无裂纹； （3）检查主、从动轴有无磨损、弯曲及裂纹等现象，旋转轻松，无杂声； （4）检查轴承磨损情况； （5）检查同步齿轮、前后墙板，表面光滑，无毛刺、无裂纹； （6）检查轴承座	（1）零部件有磨损或断裂需更换； （2）主、从动轮有磨损或损坏，应更换； （3）轴承无磨损，转动灵活，无异声

续表

序号	检修项目	检修工艺	质量标准
3	罗茨风机组装	（1）将主叶轮从前墙装入平放在机壳内，从动叶轮放在主动叶轮上面； （2）放好垫片后将右（前）墙板装上拧紧螺栓，再装上左（后）墙板拧紧螺栓，前后墙板要拧紧，不得有松动现象； （3）装上骨架油封，用铜棒将轴承平行敲入；按与拆卸相反的程序组装	（1）两带轮平面差<0.5mm； （2）两带轮轴线平行度<0.35mm
4	各部间隙调整	（1）用梅花扳手调整转子轴向间隙，可通过位于右（前）墙板的轴承体端面的一组调整垫片进行调整，边调整边测量叶轮与前墙板的间隙符合要求； （2）叶轮与叶轮之间的间隙可通过同步齿轮来调整	（1）叶轮与机壳之间的径向间隙为0.2～0.28mm； （2）叶轮与叶轮之间的啮合间隙为0.16～0.28mm； （3）叶轮与右（前）墙板的轴向间隙为0.16～0.22mm； （4）叶轮与左（后）墙板轴向间隙为0.2～0.28mm； （5）齿面接触点齿长方向不小于65%，沿齿高方向不小于50%
5	就位与校中心	（1）将罗茨风机与电动机就位好； （2）用钢直尺或细绳校准它们的平行度和相对位置； （3）紧固地脚螺栓； （4）加润滑油，润滑油加到油箱两条油位线中间； （5）打开冷却水	
6	试运转	（1）电动机试转完毕、转向正确后，安装皮带，调整皮带张力，试转罗茨风机； （2）罗茨风机应运转正常、运转平稳，无异声、无渗油、无渗水现象，振动、油温、轴承温度均合乎要求	（1）运行平稳，无杂声； （2）轴承不发热； （3）无渗油、漏油

4. 气化风机常见故障及处理方法

气化风机常见故障及处理方法见表19-22。

表19-22　气化风机常见故障及处理方法

序号	故障现象	故障原因	解决方法
1	风量不足	（1）风机叶轮间隙增大； （2）皮带过松打滑	（1）调整风机叶轮间隙； （2）调整张紧皮带

续表

序号	故障现象	故障原因	解决方法
2	电动机超载	(1) 过滤器或管路堵塞； (2) 风机叶轮与叶轮、墙板或机壳摩擦	(1) 清除过滤器堵塞物和障碍物； (2) 检查原因，调整风机叶轮与叶轮、墙板或机壳的间隙
3	过热	(1) 主油箱内的润滑油过多； (2) 升压增大； (3) 叶轮磨损，间隙过大	(1) 调整油位； (2) 减小系统阻力，降低升压； (3) 调整叶轮间隙
4	敲击声	(1) 齿轮和叶轮的位置不正确； (2) 装配不良； (3) 异常压力上升； (4) 超载或润滑不良造成齿轮损伤	(1) 重新调整位置； (2) 重新装配； (3) 查明压力上升原因并排除； (4) 更换同步齿轮
5	轴承、齿轮严重损伤	(1) 润滑油不良； (2) 润滑油不足	(1) 更换润滑油； (2) 补充润滑油
6	轴、叶轮损坏	(1) 超负荷； (2) 系统气体回流	(1) 查明原因，降低负荷； (2) 查明气体回流原因，采取防止回流措施

第五节　湿式电除尘器

湿式电除尘器是一种用来处理含微量粉尘和微颗粒的除尘设备，主要用来除去含湿气体中的尘、酸雾、水滴、气溶胶、臭味、PM2.5颗粒等有害物质，是治理大气粉尘污染的理想设备。

湿式电除尘器采用水来冲刷集尘极表面进行清灰，可有效收集细颗粒物、重金属、有机污染物。使用湿式电除尘器后，湿烟气中的粉尘排放量可达10mg/m^3，甚或小于5mg/m^3，是处理部分高水分含尘废气的理想除尘装置。湿式电除尘器除尘除雾效率可达90%以上，具有效率高、容量大、能耗低、使用寿命长等优点，可实现超低排放。

湿式电除尘器为深度减排新增设备，布置在脱硫吸收塔与烟囱之间，烟气从脱硫二级吸收塔顶部进入湿式电除尘器，由上至下流过并深度净化后，从除尘器底部引出，再进入水平烟道排至烟囱。

一、湿式电除尘器组成

湿式电除尘器由进出口烟道、壳体、阳极装置、阴极装置、冲洗装置、导流整流装置、冲洗水系统、高频电源和控制系统组成。湿式电除尘器组成如图 19-2 所示。

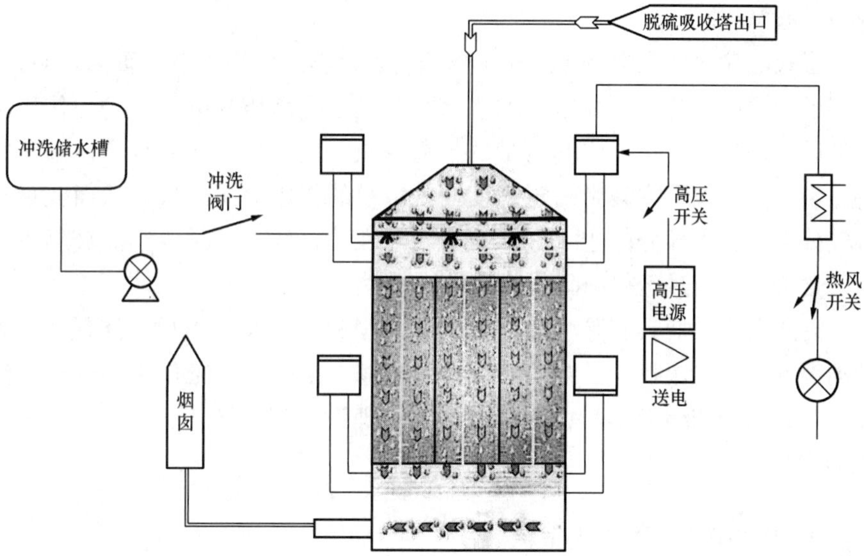

图 19-2　湿式电除尘器组成

湿式电除尘器主要有两种结构形式：一种是使用耐腐蚀导电材料（可以为导电性能优良的非金属材料或具有耐腐蚀特性的金属材料）做集尘极；另一种是用通过喷水或溢流水形成导电水膜，利用不导电的非金属材料做集尘极。

湿式电除尘器还可根据废气流向分为横流式（卧式）和竖流式（立式），横流式多为板式结构，气体流向为水平方向进出，结构类似干式电除尘器；竖流式多为管式结构，气体流向为垂直方向进出。一般来讲，同等通气截面积情况下竖流式湿式电除尘器效率为横流式的 2 倍。

沉积在极板上的粉尘可以通过水将其冲洗下来。湿式清灰可以避免已捕集粉尘的再飞扬，达到很高的除尘效率。因无振打装置，运行也较可靠。采用喷水或溢流水等方式使集尘极表面形成导电膜的装置存在着腐蚀、污泥和污水的处理问题，仅在气体含尘浓度较低、要求除尘效率较高时才采用；使用耐腐蚀导电材料做集尘极的湿式电除尘器不需要长期喷水或溢流水，只根据系统运行状况定期进行冲洗，仅消耗极少量的水，该部分水可回收循环利用，收尘系统基本无二次污染。

二、湿式电除尘器工作原理

湿式电除尘器和与干式电除尘器的收尘原理相同，都是靠高压电晕放电使得粉尘荷电，荷电后的粉尘在电场力的作用下到达集尘板/管。干式电收尘器主要处理含水很低的干气体，湿式电除尘器主要处理含水较高乃至饱和的湿气体。

湿式电除尘器是尘（雾）粒子随烟气进入湿式电除尘器装置后，与正、负离子相碰撞而荷电，荷电后的尘（雾）粒子受高压静电场库仑力作用向阳极运动；到达阳极后将其所带的电荷释放，同时尘（雾）粒子被阳极收集。尘（雾）粒子收集到一定程度，在水膜的作用下向下自流从而实现与烟气分离。极小部分的尘（雾）粒子附着在阴极线上，形成小液滴靠重力向下自流，或通过运行中间断冲洗将其清除。

湿式电除尘器具有除尘效率高、压力损失小、操作简单、能耗小、无运动部件、无二次扬尘、维护费用低、检修工期短、可工作于烟气露点温度以下、由于结构紧凑而可与其他烟气治理设备相互结合、设计形式多样化等优点。

三、湿式电除尘器修前准备

（1）对设备进行健康状况评估（检查历次检修记录、上次检修至本次检修前设备运行情况和缺陷分析）。

（2）检修作业文件包或方案经批准，文件包并盖章生效。

（3）检修所需材料、备品备件准备齐全并检验合格。

（4）检修所需要的专用工器具准备就绪，经检查完好。

（5）检修所需要的测量仪器、仪表合格证齐全，并在有效使用期内。

（6）电除尘器顶部的电动行车安全操作许可证齐全并在有效使用期内。

（7）检修人员已经落实，检修工作负责人合适并能担当此工作。对检修人员进行现场安全、技术交底，明确检修范围、检修内容、安全措施、相关设备的带电、带压部位，以及三个管理体系对检修工作的要求。

（8）检修人员内起重工、电焊工等工种必须持有效操作证上岗。

（9）检修工作票内安全措施已完全正确实施并经工作负责人确认，运行人员已许可检修工作票。

四、湿式电除尘器检修标准项目

湿式电除尘器检修标准项目见表 19-23。

表 19-23　湿式电除尘器检修标准项目

序号	标准检修项目	备　注
1	湿式电除尘器进口导流装置检查修理	
2	湿式电除尘器出口整流装置检查修理	
3	湿式电除尘器出口集液槽检查疏通	
4	湿式电除尘器进口膨胀节更换	
5	湿式电除尘器出口膨胀节更换	
6	湿式电除尘器阳极模块检查、清理	
7	湿式电除尘器阴极线检修、调整	
8	湿式电除尘器阴极上、下框架检修、调整	
9	湿式电除尘器阴极系统上部绝缘箱、下部绝缘拉棒检查、清理	
10	湿式电除尘器异极间距测量、调整	
11	湿式电除尘器电场冲洗阀检查	
12	湿式电除尘器电场冲洗管道检查更换	
13	湿式电除尘器电场冲洗水喷嘴检查更换	
14	湿式电除尘器绝缘子密封风系统管道、阀门检查	
15	湿式电除尘器绝缘子密封风蒸汽加热器系统管道、阀门检查	
16	湿式电除尘器绝缘子密封风蒸汽加热器检查	
17	湿式电除尘器绝缘子密封风机 A、B 解体检修	
18	湿式电除尘器冲洗水泵解体检修	
19	湿式电除尘器阳极板模块接合面检查、封堵	
20	湿式电除尘器钢支架、平台、本体外壳、绝缘箱防腐处理	

五、湿式电除尘器检修工艺及质量标准

湿式电除尘器检修工艺及质量标准见表 19-24 。

表 19-24　湿式电除尘器检修工艺及质量标准

序号	检修项目	检修工艺	质量标准
1	湿式电除尘器阳极模块检查、清理	（1）检查阳极模块及阳极管束有无积灰、积石膏、变形、破损情况； （2）用清水或化学方法清理阳极模块积灰、积石膏	保证阳极管束内清洁，无积灰、积石膏等
2	阴极系统检修，阴极框架调整，阴阳极同、异极间距测量调整	（1）对所有电场的异极间距进行检测； （2）矫正异极间距的方法是通过调整每个电场的阴极框架、阴极线的固定位置来进行； （3）调整阴极线上部悬吊框架； （4）调整、修补阴极下部框架； （5）检查阴极线的积灰、变形、松弛、断裂情况，并更换损坏的极线，清理阴极线积灰	（1）异极间距的最大偏差不能超过 10mm； （2）保证阴极线清洁

续表

序号	检修项目	检修工艺	质量标准
3	湿式电除尘器阴极系统上部绝缘箱、下部绝缘拉棒检查、清理	(1) 将绝缘子上积灰清理干净； (2) 更换损坏的绝缘子	绝缘子干净，无裂纹、无破损
4	湿式电除尘器进口导流、出口整流装置检修	检查电除尘器进出口均流板是否有破损、脱落现象并进行更换或修补	进口导流、出口整流装置无损坏、脱落现象
5	进出口膨胀节检修	检查湿式电除尘器进出口膨胀节，对破损、泄漏部位进行修补，并保证接合面密封良好	进出口膨胀节密封严密，无泄漏
6	湿式电除尘器阳极板模块接合面检查、封堵	检查阳极模块接合面的密封情况，并进行修补	密封完好，无泄漏
7	湿式电除尘器防腐、衬胶修补	(1) 对湿式电除尘器防腐、衬胶部位进行全面检查； (2) 对防腐、衬胶脱落、破损、锈蚀部分进行清除，重新防腐或衬胶	(1) 打磨至露出金属本色，无锈蚀； (2) 防腐、衬胶部位涂抹均匀，无遗漏； (3) 电火花检测合格
8	电除尘振打、空升、封门	(1) 阴极及阳极系统进行人工振打，振打后清灰； (2) 垃圾清理； (3) 空升试验	空升参数合格

六、湿式电除尘器系统常见故障及处理方法

湿式电除尘器系统常见故障及处理方法见表 19-25。

表 19-25 湿式电除尘器常见故障及处理方法

序号	故障现象	原因分析	处理方法
1	二次工作电流大，二次电压偏低，甚至接近于零（二次短路）	(1) 放电极高压部分可能被导电性异物接地； (2) 阴极线折断或有异物与阳极板搭通造成短路； (3) 高压回路已短路	(1) 清除电场内部的异物； (2) 取出折断阴极线或异物； (3) 修复高压回路
2	电压升不高，电流很小，或电压升高后就产生严重闪络而跳闸（二次电流很大）	(1) 由于绝缘子加热元件失灵和保温不良而使绝缘子表面结露，绝缘性能下降，引起爬电； (2) 阴阳极上严重积灰，使两极之间的实际间距变近； (3) 极距安装偏差大	(1) 清理绝缘子加热器表面，无结露现象； (2) 清理阳极、阴极积灰； (3) 调整极距

续表

序号	故障现象	原因分析	处理方法
3	二次电流不规则变动	电极积灰，某个部位极距变小产生火花放电	清理极线积灰
4	二次电流周期性变动	电晕线折断后，残余部分晃动	更换极线
5	有二次电压而无二次电流或电流值反常的小	阴阳极积灰严重	阳极板、阴极线积灰清理
6	电除尘出口浓度超标	（1）异极间距超差过大； （2）气流分布不均匀； （3）进入电除尘器的烟气条件符合本设备原始设计条件，工况改变； （4）多个电场短路	（1）调整异极间距； （2）检查均流板的使用情况，保证气流分布均匀； （3）使工况符合设计水平； （4）消除电场短路

第二十章　锅炉脱硝系统及技术

第一节　脱硝系统概述

一、脱硝系统工作原理

目前电厂脱硝方法主要有选择性催化还原法（SCR）和非选择性催化还原法（SNCR），以及在二者基础上发展起来的SNCR/SCR联合烟气脱硝技术。另外还有液体吸收法、微生物法、活性炭吸附法、电子束法等。

SNCR技术是在锅炉内适当温度（一般为800～1100℃）的烟气中喷入尿素或氨等还原剂，将NO_x（氮氧化物）还原为无害的N_2（氮气）、H_2O（水）。根据国外的工程经验，该技术的脱硝效率为25%～50%，在大型锅炉上运行业绩较少。

SCR技术是将SCR反应器布置在火电机组锅炉省煤器和空气预热器之间，烟气垂直进入SCR反应器，经过各层催化剂模块将NO_x还原为无害的N_2、H_2O。上述反应温度可以在300～400℃之间进行，脱硝效率为70%～90%，在大型锅炉上具有相当成熟的运行业绩。

SNCR/SCR混合烟气脱硝技术是集合了SCR与SNCR技术的优势而发展起来的，该技术降低了SCR系统的装置成本，但技术工艺系统相对比较复杂。

脱硝常用的还原剂主要有三种：液氨、氨水以及尿素，还原剂的选择是影响脱硝效率和运行经济性的主要因素之一。采用液氨或者氨水制取脱硝还原剂氨气的工艺最为简单成熟，运行成本最低，但存在安全隐患。尿素制氨系统的投资及运行成本与液氨系统相比较高，运输成本相当，但尿素系统基本上没有安全隐患，是最安全的氨气制备技术。大部分电厂使用尿素，少部分为氨水，目前已停止使用液氨。

循环流化床锅炉具有旋风分离器这一特殊结构，有助于烟气和喷入的还原剂均匀混合，旋风分离器的强烈混合作用能够大幅度降低氨氮比，提高脱硝效率并减少氨逃逸量。煤粉锅炉SNCR烟气脱硝技术受锅炉结构尺寸影响很大，多用作低氮燃烧技术的补充处理手段。而循环流化床锅炉，由于燃烧温度较低、二次风分级给入、炉膛下部缺氧燃烧、炉膛中心存在缺氧还原区城，能有效抑制NO生成，比燃烧相同煤种的煤粉炉NO_2排放低40%～60%。因此循环流化床锅炉脱硝适宜采用SNCR技术。

二、脱硝系统工艺流程

1. SCR脱硝系统主要工艺流程

SCR脱硝系统主要工艺流程：省煤器出口→反应器进口烟道→氨气喷射格栅→导流板→反应器→反应器出口烟道→空气预热器。

每台锅炉配置2台SCR反应器，反应器中烟气竖直向下流动，经反应器入口气流均布装置进入反应器。烟气与NH_3的混合物在通过催化剂层时，烟气中的NO_x在催化剂的作用下与NH_3反应生成N_2与H_2O。

2. SNCR脱硝系统工艺流程

典型的SNCR系统由还原剂储槽、还原剂喷枪以及相应的控制系统组成，如图20-1所示。因为SNCR系统不需要催化剂，因而初始投资相对于SCR工艺来说要低得多，运行费用与SCR工艺相当。

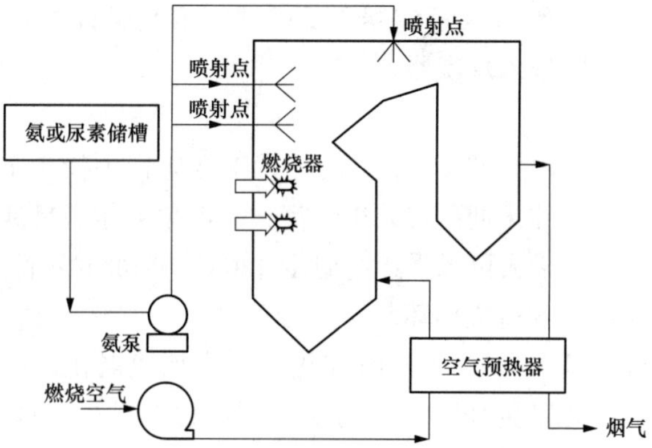

图20-1 SNCR工艺流程示意图

同SCR工艺类似，SNCR工艺的NO_x脱除效率主要取决于反应温度、还原剂在最佳温度窗口的停留时间、混合程度、氨氮摩尔比等。SNCR法的还原剂可以是NH、尿素或其他氨基。但在用尿素作还原剂的情况下，其N_2O的生成概率要比用氨作还原剂大得多，可能会有高至10%的NO转变为N_2O，这是因为尿素可分解为HNCO，而HNCO又可进一步分解生成NCO，而NCO可与NO进行反应生成氧化亚氮。

$$NCO + NO \rightarrow N_2O + CO$$

通常可以通过比较精确的操作条件控制以达到削减N_2O生成的目的。另外，如果操作条件未能控制到优化的状态，也可排放出大量的CO。在1MW循环流化床试验台进行的试验表明，采用尿素作还原剂时，在床温为905℃，氨氮比约为2.5时，NO会升高约50mg/m^3。该试验结果还有待于在实际锅炉上进一步验证。

三、脱硝设备系统组成

（一）SCR脱硝系统

SCR脱硝装置包括SCR反应器系统和尿素水解制氨系统。

SCR反应器系统主要包括烟气系统、SCR反应器、氨喷射系统、吹灰系统、热工控制和电气系统等。

1. 烟气系统

烟气系统是指从锅炉尾部低温省煤器下部引出口至SCR反应器本体入

口、SCR 反应器本体出口至空气预热器入口之间的连接烟道。

烟气旁路系统：从省煤器入口引出部分烟气至省煤器出口，当机组低负荷运行 SCR 出口烟温低于 320℃时开启烟气旁路系统挡板，提高 SCR 入口烟温，使其温度不低于 320℃，保证 SCR 安全运行。

SCR 烟道最小壁厚为 6mm，脱硝烟道尺寸与锅炉烟道尺寸相匹配，脱硝烟道内烟气流速最大为 15m/s，催化剂区域内流速最大为 6m/s。

2. SCR 反应器

每台锅炉配置 2 台 SCR 反应器，反应器中烟气竖直向下流动，经反应器入口气流均布装置进入反应器。

3. 催化剂

反应器内催化剂层按照 2+1 层设计，正常运行中投入上两层催化剂，最下层作为备用层。催化剂型式采用蜂窝式。催化剂能满足烟气温度 400℃的情况下长期运行，最大可承受运行温度 420℃，但此时不能连续运行超过 5h，否则将会对催化剂造成损坏。

当烟气温度过高（>450℃）时催化剂将会加速老化；当温度在 300℃左右时，在同一催化剂的作用下，另一副反应也会发生，即生成氨盐。该物质黏性大，易黏结在催化剂锅炉尾部的受热面上，影响锅炉运行，对空气预热器的换热元件造成低温腐蚀和堵塞，影响锅炉的安全运行。

脱硝化学反应方程式：

$$4NH_3+4NO+O_2 \longrightarrow 4N_2+6H_2O$$

$$4NH_3+2NO_2+O_2 \longrightarrow 3N_2+6H_2O$$

此反应只有在 800℃以上的条件下才具备足够的反应速度，工业应用时须安装相关反应的催化剂，在催化剂的作用下其反应温度降至 400℃左右，锅炉省煤器后温度正好处于这一范围内，这为锅炉脱硝提供了有利条件。SCR（脱硝系统）催化剂的工作温度是有一定范围的，温度过高（>450℃）时催化剂会加速老化；当温度在 310℃左右时，在同一催化剂的作用下，另一副反应也会发生，即：

$$2SO_2+O_2 \longrightarrow 2SO_3$$

$$NH_3+H_2O+SO_3 \longrightarrow NH_4HSO_4$$

即生成氨盐，该物质黏性大，易黏结在催化剂和锅炉尾部的受热面上，影响锅炉运行。因此，只有在催化剂环境的烟气温度在 313～427℃之间时方允许喷射氨气进行脱硝。

4. 吹灰系统

吹灰系统采用蒸汽吹灰器和声波吹灰器，每层催化剂层设 3 台蒸汽吹灰器和 6 台声波吹灰器，SCR 反应器共设 6 台蒸汽吹灰器和 12 台声波吹灰器，备用层吹灰器暂不安装。由 DCS 系统控制。其中蒸汽吹灰器工作介质为蒸汽，蒸汽参数：温度≤350℃，压力为 1.0～1.5MPa，吹扫频率为每天吹扫一次，当反应器进出口压差增大时，应根据实际情况加强吹灰。声波吹灰器工作介质为压缩空气，压缩空气参数：压力≥0.62MPa。单台运行耗气量：(1.14～2.28)m^3/min，运行中声波吹灰器连续投入。

5. 氨/空气混合均布系统

每台锅炉设1套氨/空气混合系统，用于1台SCR反应器的氨与空气的混合。氨空气比例不能低于5%。

氨在空气中的体积浓度达到16%～25%时，会形成Ⅱ类可燃爆炸性混合物。为保证注入烟道的氨与空气混合物绝对安全，除控制混合器内氨的浓度远低于其爆炸下限外，还应保证氨在混合器内均匀分布。

每台SCR反应器设置AIG喷氨格栅，由氨/空气混合系统来的混合气体喷入位于烟道内的AIG喷氨格栅处，在注入AIG喷氨格栅前设手动调节阀，在系统投运时可根据烟道进出口检测出的NO_x浓度来调节氨的分配量，调节结束后严禁随意调整。

水解反应器中产生出来的含氨气流首先进入计量模块，然后被锅炉热一次风稀释，最后进入氨气、烟气混合系统。

（二）SNCR脱硝系统

1. 采用尿素为还原剂的SNCR脱硝系统

SNCR（尿素）脱硝系统主要由尿素溶液配制系统、尿素溶液储存系统、加压冲洗系统、雾化喷射系统、自动控制系统组成。

以尿素为还原剂的SNCR脱硝工艺原理如图20-2所示。尿素首先被溶解制备成浓度为50%的尿素浓溶液，尿素浓溶液经输送泵输送至炉前计量分配系统之前，与稀释水系统输送过来的水混合，尿素浓溶液被稀释为5%～10%的尿素稀溶液，再经过计量分配装置的精确计量分配至每个喷枪，经喷枪入炉膛，进行脱除NO_x反应。

通常按模块可将以尿素为还原剂的SNCR脱硝工艺过程划分为供应循环模块、计量模块、分配模块、稀释水模块等。以尿素为还原剂的SNCR脱硝包括以下四个过程：

（1）固体尿素的接收和还原剂的储存。

（2）还原剂的溶解、储存、计量输出及水混合稀释。

（3）在锅炉合适位置喷入稀还原剂。

（4）还原剂与烟气混合进行脱硝反应。

喷枪是尿素添加设备的关键，喷枪的结构设计应该首先保证使尿素溶液具良好的雾化效果，其次应考虑喷枪本身处于高温部位，应具有良好的耐热性能，不易烧损。典型的喷枪结构如图20-3所示，其主要参数：最大空气压力为4MPa，尿素溶液最大压力为0.4MPa，最大空气流量为120m^3/h，尿素溶液流量为0.42～4.2m^3/h，气水体积比为28.6，喷射角度为60°。

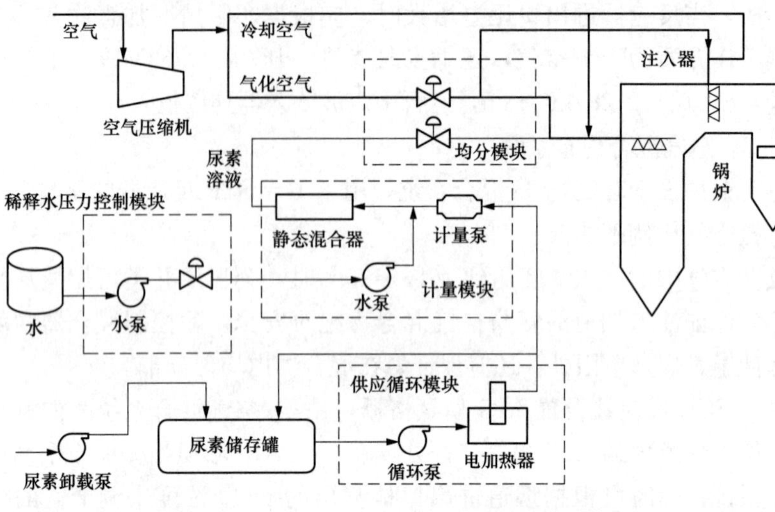

图 20-2　以尿素为还原剂的 SNCR 脱硝工艺原理

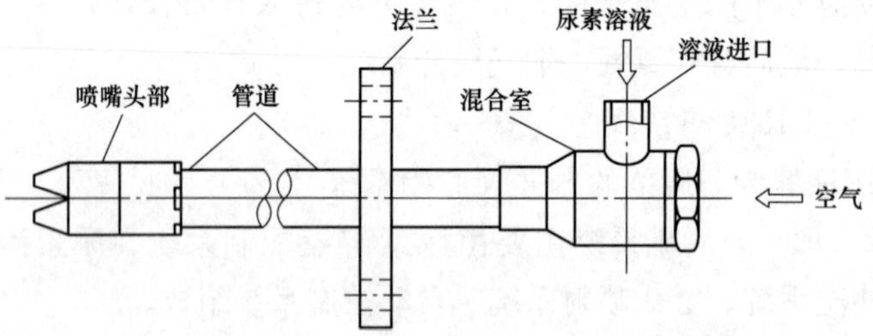

图 20-3　典型的喷枪结构

2. 采用氨水为还原剂的 SNCR 脱硝系统

SNCR（氨水）脱硝系统主要由氨水存储系统、氨水稀释加压系统、溶液喷射雾化系统、自动控制系统组成。

目前国内氨水采购的浓度为 25%，而燃煤锅炉氨水 SNCR 脱硝工艺还原剂使用 20%左右浓度的氨水，使用时首先对氨水进行稀释，后续工艺则和尿素 SNCR 脱硝工艺基本相同。

氨水 SNCR 脱硝系统由氨水卸载系统、存储系统、计量系统、分配系统及氨水泵等构成，如图 20-4 所示。将水溶氨储存在储存罐中并保持常温常压，用泵将其从储存罐送到喷嘴处喷入炉内即可使用，在喷嘴处用压缩空气来雾化水溶氨，用控制阀组来调节喷嘴的流量，当不需要喷水溶氨时用空气对系统进行吹扫。氨水溶液运输和处理方便，不需要额外的加热设备或蒸发设备，但 SNCR 脱硝的氨水浓度较小，所以氨水的运输成本及储存罐系统容量较大。

以氨水为还原剂的 SNCR 脱硝包括以下四个过程：

（1）氨水的接收和还原剂的储存。

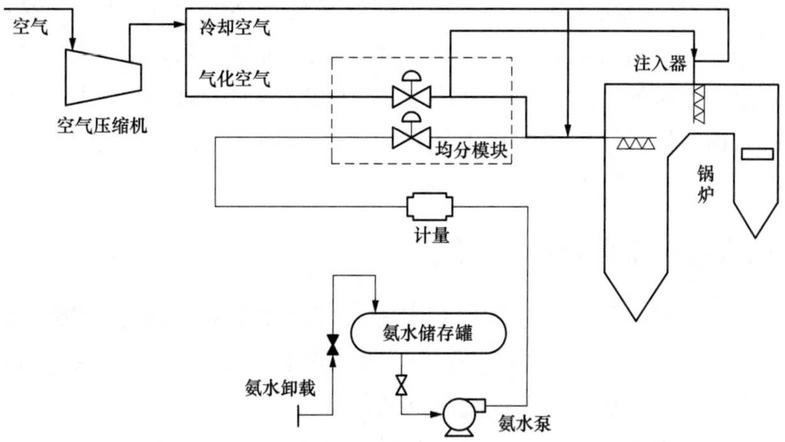

图 20-4　以氨水为还原剂的 SNCR 脱硝工艺原理

(2) 还原剂的泵送及计量。

(3) 在锅炉合适位置喷入稀释后的还原剂。

(4) 还原剂与烟气混合进行脱硝反应。

第二节　尿素溶解制氨系统

尿素溶解制氨系统主要包括尿素颗粒储存及溶解系统、尿素溶液储存及输送系统、水解系统、加热蒸汽及疏水回收系统、管道伴热系统、其他辅助系统（除盐水补水系统、冲洗系统、冷却水及地坑系统）等。尿素溶解制氨系统负责袋装尿素的储存、尿素溶液的制取和储存、加热水解产生氨蒸汽、氨蒸汽输送等任务。

一、尿素颗粒溶解系统

袋装尿素颗粒经拆袋后，由斗式提升机输送至尿素溶解罐中，用除盐水或疏水将尿素颗粒溶解、配制成 40％～60％的尿素溶液。配制时采用混合泵将溶液由溶解罐底部抽出返回上部进行循环，使溶液更好地溶解混合。尿素颗粒储存及溶解系统为全厂公用，设置两列，可同时运行或互为备用。

尿素颗粒储存及溶解系统包括尿素溶解罐、斗式提升机、尿素溶液输送泵、搅拌器、排风扇及相应的管道阀门等。

(1) 尿素溶解罐。1 台尿素溶解罐，直径为 3.0m，高度为 3.5m，体积约为 24.7m^3（溶解罐密度为 1.125kg/m^3，质量为 27.78t），单班配制满足 2 台机组满负荷 24h 用量，材料采用不锈钢。溶解罐中装有盘管式加热器，当溶解罐中溶液温度低时，开启加热蒸汽进行加热，防止结晶。溶解罐上还装有水流量控制系统、排风扇、密度计。

(2) 尿素溶液输送泵。尿素溶液输送泵为不锈钢本体，碳化硅机械密封的离心泵，设两台混合泵，一运一备，并列布置。尿素溶液输送泵还通过尿素溶解罐所配置的循环管道将尿素溶液进行循环，以获得更好的混合。

(3) 搅拌器。尿素溶解罐上设置一台搅拌器，作用是使尿素更好地溶解混合，防止颗粒沉淀。

二、尿素溶液储存和输送系统

尿素溶液储存和输送系统负责将配制好的尿素溶液储存，以及将尿素溶液由输送泵输送至水解反应器，包括尿素溶液储罐、尿素溶液循环泵、蒸汽加热系统以及相应的管道阀门等设备。

(1) 尿素溶液储罐。尿素溶液储罐负责尿素溶液的储存。设置 2 台尿素溶液储罐，直径为 5.0m，总高为 5.5m，单台体积约为 69m^3，材料采用不锈钢，为立式平底结构，装有液位计、温度计、人孔、梯子、通风孔及蒸汽加热装置等。

(2) 尿素溶液循环泵。设置 2 台尿素溶液输送泵，一运一备，将储罐中尿素溶液输送至水解反应器。

三、水解系统

尿素水解系统包括尿素水解反应器模块、计量模块、相应的管道阀门等。

(1) 水解反应模块由一个钢结构底座、水解反应器、工艺管道、电气控制柜、仪表阀门、安全阀等组成的撬装设备，具体如下：主要仪表阀门包括雷达液位计、热电阻温度计、压力变送器、电伴热系统等。

(2) 水解反应器由筒体、鞍座、管箱、换热组件、椭圆封头、法兰、接管等部分组成。

(3) 主要的工艺管道包括蒸汽加热管道、尿素溶液管道、氨蒸汽管道、除盐水冲洗管道、表面排污管道、底部排污管道、安全泄放管道等。

浓度为 40%～60%的尿素溶液被输送到水解反应器内，加热蒸汽通过盘管的方式进入水解反应器，加热蒸汽不与尿素溶液混合，通过盘管回流，冷凝水回收至疏水箱。水解反应器内的尿素溶液气液两相平衡体系的压力为 0.5～0.6MPa，温度为 120～155℃。对于 50%（质量浓度）的尿素溶液进料情况下，水解反应器中产生出来的含氨气流约包含 37.5%的氨气、18.7%的二氧化碳和 43.8%的水蒸气（均为质量浓度），这些含氨气流首先进入计量模块，然后被锅炉热一次风稀释，最后进入 SCR 反应器进行反应，以除去烟气中的 NO_x。

尿素水解反应方程式：

$$NHCONH_2 + H_2O \longrightarrow 2NH_3 + CO_2 + (x)H_2O$$

(4) 2台水解反应器。2台水解器为成都钢环保工程有限公司产品。2台水解反应器之间设置联络，可独立运行。

四、加热蒸汽及疏水回收系统

加热蒸汽从全厂炉底加热系统引入（机组再热蒸汽冷段母管）：一路经减温减压装置后进入水解器加热反应；一路用作氨蒸汽管道的伴热蒸汽。另外分别引入溶解罐和两个储罐做加热蒸汽。蒸汽经水解器、溶解罐、储罐加热后冷凝的疏水，由各疏水管道收集到疏水箱，用作配制尿素溶液、冲洗尿素溶液管道、尿素溶液管道伴热，也可由疏水泵打至节水工程清水池。

氨蒸汽管道、水解器的泄放管道、各尿素溶液管道均设置有伴热系统，防止其内温度降低带来结晶危险。其中，氨蒸汽管道、各尿素溶液管道以及水解器上的气、液管道采用电伴热。

五、其他辅助系统

1. 冲洗系统

尿素溶液输送泵、循环泵在停运后均应进行冲洗，消除结晶，防止堵塞管道、阀门等。冲洗水由疏水泵从疏水箱提供，设置1台疏水箱，2台疏水泵（一运一备）。

2. 除盐水系统

从厂区除盐水母管处引入除盐水，用作水解器的启动补水、停运冲洗水，及溶解罐、疏水箱的补水，在尿素制氨车间设置有一个除盐水小总门。

3. 废水系统

废水池中的废水由地废水泵打至厂区废水处理中心或者尿素溶解罐，设置1台地坑泵。

第三节　尿素水解制氨系统

一、尿素制氨技术概述

尿素制氨技术分为尿素热解制氨技术和尿素水解制氨技术。

1. 尿素热解制氨技术

(1) 尿素热解制氨工作原理：利用辅助能源（燃油、电加热等）在热解炉内制造650℃以上温度的温度场，将雾化的尿素溶液直接喷入，尿素

[$CO(NH_2)_2$]在高温下分解成氨气（NH_3）和二氧化碳（CO_2）。

(2) 尿素热解制氨优点：热解炉设备紧凑，进入中国市场早，案例较多。

(3) 尿素热解制氨不足：尿素转化氨的较率低，不完全热解产生的副产物易沉积，导致其物耗高。由于其燃料消耗量大，能耗不能随机组负荷降低而降低，不能多机组公用，因此电厂应用较少。

2. 尿素水解制氨技术

(1) 尿素水解制氨工作原理：利用电厂辅气作为热源，将尿素溶液在容器内反应产生氨气。

(2) 尿素水解制氨优点：由于尿素水解制氨系统解决了液氨的装卸、运输、储存等问题，水解器制氨随制随用，无需储存，所以彻底解决了电厂脱硝工程还原剂制备系统的安全隐患问题。

尿素水解制氨系统因其安全、稳定、可靠、运行费用低，逐渐成为尿素制氨系统的主流技术。

尿素水解制氨技术分为普通尿素水解制氨技术和尿素催化水解制氨技术。

尿素催化水解制氨技术是指：在催化剂的作用下，熔融状态的尿素溶液在温度135～150℃、压力0.4～0.55MPa下进行的快速水解反应。反应速度较普通尿素水解法约提高10倍以上，响应时间可达到1min以内，能耗约为热解技术的一半。

尿素催化水解制氨为吸热反应，其反应方程式为：

$$CO(NH_2)_2 + \text{催化剂} + H_2O = \text{中间产物} + CO_2\uparrow$$

$$\text{中间产物} \longrightarrow 2NH_3\uparrow + \text{催化剂}$$

综合反应方程式为：

$$CO(NH_2)_2 + H_2O = CO_2\uparrow + 2NH_3$$

催化剂的作用：改变反应路径，加快反应速率，降低响应时间。反应器中装有固定量的催化剂，催化剂在反应器内可循环使用，更换周期为每年1次。为了使反应速率恒定，尿素、水和热量都必须按照正确的比例供给反应器。

二、尿素水解制氨脱硝工艺流程

尿素催化水解制氨装置（以下简称水解装置）是为SCR脱硝系统提供还原剂氨气的成套装置。

由尿素溶液供应泵将储存罐中的尿素溶液输送至反应器中，减温减压后的饱和蒸汽通过水解器内置换热盘管对尿素溶液进行加热，在压力为

0.4～0.55MPa、温度为135～150℃和催化剂的作用下进行了快速水解反应，产生氨气、二氧化碳、水蒸气的混合气输送至氨气计量模块，根据NH_3需求信号计量调节后的氨气与热稀释风在氨空混合器内混合，稀释后的氨气浓度在5%以下，由喷氨格栅送入SCR反应器内进行脱硝反应，该工艺流程如图20-5所示。

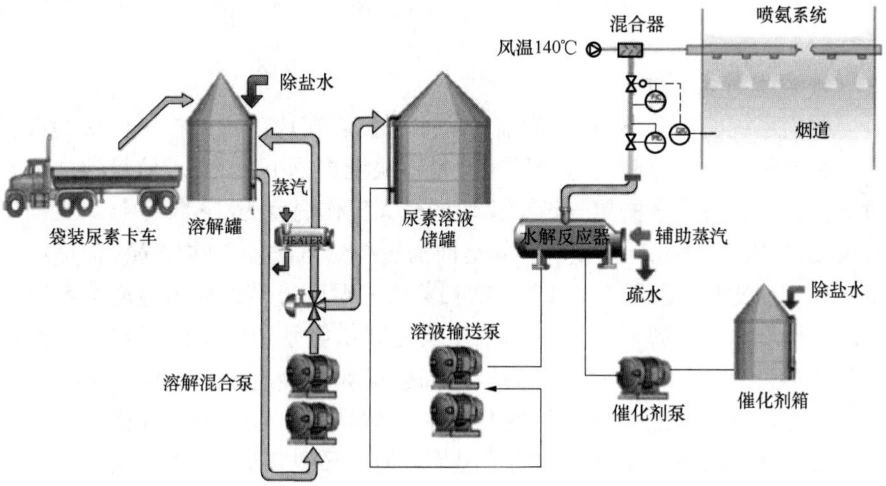

图20-5　尿素催化水解反应系统

三、尿素水解制氨系统模块组成

根据物料流程，尿素水解制氨系统通常由以下模块组成：减温减压器模块、尿素溶液制备模块、尿素溶液储存及输送模块、尿素水解制氨反应器模块、氨气计量模块。

1. 减温减压器模块

减温减压器模块由控制系统、减压系统、减温系统和安全保护系统组成，其作用为将高温高压的一次蒸汽降为水解器能够使用的低温低压二次蒸汽。蒸汽的减压过程是由减压阀和节流孔板的节流来实现的，减压级数由新蒸汽和减压后蒸汽压力之差来决定。蒸汽的减温通过喷水减温系统实现。

2. 尿素溶液制备模块

将符合国家标准的工业尿素从溶解罐的下料口卸至罐内，在溶解罐搅拌器的辅助下加速尿素颗粒在除盐水中的溶解。由于尿素溶解是吸热反应，因此在溶解罐内配有蒸汽盘管，在溶解过程中提供给热量以防止尿素再次结晶。

3. 尿素溶液储存及输送模块

尿素溶液储存罐的容量为满足对应机组 5～7 天所需尿素溶液用量。尿素溶液供应泵从尿素溶液存储罐中抽取尿素溶液经过升压后送至水解器。储罐至水解器模块间的尿素溶液管线伴热温度应维持在 30～50℃之间为宜。

4. 尿素水解制氨反应器模块

尿素水解制氨反应器模块可供应对应机组 SCR 100%的设计最大氨需求量。尿素水解制氨反应器的运行方式灵活，可单元制运行也可公用制运行。

5. 氨气计量模块

脱硝系统的每个 SCR 反应器对应一列控制模块。每列控制模块均设置有质量流量计和调节阀。每个氨气计量模块能根据 NH_3 需求信号独立控制喷氨量。某公司采用的氨气计量模块的最大工作温度为 190℃，最大工作压力为 0.6MPa。氨气计量模块在停运时需进行蒸汽吹扫，吹扫蒸汽温度应低于 190℃，压力应小于 1.0MPa。吹扫蒸汽的温度过高或压力过高会影响装置的使用寿命。水解器至氨气调节模块之间供氨管道需要进行伴热，温度控制范围为 140～160℃，伴热温度过高会损坏氨气流量调节模块上的阀门仪表，伴热温度过低会导致供氨管道附着结晶物，可能导致管道流通截面变窄或是管道堵塞；特别恶劣的情况下可能会导致管道腐蚀的加剧。

四、尿素水解装置系统组成

尿素水解装置主体设备为水解反应器（简称水解器）本体，主要由液位调节、压力调节、泄压、除盐水、排污、电控等系统组成；辅助装置为催化剂供应系统。

1. 尿素调节系统

根据氨气用量，通过尿素调节阀向水解器提供尿素溶液，补充水解器的工作液位。

2. 蒸汽调节系统

根据氨气用量，通过蒸汽调节阀为尿素水解反应提供热源，控制水解器的工作压力，使水解器的工作温度保持在反应液沸点温度以下。蒸汽一般分为两路供应：一路加热反应器内的尿素溶液，换热后的冷凝液经过疏水装置进行排放；第二路蒸汽用于吹扫管线。

3. 超压保护系统

水解器本体压力超过正常工况时，将会引起装置的保护动作，通过气相泄压阀、液相回流阀、爆破片爆破、安全阀开启进行泄压，防止装置超压。当水解器压力大于 0.9MPa 时，气相泄压阀自动开启，进行一级泄压，保护反应器。该管道设有蒸汽吹扫装置，不能长时间处于蒸汽吹扫状态（吹扫时间须小于 1min）。当水解器压力大于 1.1MPa 时，液相回流阀自动开启，进行二级泄压，保护水解器。如果水解器的压力继续上升，压力达到 1.2MPa 时，位于安全阀前的爆破片将会爆破打开，引发安全阀动作进行泄压。

以上方法使来自水解器的混合氨气或反应液通过管道释放至废水箱（或尿素溶液储存罐）。在废水池或储存罐中通过冷却溶液吸收氨，从而将排放至大气的氨最小化。泄放的混合气体含有大量氨气，废水箱必须盛装足量的冷却吸收剂水，以保证泄放的氨气能被完全吸收，且冷却吸收剂应定期置换。定期置换的冷却剂是含有氨气的溶液，需要进行正确处理。

注：水解器上的气相泄压阀及液相回流阀，超压情况下打开，正常运行时关闭。为防止堵塞及干扰，气相泄压、液相回流和安全阀排气应分别设置独立的排放管线，排放管线应有保温、伴热措施。

4. 除盐水和排污系统

除盐水主要用于水解器煮洗、首次启动时尿素溶液的稀释、水解器的紧急降温。排污系统与水解器底部排污口相连接，用于排除水解器底部沉积杂质，设备长期停机需要进行排空时，也要通过底部排污管道进行排空。

5. 电控系统

水解器上设有雷达液位计、热电阻，用于测量水解器的液位和温度。进水解器的尿素管道上设有压力变送器，用于测量水解器的本体工作压力。装置的正常操作由 DCS 远程控制。DCS 具有监测、控制、报警、连锁功能。正常运行可实现自动控制或手动控制，操作参数出现异常时 DCS 系统会自动发出警报，由操作员确定是否进行保持运行或停车检修。

6. 辅助系统

辅助系统主要是催化剂系统，一般情况下由溶解罐、搅拌器、催化剂泵组成，用于水解器首次启动时溶解加注催化剂使用。

成品吨袋装尿素储存于尿素车间堆料区域内，当需要配料时，用电动单梁起重机吊运至吨袋拆包机内部活动托板上、夹紧后人工抽出吨袋下方抽绳，卸料至料斗中，再由管链输送机送至尿素溶解罐中，在溶解罐中用除盐水将干尿素溶解成 40%～60%质量浓度的尿素溶液，通过尿素溶液溶解泵输送到尿素溶液储罐。尿素溶液经由输送泵进入水解反应器，水解反应器中产生出来的含氨气流送至反应区，被热风稀释后，产生浓度小于 5%的氨气进入氨气-烟气混合系统，并由氨喷射系统喷入脱硝系统。系统产生的蒸汽冷凝水回收至疏水箱中，作为系统冲洗及溶液配置用水。系统排放的废氨气由管线汇集后从废水池底部进入，通过分散管将氨气分散入废水池中，利用水来吸收安全阀排放的氨气。

五、尿素水解系统检修标准项目

尿素水解系统检修标准项目见表 20-1。

表 20-1　尿素水解系统检修标准项目

序号	检修标准项目	备　注
1	斗式提升机检修	
2	尿素水解反应器检修项目	
3	尿素计量模块	
4	尿素雾化喷枪	
5	尿素溶液溶解泵、废水泵、输水泵、输送泵检修项目	

六、尿素水解设备检修工艺及质量标准

1. 尿素吨袋拆包机检修工艺及质量标准

尿素吨袋拆包机检修工艺及质量标准见表 20-2。

表 20-2　尿素吨袋拆包机检修工艺及质量标准

工序	检修项目	检修工艺	质量标准
1	准备工作	（1）工器具准备：活扳手、梅花扳手、钢丝刷、砂布、铜棒、手锤、钢丝绳、专用工具等； （2）备件材料准备：刮板、垫片、链条； （3）办理相关工作票，检查安全措施落实，交代安全注意事项	（1）工器具检验合格，符合安全标准； （2）备件材料检验合格，资料齐全； （3）执行各项安全规程，确保人身和设备的安全
2	吨袋管链机解体	（1）拆卸链条驱动站罩，检查减速箱轴承及链轮齿磨损情况，记录好原始值。 （2）检查输送机链条是否变形和磨损，松紧程度是否合适，紧固件是否松动，润滑加油处是否有油，物料在进料口和底部是否有堵塞现象，并做好记录。 （3）检查链条磨损及损坏情况；若出现链条撕裂、磨损、松弛等情况，必须予以更换，更换输送链条连续性的移动，链条整体需要运行 3 圈（5～10min），运转是从检修门或检修盖板处检查链条是否有脱落情况。 （4）检查输送管道管壁的厚度	（1）链条接触点的直径为 10～13mm； （2）多点测量管壁不得小于 2mm

续表

工序	检修项目	检修工艺	质量标准
3	回装	按拆卸的相反顺序进行回装	
4	试运	启动后应无异声，无卡涩，电流正常	卸料出力符合技术要求
5	结束工作	(1) 结束工作票； (2) 填写检修记录	(1) 执行工作票管理标准； (2) 检修记录齐全

2. 尿素溶解罐检修工艺及质量标准

尿素溶解罐检修工艺及质量标准见表 20-3。

表 20-3 尿素溶解罐检修工艺及质量标准

工序	检修项目	检修工艺	质量标准
1	准备工作	(1) 工具准备：铜质活扳手、铜质梅花扳手、防爆型强光手电、便携式氨泄漏检测仪、测氧仪、排风扇等； (2) 材料准备：密封垫圈、盘管； (3) 工作现场准备：设置围栏、安全警示标识；设置专人监护，设置进出登记本；准备正压式空气呼吸器、急救药品、防毒面具等应急物资； (4) 编制安全、技术、组织、环保措施及应急预案，并组织学习； (5) 办理工作票，同时做好危险点预控分析； (6) 对全体人员进行安全交底，交代清楚工作中存在危险、紧急逃生路线及紧急处置、紧急救护办法； (7) 用除盐水将溶解罐置换	(1) 工器具检验合格，符合安全标准； (2) 备品、材料型号正确；密封垫圈表面光洁、无损伤； (3) 检修区域完全隔离；安全警示标识齐全、醒目；监护人员到位；急救物资良好、齐全； (4) 措施具体、全面，符合现场实际情况；参加工作人员全体学习； (5) 严格执行工作票办理流程，安全措施可靠，危险点分析全面，防范措施具体；若有动火作业需办理一级动火工作票； (6) 全体人员掌握交底内容； (7) 液位加至 3.7m，反复 2 次排尽后，等待 30min 取样，氨含量 $<0mg/m^3$；氧含量为 18%～22%

续表

工序	检修项目	检修工艺	质量标准
2	解体检修	(1) 打开人孔门； (2) 拆下压力表、温度表等热工仪表外送检测； (3) 拆下蒸汽加热盘管并检查； (4) 加热盘管加压至 1.12MPa 进行保压； (5) 罐底清理； (6) 罐壁检查； (7) 各连接管路检查； (8) 检查液位计； (9) 各阀门检查	(1) 更换密封垫； (2) 检测合格； (3) 蒸汽加热盘管内部无堵塞、损坏、磨损裂痕、砂眼情况，必要时补焊或更换； (4) 24h 压力无降低； (5) 无沉淀物和杂物； (6) 外观无变形、无腐蚀、无泄漏情况，必要时进行补焊； (7) 无堵塞、无脏污，管路畅通； (8) 液位计畅通、无堵塞； (9) 阀门开关灵活，严密性良好，必要时更换
3	设备回装	(1) 回装热工仪表； (2) 回装人孔门	(1) 人孔封闭前检查溶解罐内无遗留工器具或其他物件； (2) 更换新密封垫
4	结束工作	(1) 结束工作票； (2) 填写检修记录	(1) 执行工作票管理标准； (2) 检修记录齐全

3. 尿素溶液储罐检修工艺及质量标准

尿素溶液储罐检修工艺及质量标准见表 20-4。

表 20-4　尿素溶液储罐检修工艺及质量标准

序号	检修项目	检修工艺	质量标准
1	准备工作	(1) 工具准备：铜制活扳手、铜质梅花扳手、防爆型强光手电、便携式氨泄漏检测仪、测氧仪、排风扇等； (2) 材料准备：密封垫圈、盘管； (3) 工作现场准备：设置围栏、安全警示标识；设置专人监护，设置进出登记本；正压式空气呼吸器、急救药品、防毒面具、灭火器等应急物资；	(1) 工器具检验合格，符合安全标准； (2) 备品、材料型号正确，密封垫圈表面光洁、无损伤； (3) 检修区域完全隔离；安全警示标识齐全、醒目；监护人员负责；急救物资良好、齐全；

续表

序号	检修项目	检修工艺	质量标准
1	准备工作	（4）编制安全、技术、组织、环保措施及应急预案，并组织学习； （5）办理工作票，同时做好危险点预控分析； （6）对全体人员进行安全交底，交代清楚工作中存在危险、紧急逃生路线及紧急处置、紧急救护办法； （7）用除盐水将溶解罐置换	（4）措施具体、全面，符合现场实际情况；参加工作人员全体学习； （5）严格执行工作票办理流程，安全措施可靠，危险点分析全面，防范措施具体；若有动火作业需办理一级动火工作票； （6）液位加至3.7m，反复2次排尽后，等待30min取样，氨含量＜0mg/m³；氧含量为18％～22％
2	解体检修	（1）打开人孔门； （2）拆下压力表、温度表等热工仪表外送检测； （3）拆下蒸汽加热盘管并检查； （4）加热盘管加压至1.12MPa进行保压； （5）罐底清理； （6）罐壁检查； （7）各连接管路检查； （8）检查液位计； （9）各阀门检查	（1）更换密封垫； （2）盘管内部无堵塞、损坏、磨损裂痕、砂眼情况；必要时补焊或更换； （3）24h压力无降低； （4）无沉淀物和杂物； （5）外观无变形、无腐蚀、无泄漏情况；必要时进行补焊； （6）无堵塞、无脏污，管路畅通； （7）液位计畅通、无堵塞； （8）阀门开关灵活，严密性良好；必要时更换
3	设备回装	（1）回装热工仪表； （2）回装人孔门	（1）安装牢固、紧密； （2）人孔封闭前检查溶液储罐内无遗留工器具或其他物件； （3）更换新密封垫
4	结束工作	（1）结束工作票； （2）填写检修记录	（1）执行工作票管理标准； （2）检修记录齐全

4. 尿素溶解泵检修工艺及质量标准

尿素溶解泵检修工艺及质量标准见表 20-5。

表 20-5　尿素溶解泵检修工艺及质量标准

序号	检修项目	检修工艺	质量标准
1	准备工作	（1）工器具准备： 1）检修场地用围栏围起，并铺上耐油橡胶板； 2）工具：梅花扳手、手锤、纯铜棒、活扳手、撬棒、六角扳手一套等。 （2）备件材料准备： 1）轴承、轴套、螺母、止退垫圈、叶轮螺母、机械密封、弹性圈； 2）除锈剂、密封胶、砂布、碎布、二硫化钼、设备清洗剂、润滑脂、垫片等	（1）尿素区内进行检修工作应使用防火花工具，使用钢制工具时应做好防火花措施； （2）工器具检验合格，符合安全标准； （3）备件材料检验合格，资料齐全
2	安全措施	办理相关工作票，检查安全措施落实，交代安全注意事项	执行各项安全规程，确保人身和设备的安全
3	泵解体	（1）拆除联轴器护罩，分开联轴器； （2）由电气工作人员拆除电动机电源线； （3）拆除电动机地脚螺栓，拖走电动机； （4）拆除泵进出口法兰螺栓和连接的管道； （5）拆除泵地脚螺栓，把整泵搬到指定的检修位置； （6）将机械密封锁紧螺母松开，拆卸机械密封静环盖，取出轴套 O 形密封圈、机械密封动环； （7）机械密封取出后，应仔细检查动、静环摩擦副磨损情况，密封面不能有划痕；弹簧是否变形、断裂；O 形密封圈是否变形、老化、断裂；一般情况，O 形密封圈为一次性使用； （8）拆除泵体紧固螺栓； （9）拆除叶轮时，决不能敲打叶轮，否则，叶轮一旦变形，将影响泵在运行时的动平衡； （10）拆完叶轮才能拆卸泵壳，泵壳拆卸时应注意不要将泵壳定位止口碰坏或损伤； （11）拆完叶轮、泵壳后，取出主轴，拆卸完毕清洗、测量； （12）用细布洗干净各部件，以便检查； （13）检查泵轴表面应无严重机械损伤、锈蚀、凹坑等缺陷； （14）检查叶轮，表面应无严重磨损，无严重汽蚀及冲刷，无裂纹，前后盖板无鼓起； （15）检查轴套有无磨损、腐蚀等缺陷； （16）检查机械密封，动、静环有无裂纹，摩擦面有无划伤、沟槽，辅助密封有无损坏、老化； （17）检查泵体，应无裂纹和严重锈蚀，各精加工表面无毛刺和机械损伤； （18）检查联轴器有无损坏、老化； （19）检查轴承有无机械磨损、腐蚀、裂纹、脱珠、滚珠无麻点、脱皮、凹坑、转动无卡涩，并测量其轴承游隙是否符合标准； （20）检查其余部件应无裂纹、毛刺、损伤； （21）测量密封环与叶轮间隙，做好记录； （22）测量泵轴弯曲度，做好记录	（1）零部件及工器具摆放在橡胶板上； （2）拆卸下的零部件应摆放整齐，并做好记号； （3）废油必须回收，不得随意放置或倒入地沟内； （4）检修期间，收工前要把零部件摆放整齐并盖好，打扫检修场地卫生；易燃易爆物品如清洗剂、破布等需清理干净，不得存放在检修现场； （5）叶轮密封圈间隙为 0.30～1mm

续表

序号	检修项目	检修工艺	质量标准
4	泵回装	（1）应检查主轴主要尺寸、键槽是否符合技术要求； （2）用细平锉清理键槽毛刺，将平键放入槽内，检查平键高度是否符合装配要求； （3）叶轮与主轴试装之前，应先将叶轮两端面毛刺进行处理，防止叶轮与叶轮之间有毛刺使叶轮垂直度达不到要求，还应用细平锉将叶轮键槽毛刺修平； （4）在装配叶轮和泵壳同时，还应注意泵壳密封面的清洗； （5）再紧固时一定要将泵壳紧平；将泵轴轻轻抬起，往一个方向转动，检查有无摩擦、偏磨、过紧现象； （6）在确认机械密封在轴套上安装尺寸准确后可装入机械密封；在装入之前应先检查主轴有无毛刺，动环在机械密封弹簧座上是否上、下运动灵活，有无卡住现象；动环O形密封圈应符合要求，无变形、老化； （7）装好机械密封后，将泵体回装至泵基础，连接进出口管道； （8）安装连接泵与电动机的联轴器，找平找正，各项数值在规定范围，紧固联轴器螺栓，将机械密封静环顶丝锁死； （9）电动机接线	转动泵轴应无卡涩
5	现场清理	（1）设备卫生清洁； （2）地面卫生清洁； （3）设备整体外观状态检查	（1）设备无污点，无杂乱点，无锈点； （2）地面干净，地面无损坏，无杂物； （3）设备整体外观状态和功能完好，无缺陷
6	泵试运转	（1）将工作票和试运单交给当值运行人员，恢复措施，安排试运转； （2）试运转时，检查泵运转的声音； （3）检查泵出口压力是否正常； （4）检查机械密封处是否泄漏	试运完成后，运行、检修人员在试运单上签字确认
7	结束工作	（1）结束工作票； （2）填写检修记录	（1）执行工作票管理标准； （2）检修记录齐全

5. 地坑泵检修工艺及质量标准

地坑泵检修工艺及质量标准见表20-6。

表20-6　地坑泵检修工艺及质量标准

序号	检修项目	检修工艺	质量标准
1	准备工作	（1）工器具准备： 1）检修场地用围栏围起，并铺上耐油橡胶板； 2）工具：梅花扳手、手锤、纯铜棒、活扳手、撬棒、游标卡尺、六角扳手等。 （2）备件材料准备： 1）轴承、轴套、螺母、止退垫圈、叶轮螺母、弹性垫圈、填料； 2）除锈剂、密封胶、砂布、碎布、二硫化钼、设备清洗剂、润滑脂、垫片等	（1）尿素区内进行检修工作应使用防止产生火花的工具，使用钢制工具时应做好防火花措施； （2）工器具检验合格，符合安全标准； （3）备件材料检验合格，资料齐全
2	安全措施	办理相关工作票，检查安全措施落实，交代安全注意事项	执行各项安全规程，确保人身和设备的安全
3	泵体解体	（1）分开泵侧和电动机侧联轴器，拆掉电动机与电动机座连接螺栓。 （2）吊下电动机，放在平整、干净、干燥的地方。 松开泵体地脚螺栓，断开与管道及其他相关的连接；吊出整泵；用清水彻底冲洗泵底座以下的内侧和外侧。 （3）拆下泵侧联轴器和键。 （4）拆下轴承盖，用铜棒敲击轴的端面，将转子部件敲出轴承内圈配合面取下轴承。 把拆下的转子部件放在工作台上，拆下叶轮螺母及密封圈。（叶轮螺母为左旋螺纹）。 （5）机械密封取出后，应仔细检查动、静环摩擦副磨损情况，密封面有无划痕；弹簧是否变形、断裂；O形密封圈是否变形、老化、断裂；一般情况，O形密封圈为一次性使用。 （6）将轴套从轴上取出。 （7）清理、清洗轴上的毛刺和脏物，并涂上润滑油	（1）拆开的管口用布包好； （2）零部件及工器具摆放在橡胶板上； （3）拆卸下的零部件应摆放整齐，并做好记号

续表

序号	检修项目	检修工艺	质量标准
4	零部件清理及检查回装	(1) 叶轮与轴的间隙为 0.08～0.10mm，将轴涂上润滑油脂，装上键，将叶轮套到轴上，并拧紧叶轮螺母（使用后的叶轮再次使用前应重新进行平衡试验）；衬套与轴套的间隙为 0.6 mm； (2) 将 O 形密封圈分别装入所需位置，包括：密封面、泵盖、轴套、叶轮、叶轮螺母、封头螺母； (3) 将两个新的轴承重新安装在轴上，用轴承加热器加热，温度为 80℃，一般不超过 100℃； (4) 用锁紧螺母锁紧轴承，在 2 个锁紧螺母加装止动垫圈，将止动垫圈的扁尾弯入锁紧螺母的槽内； (5) 用深度尺测量轴承端面到轴承座端面的距离，轴承压盖止口端面与轴承外圈之间应有 0.1～0.2mm 间隙，装配时必须检查相关尺寸并保证该间隙； (6) 组装轴套和叶轮； (7) 在确认机械密封在轴套上安装尺寸准确后可装入机械密封；在装入之前应先检查主轴有无毛刺，动环在机械密封弹簧座上是否上、下运动灵活，有无卡住现象；动环 O 形密封圈应符合要求，无变形、老化；安装端盖； (8) 安装完毕后，必须手动盘车，无卡滞现象	检修期间，收工前要把零部件摆放整齐并盖好，打扫检修场地卫生；易燃易爆物品如清洗剂、破布等需清理，不得存放在检修现场
5	现场清理	(1) 设备卫生清洁； (2) 地面卫生清洁； (3) 设备整体外观状态检查	(1) 设备无脏点，无污点，无杂乱点，无锈点； (2) 地面干净，地面无损坏，无杂物； (3) 设备整体外观状态和功能完好，无缺陷
6	泵试运	(1) 将工作票和试运单交给当值运行人员，恢复措施，安排试运； (2) 试运转时，检查泵运转的声音； (3) 检查泵出口压力是否正常； (4) 检查机械密封处是否泄漏	试运完成后，运行、检修人员在试运单上签字确认
7	结束工作	(1) 结束工作票； (2) 填写检修记录	(1) 执行工作票管理标准； (2) 检修记录齐全

6. 尿素水解器检修工艺及质量标准

尿素水解器检修工艺及质量标见表 20-7。

表 20-7 尿素水解器检修工艺及质量标准

序号	检修项目	检修工艺	质量标准
1	准备工作	工具准备：梅花扳手、敲击扳手、吊带等	工器具检验合格
2	安全措施	（1）关闭水解器尿素溶液进口手动阀、气动阀，关闭水解器出口手动阀、气动阀； （2）关闭蒸汽手动阀、气动阀、调节阀； （3）停止水解器电伴热运行； （4）打开排污阀，清空罐内尿素溶液； （5）置换水解器内氨气，从尿素溶液入口注入除盐水置换	（1）执行各项安全规程，打开人孔门后使用排气扇进行吹扫； （2）人员进入水解器内前用氨检测仪检查氨含量，确保罐内空气氨含量在安全标准以下才能进入
3	材料准备	密封垫	备件材料检验合格
4	水解器检修	（1）拆除水解器出口端人孔，清理密封面； （2）拆除加热盘管端盖； （3）外观检查； （4）水解器内部清理，内壁检查； （5）水解器加热盘管检查	（1）检查法兰密封面无锈蚀，平整； （2）焊缝无裂纹、无严重锈蚀； （3）内部无杂物； （4）内壁应无裂纹、腐蚀、气蚀、结垢； （5）盘管内部无堵塞、损坏、磨损裂痕、砂眼情况，如有损坏应补焊或更换
5	复装人孔、端盖	注入尿素水解专用催化剂，注入尿素溶液至工作液位，检查漏点	（1）封盖前检查罐内无遗留工器具或其他物件； （2）更换新密封垫圈； （3）反复 3 次加压、排放，将罐内残余空气排空，升压至工作压力
6	现场清理	（1）设备卫生清洁； （2）地面卫生清洁； （3）设备整体外观状态检查	（1）设备无污点，无杂乱点，无锈点； （2）地面干净，地面无损坏，无杂物； （3）设备整体外观状态和功能完好，无缺陷，设备保温完好无破损
7	结束工作	（1）结束工作票； （2）填写检修记录	（1）执行工作票管理标准； （2）检修记录齐全

7. 疏水箱检修工艺及质量标准

疏水箱检修工艺及质量标准见表 20-8。

表 20-8　疏水箱检修工艺及质量标准

序号	检修项目	检修工艺	质量标准
1	准备工作	（1）工具准备：活扳手、梅花扳手、梯子、12V 行灯、强光手电、测氧仪等； （2）材料准备：阀门、密封垫圈、螺栓等； （3）工作现场准备：设置围栏、安全警示标识；设置专人监护，设置进出登记本； （4）编制安全、技术、组织、环保措施及应急预案，并组织学习； （5）办理工作票，同时做好危险点预控分析； （6）进行安全交底，交代清楚工作中存在危险、紧急逃生路线及紧急处置、紧急救护办法； （7）打开排污门，排尽罐内余水； （8）打开人孔门，使空气流通	（1）工器具检验合格，符合安全标准； （2）备品、材料型号正确；密封垫圈表面光洁、无损伤； （3）检修区域完全隔离；安全警示标识齐全、醒目；监护人员到位； （4）措施具体、全面，符合现场实际情况；参加工作人员全体学习； （5）严格执行工作票办理流程，安全措施可靠，危险点分析全面，防范措施到位；若有动火作业需办理一级动火工作票； （6）全体人员掌握交底内容； （7）余水排空； （8）测量氧含量为 18%～22%，罐内温度降至 35℃以下
2	解体检修	（1）拆下温度测点及变送器等仪表外送检测； （2）外观检查； （3）清理罐内部脏污、杂物，用除盐水冲洗干净； （4）检查各管路接口； （5）检查液位计； （6）检查各阀门	（1）表计检测合格； （2）焊缝良好，无明显损伤，无严重腐蚀；人孔门密封面光洁； （3）内部脏污清理干净，无杂物，罐内水清理干净； （4）各管路接口清洁、通畅；各法兰接合面良好； （5）液位计畅通、无堵塞； （6）阀门开关灵活、严密无内漏；密封垫圈严密，无变形，必要时更换密封垫圈及阀门
3	设备回装	（1）回装各热工仪表； （2）更换新密封垫圈，回装人孔门； （3）密封试验：关闭所有管路阀门，注入冷凝水	（1）仪表固定牢靠，正常投入； （2）密封圈密封良好；封闭人孔前进行全面检查，无放置工具、杂物遗留； （3）无泄漏，液位显示准确
4	结束工作	（1）结束工作票； （2）填写检修记录	（1）执行工作票管理标准； （2）检修记录齐全

8. 疏水泵检修工艺及质量标准

疏水泵检修工艺及质量标准见表 20-9。

表 20-9　疏水泵检修工艺及质量标准

序号	检修项目	检修工艺	质量标准
1	准备工作	(1) 工具准备：铜质梅花扳手、手锤、纯铜棒、铜制活扳手、撬棒、拉马、卡簧钳； (2) 材料准备：轴承、轴套、螺母、止退垫圈、叶轮螺母、机械密封、弹性垫圈、除锈剂、密封胶、白布、二硫化钼、设备清洗剂、润滑脂、垫片等； (3) 工作现场准备：设置围栏、安全警示标识；地面铺设耐油橡胶板； (4) 办理工作票，同时做好危险点预控分析； (5) 对全体人员进行安全交底，熟悉工作内容，交代安全注意事项	(1) 工器具检验合格，符合安全标准； (2) 备品、材料型号正确；密封垫圈表面光洁、无损伤； (3) 检修区域完全隔离；安全警示标识齐全、醒目； (4) 严格执行工作票制度，安全措施可靠，危险点分析全面，防范措施到位；若有动火作业需办理一级动火工作票； (5) 全体人员掌握交底内容
2	设备解体	(1) 电气工作人员拆除电动机电源线，拆除电动机连接螺栓，拆下电动机； (2) 拆除泵进出口法兰螺栓和连接的管道； (3) 拆除泵地脚螺栓，把整泵搬到指定的检修位置； (4) 用三脚拉马拆除泵端联轴器，把连接键取下，并做好标记； (5) 做好连接部位标记，拆下泵盖与泵体的连接螺栓，用顶丝把泵盖与泵体分开； (6) 拆除叶轮螺母，拆除叶轮和连接键，并做好标记； (7) 拆除机械密封座的连接螺栓，做好各接合面的连接记号，然后拆除水泵后盖； (8) 拆除轴套机械密封动、静环和静环座，拆除轴承箱两端压盖，并做好连接记号； (9) 从驱动端用纯铜棒轻轻敲打，拆除泵轴和轴承	(1) 拆下电动机时注意做好标记、记好相序，拆下电缆头用胶布包好并接地；电动机离位后放置在枕木上； (2) 拆开的管口用布包好； (3) 拆下泵后搬运至氨区以外；泵体离位时注意不要损伤地脚螺栓；拆下的泵放在枕木上； (4) 零部件及工器具摆放在橡胶板上；拆卸下的零部件应摆放整齐，并做好记号

续表

序号	检修项目	检修工艺	质量标准
3	泵体检修	(1) 用煤油清洗各部件； (2) 检查泵轴，测量泵轴弯曲度，做好记录； (3) 检查叶轮，测量密封环与叶轮间隙，做好记录； (4) 检查轴套； (5) 检查机械密封； (6) 检查泵体； (7) 检查联轴器弹性圈； (8) 检查轴承，并测量其轴承游隙是否符合标准； (9) 检查其余部件	(1) 各部件清洗干净、用白布包裹并放置在专用地点；废油必须回收，不得随意倾倒； (2) 表面应无严重机械损伤、锈蚀、凹坑等缺陷； (3) 表面应无严重磨损，无严重汽蚀及冲刷，无裂纹，前后盖板无鼓起现象； (4) 无磨损、腐蚀等缺陷； (5) 动、静环无裂纹，摩擦面无划伤、沟槽，辅助密封无损坏、老化；必要时更换； (6) 泵体应无裂纹和严重锈蚀，各精加工表面无毛刺和机械损伤；必要时用细砂纸打磨光滑； (7) 无损坏、老化，必要时更换； (8) 无机械磨损、腐蚀、裂纹、滚珠无麻点、脱皮、凹坑，转动无卡涩，轴承间隙＜0.2mm，超标时更换； (9) 其余部件无裂纹、毛刺、损伤； (10) 叶轮密封圈间隙为0.3～1mm
4	设备回装	(1) 将轴承套装在泵轴上；把泵轴与轴承从非驱动端穿进轴承箱，并用铜棒轻轻敲到位；按标记装复两端轴承盖并更换纸垫和油封；从非驱动端依次在轴上套入机械密封座、机械密封、动环、静环、轴套； (2) 按标记回装泵盖，并装上叶轮，拧紧叶轮罩螺母；按标记连接好机械密封座；按标记回装泵壳、联轴器； (3) 整泵就位，连接进出口管法兰和地脚螺栓； (4) 将电动机就位，并装上联轴器弹性圈；调整电动机，校正联轴器中心，并做好记录；拧紧电动机与泵体连接螺栓； (5) 电动机接线； (6) 管路回装	(1) 严格按照解体时标记及顺序进行回装；不得使用锤子等工具敲击，必要时使用铜棒；回装油封时注意外观检查良好无变形、无损伤； (2) 严格按照解体时标记及顺序进行回装；不得使用锤子等工具敲击，必要时使用铜棒；转动泵轴应无卡涩（间隙在0.05mm之内）； (3) 泵体就位注意不要损伤地脚螺栓，螺栓应紧固； (4) 电动机就位对准标记；联轴器中心应完全校正；螺栓紧固后盘车应灵活，否则应重新组装； (5) 按照记录相序接线，接线盒螺钉无缺失，紧固； (6) 固定牢靠、密封良好

续表

序号	检修项目	检修工艺	质量标准
5	设备试转	(1) 清理检修现场，检查设备、环境符合要求；交回工作票，联系运行人员恢复安全措施； (2) 设备启动，试运	(1) 现场、设备清洁，设备外观良好；现场人员撤离； (2) 第一次点动启动，观察转向是否正确，若不正确须立即停下重新接线；检查泵体、机械密封有无泄漏；试运 2h 测量泵体振动≤0.05mm；轴承温度≤80℃
6	结束工作	(1) 结束工作票； (2) 填写检修记录	(1) 执行工作票管理标准； (2) 检修记录齐全

9. 尿素溶液输送泵检修工艺及质量标准

尿素溶液输送泵检修工艺及质量标准见表 20-10。

表 20-10 尿素溶液输送泵检修工艺及质量标准

序号	检修项目	检修工艺	质量标准
1	准备工作	(1) 工器具准备： 1) 检修场地用围栏围起，并铺上耐油橡胶板； 2) 工具：梅花扳手、手锤、纯铜棒、活扳手、撬棒、六角扳手等； (2) 备件材料准备： 1) 轴承、轴套、螺母、止退垫圈、叶轮螺母、机械密封、弹性垫圈； 2) 除锈剂、密封胶、砂布、碎布、二硫化钼、设备清洗剂、润滑脂、垫片等； (3) 安全措施：办理相关工作票，检查安全措施落实，交代安全注意事项	(1) 尿素区内进行检修工作应使用防火花工具，使用钢制工具时应做好防火花措施； (2) 工器具检验合格，符合安全标准； (3) 备品、材料型号正确；密封垫圈表面光洁、无损伤； (4) 执行各项安全规程，确保人身和设备的安全
2	设备解体	(1) 解开电动机及连接的管道（法兰）： 1) 拆除联轴器护罩，分开联轴器； 2) 由电气工作人员拆除电动机电源线； 3) 拆除电动机地脚螺栓，拖走电动机； 4) 拆除泵进出口法兰螺栓和连接的管道。 (2) 拆除泵地脚螺栓，把整泵搬到指定的检修位置。	(1) 拆开的管口用布包好； (2) 零部件及工器具摆放在橡胶板上； (3) 拆卸下的零部件应摆放整齐，并做好记号

续表

序号	检修项目	检修工艺	质量标准
2	设备解体	（3）将机械密封锁紧螺母松开，拆卸机械密封静环盖，取出轴套O形密封圈、机械密封动环。 （4）机械密封取出后，应仔细检查动、静环摩擦副磨损情况，密封面上有无划痕；弹簧是否变形、断裂；O形密封圈是否变形、老化、断裂，一般情况O形密封圈仅一次性使用。 （5）拆除泵体压盖，取出旋转组件。 （6）拆除叶轮时，决不能敲打叶轮，否则，叶轮一旦变形，将影响泵在运行时的动平衡。 （7）每拆卸一个叶轮测量该叶轮间隙定位，拆卸时应注意不要将叶轮止口碰坏或损伤。 （8）拆完叶轮后，取出主轴，泵拆卸完毕清洗、测量	（1）拆开的管口用布包好； （2）零部件及工器具摆放在橡胶板上； （3）拆卸下的零部件应摆放整齐，并做好记号
3	零部件清理及检查	（1）用细布洗干净各部件，以便检查； （2）检查泵轴表面应无严重机械损伤、锈蚀、凹坑等缺陷； （3）检查叶轮，表面应无严重磨损，无严重汽蚀及冲刷，无裂纹； （4）检查轴套有无磨损、腐蚀等缺陷； （5）检查机械密封，动、静环无裂纹，摩擦面无划伤、沟槽，无损坏、老化； （6）检查泵体，应无裂纹和严重锈蚀，各精加工表面无毛刺和机械损伤； （7）检查联轴器有无损坏、老化； （8）检查轴承有无机械磨损、腐蚀、裂纹，滚珠无麻点、脱皮、凹坑，转动无卡涩，并测量其轴承游隙是否符合标准； （9）检查其余部件应无裂纹、毛刺、损伤； （10）测量密封环与叶轮间隙，做好记录； （11）测量泵轴弯曲度，做好记录	（1）清理干净，做好标记，固定位置存放； （2）老化、锈蚀、破损部件及时更换

续表

序号	检修项目	检修工艺	质量标准
4	泵回装	(1) 应检查主轴主要尺寸是否符合技术要求； (2) 叶轮与主轴试装之前，应先将叶轮两端面毛刺进行处理，防止叶轮与叶轮之间有毛刺使叶轮垂直度达不到要求；然后，将叶轮与主轴进行试装，调整叶轮间隙，使每个叶轮能自由在主轴上滑动和转动； (3) 在装配叶轮和泵壳同时，还应注意泵壳密封面的清洁； (4) 回装泵体压盖，在紧固时一定先对角拧紧，再紧固时一定要将泵壳紧平；完成后，将泵轴轻轻抬起，同时往一个方向转动，检查有无摩擦、偏磨、过紧现象； (5) 在确认机械密封在轴套上安装尺寸准确后可装入机械密封；在装入之前应先检查主轴有无毛刺，动环在机械密封弹簧座上是否上、下运动灵活，有无卡住现象；动环O形密封圈应符合要求，无变形、老化； (6) 装好机械密封后，将泵体回装至泵基础，连接进出口管道； (7) 回装电动机，锁紧泵与电动机连接螺栓； (8) 安装连接泵与电动机对夹式联轴器，将泵轴挑起3mm；紧固联轴器螺栓，将机械密封静环顶丝锁死，再次盘动泵轴无摩擦、偏磨、过紧现象； (9) 电动机接线	转动泵轴应无卡涩
5	现场清理	(1) 设备卫生清洁； (2) 地面卫生清洁； (3) 设备整体外观状态检查	(1) 设备无污点，无杂乱点，无锈点； (2) 地面干净，地面无损坏，无杂物； (3) 设备整体外观状态和功能完好，无缺陷
6	泵试运	(1) 将工作票和试运单交给当值运行人员，恢复措施，安排试运转； (2) 试运转时，检查泵运转的声音； (3) 检查泵出口压力是否正常； (4) 检查机械密封处是否泄漏	第一次点动启动，观察转向是否正确，若不正确须立即停下重新接线；检查泵体、机械密封有无泄漏；试运2h测量泵体振动≤0.05mm；轴承温度≤80℃
7	结束工作	(1) 结束工作票； (2) 填写检修记录	(1) 执行工作票管理标准； (2) 检修记录齐全

10. 尿素溶解罐及搅拌机检修

尿素溶解罐及搅拌机检修工艺及质量标准见表20-11。

表20-11　尿素溶解罐及搅拌机检修的工艺及质量标准

序号	检修项目	检修工艺	质量标准
1	罐体检查	(1) 罐体焊缝检查； (2) 尿素溶液循环泵入口管座焊缝检查； (3) 尿素溶解罐放水、溢流管座焊缝检查； (4) 尿素溶解罐加热蒸汽管座焊缝检查。 (5) 尿素溶解； (6) 罐液位计管座焊缝检查； (7) 各温度、液位变送器测点管座焊缝检查	焊口无裂纹，内部清洁
2	底部加热蒸汽管检查	加热蒸汽孔逐个检查	加热蒸汽孔无堵塞，管间焊口、支撑角钢无开焊、脱落
3	搅拌机轴及叶片检查	轴及叶片腐蚀，支撑、紧固检查	轴及叶片无腐蚀，三角支撑无开焊、脱落，叶片紧固螺栓组无松动、脱落，轴与支撑座间隙均匀
4	导流板检查	各焊缝检查	焊缝无开裂，导流板无变形、损坏、脱落
5	减速机检查	根据运行时间补充或更换润滑油	油位1/2～2/3

11. 喷枪检修

喷枪检修工艺及质量标准见表20-12。

表20-12　喷枪检修工艺及质量标准

序号	检修项目	工艺要点	质量标准
1	检查	外套管检查	末端无磨损，浇注料完好
2	喷枪本体检查	(1) 拆装时用力均匀，避免损坏密封垫； (2) 检查喷嘴	(1) 密封垫无损坏，若尿素软管密封垫有破损，应予更换四氟乙烯垫； (2) 喷嘴应不堵塞，磨损严重应更换
3	金属软管	检查喷枪尿素溶液、雾化风、冷却风各金属软管，应无泄漏、鼓包等缺陷，无外部金属网损坏等缺陷	各金属软管完好，无泄漏

第四节 脱硝反应系统

火电厂脱硝系统设备一般分为两大类：一是还原剂制备区；二是催化还原反应区。催化还原（SCR）是还原剂在催化剂作用下，在适宜的反应温度（200～450℃）下，选择性地与 NO_x 反应生成 N_2 和 H_2O，而不是被 O_2 所氧化。SCR 脱硝技术由于使用了催化剂，故反应温度较低，净化率高，可达 85%以上，工艺设备紧凑，运行可靠；还原后氮气排出，无二次污染。但烟气成分复杂，部分污染物可使催化剂中毒，高分散的粉尘颗粒可覆盖催化剂表面，使其活性下降；系统中存在一些未反应的 NH_3 和烟气中的 SO_2 作用，生成易腐蚀和堵塞设备的硫酸氢铵。

催化还原（SCR）脱硝装置脱硝反应系统主要由稀释风机、吹灰器、气氨混合器、喷氨格栅、催化反应器、供氨调门等设备组成。用于完成气氨与烟气中的 NO_x 进行反应。此外还有控制系统、在线检测仪表等。采用的脱硝还原剂的有效成分为 NH_3。

一、影响 SCR 脱硝因素

1. 烟气温度

脱硝一般在 280～410℃范围内进行，此时催化剂活性最大。所以 SCR 反应器布置在锅炉省煤器与空气预热器之间。

2. 灰特性和颗粒尺寸

烟气组成成分对催化剂产生的影响主要是烟气粉尘浓度、颗粒尺寸和重金属含量。粉尘浓度、颗粒尺寸决定催化剂节距选取，浓度高时应选择大节距，以防堵塞，同时粉尘浓度也影响催化剂量和寿命。某些重金属能使催化剂中毒，如砷、汞、铅、磷、钾、钠等，尤其以砷的含量影响最大。烟气中重金属组成不同，催化剂组成就不同。

3. 烟气流量

NO_x 的脱除率对催化剂影响是在一定烟气条件下，取决于催化剂组成、比表面积、线速度 L_V 和空速 S_V。在烟气量一定时，S_V 值决定催化剂用量。L_V 决定催化剂反应器的截面和高度，因而也决定系统阻力。

4. 中毒反应

在脱硝的同时也有副反应发生，如 SO_2 氧化生成 SO_3，氨的分解氧化（>450℃）和在低温条件下（<280℃）SO_2 与氨反应生成 NH_4HSO_3。而 NH_4HSO_3 是一种类似于“鼻涕”的物质，会附着在催化剂上，隔绝催

化剂与烟气之间的接触，使得反应无法进行并造成下游设备堵塞。

催化剂能够承受的温度不得高于 427℃，超过该限值，会导致催化剂烧结。

5. 氨逃逸率

氨的过量和逃逸取决于 NH_3/NO_x 摩尔比、工况条件和催化剂的活性用量，应控制在 3×10^{-6}以内。

6. SO_3 转化率

SO_2 氧化生成 SO_3 的转化率应控制在 1%以内。

7. 催化剂结构形式

脱硝装置中脱硝催化剂采用了结构形式上最常见的蜂窝型，蜂窝型催化剂的特点：表面积大，体积小，机械强度大，阻力较大。

8. 防爆

SCR 脱硝系统采用的还原剂为氨（NH_3），其爆炸极限为 15%～28%（在空气中的体积百分数），为保证氨（NH_3）注入烟道的绝对安全以及均匀混合，需要引入稀释风，将氨浓度降低到爆炸极限下限以下，一般应控制在 5%以内。

二、SCR 脱硝反应区主要设备

（1）脱硝反应器。是 SCR 烟气脱硝反应的核心装置之一，内部装有催化剂，是烟气中 NO_x 与 NH_3 在催化剂表面上生成 N_2 和 H_2O 的场所，为脱硝反应提供空间，同时保证烟气流动顺畅与气流分布的均匀。

（2）反应器的吹灰器。主要是防止脱硝反应器内部及催化剂积灰，进行内部吹扫的设备。吹灰器有声波吹灰器和蒸汽吹灰器。

（3）喷氨格栅。安装在反应器入口烟道，将氨气/空气混合气体与高温烟气进行充分混合的设备。

（4）稀释风机。其作用是在 SCR（选择性催化还原法）脱硝工艺中鼓入大量空气，将氨气稀释到一定比例后喷入反应器管道，去除烟气中的氮氧化物，以达到环保之目的。

三、SNCR 脱硝系统主要设备

（1）卸料装置。采用尿素为还原剂，通常设置电动葫芦作为尿素的卸料装置。

（2）尿素溶解罐。在溶解罐中，用除盐水将尿素颗粒溶解（一般为 50%浓度的尿素溶液）。溶解罐上设置有温度开关，当尿素溶液温度过低时，蒸汽加热系统启动使溶液的温度自动保持在合理的温度范围，防止温度过低，尿素溶液出现结晶。尿素溶解罐还需设置搅拌器，保证尿素颗粒快速均匀溶解。另外，尿素溶解罐还设有人孔、尿素或尿素溶液入口、尿素溶液出口、通风孔、搅拌器口、液位计口、温度表口和溢流口、底部排放口、操作平台。

（3）溶液给料泵。尿素溶解罐和尿素溶液储罐之间一般设置两台溶液给料泵，一运一备。溶液给料泵采用离心泵。

（4）尿素溶液储罐。一般设置两台尿素溶液储罐，总容积可以满足锅炉连续 7 天 BMCR 工况运行的尿素溶液用量，每台尿素溶液储罐配置一台搅拌器。

（5）溶液循环泵。一般设置两台多级离心泵，一运一备，容量按照锅炉满负荷运行需要的尿素溶液量设计。尿素供料泵向锅炉分别输送尿素溶液，分别设置流量调节阀，用于尿素溶液的流量调节，尿素溶液与稀释水混合后输送至锅炉区域。系统尿素管道材料多采用 304 不锈钢，蒸汽管道、除盐水管道及污水管道材料多为碳钢。

（6）污水池。用于收集制备系统冲洗、停运检修时排出的尿素溶液、废水等。

（7）污水泵。用于将系统内的废水排至就近的灰渣沟中。

四、脱硝反应系统检修标准项目

脱硝反应系统检修标准项目见表 20-13。

表 20-13　脱硝反应系统检修标准项目

序号	标准检修项目	备　注
1	斗式提升机检修	
2	吹灰器检修	
3	尿素计量模块检修	
4	尿素雾化喷枪检修	
5	尿素溶液循环泵检修	

五、脱硝反应系统设备检修工艺及质量标准

脱硝反应系统设备检修工艺及质量标准见表 20-14。

表 20-14　脱硝反应系统设备检修工艺及质量标准

序号	检修内容	检修工艺	质量标准
1	吹灰器检修	(1) 断开气源。 (2) 在检修前做好准备，要了解设备，了解检修的要求。 (3) 检修人员必须熟悉设备的结构、拆装步骤，必须了解设备状况，知道哪些部件可能损坏，需在检修中引起注意，并在检修前将备品及材料准备就绪。 (4) 吹灰器喇叭拆卸、检查。 (5) 断开不锈钢软管与发生器的连接。 (6) 拆卸安装法兰固定到安装管上的螺栓。 (7) 将喇叭拉出安装管，注意不要将喇叭摔到地上，以免造成铸件损坏，检查更换气缸密封圈。 (8) 发生器解体检查： 1) 拆卸发生器与喇叭的连接螺栓； 2) 将发生器置于一个平面，连接到喇叭口的一端朝下； 3) 将发生器的盖板拆下，拆下膜片； 4) 检查发生器内是否有碎屑（金属碎片、铁锈、污垢等)； 5) 使用腐蚀性溶剂清洗发生器内部，检查内部是否有点蚀、切口或擦痕； 6) 测量主座圈的高度； 7) 检查盖板磨损情况。 (9) 膜片检查更换： 1) 检查膜片是否有磨损、破裂、腐蚀或其他质量恶化现象，视损坏程度进行更换； 2) 检查盖板垫圈是否损坏，若损坏，则进行更换。 (10) 回装试验： 1) 将膜片放到发生器内，将盖板垫圈安装到发生器上，安装盖板； 2) 将发生器装入到喇叭口上； 3) 检查安装情况，测试喇叭是否漏气，检查合格后安装喇叭； 4) 将反应器内清理干净，验收合格后封闭人孔门； 5) 连通喇叭与压缩空气管道； 6) 投运压缩空气，检查是否有泄漏； 7) 检查声波吹灰器是否漏声，环境噪声是否符合要求	(1) 气缸密封圈磨损或老化应更换； (2) 发生器内部磨损或擦伤严重，造成漏气，则应更换发生器； (3) 发生器座圈高度超过公差范围，应更换或重新加工盖板

续表

序号	检修内容	检修工艺	质量标准
2	反应器本体	（1）开启吹灰器吹灰； （2）清扫或调换催化剂； （3）更换密封件； （4）吹扫测量孔	（1）催化剂上无积灰； （2）催化剂无损坏及堵孔； （3）密封件无变形失效； （4）测量孔无堵塞
3	稀释风机检修	（1）设备停运： 1）断开电源； 2）在检修前做好准备，要了解设备，了解检修的要求； 3）设备检修人员必须熟悉设备的结构、拆装步骤，必须了解设备状况，知道可能损坏的部件，需在检修中引起注意，并在检修前准备好备品及材料。 （2）轴承箱解体检修： 1）轴承滚道及滚珠无锈蚀、斑点、磨损、划痕，游隙标准符合要求； 2）轴承端盖与轴承外圈间隙符合要求。 （3）联轴器的检修	（1）轴承与轴配合应过盈0.01～0.03mm，轴承外圈与轴承座配合间隙为0.05～0.1mm； （2）联轴器与轴配合间隙为0.01～0.02mm
4	叶轮与集流器检修	（1）叶轮与叶轮盘焊缝局部有裂纹及磨损时，必须进行补焊； （2）检查轮毂与主轴的配合，应无松动； （3）检查主轴外表面及尺寸，主轴应无裂纹、腐蚀及磨损情况； （4）检查机壳与支撑件的焊缝，检查机壳人孔门及轴封，应无摩擦； （5）进口滤网清理，内部无积灰、无杂物堵塞； （6）风机试运，风机运行平稳，无异常声音，电流正常	（1）轴承振动小于0.08mm； （2）轴承箱温度不大于70℃
5	蒸发器管束检修	（1）检查进液总管、排液管及通道的冲蚀、腐蚀情况，必要时予以更换； （2）不锈钢管、铝管等安装焊接前应按有关规范进行钝化和脱脂处理； （3）采用机械切割方法，按要求加工坡口	（1）设备检修后应该符合《化工设备检修维护规程》； （2）蒸发器零部件的材料应符合原设计要求
6	注氨喷嘴	（1）吹扫疏通清理喷嘴； （2）修理或调换喷嘴	（1）喷嘴无堵塞； （2）喷嘴无磨损，腐蚀
7	管路	（1）清扫、修补或更换管道； （2）更换损坏件或整体更换； （3）焊接或修复	（1）管路无堵塞、腐蚀； （2）阀座无受损，填料、垫片无损坏； （3）过滤器元件无损伤； （4）节流孔板无损坏

第二十一章　锅炉脱硫系统及技术

第一节　脱硫系统概述

目前，适用于大型燃煤锅炉烟气脱硫的技术有多种，包括石灰石—石膏湿法、海水脱硫法、喷雾干燥法、烟气循环流化床法、电子束法、氨法等，其中以石灰石—石膏湿法应用最为广泛。国内600MW及1000MW燃煤机组工程中大多选用石灰石—石膏湿法脱硫工艺。

一、湿法脱硫原理

其工艺原理是：石灰石粉制成浆液作为脱硫吸收剂，与进入吸收塔的烟气接触混合，烟气中的二氧化硫与浆液中的碳酸钙以及鼓入的空气进行化学反应，最后生成石膏，从而达到脱除二氧化硫的目的。脱硫后的烟气经烟囱排放。此法Ca/S低（一般不超过1.05），脱硫效率高（超过95%），适用于任何煤种的烟气脱硫。脱硫产物石膏可以综合利用。

石灰石—石膏湿法脱硫化学反应方程式表示如下：

$$2SO_2 + H_2O + CaCO_3 = Ca^{2+} + 2H^+ + 2SO_3^{2-} + CO_2$$

$$SO_3^{2-} + \frac{1}{2}O_2 = SO_4^{2-}$$

$$Ca^{2+} + SO_4^{2-} + 2H_2O = CaSO_4(2H_2O)$$

二、湿法脱硫系统组成

湿法脱硫系统主要由烟气系统、SO_2吸收系统、石膏脱水系统、排空系统、工艺水系统、压缩空气系统、脱硫废水处理系统等组成，如图21-1所示。

（1）烟气系统。未脱硫的烟气排入吸收塔，经吸收塔洗涤后的烟气由烟囱排入大气。主要设备有引风机出口挡板门及进、出口烟道等。

（2）SO_2吸收系统。烟气通过吸收塔内与石灰石浆液接触，发生化学反应生成亚硫酸钙，再经氧化风机强制氧化，生成硫酸钙结晶（脱硫石膏）。主要设备有吸收塔、氧化风机、浆液循环泵、除雾器等。

（3）石膏脱水系统。石膏浆液通过石膏排出泵送至石膏脱水系统，经石膏旋流器分离和石膏脱水机脱水后，生成石膏排出。主要设备有石膏排出泵、真空皮带脱水机、真空泵、石膏旋流器、滤布冲洗水箱及滤布冲洗水泵、滤液水箱和滤液水泵等。

（4）排空系统。满足吸收塔检修时排空吸收塔内浆液或其他排空设备储存的浆液要求，排入事故浆液箱中的浆液作为FGD再次启动时的石膏晶种。主要设备有：事故浆液箱、事故浆液返回泵等。

（5）工艺水系统。通过工艺水泵向系统提供冷却水、冲洗水等。主要

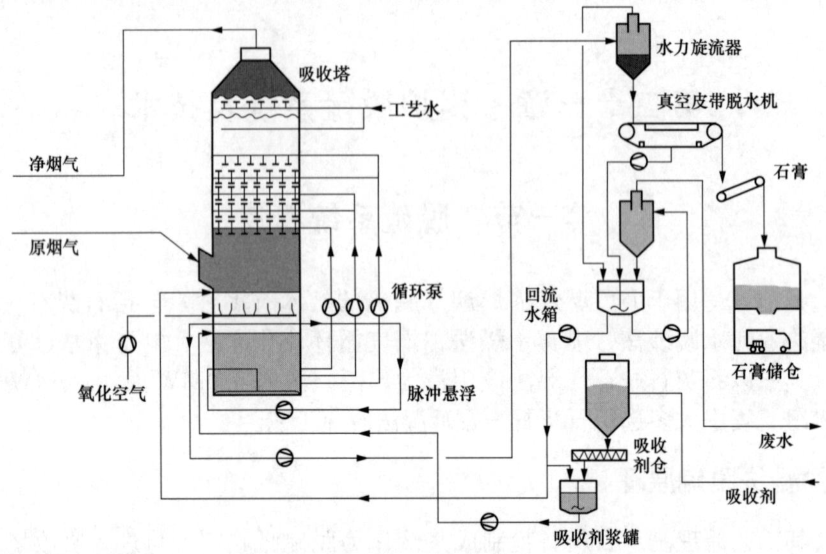

图 21-1　脱硫系统

设备有工艺水泵、工艺水箱等。

(6) 压缩空气系统。向脱硫系统提供仪用气等。主要设备有空气压缩机、管道等。

(7) 脱硫废水处理系统。废水处理系统包括废水旋流器给料箱和废水旋流器给料泵、废水旋流器、废水零排设备（废水缓冲箱及废水缓冲泵、废水缓冲箱搅拌器）等。

第二节　湿法脱硫烟气系统

一、湿法脱硫烟气系统概述

烟气系统主要由引风机出口挡板门及原、净烟道组成。烟道能承受各种工况下烟气的温度和压力，并且不能有变形或泄漏，能长期安全稳定运行。烟道设有多处膨胀节，运行过程中起到对烟道膨胀吸收的作用。

二、湿法脱硫烟气系统检修标准项目

烟气系统检修标准项目见表 21-1。

表 21-1　烟气系统检修标准项目

序号	标准检修项目	备　注
1	膨胀节检修	
2	风道检查检修	
3	支吊架检查检修	
4	人孔门检查检修	
5	保温检查更换	

三、湿法脱硫烟道检修工艺及质量标准

烟道检修工艺及质量标准见表 21-2。

表 21-2　烟道检修工艺及质量标准

检修项目	检修工艺	质量标准
烟道检修	(1) 检查烟道漏风情况，检查处理焊口裂纹、砂眼等缺陷； (2) 检查烟道法兰密封垫圈； (3) 检查烟道壁及加强筋； (4) 对烟道磨损、裂纹采取贴补或挖补的措施处理； (5) 对烟道的积灰部位加强管理，积灰严重时应该采取技术措施防止积灰，发现积灰尽量进行清理； (6) 检查烟道腐蚀严重部位，检查原因并进行处理； (7) 检查检修烟道支吊架，发现断裂、松动、裂纹、变形等缺陷应该及时处理； (8) 检查支吊架的活动情况、磨损情况，使其灵活，受力均匀； (9) 检查弹簧吊架的弹簧有无裂纹； (10) 检查弹簧吊架承重后刻度变化情况和指示情况，记录在冷态和热态的刻度情况； (11) 检查烟道人孔门，更换人孔门密封垫圈； (12) 修复烟道各人孔门，若腐蚀严重，则更换； (13) 对烟道表面损坏、变形、脱落的保温层进行修复或更换； (14) 对烟道内表面的防腐层进行检查，发现有损坏、脱落、翘皮的防腐层进行修补； (15) 检查膨胀节外观，根据损坏情况进行修补或更换； (16) 检查膨胀节的活动情况，发现卡涩部位及时处理； (17) 更换膨胀节腐蚀严重或裂纹较多的部位	(1) 检查烟道积灰和腐蚀严重部位，采取技术措施进行处理，防止烟道在运行过程中发生压塌和泄漏事故； (2) 烟道内无严重积灰； (3) 活动支吊架受力后应活动灵活，壁厚磨损量小于 1/3； (4) 防腐层损坏处修补； (5) 人孔门密封若损坏，应更换

四、湿法脱硫烟气系统常见故障及处理方法

烟气系统常见故障及处理方法见表 21-3。

表 21-3 烟气系统常见故障及处理方法

序号	故障	原 因	处理方法
1	人孔门外漏	法兰腐蚀	外部堵漏，待停机内部修复
		外部连接件脱离	恢复脱落的连接件
2	烟道外漏	烟道腐蚀	外部堵漏，待停机内部修复
		烟道内表面防腐层损坏	停运修补
3	外表面保温层损坏	烟气腐蚀	更换损坏的保温层

第三节 湿法脱硫石灰石浆液制备系统设备

目前火力发电厂脱硫石灰石浆液制备系统有干粉制浆和湿法制浆两种类型，干粉制浆是石灰石子从石子库进入输送称重皮带机进入干式球磨机，磨成粉后经选粉机分离后，合格的粉送入粉仓，粗粉回球磨机再磨；合格的石灰石粉在给料机的作用下，进入石灰石浆液箱与水混合配制成符合系统的浆液储存在石灰浆液箱中。湿法制浆是石灰石子从料仓进入称重给料机后进入湿式球磨机与水制成浆液送入石灰石旋流器，分离后合格的浆液储存在石灰石浆液箱中，分离后不合格的浆液返回球磨机再磨。以上石灰石浆液根据系统需要由石灰石浆液泵送入吸收塔内。

一、湿法脱硫石灰石浆液制备系统组成

石灰石浆液制备系统的组成包括：储存石灰石粉和石灰石浆液制浆（浆液配制）及供应；主要设备包括石灰石粉仓、石灰石浆液箱、石灰石浆液泵、湿磨机制浆、浆液循环箱、石灰石浆液循环泵、称重皮带机、料仓、斗式提升机等。

二、湿法脱硫石灰石浆液制备系统设备

（一）石灰石辊式立磨

1. 石灰石辊式立磨的工作原理

工作时，主机电动机通过减速器带动主轴及转盘旋转，物料通过皮带机喂入并堆积在磨盘中心，物料在离心力作用下，向磨盘四周方向扩散；转盘边缘的辊销带动几十个磨辊在磨环滚道内滚动。安装在磨盘外缘处的调整环使物料在磨盘上形成一定厚度的料床；物料经由液压加压装置产生的并通过摇臂传到磨辊的动力，加上磨辊自重的作用被碾磨；磨辊转动的驱动力来自辊子与物料之间的摩擦力；物料受到碾磨的同时，向外做螺旋

状运动；经碾磨的物料越过挡料圈，混入经风环高速上升的高温气流中。

在粉磨系统中，由于受到磨机下游风机负压作用的抽吸，高温气流从磨机热风口进入，并经挡风板导入磨机内；由于挡风板向磨机中心方向倾斜，因此高速高温气流把从调整环溢出的被粉碎过的较大物料吹回磨盘，将较小粒度物料提升。在提升过程中不断有不同粒度的物料下落到磨盘上，只有那些足以被风力携带的粒子才能到达上部选粉机（旋转分离器）进行分离。

经过选粉机（旋转分离器）的物料要进行两次对不合格粗颗粒的筛选过程。首先在外围的固定静叶片处，因为固定叶片与其所在圆成一定的角度，一部分粗粒子因撞击叶片失去动能而落回磨盘。气体进入选粉机转子时，受到动叶片撞击，从而进一步将粗粒子剃除，只有符合粒度要求的颗粒方能通过，经选粉后的气、料混合物从分离器出口排出，由系统中下游收尘设备收集。

2. 石灰石辊式立磨的组成

石灰石辊式立磨主要由磨辊、磨盘装置、摇臂装置、分离器、传动装置、底架、磨辊加压装置、磨辊润滑装置、机壳、锥形料斗、热风口、机械限位装置、喷水装置、翻辊装置、密封风管路等部件组成。

3. 石灰石辊式立磨检修标准项目。

石灰石辊式立磨检修标准项目见表 21-4。

表 21-4　石灰石辊式立磨检修标准项目

序号	标准检修项目	备　注
1	检修前准备工作	
2	分离器检修	
3	磨环衬板检查或更换	
4	磨环及喷嘴环检修	
5	磨辊装置检修	
6	机壳检修及防磨板更换	
7	高压油站、稀油站检修	
8	机座密封装置检修	
9	拉杆加载装置检修	
10	传动盘检修	
11	减速机检修	
12	铰轴装置检修	
13	排渣机构检修	
14	刮板机构检修	
15	高压油管路系统检修	
16	润滑油系统检修	
17	密封管路系统检修	
18	防爆蒸汽系统检修	

续表

序号	标准检修项目	备注
19	传动盘及刮板装置检查	
20	减速机检查	
21	磨环衬板检查	
22	磨环及喷嘴环检查	
23	稀油站检查	
24	防磨板修补	
25	加载油缸检修	
26	磨机防爆门检修	

4. 石灰石辊式立磨检修工艺及质量标准

石灰石辊式立磨检修工艺及质量标准见表21-5。

表21-5 石灰石辊式立磨检修工艺及质量标准

序号	检修项目	工艺要点及注意事项	质量标准
1	磨机解体	(1) 磨机检修前要求热控、电气专业人员将测量装置电源线拆除。 (2) 测量检修前联轴器中心数据；测量中间轴和电动机侧、减速机侧半联轴器的轴向、径向偏差，所有数据做好记录。 (3) 拆卸电动机与减速机间联轴器：拆除减速机联轴器防护罩，做好中间轴、连接膜片及联轴器、电动机的位置；逐条松开联轴器螺栓，取下螺母，然后用细铜棒将联轴器螺栓轻轻敲出，带上螺母，保存；电动机拆除：拆除电动机电源线、保护及温度测点线；松开电动机地脚螺栓，并取下；用吊车将电动机吊起放置指定位置	(1) 轴向、径向偏差≤0.08mm。 (2) 联轴器的插口间隙为9mm±1mm。 (3) 联轴器弹性垫圈和弹性膜片无损伤及断裂
2	磨辊检修	(1) 磨辊套更换修理；把4个磨门拆除，并清理内部积存石灰石子和刮板室内的大颗粒石料，检查人孔门密封垫。 (2) 对辊套进行磨损量测量。利用随机提供的专用测量工具测量辊套的磨损情况。 (3) 对磨损的辊套进行更换（热控人员拆除测温连接装置）；拆除机壳密封门、磨辊处围栏和平台；卸下上下摇臂两侧的连接锥销、锥套和连接螺栓；拆除辊套连接螺栓的螺母和压圈；解开磨辊润滑油进、回油软管，将磨辊内腔的润滑油放尽。	

续表

序号	检修项目	工艺要点及注意事项	质量标准
2	磨辊检修	（4）磨辊翻辊：就位翻辊油缸，下部用销轴与油缸底座连接，连接前将翻辊油站与油缸上、下油口按规定连接起来，启动油泵向油缸内无杆腔供油推动油缸活塞，使油缸活塞向上运动达到耳环处；操作手动换向阀，即可将磨辊从磨内翻出磨外；找好辊轴的垂直度后定位。 （5）利用三爪拉马拆卸辊套：起吊设备就位；用三爪拉马勾牢辊套，在三爪拉马上部圆盘与垫板间放置液压千斤顶，打入高压油，松动辊套；由吊装设备吊起辊套。 （6）辊套安装：用行车和专用工具吊住新辊套（或堆焊后），调整到水平位置，将用烘枪加热后的辊套吊至水平放置的磨辊上方，找正后缓慢落下，辊套落实后，将吊具撤去，待辊套冷却后安装固定辊套的固定螺栓的螺母和压圈；磨辊的回装：按与拆卸顺序相反方向进行。 （7）磨辊轴承的拆卸（一般建议返厂拆装）：首先应将磨辊竖立在放置磨辊的工作台上；拆除端盖、密封圈、轴端挡板。 （8）拆除辊芯上的圆锥滚子轴承的第一个外圈：拧下辊芯端面上的螺塞，通过手动液压泵将高压油打入油孔中，在高压油的作用下轴承外套会收缩（也可以通过在外圈上喷液氮或干冰的方法），这样外圈就可以从辊芯上取下；拆除轴上的圆锥滚子轴承的内圈：拧下轴承端面上的螺塞，通过手动液压泵将高压油打入油孔，在高压油的作用下轴承的内圈会膨胀，就可以取下轴承内圈；也可以通过在外圈上喷液氮或干冰的方法；拆除圆锥滚子轴承和圆柱滚子轴承之间的间隔环，可以用铁钩钩住间隔环上，水平向上拔出；拆除圆柱滚子轴承的外圈；可以用拆除圆锥滚子轴承外圈的方法进行；圆柱滚子轴承的内圈不能采用手动泵的方法拆除；可以采用微火对内圈进行加热，从轴上取下轴承内套（如果不是必须更换轴承的内圈，可以采用此方法）。 （9）磨辊轴承的安装（一般建议返厂拆装）；轴承的安装：新轴承组装前的开箱检查：圆锥滚子轴承包括内圈、外圈和轴承间隔套及滚动体等，均为单独包装或整体组装，包装完好；圆柱滚子轴承包括内圈、外圈和保持架、滚动体整体组装，包装完好。	（1）磨辊辊套磨损量最大为 20mm（或运行 7000h），应考虑更换辊套。 （2）辊套均匀加热至 100℃左右，升温速度控制在 1℃/mim，注意辊套加热温度偏差小于±5℃；辊芯内壁清洁光滑无裂纹，磨辊轴和密封耐磨环光滑、无凹痕磨损

续表

序号	检修项目	工艺要点及注意事项	质量标准
2	磨辊检修	(10) 轴承安装：将轴芯放进油箱中进行加热，加热温度控制在80～100℃。 (11) 将轴竖直放置，轴承端朝上；取出圆柱滚子轴承的内圈，将其放进油箱中加热（或合适轴承电加热器加热）；加热后将内圈安装到位，至接触轴肩。 (12) 将辊芯从油箱中取出，将端盖紧固在轮毂上，然后将辊芯垂直放置在工作台上，端盖一端朝下；将圆柱滚子轴承的外圈安装到位；将圆柱滚子轴承保持架、滚动体安装到位；将轴（带轴承内圈的）从上面装入到辊芯内，将内、外轴承隔套安装到位；将一套圆锥滚子轴承的外圈安装到位；将圆锥滚子轴承的内圈放进油箱中加热（或合适轴承电加热器加热）；加热后将内圈和轴承保持架、滚动体安装到位，紧固轴承上的挡板；撤去辊轴底部的垫板，使圆锥滚子轴承安装到位；在轴承安装到位后，旋转辊轴；依次将圆锥滚子轴承的间隔套和另一个外圈安装到位；上述安装过程应不间断进行；旋转辊轴的同时将闷盖用螺栓紧固在轮毂上，将轴承的外圈压紧；辊芯冷却后，用力矩扳手再次紧固端盖上的螺栓；安装O形密封圈、油封等密封工作	(1) 磨辊辊套磨损量最大为20mm（或运行7000h），应考虑更换辊套。 (2) 辊套均匀加热至100℃左右，升温速度控制在1℃/mim，注意辊套加热温度偏差小于±5℃；辊芯内壁清洁光滑无裂纹，磨辊轴和密封耐磨环光滑、无凹痕磨损
3	磨盘检修	(1) 磨盘的检修：退出大臂销子；把3个辊子支起到一定高度；用液压缸把3个辊子翻到立磨外侧。 (2) 退出连接磨盘和减速机的螺栓；退出定位销；用4台100t千斤顶把磨盘顶升150～200mm；用提前做好的专用工具支撑替换千斤顶。 (3) 磨损的衬板检修；磨盘衬板磨损情况的检查，通过随机提供的测量工具测定磨损情况。 (4) 将补焊合格的衬板按顺序均匀放置磨盘底座上，共10块；每块衬板通过2块楔形压板固定，通过螺栓与磨盘本体连接压紧固定。 衬板与衬板间预留有间隙，间隙调匀后将衬板固定；如果间隙过大，可选择适宜厚度的钢板塞进缝隙内并楔紧；衬板确认压紧后，在衬板与衬板间用隔板塞实	磨盘衬板磨损量最大20mm（或运行7000h），局部磨损深度达20mm以上时，应考虑检查磨盘衬板固定是否存在局部凸起现象，更换衬板时进行调整
4	加压油缸和蓄能器检修	(1) 油缸的密封因长时间工作磨损，发生漏油导致无法保持压力，需更换密封件。 (2) 将油缸接头与活塞之间的管路、连接销轴拆下；将拆卸的油缸移至指定检修场所。 (3) 油缸油封更换。 (4) 蓄能器检修为更换橡胶气囊	

续表

序号	检修项目	工艺要点及注意事项	质量标准
5	减速机检修	（1）减速机由弧齿锥齿轮（曾称螺旋伞齿轮）和一级行星齿轮传动组成；弧齿锥齿轮级为输入级，行星齿轮级为输出级。 （2）拆除联轴器防护罩，加热和选用专用拉拔器拆除减速机侧半联轴器，并做好标记。 （3）打开减速箱观察孔，盘动减速机检查齿轮。 （4）检查减速机高速轴端密封情况，如有渗油严重则需解体处理；此项工作需要放尽减速箱的润滑油，拆除高速轴迷宫室端盖两侧的顶丝，拉出端盖，检查迷宫室。 （5）减速机高速轴外观检查。 （6）检查完毕后按拆卸时相反顺序安装。 （7）电动机就位，安装减速机侧半联轴器，并按标记位置安装中间轴、弹性膜片；进行联轴器找中心，并安装联轴器防护罩。 （8）减速机的移出：将4个磨盘支撑从锥形料斗下部穿入，支撑下面用螺栓和底座连接；将随机带的液压千斤顶装在4个顶起装置下部；向液压千斤顶油缸内打入高压油，随着活塞的伸长，最终支撑在盘体下面的凸沿上，继续供油，磨盘开始上升，两个定位销最后会从减速机法兰上抽出；将磨机主电动机、联轴器和盘车电动机移走；拆除减速机地脚螺栓和固定楔铁；拆除所有与减速机连接的油管及其他影响移动减速机的设施和机构。 （9）减速机润滑油系统检修，取样化验润滑油站润滑油油质，如不合格则更换。 （10）打开油箱加油孔盖，用油泵把油箱内的润滑油抽尽，打开油箱人孔门清理油箱内剩油及油污，然后清理油箱。 （11）拆开泵出入口法兰、泵的地脚螺栓，拆除联轴器，拆卸端盖联轴器螺栓，取出密封，卸下弹性挡圈，检查油泵主、从动螺杆；按拆卸相反顺序组装。 （12）拆开泵出入口法兰、泵的地脚螺栓，拆除联轴器，拆卸端盖联轴器螺栓，取出密封，拆下弹性挡圈，检查油泵主、从动螺杆；按拆卸相反顺序组装。 （13）拆卸双筒网式过滤器，检查滤网和密封垫圈，将拆卸下的零部件放到干净的容器内进行清洗，如有损坏需更换；按拆卸相反顺序组装。 （14）拆卸冷油器，检查冷油器组件，必要时对冷油器进行水压试验；按拆卸相反顺序组装。 （15）利用滤油机往油箱内加油至满油箱，押工作票试转油泵，检查油泵运行情况，并记录润滑油流量和油泵出口压力及滤网差压，检查油箱油位，当油位低于标准最低油位时，停止油泵运行，补充润滑油。 （16）利用滤油机往油箱内加油至满油箱，押工作牌试转油泵，检查油泵运行情况，并记录润滑油流量和油泵出口压力及滤网差压，检查油箱油位，当油位低于标准最低油位时，停止油泵运行，补充润滑油	（1）中间轴两侧中心偏差≤0.08mm，联轴器的插口间隙9±1mm。 （2）冷油器管束无破裂，管壁内外表面不能结垢，堵塞管束不能超过总数的3%，试验压力1.0MPa，时间5min，接口无渗漏水现象。 （3）取样化验润滑油站润滑油油质，如不合格则更换

续表

序号	检修项目	工艺要点及注意事项	质量标准
6	石子刮渣系统检修	(1) 打开石子出口人孔，清理内部石子；检查刮板板组件固定螺栓是否松动，测量刮板间隙。 (2) 选粉机叶片更换：选粉机导向静叶片（即导向板）磨损后可在磨机内进行更换；拆卸螺母，将已经磨损的导向板换上新制作的即可。 (3) 转子动叶片更换：动叶片共分上、下两段，通过叶片连接板固定；需将转子整体取出，外面更换	

（二）湿法脱硫湿式球磨机

1. 湿式球磨机工作原理

湿式球磨机由电动机带动减速器与小齿轮转动，直接带动周边大齿轮减速传动，驱动回转部件旋转，筒体内部安装了橡胶衬板和提升条，并有适当的钢球，石灰石子在离心力和摩擦力的作用下，被提升到一定高度，呈抛落状态下落，筒体内的钢球对物料进行冲击破碎，石灰石子被磨碎，磨机入口加注工艺水到筒体内，使粉状的石灰石粉混合搅拌形成浆液，通过磨机筒体出口溢流后进入浆液循环箱。

2. 球磨机结构

球磨机结构如图 21-2 所示。

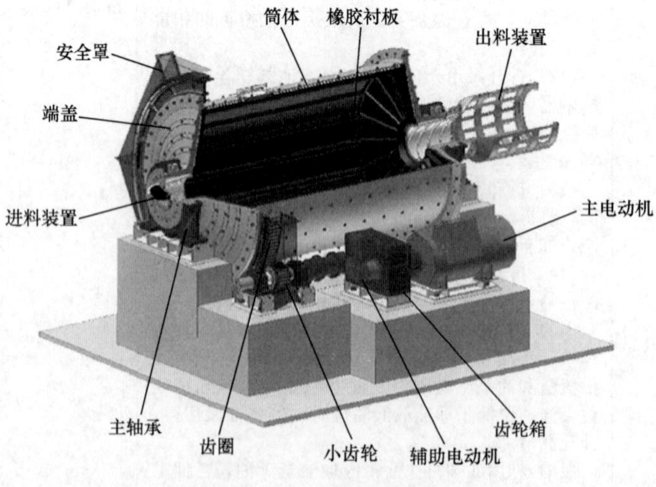

图 21-2 球磨机结构图

3. 湿法脱硫湿式球磨机组成

湿式球磨机主要由主电动机、减速器、传动部、回转部、主轴承、慢速传动装置、起重装置、给料器、进料部、出料部、高低压润滑站、基础部等组成。

主电动机为大启动转矩的大功率异步电动机，冷却方式为空冷。

回转部主要包括进料中空轴、进料螺旋筒、筒体、出料螺旋筒、进出料中空轴。连接采用螺栓连接，筒体上开有外盖式磨门两个，以便检修和更换筒体内的各种易损件、装卸研磨内物料的采样。

慢速传动装置由电动机、制动器、离合器和减速器组成，该装置用于磨机检修及更换衬板用。当停机超过 4h 以上，筒体的物料有可能结块，启动主电动机前先用慢速传动装置盘车，可以达到松动物料的目的，慢速传动装置中牙嵌离合器具有单向性，保护维修人员的安全。

球磨机出料将首先通过出料端盖内的反螺旋管，然后进入圆筒筛进行卸料和筛分。

主轴承处采用了全封闭密封，以避免灰尘进入，保证轴承接合面清洁，不易烧瓦。

4. 湿法脱硫湿式溢流球磨机结构

湿式溢流球磨机结构见图 21-3。

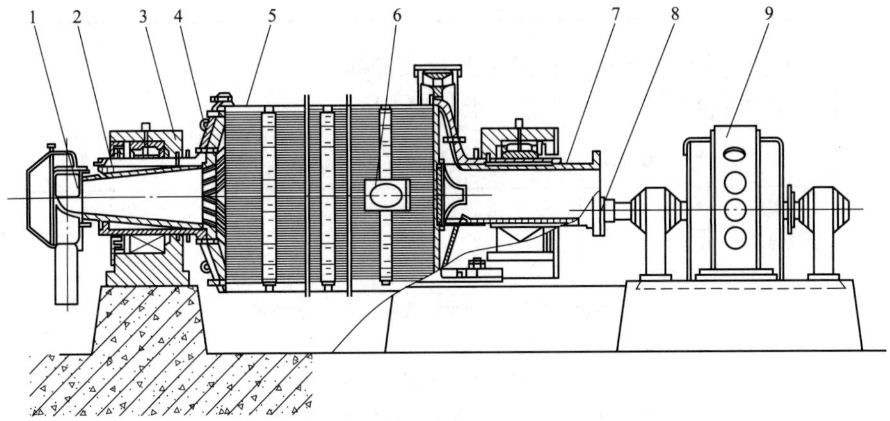

图 21-3　湿式溢流球磨机结构图

1—给料器；2—进料装置；3—主轴承；4—端盖；5—筒体；6—人孔门；7—出料装置；8—弹性联轴器；9—电动机

5. 湿式球磨机检修标准项目

湿式球磨机检修标准项目见表 21-6。

表 21-6　湿式球磨机检修标准项目

序号	检修标准项目	备　注
1	检修前准备工作	
2	分离器检修	
3	磨环衬板检查或更换	
4	机壳检修及防磨板更换	
5	高压油站、稀油站检修	
6	机座密封装置检修	
7	减速机检修	
8	高压油管路系统检修	
9	润滑油系统检修	
10	密封管路系统检修	
11	稀油站检查检修	
12	主轴内套（包括主轴轴承、轴、小齿轮）检修	
13	根据检查情况解体大齿轮	

6. 湿法脱硫湿式球磨机检修工艺及质量标准

湿式球磨机检修工艺及质量标准见表 21-7。

表 21-7　湿式球磨机检修工艺及质量标准

序号	检修项目	检修工艺	质量标准
1	倒钢球与筛选钢球	（1）办理好工作票，做好防止设备转动的可靠措施； （2）拆除进口卸料斗和出料端防护罩壳，对球磨机进行通风，安装筛球、倒钢球的专用工具，对周围设备做必要的隔离和遮栏； （3）拆除筒体人孔门，从筒体人孔门处倒出钢球，用筛球专用工具或人工对钢球进行清理、分类，清除不合格钢球，按照要求补充同等规格的新钢球	

续表

序号	检修项目	检修工艺	质量标准
2	筒体检修	（1）拆开联轴器罩螺栓，并做好记号，拆开减速机联轴器螺栓； （2）检查橡胶衬板及提升条的磨损情况，并用力矩扳手逐个检查紧固螺栓； （3）拆开磨机入口弯头并放置好，检查弯头衬胶磨损情况，若磨损严重，必须重新衬胶；拆卸机械密封检查，拆开磨机出口篦子上盖并放置好，清理、检查篦子的磨损情况，检查出口磨损情况，若磨损严重，必须更换；更换轴端老化的唇型密封； （4）出入口弯头护板需完整；每次大小修均需检查橡胶衬板的磨损情况，如橡胶衬板磨损超过原始厚度 1/2～2/3 时必须更换新橡胶衬体； （5）每次大小修均需检查橡胶衬板及螺栓、大罐端部的法兰螺栓及销钉、大齿轮对口螺栓及销钉有无断裂和松动现象； （6）每次大修测量大罐水平度	
3	滑动轴承及减速机轴承清理检查	（1）检查轴瓦及油槽并清理干净，使用浸煤油或着色法检查轴瓦乌金是否脱胎、是否有气孔、裂纹等缺陷； （2）球磨机轴承检修： 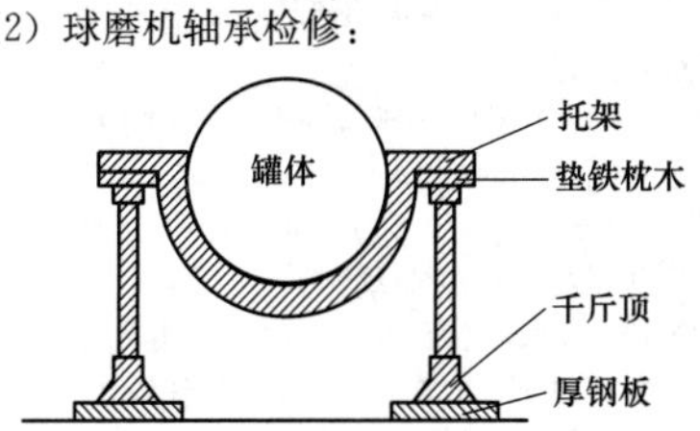 顶罐示意图 （3）安装顶大罐用的槽钢架子； （4）将 4 个 100t 以上的千斤顶安置在槽钢架子的承力面下部，并在千斤顶下部垫块 $\phi400\times20mm$ 以上的铁板，找好水平，安放牢固；	（1）检查各瓦乌金接触情况，圆柱形瓦、椭圆瓦则要求乌金接触面 ＞75％以上且接触角位于下瓦正下方 60°角，含有顶轴油囊的轴瓦，乌金接触面要能够 100％覆盖顶轴油囊，并在轴瓦两侧开进油油囊，油囊顶部与下瓦乌金接触过渡圆滑；可倾瓦则需要乌金接触能够将润滑油 进油槽及顶轴油囊 100％密封；

续表

序号	检修项目	检修工艺	质量标准
3	滑动轴承及减速机轴承清理检查	（5）准备工作就绪后，专人统一指挥，4个千斤顶同时平稳地将大罐顶起； （6）大罐顶起，垫好枕木，打好楔子，然后轻轻落下千斤顶以使枕木承力； （7）若千斤顶不够时，允许将一端先行顶起，垫好枕木，打好楔子，然后轻轻落下千斤顶以使枕木承力，再顶另一端； （8）检查更换密封； （9）清理干净减速箱，更换润滑油	（2）顶隙为轴颈的1/1000，紧力为0～0.05mm，两侧间隙为顶隙的2倍； （3）减速箱体无裂纹现象，接合面平整，不漏油，各处螺栓紧固好
4	传动齿轮检查	（1）每次大修均须按特制的样板或游标卡尺检查齿轮的磨损情况，检查大小齿轮的啮合情况，按特制的样板或游标卡尺检查齿轮的磨损情况，在齿轮齿弦磨损达到5mm时或齿轮工作面有严重的裂纹、重皮、毛刺、斑痕、凹凸不平等缺陷时应当将齿轮翻转使用；齿顶间隙应在4.5～7mm之间，以6～6.5mm最好；齿背间隙应在0.8～1.2mm之间，工作等间隙沿齿长方向不超过0.15mm；齿顶间隙在牙齿全长上的偏差<0.25mm。大小齿轮的啮合面沿齿长方向>60%，齿高方向>45%；检查啮合方法是将大齿轮分成8等分，每等分抽查1～2齿。 （2）大齿轮拆装： 1）先把上半齿轮拆下，然后将大罐转180°并做防止大罐转动的措施后，再将另一半齿轮拆下； 2）在安装大齿轮以前，应将大罐端盖法兰与大齿轮的接合面及大齿轮两半接合面打磨平整并清洗干净； 3）将一半齿轮安装在端盖法兰上，先装好销钉然后装固定螺栓，装配过程中需做好防止罐转动的措施； 4）按上述方法将另一半齿轮装配到端盖法兰上，但固定螺栓的紧固需在拧紧接合面开口销钉和螺栓之后进行； 5）所有接合面螺栓都拧紧好后，须用塞尺检测接合面的间隙； 6）大齿轮安装好后，须用卷扬机将大罐回转360°以便测量大齿轮的摆动量。 （3）测量传动轮中心与大罐中心线间距离；在安装球磨机的传动位置时，应考虑到齿轮环的径向摆动，即将图纸上标示的中心距离尺寸再加入径向摆动的值。 （4）传动轮中心线不平行度<0.8mm，水平公差<0.35mm/m。 （5）润滑脂硬化、剥落、变质时必须清理，齿轮箱、齿轮上添加新的润滑脂。 （6）齿轮箱完整；各处固定螺栓齐全、牢固，密封毛毡完好，装配适宜，不得发生运转碰撞。 （7）定期检查大小修齿轮的表面硬度。 （8）地脚螺栓不得有松动现象，定位销应完好，无切断弯曲现象	（1）大小齿轮的啮合面沿齿长方向>60%，齿高方向>45%；齿顶间隙在1.7～2.45mm之间；齿背间隙在1.0～1.2mm之间；齿顶间隙在牙齿全长上的偏差<0.25mm； （2）齿圈的径向跳动不大于节圆直径值乘以0.25mm，轴向跳动不大于节圆直径值乘以0.35mm； （3）面半齿轮接合面的间隙<0.1mm，大齿轮与大罐端盖法兰接合面的间隙<0.15mm，允许误差<±2mm； （4）硬度低于HB350，则应于大修中处理

续表

序号	检修项目	检修工艺	质量标准
5	润滑系统及冷却水系统的检修	（1）检查清洗油、气管路及附件； （2）清洗齿圈润滑喷雾板； （3）检查气动润滑泵（含气动三大件，油位探测器、油压表），更换出口毛毡； （4）用煤油清洗轴承润滑油分配器；检查电动润滑泵的泵轮和泵壳的间隙（每侧）； （5）润滑系统油泵的检修：齿轮油泵的泵轮和泵壳的间隙（每侧），齿轮油泵齿轮磨损量＜0.5mm，齿轮齿距差＜0.05mm，齿轮两端平行与两边盖子的间隙为0.02～0.12mm，齿顶间隙＜3mm，齿背间隙为0.03～0.05mm； （6）油泵外壳与进、出口接头严密不漏油；油泵检修后内部清洗无杂质，应用煤油冲洗，面团沾底； （7）油压调整，油门必须清理干净，弹簧不能有断裂； （8）每次大修必须用蒸汽或干净氮气吹洗润滑油管道系统，吹洗后将端口及时封好，安装时，必须检查每根管子，确定畅通并不得有余水存在； （9）油管向油箱方向的倾斜度不小于5mm/m；冷却水管检修后进行水压试验；滤油网不得破裂及压扁，网孔不得大于5mm；油箱内应无油垢杂质，油位计或油标齐全，指示正确；油门开关灵活，不漏油，球形门安装方向正确	（1）气动润滑泵无泄漏，喷嘴畅通，雾化良好； （2）齿轮油泵的泵轮和泵壳的间隙正常应为0.25mm，磨损后最大不超过0.5mm，超过此数值应予修理，修理的方法可在内壳镀上一层乌金，然后刮削，保障间隙
6	主、辅驱动减速机	（1）用齿轮游标卡尺或梯板测量齿轮的磨损情况；每次大修检查主动齿轮与从动齿轮的啮合情况； （2）齿顶间隙为2～2.5mm，齿两端偏差＜0.15mm，齿背间隙为0.1～1mm，齿两端偏差＜0.15mm，大小齿轮的啮合面，沿齿面方向或全长方向不小于75%； （3）原动齿轮与从动齿轮的平行性和水平度为＜0.4mm，原动轴弯曲＜0.03mm，从动轴的弯曲度＜0.05mm； （4）检查减速箱时应注意从动齿轮与轴的配合是否牢固，可以用敲打法检查，当用小锤敲打配合处一侧，用手探测另一侧不应感到振动； （5）冷油器冷却水管，清洗干净后做5min、0.6MPa水压查漏试验； （6）减速箱体内清洁，无杂质沉淀及碎屑，补充合格的标号润滑油，油位计清晰准确； （7）箱体无裂纹现象，接合面平整，不漏油； （8）各处螺栓紧固好，用手盘动主动齿轮应轻松； （9）减速机底座、底座板应配合紧密，用塞尺探测间隙，局部间隙＜0.1mm	（1）如果齿轮磨损，超过原齿弦厚20%或齿轮工作面有严重的裂纹、砂眼、毛刺等缺陷时，应翻转使用或更换新齿轮； （2）冷油器应严密不漏水

续表

序号	检修项目	检修工艺	质量标准
7	联轴器的检查及找正	（1）磨机的找正工作应先从传动装置开始，然后是减速箱与传动轮联轴器的找正工作，最后是减速箱与电动机联轴器的找正工作；找正时注意：减速箱找正时可转动驱动装置及减速机的轴； （2）带有齿轮减速机的主动轴运行时支撑在轴承上，主动轴抬起高度与轴承上部间隙的数额相等，所以电动机找正时要比减速箱的主动轴高些，其高度等于主动轴在轴承上部的间隙； （3）齿轮内外齿磨损超过原齿弦厚40%～50%或连续有3个齿牙脱落时必须更换，如间接掉齿总数超过总数的20%也应更换齿轮	弹性联轴器轮体或销钉不得有裂纹现象，螺母及销钉应齐全
8	试运转	（1）所有检修工作均已完毕并经过验收后才能进行试转； （2）机械部分启动前，电动机须进行空转，联轴器连接螺栓解开，只有经过电动机试转合格后才允许连接联轴器的螺栓； （3）启动前，设备附近的所有物品应打扫干净，起重设备脚手架及其他无用东西应收拾干净； （4）所有转动部分（大罐、大齿轮、小齿轮、联轴器、轴的裸露部分等）都加装防护罩； （5）启动前检查所有螺栓是否紧固，保护罩是否坚实，旋转部分与保护罩之间是否有间隙； （6）各轴承、减速箱等应加入润滑油的点是否已加入标号符合规定的润滑油，油位是否合适，各轴承或冷油器冷却水是否畅通； （7）启动润滑油泵，检查油泵齿轮回转声音是否均匀，有无振动，振动不应超过0.05mm；油泵运行良好，主轴承回油管有油返回后方可启动球磨机； （8）第一次启动时，应该考虑到可能产生的碰撞或其他缺陷，同时做好按事故按钮的准备； （9）电动机启动后，如果未发生须立即停机的故障，如碰撞锤击声音、振动及其他危险的缺陷时，则可进行检测机械的运转情况； （10）试运转中不应有甩油漏油现象； （11）只有空转试运合格后才允许向大罐内加钢球； （12）在装钢球的过程中，应测量机械部的振动量，并检查机械各部的响声是否正常； （13）更换橡胶内衬后必须将螺栓紧固，然后方可启动，启动30min后停下来再次紧固螺栓，在启动运转3h、48～72h、168h后依次停止并紧固螺栓	（1）减速箱振动值为0.08mm合格、0.05mm优良； （2）减速箱轴承：温度不超过60℃，振动不大于0.035～0.06mm； （3）传动轴承：温度不超过70℃，振动不大于0.05～0.075mm； （4）滑动（主）轴承：温度不超过65℃，振动不大于0.07～0.12mm

7. 湿法脱硫湿式球磨机常见故障及处理方法

湿法脱硫湿式球磨机常见故障及处理方法见表21-8。

表 21-8　湿法脱硫湿式球磨机常见故障及处理方法

序号	故障现象	故障现象	处理方法
1	轴承过热，轴瓦衬里融化或烧伤，电动机超负荷	（1）润滑油中断或供油量太少； （2）润滑油污染或黏度不合格； （3）尘砂或污物进入轴承内； （4）油槽歪斜或损坏，油流不进轴颈或轴瓦； （5）油环不转动，带不上油； （6）轴承安装不正确； （7）轴颈与轴瓦的间隙过大或过小，接触不良； （8）主轴承冷却水少，或水温过高； （9）联轴器安装不正； （10）筒体或传动轴有弯曲	（1）停车查明原因，针对具体情况，采取相应的排除故障措施； （2）检修润滑系统，增加供油量； （3）清洗调整轴承和润滑装置，更换润滑油； （4）检修油槽、油环，刮研轴颈和轴瓦间隙； （5）增加冷却水量或降低供水温度； （6）调整、找正联轴器； （7）修整筒体，校直传动轴
2	齿轮或轴承振动及噪声过大	（1）齿轮磨损严重； （2）齿轮啮合不良，大齿圈跳动偏差过大； （3）齿轮加工精度不符合要求； （4）大齿圈的固定螺栓或对口连接螺栓松动； （5）轴承轴瓦磨损严重； （6）轴承座连接螺栓松动； （7）轴承安装不正	（1）修理、调整或更换齿轮； （2）调整齿轮啮合间隙； （3）更换齿轮； （4）紧固大齿圈螺栓； （5）修理、研配轴承轴瓦； （6）紧固所有连接螺栓； （7）调整轴承
3	齿轮齿面磨损过快	（1）润滑不良； （2）啮合间隙过大或过小； （3）装配不正； （4）齿间进入杂物； （5）齿轮材质不佳； （6）齿轮加工质量不符合要求，如齿形误差大、精度不够、热处理不当等	（1）停车清洗检查，更换润滑油； （2）调整齿轮啮合间隙； （3）更换质量更好的齿轮
4	磨机启动不起来或启动时电动机过载大	（1）电气系统发生故障； （2）回转部位有障碍物； （3）长期停车，磨机内物料和研磨体未清除，潮湿物料结成硬块，启动时，研磨体不抛落，加重电动机负荷	（1）检修电气系统； （2）检查清楚障碍物； （3）从磨机中卸出部分研磨体和沉积物料，对剩下物料和研磨体进行搅浑、松动
5	磨音沉闷，电流表读数下降，出料少，甚至磨头返料	（1）喂料量过多，粒度过大； （2）物料水分大，粘球、糊磨、箅子堵塞； （3）研磨体级配不当	（1）减少喂料量，减小物料入磨机内的粒度； （2）降低物料水分，加强通风，停磨处理粘球，清除箅孔堵塞物； （3）调整研磨体级配

续表

序号	故障现象	故障现象	处理方法
6	出磨量减少，台时产量过低	（1）喂料过少或过多； （2）喂料机溜子堵塞或损坏，或入料螺旋筒叶片磨损； （3）研磨体磨损过多，或数量不足； （4）衬板安装方向有误； （5）通风不良或箅孔堵塞； （6）物料水分过大，块度过大； （7）研磨体级配不当	（1）调整供料量至合适程度； （2）检查修理； （3）向磨机内减少或补充研磨体； （4）重新安装衬板； （5）清扫通气管或箅孔； （6）调整运行方式； （7）调整研磨体级配
7	磨机内温度过高	（1）入磨物料温度过高； （2）筒体冷却不良； （3）磨机通风不良	（1）降低物料温度； （2）加强筒体冷却； （3）清扫通气管或箅孔
8	衬板连接螺栓处漏料	（1）衬板螺栓松动或折断； （2）衬板磨损严重； （3）密封垫圈磨损； （4）筒体与衬板贴合不严	（1）拧紧或更换螺栓； （2）修理或更换衬板； （3）更换密封垫圈； （4）应使筒体与衬板严密贴合
9	筒体局部有磨损	（1）衬板没有错位安装； （2）衬板脱落后继续运转； （3）衬板与筒体间有空隙，产生物料冲刷	（1）衬板错缝安装； （2）停机安装衬板； （3）衬板与筒体间应严密贴合
10	传动轴及轴承座连接螺栓断裂	（1）传动轴的联轴器安装不正确，偏差过大； （2）传动轴上负荷过大； （3）传动轴的强度不够或材质不佳； （4）大小齿轮啮合不良，特别是齿面磨损严重，振动剧烈； （5）轴承安装不正，或其连接螺栓松动（或过紧）	（1）重新将联轴器安装调整好； （2）预防过载发生； （3）更换质量好的传动轴； （4）正确安装齿轮，当齿轮磨损到一定程度时应及时修理或更换； （5）将轴承安装调正，更换螺栓，拧紧程度合适
11	齿轮打牙或断裂	（1）金属硬杂物进入齿间； （2）冲击负荷及附加载荷过大； （3）齿轮疲劳； （4）齿轮材质不佳，加工质量差，齿形不正确，装配不符合要求	（1）防止硬杂物进入齿间； （2）控制载荷大小，防止过载； （3）更换齿轮； （4）改进、调整、修理或更换
12	齿轮传动有冲击声	（1）啮合不良，侧隙过大； （2）大齿圈两半齿圈结合不严，齿距误差过大； （3）固定轴承座的螺栓松动	（1）重新安装调整齿轮，使之符合要求； （2）重新装配调整； （3）拧紧轴承座螺栓

续表

序号	故障现象	故障现象	处理方法
13	磨机振动和轴向窜动异常	（1）基础局部下沉，引起磨机安装不水平； （2）基础因漏油侵蚀，地脚螺栓松动	（1）停机处理，可加垫片调整下沉量，使之水平； （2）将被油侵蚀的二次灌浆层打掉，并重埋地脚螺栓，然后调好磨机，再拧紧地脚螺栓
14	磨机电流表读数明显增大，电流不稳定	（1）磨机内装载量过大； （2）轴承润滑不良； （3）传动系统过度磨损或发生故障； （4）衬板沿圆周质量不均匀； （5）有其他附加载荷（如给料漏斗碰壁等）	（1）调整装载量，使之合适； （2）调整润滑系统； （3）检查轴、轴承、齿轮等传动件，并修理； （4）调节衬板； （5）检查、处理
15	润滑系统油压过高或过低	（1）油管堵塞； （2）供油量不足； （3）油泵或油管渗入空气或漏油，油泵有异常	（1）检查、清洗油管； （2）补充润滑油； （3）检修油泵
16	主轴承漏水	（1）水管接头不严； （2）球面瓦出现裂缝	（1）接头用密封胶重新装配； （2）用粘接法或补焊法修补裂缝
17	进料端漏料	（1）进料溜子与进料螺旋筒间以及喂料机与漏斗间的间隙大，密封不良； （2）密封毡圈垫磨损或脱落	（1）调整间隙及密封； （2）更换毡圈垫
18	小齿轮在齿轮轴处断裂	轴颈与齿轮孔是过渡配合，由于磨机振动大，在接触表面处产生微震腐蚀磨损，在轴肩处引起应力集中，导致疲劳断裂	（1）尽可能调小磨机振动值； （2）降低接触表面的表面粗糙度； （3）在接触表面加锰青铜衬套

（三）湿法脱硫斗式提升机

1. 湿法脱硫斗式提升机的作用

石灰石子通过振动给料机落入斗式提升机的底部，通过斗式提升机板链料斗把石灰石送到石灰石储存仓里。斗式提升机为板链式提升机，是一种用密集排列的挂斗垂直输送粉状、粒状及小块状物料的提升设备，其结构简单，外形尺寸小，输送能力大，节能效果好，提升高度高，有良好的密封性能，使用安全、方便，提升范围广。

2. 湿法脱硫斗式提升机的工作原理

被输送物料由底部进料口喂入连续、密布的料斗中，料斗把物料从下部进料口中舀起，随着链斗提升到顶部后翻转，利用重力及料斗的导引，卸料至出料口流出的设备。

3. 湿法脱硫斗式提升机的结构

斗式提升机结构如图 21-4 所示。板链斗式提升机由驱动装置、上部区段、中部机壳、链斗组、下部区段组成。其中驱动装置由减速机、电动机及链条组成。减速机高速端带有逆止器，另设有链条断链报警装置。有部分减速机带有辅助传动装置。

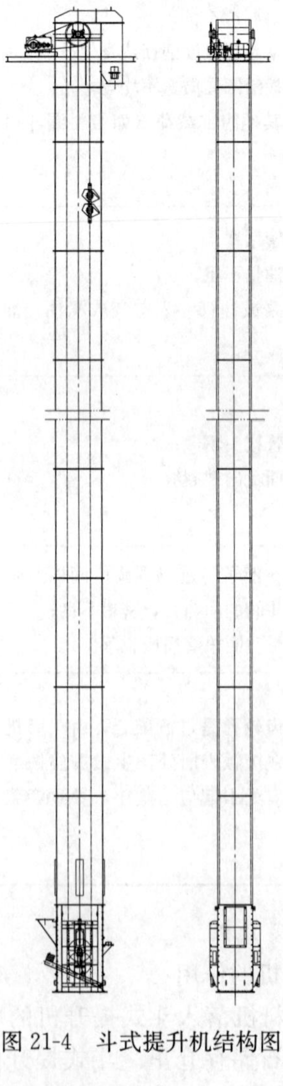

图 21-4　斗式提升机结构图

4. 湿法脱硫斗式提升机检修标准项目

湿法脱硫斗式提升机检修标准项目见表 21-9。

表 21-9　湿法脱硫斗式提升机检修标准项目

序号	检修标准项目	备　注
1	溜槽衬板更换	
2	传动齿轮检查更换	
3	传动链条检查	
4	顶部轴承检查	
5	减速箱检修	
6	料斗检查，料斗固定螺栓检查	
7	料斗传动轴平行度检查	
8	底轴内、外侧轴承检查、更换	
9	落料口检查	
10	配重检查	

5. 湿法脱硫斗式提升机检修工艺及质量标准

斗式提升机检修工艺及质量标准见表 21-10。

表 21-10　斗式提升机检修工艺及质量标准

序号	检修项目	检修工艺	质量标准
1	斗式提升机减速机的检修	（1）办理工作票，做好安全防护措施； （2）拆除齿轮链条防护罩，清理链轮及链条润滑油脂，检查链轮、链条有无裂纹，链节与齿侧面接触磨损时进行修正； （3）拧开减速箱放油孔，排空减速箱内部润滑油； （4）松开减速箱上盖固定螺栓，检查减速箱轴承及齿轮磨损情况，记录好原始值； （5）检查减速箱轴承内外圈，测量轴承的原始游隙，并记录，若游隙超标应更换轴承； （6）检查减速箱齿轮磨损情况，记录好原始值； （7）清理减速箱上下盖接合面，重新涂抹密封胶，回装减速箱上盖； （8）回装放油螺塞，重新添加滑润油； （9）回装链条，重新涂抹润滑油脂，并调整链条张紧度，回装防护罩	（1）齿轮磨损量达到 2mm 以上时予以更换； （2）轴承内外圈及保持架无裂纹、毛刺，轴承滚道及滚珠无蚀斑、麻点、磨损、划痕等； （3）齿轮磨损量达到 2mm 以上时予以更换； （4）用煤油清洗干净； （5）油位至油面镜 2/3 处

续表

序号	检修项目	检修工艺	质量标准
2	斗式提升机机头部件检修	（1）检查逆止器完好，逆止器弹簧连接完好； （2）检查斗式提升机机头部轴承，发现有不符合规定的应进行更换； （3）检查斗式提升机驱动端斗链链轮； （4）更换链轮时，首先应拆掉斗式提升机机头部壳体，拆掉传动链轮罩、传动链轮； （5）将斗链由起重人员用钢丝绳挂好，松开逆止器，拆开斗链轮轴承座，将斗链轮抽出，更换斗链轮	
3	斗式提升机机体、自动张紧装置的检修	（1）打开斗式提升机机壳各部检查孔。 （2）检查各部斗链、料斗，应符合如下要求： 1）链条在测量力为破断载荷的1/50，测量长度不小于3000mm时的极限偏差为（0%，0.25%）； 2）链条节距尺寸公差为Js12； 3）链条破断载荷应满足JB/T 3926.2的要求；内、外链板表面平面度应按GB/T 1184中12级的规定。 （3）更换斗链。 （4）检查、更换斗式提升机尾部轴承。 （5）检查重锤杠杆式自动张紧装置，下部重锤拉紧装置应调整至正常工作时所必需的紧力。 （6）两根链条长度误差应尽可能小，链条不应过分拉紧。 （7）校核斗链在机壳中的相对位置。 （8）检查各部壳体完整，螺栓齐全牢靠，斗式提升机的机壳应符合相关要求	（1）套筒的表面热处理硬度为45～50HRC，滚子的整体热处理硬度为40～45HRC，销轴的表面热处理硬度为50～55HRC； （2）保证斗链活动良好，方向正确； （3）轴承型号规格相同，清洗后添加润滑脂； （4）为保证使用过程中拉紧装置具有足够的调整行程，调整好后，向下尚未利用的行程应不少于整个行程的50%； （5）用人力转动链条是否轻松灵活、无明显阻力为限； （6）两根链条长度过于偏斜，进行校正； （7）机壳上、下法兰面平行度应符合GB/T 1184中12级的规定，机壳高度尺寸公差为h11； （8）机壳中心线对法兰的垂直度应符合GB/T 1184中12级的规定；法兰面相邻螺栓孔间距偏差为±0.8mm，累积偏差为±1.5mm

续表

序号	检修项目	检修工艺	质量标准
4	进出口检查	（1）检查进料口、出料口两个严重易磨损区，检查磨损量； （2）进料时有落料现象，应调整进料口的滑板，使滑板边缘和料斗边缘保持适当间隙	（1）磨损量超过1/2时应对进行修补或更换； （2）滑板边缘和料斗边缘保持间隙在10～20mm之间
5	传动轴检查	（1）上、下链轮（滚筒）组装配后，用手转动应轻便灵活； （2）拉紧装置调整应灵活，在牵引件安装和调整好后，未被利用的行程应不小于全行程的50%； （3）整机安装水平面及同轴度应符合要求	（1）主轴对水平面的平行度为0.3/1000； （2）主轴与驱动装置低速轴的同轴度应符合GB/T 1184中9级的规定

6. 湿法脱硫斗式提升机常见故障及处理方法

湿法脱硫斗式提升机常见故障及处理方法见表21-11。

表21-11　湿法脱硫斗式提升机常见故障及处理方法

序号	故障现象	故障现象	处理方法
1	异声	（1）斗式提升机机座底板和链斗相碰； （2）传动轴、从动轴键松弛，链轮位移，链斗与机壳相碰； （3）导向板与链斗相碰； （4）导向板与链斗间夹有物料； （5）轴承发生故障，不能灵活运转； （6）料块或其他异物在机座壳内卡死； （7）链轮（传动链轮、从动链轮）的齿形不正； （8）传动链轮与链条脱齿不良； （9）传动链条产生空转； （10）机壳安装不正	（1）调整机座的松紧装置，使链条张紧； （2）调整链轮位置，把键装紧； （3）修整导向板位置； （4）放大机座部物料投入角； （5）应更换轴承； （6）停机清除异物； （7）修正链轮齿形或更换链轮； （8）修正传动链轮齿形； （9）调整链条长度； （10）调正机壳全长的垂直度
2	电动机底座振动	（1）电动机本身旋转不良； （2）减速机与电动机安装精度差，对中超过规范； （3）电动机底座安装精度不够，水平度超过规范要求； （4）传动链轮安装有误差； （5）传动链轮齿形不良； （6）传动链轮松紧度不适当	（1）卸下转子检查静平衡； （2）减速机与电动机中心进行重新调整； （3）水平度进行重新调整； （4）传动链轮需重新调整； （5）需进行修正齿形； （6）传动链轮松紧度应调整

续表

序号	故障现象	故障现象	处理方法
3	漏灰	（1）机壳全长法兰部密封垫损伤或漏垫； （2）物料从机头、机座各缝隙处泄出； （3）投入物料的高差过大，增加了投料压力	（1）更换新密封垫，涂密封胶，重新拧紧法兰螺栓； （2）增加密封垫或涂密封胶； （3）需改变物料投入方法，增加进料的缓冲装置
4	提升量达不到设计能力	（1）物料黏结在链斗及溜子上； （2）斗式提升机的前部机械设备容量不足，引起物料投入量少，以致斗式提升机达不到设计能力； （3）提升速度慢； （4）物料计量方法不当，或计量错误	（1）根据黏结程度，定期清除物料； （2）需设法提高斗式提升机的生产能力； （3）需改变传动链轮的转速比； （4）检查计量器，核对物料密度，重新修正计算方法
5	物料排出量不足	（1）斗式提升机后部机械设备能力小，使排料溜子堵塞； （2）排料口溜子过小或溜子角度不适合； （3）物料黏附在链斗及溜子内	（1）提高后部机械设备的生产能力； （2）修正排料溜子； （3）需定期清除物料

（四）湿法脱硫顶进式搅拌器

1. 湿法脱硫顶进式搅拌器设备概述

顶进式搅拌器为脱硫系统石灰石浆液箱、废水箱、滤液箱、制浆脱水区和吸收塔排水坑搅拌器。从布置方式上看均为顶进式，由电动机带动减速机进行传动。

工作原理：当电动机启动时，经过减速机的转换，轴带动叶片进行旋转，使其在容器内产生强烈的流体运动，进而实现物料的混合和传质。其旋转速度、叶片外形、叶片数量、搅拌盘尺寸等参数都会影响到其搅拌效果。需要根据具体的反应物质和反应过程来选择合适的搅拌器参数。

2. 湿法脱硫顶进式搅拌器组成

湿法脱硫顶进式搅拌器主要由电动机、减速机、轴承座、轴承、轴和叶片组成。其中，电动机提供动力，减速机将电动机输出的高速旋转转换为搅拌器所需的低速旋转，轴承座支撑轴承以及轴，轴承起到支撑和导向作用，轴则将转动动力传输到叶片上，叶片为搅拌和混合的主要部件。

3. 湿法脱硫顶进式搅拌器检修标准项目

湿法脱硫顶进式搅拌器检修标准项目见表 21-12。

表 21-12　湿法脱硫顶进式搅拌器检修标准项目

序号	检修标准项目	备　注
1	减速箱检查	
2	油封、支架检查	
3	联轴器检查	
4	内部清理	
5	轴承检查	
6	叶轮检查	
7	搅拌轴检查	
8	减速箱换油	

4. 湿法脱硫顶进式搅拌器检修工艺及质量标准

湿法脱硫顶进式搅拌器检修工艺及质量标准见表 21-13。

表 21-13　湿法脱硫顶进式搅拌器检修工艺及质量标准

序号	检修项目	检修工艺	质量标准
1	检修前准备	(1) 做好检修前数据记录； (2) 准备好备品备件和检修工具等； (3) 办理好工作票，做好隔离措施，联系电气人员拆线	
2	搅拌器的解体	(1) 拆下电动机与托架的连接螺栓，将电动机缓慢吊下； (2) 拆下齿轮箱放油螺塞，放尽齿轮箱内旧油； (3) 检查电动机与搅拌机联轴器的连接状况，检查联轴器有无磨损、移位，检查联轴器有无磨损、损坏，必要时进行更换，并做好记录； (4) 拆开支撑架和变速箱连接螺栓，拆开变速箱和搅拌机框架连接螺栓；检查油封有无磨损、漏油等情况，若损坏则进行更换； (5) 用专用工具塞进变速箱和搅拌器框架缝隙，撬开两部分从搅拌轴端抽出齿轮箱整体； (6) 拆卸减速机内部自循环冷却油泵的地脚螺栓，取出油泵； (7) 取出一级传动轴及组件； (8) 取出二级传动轴及组件； (9) 取出三级传动轴及组件； (10) 拆卸传动轴的过程中，不能损坏轴承、齿轮等有关部件，要观察各级传动轴的定位轴承有无损坏，传动轴有无下沉情况的发生，做好记录，并记录好有关轴承的型号和检查情况； (11) 清理变速箱内积油，用煤油清洗箱体及齿轮轴承部件，再用面团沾擦干净，并检查齿轮啮合情况； (12) 检查支架轴承和油封	(1) 检查轴、叶轮是否完好，有无磨损、损坏等，减速箱无泄漏； (2) 轴弯曲度≤0.05mm/m，椭圆度≤0.05mm/m

续表

序号	检修项目	检修工艺	质量标准
3	搅拌器的回装	(1) 把键放进搅拌轴键槽内，自变速箱下端穿进变速箱输出轴内部，拧紧搅拌轴固定螺栓； (2) 叶片固定套短距离侧朝里穿进搅拌轴，把键放进叶片固定部位的键槽内，把固定套置于键上方，拧紧固定螺栓后再装上叶片，拧紧叶片固定螺栓； (3) 按拆卸步骤相反的方法安装搅拌器	
4	变速箱的解体	(1) 当需要检修变速箱时，分离电动机，拆下变速箱放油螺塞放尽旧油，拆下搅拌杆，松开变速箱和支撑装置连接螺栓，卸下变速箱体； (2) 拆下电动机和变速箱联轴器连接螺栓，吊起电动机，使其和变速箱分离，拆开电动机侧联轴器，松开变速箱的联轴器端并帽，取下联轴器； (3) 拆下输出轴固定锁母及锁片； (4) 拆开齿轮箱盖和箱体固定螺栓及内六角螺栓，在盖体顶丝孔中拧进顶丝，顶起取下齿轮箱盖，取下圆锥滚子轴承； (5) 拆下高速齿、轴和中间齿轮和轴； (6) 取下低速齿轮锁片，卸下齿轮； (7) 拆下轴承，检查轴承、齿轮及小齿轮，必要时予以更换	(1) 检查齿轮接合面完好，无磨损、齿轮断裂和齿轮磨损不均现象，如有则更换； (2) 检查齿轮啮合情况，齿轮侧间隙为0.25～0.4mm； (3) 检查轴承有无锈蚀、磨损及卡涩、晃动现象；测量游隙，如果超标则更换； (4) 输出轴轴向移动量调整，轴承轴向间隙≤0.08mm
5	变速箱的装配	(1) 装配前，必须对各部件及箱体进行检查、清洗；在装配输出齿轮轴承锁母时，旋转锁母直到输出轴固定死；锁母周围有4个槽，锁片周围有齿，在锁死锁母时，使锁片齿和锁母槽对齐，并弯曲，锁片齿压进锁母槽内； (2) 电动机和变速箱体联轴器连接，必须进行找正	(1) 清理干净箱体内油垢，检查箱体有无裂纹、铸造缺陷等情况；必要时做盛水试验，试验压力：0.29MPa； (2) 电动机和变速箱体联轴器连接径向偏差≤0.05mm，端面偏差≤0.04mm
6	检修结束	做到工完料尽场地清	

5．湿法脱硫顶进式搅拌器常见故障及处理方法

湿法脱硫顶进式搅拌器常见故障及处理方法见表21-14。

表 21-14　湿法脱硫顶进式搅拌器常见故障及处理方法

序号	故障现象	故障原因	处理方法
1	搅拌器振动大	（1）皮带松； （2）轴承损坏	（1）调整皮带； （2）更换轴承
2	搅拌器机械密封泄漏	机械密封损坏	更换机械密封
3	搅拌器电流高	（1）浆池内浆液含固量偏高； （2）浆池内有杂质缠绕搅拌器叶片上	（1）调整浆液密度，进行排浆脱水或补水； （2）判断叶片上是否有杂物，确定后停机检修
4	保护停	浆液液位低于保护限值	向箱罐内补充浆液

第四节　湿法脱硫 SO_2 吸收系统设备

一、湿法脱硫吸收塔系统简述

石灰石—石膏湿法烟气脱硫吸收塔系统即 SO_2 吸收系统是整个脱硫装置的核心系统，待处理的烟气进入吸收塔与石灰石浆液和石膏浆液接触，对去除烟气中 SO_2、SO_3、F、Cl 和粉尘等有害成分主要在这个系统中完成。吸收塔后设有除雾器，去除烟气中携带的雾珠，吸收塔浆液循环泵为吸收塔提供大流量的洗涤液，保证气液两相充分接触，提高 SO_2 从烟气脱除的效率。

（1）SO_2 吸收系统主要由吸收塔、浆液搅拌器（射流泵）、浆液循环泵、氧化风机及其附属设备、吸收塔排水坑、吸收塔排水坑泵等组成。

（2）吸收塔由吸收塔浆池和吸收区组成。吸收塔的结构形式有：单塔双循环吸收塔系统、双塔双循环吸收塔系统、双循环 U 型吸收塔系统、单塔逆流喷淋吸收塔系统、单塔双区吸收塔系统、单塔逆流旋汇耦合吸收塔系统等。吸收塔主要是吸收烟气中 SO_2，反应后生成石膏排出。

（3）吸收塔中部布置 5 层以上喷淋层。循环泵把吸收塔池中的浆液送至喷淋层，浆液通过喷嘴成雾状喷出，SO_2 进入喷淋浆液，并与之发生反应，通过吸收区后的净烟气经位于吸收塔上部的除雾器排出。

（4）吸收塔内设置一套（或 2 套）喷淋托盘，保证进入吸收塔内的烟气均匀地分布在吸收区。

（5）每台锅炉吸收塔共设置 2 台氧化风机（1 运 1 备），空气通过氧化风机管道送入氧化区。氧化空气在进入吸收塔之前在管道中被加入工业水，目的是为了冷却并使氧化空气达到饱和状态。通过这种方式，可以防止热的氧化空气在进入吸收塔时，在氧化空气管出口使浆液中的水分蒸发产生结垢。氧化空气经过一个特殊的分配系统进入氧化区，这个分配系统是由几个管道组成的管线系统。氧化空气通过氧化管道上的开孔进入浆液。由于开孔向下，FGD停运时，浆液中的固体不会进入氧化空气分配系统，氧化空气分配管布置在分区管之间，相应减少了吸收塔自由横截面，增加了浆液进入结晶区的流速，从而阻止了浆液从结晶区向氧化区的回流混合。因为回流混合将会增加氧化区的pH值，以至于使氧化反应变得困难。

（6）结晶区位于吸收塔浆池中氧化区下部。在结晶区，逐渐形成大的易于旋流器分离的石膏晶体。为保持吸收剂的活性，新的吸收剂通过调节控制系统加入此区域。

（7）每座吸收塔设2台石膏排出泵（1运1备），将石膏浆液输送至石膏旋流站分离后脱水，产出石膏。

（8）当浆液通过吸收区时会带走液滴。为了满足净烟气的要求及防止液滴在下游部件中发生沉积，大部分液滴必须被再次分离。在吸收塔上部安装了三级屋脊式除雾器，当净烟气通过第一级除雾器时，大部分液滴被分离出来，通过第二、三级除雾器可以获得更好的分离效果，可保证吸收塔出口烟气雾滴含量不大于20mg/m^3。在除雾器的表面会产生固体沉积，因此必须设置冲洗水。烟气蒸发会带走吸收塔内的一部分水，同时石膏浆液排出也会带走一部分水，因此吸收塔的液位会降低。吸收塔的补水主要通过除雾器的冲洗水和单独的工艺水补水实现。

（9）吸收塔为钢制，采用玻璃鳞片（复合陶瓷）进行防腐。

二、湿法脱硫吸收塔结构形式

（一）单塔双循环吸收塔系统

1. 单塔双循环吸收塔系统组成

单塔双循环吸收塔系统包括一个主塔和一个AFT小塔，主塔内有收集碗、侧进式搅拌器和氧化喷枪、喷淋层、除雾器等。吸收塔为圆柱体钢制结构，吸收塔本体的内表面采用防腐材料为玻璃鳞片（复合陶瓷），外部采用油漆防腐。吸收塔入口部分采用保温防护。

2. 单塔双循环吸收塔系统主要设备

单塔双循环吸收塔系统包括：吸收塔本体、吸收塔浆液循环泵、石膏浆液排出泵、吸收塔喷淋、搅拌、除雾器、冲洗、氧化空气等部分，还包括辅助的放空、排空设施等。

AFT浆池系统包括：AFT浆池、AFT浆池循环泵、AFT旋流泵、AFT喷淋层（布置在吸收塔内）、搅拌、氧化空气等。

吸收塔塔内有两级循环，其中第一级循环设置足够数量的浆液循环泵，浆池在吸收塔底部；第二级循环设置足够数量的AFT浆池循环泵，通过塔中间的收集碗，把浆液收集到塔外AFT浆池，AFT浆池为钢制箱罐，独立布置，AFT浆池浆液与吸收塔底部浆液独立存储。在吸收塔最高一层喷淋层上方设置2级屋脊式除雾器，烟气经过两级循环的洗涤后由烟囱排出。

3. 单塔双循环吸收塔系统的结构

单塔双循环吸收塔系统的结构如图 21-5～图 21-7 所示。

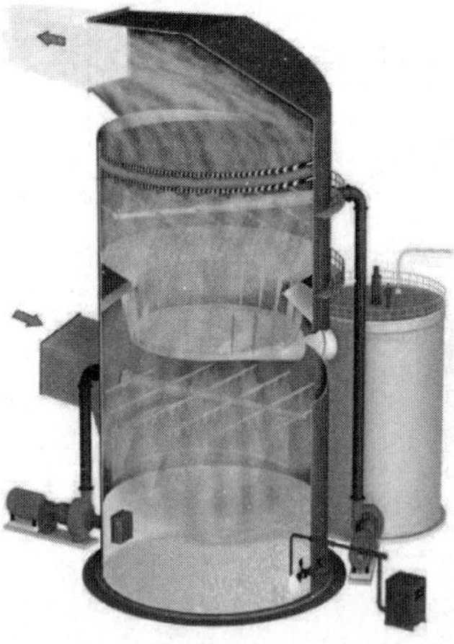

图 21-5　单塔双循环吸收塔结构图

图 21-6　单塔双循环吸收塔外形

（二）双塔双循环吸收塔系统

1. 双塔双循环吸收塔系统的组成

两座吸收塔串联，烟气经过一级塔后，再经过二级塔排出至烟囱排大气，一、二级塔内分别设置浆液循环泵、除雾器、搅拌器、氧化空气等。吸收塔为圆柱体钢制结构，吸收塔本体的内表面采用鳞片防腐（或复合陶瓷防腐）技术，外部采用油漆防腐。吸收塔入口部分采用保温。

2. 双塔双循环吸收塔系统的主要设备

双塔双循环吸收塔系统主要设备有原烟气入口烟道、一级吸收塔、一级吸收塔浆液循泵、一级除雾器、一级氧化风机、一级吸收塔喷淋层、一级吸收塔搅拌器、二级吸收塔、二级吸收塔浆液循环泵、二级除雾器、二级

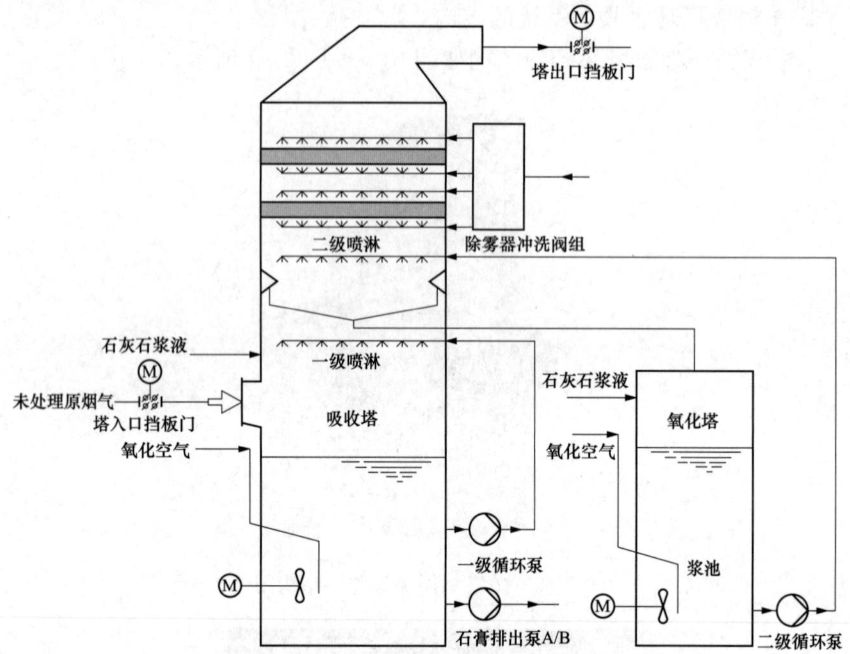

图 21-7　单塔双循环吸收塔系统结构图

氧化风机、二级吸收塔搅拌器、二级吸收塔喷淋层、烟气出口烟道等。

3. 双塔双循环吸收塔系统结构

双塔双循环吸收塔系统结构如图 21-8 所示。

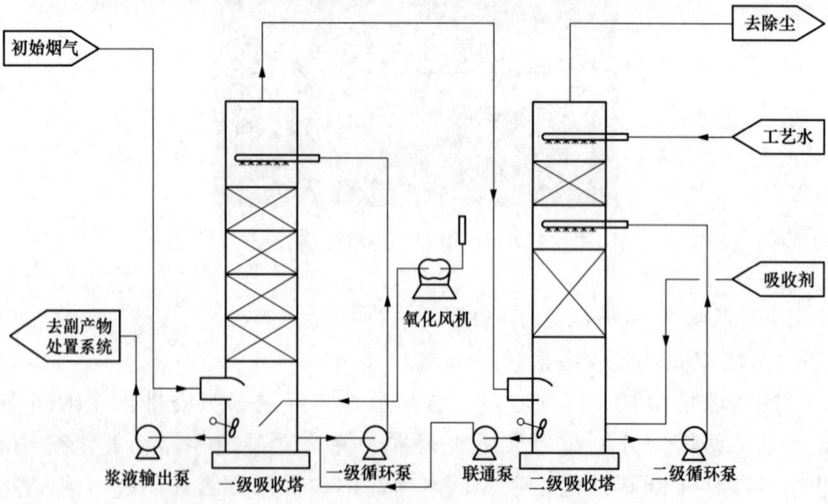

图 21-8　双塔双循环吸收塔系统结构图

（三）单塔逆流吸收塔系统

1. 单塔逆流吸收塔系统的组成

单塔逆流吸收塔系统通过适当提高吸收塔内气液比和烟气流速、气液之间的扰动加剧湍流的增强，可获得更高的脱硫效率和更大的烟气处理能力。

单塔逆流吸收塔系统主要包括吸收塔喷淋区、除雾器、浆液循环泵、吸收塔搅拌器、氧化风机等设备。吸收塔为圆柱体钢制结构，吸收塔本体的内表面采用防腐技术，外部采用油漆防腐。吸收塔入口部分采用保温。

2. 单塔逆流吸收塔系统主要设备

单塔逆流吸收塔系统主要设备有除雾器、浆液循环泵、吸收塔搅拌器、氧化风机等。

3. 单塔逆流吸收塔系统结构

单塔逆流吸收塔系统结构如图 21-9 所示。

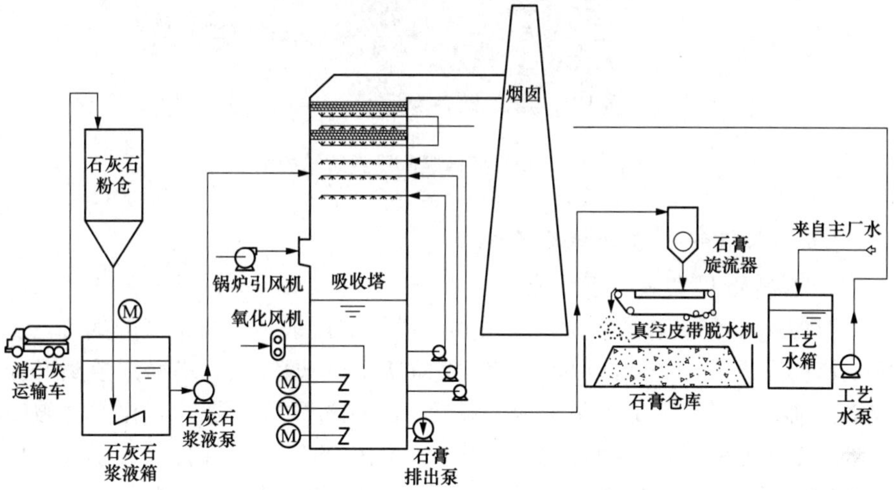

图 21-9　单塔逆流吸收塔系统结构图

（四）单塔双区吸收塔系统

1. 单塔双区吸收塔系统的组成

单塔双区吸收塔系统是对石灰石-石膏湿法脱硫过程中吸收区和氧化区的统称。吸收区完成对烟气中 SO_2 的吸收，生成 $CaSO_3$ 或 $Ca(HSO_3)_2$，而氧化区中则通过对 SO_3^- 或 HSO_3^- 的氧化并最终结晶，生成 $CaSO_4 \cdot 2H_2O$（石膏）。采用双区是由于吸收和氧化过程所需的不同浆液酸碱性而决定的。吸收区中需要浆液与 SO_2、HCl 等酸性气体充分反应，因此浆液 pH 值应较高（7～8）。氧化区中发生的氧化结晶反应需要较强的酸性环境，浆液 pH 值应较低（4～5）。

单塔双区吸收塔浆池部分布置有 pH 调节器和搅拌器（射流泵），通过两者的相互配合，使得浆液区 pH 调节器上部分 pH 可维持在 4.9～5.5，而下部分 pH 可维持在 5.1～6.3，这样不同的酸碱性形成的分区效果，就可实现“双区”的运行目的。

2. 单塔双区吸收塔系统的主要设备

单塔双区吸收塔系统主要由吸收和氧化区、浆液循环泵、喷淋层、多孔分布器、氧化风机、搅拌器等组成。

3. 单塔双区吸收塔系统的结构

单塔双区吸收塔系统结构如图 21-10 所示。

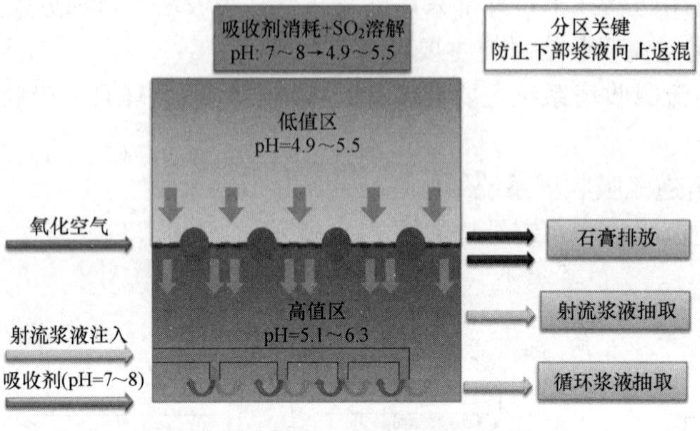

图 21-10 单塔双区吸收塔系统结构图

（五）双循环 U 型吸收塔系统

1. 双循环 U 型吸收塔系统

双循环 U 型吸收塔系统由前塔和后塔组成。锅炉引风机来的烟气，从吸收塔前塔进入，经浆液喷淋洗涤、除雾后的净烟气从后塔净烟道离开吸收塔。前、后塔的下部为浆液池，设置 7 台侧进式搅拌器。氧化空气被喷射管送至浆池的下部，通过搅拌器将吹入池中的氧化空气打碎成小气泡以增加传质面积。吸收塔前塔为顺流，采用液注式喷淋方式，布置一层喷淋层；后塔为逆流，采用喷淋方式，布置三层喷淋层。吸收塔后塔喷淋层上方为三级串联的屋脊式除雾器。

2. 双循环 U 型吸收塔系统主要设备

双循环 U 型吸收塔系统主要设备有吸收塔搅拌器、浆液循环泵、氧化风机、除雾器、进出口烟道等。

3. 双循环 U 型吸收塔系统的结构

双循环 U 型吸收塔系统结构如图 21-11 所示。

（六）单塔逆流旋汇耦合吸收塔系统

1. 单塔逆流旋汇耦合吸收塔系统的组成

从引风机引来的烟气进入吸收塔后，首先进入旋汇耦合区，通过旋流和汇流的耦合，在湍流空间内形成一个旋转、翻覆、湍流度很大的有效气液传质体系。在完成第一阶段脱硫的同时，烟气温度迅速下降；在旋汇耦合装置和喷淋层之间，烟气的均气效果明显增强；烟气在旋汇耦合装置反应中，由于形成的亚硫酸钙在不饱和状态下汇入浆液，避免了旋汇耦合装置结垢的形成。第二阶段进入吸收区，经过旋汇耦合区一级脱硫的烟气继续上升进入二级脱硫区，来自吸收塔上部两层喷淋联管的雾化浆液在塔中均匀喷淋，与均匀上升的烟气继续反应，净化烟气经除雾器后排放至烟囱。

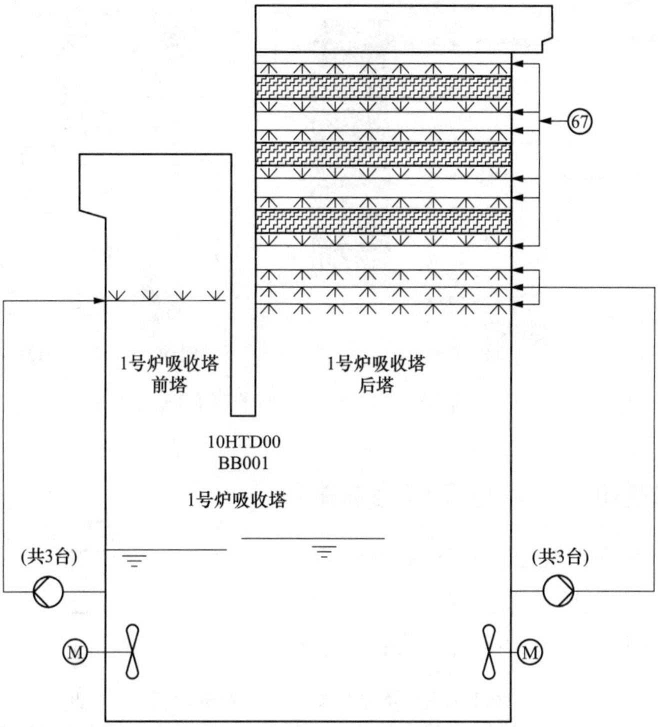

图 21-11　双循环 U 型吸收塔系统结构图

2. 单塔逆流旋汇耦合吸收塔系统主要设备

单塔逆流旋汇耦合吸收塔系统主要由旋汇耦合、浆液循环泵、喷淋层、管束除雾器、氧化风机、搅拌器、进出口烟道等组成。

3. 单塔逆流旋汇耦合吸收塔系统结构

单塔逆流旋汇耦合吸收塔系统结构如图 21-12、图 21-13 所示。

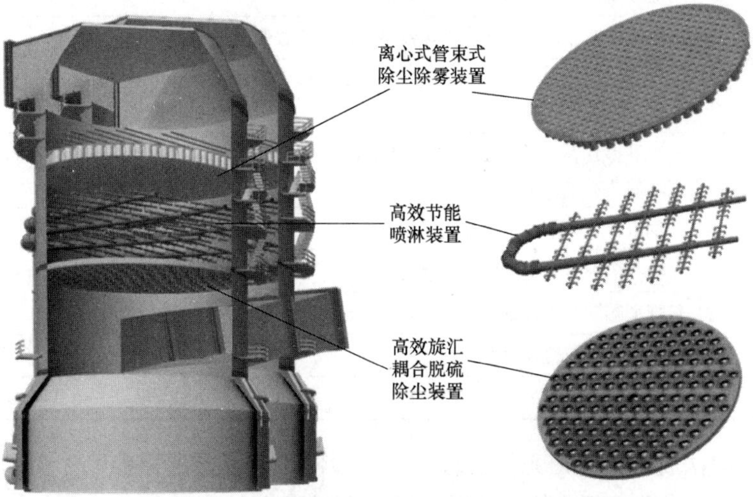

图 21-12　单塔逆流旋汇耦合吸收塔系统

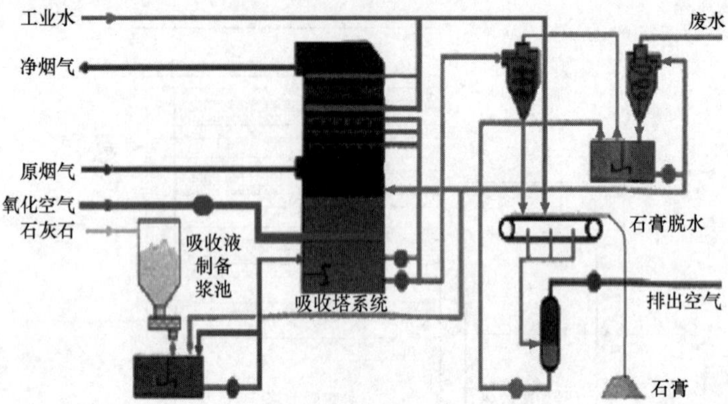

图 21-13　单塔逆流旋汇耦合吸收塔系统结构图

三、湿法脱硫 SO_2 吸收系统检修维护

（一）湿法脱硫吸收塔系统检修

1. 湿法脱硫吸收塔检修标准项目

吸收塔系统检修标准项目见表 21-15。

表 21-15　吸收塔系统检修标准项目

序号	标准检修项目	备　注
1	吸收塔底部清理	
2	浆液循环泵入口滤网清理、出入口管道衬里检查修复	
3	吸收塔塔壁所有一次门检查更换	
4	吸收塔内氧化风系统检查修复	
5	事故喷淋及入口烟道干湿界面检查清理	
6	吸收塔内壁、底部衬里检查修复	
7	吸收塔湍流装置各部位损坏及堵塞情况检查修复	
8	除雾器检查冲洗，修复更换断裂冲洗水管及喷嘴，喷嘴进行雾化试验	
9	喷淋母管及支管检查，对有缺陷的部位进行修复，损坏的喷嘴进行更换	
10	烟道清灰、烟道内壁防腐层检查修补	
11	吸收塔内所有支吊架检查修复	
12	烟道膨胀节检查更换	
13	烟道外保温检查更换	
14	人孔门检修	

2. 湿法脱硫吸收塔系统检修项目、检修工艺及质量标准

（1）吸收塔内部检修工艺及质量标准见表 21-16。

表 21-16　吸收塔内部检修工艺及质量标准

序号	检修项目	检修工艺	质量标准
1	吸收塔内部清理	（1）吸收塔内浆液排尽后，按照从上到下的顺序，依次清理出口烟道、除雾器层、喷淋层、支撑梁、入口烟道、塔壁和底部； （2）根据吸收塔内工作，搭设脚手架；搭设脚手架过程中，应做好保护防腐层的措施； （3）接压力水，冲洗残留石膏； （4）检查各部位防腐是否完好，有无破损、起皮、伤痕；并详细记录检查情况，修复缺陷部位	应人工进行清理，不得使用锐利的工具，宜用竹制或木制工具，防止损坏防腐层，清理后可见防腐层，无遗留物
2	除雾器清理、检修	（1）从上级开始往下级清理并冲洗，即三级除雾器上部→二级除雾器→一级除雾器下部； （2）检查除雾器有无损坏，是否齐全，损坏的除雾器予以更换； （3）检查除雾器位置、冲洗水管是否平稳地放置在各支撑梁上，若有个别除雾器有位移，要将其牢靠地固定在支撑梁上，并且各片除雾器间卡件齐全； （4）检查除雾器冲洗水管是否通畅，有无泄漏； （5）检查除雾器冲洗水喷嘴是否齐全，喷嘴是否畅通； （6）检查除雾器支撑梁防腐是否完好，有无破损、起皮、伤痕，并详细记录检查情况，修复缺陷部位； （7）检修结束，应进行喷水试验，检查冲洗效果	（1）除雾器清理干净，无异物； （2）除雾器及支架完好，损坏的部件进行更换或修复； （3）喷嘴无脱落，若有脱落应更换； （4）喷嘴的喷水效果好
3	喷淋管及喷头检修	（1）检查吸收喷淋层喷嘴是否齐全，完整； （2）检查喷嘴连接管有无破损、严重磨损现象，应进行补全； （3）检查和记录堵塞的喷嘴，并进行疏通； （4）检查各喷嘴磨损情况，更换磨损严重的喷嘴； （5）检查喷淋管各部有无破损，如发现喷淋管有漏点则要修补； （6）检查喷淋管支撑梁防腐是否完好，有无破损、起皮、伤痕，并详细记录检查情况，修复缺陷部位	（1）检查每个喷嘴，并清理干净，保证无堵塞，无破损、无裂纹； （2）支撑梁防腐完好，对损坏缺失的防腐等应进行修复

续表

序号	检修项目	检修工艺	质量标准
4	氧化空气管道检查检修	(1) 检查吸收塔内氧化空气管道是否通畅，如有异物，必须清理干净； (2) 检查吸收塔内氧化风管的固定支撑是否完整可靠，紧固件是否缺失并且牢固	保证氧化空气管道无破损、无堵塞，如有损坏应进行修复
5	浆液循环泵和石膏浆液排出泵入口滤网检查、清理	(1) 滤网处石膏沉积和杂物清理干净； (2) 检查滤网框架、支撑是否变形，防腐层有无破损； (3) 检查滤网本体完好，是否有破损； (4) 检查滤网固定螺栓、螺母、垫片、衬垫等紧固件是否有缺失、松动现象，如有缺失、松动现象应补全，并紧固	(1) 滤网清理干净、无破损、无变形； (2) 紧固件无缺失
6	喷淋托盘的检修	(1) 喷淋托盘表面浆液清理、冲洗； (2) 喷淋托盘梁检查，无防腐损坏，如有防腐损坏，应进行修补； (3) 喷淋托盘紧固螺栓无松动，断螺栓应补全并紧固； (4) 喷淋托盘孔无堵塞	

(2) 湿法脱硫吸收塔本体检修工艺及质量标准见表 21-17。

表 21-17　湿法脱硫吸收塔本体检修工艺及质量标准

序号	检修项目	检修工艺	质量标准
1	检查吸收塔各管道接口及人孔门的密封情况	(1) 吸收塔停运前检查各管道接口情况并做好记录以便在检修中处理； (2) 对于未发现泄漏且检修过程中必须拆开的接口则待吸收塔再次启动时观察有无泄漏，有泄漏时必须处理； (3) 检查吸收塔各人孔、排尽孔严密性，铰接人孔必须启闭灵活，紧固件齐全	检查各人孔处防腐是否鼓包、磨损、密封垫是否损坏，如有损坏必须进行修复或更换
2	吸收塔内部防腐检查检修	(1) 塔基检修； (2) 吸收塔内检查； (3) 用电火花检测仪检查防腐内衬有无损坏； (4) 用测厚仪检查防腐内衬的磨损情况； (5) 检查塔壁变形及开焊情况，采用内顶外压校直、补焊	(1) 吸收塔基无裂纹、破损、倾斜、下沉等现象； (2) 清除吸收塔内的灰、渣及垢物； (3) 吸收塔内防腐无针孔、裂纹、鼓泡和剥离等； (4) 防腐层磨损厚度小于原厚度的 2/3，应加强修补； (5) 吸收塔壁平直，焊缝无裂纹

(3) 湿法脱硫阀门检修工艺及质量标准见表21-18。

表21-18 湿法脱硫阀门检修工艺及质量标准

序号	检修项目	检修工艺	质量标准
1	阀门检修	(1) 电动传动阀门(冲洗水阀门、排气门),检查阀门内漏及卡涩情况,对有问题阀门进行解体检修; (2) 拆卸阀门固定螺栓,脱开阀门执行器,手动检查阀门开关正常,则调整阀门执行器限位,若开关有问题,则解体阀门; (3) 检查阀门阀瓣、阀座是否有损坏,阀门密封衬垫是否有损坏,若有则进行修理或更换; (4) 投入冲洗水试压,阀门不发生渗漏	对有问题的阀门进行解体检查,修复,试压不发生泄漏

(4) 湿法脱硫事故喷淋装置检修工艺及质量标准见表21-19。

表21-19 湿法脱硫事故喷淋装置检修工艺及质量标准

序号	检修项目	检修工艺	质量标准
1	事故喷淋装置检查	(1) 检查事故喷淋喷嘴是否齐全,安装缺少的喷嘴;逐个检查喷嘴是否松动,进行紧固; (2) 检查和记录堵塞的喷嘴,进行疏通; (3) 检查喷淋水管是否完好,有无断裂,支撑件和紧固件是否完好; (4) 检查和疏通排水槽和排水管至畅通; (5) 检查事故喷淋各阀门开关灵活,无卡涩、渗漏现象;对于缺陷阀门,应解体检查; (6) 检查喷嘴、管道、紧固件是否齐全,有无松动或磨损,阀门有无卡涩、渗漏、开关灵活等; (7) 检修结束,事故喷淋水箱注水,检查阀门有无渗漏	如有损坏,应进行修复或更换

(5) 湿法脱硫溢流管检修工艺及质量标准见表21-20。

表21-20 湿法脱硫溢流管检修工艺及质量标准

序号	检修项目	检修工艺	质量标准
1	溢流管检查	(1) 检查溢流管结垢情况,并进行清理和疏通; (2) 检查和清理溢流池,至无杂物残留	清理干净,无磨损,发现问题进行修复

(6) 湿法脱硫烟道检修工艺及质量标准见表21-21。

表 21-21　湿法脱硫烟道检修工艺及质量标准

序号	检修项目	工艺步骤	质量标准
1	烟道检修	(1) 利用电火花仪及测厚仪检查烟道防腐层损坏情况； (2) 将烟道内积灰清除干净； (3) 检查烟道焊缝是否开焊，对有缺陷的部位进行修复； (4) 发现烟道壁、加强筋、支撑管件有裂纹，采取焊补或挖补的措施进行处理，消除裂纹部位； (5) 对烟道防腐层损坏部位进行修复； (6) 非金属膨胀节出现破损、开裂等现象，应及时对其更换； (7) 对烟道内部支撑的腐蚀处进行焊接修补，重新防腐； (8) 如发现烟道支吊架有断裂、松动、变形等缺陷时应及时处理	(1) 烟道壁及加强筋不得有裂纹； (2) 内衬检查标准参见防腐要求； (3) 整个烟道应无泄漏现象； (4) 烟道焊缝不应有裂纹和砂眼等缺陷； (5) 烟道检修结束后，应及时清除内外杂物、尘土和临时固定物； (6) 与烟道连接的设备法兰应有密封垫； (7) 烟道检修后中心线偏差应符合相关标准； (8) 非金属膨胀节不得有裂纹等缺陷，大法兰接合面无渗漏； (9) 各部位螺栓无松动； (10) 支吊架应完好，无断裂、松动、裂纹、变形等缺陷，各吊杆应受力

3. 湿法脱硫吸收塔系统常见故障及处理方法

湿法脱硫吸收塔系统常见故障及处理方法见表 21-22。

表 21-22　湿法脱硫吸收塔系统常见故障及处理方法

序号	故障现象	故障原因	处理方法
1	吸收塔浆液循环泵流量下降	(1) 管线堵塞； (2) 喷嘴堵塞； (3) 相关阀门开关不到位； (4) 泵的出力下降	(1) 清洗管线； (2) 清理喷嘴； (3) 检查并校正阀门位置； (4) 检修循环泵及管线
2	吸收塔液位异常	(1) 液位测量装置故障； (2) 浆液循环管泄漏； (3) 各冲洗阀泄漏； (4) 吸收塔泄漏	(1) 检查并校正液位计； (2) 检查并修补循环管线； (3) 检查更换阀门； (4) 检查吸收塔及底部排污阀
3	吸收塔入口烟温高	FGD 原烟气进口烟温高	(1) 查明原因后采取对策； (2) 运行方式进行调整

续表

序号	故障现象	故障原因	处理方法
4	pH计指示不准	(1) pH计电极污染、损坏、老化； (2) pH计供浆量不足； (3) pH计供浆中混入工艺水； (4) pH计变送器零点漂移； (5) pH计控制模块故障	(1) 清洗、更换pH计电极； (2) 检查pH计连接管线是否堵塞，石膏排出泵运行状态； (3) 检查pH计冲洗阀是否泄漏； (4) 检查调校pH计； (5) 检查pH计控制模块情况
5	石灰石浆液密度异常	(1) 石灰石浆液输送泵故障； (2) 石灰石浆液密度控制不良； (3) 密度计管道堵塞； (4) 制浆工艺水故障	(1) 检查石灰石浆液输送泵； (2) 检查石灰石浆液密度控制模块； (3) 清洗管道； (4) 检查工艺水管道及阀门
6	除雾器差压超过正常值，报警	除雾器冲洗不充分引起结垢	确认后手动操作清洗
7	搅拌器跳闸报警	(1) 保护动作； (2) 吸收塔液位低于最小设定值	(1) 查明原因并作相应处理； (2) 启动前应先用工艺水冲动搅拌器，再试着启动，直至搅拌器正常启动
8	氧化风机跳闸，报警	(1) 风机出口压力、温度过高； (2) 风机轴承温度过高； (3) 电动机绕组温度过高； (4) 电动机轴承温度过高	(1) 若氧化风机运行不正常，查明原因并作相应处理； (2) 若氧化空气喷嘴中长时间没有氧化空气，则必须清洗管道
9	吸收塔氧化空气流量异常	(1) 管道阻塞； (2) 氧化风机故障或管路泄漏	(1) 检查氧化风机进口过滤器，不停运氧化风机，使用工艺水清洗每一条至吸收塔的空气管道； (2) 检查氧化风机或管道
10	吸收塔石灰石浆液流量降低	(1) 管线堵塞； (2) 石灰石浆液泵故障； (3) 相关阀门开/闭不到位	(1) 清洗管线； (2) 切换至备用泵运行，对泵进行检查； (3) 检查并校正阀门状态

（二）湿法脱硫浆液循环泵

1. 湿法脱硫浆液循环泵概述

吸收塔浆液循环泵布置在吸收塔的侧面，单台机组设置5台以上，2台机组共装设10台，用于吸收塔内石膏浆液的循环喷淋。吸收塔浆液循环泵一般采用卧式、单级、单吸、卧式离心泵，叶轮采用多叶片叶轮。机械密封采用持久连续冲洗集装式机械密封，装配为独立组件，水平轴设计，密封面材料选为SiC。

2. 湿法脱硫浆液循环泵结构

浆液循环泵主要结构包括泵体、叶轮、轴、蜗壳、后护板、机械密封、轴承部件等。泵侧轴承选用圆柱滚子轴承，电动机侧轴承选用向心滚子轴承和自对中滚柱推力轴承。泵的联轴器采用JM型膜片联轴器。机械密封采用集装式机械密封，装配为独立组件，水平轴设计，密封面材料选为SiC。浆液循环泵的结构如图21-14所示。

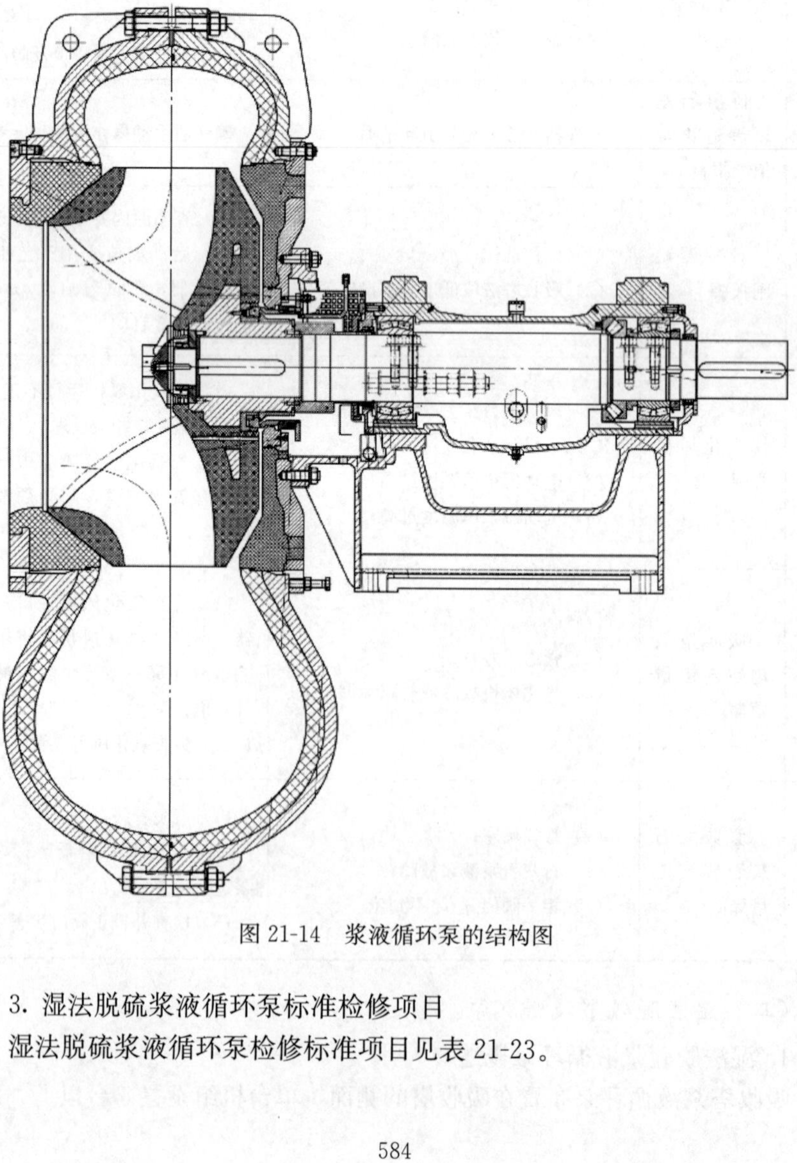

图21-14　浆液循环泵的结构图

3. 湿法脱硫浆液循环泵标准检修项目

湿法脱硫浆液循环泵检修标准项目见表21-23。

表 21-23　湿法脱硫浆液循环泵检修标准项目

序号	标准检修项目	备注
1	解体浆液循环泵	
2	检查联轴器螺栓、弹簧片	
3	检查轴套、机械密封、泵壳、叶轮	
4	检查修理吸入端泵盖、耐磨板	
5	进出口衬胶管道、膨胀节清扫检查，进口滤网冲洗	
6	检查机械密封、轴承等零部件，更换机械密封	
7	各部间隙测量、检查泵轴（包括轴弯曲度、晃度测量）	
8	检查叶轮磨损情况，根据磨损情况进行修理或更换	
9	泵与电动机中心校正	

4. 湿法脱硫浆液循环泵检修工艺及质量标准

湿法脱硫浆液循环泵检修工艺及质量标准见表 21-24。

表 21-24　湿法脱硫浆液循环泵检修工艺及质量标准

序号	检修项目	检修工艺	质量标准
1	浆液循环泵的拆卸	（1）从机械密封上松开管接头，断开外部连续冲洗水连接管； （2）拆下电动机与泵传动联轴器保护罩螺栓，拆卸联轴器保护罩的上、下两部分； （3）拧开轴承箱放油螺塞，打开放油阀，排空轴承箱内部润滑油； （4）拆卸联轴器连接螺栓； （5）联系电气专业人员拆除电动机接线电缆； （6）拆下电动机地脚螺栓； （7）吊出电动机，移送电动机到检修场地，解体检修； （8）松开吸入口法兰、拆除法兰的螺栓，并取下泵的入口短管； （9）排出泵体内的积水； （10）拆除泵盖接合面螺栓，抽出泵的转子，将泵转子部分移送至检修场地	（1）做好废油的收集工作，防止污染； （2）联轴器做好标记后用百分表、塞尺或卷尺测量出电动机与泵联轴器的轴向、径向原始对中数据，以及两个联轴器间的间隙原始数据并做好记录； （3）测量并记录泵原始口环间隙

续表

序号	检修项目	检修工艺	质量标准
2	浆液循环泵的解体	(1) 从机械密封进水口旋下入口接头； (2) 安装机械密封夹具部分，将机械密封轴向锁紧； (3) 松开锥形锁紧环； (4) 拆卸恒定油位器，包括配管和排油管路； (5) 通过吊环螺栓将泵的整个转动部件与起重装置相连； (6) 松开支撑地脚螺栓和垫片； (7) 通过松开螺栓（大约 10mm）移开轴承座； (8) 拆卸六角螺母（泵体/轴承支架）； (9) 用起重设备吊起泵的转动部件； (10) 将泵转动部件平放，轴承支架法兰和一起铸造的支撑地脚保证同一高度； (11) 测量叶轮晃动度，并记录，采用特殊工具拆下叶轮轮毂帽； (12) 拆下垫片； (13) 采用叶轮拆卸工具拆下叶轮，并取下键； (14) 拆下轴套（如果必要，使用拨出器）； (15) 吊下叶轮，取下密封圈按定置图把叶轮放置在安全地方； (16) 松开机械密封与泵框架衬板连接螺栓，整体取出机械密封，放置在检修地点； (17) 松开泵的轴向调整螺栓并取出，拆下轴承箱 4 颗固定螺栓； (18) 用两根吊带固定好轴承箱； (19) 在起吊行车吊钩上挂一只葫芦，葫芦吊钩挂在轴承箱锁定吊带上。手动拉葫芦使轴承箱脱离泵体后启动行车吊出轴承箱，放置在检修地点	(1) 对拆卸的零部件进行统一摆放，整齐，有标识，有数量； (2) 叶轮和轴套晃动度 ≤0.05mm；叶轮径向偏差 ≤0.2mm； (3) 叶轮无磨损，无汽蚀，衬套无磨损情况，若磨损严重应更换； (4) 叶轮应轻拿轻放，防止碰伤

续表

序号	检修项目	检修工艺	质量标准
3	机械密封解体	（1）将安装导板装入轴套里的凹槽，松开锥形锁紧环的螺栓连接； （2）拆除六角沉头螺栓； （3）使用出口盖板上的起重螺栓拆除集装式机械密封； （4）把机械密封动静环分离，同时取出O形密封圈及调整弹簧； （5）拆下的零部件用清洗剂清洗干净并按顺序放好； （6）检查机械密封动静环有无损伤、裂纹等，清理O形密封圈，清理机械密封室； （7）检查轴套有无磨损或损坏； （8）清洗零部件作机械密封组装前的准备	（1）动环及静环密封面无划痕及裂纹麻点；密封圈有无变形、拉长、断裂；如有，应进行更换； （2）机械密封各部件均应清洗干净； （3）轴套如有损坏或磨损量超过1mm，予以更换
4	轴承箱解体	（1）取下联轴器和其与轴连接键销； （2）拆下轴承箱推力侧与承力侧轴承压盖固定螺栓，并取下压盖； （3）分别测量轴承箱的原始推力间隙和膨胀间隙； （4）取下轴与轴承使之与轴承箱分离，并用清洗剂清洗干净； （5）测量轴承与轴承室的配合间隙并记录； （6）使用拉马分别取下轴两侧轴承； （7）轴承检查或检修； （8）检查轴表面的表面粗糙度和弯曲度情况，不符合要求的则给予修复处理或更换	（1）检查轴承内外圈有无裂纹、毛刺，轴承滚道及滚珠无蚀斑、麻点、磨损、划痕，轴承保持架无裂纹、磨损、断裂、毛刺，否则更换新轴承； （2）测量轴承的原始游隙，并记录。轴承游隙≤0.10mm，与轴的配合紧力0.01～0.03mm，游隙超标应更换轴承； （3）检查联轴器有无裂纹，如有应更换； （4）检查键销有无锈蚀和毛刺，如有，用砂纸和锉刀进行打磨修整； （5）轴的弯曲度≤0.05mm
5	联轴器解体	（1）拆下电动机与泵传动联轴器保护罩螺栓，取下拆卸联轴器保护罩的上、下部分； （2）联轴器做好标记后用百分表、塞尺或卷尺测量电动机与泵联轴器的轴向、径向原始对中数据以及两个联轴器间的间隙原始数据并做好记录； （3）拆卸联轴器中间的加长节； （4）使用拉马将联轴器拉下，必要时使用烘枪进行加热后拆卸	联轴器拆卸前做好标记

续表

序号	检修项目	检修工艺	质量标准
6	零部件的清理和检查调试	(1) 所有部件用清洗剂彻底清洗干净； (2) 对轴承箱内部清理，并检查有无磨损，否则应进行修复； (3) 检查入口段、出口段是否有裂纹、砂眼及局部产生凸凹不平而影响泵强度或零件之间正常配合的缺陷，泵壳各接合面平整、无纵向纹路及损坏缺陷； (4) 检查叶轮是否有冲蚀现象，特别是叶片的端部和中前部；若有冲蚀沟槽，严重时应更换叶轮； (5) 检查叶轮和对应的密封环磨损情况，测量两者之间的径向间隙，若间隙超过所规定的范围，应重新配置密封环； (6) 检查轴表面的表面粗糙度和弯曲度情况，若不符合要求，则给予处理或更换； (7) 清理机械密封座，并检查有无磨损，视情况进行修复或更换； (8) 轴承用清洗剂清洗，有污垢和铁锈杂物要用铲刀清除干净； (9) 清理检查轴承体有无腐蚀、穿孔等现象； (10) 测量轴承与轴紧力，并记录； (11) 检查机械密封； (12) 检查轴套； (13) 检查轴承压盖油封磨损情况，必要时更换； (14) 检查泵盖板陶瓷有无破损； (15) 检查联轴器； (16) 检查膜片组件	(1) 叶轮的径向间隙为0.3～0.5mm； (2) 轴颈表面无锈斑、麻点、蚀坑、划痕，弯曲度中间位置最大为0.05mm，两端为0.02mm； (3) 轴承滚道及滚珠无蚀斑、麻点、磨损、划痕，游隙≤0.10mm，否则更换新轴承，轴承滚道及滚珠无蚀斑、麻点、磨损、划痕，游隙≤0.10mm，紧力为0.01～0.03mm； (4) 轴承沟槽无明显磨痕，磨损量≤1mm； (5) 机械密封的动环、静环及O形密封圈有无磨损和损坏，必要时更换； (6) 轴套有无磨损和损坏，有损坏或轴套磨损量超过1mm，予以更换； (7) 检查联轴器是否有裂纹及损坏缺陷，并测量联轴器与轴紧力； (8) 检查泵盖板陶瓷有无破损，必要时进行修复或更换； (9) 检查膜片组件中不锈钢薄片是否破损、变形，若破损严重则进行更换
7	泵的组装	(1) 轴承箱组装； (2) 将组装好的泵轴装入轴承箱中； (3) 安装轴承采用热装法，用铜棒将轴承箱驱动侧轴承外轮敲打到位； (4) 将轴承箱垂直放在底座上，吊起主轴并正、反方向转动4～5次，并记下盘式指示表的数值A_1； (5) 降低主轴，把轴承箱放在座子上，主轴在自由状态； (6) 将主轴向正、反方向转动4～5次，并记下盘式指示表的数值A_2（A_1及A_2的测点必须在同一个位置）； (7) 计算出轴承装配的残留间隙$A=A_2-A_1$，组装完成后轴承的残留间隙要求符合要求，否则应重新装配；	(1) 推力弹簧和密封面上永远不许粘上油脂或油； (2) 螺栓预紧力矩为330N·m；

续表

序号	检修项目	检修工艺	质量标准
7	泵的组装	(8) 回装泵侧联轴器，轴承箱按拆卸标记回装在轴承箱固定框架上，应轻微紧固轴承箱固定螺栓； (9) 按拆卸标记回装轴承箱轴向调整螺栓，螺母不用紧固； (10) 回装端盖密封； (11) 回装机械密封O形密封圈及调整弹簧，并把机械密封动静环分别装在机械密封室内； (12) 回装机械密封六角沉头螺栓； (13) 将安装导板装入轴套里的凹槽； (14) 使用专用工器具回装叶轮，测量叶轮晃动度，并记录； (15) 回装泵轴套及密封圈； (16) 回装后泵盖，并紧固前后泵壳连接螺栓； (17) 在吸入盖板上装上O形密封圈，并回装至泵体上； (18) 在轴承箱固定框架上架好一套百分表，表针延轴向指在联轴器上； (19) 向电动机方向调整轴承箱轴向调整螺栓，看好百分表直到百分表上显示数据与拆卸时叶轮口环间隙数据相同，停止调整，紧固轴承箱固定螺栓，调整螺栓并紧固螺母； (20) 在轴承箱内加入润滑油，并调节恒量油位器； (21) 测量轴的窜动间隙	(3) 油位始终保持在泵轴中心以上115mm； (4) 泵轴的窜动间隙为0.1～0.2mm
8	泵现场安装	(1) 将泵吊起运送至现场； (2) 清理基座及螺纹孔； (3) 将泵吊装就位； (4) 拧紧地脚螺栓； (5) 将检修好的电动机吊起运送到现场就位； (6) 拧上电动机地脚螺栓； (7) 找泵-电动机中心； (8) 整好两轴头间的距离，使其与安装图尺寸一致，然后检查联轴器的两平面间的间隙，泵与电动机两联轴器平面间隙一致； (9) 装上泵进出口短管； (10) 在正式开车前应检查电动机旋向，在未连接膜片前，检查电动机、减速机旋向是否与泵转向相一致，验证后连接膜片，连接螺栓时，一端法兰的大孔对一端法兰的小孔，均匀拧紧螺母，分两次拧紧； (11) 安装联轴器保护罩，用螺栓将其固定在底座或基础之上； (12) 回装后手动盘车灵活，无异声； (13) 回装机械密封冷却水管	电动机与泵的联轴器最大和最小间隙不超过0.1mm；然后安装百分表找正主、从动轴的同心度，使两法兰的外圆和端面相对跳动不大于0.05mm

续表

序号	检修项目	检修工艺	质量标准
9	入口滤网清理和检查	(1) 记录滤网处石膏沉积和杂物情况，清理干净； (2) 检查滤网框架、支撑是否变形，防腐层有无破损； (3) 检查滤网本体完好，是否有破损； (4) 检查滤网螺栓、螺母、垫片、衬垫等紧固件是否有缺失、松动现象，如有应紧固	清理石膏及异物，对破损的滤网进行更换，检查螺栓并紧固

5. 湿法脱硫浆液循环泵常见故障及处理方法

湿法脱硫浆液循环泵常见故障及处理方法见表 21-25。

表 21-25 湿法脱硫浆液循环泵常见故障及处理方法

序号	故障现象	故障原因	处理方法
1	循环泵出口压力低	(1) 浆液池内含固量高； (2) 管线堵塞； (3) 叶轮磨损	(1) 调整吸收塔内浆液密度，进行脱水排浆； (2) 检查、清理管线； (3) 根据叶轮磨损情况确定是否更换叶轮
2	保护动作停泵	(1) 吸收塔液位低于泵的汽蚀液位限值； (2) 电动机三相绕组温度大于定值； (3) 泵轴承温度高于保护限值； (4) 电动机轴承温度高于保护限值	(1) 调整液位； (2) 检查电动机； (3) 检查轴承； (4) 检查电动机轴承
3	泵振动	(1) 地脚螺栓松动； (2) 联轴器不对中； (3) 轴承间隙大； (4) 轴弯曲； (5) 泵汽蚀	(1) 检查并紧固地脚螺栓； (2) 重新调整联轴器中心； (3) 检查更换轴承； (4) 根据轴的弯曲情况确定检修或更换； (5) 补充吸收塔浆液的液位在泵的汽蚀液位之上
4	脱硫效率低，循环泵流量降	(1) 管道堵塞； (2) 大体积杂物堵塞喷嘴； (3) 泵的入口阀门开关不到位； (4) 泵叶轮磨损，出力下降	(1) 清理管道； (2) 清理堵塞喷嘴； (3) 检修阀门； (4) 检查更换叶轮
5	减速箱异声	(1) 齿轮损坏； (2) 轴承间隙过大； (3) 轴承损坏	(1) 检查齿轮部分组件，必要时更换； (2) 调整轴承间隙； (3) 更换损坏的轴承组件

续表

序号	故障现象	故障原因	处理方法
6	减速箱漏油	(1) 油封老化或损坏； (2) O形密封圈损坏	(1) 更换油封； (2) 更换O形密封圈
7	轴承箱温度过高	(1) 泵轴与电动机轴不同心； (2) 轴承润换油变质； (3) 轴承损坏	(1) 调整同心度； (2) 更换润滑油； (3) 更换轴承
8	泵有异声	(1) 轴承损坏； (2) 泵轴与电动机轴不同心； (3) 叶轮严重腐蚀磨蚀不平衡； (4) 泵轴弯曲	(1) 更换轴承； (2) 调整同心度； (3) 更换或修复叶轮； (4) 更换泵轴或校直泵轴

(三) 湿法脱硫吸收塔搅拌器

1. 湿法脱硫吸收塔搅拌器概述

吸收塔浆池内配有搅拌器，以防止浆液沉降结块。搅拌器多采用国外进口侧进式搅拌器，要求能适应长期连续运行。叶轮和轴有足够的强度以防止运行中发生弯曲和变形。搅拌器安装有联轴器保护罩、减速器、主轴和搅拌叶片及电动机，减速箱一般选用弧齿或螺旋伞齿轮驱动。搅拌器的搅拌叶片和主轴的材质采用 1.4529 不锈钢材质，搅拌器叶轮直径和转速满足连续运行的要求，同时不产生额外的磨损。每台搅拌器和其附属设备的布置方式能便于进行操作，能够在不移动电动机的情况下维修齿轮减速器等工作。

2. 湿法脱硫搅拌器的组成

搅拌器主要由叶轮、轴、减速箱、电动机、机械密封等组成。湿法脱硫搅拌器的结构如图 21-15 所示。

图 21-15　搅拌器的结构图

3. 湿法脱硫吸收塔搅拌器检修标准项目

吸收塔搅拌器检修标准项目见表21-26。

表21-26　吸收塔搅拌器检修标准项目

序号	标准检修项目	备　注
1	油封检查	
2	轴承检查、更换	
3	叶轮检查修理，必要时更换	
4	搅拌器轴检修	
5	检查更换润滑油	
6	更换皮带	
7	机械密封检查，必要时更换	

4. 湿法脱硫吸收塔搅拌器检修工艺及质量标准

湿法脱硫吸收塔搅拌器检修工艺及质量标准见表21-27。

表21-27　湿法脱硫吸收塔搅拌器检修工艺及质量标准

序号	检修项目	检修工艺	质量标准
1	搅拌器的解体	（1）拆卸吸收塔搅拌器叶轮； （2）拆除吸收塔搅拌器与吸收塔体连接法兰，将搅拌器整机从吸收塔吊下来； （3）拆除传动带防护罩，拆掉电动机调节螺母，降低电动机高度，拆除传动带，并对传动带做好标记； （4）拆卸传动带及搅拌器侧带轮； （5）在轴和轴承上喷渗透润滑油以帮助移动； （6）将电动机绑扎好，吊放在指定地点； （7）放掉减速机内润滑油； （8）用枕木将搅拌器轴垫起，保持水平，并固定； （9）松开减速机与搅拌器机组的固定螺栓，但不要完全将螺栓拆掉，保持连接； （10）松开搅拌器机械密封的静环固定螺栓，并拆下； （11）将机械密封自锁装置固定好，防止拆卸过程中机械密封环损坏；	（1）做好起吊安全措施； （2）将轴清理干净；

续表

序号	检修项目	检修工艺	质量标准
1	搅拌器的解体	（12）利用顶丝将搅拌器减速机连同搅拌器轴向减速机侧顶出，顶至搅拌器自锁装置紧固为止； （13）机械密封连同轴一起从搅拌器基座脱出； （14）解开搅拌器轴与减速机连接联轴器螺栓； （15）取下搅拌器及减速机轴端联轴器，并做好标记； （16）松开机械密封与轴固定紧固锥形环，移动锥形环，分离机械密封； （17）取下机械密封放置在适当位置，做好防护措施； （18）取下搅拌器轴，将轴清理干净； （19）打开减速机齿轮箱端盖，清理齿轮箱内杂质； （20）检查齿轮箱内轴承及齿轮磨损情况； （21）取下各部O形密封圈，进行更换； （22）搅拌轴检查； （23）桨叶检查	（3）安装支架时要防止损坏吸收塔内防腐，做好其他防护措施； （4）轴承滚动体无锈斑、剥离、麻点、凹坑，检查保持架完整、无变形，游隙符合标准（可参照轴承各精度等级的游隙标准）
2	搅拌器的回装	（1）将机械密封定位片安装好后，滑动机械密封（不带锥形环）到轴的中部，可在轴较大部分涂抹润滑油脂，便于安装； （2）将防卡油抹到每个轴承的内部，以防止腐蚀并便于下次检修时拆卸；用同样的方法处理机械加工的轴颈，并将轴承安装到搅拌器框架里和搅拌器轴上； （3）按照拆卸反顺序将搅拌器回装到吸收塔上	（1）机械密封的密封面无裂纹、无严重磨损； （2）机械密封的卡环已完全安装到了位置上； （3）回装时要轻拿轻放，保持各密封面清洁，并注入润滑油，保持密封面润滑

5．湿法脱硫吸收塔搅拌器常见故障及处理方法

湿法脱硫吸收塔搅拌器常见故障及处理方法见表21-28。

表21-28　湿法脱硫吸收塔搅拌器常见故障及处理方法

序号	故障现象	故障原因	处理方法
1	搅拌器振动大	（1）皮带松； （2）轴承损坏	（1）拉紧皮带； （2）更换轴承
2	搅拌器机械密封泄漏	机械密封损坏	更换机械密封

续表

序号	故障现象	故障原因	处理方法
3	搅拌器电流高	（1）浆池内浆液含固量偏高； （2）浆池内有杂质缠绕搅拌器叶片	（1）调整吸收塔浆液密度，进行排浆脱水或补水； （2）判断是否有杂物，确定后停机检修
4	保护停	浆液液位低于保护限值	向吸收塔内补充浆液

（四）湿法脱硫氧化风机

1. 湿法脱硫氧化风机概述

氧化风机为吸收塔提供压缩空气，目的是将一定压力的空气送至吸收塔氧化池内，和亚硫酸盐进行化学反应，生成稳定的硫酸盐。氧化风机为罗茨风机（三叶型）或单级高速离心风机、多级高速离心风机等。风机各部位间隙符合设计要求。

2. 湿法脱硫氧化风机的组成

吸收塔氧化风机包括进出口消声器、风机主机、电动机、进口空气过滤器和各类就地压力仪表、阀门、法兰、密封垫、螺栓螺母等。机壳、进气室等均为便于调换的结构。风机的各个组件及部件配有吊耳或吊孔。风机机壳、风机转子、进气室为整体铸件。润滑油系统设有油位指示器。油箱设有放油门（以方便取样化验）。油系统管道法兰处密封垫应采用奥氏体不锈钢缠绕垫片。空气过滤器能通过风机的最大流量，并且适于在含尘大气中运行。

3. 湿法脱硫氧化风机检修标准项目

湿法脱硫氧化风机检修标准项目见表21-29。

表21-29 湿法脱硫氧化风机检修标准项目

序号	标准检修项目	备 注
1	入口滤网检修	
2	出口消声器检修	
3	风机内部间隙检查	
4	轴承检查更换	
5	密封圈检查更换	
6	转子检查与检修	
7	减速机检修	
8	润滑油检查更换	
9	联轴器校验中心	
10	冷却器清洗及检修	

4. 湿法脱硫氧化风机检修工艺及质量标准

湿法脱硫氧化风机检修工艺及质量标准见表 21-30。

表 21-30　湿法脱硫氧化风机检修工艺及质量标准

序号	检修项目	检修工艺	质量标准
1	检修工作前	（1）认真学习和熟悉吸收氧化风机检修方案、方法、措施及紧急预案； （2）准备好检修需要的图纸、资料、仪器、仪表、工具等； （3）准备好检修需要的物资、材料、备件等； （4）办理好检修工作票等	
2	氧化风机的拆卸	（1）拆除联轴器护罩；检查并做好联轴器的组装位置记号；拆除联轴器连接螺栓； （2）测量联轴器的对轮间隙和轴径向偏差，并做好记录；测量联轴器螺栓孔的磨损情况；检查膜片； （3）风机解体检查；拆除平衡管；拆下进口滤网； （4）拆下风机出口管路及阀门；将风机两端轴承箱内油放尽；将增速机内油放尽，拆除增速机地脚螺栓，做好标记；将增速机从基础台板上吊到空闲位置；用液压拉马拆除风机联轴器； （5）拆卸非驱动侧轴承箱冷却风扇护罩及风扇。将风机每级叶轮壳体底部用枕木垫实； （6）拆卸风机驱动端及非驱动端轴承箱，检查轴承磨损情况，测量轴承游隙；将非驱动侧轴承连同轴承座一起从轴上拆下；拆下风机本体固定的 4 根穿杠； （7）用吊车将风机出气端壳体从轴上移出，注意保持水平，不要损伤轴封；拆卸轴上的固定锁母，将每级叶轮连同壳体逐级从轴上拆下，注意不要损伤轴；检查叶轮及壳体的磨损情况； （8）首级叶轮拆下后，拆下驱动侧轴承座，将轴从轴承座上抽出	（1）联轴器连接螺栓应完整，不磨损，不弯曲，螺纹完好； （2）做好联轴器中心距记录； （3）检查膜片是否有裂纹、开裂情况； （4）检查滤网堵塞及破损情况，如有破损及更换滤网； （5）各短接的密封垫片均需更新； （6）拆卸前应将所有连接件和嵌合件刻上配合标记
3	氧化风机的转子检修	（1）检查叶轮表面是否光滑平整，有无气孔疏松和裂纹等缺陷，叶轮进出口边缘不得有缺口和凹痕，必要时着色探伤检查； （2）记录好轴的膨胀间隙，主轴应放置在平稳的垫木上，且高度以轴上部件不接触地面为宜；测量检查主轴的弯曲度及轴颈的圆度； （3）清洗所有的螺栓、螺母不能有破牙、牙损现象，否则更换；拆除的零部件均需用柴油清洗干净，并用布覆盖	（1）着色探伤不合格的焊接叶轮，须经打磨、清洗、预热、补焊后，再次着色检查，合格后方可使用； （2）轴弯曲度不超过 0.08mm；主轴的外表面应光滑，无毛刺，各档螺纹无损坏现象； （3）主轴直线度为 ϕ0.04mm

续表

序号	检修项目	检修工艺	质量标准
4	氧化风机机壳检修	(1) 在轴承部位测量机身水平度； (2) 取下各级叶轮壳体密封圈； (3) 检查风机壳体否有裂纹，变形； (4) 检查疏通平衡管	密封圈应富有弹性，不能老化，否则更换
5	氧化风机的密封检查	(1) 壳体、轴承或级间的迷宫密封间隙应符合图样要求； (2) 各间隙应符合要求	(1) 一般可控制每侧间隙0.20～0.40mm，当每侧间隙大于0.50mm时，必须更换该密封元件； (2) 胀圈式轴封侧隙一般为0.05～0.08mm，胀圈自由开口间隙为(0.10～0.20)D，工作状态间隙为D/(150～200)(D为胀圈自由状态下的外径)，胀圈侧隙超过规定值2～3倍，或工作间隙超过规定值3倍时，应预报废
6	轴承的检查	(1) 滚动轴承内、外滚道及滚动体应无裂纹、脱皮、斑点等缺陷；要用专用工具装拆，安装轴承可用油浴或轴承加热器加热； (2) 滑动轴承与轴颈的间隙应符合图样要求； (3) 止推轴承与止推盘应均匀接触，其接触面积不少于70%	(1) 滑动轴承与轴颈的接触角应为60°～90°，用涂色法检查其接触斑点，每平方厘米不少于2～3点；轴承体与轴承座应均匀贴合，且贴合面积不小于50%，轴承压盖的紧力为0.03～0.05mm； (2) 一般可控制顶隙为(1.5～2)D/1000(D为轴颈直径)，每侧间隙为顶隙值的1/2～2/3； (3) 止推轴承轴向总间隙一般为0.30～0.40mm，最大不超过0.60mm
7	联轴器的检修	(1) 联轴器表面应无裂纹、气孔、伤痕、夹渣等缺陷； (2) 弹性柱销联轴器各柱销质量应相等，弹性元件应无磨损，注意含胶圈的半联轴器应装在从动侧； (3) 联轴器对中应符合图样要求	一般控制平行偏差不大于0.10mm，倾斜偏差不大于0.05mm，端面间隙为2.5～6mm
8	检修结束	(1) 工作结束必须做到工完、料净、场地清； (2) 办理工作票结票前，应将设备的标识恢复好	

5. 湿法脱硫氧化风机常见故障及处理方法

湿法脱硫氧化风机常见故障及处理方法见表 21-31。

表 21-31　湿法脱硫氧化风机常见故障及处理方法

序号	故障现象	故障原因	处理方法
1	氧化风机流量低	(1) 风机故障; (2) 氧化风管堵塞; (3) 吸收塔液位低; (4) 风机入口堵塞	(1) 停机检查; (2) 检查、检修氧化风管堵塞; (3) 增加吸收塔液位; (4) 检查清理风机入口
2	氧化风机流量高	氧化风机管道泄漏	检查修复管道
3	氧化风机振动	(1) 地脚螺栓松动; (2) 联轴器不对中; (3) 轴承间隙大; (4) 轴弯曲; (5) 氧化风机管道振动	(1) 检查紧固地脚螺栓; (2) 重新校验中心; (3) 检查更换轴承; (4) 根据轴弯曲情况确定检修或更换; (5) 检查氧化风机管道支架是否松动，若松动应加固

第五节　湿法脱硫石膏脱水系统设备

一、湿法脱硫石膏脱水系统概述

石膏脱水系统是将吸收塔浆液池中的石膏浆液经脱水机脱除水分，生成石膏。为了使浆液密度保持在计划的运行范围内，需将石膏浆液（17%～20%固体含量）从吸收塔中抽出，浆液通过吸收塔排出泵至石膏浆液缓冲箱，石膏浆液经混合均匀后经石膏排出泵送到旋流器站，进行石膏一级脱水，使底流石膏固体含量达约 50%。底流直接送至真空皮带过滤机进一步脱水至含水量小于 10%石膏，排入石膏库。旋流器的溢流被输送到废水旋流站进一步分离处理。废水旋流器的溢流含 3%～5%的细小固体微粒，在重力作用下流入滤液箱，最终返回吸收塔。底流进入废水箱。

二、湿法脱硫石膏脱水系统组成

石膏脱水系统及废水处理系统的主要子系统有吸收塔排出泵系统、旋流器站（一级脱水系统）、真空皮带过滤机（二级脱水系统）、废水旋流站等。

三、湿法脱硫石膏脱水系统作用

石膏浆液经过脱水后产出副产品石膏。脱水系统一般有以下作用：

(1) 分离循环浆液中的石膏，将循环浆液中大部分石灰石浆液和小颗粒石膏输送至吸收塔。

(2) 将吸收塔排出的合格的石膏浆液脱去水分。初级旋流器浓缩脱水后，副产品石膏中游离水含量为40%～60%；经真空皮带机脱水后，副产品石膏中游离水含量为小于10%。

(3) 分离并排放出部分化学污水，以降低系统中有害氯离子浓度。

四、湿法脱硫石膏脱水系统设备

(一) 湿法脱硫真空皮带脱水机

1. 湿法脱硫真空皮带脱水机的概述

真空皮带脱水机的工作原理是通过真空抽吸石膏浆液中所含的水分，以达到脱水的目的。石膏水力旋流站底流浆液被送至真空皮带脱水机滤布上，滤布是通过一条重型橡胶皮带传送的，此橡胶皮带上横向开有凹槽，皮带纵向中间开有通孔以使液体能够进入真空槽中。滤液和空气在真空槽中混合被抽送到真空滤液收集管。真空滤液收集管中的滤液进入气液分离器进行汽水分离，气液分离器顶部出口与真空泵相连。气体由真空泵抽走，分离后的滤液由气液分离器底部出口进入滤液水箱。

石膏浆液通过石膏排出泵送至石膏脱水系统，经石膏旋流器分离后，石膏浆液经真空抽吸经过成形区、冲洗区和干燥区形成合格的滤饼，在卸料区直接送入石膏库。

2. 湿法脱硫真空皮带脱水系统组成

真空皮带脱水系统主要设备有石膏排出泵、真空皮带脱水机、真空泵、石膏旋流器、滤布冲洗水箱及滤布冲洗水泵、滤液水箱和滤液水泵等。

3. 湿法脱硫真空皮带脱水机结构

湿法脱硫真空皮带脱水机结构如图21-16所示。

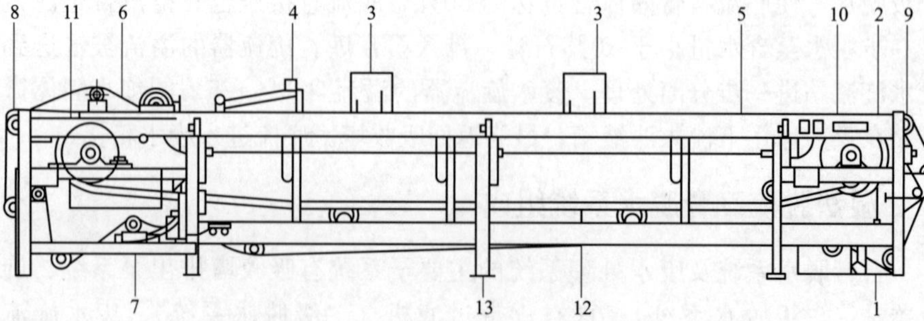

图21-16 真空皮带脱水机结构图

1—滤布洗涤；2—橡胶脱水带洗涤；3—滤饼洗涤；4—给料箱；5—橡胶脱水带；6—滤布；7—滤布纠偏机构；8—滤布张紧；9—卸料辊；10—驱动滚筒；11—从动辊；12—真空盘；13—框架

4. 湿法脱硫真空皮带脱水机检修标准项目

湿法脱硫真空皮带脱水机检修标准项目见表 21-32。

表 21-32　湿法脱硫真空皮带脱水机检修标准项目

序号	标准检修项目	备　注
1	检查、修补真空皮带脱水机滤布、脱水皮带，必要时更换	
2	冲洗喷嘴检查、清理	
3	滚筒轴承、托辊轴承更换	
4	检查耐磨皮带磨损情况	
5	检查、修理调试跑偏开关、冲洗水流量控制系统和调偏气囊，必要时更换	
6	真空盘检查修补	
7	入口箱清理	
8	检查清理滤液分离器及其附件	
9	试运	

5. 湿法脱硫真空皮带脱水机检修工艺及质量标准

湿法脱硫真空皮带脱水机检修工艺及质量标准见表 21-33。

表 21-33　湿法脱硫真空皮带脱水机检修工艺及质量标准

序号	检修项目	检修工艺	质量标准
1	真空皮带脱水机检修	（1）所有隔离措施已完成，电动机接线已拆下；所有拆卸工作都需做好标记； （2）拆除滤布松紧调整配重块； （3）拆除滤布接头连接线，沿滤布运行方向卷起拉出滤布； （4）松动皮带调整螺栓，使皮带后移松动； （5）拆下主动轮、从动轮轴承上盖，清理油脂，检查轴承及油封； （6）拆下所有的滤布和皮带支撑辊轴承上盖清理油脂，检查轴承滚珠、滚道是否有麻点、起皮、划痕及密封油封变形等异常情况，否则进行更换； （7）检查所有的滤布和皮带支撑辊； （8）检查脱水机皮带裙边是否损坏； （9）检查主动轮、从动轮	（1）清除滤布接口上的密封胶，抽出接口连接钢丝，不得损坏滤布； （2）轴承滚珠、滚道是否有麻点、起皮、划痕及密封油封变形等，如有进行更换； （3）主动轮、从动轮有无裂纹、磨损不平，有裂纹应进行修补或更换； （4）主动轮、从动轮表面水平度符合要求，水平度为±2mm；允许径向跳动±2mm

续表

序号	检修项目	检修工艺	质量标准
2	真空皮带脱水机传动减速机检查检修	(1) 拆除电动机与减速机连接螺栓，吊出电动机检查检修； (2) 拆除联轴器连接螺栓并检查； (3) 旋下减速箱底部放油螺塞，排空减速箱润滑油； (4) 拆除减速箱与脱水机支柱连接调整螺栓，用倒链将减速箱从主轴上抽出，放置在检修场所； (5) 拆除并吊开减速箱箱盖后，检查齿轮的啮合情况； (6) 清理转动外壳内的积油及污垢，清理油箱、箱座及箱盖； (7) 测量轴承间隙，检查轴承； (8) 检查蜗轮蜗杆磨损情况，油封无破损； (9) 减速箱的组装按照拆卸相反顺序进行	(1) 联轴器无裂纹、无磨损； (2) 取样化验是否需要更换润滑油； (3) 做好起重作业安全措施； (4) 轴向间隙为 0.06～0.10mm； (5) 用面团清理减速箱内部使其干净； (6) 轴承无麻点、起皮、保持架无损伤，否则应进行更换； (7) 无毛刺、划痕等缺陷
3	真空皮带脱水机摩擦带检查更换	(1) 转动真空槽提升卷扬机手柄，将其提升钢丝绳拉紧；拧下真空槽悬挂螺母，反方向转动真空箱提升卷扬机手柄，将真空槽放下； (2) 将需要更换的摩擦带取下，目测摩擦带滑台高低并用手沿滑槽摸一遍，是否有凹凸及拉伤或两真空槽接缝错位，清理滑台喷水槽； (3) 检查摩擦带； (4) 更换上新的摩擦带；注意将摩擦带橡胶面与皮带接触，纤维面与摩擦带滑台接触； (5) 通过调整真空槽两头的半圆张紧块来实现摩擦带的松紧； (6) 转动真空槽提升卷扬机手柄，将真空槽提起，拧上悬挂螺母将其固定	(1) 滑台无拉毛、划伤、错位等现象，如有以上缺陷可用刀片进行修复； (2) 摩擦带无脱层、断层、拉长，脱胶、开线现象，如有进行更换

续表

序号	检修项目	检修工艺	质量标准
4	滤布冲洗水喷嘴检查	（1）拆下喷嘴管道法兰与密封盒密封连接螺栓； （2）连同喷嘴一起整体抽出管道； （3）采用外部注水的方法检查所有喷嘴有无堵塞，拆下堵塞的喷嘴并清理干净； （4）拆下管道堵头用水冲洗管道内积垢后旋紧堵头及喷嘴； （5）将管道连同喷嘴一起回装在密封盒内并紧固法兰螺栓	管道及喷嘴清理干净，无积垢（喷嘴可用稀盐酸浸泡清洗）
5	滤布纠偏装置检查	（1）外观检查波纹气囊有无裂纹、破损等状况； （2）拆卸轴承座，检查导辊轴承架有无变形、磨损； （3）检查相应的导杆有无变形等状况	（1）气胎有裂纹、磨损应进行更换； （2）对有问题的轴承进行更换； （3）导杆变形应进行修复

6．湿法脱硫真空皮带脱水机常见故障及处理方法

湿法脱硫真空皮带脱水机常见故障及处理方法见表21-34。

表21-34　湿法脱硫真空皮带脱水机常见故障及处理方法

序号	故障名称	故障原因	处理方法
1	滤液变混浊	（1）滤布有破损； （2）下料过大导致浆液通过裙边进入真空系统或进入围堰	（1）修补或更换滤布； （2）调整下浆量，如需要可停机冲洗系统
2	滤布跑偏	（1）滤布张紧松弛； （2）滤布纠偏装置气源压力不足或装置故障； （3）纠偏装置故障； （4）下浆量过大，下浆量不均匀，皮带机转速过低； （5）驱动或从动滚筒松动或中心线不平行； （6）橡胶皮带跑偏严重	（1）调整张紧； （2）查看是否有泄漏点，如无泄漏点，检查主机气源情况；消除装置故障； （3）检修纠偏装置； （4）调整下浆量，检查下料器多孔板，提高皮带机转速； （5）调整驱动及从动滚筒中心线； （6）调整皮带跑偏
3	滤布打滑	（1）长期不运行； （2）滤布张紧不足； （3）滤布托辊卡死； （4）滤布卡死	（1）让其皮带与滤布间附着有足够面积的水，或人为踩在滤布上增加附着力； （2）检查调整滤布张紧辊系统，增加滤布张力或增加张紧块数量； （3）检修滤布托辊； （4）查找滤布卡死原因，消除滤布卡死现象

续表

序号	故障名称	故障原因	处理方法
4	滤布损坏	(1) 滤布老化； (2) 刮刀调整不当； (3) 滤布托辊损坏	(1) 更换滤布； (2) 调整刮刀； (3) 更换损坏的滤布托辊
5	滤布冲洗不干净	(1) 检查滤布冲洗水系统是否正常； (2) 冲洗水喷嘴是否堵塞	(1) 检查修理滤布冲洗水系统； (2) 检查滤布冲洗水喷嘴，并进行疏通
6	皮带跑偏	(1) 皮带张紧装置故障； (2) 托板润滑水故障； (3) 驱动滚筒或从动滚筒松动或中心线不平行	(1) 调整皮带张紧装置； (2) 检查润滑水管道及阀门； (3) 调整驱动滚筒或从动滚筒中心
7	皮带打滑	(1) 驱动辊、张紧辊表面带水不足或表面有增加润滑的附着物； (2) 皮带张紧度小； (3) 皮带卡死； (4) 皮带托辊卡死、辊筒卡死； (5) 皮带与滑板间支撑水量小	(1) 增加润滑水量或清理附着物； (2) 调整张紧辊，两托辊间的皮带垂度应在40mm以内； (3) 检修处理卡死托辊、辊筒； (4) 检查润滑水系统； (5) 增加皮带与滑板间支撑水量
8	真空泵电流波动大	(1) 气水分离器至过滤水箱管道堵塞； (2) 泵内动静部分摩擦； (3) 泵内有结垢	(1) 停机，检修疏通处理； (2) 停机，解体检修； (3) 停机，解体清理
9	气液分离器及连接管道振动大	气液分离器至过滤水箱管道堵塞	检修疏通
10	真空度低	(1) 滤饼太薄； (2) 系统有泄漏点	(1) 加大进浆量或降低皮带机转速； (2) 全面查找漏点，检查修复
11	真空度高	(1) 皮带跑偏； (2) 系统有堵塞； (3) 浆液不合格； (4) 滤布使用时间太久，滤布再生不好	(1) 调整皮带跑偏； (2) 检查清理堵塞点； (3) 调整系统，提高石膏浆液质量； (4) 更换滤布
12	旋流器底流减少	旋流器积垢，管道堵塞	冲洗，检查疏通
13	滤饼厚度不均	下料不畅	调整下料量，查看下料分配器有无堵塞

续表

序号	故障名称	故障原因	处理方法
14	石膏氯离子超标	(1) 冲洗水量不足； (2) 石膏浆液中氯离子含量超标	(1) 加大冲洗水量； (2) 加大废水排放量
15	石膏含水量超标	(1) 真空低； (2) 石膏浆液中含 $CaSO_3 \cdot 1/2H_2O$ 过多； (3) 滤饼厚度异常	(1) 调整真空； (2) 化验吸收塔浆液，查看氧化风系统是否正常，氧化风管无堵塞； (3) 调整系统使滤饼厚度在规定范围内
16	旋流站压力高	旋流子堵塞	冲洗，如冲洗不能解决，检修疏通

（二）湿法脱硫圆盘脱水机

1. 湿法脱硫圆盘脱水机工作原理

圆盘脱水机是运用真空泵吸附原理，通过管道将待处理的石膏浆液连续输入圆盘脱水机槽体中；浸没在槽体中的脱水石膏浆液在真空泵所形成的负压作用下，脱水板表面吸附形成固体颗粒堆积层，液体则通过脱水板及滤液管道至分配头到达排液管。在主轴减速机的作用下，吸附在滤扇上的滤饼转动到干燥区，并在真空的作用下进行连续脱水作业。滤饼干燥后，主轴转动到卸料区，在刮刀装置的作用下进行卸料。卸料后的脱水机盘再次进入带料区，同时液体在此过程中通过脱水通道排走。圆盘脱水机的工作原理如图 21-17 所示。

2. 湿法脱硫圆盘脱水机组成

圆盘脱水机由主机和辅机两部分组成，主机部分由主轴、主轴传动装置、浆液槽体、脱水滤板和滤布、搅拌装置、气液转换分配装置、滤布清洗装置、降滤喷淋装置、干油自动润滑装置组成。辅机部分由汽水分离排液罐、高压风包、水环式真空泵、电器控制柜等组成。圆盘脱水机组成如图 21-18 所示。

圆盘脱水机主要有过滤吸收单元、气水分配单元、真空单元、吹扫卸料单元、液体防沉淀单元、滤饼淋洗及反冲洗单元、密封润滑单元及控制单元等组成。各功能单元主要作用如下：

(1) 过滤吸收单元。主要由主轴、中心筒体及过滤板组成。主轴一端连接驱动电动机、减速机，另一端与分配头相配合；中心筒体上安装有抽真空管，其上安装过滤板；过滤板通过管道与分配头相通。过滤吸收单元是立式旋转脱水机的核心，它与真空单元相配合完成固体与液体的分离。

(2) 气水分配单元。主要由动环、静环和相关管路组成。气液分离器形成真空后，气液分离器通过相关管路与气水分配单元的静环连通，动环结构与过滤板相通，将固体物吸附在过滤板表面，滤液吸入气液分离器。

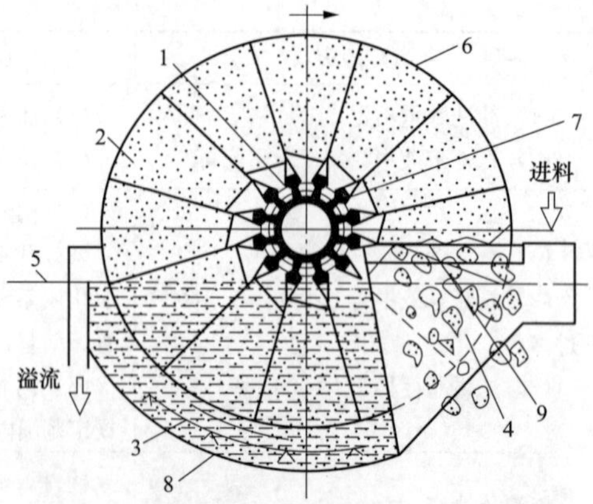

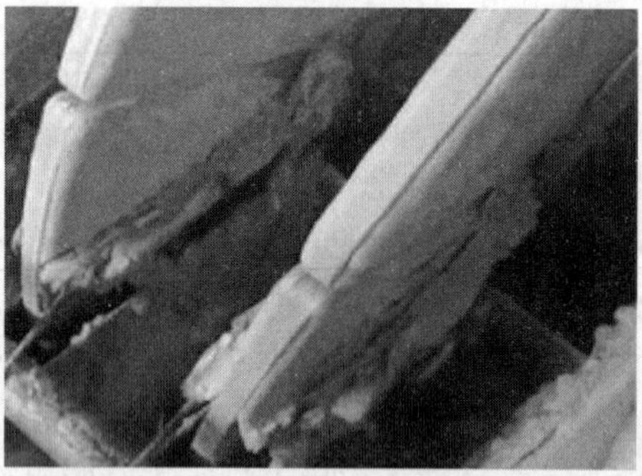

图 21-17 圆盘脱水机的工作原理

1—滤液孔道；2—滤叶；3—搅拌器；4—滤饼；5—液面；
6—滤盘；7—水平轴；8—滤浆槽；9—刮板

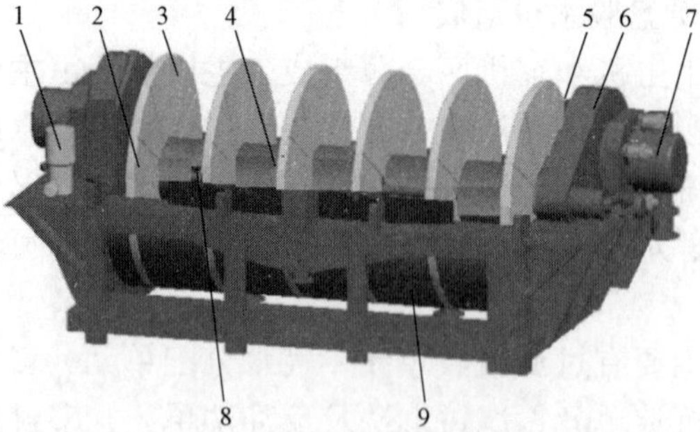

图 21-18 圆盘脱水机组成

1—自动润滑系统；2—搅拌传动装置；3—圆盘组件和滤布；4—主轴组件；5—搅拌装置；
6—主轴传动装置；7—气液转换分配装置；8—滤布清洗装置；9—浆液槽体

（3）真空单元。主要由真空泵、气液分离器及相关管道、阀门、仪表组成，采用高位排液，与主体设备布置于同一平面层。

（4）吹扫卸料单元：主要由刮刀、卸料反吹气源等组成，其作用是将吸附于过滤板表面的石膏滤饼与过滤板分离，卸入石膏库。

（5）液体防沉淀单元。主要由贯穿于脱水机槽体底部的搅拌器、密封装置、驱动电动机及减速机等组成。搅拌器在驱动电动机及减速机的带动下，运用变频技术，对脱水过程中槽体内石膏浆液进行扰动，防止浆液沉积，影响石膏滤饼吸附。

（6）滤饼淋洗及反冲洗单元。主要由清洗管路、滤饼淋洗喷嘴、电（气）动阀、手动阀及相关管道组成。通过喷嘴将淋洗水喷射至石膏滤饼表面进行淋洗，以降低脱水后石膏 Cl 含量。为保持停机后脱水机槽体内干净，防止石膏浆液沉淀、板结，通过槽体冲洗水对槽体底部、侧壁进行冲洗。同时，定期利用反吹扫压缩空气、淋洗水对过滤板内壁、表面进行清洗。

（7）密封润滑单元。主要由电动干油泵、阀门、油管路等组成。气水分配单元动、静环密封与润滑采用多点式电动干油泵模式。

（8）控制单元。主要由就地电控制柜、液位计、变频器、流量计（开关）、电（气）动阀及其他电器元件组成。对脱水机运转、清洗等各种参数进行自动控制。

3. 湿法脱硫圆盘脱水机结构

圆盘脱水机结构如图 21-19 所示。

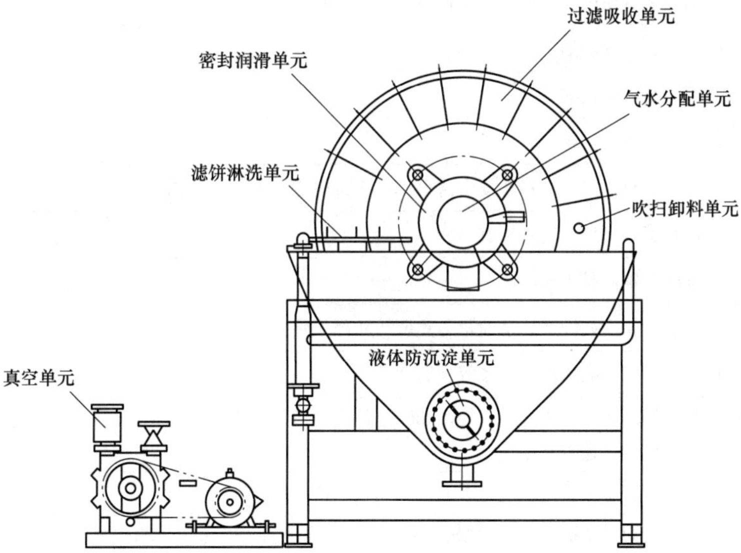

图 21-19　圆盘脱水机结构图

4. 湿法脱硫圆盘脱水机的工艺流程

圆盘脱水机的工艺流程如图 21-20 所示。

5. 湿法脱硫圆盘脱水机检修标准项目

圆盘脱水机检修标准项目见表 21-35。

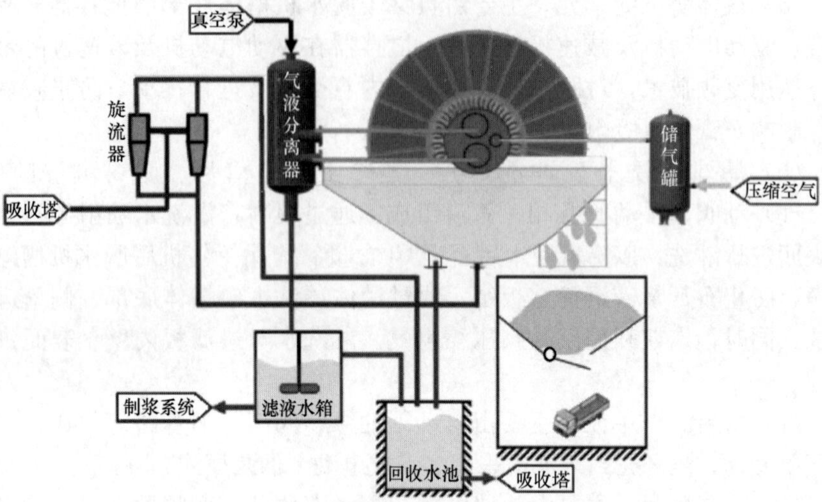

图 21-20　圆盘脱水机的工艺流程

表 21-35　圆盘脱水机检修标准项目

序号	标准检修项目	备　注
1	主轴相关控制盘、轴承座、摩擦片等转动检查	
2	主轴相关电动机、减速机、皮带表面水平度检查	
3	减速机润滑油加油	
4	齿轮润滑油检查	
5	油泵及油管路检查	
6	传送皮带与真空槽、传送皮带滑台或传送带轮之间是否有异物检查	
7	密封水所有喷嘴及管路检查	
8	检查所有螺栓是否松动	
9	搅拌装置相关如轴承、减速机等重要转动部位检查	
10	搅拌电动机、减速机、链条等油脂润滑情况检查	
11	检查搅拌减速机有否异响，传动轴转动是否平稳，检查搅拌曲柄、连杆、摆臂、耙架运行是否平稳	
12	检查滤扇、滤布使用状况，表面平整无破损情况	
13	检查自动润滑系统包括甘油泵、油管路等润滑情况，确保油泵相关供油部位能够充分润滑	
14	检查滤布冲洗、喷淋等装置，如喷嘴、水压正常，确保滤布正常冲洗	
15	圆盘脱水机主机整体检查	
16	水环式真空泵整体检查	

6. 湿法脱硫圆盘脱水机检修工艺及质量标准

湿法脱硫圆盘脱水机检修工艺及质量标准见表 21-36。

表 21-36　湿法脱硫圆盘脱水机检修工艺及质量标准

序号	检修项目	检修工艺	质量标准
1	旋转式转轮卸料装置减速机解体	(1) 联系热工、电气人员拆线； (2) 与电气人员一起卸下电机与托架的连接螺栓，将电机缓慢吊下，电机由电气人员运至检修现场进行检修； (3) 打开减速箱油箱放油孔，放空两端箱内润滑油； (4) 对所有需要拆卸的位置做好标记； (5) 拆下与油箱本体相连接的管道，按规定进行放置，并将管口包扎好； (6) 拆下油箱托架的紧固连接螺栓，拆掉油箱； (7) 将摆线针轮减速机吊下，放净机体内的润滑油，送到规定地点进行检修； (8) 用记号笔标识各连接位置； (9) 将电机从减速机上拆下；拆下减速机第一级变速壳体上盖； (10) 取出摆线轮 2、隔环、摆线轮 1，取下摆线轮传动小套，取下轴用挡圈及滚动轴承； (11) 偏心套连同两只滚动轴承同时从输入轴上取下，将滚动轴承从偏心套上取下； (12) 取下第一级变速壳体中的大卡簧，用铜棒敲击输入轴，将输入轴连同轴承一起取出；取下壳体中的油封； (13) 用拉马将输入端滚动轴承从输入轴上取下； (14) 取下第一级壳体圆周上的滚针； (15) 拆下减速机第二级变速壳体上盖，取出第二级的上摆线轮、隔环、下摆线轮；	(1) 测量轴承的径向游隙，若超标应更换； (2) 检查测量输入轴轴颈直径，若磨损应更换； (3) 检查油封、卡簧等易损件；若磨损应更换； (4) 检查测量输出轴轴颈直径，若磨损应更换； (5) 检查偏心套的磨损情况，若磨损应更换； (6) 检查摆线轮的磨损情况，若损坏应更换；

续表

序号	检修项目	检修工艺	质量标准
1	旋转式转轮卸料装置减速机解体	(16) 取下第二级摆线轮传动小套；拆下输出轴上的小卡簧，取下轴承挡圈及滚动轴承； (17) 偏心套连同两只滚动轴承同时从输出轴上取下；将滚动轴承从偏心套上取下； (18) 取下第二级变速壳体中的大卡簧； (19) 用拉马将联轴器拆下；拆下轴承压盖； (20) 用铜棒敲击输出轴，将输出轴连同轴承一起取出； (21) 用拉马将输出端滚动轴承从输出轴上取下； (22) 取下第二级壳体圆周上的滚针； (23) 检查并回装摆线针轮减速机	(7) 检查摆线轮隔环的磨损情况，若磨损应更换； (8) 检查摆线轮的传动小套，若磨损应更换； (9) 检查联轴器弹性圈的磨损情况，若有磨损应更换； (10) 检查轴承挡圈的磨损情况，若有明显磨损应更换； (11) 检查壳体圆周上的滚针磨损情况，若有磨损应更换； (12) 检查输入及输出端轴承的磨损情况，若滚道或滚珠有磨痕应更换轴承
2	旋转式转轮卸料装置减速机回装	(1) 清洗检查各部件； (2) 测量轴与轴承的紧力； (3) 分别测量旧轴承的内、外径并记录； (4) 测量轴承座的内径尺寸并记录； (5) 分别测量准备更换的两新轴承的内、外径尺寸并记录； (6) 按照标记，回装旋转式转轮卸料装置减速机，对两法兰结合面的垫片进行更换； (7) 按拆卸的相反工序进行回装	(1) 测量滚动轴承径向游隙，并记录；若径向游隙超过 0.05mm，应更换轴承； (2) 检查滚针的磨损情况，若有明显磨痕应更换

续表

序号	检修项目	检修工艺	质量标准
3	旋转式转轮卸料装置解体检查	（1）清理石膏卸料装置物料导板上的残留物料，将清理出的物料及时运走； （2）检查物料导板的胶皮，如果需要的话，松动夹紧杆到输送皮带高度后重新调整； （3）拆下6个清扫臂与卸料装置中心转轴的紧固螺栓，取下清扫臂； （4）清理清扫臂表面残存的物料，用毛刷和清水将清扫臂清洗干净； （5）检查牵引轮和牵引轨是否清洁干燥，牵引轨的运行表面不得喷涂防锈漆或涂刷油漆； （6）拆除转式转轮卸料装置蜗轮、蜗杆装置端盖的紧固螺栓，取下端盖； （7）清理蜗轮、蜗杆装置内部积存的润滑脂，并清理干净，检查蜗轮、蜗杆传动装置齿轮的轮齿的磨损情况； （8）检查蜗轮、蜗杆传动装置齿轮的啮合情况； （9）使用葫芦和吊带固定好卸料转动装置的轮副轴承装置，拆卸轮副轴承装置与卸料平台的紧固螺栓，吊放轮副轴承室到检修地点； （10）拆卸卸料转动装置轮副轴承端盖的紧固螺栓，取下端盖，用煤油进行擦拭，保护好垫片，若垫片破损，更换相同型号尺寸的垫片； （11）取出轮副轴承的轴封，检查轴封齿有无缺口、划痕等现象； （12）清理轮副轴承，检查轮副轴承，轴承滚子有无麻点，保持架有无变形，轴承内外圈有无脱皮、剥落等现象； （13）按照拆卸方法回装旋转式转轮卸料装置； （14）检查各部位螺栓紧固情况； （15）将减速机油箱油位添加至油位镜中心线附近，检查油管各连接部位有无渗油漏油现象	（1）检查物料导板的耐磨板衬面，检查磨损量，若磨损超过规定值，进行更换； （2）检查清扫臂磨损量，若磨损超过规定值，进行更换； （3）检查清扫臂的弯曲度，若弯曲超过规定的数值，可以通过热处理的方法进行恢复，必要时进行更换； （4）蜗杆传动装置齿轮的轮齿的磨损情况，如果轮齿磨损，超过原齿弦厚20%或轮齿工作面有严重的裂纹、砂眼、毛刺等缺陷时，应更换新齿轮； （5）检查蜗轮、蜗杆传动装置齿轮的啮合情况，涂抹红丹粉与齿面，检查齿面接触面积是否达到70%以上，否则应更换； （6）取出轮副轴承的轴封，检查轴封齿有无缺口、划痕等现象，轴封端面有无摩擦的迹象，若磨损严重，必要时进行更换； （7）检查轴承滚子有无麻点，保持架有无变形，轴承内外圈有无脱皮、剥落等现象，否则更换轴承

续表

序号	检修项目	检修工艺	质量标准
4	旋转传动装置解体检查	(1) 检查旋转传动装置的整个支撑滚轮系统，检查滚轮运行轨道有无偏移、扭曲等状况，必要时进行校正； (2) 擦拭液压油站所属阀门、管路、热控元件表面的油迹，打开放油端盖，将油箱内部的润滑油放空；若不能通过放油的方法将油箱内部的润滑油排空，可以使用干净的白布将残油蘸干的方式，废油及时存放在规定地点； (3) 与电气人员一起卸下电机与托架的连接螺栓，将电机缓慢吊下，电机由电气人员运至检修现场进行检修；检查电机与油泵的齿型联轴器，联轴器有无磨损、断裂等现象； (4) 取下油箱与油泵的连接端盖；做好标记，拆卸齿轮油泵的两个进油管路； (5) 将齿轮油泵取出，解体齿轮油泵；用煤油清洗齿轮油泵，检查内部是否有杂物等状况，必要时用面团粘出； (6) 检查齿轮油泵齿轮转动灵活，无卡涩和明显晃动的现象； (7) 按照解体的相反工序回装齿轮油泵； (8) 拆卸液压系统所属的所有的管路、通气过滤器、回程过滤器、油位开关、液压油分配器等元件，并清理干净，要求所有管路无积油通畅，将拆下部件用白布包扎放置好； (9) 拆卸油箱后的液压油分配器，检查内部的分配孔是否堵塞，用煤油进行擦拭和清理，并疏通； (10) 拆卸液压系统所属的通气过滤器、回程过滤器等过滤元件，并清理干净，要求所有管路无积油通畅正常，将拆下部件用白布包扎放置好，如果有必要的话，更换堵塞、损坏的滤芯； (11) 检查液压缸所有管路的接头是否存在漏油、渗油的迹象，发现有如下情况时，重新紧固或更换； (12) 检查液压缸、活塞杆槽和活塞密封有无泄漏情况，若有的话，重新进行密封，调整密封装置或液压缸内部的耐磨绳，提高装置的密封性； (13) 检查液压驱动装置的钢丝调球的磨损情况，并检查钢丝绳有无断裂、开裂、锈迹等现象，必要时更换钢丝绳；	(1) 检查电机与油泵的齿型联轴器，联轴器有无磨损、断裂等现象，若磨损过大或有轮齿断裂，应进行更换；

续表

序号	检修项目	检修工艺	质量标准
4	旋转传动装置解体检查	（14）检查液压驱动装置钢丝绳的卡子有无断裂、开裂、锈迹等现象，必要时更换钢丝绳的卡子； （15）检查液压杆头部的叉形头装置，检查叉形头轴承的紧密度，是否转动灵活，油封处有无渗油的痕迹，必要时更换密封装置； （16）检查关节轴承的紧密度，是否转动灵活，油封处有无渗油的痕迹，必要时更换密封装置； （17）使用葫芦和吊带固定好卸料转动装置中心轴轴承室，拆卸中心轴轴承室与卸料平台的紧固螺栓，吊放轮副轴承室； （18）拆卸卸料传动装置中心轴承端盖的紧固螺栓，取下端盖； （19）拆卸卸料传动装置中心轴的所属配线； （20）安装拆卸的相反工序回装设备部件； （21）回装完成后，向油箱注入新油，加至油位镜顶部 1cm 处； （22）回装完成后，要求检查全部的液压管道和螺栓连接的紧密度，如有必要的话，重新上紧	（2）轴承与之相配合的弹簧、活塞杆和紧固件若有损坏，必须进行更换； （3）检查内部中心轴承、集电环和小部件等，发现异常或损坏情况时应更换

7. 湿法脱硫圆盘脱水机常见故障及解决方法

圆盘脱水机常见故障及解决方法见表 21-37。

表 21-37　圆盘脱水机常见故障及解决方法

序号	常见故障	故障原因	处理方法
1	电流高	（1）变频器电流显示与电流表显示不一致； （2）槽体内杂物导致卡阻； （3）轴承座、电动机与中心轴不同心； （4）变频器启动方式错误； （5）分配头按压过紧，调整分配头压紧装置及外部管道卸料端物料堆积	（1）调整变频器参数，详见《ABB 变频器说明书》； （2）清理杂物； （3）重新调整； （4）调整变频器启动参数，详见《ABB 变频器说明书》； （5）清理堆积物料，查找物料堆积原因
2	电流波动	（1）分配头按压过紧； （2）轴承座、电动机与中心轴不同心	（1）调整分配头压紧装置及外部管道； （2）重新调整

续表

序号	常见故障	故障原因	处理方法
3	电动机振动	（1）减速电动机轴承损坏； （2）轴承座、电动机与中心轴不同心	（1）检修减速电动机； （2）重新调整减速电动机底座、螺栓松动加固底座，拧紧螺栓
4	浮游物含量高	滤布破损	更换滤布
5	过滤机过滤性能下降	过滤机滤布发硬堵塞	（1）更换滤布； （2）过滤机真空度太低
6	分配头抖动	（1）过滤机分配头外管道未连接好； （2）分配头弹簧受力不均	（1）重新调整连接管道； （2）重新调整弹簧压力
7	过滤机分配头漏气	（1）分配头处间隙太大； （2）油量太少； （3）分配头内部扇形块损坏或缺失	（1）调整分配头处间隙； （2）加大供油量； （3）检查分配头
8	过滤机滤布冲洗不净	（1）水压不够； （2）洗涤管位置安装不当； （3）冲洗水阀动作不灵	（1）检查水压及水泵； （2）调整洗涤管位置； （3）检查冲洗水阀
9	过滤机真空度低	（1）浆液流量过小； （2）滤饼覆盖不完全，滤布未压好或破损； （3）真空泵水温高，水量少； （4）系统漏气	（1）调整工艺指标，滤饼覆盖不完全，可调整浆液加入量； （2）修补滤布或更换滤布； （3）调节真空泵水量，使水温低于 40℃，检查抽气量； （4）检查各个节点，查漏气源

（三）湿法脱硫真空泵

水环真空泵是液环式真空泵常见的一种，是用来抽吸和压送气体的设备，以便在密封容器中形成真空或压力，以满足工艺流程要求，吸入或压出气体中允许有少量液体。

1. 湿法脱硫水环真空泵工作原理

在泵体中装有适量的水作为工作液。当叶轮按图中顺时针方向旋转时，水被叶轮抛向四周，由于离心力的作用，水形成了一个决定于泵腔形状的近似于等厚度的封闭圆环。水环的下部分内表面恰好与叶轮轮毂相切，水环的上部内表面刚好与叶片顶端接触（实际上叶片在水环内有一定的插入深度）。此时叶轮轮毂与水环之间形成一个月牙形空间，而这一空间又被叶轮分成和叶片数目相等的若干个小腔。如果以叶轮的下部 0°为起点，那么叶轮在旋转前 180°时小腔的容积由小变大，且与端面上的吸气口相通，此时气体被吸入，当吸气终了时小腔则与吸气口隔绝；当叶轮继续旋转时，小腔由大变小，使气体被压缩；当小腔与排气口相通时，气体便被排出泵外。水环真空泵是靠泵腔容积的变化来实现吸气、压缩和排气的，因此它属于变容式真空泵。水环真空泵的工作原理如图 21-21 所示。

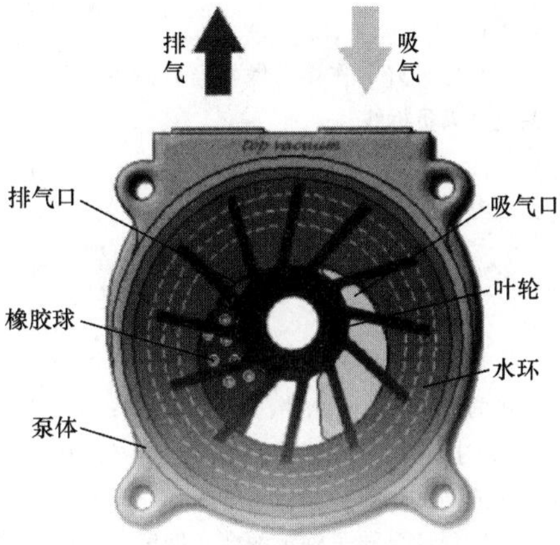

图 21-21　水环真空泵的工作原理

2. 湿法脱硫水环真空泵组成

水环真空泵主要由叶轮、泵体、吸排气盘、水环、吸气口、排气口、辅助排气阀等组成。

3. 湿法脱硫水环真空泵检修标准项目

水环真空泵检修标准项目见表 21-38。

表 21-38　水环真空泵检修标准项目

序号	标准检修项目	备　注
1	真空泵轴封检查	
2	真空泵入口门密封检查	
3	真空泵轴承检查	
4	真空泵分离器检查	
5	真空泵锥体检查：①主轴及叶片表面检查；②主轴弯曲检查	
6	真空泵消声器检查	

4. 湿法脱硫水环真空泵检修工艺及质量标准

水环真空泵检修工艺及质量标准见表21-39。

表21-39 水环真空泵检修工艺及质量标准

序号	检修项目	检修工艺	质量标准
1	修前准备	(1) 做好修前数据记录； (2) 准备好备品备件，必要的检修工具等； (3) 办理好工作票，做好隔离措施，联系电气人员拆线	
2	泵的解体	(1) 拆卸泵出入口法兰及所有与泵体相连接的管路、热工元件、各种阀门等； (2) 拆除泵地脚螺栓，将泵运至指定检修场地； (3) 测量泵转子轴承的窜动间隙，做好记录； (4) 拆除泵侧带轮； (5) 解体驱动侧端盖组合部分； (6) 拆卸外侧轴封环（V型环）后，旋下轴承盖紧固螺栓，并取下外轴承压盖、甩油盘和弹性挡圈； (7) 拆卸轴承定位圈的弹簧卡圈； (8) 整体取下轴承室及轴承组件； (9) 松开轴承室内轴承压盖固定螺栓，取出圆柱滚子轴承（NUP型）、轴承盖毛毡和内侧轴封环（V型环）； (10) 解体非驱动侧端盖组合部分； (11) 旋下外轴承压盖紧固螺栓，并取下外轴承端盖、甩油盘和弹性挡圈； (12) 拆卸轴承定位圈的弹簧卡圈； (13) 整体取下轴承室及轴承组件； (14) 分别拆除分离器及连通管； (15) 解体填料盒组合部分； (16) 松开泵两端填料压盖螺栓； (17) 分别取出轴封环、水封环、平垫、填料盒、填料压盖；	(1) 记录调整垫厚度； (2) 测量记录定位尺寸； (3) 轴承的游隙≤0.25mm，内外圈无损伤，滚动体无点蚀； (4) 轴封环、挡环、油环、离心盘、填料套、平垫及水封环若有磨损、裂缝和断裂现象，应修补或更换备件

续表

序号	检修项目	检修工艺	质量标准
2	泵的解体	(18) 测量泵转子在泵体的总窜动量，做好记录； (19) 拆除检查盖板，拆下侧盖紧固螺栓及所有可能与泵体相连的螺栓，做标记号，平稳移走两侧盖板，侧板放在安全地方，测量接合面垫片厚度并记录； (20) 拆除转子两侧圆盘及挡板，并抽出转子，吊走泵体； (21) 拆卸泵转子两侧轴套，卸下叶轮； (22) 检查轴承游隙、内外圈及滚动体磨损情况，确认能够继续使用时抹好润滑油放至清洁处准备回装，否则更换新轴承； (23) 检查各部轴套磨损情况，严重磨损的更换新轴套； (24) 分别测量轴与轴承、轴套、叶轮的配合尺寸； (25) 检查轴封环、挡环、油环、离心盘、填料套、平垫及水封环有无磨损； (26) 检查侧盖、侧板、挡板、阀片有无裂纹、砂眼等； (27) 检查叶轮有无磨损情况和汽蚀现象，如有问题及时修复； (28) 测量泵轴弯曲度，并做好记录； (29) 测量各零件的尺寸，以计算叶轮与圆盘端面间隙； (30) 检查分离器、消声器有无破损等； (31) 全部设备及零配件清扫干净，露出金属色泽； (32) 按原垫片厚度准备好各部垫片，以备组装	(1) 记录调整垫厚度； (2) 测量记录定位尺寸； (3) 轴承的游隙≤0.25mm，内外圈无损伤，滚动体无点蚀； (4) 轴封环、挡环、油环、离心盘、填料套、平垫及水封环若有磨损、裂缝和断裂现象，应修补或更换备件
3	泵的组装	(1) 将叶轮回装在轴上； (2) 将两侧轴套装在轴上； (3) 将泵转子窜入泵筒体内； (4) 回装转子两侧圆盘及其圆盘上的阀片与挡板； (5) 回装泵体两侧端盖，对称紧固泵端盖与泵筒体连接螺栓； (6) 紧固泵端盖与基座连接螺栓； (7) 测量泵转子窜动量，并记录； (8) 将两端轴封环、水封环、平垫、填料盒、填料压盖套在轴上；	(1) 校核定位尺寸，轴与泵体间隙安装前单面控制 0.25～0.35mm，安装后总间隙 0.5～0.7mm，叶轮端面与分配器不能有摩擦； (2) 叶轮和圆盘端面间隙值为 0.3mm

续表

序号	检修项目	检修工艺	质量标准
3	泵的组装	(9) 分别回装两端轴承体、轴封圈、轴承内压盖； (10) 回装两端轴承，待轴承冷却后，两侧均匀加满润滑脂； (11) 回装两端轴承体； (12) 回装驱动端轴承体外压盖； (13) 将驱动端内压盖与轴承体连接螺栓紧固； (14) 紧外压盖螺栓，将外压盖、轴承体固定在泵端盖轴承支架上； (15) 将自由端轴承内压板装上，再旋紧压板与轴承体连接螺栓； (16) 在驱动端架上测量表，将泵转子调至分中的位置； (17) 保持泵转子分中位置，测量自由端轴承体端面与泵端盖轴承支架端面的间隙值，按此数值调整泵转子分中调整垫； (18) 调整好垫后，旋紧轴承体与支架的连接螺栓； (19) 回装轴承体外压盖； (20) 根据向自由端半侧复测泵转子分中尺寸； (21) 泵两端轴封装填料，调整填料压盖适中紧度； (22) 回装泵侧带轮； (23) 将泵电动机回位，回装皮带；把平尺或水平仪贴在滑轮的端面上，用电动机顶紧螺栓调整V皮带的张力，合格后，紧好泵体地脚螺栓，扣好带轮防护罩； (24) 回装泵与分离器各个连接管路； (25) 连接驱动端泵进、排气管法兰螺栓； (26) 回装泵自动补水、溢流阀	(1) 校核定位尺寸，轴与泵体间隙安装前单面控制0.25～0.35mm，安装后总间隙0.5～0.7mm，叶轮端面与分配器不能有摩擦； (2) 叶轮和圆盘端面间隙值为0.3mm
4	检修结束	(1) 工作结束必须做到工完、料净、场地清； (2) 办理工作票结票前，应将设备的标识恢复好	

5. 湿法脱硫水环真空泵常见故障及处理方法

水环真空泵常见故障及处理方法见表 21-40。

表 21-40　水环真空泵常见故障及处理方法

序号	故障现象	故障现象	处理方法
1	真空度低	(1) 油量不足； (2) 漏气； (3) 配合间隙过大或有磨损和划痕； (4) 泵中隔板压入时过盈量过大，使泵腔鼓起变形，漏气； (5) 排气阀片损坏密封不好； (6) 装配不当，端盖板螺钉松紧不一致，转子轴心位移； (7) 进气管内的过滤网堵塞	(1) 补油或换油； (2) 检查轴封、排气阀、端盖、进气口等； (3) 检查密封情况，更换密封圈； (4) 检查泵腔、转子、旋片、端盖板之间的配合间隙，清除杂物、杂质，按精度要求检修泵腔或换泵； (5) 更换阀片； (6) 重新装配端盖板螺钉； (7) 取出进气口过滤网清洗干净烘干后再安装
2	真空泵电动机超负荷运转，甚至转不动，发生“卡死”	(1) 装配不当，局部受力不均； (2) 由于过滤网损坏，外部污物如金属屑、颗粒等落入泵腔内； (3) 端面间隙过小，泵温升过高； (4) 转子损坏	(1) 重新装配； (2) 过滤网检查、清洗； (3) 调整端面间隙； (4) 更换转子
3	真空泵在运转中有杂声噪声	(1) 装配不当，零件松动，致使运转声音不正常； (2) 泵腔内有脏物，零件有毛刺或变形，运转发生卡阻； (3) 电动机故障	(1) 重新装配； (2) 拆洗、检查； (3) 修复电动机
4	真空泵漏油	(1) 轴承、端盖、油窗、放油孔、油箱等部位的密封件损坏，没有拧紧； (2) 箱体有渗漏	(1) 调换新密封件并拧紧； (2) 处理漏点

(四) 湿法脱硫石膏旋流器

石膏旋流器是脱水系统中将石膏浆液中进行初步分离的设备。石膏浆液从旋流器底部进浆管进入头部旋流器内，通过旋流子对石膏头液进行分离，分离后的浆液由真空皮带脱水机脱水到含 90%固形物和 10%水分石膏，石膏经冲洗降低其中的 Cl^- 浓度。滤液经滤液回收箱进入滤液箱。皮带脱水机的脱水石膏落入石膏仓，然后由石膏卸料装置卸至汽车运输。

石膏旋流器（石膏旋流站）由多个旋流子组成，多个旋流子环状布置在分配器上，每个旋流子都装有单独的手动阀或电动阀。石膏浆液旋流站至少有一个旋流子作为备用。旋流子沉沙嘴采用聚氨酯材料制作。旋流子采用耐磨耐腐蚀的材料制作（聚氨酯或其他材料），旋流子上部为圆锥形。在圆柱形筒体上装有与筒壁呈切线方向的给浆管。圆锥上部装有与圆柱部分相连通的中心溢流管。溢流管的上端则通过缓冲室连接以排出溢流。在圆锥形底部装有排出嘴，以排出粗粒石膏。

石膏旋流器组整个系统为自带支撑结构，所有支撑结构件采用碳钢构件。为防止旋流器被大颗粒堵塞，旋流器组入口安装过滤器，过滤器采用耐腐蚀合金材料。

1. 石膏旋流器组成

石膏旋流器包括分配箱、旋流子、底流箱、溢流箱、辅助系统（包括给料分配管、溢流和出料槽、旋流子支撑和管道、内衬和所有必要的阀门、配件等）。

2. 石膏旋流器检修标准项目

石膏旋流器检修标准项目见表 21-41。

表 21-41　石膏旋流器检修标准项目

序号	检修标准项目	备注
1	检查箱体	
	检查旋流子	
	检查旋流子的进口头部和溢流嘴	
	检查锥体	
	分配器零件的检查	
	重新安装分配器	
	试运	

3. 石膏旋流器沉砂嘴工作状态

石膏旋流器沉砂嘴工作状态示意图如图 21-22～图 21-24 所示。

图 21-22　沉砂嘴磨损

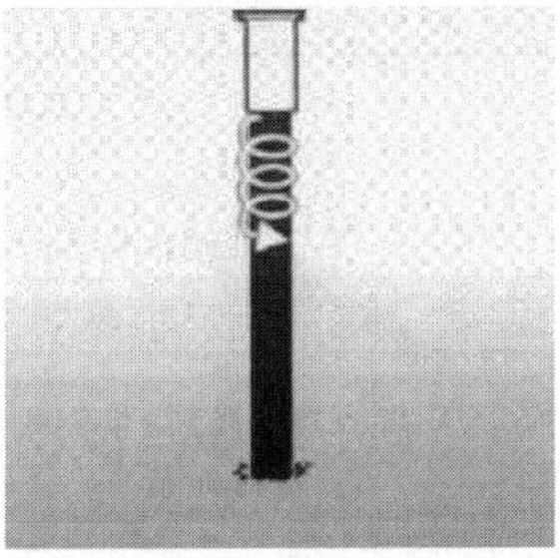

图 21-23　旋流子堵塞

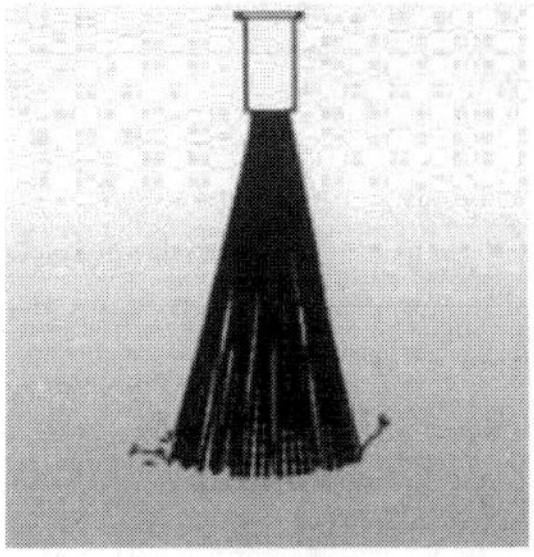

图 21-24　合适的沉砂嘴喷射形式

4. 石膏旋流器检修工艺及质量标准

石膏旋流器检修工艺及质量标准见表 21-42。

表 21-42　石膏旋流器检修工艺及质量标准

序号	检修项目	检修工艺	质量标准
1	旋流子解体	清理各部件并测量沉砂嘴内径尺寸	沉沙嘴磨损严重时更换
2	进料段	外观检查	检查完好情况，损坏更换
3	锥段 1	圆锥体检查	检查情况完好，如有损坏更换
4	锥段 2	锥体检查	检查扩展锥体情况完好，如有损坏更换
5	溢流管	溢流管检查	检查溢流管，损坏更换
6	检查进料头部	锥体等部件磨损情况	磨损更换
7	检修各进料阀门	阀门检查	损坏更换

5. 石膏旋流器常见故障及处理方法

石膏旋流器常见故障及处理方法见表 21-43。

表 21-43　石膏旋流器常见故障及处理方法

序号	故障	原因	处理方法
1	旋流子不能进料	无浆液进入旋流子	检查进浆门是否打开
		浆液槽堵塞	冲洗浆液槽
		排出泵的浆液输送管道堵塞	冲洗浆液管道
		排出泵不能正常工作	检查并维修排出泵
2	沉砂嘴呈喷雾式状放射	沉砂嘴尺寸太大	更换小直径的沉砂嘴
		沉砂嘴磨坏	更换
3	沉砂嘴呈绳状放射	沉砂嘴尺寸太小	更换大直径的沉砂嘴
		沉砂嘴部分堵塞	停止旋流子运行，清理堵塞旋流子
		旋流器浆料密度太低或旋流器进料吨数太高	调整系统运行方式

续表

序号	故障	原因	处理方法
4	旋流器溢流浓度太高	浆料中的含水量太小	调整浆液浓度
5	旋流器溢流浓度太低	浆料中的含水量太大	减少浆料槽/顶部水箱中的注水量
6	旋流器底流浓度太高	沉砂嘴尺寸太小	增大沉砂嘴的尺寸
7	旋流器底流浓度太低	(1) 沉砂嘴磨坏； (2) 沉砂嘴尺寸太大	(1) 更换沉砂嘴； (2) 更换一个尺寸稍小的沉砂嘴
8	旋流器溢流颗粒大	(1) 沉砂嘴负荷超载； (2) 溢流嘴太大； (3) 旋流器的进料密度太高； (4) 运行压力太低	(1) 增大沉砂嘴的尺寸； (2) 更换一个尺寸稍小的溢流嘴； (3) 减小进料的密度，减小浆料中的固含量； (4) 提高泵的转数
9	旋流子溢流颗粒过小	(1) 溢流嘴尺寸太小； (2) 旋流器浆料密度太小； (3) 工作压力太高	(1) 更换直径稍大的溢流嘴； (2) 增大进料密度，增加浆料固含量； (3) 调整泵的运行
10	旋流器底流颗粒过小	(1) 沉砂嘴尺寸太大； (2) 沉砂嘴磨损； (3) 溢流嘴尺寸太小； (4) 工作压力太高	(1) 减小沉砂嘴尺寸； (2) 更换沉砂嘴； (3) 更换稍大的溢流嘴； (4) 调整泵的运行
11	旋流器底流颗粒太粗	(1) 溢流嘴太大； (2) 工作压力太低	(1) 更换直径小的溢流嘴； (2) 调整泵的运行

（五）湿法脱硫石膏浆液排出泵

石膏浆液排出泵是将石膏浆液箱内的石膏浆液输送到真空皮带机处进行脱水处理的主要设备。石膏浆液排出泵结构如图 21-25 所示。

1. 石膏浆液排出泵组成

石膏浆液排出泵为单级单吸、卧式离心浆液泵，泵本体包括泵头部分、传动部分、轴封部分。泵头部分包括叶轮、泵壳、护板、机械密封等部件。轴封部分采用机械密封。泵采用弹性柱销联轴器与电动机直连，拆卸比较方便。

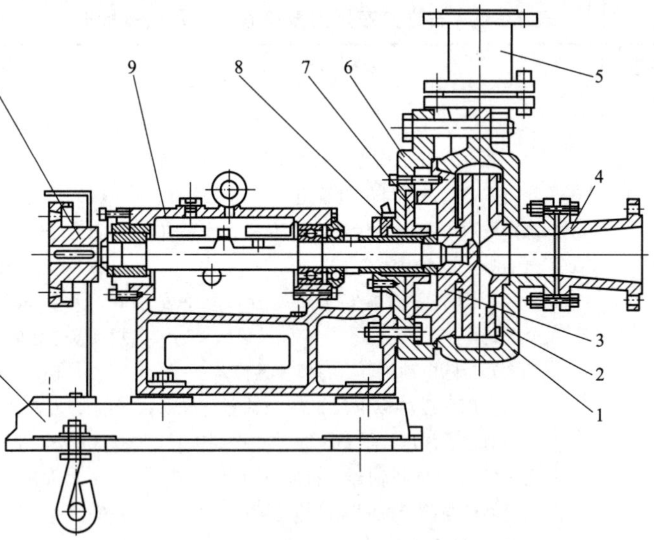

图 21-25　石膏浆液排出泵结构图

1—叶轮；2—蜗壳；3—后护板；4—入口短管；5—出口短管；6—尾盖；7—衬板；8—机械密封；9—托架；10—联轴器；11—底座

2. 石膏浆液排出泵检修标准项目

石膏浆液排出泵检修标准项目见表 21-44。

表 21-44　石膏浆液排出泵检修标准项目

序号	标准检修项目	备注
1	检查、紧固地脚螺栓	
2	分解联轴器及泵的附件	
3	检查测量中心及轴承间隙	
4	泵解体及密封环间隙测量	
5	各部件清扫检查	
6	对腐蚀磨损严重的机械密封、叶轮等部件进行更换	
7	各部间隙测量、调整	
8	转子找正	

3. 石膏浆液排出泵检修工艺及质量标准

石膏浆液排出泵检修工艺及质量标准见表 21-45。

表 21-45　石膏浆液排出泵检修工艺及质量标准

序号	检修项目	检修工艺	质量标准
1	石膏浆液排出泵解体	(1) 办理好工作票，做好隔离措施；拆除吸入口管道、排出口管道法兰连接螺母、螺栓，取下泵体入口环，把盲法兰安装在泵的吸入口管道法兰上； (2) 拆下联轴器安全罩螺栓，取下安全罩； (3) 拆除电动机，进行解体检修； (4) 用深度游标卡尺记录联轴器与轴头的相对位置深度；借助于联轴器拆卸工具，通过稍微加热联轴器，拆除泵侧联轴器；测量叶轮与前护板间隙，并记录； (5) 松开轴套外端的 2 只叶轮顶紧圆螺母； (6) 拆除泵壳，取下前护板，取下内泵壳（蜗壳护套），顺时针旋转卸下叶轮（从驱动端看去）；取出后护板； (7) 观察后护板和蜗壳间、叶轮和机械密封动环间、机封室和后护板间的 O 形密封圈； (8) 拆卸轴套与机械密封动环的组装件，检查轴套和机封动环及 O 形密封圈； (9) 均匀、对称、轻轻敲击机械密封室外侧（沿轴线，向浆液流进的反方向），整体取出机械密封室和机封座、机封静环组件，检查静环及 O 形密封圈密封性能、机械密封弹簧推力； (10) 将固定两个压环的 4 个螺栓（或轴承箱固定螺栓）以及调节螺栓的螺母全部旋出，将整个轴承箱从托架上取出； (11) 拆除主轴上的联轴器和其与轴连接键销，检查联轴器、键销有无锈蚀和毛刺； (12) 做好轴承箱压盖标记后拆下轴承箱推力侧与承力侧轴承压盖固定螺栓，并取下压盖； (13) 取下轴与轴承使之与轴承箱分离，并用清洗剂清洗干净； (14) 检查轴承内圈、外圈、保持架，测量轴承的原始游隙，并记录； (15) 检查轴表面的表面粗糙度和弯曲度	(1) 叶轮与前护板轴向间隙为 2～3mm； (2) O 形密封圈弹性良好，无变形、损坏，如有损坏或老化应更换； (3) 轴套和机械密封动环无磨损，密封圈无变形，弹性良好，否则应更换； (4) 机械密封静环及密封圈无磨损、变形，弹簧推力正常，否则应更换； (5) 测量主轴的原始窜动间隙，轴向间隙为 0.5～0.7mm； (6) 联轴器无裂纹，如有应更换； (7) 键销应无锈蚀和毛刺，如有用砂纸和锉刀进行打磨修整； (8) 测量轴承与轴承室的配合间隙并记录； (9) 轴承滚道及滚珠（柱）无蚀斑、麻点、磨损、划痕，无裂纹、断裂、毛刺，游隙不超标，否则应更换轴承； (10) 轴承内圈、外圈、保持架完好，测量轴承的原始游隙，并做好记录； (11) 轴表面的表面粗糙度和弯曲度符合要求，不符合要求的进行修复或更换； (12) 轴弯曲度中间位置不大于 0.05mm，两端不大于 0.02mm，轴颈表面无锈斑、麻点、蚀坑、划痕，弯曲度符合质量标准

续表

序号	检修项目	检修工艺	质量标准
2	石膏浆液排出泵组装	(1) 确认所有零部件清洗干净，需更换的轴承备件与原轴承型号相同； (2) 将角接触球轴承和圆柱滚子轴承加热至80～100℃，并将角接触球轴承装在驱动侧、角接触球轴承及圆柱滚子轴承装在叶轮侧，待轴承冷却后，加注油脂在轴承室1/2内； (3) 将轴承护圈组装好的泵轴装入轴承室中，把轴承室固定在托架底座上； (4) 将轴承压盖上的油封更换，并装在轴承箱上； (5) 用手盘动转子，检查转子是否灵活，测量轴的窜动间隙，如不合格则重新调轴承两侧垫片； (6) 将机械密封动环安装在轴套上并固定好； (7) 拆除机械密封室上的机械密封压盘，拆除机械密封座上的内六角螺栓，将机械密封座静环装进机械密封室，紧固、压紧机械密封压盖，重新装好机械密封座上的内六角螺栓； (8) 首先将圆螺母旋至（靠近机械密封室一端的）轴螺母的末端，然后继续旋出（向机械密封室方向)1～1.5mm，用另一只螺母顶紧固定； (9) 将机械密封室连同机械密封座、静环组件，重新装进外泵壳内； (10) 装入动环、轴套组件，适当用力推压轴套，使动环、静环面接触并移动压缩机械密封弹簧，当弹簧显示压缩量在4～5mm时，此时轴套正好顶到圆螺母，表明位置准确到位； (11) 停止推压轴套（或卸下叶轮)，弹簧自由伸开，恢复原状； (12) 然后重新安装后板和蜗壳（或后护板、蜗壳连体部件)，再旋上叶轮，用力拧紧，此时弹簧显示压缩量又恢复在4～5mm，机械密封接触面推力足够；重新安装好前护板，最后连接安装好外泵壳； (13) 一边缓慢转动主轴，一边调节螺栓使轴承箱向吸入口移动，让叶轮与前护板接触；用同样的方法，调节螺栓使轴承箱向联轴器移动，调整间隙； (14) 紧固轴承箱固定螺栓及轴向调整螺栓； (15) 回装泵体接口环，回装泵吸入口管道、排出口管道连接螺母和螺栓； (16) 用量具测量联轴器与轴的配合间隙，如配合紧力过大应用砂纸打磨轴或联轴器内径至规范以内；	(1) 窜动间隙为0.1～0.2mm； (2) 叶轮与前护板的间隙在0.5～1.5mm范围，紧力为0.01～0.03mm，径向及轴向偏差不大于0.05mm； (3) 轴与叶轮配合间隙过大则应对轴作喷涂处理

续表

序号	检修项目	检修工艺	质量标准
2	石膏浆液排出泵的组装	（17）在轴上均匀涂抹润滑油，以利于联轴器与轴的装配，联轴器加热后装配在轴上，将检修好的电动机移送到现场就位； （18）拧紧各地脚螺栓，安装联轴器，对中心进行找正，找正符合要求后安装联轴器弹性块，护罩等	（1）窜动间隙为 0.1～0.2mm； （2）叶轮与前护板的间隙在 0.5～1.5mm 范围，紧力为 0.01～0.03mm，径向及轴向偏差不大于 0.05mm； （3）轴与叶轮配合间隙过大则应对轴作喷涂处理
3	间隙的调节	（1）松开压紧轴承组件的螺栓，拧紧调整螺栓上的螺母，使轴承组件向前移动，同时用手转动轴按泵的转动方向旋转，直到叶轮与前护板摩擦为止； （2）将前面刚拧紧的螺母放松半圈，再将调整螺栓前面的螺母拧紧，使轴承组件后移，此时叶轮与前护板间隙在 0.5～1.5mm 之间； （3）调整后，在再次启动前须重新检查叶轮转动是否正常，轴承组件压紧螺栓是否拧紧，然后再启动泵	（1）泵的振动值小于 0.05mm； （2）轴承温度小于 80℃； （3）运转无异声、无渗漏

4. 石膏浆液排出泵常见故障及处理方法

石膏浆液排出泵常见故障及处理方法见表 21-46。

表 21-46　石膏浆液排出泵常见故障及处理方法

序号	故障现象	故障原因	处理方法
1	泵启动后不打水	（1）泵内有空气； （2）吸入管或机械密封处有空气漏入； （3）电动机旋转方向相反； （4）泵的入口或叶轮堵塞； （5）泵的入口，出口阀门或出口逆止门未打开，阀芯掉	（1）开启排空气门排尽泵内空气； （2）检查吸水管及水封； （3）改变电源线接法； （4）检查和清理泵的入口和叶轮； （5）打开或检修阀门
2	运行中流量不足	（1）进口滤网堵塞； （2）出入口阀门开度过小； （3）泵的入口或叶轮内有杂物； （4）吸入池（水箱）内水位过低	（1）清理滤网； （2）开大相关阀门； （3）清理泵的入口和叶轮； （4）调整吸入池（水箱）水位

续表

序号	故障现象	故障原因	处理方法
3	水泵组发生振动	(1) 联轴器中心不正； (2) 轴承磨损； (3) 地脚螺栓松动； (4) 轴弯曲； (5) 动静部分摩擦； (6) 泵内发生汽蚀	(1) 联轴器重新找正； (2) 检修或更换轴承； (3) 拧紧地脚螺栓； (4) 校直或更换轴； (5) 查找原因，消除摩擦； (6) 采取措施，消除汽蚀现象
4	轴承发热	(1) 轴承安装不正确或间隙不合适； (2) 轴承磨损或松动； (3) 压力润滑油系统供油不足； (4) 轴承冷却水堵塞或断水	(1) 检查并调整间隙； (2) 检修或更换轴承； (3) 检查并消除供油不足的原因； (4) 清理杂物，保持水源畅通

（六）湿法脱硫滤布、滤饼冲洗泵

滤布、滤饼冲洗水泵是真空皮带机的附属设备，属于单级、单吸离心泵。其功能是冲洗皮带机的滤布和滤饼及皮带，冲洗特点是循环连续冲洗。

1. 滤布、滤饼冲洗水泵的组成

滤布、滤饼冲洗水泵主要由泵体、泵盖、叶轮、轴和悬架轴承部件组成。泵输送介质轴向吸入，垂直向上排出。泵通过联轴器与电动机直接传动。

泵体、泵盖均由铸铁制成，共同形成泵的工作腔。泵盖上设有轴封空腔。可装填料密封或不平衡型单端面机械密封。叶轮由铸铁制成，单侧吸入式，内设叶片，靠近轮毂处有平衡轴力的平衡孔。轴为优质碳素钢制成，一端安装叶轮，另一端安装联轴器。在靠近叶轮端装有轴套，保证叶轮轴向定位及保护轴的作用。悬架部件上设有轴承室，装有两个向心球轴承。还设有储油室，注入稀油润滑，侧面设有油标以观察油位。

一般单级离心泵的密封有填料密封和机械密封两种。填料密封泵允许有少量滴液，若渗液过多，可调整压盖松紧或更新填料，机械密封泵的两摩擦副在弹簧推力作用下贴合，能自动补偿，一般不需调整。

2. 滤布、滤饼冲洗水泵的工作原理

电动机通过泵轴使叶轮旋转，由叶片带动液体旋转做功，使其能量增加，液体在离心力作用下向叶轮四周抛出，通过泵体的涡形流道将速度转换成压力能。当叶轮内的液体抛出后，叶轮内压力就低于进水管的压力，新的液体在这个压力差的作用下被吸入叶轮，液体就连续不断地从泵内排出。

3. 湿法脱硫滤布、滤饼冲洗水泵检修标准项目

滤布、滤饼冲洗水泵检修标准项目见表 21-47。

表 21-47　滤布、滤饼冲洗水泵检修标准项目

序号	标准检修项目	
1	冲洗水泵的整体解体检修	
2	冲洗水泵的不吸水现象维修	
3	冲洗水泵的轴功率过大维修	
4	冲洗水泵的机械密封更换	
5	冲洗水泵的振动、噪声大维修	

4. 湿法脱硫滤布、滤饼冲洗水泵检修工艺及质量标准

滤布、滤饼冲洗水泵检修工艺及质量标准见表 21-48。

表 21-48　滤布、滤饼冲洗水泵检修工艺及质量标准

序号	检修项目	检修工艺	质量标准
1	检修前运行工况分析及准备工作	（1）水泵及电动机的振动值的测量； （2）水泵轴承温度值的测量； （3）水泵的运行时的出口压力值检查； （4）水泵各部有无泄漏； （5）检查修前各项安全措施是否到位，切除电源，并在电源处挂警告牌； （6）关闭水泵的进出口阀门	（1）泵体振动≤0.03mm，泵体及轴承箱油温≤70℃； （2）水泵无泄漏
2	泵的解体	（1）拆除泵的进出口短管，取下联轴器连接柱销； （2）松开泵盖上顶紧前护板螺钉，检查前、后护板； （3）拆除泵体、泵盖连接螺母及部分螺栓； （4）拆除泵盖及前护板； （5）吊住护套后松开泵体上压紧护套的压板，拆去护套； （6）吊住叶轮，反方向转动联轴器，直至拆去叶轮； （7）吊住后护板松开后护板连接螺母，拆去后护板及密封圈； （8）有副叶轮的泵，拆下副叶轮填料座，副叶轮磨损应更换，填料应更换，轴套磨损更换； （9）拆除轴承座上的压紧螺栓及下部调节螺栓，取下轴承座； （10）拆除联轴器； （11）旋下圆螺母，取下防尘罩及轴承端盖； （12）从叶轮端取出主轴； （13）拆除轴承及挡油环，轴承各部间隙符合要求，无麻点、锈蚀等现象	（1）进出口水管磨损超过原壁厚 1/2 时应更换新件，联轴器无残缺，弹性橡胶圈无老化现象； （2）前、后护板磨损超过原壁厚 1/2 或局部磨穿时应更换； （3）叶轮磨损超过原厚度 1/2 或局部磨穿应更换； （4）密封圈如有残缺也应更换； （5）副叶轮与轴配合间隙 0.05～0.08mm，键槽与键配合间隙：侧隙为 0.00～0.02mm，顶隙为 0.3～0.5mm； （6）轴套磨损至原厚度 1/4 或局部有深沟应换新件； （7）主轴弯曲不大于 0.05mm 螺纹良好，防尘盖及轴承端盖无磨损； （8）轴承各部间隙符合要求，无麻点、锈蚀等现象

续表

序号	检修项目	检修工艺	质量标准
3	转子轴	(1) 外观检查； (2) 轴承检查； (3) 轴的弯曲度测量	(1) 轴无裂纹、腐蚀； (2) 轴承间隙符合标准； (3) 轴的弯曲度不大于0.05mm
4	叶轮	(1) 外观检查及清洗； (2) 叶轮晃动测量； (3) 径向偏差测量； (4) 叶轮与密封环间隙测量； (5) 叶轮与泵体轴向间隙测量	(1) 叶轮清洁，表面无裂纹磨损； (2) 轴的晃动量不大于0.05mm； (3) 叶轮径向偏差值不大于0.02mm，径向间隙：0.2～0.3mm，轴向间隙：0.5～0.7mm； (4) 叶轮与轴的紧力为0.03～0.05mm； (5) 叶轮与泵体轴向间隙为2～3mm
5	密封环	检查或更换	应无磨损、圆度良好，如有损坏，应更换
6	盘根挡套	与轴间隙的测量	盘根或挡套轴间隙为0.3～0.5mm
7	泵的组装	(1) 水泵的组装过程与解体过程相反； (2) 后护板上的螺栓等泵装好后再旋紧，因其定位是靠前护板通过护套定位； (3) 装配好后，前护板螺钉才可以旋紧，不得压得过紧； (4) 装配好后，要通过调节螺钉，调整叶轮与前护板的间隙在规定范围内	联轴器轴向、径向误差不大于0.1mm，端面间隙一般取6～8mm

第六节　湿法脱硫排空系统

一、湿法脱硫排空系统概述

排空系统是因脱硫吸收塔内石膏浆液发生异常情况或检修等原因，需要将吸收塔内浆液排出吸收塔的设备组成系统，主要是满足吸收塔检修时排空浆液，或其他排空设备排入的石膏浆液储存要求。排出的浆液主要存放在事故浆液箱中，作为FGD再次启动时的石膏备用浆液。

二、湿法脱硫排空系统主要设备

排空系统主要设备有事故浆液箱、事故浆液返回泵、事故浆液搅拌器等。

（一）湿法脱硫事故浆液箱

1. 湿法脱硫事故浆液箱概述

事故浆液箱通常为钢质容器，其内表面进行防腐处理。其有效容量应不小于吸收塔正常运行时吸收塔的浆池容积。吸收塔浆池检修需要排空时，吸收塔内的石膏浆液通过吸收塔石膏排出泵将石膏浆液送至事故浆箱内，作为吸收塔再次启动的石膏晶种。FGD装置需要启动运行时，事故浆液箱内的石膏浆液通过石膏浆液返回泵（将浆液送回吸收塔）送回吸收塔内，返回泵的容量满足15h浆液返回吸收塔的浆液总量，为防止浆液沉淀，事故浆液罐设有搅拌器等设施。

2. 湿法脱硫事故浆液箱检修注意事项

（1）检修时排空箱内石膏浆液。

（2）打开人孔门，对箱内防腐进行全面检查，对损坏的防腐进行修补。

（3）检查修理事故浆液箱搅拌器。

（4）检查所有管道及阀门，若损坏则更换。

（二）湿法脱硫事故浆液搅拌器

1. 湿法脱硫事故浆液搅拌器概述

事故浆液搅拌器为侧进式搅拌器，能有效地防止浆液沉积与结垢。搅拌器与底面有足够的距离避免在系统停运时桨叶部分或全部埋没在沉积石膏浆液内。搅拌器通常采用低速的标准型防腐蚀搅拌器。搅拌器密封、密封处（O形环、径向环等）的材质均保证防止腐蚀介质侵蚀和机械损坏。搅拌器检修时，无需排放石膏浆液。搅拌器器传动装置的润滑油系统配有油位计或油观察镜，在不移动电动机的情况下维修减速器。

2. 湿法脱硫事故浆液搅拌器的组成

事故浆液搅拌器主要由本体（叶轮、轴等）、传动装置（电动机、皮带、减速机、机架和联轴器等）、附件（搅拌器在箱罐上固定处的密封件、安装法兰及其固定螺栓螺母垫片组件等，及搅拌装置的支架）组成。

3. 湿法脱硫事故浆液搅拌器检修标准项目

事故浆液搅拌器检修标准项目见表21-49。

表21-49 事故浆液搅拌器检修标准项目

序号	标准检修项目	备 注
1	检查轴承，游隙端隙测量	
2	检查机械密封	
3	检查主轴	
4	检查叶片	
5	检查带轮和皮带	
6	检查冷却水管并清理疏通	

4. 湿法脱硫事故浆液搅拌器检修工艺及质量标准

事故浆液搅拌器检修工艺及质量标准见表 21-50。

表 21-50 事故浆液搅拌器检修工艺及质量标准

序号	检修项目	检修工艺	质量标准
1	电动机、带轮拆卸	(1) 联系电气人员拆电动机电源线，拆除皮带，吊出电动机； (2) 用拉马拉出带轮；检查并测量带轮与轴的装配尺寸，键与槽的配合情况； (3) 检查皮带、带轮槽磨损情况	(1) 皮带磨损或老化，应更换； (2) 带轮外观不得有变形、裂纹等缺陷； (3) 键与槽两侧应无松动，顶部应有 0.20～0.40mm 间隙
2	吊出搅拌器叶轮组件	(1) 拆卸搅拌器与吸收塔体的连接螺栓； (2) 将搅拌器叶轮组件吊出，并放置合适位置； (3) 拆除外侧轴承时，轴不能保持直线形，叶轮的重力将轴往下拉，会损坏机械密封	为了保护密封，必须用轴支撑支架将轴支撑起来
3	搅拌器叶轮组件检修	(1) 检查叶片变形、腐蚀磨损情况，否则予以修复或更换； (2) 测量转动轴直线度； (3) 手盘叶轮半联轴器，转动灵活，无碰擦	(1) 叶片应无弯曲变形，连接牢靠； (2) 叶轮无腐蚀； (3) 转动轴无弯曲，直线度偏差不大于 1‰，轴弯曲度 X 最大/Y＜2/1000（X：偏移，Y：搅拌轴长度）
4	整机装复	(1) 吊装搅拌器叶轮组件，并将其与吸收塔连接，复紧螺栓；安装好中间连接管；机械密封安装过程中不得转动轴； (2) 吊装电动机，测量电动机与减速机带轮间的平行度，调整中心距； (3) 安装皮带，通过电动机底板的调节螺栓，来调整皮带的松紧，皮带松紧应适度； (4) 装好防护罩	(1) 带轮无缺损，轮槽厚度磨损量不超过 2/3； (2) 皮带无撕裂、老化现象； (3) 电动机与减速机带轮间的平行度中心偏差不大于 0.5mm/m，且不大于 100mm，皮带无打滑现象； (4) 皮带张紧度 0.6mm/m，带轮偏心度小于 1/2°； (5) 轴承和机械密封润滑油脂型号正确

续表

序号	检修项目	检修工艺	质量标准
5	整机试运转	(1) 联系电气人员装复电动机，并接好电源； (2) 终结工作票，联系运行部门供电、试转； (3) 测量轴承振动值、温度值、了解电流情况	(1) 动静部分无碰擦，各部密封良好，无漏水、漏油现象； (2) 轴承运转无异声，轴承温升不得超过温度40℃，主轴承温度小于65℃； (3) 电流、振动正常，主要表计完好

5. 事故浆液搅拌器常见故障及处理方法

事故浆液搅拌器常见故障及处理方法见表21-51。

表21-51 事故浆液搅拌器常见故障及处理方法

序号	故障现象	原因分析	处理方法
1	机械密封泄漏	(1) 动环不转； (2) 机械密封磨损； (3) 动环O形密封圈磨损	(1) 调整动环螺栓； (2) 更换机械密封； (3) 更换O形密封圈
2	振动大	(1) 地脚螺栓松动； (2) 减速机对中不好； (3) 动平衡破坏	(1) 紧固地脚螺栓； (2) 检查、调整电动机与减速机中心； (3) 检查调整搅拌轴动平衡
3	皮带打滑	(1) 皮带过松； (2) 皮带损坏	(1) 调整皮带张紧度； (2) 更换皮带
4	噪声过大	(1) 润滑不良； (2) 各部位配合精度降低，磨损严重	(1) 检查更换润滑油； (2) 检查调整各配合间隙
5	轴承温度过高	(1) 润滑不良； (2) 轴承磨损严重； (3) 轴承装配质量差	(1) 检查油位和油质； (2) 更换轴承； (3) 检查调整装配间隙

第七节 湿法脱硫工艺水系统设备

工艺水系统是通过工艺水泵向系统提供的冷却水、冲洗水、密封冷却水等。工艺水系统主要设备有工艺水泵、工业水泵、工艺水箱、除雾器冲洗水箱、除雾器冲洗水泵等。

一、湿法脱硫工艺水系统概述

湿法脱硫工艺水系统主要设备有工艺水泵、工业水泵、除雾器冲洗水泵、工艺水箱、一业水箱、除雾器冲洗水箱及管道阀门等组成。工艺水泵、工业水泵、除雾器冲洗水泵采用卧式离心泵。其工作原理：叶轮装在一个螺旋形的外壳内，当叶轮旋转时，流体轴向流入，然后转 90°进入叶轮流道并径向流出。叶轮连续旋转，在叶轮入口处不断形成真空，从而使流体连续不断地被泵吸入和排出。叶轮高速旋转时产生的离心力使流体获得能量，即流体通过叶轮后，压能和动能都得到提高，从而能够被输送到高处或远处。

工艺水泵结构如图 21-26 所示。

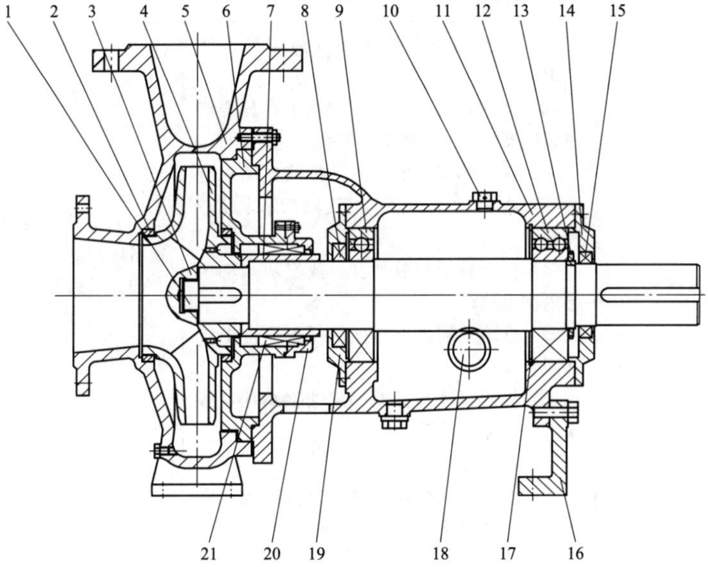

图 21-26　工艺水泵结构图

1—主轴；2—密封环；3—叶轮螺母；4—叶轮；5—泵体；6—泵盖；7—轴套；8、15—油封；9—轴承；10—油孔盖；11—轴承体；12—轴承；13—圆螺母；14—轴承后盖；16—轴承体支架；17—挡圈；18—油镜；19—轴承前盖；20—密封压盖；21—机械密封

二、湿法脱硫水泵检修标准项目

水泵检修标准项目见表 21-52。

表 21-52　水泵检修标准项目

序号	标准检修项目	备注
1	联轴器检查	
2	泵壳检查	
3	叶轮检查	
4	轴承检查	
5	油封检查	
6	主轴检查	
7	机械密封检查	

三、湿法脱硫水泵检修工艺及质量标准

水泵检修工艺及质量标准见表 21-53。

表 21-53 水泵检修工艺及质量标准

序号	检修项目	检修工艺	质量标准
1	检修前准备	(1) 做好检修前数据记录； (2) 准备好备品备件、必要的检修工具等； (3) 办理好工作票，做好隔离措施	
2	泵解体	(1) 拆除联轴器防护罩地脚螺栓及防护罩； (2) 拆除联轴器连接螺栓，用百分表测量联轴器原始对中数据，并详细记录； (3) 联系热工、电气人员拆除电动机电源线，将电动机拆下运至检修现场进行检修； (4) 打开轴承箱放油孔，放空两端轴承箱内润滑油； (5) 拆除泵的进出口连接及泵壳进出口之间管道； (6) 拆除泵体与托架固定连接螺栓，依次拆除泵壳、护板； (7) 检查泵壳有无裂纹、磨损； (8) 取下叶轮前密封环，拆除叶轮，取下叶轮后密封环，按定置图摆放	(1) 所有需要拆卸的位置做好标记； (2) 对润滑油进行清理； (3) 对泵进出口管口进行封堵
3	泵的检查处理	(1) 连同轴套整体取下机械密封，按定置图摆放； (2) 机械密封的拆卸与检查； (3) 拆除端面轴承箱与泵壳连接螺栓，将轴承箱与泵体分离并取出，按定置图放置在检修场所； (4) 清理检查叶轮，若有裂纹或磨损过大应修补或更换； (5) 用拉马拉下主轴上的联轴器，必要时加热联轴器至 80～100℃拆除； (6) 检查联轴器； (7) 检查联轴器连接螺栓及弹性挡圈； (8) 拆除轴承箱两端轴承压盖上盖固定螺栓，整体取出轴承和护套； (9) 用拉马将轴承从主轴上拉出； (10) 检查轴表面的表面粗糙度和弯曲度情况，不符合要求的则给予处理或更换（轴颈表面无锈斑、麻点、蚀坑、划痕）； (11) 将轴承清理干净，检查内外圈、保持架及滚珠； (12) 清理检查轴承室； (13) 检查轴承室密封磨损情况	(1) 清理污垢，动静环密封面有无裂纹、水垢、麻点、划痕，表面平滑，调整弹簧正常； (2) 泵轴应完整、无裂纹、无变形、表面光洁，测量联轴器与轴的配合紧力，并记录； (3) 局部有裂纹及弹性挡圈磨损超标时，应更换； (4) 泵轴弯曲度中间位置≤0.05mm，两端≤0.02mm； (5) 轴承滚道及滚珠无蚀斑、麻点、磨损、划痕，游隙≤0.10mm，否则应更换； (6) 轴承室内无杂质、毛刺、水分，与轴承接触部分光洁无锈迹、斑点、划痕； (7) 泵轴无变形，若磨损量大于 1mm 则更换； (8) 轴承室密封，无磨损，不漏油

续表

序号	检修项目	检修工艺	质量标准
4	回装	(1) 检查需更换的所有备件合格，并把所有数据详细记录； (2) 将轴承用轴承加热器加热至 60～80℃时安装在主轴上； (3) 轴承冷却至常温时连同主轴一起回装至轴承箱里，调整推力端及受力端间隙后紧固轴承箱两端压盖，并加润滑油至油位镜 2/3 油位； (4) 回装联轴器，必要时用轴承加热器加热联轴器至 80～100℃； (5) 回装组合好的机械密封； (6) 将叶轮密封环（2 个）装在叶轮上，并回装叶轮； (7) 将轴承箱连同叶轮一起放置在泵体托架上，装上新的泵壳与泵盖密封圈，将叶轮装进泵壳内；紧固泵壳与泵盖连接螺栓，紧固轴承箱与托架固定螺栓； (8) 手动盘动主轴灵活、无卡涩，否则应重新进行检修； (9) 回装电动机，联轴器找中心	(1) 加热前应对轴承进行清洗，轴承推力端间隙在 0.2 ～ 0.35mm，不超 0.5mm，承力端间隙在 0.1mm 左右； (2) 联轴器找中心，其径向偏差≤0.05mm，轴向偏差≤0.05mm

四、湿法脱硫水泵常见故障及处理方法

水泵常见故障及处理方法见表 21-54。

表 21-54　水泵常见故障及处理方法

序号	故障名称	故障现象	处理方法
1	工艺水中断	工艺水泵跳闸报警	(1) 检查 DCS 控制及电气部分有无问题； (2) 检查泵入口是否堵塞或叶轮卡涩，进行针对性处理
2	水泵振动大	水泵振动超过 0.05mm	检查电动机，复查联轴器中心，检查轴承

第八节　湿法脱硫废水处理系统

脱硫废水系统为整个脱硫系统的排泄部位，是脱硫系统清洁、稳定运行的保证。脱硫废水处理系统包括三联箱系统和脱硫废水零排放系统。三联箱系统的废水处理系统包括以下三个子系统：脱硫装置废水处理系统、

化学加药系统、污泥脱水系统。脱硫废水零排放系统主要包括预处理＋浓缩减量化＋尾水固化系统。

一、三联箱脱硫废水系统

1. 脱硫装置废水处理系统工艺流程

脱硫装置废水处理系统工艺流程：脱硫废水→中和箱（加入石灰乳）→反应箱（加入 $FeClSO_4$ 和有机硫）→絮凝箱（加入助凝剂）→澄清/浓缩器→出水箱→排放。

2. 化学加药系统

脱硫废水处理加药系统包括：石灰乳加药系统、$FeClSO_4$ 加药系统、助凝剂加药系统、有机硫化物加药系统、盐酸加药系统等。为方便维护和检修，每个箱体均设置放空管和放空阀门，各类水泵均按 100% 容量 1 用 1 备。所有泵出口均装有逆止阀，在排出和吸入侧设置隔离阀，并装有抽空保护装置，计量泵采用隔膜计量泵，带有变频调节和人工手动调节冲程两种方式，在每套加药系统中均装有流量计。

3. 污泥脱水系统

澄清池底的浓缩污泥中的污泥一部分作为接触污泥经污泥回流泵送到中和箱参与反应，一部分污泥由循环泵进行循环，另一部分污泥由污泥输送泵泵送到板框压滤机，污泥脱水装置由板框式压滤机和滤液平衡箱组成，污泥经压滤机脱水制成泥饼外运倒入灰厂，滤液收集在集水盘中流至溢流坑，由溢流坑泵送往第一沉降阶段的中和槽内或选择性排至化学废水池中。

二、三联箱脱硫废水系统检修

1. 脱硫废水系统检修项目

（1）计量泵检修标准项目见表 21-55。

表 21-55　计量泵检修标准项目

序号	标准检修项目	备　注
1	检查出入口阀球、阀座、安全阀，清扫缸体	
2	检查隔膜片，更换逆止阀密封垫圈	
3	检查活塞杆，更换隔膜片，清理通流部分	
4	出入口管道、阀门清理检查	
5	检查更换润滑油、隔膜油	

（2）板框压滤机检修标准项目见表 21-56。

表 21-56　板框压滤机检修标准项目

序号	标准检修项目	备　注
1	滤布检查、更换	
2	滤板检查、更换	
3	液压泵入口滤网检查	
4	液压缸、油管及接头检查	
5	传动链条、星形齿轮检查	
6	液压油箱换油	

（3）澄清器检修标准项目见表 21-57。

表 21-57　澄清器检修标准项目

序号	检修标准项目	备　注
1	检查出水孔板，环形集水槽，澄清器器壁，排泥斗的强度及腐蚀情况，并清理内部污泥	
2	刮泥板主轴与机座底面垂直度检查	
3	刮泥板主架、桁架、拉杆紧固件检查	
4	刮板下缘与池底间距检查	
5	刮泥板分段刮板运行轨迹重复性检查	
6	澄清池内壁、中心筒防腐检查	
7	斜管/刮板支撑防腐检查	
8	斜管/刮板变形度检查、更换	
9	稳流片检查、更换	
10	检查来水管道、定排管道、连排管道的污堵情况	
11	检查澄清器内外部钢结构有无腐蚀、开焊及变形情况	
12	解体检查刮泥机减速箱	
13	检查澄清器取样管道	
14	检查、清理冲洗装置	

（4）澄清器刮泥机检修标准项目见表 21-58。

表 21-58　澄清器刮泥机检修标准项目

序号	检修标准项目	备　注
1	刮泥机链条检查、加油脂	
2	电动机减速箱解体检查、换油	
3	提升装置解体检查	
4	蜗轮、蜗杆解体检查	
5	力矩保护装置解体检查	
6	轴承检查、更换	

（5）离心脱泥机检修标准项目见表21-59。

表21-59　离心脱泥机检修标准项目

序号	检修标准项目	备　注
1	螺旋转鼓检查、更换	
2	主轴承检查、更换	
3	液压马达检查	
4	液压缸、油管及接头检查	
5	传动皮带、皮带轮检查	
6	液压油箱换油	

2. 脱硫废水系统设备解体检修工艺及质量标准

（1）计量泵检修工艺及质量标准见表21-60。

表21-60　计量泵检修工艺及质量标准

序号	检修项目	检修工艺	质量标准
1	泵解体	（1）将泵的行程调至50%，拆除出入口法兰或连接锁母； （2）拧下入口阀本体，取出入口阀球； （3）拧下出口阀本体，取出出口阀球； （4）松开液压缸螺栓，拆下液压缸缸头，取下隔膜片； （5）清洗并检查液压缸及出入口阀本体及螺纹孔的螺纹状况，检测阀球阀座的配合严密性； （6）检查隔膜片的磨损情况，然后把行程调至零位； （7）拆下电动机，拆下侧盖； （8）拆下蜗轮轴； （9）松开刻度盘及调节环的压紧螺母，取下刻度盘及调节环，抽出半圆键； （10）松开刻度盘侧端盖螺栓，用顶丝顶下端盖，并检查端盖上油封磨损及老化情况； （11）从偏心轴上抽下调节套筒由滑块上取下滑块销；	（1）通流部分无被腐蚀和裂纹等缺陷，表面粗糙度不低于$Ra0.8\mu m$； （2）柱塞表面无被磨损现象，柱塞表面与端面处垂直度允许误差小于0.01mm，表面粗糙度$Ra0.8\sim0.20\mu m$，硬度不低于HB(475±25)； （3）进出口阀座平整，表面粗糙度为$Ra0.8\sim0.20\mu m$，硬度不低于HB(475±25)； （4）阀球必须光滑，圆度0.01mm，不得有任何划痕或剥皮，表面粗糙度$Ra0.8\sim0.20\mu m$； （5）隔膜片与液压缸间隙不大于0.80mm；

续表

序号	检修项目	检修工艺	质量标准
1	泵解体	（12）从端盖上取下轴承及油封； （13）松开刻度盘对侧面端盖螺栓，用顶丝顶起端盖； （14）将端盖及轴组件由调速箱中抽出，并拆下滑块； （15）松开轴承端盖螺栓取下轴承端盖； （16）松开轴承固定压板螺栓，取下固定压板； （17）将偏心轴组件由端盖上拆下； （18）从偏心轴上拆下轴承； （19）从偏心轴上拆下蜗轮，取下键； （20）拆除曲柄固定销卡子，抽出固定销，取出曲柄，从泵头侧抽出曲柄连接套； （21）拆除调速箱蜗杆上半联轴器，取出键； （22）拆除蜗杆压板，将蜗杆及轴承组件由调速箱体上拆下； （23）从蜗杆上拆下轴承； （24）拆除调速箱后端盖； （25）从调速箱后端盖旋下油位监视窗	（6）曲轴两端的径向跳动≤0.03mm，轴中心与主轴中心线平行度偏差为0.15～0.20mm； （7）主轴径的圆锥度、圆度不允许超过主轴径公差一半，曲轴表面粗糙度不低于$Ra0.8\mu m$； （8）曲柄大小头的铜套，无裂纹、拉伤，表面粗糙度值小于$Ra1.6\mu m$，曲柄大小头孔的圆度公差为0.05mm，与曲轴的不同心偏差为≤0.05mm； （9）蜗轮及蜗杆应无毛刺、裂纹，表面粗糙度值小于$Ra1.6\mu m$； （10）青铜套与柱塞间隙为0.10～0.15mm； （11）蜗杆中心线与蜗轮中心平面极限偏差为±0.034mm； （12）蜗杆传动啮合侧隙≤0.095mm； （13）蜗杆传动啮合接触面积沿尺高应＞60%，沿尺宽＞65%； （14）齿轮箱油位不低于油窗标线1/2；
2	设备回装	（1）将轴承装在蜗杆两端； （2）将蜗杆及轴承组件装入变速箱轴承座上并装好蜗杆压板，压紧就位，装好键和半联轴器； （3）从泵头侧穿入曲柄连接套，装好曲柄，穿上固定销，装好卡子； （4）装好键，将蜗轮装在偏心轴上，装好偏心轴轴承； （5）将偏心轴组件装至端盖上，装好轴承固定压板，旋紧紧固螺栓将轴及轴承拉装到位，并装好轴承端盖； （6）将滑块组装在凸轮上； （7）将端盖及偏心轴组件由刻度盘对侧穿入变速箱； （8）穿入时注意蜗轮及蜗杆正确啮合； （9）偏心轴上的凸轮应穿入曲柄孔中，配合间隙良好； （10）装好滑块销，将调节套筒穿入轴上，对正调节滑道与滑块销； （11）在刻度盘端盖上装好油封及轴承； （12）装好刻度盘端盖，紧好螺母； （13）装好半圆键，顺序装好调节盘及刻度环，紧好压紧螺母；	

续表

序号	检修项目	检修工艺	质量标准
2	设备回装	(14) 在调速箱后端盖上装好油位监视窗，回装后端盖，拧紧紧固螺栓； (15) 装好电动机，紧好电动机螺栓； (16) 装好电动机后应手动盘车试验，电动机应随盘车转动灵活； (17) 装好导向轴套，装好支架，拧紧连接螺栓； (18) 装好垫片，拧紧调速箱放油螺塞； (19) 手动盘车灵活，拆开调速箱注油端盖，加好机油，封上注油端盖； (20) 按顺序将活塞密封环及水封环装入活塞缸内并带上压盖； (21) 将活塞杆穿入活塞缸内； (22) 以上两步工作时应在密封圈内外表面涂一层薄润滑油，操作应缓慢进行，不允许硬装； (23) 旋好螺栓回装活塞缸，并拧紧螺母； (24) 旋紧活塞与连杆锁母； (25) 旋上螺栓，装好液压缸，拧紧螺母； (26) 旋上螺栓，装好出口阀，拧紧螺母； (27) 旋上螺栓，装好入口阀，拧紧螺母； (28) 连接出入口法兰	(15) 泵体组装完毕后手动盘车灵活，无卡涩现象，外观无油污锈迹并涂刷防锈漆； (16) 试运后泵体振动≤0.03mm，泵体及变速箱油温≤70℃；活塞压兰处无泄漏，冷却水流量正常，试运时间不小于4h
3	试运行	运行正常，无卡阻	

(2) 离心脱水机检修工艺及质量标准见表21-61。

表21-61　离心脱水机检修工艺及质量标准

序号	检修项目	检修工艺	质量标准
1	检修前准备	(1) 做好检修前数据记录； (2) 准备好备品备件，必要的检修工具等； (3) 办理好工作票，做好隔离措施，联系电气人员拆线	
2	离心脱水机的检修	(1) 拆下罩壳上盖螺栓、皮带罩螺栓，并将它们吊下； (2) 松开并扳下V带； (3) 松开液压软管螺母，拆除液压软管，拆除进料管法兰与轴承盖之间的连接螺栓，取出进料管组件；松开两主轴承上盖螺栓，取下轴承座地脚螺栓，用吊绳吊下转子，在吊转子过程中注意安全，以避免损坏固定在底架上的罩壳下腔；将转子放在枕木上； (4) 拆除液压差速器，松开液压差速器法兰螺钉，取下差速器；	

续表

序号	检修项目	检修工艺	质量标准
2	离心脱水机的检修	(5) 拆除螺旋，拆下螺旋轴颈上轴用挡圈，拆下小端法兰与转鼓及轴承压盖的连接螺栓，使小端法兰与转鼓分离，松开大端法兰螺钉，用顶出螺钉将大端与转鼓分离，然后小心将螺旋从转鼓中取出； (6) 回装，按拆卸相反的顺序安装，装配时应仔细确认并对齐法兰与转鼓上标记，在安装时轴承及密封圈内应充满油脂，所有螺栓应拧紧，并用油枪在每个加油处加适量油脂	
3	工作结束	做到工完料尽场地清	

(3) 澄清池本体检修工艺及质量标准见表21-62。

表21-62 澄清池本体检修工艺及质量标准

序号	检修项目	检修工艺	质量标准
1	检修前准备	(1) 做好检修前数据记录； (2) 准备好备品备件，必要的检修工具等； (3) 办理好工作票，做好隔离措施，联系电气人员拆线	
2	澄清池本体检修	(1) 将澄清池内的水排空，并将内部的污泥清除干净； (2) 冲洗并清理检查辐射集水槽； (3) 将澄清池内部铁件打磨除锈并涂刷防腐漆； (4) 检查澄清池内部爬梯是否有变形及腐蚀现象； (5) 检查澄清池所有的阀门，阀门应开关灵活，严密性好；无内漏和外漏现象	(1) 澄清池内部所有铁件防腐层良好； (2) 各阀门操作正常，严密可靠
3	检修结束	做到工完料尽场地清	

(4) 刮泥机及搅拌机检修工艺及质量标准见表21-63。

表21-63 刮泥机及搅拌机检修工艺及质量标准

序号	检修项目	检修工艺	质量标准
1	检修前准备	(1) 做好检修前数据记录； (2) 准备好备品备件，必要的检修工具等； (3) 办理好工作票，做好隔离措施，联系电气人员拆线	

续表

序号	检修项目	检修工艺	质量标准
2	刮泥机及搅拌机检修	（1）拆除蜗轮变速箱与基座的连接螺栓，放空变速箱中的润滑油； （2）松开锁紧螺母和大螺母，取下推力轴承； （3）将搅拌机和刮泥机的变速箱做好标记后解体检修； （4）检查变速箱滚动轴承是否完好； （5）检查变速箱骨架油封的是否完好； （6）检查齿轮箱箱体是否完好； （7）检查搅拌机叶轮腐蚀情况； （8）清理并打磨主轴，检查主轴的弯曲度，并检查刮泥耙板的是否完好	（1）减速箱基座加工面的水平偏差≤0.05mm/m； （2）澄清池刮泥机及搅拌机减速器的输出轴与澄清池中心线偏差≤5mm； （3）骨架油封保持0.2～0.3mm的紧力； （4）搅拌机叶轮径向跳动≤0.06mm，端面跳动≤0.05mm；刮泥机刮板与池底距离偏差为±10mm，耙架倾斜角允许偏差20′，刮泥耙在长度方向允许偏差为600mm

3. 脱硫废水系统常见故障及处理方法

（1）板框压滤机常见故障及处理方法见表21-64。

表21-64　板框压滤机常见故障及处理方法

序号	故障现象	产生原因	处理方法
1	滤板间漏料（漏浆液）	（1）滤板密封面夹有杂物； （2）油缸压力不足	（1）清理密封面； （2）检查油泵压力达到压紧压力，否则油缸有内泄，应更换密封圈或者检查卸压阀弹簧
2	滤板变形及破碎	（1）使用质量差的滤浆并夹有杂物，堵塞孔道，造成滤室的压力差； （2）压紧压力不够； （3）温度超过100℃	（1）清洗疏通孔道，清除滤浆中杂物； （2）调整液压系统压力； （3）降低滤浆的温度
3	滤液混浊	（1）滤布破损； （2）滤布选择不当	（1）局部缝补或更换滤布； （2）选择合适的滤布
4	过滤效果差	（1）滤布选择不当； （2）滤饼含水率高； （3）滤板排水孔道堵塞	（1）选择合适的滤布； （2）清洗或更换滤布，检查助滤剂是否适量； （3）清洗疏通孔道
5	拉板脱钩	（1）拉钩复位拉簧锈蚀； （2）滤板滚轮磨损	（1）更换新拉簧； （2）更换滚轮

（2）计量泵常见故障及处理方法见表21-65。

表 21-65　计量泵常见故障及处理方法

序号	故障现象	产生原因	处理方法
1	泵体发热	出口门未开启	打开出口手动门
2	泵无药液打出或出药量过小	（1）泵出口门未开启； （2）泵进口滤网堵塞； （3）进出口管道堵塞； （4）变频器故障； （5）进出口逆止门堵塞	（1）打开出口手动门； （2）进口滤网清理； （3）进出口管道清理； （4）进出口逆止门检查、清理

第九节　湿法脱硫废水系统零排放

一、湿法脱硫废水系统零排放概述

由于脱硫废水含有大量的悬浮物、氯离子、重金属及盐类，其回用受到限制。随着环保法律法规日益严苛，许多地区要求燃煤电厂实现废水不外排或者对外排水的含盐量有明确要求。因此，脱硫废水往往需要通过蒸发技术实现零排放，国内实现零排放的电厂主要包括河源电厂、三水恒益电厂、华能长兴电厂、国电汉川电厂等。

目前在脱硫废水零排放领域的主要处理方法是“预处理＋浓缩减量化＋尾水固化”，具体工艺因水质不同而工艺有所差异，主要有以下的工艺：

（1）所用的预处理方法有传统三联箱工艺、化学软化澄清工艺，以及管式微滤。

（2）浓缩减量化工艺主要分为热法蒸发浓缩和膜法浓缩。

（3）尾水固化分为蒸发结晶、烟道喷雾蒸发、旁路烟气余热喷雾干燥等。

二、湿法脱硫废水零排放工艺介绍

脱硫废水零排放主要工艺有两种：一是通过预处理＋分盐＋蒸发结晶获得可资源化利用的 NaCl 盐；二是将减量化后的废水利用烟气固化干燥后进入灰中。

由于脱硫废水含有大量的悬浮物、氯离子、重金属及盐类，其回用受到限制。随着环保法律法规要求，许多地区要求燃煤电厂实现废水不外排或者对外排水的含盐量有明确要求。因此，脱硫废水往往需要通过蒸发技术实现零排放，目前国内脱硫废水零排放主要技术路线如下。

1. 机械雾化蒸发

机械雾化蒸发工艺的性能受气候条件影响显著，其中，环境因素中风速是影响蒸发速率的主要原因；下雨天湿度较大，蒸发效率很低，一般会停机；春夏蒸发量是秋冬蒸发量的 3 倍；工艺将高盐废水直接向灰场等场所喷雾，可能造成雾滴飘散至其他场所，影响周围环境，造成二次污染。

机械雾化蒸发工艺腐蚀、结垢问题严重，脱硫废水富含硫酸盐、亚硫酸盐及 Ca^{2+} 等硬度离子，结果导致其在机械雾化蒸发设备的管壁及喷头处析出，成为难以清除的垢。垢的产生会导致喷嘴污堵、腐蚀设备等问题，降低蒸发效率及影响设备长期稳定运行。

2. 浓缩

为减少蒸发固化的处理量，提高零排放系统的经济性，需要对脱硫废水进行减量化处理。目前广泛使用的是膜分离技术，包括反渗透（RO）、正渗透（FO）、电渗析（ED）、膜蒸馏、DTRO 和纳滤。实际应用时考虑浓缩程度和对结晶盐的要求选择合适工艺或工艺组合。浓缩工艺对进水水质要求较高，需要对废水进行软化预处理，增加投资和运行成本及系统复杂性，对运行管理要求提高。

除膜浓缩外，热法浓缩，如多效蒸发（MED）、机械蒸汽再压缩（MVR）以及烟气余热浓缩也有一定的应用。

3. 蒸发结晶

蒸发结晶工艺通常建设和运行成本高、工艺复杂、维护量大、结晶产物可利用度低，若要回用结晶产物需要更严格的预处理，提高系统复杂性和建设运行成本。

4. 直接烟道喷雾蒸发

直接烟道蒸发需要锅炉尾部直段烟道长度不小于 9m，烟道复杂结构形式及内部支撑杠增加了挂灰、结垢、腐蚀的风险；其处理能力受机组负荷影响较大，需保证废水蒸发后的烟气温度大于或等于 110℃。在低负荷下，排烟温度较低，脱硫废水处理量受限，需考虑采用一定的预处理及减量化工艺；雾化喷射系统运行不稳定时可能会有部分脱硫废水沾湿烟道壁，为了保证安全运行，需对烟道部分进行防腐处理并设置吹灰系统；其系统安全性存在一定影响。

5. 间接烟道喷雾蒸发

间接烟道喷雾蒸发技术解决了一些直接烟道喷雾蒸发存在的不足，但其蒸发水量仍然受到机组负荷的影响，还会增加机组煤耗，对锅炉效率也会产生一定影响。

6. 电解制氯技术

电解制氯技术适用于海滨电厂，废水中 Cl^- 浓度高于 20 000mg/L 时，电解制取次氯酸钠浓度才可满足回用要求。但是废水中 F^- 浓度视电极材质不同和耐受浓度不同，需要严格控制，一般海水电解电极不宜超过 1mg/L。

三、湿法脱硫废水零排放工艺线路

1. 工艺路线一：DTRO 减量化浓缩＋旁路烟气余热喷雾干燥技术（直

接烟道蒸发技术）

将脱硫废水进行除硬，使符合 DTRO 膜的进水水质要求，然后用 DTRO 将废水进行减量化，产水回用，将浓缩减量后的脱硫废水以喷雾形式喷入设置于烟道旁路的喷雾干燥塔，从空气预热器前的烟道引出适量中温烟气（约 300℃）至旁路干燥塔，脱硫废水被完全干燥，盐类随烟气进入除尘装置，与烟尘一起落入除灰系统中。

直接烟道蒸发技术是先进行预处理以提高脱硫废水浓度，减少后续废水处理量。浓缩后的废水通过喷嘴进入除尘器和空气预热器之间的烟道。经过雾化的液体会在烟气高温的作用下迅速蒸发，废水中的水成为水蒸气由烟囱排出，污染物质由除尘器捕捉，并随着粉煤灰排出，从而达到废水污染物脱离的目的。该技术的优点是利用锅炉现有设备，改造成本较低；废水处理量较膜渗透技术较大，初期投资较低。但该技术受限于原有设备，由于处理的废水含氯等杂质多，容易造成烟道腐蚀和堵塞，影响机组正常运行；系统使用烟道中的部分热量，受限于出口烟温，所以处理的废水量较化学法来说较低。国内实际应用的内蒙古某电厂，采用的就是直接烟道蒸发工艺，脱硫废水处理量为 $17m^3/h$。

直接烟道蒸发工艺流程如图 21-27 所示。

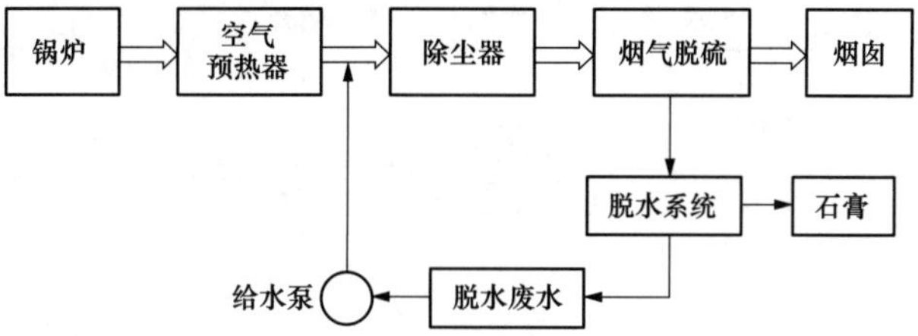

图 21-27　直接烟道蒸发工艺流程

2. 工艺路线二：余热蒸发减量化浓缩＋旁路烟气余热喷雾干燥技术

将高盐废水进行简单预沉淀后，进入余热蒸发减量化浓缩装置中进行减量化处理，该减量化装置采用除尘器后的低温烟气（约 100℃）作为热源。减量化装置的产水回用，浓缩减量后的脱硫废水以喷雾形式喷入设置于旁路的喷雾干燥塔，从空气预热器前的烟道引出适量中温烟气（约 300℃）至旁路干燥塔，脱硫废水被完全干燥，盐类随烟气进入电除尘装置，与烟尘一起进入除灰系统中。

旁路烟道蒸发技术的原理与直接烟道蒸发技术的原理相似，区别在于旁路烟道蒸发法需要把高温度的烟气从旁路引出，从非主路引出，并且增加了雾化干燥系统。相对于直接烟道法技术，该技术的优点是操作较简单，安全性较高。由于旁路系统的加入，对原设备的影响较小，在腐蚀性和堵塞性上远高于直接烟道蒸发技术。缺点是设备和流程更加复杂，占地面积和投资较高，后期设备保养和维护工作有所增加。

旁路烟道蒸发工艺流程如图 21-28 所示。

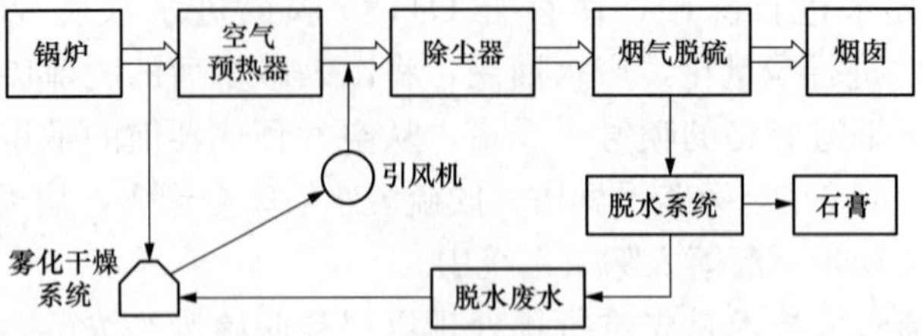

图 21-28　旁路烟道蒸发工艺流程

3. 工艺路线三：常温结晶-纳滤＋电渗析-反渗透＋MVR 蒸发结晶工艺

采用三联箱工艺系统和具有国能集团自主知识产权的常温结晶-纳滤预处理技术，对其产水采用电渗析-反渗透的极限浓缩，最终通过 MVR 蒸发结晶器进行 NaCl 盐的制取，其工艺流程如图 21-29 所示。

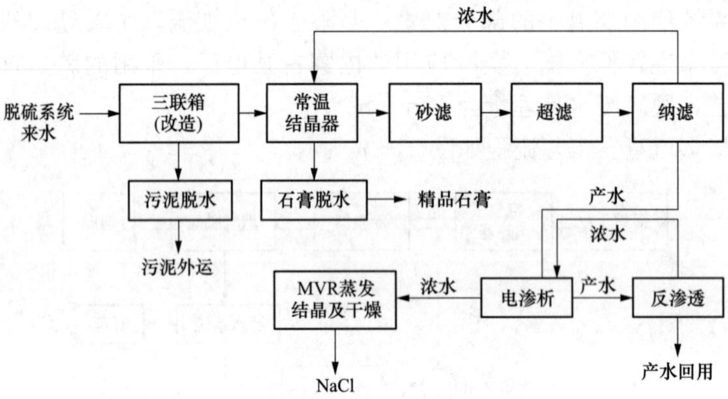

图 21-29　常温结晶-纳滤＋电渗析-反渗透耦合技术工艺流程

目前零排放技术路线主要分为两大类：

(1) 采用软化预处理工艺减少废水中的致垢离子，再通过反渗透、正渗透、电渗析等膜浓缩工艺对废水进行浓缩减量，浓缩后的废水含盐量达到 100 000mg/L 以上，且主要盐分为氯化钠和硫酸钠，这部分浓水可用于干灰拌湿，而且此法不适用于电厂，需要应用蒸发技术实现固液分离，此处应用到的技术包括烟气余热喷雾蒸发干燥、多效或机械再压缩蒸发结晶等，最终形成的固废结晶盐需妥善处置。

(2) 通过浓缩减量或经过简单预处理后进行烟气余热干燥，有 10 余家电厂采用烟气余热技术进行了尾水固化，其中部分电厂采用了低温烟道内蒸发，部分电厂采用了旁路高温烟气余热蒸发。

近年来废水零排放技术发展很快，各大发电集团相继有很多机组废水零排放系统建成投产，另有一大批完成了现场中试试验，部分已投产项目技术路线见表 21-66。

表 21-66　部分已投产项目技术路线

序号	所属集团	电厂及其机组	技术路线或方案	备注
1	深能源投资集团	广东河源电厂 2×600MW	二级软化澄清＋4 效 MED 蒸发＋结晶＋压滤机＋干燥＋结晶盐打包	2009 年投运
2	华能集团	内蒙古上都电厂 4×600MW	膜浓缩＋烟道蒸发	2011 年投运
3	广发集团	三水恒益电厂 2×60MW＋2×660MW	2 级机械蒸汽压缩蒸发技术＋2 级多效蒸发技术工艺＋结晶物干燥系统	2012 年投运
4	华电集团	内蒙古土右电厂 2×660MW	膜浓缩＋烟道蒸发	2015 年投运
5	华能集团	浙江长兴电厂 2×660MW	废水综合＋正渗透浓缩＋固化处理	2015 年投运
6	国能集团	湖北汉川电厂 4×300MW＋2×1000MW	软化预处理＋纳滤（NF）分盐＋反渗透（SCRO）＋碟片式高压反渗透（DTRO）＋MVR 结晶	2016 年投运
7	华电集团	潍坊发电厂 2×600MW	脱硫废水-预沉池-一体化雾化蒸发安保器-清水箱-烟道雾化蒸发	2017 年投运
8	国能集团	泰州电厂 4×1000MW	低成本资源化利用	2017 年投运

四、湿法脱硫废水零排放实例

以下介绍余热蒸发减量化浓缩＋旁路烟气余热喷雾干燥技术工艺实例。

1. 系统简述

旁路烟气余热喷雾干燥工艺是先将减量后的高盐废水缓存在废水箱中，通过喷雾模块雾化后喷入旁路烟气余热喷雾干燥塔（以下简称 BFGD），利用烟气余热将其蒸发，并析出污染物的废水处理工艺。BFGD 布置于脱硝反应器（SCR）和电除尘器（ESP）之间的空地，少部分热烟气自脱硝反应器出口引出，进入 BFGD，换热后的烟气再返回接入除尘器入口烟道。

BFGD 干燥腔内，被气液双流体喷嘴雾化后的废水与热烟气充分接触并换热，在高温烟气的加热作用下液相水完全蒸发成气相水蒸气进入脱硫设施被重复利用；废水中的污染物转化为结晶物或者盐类等固体，随烟气中的飞灰一起被除尘器收集下来，从而除去高盐废水中污染物，实现废水的零排放。

2. 系统构成

根据设备选型及本工程脱硫废水量，本项目 4 台炉设置一套两列 2×15t/h 废水处理系统，废水处理总量为 30t/h，系统主要包括：废水储存及输送系统、烟气余热利用系统、多效闪蒸系统、喷雾干燥塔系统、排空系统、电气系统、控制系统。

（1）废水储存及输送系统。设置1个废水调节箱，脱硫废水直接从废水旋流器溢流口取水，不需要进行预处理，废水箱容积为200m³，满足约6h废水储存量，废水箱材质为碳钢衬玻璃鳞片，废水箱顶部设顶进式搅拌器。废水箱废水通过废水给料泵送至多效闪蒸系统的一效分离器，设置2台废水给料泵，1运1备。

（2）烟气余热利用系统。某电厂为2台1000MW机组，2台机组除尘器出口烟温为95℃，烟道换热器共设置2台，分别安装于2台机组除尘器出口烟道内，正常运行能满足2台机组30t/h废水装置运行需求。

每台烟道换热器按照满足全套多效蒸发结晶系统处理量的30%进行设计，烟道换热器换热管及翅片采用耐磨耐腐蚀材质。每台烟道换热器阻力为60～75Pa，可以将吸收塔入口烟气温度降低5～6℃，使进入吸收塔的烟气工况流量减少，使吸收塔阻力减少，综合考虑，增加烟道换热器后，烟气系统总的阻力增加40～50Pa，对烟气系统影响很小。

设置1台循环冷凝水罐，2台补水水泵，补水水泵1运1备。烟气余热利用系统设置2台一效真空泵（1运1备）。

（3）多效闪蒸系统。本方案设置1套两列不小于15t/h多效闪蒸系统，多效闪蒸系统在真空泵作用下保持负压工况，废水给料泵来的废水进入一效分离器，一效分离废水通过循环管（循环管采用玻璃钢材质）用一效强制循环泵送到一效加热器管程，来自烟道换热器蒸汽进入一效加热器壳程，废水被加热后再回到一效分离器，在一效分离器中产生蒸汽进入二效加热器壳程，一效分离器中的废水继续循环进入一效加热器与蒸汽换热，由于一效分离器废水中水分蒸发，浆液浓度增加。

蒸发系统采用多效蒸发时，废水在一效分离器中经一效蒸发器均匀地在加热管内壁从下向上流动，并利用一效强制循环泵进行强制循环蒸发浓缩。在蒸发器上端设有专门的汽液两相共存的沸腾区，物料在沸腾区内，汽液混合物的静压使下层液体的沸点升高，并使溶液在加热管中螺旋流动时只受热而不产生汽化，沸腾物料进入一效分离室完成汽、液分离，物料在一效系统内经多次自然式循环后，完成初步浓缩的料液在压差的作用下进入二效分离器。

进入二效分离器的物料运用与一效分离器内相同的原理，利用一效分离器产生的二次蒸汽作为后部的蒸发器的热源，并利用循环泵进行强制循环蒸发浓缩。

当二效分离器内浓缩物料达到设计浓度时，料液被送至喷雾干燥塔系统，各效因出料而产生液位降低，这时物料在进料泵的作用下和相连通的物料管自行补充各效分离室、蒸发器内的物料，各效物料的补充速度由进料电动阀控制，从而达到自动控制蒸发器各效液位的目的。

为保证后续旁路烟道蒸发塔系统的运行条件，多级闪蒸工艺作为脱硫废水的预处理时，控制浓缩倍率到5～6倍，此时浓缩的废水含固率控制到16%～20%，具有非常好的输送流动性，满足后续蒸发塔的进液条件。

第二效蒸发器和凝液罐中产生的蒸汽冷凝液经凝结水泵输送至循环水系统回用。冷凝系统采用管式密闭换热器，将蒸发系统产生的蒸汽换热成冷凝水，回用至脱硫系统。本装置冷凝系统冷却水采用厂内循环冷却水，水温为28～32℃，循环水量为250t/h。换热后回厂用循环冷却系统。

本系统设置1台尾气冷凝罐；2台凝结水泵（1运1备）；2台尾气真空泵（1运1备）。

（4）喷雾干燥塔系统。浓浆泵排出的浓浆液进入USC高效澄清器一级反应区，同时通过加药泵往一级反应区加入凝聚剂和液碱将浓浆的pH值由3以下提升至9.5左右，并形成悬浮物絮体。浓浆再进入二级反应区，与投加的有机硫溶液反应去除重金属离子。二级反应区出水进入澄清器底部澄清区域进行固液分离。在澄清区域分离后的上部清液自流进入喷雾水箱（容积200m^3），下沉至底部的污泥通过污泥泵送至石膏脱水系统，随同石膏一同脱水。喷雾水箱的废水通过喷雾水泵送入旁路烟气蒸发系统。其中，在一级反应区提高废水pH值的目的是为防止废水在高温段烟气蒸发过程中HCl挥发腐蚀设备。一级反应区、二级反应区和澄清区每个区域均设置搅拌装置，不同区域之间设置挡板，采取溢流进水的方式。三个功能单元集中布置，一方面可以节省占地面积，另一方面减少了设备之间连接管道堵塞的概率。

（5）旁路烟气蒸发系统。旁路烟气蒸发系统为一台机组配置一套，每套可蒸发废水量为4m^3/h。

高温烟气从脱硝出口空气预热器之前的A、B侧母烟道各引出一部分，通过烟气分配器分配均匀后进入蒸发塔上部，与喷雾水泵送来的经过旋转雾化器雾化后的细小废水液滴充分接触，使液滴中的水分迅速蒸发，废水中的盐类被干燥析出，混入烟气的粉尘中，在电除尘器中被捕捉收集下来。废水蒸发后的水蒸气与烟气混合后从蒸发塔下部引出，分别回到A、B侧空气预热器之后的母烟道内。蒸发塔下部自然沉降的少部分粗颗粒灰和结晶盐混合物通过仓泵直接送入渣仓或原灰库，蒸发产生的大部分灰和结晶盐混合物随烟气进入电除尘器被捕捉回收至电除尘灰斗，通过气力输灰系统送至灰库。

3. 各系统设备组成

（1）污泥预分离系统为公用系统，主要设备有：1座废水预沉池、2台预沉污泥泵、1台澄清器刮泥机、1个废水箱地坑、1台地坑泵、1个废水箱地坑搅拌器、2座废水箱、3台废水泵、2个废水箱搅拌器。

（2）单套低温烟气浓缩系统的主要设备包括：1座浓缩塔、1台浓缩塔增压风机（配备2台冷却风机，1用1备；2台密封风机，1用1备），1个烟气进口挡板门、1个烟气出口挡板门以及烟气系统进、出口挡板门共用一套密封系统（2台密封风机1用1备，1台电加热器）、2台废水循环泵、2层喷淋层、一级管式除雾器、一级屋脊式除雾器、1座废水浓浆箱、2台废水浓浆泵、1个废水浓浆箱搅拌器、1个废水浓缩地坑、1台废水浓缩地坑泵、1个废水浓缩地坑搅拌器。

（3）重金属无害化处置系统的主要设备包括：1座USC高效澄清器、1台一级搅拌器、1台二级搅拌器、1台刮泥机、2台污泥泵、1座喷雾水箱，3台（2运1备）喷雾水泵、1个喷雾水箱搅拌器、2座液碱溶液箱、2座凝聚剂溶液箱、2座有机硫溶液箱及其搅拌器、2台液碱加药泵、2台凝聚剂加药泵、2台有机硫加药泵、1个废水加药地坑、1台废水加药地坑泵。

（4）单套旁路烟道蒸发系统的主要设备包括：1台旋转雾化器，1台水冷机、2台冷却风机、1台冷干机、1座蒸发塔、1个烟气均布器、1个母管电动热风调门、1个母管电动热风隔绝门，2个支管电动热风隔绝门、4个手动热风隔绝门、1套输灰系统（包括1台仓泵及配套阀门）等。

第十节　循环流化床炉内脱硫

循环流化床锅炉在不投石灰石的条件下，SO_2 实际排放浓度应低于以全硫为基计算的理论排放浓度，这种现象称为煤的自脱硫。这是因为：一方面，煤中有一部分硫为不可燃硫，在850～950℃的燃烧温度条件下并不分解生成SO_2；另一方面，煤灰中含有一定的碱金属氧化物，这些物质也同石灰石一样具有一定的固硫能力，虽然所有煤都具有一定的自脱硫能力，但脱硫程度却不尽相同，这同煤自身的特性和燃烧条件有关。在考虑脱硫用石灰石量时，可考虑煤自身的钙硫摩尔比，相应添加的石灰石钙硫摩尔比可适当降低。

一、石灰石输送方式

循环流化床锅炉的石灰石给料方式主要有两种：重力给料和气力输送。

1. 重力给料

重力给料是将破碎后的石灰石送入一个与煤斗同高度的石灰石斗，石灰石与煤同时从各自的斗中落入带式输送机，再从带式输送机进入落煤管加入炉膛。重力给料方式具有系统简单、运行方便、设备维修工作量小等优点，但存在的一些问题，使重力给料方式目前很少被采用。其主要问题如下：

（1）要求石灰石斗的位置较高。因为石灰石斗位置较低，无法实现重力给料过程。但石灰石斗位置较高，就要将在较低位置处破碎的石灰石输送至较高位置处的石灰石斗，增加了输送过程。并且为支撑较高位置石灰石斗，必须增加钢架支撑重力，从而增加了金属耗量。

（2）不能单独控制石灰石的输入量。因为石灰石的给料量应该根据SO_2的排放值进行控制和调节，由于重力给料中煤与石灰石是同时落入带式输送机的，因此煤与石灰石的输入量不能分开控制，客观上使重力给料无法根据 SO_2 的排放值调节石灰石给料量，以达到保证排放和经济运行的目的。

（3）不适宜含水量较高的煤。重力给料方式的石灰石与煤一起进入落煤管，虽然煤对含水量的要求不太高，煤的应用基水分小于 12%一般认为是合适的，但石灰石对含水量的要求较高，一般不得高于 3%。所以，水分相对较高的煤与石灰石在落煤管中混合，就可能造成石灰石潮湿黏结，引起落煤管不畅，并可能影响床内的石灰石煅烧和脱硫效果。

2. 气力输送

鉴于以上重力给料方式这些问题，使循环流化床锅炉的石灰石给料方式通常采用气力输送方式，虽然气力输送的系统和设备与重力给料相比较复杂，但它能解决重力给料存在的题。一是不需要将料斗置于较高的位置，从而节省了金属耗量；二是炉膛给料口的位置有较大的选择余地，可根据需要单独设立石灰石给料口；三是可以将石灰石给料系统和给煤系统完全分开，可自由地根据 SO_2 的排放值调节石灰石给料量，从而达到保证排放和经济运行的目的。

3. 石灰石送入炉膛的方式

目前石灰石送入炉膛主要有三种方式：一是设置独立的石灰石喷入口；二是在二次风喷口内装有同心圆的石灰石喷嘴；三是将石灰石输入循环灰入口管道，与循环物料一起送入炉膛。同时要求给料系统设置时，还应注意石灰石给料系统的设置应结合锅炉容量、煤质含硫量及脱硫效率要求进行合理布置，并相应做好辅助设备和管件的优化配置。

二、石灰石制备及输送系统

1. 无制备系统的石灰石系统

如果电厂通常直接购买合格粒径的石灰石粉，或粉碎在厂区外进行，电厂内可只设石灰石给料输送系统。典型的石灰石气力输送系统如图 21-30 所示。

仓中石灰石粉的来源有两种方式：一是通过多功能粉尘输送车运来的，再通过气力输送到储存仓里；二是采用石灰石粉密闭输送罐车将石灰石粉输送到厂区石灰石粉储存仓内，储存仓下经阀门及落粉管接仓泵（发送器），将石灰石粉送至锅炉的石灰石粉仓内。石灰石粉从储存仓经旋转给料（国产变频，主要根据缓冲仓的料位来控制启停）进入中间缓冲仓，从缓冲仓下来再经旋转给料阀（进口变频，主要根据烟气中 SO_2 的含量来调节转速）被石灰石输送风送入炉膛。这种双级给料的方式既保证了石灰石的均匀给料，又保证了石灰石在炉膛内的良好混合，使脱硫效果更好，还能有效地防止高压风进入石灰石仓，避免石灰石在石灰石仓内结块。每个排放下设一套气力输送系统，任意一套气力输送系统的出力均可满足锅炉满负荷运行的要求，正常情况下每套系统各带 50%负荷运行。

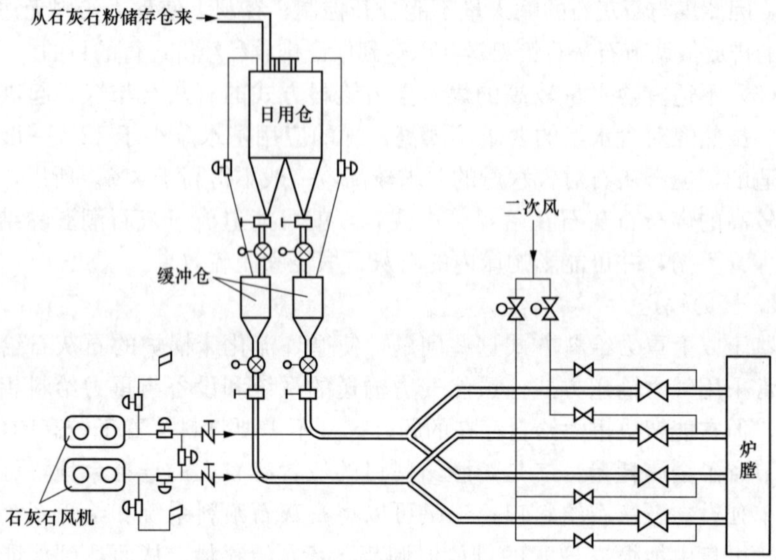

图 21-30　石灰石气力输送系统

石灰石粉输送系统流程如图 21-31 所示。要求石灰石粉储存仓（钢制）可储存锅炉 BMCR 工况下 72h 的石灰石粉耗量，日用石灰石粉仓（钢制）可储存锅炉 BMCR 工况下 30h 的石灰石粉耗量。为防止日用石灰石粉仓和钢制石灰石粉储存仓中的石灰石粉受潮固结，影响落料，日用石灰石粉仓和钢制石灰石粉储存仓设有气化系统，保证落粉均匀通畅。气化风由气化风机（罗茨风机）提供。石灰石粉输送系统设单独的空气压缩机和气化风机供整套系统的输送、仪表和气化用气。

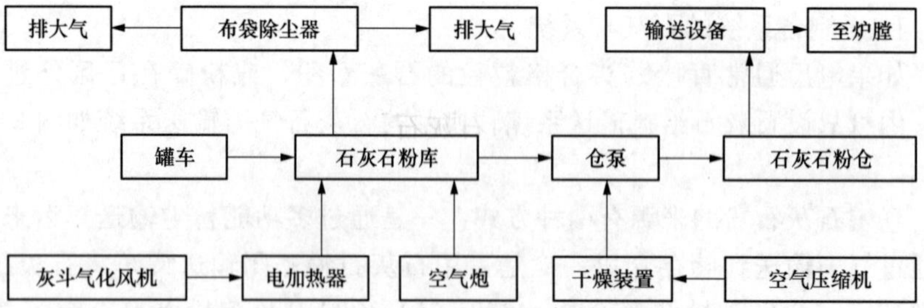

图 21-31　石灰石粉输送系统流程

2. 采用一级破碎系统的石灰石系统

如果电厂直接购买粒径小于 25mm 的半成品石灰石，厂内可只设一级破碎。例如国内某 5 MW CFB 锅炉电厂石灰石系统采用单级破碎的石灰石设备及输送系统。粒径为 0～25mm 的石灰石经过皮带输送至碎石机房进行一级破碎，碎成粒径为 0～1mm 的成品石灰石粉，然后经过仓泵采用气力输送至石灰石粉仓。石灰石粉输送系统流程如图 21-32 所示。

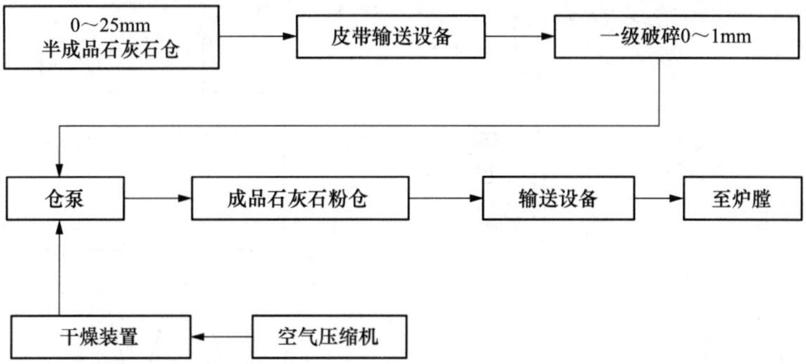

图 21-32　采用一级破碎系统的石灰石粉输送系统流程

3. 采用二级破碎系统的石灰石系统

国内循环流化床锅炉采用的石灰石二级破碎气力输送系统如图 21-33 所示。从石灰石来料仓来的粒径不大于 100mm 的石灰石，首先经过一级破碎机，破碎成粒径小于 25mm 颗粒，输送到粗石灰石仓，再进二级破碎机，满足一定粒度分布要求的石灰石颗粒被送入输送仓泵，输送仓泵的进料、排料周期性切换运行。输送仓泵内的物料通过空气压缩机来的高压空气，把合格石灰石粉气力输送至成品石灰石仓，即合格的石灰石仓。成品石灰石仓内物料通过给料机排出，根据燃料量和锅炉尾部 SO_2 分析，通过调节给料机转速来实现石灰石流量的控制。成品石灰石通过风粉混合器后，与高压空气混合，采用气力输送方式送入炉膛。石灰石流量发生改变时，给料机转速应缓慢调节，避免输送量猛增引起管路堵塞。

国外循环流化床锅炉一般采用带有干燥功能的石灰石二级破碎气力输送系统。当石灰石外表面水分含量大于 1%时，系统必须进行干燥。因为石灰石外表面水分含量大于 1%时，就可能造成石灰石潮湿黏结，引起管路不畅，可能影响床内石灰石焙烧和脱硫效果。通常干燥介质是被加热的热空气或热烟气。从石灰石来料仓来的石灰石，首先经过一级风扇式磨煤机破碎后，输送到粗石灰石仓，再进入二级破碎机，经过二级风扇式磨煤机破碎后，满足定粒度分布要求的石灰石颗粒由热风送至细粉分离器，破碎和输送的同时，完成石灰石干燥。石灰石经过细粉分离器分离后，合格石灰石进入合格石灰石仓，分离器排气则进入二级破碎机参与再循环。合格石灰石仓中的物料经过旋转给料机后，在混合器中与高压空气混合，气力输送进入炉膛。根据燃料量和锅炉尾部 SO_2 分析，通过调节给料机转速来实现石灰石流量的控制。石灰石流量发生改变时，给料机转速应缓慢调节，避免输送量猛增引起管路堵塞。

4. 输送仓泵结构

仓泵是正压气力输送装置的关键设备，在循环流化床锅炉石灰石输送系统中，经常用到仓泵。仓泵实际上是一个带有干灰进口、压缩空气进口和气固混合物出口的压力容器。采用仓泵的优点是可实现石灰石的密相动

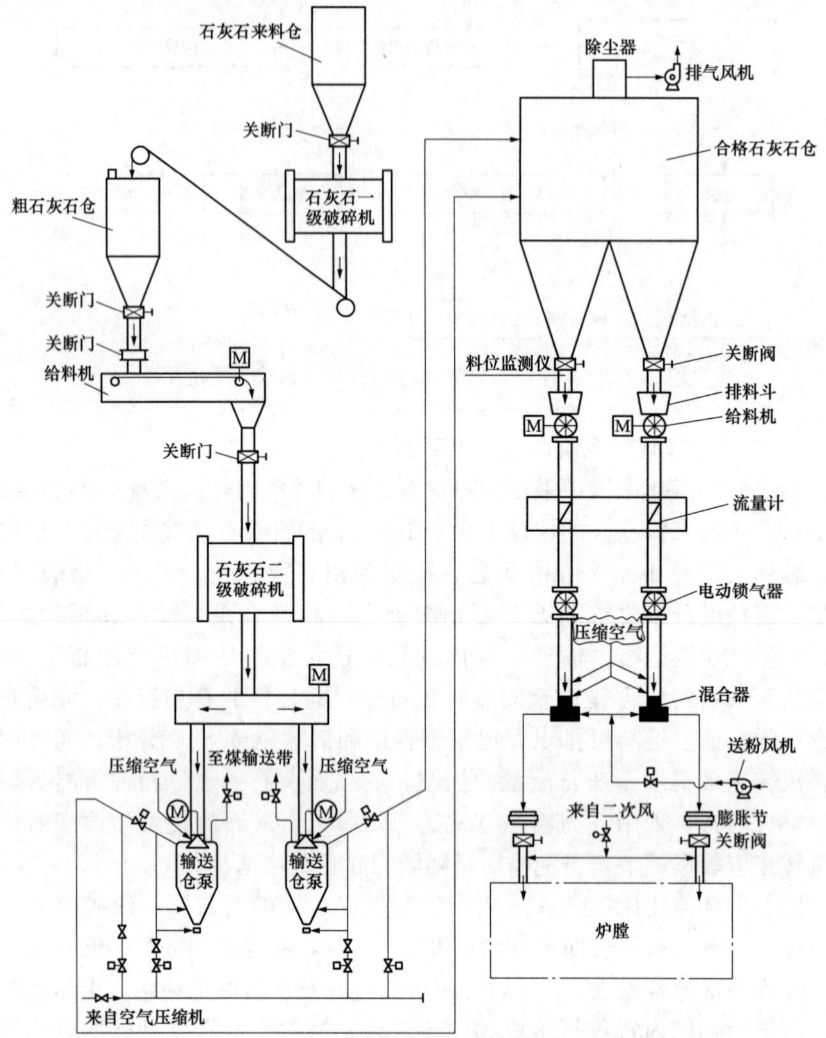

图 21-33 国内采用的石灰石二级破碎气力输送系统

压气力输送，输送能力大，输送距离远，是电厂输送干灰（石灰石、飞灰）的理想设备。

仓泵的种类较多，按仓泵的形式分类有上引式仓泵、下引式仓泵、流态化仓泵和要射式仓泵。上引式仓泵的主要特点是排料从泵体上方引出，粉体在仓泵内开始悬浮后被送入输送管，粉体混合比保持在某一极限以下，很少有堵塞发生，属间歇输送。上引式仓泵适用于粉状物料，如电厂的粉煤灰等。下引式仓泵因排料管的入口在泵底部的中心，所以不需要粉粒体呈悬浮运动，靠重力和空气流就可将粉粒体送入排料管内。因此，粉体混合比可不受限制，输送能力大，但如果不用二次空气适当加以稀释，则会有堵塞的危险。下引式仓泵适用于块状物料，如电厂的炉渣等。

仓泵由仓体、蝶阀、排气阀、加料口、气体管路等组成。图 21-34 所示为仓泵工作过程示意图。仓泵的工作流程是：先打开进料阀向仓泵中放石灰石粉，当仓泵中的料位高度达到进料阀的限位开关时，关闭进料阀，完成进料过程；进料过程完成后，再打开压缩空气进口阀向仓泵内充气，并使石灰石粉悬浮起来，使仓泵处于充气状态；当仓泵压力达到设定值后，打开输送阀，仓泵内的石灰石粉在压缩空气作用下被送走，此为排料状态；随着排料的进行，仓泵内物料逐渐减少，气压开始降低，仓泵开始转入吹扫状态；当气压降低到某一设定值，或仓泵内维持低气压到一定时间后，即认为吹扫状态结束，关闭排料阀和压缩空气进口阀，打开进料阀，重复上述进料过程。当仓泵工作时，所有阀门的开闭和进料、排料操作，都是采用气动执行机构自动完成的。除用于石灰石系统外，仓泵还大量用于循环流化床锅炉飞灰输送系统。

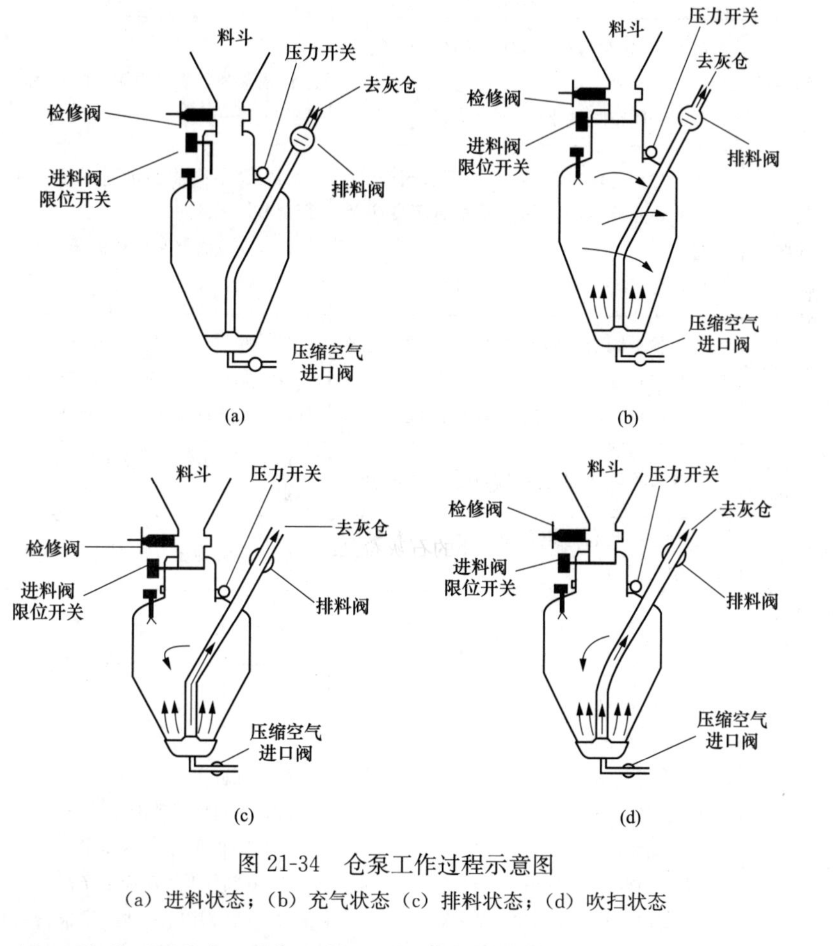

图 21-34　仓泵工作过程示意图

(a) 进料状态；(b) 充气状态 (c) 排料状态；(d) 吹扫状态

三、循环流化床炉内脱硫系统设备检修标准项目

循环流化床炉内脱硫系统设备检修标准项目见表 21-67。

表 21-67 循环流化床炉内脱硫系统设备检修标准项目

序号	检修标准项目	备 注
1	输送仓泵检修	
2	输粉管道及附件检修	
3	中间粉仓检修	

四、循环流化床炉内脱硫系统设备检修工艺及质量标准

1. 输送仓泵检修工艺及质量标准

输送仓泵检修工艺要点和质量标准见表 21-68。

表 21-68 输送仓泵检修工艺要点和质量标准

检修项目	工艺要点	质量标准
检修准备	（1）关闭入口插板阀，确认仓内物料排空； （2）关闭空气截止阀	严密隔离，隔断电源，隔断气源
空气系统检修	（1）检查并调校流量、压力调节阀； （2）逆止阀检查，如出现密封不良应及时更换； （3）检查流化装置的气化性能	（1）调节阀能够迅速对参数变化进行调节，无延时； （2）逆止阀严密可靠； （3）流化盘透气均匀
进料阀和出料阀的检修	（1）检查阀板、阀座的磨损情况，更换磨损部件； （2）测量、调整阀板、阀座的间隙	（1）阀门开启灵活无卡涩； （2）阀板、阀座的间隙应符合厂家规定（小于或等于 0.06mm）
泵体及附件检查	定期按检验计划对其进行压力容器检验	应符合 GB 150 及 DL 647 的相关要求
水压试验	运行 6 年或仓体进行重大修理的仓泵应进行压力试验	试验压力为设计压力的 1.25 倍
调试及试运行	检查阀门的动作情况	阀门开关到位，动作正常
气动闸板门	（1）拆卸气缸： 1）拆卸气源管； 2）先拆下阀板与气缸的连接螺栓，再拆气缸的固定螺栓，吊下气缸。吊气缸时不能碰撞损伤。 （2）检查闸板、阀道： 1）取出密封件和阀板，清灰； 2）检查阀板及阀道的磨损情况。 （3）复装，按拆卸的反顺序进行复装，阀杆与阀板应对中，盘根压盖紧力适中	（1）气缸完好； （2）密封件清理干净； （3）阀板平整，不变形，阀板磨损达 1/10 阀板厚度时应更换； （4）阀门开启灵活，盘根密封件严密不漏

2. 输粉管道及附件检修工艺及质量标准

输粉管道及附件检修工艺要点和质量标准见表21-69。

表21-69 输粉管道及附件检修工艺要点和质量标准

检修项目	工艺要点	质量标准
输粉管道	(1) 管道检查： 1) 拆下管道两端的连接器，松开固定支架，检查管道的磨损程度； 2) 将管道旋转120°，做好标记； 3) 更换连接器密封圈，装配活节及管道固定支架； 4) 运行一周重新用测力扳手紧固连接器螺栓； 5) 检查管道弯头的磨损程度。 (2) 管道更换： 1) 拆除旧管道； 2) 装配新管道； 3) 管道运输安装禁止碰撞，以防内衬材料脱落或产生裂纹	(1) 管道磨损量为1/2管道壁厚时需翻身； (2) 连接器紧固螺栓紧力均匀，紧力符合厂家规定； (3) 管道弯头磨损严重的应修理或更换； (4) 管道或内衬无裂纹； (5) 连接器连接处间隙为6～7mm； (6) 连接器紧固螺栓紧力均匀
伸缩节检修	(1) 检查伸缩节的活动情况，发现卡涩部位应及时处理； (2) 对填料伸缩节每次大修均应更换填料，填料盘螺栓应灵活； (3) 消除伸缩节裂纹	(1) 伸缩节应活动灵活，无卡涩； (2) 填料伸缩节的填料应合格； (3) 伸缩节不应有裂纹等缺陷

3. 中间粉仓检修工艺及质量标准

中间粉仓检修工艺要点和质量标准见表21-70。

表21-70 中间粉仓检修工艺要点和质量标准

检修项目	工艺要点	质量标准
修前准备	(1) 打开粉仓顶部的压力真空释放阀，预先做好残灰引流，防止污染环境； (2) 打开灰库人孔门，粉仓充分通风后，人员方可进入	拆卸人孔门时，旧密封填料清除干净，人孔门无变形
清灰	(1) 可用高压水冲洗清灰； (2) 气化板上灰结块，可用机械方法清除	(1) 高压水冲洗清灰应防止损坏气化板； (2) 库壁、库底的积灰清理干净
气化板检查	(1) 对于没有明显气化迹象的气化板，应先检查外部气化管路，管路畅通时应更换气化板； (2) 更换破损、裂纹的气化板； (3) 更换气化板时，应先清净槽内的积灰，防止其堵塞气化风机；接合面密封胶涂抹均匀	(1) 气化板完整无破损； (2) 接合面密封严密

续表

检修项目	工艺要点	质量要求
库底斜槽检查	(1) 拆卸斜槽的紧固螺栓，检查密封条； (2) 检查、校正斜槽的平直度	(1) 密封条完整，无老化，严密不漏； (2) 斜槽平直度偏差不大于 2mm/m
真空释放阀检查	(1) 拆下栓销，除锈，加润滑油； (2) 打开阀盖，检查隔膜的密封性能； (3) 检查弹簧的弹性	(1) 无锈蚀、卡涩现象； (2) 隔膜完整有弹性，与阀座接触紧密； (3) 弹簧弹性良好，无锈蚀
气化板透气情况检查	(1) 开启气化风机，检查是否泄漏； (2) 人工清洗气化板； (3) 检查库底斜槽	(1) 无锈蚀、卡涩现象； (2) 隔膜完整有弹性，与阀座接触紧密； (3) 弹簧弹性良好，无锈蚀
封闭粉仓	(1) 粉仓内工作结束后，清理杂物； (2) 封闭人孔门及库顶压力真空释放阀	(1) 粉仓内无遗留工器具、材料等物品； (2) 螺栓紧力均匀，密封填料完整，严密不漏

第十一节　循环流化床半干法烟气脱硫系统

一、循环流化床半干法烟气脱硫系统组成

半干法烟气脱硫技术属于燃烧后的脱硫技术（见图 21-35），在脱硫装置中吸收剂被烟气吸收、干燥，发生强烈的物理化学反应生产干粉状脱硫终产物，半干法烟气脱硫技术具有技术成熟、工艺可靠、流程简单、耗水量小等优点，一般脱硫效率可达 85%以上。但是也存在原料成本高、使用

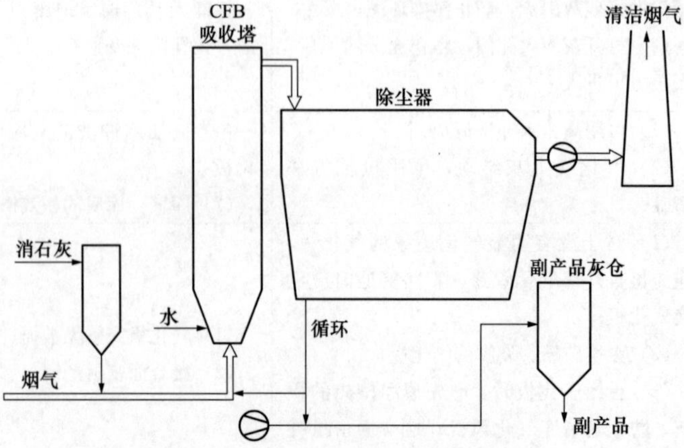

图 21-35　循环流化床半干法烟气脱硫工艺

煤种少、石灰石品质要求高、厂用电率高等缺点。目前半干法烟气脱硫技术分为烟气循环脱硫技术、增湿灰循环烟气脱硫技术，国内外中小型循环流化床锅炉上烟气循环半干法脱硫技术应用较多。

1. 烟气系统

脱硫除尘岛的烟气系统包括入口烟道、出口烟道、清洁烟气再循环烟道、引风机。从锅炉空气预热器出来的烟气经一条烟道进入吸收塔底部文丘里管，再经过吸收塔、脱硫除尘器后，通过引风机排往烟囱，在引风机下游的主烟道上引一条净烟气再循环烟道到吸收塔入口烟道，通过调节净烟气再循环挡板，保证吸收塔在锅炉低负荷运行时的烟气量不低于锅炉75％BMCR负荷下的设计流量，从而保证吸收塔在低负荷运行时的最佳传热、传质状态。

2. 吸收塔系统

吸收塔系统主要用于脱除锅炉烟气中的 SO_3、SO_2、HC1、HF 等污染性气体。吸收塔采用文丘里喷嘴空塔结构，文丘里喷嘴的作用是将吸收塔入口的烟气加速，从而使吸收塔内的物料获得循环动力。由于脱硫系统始终在烟气露点温度 15～20℃以上运行，加上吸收塔内部强烈的碰撞与湍动，SO_3 可基本全部除去，所以吸收塔全部由 Q235B 普通碳钢制成，内部不需要任何防腐内衬。

吸收塔主要由文丘里管段、底部扩散段、流化直管段、吸收塔顶部折流和出口段、吸收塔底部紧急排放系统等部分组成。烟气通过吸收塔底部的文丘里管后被加速，以获得形成流化床的动力。烟气进入底部扩散段后，速度降低，在此处形成流化床的床层，此处也是脱硫化学反应的主要区域。

流化床的床层上方是吸收塔直管段，该区域可分为浓相区、过渡区、稀相区，过渡区后脱硫化学反应已基本结束。吸收塔顶部折流段设有温度、压力检测，用温度控制吸收塔的加水量，用吸收塔的进出口压降来控制脱硫灰循环量。

吸收塔的最低处，每台机组设有一套排放系统，系统包括一个双出口灰斗，两个手动插板门及两台电动锁气器。主要用于例行排灰、锅炉停运及紧急情况（吸收塔塌灰）下塔内循环灰的排放。

3. 吸收剂储存及输送系统

吸收剂储存及输送系统包括生石灰仓、消石灰仓、仓底流化风系统及稀相输送装置等。通常系统设置一个生石灰仓和一个消石灰仓。生石灰粉由电厂配置的带自卸装置的罐车送入生石灰仓，每个生石灰仓及消石灰仓顶部设有一台脉冲布袋除尘器。另外两个粉仓（生石灰仓、消石灰仓统称为粉仓）的顶部还各装有一个安全平衡阀，以维持粉仓内压力的稳定性。

生石灰经由一套称重装置进入到消化系统，消化后生成的消石灰由气力输送系统输送到消石灰仓。为了提高设备的可利用率，保证吸收塔的不间断运行，在生石灰仓与消石灰仓之间设有直接调粉的气力输送旁路系统。

当消化器故障时，生石灰可以作为代用吸收剂，通过该旁路系统直接进入消石灰仓。

消石灰仓至吸收塔吸收剂添加系统设两路，一路运行，一路备用。添加系统由消石灰仓、插板阀、流量控制阀（变频电动旋转给料阀）、冲板式流量计、输送管道、流化风系统等组成。消石灰仓仓底设有两个排料口，每路消石灰首先通过一道插板阀，然后进入用以流量控制的电动旋转给料阀，该阀采用变频调节，可根据烟气中含硫量大小及机组负荷大小自动调节消石灰的给料量，在其下游还设有一个冲板式流量计，最后消石灰直接加入到吸收塔前的原烟道内。

生石灰仓及消石灰仓的仓底均设有一套流化风系统，用于提高石灰的流动性。生石灰旁路调粉系统和消化器生产的成品消石灰输送系统各用一台稀相输送器。

4. 石灰消化系统

石灰消化系统用于将生石灰消化成满足工艺需要的消石灰，主要由螺旋输送器、螺旋称重给料机、一级消解器、二级消解器、供水系统和排汽系统等组成。石灰消化系统的出力在20%～100%可调，可以根据实际实现连续或断续两种方式运行。

螺旋输送器用于生石灰粉输送给料，采用变频调速。螺旋称重给料机用于生石灰给料称重，并反馈信号用以调整旋转给料器转速。一级消解器是生石灰的预消化器，当物料和水进入后，在桨叶的充分搅拌下，发生强烈的化学反应，体积迅速膨胀后消化。根据不同品质的物料，调整电动机的转速，即可改变物料在机内的停留时间，确保物料在进入二级消解器时充分预消化。二级消解器又称熟化器，在机内进一步提高搅拌质量，保证一级消解器中带有较大水分的物料，在此完全消化并蒸发剩余水分。排汽系统的排汽最终排到原烟道，通过调节管路上的调节阀以维持二级消解器内相对稳定的负压值，防止废气中的水蒸气冷凝。

最终充分消化的成品消石灰排出进入稀相输送装置，并被输送到消石灰仓。

5. 物料灰循环系统

物料灰循环系统用于提供吸收塔内形成循环流化床的大部分物料。布袋除尘器下部设一套脱硫灰循环及排放系统。该系统由手动插板门、流量控制变频电动星形给料阀、电动排放旋转阀、散装机、排放仓泵、流化槽等设备组成。

吸收塔出来的脱硫灰，被气流夹带从吸收塔顶部出口排出，经布袋除尘器进行气固分离。根据吸收塔内压降信号，灰斗中脱硫灰通过灰斗下流量控制变频电动星形给料阀绝大部分进入脱硫灰循环系统的流化槽，进入流化槽的脱硫灰在流化风的作用下，返回到吸收塔内参与进一步的化学反应，以增加脱硫剂在吸收塔内的停留时间，降低运行成本；而一小部分脱硫灰则根据除尘器灰斗的高料位信号，分别通过流化槽上旁路排灰管排入各自的排放仓泵（或散装机）并最终被输送到灰库储存，或通过电动排放旋转阀及散装机进行干灰罐车外送。

根据脱硫布袋除尘器的结构，系统设两路的返料流化槽，分别将布袋除尘器各仓收集的脱硫灰输送到吸收塔。在脱硫灰循环的过程中，由于锅炉飞灰、脱硫剂与烟气中的二氧化硫不断反应，循环的物料量不断增多，从而吸收塔的阻力增大，当吸收塔的阻力增大到设定值，需减小灰斗下电动流量控制阀的旋转速度，从而减小循环灰量和阻力；当吸收塔内灰量较少，阻力减小到设定值，需提高灰斗下电动流量控制阀的转速，从而增加循环灰量，增大阻力。由于吸收塔内不断新加入的脱硫剂与烟气中二氧化硫反应以及锅炉飞灰的聚集，除尘器捕集到的飞灰会越来越多，在循环灰量基本不变的情况下，需开启仓泵进料阀进行对外排灰。在灰斗料位达到高值时，仓泵对外排灰速度需加快。

根据工艺控制需要，布袋除尘器每个灰斗分别设有一个高料位和一个低料位开关，以便实现脱硫灰外排量控制及灰斗脱硫灰循环故障诊断的要求。正常工作时，应保证每个灰斗中物料高于最低料位。

6. 工艺水系统

工艺水系统用于向吸收塔内喷入减温水，以营造良好的脱硫环境，同时在脱硫系统停运时起到保护脱硫布袋除尘器的作用。每台机组配置一套工艺水系统，将进入吸收塔的高温烟气喷水减温，使烟温降低至脱硫效率最高且保证吸收塔不腐蚀的最佳温度，若吸收剂使用的是生石灰，则喷入的工艺水同时也提供生石灰在塔内消解所需要的用水。该系统由工艺水箱、工艺水泵、弹簧式稳压阀、回流喷嘴、回流调节阀等主要设备组成。

减温水喷嘴采用回流型式，布置在吸收塔文丘里喷嘴上方的锥体中部，两路运行，一路备用，通过调节回流水管上的回流调节阀的开度，调节回流水量，间接调节吸收塔的喷水量，使吸收塔出口温度稳定控制在 75℃左右。

7. 气力输送系统

气力输灰系统主要用于布袋除尘器的外排灰，系统包括 4 个仓泵及 2 台散装机及压缩空气、输送管线（采用双母管制）等设备，通常工作时仓泵系统投入工作，同时散装机系统也能随时投入运行。

8. 布袋除尘器系统

布袋除尘器用于过滤烟气中的粉尘，以达到环保要求的排放浓度，主要包括壳体及烟气系统、清灰系统、滤袋、袋笼、花板、喷水降温保护系统、预涂灰系统、灰斗以及进出口挡板门等。

（1）壳体及烟气系统。除尘器采用顶部进出气方式，烟气进气方式合理，烟气通过灰斗上部进口急速变向进入袋室底部，烟气中的大颗粒由于惯性作用直接落入灰斗，通过合理设计袋室大小，在进口处设置分布导向装置，保证较小的烟气上升速度，可使布袋除尘器烟气均匀地流过滤袋，减轻滤袋磨损和保证良好的过滤效果。

(2) 清灰系统。清灰系统采用低压脉冲清灰，可以减少清灰对滤袋的损伤，清灰气源由罗茨风机提供，清灰气源与烟气温差小，消除了对滤袋的不利影响。脉冲清灰阀选择淹没式脉冲阀，该阀较其他同类型阀具有大直径、寿命长、动作灵敏可靠等优点，在正常使用条件下清灰阀喷吹次数大于 100 万次。

布袋除尘器有多个袋室，并设有清灰机构，每一个袋室顶部配有一套自动旋转脉冲反吹装置，包括旋转机构和脉冲阀，旋转机构带动有喷嘴的旋转臂约以 lr/min 的转速旋转，保证圆柱形袋束的每一条滤袋都可以被均匀干净的清灰。脉冲间隔调整以布袋除尘器进出口差压为依据，差压越高脉冲间隔越小，差压越低脉冲间隔越大。一般滤袋差压保证在 800～1200Pa 之间。

(3) 滤袋。滤袋是布袋除尘器核心部件，滤袋的质量及选型是否得当直接影响除尘器的效率及使用寿命。滤袋材料种类很多，性能及价格差别较大。一般滤袋选用 PPS 滤料，使用寿命保证不小于 30 000h。滤袋在保证期内失效率小于 0.5%，寿命期内失效率小于 1%。滤料材质选择及加工方法充分考虑了运行状况和烟气特性要求，保证滤袋在寿命期内安全可靠运行。

(4) 袋笼与花板。袋笼为刚性设计，最上面一节配备低碳钢颈圈，使滤袋不锈钢卡带与花板紧密配合。颈圈用以保护袋顶，以免维护人员在花板上走动时造成滤袋的破损。袋笼最下面一节装有低碳钢帽。袋笼连接牢固，表面光滑，并有防腐处理，安装后的滤袋底部有合适的间距，避免相互间的接触。花板由钢板加工，并适当加固。滤袋孔呈同心圆方式排列，径向上下对齐。花板和壳体结构之间采用密封焊，形成气密性装置，需要实现灰尘零泄漏。

(5) 喷水降温保护系统。布袋除尘器的核心部件之一是滤袋，滤袋的使用温度是有范围的，当烟温超过滤袋的使用温度时，会加速滤袋的老化，降低其使用寿命，当烟温超过滤袋所能承受的极限温度时，滤袋将会烧毁。为防止烟气温度过高造成的滤袋损坏失效，系统将连续监测烟气温度，在进口温度高于 170℃时，启动吸收塔工艺减温水系统，降低烟气温度。

(6) 预涂灰系统。布袋除尘器启动之前，在滤袋的外表面涂一层添加剂（如氢氧化钙粉或氧化钙粉）以形成适当的尘饼积聚，起到设备启动阶段的滤袋防潮、防酸作用。

(7) 灰斗。一般灰斗斜壁与水平面的夹角为 60°，相邻壁交角的内侧成圆弧形，灰斗下部装有流化装置。灰斗储存量需保证最大含尘量下 8h 满负荷运行。灰斗设有保温装置，加热采用蒸汽加热，灰斗壁温度保持不低于120℃。设有高、低料位指示，用于灰斗内灰位的监视和控制。

(8) 进出口挡板门。布袋除尘器袋室设有进、出口百叶窗式挡板门，各通道可单独退出以实现在线检修。采用气缸驱动，挡板门启闭转动灵活，驱动力矩小，在挡板之间挡板和门框间设有不锈钢密封板，具有较高的严密性和能承受较大的工作压力与温度。

二、循环流化床半干法烟气脱硫系统设备检修工艺及质量标准

1. 螺旋输送机检修

螺旋输送机检修工艺及质量标准见表21-71。

表21-71　螺旋输送机检修工艺及质量标准

检修项目	检修工艺	质量标准
主轴及螺旋形叶片	(1) 检查主轴、轴颈及叶片的表面； (2) 检测轴弯曲度； (3) 检查叶片的磨损及腐蚀	(1) 不应有裂纹、磨损等缺陷，轴颈无沟槽，表面光洁； (2) 轴弯曲度≤0.05mm/m； (3) 叶片与主轴焊缝，无裂纹、变形等缺陷； (4) 叶片无磨损、腐蚀、凹坑、变形
摆线针轮减速机	解体检查	(1) 高速轴承及偏心轴承表面应无缺损、点蚀、剥落和裂纹； (2) 摆线盘表面光洁，齿面应无缺损、点蚀、剥落和裂纹； (3) 针齿、针齿套表面光洁，齿面应无缺损、点蚀、剥落和裂纹
轴承及轴承座	检查轴承有无机械损伤，轴承座有无移位或裂纹	(1) 轴承无磨损、锈蚀和裂纹； (2) 轴承间隙符合设备厂家要求； (3) 轴承座无裂纹和磨损，固定良好

2. 消化器检修

消化器检修工艺及质量标准见表21-72。

表21-72　消化器检修工艺及质量标准

检修项目	检修工艺	质量标准
检查调整主轴	(1) 检查主轴和轴颈的表面； (2) 检测轴弯曲度	(1) 不应有裂纹、磨损等缺陷，轴颈无沟槽，表面光洁； (2) 弯曲度≤0.05mm/m

续表

检修项目	检修工艺	质量标准
叶片	(1) 检查表面； (2) 检查叶片与箱体的间隙、平行度等； (3) 检查叶片的磨损及腐蚀	(1) 与主轴固定牢固，无裂纹、变形等缺陷； (2) 符合设备厂家要求； (3) 无磨损、腐蚀、凹坑等
减速箱	解体检修	(1) 齿轮啮合程度，达到齿轮体表面应无积垢、缺损、点蚀、剥落和裂纹，齿轮啮合良好，其接触面沿齿高不低于50%，沿齿宽不低于75%； (2) 油室清理干净
轴承及轴承箱	检查轴承有无机械损伤，轴承座有无移位或裂纹	(1) 轴承无磨损、锈蚀和裂纹； (2) 轴承座无裂纹和磨损，固定良好； (3) 轴承间隙符合设备厂家要求
喷嘴及管道阀门	(1) 检查喷嘴； (2) 检查高压软管有无老化、变形； (3) 检查管道有无腐蚀，法兰及阀门有无损坏	(1) 喷嘴完整，无堵塞磨损、管路畅通； (2) 高压软管无变形、老化、泄漏，连接处无渗漏； (3) 管道无泄漏，阀门开关灵活，无内漏

3. 混合器检修

混合器检修工艺及质量标准见表21-73。

表21-73 混合器检修工艺及质量标准

检修项目	检修工艺	质量标准
检查调整主轴	(1) 检查主轴和轴颈的表面； (2) 检测弯曲度	(1) 不应有裂纹、磨损等缺陷，轴颈无沟槽，表面光洁； (2) 弯曲度≤0.05mm/m
叶片	(1) 检查叶片与箱体的间隙、各叶片之间平行度，与主轴之间的角度等； (2) 叶片的磨损及腐蚀检查	(1) 与主轴固定牢固，无裂纹、变形等缺陷； (2) 无磨损、腐蚀、凹坑等
减速箱	解体检修	(1) 齿轮啮合程度，达到齿轮体表面应无积垢、缺损、点蚀、剥落和裂纹，齿轮啮合良好，其接触面沿齿高不低于50%，沿齿宽不低于75%； (2) 油室清理干净

续表

检修项目	检修工艺	质量标准
轴承及轴承箱	检查轴承有无机械损伤，轴承座有无移位或裂纹	（1）轴承无磨损、锈蚀和裂纹； （2）轴承座无裂纹和磨损，固定良好； （3）轴承间隙符合设备厂家要求
喷嘴及管道阀门	（1）检查喷嘴； （2）检查高压软管有无老化、变形； （3）检查管道有无腐蚀，法兰及阀门有无损坏	（1）喷嘴完整，无堵塞磨损、管路畅通； （2）高压软管无变形、老化、泄漏，连接处无渗漏； （3）管道无泄漏，阀门开关灵活，无内漏
流化布	检查流化布及格栅板	（1）流化布表面应平整，无破损，透气性好； （2）栅格板应表面平整，无凹凸； （3）流化风进气室应干净无粉尘、杂物，进气管道畅通

4. 反应器及沉降室检修

反应器及沉降室检修工艺及质量标准见表 21-74。

表 21-74 反应器及沉降室检修工艺及质量标准

检修项目	检修工艺	质量标准
弯头及直烟道	磨损及泄漏检查	（1）磨损和泄漏部分应及时补焊处理； （2）反应器底部弯头应无积灰或堵塞； （3）磨损超过原厚度 1/3 时，应更换
导流板	检查导流板有无磨损、腐蚀、脱落	导流板应无明显的腐蚀、磨损及脱落
金属补偿器	检查金属框架、导流板、伸缩体和绝热防尘套等	金属框架、导流板、伸缩体和绝热防尘套等配件应完好无损；膨胀体无开裂、破损及泄漏等
吹堵装置	检查吹堵孔、管道、阀门	吹堵装置应完好，吹堵管应严密无泄漏，吹堵阀动作应可靠，反应器吹堵孔应畅通无阻
人孔门	检查动作是否灵活，密封是否严密	人孔门固定良好、无松动；门盖与门框密封良好，无泄漏；门盖开关灵活，无卡涩；锁门的紧固螺栓应完好无损
沉降室	磨损及泄漏检查	磨损和泄漏部分应及时补焊处理

5. 循环给料机检修

循环给料机检修工艺及质量标准见表21-75。

表21-75　循环给料机检修工艺及质量标准

检修项目	检修工艺	质量标准
检查调整主轴	(1) 检查主轴和轴颈的表面； (2) 检测弯曲度	(1) 不应有裂纹、磨损等缺陷，轴颈无沟槽，表面光洁； (2) 弯曲度≤0.05mm/m
叶片	(1) 表面检查； (2) 检查叶片与壳体的间隙、各叶片之间与主轴之间的角度等； (3) 检查叶片的磨损及腐蚀	(1) 与主轴固定牢固，无裂纹、变形等缺陷； (2) 叶片与壳体的间隙、各叶片之间角度要符合设备厂家要求； (3) 无磨损、腐蚀、凹坑等
减速箱	解体检修	(1) 齿轮啮合程度，达到齿轮体表面应无积垢、缺损、点蚀、剥落和裂纹，齿轮啮合良好，其接触面沿齿高不低于50%，沿齿宽不低于75%； (2) 油室清理干净
轴承及轴承座	检查轴承有无机械损伤，轴承座有无移位或裂纹	(1) 轴承无磨损、锈蚀和裂纹，轴承加油必须严格按润滑油品质要求进行； (2) 轴承座无裂纹和磨损，固定良好； (3) 轴承间隙符合设备厂家要求

6. 工艺水泵检修

工艺水泵检修工艺及质量标准见表21-76。

表21-76　工艺水泵检修工艺及质量标准

检修项目	检修工艺	质量标准
检查调整联轴器	(1) 检查联轴器； (2) 检查联轴器与轴颈配合	(1) 联轴器完好无损，螺栓孔应光滑无毛刺； (2) 轴与联轴器配合应有0～0.03mm的紧力
检查调整主轴	(1) 检查主轴和轴颈的表面； (2) 检测弯曲度	(1) 不应有裂纹、磨损等缺陷，轴颈无沟槽，表面光洁； (2) 轴的弯曲度≤0.05mm/m
轴承及轴承座	检查轴承有无机械损伤，轴承座有无位移或裂纹	(1) 轴承无磨损、锈蚀和裂纹； (2) 轴承间隙应保证在0.15～0.20mm； (3) 轴承座无裂纹和磨损，固定良好

续表

检修项目	检修工艺	质量标准
叶轮、导叶及密封环	(1) 检查表面； (2) 腐蚀、磨损检查； (3) 检查间隙、平行度	(1) 无裂纹、变形等缺陷； (2) 叶轮、导叶磨损量不超过原厚度的1/3； (3) 密封环端面跳动不大于0.12mm，密封环与叶轮入口间隙不大于0.40mm
平衡盘、平衡鼓	(1) 表面检查； (2) 平衡盘、平衡鼓接触面检查； (3) 窜量调整	(1) 平衡鼓两端面跳动不大于0.01mm； (2) 平衡盘、平衡鼓接触面应光滑平整，无凹凸，接触面积应大于80%； (3) 未装平衡机构时转子轴向总窜动为5～8mm，安装平衡机构后转子的分窜量为3mm
泵体出入口阀门、法兰	(1) 检查密封表面是否损坏； (2) 检查螺栓是否拧紧，手柄连接是否正常； (3) 阀门修理或更换后应进行密封试验	(1) 损坏后及时修理或更换； (2) 螺栓拧紧力矩在厂家规定范围内； (3) 气密性合格

7. 锁气器检修

锁气器检修工艺及质量标准见表21-77。

表21-77　锁气器检修工艺及质量标准

检修项目	检修工艺	质量标准
检查调整主轴	(1) 检查主轴和轴颈； (2) 检测弯曲度	(1) 轴颈无沟槽，表面光洁，轴颈圆度不超过0.02mm； (2) 弯曲度≤0.05mm/m
叶片	(1) 检查叶片与主轴的连接； (2) 检查叶片与箱体的间隙； (3) 叶片的磨损及腐蚀检查	(1) 叶片与主轴焊接牢固，无裂纹、变形等缺陷； (2) 检查锁气器转子两端与机壳内侧壁的间隙应符合设备厂家要求； (3) 无磨损、腐蚀、凹坑等
摆线针轮减速机	解体检修	(1) 高速轴承及偏心轴承表面应无缺损、点蚀、剥落和裂纹； (2) 摆线盘表面光洁，齿面应无缺损、点蚀、剥落和裂纹； (3) 检查针齿、针齿套、针齿般表面光洁，齿面应无缺损、点蚀、剥落和裂纹

续表

检修项目	检修工艺	质量标准
轴承及轴承座	检查轴承有无机械损伤，轴承座有无位移或裂纹	（1）轴承无磨损、锈蚀和裂纹； （2）轴承间隙符合设备厂家要求； （3）轴承座无裂纹和磨损，固定良好
机架	检查锁气器机架、外壳	锁气器机架、外壳、进出料口、螺孔应无裂纹、磨损、变形等情形，否则应焊补、打磨或更换

参　考　文　献

[1] 胡荫平．电站锅炉手册．北京：中国电力出版社，2005.

[2] 姜锡伦，等．锅炉运行与检修技术．北京：中国电力出版社，2013.

[3] 张晓鲁，杨仲明，王建录，等．超超临界燃煤发电技术．北京：中国电力出版社，2014.

[4] 蔡文河，严苏星．电站重要金属部件的失效及其监督．北京：中国电力出版社，2011.

[5] 湖南省电机工程学会．火力发电厂锅炉受热面失效分析与防护．北京：中国电力出版社，2008.

[6] 杨倩鹏，等，西安热工研究院有限公司．发电技术现状与发展趋势．北京：中国电力出版社，2018.

[7] 大唐国际方面防爆培训基地．锅炉防磨防爆检查人员安全手册．北京：中国电力出版社，2014.